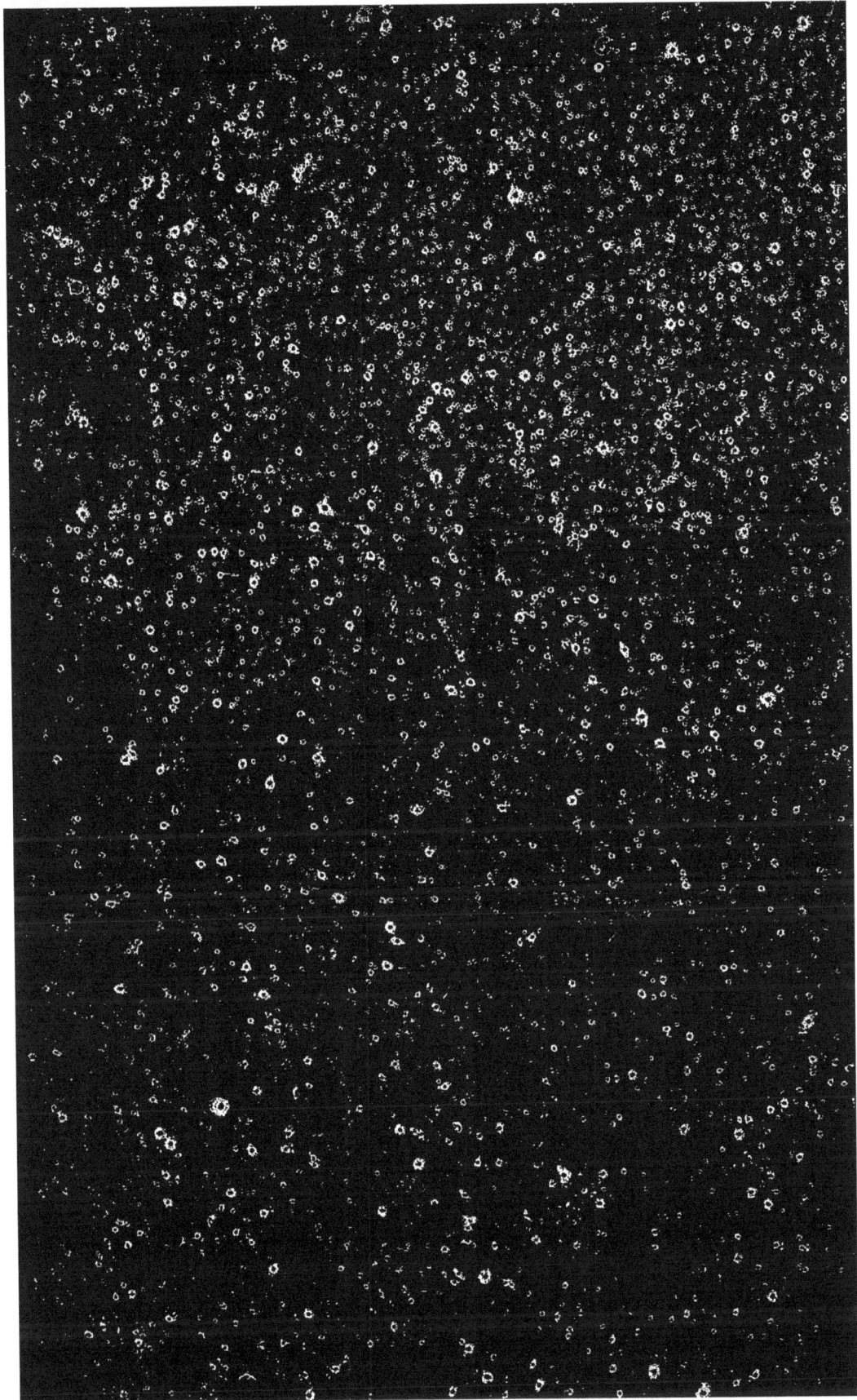

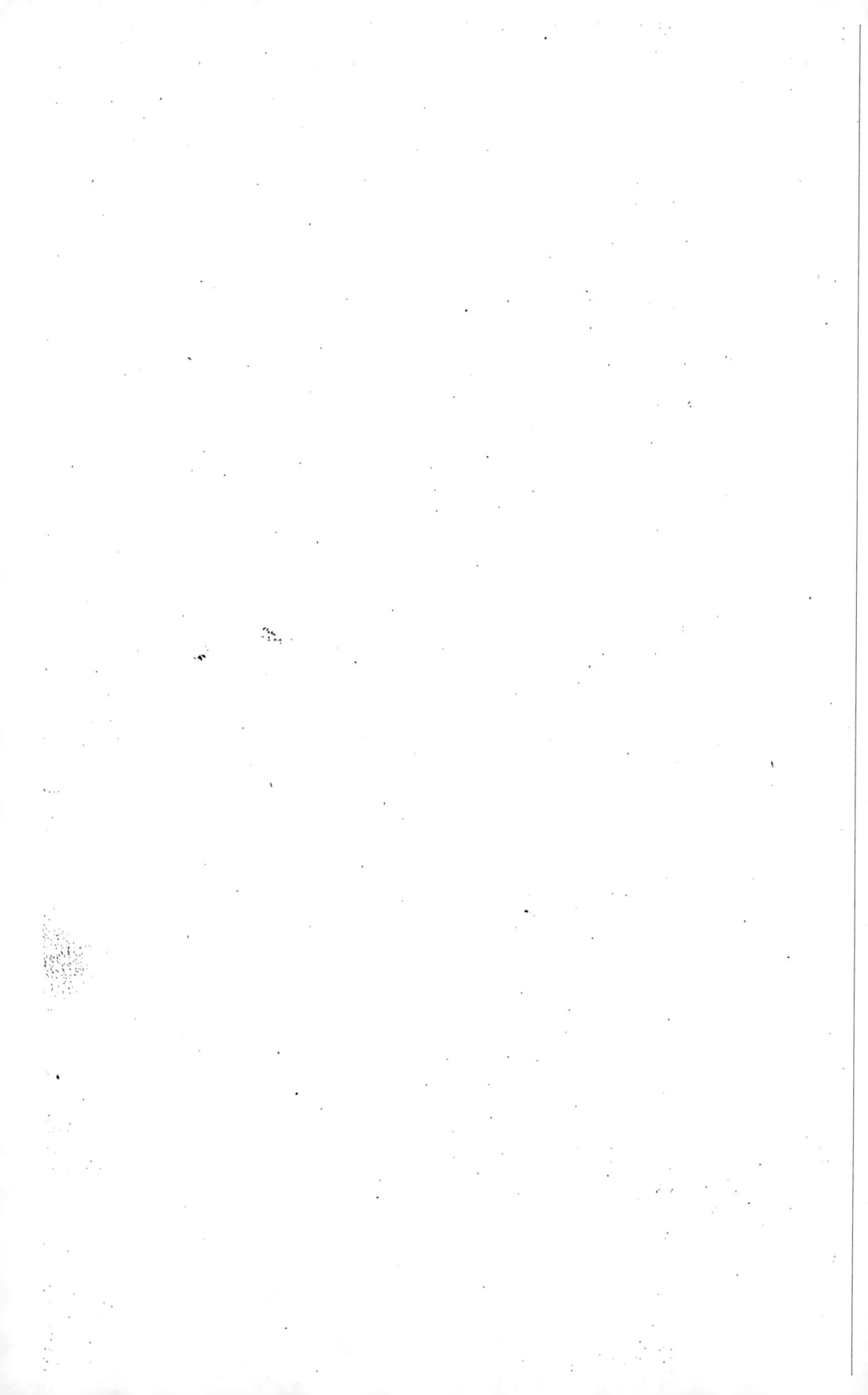

TRAITÉ

DE

MÉCANIQUE

TOURS, IMPRIMERIE DESLIS FRÈRES

6, Rue Gambetta, 6.

ENCYCLOPÉDIE THÉORIQUE ET PRATIQUE

DES

CONNAISSANCES CIVILES ET MILITAIRES

(Publiée sous le patronage de la Réunion des officiers)

TRAITÉ DE MECANIQUE

STATIQUE, CINÉMATIQUE, DYNAMIQUE, HYDRAULIQUE,
RÉSISTANCE DES MATÉRIAUX, CHAUDIÈRES A VAPEUR,
MOTEURS A VAPEUR ET A GAZ

PAR

L. ARNAL

Officier d'Académie
Ingénieur des Arts et Manufactures, Chef des travaux graphiques à l'École Centrale
Professeur aux Écoles municipales supérieures et à l'Association polytechnique
Ancien élève de l'École d'arts et métiers d'Aix
Ancien professeur à l'École d'arts et métiers de Châlons, ex-ingénieur des Arts et Métiers d'Aix

DYNAMIQUE ET HYDRAULIQUE

PARIS
Ancienne Maison H. CHAIRGRASSE Fils
FANCHON ET ARTUS, ÉDITEURS
25, RUE DE GRENELLE, 25

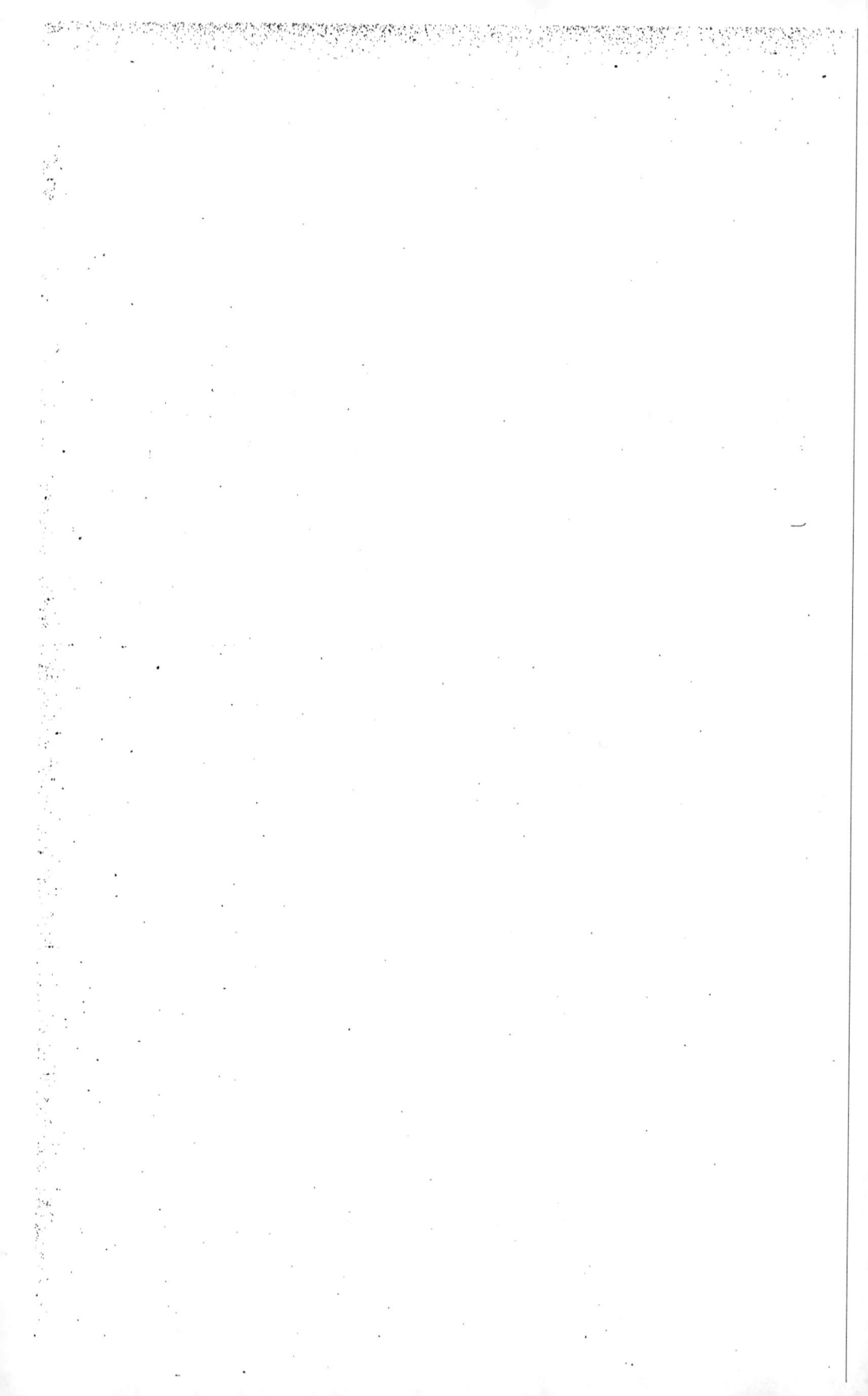

TRAITÉ

DE

MÉCANIQUE

TROISIÈME PARTIE

DYNAMIQUE

CHAPITRE PREMIER

PRINCIPES FONDAMENTAUX

1. Lorsqu'une ou plusieurs forces agissent sur un corps ou sur un ensemble de corps en relation les uns avec les autres et que ces forces n'ont pas, entre elles, les relations de grandeur et de position nécessaires pour qu'elles puissent se détruire réciproquement, le système se mettra en mouvement et l'*objet de la dynamique est de déterminer les lois de ce mouvement.*

En résumé, la *dynamique* traite des relations qui existent entre les forces et les mouvements qu'elles produisent.

Quatre principes fondamentaux servent de base aux lois de la dynamique. Ces principes, qui ne sont pas évidents a priori, ont été déduits de l'observation des faits et vérifiés par l'exactitude des conséquences qu'on en tire. Ils ont été démêlés, au milieu des mouvements divers, par des hommes de génie tels que Képler, Galilée et Newton.

PREMIER PRINCIPE

2. Ce principe de Képler est celui de l'*inertie.* Nous l'avons déjà énoncé au commencement de la statique.

1° *Un point matériel en repos ne peut se mettre de lui-même en mouvement ;*

2° *Un point matériel en mouvement ne peut, de lui-même, modifier, ni la grandeur, ni la direction de sa vitesse.*

Nous en concluons immédiatement que si un point matériel libre n'est sollicité par aucune force, ou bien il est *en repos*, ou bien il est animé d'un *mouvement uniforme rectiligne.*

De même, si un corps libre n'est sollicité par aucune force, ou bien ce corps est en repos, ou bien il est animé d'un mouvement de *translation uniforme*, c'est-à-dire que ses points décrivent, dans le même temps, des droites égales et parallèles.

Il est bien évident que ce principe subsiste dans le cas où toutes les forces qui sollicitent le point matériel ou le corps se font équilibre, c'est-à-dire s'ils ont une résultante nulle.

Ainsi, une machine à vapeur sur laquelle agissent plusieurs forces n'est pas en repos. Son mouvement doit tendre à être uniforme, ce qu'on obtient en équilibrant, dans la mesure du possible, toutes les forces en jeu.

La première partie du principe de l'inertie est évidente. La seconde paraît moins plausible et semble en opposition avec les faits que nous observons journellement d'une manière peu attentive. Tout le monde sait que lorsqu'un corps est mis en mouvement par une force qui ne continue pas son action, sa vitesse diminue et finit par être nulle. Cela tient à des forces retardatrices qui s'opposent à la continuité du mouvement. Ces forces tiennent aux frottements et à la résistance des milieux dans lesquels se meuvent les corps. Ces actions perturbatrices ne sont pas constantes, elles varient suivant la nature et l'entretien des surfaces frottantes ainsi que de la densité des milieux.

Lorsqu'on lance un projectile, par exemple, dans la direction de l'axe de l'arme inclinée au-dessus de l'horizon, nous remarquons que ce corps prend un mouvement retardé et finit par atteindre le repos; cela tient à ce qu'il est soumis à la résistance de l'air et à l'action de la pesanteur qui l'attire vers la terre.

Les corps animés possédant en eux-mêmes un principe particulier, qu'on nomme *force vitale*, peuvent se mouvoir, à leur gré, parce que ce principe, non matériel, n'est pas sujet aux lois de l'inertie.

Très souvent, nous constatons un grand nombre de faits qu'explique l'inertie de la matière. Ainsi, un homme, debout sur une voiture qui se lance, prend un mouvement en arrière, parce que ses pieds sont entraînés par la voiture, tandis que la partie supérieure de son corps tend à rester à la même place. Le contraire se produit si la voiture s'arrête brusquement, comme cela arrive dans les tramways lorsque le conducteur serre trop promptement le frein.

Il est très dangereux de sauter d'une voiture en mouvement; car, lorsque les pieds touchent le sol, la partie supérieure du corps continue à se mouvoir avec la vitesse qu'elle avait précédemment et frappe contre le sol avec une force d'autant plus grande que le mouvement était plus rapide. C'est pour obvier à cet effet de l'inertie qu'on doit porter le haut du corps en sens contraire du mouvement de la voiture lorsqu'on saute en arrière.

Pour emmancher un marteau, on frappe le manche contre un obstacle fixe et la tête continue à se mouvoir en serrant les fibres du bois.

Les désastres produits par le déraillement d'un train, par la rencontre de deux navires ou de deux voitures lancées à grande vitesse, sont des effets de l'inertie.

DEUXIÈME PRINCIPE

3. *Le principe de la réaction égale et contraire* à l'action est dû à Newton. Il s'énonce ainsi :

Toutes les fois qu'un point matériel agit sur un point matériel, celui-ci réagit sur le premier avec une force égale et contraire.

Ces deux forces dirigées suivant la même droite, si elles tendent à rapprocher les points matériels sur lesquels elles agissent, on les appelle forces *attractives*. Dans le cas contraire, on les appelle forces répulsives.

Cet axiome de mécanique s'étend à des corps de dimensions finies. Ainsi, la lune exerce sur la terre une attraction égale et contraire à celle qu'elle reçoit de notre globe ; car, puisque les réactions exercées par les différents points de la lune sur les différents points de la terre sont égales et contraires aux actions que ces derniers exercent sur les premiers, la résultante de ces réactions, ou la réaction totale, est égale à la résultante des actions ou à l'action totale.

La considération des réactions est continuelle dans l'étude des machines et des constructions de toute espèce. Tout corps, employé dans une machine ou dans une construction quelconque, repose sur des appuis fixes ou mobiles et exerce une certaine action sur ces appuis. Ceux-ci réagissent à leur tour et leurs réactions doivent entrer au nombre des forces qui agissent sur le corps dont on s'occupe.

C'est à l'aide de cette considération des réactions qu'on peut ramener l'étude du mouvement, ou de l'équilibre d'un corps posé sur des appuis, à celle d'un corps entièrement libre.

Nous savons tous que, en appuyant la main sur un mur, par exemple, celui-ci exerce contre la main une pression égale et contraire.

De même, si, d'un bateau, au moyen d'une corde, on exerce une traction sur un point du rivage, le bateau marche et se rapproche de ce point comme si, de la rive, on avait attiré le bateau avec une force égale à celle qui a été déployée. C'est cette force qui semble partir du rivage qui est la réaction.

La difficulté qu'on éprouve à marcher sur un terrain mouvant ou sur une surface bien polie montre que si le sol n'opposait pas de réaction oblique, il serait impossible d'avancer.

Lorsqu'on comprime un ressort sous l'action d'une force, celui-ci fléchit tant que sa réaction est inférieure à l'effort exercé, mais il arrive un moment où les deux forces étant égales, la compression cesse.

L'adhérence des roues de la locomotive avec les rails, qui permet à cette machine d'entraîner les wagons est une conséquence du principe de Newton.

TROISIÈME PRINCIPE

4. Ce principe dû à Galilée, et qu'on appelle encore *loi du mouvement* relatif, s'énonce ainsi :

L'effet d'une force appliquée sur un point matériel est indépendant du mouvement antérieurement acquis par ce point.

D'après ce principe, lorsqu'un système de points est animé d'un mouvement de translation, toute force qui vient agir sur l'un d'eux produit le même déplacement du point dans le système que si ce système était au repos, c'est-à-dire que si nous supposons, par exemple, que le point possède la vitesse v_0 au moment où une autre force vient à agir sur lui, dans la même direction que cette vitesse, et que cette force soit capable d'imprimer au même point, partant du repos, la vitesse v au bout d'un temps t, la vitesse V du point considéré, au bout du temps t, sera

$$V = v_0 + v$$

Il est bien entendu si cette deuxième force agit dans une autre direction que la première, son mouvement absolu s'obtiendra en composant celui qu'il possédait antérieurement avec le mouvement qu'il prend sous l'influence de cette dernière force.

Ce principe donne lieu aux conséquences suivantes que nous formulerons sous forme de théorèmes.

MOUVEMENT PRODUIT PAR UNE FORCE CONSTANTE

Une force est constante lorsqu'elle conserve la même direction et la même intensité. Elle produit toujours un mouvement uniformément varié.

Théorème.

5. *Lorsqu'une force constante agit sur un point matériel en repos, elle lui imprime un mouvement uniformément varié.*

Soit un point matériel, sans vitesse initiale, sur lequel vient agir une force constante. Il prendra la même direction et le même sens qu'elle. Admettons que la durée totale du mouvement soit divisée en temps égaux très petits, en secondes, par exemple. Supposons que γ soit la vitesse que la force imprimerait au point pendant la première seconde. En vertu du principe de l'inertie, il conserverait indéfiniment cette vitesse si la force cessait d'agir à la fin de la première unité de temps. Mais, pendant la seconde unité, la force lui communique une nouvelle vitesse γ qui s'ajoute à la première en donnant une vitesse résultante 2γ de même sens et de même direction. Au bout de la troisième seconde, la force, continuant à agir, fera acquérir au point une vitesse γ, et ainsi de suite, de telle sorte que sa vitesse v au bout du temps t sera :

$$v = \gamma t$$

Puisque la vitesse est proportionnelle au temps, le mouvement est uniformément accéléré et, comme la force est constante en grandeur et en direction, le mouvement est rectiligne. Cet accroissement γ de vitesse est ce que nous avons appelé *l'accélération du mouvement*. L'espace e, parcouru par ce point partant du repos, au bout du temps t, est exprimé par la relation

$$e = \frac{1}{2} \gamma t^2.$$

Théorème.

6. *Lorsqu'un point matériel, animé d'une vitesse initiale, est soumis à l'action d'une force constante, il acquiert un mouvement uniformément varié.*

Comme cette force peut agir dans le sens de la vitesse initiale ou en sens contraire, nous distinguerons trois cas :

1° *La force est de même sens que la vitesse initiale et le mouvement est uniformément accéléré.*

Soit v_0 la vitesse initiale et γ la vitesse que la force constante donne au mobile au bout d'une seconde. En raisonnant comme précédemment, on voit que la vitesse, au bout de la première unité de temps, sera $v_0 + \gamma$. Celle au bout de la deuxième seconde sera $v_0 + 2\gamma$ et ainsi de suite. Par conséquent, au bout du temps t, la vitesse v, que possèdera le point matériel, aura une valeur

$$v = v_0 + \gamma t$$

Le mouvement est donc uniformément varié et son accélération est γ.

2° *La force est de sens contraire à la vitesse initiale et le mouvement est uniformément retardé.*

L'accélération étant de sens contraire à la vitesse initiale, il suffit, dans la formule précédente, de changer γ par $-\gamma$, ce qui donne

$$v = v_0 - \gamma t$$

Donc, suivant le sens de la force, le mouvement est uniformément accéléré ou retardé (Cinématique n° 516) et la formule de la vitesse est

$$v = v_0 \pm \gamma t.$$

Celle de l'espace devient

$$e = v_0 t \pm \frac{1}{2} \gamma t^2.$$

Théorème réciproque.

7. *Lorsqu'une force produit sur un point matériel libre un mouvement rectiligne uniformément varié, cette forme est constante.*

En effet, ce point matériel est soumis à l'action d'une force ; car, autrement, le mouvement serait uniforme. Cette force est de grandeur constante, puisqu'elle produit, dans chaque unité de temps, une variation de vitesse constante égale à γ.

De plus, cette force conserve la même direction ; car, si elle n'était pas dirigée suivant la droite parcourue par le mobile, même pendant un instant très petit, elle communiquerait à celui-ci une vitesse de même direction qu'elle et qui, se composant avec la vitesse du point matériel, déterminerait ainsi une trajectoire dont la direction serait différente de celle de la trajectoire décrite par le point matériel. Donc la force est constante.

8. Remarque I. *La pesanteur est une force constante.* — Nous avons vu, en cinématique n° 530, que le mouvement d'un corps abandonné à l'action de la pesanteur, dans le vide, est uniformément accéléré lorsque la hauteur de chute est très petite par rapport au rayon terrestre. Le poids d'un corps agit donc en chaque lieu comme une force constante.

Rappelons les formules relatives à la chute d'un corps. Ce sont :

$$v = gt$$

$$h = \frac{1}{2} g t^2$$

$$v = \sqrt{2gh}$$

dans lesquelles v représente la vitesse que possède un corps tombant en chute libre au bout de t secondes, h étant la hauteur de chute et g l'accélération qui vaut, à Paris, 9,8088 ou, en nombre rond, 9,81.

Lorsque le corps est lancé avec une vitesse initiale v_0, soit de haut en bas, soit de bas en haut, les formules sont

$$v = v_0 \pm gt$$

$$h = v_0 t \pm g t^2$$

$$v^2 = \overline{v_0}^2 \pm 2gh$$

3° *La force agit dans une direction différente de celle de la vitesse initiale.*

Si un point matériel, animé d'une vitesse initiale v_0, est soumis à une force constante dirigée d'une manière quelconque relativement à la direction de cette vitesse, le point matériel décrit une courbe qu'on peut déterminer en composant les deux mouvements. Le mouvement résultant n'est plus rectiligne ; car, à chaque instant, la force tend à faire dévier le point matériel de la diretion que lui conserverait l'inertie.

Au n° 611 de la Cinématique, nous avons donné un exemple de ce cas en traitant le mouvement des projectiles. Le calcul montre que la courbe décrite par le mobile est une parabole dont l'amplitude et la hauteur dépendent de la grandeur et de la direction de la vitesse initiale que lui imprime l'arme.

Cette courbe parabolique se constate aussi lorsqu'un jet liquide s'écoule par la paroi verticale d'un vase. La veine fluide est soumise à une vitesse initiale perpendiculaire à la paroi dont la grandeur dépend de la charge au-dessus de l'orifice. La pesanteur produit son action d'une manière constante et, par suite, la courbe décrite est de même nature que la trajectoire des projectiles.

9. Remarque II. — Si la force était variable à chaque instant en grandeur et en direction suivant une loi déterminée, de telle sorte que, à tout moment et en tout point de l'espace, on puisse en connaître la direction et l'intensité, sa trajectoire se déterminerait, soit par le calcul, soit en la construisant éléments par éléments.

Si la force varie d'une manière continue, en grandeur et en direction, le mouvement du mobile, pendant un temps suffisamment court, est sensiblement un mouvement parabolique, puisque, pendant ce temps, les variations de direction et de grandeur de la force sont négligeables.

On peut donc regarder tout mouvement d'un point matériel sollicité par une force qui varie d'une manière continue, comme une succession de mouvements paraboliques s'effectuant chacun pendant une durée très petite.

QUATRIÈME PRINCIPE

10. Le principe de l'indépendance des effets des forces simultanées, dû à Galilée, est le suivant :

Lorsque plusieurs forces agissent simultanément sur un point matériel, chacune d'elles produit son effet comme si les autres n'existaient pas.

Ce principe nous conduit à la mesure dynamique des forces.

Dans la statique, nous avons vu comment, au moyen du dynamomètre, on peut mesurer les forces ; mais, pour cela, il faut les équilibrer. Nous allons voir que le mouvement produit par ces forces permet également de trouver leur intensité, c'est-à-dire leur expression en kilogrammes *par la proportionnalité des forces constantes aux accélérations.*

Théorème.

11. *Deux ou plusieurs forces constantes en grandeur et direction, appliquées successivement à un même point matériel, sont, entre elles, dans le même rapport que les accélérations qu'elles produisent.*

Soient F et F' deux forces constantes, produisant, sur un point matériel, des accélérations γ et γ' quand on les applique successivement. Nous allons prouver que

$$\frac{F}{F'} = \frac{\gamma}{\gamma'}$$

En effet, supposons que les forces F et F' aient une commune mesure f, contenue n fois dans la première et n' fois dans la seconde ; c'est-à-dire

$$F = nf \qquad F' = n'f$$

d'où

$$\frac{F}{F'} = \frac{n}{n'}$$

d'où

Si α est l'accélération produite par la force constante f appliquée au point considéré, le principe de l'indépendance des effets des forces simultanées montre que n forces égales à f appliquées simultanément à ce point, produiront une accélération $n\alpha$. L'accélération produite par la force F sera $n\alpha$. D'où

$$\gamma = n\alpha.$$

De même, l'accélération produite par F' sera

$$\gamma' = n'\alpha$$

$$\frac{\gamma}{\gamma'} = \frac{n}{n'}$$

et, par suite,

$$\frac{F}{F'} = \frac{\gamma}{\gamma'}$$

Dans le cas où les forces F et F' n'ont pas de commune mesure, on prend une force f qui soit la n^{me} partie de F', et on a

$$mf < F < (m+1)f$$

d'où $$\frac{m}{n} < \frac{F}{F'} < \frac{m+1}{n}$$

En faisant agir n forces égales à f, on obtient une accélération γ, tandis que m forces égales à f produisent une accélération moindre que γ'. Ce serait le contraire pour la force $(m+1)$. Donc :

$$\frac{m}{n} < \frac{\gamma}{\gamma'} < \frac{m+1}{n}$$

Les rapports $\frac{F}{F'}$ et $\frac{\gamma}{\gamma'}$ ont donc une différence inférieure à $\frac{1}{n}$, qui est, par suite nulle, puisque $\frac{1}{n}$ tend vers zéro quand n croît indéfiniment. Donc, *deux forces constantes sont proportionnelles aux accélérations qu'elles produisent.*

12. Remarque II. — Lorsque le point matériel part du repos, les forces sont proportionnelles aux vitesses qu'elles lui impriment.

Nous savons que la formule de la vitesse d'un mobile animé d'un mouvement uniformément accéléré, sans vitesse initiale, est

$$v = \gamma t \qquad v' = \gamma' t$$

ou $$\frac{v}{v'} = \frac{\gamma}{\gamma'}.$$

Donc $$\frac{F}{F'} = \frac{v}{v'}$$

Cette proposition se vérifie au moyen de la machine d'Atwood.

On prend deux poids égaux P. Sur l'un d'eux, on place une masse additionnelle p et on cherche la vitesse v acquise à la fin d'un temps t, une seconde, par exemple. On répète l'expérience avec de nouveaux poids P' et p' choisis de manière qu'on ait

$$2P + p = 2P' + p'.$$

On note la vitesse v' au bout du même temps et on constate le rapport

$$\frac{p}{p'} = \frac{v}{v'}$$

13. Remarque II. — La proportion $\frac{F}{F'} = \frac{\gamma}{\gamma'}$ peut s'écrire en changeant les moyens de place

$$\frac{F}{\gamma} = \frac{F'}{\gamma'}$$

Si l'on considère plusieurs forces FF'F'' produisant les accélérations γ, γ', γ'', on aura

$$\frac{F}{\gamma} = \frac{F'}{\gamma'} = \frac{F''}{\gamma''} = \ldots..$$

Donc, le *rapport d'une force appliquée à un corps à l'accélération qu'elle produit est constant.*

14. La recherche des relations entre le mouvement et les forces amène à considérer, dans les corps, un nouvel élément qui est leur *masse*, c'est-à-dire la quantité de matière qu'ils contiennent.

L'expérience nous apprend, en effet, qu'il ne faut pas faire des efforts égaux pour imprimer un mouvement identique aux divers corps qu'on déplace. Si deux objets sont de matière différente, on voit même que l'effort à exercer doit souvent être moindre pour celui qui a le plus grand volume. C'est ce qui arrive, par exemple, lorsqu'on a à remuer des saumons de plomb et des blocs de bois. La considération des volumes n'est donc pas suffisante pour étudier les forces et leurs effets et il est indispensable d'introduire l'idée nouvelle de *masse*.

Les masses sont des quantités d'une espèce particulière. Par conséquent, pour pouvoir les comparer entre elles, il faut définir leur égalité.

On dit *que deux corps ont même masse, lorsque, soumis à des forces inégales, ils prennent un mouvement identique.*

L'équation précédente

$$\frac{F}{\gamma} = \frac{F'}{\gamma'} = \frac{F''}{\gamma''} \ldots,$$

qui indique le rapport constant entre une force et son accélération, s'appelle *la masse du corps.*

En particulier, la pesanteur, produisant sur un point matériel un mouvement uniformément accéléré dont l'accélération est g, on aura, en représentant par P son poids

$$\frac{F}{\gamma} = \frac{P}{g} = m$$

Donc, *les masses des corps sont proportionnelles à leurs poids.*

De cette égalité, on tire

$$\gamma = g\,\frac{F}{P}$$

permettant de trouver l'accélération que

peut prendre un corps de poids connu sous l'action d'une force constante déterminée.

15. REMARQUE I. — *La masse d'un corps est un nombre abstrait.*

En effet, le poids d'un corps est exprimé en kilogrammes et l'accélération de la pesanteur est exprimée en mètres. Pour faire le rapport de ces deux nombres, il faut les considérer comme abstraits. Par suite la masse est elle-même un nombre abstrait.

16. *Unité de masse.* — En faisant $m = 1$ dans la formule

$$m = \frac{F}{\gamma},$$

on obtient $$1 = \frac{F}{\gamma}$$

D'où $$F = \gamma.$$

Par suite, *l'unité de masse est la masse d'un corps pour lequel une force appliquée à ce corps est exprimée par le même nombre que l'accélération qu'elle produit.*

Si la force appliquée au corps est son poids, la formule

$$F = \gamma$$

devient $$P = g$$

Donc, en un lieu quelconque, le poids de l'unité de masse est exprimé par le même nombre que la valeur de g en ce lieu. A Paris, l'unité de masse pèse $9^k,8088$.

L'unité de masse peut se définir d'une autre manière. Si, dans la formule

$$\frac{F}{\gamma} = m,$$

on fait $F = 1$ et $\gamma = 1$,

on tire $$m = 1,$$

c'est-à-dire que l'unité de masse est la masse d'un corps qui, sous l'action d'une force d'un kilogramme, prend une accélération d'un mètre.

RELATIONS ENTRE LES FORCES, LES MASSES ET LES ACCÉLÉRATIONS

Théorème.

17. *Les forces constantes sont proportionnelles aux produits des masses par les accélérations.*

Soient F et F' deux forces constantes appliquées à deux points matériels de masse m et m' et γ, γ' les accélérations qu'elles impriment. On a :

$$\frac{F}{\gamma} = m, \quad \text{ou} \quad F = m\gamma$$

$$\frac{F'}{\gamma'} = m', \quad \text{ou} \quad F' = m'\gamma'$$

Donc, $$\frac{F}{\gamma'} = \frac{m\gamma}{m'\gamma'}$$

18. REMARQUE I. — La proportion précédente permet de mesurer les forces au moyen du mouvement qu'elles impriment aux corps. C'est ce qu'on entend par *mesure dynamique* des forces L'expression d'une force F en kilogrammes est

$$F = m\gamma,$$

c'est-à-dire que, connaissant la masse d'un corps et l'accélération du mouvement, on aura facilement l'intensité de la force.

19. REMARQUE II. — Supposons deux mobiles de masses m et m' partant du repos et multiplions les deux termes du deuxième membre de l'égalité précédente par t. Il vient :

$$\frac{F}{F'} = \frac{m\gamma t}{m'\gamma' t}$$

Or, d'après la loi des vitesses,

$$v = \gamma t \qquad v' = \gamma t'$$

Donc, en substituant, on a

$$\frac{F}{F'} = \frac{mv}{m'v'}$$

c'est-à-dire que deux forces sont entre elles comme les produits des masses par les vitesses correspondantes.

20. *Quantité de mouvement.* — Les produits mv, $m'v'$ des masses par les vitesses s'appellent *quantités* de mouvement.

Donc, deux forces constantes sont proportionnelles aux quantités de mouvement qu'elles produisent.

21. REMARQUE III. — Si, dans l'équation

$$\frac{F}{F'} = \frac{m\gamma}{m'\gamma'},$$

on suppose $F = F'$, il vient

$$1 = \frac{m\gamma}{m'\gamma'}$$

ou $$\frac{\gamma}{\gamma'} = \frac{m'}{m}$$

c'est-à-dire que les accélérations par une même force qui agit successivement sur des masses m *et* m' *sont en raison inverse de ces masses.*

Dans le cas où les mobiles partent du repos, on aura, au bout du temps t

$$\frac{v}{v'} = \frac{m}{m'}$$

c'est-à-dire que les vitesses communiquées par une même force à deux masses différentes sont en raison inverse de ces masses.

22. *Impulsion d'une force.* — L'*impulsion* d'une force, que Poncelet a désignée sous le nom d'*activité* de cette force, est le produit Ft de cette force par le temps pendant lequel elle agit.

Dans les calculs, l'impulsion d'une force représente un nombre de kilogrammes, attendu que, dans toutes les formules de mécanique, le temps figure comme un nombre abstrait.

Théorème.

23. 1° *L'impulsion d'une force est égale à la quantité de mouvement que possède le corps;*

La variation de la quantité de mouvement est égale à l'impulsion de la force pendant le même temps :

1° Soit un mobile de masse m, *partant du repos* et soumis à une force constante F. Sa vitesse, au bout du temps t, est exprimée par

$$v = \gamma t,$$

Or, de la formule $F = m\gamma$, on tire

$$\gamma = \frac{F}{m}$$

D'où, en substituant γ par sa valeur, il vient

$$v = \frac{F}{m} t$$

ou bien
$$mv = Ft$$

Donc l'impulsion Ft est bien égale à la quantité mv de mouvement.

24. Remarque. — Cette formule montre qu'il n'y a pas de force instantanée, car si dans l'équation

$$mv = Ft$$

on fait $t = 0$, il vient

$$mv = 0$$

On voit donc que pour qu'une force agissant sur un corps le mette en mouvement, il faut que l'action de la force dure un temps qui peut être très court, mais qui n'est pas nul.

Ainsi une balle tirée dans un carreau de vitre, à petite distance, emporte la pièce sans produire de brisure, tandis qu'une balle morte fend le carreau dans tous les sens. Cela tient à ce que, dans le premier cas, le mouvement de la pièce emportée par la balle n'a pas le temps de se communiquer aux molécules voisines.

2° Supposons que le mobile possède une vitesse initiale v_0 au moment où la force constante F commence à agir. Sa vitesse au bout d'un temps t est

$$v = v_0 + \gamma t,$$

En remplaçant γ par $\frac{F}{m}$, il vient

$$v = v_0 + \frac{F}{m} t$$

D'où
$$mv - mv_0 = Ft$$

Or $mv - mv_0$ est la quantité de mouvement acquise pendant le temps considéré t. *Donc l'accroissement de la quantité de mouvement est égale à l'impulsion de la force.*

De même, si la force agissait en sens contraire de la vitesse initiale v_0, on aurait

$$v = v_0 - \gamma t$$

$$v = v_0 - \frac{F}{m} t$$

et, enfin,
$$mv_0 - mv = Ft$$

Donc *la diminution de la quantité de mouvement est égale à l'impulsion de la force.*

25. Remarque I. — Si dans les équations

$$mv - mv_0 = Ft$$
$$mv - mv = Ft$$

on fait successivement $v_0 = 0$, on obtient

$$mv = Ft$$

et
$$- mv - Ft$$

C'est-à-dire que :

1° La quantité de mouvement possédée par un mobile est égale et de même sens que l'impulsion qu'il a reçue depuis qu'il est en mouvement ;

2° La quantité de mouvement possédée par un mobile est égale et de sens contraire à l'impulsion qui est nécessaire pour le ramener au repos.

En résumé, il y a quantité de mouvement acquise quand la force agit dans le sens de la vitesse actuelle, et quantité de mouvement perdue dans le cas contraire.

26. Remarque II. — Ce théorème peut s'étendre au cas d'une force variable.

En effet, supposons que le temps total t considéré soit divisé en éléments très petits t_1, t_2, t_3... t_n ., pendant lesquels la force pourra être considérée comme constante, soient F_1, F_2, F_3...F_n les valeurs successives qu'elle prend, et v_1, v_2, v_3,.... v_n les vitesses correspondantes aux éléments de temps. On aura :

Pendant le temps	t_1	$mv_1 - mv_0 = F_1t_1$
— —	t_2	$mv_2 - mv_1 = F_2t_2$
— —	t_3	$mv_3 - mv_2 = F_3t_3$
....		....
— —	t_n	$mv_n - mv_{n-1} = F_nt_n$

D'où, en ajoutant ces égalités membre à membre,

$$mv - mv_0 = F_1t_1 + F_2t_2 + \dots F_nt_n$$

Les temps élémentaires étant infiniment petits, l'équation s'applique au cas d'une force variable d'une manière continue.

Donc, *pour une force variable comme pour une force constante, la variation de la quantité de mouvement est égale à l'impulsion de la force pendant le même temps.*

Si le mobile était soumis à l'action de plusieurs forces simultanées de même sens ou de sens contraire et agissant suivant la même droite, la force F serait, dans ce cas, la résultante de toutes ces forces et le théorème serait applicable.

Le plus ordinairement, on ne considère que les impulsions des forces projetées sur des axes.

Projection du mouvement d'un point matériel sur un axe

27. Nous avons défini au chapitre III de la Cinématique le mouvement projeté et nous avons démontré les propriétés suivantes :

1° La vitesse d'un mouvement projetée sur une droite quelconque s'obtient en projetant la vitesse du mouvement réel.

Si v représente la vitesse du mouvement réel, v_x celle du mouvement sur un axe et si α est l'angle de ces deux vitesses, on a

$$v_x = v \cos \alpha$$

De même, si l'on projette le mouvement sur trois axes rectangulaires et qu'on appelle α, β, γ les angles que la tangente à la trajectoire, au point occupé par le mobile au bout du temps t, fait avec ces trois axes, et v_x, v_y, v_z, les vitesses respectives des trois projections, on a

$$v_x = v \cos \alpha$$
$$v_y = v \cos \beta$$
$$v_z = v \cos \gamma$$

D'où on tire aisément les relations

$$v = \sqrt{\overline{v}_x^2 + \overline{v}_y^2 + \overline{v}_z^2}$$

$$\cos \alpha = \frac{v_x}{v}, \ \cos \beta = \frac{v_y}{v}, \ \cos \gamma = \frac{v_z}{v}$$

en ayant égard à la relation connue

$$\overline{\cos}^2 \alpha + \overline{\cos}^2 \beta + \overline{\cos}^2 \gamma = 1$$

Lorsque la trajectoire est plane et qu'on projette le mouvement sur deux axes rectangulaires tracés dans son plan, les angles α et β demeurent complémentaires et on a

$$v_x = v \cos \alpha$$
$$v_y = v \sin \alpha$$

D'où $$v = \sqrt{v_x^2 + v_y^2}$$

Pour avoir l'angle α connaissant v_x et v_y, il suffit de diviser membre à membre les deux équations précédentes, ce qui donne

$$\frac{\sin \alpha}{\cos \alpha} = \operatorname{tg} \alpha = \frac{v_y}{v_x}$$

2° Si l'on projette sur un axe un mouvement rectiligne uniformément varié, le mouvement de la projection est lui même uniformément varié.

La formule de l'espace dans le mouvement uniformément varié étant

$$e = v_0t \pm \frac{1}{2}\gamma t^2$$

devient, en remplaçant γ par $\frac{F}{m}$,

$$e = v_0t \pm \frac{1}{2}\frac{F}{m}t^2$$

Multiplions les deux membres de cette égalité par $\cos \alpha$; α étant l'angle qui fait la direction du mouvement rectiligne ave l'axe, on a

$$e \cos \alpha = v_0 \cos \alpha \, t \pm \frac{1}{2}\frac{F \cos \alpha}{m} t^2$$

Mais $e \cos \alpha$ est la proportion x de l'espace parcouru sur l'axe, qui est, par suite, l'espace parcouru par le mouvement projeté pendant le même temps. *Donc, la projection d'un point matériel se meut d'un mouvement uniformément varié comme un point matériel qui aurait même masse* m *que le mobile réel qui aurait pour vitesse initiale la projection* $v_0 \cos \alpha$ *de la vitesse initiale du mobile réel et qui serait soumis à une force constante* $F \cos \alpha$ *égale à la projection de la force* F *qui agit sur le mobile réel.*

3° Nous avons démontré également que si l'on projette sur un axe le mouvement parabolique produit par une force constante qui n'agit pas dans la direction de la vitesse initiale du mobile, le mouvement de la projection est encore un mouvement uniformément varié.

Dans ce cas, la formule du mouvement projeté est

$$x = v_0 \cos \alpha\, t \pm \frac{1}{2} \frac{F \cos \beta}{m} t^2$$

dans laquelle α est l'angle que fait la vitesse initiale v_0 avec l'axe de projection, β étant l'angle fait par la force constante F avec le même axe.

Donc, la projection du mobile se meut d'un mouvement uniformément varié, comme un point matériel de même masse m *qui aurait pour vitesse initiale la projection* $v_0 \cos \alpha$ *de la vitesse initiale du mobile réel, et qui serait soumis à une force constante* $F \cos \beta$ *égale à la projection de la force* F.

Ces notions rappelées, donnons, comme conséquence, les théorèmes sur la projection des quantités de mouvement.

Théorème.

28. *Lorsqu'un point matériel se meut d'une manière quelconque dans l'espace, la variation de sa quantité de mouvement, projetée sur un axe quelconque, est égale à l'impulsion de la force projetée sur le même axe.*

En effet, de l'équation

$$m v - m v_0 = F t,$$

qui exprime la variation de la quantité de mouvement acquise par le mobile, on déduit, d'après les conséquences du mouvement projeté :

$$mv \cos (vx) - mv_0 \cos (v_0 x) = Ft \cos (Fx)$$

les termes entre parenthèses exprimant les angles que fait l'axe x des projections avec v, v_0 et F.

Dans le cas où le mobile est soumis à l'action de plusieurs forces simultanées, le théorème est applicable.

La force F considérée est la résultante de toutes les forces et la variation de la quantité de mouvement, projetée sur un axe, est égale à la somme algébrique des impulsions des composantes projetées sur le même axe.

Théorème.

29. *La variation de la quantité de mouvement projetée sur un axe, de toute la masse d'un système solide concentrée à son centre de gravité, est égale à la somme des variations des quantités de mouvement de toutes les petites masses élémentaires projetées sur le même axe.*

Soit M la masse d'un corps que nous supposerons concentrée à son centre de gravité G et soient, m, m', m'' les masses élémentaires qui le composent. Projetons toutes ces masses sur un axe quelconque et représentons par x, x', x'' ... X les distances de leurs projections et celle du centre de gravité à un plan des moments perpendiculaires à l'axe. On aura, en appliquant le théorème de Varignon

$$(m + m' + m'' + \ldots) X = mx + m'x' + m''x'' + \ldots$$

Or, $m + m' + m'' + \ldots = M$

donc $MX = mx + m'x' + m''x'' + \ldots \quad (1)$

Si le corps se déplace pendant un temps infiniment petit t, les projections des masses élémentaires se déplaceront des quantités e, e', e''... et la projection du centre de gravité aura parcouru un espace E.

Le théorème de Varignon donnera encore :

$$M(X + E) = m(x + e) + m'(x' + e') + m''(x'' + e'') + \ldots \quad (2)$$

En retranchant l'équation (1) de l'équation (2), il vient :

$$ME = me + m'e' + m''e'' + \ldots \quad (3)$$

Divisons par le temps t, très petit, pendant lequel nous avons considéré le déplacement du système et on aura

$$M \frac{E}{t} = m \frac{e}{t} + m' \frac{e'}{t} + m'' \frac{e''}{t''} + \ldots \quad (4)$$

Pendant ce temps infiniment petit, le mouvement peut être regardé comme uniforme, par suite les quotients $\frac{e}{t'}$ $\frac{e'}{t}$ $\frac{e''}{t}\cdots$ représentent les vitesses, v_{0x}, v'_{0x}, v''_{0x}, des projections des points du système. L'équation précédente devient, en désignant par V_{0x} la vitesse de la projection du centre de gravité

$$MV_{0x} = mv_{0x} + m'v'_{0x} + m''v''_{0x} + \cdots \quad (5)$$

Si maintenant nous considérons un autre déplacement du système, on aura de même

$$MV_x = mv_x + m'v'_x + m''v''_x + \cdots \quad (6)$$

et en retranchant les équations (5) et (6) on aura

$$MV_x - MV_{0x} = (mv_x - mv_{0x}) + (m'v'_x - m'v_{0x}) + \cdots \quad (7)$$

Donc, etc.

Théorème.

30. *La variation de la somme des quantités de mouvements de tous les points matériels qui composent un corps solide, projetée sur un axe quelconque, est égale à la somme des impulsions des forces projetées sur le même axe.*

Les forces intérieures qui peuvent se produire dans un corps s'annulent d'après le principe de la réaction égale et contraire à l'action, à la condition que tous les points matériels de ce corps soient invariablement liés entre eux. Dans ce cas, la variation de la quantité de mouvement d'un corps est indépendante des forces intérieures.

Considérons alors les points matériels m, m', m'' du corps solide; elles donneront, sous l'action des forces extérieures, les équations suivantes :

$$mv_x - mv_{0x} = F_x\, t$$
$$m'v'_x - m'v'_{0x} = F'_x\, t$$

D'où en faisant la somme membre à membre, on aura :

$$\Sigma mv_x - \Sigma mv_{0x} = \Sigma F_x\, t$$

Donc, etc.

Tout ce qui a été dit relativement au mouvement d'un point matériel, peut s'appliquer directement à un solide quelconque lorsque, par la pensée, on considère toute sa masse concentrée à son centre de gravité et toutes les forces transportées parallèlement en ce point. Il suffit, pour bien comprendre cela, de démontrer le théorème suivant sur le *mouvement* du centre de gravité.

Théorème.

31. *Le centre de gravité d'un corps quelconque se meut comme un point matériel qui réunirait à lui seul toute la masse du corps, et qui serait soumis à l'action de toutes les forces extérieures transportées à ce point parallèlement à elles-mêmes.*

En effet, l'équation (7) précédente peut s'écrire :

$$MV_x - MV_{0x} = \Sigma mv_x - \Sigma mv_{0x}$$

En la comparant à l'équation

$$\Sigma mv_x - \Sigma mv_{0x} = F_x t$$

du théorème précédent, on a

$$MV_x - MV_{0x} = \Sigma F_x\, t$$

Cette équation montre que la variation de la quantité de mouvement du centre de gravité d'un corps quelconque, projetée sur un axe, est égale à la somme des impulsions de toutes les forces qui agissent sur le corps, projetées sur le même axe.

32. *Conséquences.* — Les conséquences de ce principe sont remarquables par leur grande généralité.

Lorsqu'un système de corps n'est soumis à aucune force extérieure, mais seulement à des réactions mutuelles des divers points de ce système, le centre de gravité est immobile, ou se meut en ligne droite avec une vitesse uniforme. Les frottements des diverses parties les unes sur les autres, les chocs, les ruptures qui peuvent se produire, toutes ces circonstances n'auront aucune influence sur le centre de gravité.

Considérons, par exemple, le système solaire tout entier, formé du soleil, des planètes et de leurs satellites qui s'attirent mutuellement en raison inverse du carré de la distance, d'après une loi de l'attraction universelle. On peut affirmer que si les autres étoiles fixes sont sans action sur ce système, le centre de gravité est parfaitement immobile ou possède un mouvement de translation rectiligne et uniforme dans l'espace. Si au contraire, comme cela est plus probable, les autres étoiles exercent sur tous les points de notre système planétaire une force attractive, le centre de gravité peut décrire une courbe quelconque, mais il se meut comme si la masse y était concentrée ; toutes les forces attractives s'y transportant, sans changer de grandeur, parallèlement à elles-mêmes. C'est alors le centre de gravité de tous les systèmes solaires agissant l'un sur l'autre qui possède un mouvement rectiligne et uniforme, ou est immobile dans l'espace.

Si pendant qu'un projectile décrit sa trajectoire, il vient à se rompre, les différents éclats se dispersent de tous les côtés, mais le centre de gravité continue à décrire la même courbe, de telle sorte que, prenant à chaque instant le centre de gravité de toutes les parties du projectile, on trouvera précisément le même point que si le projectile eût continué à se mouvoir sans éclater.

APPLICATIONS

Problème.

33. *On applique une force de 50 kilogrammes dirigée horizontalement sur un corps dont le poids est 10 kilogr. qui repose sur un plan parfaitement poli. On demande :*

1° *L'accélération du mouvement;*

2° *L'espace parcouru pendant 15 secondes;*

3° *La vitesse du corps au bout de 30 secondes.*

Nous supposons évidemment que le frottement du corps sur le plan est nul :

1° D'après le théorème de la proportionnalité des forces aux accélérations, on a

$$\frac{F}{\gamma} = \frac{P}{g}$$

D'où $$\gamma = g\frac{F}{P}$$

et, en remplaçant les lettres par leur valeur, il vient

$$\gamma = 9,8088\,\frac{50}{10} = 9,8088 \times 5$$

ou $$\gamma = 49.0440$$

L'accélération ou l'accroissement de vitesse pendant l'unité de temps est de $49^m,044$.

2° Pour avoir l'espace parcouru, pendant 15 secondes, prenons la formule

$$e = \frac{1}{2}\gamma t^2$$

D'où $$e = \frac{1}{2}\,49,044 \times \overline{15}^2$$

et, en effectuant

$$e = 5,517^m,45$$

3° La vitesse au bout de 30 secondes est donnée par la formule

$$v = \gamma t$$

d'où

$$v = 49,044 \times 30$$
$$v = 1471^m,32$$

Problème.

34. *Quelle est la force qu'il faut faire agir sur un corps du poids de 20 kilogrammes pour qu'il parcoure 100 mètres en 40 secondes?*

L'accélération du mouvement se déduit de la formule

$$e = \frac{1}{2}\gamma t^2$$

D'où $$\gamma = \frac{2e}{t^2}$$

et $$\gamma = \frac{2 \times 100}{\overline{40}^2} = \frac{1}{8}$$

De la relation

$$\frac{F}{\gamma} = \frac{P}{g},$$

on tire

$$F = P\,\frac{\gamma}{g} = \frac{20}{9,8088} \times \frac{1}{8} = 0^k,254.$$

Problème.

35. *Un corps de 5 kilogrammes est soumis à l'action d'une force constante. Au bout de la cinquième seconde, la force cesse et le mobile parcourt d'un mouvement uniforme 252 mètres en 12 secondes. On demande :*

1° *L'intensité de la force;*

2° *L'espace parcouru pendant les 5 secondes.*

1° Puisque, après la cinquième seconde, le mouvement est uniforme, sa vitesse à la fin de ce temps sera

$$v = \frac{e}{t}$$

ou $$v = \frac{252}{12} = 21 \text{ mètres.}$$

La force constante F sera

$$F = P \frac{\gamma}{g}$$

or, $\gamma = \frac{v}{t} = \frac{21}{5}$

Donc, $F = 5 \frac{21}{5 \times 9{,}8088} = \frac{21}{9{,}8088}$

$$F = 2^k{,}141$$

2° L'espace parcouru pendant les cinq premières secondes sera

$$e = \frac{1}{2} \gamma t^2$$

$$e = \frac{1}{2} \frac{21}{5} 5^2 = 52^m{,}5$$

Problème.

36. *Une locomotive du poids de 36 tonnes marche avec une vitesse de 60 kilomètres à l'heure. De quelle hauteur devra-t-elle tomber pour que le choc sur le sol soit le même que celui produit par un obstacle qui l'arrête brusquement ?*

La vitesse de la locomotive par seconde est :

$$\frac{60000}{3600} = \frac{100}{6} \text{ mètres}$$

La hauteur demandée sera celle que doit parcourir un corps tombant en chute libre pour acquérir en touchant le sol cette vitesse $^{100}/_6$.

La formule (3) de la chute des corps est

$$v = \sqrt{2gh}$$

D'où $h = \frac{v^2}{2g}$

et en remplaçant

$$h = \frac{\overline{100}^2}{6^2 2.9{,}8088} = 14^m{,}16$$

En supposant que la hauteur des étages soit de 3 mètres, l'effet produit par un obstacle fixe serait le même que si ce véhicule tombait d'un cinquième étage environ.

Ce calcul montre que la hauteur de chute est indépendante de la masse en mouvement. Pour se rendre compte des effets désastreux du choc, il faut tenir compte de cette masse, en appliquant le principe des forces vives que nous développerons plus tard,

$$\frac{1}{2} mv^2 = \frac{1}{2} \times \frac{36000}{9{,}8088} \times \left(\frac{100}{6}\right)^2$$

D'où, puissance vive = 509746 kilogrammètres.

Comme cette force vive doit être dépensée sur une très petite longueur, il se développera une résistance énorme qui fera voler la locomotive en éclats.

Si l'on considère un train formé de plusieurs wagons, la force vive de ces voitures vient encore s'ajouter à celle de la locomotive.

Problème.

37. *Dans une machine d'Atwood, les extrémités du fil supportent chacune un poids de 2 kilog. On demande :*

1° Quelle sera l'accélération du mouvement si l'on ajoute 5 grammes sur l'un de ces poids ?

2° Quel poids additionnel donnerait au système une accélération $\frac{g}{2}$;

3° Quel est le poids additionnel qui ferait parcourir au système 2 mètres pendant la première seconde ?

Représentons par P le poids suspendu à chaque extrémité du fil et par p le poids additionnel. Leurs masses seront

$$\frac{P}{g} \text{ et } \frac{p}{g}.$$

Si la pesanteur agissait librement sur la masse totale

$$\frac{2P}{g} + \frac{p}{g},$$

l'accélération du mouvement serait g.

Comme la masse $\frac{p}{g}$ met en mouvement la masse totale, l'accélération g' demandée sera donnée par la relation

$$\frac{M}{m} = \frac{g}{g'}$$

ou $$\frac{2P + p}{p} = \frac{g}{g'} \quad (1)$$

De cette égalité on tire

$$g' = g \frac{p}{2P + p}$$

ou $g' = 9{,}8088 \frac{5}{4000 + 5} = 0^m{,}01224$

l'accélération est de $0^m{,}01224$

2° La formule (1) donne

$$2Pg' + pg' = pg$$

d'où $$p = 2P \frac{g'}{g - g'}$$

En remplaçant g' par $\frac{g}{2}$, il vient

$$p = 2P$$

ou $$p = 4 \text{ kilogr.}$$

3° La formule $e = \frac{1}{2} g'' t^2$ donne pour $t = 1$

$$g'' = 2e$$

ou $$g'' = 4 \text{ mètres}$$

Le poids additionnel qui produirait cette accélération de 20 mètres est donné par la relation précédente

$$p = 2P \frac{g'}{g - g'}$$

qui devient

$$p = 4 \frac{4}{9,8088 - 4} = 2^k,754$$

Le poids additionnel devra être de $2^k,751$.

Problème.

38. *Un poids de 15 kilogrammes est divisé de telle manière que, en attachant les deux parties aux extrémités d'un cordon passant sur une poulie fixe, l'ensemble parcourt 60 mètres en 20 secondes. Le poids du cordon est supposé négligeable. On demande le poids de chaque partie.*

Puisqu'on connaît l'espace parcouru et le temps employé à le parcourir, on a immédiatement l'accélération g' du mouvement par la formule

$$e = \frac{1}{2} g' t^2$$

D'où, $$g' = \frac{2e}{t^2} = \frac{2 \times 60}{400} = 0^m,30.$$

Représentons par x le poids le plus lourd, l'autre par y. On aura, d'après la formule,

$$\frac{g'}{g} = \frac{p}{2P + p}$$

$$\frac{g'}{g} = \frac{x - y}{2y + x - y} = \frac{x - y}{x + y}$$

ou bien, d'après un principe connu des proportions,

$$\frac{g + g'}{g} = \frac{2x}{x + y}$$

Or, $$x + y = 15$$

On a donc $$\frac{g + g'}{g} = \frac{2x}{15},$$

Équation de laquelle on tire x

$$x = \frac{15\,(g + g')}{2g}$$

ou $$x = \frac{15\,(9,8088 + 0,30)}{2 \times 9,8088}$$

$$x = 7^k,729$$

et $$y = 15 - 7,729 = 7,271$$

Les deux parties seront :

$7^k,729$ et $7^k,271$.

Problème.

39. *Quelle sera l'accélération du mouvement d'un mobile qui descend le long d'un plan incliné d'un angle (fig. 1)?*

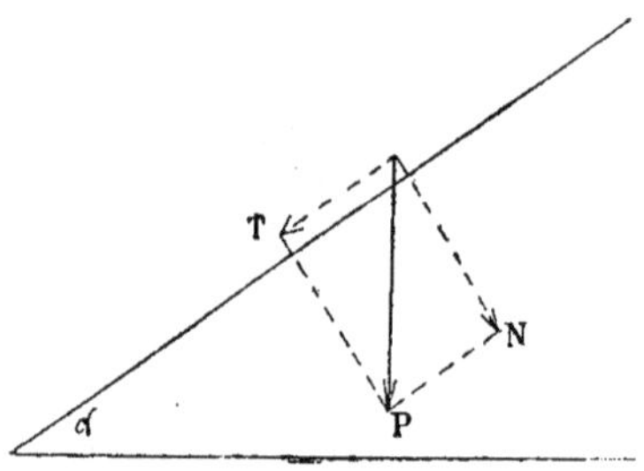

Fig. 1.

Le poids P du mobile peut être décomposé en deux forces : l'une, N, normale est détruite par la fixité du plan ; l'autre, T, dirigée suivant le plan déterminant le mouvement et qui a pour valeur

$$T = P \sin \alpha$$

Si g' représente l'accélération du mouvement sur le plan et m la masse du corps, on a :

$$m = \frac{P}{g}$$

De même, $$m = \frac{T}{g'} = \frac{P \sin \alpha}{g'}$$

D'où $$\frac{P}{g} = \frac{P \sin \alpha}{g'}$$

et, enfin, $$g' = g \sin \alpha. \qquad (1)$$

On voit, d'après la formule (1), que l'accélération g' est proportionnelle au sinus de l'angle du plan incliné. Si $\alpha = 90$, $\sin 90 = 1$ et

$$g' = g$$

Si le plan incliné devient horizontal $\sin\alpha = o$ et $g' = o$.

Le corps est alors au repos, ou bien son mouvement, s'il en a un, est uniforme.

Problème.

40. *Un corps se meut sur un plan incliné de 70°. On demande:*

1° *L'accélération du mouvement;*

2° *L'espace parcouru pendant les 10 premières secondes;*

3° *L'espace, suivant la longueur du plan, parcouru pendant la cinquième seconde;*

4° *En quel point se trouve le corps lorsqu'un autre corps, parti en même temps du sommet, a parcouru une hauteur h.*

1° D'après la formule (1) établie au problème précédent, on aura:

$$g' = g \sin\alpha$$

Or $\log. \sin 70° = \bar{1},9729858$

$\sin 70° = 0,93969$

D'où $g' = 9,8088 \times 0,93969 = 9,2172$

L'accélération du mouvement sera de $9^m,2172$.

2° L'espace e parcouru pendant les dix premières secondes sera :

$$e = \frac{1}{2} g' t^2$$

ou $e = \dfrac{9,2172 \times 100}{2} = 460^m,86$

3° L'espace parcouru pendant la cinquième seconde sera égal à celui parcouru pendant les cinq premières secondes, moins le chemin parcouru pendant les quatre premières. D'où :

$$e_1 = e - e' = \frac{g't^2}{2} - \frac{g't'^2}{2}$$

$$e_1 = \frac{g'}{2}(t^2 - t'^2)$$

$$e_1 = 4,6086\,(25 - 16) = 41^m,4774.$$

4° Désignons par h la hauteur du plan incliné et par e l'espace correspondant parcouru suivant le plan et nous aurons:

$$e = \frac{g't^2}{2}$$

$$h = \frac{gt^2}{2} \qquad (1)$$

mais $g' = g \sin\alpha$

D'ou $e = \dfrac{g \sin\alpha}{2} t^2 \qquad (2)$

En divisant les équations (1) et (2), on obtient:

$$\frac{e}{h} = \frac{g \sin\alpha\, t^2}{gt^2} = \sin\alpha$$

D'où $e = h \sin\alpha.$

Cette équation montre que le corps se trouve au point du plan fourni par sa rencontre avec une circonférence qui aurait h pour diamètre.

Problème.

41. *Quelle doit être la longueur d'un plan incliné de 45° :*

1° *Pour que le corps qui la parcourt sans vitesse initiale acquière une vitesse de 15 mètres ;*

2° *Pour que le corps qui la parcourt sans vitesse initiale mette 6 secondes à la parcourir ;*

3° *Pour qu'un corps lancé avec une vitesse de 3 mètres la parcourt en 8 secondes?*

1° La formule qui donne la vitesse du mouvement uniformément accéléré sans vitesse initiale est :

$$v = \sqrt{2g'e}$$

ou $v = \sqrt{2ge \sin\alpha}$

de laquelle on tire

$$e = \frac{v^2}{2g \sin\alpha.}$$

Or, $\sin 45° = \dfrac{\sqrt{2}}{2} = 0,7071.$

Par suite,

$$e = \frac{225}{2 \times 9,8088 \times 0,7071} = 16^m,22$$

La longueur du plan incliné doit être de $16^m,22$.

2° La formule $e = \dfrac{gt^2}{2} \sin\alpha$ devient :

$$e = \frac{9,808}{2}\, 36 \times 0,7071$$

$$e = 124^m,84.$$

3° En appliquant la formule,

$$e = v_0 t + \frac{g't^2}{2},$$

on a, en remplaçant g' par sa valeur $g \sin\alpha$

$$e = 3 \times 8 + \frac{9{,}8088 \times 0{,}7071 \times 64}{2}$$

$$e = 245^m{,}95.$$

La longueur du plan incliné doit être de $245^m{,}95$.

Problème.

42. *Quelle inclinaison doit avoir un plan pour qu'un mobile le descende avec une vitesse horizontale maximum?*

Il est facile de voir que le plan demandé doit faire un certain angle avec l'horizon; car, s'il était vertical, il n'y aurait pas de vitesse horizontale. De même, si le plan était horizontal, le mouvement n'existerait pas.

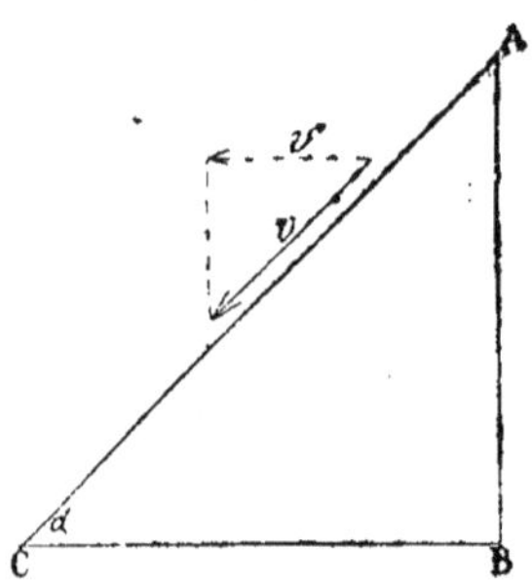

Fig. 2.

Soit v, la vitesse du mobile suivant le plan et v' la composante horizontale (*fig.* 2). On aura :

$$v = g't = gt \sin\alpha$$

$$v' = v \cos\alpha = gt \sin\alpha \cos\alpha$$

mais $\sin\alpha, \cos\alpha = \frac{1}{2} \sin 2\alpha$

D'où $v' = \frac{1}{2} gt \sin 2\alpha$

Le maximum de v' aura lieu pour la plus grande valeur de $\sin 2\alpha$ qui est 1. Par suite,

$$2\alpha = 90^\circ \text{ et } \alpha = 45^\circ$$

L'inclinaison du plan est donc de 45°.

Remarque. — Cette inclinaison à 45° est celle que le mobile parcourra dans un temps minimum pour une même base b. En effet, en désignant par α l'angle du plan et par b la base CB, on aura :

$$AC = e = \frac{g't^2}{2};$$

mais $AC = \frac{b}{\cos\alpha}$.

D'où, en remplaçant g' par $g \sin\alpha$

$$\frac{b}{\cos\alpha} = \frac{g \sin\alpha}{2} t^2$$

formule de laquelle on tire

$$t^2 = \frac{2b}{g \sin\alpha \cos\alpha} = \frac{4b}{g} \times \frac{1}{\sin 2\alpha}$$

La valeur de t sera minimum pour le maximum de $\sin 2\alpha$ qui est 1. Donc, $\sin 2\alpha = 90$ et $\alpha = 45^\circ$.

Le temps employé sera, dans ce cas;

$$t = \sqrt{\frac{4b}{g}}.$$

Problème.

43. *On a deux plans P et R. Le premier fait un angle de 60° et le second un angle ne 30° avec le plan horizontal. Une poulie a son axe situé suivant l'intersection horizontale des deux plans. Sur cette poulie passe un fil aux extrémités duquel se trouvent deux poids égaux qui se meuvent parallèlement aux plans. On demande :*

1° *Dans quel sens aura lieu le mouvement;*

2° *Quel sera l'espace parcouru après trois secondes;*

3° *Quelle sera la vitesse après trois secondes.*

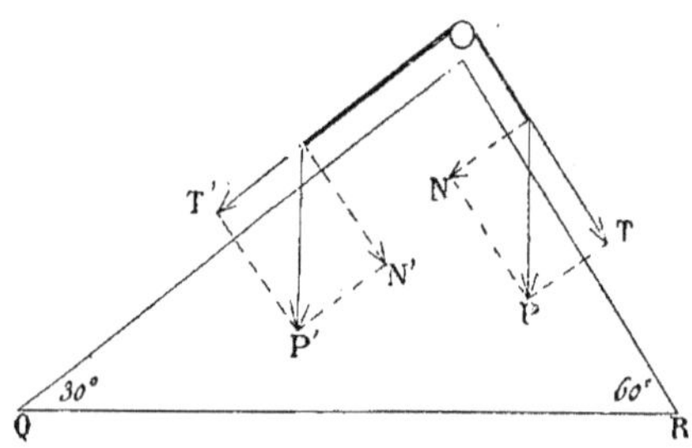

Fig. 3.

Soient T et T' les composantes suivant les plans inclinés des poids P des deux corps. Les autres composantes étant normales à ces plans, on aura (*fig.* 3) :

$$T = P \sin 60^\circ$$

$$T' = P \sin 30^\circ$$

Or, $\sin 60° > \sin 30°$. Donc T est plus grand que T'. Le mouvement a donc lieu de manière que le poids P descende le plan R.

2° Appelons g' l'accélération du mouvement. L'espace parcouru sera

$$e = \frac{g't^2}{2}$$

Or, g' sera donné par la proportion

$$\frac{g'}{g} = \frac{T - T'}{2P}$$

ou $$\frac{g'}{g} = \frac{P \sin 60° - P \sin 30}{2P}.$$

D'où $$g' = \frac{g}{2}(\sin 60° - \sin 30°)$$

Or, $\sin 60° = \frac{\sqrt{3}}{2}$, $\sin 30° = \frac{1}{2}$

Par suite

$$g' = \frac{g}{2}\left(\frac{\sqrt{3}}{2} - \frac{1}{2}\right) = \frac{g}{4}(\sqrt{3} - 1)$$

En remplaçant g' dans la formule de l'espace, il vient

$$e = \frac{g}{8}(\sqrt{3} - 1)\, 9$$

$$e = \frac{9}{8}\, 9{,}8088\, (\sqrt{3} - 1) = 8{,}078$$

L'espace parcouru pendant les 3 premières secondes sera

8m,078

3° La vitesse après trois secondes est

$$v = g't$$

$$v = \frac{9}{4}(\sqrt{3} - 1)\, 3 = 5^m{,}385.$$

Problème.

44. *Deux corps pesants partent en même temps de deux points élevés de la même hauteur $h = 100^m$, au-dessus d'un plan horizontal. L'un suit la verticale, sans vitesse initiale. L'autre est assujetti à descendre le long d'un plan incliné avec une vitesse initiale de 30^m par seconde, dirigée suivant la ligne de plus grande pente. Déterminer l'inclinaison du plan par la condition que ces deux mobiles atteignent en même temps le plan horizontal.*

Traitons le problème d'une manière générale. En représentant par x l'angle du plan et par l la longueur de ce plan incliné correspondant à une hauteur h, la durée t des deux mouvements devra être la même. Or le temps t, exprimé en fonction de la hauteur du plan, est

$$t = \sqrt{\frac{2h}{g}}. \qquad (1)$$

La longueur du plan est

$$l = \frac{h}{\sin x}$$

et l'accélération

$$g' = g \sin x$$

Donc la formule

$$l = v_0 t + \frac{1}{2} g't^2$$

devient

$$\frac{h}{\sin x} = v_0 t + \frac{1}{2} gt^2 \sin x$$

En résolvant par rapport à $\sin x$, on a

$$\frac{1}{2} gt^2 \overline{\sin}^2 x + v_0 t \sin x - h = o$$

Cette équation a la forme générale

$$aX^2 + bX + c = o$$

des équations complètes du second degré, dont les racines sont

$$X = \frac{-b \pm \sqrt{b^2 - 4ac}}{2a}$$

On obtient alors, en appliquant cette formule

$$\sin x = \frac{-v_0 t \pm \sqrt{v_0^2 t^2 + 2ght^2}}{gt^2}$$

ou $$\sin x = \frac{-v^0 \pm \sqrt{v_0^2 + 2gh}}{gt}$$

Le signe + est seul admissible, dans le cas qui nous occupe

En remplaçant t par sa valeur $\sqrt{\frac{2h}{g}}$,

$$\sin x = \frac{-v_0 + \sqrt{v_0^2 + 2gh}}{\sqrt{2gh}}$$

En substituant les lettres par leurs valeurs de l'énoncé on obtient

$$\sin x = \frac{-30 \sqrt{900 + 200.\ 9{,}8088}}{\sqrt{200.\ 9{,}8088}}$$

En calculant au moyen de la table des logarithmes, on trouve

Angle $x = 32°, 7', 18''$

Problème.

45. *Démontrer qu'un mobile met le même temps pour parcourir toutes les cordes d'une sphère qui partent du point culminant.*

Soit A le point culminant d'une sphère

d'où partent plusieurs cordes, telles que AB, AC, etc. (*fig.* 4).

Le temps mis à parcourir AB sera donné par la formule

$$e = \frac{g't^2}{2}$$

D'où $$t = \sqrt{\frac{2e}{g'}}$$

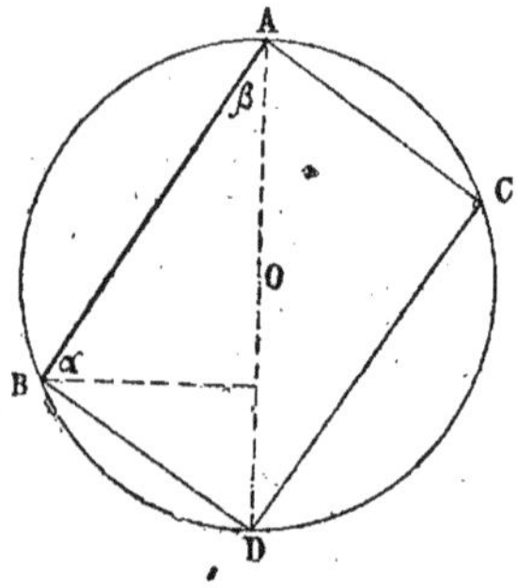

Fig. 4.

Et comme $g' = g \sin \alpha = g \cos \beta$, on a

$$t = \sqrt{\frac{2e}{g \cos \beta}}.$$

Or le triangle rectangle ABD donne

$$AB = e = AD \cos \beta$$

D'où, en représentant le diamètre AD par d,

$$t = \sqrt{\frac{2d \cos \beta}{g \cos \beta}}$$

ou $$t = \sqrt{\frac{2d}{g}}$$

La durée du mouvement est donc indépendante de l'angle β.

Remarque. — Si, sur le diamètre vertical AD, on construit le rectangle ABCD, les côtés AC et BD ont même inclinaison et même longueur. Par suite, les trois temps employés par un mobile pour parcourir les trois côtés AB, BD, AD d'un triangle rectangle ayant l'hypoténuse verticale, sont égaux.

Problème.

46. *Un mobile* M *et une droite* AB, (*fig.* 5) *sont situés dans le même plan vertical. On demande de déterminer la direction rectiligne que le corps devra parcourir dans le moins de temps possible pour aller du point* M *à la droite.*

Nous indiquerons la solution géométrique de ce problème en laissant de côté la solution analytique qui n'est autre chose qu'une question de minimum.

Du point M, menons l'horizontale MC et portons sur AB une longueur CK = CM. La ligne MK est celle que doit suivre le mobile. Pour le démontrer, traçons le cercle inscrit dans l'angle MCA passant par

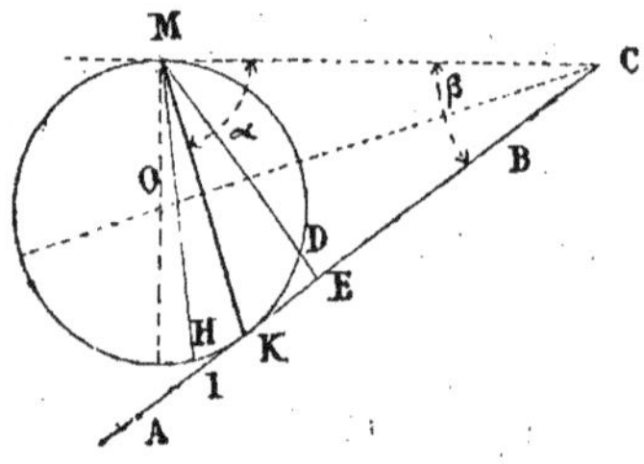

Fig. 5.

le point M. Il suffit, pour cela, de mener la verticale de ce point et la bissectrice de l'angle MCA. Leur intersection O est le centre du cercle tangent en M et en K.

D'après le problème précédent, les différentes cordes MD, MK, MH sont parcourues par le mobile dans le même temps. Donc le temps employé à parcourir MK sera plus petit que celui nécessaire pour franchir les lignes ME, MI etc.

Le calcul montre que l'angle L que doit faire la ligne MK avec l'horizon est égal à $90° - \frac{\beta}{2}$, β étant l'angle de la droite AB avec l'horizon.

Le minimum du temps est alors donné par l'équation

$$t^2 = \frac{4d}{g} \operatorname{tg} \frac{\beta}{2}$$

dans laquelle d représente l'horizontale MC.

Problème.

47. *On donne une droite* AB (*fig.* 6) *et un point* M *situés dans un plan vertical. De quel point* K *de la droite faut-il laisser partir un corps, suivant le plan incliné* KM, *pour que le temps employé soit minimum?*

Ce problème qui est l'inverse du précédent se résout d'une manière analogue.

Menons l'horizontale MN et traçons la

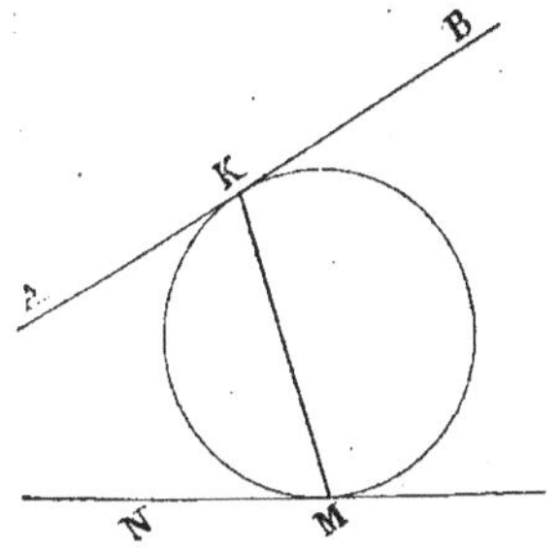

Fig. 6.

circonférence inscrite dans l'angle de ces deux lignes, passant par le point M. La corde KM est la direction demandée.

Problème.

48. *Quelles directions devra suivre un mobile* M (*fig.* 7) *pour atteindre, sous l'action de pesanteur, une circonférence* O, *dans le temps maximum et minimum ?*

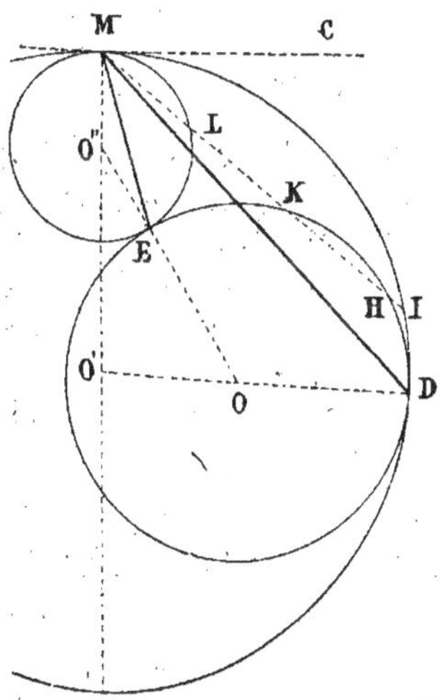

Fig. 7.

1° Pour obtenir la direction du plan incliné correspondant au maximum de temps, il suffit de tracer la circonférence O' tangente à l'horizontale MC et tangente extérieurement à la circonférence donnée O.

En effet, les différentes cordes MD, MI de ce cercle sont parcourues dans le même temps par le mobile. Par conséquent, tout autre chemin MH serait parcouru dans un temps moindre.

2° La deuxième circonférence O'', tangente à l'horizontale et à la circonférence O au point E, donne la solution correspondant au temps minimum. On voit, en effet, que les cordes ME, ML étant parcourues dans des temps égaux ; tout autre ligne, telle que MK, serait parcourue pendant un temps plus long.

Problème.

49. *Un plan incliné* MK (*fig.* 8) *est suivi par un mobile partant du point* M. *On demande de déterminer la direction que doit avoir un plan incliné partant de* N *pour que les deux mobiles arrivent ensemble, au point d'intersection* I *des deux plans.*

Supposons que MK et le point N soient dans un plan vertical. Représentons par

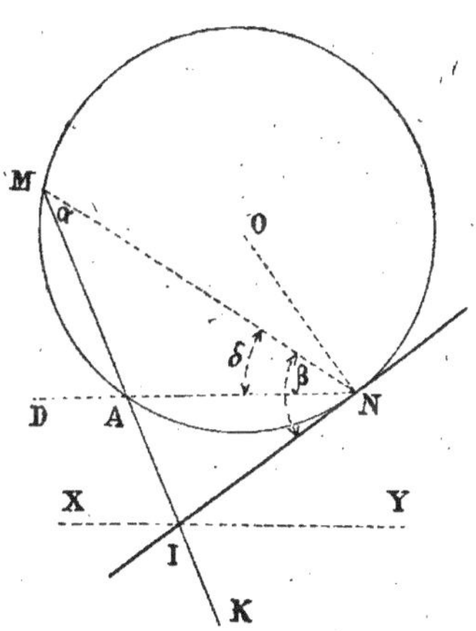

Fig. 8.

d la distance MN et par δ l'angle que cette ligne fait avec l'horizontale ND. Nous prendrons pour inconnu l'angle β

que fait la direction NI avec la droite MN.

Les chemins MI et NI parcourus par les deux mobiles seront donnés par les relations

$$MI = \frac{g'}{2} t^2 \qquad (1)$$

$$NI = \frac{g''}{2} t^2 \qquad (2)$$

g' et g'' représentant les accélérations des mouvements sur chaque plan, t exprimant la durée commune de ces mouvements.

En divisant membre à membre (1) et (2), il vient

$$\frac{MI}{MI} = \frac{g'}{g''}$$

Or, le triangle MNI donne (voir trigonométrie)

$$\frac{MI}{NI} = \frac{\sin \beta}{\sin \alpha}$$

Les accélérations g' et g'' sont données par les équations suivantes

$$g' = g \sin MIX = g \sin(\delta + \alpha)$$
$$g'' = g \sin NIY = g \sin(\beta - \delta)$$

Ou en divisant

$$\frac{g'}{g''} = \frac{\sin(\delta + \alpha)}{\sin(\beta - \delta)}$$

et par suite

$$\frac{MI}{NI} = \frac{\sin \beta}{\sin \alpha} = \frac{\sin(\delta + \alpha)}{\sin(\beta - \delta)}$$

Mais le triangle ANI donne

$$\frac{NI}{AI} = \frac{\sin(\alpha + \delta)}{\sin(\beta - \delta)}.$$

Donc, $$\frac{MI}{NI} = \frac{NI}{AI}$$

ou $$\overline{NI}^2 = MI \times AI$$

Cette équation montre que NI est moyenne proportionnelle entre MI et AI, ce qui donne la construction suivante :

On fait passer par les trois points M, A, N un cercle dont la tangente au point N donne la direction du plan demandé.

Cette construction nous montre encore que l'angle de segment ANI est égal à l'angle α, ce qui permet aussi la construction suivante. Au point N on fait, avec l'horizontale NA, un angle égal à l'angle α.

Problème.

50. *Quelles directions doit-on donner à deux plans inclinés partant des points* M *et* N (*fig.* 9) *pour que deux mobiles qui les parcourent arrivent à leur intersection au bout d'un même temps ?*

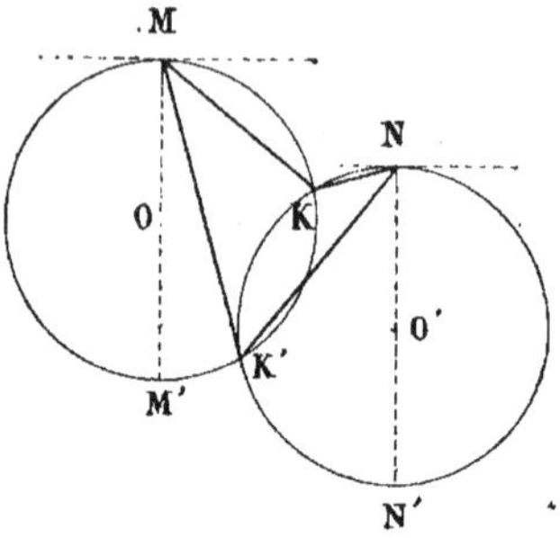

Fig. 9.

Le lieu des extrémités des plans inclinés, partant d'un même point et parcourus pendant le même temps t, est une circonférence tangente à l'horizontale de ce point. Le diamètre de ce cercle est donné par la formule :

$$D = \frac{1}{2} g t^2$$

Si donc, avec cette longueur D, comme diamètre, on décrit deux cercles O et O' tangents en M et N aux horizontales de ces points ; les points de rencontre K et K' de ces circonférences donneront les plans inclinés MK, NK, ou MK' NK' correspondant à la question.

On voit, en effet, d'après un problème précédent que ces différentes cordes sont parcourues dans le même temps que les diamètres verticaux MM', NN' c'est-à-dire pendant le même temps t.

Remarque I. — Cette construction montre que si le temps t donné diminue, la sécance des deux cercles diminuera. Les points K et K' se rapprocheront et il arrivera que, pour une valeur de t, les deux cercles seront tangents. Il n'y aura, alors, qu'une seule solution correspondant à la valeur du minimum de t.

Pour obtenir cette valeur minimum, il suffira que les deux cercles soient tangents aux horizontales en M et N, et tangentes entre elles (*fig.* 10). Les rayons de ces cercles seront égaux à $\frac{MN}{2}$. La figure montre en effet que

$$MN = OO' = 2OK = 2O'K.$$

Les temps t que mettront les deux mobiles pour se rencontrer en K, sera le même que celui mis pour aller verticalement de M en M' ou de N en N' ; mais,

$$MN = OO' = MM'$$

Donc, $$t = \sqrt{\frac{2MM'}{g}}$$

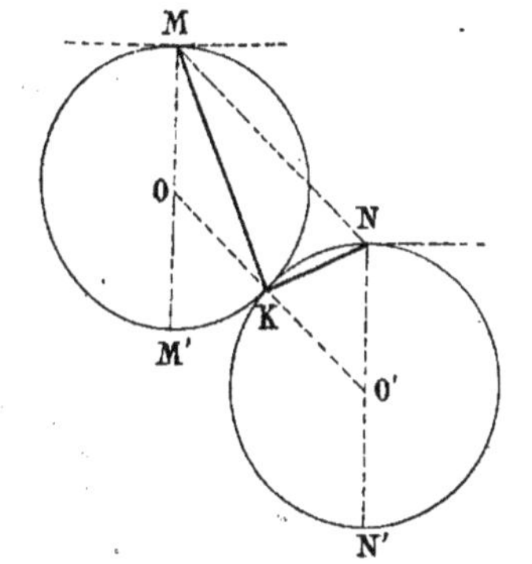

Fig. 10.

ou en remplaçant par d la distance des deux points M et N.

$$t = \sqrt{\frac{2d}{g}}$$

Remarque II. — La figure 9 suppose que les lignes MK, NK et MK', NK' sont dans le même plan vertical des points M et N. Le problème peut présenter un plus grand nombre de solutions. En effet, si l'on considère les deux sphères O, O' tous les points de leur intersection dont le diamètre est K K' satisfait à la question.

Remarque III. — On résoudrait d'une façon analogue le problème suivant :

Etant donné trois points M,N,P, *trouver un point K tel que les plans inclinés* MK, NK, PK, *soient parcourus pendant un temps donné t.*

Il suffirait de mener trois sphères égales ayant chacune pour diamètre $e = \frac{gt^2}{2}$ et qui soient respectivement tangentes en M,N,P au-dessous des plans horizontaux passant par chacun de ces points. Ces sphères se coupant deux à deux suivant des cercles, auront deux points communs correspondants à la question.

Problème.

51. *Étant donnés deux plans inclinés* AB *et* AC (*fig.* 11) *ayant une hauteur commune* AD *et formant avec le plan horizontal* BC *des angles* ACD *et* ABD *complémentaires entre eux comme* 1 *est à* 2, *on laisse tomber du point* A *simultanément trois corps : le premier, suivant le plan incliné* AC, *le second suivant* AB ; *le troisième, suivant la verticale* AD. *La vitesse initiale est nulle et on fait abstraction du frottement et de la résistance de l'air. On demande :*

1° *De déterminer les positions* L,M,P *des trois corps après un temps de chute de* 4 *secondes et de calculer les côtés et les angles du triangle* LMP *qu'on obtient en joignant deux à deux les points* L,M,P, *par des droites.*

2° *De démontrer que, quelle que soit la durée de la chute,* LMP *reste toujours semblable à lui-même et que son aire est proportionnelle à la quatrième puissance de ce temps.*

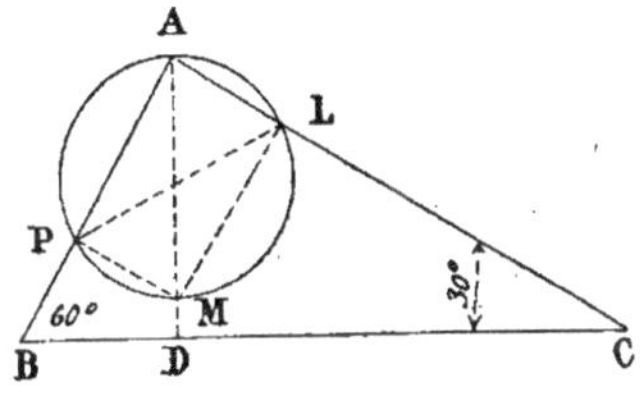

Fig. 11.

1° Remarquons d'abord que les angles B et C des plans inclinés seront, l'un de 60° et l'autre de 30°.

Si l'on décrit une circonférence passant par le point A, ayant son centre sur la verticale AD et dont le diamètre $AM = \frac{gt^2}{2}$ les trois corps seront en même temps sur cette circonférence, ce qui détermine, pour chaque temps, les positions L,M,P.

En appliquant la formule $\frac{gt^2}{2}$ pour $t = 4$, il vient

$$AM = \frac{g}{2} 16 = 8\,g.$$

$$AP = AM \sin 60^\circ = 8\,g\,\frac{\sqrt{3}}{2} = 4g\sqrt{3}$$

$$AL = AM \sin 30 = 8g\,\frac{1}{2} = 4g.$$

A cause de l'angle droit A, le triangle MPL est rectangle, par suite

$$PL = AM = 8g = 78^m,4704$$

$$ML = AP = 4g\sqrt{3} = 67^m,9553$$

$$PM = AL = 4g = 39^m,2352$$

Les angles sont

$$M = 90^\circ$$

$$P = 60$$

$$L = 30^\circ$$

2° Le triangle LMP est semblable au triangle ABC, comme étant rectangle et ayant l'angle PLM égal à l'angle PAM qui est de 30°.

Si nous représentons par S et S' les aires de deux de ces triangles semblables APL, AP'L', nous savons, d'après la géométrie que ces surfaces sont proportionnelles au carré des lignes homologues.

$$\frac{S}{S'} = \frac{\overline{PL}^2}{\overline{P'L'}^2} = \frac{\overline{AM}^2}{\overline{AM'}^2};$$

mais $AM = \frac{gt^2}{2}$

$$AM' = \frac{gt'^2}{2}$$

Donc $\frac{S}{S'} = \frac{t^4}{t'^4}$,

c'est ce qu'il fallait démontrer.

Force centrifuge.

52. Les corps animés d'un mouvement de rotation sont soumis à une force particulière qui tend à les éloigner du centre et qu'on nomme la force centrifuge.

Tout le monde sait que quand on attache une pierre, un corps pesant quelconque à une corde et qu'on imprime au système un mouvement de rotation en tenant l'extrémité de la corde par la main, la main éprouve une tension d'autant plus grande que le mouvement est plus rapide. Des effets analogues s'observent dans les voitures qui tournent rapidement dans des courbes de petits rayons. Dans les manèges, les chevaux et les cavaliers sont naturellement conduits à se pencher vers le centre de la courbe qu'ils décrivent, pour ne pas être renversés. C'est encore cette force particulière qui fait parfois éclater les meules et les volants et en projette les débris au loin.

Pour bien comprendre l'action et la direction de cette force centrifuge, considérons un mobile assujetti à décrire un mouvement circulaire et uniforme. Si l'on prend une position quelconque de sa trajectoire, la vitesse en ce point est dirigée suivant la tangente. Si, à ce moment, le corps était libre, il continuerait, en vertu de l'inertie, à se mouvoir d'un mouvement rectiligne et uniforme suivant cette tangente. C'est ce qu'on appelle *s'échapper par la tangente* et ce qui arrive dans la fronde au moment où l'on cesse brusquement de tenir la corde tendue.

Cette tendance du corps à se mouvoir à chaque instant suivant la tangente, produit une tension du fil qui, ne pouvant s'allonger, maintient le mobile à une distance constante du centre de rotation. Le fil joue donc, dans ce cas, le rôle d'une action ou force dirigée constamment vers le centre, et qu'on appelle par opposition, *force centripète*.

La force centrifuge est, par conséquent, une action égale et dirigée en sens contraire de la force centripète, car l'existence de l'une est forcément liée à celle de l'autre.

Ces deux forces ne sont pas appliquées au même point matériel. En effet, concevons, par exemple, que le mobile soit un petit anneau enfilé dans une tringle curviligne. La force qui oblige le mobile à suivre la tringle est la force centripète, dirigée à chaque instant vers le centre de courbure de la trajectoire obligée. Elle est appliquée à l'anneau, tandis que la force centrifuge égale et contraire est appliquée à la tringle.

EXPRESSION DE LA FORCE CENTRIFUGE

53. Pour évaluer l'intensité de la force centrifuge, considérons une masse *m* tournant autour de l'axe *o* (*fig.* 12). Elle décrit, dans sa rotation, un polygone d'un nombre infini de côtés infiniment petits (circonférence). Supposons que ces côtés égaux soient parcourus dans un temps *t*. Joignons AO et admettons qu'arrivée au point A, la masse ait une vitesse $v = AK$. Décomposons cette vitesse en deux, l'une suivant AB et l'autre AP dans la direction du rayon. La composante AP est la vitesse de la force centrifuge développée sur la masse m, lorsqu'elle parcourt un côté du polygone sans être liée à l'axe.

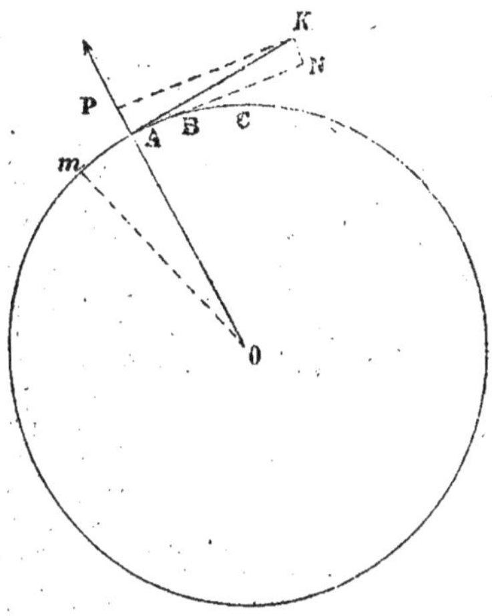

Fig. 12.

La valeur de la force sera

$$F = m \frac{v}{t} \qquad (1)$$

m représentant la masse du corps.

v sa vitesse pendant un temps t infiniment petit.

Joignons mO. L'angle mAO est égal à l'angle BAO; mais BAO = l'angle ANK et l'angle mAO = l'angle AKN. Donc, l'angle AKN = l'angle ANK, c'est-à-dire que le triangle AKN est isocèle et par suite.

$$AK = AN = v$$

Les triangles semblables donnent

$$\frac{AP}{AB} = \frac{AK}{OA}$$

d'où $$AP = \frac{AB \times AK}{OA}$$

Or, AB est le côté du polygone, ou le chemin parcouru dans le temps t avec une vitesse v

Donc, $$AB = vt$$

De plus, AO $= r =$ rayon du cercle, et AK $= v$

En remplaçant, il vient

$$AP = \frac{v^2 t}{r}$$

et en remplaçant dans la formule AP qui est la vitesse de la force centrifuge, on aura

$$F = m \frac{AP}{t}$$

$$F = \frac{mv^2 t}{rt} = \frac{mv^2}{r} \qquad (2)$$

Telle est l'expression de la force centrifuge en fonction de la vitesse linéaire du corps. Si l'on veut l'exprimer en fonction de la vitesse angulaire ω, on a

$$v = \omega r$$

D'où $$v^2 = \omega^2 r^2$$

et $$F = \frac{m \omega^2 r^2}{r} = m\omega^2 r \qquad (3)$$

La masse m du corps étant égale à $\frac{P}{g}$, c'est-à-dire à son poids divisé par l'accélération g due à la pesanteur, l'expression (3) devient.

$$F = \frac{P}{g} \omega^2 r$$

Remarque. Ce que nous venons de dire de la force centrifuge dans le cercle, s'applique au cas où le point matériel décrit une ligne courbe quelconque, parce qu'en chacune de ses positions l'on peut substituer à la courbe le cercle qui lui est osculateur, autrement dit le rayon à considérer à cet instant sera le rayon de courbure de la trajectoire à l'instant considéré.

ACTION DE LA FORCE CENTRIFUGE SUR LES VOITURES

54. Dans l'établissement des chemins de fer, on s'est préoccupé des effets de la force centrifuge, qui se développe sur les courbes de petits rayons. Cette force a une tendance à faire dérailler les wagons, avec d'autant plus de facilité que la vitesse est plus grande, comme le montre la formule. De même, les voitures marchant rapidement tournent dans une courbe de petit rayon, les effets de cette force se font sentir sur les voyageurs qui sont alors poussés vers la courbe extérieure. Pour obvier en partie à cette intensité qni peut devenir dangereuse, on a soin de surélever la route du côté opposé au centre de courbure. Sur les voies ferrées, le rail extérieur est plus élevé que le rail intérieur, ce qu'on constate aisément par l'inclinaison que prennent les voitures dans le passage des courbes.

Il est facile de se rendre compte que les courbes de petit rayon, 400 mètres par exemple, ne présentent pas de danger au point de vue du déraillement. En effet, représentons par P le poids d'un wagon h la hauteur de son centre de gravité au-dessus du plan de la voie.

$2c$ la largeur de la voie (*fig.* 13).

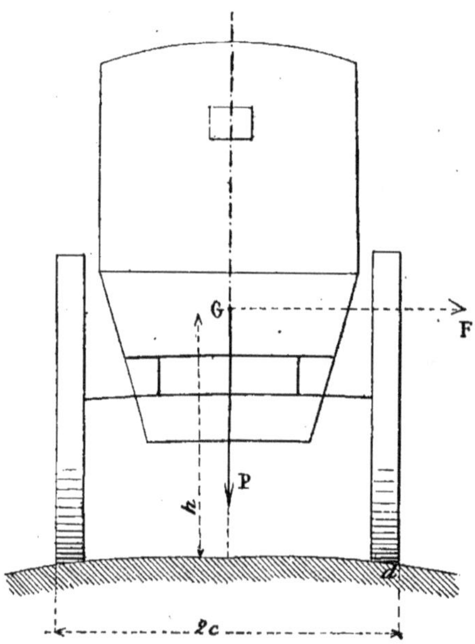

Fig. 13.

Lorsque la voiture, en tournant autour du centre de la courbe, est arrêtée par un obstacle, telle qu'une ornière sur le rebord d'un rail, elle tend à se renverser au dehors en tournant autour de son point d'appui instantané a. Ce mouvement de renversement est contre-balancé par le poids P du véhicule et au moment où ce poids et la force centrifuge se font équilibre autour de ce point, on a, en appliquant le théorème des moments par rapport au point a.

$$Pc = Fh$$

Remplaçons la force centrifuge F par sa valeur :

$$F = \frac{m\,v^2}{2} = \frac{P}{g} \times \frac{v^2}{2}$$

on a $$Pc = \frac{P}{g}\frac{v^2}{r}h$$

ou $$c = \frac{v^2}{gr}h$$

de cette égalité on tire :

$$v = \sqrt{\frac{grc}{h}}$$

En admettant que la largeur de la voie soit $2c = 1^m45$ et que la hauteur du centre de gravité soit $h = 1^m$, on aura sur $r = 400$

$$v = \sqrt{9,8088 \times 0,725 \times 400}$$

ou $$v = 53^m,34$$

Cette vitesse de $53^m,34$ correspond à une vitesse par heure de $53,34 \times 3600 = 192$ kilomètres environ. Aucun train n'atteint, à beaucoup près; une pareille vitesse, ce qui montre que, sous ce rapport, la force centrifuge n'occasionne pas de danger .Mais il ne faut pas perdre de vue que l'appui sur les rebords des roues extérieures contre les rails, produit un cisaillement qui les use et peut contribuer puissamment à des déraillements.

On peut se rendre compte de l'intensité dangereuse qu'acquiert la force centrifuge dans les volants de certaines machines à vapeur.

Ainsi, supposons un volant de 3 mètres de rayon pesant 6000 kilogrammes, et animé d'une rotation de 60 tours par minute, ou un tour par seconde. La vitesse v d'un point de la jante sera :

$$v = 3,1416 \times 2 \times 3 = 18^m,85.$$

Admettons que la jante soit formée de six segments assemblés, correspondant chacun à un seul bras.

Le poids d'un segment serait de 1000 kilogrammes et, si son assemblage avec les segments voisins était rompu, le bras éprouverait, dans le sens de sa longueur, une tension exprimée par :

$$F = \frac{P}{g} \times \frac{v^2}{R}$$

ou $F = \frac{1000}{g} \times \frac{\overline{18,85}^2}{3} = 12073$ kilog.

Cette traction considérable qui tendrait à rompre les bras en produisant des accidents, indique que la vitesse de ces organes doit être limitée. Car si, par exemple, on voulait faire marcher le volant précédent à une vitesse double ou 120 tours par minute, la force centrifuge du segment deviendrait quadruple ou

48,292 kilogrammes.

Il faut bien remarquer que, dans le cas d'une rupture, ce n'est pas la force centrifuge qui projette les débris; car, dès qu'une partie de la pièce cesse d'être liée avec l'axe, elle cesse en même temps d'être soumise à la force centrifuge; mais elle est animée d'une vitesse tangentielle au cercle qu'elle décrivait, et en vertu de laquelle elle est lancée dans l'espace.

EFFET DE LA FORCE CENTRIFUGE TERRESTRE SUR LE POIDS DES CORPS

En vertu du mouvement de rotation de la terre autour de son axe, tous les corps sont soumis à la force centrifuge qui est d'autant plus grande que le corps est plus voisin de l'équateur. Cette force centrifuge diminue par suite le poids du corps. Voyons quelle variation subit ce poids suivant la latitude du lieu.

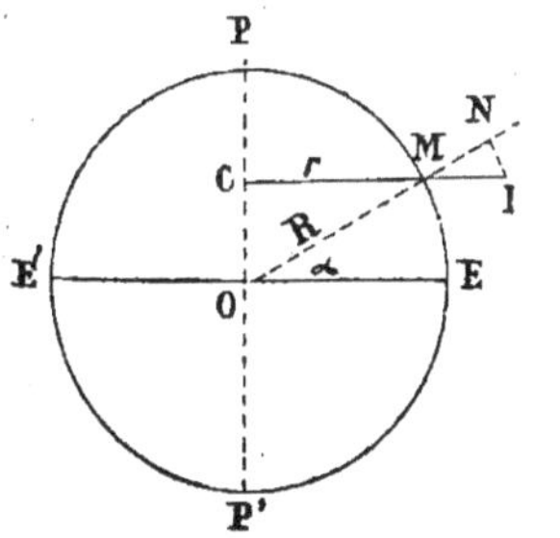

Fig. 14.

Soit m la masse d'un point matériel M situé à la latitude α à la surface du globe supposé sphérique. Représentons par p le poids du point matériel, P le poids qu'il aurait si la terre était immobile, R le rayon du globe, r le rayon du parallèle sur lequel se trouve le point, g l'accélération due à la force p et G l'accélération due à la force P, enfin ω la vitesse angulaire de la terre et T la durée de sa révolution autour de son axe.

Soit M (*fig.* 14) la position du mobile sur le méridien PEP', soit OE le rayon à l'équateur, PP' l'axe du globe et CM le rayon du parallèle. Joignons OM. La force centrifuge au point M a pour valeur

$$F = MI = m\omega^2 r$$

Sa projection sur la normale ON est

$$MN = m\omega^2 r \cos \alpha$$

Le point matériel m est soumis à deux forces, l'une qui est son poids P et l'autre en sens contraire qui a pour valeur $m\omega r^2 \cos \alpha$; par suite.

$$p = P - m\omega^2 r \cos \alpha$$

Or. $r = R \cos \alpha$, d'où

$$p = P - m\omega^2 R \cos^2 \alpha$$

Divisons les deux membres de l'égalité par m et on a

$$\frac{p}{m} = \frac{P}{m} - \omega^2 R \cos^2 \alpha$$

ou $$g = G - \omega^2 R \cos^2 \alpha$$

qu'on peut écrire

$$g = G - g \frac{R\omega^2}{g} \cos^2 \alpha$$

La vitesse angulaire $\omega = \frac{2\pi}{T}$ et, par conséquent

$$\frac{R\omega^2}{g} = \frac{4\pi^2 R}{gT^2}$$

En remplaçant R par sa valeur ou en remarquant que $2\pi R = 40.000.000$ mètres, $g = 9,8088$, $T = 86164''$, on obtient

$$\frac{R\omega^2}{g} = \frac{1}{289}$$

Par conséquent,

$$g = G - \frac{1}{289} g \cos^2 \alpha$$

ou $$g\left(1 + \frac{1}{289} \cos^2 \alpha\right) = G$$

et par suite

$$g = \frac{G}{1 + \frac{1}{289} \cos^2 \alpha}$$

Cette valeur peut être remplacée par la suivante

$$g = G\left(1 - \frac{1}{289} \cos^2 \alpha\right) \qquad (1)$$

qui diffère très peu de la précédente,

puisque g et G diffèrent d'une quantité très petite.

La formule (1) montre que si le point matériel considéré est au pôle, $\alpha = 90$ et $\cos \alpha = 0$, c'est-à-dire

$$g = G$$

ce qui doit être vrai, puisqu'en ce point du globe, la force centrifuge est nulle. Donc $p = P$.

A l'équateur, $\cos \alpha = 1$. D'où

$$g = G\left(1 - \frac{1}{289}\right)$$

Ce qui indique que l'accélération due à la pesanteur est diminuée de $\frac{1}{289}$ à l'équateur.

Remarque. — Ce nombre 289 étant le carré de 17, on voit que si la terre tournait dix-sept fois plus vite, ω^2 serait 289 fois plus grand; c'est-à-dire que $g = o$ et, par suite, la pesanteur serait détruite à la surface du globe.

Théorème de Poncelet.

55. *Si une figure plane, supposée matérielle, tourne dans son plan autour d'un axe perpendiculaire à ce plan, la résultante des forces centrifuges est la force centrifuge du centre de gravité, c'est-à-dire la force centrifuge qu'on obtiendrait si toute la masse était concentrée au centre de gravité.*

Pour démontrer ce théorème, considérons dans le plan de la figure, deux axes rectangulaires OX, OY, le point O (*fig.* 15) étant la projection de l'axe de rotation. Soit A, un élément superficiel de cette figure, ayant pour coordonnées $OP = x$ et $OQ = y$. Représentons par r la distance OA et par ω la vitesse angulaire.

La force centrifuge qui se développe sur l'élément A de masse m est

$$f = \frac{mv^2}{r}$$

v étant sa vitesse linéaire, et comme $v = \omega r$, on aura

$$f = m\omega^2 r.$$

La projection f_x de cette force sur l'axe OX est

$$f_x = m\omega^2 r \cos \alpha,$$

ou $$f_x = m\omega^2 r \frac{x}{r} = m\omega^2 x.$$

La projection f_y sur l'autre axe sera

$$f_y = m\omega^2 r \sin \alpha.$$

ou $$f_y = m\omega^2 r \frac{y}{r} = m\omega^2 y.$$

En représentant par Fx la somme algébrique des projections sur l'axe OX de toutes les forces centrifuges appliquées aux différents points de la figure, et par Fy la somme de leurs projections sur l'axe OY, on aura

$$F_x = \Sigma m\omega^2 x = \omega^2 \Sigma mx$$
$$F_y = \Sigma m\omega^2 y = \omega^2 \Sigma my$$

Si M est la masse totale de la figure, dont le centre de gravité ait pour coordonnées X et Y, nous aurons

$$\Sigma mx = MX$$
$$\Sigma my = MY$$

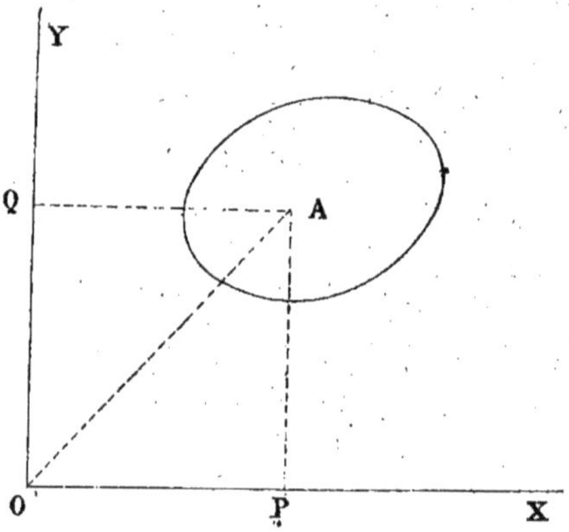

Fig. 15.

et par suite

$$F_x = M\omega^2 X$$
$$F_y = M\omega^2 Y$$

Mais Fx est la résultante de toutes les composantes des forces centrifuges, parallèles à OX et Fy est égal à la résultante de toutes leurs composantes parallèles à OY.

La résultante F de ces deux forces est donc la résultante totale des forces centrifuges considérées d'où

$$F = \sqrt{F_x^2 + F_y^2}$$

ou $$F = \sqrt{M^2\omega^4 X^2 + M^2\omega^4 Y^2}$$
$$= M\omega^2 \sqrt{X^2 + Y^2}$$

Si R est la distance du centre de gravité, à l'axe, on a

$$R = \sqrt{X^2 + \gamma^2} \quad \text{d'où}$$

$$F = M\omega^2 R.$$

Cette expression est précisément celle que prendrait la force centrifuge du centre de gravité, si toute la masse était concentrée en ce point.

Remarque I. — Ce théorème peut s'étendre à un corps à trois dimensions, lorsqu'il a un plan de symétrie passant par l'axe de rotation. En effet, on peut le décomposer par des plans perpendiculaires à l'axe, en tranches infiniment minces, à chacune desquelles on pourra appliquer le théorème ci-dessus, c'est-à-dire que les forces centrifuges de chaque tranche se réduiront à une force unique, égale à la force centrifuge de son centre de gravité et exprimée par

$$M\omega^2 R$$

Mais à cause de la symétrie, les centres de gravité de toutes les tranches se trouveront dans le plan de symétrie passant par l'axe. Les résultantes partielles seront donc des forces perpendiculaires à l'axe et situées dans le plan de symétrie ; elles auront une résultante perpendiculaire à l'axe et égale à leur somme.

$$\Sigma M\omega^2 R = \omega^2 \Sigma MR$$

En appelant M_1 la masse totale du corps et R_1 la distance de son centre de gravité à l'axe, on aura, en prenant les moments de toutes les tranches par rapport à un plan mené par l'axe de rotation perpendiculairement au plan de symétrie

$$\Sigma MR = M_1 R_1$$

La résultante totale des forces centrifuges sera donc une force perpendiculaire à l'axe de rotation, située dans le plan de symétrie et exprimée par

$$M_1 \omega^2 R_1$$

c'est-à-dire égale à la force centrifuge du centre de gravité du corps, si l'on supposait que toute la masse y fût concentrée. Mais elle ne passera pas par le centre de gravité du corps, attendu que les forces

$$M\omega^2 R,\ M'\omega^2 R \ldots$$

ne sont pas proportionnelles à M, M'... Elle passerait au centre de gravité si toutes les distances R, R'... étaient égales. Elle y passerait encore si le corps avait un second plan de symétrie perpendiculaire à l'axe, parce qu'elle serait évidemment dans ce plan, et dans le premier plan de symétrie et serait par suite dirigée suivant l'intersection de ces deux plans, laquelle contient le centre de gravité du corps.

Remarque II. — Si le corps était de forme quelconque et situé à une grande distance de l'axe, le théorème s'appliquerait approximativement, parce qu'alors les distances des centres de gravité des différentes tranches à l'axe diffèrent peu de la distance du centre de gravité du corps à ce même axe.

Problème.

56. *Un corps de poids* P (*fig.* 16) *attaché à un fil de résistance* q *et de longueur* l *tourne dans un plan vertical. On demande quelle devra être la vitesse de rotation pour que sous l'action de la force centrifuge, le fil se rompe.*

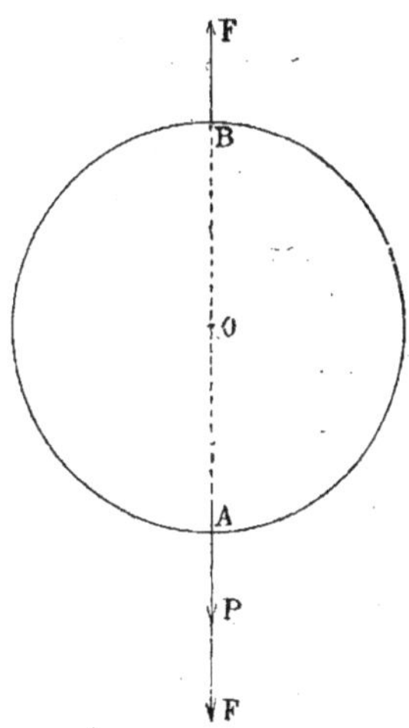

Fig. 16.

La force centrifuge F aura pour valeur

$$F = m\omega^2 l$$

ω représentant la vitesse angulaire.

Si l'on tient compte de la pesanteur, la tension minimum du fil aura lieu lorsque le corps sera à la partie supérieure B du cercle vertical; cette tension t sera alors :

$$t = m\omega^2 l - P$$

Elle sera maximum au point inférieur A, et sa valeur deviendra :

$$T = P + m\omega^2 l$$

ou $$q = P + m\omega^2 l$$

d'où $$\omega = \sqrt{\frac{q-P}{ml}}$$

en remplaçant P par $\frac{m}{g}$ il vient

$$\omega = \sqrt{\frac{q-P}{P} \times \frac{g}{l}}$$

Supposons pour fixer les idées que $q =$ 200 kilog., P = 10 kilog. et $l = 2$ mètres, on aura

$$\omega = \sqrt{\frac{200-10}{10} \times \frac{9,8088}{2}}$$

$$\omega = 9^m,65$$

Cette vitesse angulaire correspond à un nombre de tours n par seconde.

$$n = \frac{\omega l}{2\pi l} = \frac{\omega}{2\pi}$$

$$n = \frac{9,65}{6,28} = 1 \text{ tour } {}^1/_2 \text{ environ.}$$

Problème.

57. *Quelle tension éprouve un fil qui supporte un poids de 500 grammes, auquel on imprime un mouvement de rotation de 1500 tours par minute, le fil ayant une longueur de 1ᵐ,50?*

Considérons seulement la tension exercée par la force centrifuge, on aura

$$F = m\omega^2 r = \frac{mv^2}{r}$$

La vitesse linéaire v est

$$v = \frac{2\pi rn}{60} = \frac{2 \times 3,1416 \times 1,50 \times 1500}{60}$$

$$v = 235^m 62$$

$$m = \frac{P}{g} = \frac{0,500}{9,8088} \text{ d'où en substituant}$$

$$F = \frac{0,500}{9,8088} \times \frac{\overline{235,62}^2}{1,50} = 3373^k \text{ environ}$$

La tension éprouvée par le fil sera 3373^k.

Problème.

58. *Un train de chemin de fer se compose d'une locomotive pesant 50 tonnes, d'un tender pesant 18 tonnes, et de 24 wagons pesant chacun 10 tonnes. Quelle est la valeur de la force centrifuge totale, en supposant une vitesse de 60 kilomètres à l'heure dans une courbe de 1000 mètres de rayon?*

On a toujours :

$$F = \frac{mv^2}{r}$$

$$m = \frac{P}{g} = \frac{(50 + 18 + 240) \text{ tonnes}}{9,8088}$$

$$v = \frac{60000}{3600} = \frac{100}{6} = 16^m, \frac{2}{3}$$

$$F = \frac{308000}{9,8088} \times \frac{\left(\frac{100}{6}\right)^2}{1000} = 8724 \text{ kilog.}$$

Rép. 8724 kilogrammes.

Problème.

59. *Quelle est l'accélération de la force qui retient la lune dans son orbite, en supposant que l'orbite de la lune est circulaire et qu'il est parcouru en 27 jours 33'. La distance de la lune à la terre est de 60 rayons terrestres.*

La force attractive qui retient la lune dans son orbite est égale et contraire à la force centrifuge.

$$F = \frac{mv^2}{r}$$

En désigant par g' l'accélération de la force centrifuge ou de l'attraction, on a

$$F = mg' = \frac{mv^2}{r} \text{ d'où}$$

$$g' = \frac{v^2}{r}$$

La vitesse de la lune en une seconde est

$$v = \frac{2\pi \times 60\, r}{(27 \times 24 \times 60 + 33)\, 60}$$

en remarquant que $2\pi r = 40000000$ de mètres, on a

$$g' = \left[\frac{2\pi \times 60\, r}{(27 \times 24 \times 60 + 33)\, 60}\right]^2 \times \frac{1}{60 r}$$

et en calculant cette expression

$$g' = 0^m 00275$$

Remarque I. — Le rapport de l'accélération g' à l'accélération $g = 9,8088$ à la surface de la terre est

$$\frac{g'}{g} = \frac{0,00275}{9,8088} = \frac{1}{3600} \text{ environ}$$

Remarque II. — Ce rapport des accélérations permet de constater que les attractions sont en raison inverse du carré des distances (Loi de Newton).

En effet $\frac{1}{60}$ est le carré de $\frac{1}{3600}$, c'est-à-dire que l'attraction sur un corps à la distance r ou bien à la surface de la terre est 60^2 fois plus grande que celle qui s'exerce à la distance $60r$, distance de la lune à la terre.

Problème.

60. *On fait tourner à l'aide d'une fronde une pierre du poids de 1 kilogramme dans un cercle de 1m,50 de rayon. La corde de cette fronde ne peut supporter qu'une tension de 60 kilogrammes. Cette corde se rompt au moment où la pierre atteint un point C (fig. 17), placé de façon que CA = CB, le rayon AB étant horizontal. On demande la hauteur M à laquelle s'élèvera la pierre dans le vide et l'amplitude du jet ?*

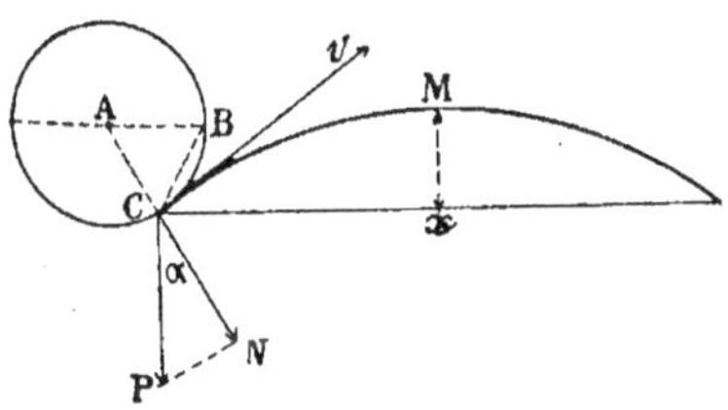

Fig. 17.

La corde cassera lorsque arrivée dans la position AC, la résultante des forces qui la sollicitent sera égale à sa charge de rupture de 60^k.

Les forces qui agissent en C, sont la force centrifuge

$$F = \frac{mv^2}{r}$$

et la composante CN du poids de la pierre, dont la valeur est

$$N = P \cos \alpha$$

$\alpha = 30^\circ$ donc

$$N = P \cos 30^\circ = 1 \times \frac{\sqrt{3}}{2} = 0^k,866$$

La force centrifuge F sera alors

$$F = 60^k - 0,866 = 59^k,134$$

ou $$59,134 = \frac{mv^2}{r} = \frac{P}{g} \times \frac{v^2}{r} = \frac{v^2}{g \times 1,50}$$

d'où $$v = \sqrt{59,134 \times 1,50 \times g}$$

en calculant

$$v = 29^m,496$$

La pierre s'échappe donc suivant la tangente avec une vitesse de $29^m,496$; pour trouver la hauteur à laquelle elle s'élèvera, appliquons la formule donnée au numéro 610 de la cinématique

$$y = \frac{v^2 \overline{\sin}^2 a}{2g}$$

$$a = 30^\circ \quad \sin 30^\circ = \frac{1}{2} \quad \text{d'où}$$

$$y = \frac{\overline{29,496}^2}{8 \times 9,8888} = 11^m,08$$

L'amplitude x du jet est

$$x = \frac{v^2 \sin 2a}{g}$$

$$x = \frac{\overline{29,496}^2 \times \sqrt{3}}{2 \times 9,8088} = 76^m,80$$

La pierre s'élèvera donc de $11^m,08$, et tombera à 76^m80 du point C

Problème.

61. *Un corps glisse sur une direction AB (fig. 18), qui peut être l'axe d'un tube*

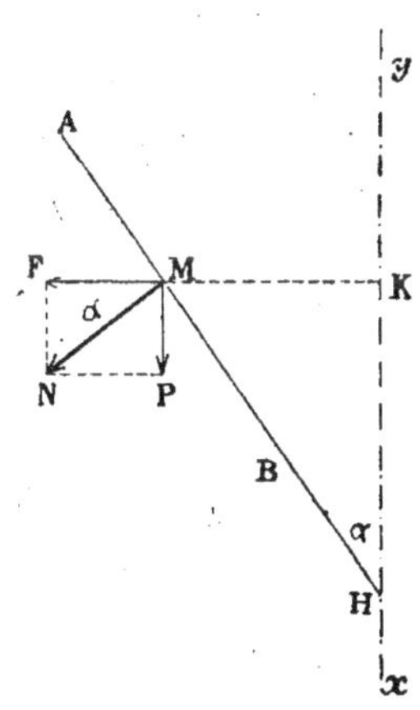

Fig. 18.

animé d'un mouvement de rotation autour d'un axe **xy**, *avec une vitesse angulaire* **u.**

Quelle est la position d'équilibre de ce corps?

Le corps M sera en équilibre lorsque la résultante MN de la pesanteur P et de la force centrifuge F sera normale au tube. Or, le triangle MNP donne :

$$P = F \text{ tg } \alpha$$

Or $F = m\omega^2 r = m\omega^2 MK$, donc :

$$mg = m\omega^2 MK \text{ tg } \alpha$$

mais le triangle MKH donne :

$$MK = h \text{ tg } \alpha$$

l'équation devient :

$$mg = mh\omega^2 \text{ tg}^2 \alpha$$

d'où $$h = \frac{g}{\omega^2 \text{ tg}^2 \alpha}$$

telle est la distance verticale du mobile, à partir du point H pour qu'il soit en équilibre.

Problème.

62. *Quelle est la forme affectée par la surface libre d'un liquide contenu dans un vase qui tourne autour de son axe vertical?*

Nous avons vu, dans l'équilibre des liquides soumis à l'action seule de la pesanteur, que les surfaces de niveau et, en particulier, la surface libre, étaient horizontales ; il n'en est pas de même si ce liquide est sollicité par d'autres forces. Nous allons démontrer que, dans le cas indiqué par l'énoncé du problème, la surface libre a la forme d'un paraboloïde de révolution. On constate d'ailleurs que si on agite un liquide, avec une baguette, la surface se creuse en forme d'entonnoir.

Considérons une section passant par l'axe vertical XY et soit BMK la section de cette surface ; (*fig.* 19). L'élément M sera en équilibre si la résultante MN de son poids P et de la force centrifuge F est normale à la direction de l'élément, c'est-à-dire à la tangente MT à la courbe. Prolongeons cette résultante jusqu'en D et projetons le point M sur l'axe ; les deux triangles AMD et MPN donnent la proportion

$$\frac{AD}{AM} = \frac{P}{F}$$

d'où $$AD = AM \frac{P}{F}$$

Remplaçons P et F par leur valeur, il vient

$$AD = AM \frac{mg}{m\omega^2 AM} = \frac{g}{\omega^2}$$

La vitesse angulaire ω étant constante, cette égalité montre que la sous-normale AD à la courbe est constante et égale à $\frac{\omega^2}{g}$, ce qui démontre que la courbe BMK est une parabole ayant pour axe XY, et pour sommet le point le plus bas de la courbe du liquide.

Si la courbe était rapportée aux deux axes rectangulaires, dont l'un soit l'axe

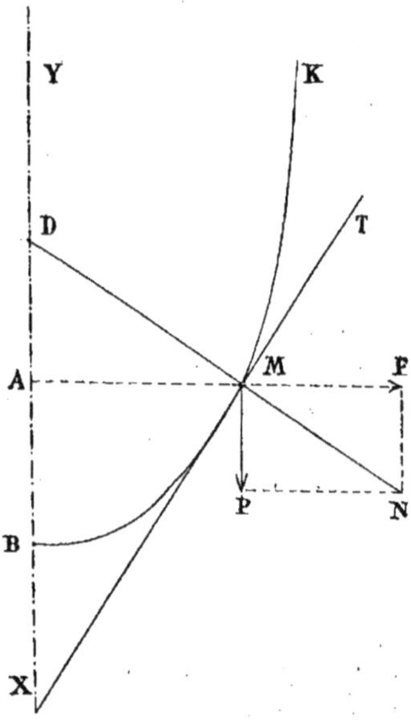

Fig. 19.

du vase et l'autre la tangente, au sommet on aurait pour équation

$$y^2 = 2\,px.$$

la sous-normale étant égale à p, son équation deviendrait

$$y^2 = 2\frac{g}{\omega^2}x$$

Cette formule montre que si $\omega = o$, on a $y = \infty$, c'est le cas d'un liquide en repos et le paraboloïde devient un plan horizontal.

Si ω augmente, y diminue pour les

mêmes valeurs de x, et le liquide se creuse profondément, il pourrait même découvrir le fond.

Application du problème précédent au coulage des bandages de roues en acier sans soufflures.

63. L'élévation du liquide vers les bords d'un vase tournant, a été appliquée pour obtenir des bandages en acier homogènes. Pour comprendre l'avantage de cette application, remarquons que si ABC

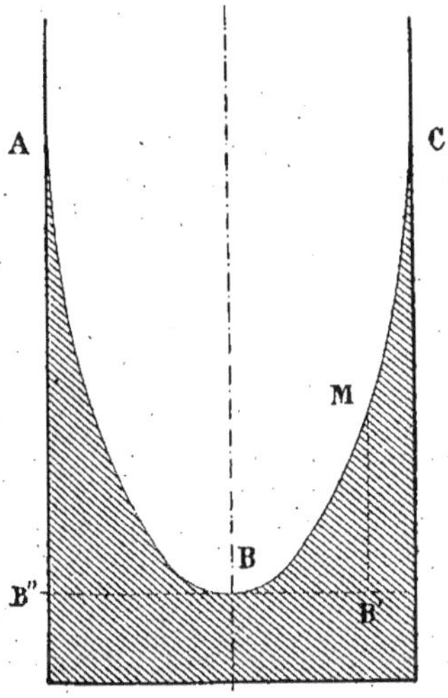

Fig. 20.

est la surface parabolique affectée par un liquide, le point B reçoit une pression égale à la pression atmosphérique, tandis que tout autre point B′ situé sur le même plan horizontal, est soumis à une pression égale à la pression extérieure augmentée du poids de la colonne du liquide B′M (*fig.* 20). Le point qui reçoit la plus forte pression est le point B″, laquelle peut devenir très grande si la vitesse de rotation ω est considérable.

C'est cette pression qu'on a utilisée dans l'expérience qui nous occupe.

On coule l'acier fondu dans un vase DF, D′F′ (*fig.* 21), partiellement fermé à sa partie supérieure, et on lui imprime une rotation de 1200 tours environ par minute, le liquide si la surface était libre prendrait la forme ABA′ de telle sorte que

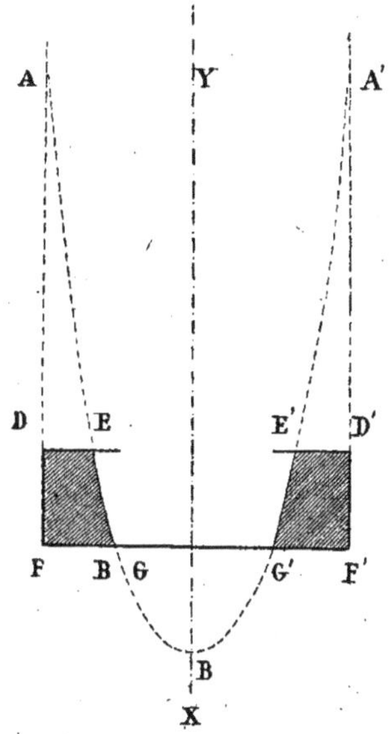

Fig. 21.

la pression en F est égale au poids de la colonne d'acier AF qui serait de 220 mètres, ce qui correspond à un volume d'eau de 1,500 mètres environ, soit une pression de 150 atmosphères.

Le bandage en acier qui prend la forme de l'anneau DEFG D′E′F′G′ est soumis à cette pression énorme, et peut se refroidir sans soufflures.

CHAPITRE II

TRAVAIL D'UNE FORCE ET PRINCIPES DES FORCES VIVES

64. *Définition du travail.* — Le travail d'une force est le produit de l'intensité de la force, exprimée en kilogrammes par le déplacement de son point d'application estimé suivant sa direction.

Cette expression *travail*, n'est pas très ancienne, elle remonte à 1829, et elle est due à Coriolis et à Poncelet.

Bien avant cette époque, on avait reconnu le rôle important que joue dans le calcul des machines le produit d'une force par le chemin parcouru par son point d'application, aussi on avait donné à ce produit différents noms, mais ayant tous des significations vagues.

A proprement parler, le travail d'une force, c'est l'effet mécanique ou industriel qu'elle produit; pour qu'il y ait travail mécanique, il faut qu'une résistance soit constamment vaincue le long d'un chemin parcouru dans la direction où la force agit.

Supposons, par exemple, un homme employé à tirer à l'aide d'un seau et d'une corde passant sur une poulie fixe, l'eau d'un puits situé à 10 mètres de profondeur. La résistance à vaincre sera le poids d'eau élevé et le chemin parcouru par ce poids sera égal à 10 mètres. En admettant qu'il élève dans un certain temps, 5,000 kilogrammes d'eau, le travail ainsi effectué sera le produit.

$$5{,}000 \text{ k.} \times 10$$

Si le puits avait une hauteur double, triple, etc., le travail dépensé pour déplacer la même quantité de ce liquide deviendrait double, triple, etc., car pour élever 5,000 kilogrammes à 20 mètres, il faut d'abord les monter à 10 mètres, puis les hisser de nouveau à 10 mètres, de même si la hauteur d'élévation restant constante, le poids devenait double, triple, etc., le travail serait aussi double, triple, etc.

En resumé, le travail mécanique varie proportionnellement à la résistance vaincue et au chemin parcouru.

Ce produit qui exprime le travail est nul lorsque l'un ou l'autre des facteurs est nul.

Suivant que la force en action est motrice ou résistante, le travail dépensé est appelé travail moteur, ou travail résistant. Ainsi lorsqu'on traîne un fardeau sur le sol, la force qui le met en mouvement développe un travail moteur, alors que le frottement dépense un travail résistant.

Le travail d'une force se représente par TF.

65. *Kilogrammètre.* — Pour exprimer le travail d'une force il faut le comparer à une autre quantité de même espèce prise pour unité. C'est au travail de la pesanteur que l'on compare le travail des autres forces; l'unité adoptée en France est le *kilogrammètre*.

Le kilogrammètre est le travail nécessaire pour élever le poids de un kilogramme à un mètre de hauteur.

On désigne cette unité par l'abréviation km.

Le kilogrammètre est indépendant du travail, parce que le travail produit est le même, quel que soit le temps employé.

Cependant dans l'industrie, une machine est d'autant plus avantageuse, que pendant un temps donné, elle produit un temps plus considérable. Ainsi une machine élevant un poids P dans une minute, est plus avantageuse que celle qui l'élèverait de la même hauteur dans une heure. La notion du temps doit donc intervenir, lorsqu'il s'agit de définir la puissance d'un moteur quelconque ; on a alors adopté une autre unité, tenant compte du temps, c'est le *cheval-vapeur*.

Cheval-vapeur.

66. En France le cheval-vapeur représente le travail de 75 kilogrammètres par seconde ; c'est-à-dire que ce travail correspond à 75 kilogrammes élevés à un mètre de hauteur en une seconde.

La puissance d'une machine s'exprime par sa force en chevaux-vapeur ; on dit par exemple : une machine de la force de vingt chevaux-vapeur.

Cette dénomination de cheval-vapeur est incorrecte et tend à induire en erreur; il faut sous-entendre en effet le mot travail et non le mot force qui sont des espèces toutes différentes. Il est préférable de dire, puissance d'une machine et non force de la machine que l'on a en vue.

67. *Origine du cheval-vapeur.* — Vers 1769, Watt, célèbre mécanicien anglais, reçut la commande d'une machine à vapeur capable de remplacer un cheval de forte taille agissant sur un manège. Il estima que ce cheval était capable d'élever par minute 33,000 livres anglaises à 1 pied de haut. Il adopta alors cette valeur pour terme de comparaison et il la nomma *horse-power*, expression qui signifie littéralement en français puissance de cheval. En réduisant ce cheval de Watt en mesures françaises, à raison de 0 k., 45341 pour la livre anglaise et 0^{m}, 3048 pour le pied anglais, on obtient :
$33,000^{l} \times 1^{r}\ 33,000 \times 0,3048 = 4560^{km},6$
par minute, ce qui donne par seconde
$4560,6 = 76^{km}$.

Cette quantité diffère peu du cheval-vapeur français qui est de 75 kilogrammètres.

Comme on le voit, le cheval-vapeur tire son nom de la puissance d'un cheval, mais il est loin d'équivaloir en moyenne au travail développé par un cheval de force moyenne. L'expérience démontre, en effet, que les chevaux de manège, travaillant huit heures par jour, ne dépassent pas 40 kilogrammètres développés sur le trait. Certains peuvent accidentellement, en donnant un coup de collier, produire un travail plus considérable, pouvant atteindre 80 et même 90 kilogrammètres par seconde.

Travail journalier que peuvent fournir les hommes et les animaux.

68. Dans l'établissement des machines, il est utile de connaître le travail moteur maximum que l'homme et les animaux peuvent produire par jour d'une manière continue.

Le tableau ci-dessus donné par Coriolis et Poncelet donne le travail dans les cas les plus usuels.

MODE D'ACTION DU MOTEUR	POINT ou le TRAVAIL EST EFFECTUÉ	EFFORT MOYEN	VITESSE par seconde	TRAVAIL par seconde	HEURES DE travail par jour	TRAVAIL JOURNALIER
		kg	m	km	h	km
Un homme montant, sans fardeau, une rampe douce ou un escalier : son travail consistant dans l'élévation de son corps	sur le corps	65	0.15	9.75	8	280.800
Un homme élevant des matériaux avec les mains	sur la charge	20	0.17	3 4	6	73.440
Un homme portant des fardeaux sur son dos au haut d'une rampe douce ou d'un escalier et revenant à vide	sur la charge	65	0.03	2 6	6	56.160
Un homme agissant horizontalement sur un cabestan	sur la barre	12	0.60	7 2	8	207.360
Un homme tirant sur le halage	sur la corde	40	0.75	3 2	8	92.160
Un homme agissant sur une manivelle	sur la manivelle	8	0.20	6 0	8	172.800
Un homme élevant des fardeaux avec une corde et une poulie	sur la charge	18	0.20	3 6	6	77.760
Un cheval attelé à une voiture et allant au pas	sur le trait	70	0.90	6 3	10	2.168.000
Un cheval attelé à une voiture et allant au trot	—	44	2.20	96.8	4.5	1.568.160
Un cheval attelé à un manège et allant au pas	—	45	0.90	40.5	8	1.166.400

Travail d'une force constante.

69. Nous distinguerons deux cas principaux :

1° *La force agit dans le sens du chemin parcouru par son point d'application.* Le travail est par définition égal au produit de la force par le chemin parcouru. Si F représente la force exprimée en kilogrammes et e le chemin évalué en mètres, on aura : $TF = F \times e^{km}$

Ce chemin peut être dirigé, soit dans le sens même de la force, soit en sens contraire, suivant que celle-ci est motrice ou résistante.

Ce premier cas se rencontre en général dans tous les mouvements rectilignes, où la force agit constamment suivant la droite parcourue par le mobile.

Il en est de même du traval produit par une force agissant à l'extrémité d'une barre, d'un cabestan, ou tangentiellement à la circonférence d'une roue.

Le travail correspondant à une révolution complète est alors

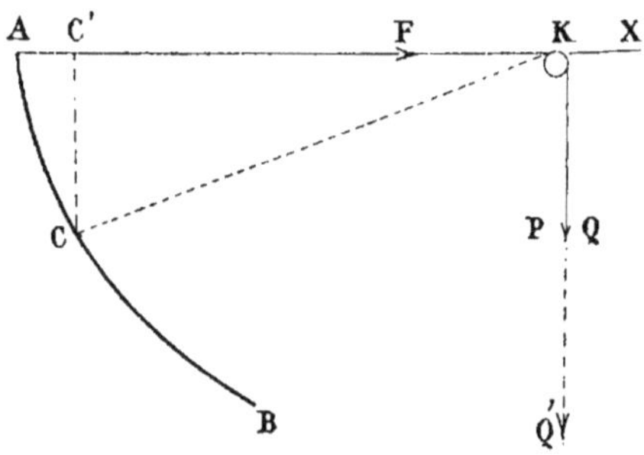

Fig. 22.

$$TF = F \times 2\pi r$$

Si n représente le nombre de tours par minute, le travail par seconde sera

$$TF = F \times \frac{2\pi rn}{60} = F\frac{\pi rn}{30}$$

et la puissance en chevaux-vapeur sera

$$N = F\frac{\pi rn}{30 \times 75}.$$

2° *Le mobile se déplace dans une direction différente de celle de la force.* — Dans ce cas le travail est égal au produit de l'intensité de cette force par la projection du chemin sur sa direction, ou bien encore, au chemin parcouru multiplié par la projection de force sur la direction du chemin.

En effet, soit F (*fig.* 22) une force agissant dans la direction AX sur un point matériel A lequel est obligé de décrire la courbe AB.

Supposons qu'en un point K quelconque AX, on fixe une poulie sur laquelle passe un fil portant un poids P égal à la force F, en supposant que ce fil soit absolument inextensible et qu'il ne produise aucun frottement.

Il est clair que l'effet de la pesanteur exercé par le poids P sur le point A sera le même que celui de la force F.

Or quand le point A vient en C sur la courbe, le poids P s'abaisse d'une certaine quantité QQ' et le travail développé est

$$P \times QQ' \text{ ou } F \times QQ'.$$

Mais QQ' c'est la différence entre les portions de fils AK et CK, car on peut prendre les points A et C suffisamment rapprochés l'un de l'autre pour que le fil puisse être considéré comme tangent au

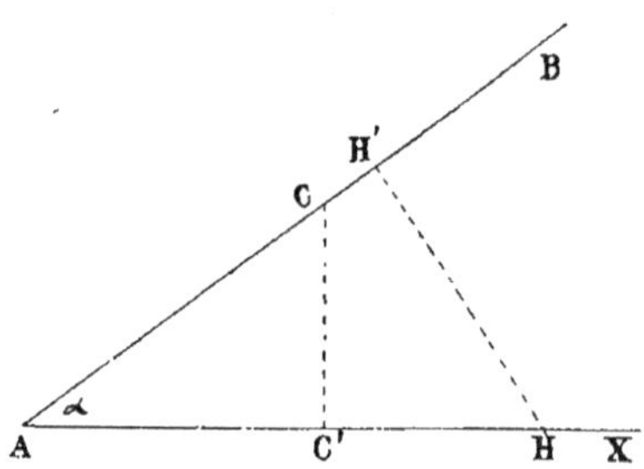

Fig. 23.

même point K de la circonférence de la poulie ; dans cette hypothèse, l'arc de cercle décrit du point K comme centre avec AC pour rayon se confondra avec la perpendiculaire CC' sur AK et la différence des portions de fil se confondra avec AC', c'est-à-dire avec la projection de l'arc de courbe AC sur AK. Si donc AC' = QQ' le travail produit a pour expression

$$F \times AC'$$

c'est-à-dire le produit de la force par la

projection de l'espace parcouru sur sa direction.

Dans le cas où la force AX (*fig.* 23), fait un angle constant α avec le chemin AB parcouru par le mobile, le travail sera égal à F multiplié par la projection AC′ du chemin AC que parcourt le corps. Or le triangle rectangle ACC′ donne :

$$AC' = AC \cos \alpha = e \cos \alpha$$

donc $$TF = Fe \cos \alpha \qquad (1)$$

Représentons par AH l'intensité de la force F et projetons-la en AH′ sur la direction du chemin parcouru, on a également :

$$AH' = AH \cos \alpha = F \cos \alpha$$

d'où $$TF = e\,F \cos \alpha \qquad (2)$$

c'est-à-dire que le travail est aussi égal au produit du chemin parcouru, par la projection de la force sur ce chemin.

70. *Discussion de là formule* (1). — Si $\cos \alpha$ est positif, le travail est positif, c'est un travail moteur.

Si $\cos \alpha$ est négatif, le travail est négatif ; la force produit un travail résistant.

Le produit $Fe \cos \alpha$ devient nul quand l'un de ses facteurs est égal à zéro.

1er *cas*. $F = o$; il n'y a point de force déployée, il ne peut y avoir travail. Tel est le cas d'un corps qui se meut en vertu de la vitesse acquise, comme une bille qui roule sur un plan horizontal avec une vitesse uniforme.

2e *cas*. $e = o$; le corps ne s'est pas déplacé ; par exemple une masse d'eau qui exerce une pression sur la vanne fermée ; ou bien d'une force agissant sur un corps qu'on ne peut déplacer.

3e *cas*. $\cos \alpha = o$; dans ce cas l'angle $\alpha = 90°$, c'est-à-dire que la direction de la force est perpendiculaire au chemin parcouru, par exemple le vent qui souffle perpendiculairement au chemin que suit une voiture ne produit pas de travail, à la condition qu'il ne la fasse pas dévier.

71. *Remarque*. — Quelle que soit la forme de la trajectoire, plane ou quelconque, l'expression du travail d'une force constante est toujours égale au produit de l'effort par la projection de la trajectoire sur la direction de la force

Travail de la pesanteur dans le mouvement d'un point matériel.

72. Lorsqu'un point matériel est soumis à l'action de la pesanteur, le travail s'obtient en multipliant son poids par le chemin vertical parcouru, et cela quelle que soit la forme de la trajectoire puisque la direction de la pesanteur reste verticale. C'est une conséquence du résultat précédent.

Théorème.

73. *Travail de la résultante de plusieurs forces constantes. Le travail de la résultante de plusieurs forces constantes appliquées à un point matériel est égal à la somme des travaux des composantes.*

Nous distinguerons deux cas : 1° Le déplacement du point matériel est rectiligne ; 2° La trajectoire du point est curviligne.

1° Soient $F, F'F''$ les forces constantes et $\alpha, \alpha'\alpha''$. les angles constants que ces forces font avec la direction du déplacement, et soit R la résultante du système faisant un angle β avec la trajectoire.

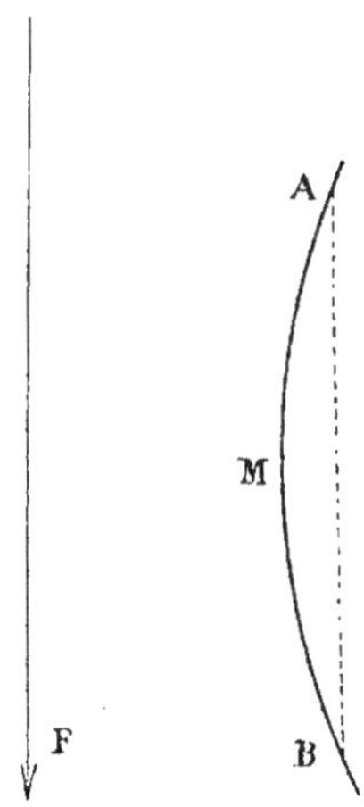

Fig. 24.

Si on projette la résultante et les composantes sur la direction rectiligne du mouvement on a la relation

$$R \cos\beta = F\cos\alpha + F'\cos\alpha' + F''\cos\alpha'' + \ldots$$

En multipliant les deux membres de l'égalité par le déplacement e du point matériel, on a :

$$Re\cos\beta = Fe\cos\alpha + F'e\cos\alpha' + F''e\cos\alpha'' + \ldots$$

Or chaque terme exprime le travail de chaque force correspondante, donc :

$$TR = TF + TF' + TF'' + \ldots$$

2° Si le déplacement du point est curviligne, suivant la ligne AMB (*fig.* 24), le travail d une force F est aussi le produit de la ligne AB par la projection de F sur cette droite.

Si R_x, F_x, F'_x, F''_x... sont les projections de la résultante R et des composantes du système sur la droite AB on aura

$$R_x = F_x + F'_x + F''_x + \ldots,$$

et en multipliant les deux membres de l'égalité par AB $= e$, il vient

$$R_x e = F_x e + F'_x e + F''_x e + \ldots,$$

ou $$TR = TF + TF' + TF'' + \ldots$$

Le théorème est donc général pourvu que les forces soient constantes.

Travail de la pesanteur dans le mouvement d'un corps pesant.

74. Lorsqu'un corps solide pesant se déplace dans l'espace, la somme des travaux des forces de la *pesanteur relatifs à tous les points matériels qui le composent est égal au travail du poids de ce corps relatif au déplacement de son centre de gravité.*

Soit p le poids d'un point matériel du corps situé à une distance z_0 d'un plan horizontal, si au bout d'un certain temps, sa distance à ce plan est z_1, le travail de la pesanteur relatif à ce point sera:

$$p\,(z_0 - z_1)$$

De même si p', p'', p'''... représentent les poids des autres points matériels se déplaçant de $(z'_0 - z'_1)$, $(z''_0 - z''_1)$... la somme des travaux de toutes les forces de la pesanteur sera:

$$p\,(z_0 - z_1) + p'\,(z_0' - z_1') + p''\,(z''_0 - z''_1) + \ldots$$

ou $$\Sigma\, p\,(z_0 - z_1)$$

Si P représente le poids total du corps dont le déplacement du centre de gravité est $Z_0 - Z_1$, le travail de cette force P appliquée au centre de gravité sera $P\,(Z_0 - Z_1)$.

Or en appliquant le théorème des moments des forces parallèles par rapport au même plan horizontal, on a les deux équations.

$$PZ_0 = pz_0 + p'z'_0 + p''z''_0 + \ldots$$
$$PZ_1 = pz_1 + p'z'_1 + p''z''_1 + \ldots$$

d'où en retranchant

$$P\,(Z_0 - Z_1) = p\,(z_0 - z_1) + p'\,(z'_0 - z'_1) + \ldots$$

ou $$P\,(Z_0 - Z_1) = \Sigma\, p\,(z_0 - z_1).$$

Donc la somme des travaux des forces de la pesanteur dans le déplacement d'un corps pesant est le produit du poids de ce corps par le déplacement vertical de son centre de gravité.

Travail élémentaire d'une force variable.

75. Supposons qu'un point matériel sollicité par une force variable en intensité et en direction, parcoure une trajectoire AB (*fig.* 25); cette trajectoire peut être décomposée en éléments très petits sensiblement rectilignes, et pendant le temps très petit employé à parcourir

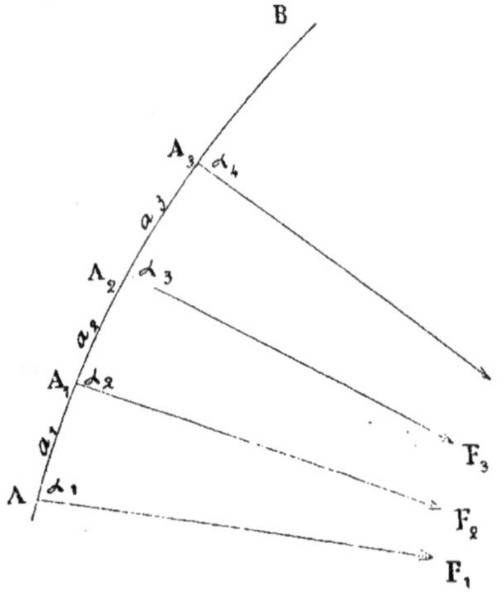

Fig. 25.

chaque élément, la force peut être considérée comme constante en grandeur et en direction. Le travail correspondant à chacun de ces travaux s'appelle *travail élémentaire,* il a pour expression:

$$a_1 \, F_1 \cos \alpha_1$$

a_1 représentant la distance rectiligne AA_1.

F_1 représentant l'intensité de la force au point A.

α représentant l'angle que fait la direction de la force avec l'élément de la trajectoire.

Si la force variable agit dans la direction du chemin parcouru, le travail élémentaire sera exprimé par:

$$a_1 \, F_1 \text{ car } \cos \alpha_1 = o.$$

Le travail total relatif au déplacement considéré sera la limite de la somme des travaux élémentaires, c'est-à-dire:

$$T = a_1 F_1 \cos \alpha_1 + a_2 F_2 \cos \alpha_2 + a_3 F_3 \cos \alpha_3 + \ldots \quad (1)$$

ou

$$T = \Sigma a F \cos \alpha.$$

quand le nombre de divisions n de l'arc parcouru croît sans limite.

Dans la formule (1), les produits $a_1 \cos \alpha_1$, $a_2 \cos \alpha_2$ représentent les projections e_1, e_2 des chemins élémentaires sur la direction de la force aux instants considérés, donc:

$$T = F_1 e_1 + F_2 e_2 + F_3 e_3 + \ldots \quad (2)$$

ou

$$T = \Sigma F e.$$

Représentation graphique du travail d'une force variable.

76. Le travail total d'une force variable exprimée par la limite des expressions (1) et (2) peut être évalué par l'aire d'une surface plane comprise entre une ligne d'abscisse, une courbe et deux ordonnées répondant au commencement et à la fin de l'intervalle de temps total.

En effet, sur une droite indéfinie OX (*fig.* 26), portons des longueurs AB, BC, CD... respectivement égales à e_1, e_2, e_3... et élevons en ces points des ordonnées proportionnelles aux intensités F_1, F_2, F_3... de la force variable. Si l'on joint par un trait continu les extrémités de ces ordonnées l'aire AA' EE' représente le travail cherché.

Les travaux élémentaires sont représentés par les aires des rectangles AB A'A'', BC B'B''...; si la force F ne restait constante que pendant que son point d'application parcourt des éléments quatre fois plus petits, les travaux élémentaires seraient représentés par les aires des rectangles

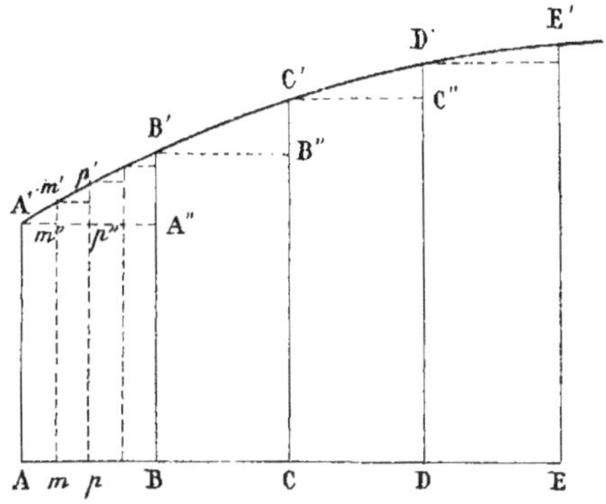

Fig. 26.

Am A'm'', mm' pp''... Or il est évident que la somme des aires de tous ces rectangles a pour limite l'aire AA' C' E' E qui représente ainsi le travail total de la force variable.

Le travail d'une force variable est donc ramené à une quadrature.

77. *Remarque.* — Dans la représentation graphique précédente on aurait pu porter sur la ligne des abscisses des longueurs égales à a_1, a_2, a_3... et en ordonnées des grandeurs égales à $F_1 \cos \alpha_1$, $F_2 \cos \alpha_2$...

Théorème.

78. *Le travail de la résultante de plusieurs forces qui agissent sur un point matériel est la somme algébrique des travaux des composantes.*

Ce théorème, que nous avons démontré dans le cas des forces constantes, est également vrai dans le cas général.

En effet, le travail élémentaire de la résultante est la somme algébrique des travaux élémentaires des composantes, puisque, par définition, on suppose les forces constantes pendant le temps infiniment petit considéré ; donc en désignant par tF le travail élémentaire d'une force, on a

$$tR = tF + tF' + tF'' + ...$$

R étant la résultante des forces F, F'F''... par suite

$$\Sigma tR = \Sigma tF + \Sigma tF' + \Sigma tF'' + ...$$

La limite du second nombre étant la somme des limites de ses termes, qui sont en nombre fini égal au nombre des composantes, on a :

$$TR = TF + TF' + TF'' + ...$$

Ce qui démontre la propriété énoncée.

Effort moyen.

79. On appelle *effort moyen* d'une force variable, le quotient de la division du travail total par la distance réelle que parcourt son point d'application.

C'est l'effort constant qu'il faudrait appliquer pour produire, avec le même déplacement, un travail égal à celui qui est produit par la force variable considérée.

En désignant par TF le travail de la force variable, e le chemin parcouru et F' la force moyenne, on doit avoir

$$F'e = TF$$

d'où $$F' = \frac{TF}{e}$$

La considération de l'effort moyen est extrêmement utile. En effet, dans la pratique, il n'y a pas de forces réellement constantes ; tous les efforts sont variables, mais ils varient souvent dans d'étroites limites, c'est-à-dire qu'ils sont périodiques. La courbe représentative du travail affecte dans ce cas une forme sinueuse A'B'C'D' (*fig.* 27), et le travail produit diffère peu de l'aire comprise entre la ligne AD et la droite A'D'.

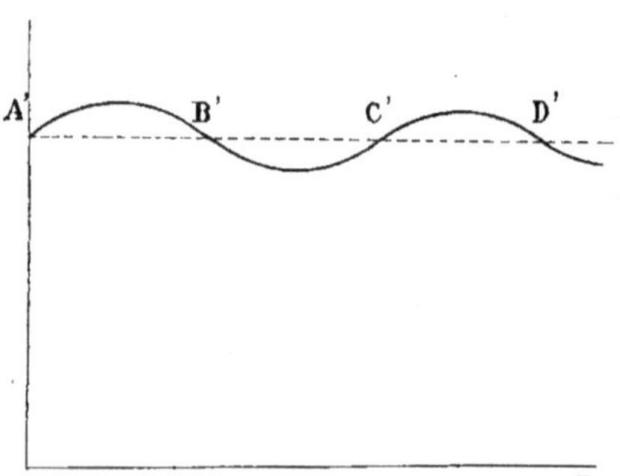

Fig. 27.

Dans l'industrie, on cherche toujours à substituer au travail réel un travail moyen, uniforme, beaucoup moins compliqué et facile à évaluer.

Quadrature des surfaces.

80. L'aire curviligne AA'EE' (*fig.* 26) peut s'évaluer assez approximativement à l'aide de la formule de Thomas Simpson, ou de celle de Poncelet que nous allons donner.

On peut encore l'obtenir en découpant le contour AA'EE' dessiné sur une feuille de papier bien homogène et en pesant à 1 milligramme près la surface ainsi obtenue ; soit P son poids, p le poids d'un décimètre carré du même papier, l'aire de cette courbe exprimée en décimètres carrés sera $$\frac{P}{p}$$

Si dans la représentation graphique une force de 1 kilogramme est représentée par 1 décimètre, et si un chemin de 1 mètre est également représenté par 1 décimètre il s'ensuit que chaque décimètre carré exprime un travail de 1 kilogrammètre, par suite $\frac{P}{p}$ sera le travail cherché.

81. *Remarque.* — Si on connaît l'équation générale qui lie l'ordonnée de la courbe A'E' à l'abscisse, on peut par le calcul infinitésimal déterminer l'aire de la surface curviligne. On est alors conduit à rechercher une fonction qui s'appelle *l'intégrale* de l'expression de y en fonction de x, question que nous ne pouvons indiquer ici.

82. *Quadrature approchée.* — On peut obtenir, dans certains cas, avec une approximation suffisante, la surface AA'EE' (*fig.* 28) de la manière suivante.

Partageons AE en n parties égales AB, BC, CD, DE.... et soit h l'une de ces divisions, $h = \frac{AE}{n}$; représentons par y_1, y_2, y_3... y_{n+1} les ordonnées correspondantes aux points de division. Si on substitue à la courbe A'E' la ligne brisée A'B'C'D'E' qui forme avec les ordonnées des trapèzes dont la somme des aires est :

$$S = \frac{h}{2}(y_1 + y_2) + \frac{h}{2}(y_2 + y_3) + \dots + \frac{h}{2}(y_n + y_{n+1})$$

ou $S = \frac{h}{2}[y_1 + y_{n+1} + 2(y_2 + y_3 + \dots y_n)]$

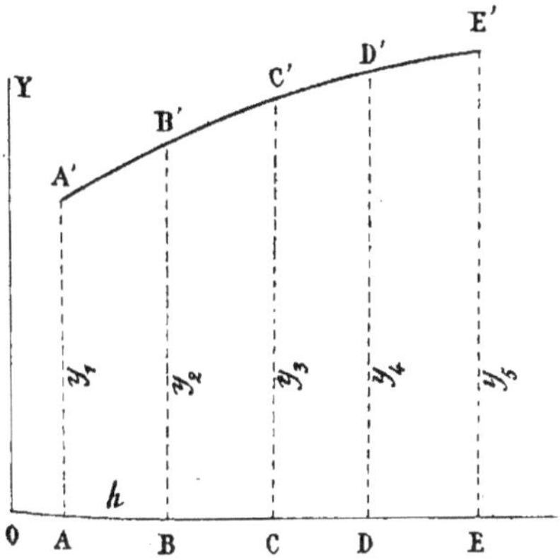

Fig. 28.

Cette somme S est la valeur approchée de l'aire, par défaut quand la courbe est concave vers OX et par excès dans le cas contraire.

Méthode de Thomas Simpson.

83. Cette méthode consiste à diviser la distance AM (*fig.* 29) en un nombre pair de parties égales, représenté par $2n$. Si aux différents points de division on élève les ordonnées $y_1, y_2, y_3 \dots y_{2n+1}$ et qu on joigne deux à deux leurs extrémités, on forme une série de trapèzes AA' CC', CC'EE'... ayant pour surface

$$s = \frac{AB}{2}(AA' + 4BK + CC')$$

Cette expression de la surface d'un trapèze se ramène à la forme connue $\frac{AC}{2}(AA' + CC')$, en remplaçant BC par $\frac{AA' + CC'}{2}$; elle est inférieure à la surface du trapèze curviligne ; pour compenser l'erreur remplaçons BK par BB', elle devient

$$s = \frac{AB}{2}(AA' + 4BB' + CC').$$

Si nous représentons $AB = \frac{AM}{2n}$ par h, ces surfaces deviennent :

$$s = \frac{h}{2}(y_1 + 4y_2 + y_3)$$

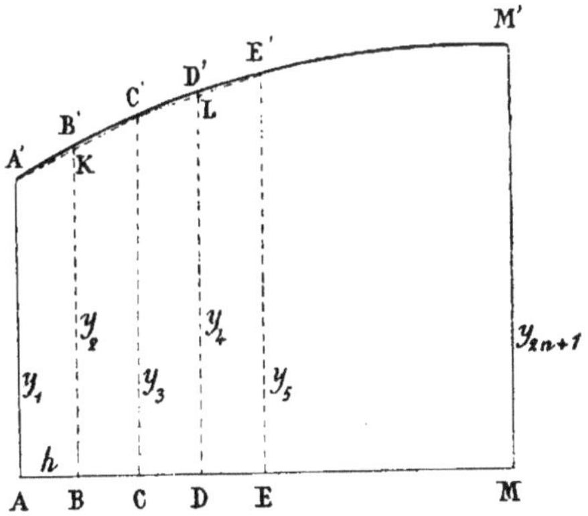

Fig. 29.

$$s_1 = \frac{h}{2}(y_3 + 4y_4 + y_5)$$

» »

» »

$$s_n = \frac{h}{3}(y_{2n-1} + 4y_{2n} + y_{2n+1})$$

D'où en additionnant

$$S = [y_1 + y_{2n+1} + 2(y_3 + y_5 + y_7 + \dots y_{2n-1}) + 4(y_2 + y_4 + y_{2n})]$$

C'est-à-dire qu'après avoir divisé la distance des ordonnées extrêmes en $2n$ parties égales, et mesuré les ordonnées, la surface est égale au tiers de la distance de deux ordonnées consécutives, multiplié par la somme des ordonnées extrêmes plus deux fois la somme des ordonnées de rang impair, plus quatre fois la somme des ordonnées de rang pair.

ou en représentant par

E la somme des ordonnées extrêmes ;

I la somme des ordonnées de rang impair ;

P la somme des ordonnées de rang pair la formule devient

$$S = \frac{h}{3}(E + 2I + 4P).$$

Formule de Poncelet.

84. Considérons la surface comprise entre la courbe A'K'B', les ordonnées extrêmes et la ligne des abscisses AB (*fig.* 30). Cette longueur AB est divisée en un nombre pair de parties égales par les ordonnées y_1, y_2, y_3,... y_{2n+1}. Menons les cordes A'E', E'G', G'K' ainsi que les tangentes aux points E'.G', K'... La surface à évaluer est supérieure à la somme des trapèzes inscrits, mais inférieure à celle des trapèzes circonscrits. Poncelet prend la moyenne arithmétique de ces deux sommes pour l'expression approximative de la surface donnée.

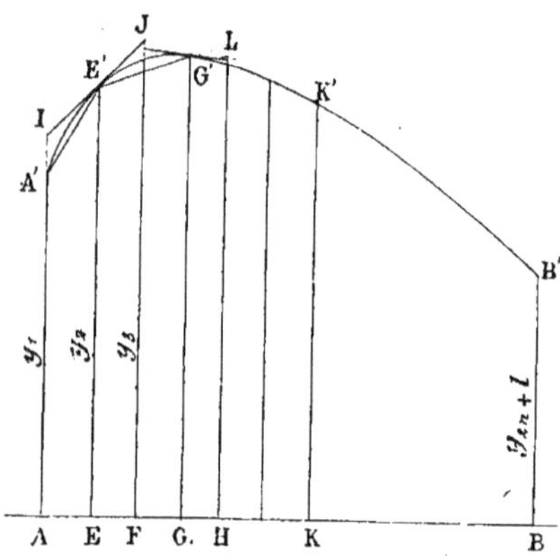

Fig. 30

La somme S_i des surfaces des trapèzes inscrits est

$$S_i = \frac{h}{2}(y_1 + y_2) + h(y_2 + y_4) + h(y_4 + y_6) + \dots \frac{h}{2}(y_{2n} + y_{2n+1})$$

ou

$$S_i = h\left(\frac{y_1}{2} + \frac{y_2}{2} + y_2 + y_4 + y_4 + y_6 + y_6 + \dots \frac{y_{2n}}{2} + \frac{y_{2n+1}}{2}\right)$$

Ajoutons et retranchons $\frac{y_2}{2}$ et $\frac{y_{2n}}{2}$; il vient

$$S_i = h\left[2(y_2 + y_4 + y_6 + \dots y_{2n}) + \frac{1}{2}(y_1 + y_{2n+1}) - \frac{1}{2}(y_2 + y_{2n})\right]$$

ou

$$S_i = h\left(2P + \frac{1}{2}E - \frac{1}{2}E'\right) \qquad (1)$$

en représentant par P la somme des ordonnées de rang pair, par E la somme des ordonnées extrêmes et par E' la somme des ordonnées seconde et avant-dernière.

La somme S_c des trapèzes circonscrits est

$$S_c = 2hy^2 + 2hy_4 + 2hy_6 + \dots 2hy_{2n}$$

ou $\quad S_c = 2h\,(y_2 + y_4 + y_6 + \dots y_{2n})$

ou $\quad S_c = h.\,2P \qquad (2)$

La moyenne des deux surfaces (1) et (2) sera

$$S = \frac{h\left(2P + \frac{1}{2}E - \frac{1}{2}E'\right) + h.\,2P}{2}$$

$$S = \frac{h}{2}\left(4P + \frac{1}{2}E - \frac{1}{2}E'\right)$$

$$= h\left(2P + \frac{1}{4}E - \frac{1}{4}E'\right)$$

Cette formule de Poncelet montre qu'il faut ajouter, au double des ordonnées de rang pair, le quart de la somme des ordonnées extrêmes et de retrancher le quart de la somme des ordonnées seconde et avant-dernière, le résultat devant être multiplié par la distance des ordonnées.

Force vive.

85. *Définition.* — On appelle *force vive* d'un point matériel à l'époque t, le produit de sa masse par le carré de la vitesse qu'il possède à ce moment. Si M est la masse et v sa vitesse à un instant donné, la force vive est égale à Mv^2.

Cette expression, force vive, n'est pas très heureuse, étant donné la relation remarquable qu'elle a avec le travail produit par la masse en mouvement. Il est vrai, comme nous le verrons, que cette quantité Mv^2 rentre dans les calculs sous la forme $\frac{Mv^2}{2}$. Bellanger a proposé de donner un nom propre à ce demi-produit, et on l'appelle *puissance vive.*

Mesure du travail au moyen de la force vive.

86. Nous allons démontrer que le travail des forces peut être mesuré et évalué au moyen de la force vive. Le théorème général que nous démontrerons pour divers cas est le suivant.

Théorème.

87. *Dans tout système de points matériels, la variation de puissance vive entre deux instants quelconques est égale à la somme algébrique des travaux de toutes les forces intérieures et extérieures qui agissent sur le système.*

1° *Cas d'une force constante agissant sur un point matériel qui part du repos.*

La force étant constante, le mouvement est uniformément accéléré et les formules de ce mouvement.

$$v = \gamma t \quad \text{et} \quad e = \frac{1}{2}\gamma t^2$$

donnent, en remplaçant γ par $\frac{F}{M}$

$$v = \frac{F}{M}t \qquad (1)$$

et

$$e = \frac{F}{2M}t^2 \qquad (2)$$

Multiplions l'équation (2) par $2\frac{F}{M}$, elle devient

$$2\frac{F}{M}e = \frac{F^2}{M^2}t^2,$$

mais l'équation (1) donne

$$v^2 = \frac{F^2}{M^2}t^2.$$

Donc,

$$2\frac{F}{M}e = v^2$$

ou

$$Fe = \frac{Mv^2}{2},$$

mais le produit Fe représente le travail de la force F. Donc

$$T.\ F = \frac{Mv^2}{2}.$$

On voit donc que *la puissance vive possédée par le mobile au bout d'un temps t est égale au travail de la force F pendant le même temps.*

Remarque. — Si P représente le poids d'un corps de masse M, on a

$$M = \frac{P}{g}$$

et par suite

$$T.\ F = P\frac{v^2}{2g}.$$

La quantité $\frac{v^2}{2g}$ représente la hauteur due à la vitesse v. Dans ce cas où le mobile part du repos, le travail est égal au poids de ce mobile multiplié par la hauteur due à sa vitesse.

2° *Cas d'une force constante agissant sur un mobile en mouvement.*

Si la force a la même direction que la vitesse initiale, le mouvement sera uniformément accéléré et les formules

$$v = v_0 + \gamma t$$

$$e = v_0 t = \frac{1}{2}\gamma t^2$$

deviennent, en remplaçant γ par $\frac{F}{M}$,

$$v = v_0 + \frac{F}{M}t \qquad (1)$$

$$e = v_0 t + \frac{1}{2}\frac{F}{M}t^2. \qquad (2)$$

Élevons l'égalité (1) au carré et multiplions (2) par $\frac{2F}{M}$ et nous aurons

$$v^2 = v_0^2 + 2\frac{F}{M}v_0 t + \frac{F^2}{M^2}t^2$$

et

$$2\frac{F}{M}e = 2\frac{F}{M}v_0 t + \frac{F^2}{M^2}t^2.$$

Retranchons membre à membre ces deux équations, et nous aurons

$$v^2 - 2\frac{F}{M}e = \overline{v_0}^2,$$

ou

$$v^2 - \overline{v_0}^2 = 2\frac{F}{M}e$$

et, enfin,

$$\frac{M\overline{v}^2}{2} - \frac{M\overline{v_0}^2}{2} = Fe = T.\ F.$$

Ainsi, la variation de puissance vive est égale au travail de la force.

Si la force avait une direction différente de celle du chemin parcouru, le résultat serait le même, car cette force pourrait être remplacée par deux autres: l'une perpendiculaire au chemin, ne produisant point de travail ; l'autre, dans la direction du chemin parcouru, dont le travail serait celui de la force donnée.

3° *Cas d'une force variable.* Supposons que le temps total considéré soit décomposé en éléments t_1, t_2, t_3,... t_n, assez petits pour qu'on puisse considérer la force comme constante pendant la durée de chacun d'eux.

Soient F_1, F_2, F_3, F_n... les valeurs successives de la force variable, v_0 la vitesse initiale et v_1, v_2, v_3... v_n les vitesses correspondantes à la fin des divers éléments de temps. On aura successivement, en remarquant que la vitesse finale de chaque élément est la vitesse initiale de l'élément suivant.

Travail pendant	t_1	$T.\ F_1 = \frac{Mv_1^2}{2} - \frac{Mv_0^2}{2}$
»	t_2	$T.\ F_2 = \frac{Mv_2^2}{2} - \frac{Mv_1^2}{2}$
»	»	»
»	»	»
»	t_n	$T.\ F_n = \frac{Mv^2}{2} - \frac{Mv^2_{n-1}}{2}$

En ajoutant membre à membre ces égalités, il vient

$$T.\ F_1 + T.\ F_2 + \dots T.\ F^n = \frac{Mv^2}{2} - \frac{Mv_0^2}{2}$$

Cette équation ayant lieu quelque petits que soient les éléments de temps, elle sera vraie au cas d'une force variant d'une manière continue. Donc,

$$\text{Travail total} = \frac{Mv^2}{2} - \frac{Mv_0^2}{2}.$$

Remarque. — Si un point est soumis à un nombre quelconque de forces constantes ou variables et décrivant une trajectoire quelconque, ces forces ont une résultante qui sera constante ou variable. Or le travail de la résultante étant égal à la somme algébrique des travaux des composantes, il suffit de considérer les forces F_1, F_2, F_3... F_n, de l'exemple ci-dessus, comme les résultantes du système des forces, ce qui donne

$$\frac{Mv^2}{2} - \frac{Mv_0^2}{2} = \Sigma\ T.\ F.$$

4° *Cas d'un système de points matériels se mouvant sous l'action d'un nombre quelconque de forces.*

Dans ce cas, le plus général, *la somme des travaux de toutes les forces, agissant sur un système quelconque de points matériels est égale à la somme des demi-variations des forces vives des points de ce système.*

Considérons chacun de ces points comme libre en ayant égard à toutes les forces tant intérieures qu'extérieures agissant sur lui et représentons par R, R', R'' les résultantes des forces intérieures et extérieures agissant sur les points matériels de masses m, m', m''... Soient v et v_0, v' et v'_0, v'' et v''_0... les vitesses initiale et finale de chacun d'eux. Nous aurons, pour ces différents points matériels :

$$\frac{mv^2}{2} - \frac{mv_0^2}{2} = T.\ R$$

$$\frac{m'v'^2}{2} - \frac{m'v'^2_0}{2} = T.\ R'.$$

» »

» »

Si l'on fait la somme de toutes ces équations, le premier membre représentera la somme de toutes les puissances vives finales, diminuée de toutes les puissances vives initiales, c'est-à-dire la variation de la force vive du système et le deuxième membre représentera la somme des travaux de toutes les forces intérieures et extérieures.

Donc, d'une manière générale.

$$\Sigma \frac{1}{2} mv^2 - \Sigma \frac{1}{2} mv_0^2 = \Sigma\ T.\ F + \Sigma\ T.\ f.$$

Remarque I. — Cette équation nous montre que la somme des travaux des forces qui sollicitent un système dont les points sont animés de mouvements uniformes est nulle à chaque instant. En effet, les mouvements étant uniformes, les vitesses finales sont constamment égales aux vitesses initiales et, par suite, le premier membre est nul.

Remarque II. — Ce principe de l'effet du travail est très remarquable en ce que l'équation des forces vives permet d'obtenir le travail d'une force sans qu'on connaisse, ni son intensité, ni sa direction, ni le temps pendant lequel elle agit sur le mobile. Il suffit de connaître la masse du mobile et l'accroissement de vitesse que la force lui a communiqué.

Problème.

88. 1° *Un ouvrier élève 20 mètres cubes d'eau à une hauteur de 15 mètres. Quel travail aura-t-il développé ?*

2° *Quel devrait-être la force nominale d'une machine à vapeur produisant le même travail en une heure?*

(*On néglige les résistances passives.*)

1° Le travail étant le produit de l'effort, exprimé en kilogrammes par le chemin parcouru en mètres, on aura :

Travail $= 20000 \times 15 = 300000$ kilogrammètres.

2° Le cheval-vapeur représentant un travail de 75 k.g.m. en une seconde produira, en une heure ou 3600 secondes, un travail de :

$$3600 \times 75 = 270000 \text{ k.g.m.}$$

La force ou puissance de la machine en chevaux sera

$$\frac{300000}{270000} = \frac{10}{9} = 1 \text{ cheval } \frac{1}{9}.$$

Résultat $\begin{cases} 300000 \text{ k.g.m.} \\ 1 \text{ cheval } \frac{1}{9}. \end{cases}$

Problème.

89. *Un manœuvre agissant sur une manivelle de* $0^{m},30$ *fait faire à celle-ci 35 tours par minute. Quel sera le travail transmis à la manivelle, dans cet intervalle de temps, sachant que le moteur développe un effort moyen de 8 kg?*

Appliquons la formule $T.\ F = Fe$.

Le chemin parcouru $e = 2\pi r n$, ou

$$e = 2\pi \times 0{,}30 \times 35.$$

D'où : Travail $= 2\pi \times 0{,}30 \times 35 \times 8$
$= 528$ kg.m.

Résultat : 528 kg.m.

Problème.

90. *On applique à un corps du poids de 25 kg., posé sans vitesse sur un plan horizontal poli, une force horizontale de 40 kg. dont la direction est constante.*

Quel espace aura parcouru le corps en 3 minutes?

Quelle vitesse aura-t-il acquise et quel travail aura été produit à ce moment par la force de 40 kg?

En quoi sera changé ce travail ?

1° L'accélération γ du mouvement que prend le corps est

$$\gamma = \frac{F}{m}.$$

Or $$m = \frac{P}{g} = \frac{25}{g}.$$ D'où

$$\gamma = \frac{40}{\frac{25}{g}} = g\,\frac{40}{25} = \frac{8}{5}\,g.$$

Si nous faisons $g = 9{,}8088$,

$$\gamma = \frac{8}{5}\,9{,}8088.$$

La force étant constante, l'espace parcouru est donné par la formule

$$e = \frac{1}{2}\gamma t^2$$

dans laquelle $\gamma = \frac{8}{5}g$ et $t = 3 \times 60 = 180''$.

Donc

$$e = \frac{8}{5} \times 9{,}8088 \times \frac{\overline{180}^2}{2}$$

$$e = 254244 \text{ mètres.}$$

2° La vitesse au bout de ce temps est

$$v = \gamma t = \frac{8}{5}\,g \times 180,$$

$$v = 2824 \text{ mètres.}$$

3° Le travail produit par cette force constante de 40 kg. sera

$$T.\ F = F.e = 40 \times 254244,$$

$$T.\ F = 10169763 \text{ kg.m.}$$

4° Ce travail développé par la force se sera changé en force vive que possède le corps. Or, d'après le théorème des forces vives, on doit avoir, puisqu'il part du repos.

$$\frac{Mv^2}{2} = T.F.$$

En vérifiant, on a bien

$$\frac{Mv^2}{2} = \frac{25}{2g} \times 2824^2 = 10169763 \text{ kg.m.}$$

Espace parcouru	=	254244 mètres
Vitesse acquise	=	2824 mètres
Travail	=	10169763 kg.m.

Problème.

91. *Quel est le travail développé, par la pesanteur, sur un corps pesant 500 kg. qui parcourt 270 mètres sur la ligne de plus grande pente d'un plan incliné de 60°?*

La composante du poids du corps, parallèlement au plan incliné, est

$$T = P \sin \alpha = 500 \sin 60°.$$

Or, $\sin 60° = \frac{\sqrt{3}}{2} = \frac{1,732}{2} = 0,866.$

Donc, $T = 500 \times 0,866 = 433$ k.

Le travail de cette composante sera

$T.\ T = T.e = 433 \times 270 = 116910$ k.gm.

Ce travail serait le même que si le corps tombait de la hauteur h du plan incliné,

$$h = l \sin \alpha = 270 \frac{\sqrt{3}}{3} = 233,82.$$

D'où $T.\ P = 500 \times 233,82 = 116910$ k.gm.

Le principe des forces vives conduit au même résultat. En effet, la vitesse du corps au bas du plan incliné est

$$v = \sqrt{2gh}.$$

Par suite,

$$\frac{Mv^2}{2} = \frac{P}{2g} 2gh = Ph,$$

où

$$\frac{Mv^2}{2} = 500 \times 233,82 = 116910 \text{ k.g.m.}$$

Problème.

92. *Le marteau-pilon du Creuzot pesant 100 tonnes tombe d'une hauteur de 1m,50. On demande :*

1° Quelle force vive il possède au bas de sa chute;

2° Quelle résistance opposerait une pièce en fer qui s'aplatirait de 0m,08 sous l'action du marteau.

1° La puissance vive étant égale au travail dû à la pesanteur, en supposant que le marteau tombe en chute libre, on a la relation

$$\frac{Mv^2}{2} = P.h,$$

où

$$Mv^2 = 2Ph = 2 \times 100000 \times 2,50 = 500000.$$

2° Supposons, ce qui n'est pas exact, que la résistance R du fer travaillé soit constante. Le principe des forces vives donne encore

$$\frac{Mv^2}{2} = R.e.$$

Or, $\frac{Mv^2}{2} = 500000$

et $e = 0,08.$

Donc, $R = \frac{500000}{0,08} = 6.250000.$

C'est-à-dire qu'il faudrait exercer un effort de 6250 tonnes sur la pièce en fer pour produire le même effet que le marteau-pilon.

Problème.

93. *Le filet d'une vis porte 150 spires sur une hauteur de 0m,36. La puissance est appliquée à une distance de l'axe égale à 2 mètres. Quelle est la force capable de faire équilibre à un poids d'une tonne appliquée sur la tête de la vis. Calculer le travail développé pour élever ce poids d'une tonne de 0m,14 et vérifier, sur l'exemple proposé, le principe de l'égalité du travail de la puissance et de la résistance.*

1° Si P représente l'effort agissant à la distance l de l'axe et Q, le poids appliqué sur la tête de la vis, on aura :

$$P.2\pi l = Q.h \qquad (1)$$

h représentant le pas lequel est égal $\frac{0,36}{150} = 0,0024$ de l'égalité (1). On tire

$$P = \frac{1000 \times 0,0024}{2\pi \times 2} = 0 \text{ k. } 191.$$

2° Le travail à développer pour élever le poids de 1 tonne à 0m,14 est

$$1000 \times 0,14 = 140 \text{ k.g.m.}$$

Le travail développé par la puissance 0k,191 sera égal à cet effort multiplié par le chemin parcouru par son point d'application.

Le nombre de tour fait par le levier est égale à

$$\frac{0,14}{0,0024} = 58 \text{ tours } 1/3$$

et le chemin parcouru est alors

$$2\pi \times 58\frac{1}{3} \times 2$$

Le travail

$$4\pi\, 58\frac{1}{3} \times 0,191 = 140 \text{ k.g.m.}$$

Ce qui vérifie bien le principe de l'égalité du travail de la puissance et de la résistance.

Problème.

94. *Un cheval attelé à un manège travaille 8 heures par jour en exerçant une traction de 40 kilogrammes ; il parcourt une piste de 4 mètres de rayon en faisant 8 tours en 3 minutes.*

Combien fera-t-il de kilogrammètres dans sa journée?

Quelle est, en chevaux-vapeur, la force d'une machine qui ferait le même travail pendant le même temps?

1° Le nombre de tours n fait en huit heures sera

$$n = \frac{8 \times 60 \times 8}{3} = 1280$$

Le chemin parcouru e sera donc

$$e = 2\pi rn = 2\pi.\ 4.\ 1280$$

et le travail

$$8\pi \times 1280 \times 40 = 1286800 \text{ k.g.m.}$$

2° Le travail, en une seconde, serait

$$\frac{1286000}{8 \times 60 \times 60} = 44 \text{ k.g.}$$

Le travail en cheval-vapeur est, par suite,

$$\frac{44}{75} = 0 \text{ chev. } 59$$

Problème.

95. *Un cours d'eau débitant 500 mètres cubes par seconde a une vitesse moyenne de* 0m,65. *Quel travail moteur peut-il fournir?*

Le travail brut fourni par cette masse liquide est égal à $\frac{mv^2}{2}$. Par suite,

$$T = \frac{500000}{2g} \times 0^m65^2 = 10767 \text{k.m.}$$

ou, en chevaux-vapeur

$$10767 : 75 = 143 \text{ chevaux environ}$$

Problème.

96. *Une chute d'eau de 11 mètres débite 36000 mètres cubes d'eau par heure. Quel est le travail disponible exprimé en chevaux-vapeur?*

Ce travail sera égal au produit du poids d'eau débité par seconde, multiplié par le chemin parcouru, qui est la hauteur de chute.

Le débit par seconde exprimé en kilogrammes est

$$\frac{3600000}{60 \times 60} = 1000 \text{ k.}$$

Le travail par seconde sera

$$1000 \times 11 = 11000 \text{ k.m.}$$

et la puissance en chevaux

$$\frac{11000}{75} = 146 \text{ ch. } 2/3$$

Problème.

97. *Un corps pesant 25 kilogrammes tombe de 12 mètres de hauteur. Quel est le travail de la pesanteur et la force vive exercée contre le sol?*

Le travail $= ph = 25 \times 12 = 300$ k.g.m. La force vive mv^2 est double du travail : c'est donc 500.

Problème.

98. *Un poids de 5 kilogrammes est lancé de bas en haut avec une vitesse de 50 mètres par seconde. On demande :*

1° Quelle hauteur ce corps peut-il atteindre?

2° Quelle serait la perte de force vive après 3 secondes d'ascension? Vérifier que la pesanteur a gagné cette force vive.

3° En supposant le corps lancé de haut en bas, quelle serait l'augmentation de force vive après 3 secondes? Vérifier que cette augmentation est due à la pesanteur.

1° La hauteur h que le corps peut atteindre est

$$h = \frac{v_0^2}{2g}$$

$$h = \frac{\overline{50}^2}{19,62} = 127^{m}50$$

2° Si v représente la vitesse du mobile au bout de 3 secondes, on a, d'après les lois du mouvement uniformément retardé

$$v = v_0 - gt$$

$$v = 50 - 9,8088 \times 3 = 20^{m}5736$$

La variation de force vive, c'est-à-dire celle perdue, sera

$$m(v_0^2 - \overline{v}^2), \text{ ou}$$

$$m[v_0^2 - (v_0 - gt)^2] = m(2v_0gt - g^2t^2)$$
$$= mgt(2v_0 - gt).$$

En remplaçant les lettres par leur valeur, il vient, en remarquant que $mg = 5$ k.

$$5 \times 3(2,50 - 9,8088 - 3) = 1058,55$$

La force vive perdue est de 1058,55.

Pour vérifier que la pesanteur a gagné cette force vive, il suffit de déterminer le travail de la pesanteur pendant le même temps. Or, ce travail est égal au produit des 5 kilogrammes par le chemin parcouru e en 3 secondes

$$e = v_0t - \frac{gt^2}{2} = 50 \times 3$$
$$- \frac{9,8088 \times 9}{2} = 105^{m}86.$$

Le travail est donc

$$105,86 \times 5 = 529^{km}30.$$

Ce nombre équivaut bien à la demi-force vive disparue

3° Si le corps était lancé de haut en bas, sa vitesse, au bout de 3 secondes, serait

$$v = v_0 + gt$$

et l'accroissement de force vive deviendrait

$$m(v^2 - v_0^2) = m[(v_0 + gt)^2 - v_0^2]$$
$$= mgt(2v_0 + gt)$$

pour $mg = 5$ et $t = 3$, on trouve

$$1941^{km}4$$

Démontrons que cette augmentation est due à la pesanteur.

Le travail de la pesanteur est

$$T = Pe,$$

mais $$e = v_0t + \frac{gt^2}{2}$$ D'où

$$T = Pe = P\left(v_0t + \frac{gt^2}{2}\right)$$

Remplaçons P par sa valeur mg, et nous aurons

$$T = mgt\frac{(2v_0 + gt)}{2}$$

Cette égalité, comparée à la précédente, montre bien que

$$Pe = T = \frac{1}{2}m(v^2 - v_0^2)$$

Problème.

99. *Un train de chemin de fer pesant 100 tonnes est animé d'une vitesse de 15 mètres par seconde (54 kilom. à l'heure). A l'approche d'une station, on veut l'arrêter dans l'espace de 50 mètres en serrant les freins.*

Quelle résistance, supposée constante, devra-t-on développer pour arrêter ce train?

Les freins doivent exercer un frottement dont le travail doit annuler la force vive du train. Si R est la résistance cherchée, on aura :

$$R \times 50 = \frac{mv^2}{2} = \frac{P}{2g}v^2$$

$$R \times 50 = \frac{100000}{19,62} \times \overline{15}^2$$

et $$R = \frac{100000 \times \overline{15}^2}{50 \times 19,62} = 22935\text{k}.$$

La résistance devra être de 22935 k.

Problème.

100. *On veut élever avec une grue, en 3 minutes, à la hauteur de* $3^m,45$, *une pierre pesant 2,000 kilogr. Les rayons du cylindre et de la manivelle sont* $0^m,36$ *et* $0^m,70$. *Le diamètre de la corde est* $0^m,04$. *Le rendement de la machine est* $0^m,60$. *Quel doit être, en kilogrammes, l'importance du moteur ?*

Il faut d'abord calculer la tension de la corde qui supporte le poids à soulever. Cette tension est égale à 2,000 K augmentés de la force d'inertie que fait naître l'accélération du mouvement. Supposons que la force soit constante. Le mouvement du corps sera uniformément accéléré et l'accélération g' se déduit de la formule

$$e = \frac{gt^2}{2}.$$

D'où $g' = \frac{2e}{t^2} = \frac{2 \times 3,45}{(3 \times 60)^2} = 0,00021$

La force d'inertie étant égale à Mg', ou $\frac{P}{g} g'$, la tension totale sera

$$2000 + \frac{2000 \times 0,00021}{9,81}$$

ou

$$2000 \left(1 + \frac{0,00021}{9,81}\right)$$

Cette tension agit à l'extrémité du rayon d'enroulement qui est égal à

$$0,36 + \frac{0,04}{2} = 0^m 38$$

Le moment de cette tension ou résistance est

$$2000 \left(1 + \frac{0,00021}{9,81}\right) 0,38$$

Désignons par P la puissance du moteur agissant à l'extrémité du levier de $0^m,70$. Nous aurons l'égalité

$$P \times 0,70 \times 0,60 = 2000 \left(1 + \frac{0,00021}{9,81}\right) 0,38$$

D'où

$$P = \frac{2000\ (1,0000215) \times 0,38}{0,60 \times 0,70}$$

$$P = 1810 \text{ k. environ}$$

La force en chevaux sera

$$n = \frac{3,45 \times 2000}{3 \times 60 \times 75} = \frac{1}{2} \text{ cheval environ}$$

Problème.

101. *Un boulet pesant 7 kilogr. sort d'une pièce avec une vitesse de 500 mètres. Il vient frapper un mur dans lequel il s'enfonce de $0^m,15$. Quelle a été la résistance opposée par la maçonnerie ?*

Admettons que cette résistance R soit constante. Le travail de cette résistance est égal à la moitié de la force vive détruite. D'où

$$\frac{1}{2} mv^2 = R \times 0,15$$

ou, en remplaçant m par $\frac{7}{9,81}$,

$$\frac{7 \times \overline{500}^2}{2 \times 9,81} = R \times 0,15$$

et $$R = \frac{7 \times 250000}{0,3 \times 9,81} = 594631 \text{ k.g.}$$

La résistance est de 594631 k.g.

Problème.

102. *Une balle a $0^m,016$ de diamètre et pèse 30 grammes. Elle possède, au sortir du fusil, une vitesse de 500 mètres. En supposant qu'elle ait mis $\frac{1}{1000}$ de seconde pour parcourir le canon, de combien d'atmosphères a été la tension moyenne des gaz produits par la combustion de la poudre ?*

Admettons, ce qui n'est pas rigoureusement exact, que l'effort R agissant sur la balle soit constant pendant tout le temps que les gaz agissent sur le projectile. Le mouvement dans l'âme de la pièce est uniformément accéléré, avec une accélération g' donnée par la formule.

$$v = g't.$$

D'où

$$g' = \frac{v}{t} = \frac{500}{\frac{1}{1000}} = 500,000 \text{ mètres}$$

Or, $$m = \frac{P}{g} = \frac{R}{g'}.$$

Donc,

$$\frac{R}{g'} = \frac{0,030}{9,8088}$$

D'où

$$R = g' \times \frac{0,030}{9,8088} = \frac{500000 \times 0,030}{9,8088}$$

$$R = 1528 \text{ kilog.}$$

Pour avoir la pression en atmosphères, il faut calculer la pression sur un centimètre carré. La surface de la balle est

$$s = \frac{\pi \times \overline{1,6}^2}{4} = 2^{c.m.c.}.01.$$

Donc la pression sur un centimètre carré sera

$$\frac{1528}{2,01} = 760 \text{ k.}$$

et, en atmosphères,

$$\frac{860}{1,033} = 735 \text{ atmosphères environ.}$$

Problème.

103. *Travail de la vapeur. — Une ma-*

chine marche à pleine pression. Le piston a une surface S, *une course* l. *La tension de la vapeur est* F ; *celle de la contre-pression* F′. *Trouver :*

1° *Le travail par chaque coup de piston*

2° *La force de la machine en chevaux-vapeur s'il y a* n *coups par minute.*

Avant de traiter ce problème et les suivants, il est utile de rappeler quelques définitions que nous étudierons plus en détail dans la partie de cet ouvrage concernant les moteurs à vapeur.

Une machine est à simple effet ou à double effet selon que la vapeur agit sur une face du piston seulement ou sur les deux. Elle est à pleine pression, si la vapeur agit durant toute la course avec la tension initiale. Elle est à détente, lorsque le cylindre est en communication avec la chaudière pendant une fraction de la course, le restant de la course s'effectuant sous l'action de la détente du gaz.

Si la vapeur qui a agi se rend dans l'atmosphère pendant la course suivante, la contre-pression est égale à la pression atmosphérique, augmentée des résistances passives de la machine. Si cette vapeur se rend dans un réfrigérant appelé condenseur, la contre-pression est moindre et la machine est dite à condensation.

Enfin, une machine est à basse, moyenne ou haute pression, selon que la tension de la vapeur du générateur est comprise entre :

1 et 3 atmosphères.
4 et 6 —
6 et 10 —

Revenons à notre problème.

1° La pression sur le piston sera égale à

$$(F - F')S.$$

F et F′ étant représentées en kilogrammes et la surface en centimètres carrés.

Le travail utile sera égal à cet effort, multiplié par le chemin parcouru l exprimé en mètres ou

$$(F - F')Sl\,;$$

mais Sl représente le volume V du cylindre. Donc,

$$T = (F - F')V \qquad (1)$$

2° Le travail par seconde sera égal au travail par coup de piston, multiplié par le nombre de coups pendant ce temps ou

$$(F - F')\,V \times \frac{n}{60}$$

et, en chevaux-vapeur

$$\frac{n\,(F - F')\,V}{60 \times 75} = \frac{n\,(F - F')\,V}{4500} \qquad (2)$$

Remarque I. — La formule (1) peut prendre une autre forme. Soit P la pression de la vapeur exprimée en kilogrammes sur un centimètre carré et P′ la valeur de la contre-pression sur la même surface. La pression résultante sur un centimètre carré sera P—P′, sur un mètre carré, 10000(P—P′) et, sur la surface S du piston exprimée en mètres carrés :

$$10000(P - P')S.$$

Le travail, pendant la course l, aura pour valeur

$$10000(P - P')Sl$$

ou

$$10000(P - P')V$$

La puissance en chevaux-vapeur, en supposant que le piston fasse n tours par minute, sera

$$\frac{10000\,(P\ P')\,Vn}{60 \times 75}.$$

Remarque II. — Généralement, la pression de la vapeur est exprimée en atmosphères, ainsi que la contre-pression. Or, la pression d'une atmosphère correspond à 10330 kilogrammes par mètre carré. Si P_a, P'_a expriment la tension de la vapeur en atmosphères, le travail par coup de piston sera :

$$T = 10330\ V\,(P_a - P'_a)$$

et la puissance en chevaux-vapeur

$$F^{chev} = \frac{10330\,nV\,(P_a - P'_a)}{4500}$$

Remarque III. — Les formules précédentes représentent le travail théorique produit par la vapeur. Dans la pratique, le travail recueilli sur l'arbre de la machine n'est qu'une fraction de ce travail. Le rapport du travail pratique au travail théorique peut varier de 50 0/0 à 95 0/0, selon le degré de perfectionnement du moteur. En représentant par K ce coefficient de rendement, la puissance, en chevaux, devra être modifiée et sera :

$$F^{chev} = \frac{K.\ 10330\,nV\,(P_a - P'_a)}{4500}$$

Problème.

101. *Travail produit par la détente d'un gaz. Quel est le travail produit par un gaz dans un cylindre, sachant que la pression initiale est P_a atmosphères, et que la pleine introduction se fait pendant une fraction $\frac{1}{m}$ de la course ; le restant de la course s'effectue par la détente. — On supposera la température invariable.*

Représentons par AH la course l du piston (*fig.* 31), et supposons que le gaz ou vapeur agisse à pleine pression pendant une fraction $\frac{l}{m}$ = AB. Le travail pendant cette portion de la course peut être représenté par le rectangle ABA'B', dans lequel l'ordonnée AA' est proportionnelle à la pression totale que reçoit le piston. Cette pression est égale à

$$10330\ P_a S = Q.$$

Lorsque le piston est arrivé au point B, l'ouverture d'admission est fermée, et à partir de ce moment le gaz se détend.

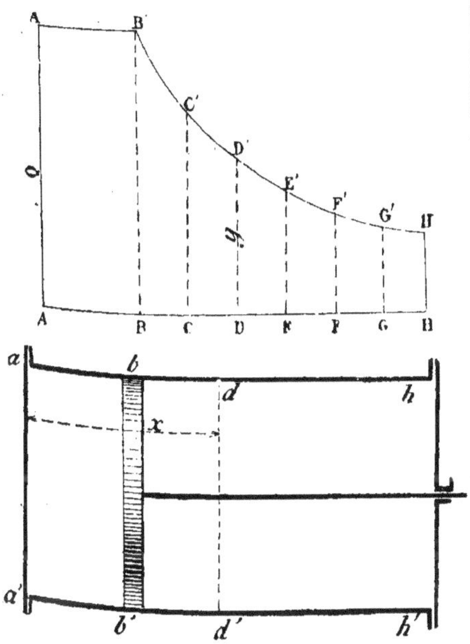

Fig. 31.

Pour déterminer les pressions correspondantes aux diverses positions C, D...H du piston, appliquons la loi de Mariotte. (*Les pressions d'une même masse de gaz sont en raison inverse des volumes qu'il occupe, la température étant invariable.*)

Ainsi, au point D de la course situé à la distance x de A, correspond une pression y donnée par la relation

$$\frac{Q}{y} = \frac{ada'd'}{aba'b'}$$

Or les volumes ayant même base sont entre eux comme les hauteurs

$$\frac{ada'd'}{aba'b'} = \frac{ad}{ab} = \frac{x}{\frac{l}{m}}$$

d'où

$$\frac{Q}{y} = \frac{mx}{l}$$

et

$$y = Q\ \frac{l}{mx}.$$

En donnant à x différentes valeurs, variant de $\frac{l}{m}$ à l, on obtient les valeurs correspondantes de y, qui permettent d'établir la courbe B'E'H'. La surface BB'E'H'HB représente le travail produit pendant la détente, alors que la surface totale AA'B'E'H'HA exprime le travail total. Cette figure est désignée sous le nom de *diagramme* d'un coup de piston.

On peut évaluer cette quadrature par l'une des méthodes que nous avons indiquées.

Appliquons la formule de Simpson aux données suivantes :

Diamètre du cylindre. $= 0^m,80$;
Course du piston . . . $l = 1^m,20$;
Pression de la vapeur. $P_a = 6$ atmosph.
Détente au quart de la course.

La pression initiale Q est

$$Q = 10\ 330 \times 6\ \frac{\pi D^2}{4}$$

$$Q = 10\ 330 \times 6 \times \frac{3,1416 \times 0,64}{4} =$$

$$Q = 31\ 155 \text{ kil.}$$

Divisons BH en 6 parties égales, on aura les diverses ordonnées en appliquant la loi de Mariotte, ce qui donne, en remarquant que BC $= \frac{AB}{2}$

$$\frac{CC'}{BB'} = \frac{2}{3}$$

d'où
$$CC' = \frac{2}{3} BB$$

$$DD' = \frac{1}{2} BB'$$

$$EE' = \frac{2}{5} BB'$$

$$FF' = \frac{1}{3} BB'$$

$$GG' = \frac{2}{7} BB'$$

$$HH' = \frac{1}{4} BB'$$

La formule Simpson est

$$S = \frac{1}{3} h \, (E + 2I + 4P)$$

d'où

$$S = \frac{1}{3} \Big[(BB' + HH') + 2(DD' + FF') + 4(CC' + EE' + GG') \Big]$$

$$S = \frac{1}{3} 0{,}15 \times BB' \left[\left(1 + \frac{1}{4}\right) + 2\left(\frac{1}{2} + \frac{1}{3}\right) + 4\left(\frac{2}{3} = \frac{2}{5} + \frac{2}{7}\right) \right]$$

$$S = 0{,}416 \; BB'$$

Le travail total est

$$T = BB' \times 0{,}30 + BB' \times 0{,}416$$
$$T = 0{,}716 \; BB' = 0{,}716 \times 31\,155$$
$$T = 22\,306^{km}{,}98 \quad \text{soit} \quad 22\,307^{km}.$$

104. Remarque. — Si nous admettons que la contre-pression P'_a soit égale à un atmosphère, le travail résistant qu'il produit sera

$$T' = 10\,330 \, \pi \frac{D^2}{4} l$$

$$T' = 5\,192^k{,}5 \times 1{,}20 = 6\,231^{km}.$$

Le travail résultant sera

$$T - T' = 22\,307^{km} - 6\,231^{km} = 16\,076^{km}.$$

En admettant que cette machine fasse 60 tours par minute et soit à double effet, sa puissance en chevaux sera

$$\frac{16\,076 \times 120}{60 \times 75} = 428 \text{ chevaux-vapeur.}$$

Autre expression du travail

Le travail pendant la pleine introduction est

$$10\,000 \, PS \frac{m}{l}$$

dans laquelle P représente la pression en kilogrammes sur un centimètre carré ; S la surface du piston en mètres carrés ; l la course et $\frac{1}{m}$ la fraction de la course correspondant à la pleine introduction.

Dans cette expression, $S \frac{l}{m}$ représente le volume V de vapeur introduite, elle devient

$$10\,000 \; PV.$$

Pour déterminer le travail pendant la détente, nous allons considérer des éléments du chemin parcouru par le piston, et nous exprimerons le travail élémentaire pour chacun des éléments ; la somme de ces travaux élémentaires donnera le travail cherché. Soit e' le déplacement élémentaire du piston ; V' le volume de vapeur contenu dans le cylindre et P' la force élastique de la vapeur exprimée en kilogrammes sur un centimètre carré.

Le travail produit pendant ce déplacement élémentaire e' sera

$$10\,000 \, P'Se'$$

Or Se' est la variation du volume de vapeur que nous représenterons par v' ; le travail sera donc

$$10\,000 \; P'v'$$

La pression P' peut s'exprimer en fonction de la pression P initiale, en appliquant la loi de Mariotte.

$$\frac{P'}{P} = \frac{V}{V''}$$

d'où
$$P' = P \frac{V}{V'}$$

Le travail élémentaire devient

$$10000 \; PV . \frac{v'}{V'}$$

En considérant d'autres chemins élémentaires, on aurait pour les travaux correspondants des expressions analogues.

Au moment où la détente commence, le volume de vapeur est V, la variation de volume v. A la fin de la détente, le volume sera V_1 et la variation v_1.

Par suite, les travaux élémentaires seront :

$$10\,000\,P\,\frac{v}{V}\,V$$

$$10\,000\,PV\,\frac{v'}{V'}$$

$$10\,000\,PV\,\frac{v''}{V''}$$

» »

» »

$$10\,000\,PV\,\frac{v_1}{V_1}$$

et en additionnant

$$10{,}000\,PV\left(\frac{v}{V}+\frac{v'}{V'}+\frac{v''}{V''}+\cdots\frac{v_1}{V_1}\right)$$

L'analyse mathématique donne pour valeur de la partie comprise entre les parenthèses.

$$\left(\frac{v}{V}+\frac{v'}{V'}+\frac{v''}{V''}+\cdots\frac{v_1}{V_1}\right) = \text{log. hyperb. } \frac{V_1}{V}$$

Le travail pendant la détente est alors

$$10\,000\,PV \text{ log. hyperb. } \frac{V_1}{V}$$

Si nous ajoutons le travail de la pleine introduction on aura pour le travail total

$$10\,000\ PV + 10\,000\ PV \text{ log. hyperb. } \frac{V_1}{V}$$

ou $$10\,000\,PV\left(1+\text{log. hyp. }\frac{V_1}{V}\right) \quad (1)$$

Si nous tenons compte de la contre-pression qui a toujours lieu sur la face opposée du piston et qu'elle soit égale à P' kilogrammes par centimètre carré, le travail résistant sera égal, pour la course entière

$$10\,000\ P'Sl$$

ou

$$10\,000\ P'V_1$$

Si P_1 est la pression de la vapeur à la fin de la course, on a, d'après la loi de Mariotte :

$$\frac{V_1}{V} = \frac{P}{P_1}$$

d'où

$$V_1 = \frac{PV}{P_1}$$

et le travail dû à la contre-pression devient

$$10\,000\,PV\,\frac{P'}{P_1} \quad (2)$$

Le travail résultant, pendant une course, sur le piston sera alors

$$10\,000\,PV\left(1+\text{log. hyp. }\frac{V_1}{V}\right) - 10\,000\,PV\,\frac{P'}{P_1}$$

ou

$$10\,000\ PV\left(1+\text{log. hyp. }\frac{V_1}{V}-\frac{P'}{P_1}\right) \quad (3)$$

Telle est la valeur du travail développé pendant une course en tenant compte de la contre-pression.

Nous pouvons facilement exprimer la puissance en chevaux d'une telle machine faisant n coups de piston par minute, elle est égale à

$$10\,000\,PV\left(1+\text{log. hyp. }\frac{V_1}{V}-\frac{P'}{P_1}\right)\frac{n}{60\times 75}$$

en effectuant le facteur numérique

$$\frac{10000}{60\times 75} = 2{,}222$$

on a

puissance en chevaux

$$= 2{,}222\,n\ PV\left(1+\text{log. hyp. }\frac{V_1}{V}-\frac{P'}{P_1}\right) \quad (4)$$

106. Remarque. — Nous verrons plus tard que le travail recueilli sur l'arbre de la machine est toujours inférieur au travail théorique ; le rapport est variable et dépend des conditions de l'établissement de la machine, il peut varier de 0,50 pour les moteurs peu soignés, à 0,95 pour ceux qui comportent tous les perfectionnements modernes.

Si K est ce coefficient de rendement, le travail qu'on peut recueillir sur l'arbre sera

$$F^{\text{chev}} = Kn\ 2{,}222\ PV$$

$$\left(1+\text{log. hyperb. }\frac{V_1}{V}-\frac{P'}{P_1}\right) \quad (5)$$

107. *Travail de la vapeur d'après l'effort moyen.* — Supposons que l'effort moyen de la vapeur, en tenant compte de la contre-pression, soit R atmosphères ; le travail mécanique pendant une course sera

$$10\,330\ RSl = 10\,230\ RV_1 \quad (6)$$

car Sl représente le volume V_1 du cylindre.

Pour trouver cet effort moyen, représentons par P_a atmosphères la pression initiale. Le travail pendant la pleine introduction sera :

$$10\,330\ P_a\ S\frac{l}{m} = 10\,330\ P_a\ V$$

Pendant la détente, le travail a pour valeur, en raisonnant comme nous l'avons fait plus haut

$$10\ 330\ P_a\ V \log.\ \text{hyp.}\ \frac{V_1}{V}$$

le travail total devient

$$10\ 330\ P_a\ V + 10\ 330\ P_a\ V \log.\ \text{hyp.}\ \frac{V_1}{V}$$

ou $10\ 330\ P_a\ V\left(1 + \log.\ \text{hyp.}\ \frac{V_1}{V}\right)$

que l'on peut écrire

$$10\ 330\ V_1 \frac{P_a\ V}{V_1}\left(1 + \log.\ \text{hyp.}\ \frac{V_1}{V}\right)$$

Admettons que la contre-pression soit exprimée par P'_a atmosphères ; le travail qu'elle produit est

$$10\ 330\ P'_a\ Sl = 10\ 330\ P'_a\ V_1$$

Le travail résultant est alors

$$10330 V_1 \frac{P_a V}{V_1}\left(1 + \log.\ \text{hyp.}\ \frac{V_1}{V}\right) - 10330\ P'_a\ V_1$$

ou bien

$$10330 V_1\left[\frac{P_a V}{V_1}\left(1 + \log.\ \text{hyp.}\ \frac{V_1}{V}\right) - P'_a\right] \quad (1)$$

En rapprochant cette valeur de l'expression (6)

$$10\ 330\ RV_1$$

on voit que l'effort moyen R est égal à la parenthèse

$$\frac{P_a V}{V_1}\left(1 + \log.\ \text{hyp.}\ \frac{V_1}{V}\right) - P'_a.$$

Cet effort moyen calculé on aura pour l'expression du travail théorique

$$T = 10\ 330\ RV_1.$$

Problème.

108. *Calculer la force en chevaux d'une machine à vapeur avec condensation, sans détente dans les conditions suivantes :*

Diamètre du piston $0^m,50$;

Course du piston $l = 1,10$;

Nombre de tours du volant par minute 28 ou $n = 56$;

Pression de la vapeur à la chaudière $1^{at},2$;

Pression au condenseur, ou contre-pression $0^{at},1$;

Coefficient de rendement $K = 0,60$.

Prenons la formule 5

$$F^{ch}\ Kn\ 2,222\ PV\left(1 + \log.\ \text{hyp.}\ \frac{V_1}{V} - \frac{P'}{P_1}\right)$$

Comme il n'y a pas de détente, $V_1 = V$ et $\log.\ \text{hyp.}\ \frac{V_1}{V} = 0$ de même $P_1 = P$, par suite la formule devient

$$F^{ch} = Kn\ 2,222\ PV\left(1 - \frac{P'}{P}\right)$$

ou $F^{ch}\ Kn\ 2,222\ V\ (P - P')$.

En appliquant les données on a

$$P = 1^{at},2 \times 1,033$$

$$P' = 0,1 \times 1.033$$

d'où $P - P' = 1,1 \times 1,033 = 1,14$

Le volume

$$V = \frac{\pi d^2}{4} l = \frac{3,1416 \times 0,25}{4} 1,10 = 0^{m^2},216$$

et alors

$$F^{ch} = 0,60 \times 56 \times 2,222 \times 0,216 \times 1,14 = 18$$

La puissance de la machine est de 18 chevaux vapeur.

Problème.

109. *Calculer la force en chevaux d'une machine à vapeur à détente et à condensation, dans les conditions suivantes :*

Diamètre du piston $0^m,40$;

Course du piston $l = 0^m,90$;

Nombre de tours par minute 40 ou $n = 80$;

Pression initiale de la vapeur, 5 atmosphères ;

Contre-pression $0^{at},1$;

Détente $^1/_8$.

$$K = 0,64$$

Appliquons la même formule

$$F^{ch} = K.n.2,222PV\left(1 + \log.\ \text{hyp.}\frac{V_1}{V} - \frac{P'}{P_1}\right)$$

dans laquelle

$$P = 5 \times 1,033 = 5^k,165$$

$$V = \frac{\pi d^2}{4} \times \frac{l}{m} = \frac{3,1416 \times 0,16 \times 0,90}{32} = 0,0141$$

$$\frac{V_1}{V} = m = 8$$

$$\log.\ \text{hyp.}\ 8 = 2,079$$

$$P_1 = \frac{P \frac{l}{m}}{l} = \frac{P}{m}$$

d'où $\frac{P'}{P_1} = \frac{P'm}{P} = \frac{0,10 \times 8}{5} = 0,16$

En remplaçant les lettres par leur valeur on a

$$F^{ch} = 0,64 \times 80 \times 2,222 \times 5,165 \times 0,0141 (1 + 2,079 - 0,16$$

$$F^{ch} = 24$$

La puissance de la machine est de 24 chevaux.

Problème.

110. *Calculer la force en chevaux d'une locomotive faisant* 60 *kilomètres à l'heure dans les conditions suivantes :*

Diamètre des cylindres $0^m,35$;
Course des pistons 0,65 ;
Détente $^4/_5$;
Diamètre des roues motrices $1^m,70$;
Pression de la vapeur à la chaudière 8^{at}.
Pour varier, prenons la formule 7.

$$T = 10330\, V_1 \left[\frac{P_a V}{V_1} \left(1 + \log.\text{hyp.} \frac{V_1}{V}\right) - P'_a \right]$$

dans laquelle

$$V_1 = \frac{\pi d^2}{4} l = \frac{3,1416 \times \overline{0,35}^2 \times 0,55}{4} = \overline{0^m,0528}^3$$

$$\frac{P_a V}{V_1} = 8 \times 0,65 \frac{4}{5} = 4,16$$

$$\frac{V_1}{V} = 1,25$$

$$\log.\text{hyp.}\ 1,25 = 0,223$$

Admettons que la contre-pression soit égale à 1^{at}, 5 on aura pour le travail d'un coup de piston

$$T = 10\,330 \times 0,0528 (4,16 \times 1.223 - 1,5)$$

$$T = 1960 \text{ kilogrammètres}$$

Il faut maintenant trouver le nombre de coups de pistons par seconde en partant de la vitesse de la locomotive.

Le chemin qu'elle parcourt, par seconde est

$$\frac{60\,000}{3\,600} = 16^m,66$$

le nombre de tours de la roue est

$$\frac{16,66}{3,1416 \times 1,70} = 3,1$$

et comme il y a deux coups de pistons, par tour de roue, le travail développé par seconde sera

$$1\,960 \times 6,2 = 12\,150^{km}$$

la locomotive portant deux pistons, le travail théorique par seconde est

$$24\,300^{km}.$$

En admettant que le cœfficient de rendement soit de 0,85, la puissance cherchée est

$$\frac{0,85 \times 24\,300}{75} = 274^{ch}.$$

La locomotive a une puissance de 274 chevaux.

Principe de la transmission du travail dans les machines.

111. Nous savons qu'une *machine* est un organe simple ou complexe qui permet, à l'aide d'une certaine *puissance*, de vaincre des *résistances*, en faisant parcourir à leur point d'application un certain chemin.

Les résistances que les machines ont à vaincre sont de deux sortes : celles qu'on se propose d'anéantir ou *résistances utiles*, comme cela a lieu dans l'élévation des fardeaux, le percement des bois, le rabottage des métaux, etc. ; et celles qu'on est forcément obligé de vaincre et qu'on appelle *résistances passives*, telles sont le frottement, la raideur des cordes, la résistance des milieux dans lesquels se meuvent les organes, etc.

En résumé, pour vaincre une résistance il faut développer un certain travail, et la machine a pour but de faire en sorte que le travail de la puissance vienne détruire le travail de la résistance.

Application du principe des forces vives aux machines

112. Si nous représentons par T_m le travail moteur ou de la puissance et par T_r le travail des résistances de toute nature pendant une période de temps t, la somme des travaux de ces forces qui agissent sur la machine pendant le temps considéré est

$$T_m - T_r$$

Si V_0 et V représentent les vitesses au commencement et à la fin du temps t de chacun des points du système solide constituant l'ensemble des organes, on a la relation

$$T_m - T_r = \Sigma \frac{1}{2} m V^2 - \Sigma \frac{1}{2} m V_0^2 \quad (1)$$

C'est-à-dire que la variation de la puissance vive de la machine pendant un certain temps est égale à la différence entre le travail moteur et le travail résistant pendant le même temps.

113. *Discussion de l'équation (1) pour la durée du mouvement d'une machine.*

Nous supposerons trois périodes dans le mouvement d'une machine, savoir : la mise en train, le travail normal et l'arrêt.

114. *Mise en train.* — Lorsque la machine se met en mouvement, elle communique à ses différents organes des vitesses graduelles, elle surmonte les résistances à vaincre.

Comme elle part du repos, V_0 est nul et l'équation

$$T_m - T_r = \Sigma \frac{1}{2} m V^2 - \Sigma \frac{1}{2} m V_0^2$$

devient

$$T_m - T_r = \Sigma \frac{1}{2} m V^2$$

ou $$T_r = T_m - \Sigma \frac{1}{2} m V^2$$

Ce qui montre que le travail des résistances est plus petit que le travail développé par la puissance, ce qui veut dire que, pour se mettre en mouvement, la machine consomme de la force.

Cette quantité de travail absorbée par la mise en marche a pour valeur $\Sigma \frac{1}{2} mV^2$, c'est précisément le travail développé par les forces d'inertie; donc une partie de la puissance a été employée à détruire la force d'inertie de la machine. Cela explique pourquoi, dans la pratique, lorsqu'on a à vaincre une résistance constante, soulever un poids, tirer une voiture, etc., il faut, au commencement, déployer un effort plus grand que celui qui suffit après pour entretenir le mouvement.

115. *Travail normal.* — Dans cette deuxième période du travail normal de la machine, nous distinguerons trois cas :

1° La machine marche avec une vitesse uniforme ; dans ce cas, la vitesse V se maintient et l'équation devient

$$T_m = T_r$$

c'est-à-dire que tout le travail moteur est employé à vaincre le travail résistant ;

2° Supposons que la machine ait une vitesse périodique ; la vitesse ne varie que dans certaines limites pour repasser toujours par les mêmes valeurs, alors, pendant toute la durée d'une de ces périodes correspondantes à des vitesses égales, le travail moteur diffère du travail résistant; mais l'égalité se rétablit à la fin de la période, et l'on peut dire qu'en moyenne on a toujours

$$T_m = T_r$$

3° Enfin si la machine a une vitesse très variable, la vitesse V_0 primitive devient V au bout d'un certain temps t, et alors l'équation devient

$$T_r = T_m = \left[\Sigma \frac{1}{2} m V^2 - \Sigma \frac{1}{2} m V_0^2\right]$$

cette équation signifie que le travail résistance diffère du travail moteur ; il peut être plus petit ou plus grand.

L'expérience apprend que le demi-accroissement des forces vives d'inertie

$$\Sigma \frac{1}{2} m V^2 - \Sigma \frac{1}{2} mV_0^2$$

est toujours très faible et, par conséquent, le travail résistant n'est jamais très différent du travail moteur.

En résumé, on peut dire que dans une machine quelconque, quelle que soit sa vitesse, il y a égalité entre le travail moteur et le travail résistant.

L'équation précédente nous montre que si la vitesse V ne peut rester constante, il est nécessaire de s'arranger de façon que la quantité

$$\Sigma \frac{1}{2} m V^2 - \Sigma \frac{1}{2} mV_0^2$$

soit aussi petite que possible.

Si la vitesse V de la machine est adoptée, il faudra faire varier, pour arriver à ce résultat, le seul élément qui soit à notre disposition, c'est-à-dire la masse.

Ceci nous montre la nécessité des volants, des contrepoids, qui, dans les machines, agissent par leurs masses de manière à uniformiser le mouvement.

3° Dans la troisième période nous considérerons l'arrêt de la machine : dans ce cas la vitesse finale est égale à zéro, et l'équation devient

$$T_m - T_r = \Sigma \frac{1}{2} mV^2$$

ou

$$T_m = T_r + \Sigma \frac{1}{2} mV^2.$$

Dans cette période le travail moteur est supérieur au travail résistant, et précisément de la quantité

$$\Sigma \frac{1}{2} mV^2$$

qui avait été absorbée dans le commencement. De sorte que le travail absorbé par l'inertie pour la mise en marche des divers organes de la machine, se trouve totalement restitué à la fin ; il n'avait été pour ainsi dire qu'emmagasiné.

Ces trois périodes que nous venons d'étudier nous montrent que si on fait la somme des travaux développés, on constate que depuis la mise en marche jusqu'à l'arrêt, le travail développé par un moteur est toujours égal au travail résistant.

Quelle que soit la complication ou la simplicité des organes de la machine, elle ne crée pas du travail, elle ne fait que transformer, à peu près intégralement, le travail moteur en un travail résistant.

116. *Rendement d'une machine.* — Le travail résistant T_r se compose du travail utile T_u, c'est-à-dire de celui réellement utilisé et du travail T_p des résistances passives l'équation

$$T_m = T_r$$

peut s'écrire

$$T_m = T_r = T_u + T_p$$

Elle nous montre que le travail utile est toujours inférieur au travail résistant, ou autrement dit une machine rend moins de travail qu'on ne lui applique de travail moteur, puisque le travail des résistances passives n'est jamais nul.

On appelle *rendement d'une machine le rapport du travail utile au travail moteur.*

Ce rendement est nécessairement toujours plus petit que l'unité, en effet de l'équation précédente on tire

$$\frac{T_u}{T_m} = 1 - \frac{T_p}{T_m}.$$

Il constitue la valeur industrielle de la machine, car une machine est d'autant plus parfaite qu'elle transmet une plus grande fraction du travail moteur dépensé ; autrement dit le rendement est plus près de 1.

Les meilleures machines donnent un rendement qui varie entre 0,60 et 0,90.

117. *Ce qu'on gagne en force, on le perd en vitesse.* — Admettons une puissance F parcourant un chemin *e* pendant un certain temps ; le travail dépensé sera

$$Fe$$

si R est la résistance vaincue sur un chemin *b*, le travail résistant R*b* sera égal à F*e* en supposant les résistances passives nulles.

On aura alors

$$Fe = Rb$$

ou

$$\frac{F}{R} = \frac{b}{e}$$

c'est-à-dire que les forces sont inversement proportionnelles aux chemins parcourus par leur point d'application, pendant le même temps. Ainsi dans un levier, un palan, un cabestan ; un effort de 1 kilogramme peu permettre de vaincre une résistance mille fois plus grande, mais il ne faut pas perdre de vue que le chemin parcouru par la résistance sera mille fois plus petit que celui que parcourra la puissance.

En résumé, ce principe de mécanique : *ce qu'on gagne en force, on le perd en vitesse*, montre que les machines ne créent pas la force, elles ne font que transformer l'effet des forces motrices.

Du mouvement perpétuel.

118. Le mouvement perpétuel ne consiste pas à trouver un corps dont les diverses parties soient continuellement en mouvement puisque tous ceux de la nature présentent ce caractère.

C'est un problème ayant pour objet

l'invention d'une machine qui, après avoir été mise une première fois en mouvement, continue à fonctionner d'elle-même sans aucun moteur.

En d'autres termes c'est trouver une machine où, à l'aide d'un travail limité, on produise indéfiniment un effet utile.

119. *Impossibilité du mouvement perpétuel.* — Le mouvement perpétuel, que beaucoup de personnes ont cherché et cherchent encore, est une chimère.

Pour se convaincre de l'impossibilité de la réalisation d'une telle machine, il suffit de considérer l'équation

$$T_m = T_r = T_u + T_p$$

ou

$$T_u = T_m - T_p$$

qui prouve que le travail utile est toujours plus petit que le travail moteur, en raison des résistances passives qu'il est impossible d'annuler. Ces résistances passives développent à chaque instant une certaine quantité de travail. Par conséquent le mouvement doit nécessairement cesser dès que la somme de toutes ces quantités est devenue égale au travail moteur dépensé; la machine finira donc par s'arrêter forcément au bout d'un temps plus ou moins long, lors même que cette machine ne serait pas employée à produire un travail utile.

Les déceptions survenues aux nombreuses personnes qui ont compromis leur fortune et souvent leur santé à la recherche du mouvement perpétuel, m'engagent à appeler l'attention des lecteurs sur les développements que nous venons de citer; afin qu'elles rejettent de leur esprit toute idée de ce mouvement irréalisable.

CHAPITRE III

CHOC DES CORPS

120. *Choc de deux corps.* — Lorsqu'un corps est en mouvement, et qu'il en rencontre un autre qui est au repos, ou qui n'a pas le même mouvement que le premier, il se produit un *choc.*

Examinons de quelle manière les mouvements des deux corps se trouvent brusquement modifiés par l'effet de ce choc.

Supposons, pour simplifier, qu'il s'agisse de deux corps sphériques A,B (*fig.* 32) qui se meuvent tous deux suivant une même droite CD, et dans le même sens indiqué par la flèche. Pour qu'il puisse se produire un choc entre ces deux corps, il est nécessaire que la vitesse du corps A qui est en arrière, soit plus grande que

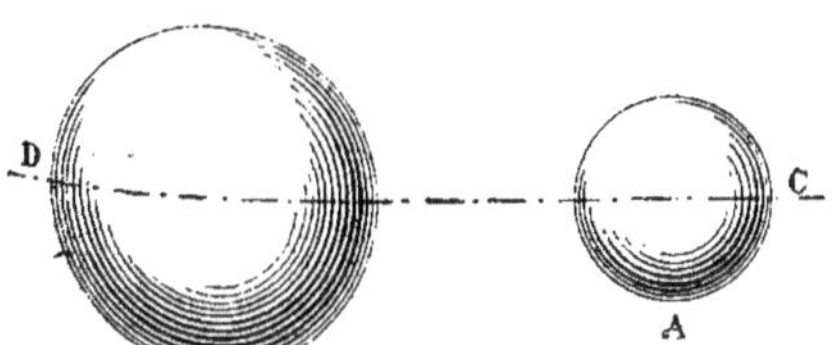

Fig. 32.

celle du corps B; s'il en est ainsi, le premier se rapprochera de plus en plus du second, et bientôt le choc aura lieu.

A l'instant où le corps A atteindra le corps B, il tendra à faire marcher plus vite les premières molécules de ce corps, et cette accélération de mouvement se transmettra à toute la masse du corps B. Mais nous avons vu que la transmission du mouvement ne s'effectue pas instantanément : aussi en résultera-t-il une déformation dans le corps B. Les premières molécules atteintes cèderont à l'impulsion qu'elles auront reçues; elles prendront une vitesse plus grande que celle du reste du corps et se rapprocheront ainsi du centre. Les molécules voisines, poussées par les faces moléculaires qui se développeront, prendront, à leur tour, un mouvemnet plus rapide et se rapprocheront aussi du centre du corps B. En sorte que, au bout d'un intervalle de temps qui est toujours extrêmement court, le corps B se trouvera aplati dans l'endroit où le corps A l'aura atteint.

Mais ce qui a lieu pour le corps B a lieu de même pour le corps A. Les molécules de celui-ci, qui sont en avant, en rencontrant le corps B, qui est un obstacle à la continuation de leur mouvement, doivent se ralentir brusquement ; celles qui les suivent se ralentissent à leur tour, et le corps A s'aplatit comme l'autre. du côté par lequel le contact a lieu.

A partir de l'instant où les corps ont commencé à se toucher, ils se déforment de plus en plus, comme nous venons de le voir. Mais, en même temps, l'accélération de mouvement qui a été donnée aux premières molécules de B se transmet peu à peu à toute la masse du corps, et le ralentissement des molécules de A qui sont en avant se communique également peu à peu à toute la masse de cet autre corps : la vitesse de A diminue, et la vitesse de B augmente. Tant que la vitesse du premier corps A tout en diminuant, est plus grande que celle du second corps B, qui va en augmentant, la déformation continue à se produire, les corps s'applatissent de plus en plus ; mais aussitôt que les vitesses des deux corps sont devenues égales. la déformation n'augmente plus. Dès lors il se passera des choses différentes, suivant la nature des corps qui se sont choqués.

Nous admettrons dans l'étude suivante deux hypothèses :

1° Les corps sont complètement dénués d'élasticité;

2° Les corps sont complètement élastiques.

En outre nous supposerons que les corps choqués ont la forme sphérique et qu'ils se meuvent d'un mouvement rectiligne uniforme suivant la droite qui joint leurs centres de figure.

121. *Chocs des corps mous.* — Si les corps A et B sont tout à fait dépourvus d'élasticité, ils ne tendront en aucune manière à reprendre leurs formes primitives : le choc sera terminé aussitôt qu'ils auront des vitesses égales, et à partir de ce moment, ils se mouvront ensemble sans se séparer. Tel est le cas de deux balles de plomb.

122. *Principe de la conservation des quantités de mouvement.* — Ce principe, qui sert de base à la théorie des chocs des corps, s'énonce ainsi : *La quantité de mouvement perdu par l'un des corps pendant toute la durée des chocs est égale à la quantité de mouvement communiqué à l'autre corps, de telle sorte que la quantité totale de mouvement est la même après qu'avant le choc.*

Considérons deux corps sphériques A et B (*fig.* 111) de masses M et M', le premier ayant une vitesse V et le second une vitesse V', de manière que

$$V > V'$$

A l'instant où le corps A rencontrera le corps B, il s'exercera entre les deux corps pendant toute la durée du choc des forces de pression et de réaction égales pendant le même instant, mais inégales à des instants différents.

Soient $v_1 v_2 v_3 \ldots$ les éléments de vitesse successivement prise par le corps B dans des temps égaux, infiniment petits; ces vitesses résultent de l'action des forces de pression que nous appellerons $F_1\ F_2\ F_3 \ldots$

Soient $v'\ v''\ v''' \ldots$ les éléments de vitesse perdue par le corps A dans les mêmes éléments de temps t et sous l'action des forces de réaction $F'\ F''\ F'''$. La force F_1 a pour valeur

$$F_1 = \frac{M'v_1}{t}$$

ou

$$F_1 t = M'v_1$$

pendant le même temps la force de réaction F' a pour valeur

$$F' = \frac{Mv'}{t}$$

ou

$$F't = Mv'$$

D'après le principe de l'égalité de l'action et de la réaction, $F_1 = F'$ d'où

$$F_1 t = F't$$

et par suite

$$M'v_1 = Mv'$$

On aurait de même

$$M'v_2 = Mv''$$
$$M'v_3 = Mv'''$$
$$\text{»} \qquad \text{»}$$

d'où en additionnant

$$M'(v_1 + v_2 + v_3 + \cdots) = M(v' + v'' + v''' + \cdots)$$

et enfin

$$M'V' = MV$$

Ce qui démontre l'énoncé du principe de la conservation des quantités de mouvement.

123. *Vitesse commune dans le choc des corps mous.*

1° Supposons que les corps de masses M et M' marchent dans la même direction avec des vitesses V et V' de façon que

$$V > V'$$

Soient U la vitesse commune que prennent les deux corps, au moment de la plus grande déformation. Dès que le corps A choque le corps B, il perd une vitesse représentée par V — U et une quantité de mouvement M (V — U).

Le corps B a gagné une vitesse représentée par U — V' et une quantité de mouvement M' (U — V'). Or d'après le principe précédent on aura

$$M(V - U) = M'(U - V')$$

ou

$$MV - MU = M'U - M'V'$$

de laquelle on tire la valeur de U

$$U(M + M') = (MV + M'V')$$

$$U = \frac{MV + M'V'}{M + M'} \qquad (1)$$

Si M = M', c'est-à-dire si la masse des

deux corps est la même, l'équation (1) devient

$$U = \frac{V + V'}{2}$$

Dans le cas où la masse M est infiniment grande par rapport à M', on a sensiblement

$$U = V$$

et si le contraire a lieu

$$U = V'.$$

2° Supposons les deux corps marchant en sens contraire. Le premier A perdra au moment de la plus grande déformation une vitesse V — U et une quantité de mouvement M (V — U).

Le corps B de masse M' acquiert la quantité de mouvement

$$M' (U + V')$$

d'où

$$M (V - U) = M' (U + V')$$

$$MV - MU = M'U + M'V'.$$

Tirons la valeur de U, il vient

$$U = \frac{MV - M'V'}{M + M'} \qquad (2)$$

Cette valeur aurait pu être obtenue de l'équation (1) en changeant le signe de V'.

Le mouvement des corps aura lieu après le choc, dans le sens du corps, qui, avant le choc, possédait la plus grande quantité de mouvement.

Si M = M', il vient

$$U = \frac{V - V'}{2}$$

Si M est infiniment grande par rapport à M' on a sensiblement

$$U = V$$

et si le contraire a lieu, on aura

$$U = - V'$$

124. Remarque. — La valeur de la vitesse commune U peut être exprimée en fonction des poids des corps, en remplaçant M et M' par

$$\frac{P}{g} = \frac{P'}{g}$$

ce qui donne en réunissant les formules (1) et (2)

$$U = \frac{PV \pm P'V'}{P + P'}$$

3° Supposons enfin que l'un des deux corps est au repos. Le corps B étant au repos, on aura pour V' = 0

$$U = \frac{MV}{M + M'}$$

si M = M', il vient

$$U = \frac{V}{2}$$

La masse M du corps A étant infiniment grande par rapport à M', on aura sensiblement

$$U = V$$

et si le contraire a lieu, c'est-à-dire si la masse M' est infiniment grande par rapport à M, il vient

$$U = 0$$

Exemple: Une balle de plomb tombant sur le sol.

125. *Choc de deux corps élastiques.* — Si les corps A et B sont élastiques, comme deux billes d'ivoire par exemple, et que la déformation qu'ils ont éprouvée n'ait pas dépassé la limite de leur élasticité, le choc ne sera pas terminé à l'instant où leurs vitesses seront devenues égales.

En effet, ces deux corps tendant à revenir à la forme qu'ils avaient avant le choc, les molécules de chacun d'eux, qui avaient été refoulées vers leurs centres respectifs, s'en éloignent pour se replacer comme elles étaient d'abord, et les deux

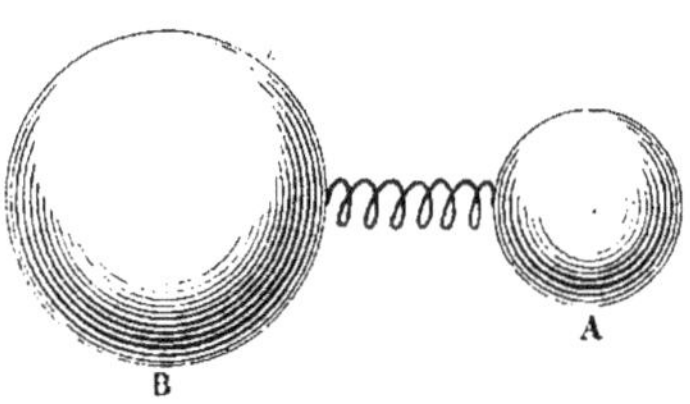

Fig. 33.

corps se repoussent. La vitesse du corps A continue donc à diminuer, celle du corps B continue à augmenter, et bientôt les deux corps se séparent, en s'éloignant de plus en plus l'un de l'autre. Les choses se passent comme si un ressort à boudin avait été placé entre les deux corps avant le choc (*fig.* 33); ce ressort, comprimé d'abord par l'excès de la vitesse du corps A sur le corps B, aurait cessé de se raccourcir lorsque les vitesses des deux corps seraient devenues égales; puis, en se détendant, il aurait éloigné les deux corps l'un de l'autre en augmentant toujours la vitesse de B et en diminuant celle de A.

Pendant toute la durée du choc, la vitesse du corps B augmente constamment et conserve le même sens; mais il n'en est pas de même du corps A. Après la première partie du choc, c'est-à-dire à l'instant où les deux corps ont la même vitesse, cette vitesse est dirigée dans le même sens que les vitesses initiales des deux corps, la vitesse du corps A a diminué, sans changer de sens. Mais pendant la seconde partie du choc, la vitesse de ce corps, qui diminue toujours, peut devenir nulle avant que le choc soit complètement terminé; et le corps A, continuant à être repoussé du corps B, par la réaction des molécules qui ont été déplacées, prendra un mouvement en sens contraire.

Des circonstances analogues à celles que nous venons d'indiquer en détail se produiront dans le cas où les deux corps se meuvent en sens contraires, avant de se rencontrer; et aussi dans le cas où un seul des deux corps est en mouvement avec le choc.

126. *Vitesses des corps après le choc.* — Considérons toujours deux corps sphériques de masses, M et M' ayant des vitesses initiales V, V', telles que $V > V'$; dans la première période du choc tout se passera comme si les corps n'étaient pas élastiques, c'est-à-dire que le corps de masse M éprouve une perte de vitesse $V - U$; le corps de masse M' gagne $U - V'$. Or les ressorts moléculaires réagissant et l'action étant égale à la réaction, il s'en suit que le corps M a perdu une vitesse

$$2(V - U) = 2V - 2U$$

le corps de masse M a gagné

$$2(U - V') = 2U - 2V'$$

La vitesse W du corps M est alors

$$W = V - (2V - 2U)$$

$$W = V - 2V + 2U = 2U - V \quad (1)$$

Le corps de masse M' a une vitesse :

$$W' = V' + (2U - 2V') = 2U - V' \quad (2)$$

Précédemment nous avons trouvé

$$U = \frac{MV + M'V'}{M + M'}$$

en substituant cette valeur dans les égalités (1) et (2) il vient

$$W = \frac{2MV + 2M'V'}{M + M'} - V$$

$$= \frac{2MV + 2M'V' - MV - M'V}{M + M'}$$

ou
$$W = \frac{MV + M'(2V' - V)}{M + M'} \quad (3)$$

On aurait de même

$$W' = \frac{2MV + 2M'V'}{M + M'} - V'$$

$$= \frac{2MV + 2M'V' - MV' - M'V'}{M + M'}$$

ou
$$W' = \frac{M'V' + M(2V - V')}{M + M'} \quad (4)$$

telles sont les vitesses W et W' des corps après le choc.

Examinons quelques cas particuliers :

1° *Les corps vont dans le même sens.* — Les vitesses sont comme on vient de le voir.

$$W = 2U - V$$
$$W' = 2U - V'$$

Si $M = M'$ on a $U = \frac{V + V'}{2}$ et par suite

$$W = V + V' - V = V'$$
$$W' = V + V' - V' = V$$

c'est-à-dire que les corps échangent leurs vitesses.

Si la masse M est infiniment grande par rapport à M', on a

$$U = V$$

et par suite

$$W = 2V - V = V$$
$$W' = 2V - V'$$

La vitesse du corps choquant n'est pas changée, tandis que le corps choqué part avec une vitsse égale au double de celle du corps choquant diminuée de sa vitesse primitive.

Si M' est infiniment grande par rapport à M, on a

$$U = V'$$

et par suite

$$W = 2\,V' - V$$
$$W' = V'$$

La vitesse du corps choqué n'est pas changée, tandis que le corps choquant part avec une vitesse égale au double de celle du corps choqué, diminué de sa vitesse primitive; ce dernier continue son chemin dans le même sens, s'arrête ou revient en sens contraire, suivant que sa vitesse primitive est plus petite, égale ou plus grande que le double de celle du corps choquant.

2° *Les corps vont en sens contraire.* Si les corps marchent en sens contraire, il suffira de changer le signe de la vitesse V' et l'on aura

$$W = 2\,U - V$$
$$W' = 2\,U + V'$$

$$\text{Si } M = M' \text{ on a } U = \frac{V - V'}{2}$$

et par suite

$$W = V - V' - V = - V'$$
$$W' = V - V' + V' = V$$

Les corps retournent en arrière en échangeant leurs vitesses.

Si M est infiniment grand par rapport à M' on a

$$U = V$$

et par suite

$$W = 2\,V - V = V$$
$$W' = 2\,V + V'.$$

La vitesse du corps choquant n'est pas changée; tandis que le corps choqué retourne en arrière avec sa vitesse primitive augmentée du double de celle du corps choquant.

Si M' est infiniment grand par rapport à M, on a

$$U = - V'$$

et par suite

$$W = - 2\,V' - V = -(2\,V' + V)$$
$$W' = - V'$$

La vitesse du corps choqué n'est pas changée, tandis que le corps choquant retourne en arrière avec une vitesse égale à sa vitesse primitive augmentée du double de celle du corps choqué.

3° *L'un des deux corps est au repos.* Si le corps B est au repos, la vitesse du corps A, après le choc, sera évidemment 2U — V et celle du corps choqué 2U.

$$\text{Si } M = M' \text{ on a } U = \frac{V}{2}$$

et par suite

$$W = V - V = 0$$
$$W' = V$$

Le corps choquant s'arrête et le corps choqué part avec la vitesse de la masse M. Tel est le cas d'une bille de billard, lancée suivant la ligne des centres, contre une bille en repos.

La masse M étant infiniment grande par rapport à M' on a U = O et par suite

$$W = - V$$
$$W' = 0$$

Le corps choquant revient en arrière avec sa propre vitesse. Tel est le cas d'une bille d'ivoire tombant sur une table de marbre.

127. *Vérification expérimentale.* — Ce que nous venons de dire sur le choc des

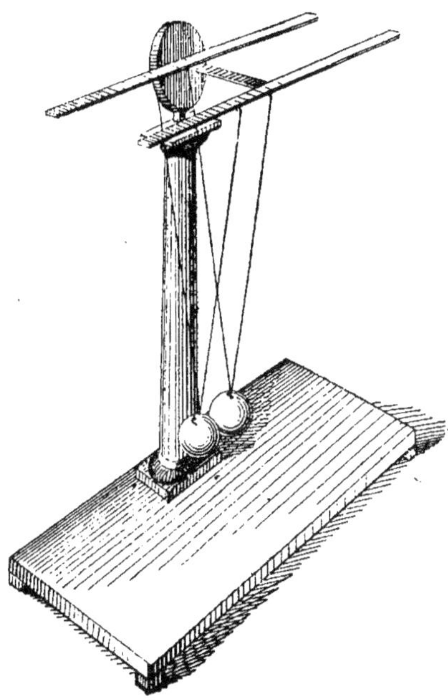

Fig. 34.

corps peut se vérifier expérimentalement au moyen de billes d'ivoire suspendues comme le montre la figure 34.

Si l'on suspend deux billes égales à côté l'une de l'autre, puis qu'on écarte l'une d'elles A de sa position d'équilibre, comme le montre la figure 35, cette bille, en retombant, viendra choquer l'autre. A cet instant où le choc commence, la vitesse de la bille B est nulle : d'ailleurs les masses des deux billes étant les mêmes, la vitesse gagnée par l'une d'elles sera égale à la vitesse perdue en même temps par l'autre ; donc, à l'instant où les billes seront le plus déformées, elles auront chacune pour vitesse la moitié de la vitesse qu'avait la bille A au commencement du choc. Pendant la seconde partie du choc, la vitesse de la bille B augmentera autant qu'elle a augmenté pendant la première partie, c'est-à-dire qu'à la fin du choc, cette vitesse sera égale à la vitesse primitive de la bille A ; dans le même temps, la vitesse de la bille A, qui s'était déja réduite de moitié, diminuera encore d'autant, et par suite elle deviendra tout à fait nulle.

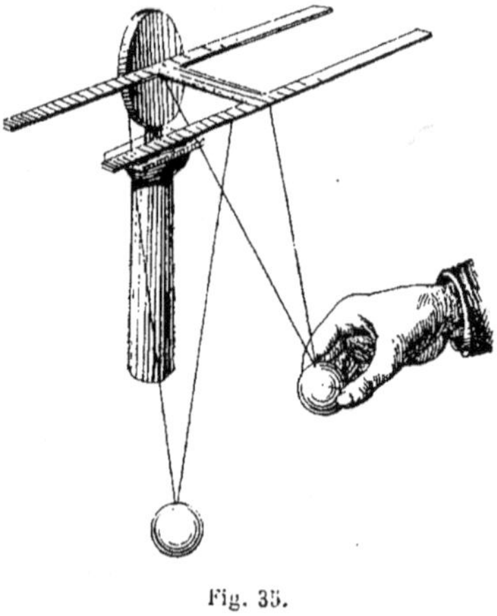

Fig. 35.

On doit donc observer, et l'on observe en effet, qu'aussitôt que le choc a eu lieu, la bille A reste immobile, et que la bille B, se mouvant sur un arc de cercle, monte à une hauteur égale à celle dont on avait laissé tomber la bille A. En s'élevant ainsi, la bille B finit par perdre complètement la vitesse qui lui avait été donnée par le choc ; elle redescend, sous l'action de la pesanteur, et vient choquer la bille A ; alors elle s'arrête, la bille A remonte jusqu'au point d'où on l'avait laissée tomber précédemment, et le mouvement se continue ainsi indéfiniment, jusqu'à ce qu'il soit détruit par les résistances provenant de l'air et du frottement des points de suspension.

Si, au lieu de deux billes, on en suspend un plus grand nombre à côté l'une de l'autre sept par exemple, et qu'on écarte la première de sa position d'équilibre (*fig.* 36), le choc qu'elle produira, en retombant, donnera lieu à un effet remarquable.

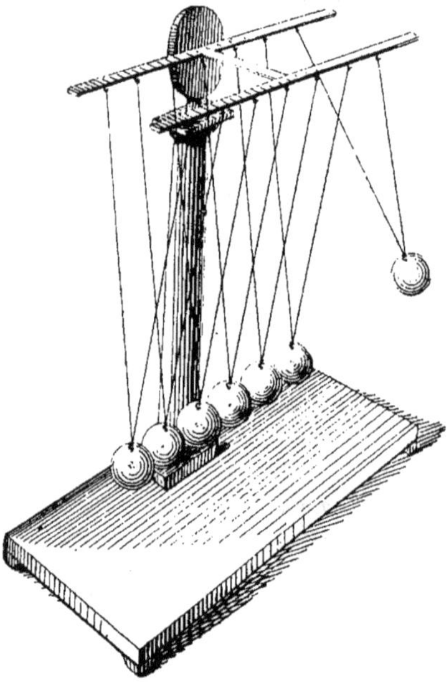

Fig. 36.

D'après ce qu'on vient de voir le choc de la première bille sur la seconde, s'il n'y en avait pas d'autres, ferait passer dans cette seconde bille toute la vitesse de la première, qui se trouverait par là réduite au repos ; admettons qu'il en soit ainsi. Dès lors, la seconde bille, que ce premier choc fait passer brusquement de l'état de repos à l'état de mouvement, va choquer la troisième et lui transmettre la totalité de la vitesse.

A la suite de ce second choc, la seconde bille se trouvera donc en repos ; elle n'aura été en mouvement que pendant l'intervalle de temps exclusivement court qui sépare le premier choc du second.

On verrait de même que la vitesse passera de la troisième bille à la quatrième ; de la quatrième à la cinquième, et qu'enfin elle sera transmise à la septième, qui, ne rencontrant pas d'obstacle à son mouvement, se mouvra en tournant autour de son point de suspension

C'est en effet ce qu'on observe : en laissant tomber la première bille d'une certaine hauteur, on la voit s'arrêter dès que le choc a eu lieu, et aussitôt la septième bille part pour s'élever à la hauteur de chute de la première.

La dernière bille, en retombant, produit à son tour un choc qui la réduit au repos, et qui met en même temps la première bille en mouvement et ainsi de suite.

Les cinq billes intermédiaires restent immobiles; elles ne servent qu'à transmettre le mouvement de la première bille à la septième et réciproquement.

Cette expérience fait voir, d'une manière positive, l'exactitude de ce que nous avons dit sur la communication successive du mouvement. Si, au moment où la première bille choque la seconde, le mouvement se communiquait instantanément aux six billes, qui étaient en repos, les choses se passeraient de même que si la première bille venait en choquer une autre dont la masse fût six fois plus grande, et il est aisé de voir que la première bille ne pourrait rester immobile après un pareil choc.

Au contraire, les choses se passent, dans le choc de la première bille contre la seconde, comme si ces deux billes étaient absolument seules; ce choc est terminé avant que le mouvement ait eu le temps de se transmettre jusqu'à la troisième bille.

Lorsqu'on laisse tomber verticalement une balle d'ivoire sur une table de marbre, dont la surface est horizontale, la bille rebondit et s'élève à peu près à la hauteur dont elle était tombée. Pour se rendre compte de ce qui se passe, il faut observer que la table de marbre qui est très élastique ne peut nullement céder à l'action du choc ; elle doit être regardée comme absolument fixe.

Au moment où le choc a lieu, la bille et la table se déforment ; lorsque la déformation n'augmente plus, la bille et la table ont la même vitesse, c'est-à-dire une vitesse nulle puisque la table est fixe.

La bille ayant perdu toute sa vitesse dans la première partie du choc, reprendra, pendant la seconde partie, une vitesse, en sens contraire précisément égale à celle qu'elle avait.

On peut rendre très sensible, la déformation éprouvée par la bille et la table, au moment du choc, de la manière suivante. Il suffira de recouvrir la table d'une couche d'huile extrêmement mince et d'observer, après avoir laissé tomber la bille, la grandeur du cercle dans l'étendue duquel l'huile aura été touchée par la bille; ce cercle sera très notablement plus grand que si l'on avait simplement posé la bille sur la table, sans produire de choc.

Si on laissait tomber de la même manière, une balle de plomb sur une table recouverte de plomb, la balle s'arrêterait sur la table sans rebondir. La déformation, qui disparaît pendant la seconde partie du choc entre ces corps élastiques, persiste au contraire lorsque les corps qui se choquent sont dépourvus d'élasticité, et dans ce dernier cas, elle sera très visible, tant sur la table que sur la balle.

PERTE DE FORCE VIVE DANS LE CHOC DES CORPS. — TRAVAIL PERDU RÉSULTANT DU CHOC.

Théorème de Carnot.

128. *Dans le choc de deux corps non élastiques, la force vive perdue à la fois par les deux corps est égale à la somme des forces vives qui correspondent aux vitesses perdues ou gagnées par chacun d'eux séparément.*

1° Si les corps sont parfaitement élastiques, le choc ne détermine pas de perte de force vive, car la quantité de force vive perdue pour la déformation, est rendue dans le débandement des ressorts moléculaires ;

2° La plupart des corps employés dans les constructions n'étant pas parfaitement élastiques, il en résulte, comme nous allons le démontrer, une perte de travail mécanique, ce qui indique qu'on doit, dans toute machine, éviter les chocs ou en atténuer les effets à l'aide de ressorts ou tampons.

Considérons toujours deux corps sphériques, marchant dans la même direction avec des vitesses V et V', la quantité de force vive avant le choc est

$$MV^2 + M'V'^2.$$

Après le choc, alors qu'ils ont une vitesse commune U, la force vive est

$$(M + M') U^2$$

d'où, en représentant par P la perte de force vive :

$$P = MV^2 + M'V'^2 - (M + M') U^2$$

or

$$U = \frac{MV + M'V'}{M + M'}$$

Le terme $(M + M') U^2$ devient

$$(M + M') \frac{(MV + M'V')^2}{(M + M')^2} = \frac{(MV + M'V')^2}{M + M'}$$

ou

$$\frac{M^2 V^2 + 2MM' VV' + M'^2V'^2}{M + M'}$$

donc

$$P = MV^2 + M'V'^2 - \frac{M^2V^2 + 2MM' VV' + M'^2V'^2}{M + M'}$$

En chassant le dénominateur et faisant la réduction des termes semblables, il vient

$$P = \frac{MM' (V^2 + V'^2 - 2VV')}{M + M'}$$

ou

$$P = \frac{MM' (V - V')^2}{M + M'}$$

et la perte de travail sera égale à

$$\frac{P}{2} \quad \text{ou} \quad \frac{MM' (V - V')^2}{2 (M + M')}$$

129. *Autre expression de la perte de travail mécanique.* — La quantité de force vive que possèdent les corps avant le choc est

$$MV^2 + MV'^2$$

si v et v' représentent les quantités de vitesses perdues par les corps, nous aurons

$$V = U + v \qquad V' = U - v'$$

la somme des forces vives sera alors

$$M (U + v)^2 + M' (U - v')^2, \text{ ou}$$

$$M (U^2 + 2Uv + v^2) + M' (U^2 - 2Uv' + v'^2)$$

ou

$$U^2(M + M') + 2U (Mv - M'v') + Mv^2 + M'v'^2$$

Mais $Mv = M'v'$, donc,

$$2U (Mv - M'v') = 0$$

il reste alors

$$U^2 (M + M') + Mv^2 + M'v'^2.$$

Or, les corps possèdent, après le choc, une quantité de force vive, représentée par

$$U^2 (M + M')$$

donc, $P = Mv^2 + M'v'^2$

ce qui démontre le théorème.

La perte de travail sera

$$\frac{Mv^2 + M'v'^2}{2}$$

130. Remarque. — Si les corps vont en sens contraire, la perte de force vive sera exprimée par

$$\frac{MM' (V + V')^2}{M + M'}$$

Si l'un des corps est au repos, par exemple celui qui a la vitessse V', l'expression de la force perdue est

$$\frac{MM' V^2}{M + M'}$$

Supposons enfin que la masse M' soit infiniment grande par rapport à la masse M, c'est-à-dire si $\frac{M'}{M}$ tend vers zéro, dans ce cas la perte de force vive sera

$$P = M (V \pm V')^2$$

si avec cette hypothèse la vitesse V' est nulle, il vient

$$P = MV^2$$

et la perte de travail $\frac{MV^2}{2}$

C'est-à-dire que lorsqu'un corps en choque un autre au repos et de masse infiniment grande par rapport à la masse il perd entièrement sa force vive.

CHAPITRE VI

MOMENTS D'INERTIE

Effort d'inertie dans le mouvement varié d'un corps autour d'un axe.

131. Lorsque un corps tourne autour d'un axe, le centre de l'effort d'inertie ne peut se trouver sur le centre de gravité, puisque tous les points du corps n'étant pas à la même distance de l'axe, ont des vitesses différentes.

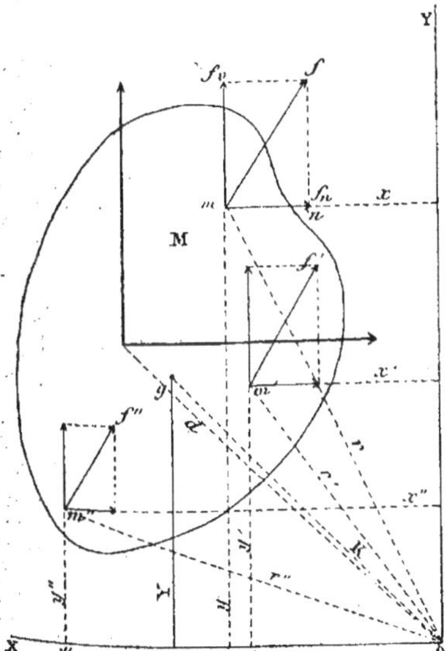

Fig. 37.

Nous allons déterminer la position du point d'application de cette force d'inertie.

Considérons un corps de masse M tournant autour d'un axe O perpendiculaire au plan de la figure 37 ; de son centre de gravité g abaissons une perpendiculaire K sur l'axe. Désignons par m, m', m''... les molécules qui constituent le corps et dont les distances à l'axe sont r, r', r''...

L'effort f développé sur le point m est perpendiculaire au rayon r, il en est de même des autres forces f', f''...

Désignons par F la force totale d'inertie dont le point d'application est à la distance d de l'axe.

Soit v_1 la variation de la vitesse angulaire du corps dans un temps t ; la variation de vitesse du point m sera $v_1 r$ pendant le même temps, celle des autres points m', m''... sera

$$v_1 r'$$
$$v_1 r''$$
»
»

et la valeur des forces d'inertie f, f', f''... sera :

$$f = m\frac{v_1 r}{t}$$

$$f' = m'\frac{v_1 r'}{t}$$

$$f'' = m''\frac{v_1 r''}{t}$$

» »
» »

Décomposons ces forces d'inertie en deux autres, l'une horizontale f_h et l'autre verticale f_v, puis considérons deux plans passant par l'axe, l'un horizontal se projetant suivant OX et l'autre vertical OY.

Des points m, m', m''... abaissons des perpendiculaires sur ces plans et soient x et y, x' et y', x'' et y''... les ordonnées de ces points ; les triangles semblables, miO, $m\,nf$ donnent :

$$\frac{f}{f_h} = \frac{r}{y} \qquad \text{d'où} \qquad f_h = \frac{fy}{r}$$

on aurait de même

$$f'_h = \frac{f'y'}{r'}$$

$$f''_h = \frac{f''y''}{r''}$$

» »

Les mêmes triangles donnent :

$$f_v = \frac{fx}{r}$$

$$f'_v = \frac{f'x'}{r}$$

$$f''_v = \frac{f''x''}{r}$$

Remplaçons dans ces expressions les valeurs des forces f, f', f''... il vient :

$$f_h = \frac{mv_1 r}{t} \times \frac{y}{r} = my \frac{v_1}{t}$$

$$f'_h = m'y' \frac{v_1}{t}$$

$$f''_h = m''y'' \frac{v_1}{t}$$

» »

et en additionnant :

$$f_h + f'_h + f''_h + \dots$$
$$= \frac{v_1}{t}(my + m'y' + m''y'' + \dots)$$

ou

$$F_h = \frac{v_1}{t}(my + m'y' + m''y'' + \dots)$$

Or, la parenthèse représente le moment de la masse du corps par rapport au plan horizontal qui est MY si Y est la distance, à ce plan du centre de gravité du corps, on aura donc :

$$F_h = \frac{v_1}{t} \text{MY}$$

On aurait de même :

$$f_v = \frac{mv_1 r}{t} \times \frac{x}{r} = mx \frac{v_1}{t}$$

$$f'_v = m'x' \frac{v_1}{t}$$

$$f''_v = m''x'' \frac{v_1}{t}$$

» »

» »

et en additionnant :

$$f_v + f'_v + f''_v + \dots$$
$$= F_v = \frac{v_1}{t}(mx + m'x' + m''x'' + \dots)$$

ou

$$F_v = \frac{v_1}{t} \text{MX}$$

Or, les deux composantes F_h et F_v étant rectangulaires, leur résultante F est

$$F = \sqrt{F^2_h \;\; F^2_v}$$

$$F = \sqrt{\frac{v_1^2}{t^2} M^2Y^2 + \frac{v_1^2}{t^2} M^2X^2}$$

ou

$$F = \frac{v_1}{t} M \sqrt{Y^2 + X^2}$$

Désignons par K le radical, il vient :

$$F = M \frac{v_1}{t} K \qquad (1)$$

telle est la valeur de l'effet d'inertie.

Pour avoir la distance d du point d'application de cette force à l'axe, appliquons le principe des moments des forces par rapport à l'axe O, on aura :

$$Fd = fr + f'r' + f''r'' + \dots$$

ou en remplaçant les forces par leur valeur :

$$Fd = m \frac{v_1 r}{t} r + m' \frac{v_1 r'}{t} r'$$
$$+ m'' \frac{v_1 r''}{t} r'' + \dots$$

$$Fd = \frac{v_1}{t}(mr^2 + m'r'^2 + m''r''^2 + \dots)$$

La parenthèse est la somme des produits des masses élémentaires par le carré de leurs distances à l'axe de rotation. Cette somme a reçu le nom de MOMENT D'INERTIE, donc :

$$Fd = \frac{v_1}{t} \Sigma\, mr^2$$

désignons par I ce mouvement d'inertie, il vient :

$$d = \frac{Iv_1}{Ft}$$

ou en remplaçant F par sa valeur

$$d = \frac{Iv_1}{M \frac{v_1}{t} Kt} = \frac{I}{MK}$$

Cette distance d porte le nom de *rayon de giration* et le point d'application de la force d'inertie a reçu le nom de centre de *percussion.*

Expression de la force vive dans la rotation autour d'un axe.

132. Nous avons vu que le moment d'inertie I est :

$$I = mr^2 + m'r'^2 + m''r''^2 + \ldots = \Sigma\, mr^2.$$

Multiplions les deux membres de l'égalité par le carré de la vitesse angulaire V_1, on a :

$$IV_1^2 = mr^2V_1^2 + m'r'^2V_1^2 + m''r''^2V_1^2 + \ldots$$

or, V_1r est la vitesse de la masse m
V_1r' — — m'
» »

Désignons par $v, v', v''\ldots$ les vitesses des masses $m, m', m''\ldots$ on aura :

$$IV_1^2 = mv^2 + m'v'^2 + m''v''^2\ldots$$

mais chaque terme du second membre représente la force vive de chaque masse ; par suite :

$$\text{Force vive} = IV_1^2$$

133. *Travail d'inertie dans le mouvement de rotation.* — Cherchons l'expression du travail produit par cette force d'inertie F ; pour cela désignons par a_1 l'arc décrit à l'unité de distance pour une variation v_1 de vitesse dans un temps t.

Le chemin parcouru par le centre de percussion sera a_1d et le travail T_1 de la force d'inertie F sera :

$$T_1 = Fa_1d$$

ou en remplaçant F par sa valeur, ainsi que celle de d,

$$T_1 = M\frac{v_1}{t}Ka_1\frac{I}{KM}$$

$$T_1 = \frac{Iv_1a_1}{t}$$

mais $\frac{a_1}{t}$ est la vitesse angulaire du corps à l'instant considéré, désignons cette vitesse par V_1, on aura pour le travail de la force d'inertie à l'instant considéré, où la vitesse angulaire est V_1 et la variation de v_1

$$T_1 = Iv_1V_1$$

pendant d'autres éléments t_2, t_3 … de temps, les travaux seront :

$$T_2 = Iv_2V_2$$
$$T_3 = Iv_3V_3$$

Si au dernier instant considéré la variation de vitesse est v_1' et la vitesse angulaire V'_1, le travail pendant ce temps sera :

$$T_n = Iv_nV_n$$

D'où, en additionnant ces travaux élémentaires,

$$T = I(v_1V_1 + v_2V_2 + v_3V_3 + \ldots v_n V_n).$$

La parenthèse est égale à :

$$\frac{V_n^2 - V_1^2}{2}$$

d'où,

$$T = \frac{1}{2}I(V_n^2 - V_1^2).$$

On voit alors que le travail de la force d'inertie est égal à la moitié de la variation de la force vive.

134. *Moment d'inertie d'un corps tournant autour d'un axe ne passant pas par son centre de gravité.* — Quand on a le moment

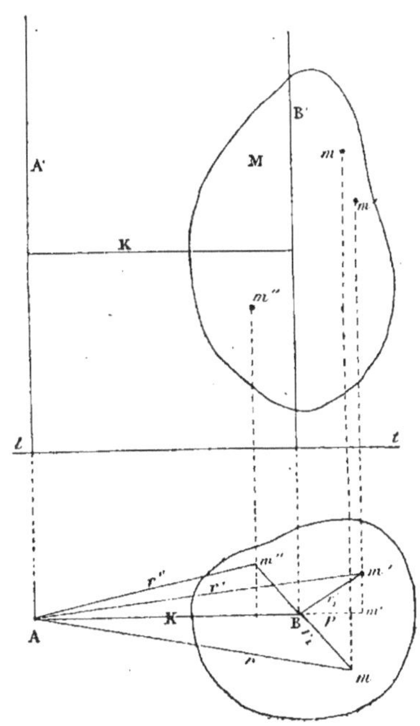

Fig. 38.

d'inertie d'un système par rapport à un

axe, on obtient aisément son moment d'inertie par rapport à un axe parallèle au premier.

Soit un corps tournant autour d'un axe (*fig.* 38) dont les projections sont A′ et A ; par le centre de gravité menons un axe parallèle au premier ; nous allons démontrer que :

$$I = I_1 + MK^2$$

I étant le moment d'inertie par rapport à l'axe AA′.

I_1 étant le moment d'inertie par rapport à l'axe BB′ passant par le centre de gravité du corps.

K la distance entre ces deux axes.

En effet : considérons des masses élémentaires m, m', m''... dont les distances aux axes sont respectivement :

$$r, \quad r', \quad r'' \ldots$$
$$r_1, \quad r_1', \quad r_1'' \ldots$$

Les triangles ainsi formés donnent :

$$r^2 = r^2_1 + K^2 + 2pK$$
$$r'^2 = r'^2_1 + K^2 + 2p'K$$
$$r''^2 = r''^2_1 + K^2 + 2p''K$$
» »

» »

Dans lesquelles : K est la distance des axes, p, p' p'' ... sont les projections de r_1, r'_1, r''_1 ... sur la droite K.

Multiplions ces égalités respectivement par m, m', m''... on a :

$$mr^2 = mr_1{}^2 + mK^2 + 2mpK$$
$$m'r'^2 = m'r'_1{}^2 + m'K + 2m'p'K$$
» »

» »

Les troisièmes termes de ces égalités sont positifs pour toutes les masses élémentaires situées à droite du plan vertical passant par le centre de gravité, car les triangles formés sont obtus.

Pour les points m''', m''''... situés de l'autre côté de ce plan, les triangles étant aigus, les signes de ces termes sont négatifs :

$$m'''r'''^2 = m'''r'''^2_1 + m'''K^2 - 2m'''p'''K$$
» »

» »

Additionnons toutes ces égalités, on aura :

$$\Sigma\, mr^2 = \Sigma\, mr^2_1 + K^2\, \Sigma\, m + 2K\, (mp + m'p' + \ldots - m'''p'''\ldots).$$

Or la quantité entre parenthèse est nulle puisque le plan vertical passant par le centre de gravité divise le corps en deux parties égales ; il reste donc :

$$\Sigma\, mr^2 = \Sigma mr^2_1 + K^2\, \Sigma\, m$$

Or, $\Sigma\, mr^2 = I$

$$\Sigma\, mr^2_1 = I_1$$
$$\Sigma\, m = M$$

Donc : $I = I_1 + MK^2$

C'est-à-dire que le moment d'inertie, par rapport à un axe quelconque, est égal au moment d'inertie par rapport à un axe parallèle passant au centre de gravité du système, augmenté du produit de la masse totale par le carré de la distance des deux axes.

On en conclut que tous les axes parallèles à une direction donnée, celui pour lequel le moment d'inertie d'un système est le plus petit, est celui qui passe par le centre de gravité.

135. *Bras de l'inertie ou rayon de giration.* — Nous avons vu, plus haut que le rayon de giration est la distance du point d'application de la force d'inertie à l'axe de rotation passant par le centre de gravité du corps. Ce bras de l'inertie est la distance à laquelle il faudrait concentrer la masse d'un corps tournant pour que son moment d'inertie restât le même. D'après cette définition en nommant R le rayon de giration et M la masse totale, on a :

$$\Sigma\, mr^2 = MR^2 \quad \text{d'où} \quad R^2 = \frac{\Sigma\, mr^2}{M}$$

C'est-à-dire que le carré du rayon de giration est égal au moment d'inertie divisée par la masse totale et que réciproquement le moment d'inertie est égal à la masse totale multipliée par le carré du rayon de giration.

La considération du rayon de giration est souvent utile dans la recherche des moments d'inertie et elle simplifie les énoncés dans beaucoup de cas.

On peut remarquer que si l'on nomme R le rayon de giration relatif à un axe passant par le centre de gravité, R′ le rayon de giration par rapport à un axe parallèle, et K la distance des deux axes la relation précédemment trouvée :

$$I = I_1 + MK^2$$

peut s'écrire :

$$MR'^2 = MR^2 + MK^2$$

d'où,

$$R'^2 = R^2 + K^2$$

c'est-à-dire que le rayon de giration R est l'hypoténuse d'un triangle rectangle, dans lequel les deux côtés de l'angle droit seraient le rayon de giration R relatif au centre de gravité et la distance K des deux axes.

136. Remarque. — On fait quelquefois usage, dans la recherche du moment d'inertie, du principe suivant :

Si un corps peut se décomposer en parties ayant toutes le même rayon de giration, ce rayon de giration est celui du corps lui-même. Car si M', M'', M''' ... désignent les masses de ces différentes parties, R le rayon de giration commun et M la somme des masses, on aura pour l'expression du mouvement d'inertie :

$$I = \Sigma mr^2 = M'R^2 + M''R^2 + M'''R^2 + \dots$$

attendu que le moment d'inertie total est la somme des moments d'inertie des différentes parties, cette équation peut s'écrire :

$$\Sigma mr^2 = R^2(M' + M'' + M''' + \dots) = MR^2.$$

Donc R est le rayon de giration du corps entier.

137. *Moment d'inertie du volume.* — Quand le corps considéré est homogène, la recherche de son rayon de giration devient une question de géométrie.

En effet, soit D le poids du mètre cube de la matière du corps, v le volume de l'élément de masse m, et V le volume total, on aura :

$$m = \frac{vD}{g}$$

$$M = \frac{VD}{g}$$

en remplaçant dans l'expression

$$R^2 = \frac{\Sigma mr^2}{M}$$

il vient :

$$R^2 = \frac{\Sigma \frac{vD}{g} r^2}{\frac{VD}{g}}$$

ou,

$$R^2 = \frac{\Sigma vr^2}{V}$$

C'est-à-dire que le rayon de giration est indépendant de la nature du corps; il ne dépend plus que de sa forme.

Si le corps se composait de parties formées de matériaux différents, il faudrait opérer séparément pour chacune de ces parties, et faire la somme des moments d'inertie obtenus.

La quantité Σvr^2 se nomme par analogie, le *moment d'inertie du volume.*

Dans ce qui va suivre nous déterminerons le moment d'inertie de différents corps, en considérant le cas ou deux dimensions du corps sont négligeables vis-à-vis de la troisième, et où par conséquent le corps se réduit à une tige mince, droite ou courbe; puis le cas où une dimension seulement est négligeable, le corps se réduira à une simple surface plane, enfin le cas où les trois dimensions sont comparables.

138. *Relations entre les moments d'inertie d'un même corps par rapport à deux axes parallèles ne contenant pas le centre de gravité.* — Soit M la masse du corps

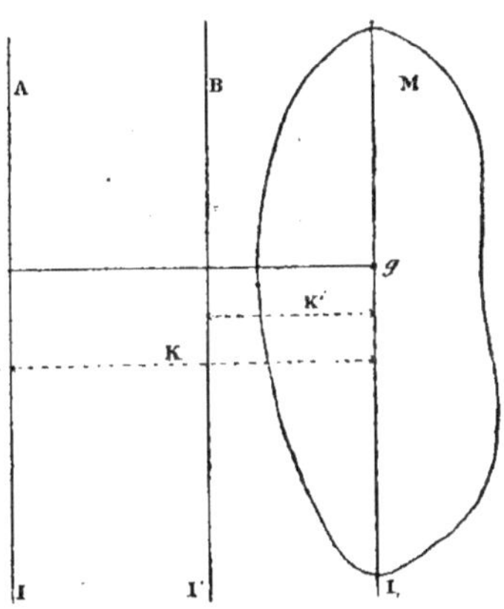

Fig. 39.

(*fig* 39) et deux axes A et B. Désignons par K la distance du centre de gravité g à l'axe A et par K' celle à l'axe A'. Les moments d'inertie du corps tournant autour des axes sont :

$$I = I_1 + MK^2 \text{ pour l'axe A}$$

$$I' = I_1 + MK'^2 \quad \text{id.} \quad A'$$

Retranchons membre à membre, il vient :

$$I - I' = M(K^2 - K'^2)$$

ou

$$I = I' + M(K^2 - K'^2)$$

139. *Moment d'inertie d'une surface plane par rapport à un axe perpendiculaire au plan de la surface.* — Dans ce cas le moment d'inertie est égal à la somme des moments d'inertie pris par rapport à deux axes perpendiculaires entre eux.

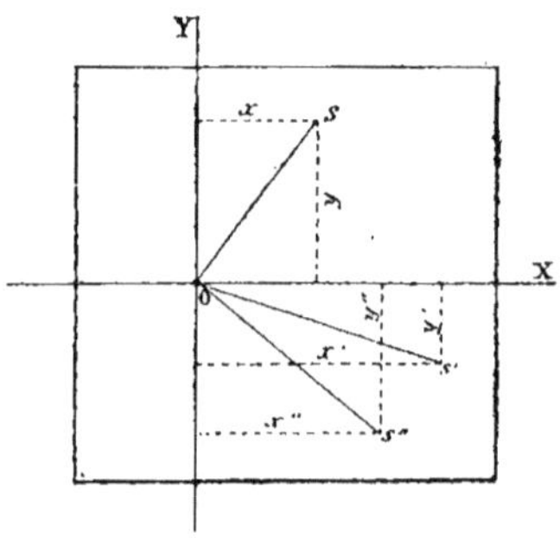

Fig. 40.

Soit un plan tournant autour de l'axe O perpendiculaire à la surface ; par ce point menons dans le plan de la surface deux axes OX et OY (*fig.* 40) rectangulaires ; soient x et y, x' et y', x'' et y'' les coordonnées des éléments s, s', s''... de la surface considérée. Le moment d'inertie I par rapport à l'axe O est :

$$I = sr^2 + s'r'^2 + s''r''^2 = \Sigma\, sr^2$$

Or, les triangles rectangles donnent :

$$r^2 = x^2 + y^2$$
$$r'^2 = x'^2 + y'^2$$
$$r''^2 = x''^2 + y''^2$$

» »

donc :

$$I = sx^2 + s'x'^2 + s''x''^2 \ldots + sy^2 + s'y'^2 + s''y''^2 + \ldots$$

ou $$I = \Sigma\, sx^2 + \Sigma\, sy^2.$$

Mais les moments d'inertie I' et I'' par rapport aux deux axes rectangulaires sont par définition :

$$I' = sy^2 + s'y'^2 + s''y''^2 + \ldots = \Sigma\, sy^2$$
$$I'' = sx^2 + s'x'^2 + s''y''^2 + \ldots = \Sigma\, sx^2$$

par suite, $I = I' + I''$

ce qu'il fallait démontrer.

Nous allons maintenant déterminer les moments d'inertie de quelques corps.

Moment d'inertie d'une droite.

140. 1° *L'axe est perpendiculaire à l'une des extrémités de la droite.*

Soit une droite AB (*fig.* 41) de longueur

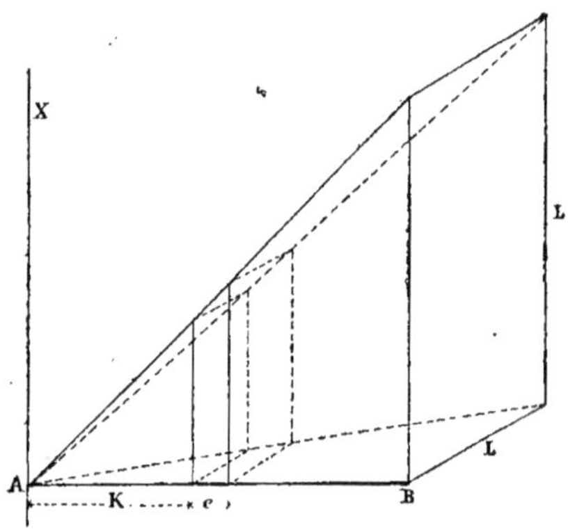

Fig. 41.

L tournant autour de l'axe AX ; à l'autre extrémité B menons un plan perpendiculaire à la droite, et dans ce plan traçons un carré ayant pour côté L et dont un sommet repose au point B ; les droites joignant l'extrémité A aux quatre sommets du carré formant une pyramide quadrangulaire dont la hauteur est L.

Décomposons cette pyramide en petits éléments par des plans parallèles à la base ; chacun de ces éléments d'épaisseur e peut être considéré comme un prisme quadrangulaire dont le volume v est égal à :

$$v = K^2 e$$

dans lequel K représente le côté du carré de la base qui est aussi, par construction la distance de l'élément de la pyramide à l'axe.

On aurait pour les autres éléments e', e''... de la pyramide :

$$v' = K'^2 e'$$
$$v'' = K''^2 e''$$
$$v''' = K'''^2 e'''$$

» »

d'où en additionnant :

$$v + v' + v'' + v''' + \ldots = K^2 e + K'^2 e' + K''^2 e'' \ldots = \Sigma K^2 e$$

Or, le premier membre de l'égalité exprime le volume total de la pyramide qui est égal au tiers du produit de la base par la hauteur, ou :

$$V = \frac{L^2}{3} L.$$

Le second membre est le moment d'inertie de la droite L par rapport à l'axe passant par le point A ; il est donc égal au volume de la pyramide, ou :

$$I = \frac{L^2}{3} L = \frac{L^3}{3}.$$

Le rayon de giration R donné par la relation

$$I = MR^2$$

devient, en remarquant que la masse de la droite est ici représentée par L :

$$R^2 = \frac{I}{L} = \frac{L^2}{3}$$

ou,

$$R = L\sqrt{\frac{1}{3}} = \frac{L}{3}\sqrt{3}$$

2° *L'axe est perpendiculaire à la droite et passe par son milieu.*

Soit AB la droite (*fig.* 42) tournant

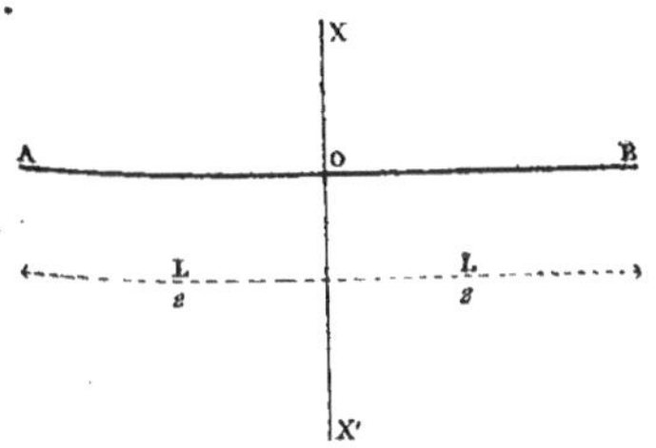

Fig. 42.

autour de l'axe XX', il suffit d'appliquer la formule précédente pour chaque moitié de la droite, car chacune d'elle tourne autour de l'axe passant par l'une de ses extrémités.

Si i et i' représentent les moments d'inertie des moitiés de la droite, on aura :

$$I = i + i'$$

ou,

$$I = \frac{1}{3}\left(\frac{L}{2}\right)^3 + \frac{1}{3}\left(\frac{L}{2}\right)^3$$

$$I = \frac{L^3}{24} + \frac{L^3}{24} = \frac{L^3}{12}$$

donc,

$$I = \frac{1}{12} L^3$$

Le rayon de giration R sera donné par :

$$R^2 = \frac{I}{M}$$

$$R^2 = \frac{\frac{1}{12} L^3}{L} = \frac{L^3}{12}$$

$$R = \frac{L}{\sqrt{12}} = \frac{L}{2\sqrt{3}}$$

$$R = L\frac{\sqrt{3}}{6}$$

3° *L'axe perpendiculaire à la droite passe par un point quelconque.*

Soit l, l' (*fig.* 43) les deux segments de la droite AB = L formés par l'axe OX ; les moments d'inertie i et i' de chaque partie sont :

$$i = \frac{l^3}{3}$$

$$i' = \frac{l'^3}{3}$$

Et comme $I = i + i'$ il vient :

$$I = \frac{l^3 + l'^3}{3}$$

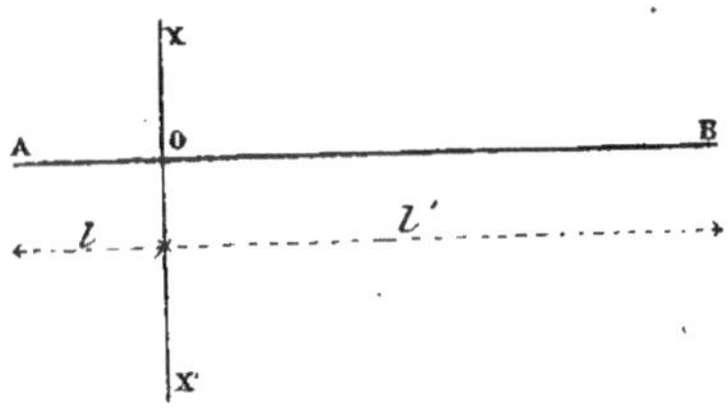

Fig. 43.

4° *L'axe fait avec la droite un angle quelconque et passe par l'une de ses extrémités.*

Soit AB la droite tournant autour de l'axe AX faisant entre eux l'angle α (*fig.* 44).

Décomposons la droite en ses éléments e, e', e''... et par leur milieu abaissons les perpendiculaires sur l'axe, on forme des triangles rectangles qui donnent :

$$y = K \sin \alpha$$

ou, $y^2 = K^2 \sin^2 \alpha$

de même, $y'^2 = K'^2 \sin^2 \alpha$

$y''^2 = K''^2 \sin^2 \alpha$

» »

» »

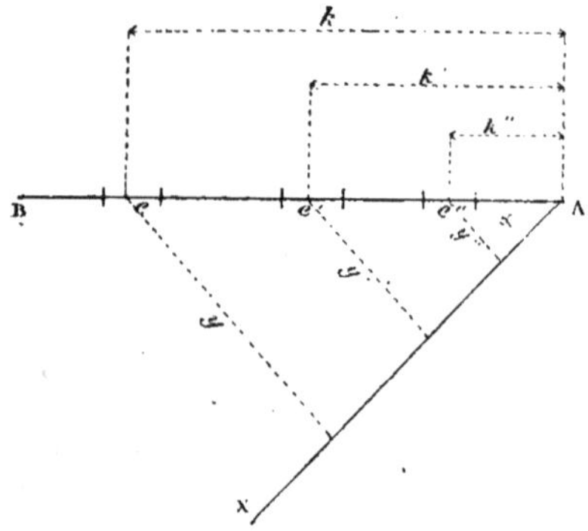

Fig. 44.

Mais nous savons que :

$I = ey^2 + e'y'^2 + e''y''^2 + ... = \Sigma ey^2$

d'où, en remplaçant y^2, y'^2... par leurs valeurs, on a :

$I = eK^2 \sin^2 \alpha + e'K'^2 \sin^2 \alpha + e''K''^2 \sin^2 \alpha ...$ ou

$I = \sin^2 \alpha (eK^2 + e'K'^2 + e''K''^2 + ...) = \sin^2 \alpha \Sigma eK^2$

Or, la parenthèse représente le moment d'inertie de la droite par rapport à un axe perpendiculaire à l'extrémité A ; ce moment d'inertie a été trouvé, dans le premier cas, égal à $\frac{L^3}{3}$, donc :

$$I = \sin^2 \alpha \frac{L^3}{3} \qquad (1)$$

Le rayon de giration R s'obtiendra par :

$$R^2 = \frac{I}{L} = \sin^2 \alpha \frac{L^2}{3}$$

ou

$$R^2 = \frac{1}{3} (L . \sin \alpha)^2$$

et enfin,

$$R = L \sin \alpha \frac{\sqrt{3}}{3}$$

141. Remarque. — La formule (1) permet d'obtenir le moment d'inertie dans le cas où l'axe est perpendiculaire à l'extrémité de la droite, car $\alpha = 90°$ et $\sin 90° = 1$, d'où :

$$I = \frac{L^3}{3}$$

$$R = \frac{L}{3} \sqrt{3}$$

5° *Supposons enfin que la droite* AB *tourne autour d'un axe* O *perpendiculaire au plan de la figure* 45.

Si cet axe O se trouve de plus dans le plan mené perpendiculairement à la droite par son milieu C, son moment d'inertie I' sera égal au moment d'inertie I par rapport à l'axe passant par le point C augmenté du produit MK^2, K représentant la distance OC.

$$I' = I + MK^2 \quad \text{qui devient :}$$

$$I' = \frac{1}{12} L^3 + LK^2$$

Le rayon de giration R' sera alors :

$$R'^2 = R^2 + K^2$$

ou $$R'^2 = \frac{1}{12} L^2 + K^2$$

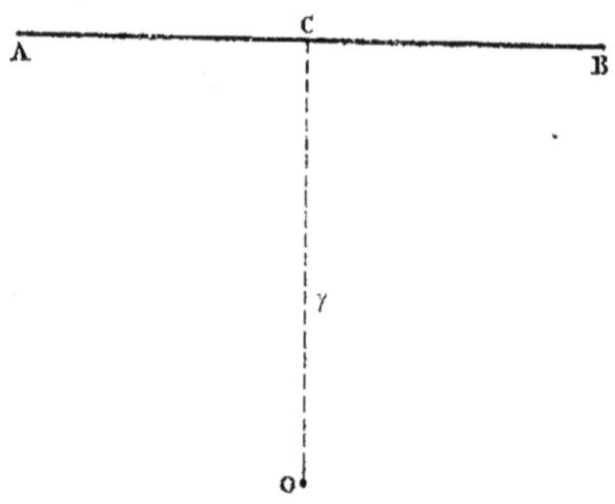

Fig. 45.

Moment d'inertie d'une droite en arc de cercle.

142. 1° Si un arc de cercle AMB (*fig.* 46) tourne autour d'un axe passant par son centre et perpendiculaire à son plan, tous les éléments de cet arc sont à la même distance de l'axe et par suite :

$$I = \Sigma mr^2 = r^2 L$$

Le rayon de giration est par conséquent égal au rayon de l'arc considéré;

2° Si l'arc AMB (*fig.* 46) tourne autour du rayon qui passe par son milieu, le moment d'inertie est égal au rayon de l'arc multiplié par la surface du segment AMB.

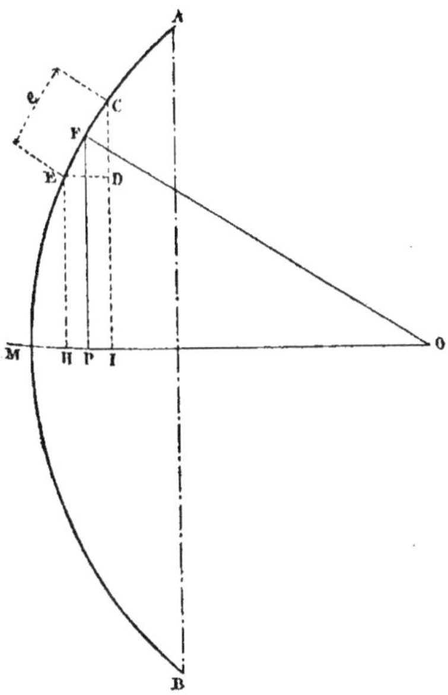

Fig. 46.

En effet, décomposons l'arc en éléments e, e', e'', et de leurs milieux abaissons les perpendiculaires sur l'axe; le moment d'inertie de l'élément CE est égal à :

$$i = e.\overline{FP}^2 = e.FP.FP$$

Or, les triangles rectangles semblables CDE, FPO donnent :

$$\frac{e}{ED} = \frac{r}{FP}$$

d'où, $$e.FP = rED$$

par suite, $$i = rEDFP$$

Mais ED × FP n'est autre chose que la surface s du trapèze CEHI, donc :

$$i = rs.$$

On aurait pour les moments d'inertie i', i'', i'''... des autres éléments :

$$i' = rs'$$
$$i'' = rs''$$
$$i''' = rs'''$$

» »

d'où en additionnant :

$$I = r(s' + s'' + s''' + ...) = r\Sigma s.$$

Mais la parenthèse ou Σs n'est autre que la surface du segment AMB, d'où

$$I = r \text{ segment AMB}.$$

Dans le cas où l'arc est une demi-circonférence, le segment a pour valeur $\frac{\pi r^2}{2}$ et le moment d'inertie :

$$I = r.\frac{\pi r^2}{2} = \frac{\pi r^3}{2}$$

Le rayon de giration est

$$R^2 = \frac{I}{M} = \frac{\frac{1}{2}\pi r^3}{L}$$

Mais $L = \pi r$, donc :

$$R^2 = \frac{1}{2} \times \frac{\pi r^3}{\pi r}$$

$$R^2 = \frac{r^2}{2}$$

et

$$R = \frac{r}{\sqrt{2}} = \frac{r\sqrt{2}}{2}$$

c'est-à-dire que le carré du rayon de giration est alors la moitié du carré du rayon de la demi-circonférence.

Moment d'inertie d'un rectangle.

143. 1° *L'axe se confond avec un côte du rectangle.*

Soit le rectangle ABCD (*fig.* 47) tournant autour du côté AB; décomposons sa surface en petits éléments d'épaisseurs e, e', e''... et soient y, y', y''... leurs distances à l'axe; le moment d'inertie i d'une tranche e sera :

$$i = aey^2$$

a représentant le côté AB du rectangle, on aura de même :

$$i' = ae'y'^2$$
$$i'' = ae''y''^2$$

» »

d'où, en additionnant :

$$I = a(ey^2 + e'y'^2 + e''y''^2 + ...).$$

Or, la parenthèse est le moment d'inertie de la droite BD par rapport à l'axe AB, ce moment d'inertie est égal à $\frac{b^3}{3}$, b représentant l'autre dimension du rectangle, donc,

$$I = \frac{ab^3}{3}$$

Le rayon de giration sera :

$$R^2 = \frac{I}{M} = \frac{I}{ab}$$

ou,

$$R^2 = \frac{ab^3}{3ab} = \frac{b^2}{3}$$

$$R = \frac{b\sqrt{3}}{3}$$

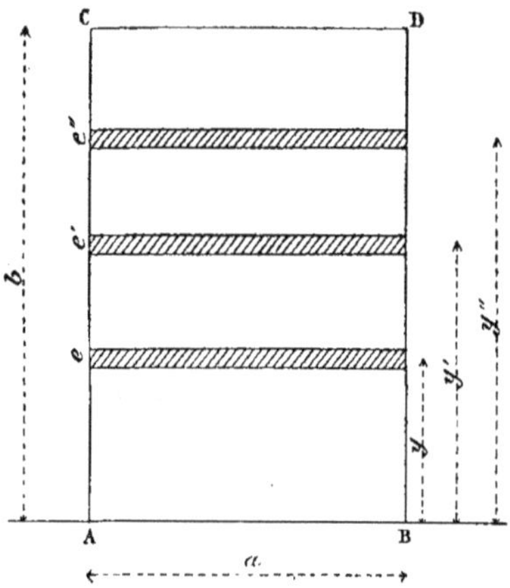

Fig. 47.

Si le rectangle tournait autour du côté b, son moment d'inertie serait :

$$I = \frac{ba^3}{3}$$

2° *L'axe est parallèle à l'un des côtés et passe par le milieu du rectangle.*

Soit XX' l'axe autour duquel tourne le rectangle de dimensions a et b (*fig.* 48). Le moment d'inertie est égal à la somme des moments d'inertie i et i' de chaque partie du rectangle.

Or, d'après le cas précédent,

$$i = \frac{a\left(\frac{b}{2}\right)^3}{3} = \frac{ab^3}{24}$$

$$i' = \frac{ab^3}{24}$$

d'où,

$$I = i + i' = \frac{2ab^3}{24} = \frac{ab^3}{12}.$$

Le rayon de giration sera :

$$R^2 = \frac{I}{ab} = \frac{ab^3}{12ab} = \frac{b^2}{12}$$

$$R = \frac{b}{2\sqrt{3}} = \frac{b\sqrt{3}}{6}$$

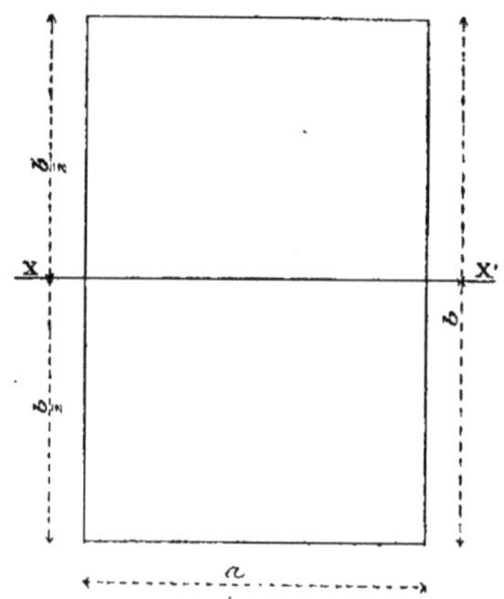

Fig. 48.

3° *L'axe est perpendiculaire au plan du rectangle et passe par l'un des sommets.*

Soit l'axe projeté au point O (*fig.* 49); par ce point menons deux axes rectangulaires OA, OC, suivant les côtés du rectangle

D'après le n° 139, le moment d'inertie de la surface par rapport à l'axe O est égal à la somme des moments d'inertie par rapport à ces deux axes rectangulaires

$$I = I' + I''$$

or,

$$I' = \frac{ab^3}{3}$$

$$I'' = \frac{ba^3}{3}$$

d'où,

$$I = \frac{ab^3}{3} + \frac{ba^3}{3} = \frac{ab(b^2 + a^2)}{3} = \frac{abd^2}{3}$$

Le rayon de giration sera :

$$R^2 = \frac{I}{ab} = \frac{abd^2}{3ab} = \frac{d^2}{3}$$

c'est-à-dire que le carré du rayon de giration est le tiers du carré de la diagonale.

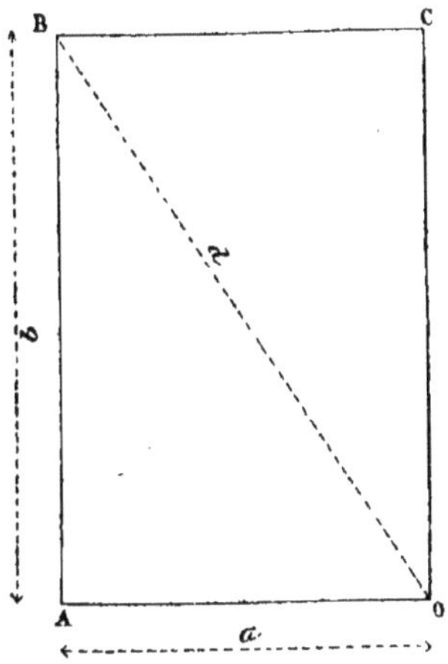

Fig. 49.

4° *L'axe est perpendiculaire au plan du rectangle mené par le milieu d'un de ses côtés.*

Soit O (*fig.* 50) la projection de l'axe passant par le milieu du côté b du rectangle ; par ce point menons la médiane OE, le moment d'inertie I sera égal aux moments d'inertie i et i' de chaque partie du rectangle,

$$I = i + i'$$

mais, d'après le cas précédent,

$$i = \frac{ab}{2}\,\frac{d'^2}{3} = \frac{abd'^2}{6}$$

$$i' = \frac{abd'^2}{6}$$

d'où,

$$I = \frac{abd'^2}{3}$$

et le rayon de giration,

$$R^2 = \frac{abd'^2}{3ab} = \frac{d'^2}{3}$$

5° *L'axe est perpendiculaire au plan du rectangle et passe par son milieu.*

Par le pied O de l'axe, menons deux axes

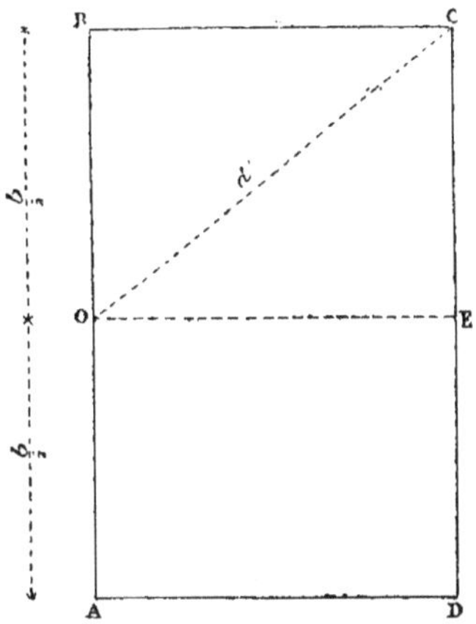

Fig. 50.

OX, OY parallèles aux dimensions du rectangle (*fig.* 51). Soit I' le moment d'inertie

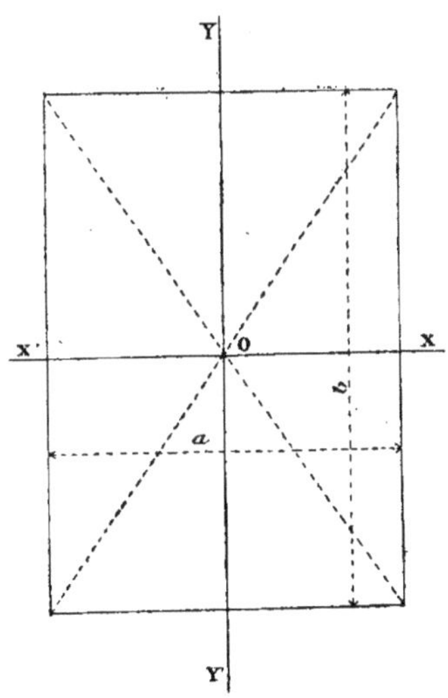

Fig. 51.

de la surface autour de l'axe OY et I'' celui autour de l'axe OX ; nous aurons :

$$I = I' + I''$$

mais,
$$I' = \frac{ba^3}{12}$$
$$I'' = \frac{ab^3}{12}$$

d'où,
$$I = \frac{ba^3 + ab^3}{12} = \frac{ab}{12}(a^2+b^2) = \frac{abd^2}{12}$$

d représentant la diagonale du rectangle, Le rayon de giration devient :
$$R^2 = \frac{abd^2}{12ab} = \frac{d^2}{12}.$$

Moment d'inertie d'un parallélogramme.

144. Soit un parallélogramme de base b et de hauteur h (*fig.* 52); décomposons-le en tranches minces d'épaisseur e, e', e''... distantes de y, y', y''... de la base b.

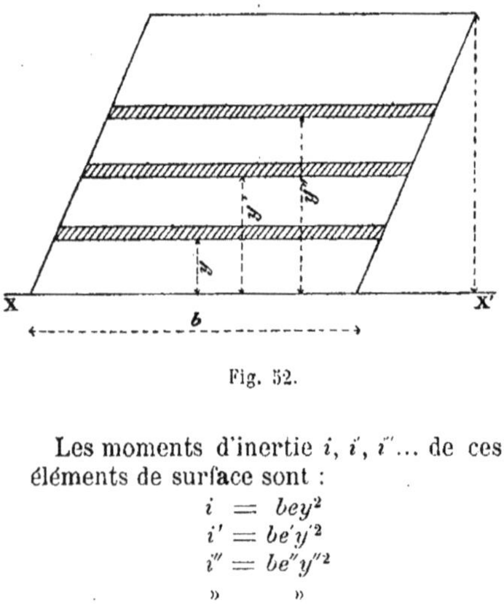

Fig. 52.

Les moments d'inertie i, i', i''... de ces éléments de surface sont :
$$i = bey^2$$
$$i' = be'y'^2$$
$$i'' = be''y''^2$$
» »
» »

et en additionnant :
$$I = b\,(ey^2 + e'y'^2 + e''y''^2 + \ldots) = b\Sigma ey^2$$

La parenthèse ou Σey^2 n'est autre que le moment d'inertie de la hauteur totale qui est égale à $\frac{h^3}{3}$, d'où :
$$I = \frac{bh^3}{3}$$

2° Si l'axe est parallèle à la base et passe par son milieu, il suffira d'appliquer la formule du cas précédent pour chaque moitié du parallélogramme ; ce qui donnera (*fig.* 53) :

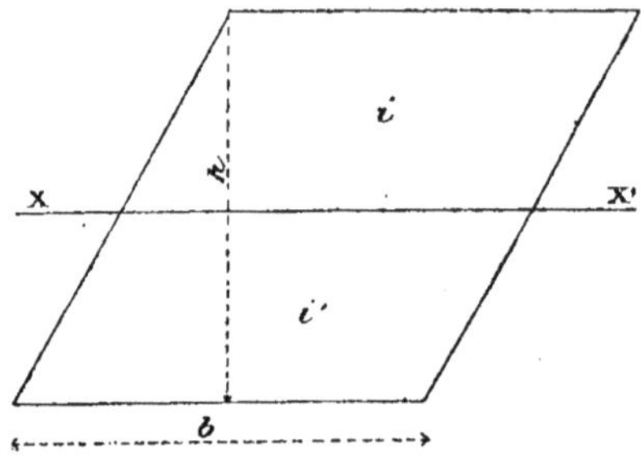

Fig. 53.

$$I = i + i'$$
ou
$$I = \frac{b}{3}\left(\frac{h}{2}\right)^3 + \frac{b}{2}\left(\frac{h}{2}\right)^3$$
$$I = \frac{bh^3}{24} + \frac{bh^3}{24} = \frac{bh^3}{12}$$

Le rayon de giration sera :
$$R^2 = \frac{bh^3}{12bh} = \frac{h^2}{12}$$

145. *Moment d'inertie de la surface transversale d'un tube creux rectangulaire.* — Nous supposerons que l'axe passe par le milieu de la section et est parallèle à l'un des côtés ; c'est le cas le plus important dont on a besoin dans la résistance des matériaux (flexion plane).

Désignons par a, b et a', b' les dimensions du rectangle extérieur et du rectangle intérieur (*fig* 54); le moment d'inertie I sera égal à la différence des moments d'inertie I' et I'' des rectangles, dont la différence des surfaces forme la surface du rectangle évidé.

Nous savons que :
$$I' = \frac{ab^3}{12}$$
$$I'' = \frac{a'b'^3}{12}$$
d'où :
$$I = \frac{ab^3 - a'b'^3}{12}$$

Le rayon de giration sera :

$$R^2 = \frac{ab^3 - a'b'^3}{12\,(ab - a'b')}$$

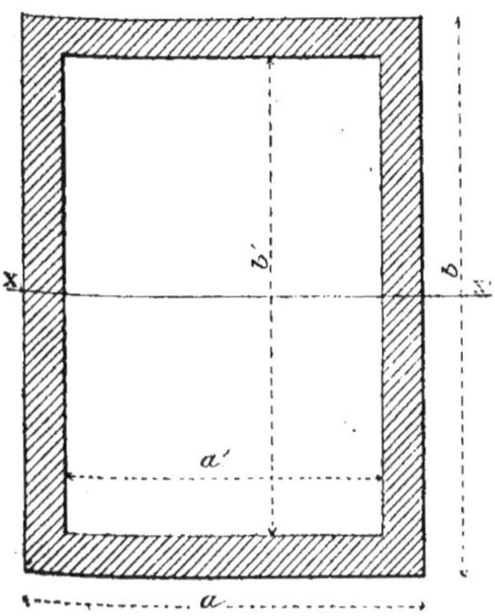

Fig. 54.

146. *Moment d'inertie d'un profil en forme de double té.* — Supposons que l'axe XX' (*fig.* 55) passe par le centre de figure et soit parallèle à la dimension

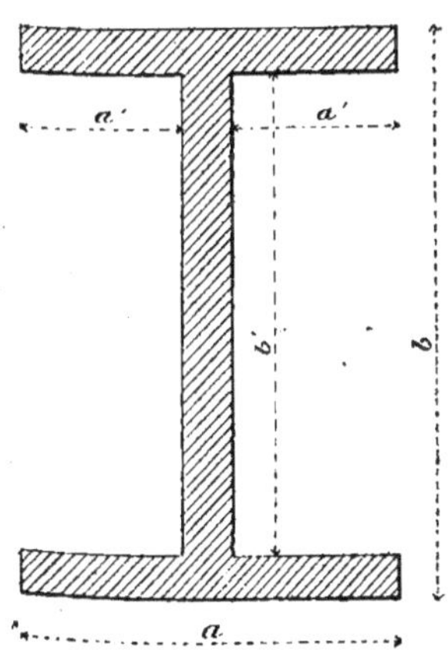

Fig. 55.

a; le moment d'inertie de la surface sera égal au moment d'inertie d'un rectangle ab, diminué de celui du rectangle $2a'b'$; donc :

$$I = \frac{ab^3}{12} - \frac{2a'b'^3}{12}$$

Les figures de ce genre peuvent être compliquées par des cornières c (*fig.* 56); dans ce cas, on a à retrancher du moment d'inertie du rectangle extérieur, les moments d'inertie de trois couples de rectangles qui sont indiqués sur l'un des côtés de la figure. Les dimensions du double té et des cornières étant connues, on en déduira aisément celles du rectangle

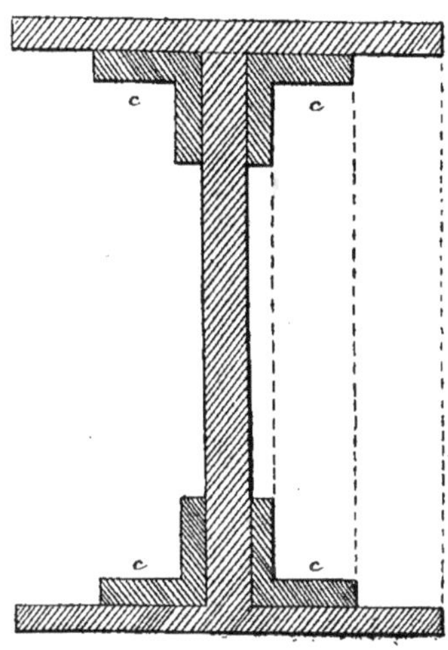

Fig. 56.

extérieur et des trois couples de rectangles soustractifs. Le calcul n'offre aucune difficulté.

Moment d'inertie d'un profil en forme de té.

147. L'axe passe par le centre de gravité et est parallèle à la tête du té (*fig.* 57).

Représentons par z la distance de l'axe à la dimension a; le moment d'inertie de la surface sera égal au moment d'inertie i du rectangle de dimensions az augmenté de celui i' du rectangle ayant pour dimensions a' et $(b'+b'-z)$; moins le moment d'inertie i'' du rectangle $(a-a')$ et $(z-b)$;

or,
$$i=\frac{az^3}{3}$$
$$i'=\frac{a'(b'+b-z)^3}{3}$$
$$i''=\frac{(a-a')(z-b)^3}{3}$$

d'où,
$$I=\frac{1}{3}[az^3+a'(b'+b-z)^3+(a-a')(z-b)^3]$$

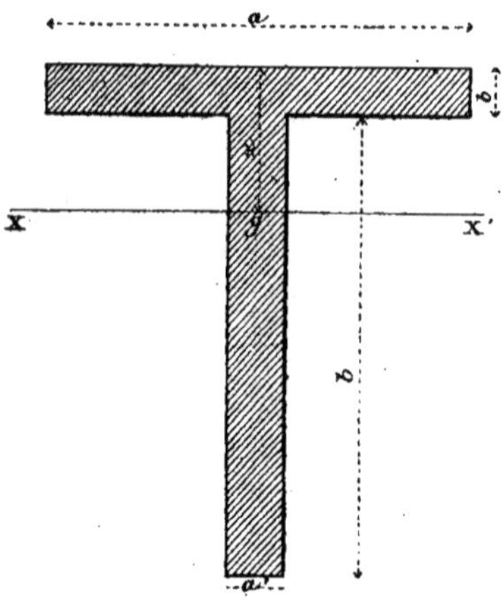

Fig. 57.

Moment d'inertie d'un triangle.

148. 1° *L'axe est parallèle à la base et passe par le milieu de la hauteur.*

Soit ABC le triangle (*fig.* 58) et XX' l'axe parallèle au côté BC et passant par le milieu de h ; ce triangle est la moitié du parallélogramme ABCD ; son moment d'inertie sera la moitié de celui du quadrilatère; c'est-à-dire :

$$I=\frac{1}{2}\,\frac{bh^3}{12}=\frac{bh^3}{24}$$

Le rayon de giration :

$$R^2=\frac{\frac{bh^3}{24}}{\frac{bh}{2}}=\frac{h^2}{12}$$

$$R=\frac{h}{2\sqrt{3}}=\frac{h\sqrt{3}}{6}$$

2° *L'axe est parallèle à la base et passe par le centre de gravité.*

Soit g le centre de gravité du triangle

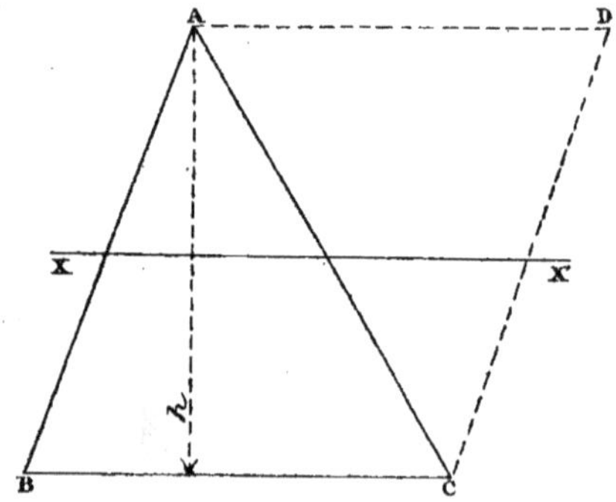

Fig. 58.

dont les dimensions sont b et h ; menons un axe ZZ' parallèle au premier XX' et passant par le milieu de la hauteur (*fig.* 59).

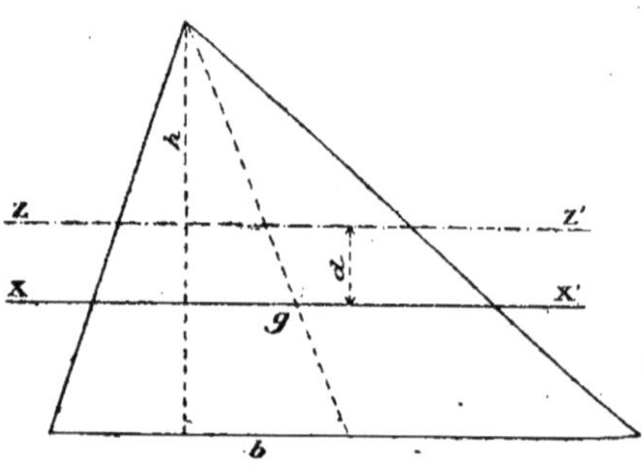

Fig. 59.

Le moment d'inertie I' par rapport à l'axe ZZ' sera d'après le cas précédent :

$$I'=\frac{bh^3}{24}$$

Si d représente la distance des deux axes on aura d'après le n° 134.

$$I'=I+Md^2$$

dans laquelle M est la surface $\frac{bh}{2}$ du triangle. La distance d des axes est :

$$d = \frac{h}{2} - \frac{h}{3} = \frac{h}{6}$$

donc,

$$I' = I + \left(\frac{bh}{2}\right)\left(\frac{h^2}{36}\right)$$

d'où,

$$I = \frac{bh^3}{24} - \frac{bh^3}{72} = \frac{bh^3}{36}$$

Le rayon de giration sera dans ce cas :

$$R^2 = \frac{bh^3}{36} : \frac{bh}{2} = \frac{h^2}{18}$$

$$R = \frac{h}{\sqrt{18}} = \frac{h}{3\sqrt{2}} = \frac{h\sqrt{2}}{6}$$

3° *L'axe n'est autre que la base du triangle.*

Concevons un autre axe parallèle et passant par le centre de gravité du

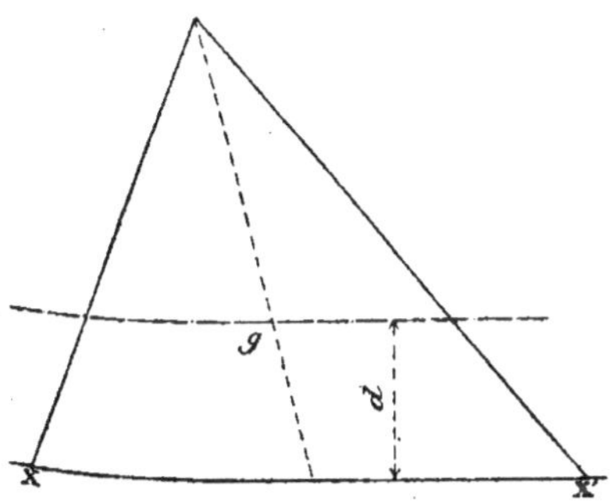

Fig. 60.

triangle (*fig.* 60) ; si d est la distance de cet axe à la base on aura :

$$I = I' + Md^2$$

Or, $d = \frac{h}{3}$ et $M = \frac{bh}{2}$, et $I' = \frac{bh^3}{36}$

$$I = \frac{bh^3}{36} + \left(\frac{bh}{2}\right)\left(\frac{h^2}{9}\right) = \frac{bh^3}{36} + \frac{bh^3}{18}$$

$$I = \frac{bh^3}{12}$$

4° *L'axe est parallèle à la base et passe par le sommet.*

Si I' représente le moment d'inertie par rapport à l'axe parallèle au premier et passant par le centre de gravité ; on aura toujours (*fig.* 61) :

$$I = I' + Md^2$$

ou

$$I = \frac{bh^3}{36} + \frac{bh}{2}\left(\frac{2}{3}h\right)^2$$

$$I = \frac{bh^3}{4}$$

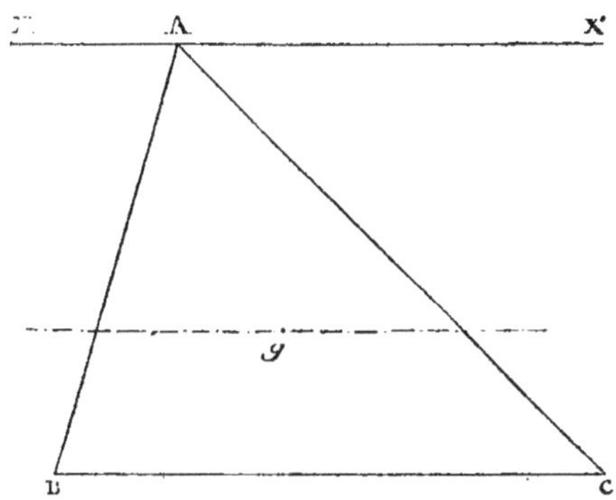

Fig. 61.

Moment d'inertie d'un triangle tournant autour d'un axe perpendiculaire à sa surface.

149. 1° Supposons que l'axe O, perpendiculaire à la surface du triangle ABC,

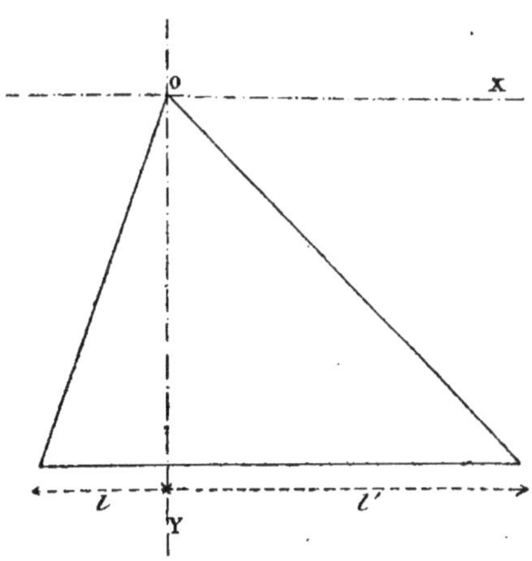

Fig. 62.

passe par le sommet (*fig.* 62) et considérons deux axes rectangulaires dans le plan du triangle et passant par le premier.

Soient I' et I'' les moments du triangle par rapport aux deux axes rectangulaires, on aura :

$$I = I' + I''$$

mais

$$I' = \frac{bh^3}{4}$$

$$I'' = \frac{hl^3}{12} + \frac{hl'^3}{12}$$

d'où,

$$I = \frac{bh^3}{4} + \frac{hl^3 + hl'^3}{12}$$

2° Si le triangle est isocèle, $l = l'$ ou $2l = b$, par suite :

$$l = \frac{b}{2} \text{ et } l^3 = \frac{b^3}{8}$$

Le moment d'inertie devient :

$$I = \frac{bh^3}{4} + \frac{hb^3}{48}$$

$$I = \frac{bh}{12}\left(3h^2 + \frac{b^2}{4}\right).$$

Si le triangle est isocèle et que la base soit très petite par rapport à la hauteur, le terme $\frac{hb^3}{48}$ est négligeable, et le moment d'inertie devient :

$$I = \frac{bh^3}{4}.$$

Moment d'inertie d'un cercle.

150. 1° *L'axe perpendiculaire au plan du cercle passe par son centre.*

Décomposons le cercle de rayon r en petits triangles isocèles, ayant pour bases des arcs, e, e', e'' infiniment petits par rapport au rayon (*fig.* 63). Si i, i' i''... sont les moments d'inertie de ces petits triangles, on aura :

$$i = \frac{er^3}{4}$$

$$i' = \frac{e'r^3}{4}$$

$$i'' = \frac{e''r^3}{4}$$

» »

d'où, $I = \frac{r^3}{4}(e + e' + e'' + \ldots) = \frac{r^3}{4} 2\pi r$

$$I = \frac{\pi r^4}{2}$$

ou en fonction du diamètre d :

$$I = \frac{\pi d^4}{32}$$

On peut encore l'exprimer d'après la surface $S = \pi r^2$ ce qui donne :

$$I = \frac{Sr^2}{2}$$

Le rayon de giration sera donné par :

$$R^2 = \frac{I}{S} = \frac{r^2}{2}$$

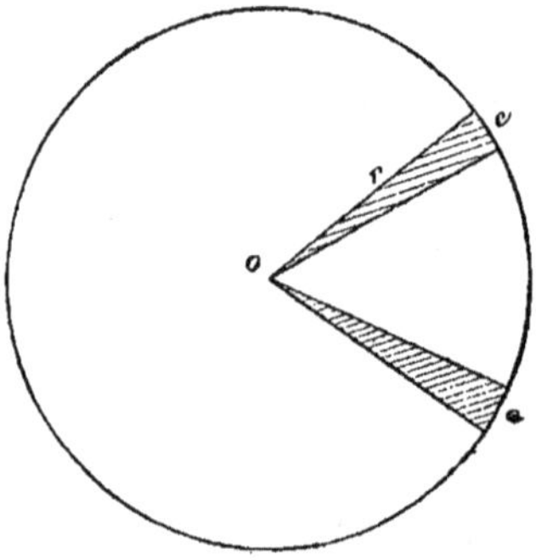

Fig. 63.

c'est-à-dire que le carré du rayon de giration est la moitié du rayon du disque circulaire.

2° *L'axe est un diamètre.*

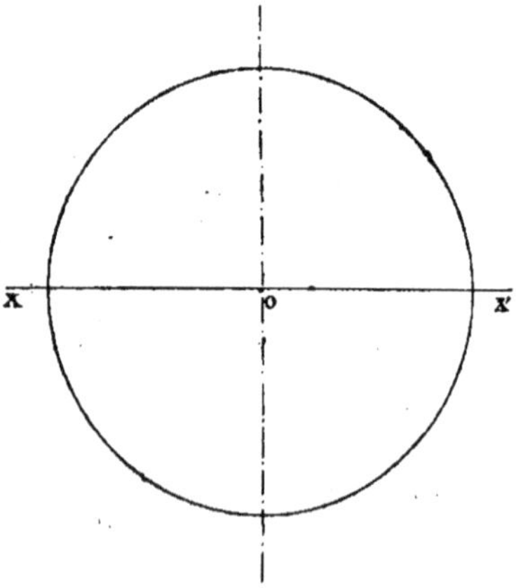

Fig. 64.

Soit XX' l'axe autour duquel tourne le cercle (*fig.* 64).

Menons un autre axe diamétral perpendiculaire au premier et soit I le moment du cercle autour de chacun de ces deux axes rectangulaires ; si I' est le moment d'inertie par rapport à l'axe passant par le centre et perpendiculaire à son plan, on aura :

$$I' = 2\, I$$

ou

$$I = \frac{I'}{2}$$

Mais,

$$I' = \frac{\pi r^4}{2}$$

donc,

$$I = \frac{\pi r^4}{4}$$

ou en fonction du diamètre,

$$I = \frac{\pi d^4}{64}$$

et d'après la surface $S = \pi r^2$,

$$I = \frac{S r^2}{4}$$

Le rayon de giration sera :

$$R^2 = \frac{I}{S} = \frac{r^2}{4}$$

ou

$$R = \frac{r}{2}$$

c'est-à-dire que le rayon de giration est égal à la moitié du rayon du cercle.

Moment d'inertie d'une couronne circulaire.

151. Le moment d'inertie d'une couronne tournant autour de l'axe perpendiculaire passant le centre sera égal à la différence des moments d'inertie des deux cercles ; si r et r' sont ces rayons, on aura :

$$I = I' - I''$$

ou

$$I = \frac{\pi r^4}{2} - \frac{\pi r'^4}{2}$$

$$I = \frac{\pi}{2}(r^4 - r'^4)$$

et en fonction des diamètres d et d',

$$I = \frac{\pi}{32}(d^4 - d'^4)$$

Le rayon de giration sera :

$$R^2 = \frac{I}{S} = \frac{\pi(r^4 - r'^4)}{2\pi(r^2 - r'^2)}$$

ou

$$R^2 = \frac{\pi(r^2 + r'^2)(r^2 - r'^2)}{2\pi(r^2 - r'^2)}$$

$$R^2 = \frac{r^2 + r'^2}{2};$$

2° Si la couronne tournait autour d'un diamètre on trouverait par le rayon de giration,

$$R^2 = \frac{r^2 + r'^2}{4}$$

Moment d'inertie d'une ellipse.

152. 1° *L'axe passe par le petit axe.* — Représentons par $2a$ et $2b$ les axes de l'ellipse. Nous avons trouvé pour le cercle de rayon b :

$$I = S\,\frac{b^2}{4}$$

mais $S = \pi ab$, donc,

$$I = \frac{\pi ab^3}{4}$$

2° Si l'axe passait par le grand axe de l'ellipse on aurait :

$$I = \frac{\pi ba^3}{4}$$

Moment d'inertie d'un profil annulaire elliptique.

153. Soient $2a$, $2b$ et $2a'$, $2b'$ les axes de l'ellipse intérieur et extérieur ; le moment d'inertie sera égal à la différence des moments d'inertie de chaque ellipse ; ce qui donnera suivant le cas :

$$I = \frac{\pi ab^3}{4} - \frac{\pi a'b'^3}{4} = \frac{\pi}{4}(ab^3 - a'b'^3)$$

ou

$$I_1 - \frac{\pi}{4}(ba^3 = b'a'^3).$$

Moment d'inertie d'un cylindre de révolution.

154. Soit r (*fig.* 65) le rayon de ce cylindre, décomposons-le en filets infiniment minces dont les bases seraient s, s', s''... et ayant tous, pour hauteur, la hauteur h du cylindre; le moment d'inertie de chacun de ces éléments sera, en désignant par d, d', d''... leurs distances à l'axe du cylindre :

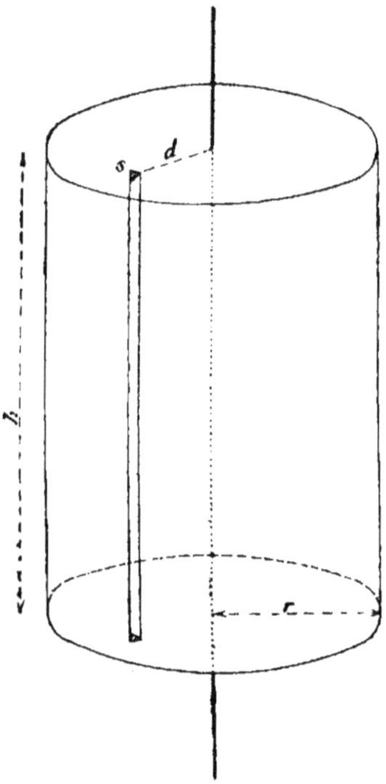

Fig. 65.

$$i = shd$$
$$i' = s'hd'$$
$$i'' = s''hd''$$
$$\text{»} \qquad \text{»}$$

d'où, en additionnant :

$$I = h(sd + s'd' + s''d'' + \ldots).$$

Or, la parenthèse est le moment d'inertie de la surface de la base que nous avons trouvé égal à $\frac{\pi r^4}{2}$.

Donc,

$$I = \frac{h\pi r^4}{2} = \pi r^2 h \frac{r^2}{2};$$

mais $\pi r^2 h$ n'est autre que le volume V du cylindre, d'où

$$I = V \frac{r^2}{2}.$$

En fonction de la masse M, on aurait :

$$I = M \frac{r^2}{2}.$$

Le rayon de giration R s'obtiendra par la relation

$$I = MR^2,$$

d'où

$$R^2 = \frac{I}{M} = \frac{r^2}{2},$$

c'est-à-dire que le carré du rayon de giration est égal à la moitié du carré du rayon du cylindre.

Moment d'inertie d'un anneau cylindrique.

155. Supposons que l'anneau cylindrique à section rectangulaire (*fig.* 66) tourne autour de son axe, le moment d'inertie sera égal à la différence des moments d'inertie des cylindres de rayons r et r' c'est-à-dire que

$$I = \frac{\pi r^4 h}{2} - \frac{\pi r'^4 h}{2}$$

$$I = \frac{\pi h}{2}(r^4 - r'^4)$$

ou, en développant la parenthèse,

$$I = \frac{\pi h}{2}(r^2 - r'^2)(r^2 + r'^2)$$

Mais $\pi h(r^2 - r'^2)$ représente le volume V de l'anneau, donc

$$I = \frac{V}{2}(r^2 + r'^2)$$

En désignant par r_1 le rayon moyen de l'anneau et b son épaisseur, on a

$$r = r_1 + \frac{b}{2} \text{ et } r^2 = r_1^2 + br_1 + \frac{b^2}{4}$$

$$r' = r_1 - \frac{b}{2} \text{ et } r'^2 = r_1^2 - br_1 + \frac{b^2}{4}$$

ce qui donne:

$$I = \frac{V}{2}\left(2r_1^2 + \frac{2b^2}{4}\right)$$

ou

$$I = V\left(r_1^2 + \frac{b^2}{4}\right)$$

et, en fonction de la masse :

$$I = M\left(r_1^2 + \frac{b^2}{4}\right)$$

Le rayon de giration sera

$$R^2 = r_1^2 + \frac{b^2}{4}$$

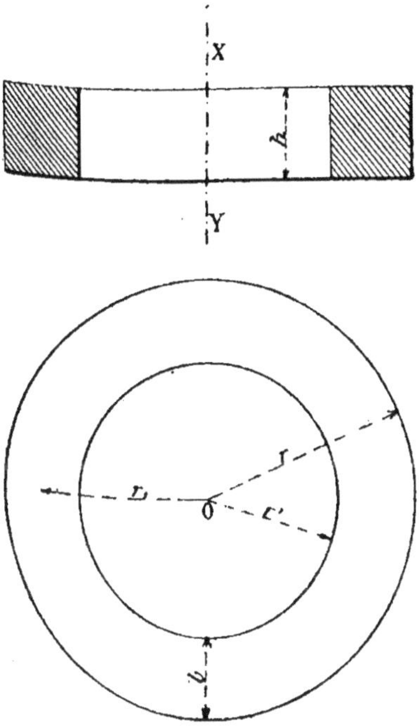

Fig. 66.

Si l'épaisseur b de l'anneau est très petite par rapport au rayon moyen r_1, le terme $\frac{b^2}{4}$ est négligeable, ce qui donne :

$$I = Mr_1^2$$

ou

$$I = \frac{P}{g} r_1^2$$

P représentant le poids de cet anneau.

Moment d'inertie d'un parallélipipède tournant autour d'un axe passant par le milieu des bases.

156. En raisonnant comme nous l'avons fait pour le cylindre, on verrait que le moment d'inertie de ce parallélipipède est égal à celui de sa base multiplié par la hauteur (*fig.* 67).

En désignant par a, b, c les arêtes de ce prisme, on aura :

$$I = \frac{ab^3 + ba^3}{12} c$$

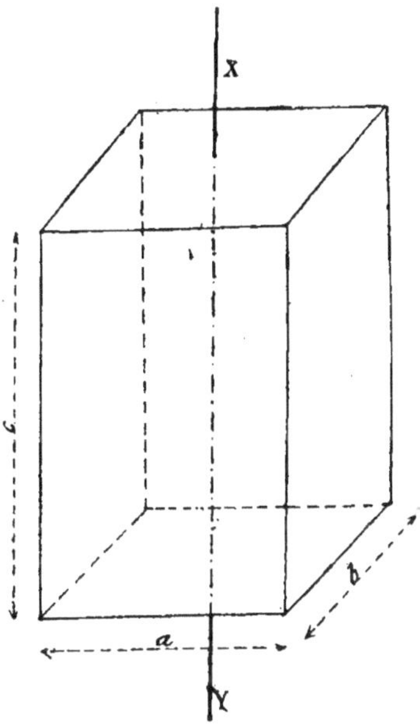

Fig. 67.

ou,

$$I = \frac{ab^3c + ba^3c}{12}$$

$$I = \frac{abc.\ b^2 + abca^2}{12} = \frac{abc}{12}(b^2 + a^2)$$

mais abc est le volume du parallélipipède, donc :

$$I = \frac{V}{12}(a^2 + b^2)$$

et, en fonction de la masse,

$$I = \frac{M}{12}(a^2 + b^2)$$

rayon de giration,

$$R^2 = \frac{a^2 + b^2}{12}$$

Moment d'inertie d'un cône de révolution tournant autour de son axe.

157. Décomposons le cône en tranches minces et parallèles à la base, on aura

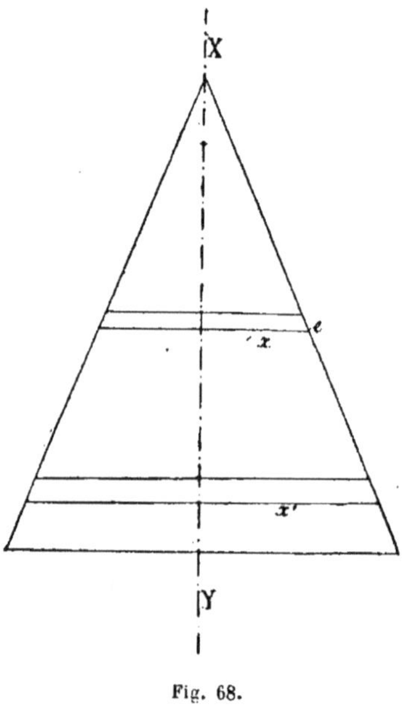

Fig. 68.

pour les moments d'inertie de ces éléments (*fig.* 68) :

$$i = \frac{\pi x^4}{2} e$$

$$i' = \frac{\pi x'^4}{2} e'$$

» »

et en additionnant :

$$I = \frac{\pi}{2}\left(ex^4 + e'x'^4 + e''x''^4 + \ldots\right).$$

La parenthèse que l'on pourrait obtenir à l'aide d'une figure géométrique a la valeur suivante, donnée par l'analyse :

$$ex^4 + e'x'^4 + e''x''^4 + \ldots = \frac{r^4h}{5}$$

d'où

$$I = \frac{\pi r^4 h}{10} = \frac{\pi r^2 h r^2}{10}.$$

Mais $\pi r^2 h$ représente trois fois le volume du cône ; donc,

$$I = \frac{3}{10} V r^2.$$

Rayon de giration : $R^2 = \frac{3}{10} r^2$

ou $$R = r\sqrt{\frac{3}{10}}.$$

158. Remarque. — Le moment d'inertie d'un tronc de cône de révolution s'obtiendra par une différence. Son rayon de giration sera :

$$R^2 = \frac{3}{10}\,\frac{r^5 - r'^5}{r^3 - r'^3}.$$

Nous terminerons ce chapitre en donnant les moments d'inertie de quelques corps, sans en indiquer le calcul, car nous serions obligés souvent de recourir au calcul intégral.

159. *Segment parabolique.* — Dans le calcul des machines à balancier, on a à

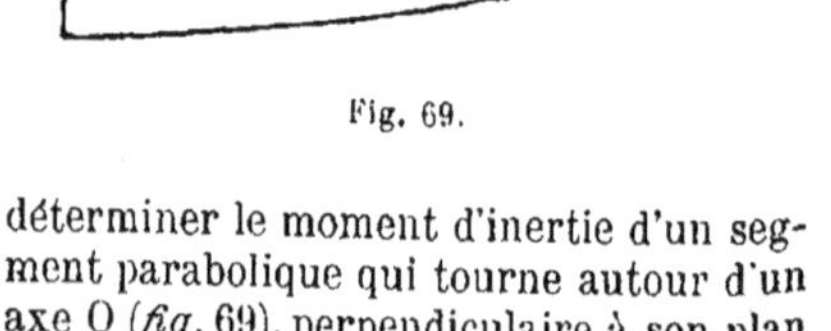

Fig. 69.

déterminer le moment d'inertie d'un segment parabolique qui tourne autour d'un axe O (*fig.* 69), perpendiculaire à son plan et passant par un point de son axe.

Désignons la distance OA par a et la distance perpendiculaire OB par b ; le calcul donne :

$$I = \frac{4}{15} ab\left(\frac{8}{7}a^2 + b^2\right)$$

et $$R^2 = \frac{1}{5}\left(\frac{8}{7} a^2 + b^2\right)$$

160. *Surface conique.* — En désignant par α l'angle que la génératrice fait avec l'axe du cône, par r le rayon de la base et h la hauteur, on a :

$$I = \frac{\pi r^4}{2 \sin \alpha}$$

$$R^2 = \frac{r^2}{2}$$

161. *Surface du tronc de cône de révolution.* — Si r et r' sont les rayons des bases, on a :

$$I = \frac{\pi}{2 \sin \alpha}(r^4 - r'^4)$$

$$R^2 = \frac{1}{2}(r^2 - r'^2)$$

162. *Surface de la sphère.* — En désignant par r le rayon de la sphère tournant autour d'un diamètre

$$I = \frac{8}{3}\pi r^4$$

$$R^2 = \frac{2}{3} r^2$$

163. *Sphère.* — En considérant le solide sphérique tournant autour d'un diamètre, on a :

$$I = \frac{8}{15}\pi r^5$$

$$R^2 = \frac{2}{5} r^2$$

c'est-à-dire que le carré du rayon de giration est les $\frac{2}{5}$ du carré du rayon de la sphère.

CHAPITRE V

RÉSISTANCES PASSIVES

164. Le rôle principal des machines est de vaincre certaines résistances principales ou *utiles* qui sont le but même de l'opération mécanique à effectuer. Telle machine, par exemple, est destinée à élever un fardeau, à faire monter l'eau à une certaine hauteur, à faire fonctionner plusieurs machines-outils ; d'autres ont pour but de pulvériser certains corps, de produire la progression d'un navire, etc.

Mais, outre ces résistances utiles, il en est d'autres que l'on appelle *secondaires* ou *passives*, lesquelles naissent du mouvement, en neutralisant une portion plus ou moins grande de la force motrice.

Ces résistances passives sont de plusieurs espèces :

1° *Résistance au glissement.* Nous savons tous, par expérience, que, pour faire glisser un corps sur un autre, il faut exercer un certain effort plus ou moins grand, suivant la nature et l'état des surfaces en contact ; de plus, pour entretenir ce mouvement, après l'avoir produit, il faut continuer à exercer l'effort.

Il se développe entre les surfaces frottantes une résistance désignée sous le nom de frottement.

Cette résistance provient de ce que les corps, si unis ou polis qu'ils nous paraissent, ont leurs surfaces garnies de petites aspérités, le plus souvent imperceptibles, qui s'entrelacent et s'accrochent les unes aux autres, lorsque les corps se touchent.

2° *Résistance au roulement.* Lorsqu'on cherche à faire rouler un corps cylindrique sur une surface plane, on éprouve encore une résistance ; elle se produit, par exemple, dans le roulement des roues de voitures sur le sol ; c'est ce que l'on nomme *résistance au roulement.*

3° *Raideur des cordes.* Les cordes ou courroies employées dans certaines machines doivent présenter une flexibilité parfaite pour remplir convenablement leur objet. Leur défaut de flexibilité donne lieu à des résistances qu'on désigne sous le nom de *raideur des cordes.*

4° *Résistance des fluides.* Toutes les machines se meuvent, soit dans l'air, soit dans l'eau ; les molécules d'air ou d'eau, qui se trouvent dans le voisinage des pièces mobiles, en reçoivent un mouvement qui ne peut être produit qu'aux dépens de la force motrice de la machine.

C'est ce qui constitue la *résistance des fluides.*

165. Remarque. — Le choc qui se développe entre les corps est également une résistance passive ; nous l'avons étudié précédemment pour faire suite au chapitre des quantités de mouvement et des forces vives.

166. *Frottement.* — L'expérience prouve que si un corps M (*fig.* 70) est posé sur un plan horizontal AB, et primitivement animé d'une vitesse parallèle à ce plan, il ne tarde pas à perdre cette vitesse ; et que, si l'on veut entretenir son mouvement uniforme, il faut lui appliquer, dans le sens du mouvement, une certaine force constante F. On en conclut que le glissement de l'un des corps sur l'autre fait naître une résistance de sens contraire au mouvement ; c'est à cette résistance F' que l'on donne le nom de *frottement.*

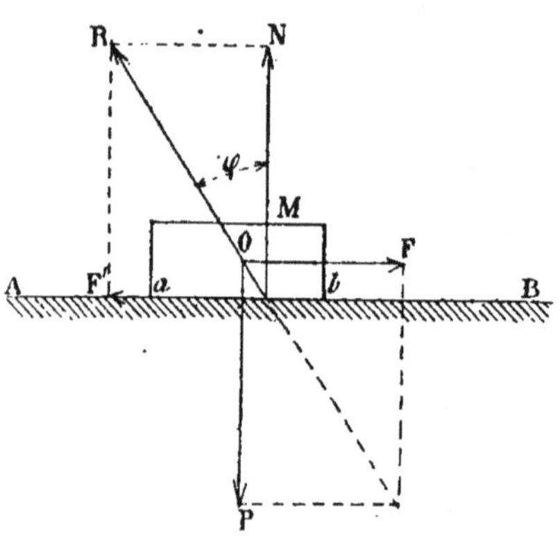

Fig. 70.

On peut se rendre compte à priori de la cause qui produit cette résistance. Dans la mécanique abstraite, on suppose les corps solides parfaitement polis et parfaitement durs ; on admet en conséquence que, lorsque deux corps solides se touchent, les réactions mutuelles qu'ils exercent l'un sur l'autre sont normales aux surfaces en contact ; on ne concevrait pas qu'il en fût autrement dans l'hypothèse dont nous parlons. Mais il n'en est pas ainsi dans la nature. Les corps qui paraissent les mieux polis sont hérissés d'aspérités, et ceux qu'on regarde comme les plus durs sont en réalité compressibles.

Il en résulte que, lorsque deux corps sont maintenus en contact par une pression quelconque, les aspérités de la surface de l'un s'engagent entre les aspérités de l'autre, et que l'on ne peut les faire glisser sans courber et même arracher ces aspérités.

Une autre circonstance s'oppose, en outre, au glissement : c'est que celui des deux corps dont la surface de contact a la moindre étendue pénètre toujours, en vertu de la pression d'une petite quantité, dans la surface de l'autre, surtout si cette dernière est la plus compressible ; en sorte que cette plus petite surface se trouve entourée d'un bourrelet saillant qu'elle est obligée de refouler devant elle pour pouvoir glisser sur la plus grande.

Nous constatons à chaque instant des effets remarquables produits par le frottement. Ainsi c'est au frottement que nous tenons de pouvoir marcher sur le sol uni et horizontal ; il suffit, pour s'en convaincre, de se rappeler la difficulté qu'on éprouve à s'avancer sur une surface très polie, comme par les temps de verglas.

C'est le frottement qui retient un clou dans la pièce de bois ou dans le mur où il a été enfoncé. C'est le frottement que l'on a à vaincre quand on débouche une bouteille; et ce frottement est souvent considérable, quoique le verre soit très poli.

167. *Définition mécanique du frottement.* — La définition du frottement que nous venons de donner est pour ainsi dire physique; il est utile de le définir mécaniquement. Soit F (*fig.* 70), la force qu'il faut appliquer au corps M, parallèlement au plan horizontal AB, et dans le sens du mouvement de ce corps, pour entretenir l'uniformité de ce mouvement.

Le mouvement étant supposé uniforme, les forces qui sollicitent le corps sont en équilibre. Or il est soumis à son poids P, force verticale, et à la force F, force horizontale; pour qu'il y ait équilibre il faut qu'il reçoive du plan AB des réactions qui se réduisent à une résultante R, égale et opposée à la résultante des forces F et P. Cette réaction R est donc inclinée sur la verticale ou sens inverse du mouvement. Sa composante verticale N est égale et opposée au poids P; et sa composante horizontale F' est égale et opposée à la face F, c'est-à-dire parallèle au plan, et dirigée en sens contraire du mouvement. C'est cette composante que l'on appelle le frottement. On peut donc dire que le frottement est la *composante tangentielle de la réaction des deux corps en contact*, ou du corps fixe sur le corps en mouvement. Si les deux corps étaient en mouvement, il faudrait par la pensée, réduire l'un des deux au repos, et ne considérer que leur mouvement relatif.

Il ne faudrait pas conclure de cette définition que la réaction des deux corps soit oblique par rapport à la surface de contact réel de ce corps; il ne faut pas, en effet, confondre ici la surface réelle avec la surface apparente.

La réaction R est oblique par rapport à la surface apparente, que nous avons supposée plane; mais elle est la résultante d'une multitude de forces partielles dont chacune est normale à la surface de l'aspérité qui la produit.

168. *Angle de frottement.* — On appelle *angle de frottement* l'angle NIR que la réaction R fait avec la normale à la surface apparente; nous désignerons cet angle par φ. Les forces N et F' étant les composantes rectangulaires de R, on a :

$$N = R \cos \varphi$$
$$F' = R \sin \varphi$$
$$F' = N \operatorname{tg} \varphi$$

ou, comme N est égal à P :

$$F' = P \operatorname{tg} \varphi$$

169. *Coefficient de frottement.* — On appelle coefficient de frottement la tangente de l'angle φ, par laquelle il faut multiplier la pression P pour avoir le frottement F'. On désigne ce coefficient par f, et l'on écrit en conséquence :

$$N = \frac{R}{\sqrt{1 + f^2}}$$
$$F' = \frac{fR}{\sqrt{1 + f^2}}$$
$$F' = fN = fP$$

On désigne habituellement par f_1 le sinus de l'angle φ ou la quantité

$$\frac{f}{\sqrt{1 + f^2}}$$

par laquelle il faut multiplier la réaction R des deux corps. Pour avoir le frottement, on écrit alors :

$$F' = f_1 R$$

Si les deux corps, au lieu de se toucher par une surface plane, étaient en contact par des surfaces courbes quelconques, on pourrait, du moins aux environs du point de contact, substituer à ces surfaces leur plan tangent commun.

On verrait, comme ci-dessus, que, lorsque l'un des deux corps glisse sur l'autre, la réaction de celui-ci est une force oblique au plan tangent aux surfaces apparentes, et faisant un angle avec la perpendiculaire à ce plan, ou avec la normale commune aux surfaces apparentes, du côté opposé au mouvement.

La composante tangentielle de cette réaction est ce qu'on appelle le *frottement*, et l'on appelle *angle de frottement*, celui que la réaction elle-même fait avec la normale.

Le second genre de frottement, improprement appelé *frottement de roulement*, a lieu quand les corps roulent l'un sur l'autre, et qu'alors les distances des nouveaux points de contact aux anciens sont les mêmes sur les deux corps, ou que les déplacements relatifs sont égaux. Comme le mot frotter implique généralement l'idée de glissement, et non celle de roulement, il conviendrait de n'admettre qu'une seule espèce de frottement, celui du glissement, et de désigner l'autre par le nom de *résistance au roulement.*

170. *Expériences d'Amontons.* — Les premières expériences sur le frottement furent faites en France par Amontons en 1699; vers la même époque, Muschenbrock en Hollande et Désaguillers en Angleterre s'occupèrent de la même question. Mais les expériences les plus importantes sont dues à Coulomb et à Morin.

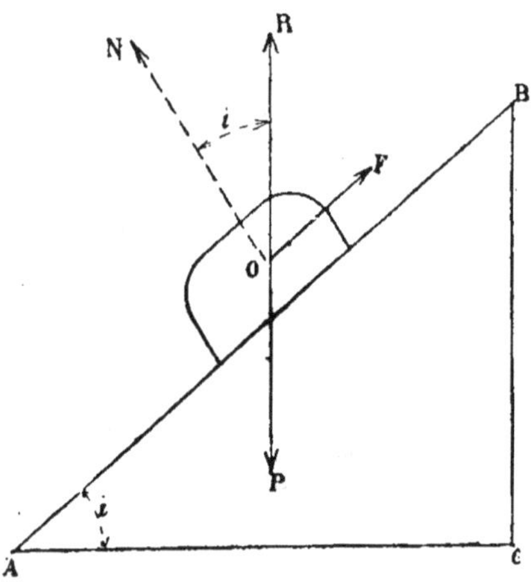

Fig. 71.

Les expériences faites par Amontons consistaient à chercher l'inclinaison sous laquelle les divers corps commencent à descendre sur un plan incliné. Au moment où le mouvement est sur le point de se produire, on peut admettre que le corps est en équilibre sous l'action de son poids P (*fig.* 71) et de la réaction R du plan incliné. Ces deux forces sont donc égales; c'est-à-dire que la réaction R est verticale. Elle fait donc avec la normale au plan un angle égal à l'inclinaison i du plan avec l'horizon et l'on a

$$f = \operatorname{tg} i$$

Amontons a trouvé ainsi que le coefficient de frottement f était égal à 1/3 pour les bois, le fer le cuivre et le plomb enduits de saindoux. Cette valeur est exagérée; cela tient à ce que le *frottement* au départ, c'est-à-dire au moment où le mouvement commence, est toujours plus grand que pendant le commencement uniforme, ce qu'on ne savait pas du temps d'Amontons.

171. *Expériences de Coulomb.* — Les expériences faites par Coulomb, officier du génie, lui permirent de deviner les lois du frottement, en employant une méthode qui a servi de base aux expériences modernes. Son appareil se compose de deux pièces de chêne AA' (*fig.* 72) de 12 pieds de long, placées horizontalement à 3 pouces l'une de l'autre et solidement établies sur le sol; sur ces pièces était fixé un madrier de chêne BB' de 8 pieds de long, sur 16 pouces de large et 3 pouces d'épaisseur, terminé à ses deux bouts par deux taquets A l'une des extrémités A des deux pièces de chêne, et dans leur intervalle était établie une poulie D en bois de gaïac, parfaitement mobile. Sur le madrier BB' on plaçait un traîneau TT (représenté à part sur la figure) en bois de chêne de 18 pouces de large, armé de deux crochets C et C', et garni en dessous de deux liteaux ll' destinés à emboîter le

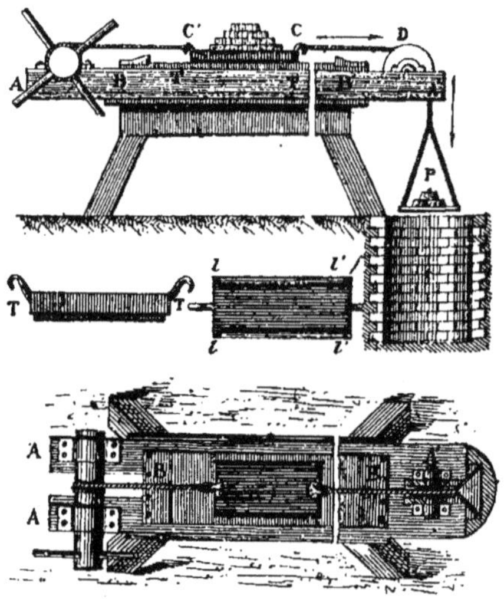

Fig. 72.

madrier, avec deux ou trois lignes de jeu et servant de guide au traîneau.

Au crochet C était attachée l'extrémité d'une corde très mince et très flexible, qui venait passer sur la poulie D, et portait à son autre extrémité un plateau P destiné à recevoir des poids, et qui pouvait descendre dans un puits creusé au-dessous jusqu'à une profondeur de 4 pieds.

Quand on voulait faire varier les surfaces en contact, on clouait sur le madrier deux règles longitudinales de l'une des matières qu'on voulait expérimenter ; deux règles de l'autre matière à éprouver étaient clouées de même sous le traîneau afin de les faire glisser sur les premières.

Voici comment Coulomb faisait ses expériences :

Le traîneau étant placé vers l'extrémité B du madrier, on le chargeait d'un poids connu ; on chargeait ensuite peu à peu le plateau P, jusqu'à ce que le traîneau se détachât de lui-même ou à l'aide d'une légère secousse.

On observait sa marche au moyen de divisions tracées sur le côté du madrier ; et l'on comptait, à l'aide d'un pendule battant les demi-secondes, le temps qu'il employait à parcourir les 2 premiers pieds, et ensuite les 2 pieds suivants. Un petit treuil placé à l'extrémité A des pièces de chêne servait à ramener le traîneau à sa place pour recommencer l'expérience.

Des nombres observés, et soupçonnant que le frottement devait être constant pendant la marche du traîneau, il se proposait de vérifier cette hypothèse.

Or le traîneau était sollicité d'une part par la tension de la corde CD que nous nommerons T, et de l'autre par le frottement que nous nommerons F. Coulomb considérait la tension T comme sensiblement égale au poids P du plateau et de la charge : cette supposition n'est pas exacte ; mais, ne pouvant apprécier le temps qu'à une demi-seconde près, il ne put obtenir qu'une approximation même grossière.

La résultante des forces T et F étant dès lors constante, le mouvement du traîneau devait être uniformément accéléré, puisque la projection horizontale de son poids était nulle.

Soit

$$e = \frac{1}{2}\gamma t^2$$

l'équation du mouvement du traîneau dans cette hypothèse et soit $t + t'$ le temps employé à parcourir l'espace double $2e$, on devra avoir :

$$2e = \frac{1}{2}\gamma (t + t')^2$$

par suite, $(t + t')^2 = 2t^2$

d'où, $t' = t(\sqrt{2} - 1) = 0{,}414\, t.$

Le temps employé par le traîneau à parcourir les deux derniers pieds devait donc être un peu moindre que la moitié du temps employé à parcourir les deux premiers, ce qui avait sensiblement lieu en effet.

Connaissant l'espace total $2e$ et le temps $t + t'$ employé à le parcourir, on pouvait de l'équation ci-dessus tirer la valeur de l'accélération γ.

La force produisant cette accélération avait pour expression

$$\gamma \frac{Q}{g}$$

en désignant par Q le poids du traîneau et de sa charge. Mais cette force accélératrice ayant pour valeur T — F ou P — F, puisqu'on suppose T égal à P on devait avoir :

$$P - F = \frac{\gamma}{g} Q$$

d'où, $$\frac{F}{Q} = \frac{P}{Q} - \frac{\gamma}{g}$$

ou $$f = \frac{P}{Q} - \frac{\gamma}{g}.$$

Coulomb calculait le rapport $\frac{Q}{F}$; mais il est plus commode de calculer directement son inverse.

Quoique ces calculs soient fondés sur une hypothèse inexacte, les résultats obtenus étaient d'une exactitude suffisante pour la pratique.

Dans les expériences très nombreuses faites par Coulomb d'après la méthode que nous venons de décrire, il a mis à l'épreuve les principales espèces de bois et de métaux employés dans les machines soit à sec, soit avec divers enduits, les cuirs, les pierres, etc.

L'étendue des surfaces a varié depuis 3 pieds carrés ($0,^{m.q},3166$) jusqu'à une simple arête arrondie ; les charges du traîneau ont varié depuis 25 livres jusqu'à 6,588 livres, ou depuis $12^k,24$ jusqu'à 3,224 kilogrammes. Les vitesses seules sont restées comprises dans des limites assez étroites ; elles n'ont guère dépassé 1 pied $^1/_2$ ou un peu moins d'un demi-mètre par seconde.

La comparaison des résultats obtenus a conduit Coulomb aux trois lois fondamentales suivantes :

1° *Le frottement est proportionnel à la pression normale ;*

2° *Le frottement est indépendant de l'étendue des surfaces en contact ;*

3° *Le frottement est indépendant de la vitesse.*

Il a constaté que le frottement au départ est plus grand que pendant le mouvement même, surtout après un certain temps de repos, lorsque l'un des corps était très compressible ; il a vérifié que le frottement au départ est proportionnel à la pression. Il a cru reconnaître en outre que le frottement se composait de deux parties, l'une proportionnelle à l'étendue des surfaces en contact et qu'il a nommée *adhérence*, l'autre indépendante de cette étendue.

Il y a plusieurs remarques à faire sur ces lois.

En vertu de la première, si F désigne le frottement, N la pression normale et φ l'angle du frottement, et f la tangente de cet angle, on a :

$$\frac{F}{N} = \operatorname{tg} \varphi = f = \text{constante},$$

pendant toute la durée du mouvement, et pour les mêmes matières, quelles que soient l'étendue des surfaces et la vitesse du mouvement ; c'est ce rapport f constant pour les matières que l'on a nommé le *coefficient de frottement ;* c'est-à-dire le coefficient numérique par lequel il faut multiplier la pression normale pour obtenir le frottement.

La seconde loi est naturellement soumise à une restriction. Si l'une des surfaces en contact avait une étendue tellement petite qu'il y eût une pénétration notable de l'un des corps dans l'autre, le glissement deviendrait impossible ; il y aurait arrachement, et le phénomène ne serait plus soumis aux lois du frottement.

Coulomb pensait que la troisième loi n'était pas absolue, et que le frottement pouvait croître lentement avec les vitesses.

L'erreur de Coulomb doit être attribuée au peu d'étendue des variations de la vitesse dans ses expériences, qui ne lui ont pas permis d'en étudier l'influence d'une manière très certaine.

172. *Expériences de Morin.* — Les expériences de Coulomb ont été reprises de 1831 à 1834 par Morin, décédé il y a quelques années seulement. Il a cherché de nouveau les lois du frottement au départ, et celles du frottement pendant le mouvement : mais c'est surtout en vue de ces dernières qu'il a entrepris son travail. A cet effet il a remplacé les moyens de Coulomb par d'autres procédés que nous allons indiquer (1).

173. *Description sommaire des appareils.* — Dans la halle des fontes de l'ancienne fonderie à Metz, sur un sol dallé et à côté de la fosse (*fig.* 73) on a établi un banc horizontal composé de deux poutres parallèles AA, de $0^m,30$ d'équarrissage sur 8 mètres de long, réunies et supportées de mètre en mètre par des semelles. Ces poutres, qui dépassaient de $1^m,30$ environ le bord de la fosse, étaient assemblées avec quatre montants verticaux BB, entre lesquels était placé un plateau FF, qui portait la poulie de renvoi de la corde à laquelle on suspendait le poids moteur placé dans une caisse K. Cette corde venait horizontalement se fixer à un traîneau D, chargé de poids, sous lequel on fixait les corps en expérience.

La corde, au lieu d'être attachée directement à ce traîneau, s'accrochait à la lame antérieure d'un dynamomètre à style, dont la flexion mesurait la tension de cette corde, soit au départ, soit pendant le mouvement.

L'axe de la poulie de renvoi portait un plateau H en cuivre parfaitement dressé et recouvert d'une feuille de papier. Vis

(1) Nous croyons utile de citer textuellement les expériences intéressantes faites par Morin et décrites dans son traité de mécanique.

à vis ce plateau, un appareil d'horlogerie communiquait un mouvement uniforme à un style formé par un pinceau imbibé d'encre de Chine, dont la pointe décrivait un arc de cercle de 0^m, 14 de diamètre. Le parallélisme du plan de ce cercle et de celui du plateau était d'ailleurs parfaitement assuré par des moyens précis, et le contact du pinceau était produit ou interrompu à volonté.

Sur la caisse K l'on pouvait en poser deux autres dans lesquelles on plaçait également des poids; ces caisses, après avoir commencé à produire le mouvement, étaient à une certaine hauteur arrêtées sur des taquets, de sorte que le mouvement ne continuait qu'en vertu de la charge et du poids de la caisse K. Par ce moyen l'on a pu, à volonté, obtenir avec la caisse K seule un mouvement accéléré, puis uniforme ou retardé, selon que le poids de la caisse était suffisant pour vaincre le frottement, ou inférieur à cette résistance.

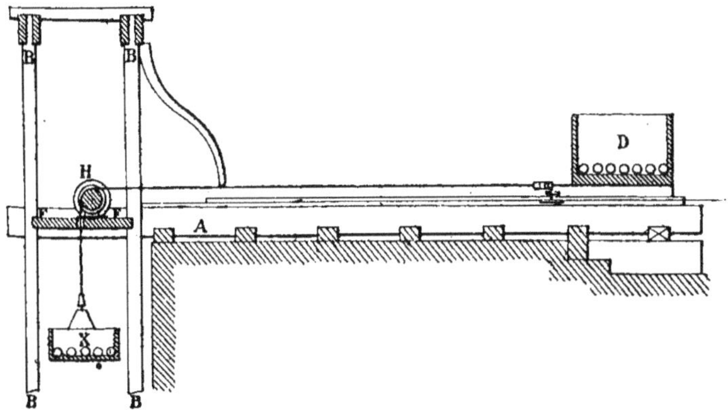

Fig. 73.

174. *Résultats graphiques des expériences.* — On conçoit, d'après ce que l'on a dit précédemment que, de la simultanéité des deux mouvements, dont l'un, celui du style, était uniforme et à une vitesse connue, et l'autre, inconnu, correspondait dans un rapport constant aux chemins parcourus par le traîneau, il devait résulter une courbe dont le relèvement donnait la loi du mouvement du traîneau. On a donc pu par ce relèvement, former une table des espaces parcourus et des temps correspondants et construire la courbe dont ces espaces étaient les abscisses et les temps les coordonnées.

Les courbes ainsi construites offraient une continuité parfaite, et l'on a reconnu qu'elles étaient des paraboles, c'est-à-dire que leurs abscisses étaient proportionnelles aux carrés des ordonnées.

De ce que cette courbe était une parabole, on a été autorisé à conclure que le mouvement avait été uniformément accéléré. Or le poids moteur étant constant, la force motrice qui produisait l'accélération du mouvement était l'excès de ce poids sur le frottement, et, puisque cet excès était constant, il en résultait nécessairement que le frottement était constant et indépendant de la vitesse.

L'expérience, répétée avec tous les corps en usage dans la construction des machines, avec ou sans enduit ayant toujours conduit à la même conséquence, on a été autorisé à regarder cette loi comme générale, du moins dans les limites de vitesse où elle a été observée, c'est-à-dire jusqu'à 3^m, 50 environ, quand les surfaces frottantes ne sont pas profondément altérées, et à reconnaître que les restrictions que Coulomb y avait entrevues n'existent pas.

175. *Formules employées au calcul des*

résultats des expériences. — L'appareil que nous venons de décrire étant une machine simple dans laquelle le mouvement est uniformément varié permet de faire l'application des principes généraux que nous avons exposés dans les chapitres précédents. Voici, d'après Morin, les calculs que l'on peut appliquer.

Appelons P le poids de la caisse descendante, y compris son propre poids et celui de la portion de corde qui pend toujours sous la poulie, en négligeant la quantité dont elle augmente dans la descente, et qui ne s'élève guère qu'à 1 kilogramme ; T la tension du brin horizontal ; $q = 6^k,254$ le poids de la poulie ;

V_1 la vitesse angulaire de la poulie à l'instant que l'on considère ;

v_1 la quantité dont cette vitesse varie dans l'élément de temps t ;

$I = 0,00629$ le moment d'inertie de la poulie et des pièces qui tournent avec elle ;

$f = 0,164$ le rapport, déterminé par des expériences spéciales, du frottement à la pression, pour l'axe en fer de la poulie et ses coussinets en bois de sorbier à l'état onctueux ; $R = 0,032$ T la roideur de la corde tressée, déterminée aussi par des expériences spéciales ;

N la pression sur les tourillons de l'axe de la poulie, r le rayon de la poulie ;

r' le rayon de ses tourillons.

Si l'on se reporte aux principes exposés sur le mouvement de rotation varié, l'on verra qu'à chaque instant du mouvement de la poulie, la somme des moments des forces extérieures doit être égale à la somme des moments des forces d'inertie.

Or la somme des moments des forces extérieures est

$$Pr - Tr - Rr - fNr'$$

La somme des moments des forces d'inertie, correspondant à une variation v_1 de la vitesse angulaire est facile à trouver ; car l'une de ces forces, relative à une molécule de masse m située à la distance r_1 étant $\frac{mv_1r_1}{t}$, son moment, par rapport à l'axe, est :

$$m_1{}^2 \frac{v_1}{t}$$

et la somme des moments semblables est :

$$I \frac{v_1}{t}$$

pour toutes les parties qui tournent autour de l axe.

La force d'inertie du poids P est :

$$\frac{P}{g} \frac{v_1 r}{t}$$

et son moment par rapport à l'axe est :

$$\frac{P}{g} \frac{v_1 r}{t} r$$

et doit s'ajouter au précédent ; on a donc, à chaque instant du mouvement varié de la poulie, la relation :

$$Pr - Tr - Rr - fNr' = I\frac{v_1}{t} + \frac{P}{g}\frac{v_1 r}{t} r.$$

La pression N sur l'axe de la poulie est la résultante de deux forces perpendiculaires, l'une horizontale, égale à la tension T, l'autre verticale et égale au poids P de la caisse augmenté de celui q de la poulie, et diminué de la force d'inertie $\frac{P}{g}\frac{v_1 r}{t}$. qui se développe dans l'accélération du mouvement vertical du poids P, et qui s'oppose à son accélération ; on a donc :

$$N = \sqrt{\left(P + q - \frac{P}{g}\frac{r_1 r}{t}\right)^2 + T^2}.$$

La valeur du radical, d'après un théorème d'algèbre dû à Poncelet, ayant la $\sqrt{a^2 + b^2}$, dans lequel $a > b$ est donnée à $^1/_{25}$ près par la formule :

$$0,96\, a + 0,4\, b.$$

En l'appliquant au cas actuel, où l'on a toujours :

$$P + q - \frac{P}{g}\frac{v_1 r}{t} > T$$

puisque le poids P surmonte la résistance T et le frottement du traîneau, on a, à $\frac{1}{25}$

$$N = 0,96\left(P + q - \frac{P}{g}\frac{v_1 r}{t}\right) + 0,4T.$$

La relation d'égalité des moments devient donc, en y faisant $R = 0,032T$

$$Pr - Tr - 0,032\ Tr - 0,96\, fr'\left(P + q - \frac{P}{g}\frac{v_1 r}{t}\right) - 0,4\, fr'T = \frac{Iv_1 r}{rt} + \frac{P}{g}\frac{v_1 r}{t} r$$

et en tirant de cette équation du premier degré la valeur de la tension cherchée T, du brin horizontal de la corde, on trouve :

$$T\left(1+0{,}032+0{,}4\frac{fr'}{r}\right)=P\left(1-0{,}96\frac{fr'}{r}\right)$$
$$-0{,}96\,fq\frac{r'}{r}-\frac{P}{g}\frac{v_1r}{t}\left(1-0{,}96\frac{fr'}{r}\right)-\frac{I}{r^2}\frac{v_1r}{t}$$

En substituant pour les quantités connues, leurs valeurs qui sont :

$$f=0{,}164\quad r'=0^{m}0093\quad r=0^{m}111$$
$$I=0{,}00629$$

d'où,
$$\frac{I}{r^2}=0{,}51,$$

on a pour la formule pratique qui donne la tension T quand on connait le poids P de la caisse,

$$T=0{,}95\left[P-\left(0{,}516+\frac{P}{g}\right)\frac{v_1r}{t}\right]-0^{k},086.$$

Lorsque l'expérience aura démontré que l'accélération $\frac{v_1r}{t}$ est constante et que le relèvement des courbes, en donnant leur équation :

$$T^2=2CE$$

aura fourni pour cette accélération la valeur

$$\frac{v_1r}{t}=\frac{1}{C},$$

en nommant 2C le paramètre de la parabole, on aura tous les éléments nécessaires pour calculer la valeur de la tension de la corde dans l'expérience. Elle sera :

$$T=0{,}95\left[P-\left(0{,}516+\frac{P}{g}\right)\frac{1}{C}\right]-0^{k},086.$$

Dans le cas où le mouvement est uniforme, l'accélération $\frac{v^1r}{t}=\frac{1}{C}$ devient nulle et la formule ci-dessus se réduit à :

$$T=0{,}95\,P-0^{k},086,$$

ou simplement :

$$T=0{,}95\,P$$

à cause de la faible valeur du deuxième terme $0^{k},086$.

En relevant directement, d'après les courbes de tension du dynamomètre, les valeurs de T, relatives à plus de quarante expériences dans lesquelles les charges ont varié depuis 12 jusqu'à 95 kilogrammes, on a trouvé que le rapport de la tension à la charge, ainsi fournie par mesure directe, était 0,96, ce qui montre que l'ensemble des données introduites dans la formule ci-dessus conduit à un résultat qui s'accorde avec cette mesure dans des limites d'exactitude bien suffisantes.

176. *Relation entre la tension de la corde et le frottement du traineau.* — Connaissant la tension T de la corde, à l'aide du dynamomètre, ou l'ayant calculée par la formule précédente, il devient facile d'en déduire la valeur du frottement cherché du traîneau, en appliquant directement le principe de l'action égale et contraire à la réaction.

En effet, la tension T et le frottement cherché F sont deux forces extérieures dirigées en sens contraire, et dont la différence T—F produit l'accélération du mouvement du traineau. D'une autre part, la résistance que l'inertie du poids Q du traîneau oppose à cette accélération est :

$$\frac{Q}{g}\frac{v_1r}{t}.$$

On a donc pour exprimer l'égalité de l'action à la réaction, la relation :

$$T-F=\frac{Q}{g}\frac{v_1r}{t}=\frac{Q}{g}\frac{1}{C}$$

d'où,

$$F=T-\frac{Q}{g}\frac{1}{C}.$$

Lors donc qu'on aura, par l'observation directe, à l'aide du dynamomètre ou par la formule du numéro précédent déterminé la tension de la corde, on en retranchera la quantité $\frac{Q}{g}\frac{1}{C}$, facile à calculer quand on connait par le relèvement ou le paramètre 2C de la courbe du mouvement, et l'on aura la valeur du frottement. Telle est la marche qui a été suivie par le calcul de toutes les expériences où le mouvement a été accéléré ; quant à celles où le mouvement était uniforme, on a simplement F=T.

On voit que la loi du mouvement étant une fois connue par le relèvement des courbes, et étant celle d'un mouvement uniformément accéléré, on a pu, après avoir constaté la constance et la généralité de cette loi, se passer de l'usage du dynamomètre et se contenter des indications de l'appareil chronométrique.

Les résultats des nombreuses expériences faites par Morin sont contenus dans des tableaux faisant partie des mémoires présentés par ce savant à l'Institut et insérés au Recueil des savants étrangers.

177. *Conséquences des expériences.* — L'ensemble des expériences exécutées sur le frottement proprement dit des surfaces planes les unes sur les autres, comprend cent soixante-dix-neuf séries correspondant à des cas différents, soit par la nature, soit par l'état des surfaces en contact. Toutes ces expériences sans exceptions conduisent aux conséquences suivantes.

Le frottement, pendant le mouvement, est :

1° Proportionnel à la pression ;

2° Indépendant de l'étendue des surfaces de contact ;

3° Indépendant de la vitesse du mouvement.

178. *Expériences sur le frottement au départ ou quand les surfaces ont été quelque temps en contact.* — Le même appareil a servi pour les expériences sur le frottement, au départ ou après un contact prolongé, dont le but était de constater dans quels cas il y avait une différence notable entre ce frottement et celui qui se produit pendant le mouvement. Cette différence qui peut provenir, selon les cas, de causes assez diverses, doit en général être attribuée à la compression réciproque des corps l'un sur l'autre, et à une sorte d'engrènement de leurs éléments. Le temps, la durée de la compression, doit probablement exercer une influence sur l'intensité de la résistance que les surfaces opposent au glissement. Mais, en général, il paraît que cette résistance obtient son maximum au bout d'un temps très court.

179. *Résultats d'expériences.* — Les tableaux suivants indiquent quelques-uns des résultats des expériences faites par Morin.

Expériences sur le frottement de chêne sur chêne, sans enduit, lorsque les surfaces ont été quelques temps en contact, d'après A. Morin.

(Les fibres des bandes glissantes sont perpendiculaires à celles des semelles.)

ÉTENDUE de la surface de contact	PRESSION Q	EFFORT MOTEUR ou frottement F	RAPPORT du frottement à la pression f
m. q.	kil.	kil.	kil.
0,0880	54,66	30,45	0,55
	128,09	68,12	0,53
	224,44	114,42	0,51
	904,67	531,00	0,58
	1145,63	583,63	0,51
0,0040	176,54	92,41	0,52
	182,73	96,33	0,53
	662,48	387,58	0,52
		Moyenne...	0,54

Le frottement paraît être, comme on le voit, proportionnel à la pression, qui a varié de 54 kilogrammes à 1,145 kilogrammes, et indépendant de l'étendue des surfaces de contact, qui ont varié dans le rapport de 1 à 22, la plus petite étant de $0^{mq},004$; et la plus grande $0^{mq},088$; cette dernière valeur surpasse celles qui sont ordinairement employées pour les surfaces glissantes dans les constructions mécaniques.

Le rapport du frottement à la pression s'élève ici à 0,54, tandis qu'il n'était que de 0,48 pendant le mouvement. Le frottement au départ est donc plus élevé d'un huitième environ que celui considéré en premier lieu. Une semblable augmentation se présente dans tous les cas analogues.

180. *Expériences sur le frottement du chêne sur le chêne sans enduit, lorsque les surfaces ont été quelque temps en contact, d'après M. Morin.*

Les pièces planes ont leurs fibres verticales, celles des pièces fixes sont horizontales et parallèles au sens du mouvement.

ÉTENDUE de la surface de contact	PRESSION Q	EFFORT MOTEUR ou frottement F	RAPPORT du frottement à la pression f	DURÉE de contact
	kil.	kil.		
0,0636	195,93	83,84	0,427	5 à 6"
	195,93	83,84	0,427	10'
	195,93	71,39	0,364	1'
	315,93	160,79	0,509	6'
	315,93	137,99	0,436	30"
	315,93	155,09	0,498	8 à 10'
	399,93	183,79	0,459	8 à 10'
	501,93	251,99	0,502	10'
	501,93	194,99	0,388	5 à 6"
	999,93	367,39	0,367	15'
	999,93	400,19	0,400	10'
		Moyenne....	0,434	

Ce tableau montre que pour les bois le frottement au départ présente, à surfaces et pressions égales, des différences assez grandes d'une expérience à l'autre, et que cette résistance atteint sa valeur maximum après un temps de contact fort court, qui ne paraît pas dépasser quelques secondes. On voit, en effet, que les chiffres qui correspondent à cinq et à six secondes, ne sont pas inférieurs à ceux qui sont relatifs à un contact de quinze minutes, le plus prolongé de ceux consignés au tableau.

La valeur moyenne du rapport f du frottement à la pression est de 0,434, mais on fera bien dans les applications de compter sur 0,48 ou même 0,50.

181. *Expériences sur le frottement de la pierre calcaire oolithique sur la pierre calcaire oolithique, lorsque les surfaces ont été quelque temps en contact, d'après A. Morin.*

ÉTENDUE de la surface de contact	PRESSION Q	EFFORT MOTEUR ou frottement F	RAPPORT du frottement à la pression f	DURÉE du contact
m. q.	kil.	kil.		
0,0800	142,39	103,79	0,728	15'
	150,02	108,49	0,723	15'
	527,20	430,59	0,752	15'
	578,08	322,99	0,731	5 à 6"
	578,08	434,39	0,751	5 à 6"
		Moyenne.....	0,737	
0,0464	140,36	103,79	0,739	2'
	570,17	445,79	0,781	10'
	570,17	445,77	0,781	1'
		Moyenne.....	0,767	
Arêtes arrondies..	135,30	103.79	0,744	2'
	273,11	200,68	0,740	5 à 6"
		Moyenne.....	0,742	
		Moyenne générale.....	0,740	

On voit encore, par ces expériences, que le frottement au départ est, comme le frottement en marche, indépendant de l'étendue de la surface de contact et proportionnel à la pression. Cette conclusion et la valeur même que l'on déduit des expériences ci-dessous sont d'accord avec les résultats obtenus, dans des cas analogues, par M. Boistard, ingénieur en chef des ponts et chaussées, en 1822.

Ces chiffres diffèrent d'ailleurs assez peu les uns des autres, pour que l'on puisse accorder toute confiance à la moyenne générale 0,74 et l'employer dans tous les cas semblables.

182. *Expériences sur le frottement de la pierre calcaire oolithique sur la pierre calcaire oolithique lorsque les surfaces ont été quelque temps en contact, avec interposition de mortier frais.*

ÉTENDUE de la surface de contact	PRESSION Q	EFFORT MOTEUR ou frottement F	RAPPORT du frottement à la pression f	DURÉE de contact
m. q.	kil.	kil.		
0,0800	147,67	115,17	0,780	10′
	229,48	183,59	0,800	10′
	355,48	263,39	0,740	15′
	355,48	275,79	0,773	10′
	355,48	251,99	0,709	10′
	529,48	445,79	0,841	15′
		Moyenne.....	0,773	
0,0464	140,36	108,49	0,772	10′
	222,17	172,19	0,775	10′
	354,17	257,69	0,727	10′
	528,17	365,99	0,792	15′
	528,17	411,59	0,779	10′
	530,17	565,99	0,690	10′
	702,17	525,59	0,748	15′
		Moyenne.....	0,745	
0,0152	145,02	115,19	0,794	10′
	226,83	137,99	0,608	10′
	358,83	217,79	0,607	10′
	526,83	331,79	0,629	15′
		Moyenne.....	0,659	
		Moyenne générale.....	0,735	

Ces expériences montrent que le frottement au départ est pour ces pierres à très peu près le même, avec interposition de mortier que sans mortier.

En résumé, ces nouvelles épreuves ont fait voir que le frottement, au moment du départ, et après une durée très courte de contact, est :

1° Proportionnel à la pression ;

2° Indépendant de l'étendue des surfaces de contact, et que, de plus, pour les corps compressibles, il est notablement plus grand que celui qui a lieu pendant le mouvement.

183. *Observations relatives à l'expulsion des enduits sous de fortes pressions et par un contact prolongé.* — Dans ces expériences, on a observé que pour les corps métalliques enduits de graisse ou d'huile, sous des pressions assez grandes par rapport à l'étendue des surfaces, il arrivait qu'après un contact de quelque durée, les enduits étant expulsés, les surfaces arrivaient alors à un état simplement onctueux, pour lequel le frottement est plus que double de sa valeur dans le cas où les surfaces sont bien graissées. Cette observation explique comment il arrive que l'effort nécessaire pour mettre en mouvement certaines machines est, abstraction faite de l'influence de l'inertie, souvent beaucoup plus considérable que celui qui est nécessaire pour entretenir un mouvement rapide.

Cela prouve, en passant, que, pour apprécier expérimentalement les frottements des machines en mouvement, il ne faut pas employer les mêmes moyens que pour les machines partant du repos.

184. *Influence des vibrations sur le frottement au départ.* — Une circonstance remarquable signalée par Morin dans ses expériences de Metz, c'est que, quand un corps compressible est sollicité à glisser, par un effort qui serait capable de vaincre le frottement pendant le mouvement, mais inférieur au frottement au départ, une simple vibration, produite souvent par une cause extérieure et légère en apparence, peut déterminer le mouvement. Ainsi, pour du bois de chêne frottant sur du chêne, le frottement au départ est 0,680 de la pression, et le frottement pendant le mouvement en est les 0,480 ; de sorte que pour produire le mouvement d'un poids de 1,000 kilogrammes, il faut alors exercer un effort de 680 kilogrammes, tandis qu'il n'en faut qu'un de 480 kilogrammes pour l'entretenir. Cependant, sous un effort égal ou peu supérieur à 480 kilogrammes et par l'effet d'une vibration, le corps pourrait marcher.

Cette observation importante s'applique aux constructions, toujours plus ou moins exposées à des vibrations, et montre que, si dans le calcul des appareils ou machines destinées à produire le mouvement, on doit compter sur la plus grande valeur du frottement, dans ceux qui sont relatifs à la stabilité des constructions, on doit au contraire n'introduire que sa plus petite valeur, celle qui a lieu pendant le mouvement. Elle sert enfin à expliquer comment il arrive quelquefois que des édifices, qui ne donnaient aucune inquiétude sur leur stabilité, s'écroulent tout à coup par le passage d'une voiture, et comment le tir par salves d'une batterie de brèche peut, à certains instants, accélérer la chute d'un rempart ou d'un bâtiment.

185. *Influence des enduits.* — Les enduits gras diminuent considérablement le frottement et l'usure des surfaces, qui en est la conséquence. Quoique le frottement soit indépendant des surfaces, il convient de proportionner celles-ci aux pressions qu'elles doivent supporter, afin que les enduits ne soient pas expulsés. Il faut aussi remarquer que toutes les expériences dont il est question ont été faites sous des pressions plus ou moins considérables, et que les résultats ne doivent s'appliquer qu'à des circonstances analogues. On conçoit en effet que, si les pressions étaient tellement grandes, par rapport aux surfaces, il en résultât une dégradation notable, l'état des surfaces, et par conséquent le frottement varierait ; ou que, si, au contraire les surfaces étaient grandes et les pressions très faibles, la viscosité des enduits, négligeable dans tous les cas ordinaires, pourrait alors exercer une influence sensible.

Il faut remarquer qu'en général, et surtout pour les métaux, l'eau pure est un mauvais enduit, et que parfois elle augmente plutôt qu'elle ne diminue le frottement.

186. *Expériences sur le frottement pendant le choc.* — D'après les notions générales exposées sur le mode d'action des forces, sur les efforts de compression qui se développent pendant le choc, on est certainement bien autorisé à conclure que les efforts qui se produisent pendant le choc donnent lieu à des frottements qui suivent exactement les mêmes lois que dans les cas ordinaires. C'est d'ailleurs ce qui est admis par *Poisson* qui, dans son traité de mécanique, s'exprimait en ces termes :

« Quoiqu'il n'ait pas été fait d'observations sur l'intensité du frottement qui a lieu pendant le choc, on peut supposer, par induction, qu'il suit les lois générales du frottement des corps soumis à des pressions proprement dites, puisque la percussion n'est autre chose qu'une pression d'une très grande intensité, exercée pendant un temps très court. »

Morin a entrepris plusieurs séries d'expériences pour vérifier, par l'observation directe, l'exactitude de cette appréciation sur le frottement pendant le choc.

187. *Coefficients de frottement déduits des expériences faites à Metz.* — Les résultats obtenus dans les expériences faites par Morin à Metz sur le frottement des surfaces planes sont résumés dans les deux tableaux suivants, qui donnent le rapport du frottement à la pression pour tous les corps employés dans la construction. Le premier de ces tableaux est relatif aux surfaces planes qui ont été quelque temps en contact. Les valeurs qu'il donne pour le rapport f du frottement à la pression devront être employées toutes les fois qu'il s'agira de déterminer l'effort nécessaire pour produire le glissement de deux corps qui auront été quelque temps en contact : tel est le cas des manœuvres de vannes, et des autres appareils qui ne fonctionnent qu'à intervalles plus ou moins éloignés.

188. Tableau n° 1. — *Frottement des surfaces planes lorsqu'elles ont été un moment en contact, d'après A. Morin.*

INDICATION des SURFACES DE CONTACT	DISPOSITION des FIBRES	ÉTAT des SURFACES	Rapport du frottement à la pression f
Chêne sur chêne	parallèles	Sans enduit	0,62
	id.	frottée de savon sec	0,44
	perpendiculaires	sans enduit	0,54
	id.	mouillées d'eau	0,71
	bois debout sur bois à plat	sans enduit	0,43
Chêne sur orme	parallèle	id.	0,38
Orme sur chêne	id.	id.	0,69
	id.	frottées de savon sec	0,41
	perpendiculaires	sans enduit	0,57
Frêne, sapin-hêtre, sorbier sur chêne	parallèles	id.	0,53
Cuir tanné sur chêne	le cuir à plat	id.	0,61
	le cuir de champ	id.	0,43
	id.	mouillées d'eau	0,79
Cuir noir corroyé sur surface en chêne	parallèles	sans enduit	0,74
	perpendiculaires	id.	0,47
Natte de chanvre sur chêne	parallèles	id.	0,50
	id.	mouillées d'eau	0,87
Corde de chanvre sur chêne	parallèles	sans enduit	0,80
Fer sur chêne	parallèles	id.	0,62
	id.	mouillées d'eau	0,65
Fonte sur chêne	id.	id.	0,65
Cuivre jaune sur chêne	id.	sans enduit	0,62
Cuir de bœuf pour garniture de piston sur fonte	à plat ou de champ	mouillées d'eau	0,62
		avec huile, suif ou saindoux	0,12
Cuir corroyé ou courroie sur poulie en fonte	à plat	sans enduit	0,28
		mouillées d'eau	0,38
Fonte sur fonte	id.	sans enduits	0,16
Fer sur fonte	id.	id.	0,19
Chêne, orme, charme, fer, fonte et bronze glissant deux à deux l'un sur l'autre	id.	enduites de suif	0.10
		enduites d'huile ou saindoux	0,15
Pierre calcaire oolithique sur calcaire oolithique	id.	sans enduit	0,74
Pierre calcaire dure dite muschelkalk sur calcaire oolithique	id.	id.	0,75
Brique sur calcaire oolithique	id.	id.	0.67
Chêne sur calcaire oolithique	bois debout	id.	0,63
Fer sur calcaire oolithique	à plat	id.	0,49
Pierre calcaire dure ou muschelkalk sur muschelkalk	id.	id.	0,70
Pierre calcaire oolithique sur muschelkalk	id.	id.	0,75
Brique sur muschelkalk	id.	id.	0,67
Fer sur muschelkalk	id.	id.	0,42
Chêne sur muschelkalk	id.	id.	0,64

189. Le tableau 2 est relatif aux surfaces planes en mouvement les unes sur les autres ; les valeurs de ce tableau ne doivent être employées que pour calculer le frottement de deux surfaces en mouvement l'une sur l'autre, après la période dans laquelle le coefficient de frottement au départ a dû être introduit.

TABLEAU N° 2. — *Frottement des surfaces planes en mouvement les unes sur les autres, d'après A. Morin.*

INDICATION des SURFACES DE CONTACT	DISPOSITION des FIBRES	ÉTAT des SURFACES	Rapport du frottement à la pression f
Chêne sur chêne	parallèles	sans enduit	0,48
	id.	frottée de savon sec	0,16
	perpendiculaires	sans enduit	0,34
	id.	mouillées d'eau	0,25
	bois debout sur bois à plat	sans enduit	0,19
Orme sur chêne	parallèles	id.	0,43
	perpendiculaires	id.	0,45
Frêne, sapin, hêtre, poirier sauvage et sorbier sur chêne	parallèles	id.	0,36
Fer sur chêne	id.	id.	0,62
		mouillées d'eau	0,26
		frottée de savon sec	0,21
Fonte sur chêne	id.	sans enduit	0,43
		mouillées d'eau	0,22
		frottée de savon sec	0,11
Cuivre jaune sur chêne	id.	sans enduit	0,62
Fer sur orme	id.	id.	0,25
Fonte sur orme	id.	id.	0,20
Cuir noir corroyé sur chêne	id.	id.	0,27
Cuir tanné sur chêne	à plat ou de champ	id.	0,35
		mouillées d'eau	0,29
Cuir tanné sur fonte et sur bronze	à plat ou de champ	sans enduit	0,56
		mouillées d'eau	0,36
		onctueuses et mouil.	0,23
		enduites d'huile	0,15
Chanvre en brin ou en corde sur chêne	parallèles	sans enduit	0,52
	perpendiculaires	mouillées d'eau	0,33
Chêne et orme sur fonte	parallèles	sans enduit	0,38
Poirier sauvage sur fonte	id.	id.	0,44
Fer sur fer	parallèles	sans enduit	0,20
Fer sur fonte et sur bronze	id.	id.	0,18
Fonte sur fonte et sur bronze	parallèles	sans enduit	0,15
Fonte sur fonte	id.	mouillées d'eau	0,31
Bronze sur bronze	id.	sans enduit	0,20
Bronze sur fonte	id.	id.	0,22
Bronze sur fer	id.	id.	0,16
Chêne, orme, charme, poirier sauvage, fonte, fer, acier et bronze glissant l'un sur l'autre ou sur eux-mêmes	id.	lubréfiées à la manière ordinaire, avec enduit de suif, saindoux, cambouis mou etc.	0,07 à 0.08
		légèrement onctueuses au toucher	0,15
Pierre calcaire oolithique sur calcaire oolithique	id.	sans enduit	0,64
Pierre calcaire dite muschelkalk sur calcaire oolithique	id.	id.	0,67
Brique ordinaire sur calcaire oolithique	id.	id.	0,65
Chêne sur calcaire oolithique	bois debout	id.	0.38
Fer forgé sur calcaire oolithique	parallèles	id.	0,69
Pierre calcaire muschelkalk sur muschelkalk	id.	id.	0,38
Pierre calcaire oolithique sur muschelkalk	id.	id.	0,65
Brique ordinaire sur muschelkalk	id.	id.	0,60
Chêne sur muschelkalk	bois debout	id.	0,38
Fer sur muschelkalk	parallèles	id	0,24
		mouillées d'eau	0,30

190. *Frottement des tourillons.* – Des expériences sur le frottement des tourillons ont été faites par Morin ; au moyen d'un dynamomètre de rotation à plateau et à style.

L'arbre de cet appareil dynamométrique était creux et en fonte. Il pouvait recevoir, par des parties exactement ajustées, des tourillons de rechange de différentes matières et de divers diamètres. Sa charge se composait de disques pleins en fonte pesant 150 kilogrammes chacun, dont on pouvait augmenter le nombre de manière à atteindre des charges de plus de 1 380 kilogrammes. Une poulie montée à frottement doux sur l'arbre, et qui lui transmettait le mouvement par l'intermédiaire d'un ressort, recevait par une courroie le mouvement d'une roue hydraulique, et la différence de tension des deux brins de la courroie était mesurée par le dynamomètre à style.

On a employé des tourillons de $0^{m},050$ à $0^{m},100$ de diamètre. Les vitesses ont varié dans le rapport de 1 à 4. Les pressions ont atteint 1 880 kilogrammes et, dans ces limites étendues, l'on a constaté que le frottement des tourillons était soumis aux mêmes lois que celui des surfaces planes. Mais il convient de remarquer que, par l'effet de la forme même des corps frottants, dans le cas actuel, la pression s'exerce sur une étendue de surface d'autant plus petite que le tourillon a un diamètre moindre, et que les enduits sont plus facilement expulsés avec les petits tourillons qu'avec les gros. Cette circonstance a une influence très grande sur l'intensité du frottement et sur la valeur de son rapport à la pression. L'action même du mouvement de rotation tend à expulser certains enduits et à rapprocher les surfaces de l'état simplement onctueux.

L'ancien mode de graissage, encore usité dans beaucoup de cas, consiste simplement à verser de l'huile ou à répandre du suif, du saindoux à la surface du corps frottant et à renouveler cette opération plusieurs fois par jour. On parvient ainsi, avec du soin, à empêcher les tourillons et leurs coussinets de s'user rapidement; mais l'enduit n'étant qu'imparfaitement renouvelé, le frottement atteint 0,07 et même 0,10 de la pression.

Si au contraire on emploie des appareils qui renouvellent sans cesse l'enduit, en quantité suffisante, sur les surfaces frottantes, elles se trouvent maintenues à un état parfait et constant de lubrification et le frottement s'abaisse à 0,05 ou aux 0,03 de la pression et peut-être encore plus bas. Le poli des surfaces, opéré dans ces conditions favorables, devient de plus en plus parfait, et il ne serait pas étonnant que le frottement s'abaissât encore notablement au-dessous des limites indiquées ci-dessus.

Ces réflexions montrent de quelle utilité sont les appareils graisseurs pour diminuer le frottement qui, dans certaines machines ou usines à mécanismes compliqués, consomment une partie considérable du travail moteur. On ne saurait trop recommander l'emploi des appareils qui répartissent les enduits avec continuité sur les surfaces frottantes des machines ; aussi ne doit-on pas s'étonner du grand nombre des dispositions qui ont été proposées dans ce but depuis plusieurs années. On aura toutefois soin de préférer celles qui ne dépensent l'huile que pendant le mouvement, à l'exclusion de quelques appareils, s'alimentant par la capillarité d'une mèche de substance filamenteuse, qui déverse constamment la substance destinée au graissage, même pendant les instants de repos de la machine, et qui la dépensent par conséquent en pure perte pendant ces intervalles.

191. *Résultats d'expériences.* — Le tableau suivant contient quelques-uns des résultats des expériences consignés par l'auteur auquel nous empruntons ces renseignements importants.

Les expériences contenues dans ce tableau suffisent pour montrer que le frottement des tourillons est en lui-même soumis aux mêmes lois que celui des surfaces planes ; mais ils montrent aussi la grande influence que le renouvellement continuel de l'enduit peut exercer pour diminuer la valeur du rapport du frottement à la pression, qui descend quelquefois à $0^{m},025$.

192. *Expériences sur le frottement des tourillons en fonte sur des coussinets en fonte.*

DIAMÈTRE des tourillons	NATURE de l'enduit	VITESSE de la circonférence en 1"	POIDS de l'arbre et sa charge	RAPPORT du frottement à la pression	OBSERVATIONS
m.		m.	kil.		
0.10	huile	0.060 0.068 0.149 0.136 0.104	1 029	0.082 0.082 0.082 0.079 0.081	Dans ces expériences, l'huile se répandait seule à la surface des tourillons.
0.10	huile	0.065 0.080 0.125 0.149	1 029	0.054 0.052 0.052 0.052	Dans ces expériences, l'huile était sans cesse répandue sur les surfaces flottantes.
			Moyenne.......	0.053	
0.054	huile	0.131 0.125 0.142	1 016.50	0.101 0.109 0.101	Dans ces expériences, l'huile avait été expulsée par la pression, et les surfaces étaient simplement très onctueuses.
			Moyenne.......	0.104	
0.054	saindoux	0.058 0.082 0.100 0.120 0.136 0.142	1 016	0.070 0.069 0.075 0.084 0.070 0.060	Dans ces expériences les surfaces s'alimentaient elles-mêmes de saindoux.
0.100	saindoux	0.068 0.101 0.116 0.125 0.131	1 885	0.049 0.050 0.052 0.040 0.042	Dans ces expériences, l'enduit était renouvelé.
0.100	saindoux	0.046 0.073 0.098 0.098 0.116 0.150	1 032	0.039 0.025 0.026 0.035 0.026 0.082	Dans ces expériences, l'enduit était continuellement renouvelé.

L'on voit aussi que le diamètre des tourillons paraît avoir quelque influence sur la plus ou moins complète expulsion des enduits et, par suite, sur le frottement, de sorte que les dimensions à leur donner ne doivent pas être déterminées par la seule considération de leur résistance à la rupture.

En résumé, il ressort de l'ensemble des expériences, exécutées par Morin, sur le frottement des tourillons, qu'il est à peu près le même pour les bois et les métaux frottant les uns sur les autres, et que son rapport à la pression peut, selon les cas, prendre les valeurs consignées au tableau suivant.

193. *Valeurs du rapport du frottement à la pression pour les tourillons de diverses substances.*

ÉTAT DES SURFACES			
Rodées au tripoli et parfaitement graissées f	Continuellement alimentées d'enduit f	Graissées de temps en temps f	Onctueuses f
0,025 à 0,030	0,050	0,07 à 0,08	0,150

Nous donnons dans le tableau ci-dessous les valeurs des coefficients du frottement des tourillons sur leurs coussinets, d'après Morin.

194. *Frottements des tourillons en mouvement sur leurs coussinets.*

INDICATION des surfaces en contact	ÉTAT des surfaces	RAPPORT DU FROTTEMENT à la pression lorsque l'enduit est renouvelé à la manière ordinaire	RAPPORT DU FROTTEMENT à la pression lorsque l'enduit est renouvelé d'une manière continue
Tourillons en fonte sur coussinets en fonte	Enduites d'huile d'olive, de saindoux, de suif ou de cambouis mou	0.07 à 0.08	0.030 à 0.054
	Avec les mêmes enduits et mouillées d'eau	0.08	
	Enduites d'asphalte	0 054	
	Onctueuses et mouillées d'eau	0.14	
Tourillons en fonte sur coussinets en bronze	Enduites d'huile d'olive, de saindoux, de suif ou de cambouis mou	0.07 à 0.08	0.030 à 0 054
	Onctueuses	0.16	
	Onctueuses et mouillées d'eau	0.16	
	Très peu onctueuses	0.19	
Tourillons en fonte sur coussinets en bois de gayac	Sans enduit	0.18	
	Enduites d'huile ou de saindoux	»	0.090
	Onctueuses d'huile et de saindoux	0.10	
	Onctueuses d'un mélange de saindoux et de plombagine	0.14	
Tourillons en fer sur coussinets en fonte	Enduites d'huile d'olive, de suif, de saindoux ou de cambouis mou	0.07 à 0.08	0.030 à 0.054
Tourillons en fer sur coussinets en bronze	Enduites d'huile d'olive, de saindoux ou de suif	0.07 à 0.08	0.030 à 0.054
	Enduites de cambouis ferme	0.08	
	Onctueuses et mouillées d'eau	0.19	
	Très peu onctueuses	0.25	
Tourillons en fer sur coussinets en gayac	Enduites d'huile ou de saindoux	0.11	
	Onctueuses	0.19	
Tourillons en bronze sur coussinets en bronze	Enduites d'huile	0.10	
	Enduites de saindoux	0.09	
Tourillons en bronze sur coussinets en fonte	Enduites d'huile ou de suif	»	0.030 à 0.052
Tourillons en gayac sur coussinets en fonte	Enduites de saindoux	0.12	
	Onctueuses	0.15	
Tourillons en gayac sur coussinets en gayac	Enduites de saindoux	»	0.07

195. *Avantages des métaux grenus.* — On doit préférer en général pour les parties frottantes les corps grenus aux corps fibreux, et surtout ne pas exposer ceux-ci à des frottements dans le sens des fibres parce qu'alors il arrive que les fibres sont quelquefois enlevées, arrachées dans toute leur longueur. Sous ce rapport, la fonte fine, qui cristallise en grains arrondis, ainsi que l'acier fondu, sont des corps très convenables pour faire des pièces soumises à de grands frottements.

C'est pourquoi depuis quelques années on emploie assez généralement pour les pistons des machines à vapeur, des garnitures en fonte.

196. *Travail consommé par le frottement.* — La force de frottement est indépendante de la vitesse ; mais il n'en est pas de même du travail absorbé par le frottement. En désignant par P la pression normale, par v la vitesse du corps, par f le coefficient de frottement, le travail du frottement pendant une seconde est

$$T = P fv$$

Il est donc proportionnel à la vitesse.

Problème.

197. *Quel est le travail consommé pendant chaque seconde, par le frottement d'une roue hydraulique sur des tourillons? Le poids de la roue est 12000 kilogrammes, le rayon du tourillon est* $0^m,10$ *et la roue fait 5 tours par minute; les coussinets sont en bronze et* $f = 0,075$.

Le chemin par seconde parcouru par le frottement est :

$$e = \frac{2\pi rn}{60} = \frac{2 \times 3,1416 \times 0,10 \times 5}{60}$$

$$e = \frac{6,2832 \times 0,10}{12}.$$

Le frottement $F = Pf = 12\,000 \times 0,075$, et par suite le travail sera :

$$\text{Travail} = \frac{12\,000 \times 0,075 \times 6,2832 \times 0,10}{12}$$

$T = 75 \times 0,62832 = 47$ kilogrammètres et en chevaux-vapeur :

$$\frac{47}{75} = 0^{\text{chev}},627.$$

Problème.

198. *Une voiture à deux roues pèse 1 550 kil., le rayon des roues est* $0^m,80$, *le diamètre des tourillons est* $0^m,07$. *Quel sera le travail absorbé par le frottement de l'essieu, si la voiture a parcouru 20 kilomètres. Le coefficient de frottement* $f = 0,09$

Le nombre de tours faits pour parcourir cette distance de 20 kilomètres est

$$n = \frac{20\,000}{2\pi 0,80} = \frac{12\,500}{\pi}.$$

Le travail absorbé par le frottement pendant un tour et pour les deux roues ensemble, en remarquant que chacune d'elles ne porte que la moitié du poids.

$$2 \times 0,09 \times \frac{1\,550}{2} \times \pi \times 0,07 = 1\,550 \times 0,0063\,\pi$$

et pour les 20 kilomètres,

$$T = \frac{12\,500}{\pi} \times 1\,550 \times 0,0063\pi.$$

Travail $= 122\,062$ k.m.

199. *Frottement d'une corde ou d'une courroie sur un tambour fixe.* — Considérons la circonférence de la poulie ou tambour comme un polygone d'un nombre infiniment grand de côtés infiniment petits et la courroie comme une sorte de chaîne formée de petits tasseaux reposant sur les différents côtés du polygone et dont les surfaces inférieures soient garnies de cuir; (*fig.* 74). Ces tasseaux se relient entre eux par un fil inextensible.

Comme le frottement est indépendant de l'étendue des surfaces, le frottement du tasseau sur le polygone exprime le frottement de la courroie sur le polygone ou poulie.

Considérons un des côtés du polygone et appelons t_1 la tension du cordon qui forme le côté du polygone; t_2 la tension du second côté du polygone. Joignons les sommets du polygone au centre et décomposons t_1 et t_2 en deux composantes : l'une perpendiculaire au rayon, l'autre dans la direction de ce rayon. Soit a l'angle que forme l'un des côtés choisis et la composante perpendiculaire au rayon, cet angle est le même que celui formé par la droite AO et le rayon du sommet du polygone. Ces composantes ont pour valeur :

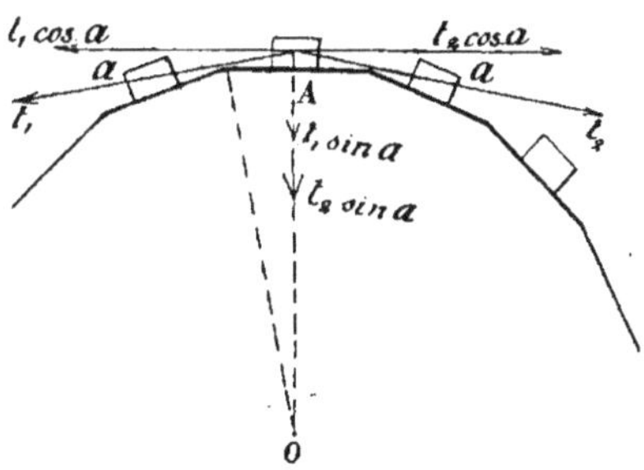

Fig. 74.

$$t_1 \cos a$$
$$t_1 \sin a$$
et
$$t_2 \cos a$$
$$t_2 \sin a$$

Or la tension t_2 est égale à t_1 augmentée du frottement sur le côté du polygone.

Appelons M le frottement sur le côté du polygone, nous aurons :

$$t_2 = t_1 + M.$$

or, $M = f\,(t_1 \sin a + t_2 \sin a)$.

d'où en remplaçant :

$$t_2 = t_1 + f \sin a\,(t_1 + t_2).$$

Ce qui donne :

$$M = f \sin a\,(t_1 + t_1 + M) = f \sin a\,(2t_1 + M)$$

$$M = f \sin a\, 2\,t_1 + f \sin a\, M$$

$$M\,(1 - f \sin a) = 2\,t_1\, f \sin a.$$

et enfin, $$M = \frac{f \sin a\, 2t_1}{1 - f \sin a}$$

Or les côtés du polygone étant infiniment petits, l'angle a est très petit et son sinus peut être négligeable, c'est-à-dire que le dénominateur de l'expression ci-dessus peut être supprimé

d'où $$M = f \sin a\, 2\,t_1$$

Remarquons que, $\sin a = \frac{c}{2r}$

c représentant le côté du polygone.

Appelons s l'arc enveloppé par toute la courroie et n le nombre des côtés du polygone, on aura :

$$c = \frac{s}{n}$$

d'où, $$\sin a = \frac{s}{2rn},$$

par suite le frottement sur le côté considéré est :

$$M = \frac{fs}{nr}\, t_1.$$

En raisonnant de la même manière on aura pour les frottements sur les autres côtés du polygone :

$$\frac{fs}{nr}\, t_1$$

$$\frac{fs}{nr}\, t_2$$

$$\frac{fs}{nr}\, t_3$$

»

$$\frac{fs}{nr}\, t_n$$

d'où, en additionnant, le frottement total sera :

$$F = \frac{fs}{nr}\,(t_1 + t_2 + t_3 + \dots\, t_n)$$

or, $$t_2 = t_1 + M = t_1 + \frac{fs}{nr}\, t_1 = t_1\left(\frac{fs}{nr} + 1\right)$$

de même, $$t_3 = t_2 + \frac{fs}{nr}\, t_2 = t_2\left(\frac{fs}{nr} + 1\right)$$

et en remplaçant t_2 par sa valeur,

$$t_3 = t_1\left(\frac{fs}{nr} + 1\right)^2$$

par analogie,

$$t_4 = t_1\left(\frac{fs}{nr} + 1\right)^3$$

» »

$$t_n = t_1\left(\frac{fs}{nr} + 1\right)^{n-1}.$$

Le frottement F devient alors,

$$F = \frac{fs}{nr}\left[t_1 + t_1\left(1 + \frac{fs}{nr}\right) + t_1\left(1 + \frac{fs}{nr}\right)^2 + \dots\, t_1\left(1 + \frac{fs}{nr}\right)^{n-1}\right]$$

Remarquons que la parenthèse est la somme des termes d'une progression géométrique dont la raison :

$$q = 1 + \frac{fs}{nr}.$$

La somme des termes d'une progression géométrique (algèbre) est :

$$S = \frac{lq - a}{q - 1}$$

dans laquelle :

le dernier terme $l = t_1\left(1 + \frac{fs}{nr}\right)^{n-1}$

Le premier terme $a = t_1$.

Cette somme S devient alors :

$$S = \frac{t_1\left(1 + \frac{fs}{nr}\right)^{n-1}\left(1 + \frac{fs}{nr}\right) - t_1}{1 + \frac{fs}{nr} - 1}$$

ou $$S = \frac{t_1 nr}{fs}\left(1 + \frac{fs}{nr}\right)^n - \frac{t_1 nr}{fs}.$$

Le frottement F devient :

$$F = \frac{fs}{nr}\left[\frac{t_1 nr}{fs}\left(1 + \frac{fs}{nr}\right)^n - \frac{t_1 nr}{fs}\right]$$

ou $$F = t_1\left(1 + \frac{fs}{nr}\right)^n - t_1 \qquad (1)$$

faisons $$\frac{fs}{nr} = \frac{1}{u}$$

d'où, $$u = \frac{nr}{fs}$$

Cette quantité u est très grande puisque n est lui-même infiniment grand ; la formule (1) devient :

$$F = t_1\left(1 + \frac{1}{u}\right)^n - t_1$$

qu'on peut écrire.

$$F = t_1\left[\left(1+\frac{1}{u}\right)^{\frac{nr}{fs}}\right]^{\frac{fs}{r}} - t_1$$

ou $$F = t_1\left[\left(1+\frac{1}{u}\right)^{u}\right]^{\frac{fs}{r}} - t_1.$$

Le terme $\left(1+\frac{1}{u}\right)^{u}$ croît successivement à mesure que u augmente, or malgré cet accroissement il a une limite qui est le nombre 2,718.

Par conséquent :

$$F = t_1\left[(2{,}718)^{\frac{fs}{r}} - 1\right]$$

et en faisant

$$2{,}718^{\frac{fs}{r}} = K,$$

il vient :

$$F = t_1\,(K - 1)$$

La valeur de K contenue dans un tableau que nous donnerons plus tard peut se calculer facilement en posant :

$$K = 2{,}718^{\frac{fs\,2\pi}{2\pi r}}.$$

Or, $f2\pi$ est connu, et $\frac{s}{2\pi r}$ est le rapport de l'arc embrassé à la circonférence entière.

Problème.

200. *Calculer l'effort nécessaire pour empêcher le glissement d'un garant de palan enroulé de deux tours sur un tambour en bois ; la tension du garant est de 4 000 kil.*

On aura (*fig.* 75) :

$$t_n = t_1 + F$$

or, $$F = (K - 1)\,t_1$$

d'où, $$t_n = t_1 + Kt_1 - t_1 = Kt_1$$

et par suite,

$$t_1 = \frac{t_n}{K} = \frac{4\ 000}{K}.$$

En calculant

$$K = 2{,}718^{\frac{fs\,2\pi}{2\pi r}}$$

on a : $\frac{f}{2\pi r} = 2$, d'après l'énoncé, d'où

$$K = 2{,}718^{4f\pi}$$

que l'on pourrait calculer à l'aide des logarithmes, mais nous trouvons dans les tables pour $\frac{f}{2\pi r} = 2$, $K = 63{,}23$,

d'où en substituant

$$t_1 = \frac{4\ 000}{63{,}23} = 63^{k},36$$

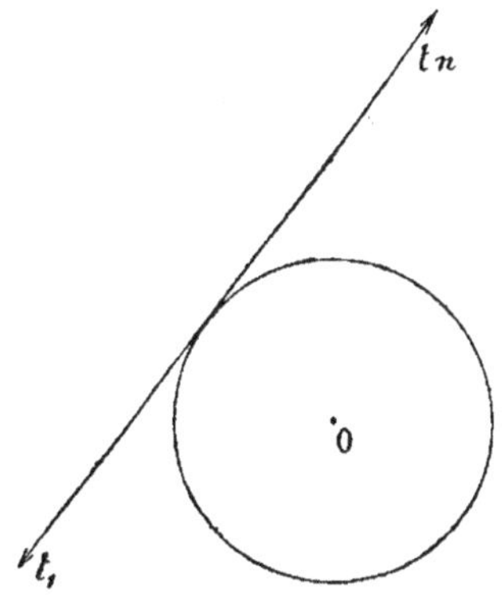

Fig. 75.

Ainsi il suffira d'un effort de 64^{k} environ pour équilibrer le poids de $4\ 000^{k}$.

201. *Établissement des transmissions de mouvement par courroies.* — Nous avons vu en *cinématique* que pour transmettre le mouvement d'un arbre A à un autre B (*fig.* 76) on plaçait sur chacun d'eux une poulie sur lesquelles s'enroule une courroie sans fin.

Si A est la poulie conductrice dans le sens indiqué par la flèche, le brin conducteur est à droite et sa tension T s'exerce de bas en haut, alors que sur le brin conduit situé en dessous, la tension t agit en sens contraire.

Désignons par Q l'effort appliqué à l'extrémité du rayon de la poulie conduite B, on aura :

$$T = t + Q$$

ou $$Q = T - t$$

Mais Q doit être égal au frottement de la courroie sur la poulie, car s'il était inférieur, la courroie glisserait sans transmettre le mouvement, on a donc, en représentant par F ce frottement :

$$F = T - t$$

La valeur de t est celle que nous

avons représentée par t_1 dans la démonstration précédente, par suite :

$$F = t(K - 1)$$

d'où $$t(K-1) = T - t$$

et $$Kt = T$$

en remplaçant T par sa valeur $t + Q$ il vient :

$$Kt = t + Q$$

d'où $$Q = t(K - 1)$$

de laquelle on tire :

$$t = \frac{Q}{K-1}.$$

Cette tension t du brin conduit doit être un peu supérieure afin que l'entraînement se fasse d'une manière continue; généralement on l'augmente de $1/_{10}$, ce qui donnera :

$$t = \frac{11}{10}\frac{Q}{K-1}.$$

Connaissant t, on aura la tension T du brin conducteur par la relation :

$$T = t + Q.$$

La largeur de la courroie pourra être obtenue sachant que sur un millimètre carré on peut faire supporter $1/_4$ de kilogramme ; si e exprime l'épaisseur du lien flexible et L la largeur, on aura :

$$Le \times \frac{1}{4} = T$$

d'où, $$L = \frac{4T}{e}.$$

Le tableau suivant donne les valeurs de K, c'est-à-dire la valeur du rapport $2{,}718^{\frac{fs}{r}}$.

RAPPORT de l'arc embrassé à la circonférence entière	VALEUR DU RAPPORT K					
	Courroies neuves sur tambours en bois	Courroies à l'état ordinaire		Courroies humides sur poulies en fonte	Cordes s. tambours ou treuils en bois	
		sur tambours en bois	sur poulies en fonte		brut	poli
0.20	1.87	1.80	1.42	1.61	1.87	1.51
0.30	2.57	2.43	1.69	2.05	2.57	1.86
0.40	3.51	3.26	2.02	2.60	3.51	2.29
0.50	4.81	4.38	2.41	3.30	4.81	2.82
0.60	6.59	5.88	2.87	4.19	6.58	3.47
0.70	9.00	7.90	3.43	5.32	9.01	4.27
0.80	12.34	10.62	4.09	6.75	12.34	5.25
0.90	16.90	14.27	4.87	8.57	16.90	6.46
1.00	23.14	19.16	5.81	10.89	23.90	7.95
1.50	»	»	»	»	111 31	22.42
2.00	»	»	»	»	535.47	63.23
2.50	»	»	»	»	2 574.80	178.52

202. *Détermination du rayon de la poulie.* — Assez souvent dans les transmissions de mouvement on se donne la différence $T - t$ des tensions c'est-à-dire Q, ainsi que le travail à transmettre.

Désignons par T^{km} ce travail.

r le rayon de la poulie

n le nombre de tours par minute.

on aura :

$$Q = \frac{T^{k.m.}}{V} = \frac{T^{km}}{\frac{2\pi rn}{60}}$$

$$Q = \frac{60\ T^{km}}{2\pi rn}$$

d'où. $$r = \frac{60\ T^{km}}{2\pi nQ} = \frac{60\ T^{km}}{2\pi n(T - t)}.$$

203. *Expression de la tension des deux brins d'une courroie au repos.* — L'observation montre que lorsqu'une courroie transmet le mouvement le brin conduit se raccourcit tandis que le brin conducteur s'allonge de la même quantité et que la somme des tensions en mouvement est la même que la somme des tensions au repos. Soit T_1 la tension de chaque brin au repos, on aura :

$$2\,T_1 = T + t$$

d'où, $$T_1 = \frac{T+t}{2},$$

c'est-à-dire que la tension au repos est égale à la demi-somme des tensions en mouvement.

204. *Résultats d'expériences faites par Morin sur le glissement des cordes et courroies à la surface des tambours en bois et des poulies en fonte.* — Les deux tableaux suivants contiennent les résultats des expériences faites par Morin. L'arc embrassé a varié dans les rapports 8,3 à 1 environ, et les tensions ont atteint à peu près les limites de celles qu'on donne aux courroies de mécanique; dans ces conditions le rapport f du frottement à la pression est resté à peu près constant.

Les trois premières séries du premier tableau confirment pleinement les considérations théoriques.

La quatrième série est relative à une courroie tout à fait neuve et très raide, et c'est à cette circonstance que l'on peut attribuer l'accroissement assez faible de la valeur moyenne qu'elle a fournie. Cette courroie n'ayant d'ailleurs que $0^m,028$ de largeur ou environ la moitié de la précédente, on voit que cette dernière série confirme, quant aux courroies, la loi de l'indépendance des surfaces.

Dans les expériences du deuxième tableau, l'étendue de l'arc embrassé a varié dans le rapport de 6 à 1, la largeur de courroie passée sur la poulie dans celui de 2 à 1, les tensions dans ceux de 1 à 3 et de 1 à 6, et cependant la valeur du rapport f du frottement à la pression est restée sensiblement constante, et moyennement égale, pour la courroie sèche et les poulies sèches à

$$f = 0,282$$

lorsque la poulie était mouillée d'eau, l'on a eu $f = 0,377$

205. *Expériences sur le frottement des courroies sur des tambours en bois, par Morin.*

LARGEUR de la courroie	ÉTAT de la courroie	DIAMÈTRE du tambour	LONGUEUR développée de l'arc embrassé S	TENSION DU BRIN Montant	TENSION DU BRIN Descendant	RAPPORT du frottement À LA PRESSION f
m		m	m	kil.	kil.	
0.050	sèche un peu onctueuse	0.836	1.313	6.376	30.376	0.497
				6.376	29.376	0.486
				6.376	29.376	0.492
				16.376	75.876	0.488
				16.376	69.526	0.460
				16.376	68.676	0.458
				11.376	50.376	0.473
				11.376	43.376	0.426
				Moyenne..........		0.472
0.050	sèche un peu onctueuse	0.408	0.640	6.376	28.876	0.472
				6.376	31.376	0.458
				6.376	28.676	0.507
				16.376	63.876	0.479
				16.376	63.876	0.433
				Moyenne..........		0.462
0.050	sèche un peu onctueuse	0.100	0.157	6.376	33.376	0.526
				6.376	34.376	0.541
				11.376	41.376	0.411
				11.376	44.876	0.438
				11.376	42.876	0.422
				16.376	73.376	0.477
				16.376	76.436	0.430
				Moyenne..........		0.422
0.028	très sèche et rude	0.836	1.313	5.401	37.401	0.570
				5.401	32.901	0.575
				10.401	51.901	0.512
				10.401	47.401	0.483
				15.401	62.401	0.446
				15.401	61.901	0.443
				Moyenne..........		0.504
				Moyenne générale..........		0.477

206. *Expériences sur le frottement des courroies en cuir corroyées sur des poulies en fonte, d'après Morin.*

LARGEUR de la courroie	ÉTAT de la courroie	DIAMÈTRE de la poulie	LONGUEUR de l'arc embrassé S	TENSION DU BRIN montant Q	TENSION DU BRIN descendant P	RAPPORT du frottement à la pression f	OBSERVATIONS
m		m	m	kil.	kil.		
0.050	sèche un peu onctueuse	0.610	0.958	6.376 6.376 11.376 16.376	13.476 16.776 29.276 37.376	0.238 0.308 0.301 0.262	Cette courroie était vieille et avait servi longtemps dans une filature. La poulie n'était pas tournée.
				Moyenne.........		0.279	
0.050	sèche un peu onctueuse	0.610	0.958	6.376 11.376 16.376 26.376	16.000 27.876 36.376 72.876	0.300 0.285 0.254 0.323	Cette courroie était neuve. La poulie n'était pas tournée.
				Moyenne.........		0.281	
0.050	sèche un peu onctueuse	0.110	0.173	6.376 6.376 11.376 16.376 16.376	14.376 18.376 26.876 36.876 36.876	0.259 0.336 0.276 0.259 0.259	La poulie avait été tournée et sa largeur n'était que de $0^m,03$, ce qui réduisait celle de la partie frottante de la courroie à $0^m,03$.
				Moyenne...... ...		0.284	
0.050	humide et mouillée d'eau	0 610	0.958	11.376 6.376 6.376 16.376 21.376	30.876 19.876 19.876 51.876 90.876	0.317 0.361 0.361 0.366 0.458	
				Moyenne.........		0.377	

207. *Frottement d'un corps sur un plan incliné.*

1° Nous allons déterminer les conditions d'équilibre d'un corps reposant sur un plan incliné en tenant compte du frottement.

Soit α l'angle que fait le plan incliné avec l'horizon (*fig.* 77), et soit OA le poids du corps soumis seulement à l'action de la pesanteur; décomposons ce poids P en deux composantes, l'une OB $=$ N normale au plan et l'autre OC $=$ T parallèle à ce plan.

Le frottement F produit par la pression normale est:

$$F = fN$$

Or le triangle rectangle OAB donne:

$$N = P \cos \alpha$$

donc,

$$F = fP \cos \alpha$$

La composante T a pour valeur, d'après le triangle OAC:

$$T = P \sin \alpha$$

Les forces F et T étant directement opposées seront égales pour que le corps soit en équilibre, d'où:

$$P \sin \alpha = fP \cos \alpha$$

d'où

$$f = \frac{\sin \alpha}{\cos \alpha} = \text{tg. } \alpha. \quad (1)$$

C'est-à-dire que l'équilibre a lieu lorsque le coefficient de frottement f est égal à la tangente trigonométrique de l'angle du plan incliné avec l'horizon.

Remarque. — Si l'angle α était inférieur à celui donné par la relation (1) le corps restera sur le plan, ceci explique pourquoi les livres, par exemple, ne glissent pas sur un pupitre, ni les tuiles sur un toit.

Pour l'homme gravissant une côte, la pente ne doit pas être supérieure à 30°. Pour des pentes plus fortes, on fait usage de marches ou escaliers.

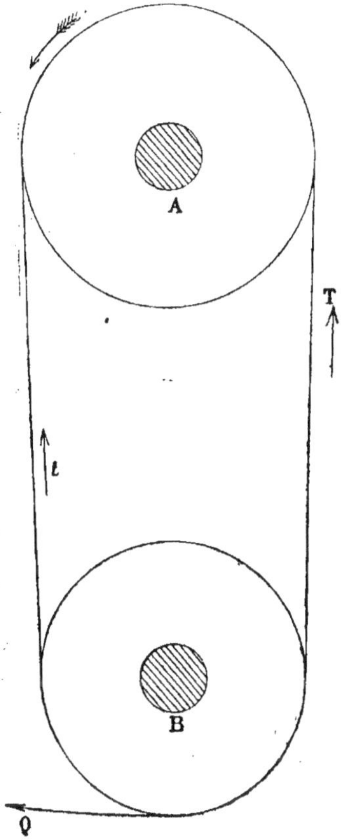

Fig. 76.

2° Supposons que le corps soit soumis à une force tendant à le faire monter suivant le plan. Soit α l'angle du plan incliné et β l'angle que fait la force Z avec la direction du plan (*fig.* 78.) ; le poids P donne les deux composantes N normale au plan et T parallèle ; de même la force Z décomposée dans les mêmes directions donne les composantes N' et T'. La pression normale résultante est :

$$N - N'$$

or $\quad N = P \cos \alpha$

$\quad N' = Z \sin \beta$

d'où $\quad N - N' = P \cos \alpha - Z \sin \beta$

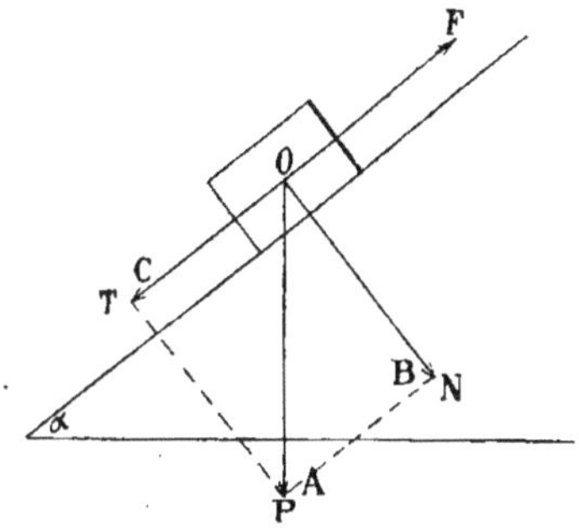

Fig. 77.

Le frottement F sera donc :

$$F = f\,(P \cos \alpha - Z \sin \beta)$$

La résultante des composantes tangentielles est :

$$T' - T$$

or, $\quad T' = Z \cos \beta$

$\quad T = P \sin \alpha$

d'où, $\quad T' - T = Z \cos \beta - P \sin \alpha$

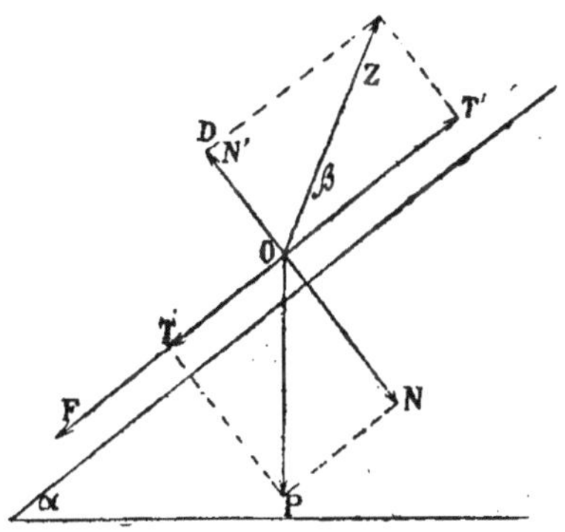

Fig. 78.

L'équation d'équilibre sera donc :

$$f\,(P \cos \alpha - Z \sin \beta) = Z \cos \beta - P \sin \alpha$$

d'où,

$$f\,P \cos \alpha + P \sin \alpha = Z \cos \beta + f\,Z \sin \beta$$

de laquelle on tire :

$$Z = P\frac{\sin\alpha + f\cos\beta}{\cos\beta + f\sin\beta}.$$

Si nous désignons par φ l'angle tel que:

$$f = tg\ \varphi$$

on a, $$Z = P\frac{tg\ \varphi\cos\beta + \sin\alpha}{\cos\beta + tg\ \varphi\sin\beta}$$

mais, $tg\ \varphi = \frac{\sin\varphi}{\cos\varphi}$, d'où en remplaçant

$$Z = P\frac{\sin\varphi\cos\beta + \sin\alpha\cos\varphi}{\cos\beta\cos\varphi + \sin\beta\sin\varphi}$$

ou $$Z = P\frac{\sin(\alpha + \varphi)}{\cos(\beta - \varphi)}. \quad (1)$$

Cette formule exprime la valeur de la force qui produirait le démarrage vers le haut.

208. Remarque. — En ne tenant pas compte du frottement, on trouve :

$$Z = P\frac{\sin\alpha}{\cos\beta}$$

ce qui a été établi déjà au sujet de l'équilibre d'un corps sur un plan incliné (cinématique).

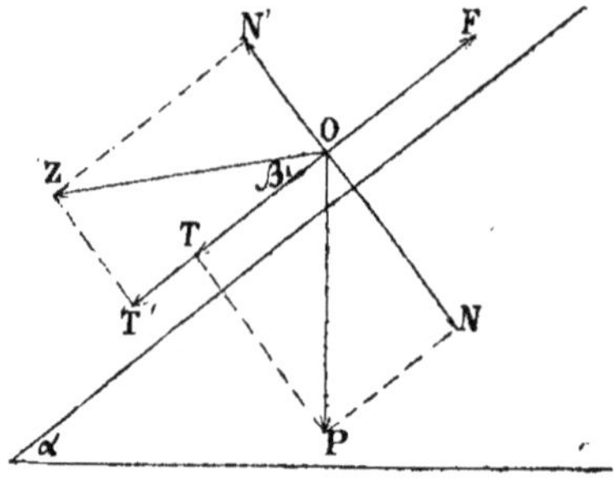

Fig. 79.

On voit donc que le frottement a pour effet de substituer au plan où le frottement s'exerce un plan où il ne s'exercerait pas, mais dans lequel l'angle d'inclinaison serait augmenté de φ.

3° *Démarrage vers le bas*. — Soit β_1 l'angle que fait la force Z avec le plan incliné (*fig*. 79). La force F de frottement sera dirigée vers le haut.

On aura comme précédemment :

$$Z\cos\beta_1 + P\sin\alpha = F$$

La pression résultante normale au plan a pour valeur :

$$N - N' = P\cos\alpha - Z\sin\beta_1$$

Le frottement sera alors.

$$F = f(P\cos\alpha - Z\sin\beta_1)$$

l'équation d'équilibre des forces parallèles au plan devient :

$$Z\cos\beta_1 + P\sin\alpha = f(P\cos\alpha - Z\sin\beta_1)$$

de laquelle on tire :

$$Z = P\frac{\sin(\varphi - \alpha)}{\cos(\varphi - \beta_1)} \quad (2)$$

209. Remarque I. — Cette formule peut se tirer de la formule précédente (1) dans laquelle on change φ en $-\varphi$ et où l'angle β est $180 - \beta_1$; avec ces substitutions la formule (1) devient :

$$Z = P\frac{\sin(\alpha - \varphi)}{\cos(180 - \beta_1 + \varphi)} = P\frac{\sin(\varphi - \alpha)}{\cos(\varphi - \beta_1)}$$

210. Remarque II. Si l'angle α du plan est plus grand que l'angle φ, le corps glisserait de lui-même ; il n'y a donc pas lieu de considérer le mouvement vers le bas, à moins qu'on ne veuille demander l'effort nécessaire pour empêcher le corps de glisser ; on peut aussi remarquer que la formule (2) donne, ainsi que cela doit être quand α est plus grand que φ, une valeur négative pour Z ; car $\alpha - \varphi$ est positif et $\varphi - \beta$ n'est jamais, dans le cas qui nous occupe, supérieur à 90° ou inférieur à — 90° En résumé la formule

$$Z = P\frac{\sin(\alpha + \varphi)}{\cos(\beta - \varphi)}$$

est une formule générale qui convient à tous les cas de démarrage ; seulement il faut faire attention au signe de φ il sera positif pour les mouvements vers le haut, négatif pour ceux du bas ; il faut de plus compter les angles β à partir d'une même origine.

211. *Mouvement d'un corps sur un plan horizontal en tenant compte du frottement.* — Lorsque un corps se meut sur un plan horizontal il donne naissance à une force de frottement constante pendant toute la durée du mouvement, quelles que soient les variations de la vitesse.

Nous considérerons 1° le mouvement uniforme, et 2° le mouvement varié.

212. *Mouvement uniforme.* — Quand un corps se meut d'un mouvement uniforme sur un plan horizontal, la composante horizontale T de la force Z appliquée au corps (*fig*. 80) est égale à la force de frottement F, à la condition toutefois que la composante normale N' soit inférieure à P.

En désignant par β l'angle des forces (Z.T) on a :

$$N' = Z \sin \beta$$
$$T = Z \cos \beta$$

la résultante normale au plan est :

$$P - N' = P - Z \sin \beta$$

et par suite, $F = f(P - Z \sin \beta)$

Mais, $T = F$

donc, $f(P - Z \sin \beta) = Z \cos \beta$

d'où, $$Z = \frac{fP}{\cos \beta + f \sin \beta}$$

ou en remplaçant f par tg φ,

$$Z = \frac{P \sin \varphi}{\cos (\beta - \varphi)}.$$

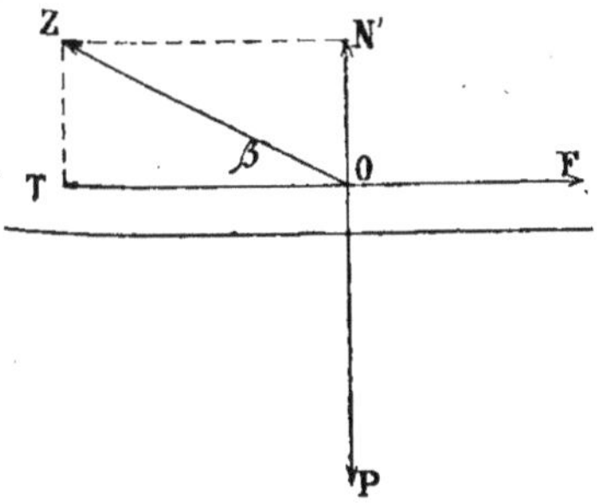

Fig. 80.

Telle est la force qui entretiendra le mouvement uniforme.

213. *Mouvement varié.* — 1° *Le corps est lancé en un plan horizontal avec une vitesse initiale* v_0.

Le mouvement du corps sera uniformément retardé, car la résistance au frottement est une force constante qui agit en sens inverse de la vitesse initiale.

Si P est le poids du corps, m sa masse, on aura pour l'accélération négative de ce mouvement :

$$\gamma = -\frac{F}{m} = -\frac{fP}{m}$$

or, $$m = \frac{P}{g}$$

dès lors,

$$\gamma = -fg \qquad (1).$$

La vitesse sera :

$$v = v_0 + \gamma t = v_0 - fgt \qquad (2)$$

et l'espace $$e = v_0 t - \frac{1}{2} fgt^2 \qquad (3)$$

Telles sont les trois formules qui permettront d'étudier le mouvement du corps sur le plan ; elles ne diffèrent de celles que nous avons établies en cinématique que par la substitution de fg à g.

2° *Le corps est soumis à l'action d'une force* Z *constante dirigée suivant le plan.*

Dans ce cas la force qui produit le mouvement est :

$$Z - fP$$

elle est constante, le mouvement est dès lors uniformément varié et a pour accélération.

$$\gamma = \frac{Z - fP}{m}.$$

En introduisant cette valeur de γ dans les formules du mouvement varié, on aura les formules des vitesses et des espaces.

214. *Mouvement sur un plan incliné. — Le corps est simplement posé sur le plan.*

Pour que le mouvement soit possible, il faut que l'angle α du plan soit plus grand que l'angle φ.

Le corps est soumis à son poids P et à la force de frottement, mais il n'y a lieu de considérer que la composante T et le frottement F.

La masse du corps est alors :

$$m = \frac{T - F}{\gamma}$$

ou en remplaçant m par $\frac{P}{g}$, T par P sin α et F par fP cos α, on a :

$$m = \frac{P \sin \alpha - fP \cos \alpha}{\gamma} = \frac{P}{g}$$

d'où on tire :

$$\gamma = g (\sin \alpha - f \cos \alpha)$$

ou $$\gamma = g \frac{\sin (\alpha - \varphi)}{\cos \varphi}$$

L'accélération étant constante le mouvement est uniformément accéléré.

Si l'on suppose $\varphi = 0$, on a :

$$\gamma = g \sin \alpha$$

ce que nous avons déjà trouvé dans l'étude du même mouvement sur un plan incliné, sans tenir compte du frottement.

215. Remarque. — Si $\alpha = \varphi$ on a $\gamma = 0$, c'est-à-dire que si un corps est simplement posé sur un plan incliné pour lequel $\alpha = \varphi$, il reste en équilibre, et s'il a un mouvement antérieur, son mouvement est uniforme. On obtient ainsi le plan d'équilibre parfois recherché dans les mines pour le roulage des bennes pleines.

2° *Le corps est lancé soit vers le haut, soit vers le bas.* Supposons d'abord qu'il soit lancé vers le bas, et désignons par v_0 la vitesse initiale ; les forces sont les mêmes que dans le premier cas, l'accélération est la même, puisqu'elle ne dépend que des forces agissant sur le corps et non de la vitesse antérieurement acquise ; on a :

$$\gamma = g \frac{\sin(\alpha - \varphi)}{\cos \varphi}.$$

Nous devons faire ici trois hypothèses :

1° $\alpha > \varphi$, l'accélération γ est positive, le mouvement est uniformément accéléré et l'on obtient les formules.

$$v = v_0 + g \frac{\sin(\alpha - \varphi)}{\cos \varphi} t$$

$$e = v_0 t + g \frac{\sin(\alpha - \varphi)}{\cos \varphi} \frac{t^2}{2}.$$

2° $\alpha = \varphi$ alors $\gamma = 0$, et le mouvement est uniforme avec la vitesse v_0.

3° $\alpha < \varphi$. L'accélération γ est négative ; car $\sin(\alpha - \varphi)$ est négatif ; le mouvement est uniformément retardé et, en rendant les sinus positifs, on a les formules :

$$v = v_0 - g \frac{\sin(\varphi - \alpha)}{\cos \varphi} t$$

$$e = v_0 t - g \frac{\sin(\varphi - \alpha)}{\cos \varphi} \frac{t^2}{2}.$$

Ces formules permettent de trouver à quel moment le corps s'arrête et quel espace il a parcouru.

Ainsi, la vitesse est nulle au bout du temps t donné par la relation

$$t = \frac{v_0}{g} \frac{\cos \varphi}{\sin(\varphi - \alpha)}$$

et l'espace parcouru jusqu'au moment de l'arrêt est

$$e = \frac{v_0^2}{2g} \frac{\cos \varphi}{\sin(\varphi - \alpha)}.$$

Supposons maintenant que le corps soit lancé vers le haut ; la force de frottement est dirigée vers le bas et s'ajoute à la composante tangentielle du poids pour ralentir le mouvement. Le mouvement est uniformément retardé.

On trouve par un raisonnement analogue au cas précédent

$$\gamma = g \frac{\sin(\alpha + \varphi)}{\cos \varphi}.$$

Les équations du mouvement sont :

$$v = v_0 - g \frac{\sin(\alpha + \varphi)}{\cos \varphi} t$$

$$e = v_0 t - g \frac{\sin(\alpha + \varphi)}{\cos \varphi} \frac{t^2}{2}.$$

Le corps monte et son mouvement cesse lorsque $v = 0$, ce qui permet de trouver la durée de cette ascension ; elle est

$$t = \frac{v_0}{g} \frac{\cos \varphi}{\sin(\alpha + \varphi)}$$

et le chemin parcouru

$$e = \frac{v_0^2}{2g} \frac{\cos \varphi}{\sin(\alpha + \varphi)}.$$

A partir du moment où l'ascension cesse, le mobile peut se trouver dans deux cas différents :

1° Si l'on a $\alpha \leq \varphi$, le repos du mobile subsiste ;

2° Si au contraire, on a $\alpha > \varphi$, le corps redescend, il se comporte absolument comme un corps simplement posé sur le plan.

2° *Le corps est soumis à l'action d'une force.* — Soit Z la force dont la direction fait un angle β avec le plan incliné, et soit P le poids du corps.

La pression normale au plan qui doit être toujours positive est :

$$P \cos \alpha - Z \sin \beta$$

la force de frottement sera :

$$F = f(P \cos \alpha - z \sin \beta)$$

si le corps monte, l'équation d'équilibre est :

$$Z \cos \beta - P \sin \alpha - F = 0$$

l'accélération

$$\gamma = \frac{Z \cos \beta - P \sin \alpha - f(P \cos \alpha - Z \sin \beta)}{m}$$

d'où

$$\gamma = \frac{Z(\cos \beta + f \sin \beta) - P(\sin \alpha - Z \sin \beta)}{m}$$

ou $$\gamma = \frac{Z \cos(\beta - \varphi) - P \sin(\alpha + \varphi)}{m \cos \varphi}$$

Connaissant l'accélération, on a aisément les formules de la vitesse et de l'espace.

Si le corps descend, la force de frottement est alors dirigée vers le haut; la force qui produit le mouvement est la somme :

$$P \sin \alpha - Z \cos \beta - F$$
$$= \frac{P \sin (\alpha - \varphi) - Z \cos (\beta - \varphi)}{\cos \varphi}$$

l'accélération γ s'obtiendra en divisant par m.

216. *Travail absorbé par le frottement d'un corps sur un plan.* — Le travail absorbé par le frottement s'obtient en multipliant la force de frottement F par l'espace parcouru.

1° Le plan est horizontal.

Si le corps se déplace sous l'action d'une force horizontale on aura :

$$T.\ F = F \times e$$

e représentant le chemin parcouru ; donc :

$$T.\ F = f\,P\,e$$

Si la force Z est quelconque; la pression normale est :

$$P - Z \sin \beta$$

et le travail :

$$T.\ F = fe\,(P - Z \sin \beta)$$

Dans le cas du mouvement uniforme on a:

$$f\,(P - Z \sin \beta) = Z \cos \beta$$

où on tire : $Z = \dfrac{P \sin \varphi}{\cos (\beta - \varphi)}$

alors, $TF = Pfe\,\dfrac{\cos \beta \cos \varphi}{\cos (\beta - \varphi)}$.

Si $\beta = 0$, on a :

$T.\ F = P\,fe$ résultat déjà trouvé.

2° *Le plan est incliné.*

La pression normale résultante est :

$$P \cos \alpha - Z \sin \beta$$

d'où $F = f\,(P \cos \alpha - Z \sin \beta)$

et le travail :

$$T.\ F = fe\,(P \cos \alpha - Z \sin \beta)$$

On pourrait se proposer de rechercher ce que devient l'expression de ce travail pour les divers mouvements que peut prendre le corps.

217. *Rendement du plan incliné.* — Supposons un corps P se mouvant uniformément vers le haut sous l'action d'une force Z.

On a $\quad Z = P\,\dfrac{\sin (\alpha + \varphi)}{\cos (\varphi - \beta)}$

Le travail moteur, pour un chemin e parcouru suivant le plan, est :

$$T_m = Ze \cos \beta = Pe \cos \beta\,\frac{\sin(\alpha + \varphi)}{\cos (\varphi - \beta)}.$$

Le poids s'est élevé de $e \sin \alpha$, le travail utile est :

$$T_u = Pe \sin \alpha$$

et le rendement :

$$R = \frac{T_u}{T_m} = \frac{Pe \sin \alpha}{Pe \cos \beta\,\dfrac{\sin (\alpha + \varphi)}{\cos (\varphi - \beta)}}$$

$$R = \frac{\sin \alpha}{\cos \beta} \times \frac{\cos (\varphi - \beta)}{\sin (\alpha + \varphi)}.$$

218. Remarque I. — Si $\varphi = 0$, on a

$$R = 1$$

le frottement a donc pour but de diminuer le rendement, on a un rendement nul pour $\alpha = 0$, ou pour un plan horizontal et, en effet, le corps ne se déplaçant pas verticalement, il ne peut y avoir de travail utile.

219. Remarque II. — Examinons le cas particulier où la force Z est parallèle à la base du plan incliné, on a alors $\beta = 180 - \alpha$ et le rendement devient :

$$R = \frac{\operatorname{tg} \alpha}{\operatorname{tg} (\alpha + \varphi)}.$$

Ce rendement s'annule pour $\alpha = 0$ ou pour $\alpha = 90°$; il doit donc y avoir un angle du plan pour que ce rendement ait un maximum ; le calcul montre que l'angle α correspondant à ce maximum est :

$$\alpha = 45° - \frac{\varphi}{2}.$$

Problème.

220. *Quelle est l'intensité de la force qu'il faut exercer pour vaincre le frottement exercé par un bloc de 1 500 k. reposant sur un sol dur, sachant que le coefficient de frottement $f = 0,65$.*

Nous supposerons: 1° le sol horizontal.

Dans ce cas le frottement F sera :

$$F = P\,f$$

où $\quad F = 1\,500 \times 0{,}65 = 975$ k.

2° Le sol est incliné d'un angle α et la force tend à faire monter le corps (*fig.* 81).

En supposant que la force Q soit dirigée suivant le plan, elle devra vaincre la composante T du poids du corps augmentée du frottement F.

On a :

$$T = P \sin \alpha$$

et $F = N f = P \cos \alpha f$

donc, $Q = T + F = P \sin \alpha + f P \cos \alpha$

$$Q = P (\sin \alpha + 0,65 \cos \alpha).$$

Supposons que la pente du plan incliné soit de 15 millimètres par mètre ; les tables de logarithmes donnent :

$$\sin \alpha = 0,014$$

$$\cos \alpha = 0,999$$

donc $Q = 1500 (0,014 + 0,65 . 0,999)$

$$Q = 995 \text{ k environ.}$$

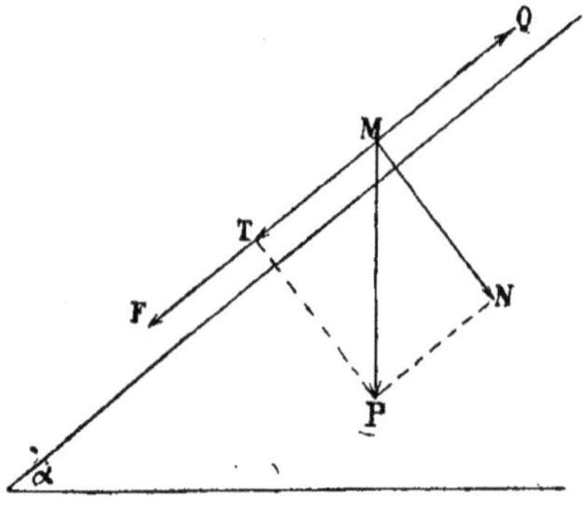

Fig. 81.

3° *La force Q fait descendre le corps sur le plan.* On aura alors :

$Q = F - T = 1500 (0,65 \cos \alpha - \sin \alpha)$

et en calculant d'après la pente donnée

$$Q = 953 \text{ kilog.}$$

Problème.

221. *On lance un corps sur un plan incliné avec une vitesse de 5 mètres ; quel devra être l'angle de ce plan pour que le corps le descende d'un mouvement uniforme.* $f = 0,35$. — Pour que le corps se meuve sur le plan d'un mouvement uniforme avec cette vitesse de 5 mètres, il suffit que les forces qui agissent sur lui se fassent équilibre ; or ces forces sont (*fig.* 82) la composante T du poids P du corps et la force de frottement F. On aura donc :

$$F = T$$

ou, $N f = P \sin \alpha.$

en remplaçant N par sa valeur $P \cos \alpha$ il vient :

$$f P \cos \alpha = P \sin \alpha$$

d'où $f = \frac{\sin \alpha}{\cos \alpha} = \operatorname{tg} \alpha,$

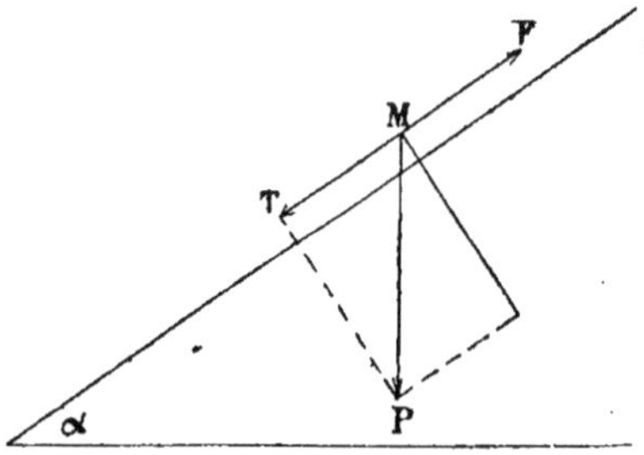

Fig. 82.

c'est-à-dire que la tangente de l'angle est égale au coefficient de frottement

$$\operatorname{tg} \alpha = 0,35$$

et d'après les tables de logarithmes.

$$\alpha = 19° 17.$$

Problème.

222. *Un traîneau pesant* 900 *k. fait* 8 *kilomètres à l'heure ; quel est le travail absorbé en* 5 *heures, sachant que le coefficient* $f = 0,28$.

1° En supposant le sol horizontal, on aura pour la force de frottement :

$$F = fP = 0,28 \times 900 = 252 \text{ kilog.}$$

le travail absorbé sera égal au frottement multiplié par le chemin parcouru exprimé en mètres :

$$T = F.E = 252 \times 40\,000$$

$$T = 10,080\,000 \text{ kilogrammètres.}$$

2° Si la route est inclinée de 25 millimètres par mètre, la force de frottement F sera :

$$F = f P \cos \alpha$$

et le travail $T = f P \cos \alpha \, E.$

Or, $\operatorname{tg} \alpha = \frac{25}{1\,000}$

d'où, $\alpha = 14° 3'$ et $\cos \alpha = 0,970$

d'où, $T = 0,28 \times 900 \times 0,970 \times 40\,000$

$$T = 9\,777\,600 \text{ kilogrammètres.}$$

Problème.

223. *Un corps de poids P est lancé sur un plan horizontal avec une vitesse v_0. Quand s'arrêtera-t-il? Quel espace aura-t-il parcouru, le coefficient de frottement étant f.* — Le frottement étant une force constante, le mouvement du corps sera uniformément retardé.

Cette force retardatrice est :

$$F = fP$$

et l'accélération en valeur absolue est :

$$\gamma = \frac{fP}{m} = fg.$$

Les formules qui permettent d'étudier le mouvement du corps sont :

$$e = v_0 t - \frac{\gamma t^2}{2} \text{ et } v = v_0 - \gamma t$$

1° Le corps s'arrête quand l'on aura $v = 0$, soit :

$$v_0 - \gamma t = 0.$$

d'où,

$$t = \frac{v_0}{\gamma} = \frac{v_0}{fg}.$$

2° L'espace parcouru jusqu'au point d'arrêt est

$$e = v_0 \frac{v_0}{fg} - \frac{fg}{2}\left(\frac{v_0}{fg}\right)^2,$$

de laquelle on tire :

$$e = \frac{v_0^2}{2fg}.$$

Réponse

$$t = \frac{v_0}{fg}$$

$$e = \frac{v_0^2}{2fg}.$$

Problème.

224. *Un corps lancé sur un parquet uni et horizontal parcourt en glissant $1^m,80$ et il s'arrête à cause du frottement. Calculer la vitesse initiale en supposant $f = 0,25$.*

La force retardatrice, qui n'est autre que le frottement a pour valeur 0,25 P, représentant le poids du corps ; et l'accélération négative γ est :

$$\gamma = \frac{F}{m}$$

qui devient dans ce cas

$$\gamma = \frac{-0,25P}{m} = -0,25g.$$

Les formules du mouvement sont :

$$e = v_0 t + \gamma \frac{t^2}{2} = v_0 t - 0,25\, g \frac{t^2}{2} \quad (1)$$

et $\qquad v = v_0 + \gamma t = v_0 - 0,25\, gt.$

Lorsque le corps s'arrête $v = 0$, ce qui donne :

$$0 = v_0 - 0,25\, gt$$

d'où,

$$t = \frac{v_0}{0,25\, g} = \frac{4v_0}{g}$$

L'espace parcouru étant 1,80, on a, d'après l'équation (1) :

$$1,8 = v_0 \frac{4v_0}{g} - \frac{0,25\, g}{2} \times \frac{16\, v_0^2}{g^2}$$

ou

$$1,80 = \frac{4\, v_0^2}{g} - \frac{4\, v_0^2}{2g} = \frac{2\, v_0^2}{g}$$

et en calculant on tire

$$v_0 = \sqrt{\frac{1,8 \times 9,81}{2}} = 2^m,96.$$

Réponse : $v_0 = 2^m,96$.

Problème.

225. *Deux corps P de 20 kilog. sont attachés aux extrémités d'une corde qui passe sur une poulie ; le premier glisse sur un plan horizontal avec un frottement $f = 0,45$; l'autre tombe suivant la verticale ; la corde qui tire le premier corps est parallèle au plan. Quel sera le chemin parcouru au bout de la première seconde?*

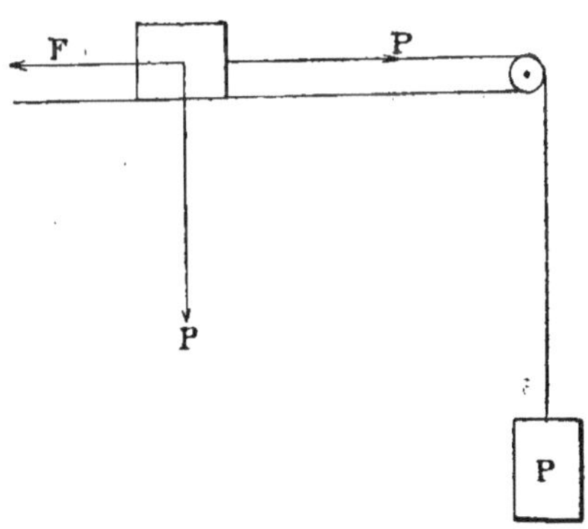

Fig. 83.

En désignant par F (*fig.* 83) la force du

frottement et R la résultante de la force qui détermine le mouvement; on aura:

$$R = P - F$$

ou, $$R = P - fP$$

La masse en mouvement est $\frac{2P}{g}$; l'accélération γ du système sera donnée par la formule :

$$R = m\gamma$$

ou $$P - fP = \frac{2P}{g}\gamma,$$

qui fournit :

$$\gamma = \frac{g(1-f)}{2}.$$

La formule de l'espace $e = \frac{\gamma t^2}{2}$ donnera pour le chemin parcouru pendant la première seconde :

$$e = \frac{\gamma}{2} = \frac{g}{4}(1-f).$$

ou, en remplaçant les lettres par leurs valeurs:

$$e = \frac{9,81}{4}(1 - 0,45) = 1,348.$$

Rép. $1^m,348$

226. Remarque I. — Si le corps remontait un plan incliné d'un angle α (*fig.* 84), la force accéleratrice serait dans ce cas:

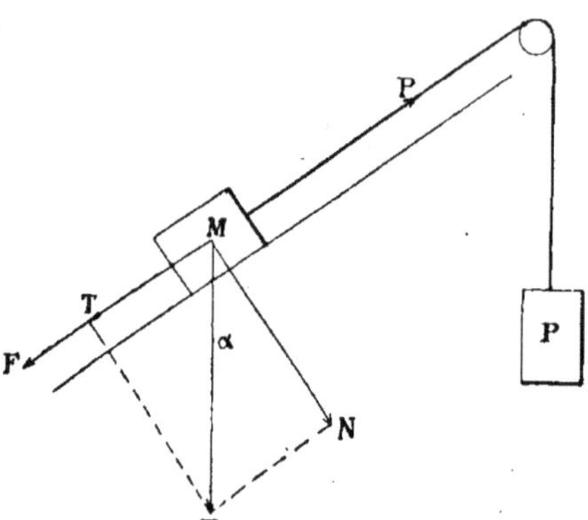

Fig. 84.

$$R' = P - F - T$$

or le frottement $F = fP \cos \alpha$ et la composante tangentielle :

$$T = P \sin \alpha,$$

donc: $R' = P - fP\cos\alpha - P\sin\alpha$.

L'accélération du mouvement de la masse 2 P sera:

$$\gamma' = \frac{P(1 - f\cos\alpha - \sin\alpha)}{\frac{2P}{g}}$$

$$\gamma' = (1 - f\cos\alpha - \sin\alpha)\frac{g}{2}$$

et comme l'espace parcouru pendant la première seconde est la moitié de l'accélération, on aura:

$$e' = \frac{g}{4}(1 - f\cos\alpha - \sin\alpha).$$

227. Remarque II. — Admettons que le corps descende le plan incliné (*fig.* 85), la force accélératrice sera:

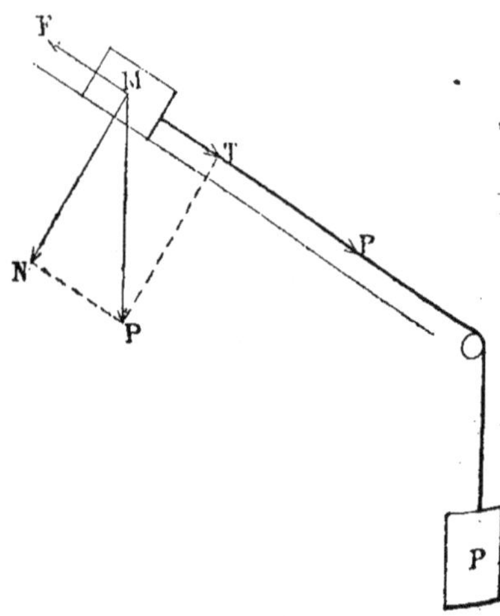

Fig. 85.

$$R'' = P + T - F$$

d'où, $$\gamma'' = \frac{g}{2}(1 - f\cos\alpha + \sin\alpha)$$

et $$e'' = \frac{g}{4}(1 - f\cos\alpha + \sin\alpha).$$

Problème.

228. *Un mobile descend un plan incliné en parcourant une distance de 35 mètres. La projection de ce chemin sur le plan horizontal est égale à 18 mètres. Le coefficient de frottement est* 0,20.

Quel temps mettra-t-il à parcourir la distance de 35^m (*fig.* 86)?

La force accélératrice du mouvement est :

$$R = T - F = P \sin \alpha - f P \cos \alpha$$

et l'accélération est :

$$\gamma = \frac{R}{m} = \frac{R}{\frac{P}{g}} = g \frac{R}{P}$$

ou $$\gamma = g (\sin \alpha - f \cos \alpha)$$

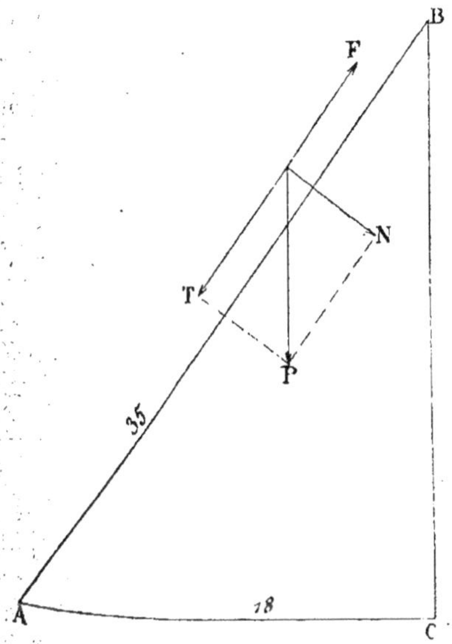

Fig. 86.

Le triangle rectangle ABC fournit :

$$AC = AB \cos \alpha$$

d'où $$\cos \alpha = \frac{AC}{AB} = \frac{18}{35}.$$

Or, $$\sin \alpha = \sqrt{1 - \cos \alpha^2} = \sqrt{1 - \left(\frac{18}{35}\right)^2}$$

$$\sin \alpha = \frac{\sqrt{35^2 - 18^2}}{35}$$

d'où $$\gamma = 9{,}81 \left(\frac{\sqrt{35^2 - 18^2}}{35} - 0{,}20 \, \frac{18}{35}\right)$$

en calculant on trouve :

$$\gamma = 7^m{,}336$$

Le temps mis pour parcourir 35 mètres est donné par la formule :

$$e = \frac{\gamma t^2}{2}$$

de laquelle on tire :

$$t = \sqrt{\frac{2e}{\gamma}}$$

et $$t = \sqrt{\frac{2 \times 35}{7{,}336}} = 3''08$$

Réponse : 3 secondes $\frac{8}{100}$.

Problème.

229. *On pose une barre* AB, *droite et homogène, d'un poids donné* P, *de manière qu'elle appuie son extrémité supérieure* ***B*** *contre un mur vertical* BC *et son extrémité* A *sur un sol horizontal. Elle est d'ailleurs dans un plan perpendiculaire au mur. On demande :*

1° *Quel est l'angle* α *le plus grand qu'elle puisse faire avec le mur sans tomber, connaissant ses deux coefficients de frottement* f *et* f' *par rapport au sol et par rapport au mur ;*

2° *Les valeurs des réactions normales du sol et du mur au moment où l'angle* α *atteint sa valeur maxima ;*

3° *Dans l'hypothèse de* $f = f'$ *on demande quelle relation il y a entre l'angle limite* α *et l'angle commun de frottement.*

1° Désignons par N et N' les réactions normales, aux points A et B (*fig.* 87) ; les forces de frottements F et F' qui y correspondent au moment où l'équilibre sera rompu auront pour valeur :

$$F = f N$$
$$F' = f' N'$$

Les forces qui sollicitent le système sont P, N, N', F et F', s'il y a équilibre entre ces forces, on aura les trois équations.

Projection sur CY $\quad P - N - f'N' = 0 \quad (1)$

Projection sur CX $\quad N' - fN = 0 \quad (2)$

Moments par rapport au point A

$$P \times AD - N' \times AE - f'N' \times AC = 0 \quad (3)$$

ou $$P \times \frac{AB}{2} \sin \alpha - N' \times AB \cos \alpha - f' N' \times AB \sin \alpha = 0$$

et en divisant par AB

$$\frac{P}{2} \sin \alpha - N' \cos \alpha - f'N' \sin \alpha = 0$$

et en divisant par cos α

$$tg\,\alpha\left(\frac{P}{2} - f'N'\right) = N' \qquad (4)$$

des équations (1) et (2) on tire :

$$N' = \frac{fP}{1 + ff'}$$

$$N = \frac{P}{1 + ff'}.$$

L'équation (4) devient alors :

$$tg\,\alpha = \frac{2f}{1 - ff'}.$$

Telle est la valeur de l'angle α demandée.

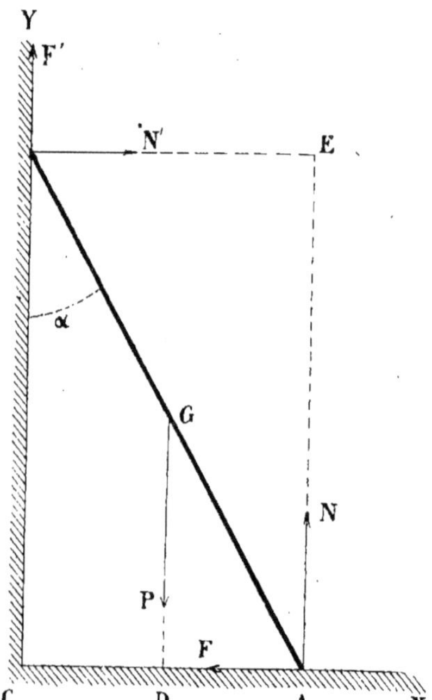

Fig. 87.

2° Les réactions normales du sol et du mur sont :

$$N' = \frac{fP}{1 + ff'}$$

$$N = \frac{P}{1 + ff'}.$$

3° Si l'on fait $f = f'$, c'est-à-dire si le sol et le mur sont de même nature, on a

$$tg\,\alpha = \frac{2f}{1 - f^2}.$$

En représentant par φ l'angle de frottement, il vient en remplaçant f par tg φ.

$$tg\,\alpha = \frac{2\,tg\,\varphi}{1 - tg^2\,\varphi}$$

d'où $\qquad tg\,\alpha = tg\,2\,\varphi$

et enfin $\qquad \alpha = 2\,\varphi.$

Ainsi lorsqu'il y a équilibre, l'angle de la barre avec le mur est double de l'angle de frottement.

Problème.

230. *Un point pesant est posé sur la circonférence d'un cercle dont le plan est vertical. Quelle est la plus basse des positions*

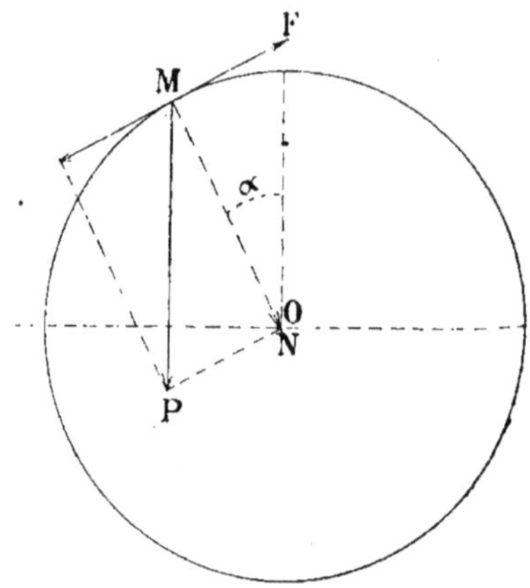

Fig. 88.

qu'il peut occuper, le coefficient au départ étant f.

Soit M la position demandée, elle sera déterminée si on connaît l'angle du rayon OM avec la verticale du point M (*fig.* 88).

Le poids P se décompose en deux forces, l'une N suivant le rayon, l'autre tangentielle T; la première donne lieu à une force de frottement

$$F = Nf$$

qui doit être égale à T.

$$Nf = T$$

ou $\qquad N = P \cos \alpha$

$$T = P \sin \alpha$$

d'où
$$fP \cos \alpha = P \sin \alpha$$

d'où
$$f = \frac{\sin \alpha}{\cos \alpha} = \operatorname{tg} \alpha.$$

Mais,
$$f = \operatorname{tg} \varphi$$

donc,
$$\alpha = \varphi.$$

C'est-à-dire que la plus basse position est celle pour laquelle le rayon fait avec la verticale un angle égal à l'angle de frottement au départ.

Problème.

231. *Une tige homogène AB, ayant 1 mètre de longueur et pesant 4 kilogrammes, repose sur un sol horizontal OA et s'appuie*

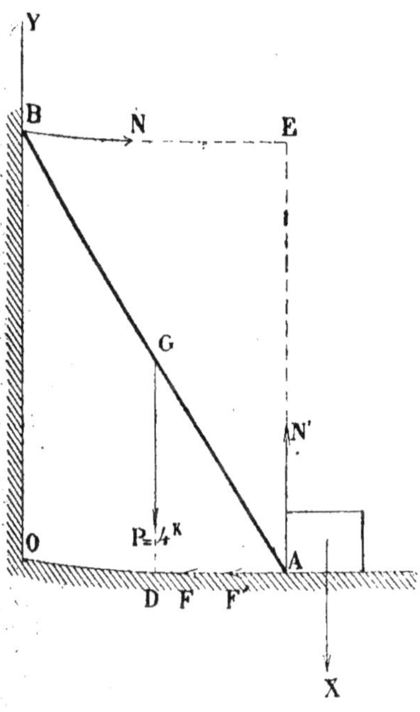

Fig. 89.

contre un mur vertical OB; elle est située dans un plan perpendiculaire à l'intersection du mur avec le sol. A l'aide d'un corps pesant AC, posé sur le sol en A, on veut maintenir la tige en équilibre dans une position telle que OA soit égal à 0^m, 80.

Quel doit être au minimum le poids de ce corps?

Le mur est parfaitement poli; quant au sol, il exerce un frottement sur la tige et sur le corps AC; les coefficients de ce frottement sont 0, 40 *relativement à la tige et* 0, 70 *pour le corps.*

Soit N' la composante normale au plan horizontal exercée par l'extrémité A de la tige (*fig.* 89) et X le poids du corps; les deux forces de frottement F et F' relatives à la barre et au corps sont :

$$F = 0,40\ N'$$
$$F' = 0,70\ X.$$

La barre AB est en équilibre sous l'action de son poids, 4 kilogrammes, des forces de frottement F, F' et des réactions normales en A et en B. Remarquons que la réaction normale N' en A est 4 kilogrammes.

On aura les trois équations :

Projections sur OA $\quad N-(F+F)=0 \quad (1)$

Projections sur OB $\quad 4 - N' = 0 \quad (2)$

Moments au point A

$$4 \times AD - N \times AE = 0 \quad (3)$$

L'équation (1) fournit :

$$N = 0,40\,N' \times 0,70\,X = 0,4 \times 4 + 0,70\,X$$

et l'équation (3)

$$N = 4\frac{AD}{AE} = 4\frac{0,40}{\sqrt{1-\overline{0,8}^2}} = 4 \times \frac{4}{6}$$

d'où en égalant les deux valeurs de N

$$4 \times 0,40 + 0,70\ X = 4 \times \frac{2}{3},$$

d où

$$X = \frac{\frac{8}{3} - 1,6}{0,60} = \frac{32}{11} = 1^k\,\frac{11}{21}.$$

Le poids minimum est $1^k\,\frac{11}{21}$.

232. *Frottement dans la presse à coin.* — Nous avons en cinématique parlé du coin comme d'une machine simple, servant à transformer un mouvement rectiligne en un autre dans une direction perpendiculaire; nous allons ici établir la relation entre les efforts qui déterminent ces mouvements en tenant compte du frottement. Représentons par P la force perpendiculaire à la tête du coin (*fig.* 90) R et R' les réactions exercées sur les faces du coin par les corps avec lesquels elles sont en contact, ou, ce qui revient au même, les actions égales et contraires que le coin exerce sur ces corps.

Décomposons la réaction R en deux forces, l'une N perpendiculaire à AC et l'autre fN dirigée suivant CA ; de même la réaction R′ peut être remplacée par les composantes N′ et f'N′. Le système des forces agissant sur le coin se compose des cinq forces :

$$P,\ N,\ N'\ fN,\ f'N'$$

Projetons ces forces sur la direction de la force P, on aura :

$$P - N\cos A - fN\sin A - N'\cos B + f'N'\cos B = 0 \quad (1)$$

en les projetant sur une direction perpendiculaire on a :

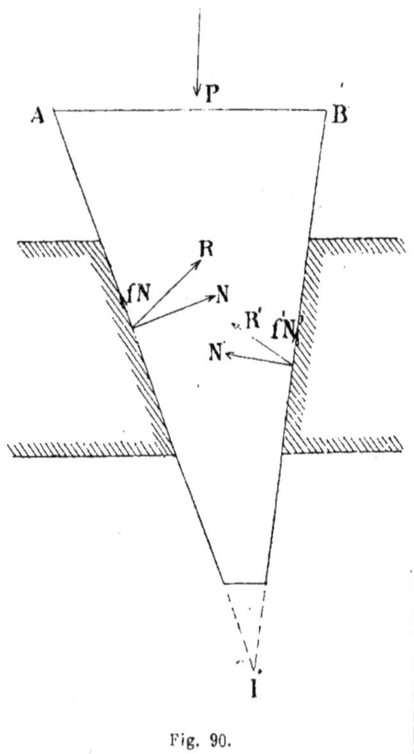

Fig. 90.

$$N\sin A - fN\cos A - N'\sin B + f'N'\cos B = 0 \quad (2).$$

Ces deux relations suffiraient pour déterminer N et N′ si l'on suppose P connu.

Généralement le coin est isocèle et l'on a A = B.

En même temps les corps placés à droite et à gauche du coin sont de même nature ; en sorte que le coefficient de frottement est le même $f = f'$.

Les équations (1) et (2) se simplifient ; la seconde donne :

$$N = N'$$

et la première devient :

$$P = 2N(\cos A + f\sin A) \quad (3)$$

ou

$$\frac{P}{N} = 2\,\frac{\cos(A - \varphi)}{\cos\varphi}$$

en désignant toujours par φ l'angle de frottement.

Cette formule montre que le rapport $\frac{P}{N}$ diminue à mesure que A augmente, c'est-à-dire à mesure que le coin devient de plus en plus aigu.

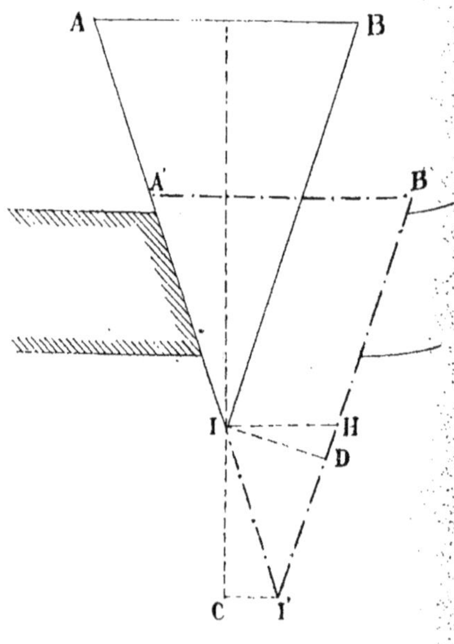

Fig. 91.

Comparons le travail de la force P au travail de la force normale N pour un déplacement quelconque du coin. Supposons que le coin, sous l'action de la force P, ait glissé sur le corps de gauche supposé fixe, d'une petite quantité AA' ou II' (*fig.* 91) et soit venu prendre la position A'I'B'. Prolongeons la bissectrice de l'angle aigu AIB, et menons I'C perpendiculaire à cette bissectrice, puis abaissons la perpendiculaire ID sur B'I'.

Le travail de la force P aura pour expression :

$$T_p = P \times IC$$

Mais $$IC = II' \times \sin A$$

d'où $$T_p = P \times II' \sin A$$

Le travail de la force N aura pour valeur :

$$T_n = N \times ID$$

et $$ID = II' \sin (180^\circ - 2A)$$

d'où $$T_n = N \times II' \sin (180^\circ - 2A)$$

ou $$T_n = N\, II'\, 2 \sin A \cos A.$$

En divisant membre par membre, on a :

$$\frac{T_p}{T_n} = \frac{P \times II' \sin A}{N \times II' 2 \sin A \cos A},$$

$$\frac{T_p}{T_n} = \frac{P}{N} \frac{1}{2 \cos A}.$$

Remplaçons $\frac{P}{N}$ par sa valeur trouvée plus haut, il vient :

$$\frac{T_p}{T_n} = \frac{\cos (A - \varphi)}{\cos A \cos \varphi} = 1 + \operatorname{tg} A \operatorname{tg} \varphi. \quad (5)$$

On voit que ce rapport augmente lorsque l'angle en I diminue, car A et par suite tg A augmentent; on peut donc diminuer P en diminuant I sans accroître le rapport $\frac{T_p}{T_n}$.

La force P et le rapport des travaux augmentent tous deux avec le frottement, comme le montrent les relations (3) et (5). Ce résultat est facile à prévoir :

Si le frottement était négligeable on aurait :

$$P = 2N \cos A$$

et $$T_p = T_n$$

233. Remarque. — La perte de travail est plus grande encore quand on agit par le choc sur la tête du coin, comme on le fait souvent. On atténue la perte en augmentant la masse du corps choquant.

234. *Frottement d'une vis dans son écrou.* — Nous avons vu *en Cinématique* n° 794, que la vis était un organe de transformation de mouvement dans lequel la rotation autour d'un axe produit une translation suivant cet axe. Elle est ordinairement destinée à vaincre un effort P (*fig.* 92) qui s'exerce dans le sens de son

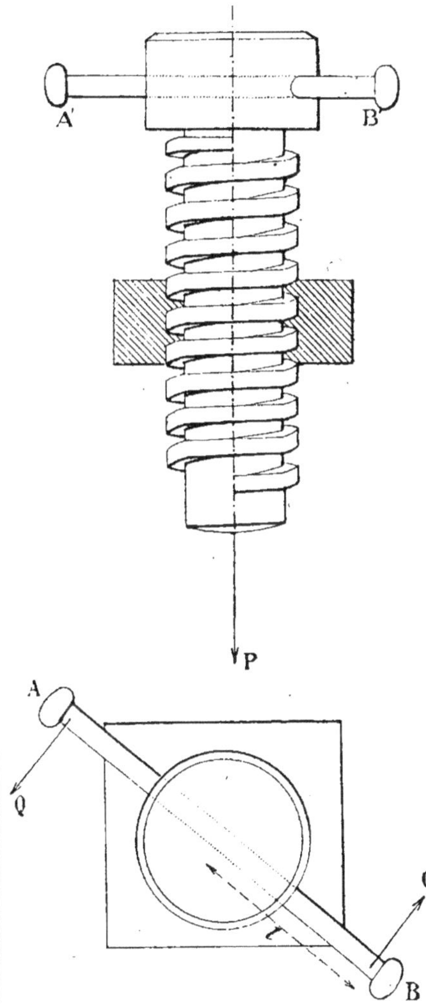

Fig. 92.

axe; elle est mise en mouvement par deux forces, Q et Q' formant un couple perpendiculaire à l'axe et appliquées aux extrémités d'une barre AB, A'B' qui traverse la tête de la vis perpendiculairement à cet axe. L'égalité des forces Q et Q' permet de supposer que la vis n'exerce aucun effort latéral contre les parois de son écrou. On admet de plus que le contact entre l'écrou et le filet ne s'opère que sur une hélice moyenne dont le rayon r est intermédiaire entre celui du noyau et le rayon extérieur du filet. Occupons-nous d'abord de l'équilibre de la vis à filets, carrés que nous supposerons verticale et nous admettrons que les forces motrices sont employées à soulever un poids P, suspendu à son axe.

En chaque point M de l'hélice moyenne de contact AB (*fig.* 93), s'exerce, de la

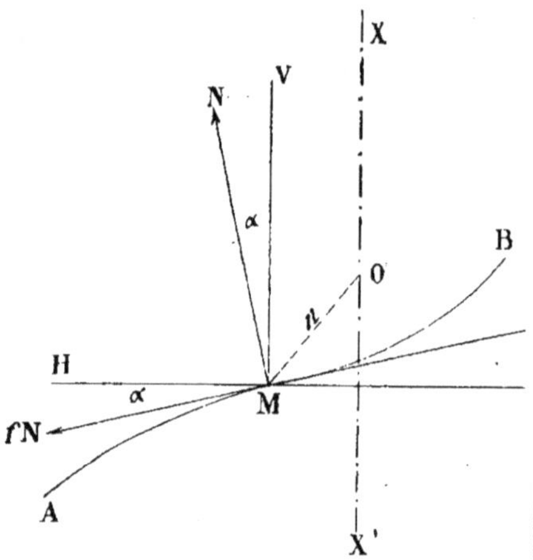

Fig. 93.

part de l'écrou, une réaction R, qui peut se décomposer en deux; l'une N normale au filet; l'autre fN tangente à l'hélice et dirigée en sens contraire du mouvement de la vis par rapport à son écrou, c'est-à-dire vers le bas.

La vis est en équilibre sous l'action des forces Q et Q', du poids P, de toutes les réactions normales analogues à N, et de toutes les réactions tangentielles analogues à fN; la somme des projections de toutes ces forces sur l'axe de la vis doit donc être égale à zéro, et il doit en être de même de la somme de leurs moments par rapport à ce même axe.

Les forces Q, Q' ne donnent point de projections sur l'axe, puisqu'elles sont dans un plan perpendiculaire à cet axe. La force P s'y projette en vraie grandeur. La projection de la force N est:

$$N \cos \alpha,$$

en appelant α l'inclinaison de la tangente à l'hélice par rapport à l'horizon ; la somme de toutes les projections analogues sera donc :

$$\Sigma N \cos \alpha = \cos\alpha \,\Sigma N$$

la projection de la force tangentielle fN sur l'axe de la vis est:

$$-fN \sin \alpha$$

et la somme des projections de toutes les forces tangentielles analogues est:

$$-f \sin \alpha \,\Sigma N$$

l'équation d'équilibre est donc :

$$(\cos \alpha - f \sin \alpha)\, \Sigma N = P. \qquad (1)$$

Le moment de la force F par rapport à l'axe est Ql, en appelant l le bras du levier de la force Q; la somme des moments des deux forces motrices est donc :

$$2Ql.$$

Le moment de la force P est nul, puisqu'elle est dirigée suivant l'axe.

Pour avoir le moment de la force N, il faut d'abord la projeter sur un plan perpendiculaire à l'axe, c'est-à-dire sur la droite MH, ce qui donne

$$N \sin \alpha$$

son moment est alors :

$$N \sin \alpha\, r$$

r représentant le rayon de l'hélice moyenne.

La somme des moments de toutes les forces normales est, par conséquent:

$$r \sin \alpha\, \Sigma N.$$

Le moment de la force fN est de même:

$$f N \cos \alpha\, r$$

et la somme,

$$fr \cos \alpha\, \Sigma N.$$

L'équation d'équilibre relative aux moments est donc, en tenant compte des signes :

$$r (\sin \alpha + f \cos \alpha)\, \Sigma N = 2\, Ql. \qquad (2)$$

Éliminons ΣN entre les équations (1) et (2), il vient:

$$\frac{2Ql}{P} = \frac{r(\sin \alpha + f \cos \alpha)}{\cos\alpha - f \sin \alpha}$$

d'où, $Q = P\frac{r}{2l} \times \frac{\sin \alpha + f \cos \alpha}{\cos \alpha - f \sin \alpha}$.

En appelant φ l'angle de frottement, dont la tangente est f, on a :

$$Q = P\frac{r}{2l}\operatorname{tg}(\alpha + \varphi). \quad (3)$$

Supposons que : $\operatorname{tg}\alpha = 0{,}066$
ce qui donne : $\alpha = 3°46'$
et, $f = 0{,}12$
d'où, $\varphi = 6°50'$
il viendra : $\operatorname{tg}(\alpha + \varphi) = \operatorname{tg} 10°36' = 0{,}187$
et par conséquent :

$$Q = 0{,}187\, P\frac{r}{2l}.$$

La force Q augmente avec l'inclinaison α de l'hélice moyenne et avec le frottement.

Si l'on avait :

$$\alpha + \varphi = 90°$$

on trouverait : $Q = \infty$
ce qui est un cas idéal qui ne se présente jamais.

Si, au lieu de deux forces motrices Q formant un couple, il n'y en avait qu'une seule, pour peu qu'elle ne fût pas exactement perpendiculaire à la barre AB elle appuierait la vis contre les parois latérales de l'écrou, et il en résulterait un frottement dont il pourrait devenir nécessaire de tenir compte. On évite cette circonstance en faisant agir deux forces par couple.

235. *Travail absorbé par le frottement de la vis à filets carrés.* — Il est utile de comparer le travail des forces motrices Q au travail de la résistance P. Remarquons que lorsque la vis tourne d'une fraction k de tour, elle a cheminé suivant son axe de la même fraction de son pas.

Pendant cette fraction k, le travail de la force Q, est :

$$Q\, 2\pi\, l\, k$$

et le travail des deux forces motrices est :

$$4\pi l Q k.$$

En désignant par p le pas de la vis, le travail de la force P sera exprimé par :

$$P\, p\, k.$$

Le rapport des deux travaux est donc :

$$\frac{4\pi l Q k}{P p k} = \frac{Q 2l}{P r} \times \frac{2\pi r}{p}.$$

Or, d'après l'équation (3), on a :

$$\frac{Q2l}{Pr} = \operatorname{tg}(\alpha + \varphi).$$

Les propriétés de l'hélice donnent la relation connue :

$$\frac{p}{2\pi r} = \operatorname{tg}\alpha.$$

Donc :

$$\frac{\text{Travail } 2Q}{\text{Travail } P} = \frac{\operatorname{tg}(\alpha + \varphi)}{\operatorname{tg}\alpha}. \quad (4)$$

D'après l'exemple donné plus haut, on aurait :

$$\frac{\text{Travail } 2Q}{\text{Travail } P} = \frac{0{,}187}{0{,}066} = 2{,}833.$$

Ainsi le travail moteur serait près du triple du travail de la force P. En employant la vis il y a donc économie de force, mais il n'y a pas économie de travail. Si l'on cherche le minimum du travail moteur correspondant à un travail donné de la force P on trouve que la valeur de α doit être :

$$\alpha = 45° - \frac{1}{2}\varphi,$$

valeur fort loin de celle employée dans la pratique.

236. Remarque I. — Si le frottement était négligeable, ce qui n'a jamais lieu, on aurait :

$$Q = P\frac{r}{2l}\operatorname{tg}\alpha = P\frac{r}{2l}\frac{p}{2\pi r}$$

ou

$$Q = \frac{1}{2} P \frac{p}{2\pi l},$$

c'est-à-dire que l'une des forces mouvantes serait à la moitié de la résistance P comme le pas de la vis est à la circonférence que tend à décrire le point d'application de la force mouvante ; relation trouvée au n° 391 de la statique.

L'équation (4) se réduirait à l'unité, et le travail moteur serait égal au travail résistant.

237. Remarque II. — Si la force P était mouvante, et que la vis descendît au lieu de monter, le sens des forces tangentielles changerait ; il faudrait donc, dans les formules (3) et (4), changer le signe de φ, ce qui donnerait :

$$Q = P\frac{r}{2l}\operatorname{tang}(\alpha - \varphi) \quad (5)$$

et

$$\frac{\text{Travail } 2Q}{\text{Travail } P} = \frac{\operatorname{tg}(\alpha - \varphi)}{\operatorname{tg}\alpha}. \quad (6)$$

Pour $\alpha = \varphi$, on aurait :

$$Q = 0,$$

c'est-à-dire que dans ce cas la vis descendrait d'un mouvement uniforme sous l'action du poids P.

Si l'on avait $\alpha < \varphi$, on trouverait pour Q une valeur négative ; c'est-à-dire que la vis ne pourrait pas descendre d'elle-même, et qu'il faudrait que la force Q changeât de sens pour venir en aide à la force P.

238. Remarque III. — La force P, au lieu d'être un poids, pourrait être une pression exercée de bas en haut sur l'axe. Dans ce cas les forces F seraient employées à faire descendre la vis de son écrou. Les forces P, Q, fN auraient donc changé de sens. Mais le contact entre l'écrou et la vis se ferait alors par la partie supérieure du filet, en sorte qu'il faudrait aussi changer le sens de la réaction normale N. Toutes les forces ayant ainsi changé de signes, les équations que nous avons déterminées restent les mêmes. On verrait comme ci-dessus que pour $\alpha = \varphi$ la pression P ferait monter la vis d'un mouvement uniforme sans le secours d'aucune force Q ; mais pour $\alpha < \varphi$ ce mouvement ne pourrait avoir lieu que si les forces Q venaient en aide à la pression P.

Ceci explique le jeu des vis de pression. Ces vis sont d'un faible pas et les surfaces ne sont point rendues onctueuses ; il en résulte que la condition $\alpha < \varphi$ se trouve remplie, et que dès lors la pression qui s'exerce contre la vis, dans le sens de son axe, ne peut la desserrer, quelque grande qu'elle soit d'ailleurs.

239. *Equilibre de la vis à filets triangulaires.* — Supposons toujours que les forces Q sont employées à faire monter la vis chargée d'un poids P. Considérons un point M quelconque (*fig.* 94) de l'hélice moyenne de contact AB, soit MT la tangente en M à cette courbe, et soit GG' la génératrice de la surface hélicoïde qui passe par le point M. Menons YMO perpendiculaire à l'axe OO' de la vis ; et soit $GMO = \theta$ l'angle de la génératrice GG' avec l'horizon. Menons MZ parallèle à l'axe, et MX perpendiculaire à MZ et à MY. La droite MT sera dans le plan ZMX ; soit $TMX' = \alpha$ l'inclinaison de la tangente MT avec l'horizon. Au point M l'écrou exerce sur la vis une réaction R, que l'on peut décomposer en deux ; l'une N normale à la surface hélicoïde et par conséquent aux droites MT et MG, l'autre fN tangente à l'hélice AB. Décomposons la force N suivant les trois axes MX, MY et MZ ; si $\beta\delta\gamma$ sont les angles de la force N avec ces axes, les trois composantes auront respectivement : $N \cos \beta$, $N \cos \delta$, $N \cos \gamma$.

Projetons toutes les forces sur l'axe des Z ; la projection de la force N sera $N \cos \gamma$ et par conséquent, comme la normale en un point quelconque de la surface hélicoïde fait le même angle avec l'axe de la vis, la somme des projections des forces analogues à N sera :

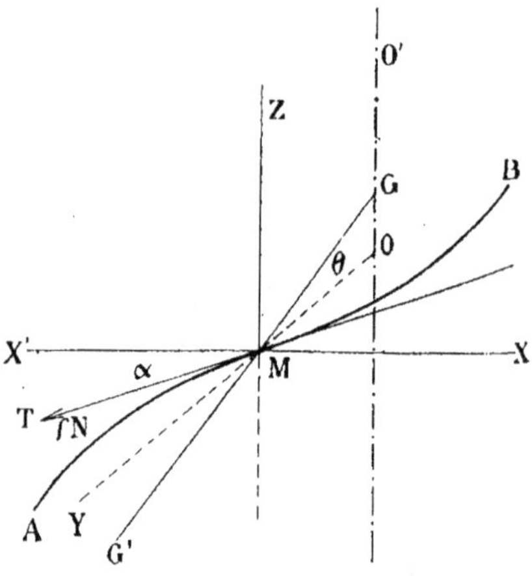

Fig. 94.

$$\cos \gamma \Sigma N$$

la projection de la force fN sera :

$$-fN \sin \alpha$$

et la somme :

$$-f \sin \alpha \, \Sigma N$$

l'équation d'équilibre relative aux projections sera donc :

$$(\cos \gamma - f \sin \alpha) \, \Sigma N = P. \qquad (1)$$

Les moments des forces $N \cos \delta$ et $N \cos \gamma$ par rapport à la l'axe OZ sont nuls ; le moment de la force $N \cos \beta$ est :

$$N \cos \beta \, r$$

et la somme de tous les moments analogues :

$$r \cos \beta \, \Sigma N.$$

Le moment de la force fN est :

$$f\,N\cos\alpha\,r$$

et par suite la somme des moments analogues :

$$r\,f\cos\alpha\,\Sigma N$$

L'équation d'équilibre relative aux moments, en ayant égard aux signes, sera :

$$r(\cos\beta + f\cos\alpha)\,\Sigma N = 2\,Q\,l \quad (2)$$

d'où en éliminant ΣN entre les deux équations (1) et (2) on a :

$$\frac{2Ql}{P} = \frac{r(\cos\beta + f\cos\alpha)}{\cos\gamma - f\sin\beta}$$

d'où

$$Q = P\,\frac{r}{2l}\,\frac{\cos\beta + f\cos\alpha}{\cos\gamma - f\sin\alpha}. \quad (3)$$

Il reste à déterminer $\cos\beta$ et $\cos\gamma$; ce qui se fera en exprimant que la direction de la force N est perpendiculaire aux deux droites MT et GG'. Les angles de la droite MT avec les axes MX, MY, MZ sont respectivement :

$$\alpha,\ 90° \text{ et } 90 - \alpha.$$

On a donc comme première condition :

$$\cos\beta\cos\alpha + \cos\delta\cos 90° + \cos\gamma\cos(90° - \alpha) = 0$$

ou, $\cos\beta\cos\alpha + \cos\gamma\sin\alpha = 0$

ou encore, $\cos\beta = -\cos\gamma\,tg\,\alpha.$ (4)

Les angles de la droite GG' avec les mêmes axes sont respectivement :

$$90°,\ \theta \text{ et } 90° - \theta$$

d'où une seconde condition :

$$\cos\beta\cos 90° + \cos\delta\cos\theta + \cos\gamma\cos(90° - \theta) = 0$$

ou, $\cos\delta\cos\theta + \cos\gamma\sin\theta = 0$

ou encore, $\cos\delta = -\cos\gamma\,tg\,\theta.$ (5)

Enfin, on a entre les trois cosinus des angles β, δ, γ, la relation :

$$\overline{\cos}^2\beta + \overline{\cos}^2\delta + \overline{\cos}^2\gamma = 1. \quad (6)$$

Des trois relations (4) (5) (6), on tire :

$$\cos\beta = \frac{-\,tg\,\alpha}{\sqrt{1 + \overline{tg}^2\alpha + \overline{tg}^2\theta}}$$

$$\cos\delta = \frac{-\,tg\,\theta}{\sqrt{1 + \overline{tg}^2\alpha + \overline{tg}^2\theta}}$$

$$\cos\gamma = \frac{1}{\sqrt{1 + \overline{tg}^2\alpha + \overline{tg}^2\theta}}.$$

Mais comme on a déjà tenu compte du sens de la force $N\cos\beta$ dans la deuxième équation d'équilibre, on ne devra prendre que la valeur absolue de $\cos\beta$. Désignons par R le radical, on aura donc .

$$\cos\beta = \frac{tg\,\alpha}{R}$$

et $$\cos\gamma = \frac{1}{R}$$

par suite :

$$Q = P\,\frac{r}{2l}\,\frac{\dfrac{tg\,\alpha}{R} + f\cos\alpha}{\dfrac{1}{R} - f\sin\alpha}$$

ou

$$Q = P\,\frac{r(\sin\alpha + \cos\alpha\,f\,R\cos\alpha)}{2l(\cos\alpha - \sin\alpha\,fR\cos\alpha)}.$$

Posons :

$$f' = fR\cos\alpha = f\cos\alpha\sqrt{1 + tg^2\alpha + tg^2\theta} \quad (6)$$

et appelons φ' l'angle dont la tangente est f', on pourra mettre cette expression sous la forme :

$$Q = P\,\frac{r}{2l}\,\frac{\sin\alpha + f'\cos\alpha}{\cos\alpha - f'\sin\alpha}$$

ou $$Q = P\,\frac{r}{2l}\,\text{tang}\,(\alpha + \varphi') \quad (7)$$

qui est la même que la relation déjà trouvée pour la vis à filets carrés, à cela près que φ est remplacé par φ'. La théorie de la vis à filets carrés est donc applicable à la vis à filets triangulaires, pourvu qu'on y remplace le coefficient f du frottement réel par le coefficient f' donné par l'équation (6) et, par suite, l'angle φ par l'angle φ'.

Comme le second membre de l'équation (6) est plus grand que l'unité, on voit que φ' est plus grand que φ, et que par conséquent, toutes choses égales d'ailleurs, la vis à filets triangulaires exige un effort Q plus grand que la vis à filets carrés.

Pour $\theta = 0$ on a :

$$f' = f$$

et l'on retombe dans la formule trouvée pour la vis à filets carrés.

240. EXEMPLE. — Prenons les données de l'exemple précédent, savoir :

$$\alpha = 3°\,46$$

d'où $tg\,\alpha = 0{,}066$

et $\varphi = 6°\,50$

d'où $f = 0{,}12$

et supposons de plus que :

$$\theta = 30°$$

d'où, $$\operatorname{tg}\theta = \frac{1}{\sqrt{3}}$$

En faisant les calculs on trouve :

$$R = 1,156$$
$$\cos\alpha = 0,9978$$

d'où, $f' = f \times 1,156 \times 0,9978 = 1,153 f$

ou, $f' = 1,153 \times 0,12 = 0,1383$

et, $\varphi' = 7°\,52'$.

En appliquant ces résultats à la formule (7) on a :

$$Q = P\frac{r}{2l}\,\text{tang}\,(3°46' + 7°52')$$

$$Q = P\frac{r}{2l}\,\text{tg}\,(11°38')$$

et enfin,

$$Q = 0,206\,P\frac{r}{l}.$$

En comparant cette valeur de Q avec celle du n° précédent, on voit que l'effort à exercer est augmenté dans le rapport de 187 à 206.

241. *Frottement des engrenages. — Travail consommé par le frottement.* — Considérons deux roues dentées dont les circonférences primitives sont $oc = r$, et $oc' = r'$ (*fig.* 95); supposons que la conduite des dents soit de un pas; c'est-à-dire que les dents se quittent après un contact d'un pas.

A partir du point de contact o des circonférences primitives, portons oa égal à la longueur du pas et traçons en ce point la courbe formant le profil de la dent limité à la circonférence de diamètre oc'. Cette courbe qui est une portion d'épicycloïde se confond sensiblement avec un arc de cercle d'un rayon égal au pas.

La courbe ab sera le chemin parcouru par le frottement.

Menons au point de contact une perpendiculaire à la ligne des centres et joignons le centre C au milieu de ao; les triangles semblables ado et coe donnent :

$$\frac{ad}{ao} = \frac{oe}{oc}$$

d'où,

$$ad = \frac{ao \times oe}{oc}$$

mais $$ao = \text{le pas} = p$$

$$oe = \frac{p}{2}$$

$$oc = r$$

donc $$ad = p \times \frac{p}{2r} = \frac{p^2}{2r}.$$

On trouverait d'une manière analogue et à très peu près,

$$db = \frac{p^2}{2r'}$$

d'où $$ab = ad + db = \frac{p^2}{2r} + \frac{p^2}{2r'}$$

$$ab = p\left(\frac{p}{2r} + \frac{p}{2r'}\right).$$

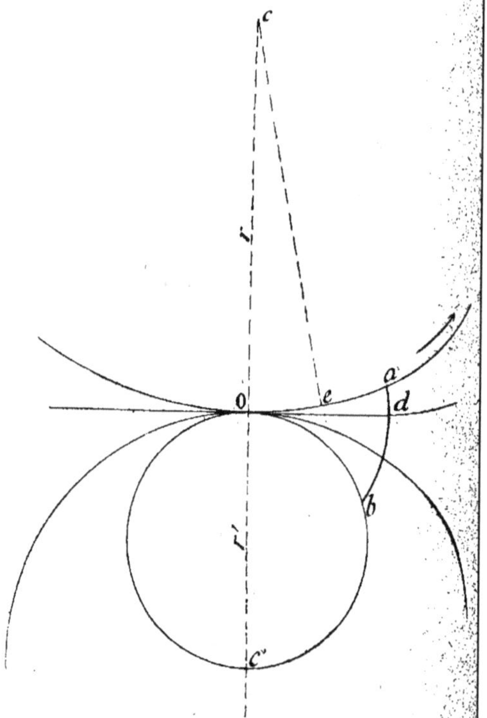

Fig. 95.

En désignant par m et m' les nombres de dents des roues, on a :

$$2\pi r = pm \quad \text{d'où} \quad \frac{\pi}{m} = \frac{p}{2r}$$

$$2\pi r' = pm' \quad \text{d'où} \quad \frac{\pi}{m'} = \frac{p}{2r'}$$

par suite,

$$ab = p\left(\frac{\pi}{m} + \frac{\pi}{m'}\right) = p\pi\left(\frac{1}{m} + \frac{1}{m'}\right)$$

$$ab = p\pi\left(\frac{m + m'}{mm'}\right).$$

Soit Q, l'effort qui s'exerce au contact des dents, le frottement F sera :

$$F = fQ$$

et le travail mécanique

$$T_f = fQ \times ab$$

ou $$T_f = fQ\,p\pi\left(\frac{m + m'}{m \times m'}\right). \qquad (1)$$

Le travail consommé en un tour sera :

$$T'_f = fQ\ p\pi\left(\frac{m + m'}{m \times m'}\right)m \qquad (2)$$

et pour une seconde,

$$T''_f = fQ\ p\pi\left(\frac{m + m'}{m \times m'}\right)\frac{mn}{60} \qquad (3)$$

n représentant le nombre de tours par minute.

Remarquons que,

$$pm = 2\pi r,$$

d'où, $$T''_f = fQ\,\frac{2\pi^2 r}{60}\left(\frac{m + m'}{m \times m'}\right)n.$$

En calculant le facteur numérique $\frac{2\pi^2}{60}$ on a :

$$\text{Travail en } 1'' = fQr\left(\frac{m + m'}{m \times m'}\right)0{,}329n. \qquad (4)$$

Si on veut avoir la valeur du frottement F il suffit de remarquer que le travail est égal à la force de frottement multiplié par la vitesse v.

$$T'' = Fv,$$

d'où, $$F = \frac{T''}{v}$$

or, $$v = \frac{2\pi rn}{60}$$

donc,

$$F = \frac{fQ\,\frac{2\pi^2 r}{60}\left(\frac{m + m'}{m \times m'}\right)n}{\frac{2\pi rn}{60}}$$

ou $$F = fQ\pi\left(\frac{m + m'}{m \times m'}\right). \qquad (5)$$

242. *Influence du frottement sur le travail moteur.* — Désignons par T_m le travail moteur total pour un pas, on a:

$$T_m = Qp + Tf$$

ou $$T_m = Qp + fQ\pi p\left(\frac{m + m'}{mm'}\right)$$

$$T_m = Qp\left[1 + f\pi\left(\frac{m + m'}{mm'}\right)\right].$$

Supposons par exemple :

$Q = 1\ 000 \qquad p = 0^{m}.04$

$f = 0{,}12 \qquad m = 40 \qquad m' = 60,$

on trouve :

$$T_m = 1\ 000 \times 0{,}04 \left[1 + 0{,}12 \times 3{,}1416\left(\frac{100}{2\ 400}\right)\right]$$

ou $$T_m = 0^{km},628.$$

Dans la pratique les dents se mettent en prise un pas avant la ligne des centres et se quittent un pas après, en sorte qu'il y a toujours deux couples de dents en prise. Il faut donc doubler le second membre de la relation (1) pour tenir compte du frottement des deux couples de dents ; mais en même temps il faut réduire Q à moitié puisque l'effort se répartit sur deux couples, il en résulte que les formules trouvées restent les mêmes.

243. Remarque I. — Ces formules supposent l'engrenage extérieur. S'il était intérieur, et que, par exemple, la roue extérieure fût la roue conductrice, on trouverait, par un raisonnement analogue :

$$T_f = fQ\pi p\ \left(\frac{1}{m} - \frac{1}{m'}\right)$$

et $$T_m = Qp\left[1 + f\pi\left(\frac{1}{m} - \frac{1}{m'}\right)\right].$$

On voit que, toutes choses d'ailleurs égales, l'influence du frottement est beaucoup moins grande pour un engrenage intérieur que pour un engrenage extérieur, puisque :

$$\frac{1}{m} + \frac{1}{m'} > \frac{1}{m} - \frac{1}{m'}.$$

Ces formules montrent aussi que le frottement des engrenages est d'autant plus faible que les nombres de dents sont plus grands, il y a donc avantage à donner au pas la plus petite valeur possible sans toutefois ne pas diminuer trop l'épaisseur de la dent ; d'ailleurs la résistance des matériaux permet de calculer l'épaisseur des dents suivant les efforts qu'elles ont à supporter.

244. Remarque II. — Dans le cas d'une crémaillère, le nombre de dents m' serait très grand par rapport à m, et alors le numérateur $m + m'$ serait égal à m'

d'où : $F = fQ\pi \left(\frac{1}{m}\right).$

Le travail mécanique deviendra :

$$T = fQr \left(\frac{1}{m}\right) 0{,}329\ n.$$

245. Remarque III. — Pour les engrenages coniques, dont les axes font un angle α, il suffit de remplacer dans les formules précédentes :

$$\frac{m + m'}{mm'}$$

par

$$\sqrt{\frac{1}{m^2} + \frac{1}{m'^2} = \frac{2 \cos \alpha}{mm'}}$$

ce qui donnera :

$$F = fQ\pi \sqrt{\frac{1}{m^2} + \frac{1}{m'^2} + \frac{2 \cos \alpha}{mm'}}$$

et

$$\text{Travail} = 0{,}329 fQnr \sqrt{\frac{1}{m^2} + \frac{1}{m'^2} + \frac{2 \cos \alpha}{mm'}}.$$

Si $\alpha = 90°$, ce qui arrive très souvent, on a :

$$F = fQ\pi \sqrt{\frac{1}{m^2} + \frac{1}{m'^2}}$$

et

$$T\ 0{,}329 fQnr \sqrt{\frac{1}{m^2} + \frac{1}{m'^2}}.$$

246. *Frottement de la vis sans fin.* — Désignons par r le rayon moyen de la vis sans fin, par R le rayon de la roue, p le pas, et α l'angle formé par la tangente à l'hélice moyenne avec le plan de section droite du cylindre, on trouve que le travail pour un tour de la vis est :

$$T = fQp \left(\text{tg}\ \alpha + \frac{p}{2R \cos \alpha}\right).$$

Dans laquelle :

$$\text{tg}\ \alpha = \frac{p}{2\pi r}.$$

247. *Frottement d'un pivot.* — Nous avons vu au n° 638 de la cinématique les diverses formes des pivots servant à supporter un arbre vertical. Le mouvement d'un pivot sur le fond de sa crapaudine, fait naître un frottement dont il est nécessaire de tenir compte dans les machines.

Quoique l'extrémité du pivot et le grain sur lequel il repose, soient légèrement arrondies, nous les considérerons entièrement plats.

Soit r le rayon de la surface frottante (*fig.* 96) ; décomposons-la en secteurs circulaires que l'on pourra regarder comme

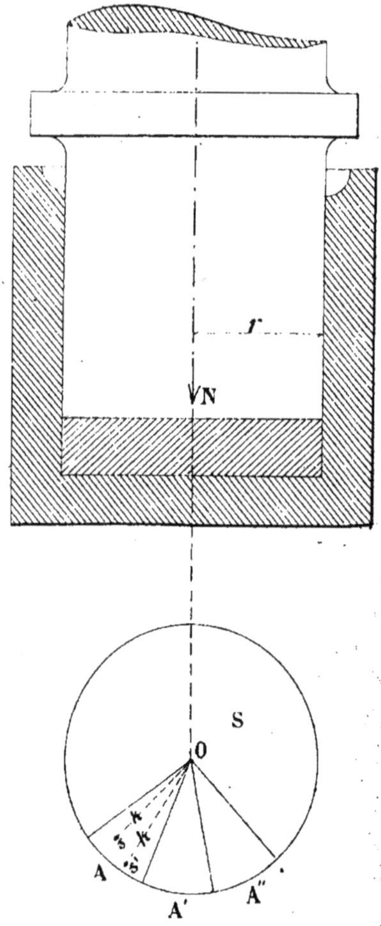

Fig. 96.

des triangles isocèles. Décomposons la surface de l'un de ces triangles A en petits éléments de surface $s, s's''$... dont les distances au centre du cercle sont $k, k'k''$.

Si N représente la charge de l'arbre, c'est-à-dire la pression totale exercée sur la crapaudine, et S la surface du pivot, la pression sur l'élément s sera :

$$N \frac{s}{S}$$

et le frottement :

$$fN \frac{s}{S}$$

Le travail de ce frottement pour un tour du pivot deviendra :

$$t = fN \frac{s}{S} 2\pi k.$$

$2\pi k$ représentant le chemin parcouru par l'élément s dans un tour.

Pour les autres éléments s', s'' on aurait :

$$t' = fN \frac{s'}{S} 2\pi k'$$

$$t'' = fN \frac{s''}{S} 2\pi k''$$

» »

» »

Le travail total sera la somme de ces travaux élémentaires ; ou

$$T = fN \frac{2\pi}{S} (sk + s'k' + s''k'' + \ldots)$$

mais la parenthèse n'est autre que la somme des moments des éléments de la surface du secteur par rapport à l'axe du pivot. Or le moment du secteur A est égal à :

$$A \times \frac{2}{3} r,$$

donc, $$T = fN \frac{2\pi}{S} \left(\frac{2}{3} Ar\right).$$

On aurait également pour les autres secteurs A′ A″...

$$T' = fN \frac{2\pi}{S} \left(\frac{2}{3} A'r\right)$$

$$T'' = fN \frac{2\pi}{S} \left(\frac{2}{3} A''r\right)$$

» »

» »

d'où le travail total sera la somme des travaux des secteurs, ou

Travail pendant 1 tour

$$= fN \frac{4\pi r}{3S} (A + A' + A'' + \ldots)$$

la parenthèse est égale à la surface S du pivot ; donc :

$$\text{Travail en 1 tour} = fN \frac{4\pi r}{3}$$

Si l'arbre fait n tours par minute, le travail en une minute sera :

$$\text{Travail en } 1' = fN \frac{4\pi rn}{3}$$

et $$\text{travail en } 1'' = fN \frac{4\pi rn}{3 \times 60}$$

ou $$\text{travail en } 1'' = 0{,}0698\, fNrn$$

et en nombre rond : $0{,}07\, fNrn$.

248. *Frottement d'un excentrique circulaire.* — Nous avons dit au n° 852 de la cinématique, que le principal inconvénient de l'excentrique circulaire était de développer un frottement considérable qu'il est facile de calculer.

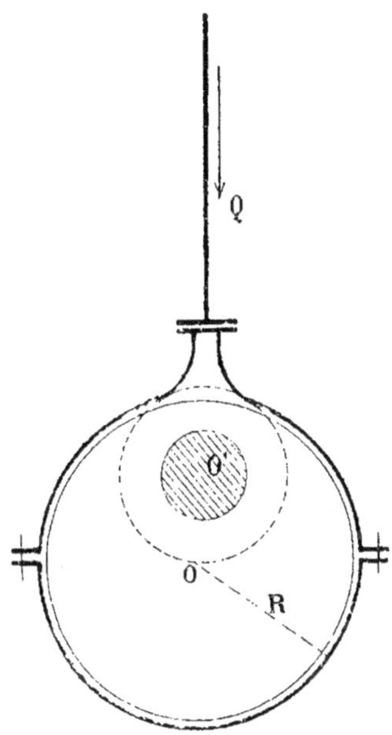

Fig. 97.

Soit Q l'effort agissant dans la direction de la tige d'excentrique (*fig.* 97) ; le frottement du collier sur le disque est :

$$F = fQ$$

La surface frottante est la surface latérale du disque dont tous les points sont à la même distance R du centre de l'excentrique, le chemin parcouru par les points frottants dans un tour est 2π R, et le travail sera :

$$T_f = fQ\,2\pi R.$$

Si n représente le nombre de tours par minute, le travail consommé par seconde deviendra :

$$\text{Travail en } 1'' = fQ\,\frac{2\pi Rn}{60}.$$

Comme le rayon R des excentriques est généralement très grand, le frottement qui est proportionnel à ce rayon est considérable. Lorsqu'on peut s'en dispenser, il est préférable de faire usage de la manivelle dont le travail absorbé par le frottement est :

$$\text{Travail en } 1'' = fQ\,\frac{2\pi rn}{60}.$$

r représentant le rayon du bouton de la manivelle.

249. *Frottement d'un piston.* — Lorsqu'un piston glisse dans un cylindre, le frottement est toujours égal à fQ. La difficulté est d'apprécier la valeur de l'effort Q que le piston exerce sur les parois intérieures du cylindre suivant les garnitures adoptées.

Dans les pompes servant à élever l'eau ou les liquides, la pression Q qui s'exerce sur les cuirs emboutis formant joint est :

$$Q = 1000\ SH$$

S représente la surface frottante, qui est dans ce cas :

$$S = \pi de$$

d étant le diamètre du cylindre et e l'épaisseur de la partie frottante, donc :

$$Q = 1000\ \pi deH$$

d'où, $F = fQ = f\,1000\ \pi deH$

et le travail du frottement pour une course c :

$$T_f = f\,1000\ \pi deHc$$

Lorsqu'il s'agit de garnitures en chanvre, comme dans certains corps de pompe, la valeur du frottement est :

$$F = KDH.$$

K est un coefficient donné par l'expérience et qui dépend de la nature du cylindre. Si le cylindre est en laiton, K = 7 kilogrammes; s'il est en fonte K = 15 kilogrammes.

D représente le diamètre du piston et H la hauteur de la colonne d'eau qui charge le piston.

Problème.

250. *Quel est l'effort à développer pour mettre en mouvement une vanne en bois de chêne coulissant dans des rainures également en chêne? On suppose que le poids de la vanne est équilibré.*

Longueur de la vanne = 1^m, 85

Hauteur de la vanne = 0^m, 20.

Niveau de l'eau au-dessus du bord inférieur de la vanne 1^m, 60.

1° L'effort F à développer pour vaincre le frottement au départ est :

$$F = fQ$$

Or la pression normale Q est le poids d'un cylindre liquide ayant pour base la surface de la vanne et pour hauteur la distance du centre de la vanne au niveau supérieur :

$$Q = 1000\,SH = 1000 \times 1{,}85 \times 0{,}20 \times 1{,}50$$

$$Q = 555 \text{ kilogrammes.}$$

Prenons pour le coefficient de frottement au départ $f = 0{,}71$, on aura :

$$F = 0{,}71 \times 555 = 394 \text{ kilogr. } 05.$$

2° Dès que le mouvement a lieu, le frottement diminue et l'effort à exercer à partir de cet instant est :

$$F' = f'Q.$$

Si on prend pour f' la valeur 0, 25 on a :

$$F' = 0{,}25 \times 555$$

$$F' = 138 \text{ kilog. } 75.$$

Problème.

251. *Calculer la quantité de travail mécanique consommé par le frottement, dans chaque course, d'un châssis de scie en fonte du poids de* 150 *kilos en mouvement dans des coulisses horizontales en bronze bien enduites de saindoux.*

La course du châssis est de 0^m,70.

Nous trouvons dans les tables qui donnent les coefficients de frottement pour le cas qui nous occupe $f = 0{,}08$ d'où :

$$F = fQ = 0{,}08 \times 150.$$

Le travail développé dans une course est égal au frottement multiplié par le chemin parcouru :

$$T_f = 0{,}08 \times 150 \times 0{,}70.$$

$$T_f = 8^{km}, 4.$$

En admettant qu'il y ait 80 courses par

minute, le travail consommé en une seconde sera :

$$T_f = \frac{8,4 \times 80}{60} = 11^{km},2.$$

Problème.

252. *Quel est le travail consommé par le frottement d'un pivot en une seconde, dans les conditions suivantes.*

Le pivot est en acier et la crapaudine en bronze sont enduits à la manière ordinaire.

Rayon du pivot $r = 0^m,025$.

Nombre de tours par minute $n = 65$.

Pression sur le pivot $N = 2650$ *kilogrammètres.*

Appliquons la formule trouvée au n° 247, $T_f = 0,7\,f\,NRn$, il vient :
en prenant pour le coefficient de frottement $f = 0,08$.

$$T_f = 0,7 \times 0,08 \times 2650 \times 0,025 \times 65$$

$T_f = 24$ kilogrammètres.

Problème.

253. *Quel est le travail consommé par le frottement d'un excentrique circulaire en fonte dans son collier en bronze pendant une révolution, dans les circonstances suivantes :*

Les surfaces sont enduites à la manière ordinaire.

L'effort dans la direction de la bielle est de 350 *kilos.*

Le rayon du collier $r = 0^m,225$.

Appliquons la formule du n° 248

$$T_f = f\,Q\,2\pi R.$$

Prenons pour coefficient de frottement $f = 0,08$, on a :

$$T_f = 0,08 \times 350 \times 6,28 \times 0,225$$

et en effectuant :

$$T_f = 39^{km}\,56.$$

Problème.

254. *Calculer le travail consommé, dans une course, par le frottement d'un piston de pompe :*

Le corps de pompe est en fonte $f = 0,36$.

Diamètre du piston $= 0^m,22$.

Course du piston $= 0^m,45$.

Hauteur de la garniture $e = 0^m,03$.

Hauteur d'élévation de l'eau $H = 50^m$.

Appliquons la formule :

$$T_f = f\,1000\,\pi\,De\,He$$

$$T_f = 0,36 \times 1000 \times 3,14 \times 0,22 \times 0,03 \times 50 \times 0,45$$

$$T_f = 167^{km},86.$$

Frottement de roulement.

255. On appelle frottement de roulement la résistance passive qui se développe lorsqu'un corps roule sur une surface fixe, ou bien, lorsque ces corps se meuvent en roulant l'un sur l'autre.

On dit en général que le roulement a lieu lorsque le point de contact de deux surfaces parcourt à chaque instant sur ces deux surfaces des espaces égaux.

L'existence de ce frottement de deuxième espèce est rendue manifeste par cette circonstance qu'une sphère roulant sans glisser sur un plan horizontal finit par s'arrêter même au bout d'un temps très court.

Pour peu que les corps soient un peu rigides comme cela a toujours lieu pour les pièces de machines, l'effet de ce frottement est extrêmement faible et négligeable dans la pratique.

Cette résistance est due à ce que, en vertu de la compressibilité des corps en contact, le cylindre roulant pénètre toujours d'une petite quantité dans le corps sur lequel il roule, et rencontre ainsi en avant de lui une saillie qu'il est obligé de refouler pour continuer son mouvement.

256. *Expérience de Coulomb.* — Les expériences faites sur le frottement de roulement sont peu nombreuses ; Coulomb est le premier qui ait cherché à déterminer la valeur de cette résistance.

Dans ses recherches préliminaires faites sur la raideur des cordes, il a fait rouler des cylindres en bois de gaïac et en bois d'orme sur deux pièces de chêne bien dressées, placées horizontalement et parallèlement. Le rouleau mis en expérience était placé transversalement. On le chargeait au moyen de cordelettes très flexibles portant à leurs extrémités des poids égaux. Une autre cordelette fixée au rouleau, et s'y enroulant, portait à son extrémité libre un poids moteur que l'on augmentait graduellement jusqu'à ce que le rouleau commençât à prendre un mouvement très lent : ce poids moteur donnait la mesure de la résistance cherchée.

En effet soit O (*fig.* 98) l'axe du rouleau, A l'arête de contact géométrique, P le poids du rouleau et de sa charge, r le rayon du rouleau et q le poids moteur.

Le cylindre ayant un mouvement très lent peut être regardé comme étant en équilibre sous l'action des forces qui le sollicitent, savoir les poids P, q et les réactions des pièces de chêne, que l'on peut, à cause de la symétrie, considérer comme égales et parallèles, et remplacer en conséquence par une force unique R, parallèle et égale à leur somme.

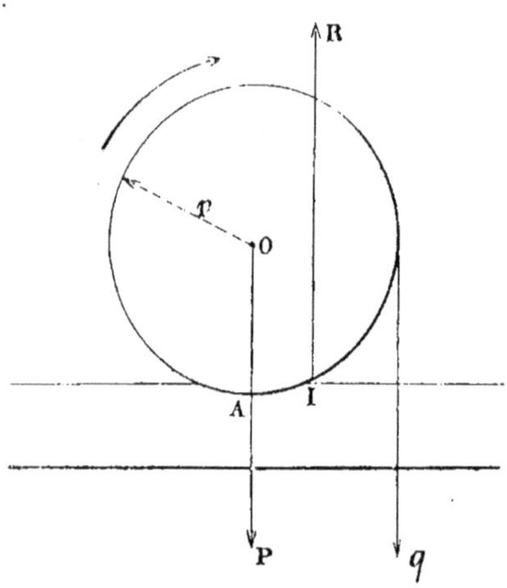

Fig. 98.

Pour l'équilibre, il faut que la force R soit égale et opposée à la résultante des forces P et q ; il faut donc qu'elle soit verticale et qu'on ait : $R = P + q$.

De plus, son point d'application I doit être situé à une petite distance $AI = d$ en avant de l'arête suivant laquelle devrait se faire le contact géométrique si le rouleau ne pénétrait pas dans les pièces de chêne qui le supportent.

Si on prend le moment des forces par rapport au point A, on a :

$$Rd = qr$$

ou

$$(P + q)\, d = qr$$

et par suite : $$q = P \frac{d}{r - d} \qquad (1)$$

Si la distance d était connue d'avance pour les diverses matières qu'on peut avoir à faire rouler l'une sur l'autre la relation (1) donnerait le poids moteur q nécessaire pour entretenir le mouvement uniforme du rouleau et vaincre par conséquent la résistance au roulement ; ce serait la mesure de cette résistance.

Coulomb avait cru pouvoir conclure de ses expériences que, pour les mêmes substances et pour le même rayon, le rapport

$$\frac{q}{P + q}$$

reste constant, d'où il résulterait que la distance d est constante pour un même rouleau, indépendamment de la charge, ce qui n'est pas vraisemblable.

Quand la charge augmente, le rouleau pénètre plus profondément dans la surface qui le porte et le point d'application de la réaction de cette surface doit évidemment s'éloigner de plus en plus de l'arête de contact géométrique. Il avait cru reconnaître aussi que pour des rouleaux de rayons différents le rapport :

$$\frac{q}{P + q}$$

variait en raison inverse du rayon, ce qui supposerait d constant. Cela est inadmissible ; car, quelle que soit la valeur constante que l'on attribue à d, on pourrait toujours imaginer un rouleau d'un rayon moindre que d ; dès lors le point d'application de la réaction R serait en dehors du cylindre, ce qui serait absurde.

257. Le tableau suivant indique les résultats des expériences de Coulomb sur la résistance au roulement.

NATURE DES ROULEAUX	PRESSION	RÉSISTANCE pour les DIAMÈTRES de 6 pouces	de 2 pouces
Gaiac	»	»	»
	100	0.60	1 6
	500	3.00	9.4
	1 000	6.06	18,0
		Diamètre de 12 pouces	de 6 pouces
Orme	1 000	5'	10'

L'examen de ces résultats montre que, dans ces expériences, la résistance était sensiblement proportionnelle à la pression et en raison inverse du diamètre du rouleau.

M. Dupuit, dans son essai sur le tirage des voitures publié en 1837, suppose la distance d proportionnelle à la racine carrée du rayon du cylindre ; il pose

$$d = K\sqrt{r}$$

en donnant pour la constante K, les valeurs suivantes :

Bois sur bois . . . . . . K = 0,0011
Fer sur bois humide. . K = 0,0010
Fer sur fer . . . . K = 0,0007
Roues sur chaussées en empierrement. . . . . K = 0,03

Mais il ne tient pas compte des variations qui peuvent dépendre de la charge.

258. *Expériences de Morin.*—Des expériences analogues ont été exécutées à Vincennes et au conservatoire des Arts et Métiers.(1) Et avec des rouleaux en bois de différents diamètres, roulant sur du bois, du cuir et du plâtre. Le corps de ces rouleaux avait toujours à peu près $0^m,200$ de diamètre et le mode d'observation était analogue à celui de Coulomb. Seulement les courses totales étaient plus grandes et le mouvement était observé avec des moyens plus précis.

D'après la disposition des appareils, si l'on nomme

q le point moteur qui, dans chaque cas, entretient un mouvement uniforme ;

r le rayon de la partie du rouleau qui représentait la roue ;

r', le rayon du corps du rouleau ou le bras de levier du poids moteur ;

R la résistance au roulement,

On a pendant le mouvement uniforme,

$$Rr = qr'$$

d'où l'on déduit dans chaque cas :

$$R = q\frac{r'}{r}$$

D'après la loi admise par Coulomb, la résistance au roulement étant proportionnelle à la pression que nous appelons P, et en raison inverse du rayon ou du diamètre des rouleaux, elle peut être exprimée par la formule :

$$R = A\frac{P}{r}$$

dans laquelle A serait un nombre constant pour chaque nature de terrain, mais variable de l'un à l'autre, pour un même terrain, suivant son état. Nous rapporterons ici quelques résultats des expériences faites à Vincennes et au Conservatoire, ainsi que toutes les données à l'aide desquelles on a calculé, pour chaque cas, la valeur du nombre $A = \frac{Rr}{P}$, qui doit être constant, selon la loi de Coulomb.

Ces résultats inscrits au tableau suivant prouvent que la loi de Coulomb s'applique encore, avec toute l'exactitude désirable pour la pratique, au cas actuel, mais que, de plus, la résistance augmente, quand la largeur des parties en contact diminue. D'autres expériences du même genre ont confirmé ces conclusions et l'on peut admettre, au moins comme lois de pratique suffisamment exacte, que pour les bois, le plâtre, le cuir, et généralement pour les corps durs, la résistance au roulement est à très peu près :

1° Proportionnelle à la pression ;

2° En raison inverse du diamètre des rouleaux ;

3° D'autant plus grande que la largeur de la zône de contact est plus petite.

259. *Expériences des rouleaux de chêne roulant sur du peuplier.*

LARGEUR des bandes du PEUPLIER	PRESSION des ROULEAUX P	POIDS MOTEUR q	BRAS de LEVIER du POIDS MOTEUR r'	BRAS de LEVIER de la RÉSISTANCE r	VALEUR de la RÉSISTANCE R	VALEUR DU NOMBRE $A = \frac{Rr}{P}$
m.	kil.	kil.	m.	m.	kil.	
	197.54	1.752	0.1005	0.1810	0.972	0.000891
0.100	175.17	1.583	0.0973	0.1355	1.124	0.000869
	168.01	1.346	0.1015	0.0902	1.514	0.000813
	185.73	1.715	0.1020	0.0450	3.848	0.000932
				Moyenne		0.000876
	199.855	3.565	0.1008	0.1810	1.979	0.001797
	169.855	3.190	0.1015	0.0902	3.589	0.001906
	187.709	3.600	0.1010	0.0450	8.889	0.001984
				Moyenne		0.001896

(1) *Leçons de Mécanique* par Arthur Morin.

Tirage des voitures.

260. La théorie du tirage des voitures est une application des principes admis sur la résistance au roulement. Des expériences ont été entreprises sur le tirage des voitures par Arthur Morin, à Metz, en 1837 et 1838, puis à Courbevoie en 1839 et 1841 avec des voitures de toute espèce; elles ont permis d'étudier séparément l'influence de la pression, celle du diamètre des roues, celle de leur largeur, celle de la vitesse de transport, celle de l'état du sol sur l'intensité du tirage.

261. *Tirage d'une voiture à deux roues.* — Considérons d'abord le cas d'une voiture à deux roues, et supposons en premier lieu que l'essieu soit fixe, ce qui est le cas le plus ordinaire. Soit O (*fig.* 99), le

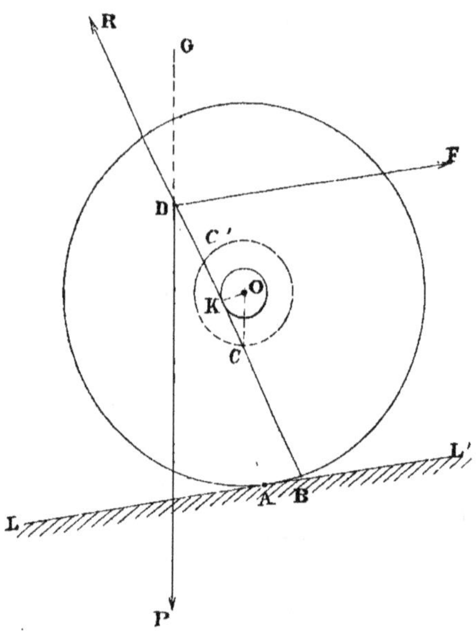

Fig. 99.

centre de l'une des roues, A son point de contact géométrique avec le sol, représenté par la droite LL'. Soit r le rayon de la roue, r' celui de la fusée autour de laquelle tourne la roue. Soit F le tirage ou la force mouvante cherchée, P le poids de la voiture et de sa charge, et R la réaction du sol sur l'une des roues.

D'après la théorie du frottement de roulement, cette réaction n'est point appliquée au point A, mais en un point B situé en avant à une petite distance d qui dépend de la nature du sol et du rayon de la roue. Si on néglige le poids de la roue elle même, vis-à-vis des réactions considérables auxquelles elle est soumise, on voit qu'elle est en équilibre sous l'action de la force R et d'une réaction égale et contraire provenant de l'essieu. Si l'on considère ensuite l'équilibre de la voiture, on voit qu'il a lieu sous l'action d'une force égale R appliquée en un certain point C de l'essieu, d'une autre force égale appliquée au point de contact de l'essieu avec l'autre roue, du poids P de la voiture et de la force mouvante F.

Les deux forces R égales et parallèles se composent en une seule égale à leur somme, de même direction et que nous représentons par R.

Remarquons d'abord que la force CR passe à une distance OK de l'axe de l'essieu qui peut être déterminée à l'avance. Car cette force fait avec la normale, c'est-à-dire avec le rayon OC un angle égal à l'angle φ du frottement, la distance OK est donc égale à :

$$r \sin \varphi \text{ ou } f'r$$

en désignant par f' le sinus de φ quantité qui est égale à :

$$\frac{f}{\sqrt{1+f^2}}$$

en appelant f le coefficient de frottement.

Les trois forces F, P, R_1 étant en équilibre, doivent concourir au même point et chacune d'elles doit être égale et opposée à la résultante des deux autres. On peut négliger, comme nous l'avons fait, le jeu qui existe toujours entre la fusée et la roue et supposer que le centre de la roue coïncide avec celui de la fusée. On est alors conduit à la construction suivante. Du point O comme centre avec un rayon égal à $f'r$, on décrira une circonférence; du point B on mènera à cette circonférence une tangente en arrière du point O : ce sera la direction de la réaction R. Cette direction rencontrera en un point D la direction de la force mouvante.

Il faudra pour l'équilibre que le centre de gravité de la voiture et de sa charge soit sur la verticale du point D. Cette condition étant supposée remplie, on prendra une verticale *ab* (*fig.* 100) pour représenter le poids P; par le point *b* on mènera une droite *bc* dans la direction de la force F, et par le point *a* une droite *ac* dans la direction de la force R; le côté *bc* du triangle ainsi formé représentera la force F ou le tirage.

Si l'essieu était mobile, comme dans les voitures destinées à circuler sur les chemins de fer, la construction serait la même. Le rayon *r* serait alors celui de l'essieu, mais il faut bien remarquer que la tangente menée par le point B à la circonférence de rayon *f'r* coupe en deux points C et C' la circonférence de rayon *r*; dans le cas de l'essieu fixe, c'était le point C qui représenterait le point de contact de l'essieu fixe avec la roue; dans le cas actuel ce serait le point C' qui représentait le point de contact de l'essieu mobile avec la boîte dans laquelle il tourne.

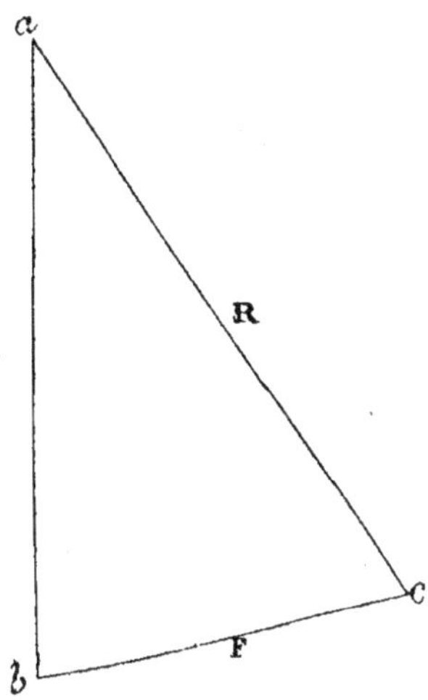

Fig. 100.

262. Remarque. — D'après cette construction on peut faire quelques remarques importantes. La première est relative à la direction de la force F. On voit par le triangle *abc* (*fig.* 100), que F sera minimum quand l'angle en *c* sera droit; c'est-à-dire que, toutes choses égales d'ailleurs, la force mouvante sera la plus petite possible quand sa direction sera perpendiculaire à la réaction du sol.

263. Remarque II. — La seconde remarque est relative à l'inclinaison du sol. La roue étant supposée conserver sa position, si le sol fait un plus grand angle avec l'horizon, le point A et par suite le point B s'avancent; la direction de la tangente BK fait avec la verticale un plus grand angle; l'angle *a* du triangle *abc* augmente; et par suite le côté *bc*, ou le tirage devient plus grand.

Si au contraire l'inclinaison du sol diminue, ou si, à plus forte raison, d'ascendant il devient descendant, les points A et B reculent, l'angle de BK avec la verticale diminue; l'angle en *a* devenant moindre, le coté *bc* devient plus petit; par conséquent le tirage diminue.

264. Remarque III. — La troisième observation se rapporte à la position du centre de gravité de la voiture et de sa charge. Si le point G est au-dessus du point D, il arrive dans les montées que la direction du poids P passe en arrière du point D; le moment de la charge par rapport au point O augmente; et comme les moments de F et de R ne changent pas, l'équilibre ne s'établit que parce que le cheval résiste à la pression de bas en haut qu'il éprouve de la part de la sous-ventrière.

Dans les descentes, au contraire, la direction du poids P passe en avant du point D; le moment de cette force diminue et l'équilibre s'établit encore aux dépens du cheval, qui est obligé de supporter une pression de haut en bas par l'intermédiaire de la bretelle du brancard. L'inverse a lieu quand le point G est au-dessous du point D.

Dans l'un et l'autre cas, les inégalités d'inclinaison de la route sont une cause de fatigue pour le cheval; en sorte que la position la plus avantageuse à donner au point G est le point D lui-même. Le cheval n'éprouve alors ni pression de bas en haut dans les montées ni pression de haut en bas dans les descentes.

Le point D devant se trouver toujours sur la droite BF, on voit en outre que si l'effort F s'exerce plus haut, le point D se trouve reporté en arrière ; et que si la force F agit plus bas, ce même point se trouvera reporté en avant. La charge doit donc être placée d'autant plus en arrière de l'essieu que le tirage se fait plus haut; si au contraire le tirage se fait très bas, la charge devra être rapprochée de l'essieu et même en avant de l'essieu.

Si on admettait la loi de Coulomb, suivant laquelle la distance AB ou d varie proportionnellement au rayon de la roue, les roues d'un grand diamètre n'auraient aucun avantage marqué sur les petites.

Mais si l'on adopte la loi admise par M. Dupuit, suivant laquelle la distance AB est exprimée par la formule de la forme :

$$d = K\sqrt{r}$$

auquel cas la distance croît moins vite que le rayon, il en résulte qu'à mesure que le diamètre de la roue augmente, la direction de la réaction R se rapproche de la verticale ; l'angle en a, dans le triangle abc, diminue et le côté bc, ou le tirage devient plus petit. Ce résultat paraît confirmé par l'expérience.

L'influence du frottement de l'essieu est facile à déterminer, aussi bien que celle de la grandeur du rayon r. A mesure que le produit $f'r$ diminue, la tangente menée du point B à la circonférence décrite du point O avec le rayon $f'r$ prend une direction plus voisine de la verticale; et, d'après ce qui vient d'être dit, le tirage doit diminuer.

Dans les charrettes de roulage, et dans les voitures de messageries, on a ordinairement :

$$r = 0^m,032 \text{ et } f'r = 0,00208$$

Dans les équipages d'artillerie on a :

$$r = 0,038 \text{ et } f'r = 0,00247.$$

Dans les voitures de luxe on a généralement :

$$r = 0,027 \text{ et } f'r = 0,00175.$$

265. Remarque IV. — On peut remarquer enfin que, dans le cas d'un essieu fixe, le point de contact C de l'essieu avec la roue est généralement placé en avant de l'axe O, mais qu'il peut se trouver sur la verticale du point O, et même en arrière. Ce dernier cas est celui qui a ordinairement lieu dans les descentes.

266. *Calcul de la force* F. — Au lieu de déterminer le tirage par une construction graphique, on peut calculer la valeur de la force F.

Soit h la distance de la direction de la force F à l'axe O et l la distance de la force P au même axe. En prenant les moments des forces F, P et R par rapport à cet axe, on a :

$$Fh - Pl + R_1 f'r = 0.$$

Mais le triangle abc donne :

$$R_1^2 = F^2 + P^2 + 2\,FP \cos FP$$

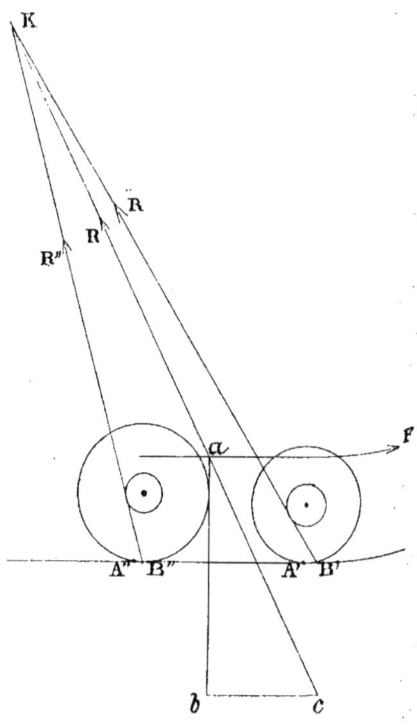

Fig. 101.

par conséquent en mettant pour R' sa valeur dans l'équation précédente, il vient :

$$Fh - Pl + f'r\sqrt{F^2 + P^2 + 2FP\cos FP} = 0.$$

relation d'où on pourrait tirer la valeur soit de F, soit directement par la méthode des approximations successives.

267. *Tirage d'une voiture à quatre roues.* —Etudions maintenant le tirage d'une voiture à quatre roues. Soient R' et R'' les réactions exercées par le sol sur les roues de devant et sur les roues de derrière. Soit P le poids total de la voiture et de sa charge, et F la force mouvante appliquée au premier train (*fig.* 101).

Les essieux des deux trains étant généralement égaux, en admettant la loi de Coulomb d'après laquelle d serait proportionnel au rayon de la roue, on voit aisément que la réaction R' du sol sur les roues du train de devant est plus inclinée sur l'horizon que la réaction R'' sur les roues du train de derrière. Cet effet est encore plus sensible, si l'on admet la loi de M. Dupuit d'après laquelle on a :

$$d = K\sqrt{r}$$

car on en déduit :

$$\frac{d}{r} = \frac{K}{\sqrt{r}}$$

et l'on voit que le rapport de d au rayon augmente quand le rayon diminue. Les points d'applications B' et B'' des réactions ne sont pas placés de la même manière par rapport aux roues correspondantes ; le point B' est plus en avant, relativement au rayon de la roue de devant que B'' ne l'est par rapport au rayon de la roue de derrière. Il en résulte que les réactions R' et R'' prolongées vont se rencontrer en un point K en arrière de l'essieu de derrière. D'un autre coté les forces F et P se rencontrent en un point a.

Il faut donc, pour l'équilibre du système, que la résultante R des forces R' et R'' soit dirigée suivant la droite A K et qu'il en soit de même de la résultante des forces F et P. Par conséquent, si l'on prend la verticale ab pour représenter le poids P, on n'aura qu'à joindre K a, à prolonger cette droite, et à mener bc parallèle à la direction de la force F ; le coté bc du triangle abc représentera le tirage.

Cette construction montre que le tirage sera d'autant plus faible que la charge sera reportée plus près de l'essieu de derrière ; car plus le point a s'éloignera en arrière, plus l'angle en a, dans le triangle abc, diminuera ; plus, par conséquent, le côté opposé, cb qui représente le tirage, sera petit. Les voituriers ont reconnu depuis longtemps l'avantage qu'il y a à charger ainsi le train de derrière. Il ne faudrait cependant pas que le point a fût dans la verticale de l'essieu de derrière, parce qu'alors, dans les montées, le centre de gravité de la charge passerait en arrière de cet essieu et le train de devant pourrait être soulevé.

268. *Calcul du tirage.* — On peut calculer le tirage. Supposons le sol horizontal. Soient P' et P'' les composantes de la charge, agissant à des distances données l et l'' des essieux correspondants. Soit h la distance de la force F à l'essieu de devant ; soit X la tension de la pièce qui lie les essieux supposée horizontale ; soient h' et h'' les distances de cette force aux deux essieux. On aura, en considérant l'équilibre du train de devant :

$$Fh - Xh' - P'l' + f'r'\sqrt{P'^2 + (F - X)^2} = 0$$

en considérant l'équilibre du train de derrière, on aura de même :

$$Xh'' - P''l'' + f'r''\sqrt{P''^2 + X^2} = 0.$$

En éliminant X entre ces deux équations, on aurait une relation d'où l'on pourrait tirer la valeur de F.

Dans ce qui va suivre, nous reproduirons les résultats des expériences faites par Morin et consignées dans ses leçons de mécanique.

269. *Influence de la pression.* — Pour connaître l'influence de la pression sur la résistance au roulement, on a fait marcher les mêmes voitures à différentes charges, sur la même route, au même état. Le tableau suivant indique quelques-uns des résultats des expériences faites au pas.

Il résulte de l'examen de ce tableau, que, sur les routes en empierrement solide et sur le pavé, la résistance au tirage des voitures est sensiblement proportionnelle à la pression.

On remarquera que les expériences faites au moyen d'une seule ou de deux voitures à six roues, ont donné le même tirage total pour une même charge de 6.000 kilogrammes, véhicules compris. Il suit de là que le tirage est, toutes choses égales d'ailleurs et entre certaines limites, indépendant du nombre des roues; on peut d'ailleurs tirer la même conséquence des résultats que renferme le tableau suivant, relativement à une même voiture employée successivement avec six roues et avec quatre roues; la résistance a été la même dans les deux cas pour la même charge.

270. *Expériences sur l'influence de la pression sur le tirage des voitures.*

VOITURES EMPLOYÉES	ROUTE PARCOURUE	PRESSION	TIRAGE	RAPPORT DU TIRAGE à la charge
Chariot porte-corps d'artillerie.	Route de Courbevoie à Colombes, sèche, en bon état, avec poussière.	kil. 5 992	kil. 180.71	$\frac{1}{38.6}$
		6 140	159.9	$\frac{1}{39.2}$
		4 580	113.7	$\frac{1}{40.2}$
Chariot de roulage non suspendu..	Route de Courbevoie à Bezons, en gravier dur, très sèche	7 126	138.9	$\frac{1}{51.3}$
		5 458	111.5	$\frac{1}{48.9}$
		4 450	93.2	$\frac{1}{47.7}$
		3 430	68.4	$\frac{1}{50.2}$
Chariot de roulage suspendu	Route de Colombes à Courbevoie, pavé en état ordinaire avec boue humide.	1 600	39.3	$\frac{1}{40.8}$
		3 292	89.2	$\frac{1}{36.9}$
		4 996	136.0	$\frac{1}{36.8}$
Voitures à 6 roues égales. .	Route de Courbevoie à Colombes, ornières profondes, détritus humides..	3 000	138.9	$\frac{1}{21.6}$
		4 692	224.0	$\frac{1}{21.0}$
Deux voitures à 6 roues égales accrochées l'une derrière l'autre		6 000	285.0	$\frac{1}{21.0}$
		6 000	286.7	$\frac{1}{21}$

271. *Influence du diamètre des roues.* — Pour étudier l'influence du diamètre des roues sur le tirage, on a fait parcourir respectivement les mêmes parties de route, au même état, à des voitures pesant le même poids et ayant des largeurs de bandes égales, mais dont les diamètres seuls différaient entre des limites très étendues. Les exemples contenus dans le tableau suivant montrent que, sur les routes solides, on peut admettre comme pratique, que le tirage varie en raison inverse des diamètres des roues.

272. *Influence de la largeur des jantes.* — Cette influence a été étudiée, d'abord avec un appareil composé d'un arbre en fonte, sur lequel en plaçant des disques en fonte, tournés à leur contour, et formant à la fois la charge et les roues, dont la largeur totale était ainsi proportionnelle à leur nombre; plus tard on a employé sur les routes ordinaires, des voitures dont les roues avaient même diamètre et des largeurs inégales. Quelques-uns des résultats des expériences sont consignés dans le tableau suivant :

273. *Expériences sur l'influence du diamètre des roues sur la résistance au tirage des voitures.*

VOITURES EMPLOYÉES	ROUTES PARCOURUES	DIAMÈTRE de devant $2r'$	DIAMÈTRE de derrière $2r''$	PRESSION totale $P+p'+p''$	TIRAGE F	RAPPORT du tirage à la pression	FROTTEMENT des boîtes sur les essieux	RÉSISTANCE au roulement R
		m.	m.	kil.	kil.		kil.	kil.
Chariot porte-corps d'artillerie.	Route de Courbevoie à Colombes, empierrement solide, avec poussière.	2.029	2.029	4 928	81.6	$\frac{1}{60}$	9.6	72.0
		1.453	1.453	4 930	108.6	$\frac{1}{45.5}$	11.4	94.2
		0.872	0.872	4 924	179.0	$\frac{1}{27.4}$	25.3	153.7
Porte-corps d'artillerie.	Pavé en grès de Fontainebleau	2.029	2.029	4 692	51.45	$\frac{1}{90.45}$	9.0	42.45
Chariot comtois.		1.453	1.453	4 594	71.45	$\frac{1}{64.3}$	13.2	58.25
Voiture à 6 roues.		1 110	1.358	1 871	32.10	$\frac{1}{58.4}$	4.7	27.40
La même à 4 roues.		0.860	0.860	3 270	81.05	$\frac{1}{40.4}$	9.7	71.35
Camion.		0.860	0.860	3 270	78.80	$\frac{1}{41.5}$	9.7	69.10
Camion.		0.592	0.660	1 500	52.30	$\frac{1}{28.8}$	8.8	43.50
»		0.420	0.597	1 600	68.20	$\frac{1}{22.4}$	11.6	56,60

274. *Expériences sur l'influence de la largeur des jantes sur la résistance au roulement.*

VOITURES EMPLOYÉES	SOL PARCOURU	DIAMÈTRE de devant $2r'$	DIAMÈTRE de derrière $2r''$	LARGEUR des BANDES	PRESSION TOTALE	RÉSISTANCE au ROULEMENT
		m.	m.	m.	kil.	kil.
Appareil avec arbre en fonte.	Sol du polygone de Metz. .	0.707		0.045	1 042	160.2
				0.090	1 335	209.2
				0.135	1 447	179.6
	Hangar de manœuvre de l'École de Metz ; sable de 0m,12 à 0m,15 d'épaisseur	0.787		0.045	1 045	252.2
				0.090	1 355	237.3
				0.135	1 441	270.7
				0 185	1 380	221.3
				0.225	1 664	359.2
Porte-corps d'artillerie	Route de Courbevoie à Colombes, humide. . .	1 438	1.438	0.175	3 464	75.5
		1 449	1.449	0.060	3 608	75.4
Porte-corps d'artillerie.	Pavé en grès de Fontainebleau.	1.438	1.438	0.175	5 516	83.0
		1.453	1.453	0.115	5 518	72.6
		1.453	1.453	0.115	4 594	58.2
Voiture à 6 roues. .		0.860	0.860	0.060	3 270	71.6

Ces exemples montrent :

1° Que sur les sols mous la résistance augmente à mesure que la largeur de la jante diminue ; il convient donc à l'agriculture, pour la conservation de ses attelages, d'employer des jantes d'une certaine largeur, de $0^m,10$ environ, et non pas des jantes très étroites ;

2° Que sur les routes solides en empierrement et en pavé, la résistance est à très peu près indépendante de la largeur de la jante.

275. *Influence de la vitesse.* — Pour reconnaître l'influence de la vitesse sur le tirage des voitures, on a fait marcher sur différentes routes, à divers états, les mêmes voitures, en ne faisant varier dans chaque série d'expériences que la vitesse, qui a été successivement celle du pas, du pas allongé, du trot, du grand trot.

Quelques-uns des résultats des expériences sont rapportés dans ce tableau :

276. *Expériences sur l'influence de la vitesse sur la résistance au tirage des voitures.*

VOITURE EMPLOYÉE	SOL PARCOURU	CHARGE	ALLURE	VITESSE	TIRAGE	RAPPORT du tirage à la charge.
		kil.		m.	kil.	
Appareil avec arbre en fonte. .	Sol du polygone de Metz humide et mou.	1 042	Pas.	1.40	165.0	$\frac{1}{6.35}$
			Trot.	2.80	168.0	$\frac{1}{6.6}$
		1 335	Pas	1.28	215.0	$\frac{1}{6.2}$
			Trot	3.38	197.0	$\frac{1}{6.8}$
Affût de 16 avec sa pièce. . .	Route de Metz à Montigny, empierrement très uni et très sec.	3 750	Pas.	1 26	92	$\frac{1}{40.8}$
			Pas allongé. .	1.52	92	$\frac{1}{40.8}$
			Trot.	2.45	102	$\frac{1}{36.7}$
			Grand trot. . .	3.78	121	$\frac{1}{31}$
Chariot des messageries suspendu sur six ressorts. . .		3 288	Pas.	1.24	144	$\frac{1}{22.8}$
			Pas allongé. . .	1.70	153	$\frac{1}{22.8}$
		5 353	Trot	2.36	161	$\frac{1}{20.8}$
			Trot allongé . .	3.60	173.5	$\frac{1}{18.4}$

On voit par ces exemples que le tirage n'augmente pas sensiblement avec la vitesse, sur les terrains mous, mais que, sur les routes solides et inégales, il augmente d'autant plus que le sol présente plus d'inégalités, et que la voiture est plus dure ou le mouvement plus rapide.

277. *Conséquences pratiques des expériences de Morin.* — Ces expériences ont montré d'une part le grand avantage qu'offrent sous le rapport de la traction et de l'économie de la puissance motrice, les voitures bien suspendues sur celles qui ne le sont pas, et de l'autre sa supériorité du pavé dont les joints sont étroits et serrés, et la surface unie, sur le pavé à joints larges et à surface inégale généralement employé à Paris. Ces résultats obtenus en 1837 et publiés en 1838, ont appelé l'attention des ingénieurs et l'on peut croire qu'ils ont provoqué les essais que l'on a faits depuis avec succès, sur l'emploi de pavés taillés et de formes régulières, dont le public apprécie facilement les avantages. Les mêmes expériences nous montrent que si, pour le roulage au pas, les routes pavées offrent un avantage sur les routes en empierrement, il n'en est pas de même pour les grandes vitesses sur les routes en empierrement sèches et en parfait état ; mais que, quand ces routes sont mouillées, le pavé reprend son avantage.

L'excès de tirage offert par les routes en empierrement mouillées provient principalement de leur compressibilité, et il croit naturellement à mesure que les matériaux sont plus tendres, la route plus humide et moins bien entretenue.

Cette dernière circonstance exerce sur la résistance à la traction une influence énorme dont les conséquences, nuisibles à l'industrie des transports, n'attirent pas assez l'attention. Des expériences exécutées en septembre et octobre 1841, avec le même chariot, parcourant successivement diverses parties d'une même route, ont montré que les matériaux et la saison étant les mêmes, le tirage de cette voiture sur les parties bien entretenues était $^1/_{35}$ à $^1/_{36}$ de la charge, tandis que sur des parties mal entretenues, il s'élevait à $^1/_{25}$ et $^1/_{21}$.

278. *Conclusions générales.* — De l'ensemble de toutes les expériences sur le tirage des voitures, on peut conclure les lois pratiques suivantes :

1° La résistance opposée au roulement des voitures par les routes en empierrement solide ou pavées, et rapportée à l'axe de l'essieu, dans une direction parallèle au terrain, est sensiblement proportionnelle à la pression ou au poids total du véhicule, et inversement proportionnelle au diamètre des roues ;

2° Sur les chaussées pavées ou en empierrement, la résistance est à très peu près indépendante de la largeur de la bande de roue ;

3° Sur les terrains compressibles tels que les terres, les sables, le gravier, etc., la résistance décroit à mesure que la largeur de la bande augmente ;

4° Sur les terrains mous, tels que les terres, les sables, les accotements en terre, etc , la résistance est indépendante de la vitesse ;

5° Sur les routes en empierrement et sur le pavé, la résistance croit avec la vitesse. La vitesse est d'autant moindre que la voiture est mieux suspendue et la route plus unie ;

6° L'inclinaison du tirage doit se rapprocher de l'horizontale, pour toutes les routes et pour les voitures ordinaires, autant que la construction le permet.

279. *Transport horizontal des fardeaux, au moyen de rouleaux.* — Les rouleaux sont d'un emploi fréquent pour le transport à de faibles distances, des fardeaux, tels que les pierres, les pièces de fonte ou de charpente. Ils sont formés de pièces cylindriques généralement en bois, que l'on place sous le fardeau, ou bien sous les madriers qui supportent celui-ci. Quelquefois ces rouleaux portent à leurs extrémités des entailles dans lesquelles on embarre des leviers qui permettent de faire tourner les rouleaux et avancer le corps qu'ils supportent.

Dans d'autres cas, on pousse le corps et on le force à rouler sur les rouleaux, qui eux-mêmes roulent sur le sol.

Le calcul de l'effort horizontal T, qu'il

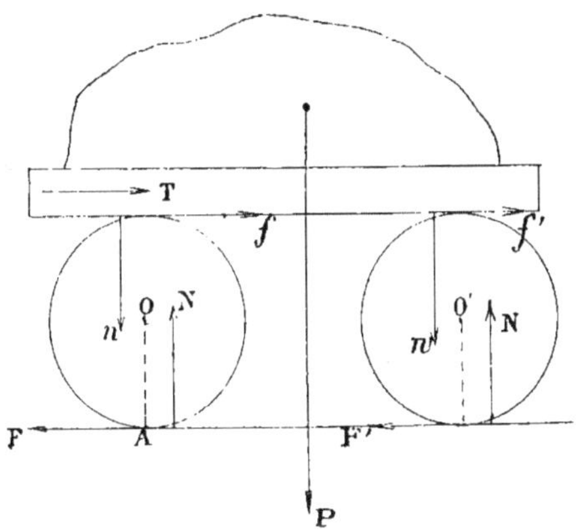

Fig. 102.

faut exercer pour opérer le transport par ce moyen, est une application de la théorie du frottement de roulement (*fig.* 102).

Soit P le poids du madrier et de sa charge ; soient O et O' les axes des deux rouleaux. La réaction exercée par le sol sur le premier rouleau peut se décomposer en deux forces ; l'une horizontale F, l'autre verticale N, agissant à une petite distance d en avant de l'axe O ; la réaction du madrier sur le même rouleau peut de même se décomposer en une force horizontale f et une force verticale n, agissant à une très petite distance e en arrière de l'axe O. On aura des forces analogues agissant sur le second rouleau; nous les représenterons par les mêmes lettres accentuées.

Désignons par r le rayon des rouleaux et négligeons leur poids vis-à-vis des réactions auxquelles ils sont soumis.

Nous écrirons qu'en vertu de l'équilibre du premier rouleau, la somme des projections des forces qui le sollicitent, sur un axe vertical et sur un axe horizontal, est nulle pour chacun de ces axes, et que la somme de leurs moments par rapport à l'axe O, est aussi égale à zéro. On trouve ainsi

$$F = f \qquad N = n$$

$$(F + f)\, r = Nd + ne \qquad (1)$$

Cette dernière se réduit en vertu des deux premières à

$$2\, Fr = N\,(d + e) \qquad (2)$$

On a de même pour le second rouleau :

$$F' = f' \qquad N' = n'$$

et $$2\, F'r = N'\,(d + e) \qquad (3)$$

En considérant maintenant l'équilibre du système total et remarquant que les réactions fn, $f'n'$ disparaissent, attendu que les rouleaux exercent sur le madrier des réactions égales et contraires, on obtient :

$$F + F' = T, \; N + N' = P.$$

D'ailleurs des équations (2) et (3) relatives aux moments, on tire :

$$2\,(F + F')\, r = (N + N')\,(d + e)$$

Par conséquent il vient, en remplaçant $F + F'$ et $N + N'$ par leurs valeurs :

$$2\, Tr = P\,(d + e)$$

d'où $$T = P\, \frac{\frac{1}{2}\,(d + e)}{r}.$$

Si l'on suppose par exemple :

$$P = 2\,000 \text{ kil.}$$

$$r = 0^m,20$$

$$d = 0,03\, \sqrt{r}$$

$$e = 0,001\, \sqrt{r}$$

on trouve :

$$T = 2\,000\, \frac{\frac{1}{2}\, 0,031\, \sqrt{0,20}}{0,20}$$

$$T = \frac{31}{\sqrt{0,20}} = 69^k,32.$$

Comme nous l'avons dit en cinématique, ce mode de transport exige l'emploi de trois rouleaux au moins, lorsque par suite du mouvement du madrier, son extrémité postérieure est arrivée à quelques décimètres du sommet du rouleau O, on engage un troisième rouleau O″ en avant, le transport s'effectue au moyen des rouleaux O′ et O″, et l'on enlève le rouleau O ; lorsque l'extrémité postérieure du madrier est arrivée près du rouleau O′ on engage le rouleau O sous l'extrémité antérieure, le transport se fait à l'aide des rouleaux O″ et O et l'on enlève le rouleau O′ que l'on engage bientôt en avant et ainsi de suite.

280. *Transport horizontal des fardeaux.* — Ce transport ne constitue pas un travail dans le sens attribué à ce mot en mécanique, puisque le chemin parcouru est perpendiculaire à la direction de la force. Cependant comme l'effet utile est évidemment proportionnel au poids transporté et à la distance parcourue, on a été conduit par analogie à prendre pour mesure de cet effet utile le produit de ce poids par cette distance, et pour unité le produit de l'unité de poids, ou le kilogramme par l'unité de longueur ou le mètre. Et comme cette unité était déjà employée en mécanique sous le nom de kilogrammètre, on lui a conservé ce nom. Ainsi un poids de 1000 kilogrammes transporté à une distance de 6 kilomètres représente un effet utile de :

$$1\,000 \times 6\,000 = 6\,000\,000 \text{ kilogrammètres.}$$

Dans le transport horizontal des fardeaux comme dans le travail mécanique des moteurs animés, il y a non seulement des limites d'effort, de vitesse et de durée journalière qu'il convient de ne pas dépasser, mais il y a entre ces variables une dépendance mutuelle, si l'on veut que l'effet utile qu'on a en vue puisse se renouveler d'une manière continue sans que la santé de l'homme ou de l'animal ait à en souffrir. On peut exiger du moteur un plus grand effort ; mais il faut alors diminuer la vitesse ou la durée de son action ; on peut au contraire exiger de lui une vitesse plus grande, mais il faut alors lui demander un effort moindre, ou le lui imposer moins longtemps, on peut prolonger la durée de son action, mais il faut diminuer son effort ou sa vitesse. En sorte qu'on peut prévoir, et c'est ce que l'expérience confirme en effet, qu'il y a des valeurs simultanées de l'effort de la vitesse, et de la durée journalière de l'action qui donnent le maximum de l'effet utile.

Voici, d'après Navier, le tableau des effets utiles que peuvent produire l'homme et le cheval dans le transport horizontal des fardeaux.

NATURE DE TRANSPORT	POIDS transporté	VITESSE	EFFET UTILE par seconde	DURÉE de l'action journalière	EFFET UTILE par jour
	k.	m.	k.m.	h.	k.m.
Un homme marchant sur un chemin horizontal, sans fardeau, et n'ayant à transporter que le poids de son corps.	65	1.50	97.0	10	3 510 000
Un manœuvre transportant des matériaux dans une petite charrette à 2 roues et revenant à vide	100	0.50	50	10	1 800 000
Un manœuvre transportant des matériaux dans une brouette et revenant à vide.	60	0.50	30	10	1 080 000
Un homme voyageant en portant des fardeaux sur le dos	40	0.75	30	7	756 000
Un manœuvre transportant des matériaux sur son dos et revenant à vide . . .	65	0.50	32.5	6	702 000
Un manœuvre transportant des fardeaux sur une civière et revenant à vide. .	50	0.33	16.5	10	594 000
Un manœuvre employé à jeter de la terre à la pelle à une distance horizontale de 4 mètres	2.7	0.68	1.80	10	64 800
Un cheval transportant des fardeaux sur une charrette et marchant au pas . .	700	1.10	770	4.5	27 720 000
Un cheval attelé à une voiture et marchant au trot.	350	2.20	770	4.5	12 474 000
Un cheval transportant des fardeaux sur une charrette, au pas et revenant à vide	700	0.60	420	10	15 120 000
Un cheval chargé sur le dos et allant au pas	120	1.10	132	10	4 752 000
Un cheval chargé sur le dos et allant au trot	80	2.20	176	7	4 435 000

On voit par ce tableau que le mode le plus avantageux pour l'homme est de lui faire traîner un charrette à deux roues; et pour le cheval le mode le plus avantageux est de l'atteler à une charrette, au pas.

Les nombres inscrits dans ce tableau se rapportent à une viabilité moyenne. Sur une route raboteuse, difficile, les résultats seraient évidemment moindres. Pour le cheval attelé, par exemple, le rapport du tirage à la charge peut varier de 0,005 à 0,250 suivant la nature de la voie, et il est clair que l'effet utile variera, sinon dans le même rapport, du moins dans le même sens.

281. *Applications utiles du frottement.* — Nous venons de voir que le frottement est une résistance nuisible que l'on doit atténuer par tous les moyens possibles, pour obtenir le maximum de l'effet utile, mais il reçoit aussi des applications très utiles dans la pratique.

Parmi l'une des plus importantes applications du frottement, se trouvent les freins qui ont pour but de ralentir et même d'arrêter le mouvement, ils sont employés dans les treuils, les grues pour modérer la descente des fardeaux.

Tous les véhicules sont munis de freins formés de pièces de bois qu'un levier, mû par un des moyens que nous avons indiqués au n° 967 de la cinématique, fait presser contre les roues pour que leur frottement absorbant le travail moteur, ralentisse le mouvement.

C'est grâce aussi au frottement que les

hommes, les animaux, les locomotives peuvent avancer.

C'est le frottement qui fait que des corps unis par des clous ou des vis ne se séparent pas ; les courroies de transmission utilisent aussi le frottement ; c'est lui qui empêche aussi les corps placés sur des plans légèrement inclinés de glisser.

282. *Frein dynamométrique de Prony.* — Le frottement a été utilisé par de Prony pour mesurer le travail des machines; le frein qui porte son nom a été employé pour la première fois à Paris, à l'occasion d'une expertise sur la machine à vapeur du Gros-Caillou. Cependant il paraît que le principe de l'appareil avait déjà été appliqué en 1821 par MM. Piobert et Tardy, dans leurs expériences sur les roues verticales du moulin du Basacle à Toulouse.

L'idée fondamentale sur laquelle repose la construction et l'usage de cet instrument de mesure consiste dans la substitution du frottement au travail résistant que reçoit habituellement la machine. Pour en faire comprendre la théorie, nous supposerons d'abord l'appareil réduit à sa plus simple expression. Soit O (*fig.* 103),

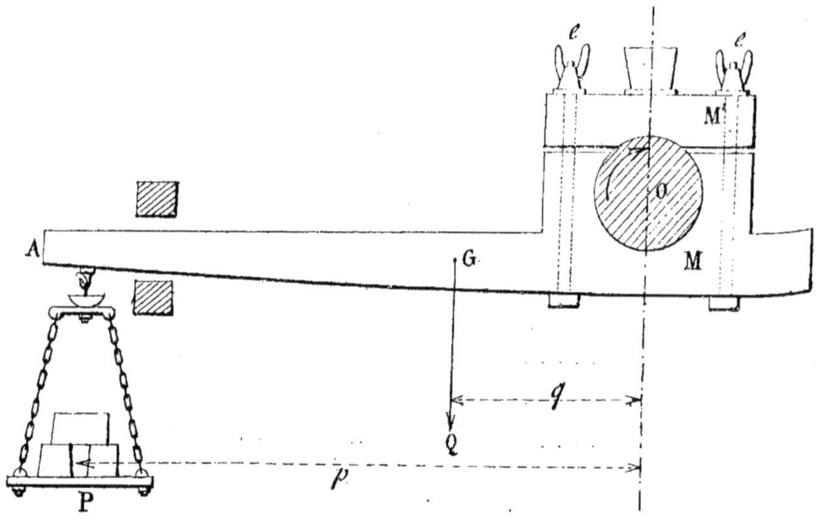

Fig. 103.

l'axe horizontal de l'arbre d'une machine dont on veut évaluer le travail. On dispose, au-dessus et au-dessous, deux mâchoires en bois M et M' creusées pour recevoir cet arbre, et réunies entre elles par des boulons que l'on peut serrer au moyen des écrous *ee*. La mâchoire inférieure M se prolonge en forme de levier; et à son extrémité A est suspendu un plateau ou une caisse que l'on peut charger de poids. On enlève les communications de l'arbre O, avec les résistances qui y sont ordinairement appliquées. Sous l'action du moteur, la vitesse de rotation s'accélère. Le levier MA est placé entre des cales qui l'empêchent d'être entraîné. En serrant peu à peu les écrous, on ralentit la vitesse de rotation et on la ramène à la vitesse de régime. L'arbre se trouve alors dans sa situation ordinaire avec cette seule différence que le travail des résistances que la machine est ordinairement employée à vaincre se trouve remplacé par le travail du frottement qui s'exerce entre l'arbre et les mâchoires MM'. Tout se réduit donc à mesurer ce dernier travail. Pour cela, on enlève les cales qui retenaient le levier, et l'on charge le plateau d'un poids convenable, pour que l'appareil se maintienne en équilibre sur l'action de ce poids, de son propre poids, et des réactions que l'arbre exerce sur les mâchoires. On a alors les éléments nécessaires pour évaluer le travail du frottement. En effet, soit P le poids placé dans le plateau, et agissant à la distance p de l'axe de rotation ; soit Q le poids de l'appareil, appliqué à son centre de gravité, et distant du même axe d'une quantité q. Les réactions exercées par l'arbre sur les mâchoires se décomposent en forces normales $nn'n''$... et en forces tangentielles $ff'f''$, dont le sens est celui du mouvement de rotation. L'appareil étant supposé en équilibre, la somme des moments de ces diverses forces, par rapport à l'axe, doit être égale à zéro.

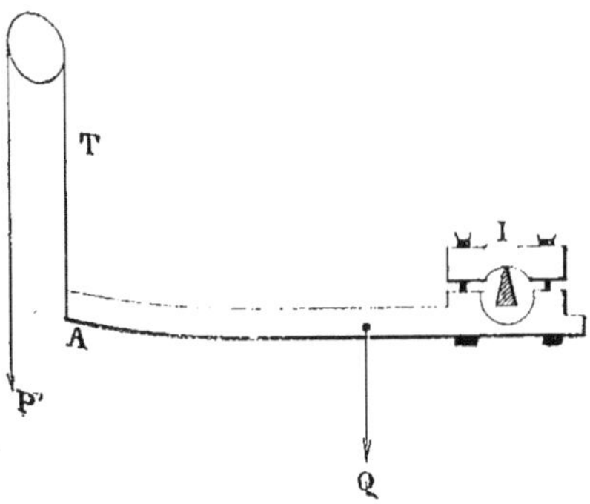

Fig. 104.

Les forces n, n', n''... passant par l'axe, ont des moments nuls; si r désigne le rayon de l'arbre, on a donc :

$$fr + f'r + f''r + \ldots - Pp - Qq = 0$$

ou

$$\Sigma fr = Pp + Qq \qquad (1)$$

On aura le frottement pour un tour, en multipliant le moment de ce frottement par 2π; si n représente le nombre de tours par minute, on aura pour le travail T_f du frottement par seconde :

$$T_f = \frac{2\pi n}{60} \Sigma fr,$$

et en vertu de l'équation (1) :

$$T_f = \frac{\pi n}{30} (Pp + Qq). \qquad (2)$$

Le poids P est donné par l'expérience; la distance p est connue d'avance; le moment Qq peut aussi être déterminé par une expérience préalable; il suffit pour cela de poser l'appareil, comme l'indique la figure 104, sur l'arête horizontale d'un couteau I, et de soutenir le levier au moyen d'une corde fixée en A, s'enroulant sur une poulie et chargée d'un poids P' à son autre extrémité. Si le poids P' est réglé de telle sorte que le levier demeure horizontal, la tension T du brin ascendant, égale à P', en négligeant le frottement de la poulie, satisfait à la relation

$$Tp = Qq \text{ ou } P'p = Qq.$$

Le poids P' donné par cette relation est ce qu'on appelle la *charge permanente;* en

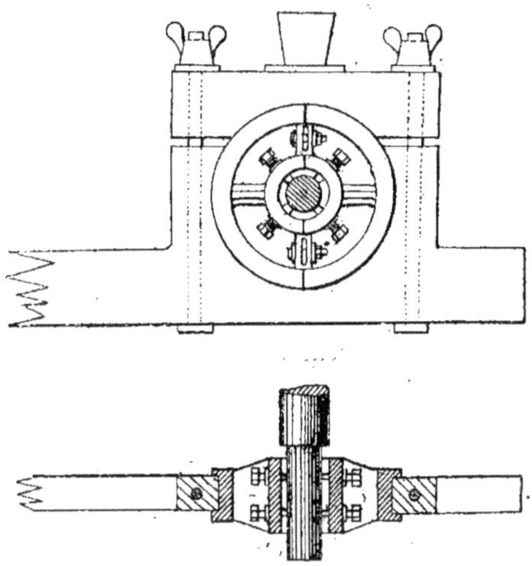

Fig. 105.

l'introduisant dans la formule (2), on obtient : $T_f = \frac{\pi n}{30} (P + P') p$

où n et p sont les seules quantités variables d'une expérience à l'autre.

Si par exemple on a :

$$p = 2^m,50$$
$$P' = 30^k$$

et qu'on ait trouvé :

$$n = 40$$
$$P = 120^k$$

on aura :

$$T_f = \frac{3,1426 \times 40}{30} (120 + 30) 2,5 = 1570^{km},8$$

ce qui revient à 21 chevaux environ.

Dans la pratique, on ne fait pas frotter directement le frein contre l'arbre. Si celui-ci est en fonte, on l'entoure d'un anneau coulé exprès, et alésé que l'on y fixe à l'aide d'une clef de calage. S'il est en bois et de grosse dimension, on l'entoure d'un anneau formé de deux pièces garnies de vis pour le centrer et on l'y fixe à l'aide de cales ou de coins. Dans les deux cas, c'est l'anneau qui frotte contre les mâchoires du frein. La figure 105 représente l'une des dispositions la plus employée.

Pour une même force en chevaux, le produit Σfr ou $r \Sigma f$ restant le même, Σf est d'autant plus grand que r est plus petit. Or, il y aurait inconvénient à ce que le frottement devînt trop considérable, parce qu'il pourrait altérer les surfaces en contact et rendre le frottement irrégulier. L'expérience a démontré que pour :

Un diamètre de :	*et une vitesse de :*	*on peut mesurer :*
16 à 20 centimètres,	20 à 30 tours par minute,	6 à 8 chevaux.
30 à 40 —	15 à 30 —	15 à 25 —
60 à 80 —	15 à 30 —	40 à 70 —

Une grande vitesse est d'ailleurs favorable à la régularité de l'expérience.

Un frottement régulier est nécessaire pour que l'équilibre du levier se maintienne pendant le mouvement. Ce levier prend toujours un petit mouvement oscillatoire qui n'a pas d'inconvénients lorsque son amplitude reste comprise entre d'étroites limites; mais si les écarts deviennent considérables, ou si le levier venait frapper violemment contre les barres entre lesquelles on le maintient pour éviter de trop grandes excursions, ce serait le signe d'une irrégularité dans le frottement qui ne permettrait pas de compter sur une mesure exacte.

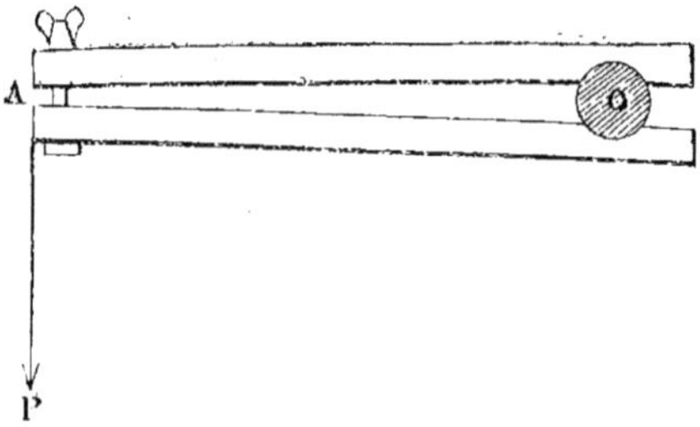

Fig. 106.

La nécessité d'un frottement régulier oblige d'entretenir les surfaces frottantes à une même température, ce à quoi on parvient en disposant un filet d'eau savonnée qui se rend par un trou pratiqué dans la mâchoire supérieure jusqu'à la surface frottante.

A cause de la longueur du levier, l'expérimentateur placé à son extrémité ne peut serrer lui-même les écrous. C'est un inconvénient, qui peut dans certains cas devenir une occasion de fraude. Pour y remédier, Poncelet a proposé de faire les deux mâchoires d'égale longueur, et de placer les écrous près du point A (*fig.* 106). La flexibilité du bois permet de serrer graduellement, et ce dispositif est, sous ce rapport même, préférable au dispositif ordinaire. De plus, pour rendre l'équilibre stable, Poncelet suspendait la charge, non pas au point A lui-même, mais à l'extrémité d'une tige verticale AB fixée à l'une des mâchoires. Il en résulte que si le levier tend à s'élever en cédant au mouvement de l'arbre qui l'entraîne, le bras de levier du poids P augmente aussitôt, et le frottement cessant d'être prépondérant, l'appareil revient à sa position d'équilibre.

283. *Expérience de Morin.* — Enfin Morin a indiqué un emploi plus complet du frein dynamométrique. Il ne se contente pas de mesurer le travail correspondant à la vitesse de régime. Quand l'arbre tourne sans résistance, après avoir décalé le levier, on suspend un poids de 5 à 10 kilos et l'on serre les écrous jusqu'à ce que, la vitesse se ralentissant un peu, l'équilibre soit rétabli. On mesure cette vitesse et par suite le travail produit. On ajoute un nouveau poids dans le plateau on serre de nouveau les écrous jusqu'à ce que la vitesse, se ralentissant encore, on ait rétabli l'équilibre. On mesure cette vitesse et le travail produit, on augmente ainsi le poids graduellement jusqu'à ce qu'en serrant les écrous pour rétablir l'équilibre, on voie l'arbre s'arrêter ou tourner d'une manière tout à fait irrégulière. On a ainsi pour une série de vitesses, depuis la plus grande possible jusqu'à la plus petite possible, le travail par seconde correspondant.

On trace une courbe ayant pour abscisses les vitesses et pour ordonnées les valeurs correspondantes du rapport entre le travail de frottement et le travail moteur. Cette courbe fait connaître la constitution de la machine ; elle donne le travail correspondant à la vitesse de régime, de plus elle fait connaître la vitesse qui correspond à l'effet utile maximum.

La figure 107 représente ainsi les résultats d'une série d'expériences faites sur une turbine du système Fontaine-Baron.

Les abscisses sont proportionnelles aux nombres de tours de la roue dans une minute et les ordonnées représentent les valeurs correspondantes du coefficient d'effet utile multipliées par le facteur 100. On voit que c'est vers 50 tours qu'a lieu

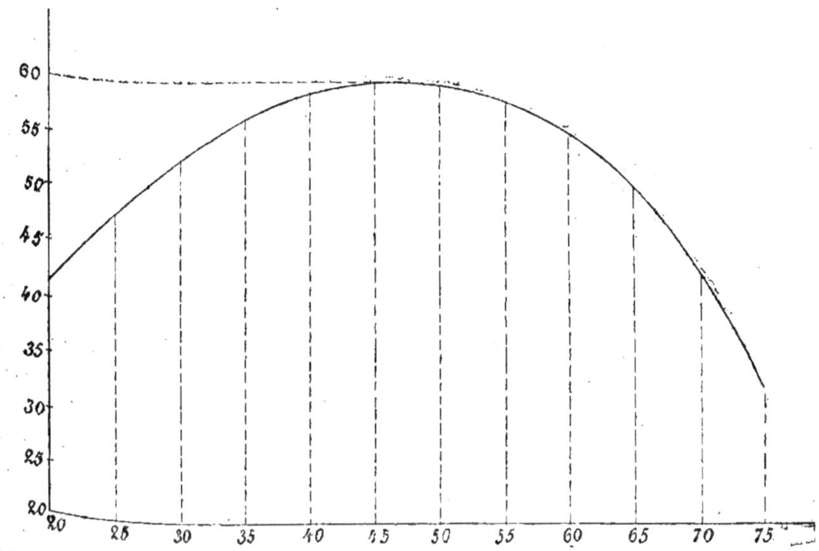

Fig 107.

le maximum d'effet utile, et que ce maximum est d'environ 0,60, c'est-à-dire que le maximum d'effet utile est les 0,60 du travail moteur.

284. *Dimensions des pièces principales du frein.* — Les dimensions des pièces qui composent un frein dynamométrique peuvent pratiquement ne pas convenir pour tous les cas. Il est indispensable que les dimensions des pièces soient recherchées, et, pour ainsi dire, calculées dans chaque cas différent.

En effet, à part les sections transversales du bras de levier et des coussinets qui doivent répondre au poids du plateau et à l'effort exercé par le serrage des boulons, l'intensité appoximative de ce poids doit être connue, afin de rester dans les limites convenables pour la facilité de l'opération. D'autre part le serrage des boulons doit être de même apprécié pour donner à ceux-ci la section suffisante.

Or l'intensité du poids dépend de la puissance à mesurer, de la vitesse de rotation de l'axe et de la longueur que l'on donnera au bras de levier.

Le serrage des boulons dépend de l'effort tangentiel à opposer au mouvement de la poulie, lequel effort variera, pour une même puissance et une même vitesse, suivant la distance à laquelle il sera exercé du centre de l'axe de rotation, distance qui n'est autre chose que le rayon de la poulie. Mais le serrage direct par les boulons dépend encore du rapport entre la pression et le frottement qui en résulte entre les surfaces de la poulie et du bois composant le frein, frottement qui équivaut à l'effort tangentiel à produire.

Ainsi avant de construire un frein, pour une expérience déterminée, il est nécessaire de faire une évaluation préalable approximative de toutes les conditions dans lesquelles il se trouvera, afin de ne pas s'exposer à voir les pièces se rompre, ou devenir tout à fait insuffisantes.

Faute de faire cette recherche, il pourrait arriver que le poids à mettre dans le plateau de la balance devînt trop considérable ou que les boulons fussent trop faibles pour résister au serrage nécessaire.

En dehors de l'obligation de remplir les conditions voulues, il reste aussi les accidents à éviter, une expérience au frein présentant, par sa nature même, des dangers réels, mais dont on peut se mettre à couvert par de sages précautions. Nous allons donc rechercher les trois dimensions principales, c'est-à-dire : l'*intensité du poids, la longueur du bras du levier, le serrage et le levier des boulons.*

1° *Intensité du poids P et longueur du levier.* La puissance du moteur étant connue approximativement, on se donnera à priori la longueur du bras de levier ou l'intensité du poids, et de l'une de ces deux on déduira l'autre.

Le résultat fera connaître si les conditions données ou trouvées peuvent être conservées, si le bras de levier est trop long pour être facilement logé ou manœuvré, ou si le poids est trop considérable pour être supporté par le plateau. Si c'est la longueur du levier que l'on se donne à priori, on cherchera la vitesse v du cercle ayant cette longueur pour rayon et tournant à la vitesse de l'arbre; le quotient de la puissance approximative par cette vitesse sera égal au poids à placer sur le plateau. Ainsi, supposons que la puissance estimée au maximum, soit de 1200 kilogrammètres et transmise par un arbre faisant quarante-cinq révolutions par minute, la longueur du levier étant de 3 mètres, la vitesse v à son extrémité serait

$$v = \frac{45 \times 2 \times 3{,}1416 \times 3}{60} = 14^{m},136$$

et le poids P à placer dans le plateau :

$$P = \frac{1\,200}{14{,}136} = 84^{k},89.$$

Ainsi il faut avoir à sa disposition un poids de 85 kilogrammes, auquel le bras du frein devra résister.

Si le poids était au contraire fixé, ou au moins ses limites extrêmes, il suffirait de faire l'opération inverse pour trouver la longueur du bras.

Ainsi, avec les mêmes conditions que l'exemple ci-dessus, et en ne disposant que d'un poids de 60 kilogrammes, on trouverait que la vitesse v à l'extrémité du levier

$$v = \frac{1\,200}{30} = 20 \text{ m.}$$

et comme la formule de la vitesse peut s'écrire :

$$v = \frac{2\pi p n}{60}$$

on en déduit :

$$p = \frac{60\,v}{2\pi n}$$

et par suite :

$$p = \frac{60 \times 20}{2 \times 3{,}1416 \times 45} = 4^{m},24.$$

285. *Serrage des boulons.* — Nous avons dit que la pression à exercer sur la poulie du frein, au moyen des boulons, dépendait de la puissance même du moteur, de la vitesse de l'arbre et de la distance du centre à laquelle cette pression s'exerce. La pression tangentielle à produire étant le résultat d'un frottement dû au serrage, celui-ci dépend encore de l'état des surfaces en contact.

Donc, pour un cas déterminé, la puissance et la vitesse constituant des données invariables, il s'agit de connaître le diamètre que la poulie doit avoir pour que la pression à exercer soit maintenue dans les limites convenables pour la pratique.

Pour faire cette appréciation, on devra d'abord se fixer sur le mode de lubrification à employer, attendu que si l'on fait usage d'eau pure ou d'eau de savon, le rapport de la pression au frottement étant différent dans les deux cas, le serrage des boulons devra varier dans un rapport correspondant et pour un même effet à produire.

D'après Morin, le coefficient de frottement est 0,18 pour les surfaces lubrifiées à l'eau pure, et 0,14 lorsqu'on emploie l'eau de savon. Quel que soit cependant le mode employé, appelant R l'effort tangentiel à produire, et f le rapport entre la pression et le frottement, le serrage s à exercer au moyen des boulons sera :

$$s = \frac{R}{f}.$$

Cet effort devra être exercé par deux boulons seulement, attendu qu'un plus grand nombre serait difficile à régler, à moins qu'ils ne fussent réunis deux à deux par des pignons d'engrenage, ce qui ne se fait pas ordinairement.

Par conséquent, si nous remarquons que les boulons dont on se sert en pareil cas ont des dimensions à peu près les mêmes variant seulement dans des limites peu étendues, le problème se résumera à chercher leurs résistances, à en prendre une pour moyenne et l'égaler à la valeur précédente.

La relation qui en résultera, permettant d'en tirer la valeur de R, conduira également à la détermination cherchée du diamètre de la poulie.

Ainsi, admettons la série suivante de boulons, dont les résistances, par centimètre carré de section soient portées à un maximum de 3 000 kilogrammes.

DIAMÈTRE des boulons	SECTION transversale	RÉSISTANCE totale à la traction	MOYENNE
mill.	cent. carré	kilog.	kilog.
20	3.14	942	
30	7.07	2 121	2 278
40	12.57	3 771	

On en peut conclure que le serrage direct à exercer ne doit guère excéder 7 500 kilogrammes à l'aide de deux boulons seulement, puisque les plus forts ne permettent pas chacun une traction de 3 800 kilogrammes.

Prenons pour exemple 4 000 kilogrammes pour deux boulons de 30 millimètres, et cherchons la valeur de R pour un cas déterminé, en supposant l'emploi de l'eau pure pour lubrifier le frein et l'empêcher de s'échauffer, ce qui nous permet d'admettre $f = 0,18$. On aura donc :

$$s = \frac{R}{0,18} = 4\,000$$

d'où,

$$R = 4\,000 \times 0,18 = 720^{k}$$

Par conséquent, il devient très facile de connaître le diamètre de la poulie à employer, pour n'avoir que cette résistance à lui faire surmonter. En désignant par F la puissance de la machine et V la vitesse de la poulie de rayon r on a :

$$R = \frac{V}{F}$$

or

$$V = \frac{2\pi rn}{60}$$

d'où,

$$R = \frac{60F}{2\pi rn}$$

et en résumé le rayon r

$$r = \frac{60\ F}{2\pi Rn}.$$

Supposons, par exemple :

F = 1 500 km et n = 50 par minute,

on trouverait :

$$r = \frac{60 \times 1\,500}{2 \times 3,1416 \times 50 \times 720} = 0^{m},40.$$

La poulie devra donc avoir, à fond de gorge, un diamètre de 80 centimètres. Si ce diamètre était trop grand, on serait obligé de supposer des boulons plus forts et de recommencer le calcul.

Si le diamètre trouvé était faible au contraire, et qu'on pût l'augmenter sans difficulté, il faudrait s'empresser de le faire, ce qui diminuera l'effort à faire subir aux boulons, et ménager ainsi les bois du frein.

286. *Dispositions différentes du frein.*— Nous venons d'indiquer la disposition de

Prony pour un arbre horizontal ; mais très souvent le frein doit être appliqué sur un axe vertical, ce qui peut se présenter surtout pour une turbine dont l'arbre ou son prolongement est très propre à servir pour l'expérience, lorsque la vitesse est convenable pour faire cette opération.

Dans cette circonstance on peut employer la même disposition de frein, mais avec cette différence qu'au lieu de suspendre directement le plateau au frein lui-même qui oscillle horizontalement, on le fixe à une corde attachée au bras du frein et passant sur une poulie de renvoi placée verticalement.

Ce n'est plus le frein qui demande à être équilibré, c'est le roulement de la poulie et la raideur de la corde en tenant compte toujours du poids du plateau. C'est une tare qui peut être faite préalablement en établissant un renvoi en sens contraire et en y suspendant un poids que l'on ajoute ensuite à celui mis dans le plateau pour l'expérience, à moins qu'on ne l'ait maintenu pendant l'opération, dans lequel cas le poids du plateau et les diverses résistances passives peuvent être considérés comme nuls.

Les choses ainsi préparées, l'expérience a lieu exactement comme si le frein fonctionnait sur un arbre horizontal.

Une disposition excellente à recommander et qui a donné de bons résultats consiste à munir les écrous de pignons dentés réunis par une roue intermédiaire ; l'un d'eux communique avec un troisième pignon monté sur un axe à manivelle indépendant. De cette façon un homme agissant sur la manivelle serre ou desserre les deux boulons à la fois avec une simultanéité parfaite et sans fatigue, comme aussi sans danger.

Dans quelques freins, le chapeau ou mâchoire supérieure, au lieu d'être formé d'une pièce de bois évidée intérieurement suivant le contour de la poulie, est remplacé par un demi-collier composé d'une lame de métal flexible dont les extrémités constituent les deux boulons de serrage et dont l'intérieur est garni de sabots en bois divisés par segments qui épousent encore la forme de la poulie en l'entourant de la moitié de sa circonférence. Ce mécanisme agit exactement comme les freins appliqués aux poulies de grues. Ce système présente l'avantage de faciliter un serrage énergique en fatiguant moins les boulons, par l'effet de la flexion du collier, qui lui permet de s'appliquer plus intimement sur le contour de la poulie qu'un coussinet rigide quoique son intérieur ait dû être parfaitement alésé au diamètre voulu et presque rodé sur la poulie même.

Ces freins ne peuvent pas servir à mesurer des grandes puissances, on voit en effet qu'une force de 22 chevaux exigeait un frein dont le bras aurait 4 mètres de longueur et le poids à mettre dans le plateau serait de 200 kilogrammes environ, les boulons devant résister ensemble à un effort de 7600 kilogrammes.

On voit que pour des moteurs de 50, 100 chevaux et plus, on arriverait à donner à ces freins des dimensions irréalisables en pratique.

Roideur des cordes.

287. On appelle roideur des cordes la résistance qu'elles opposent à la flexion. Lorsqu'une corde enroulée sur un cylindre est sollicitée à l'une de ses extrémités par une force mouvante P et à l'autre par une force résistante Q, on observe que, du côté de la force Q, la corde prend une courbure d'un rayon plus grand que celui du cylindre, en sorte que la direction moyenne du brin correspondant à Q passe à une certaine distance de l'axe, plus grande que le rayon du cylindre augmenté de celui de la corde, ainsi que l'indique la figure 108. Il en résulte que, pour l'équilibre dynamique, il faut que la force P soit plus grande que la force Q ; si l'on prend, en effet, les moments des forces par rapport à l'axe du cylindre, ce qui fait disparaître le poids de celui-ci, et qu'on désigne par r le rayon du cylindre, par r' celui de la corde et par d la distance AI entre le cylindre et le brin qui s'en écarte, on devra avoir :

$$P(r + r') = Q(r + r' + d)$$

d'où

$$P = Q + \frac{d}{r + r'} Q$$

la différence entre P et Q exprimée, comme on voit par : $\frac{d}{r+r'} Q$

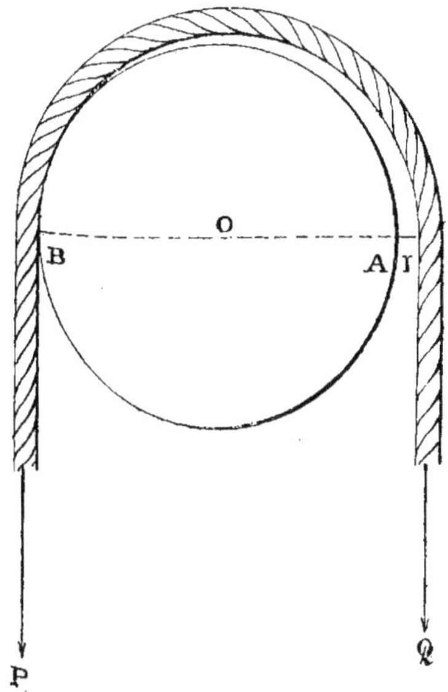

Fig. 108.

est ce qu'on appelle la roideur de la corde. Pour une même corde, cette résistance à la flexion augmente à mesure que Q augmente, et que le rayon r du cylindre diminue, et dans un grand nombre de cas, elle ne saurait être négligée.

La roideur des cordes a été étudiée par Amontons et plus tard par Coulomb ; les expériences faites par ce dernier, quoique incomplètes, sont encore ce que l'on possède de mieux sur cette matière.

288. *Expériences d'Amontons.* — Amontons se servait d'un appareil qui est représenté de face et de profil sur la figure 109. Une poutre horizontale AA supporte deux poulies BB', sur lesquelles s'enroule la corde mise en expérience. Chaque brin, après s'être enroulé sur un cylindre horizontal mobile CC, va s'attacher à l'un des crochets qui supportent un plateau DD chargé d'un poids Q. Sur le cylindre mobile s'enroule une cordelette, à l'extrémité de laquelle est suspendu un plateau plus petit, que l'on peut charger d'un poids q. On augmente peu à peu ce poids q jusqu'à ce que, sous l'action de ce poids et du poids p du cylindre mobile, ce cylindre commence à tourner sur lui-même en enroulant la

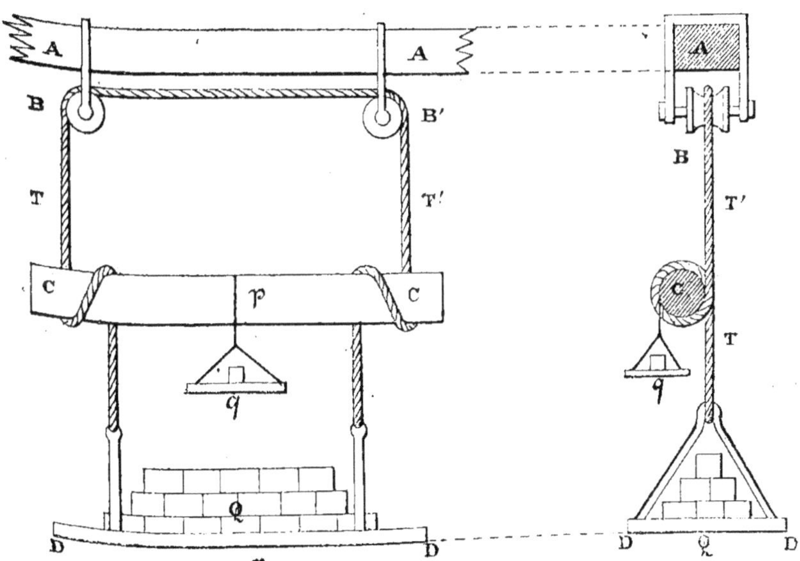

Fig. 109.

portion inférieure de chaque brin de la corde, et en déroulant par conséquent la portion supérieure de ces mêmes brins. On obtient ainsi la mesure de la roideur. En effet, le mouvement du cylindre mobile étant très lent, on peut le regarder comme en équilibre sous l'action des forces p et q, des tensions T', des brins inférieurs de la corde, des tensions T' des brins supérieurs et enfin de la roideur R de chacun des brins inférieurs. Si l'on prend les moments par rapport à un axe parallèle à celui du cylindre, compris dans le même plan horizontal, et rencon-

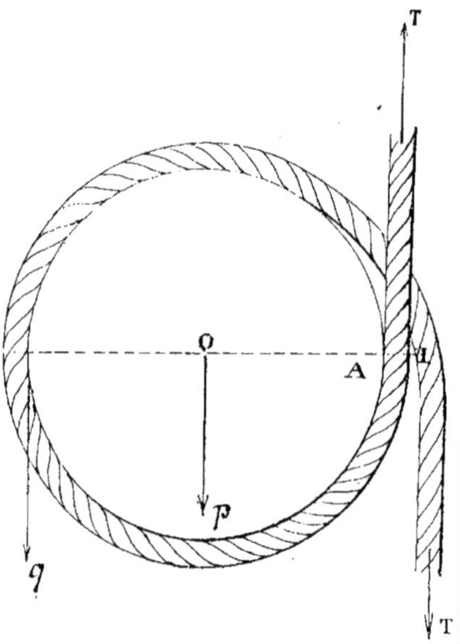

Fig. 110.

trant la direction moyenne des brins supérieurs, afin de faire disparaître les tensions T', on aura (*fig.* 110) :

$$p(r+r')+q\,2(r+r')=2Td$$

d'où, $$\frac{1}{2}p+q=\frac{d}{r+r'}\,T.$$

Or, d'après ce qui a été dit plus haut, le second membre est précisément l'expression de la roideur R de l'un des brins de la corde, on a donc :

$$R=q+\frac{1}{2}p,$$

c'est-à-dire que, dans cette expérience, la roideur cherchée a pour valeur le poids additionnel q placé dans le petit plateau, augmenté de la moitié du poids du cylindre mobile.

289. *Expériences de Coulomb.* — Coulomb a repris les expériences d'Amontons, en se servant du même appareil. Il a aussi mis en usage une méthode d'expérimentation différente. Sur deux madriers horizontaux, placés parallèlement à une petite distance l'un de l'autre, il plaçait transversalement un rouleau cylindrique, sur lequel s'enroulait la corde expérimentée, chargée de poids égaux à ses extrémités. Une cordelette flexible, dont on pouvait négliger la roideur était fixée au même rouleau, s'y enroulait, et portait à son extrémité un petit plateau que l'on chargeait graduellement; jusqu'à ce que le rouleau se mît à rouler lentement sur les madriers. Des expériences préalables avaient fait connaître la mesure de la résistance au roulement; en la défalquant, on obtenait la résistance due à la roideur de la corde.

Par l'emploi de ces deux méthodes, Coulomb a été conduit à admettre que la roideur se compose de deux parties : l'une indépendante de la tension ou de la charge, et que Coulomb a nommée la roideur naturelle; l'autre proportionnelle à la tension et qu'il a nommée pour cette raison la roideur proportionnelle... Il a reconnu en outre que la roideur est en raison inverse du diamètre du cylindre ou de la poulie sur laquelle la corde s'enroule, la roideur R peut être représentée par la formule :

$$R=\frac{A+BQ}{D}.$$

Q désignant la charge ou la tension de la cordeet D représentant le diamètre du tambour augmenté de celui de la corde. Les coefficients A et B constants pour une même corde, varient en passant d'une corde à l'autre.

Le tableau, suivant, dû au général Morin, donne la valeur des coefficients A et B pour des cordes sèches, neuves, blanches ou goudronnées représentant le cas le plus général de la pratique.

NOMBRE de FILS	CORDES BLANCHES			CORDES GOUDRONNÉES		
	DIAMÈTRES	VALEUR DE LA ROIDEUR Naturelle A	VALEUR DE LA ROIDEUR Proportionnelle B	DIAMÈTRES	VALEUR DE LA ROIDEUR Naturelle A	VALEUR DE LA ROIDEUR Proportionnelle B
1	0.0089	0.0106038	0.002678	0.0105	0.021201	0.002512992
9	0.0110	0.0225207	0.003267	0.0129	0.041143	0.003769488
12	0.0127	0.0388476	0.004356	0.0149	0.067314	0.005025984
15	0.0141	0.0595845	0.005445	0.0167	0.097712	0.006282480
18	0.0155	0.0847314	0.006534	0.0183	0.138[illegible]39	0.007538976
21	0.0168	0.1142883	0.007623	0.0198	0.183193	0.008795472
24	0.0179	0.1482552	0.008712	0.0211	0.234276	0.010051968
27	0.0190	0.1866321	0.009801	0.0224	0.291586	0.011308464
30	0.0200	0.2294190	0.010890	0.0236	0.355125	0.01256[illegible]963
33	0.0210	0.2766159	0.011979	0.0247	0.424891	0.013821456
36	0.0220	0.3282228	0.013068	0.0258	0.500886	0.015077952
39	0.0228	0.4842397	0.014157	0.0268	0.534108	0.016334448
42	0.0237	0.5466666	0.015216	0.0279	0.671559	0.017590944
45	0.0246	0.3095035	0.016335	0.0289	0.766237	0.018847449
48	0.0254	0.5787504	0.017424	0.0298	0.867144	0.020103936
51	0.0261	0.6524075	0.018513	0.0308	0.974278	0.021360432
54	0.0268	0.7304742	0.019602	0.0316	1.078641	0.022616928
57	0.0276	0.8129511	0.020691	0.0326	1.207231	0.023873424
60	0.0283	0.8998380	0.021780	0.0334	1.333050	0.025120960

Les nombres des fils de caret ont été déterminés approximativement d'après le diamètre des cordes, à l'aide des formules :

$$d^{cent} = \sqrt{0,1\,338n}$$

pour les cordes blanches sèches.

$$\text{et } d^{cent} = \sqrt{0.186n}$$

pour les cordes goudronnées, en admettant que les nombres de fils sont proportionnels aux carrés des diamètres.

Quant aux cordes mouillées, les résultats des expériences de Coulomb sont trop peu concluants pour qu'on puisse en déduire quelque règle pratique; car il a trouvé que pour les cordes de 15 et de 6 fils, la présence de l'eau n'augmentait pas la roideur, et que pour la corde de 30 fils le terme constant A représentant la roideur naturelle, était seul augmenté et à peu près doublé.

M. Navier, et après lui les autres auteurs, ont admis d'après cela qu'il fallait, dans ce cas, doubler la valeur du terme A, en conservant au terme B la même valeur.

290. *Application de la formule :*

$$R = \frac{A + BQ}{D}.$$

Déterminer la roideur d'une corde neuve, blanche, sèche, en bon état, de 0,028 de diamètre ou de 60 fils, qui s'enroule sur une poulie de 0^m,220 de diamètre sous une tension de 800 kilogrammes?

La table ci-dessus donne .

$$A = 0^k,899388.$$

$$B = 0,02178.$$

on a : $D = 0,220 + 0,028 = 0^m,248.$

et par suite :

$$R = \frac{0,899\,388 + 0,02\,178.800}{0,248} = 73^k,838$$

La résistance totale à vaincre, non compris le frottement des axes, est par conséquent $Q + R = 873^k,883$.

291. *Autre expression de la roideur des cordes.*

En discutant les résultats des expériences de Coulomb et de Navier, le général Morin a été amené à penser qu'on représenterait mieux ces résultats en admettant que le coefficient B soit dans tous les cas proportionnel au nombre n des fils de caret, et que le coefficient A soit composé de deux termes, l'un proportionnel à n et l'autre au carré de n : il pose en conséquence, pour les cordes blanches :

$$R = \frac{n\,[0{,}000297 + 0{,}000245n + 0{,}000363\,Q]}{D} \quad (1)$$

et pour les cordes goudronnées,

$$R = \frac{n\,[0{,}0014575 + 0{,}000346n + 0{,}000418\,Q]}{D} \quad (2)$$

Appliquons la formule (1) à l'exemple précédent pour lequel

$$n = 60 \quad Q = 800 \quad D = 0{,}248$$

on a :

$$R = \frac{60}{0{,}248}\,(0{,}000297 + 0{,}000245 \times 60 + 0{,}000363 \times 800)$$

et en calculant, on trouve :

$$R = 73^k{,}521$$

valeur peu différente de celle trouvée par la formule

$$R = \frac{A + BQ}{D}.$$

292. *Application du principe de la transmission du travail dans les machines.* — Nous allons déterminer les conditions d'équilibre dans quelques machines simples, en appliquant le principe de la transmission du travail.

293. *Levier.* — Nous savons que, quel que soit le genre de levier il faut pour qu'il y ait équilibre, que la résultante de la puissance P, de la résistance Q et de la réaction R du point d'appui soit nulle, ce qui exige que les forces P et Q se trouvent dans un même plan avec le point d'appui.

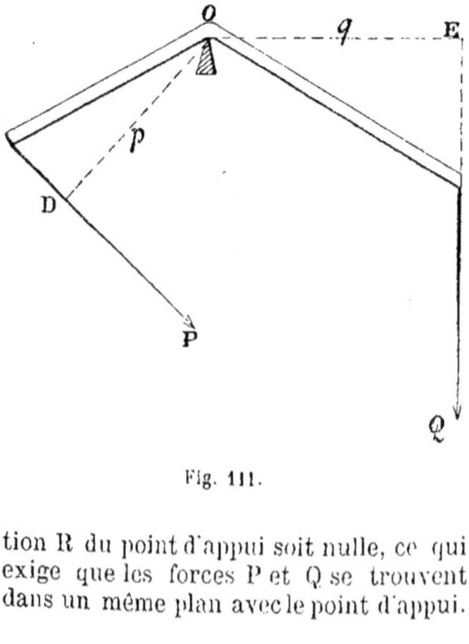

Fig. 111.

Considérons un levier, AB (*fig.* 111) tournant pendant un temps très petit t, d'une très petite quantité autour du point O et dans le plan de la figure. Les bras de levier $OD = p$, $OE = q$, devant constamment rester perpendiculaires à la direction des forces tourneront du même angle que le levier, et les travaux moteur et résistant développés pendant le temps t seront égaux.

Si nous appelons ω l'arc décrit pendant le temps t par le point situé à l'unité de distance du point d'appui les arcs décrits par les points d'application des forces P et Q seront

$$\omega\, p \text{ et } \omega\, q$$

et comme ces arcs sont très petits, leurs directions se confondront avec celles des forces P et Q ; par suite les travaux moteur et résistant développés pendant cette petite rotation seront respectivement

$$Pp\,\omega \text{ et } Qq\,\omega$$

Ce travail développé par la réaction R du point d'appui étant nul, à cause de la fixité du point O, on aura pour la relation d'équilibre :

$$Pp\,\omega = Qq\,\omega$$

ou

$$\frac{P}{Q} = \frac{q}{p}.$$

C'est-à-dire que la puissance et la résistance sont en raison inverse de leurs bras de levier ; relation déjà trouvée au n° 267 de la statique.

Remarquons que si le bras de levier de la puissance est 10 fois plus grand que le bras de levier de la résistance, celle-ci sera 10 fois plus grande que la puissance, mais le point d'application de la puissance, parcourra un chemin 10 fois plus grand que celui parcouru dans le même temps par le point d'application de la résistance.

C'est-à-dire, *qu'on perd en vitesse ce que l'on gagne en force et réciproquement.*

294. *Levier en tenant compte du frottement.* — Le plus souvent l'axe de rotation, au lieu d'être une arête, est formé d'un tourillon reposant sur un coussinet; dans ce cas le frottement n'est pas négligeable.

Représentons par N la pression sur le tourillon qu'il sera facile d'obtenir, en composant la résultante R des forces P et Q avec le poids total du levier. Si r représente le rayon du tourillon, la valeur du

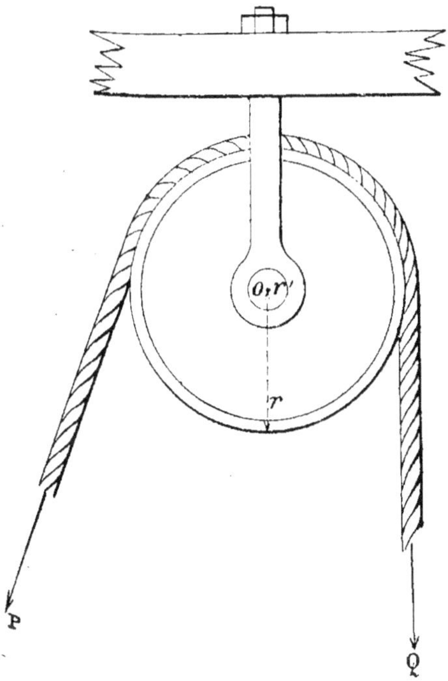

Fig. 112.

frottement sera f N et son travail pendant le temps très petit t sera :

$$f \mathrm{N} \omega r$$

l'équation complète d'équilibre sera alors :

$$\mathrm{P} p \omega = \mathrm{Q} q \omega + f \mathrm{N} r \omega.$$

ou

$$\mathrm{P} = \frac{\mathrm{Q}q + f\mathrm{N}r}{p}.$$

Telle est la valeur réelle qu'il faut donner à la puissance P pour vaincre la résistance Q et le frottement de l'axe de suspension du levier.

La résultante R des forces P et Q est :

$$\mathrm{R} = \mathrm{P} + \mathrm{Q}$$

si les forces sont parallèles, et :

$$\mathrm{R} = \sqrt{\mathrm{P}^2 + \mathrm{Q}^2 + 2\mathrm{PQ} \cos \alpha}$$

si les directions des forces font entre elles un certain angle A.

Lorsque les forces P et Q sont considérables, on peut négliger le poids du levier, alors R = N.

295. *Poulie fixe.* — Considérons une poulie fixe (*fig.* 112) sur laquelle s'enroule une corde dont les extrémités sont soumises aux forces P et Q, l'une puissance et l'autre résistance. En supposant la corde inextensible, les chemins parcourus par P et Q sont égaux, si nous désignons par e le chemin parcouru dans un temps quelconque t, les travaux moteur et résistant sont respectivement :

$$\mathrm{P}e \text{ et } \mathrm{Q}e.$$

Le travail de la réaction de l'axe étant nul, on a la relation:

$$\mathrm{P}e = \mathrm{Q}e$$

ou

$$\mathrm{P} = \mathrm{Q}$$

c'est-à-dire que la puissance est égale à la résistance ; relation trouvée au n° 320 de la statique.

296. *Poulie fixe en tenant compte du frottement et de la roideur de la corde.* — Désignons par N la pression sur le tourillon, r le rayon de la poulie augmenté de celui de la corde et r' le rayon du tourillon.

Dans un tour, le chemin parcouru par la puissance et la résistance est $2\pi r$, celui parcouru par le frottement est $2\pi r'$, donc en ne tenant compte que du frottement, on aura l'équation d'équilibre suivante :

$$\mathrm{P}\, 2\pi r = \mathrm{Q}\, 2\pi r + f\mathrm{N}\, 2\pi r'$$

ou

$$\mathrm{P} = \frac{\mathrm{Q}r + f\mathrm{N}r'}{r} = \mathrm{Q} + f\mathrm{N}\frac{r'}{r}$$

La pression N se déterminera comme nous l'avons appris en statique, suivant les directions des forces P et Q en tenant compte du poids de la poulie et de la corde s'ils ne sont pas négligeables.

Pour tenir compte de la roideur de la corde, rappelons qu'elle est donnée par la formule :

$$\frac{\mathrm{A} + \mathrm{BQ}}{\mathrm{D}} = \frac{\mathrm{A} + \mathrm{BQ}}{2r}$$

l'équation du travail sera alors :

$$P\,2\pi r = Q\,2\pi r + fN\,2\pi r' + \frac{A + BQ}{2r}\,2\pi r$$

ou $$Pr = Qr + fNr' + \frac{A + BQ}{2r}$$

d'où $$P = Q\,fN\frac{r'}{r} + \frac{A + BQ}{2r}.$$

Si les deux brins sont parallèles et si on supprime le poids de la poulie, on a :

$$N = P + Q$$

d'où en remplaçant

$$P = \frac{Q(r + fr') + \frac{1}{2}(A + BQ)}{r - fr'}$$

297. *Poulie mobile.* — Supposons une poulie mobile O (*fig.* 113) dont la chappe supporte un poids Q, la corde est fixée à l'une de ses extrémités C, et soumise à l'autre extrémité à la puissance P. En prenant les moments par rapport au point O, on a, en représentant par F la tension du brin fixe:

$$Pr = Fr$$

ou $$P = F.$$

Ces deux forces étant égales, et leur résultante devant être égale et directement opposée au poids Q, il s'ensuit que les brins de la corde sont également inclinés, c'est-à-dire que la direction de Q est la bissectrice de l'angle formé par les deux brins.

Pour trouver la relation entre P et Q, abstraction faite du frottement, supposons que le point O se soit élevé d'une hauteur OO' dans un temps t, le point a d'application de la force P sera venu en a', de telle sorte que

$$aa' = OO'$$

le travail de Q est

$$Q \times OO' = Q \times aa'$$

celui de P est

$$P \times ab$$

ab représentant la projection de aa' sur la direction de l'effort P.

La force F ayant parcouru le même chemin, son travail est aussi

$$F \times ab = P \times ab.$$

On aura donc pour l'équation du travail :

$$Q \times aa' = Pab + Fab = 2Pab. \qquad (1)$$

Or le triangle rectangle $aa'b$ donne

$$ab = aa' \cos \alpha.$$

2α représentant l'angle des deux brins de la corde, l'équation (1) devient :

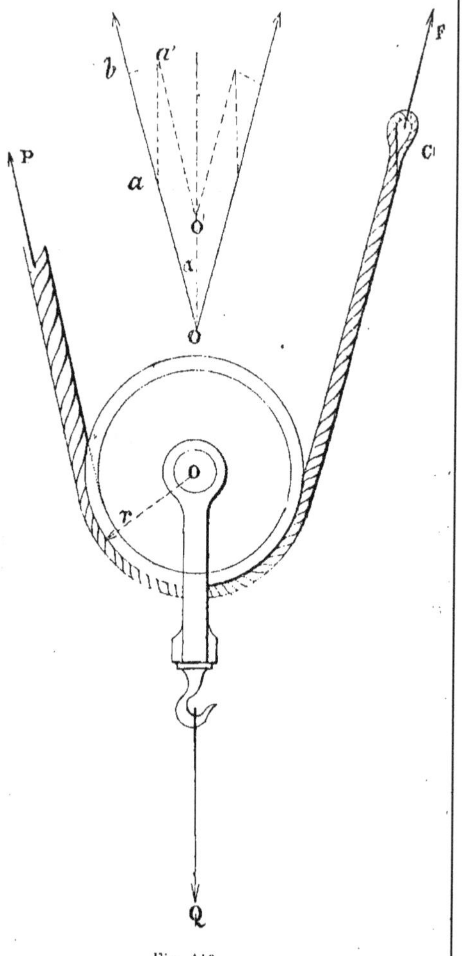

Fig. 113.

$$Q\,aa' = 2P\,aa' \cos \alpha$$

ou $$Q = 2P \cos \alpha$$

et par suite : $$P = \frac{Q}{\cos \alpha}.$$

Si les deux brins sont parallèles, ce qui est le cas le plus fréquent, on a :

$$P = \frac{Q}{2}$$

c'est-à-dire que *la puissance est la moitié de la résistance*, dans ce cas le chemin parcouru par la puissance est double de celui parcouru par la résistance.

298. *Poulie mobile en tenant compte du frottement et de la roideur de la corde.* — Supposons les brins parallèles et désignons par r le rayon de la poulie augmenté de celui de la corde et par r' le rayon du tourillon; en tenant compte du frottement seulement, l'équation du travail pour une révolution sera :

$$P\,2\pi r = Q\pi r + fN2\pi r'$$

ou

$$P = \frac{Q}{2} + \frac{fNr'}{r}.$$

La pression sur le tourillon étant Q, en négligeant le poids de la poulie, la valeur de P devient :

$$P = Q\left(\frac{1}{2} + f\frac{r'}{r}\right).$$

Si l'on veut tenir compte de la roideur de la corde, il faut remarquer que la valeur de Q dans la formule $\frac{A + BQ}{D}$ n'est pas le poids à soulever, mais celle de la tension du cordon fixe qui est $\frac{Q}{2}$, on aura donc :

$$P\,2\pi r = Q\pi r + fQ2\pi r' + \frac{A + B\frac{Q}{2}}{2r}\,2\pi r$$

et en effectuant :

$$P = \frac{Q}{2} + \frac{fQr'}{r} + \frac{A + B\frac{Q}{2}}{2r}$$

ou

$$P = Q\left(\frac{1}{2} + \frac{fr'}{2} + \frac{B}{4r}\right) + \frac{A}{2r}.$$

299. *Treuil.* — Nous considérerons un treuil simple, composé d'un tambour de rayon r sur lequel s'enroule la corde qui supporte l'effort à vaincre; sur son axe est montée une manivelle de rayon l sur laquelle agit la puissance P (*fig.* 114); ces deux forces agissent tangentiellement aux circonférences de rayon r et l.

En désignant par ω la vitesse angulaire, les chemins parcourus par P et Q seront respectivement ωl et ωr; par suite, en négligeant le frottement $P\omega l = Q\omega r$;

ou

$$\frac{P}{Q} = \frac{r}{l}$$

c'est-à-dire que la puissance et la résistance sont inversement proportionnelles au rayon du tambour et à la longueur de la manivelle.

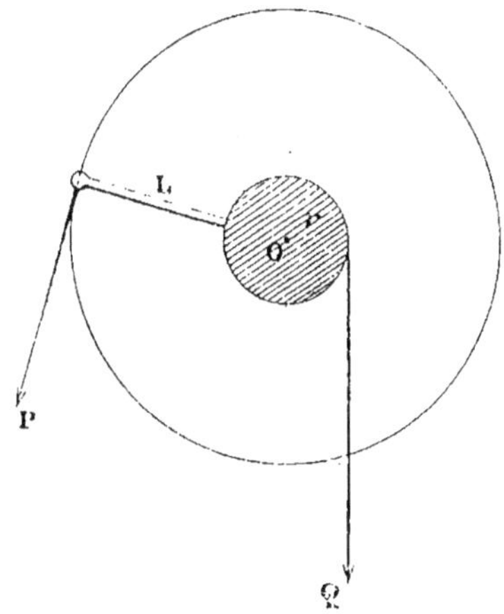

Fig. 114.

L'équation ne serait pas plus difficile à établir si le treuil était composé.

300. *Treuil avec frottement et roideur de la corde.* — En désignant toujours par r' le rayon des tourillons on aura pour l'équation d'équilibre :

$$P\,2\pi l = Q\,2\pi r + fN\,2\pi r' + \frac{A + BQ}{2r}\,2\pi r$$

et en divisant par 2π :

$$Pl = Qr + fNr' + \frac{A + BQ}{2}$$

d'où on tire :

$$P = \frac{Qr}{l} + \frac{fNr'}{l} + \frac{A}{2l} + \frac{BQ}{2l}$$

ou plus simplement :

$$P = Q\left(\frac{r}{l} + \frac{B}{2l}\right) + \frac{fNr'}{l} + \frac{A}{2l}$$

ou bien encore :

$$P = Q\left(\frac{r}{l} + \frac{B}{2l}\right) + \frac{1}{l}\left(fNr' + \frac{A}{2}\right).$$

La pression supportée par les tourillons se calculera comme nous l'avons dit en statique.

301. *Plan incliné.* — Soit AB *fig.* 115) un plan incliné sur lequel glisse sans frottement un corps M de poids P ; pour que le mouvement soit uniforme il faut que les trois forces P, Z et la réaction N dirigée normalement au plan incliné, soient dans un même plan.

Désignons par e le chemin parcouru suivant AB pendant un temps t; les travaux moteur et résistant seront respectivement

$$Ze. \cos \beta \text{ et } Pe \sin \alpha$$

le travail de la réaction est nul, car sa projection sur la direction du chemin est nulle, on aura donc :

$$Ze \cos \beta = Pe \sin \alpha$$

ou

$$\frac{Z}{P} = \frac{\sin \alpha}{\cos \beta}.$$

Relation connue.

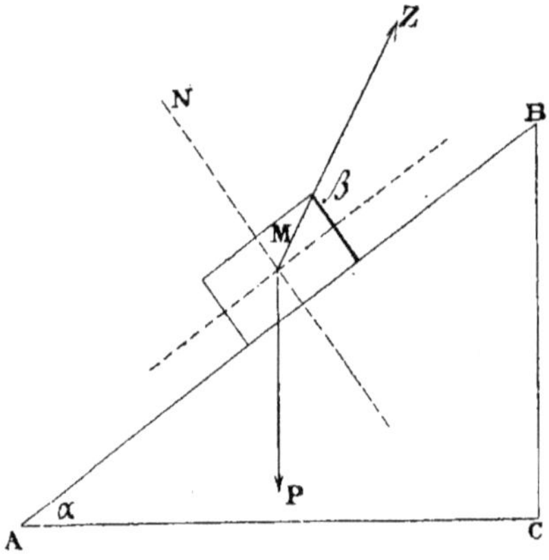

Fig. 115.

Si on supposait le corps descendant uniformément le long du plan, on arriverait également à la même relation.

Si Z était parallèle au plan incliné, on aurait :

$$\cos \beta = 1$$

et par suite

$$\frac{Z}{P} = \frac{\sin \alpha}{1}.$$

Mais,

$$\sin \alpha = \frac{BC}{AB}$$

d'où

$$\frac{Z}{P} = \frac{BC}{AB}.$$

302. *Plan incliné avec frottement.* — Si le plan est plus ou moins poli et plus ou moins déformable, la réaction R du plan, normale toujours à la surface réelle de contact sera inclinée, comme nous l'avons déjà dit, par rapport à la surface apparente, et se trouvera dirigée en sens contraire du mouvement (*fig.* 116).

1° Le corps monte uniformément le plan ; la force Z agit comme puissance et le poids du corps P et la réaction R agissent comme résistances. Soit e le chemin parcouru suivant le plan pendant un temps t, le travail moteur sera :

$$Z\, e \cos \beta$$

le travail résistant développé par le poids P sera :

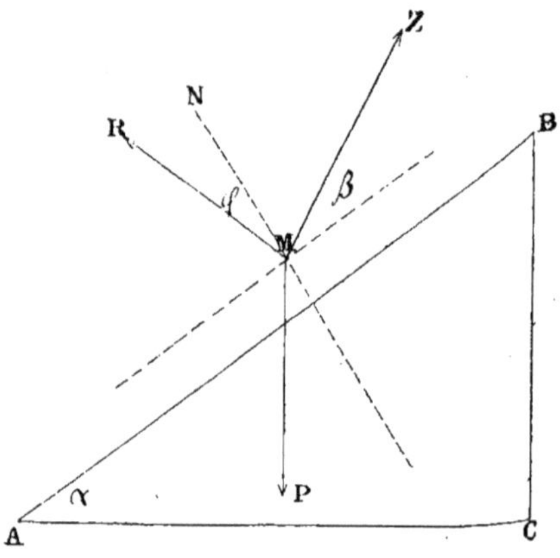

Fig. 116.

$$P\, e \sin \alpha$$

et le travail de la réaction R sera :

$$R\, e \sin \varphi$$

φ représentant l'angle de frottement. On aura donc :

$$Z e \cos \beta = P e \sin \alpha + R e \sin \varphi$$

ou

$$Z \cos \beta = P \sin \alpha + R \sin \varphi$$

Le terme $R \sin \varphi$ n'est autre chose que l'intensité du frottement; or cette intensité s'obtient en multipliant la pression normale $P \cos \alpha - Z \sin \beta$ par le coefficient de frottement f, c'est-à-dire que :

$$R \sin \varphi = (P \cos \alpha - Z \sin \beta) f$$

d'où en remplaçant

$$Z \cos \beta = P \sin \alpha + f (P \cos \alpha - Z \sin \beta)$$

et

$$Z (\cos \beta + f \sin \beta) = P (\sin \alpha + f \cos \alpha)$$

et enfin,

$$Z = P \frac{\sin \alpha + f \cos \alpha}{\cos \beta + f \sin \beta}.$$

2° Le corps descend uniformément; dans ce cas la réaction R est située de l'autre côté (*fig.* 117). Le poids P du corps

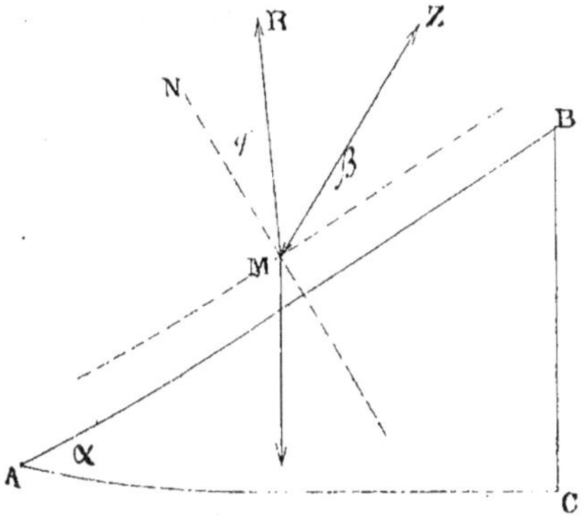

Fig. 117.

agit comme puissance, et la force Z ainsi que la réaction R agissent comme résistance, on aura donc :

$$Pe \sin \alpha = Ze \cos \beta + Re \sin \varphi$$

ou $$P \sin \alpha = Z \cos \beta + R \sin \varphi.$$

Remplaçons R sin φ par sa valeur

$$(P \cos \alpha - Z \sin \beta) f$$

on aura :

$$P \sin \alpha = Z \cos \beta + f (P \cos \alpha - Z \sin \beta)$$

et

$$Z (\cos \beta - f \sin \beta) = P (\sin \alpha - f \cos \alpha) \quad (1)$$

d'où l'on tire :

$$Z = P \frac{\sin \alpha - f \cos \alpha}{\cos \beta - f \sin \beta}.$$

Si dans l'équation (1) on fait $Z = 0$, c'est-à-dire si le corps est équilibré par le frottement seul, il vient :

$$P \sin \alpha = f P \cos \alpha$$

ou $$f = \frac{\sin \alpha}{\cos \alpha} = \text{tang } \alpha.$$

mais $$f = tg \varphi$$ donc :

$$tg \alpha = tg \varphi$$

Donc, pour qu'un corps abandonné à lui-même soit en équilibre sur un plan incliné, il faut que l'inclinaison du plan soit égale à l'angle du frottement.

303. *Vis.* — Considérons la vis représentée sur la figure 92, qui soulève un poids P sous l'action des forces Q appliquées aux extrémités d'un levier AB de longueur $2l$. Soit h le pas, dans un tour entier, la puissance Q aura parcouru un chemin $2 \pi l$ et la vis aura avancé d'une quantité égale au pas h. Les travaux développés pendant la rotation sont respectivement :

$$2Q\, 2\pi l \quad \text{et } P\, h$$

d'où en négligeant le frottement :

$$Ph = 4Q\pi l$$

et $$\frac{Q}{P} = \frac{h}{4\pi l}.$$

Lorsqu'on agit avec une seule force Q agissant à l'extrémité d'un levier de longueur l, on a :

$$\frac{Q}{P} = \frac{h}{2\pi l}$$

c'est-à-dire que la puissance est à la résistance comme le pas de la vis est à la circonférence décrite par l'extrémité du levier.

304. *Vis avec frottement.* — Lorsque la vis monte le contact avec l'écrou fixe a lieu à la surface inférieure du filet et à cause de l'étendue de ce contact, on peut considérer la résistance P comme uniformément répartie sur l'hélice moyenne du filet. On se trouve donc ramené au cas d'un corps s'élevant uniformément sur un plan incliné dont l'inclinaison serait égale à l'angle α que fait l'hélice avec la section droite du noyau.

Le chemin parcouru par le frottement dans un tour sera égal à la longueur s d'une spire; or cette longueur s est l'hypoténuse d'un triangle rectangle ayant h

pour côté de l'angle droit, et α pour l'angle opposé, d'où :

$$s = \frac{h}{\cos \alpha}.$$

L'équation du travail sera donc, en supposant une seule force Q :

$$Q 2\pi l = Ph + Pf \cos \alpha \frac{h}{\sin \alpha}$$

ou

$$Q 2\pi l = Ph \left(1 + f \frac{\cos \alpha}{\sin \alpha}\right)$$

$$Q\, 2\pi l = Ph\, (1 + f \operatorname{cotg} \alpha),$$

d'où l'on tire :

$$Q = Ph \frac{1 + f \operatorname{cotg} \alpha}{2\pi l}.$$

Tel est l'effort qu'il faut exercer à l'extrémité du levier l pour soulever uniformément le poids. Afin d'éviter les frottements latéraux de la vis dans son écrou, il est préférable d'exercer un effort de chaque côté du levier et à égale distance de l'axe.

Problème.

305. *On considère un treuil simple, formé d'un tambour de 0,m10 de rayon sur lequel s'enroule la corde portant un poids de 800 kilogrammes; sur l'axe de ce tambour est une manivelle ayant 0,m40 de longueur; on demande quel est l'effort à exercer sur la manivelle pour soulever ce poids, en tenant compte du frottement et de la roideur de la corde; le diamètre des tourillons étant de 0m,04; le diamètre de la corde 0m,02 et le poids du tambour 70 kilos.*

Appliquons la formule trouvée au n° 300.

$$P = Q \left(\frac{r}{l} + \frac{B}{2l}\right) + \frac{1}{l} \left(fNr' + \frac{A}{2}\right) \quad (1)$$

dans laquelle :

$$Q = 800,\ r = 0,10 + 0,01,\ r' = 0,02,\ l = 0,40$$

Le tableau 194 des coefficients de frottement pour les tourillons donne, dans le cas de tourillons en fer sur coussinets en fonte, avec un graissage ordinaire

$$f = 0,08.$$

Pour les coefficients A et B on trouve page 153 :

$$A = 0,2294190 \text{ et } B = 0,010890$$

en admettant une corde de 30 fils dont le diamètre est 0m,02.

La pression normale N sur les tourillons varie suivant la direction de la puissance, nous supposons, pour le cas le plus défavorable, que cette puissance est parallèle au poids à soulever, alors N sera égale à la somme de ces deux faces, augmentée du poids du tambour (*fig.* 114).

$$N = 800 + P + 70$$

La valeur de P qui est l'inconnue, peut être connue approximativement. En effet si l'on ne tient pas compte des résistances passives, ou de la relation :

$$\frac{P}{Q} = \frac{r}{l}$$

ou

$$P = Q \frac{r}{l} = 800 \times \frac{0,10}{0,40} = 200 \text{ kil.}$$

Donc au maximum :

$$N = 800 + 200 + 70 = 1070^k$$

Remplaçons les lettres par leur valeur dans la formule (1) il vient :

$$P = 800 \left(\frac{11}{40} + \frac{0,010890}{0,80}\right)$$

$$+ \frac{1}{0,40}\left(0,08 \times 1070 \times 0,02 + \frac{0,229319}{2}\right)$$

ou

$$P = 800 \times \frac{11,5445}{40}$$

$$+ \frac{1,82671}{0,40} = 235^k,4.$$

Ainsi il faudra un effort de 235^k environ pour soulever ce poids de 800^k. Le rendement du treuil est alors :

$$\frac{200}{235} = 0,851.$$

Il est évident que cet effort considérable ne pourra pas être exercé par un seul homme, il faudra pratiquement, ou changer les dimensions du treuil, ou mettre un système denté, et même au besoin accupler deux manivelles, sur lesquelles plusieurs hommes pourront agir.

Résistance des fluides.

306. On désigne sous le nom de résistance des fluides la force qui tend à s'opposer au mouvement relatif des corps solides par rapport aux fluides dans lesquels ils sont plongés, ou à la surface desquels ils flottent. Il est aisé de comprendre que lorsqu'un corps se meut dans un fluide comme l'eau ou l'air, il en déplace les molécules, en leur imprimant des vitesses qui sont en rapport avec la sienne propre ; l'inertie de ces molécules ainsi mises en jeu développe une résistance qui doit croître avec la vitesse du corps. Une résistance analogue se produit quand un corps en repos ou en movement est choqué par un fluide.

La manière dont les molécules fluides sont divisées à la rencontre du corps dépend beaucoup de la forme et des proportions de celui-ci, et l'on comprend que la résistance dont il est question doit varier notablement avec ces circonstances. Sauf un petit nombre de cas exceptionnels on peut admettre que cette résistance est la même, soit qu'il s'agisse d'un corps solide en mouvement dans un fluide en repos, soit qu'il s'agisse d'un corps solide en repos dans un fluide en mouvement, soit enfin que le solide et le fluide soient en mouvement tous les deux. Nous étudierons la résistance relative des liquides et en particulier celle de l'eau, ainsi que la résistance des gaz et en particulier celle de l'air.

307. *Résistance de l'eau.* — Considérons d'abord un corps solide entièrement plongé dans l'eau ; si on examine ce corps en repos dans une eau en mouvement et tenant en suspension des poussières colorées, on constate une très grande complication des mouvements qui se manifestent dans le fluide.

Si l'on considère par exemple un plan mince *ab* (*fig.* 118) en repos dans un liquide animé d'un mouvement uniforme dans le sens de la flèche, on voit les molécules liquides se séparer, à une certaine distance en avant du plan, diverger pour passer latéralement, couler parallèlement lorsqu'elles sont arrivées dans le prolongement du plan fixe, puis converger ensuite pour se réunir, et reprendre enfin, à une certaine distance au-delà du plan, le mouvement parallèle qu'elles avaient en deçà. En même temps, dans un certain espace *acb* en avant du plan, et dans un certain espace *adb* en arrière, stationnent en quelque sorte des molécules fluides qui ne sont animées que de mouvements giratoires ; et des mouvements analogues s'observent encore au-delà de l'espace *adb*, de la part des molécules qui affluent des espaces *aa'* et *bb'* pour remplir l'intervalle plus large MN. Si au lieu d'un plan mince, la forme du corps est celle d'un prisme ou d'un cylindre d'une certaine longueur dont *abfg* (*fig.* 119) représente une section par l'axe de la figure, les particules liquides commencent, comme dans l'exemple précédent, à se séparer à une certaine distance en avant du corps, elles continuent

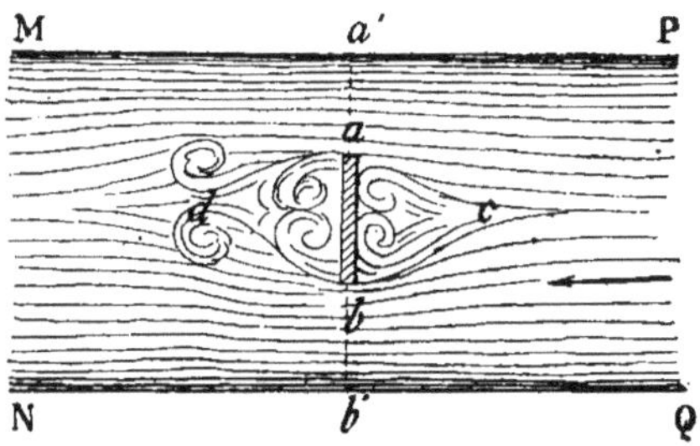

Fig. 118.

à diverger au-delà de la face antérieure *fg* jusqu'à ce qu'elles aient atteint une certaine section *mm'*, *nn'* où elles coulent parallèlement jusqu'à sa face postérieure *ab* ; là elles convergent pour se rejoindre ; et, à une certaine distance au-delà de la face *ab*, elles reprennent le mouvement parallèle qu'elles avaient en avant du corps.

Dans tous les intervalles tels que *fgc*, *fmo*, *gnp*, *abd*, stationnent des molécules animées de mouvements giratoires ; et ces mouvements s'observent encore au-delà.

Les mêmes phénomènes se manifestent quand c'est le corps solide qui se meut d'un mouvement uniforme dans un liquide en repos.

Si le corps présente une proue (1) arrondie, les espaces tels que *abc* (*fig.* 118) ou *fgc* (*fig.* 119), dans lesquels stationnent des molécules animées de mouvements giratoires quand la face antérieure était plane, se restreignent et disparaissent même, si cette proue a la forme et la saillie convenable. Pareille chose arrive pour la poupe (2) si le corps en présente une.

Si le corps est simplement prismatique ou cylindrique, les espaces *abc* ou *fgc* subsistent et forment une espèce de proue liquide qui accompagne le corps dans son mouvement ; il en est de même pour la poupe liquide.

Les particularités que nous venons de citer se reproduisent, bien entendu, tout autour du corps dans toutes les sections faites par son axe. Les figures précédentes représentent aussi bien ce qui se passe dans une section verticale que dans une section horizontale.

La complication de ce phénomène ne permet pas d'espérer qu'il puisse jamais être soumis à une analyse rigoureuse et qu'on puisse obtenir, dans tous les cas, une expression exacte de la résistance que le fluide oppose au mouvement relatif du corps qui y est plongé.

On a essayé depuis longtemps d'obtenir par des moyens élémentaires une expression approchée de cette résistance. Newton a donné sur ce sujet deux théories, dont l'une, adoptée depuis par la plupart des auteurs, est la suivante.

Soit M (*fig.* 120) un corps qui se meut d'un mouvement uniforme de translation, et avec une vitesse V, dans un fluide en

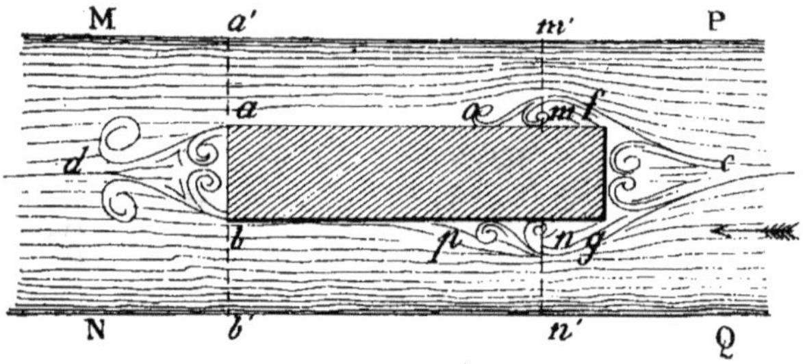

Fig. 119.

repos ; et soit M′ la position qu'il occupe au bout du temps t. Chaque point de ce corps aura parcouru un espace égal à Vt ; et le corps lui-même aura engendré dans l'espace un volume égal à celui du cylindre circonscrit dont les arêtes auraient la longueur Vt ; si l'on désigne par A l'aire de la section droite de ce cylindre, son volume sera AVt.

Le corps, pour se mouvoir ainsi dans le liquide, a donc déplacé un ensemble de molécules, dont le volume est AVt, et auxquelles il a communiqué la vitesse V. La force vive totale de ces molécules déplacées est donc :

$$\frac{1}{2}\,\frac{D.AVt}{g}\,V^2$$

en appelant D le poids du mètre cube du fluide.

Il faut donc que ces molécules aient éprouvé de la part du corps une pression dont le travail équivaut à cette force vive.

Soit R cette pression, dirigée dans le sens de la flèche ; son travail est :

$$RVt$$

on doit donc avoir :

$$RVt = \frac{1}{2}\,\frac{D.AVt}{g}\,V^2$$

d'où

$$R = DA\,\frac{V^2}{2g}.$$

Cette mesure est évidemment celle de

(1) Avant d'un navire.
(2) Arrière d'un navire, partie opposée à la proue.

la résistance égale et opposée que le corps a éprouvée de la part du fluide. Elle équivaut au poids d'un cylindre de liquide qui aurait pour base la section A du cylindre circonscrit au corps parallèlement au mouvement, et pour hauteur la *hauteur due* à la vitesse V.

Le résultat serait le même, d'après Newton, si le corps était en mouvement et le liquide au repos.

Bélanger a traité, dans son cours d'hydraulique, le cas d'un corps cylindrique placé dans l'intérieur d'une conduite, ce corps ayant une longueur au moins triple de son diamètre. Nous reproduisons le calcul qu'il a adopté.

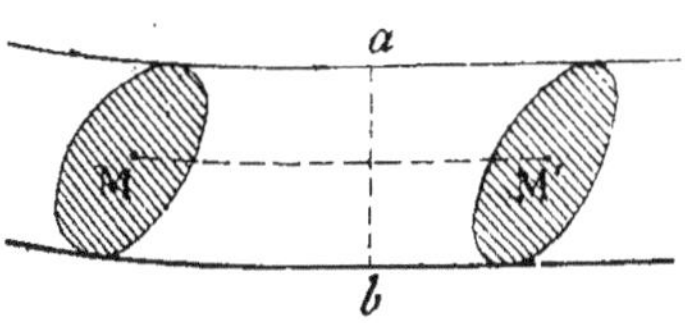

Fig. 120.

Soit s la section transversale de la conduite MNPQ (*fig.* 119), A la section droite du cylindre $abfg$; V la vitesse du courant dans les sections MN et PQ ; V' la vitesse dans la section annulaire mm', nn' que nous désignerons par s' et v'' la vitesse dans la section annulaire aa',bb' que nous appellerons s''; soient p_1, p_2, p',p'' les pressions par mètre supportées par le liquide dans les sections PQ, MN, s' et s'' ; enfin soit R la résistance que le cylindre oppose au mouvement du liquide.

Le mouvement étant permanent, si l'on considère la portion du fluide comprise entre les sections PQ et MN, on voit que sa quantité de mouvement totale reste constante et que par conséquent la somme des impulsions totales des forces qui lui sont appliquées est nulle. On a donc :

$$R + p_2 s - p_1 s = o$$

d'où :

$$R = s(p_1 - p_2). \qquad (1)$$

Si l'on considère la portion du fluide comprise entre les sections PQ et s', comme le fluide n'éprouve aucune variation brusque, on a par le théorème de Bernouilli (1) et en appelant D le poids du mètre cube du liquide :

$$\frac{p_1}{D} - \frac{p'}{D} = \frac{V'^2}{2g} - \frac{V^2}{2g} \qquad (2)$$

De la section s' à la section s'', le fluide éprouve un élargissement brusque ; le théorème de Bernouilli se modifie ; il faut ajouter dans le second membre la hauteur due à la différence des vitesses en amont et en aval de la partie du fluide considérée ; on a donc :

$$\frac{p'}{D} - \frac{p''}{D} = \frac{V''^2}{2g} - \frac{V'^2}{2g} + \frac{(V' - V'')^2}{2g} \qquad (3)$$

De la section s'' à la section MN on a, par des raisons semblables :

$$\frac{p''}{D} - \frac{p_2}{D} = \frac{V^2}{2g} - \frac{V''^2}{2g} + \frac{(V'' - V)^2}{2g} \qquad (4)$$

Ajoutant membre à membre les équations (2) (3) et (4), on obtient :

$$\frac{p'}{D} - \frac{p_2}{D} = \frac{(V' - V'')^2}{2g} + \frac{(V'' - V)^2}{2g} \qquad (5)$$

et en substituant dans (1)

$$R = Ds\left[\frac{(V' - V'')^2}{2g} + \frac{(V'' - V)^2}{2g}\right]$$

Or, entre les vitesses V, V', V'' on a, par suite de l'incompressibilité du liquide, les relations.

$$SV = S'V' = S''V''$$

ou bien $sV = m(s - A)V' = (s - A)V''$ en appelant m un coefficient de contraction relatif à la diminution de section que le liquide éprouve en passant de la section fg à la section $m'n'$.

Si l'on tire de ces relations les valeurs de V' et V'' pour les substituer dans la valeur de R, on trouvera :

$$R = Ds\,\frac{V^2}{2g}\left[s^2\,\frac{\left(\frac{1}{m} - 1\right)^2}{(s - A)^2} + \frac{s^2}{(s - A)^2}\right]$$

valeur qu'on peut écrire en posant

$$s = An$$

$$R = DA\,\frac{V^2}{2g}\cdot\frac{n}{(n - 1)^2}\left[n^2\left(\frac{1}{m} - 1\right)^2 + 1\right].$$

(1) Le théorème de Bernouilli que nous verrons dans l'hydraulique se rapporte au mouvement permanent d'un liquide dans un canal ; il s'énonce ainsi : La différence des hauteurs dues aux pressions dans deux sections transversales quelconques est égale à la différence de niveau des centres de gravité de ces sections, diminuée de la différence des hauteurs dues aux vitesses en aval et en amont.

Expression qui est de la forme

$$R = k\text{DA}\,\frac{V^2}{2g}$$

c'est-à-dire de même forme que la formule donnée par Newton.

Bélanger est arrivé à des formules analogues en considérant, au lieu d'un cylindre, un disque mince, ou un disque muni d'une proue arrondie. Poncelet est parvenu aux mêmes résultats en appliquant directement le principe de l'effet du travail ; et il a étendu ces résultats au cas où le corps se meut dans un milieu indéfini, en supposant que dans ce cas l'influence du mouvement du corps ne se fait sentir qu'à une certaine distance, et que par conséquent il peut être considéré comme placé dans un canal limité dans le sens transversal ; car dès lors les considérations qui ont été employées dans le cas d'une conduite deviendraient applicables.

Ces diverses considérations conduisant à admettre que la résistance opposée par un fluide au mouvement relatif d'un corps est dans tous les cas proportionnel au carré de la vitesse relative.

La formule :

$$R = k\text{DA}\,\frac{V^2}{2g}$$

peut s'écrire simplement en posant

$$\frac{k\text{D}}{2g} = \text{K}$$

et elle prend alors la forme

$$R = \text{KAV}^2$$

308. Remarque I. — Dans le cas où le fluide déplacé par le corps est animé d'une vitesse propre v, si le corps se meut en sens contraire du mouvement de ce liquide, la vitesse relative avec laquelle les molécules fluides sont rencontrées et déplacées par ce corps est $V + v$ et dans celui où les deux vitesses V et v sont dirigées dans le même sens, cette vitesse relative est $V - v$. Les formules de la résistance deviennent alors :

$$R = k\text{DA}\,\frac{(V \pm v)^2}{2g}$$

ou

$$R = \text{K.A}\,(V \pm v)^2.$$

309. Remarque II. — Quelques auteurs, et en particulier Dubuat, en appelant H la hauteur qui correspond à la vitesse relative V ou $V \pm v$ et en posant par conséquent :

$$H = \frac{V^2}{2g} \text{ ou } H = \frac{(V \pm v^2)}{2g}$$

et $K' = \text{K D}$, écrivent cette formule de la résistance sous la forme :

$$R = K'\,\text{A H}$$

310. Remarque III. — Lorsque la vitesse est oblique à la surface plane, on peut admettre que la résistance est proportionnelle au carré de la composante normale de cette vitesse ; en sorte que si α désigne l'inclinaison de la vitesse sur la face considérée, l'expression de la résistance devient :

$$R = k\text{DA}\,\frac{V^2 \sin^2 \alpha}{2g}$$

ou

$$R = \text{KAV}^2 \sin^2 \alpha.$$

Mais cette loi ne se vérifie que lorsque la longueur du corps est peu considérable par rapport à ses dimensions transversales, car à mesure que cette longueur augmente, il devient de plus en plus nécessaire de tenir compte du frottement latéral qui s'exerce le long des parois.

311. *Travail développé par seconde par la résistance du milieu.* — Lorsque toutes les circonstances du mouvement restent les mêmes et que les phénomènes se reproduisent constamment de la même manière, le travail développé dans chaque seconde par la résistance que le milieu oppose au mouvement du corps est dans le cas d'un fluide en repos :

$$T = RV = k\text{DA}\,\frac{V^3}{2g}$$

$$T = \text{KAV}^3$$

c'est-à-dire que le travail croît comme le cube de la vitesse.

Dans le cas d'un fluide en mouvement le travail T est :

$$T = RV = k\text{DA}\,\frac{(V \pm v)^2}{2g}\,V,$$

ou

$$T = \text{KA}\,(V + v)^2\,V$$

312. *Valeur du coefficient* K. — Malgré la multiplicité des recherches faites par un grand nombre d'auteurs, et malgré le soin avec lequel elles ont en général été faites, il règne encore une grande incertitude sur la valeur des coefficients à introduire dans la formule qui donne la résistance d'un liquide. Il est difficile dans ce genre d'expériences, d'obtenir un mouvement véritablement uniforme ; la mesure de la résistance est fort délicate, et difficile à dégager de l'influence des appareils qu'on emploie ; d'un autre côté les divers auteurs se sont presque toujours placés à des points de vue différents, qui rendent leurs résultats difficilement comparables.

La plupart ont complètement négligé la résistance latérale ; d'autres, qui en ont tenu compte, l'ont représentée par des formules d'interpolation de diverses formes.

Les coefficients donnés par chaque expérimentateur conviennent aux circonstances particulières dans lesquelles il s'est placé, ou à des cas analogues, mais ne sauraient convenir à des circonstances notablement différentes. Afin de donner une idée de la valeur de ces coefficients, nous citerons les résultats obtenus par quelques auteurs.

313. *Résultats d'expériences.* — Dubuat a fait mouvoir dans une eau en repos, trois parallélipipèdes rectangles d'un pied carré de base et ayant respectivement pour hauteur 4 lignes, 1 pied, et 3 pieds ; il a obtenu pour les valeurs de k contenu dans la formule :

$$R = kDA\frac{V^2}{2g}$$

en négligeant la résistance latérale :

$k = 1,43$, $\quad k = 1,172$, $\quad k = 1,102$.

Ces coefficients lui ont paru varier avec la vitesse, ce qui tenait sans doute à la résistance latérale négligée.

Borda a fait des expériences sur des plans minces mus circulairement ; il a obtenu pour k des valeurs qui ont varié, suivant l'étendue de la surface, de 1,39 à 1,49 et à 1,64 ; le rayon de la circonférence moyenne était $1^m,20$; la variation du coefficient s'explique par l'inégalité de vitesse à différentes distances de l'axe de rotation :

Hutton a trouvé 1,24 à 1,43.

Thibault a trouvé 1,525 à 1,784, mais ce dernier avec des surfaces et des vitesses plus grandes.

Pour les plans minces, le colonel Beaufoy a obtenu 1,13 ; et le colonel Duchemin 1,254.

Pour des prismes et des cylindres mus dans le sens de leur axe, Beaufoy a trouvé pour k des valeurs qui ont varié de 0,88 à 1,16.

314. *Expériences de Morin.* — Nous citons textuellement les expériences faites par Morin à Metz en 1836 et 1837.

Les corps soumis à ces expériences ont été :

1° Des plateaux minces en fer, de diverses étendues, qu'on faisait monter du fond de l'eau vers la surface par l'action d'un contre-poids.

2° Des sphères pleines ou creuses en fonte dont les diamètres ont été de $0^m,104$, $0^m,118$, $0^m,129$; $0^m,148$, $0^m,162$.

3° Des cylindres en fer blanc peint, de hauteurs égales à leurs diamètres qui ont été de $0^m,099$, $0^m,200$ et $0^m,300$.

4° Des cônes terminant des cylindres, de même diamètre et de même hauteur que les précédents et dont les angles au sommet ont varié ainsi qu'il suit :

Demi-angles au sommet 64°,48' ; 45°,50' ; 26°,1', 18°49' et 15°,19', 48''.

5° Des cylindres de mêmes dimensions que les précédents et terminés antérieurement par des demi-sphères.

Les expériences ont été exécutées sur la Moselle, en face du déversoir des Pucelles, en un endroit où l'eau était, au moins à la surface, à peu près sans vitesse, et où la profondeur était de 5 mètres.

Le mouvement vertical des corps était produit, quand ils descendaient, par leur propre poids augmenté parfois d'un certain lest pour accroître et quand ils montaient, à l'aide de contre-poids. Dans tous les cas, la loi de ce mouvement était observée et déterminée au moyen d'un appareil chronométrique à style, le même qui avait servi aux expériences sur le frottement.

Dès les premières expériences, l'on reconnut de suite que la résistance de l'eau croissait si rapidement avec la vitesse, que le mouvement devenait promptement uniforme. Dès lors connaissant dans chaque cas la vitesse et le poids moteur, et en tenant compte des résistances passives, il a été facile de calculer la valeur de la résistance correspondante du fluide et d'en rechercher la loi.

La représentation graphique des résultats, en prenant les résistances pour abscisses et les carrés des vitesses pour ordonnées, a montré que la résistance se compose de deux termes, l'un indépendant de la vitesse et simplement proportionnel à la surface mouillée; l'autre proportionnel au carré de la vitesse; mais ici le premier terme est toujours assez faible pour pouvoir être négligé par rapport au second, dès que la vitesse atteint seulement 1 mètre par seconde.

D'après cela, la résistance opposée par l'eau aux corps employés dans ces expériences, serait simplement représentée par la formule :

$$R = KAV^2$$

A étant la projection du corps sur un plan perpendiculaire au sens du mouvement.

Les valeurs du coefficient K déduites des expériences sont consignées dans le tableau suivant.

315. *Valeurs du coefficient* K *de la formule* $R = KAV^2$.

CORPS EMPLOYÉS				VALEUR de K
				kil.
Plateaux minces (remontant de bas en haut verticalement)				143.15
Sphères				22,05
Cylindres droits, de hauteur égale à leur diamètre				93,07
Cylindres de mêmes proportions, terminés par des cônes droits dont les hauteurs sont au rayon de base dans le rapport de	0,94 à 1	Angles au sommet correspondant	64°48′	73,26
	1,89 à 1		46°50	53,99
	4,05 à 1		26°1′	47,74
	5,92 à 1		18°49	44,29
	7,66 à 1		14°19′48	40,69
Cylindres des mêmes proportions terminés par des sphères				70,71

316. Remarque I. — Ce tableau permet de remarquer que de tous les corps employés dans ces expériences, les sphères sont ceux qui offrent le moins de résistance, et que les cylindres terminés par des demi-sphères en éprouvent aussi moins que ceux qui le sont par des cônes aigus.

Ce résultat montre qu'au point de vue de la résistance du milieu, la forme sphérique pour les projectiles, et la forme demi-cylindrique donnée aux piles de ponts sont les plus favorables.

317. Remarque II. — Si l'on compare les valeurs des demi-angles au sommet des cônes, exprimés en fraction de la demi-circonférence, avec les valeurs de la résistance, on reconnaît que le coefficient K de cette résistance croît proportionnellement à ces angles, à partir d'une certaine valeur qui correspond à l'angle nul. Cette valeur serait donnée par la relation:

$$K = 31 + 120,83\, a$$

a étant en fraction de la demi-circonférence la moitié de l'angle au sommet.

Le tableau suivant, donné par Morin, indique la comparaison des valeurs de K données par cette formule de celles déduites directement de l'expérience.

DEMI-ANGLES au sommet en fractions de la demi-circonférence	VALEURS du COEFFICIENT K déduit de la formule	de l'expérience
	kil.	kil.
0,500	91,40	93,07
0,362	74,70	73,26
0,262	62,70	59,99
0,145	48,50	47,74
0,105	43,68	44,29
0,080	40,67	40,69

318. *Expériences sur la résistance de l'eau au mouvement des projectiles.* — Le général Morin résume les expériences qu'il a faites avec Piobert et Didion à Metz en 1856, sur la pénétration des projectiles dans l'eau de la manière suivante :

Les expériences ont été exécutées sur

le bassin qui avait servi aux belles expériences d'hydraulique faites par Poncelet et Lesbros, en tirant horizontalement et parallèlement au-dessous de la surface du niveau, des projectiles qui pénétraient dans l'eau après avoir traversé un orifice formé par une volige en sapin. Un plancher horizontal, disposé au fond du bassin et garni de liteaux, recevait les projectiles, qui ne l'atteignaient jamais qu'avec une très faible vitesse.

On a tiré ainsi des boulets pleins, du diamètre de $0^m,108$, $0^m,100$, 0^m162 et $0^m,220$; des obus des mêmes diamètres, d'épaisseurs et par conséquent de poids divers; les vitesses initiales des projectiles ont varié de 70 à 500 mètres en 1″.

De l'ensemble de toutes ces expériences, l'on conclut que la résistance de l'eau au mouvement de ces projectiles peut être représentée par la formule.

$$R = 23,80\ AV^2 \text{ kilogr.}$$

tandis que les expériences citées plus haut donnent.

$$R = 22,05\ AV^2.$$

D'une part, d'anciennes expériences dues à Newton et faites en observant la durée de la chute des sphères dans l'eau conduisent à la valeur

$$R = 24,429\ AV^2 \text{ kilogr.}$$

et celles que Dubuat a exécutées en faisant tourner circulairement dans l'eau de sphères placées à l'extrémité du bras d'une sorte de manège, fournissent la formule

$$R = 22,05\ AV^2.$$

De toutes ces expériences faites par des procédés divers on peut conclure que dans les liquides, la loi de la proportionnalité de la résistance au carré de la vitesse, s'applique pour les sphères jusqu'aux plus grandes vitesses.

319. *Influence de la profondeur d'immersion.* — La résistance opposée au mouvement d'un corps complètement immergé augmenterait, d'après Beaufoy, avec la profondeur d'immersion. Jorge Juan, auteur espagnol, admet que la résistance en un point extérieur d'un vase qui se meut dans un fluide, est proportionnelle à la hauteur due à la vitesse relative avec laquelle le fluide entrerait dans le vase si l'on venait à percer la paroi.

Le marquis de Potterat dans sa théorie du navire, a reproduit les idées de Jorge Juan. Cette hypothèse, comme on voit, fait ainsi dépendre la résistance de la profondeur d'immersion ; mais, tout ingénieuse qu'elle est, elle ne conduit pas à des résultats conformes aux faits et ne saurait par conséquent être admise.

Cependant un fait constaté sur les bateaux à hélice, lequel consiste en une déviation éprouvée par les navires, ne peut guère pouvoir s'expliquer sans admettre une influence de la profondeur sur la résistance.

Le propulseur à hélice devrait, d'après sa construction et comme l'indique la théorie, pousser le navire suivant son axe; il y a une déviation sensible vers tribord ou vers babord, selon qu'on emploie une hélice à droite ou une hélice à gauche, et l'action continue du gouvernail est nécessaire pour maintenir le mouvement dans le sens de l'axe longitudinal. Cet effet paraîtrait alors dû à la dépression qu'éprouve un même élément de la surface hélicoïde suivant qu'il est plongé à une profondeur plus ou moins grande. Si, par exemple, on considère l'instant où deux ailes opposées sont dans la position verticale, deux éléments correspondants de ces hélices feront des angles égaux de part et d'autre du plan vertical de symétrie du navire, mais si la pression qui s'exerce sur l'élément inférieur est plus grande que celle qui s'exerce sur l'élément supérieur, leurs composantes perpendiculaires à la quille (1) seront inégales et il en résultera une déviation latérale.

320. *Résistance de l'eau au mouvement des corps flottants.* — Dans le cas des corps flottants, les phénomènes dont nous venons de parler subsistent dans les sections horizontales, et à la partie inférieure du corps, mais la surface libre du liquide présente de nouvelles particularités. Les molécules qui rencontrent la face antérieure *bc* (*fig* 121) ne pouvant s'échapper par la partie supérieure de cette face, s'élèvent jusqu'à une certaine hauteur due à la vitesse relative; et forment aussi à l'avant une sorte de bourrelet liquide.

(1) Longue pièce de bois qui va de la poupe à la proue d'un navire.

A l'arrière, il se produit au contraire un vide partiel, dans lequel les molécules voisines se précipitent, mais d'où résulte un abaissement de niveau à la face postérieure *ad*. La différence de niveau qui s'établit ainsi entre l'avant et l'arrière est ce qu'on appelle *dénivellation*.

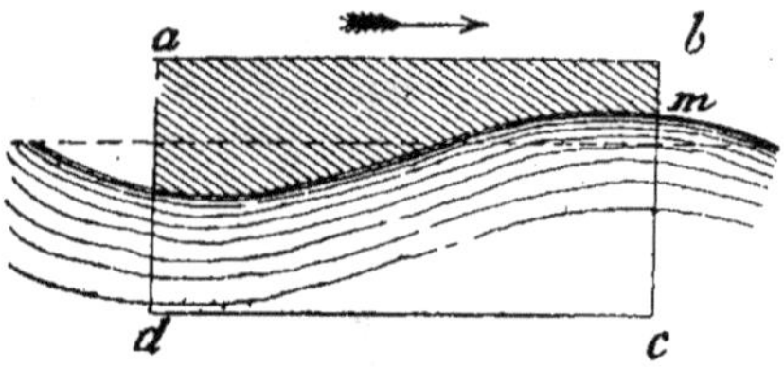

Fig. 121.

Il est clair à la simple impection des figures 122 et 123 qu'un bateau dont les formes d'avant dans les plans horizontaux seraient telles que les filets fluides fussent d'abord séparés par une arête à peu près verticale *a* en forme de couteau, puis divisés latéralement par des courbes graduellement raccordées avec les flancs, éprouveraient à s'introduire dans l'eau beaucoup moins de résistance qu'un bateau dont l'avant serait plan ou formé par deux plans verticaux plus ou moins inclinés sur les flancs, comme le montre la figure 123.

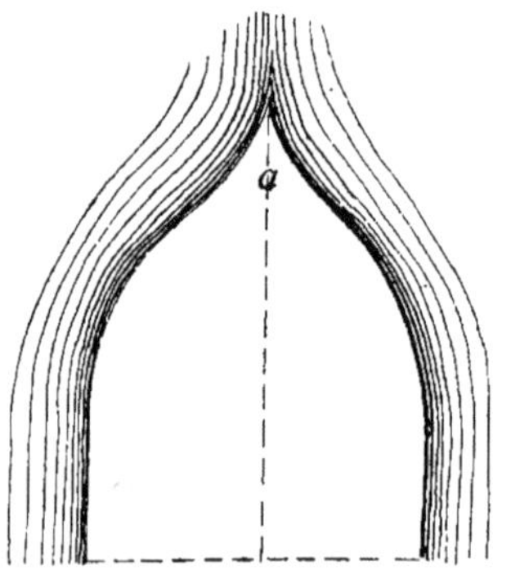

Fig. 122.

Aussi la première forme est-elle celle que l'on donne aux bateaux rapides qui doivent naviguer sur les rivières ou sur les canaux à l'aide de la vapeur ou des chevaux.

Sans entrer dans trop de détails sur les calculs à l'aide desquels on peut exprimer la résistance totale que l'eau oppose au mouvement des navires, nous nous contenterons d'indiquer les résultats déduits des expériences faites par quelques auteurs.

La plupart des expérimentateurs n'ont pas tenu compte de la résistance latérale ni de l'effet produit par la dénivellation, il s'ensuit que la formule :

$$R = k\mathrm{DA}\,\frac{V^2}{2g} \quad \text{ou} \quad R = \mathrm{KAV}^2$$

est applicable, sauf à modifier la valeur des coefficients k,K.

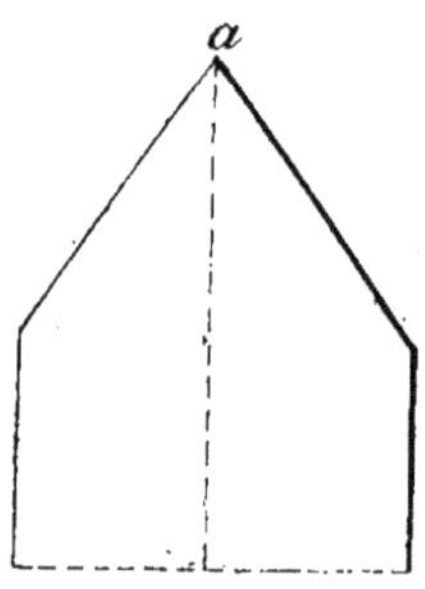

Fig. 123.

Bossut dans les expériences qu'il a faites sur des prismes munis de proues arrondies, a trouvé pour k des valeurs inférieures à l'unité.

Dubuat a obtenu des valeurs qui ont varié de 1,11 à 1,44, cette dernière valeur est relative à un prisme dans lequel la largeur était quadruple de la hauteur de flottaison, et pour lequel par conséquent l'effet de la dénivellation, négligé par cet auteur, devait être considérable.

Le colonel Duchemin a trouvé que k variait de 1,33 à 1,85

Poncelet pensait que le coefficient 1,1 doit se rapprocher beaucoup de la vérité dans les circonstances ordinaires ; il doit même être inférieur à l'unité quand le prisme est muni d'une proue arrondie.

En ce qui concerne les carènes de navires les résultats obtenus sont plus précis, la formule employée dans la marine est :

$$R = KB^2V^2$$

dans laquelle K est le coefficient de résistance qu'éprouve chaque mètre carré de la surface immergée du maître couple pour une vitesse de 1 mètre par seconde

B^2, la surface immergée du maître couple en mètres carrés

V la vitesse du bâtiment, en mètres par seconde.

Le tableau suivant contient les valeurs du coefficient de résistance, pour divers types de navires : et dans l'hypothèse de sillages de 3 à 5 nœuds d'une part et de 10 à 11 nœuds d'autre part.

TYPES DES NAVIRES	Coefficients de résistance	
	pour des vitesses de 5 à 10 nœuds	pour des vitesses de 10 à 15 nœuds
	kg	kg
Vaisseaux rapides et frégates blindées	2,7	3,0
Vaisseaux mixtes	2,3	3,3
Frégates rapides	3,3	3,7
Corvettes rapides	3,3	3,8
Avisos à vapeur	3,6	4,6
Canonnières	3,9	5,5

La valeur moyenne du coefficient est K = 3,3 pour des vitesses de 11 nœuds, soit 5,65 par seconde, quand il s'agit des vaisseaux, des frégates et même des corvettes ; mais la résistance croît rapidement à mesure que les dimensions absolues diminuent, ce qui tient à l'influence de la dénivellation.

Pour des vitesses en dehors de celles que nous venons d'indiquer, les coefficients du tableau précédent ne sont plus rigoureusement applicables ; on fait alors usage des formules données par M. Bourgeois.

321. *Formules de M. Bourgeois.* — Cet auteur a été conduit d'après son remarquable mémoire sur la résistance de l'eau à une expression de la forme.

$$R = kB^2V^2 + k'lV^4 + k''SV$$

dans laquelle R désigne la résistance totale de la carène par calme, non compris la résistance de l'air sur la mâture et les œuvres mortes.

V, vitesse de navire en mètres par seconde ;

k, k', k'' coefficients constants par un même navire et un même propulseur, mais variables avec la forme et les proportions de la carène et aussi un peu avec la nature et les proportions du propulseur ;

B^2, surface immergée du maître-couple en mètres carrés; l, largeur du maître-couple à la flottaison

S, surface flottante de la carène en mètres carrés, estimée parallèlement à la direction du mouvement, et qui vaut en moyenne $0{,}6L\,(l + 2t)$, L étant la longueur du navire et t son tirant d'eau moyen. Pour simplifier les diverses formules où l'on veut faire entrer la résistance de la carène en fonction de la vitesse, on a l'habitude de poser

$$R = KB^2V^2$$

K est alors un coefficient variable avec la vitesse du navire.

En égalant les seconds membres de cette dernière équation et de la première, on obtient pour expression de ce coefficient la formule générale suivante

$$K = k + k'\frac{lV^2}{B^2} + k''\frac{S}{B^2V} \qquad (1)$$

Le premier terme du second nombre de cette égalité est dû au déplacement des molécules d'eau, y compris la résistance occasionnée par leur cohésion.

Le deuxième provient du phénomène de la dénivellation, c'est-à-dire de l'exhaussement de l'eau à l'avant du bâtiment et de son abaissement à l'arrière.

La troisième résulte du frottement de l'eau sur la carène :

Divers auteurs ont admis que ce troisième terme devait contenir V^2 au lieu de V en dénominateur. D'autre part la formule (1) est susceptible d'être simplifiée en considérant le troisième terme comme négligeable par rapport aux autres. Quelques ingénieurs admettent même que le coefficient de résistance est exprimable par un seul terme fonction d'une certaine puissance de la vitesse. D'après tout cela , on a à choisir entre ladite formule générale et les trois formules ci-après, pour exprimer le coefficient de résistance de la carène :

$$K = k_1 + k'_1 \frac{lV^2}{B^2} + k''_1 \frac{S}{B^2V^2} \quad (2)$$

$$K = k_2 + k'_2 \frac{lV^2}{B^2} \quad (3)$$

$$K = k_3 V^x \quad (4)$$

Qu'on adopte l'une ou l'autre des quatre formules précédentes, on a à déterminer expérimentalement des coefficients.

En expérimentant la formule (1), les ingénieurs chargés des essais sur l'*Elorn* ont trouvé que k_1'', était négatif, ce qui indiquerait que le terme attribué au frottement ne saurait avoir la forme supposée dans la formule. De même, la formule (2) essayée a donné pour k_1'', de très petites valeurs. Il résulterait de là, d'après ces mêmes ingénieurs que les formules (3) et (4) seraient seules bonnes à être employées. Ils ont d'ailleurs trouvé, comme nous l'avons annoncé plus haut, que les coefficients k_2 et k'_2 varient avec l'espèce et les proportions de l'hélice. Ceci se conçoit aisément, à cause de l'influence du propulseur sur le retour des filets liquides à l'arrière du navire, ce qui modifie les mouvements de toute la masse ébranlée par la carène, et par conséquent tant la dénivellation que la résistance directe et celle de friction.

Enfin en adoptant la formule (4)

$$K = k_3 V^x,$$

ils ont obtenu $x = {}^2/_3$

M. Bourgeois n'est pas arrivé aux mêmes conclusions que celles que nous venons d'énoncer. Il prétend notamment que, d'après les expériences de Beaufoy, la formule exponentielle (1) est erronée, et il s'est arrêté à la formule générale :

$$K = k + k' \frac{lV^2}{B^2} + k'' \frac{S}{B^2V}.$$

Il a calculé les coefficients de cette formule avec le plus grand soin, d'après le résultat d'expériences consciencieuses qu'il a pu se procurer ; et il a été conduit à formuler ainsi qu'il suit l'expression approximative et moyenne du coefficient de résistance de la carène pour les divers types de navire de la flotte.

(1) Une expression est dite exponentielle lorsque l'inconnue x est en exposant.

1° Pour les bâtiments doublés de cuivre, en bon état, et dont la largeur est moindre que quatre fois la largeur :

$$K = 2^{kg},20 + 0,16 \frac{lV^2}{B^2} + 0,08 \frac{S}{B^2V}$$

2° Pour les bâtiments à hélice dont la carène en fer ou en bois doublé de cuivre est en bon état de propreté, et dont la longueur est comprise entre cinq et six fois la largeur :

$$K = 2,20 + 0,14 \frac{lV^2}{B^2} + 0,08 \frac{S}{B^2V}$$

Pour les navires à hélice doublés de cuivre, en bon état aux formes assez fines et dont la longueur ne dépasse pas cependant quatre fois et demie la largeur.

$$K = 1,80 + 0,14 \frac{lV^2}{B^2} + 0,08 \frac{S}{B^2V}$$

Il est bon de prévenir que le coefficient de résistance calculé par un des procédés ci-dessus a besoin d'être augmenté d'une certaine quantité pour tenir compte de la résistance de l'air sur la mâture et sur les œuvres mortes. Selon M. Bourgeois, cette quantité vaut 0^{kg}, 20 pour les grands navires à 0^{kg}, 45 pour les petits.

Pour une mer agitée, la résistance de la carène se trouve soumise à des lois toutes nouvelles; car le navire heurte une succession de lames qui tendent sans cesse à diminuer sa quantité de force vive. On comprend tout de suite que la masse du bâtiment joue alors un rôle très important.

Problème

322. *Un vaisseau à vapeur ~~rapide~~ de* 89^{mc}, 67 *de surface immergée du maître couple, possède une vitesse de* 12^{nds}, 88. *On demande la résistance de l'eau au mouvement de ce navire, ainsi que le travail moyen par seconde de cette résistance.*

Une vitesse de 1 nœud équivaut à $0^m,514$ par seconde. Donc 12^n,88 équivalent à :

$$0,514 \times 12,88 = 6^m,62 \text{ par seconde}$$

En appliquant la formule générale :

$$R = KAV^2$$

on aura, en prenant pour K une valeur moyenne 3 :

$$R = 3 \times 89,67 \times (6,62)^2 = 11789^{kg},2$$

Le travail par seconde T sera :

$$T = 3 \times 89,67 \times (6,62^3 = 78045^{k\cdot m\cdot}$$

et en chevaux-vapeur :

$$\frac{78045}{75} = 1040^{ch},6.$$

Si la vitesse était réduite de moitié, c'est-à-dire à $6^m,44$, la puissance propulsive serait 8 fois plus petite ou :

$$\frac{1040,6}{8} = 130 \text{ chevaux.}$$

323. *Résistance de l'air.* — Les différentes expériences faites sur la résistance de l'air, ont démontré que les phénomènes qui se produisent sont analogues à ceux que présentent les liquides, par suite la résistance qu'il oppose au mouvement de ces corps est du même genre lorsqu'on suppose le mouvement uniforme.

Mais si le mouvement est varié, accéléré par exemple, le phénomène est plus compliqué; les molécules fluides reçoivent des degrés de vitesse de plus en plus grands, et comme le fluide est élastique, la proue fluide qui se forme en avant du corps acquiert une densité et par suite une masse qui va sans cesse en croissant, d'où il résulte que la masse déplacée augmente en même temps que la vitesse qui lui est communiquée. La résistance sera donc d'autant plus grande que l'accélération γ du mouvement ou $\frac{v}{t}$ ira en augmentant. L'expression de la résistance de l'air doit pouvoir comprendre outre les termes ordinaires, un terme particulier dû à l'accélération même du mouvement.

Les premières expériences précises sur la résistance de l'air ont été faites par Robins; il faisait tourner autour d'un axe vertical des palettes de différentes formes et de différentes dimensions dont le plan passait par l'axe. Ces expériences ont été reprises plus tard avec le même appareil par Hutton de 1786 à 1788.

324. *Expériences de Borda.* — En 1763, Borda a fait des expériences sur la résistance de l'air, au moyen d'une espèce de volant à ailettes, dont l'axe était vertical et dont les bras horizontaux avaient un peu plus de $2^m,18$ de longueur. A l'extrémité de ces bras, il fixait les surfaces et les corps de diverses formes sous lesquels il voulait opérer, et il observait la vitesse uniforme que ce volant prenait sur l'action de divers poids moteurs. Il a cru pouvoir négliger l'influence des frottements dans cet appareil, ce qui jette quelque incertitude sur les résultats, car il est difficile d'admettre que quand il s'agit d'une résistance aussi faible, la portion de l'effort moteur qui est nécessaire pour vaincre les frottements, ne soit pas comparable à celle qui surmonte la résistance de l'air.

Borda a successivement placé aux extrémités du bras de son appareil des surfaces carrées de 9, de 6 et de 4 pouces de côté, et les a fait mouvoir par des poids de 8, de 4, de 2 livres, d'une livre, et d'une demi-livre, et par conséquent à des vitesses différentes.

D'après les dimensions et les données relatives à son appareil, l'auteur a calculé les résistances de l'air correspondant aux différentes vitesses, et les résultats, exprimés en mesures métriques, sont résumés dans le tableau suivant:

SURFACE DE 9 POUCES DE COTÉ ou de $0^{mq},059\,355$			SURFACE DE 6 POUCES DE COTÉ ou de $0^{mq},02638$			SURFACE DE 4 POUCES DE COTÉ ou de 0,011725		
Résistance de l'air	Vitesses	Carré des vitesses	Résistance de l'air	Vitesses	Carré des vitesses	Résistance de l'air	Vitesses	Carré des vitesses
kil.	m.		kil.	m.		kil.	m.	
0,07570	3,463	11,90	0,0758	5,430	29,48	0,0722	8,268	68,52
0,03580	2,460	6,05	0,0379	3,840	14,75	0,0361	5,850	34,25
0,01890	1,730	2,99	0,089	2,723	7,41	0,0181	4,120	16,97
0,00945	1,220	1,49	0,00945	1,912	3,66	0,00901	2,912	8,48
			0,00470	1,264	1,60	0,00451	2,060	4,25

Si l'on représente ces résultats graphiquement, en prenant les résistances pour abscisses, et les carrés des vitesses pour ordonnées, on trouve que tous les points relatifs à une même surface, sont situés sur une même droite, ce qui indique que la résistance croît comme le carré de la vitesse.

Le peu d'étendue des surfaces employées par l'auteur n'a pas pu manifester d'une manière certaine l'existence d'un terme constant, dans l'expression de la résistance.

Les résultats de Borda comparés à la formule

$$R = KAV^2$$

donne pour K les valeurs suivantes

Carré de 9 pouces ou de $0^m,243$ de côté.................... $K = 0,1050$

Carré de 6 pouces ou de $0^m,162$ de côté.................... $K = 0,0955$

Carré de 4 pouces ou de $0^m,108$ de côté.................... $K = 0,0897$

Ces différentes valeurs semblent indiquer que la résistance de l'air est plus faible pour des surfaces plus petites ; cela tient, sans doute, à ce que Borda a négligé l'influence du frottement qui croît avec la résistance et avec les poids moteurs employés.

325. *Expériences de Thibault.* — En 1823, Thibault fit des expériences nombreuses et précises sur la résistance de l'air; ses résultats furent publiés à Brest en 1826.

L'appareil dont il se servait était un volant à deux ailettes, tournant autour d'un axe horizontal, et mu par un poids qui lui imprimait un mouvement, rendu bientôt uniforme par la résistance de l'air. Ce volant, très léger, était composé d'un axe en acier de $0^m,65$ de long sur $0^m,005$ d'équarissage, terminé par des tourillons de 0,0025 de diamètre. Les bras du volant étaient formés chacun par une verge en fer de $2^m,736$ de longueur, de $0^m,014$ de largeur dans le sens du mouvement près de l'axe, et de $0^m,005$ aux extrémités, sur une épaisseur constante de $0^m,006$ dans le sens parallèle à l'axe. Le côté des bras qui frappait l'air était taillé en biseau. Les ailettes étaient montées sur les bras du volant, et dirigées d'abord dans des plans passant par l'axe, puis, au moyen de dispositions convenables, elles pouvaient être inclinées, en les faisant tourner autour du rayon et autour d'un axe parallèle à l'axe, de façon que leur direction laissât l'axe en avant ou en arrière.

Les inclinaisons ainsi obtenues ont varié de 5 en 5 degrés. Le mouvement du volant étant produit dans tous les cas par le même poids de 4 kilogrammes, en observant la durée de 20 tours faits d'un mouvement uniforme.

Le général Morin a discuté et calculé les résultats des expériences de Thibault en y appliquant la formule

$$R = K'A + KAV^2$$

qui représente d'après lui les résultats

Fig. 124.

Fig. 125.

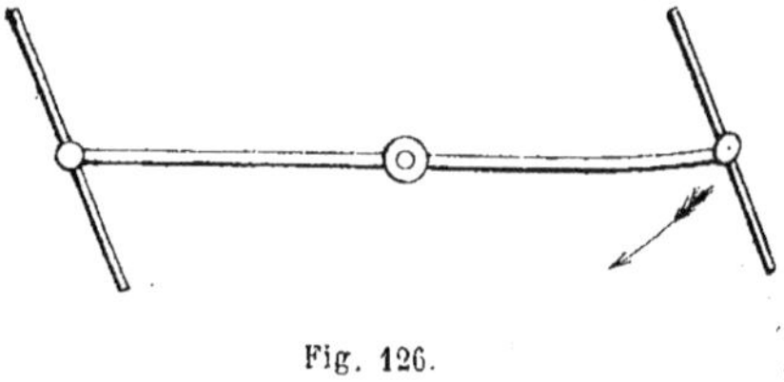

Fig. 126.

des expériences, faites à Metz. Ces expériences ont donné au coefficient K' relatif à la résistance constante et indépendamment de la vitesse, la valeur de K', est 0,0434

De ce coefficient, Morin a pu déduire le coefficient K dépendant de la vitesse.

L'inclinaison de la surface des ailettes

sur le sens du mouvement a pu être introduite en mettant dans le second terme de la formule, au lieu de l'aire A = 0^{mq},103041 sa projection sur un plan perpendiculaire au sens du mouvement.

Le tableau suivant contenant les données et les résultats des expériences de Thibault, montre que la résistance par mètre carré de surface projetée perpendiculairement au sens du mouvement, et par mètre de vitesse, ou la valeur du coefficient K de la formule

$$R = KAV^2$$

ne décroît pas, tant que l'angle d'inclinaison n'est pas au-dessous de 50 à 60°.

326. *Expériences de Thibault sur la résistance de l'air*

INCLINAISON des surfaces	DURÉE de 20 révolutions du volant	VITESSE du centre des ailettes	RÉSISTANCE totale de chaque ailette	PARTIE de la résistance indépendante de la vitesse	RÉSISTANCE proportionnelle au carré de la vitesse	RAPPORT de cette résistance au carré de la vitesse	PROJECTION de la surface sur un plan perpendiculaire au mouvement	RÉSISTANCE par mètre carré de la surface projetée et par mètre de vitesse
degrés	seconde	m.	kil.	kil.	kil.	kil.	mq	kil.
90	68.40	2.517	0.0753		0.0709	0.01118	0.10304	0.1088
85	68.07	2.529	0.0752		0.0708	0.01107	0.10226	0.1079
80	67.90	2.535	0.0752		0.0708	0.01102	0.10150	0.1085
75	67 70	2.543	0 0752		0.0708	0.01095	0.09953	0 1100
70	65.56	2.586	0.0751		0.0707	0.01059	0.09683	0.1095
65	64.76	2.658	0.0751		0.0707	0.01990	0.09339	0.1071
60	62.47	2.756	0.0749		0.0705	0.00928	0.08924	0.1065
55	61.45	2.815	0.0748		0.0704	0.00888	0.08441	0.1053
50	60.25	2.857	0 0748	0.0044	0.0704	0.00862	0.07893	0.1052
45	56.75	3.034	0.0745		0.0701	0.00762	0.07286	0.1045
40	52.83	3.259	0.0742		0.0698	0.00660	0.06623	0.0996
35	48.50	3 550	0.0726		0.0592	0.00537	0.05923	0.0906
30	43.00	4.004	0.0727		0.0683	0.00426	0.05152	0.0827
25	36.75	4.185	0.0712		0.0668	0.00304	0.04355	0.0698
20	30.50	5.645	0.0703		0.0659	0.00208	0.03524	0.0591
15	24.50	7.027	0.0640		0.0596	0.00121	0.82667	0.0452
10	19.00	9.061	0.0554		0.0510	0.00062	0.01787	0.0345

Thibault a successivement répété les mêmes expériences sur des surfaces concaves cylindriques; il est arrivé à la même conséquence, et il a constaté qu'à égalité de projection de la surface, sur un plan perpendiculaire au sens du mouvement, la résistance croît avec la courbure, mais assez lentement.

Quant aux surfaces creuses, à double courbure, telles que celles qui sont formées par des toiles fixées aux quatre côtés d'un cadre, la résistance croît aussi avec la courbure et plus rapidement que dans le cas précédent.

En comparant la résistance de deux surfaces de toile enverguées de 0^{m},1089 de surface chacune, dont le côté inférieur pouvait se rapprocher du côté supérieur, comme cela arrive pour les voiles sous l'action du vent, à la résistance offerte par deux plans de même surface que la voile développée, Thibault a trouvé que résistance de la surface enverguée était la même que celle de la surface plane, malgré la diminution de la projection de la première surface sur la direction du mouvement. Il se fait ainsi une compensation entre l'augmentation de la résistance due à la courbure et la diminution due au rétrécissement de la surface projetée. Cette conséquence est importante en ce qu'elle facilite beaucoup les applications relatives à l'action du vent sur la voilure des bâtiments.

327. *Influence de l'inclinaison des palettes.* — Dans ses expériences, Thibault a reconnu que quand les ailettes sont inclinées de manière que, l'axe de rotation se trouve en avant de leur plan par rapport au sens du mouvement (*fig.* 124), la résistance diminue rapidement à mesure que l'inclinaison augmente, et qu'à l'inclinaison de 55° elle n'est guère que 0,5715 de la résistance perpendiculaire, tandis que quand l'axe de rotation se trouve en arrière du plan des ailettes, la résistance va en augmentant jusque vers l'angle de 55° (*fig.* 125) pour lequel elle est égale à 1,2293 fois la résistance perpendiculaire.

Ces résultats montrent que ce mode d'inclinaison des palettes des volants régulateurs se prête beaucoup mieux au but que l'on se propose, puisqu'en les disposant de façon que les ailettes puissent s'incliner à volonté dans un sens ou dans l'autre (*fig.* 126), la résistance qu'éprouvera le volant sera rendue, selon le besoin, plus faible ou plus grande.

328. *Mouvement des corps sphériques dans l'air.* — La résistance de l'air au mouvement des projectiles a été étudiée par Newton, en observant la chute des corps sphériques. D'autres observateurs et principalement Hutton ont étudié cette résistance dans le cas de vitesses très faibles, puis dans le cas de grandes vitesses, à l'aide du pendule balistique.

D'après Newton, qui étudiait la chute des globes de verre dans l'air, à des vitesses comprises entre 0 mètre et 9 mètres par seconde à la température moyenne de 12° et à la pression $0^m,75$, la valeur du coefficient K est d'environ 0,0375 de sorte que la résistance éprouvée par les sphères mues dans l'air, à des vitesses comprises dans ces limites serait :

$$R = 0{,}0375\ AV^2.$$

Pour les grandes vitesses le coefficient de résistance augmente. Le général Didion a proposé pour représenter la loi de la résistance de l'air au mouvement des projectiles la formule :

$$R = 0{,}023,\ AV^2\ (1 + 0{,}0023\,V)$$

ce qui suppose qu'à ces grandes vitesses, l'expression de la résistance contient un terme proportionnel au cube de la vitesse et que le terme constant n'a plus d'influence sensible.

329. *Parachutes.* — Le général Morin a fait des expériences très utiles sur la résistance de l'air dans la descente des parachutes employés dans l'aérostation. Celui employé aux expériences était composé d'une carcasse formée de baleines, disposées dans quatre plans méridiens équidistants assemblés sur une tige commune assujetties par des arcs-boutants. Cette carcasse était recouverte d'un taffetas fortement tendu et elle était suspendue par une tige à la partie inférieure de laquelle on attachait des poids additionnels.

Le diamètre extérieur du parachute était de $1^m,336$ mesure prise entre les points les plus rapprochés des arcs formés par les bords.

Sa projection perpendiculaire au sens du mouvement a varié de $1^{mq},1987$ de surface à $1^{mq},2072$.

La flèche de courbure de ce parachute était de $0^m,430$ jusqu'au plan de l'extrémité des baleines.

Le mouvement de descente a été uniforme, grâce à la forme concave qui donnait lieu à un accroissement notable de résistance.

D'après les résultats obtenus, la résistance au mouvement de ce parachute, lorsque la vitesse était uniforme, peut être représentée par une expression composée de deux termes et qu'elle était égale à 1,936 fois celle d'un plan de même surface, c'est-à-dire à peu près double. Elle peut s'exprimer par la formule :

$$R = 1{,}936A\ (0^k{,}036 + 0{,}84V^2)$$

$$\text{ou}\quad R = A\ (0^k{,}070 + 0{,}163V^2).$$

Si le parachute présentait sa convexité à l'air la résistance est beaucoup moindre et égale à 0,768 de celle de la surface de même surface. Dans ce cas la résistance est :

$$R = 0{,}768\ A\ (0^k{,}036 + 0{,}084V^2)$$

$$\text{ou}\quad R = A\ (0^k{,}028 + 0{,}0652V^2).$$

Si le mouvement du parachute est accéléré, l'expression de la résistance doit être augmentée d'un terme dépendant de l'accélération v du mouvement. Cette résistance est :

$$R = A\left(0^k{,}070 + 0{,}163\ V^2 + 0{,}142\ \frac{v}{t}\right).$$

330. *Résumé des expériences faites par le général Morin.* — Les nombreuses expériences sur la résistance de l'air, faites à Metz par le général Morin ; expériences exécutées avec le plus grand soin, se résument par les expressions suivantes, dont les notations sont les mêmes que celles déjà employées :

Plans minces perpendiculaires au sens du mouvement. . . . . $R = A \frac{d}{d_1} (0^k,036 + 0,084\ V^2).$

Parachutes. . . . . $R = A \frac{d}{d_1} (0^k,070 + 0,163\ V^2).$

Parachutes renversés. . . . . $R = A \frac{d}{d_1} (0^k,028 + 0,0652\ V^2).$

Deux plans articulés, inclinés l'un sur l'autre. . . . . $R = A \frac{d}{d_1} \frac{a}{90} (0^k,036 + 0,084\ V^2).$

Les ailettes d'une roue ou d'un volant. . $R = A \frac{d}{d_1} (0^k,0434 + 0,1002\ V^2).$

Dans le mouvement accéléré il faut ajouter à l'expression précédente un terme proportionnel à l'accélération du mouvement, les formules sont alors :

Plans minces perpendiculaires au sens du mouvement. . . . . $R = A \frac{d}{d_1} \left(0^k,036 + 0,084\ V^2 + 0,164\ \frac{v}{t}\right).$

Parachute. . . . . $R = A \frac{d}{d_1} \left(0^k,070 + 0,0163\ V^2 + 0,142 \frac{v}{t}\right).$

Dans ces expressions d représente la densité de l'air à la température et à la pression observée, et d_1 sa densité à 10° et à 76 centimètres de pression barométrique.

En représentant par t la température observée et H la pression correspondante on a :

$$d = \frac{1}{1 + \alpha t} \cdot \frac{A}{76}$$

et

$$d_1 = \frac{1}{1 + 10\,\alpha}$$

d'où

$$\frac{d}{d_1} = \frac{1 + 10\,\alpha}{1 + \alpha t} \cdot \frac{H}{76}.$$

α est le coefficient de dilatation de l'air, qui est égal à 0,00367.

Donc :

$$\frac{d}{d_1} = \frac{1,0367}{1 + 0,00367t} \cdot \frac{H}{76}.$$

331. *Action du vent sur les surfaces immobiles.* — Lorsque l'air, animé d'une certaine vitesse, vient frapper une surface immobile, il exerce une pression dépendant de sa vitesse et de sa direction par rapport à la surface. Un physicien anglais, M. Rouse, a fait un grand nombre d'expériences ; il a été conduit à admettre que l'effort exercé est proportionnel au carré de la vitesse, et pouvait être représenté en général par la formule :

$$F = 0,1163\,A V^2$$

A étant la surface perpendiculaire à l'action du vent.

V la vitesse du vent exprimée en mètres par seconde.

F l'effort exercé en kilogrammes.

Le vent acquiert quelquefois des vitesses considérables qui dépassent celles mentionnées dans le tableau suivant. Très souvent cette vitesse varie suivant l'altitude ; ainsi on cite un voyage de Lunardi qui, dans une ascension faite à Edimbourg, où l'air était très calme à la surface de la terre, fut à une certaine hauteur emporté par un courant d'air avec une vitesse de 70 milles à l'heure ou de 31 mètres par seconde. D'autres aéronautes constatèrent des vitesses de 36 mètres et même 64 mètres par seconde.

De pareilles vitesses suffisent pour montrer la difficulté que présente la direction des ballons.

Il paraît cependant que les expériences récentes faites par le capitaine Renard, sur la direction des aérostats seront couronnées d'un légitime succès ; le but de ces recherches importantes est de trouver un moteur, qui puisse communiquer au ballon, à l'aide d'une ou plusieurs hélices, une vitesse au moins égale à celle du vent.

332. *Efforts exercés par le vent sur une surface d'un mètre carré placée perpendiculairement à sa direction.*

DÉSIGNATION DU VENT	VITESSE en mètres par secondes	EFFORTS exercés sur 1^{mq} de surface
	m.	kil.
Vent à peine sensible...	0.50	
Petite brise............	1.00	0.140
Bonne brise............	2.00	0.540
	3.00	1.047
Vent bon frais.........	4.00	2.170
	5.00	2.908
	6.00	4.870
Forte brise.............	8.00	7.433
	10.00	13.540
Vent fort...............	14.00	22.995
	20.00	46.520
Rafale..................	22.50	55.00
	27.00	79.00
Tempête.................	36.00	140.740
Ouragan................	40.00	186.080
Ouragan qui déracine les arbres et renverse les maisons..............	45.00	220.00

333. *Anémomètres.* — Le moyen qui paraît le plus simple pour mesurer la vitesse du vent consisterait à abandonner dans l'air des corps très légers, tels que des plumes, des barbes de chardon, des fumées de poudre ou d'essence de térébenthine et de les suivre dans leur mouvement de translation. Ce moyen quoique simple ne présente pas une précision assez grande par suite des faibles distances pendant lesquelles on peut observer.

On fait, le plus généralement, usage d'instruments particuliers, appelés anémomètres.

Le plus simple consiste en une planche carrée s'appuyant par son centre sur un ressort à boudin qu'elle comprime plus ou moins, selon la pression normale qu'elle reçoit du vent ; une tige de fer fixée à la planche forme arrêt pour empêcher le ressort de se comprimer au-delà de sa limite d'élasticité.

L'anémomètre de Lind est un tube en V rempli d'eau, et dont une branche se recourbe horizontalement ; on dirige cette branche horizontale en sens contraire de la vitesse du vent; la pression qu'il exerce déprime la colonne liquide dans l'une des

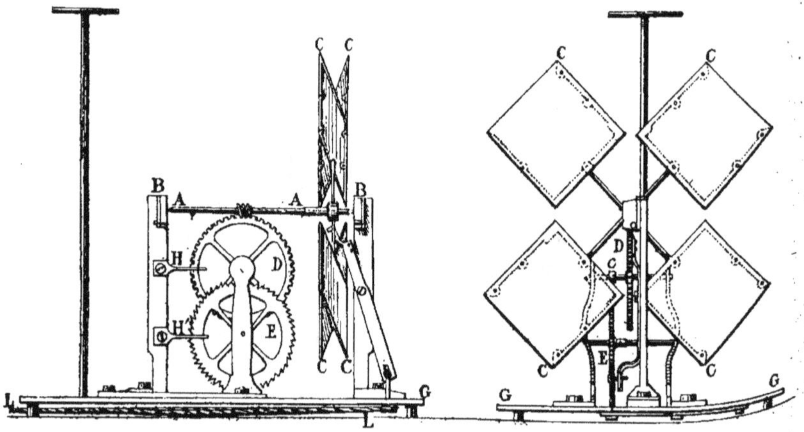

Fig. 127.

branches du tube et l'élève au contraire dans l'autre ; on admet que la différence de niveau qui s'établit est proportionnelle à la hauteur due à la vitesse du vent. Ces appareils ne peuvent fournir que des indications approchées.

L'anémomètre de M. Combes qui est aujourd'hui généralement employé, se compose (*fig.* 127), de quatre ailettes planes, *c, c, c, c*, montées sur un axe très délié AA, terminés par des pivots très fins qui tournent dans des chapes en agate BB.

Ce moulinet exposé au vent de manière que la vitesse de celui-ci soit parallèle à l'axe AA, prend un mouvement de rotation plus ou moins rapide.

Une vis sans fin, taillée sur l'axe AA, communique le mouvement à une roue dentée D. L'axe de celle-ci porte une petite came qui à chaque tour, fait sauter d'une dent une roue à rochet E.

La roue à rochet est retenue par un ressort très flexible fixé à la plaque horizontale G sur laquelle repose tout l'appareil. La roue D a cent dents et le rochet en a cinquante. Deux aiguilles H et H', placées en regard de ces roues, servent à faire connaître de combien elles ont tourné chacune :

A chaque tour du moulinet, la vis sans fin avance d'un pas et la roue D d'une dent ; si donc on trouve que le rochet a sauté de m dents et que la roue D a tourné en outre de n dents, on en conclut que le moulinet a fait :

$$100m + n \text{ tours.}$$

Deux fils LL que l'on peut manœuvrer à distance servent à faire mouvoir une fourchette K qui s'interpose entre les bras du moulinet, lorsqu'on veut arrêter l'appareil, ou qui s'en dégage quand on veut le mettre en marche.

Pour se servir de l'appareil, on commence par amener le zéro de chaque roue en regard de l'aiguille correspondante ; on place l'instrument dans le courant dont on veut mesurer la vitesse ; on tire la détente à un instant précis ; on laisse tourner le moulinet pendant trois ou quatre minutes ; on tire le cordon d'arrêt et on lit sur les roues le nombre de tours exécutés par l'appareil ; d'où l'on déduit aisément le nombre de tours faits par seconde.

Si n est ce nombre de tours, on a, en appelant V la vitesse du vent :

$$V = a + bn.$$

a et b sont des constantes déterminées à l'avance en plaçant l'appareil dans des courants dont la vitesse soit connue, ou plutôt en le faisant mouvoir, avec une vitesse connue dans un air en repos. Pour cela, le moyen le plus simple est de placer l'appareil sur un levier horizontal, mobile autour d'un axe vertical dans une position telle, que l'axe de rotation de l'instrument soit perpendiculaire à la direction du levier, puis de faire tourner ce levier uniformément avec une vitesse connue.

En répétant l'expérience avec des vitesses différentes on détermine aisément les deux coefficients a et b.

Ces coefficients varient assez notablement de l'un à l'autre ; la tare doit donc être faite pour chacun d'eux, en particulier et même répétée autant que possible toutes les fois qu'on veut s'en servir après une interruption.

Ainsi. deux anémomètres tarés par M. Combes, donnaient :

$$V = 0^m,2578 + 0,0916\,n$$

et $$V = 0,150 + 0,100\,n.$$

La division des roues ne permettant pas de compter plus de cinq mille tours, cela ne correspondrait pour une vitesse de 3 mètres en 1" qu'à une durée de 2' 80 environ.

Le général Morin a ajouté à l'appareil des cadrans en émail sur lesquels se meuvent des aiguilles qui indiquent immédiatement le nombre de tours exécutés par le moulinet. Pour les observations prolongées, il a ajouté à l'instrument une troisième roue de cent dents qui marche d'une dent chaque fois que la roue à rochet fait un tour, ce qui permet de compter jusqu'à cinq cent mille tours, en lisant au besoin les nombres de tours exécutés à des intervalles de temps quelconque.

Cet appareil donne la vitesse du vent avec une grande approximation, depuis $0^m,30$ jusqu'à 6 mètres et même 10 mètres. On l'emploie avec succès pour évaluer la vitesse de tous les gaz en mouvement, et particulièrement dans le tirage des cheminées de ventilation.

Pour les vitesses considérables, l'anémomètre de M. Combes devient insuffisant, parce que les ailettes ne peuvent plus supporter sans fléchir les pressions auxquelles elles sont soumises. Il faut avoir recours à des instruments qui offrent une plus grande résistance, et l'on se sert généralement de l'anémomètre imaginé par le docteur Robinson, de l'observatoire d'Armagh. Il se compose de quatre bras horizontaux portant chacun à son extrémité une demi-sphère creuse, dont le bord circulaire est placé verticalement; la convexité de chacune d'elles regarde la concavité de celle qui la précède. Les quatre bras sont montés sur un axe vertical mobile, en connexion avec un compteur. La vitesse de rotation de cet anémomètre est très sensiblement proportionnelle à celle du vent.

§ II. — *NOTIONS SUR LE PENDULE*

334. Nous avons vu que l'accélération du mouvement imprimé à un corps de masse M par une force F déterminée est donnée par la relation :

$$F = M\gamma = \frac{P}{g}\gamma$$

d'où,

$$\gamma = \frac{F}{P} g.$$

De là la nécessité de mesurer cette constante g, ce que l'on fait, avec une assez grande approximation, à l'aide du mouvement du pendule.

335. *Pendule simple.* — Le pendule simple ou idéal se compose d'un point matériel pesant suspendu à point fixe par un fil inextensible et sans poids. Pratiquement on se rapproche de ce pendule irréalisable en suspendant une petite balle de plomb par un fil très délié. Cet appareil (*fig.* 128) se tient en équilibre dans la position verticale, et quand il est écarté jusqu'en C, il est soumis aux deux composantes N et T de son poids P, dont l'une N tend le fil et l'autre T tangente à l'arc CBC′ qui a pour valeur P sin α, laquelle ramène la sphère vers sa position d'équilibre B.

Cette force T = P sin α varie à chaque instant avec la valeur de l'angle α; elle diminue lorsque le pendule se rapproche de B, et devient nulle quand il atteint ce point; elle n'est donc constante, ni en grandeur, ni en direction et le mouvement imprimé se fait suivant des lois complexes qui ne sont pas celles du mouvement uniformément varié.

Arrivé en B, le pendule possède une vitesse acquise, et continue, en vertu de l'inertie, sa marche sur l'arc BC′; mais le poids agissant toujours sur lui, se décompose comme précédemment en deux forces dont l'une P sin α, tangente à la courbe, détruit pendant la course ascendante les impulsions reçues pendant le mouvement descendant, et la sphère n'a plus aucune vitesse lorsqu'elle a parcouru l'arc BC′ égal à l'arc BC. A ce moment elle recommence à descendre pour remonter en C puis elle revient en C′, etc.

La sphère a donc un mouvement oscillatoire qui ne devrait jamais s'arrêter, si l'air n'opposait aucune résistance et si le frottement de l'axe de suspension était nul.

A cause de ces résistances qui existent forcément on voit les amplitudes diminuer progressivement et le pendule revenir bientôt à la position verticale.

336. *Isochronisme des petites oscillations.* — Il est facile de démontrer que la durée des petites oscillations est constante pour un même pendule oscillant en un même point de la terre. A cet effet, on détermine à l'aide d'un compteur la durée moyenne d'une oscillation, de la manière suivante :

On écarte le pendule d'un angle α, et au moment où il part, on met le compteur (chronomètre) en marche. On compte ensuite cent oscillations, par exemple, et à la fin de la dernière on arrête les aiguilles. Cela donne le temps de cent oscillations, donc les amplitudes ont progressivement diminué depuis α jusqu'à α', et en divisant ce temps par cent on a sensiblement la durée d'une oscillation dont l'écart moyen serait $\frac{\alpha + \alpha'}{2}$. Sans arrêter le pendule, on mesure ensuite la durée de cent oscillations suivantes qui sont comprises entre des écarts plus petits α' et α'', et l'on continue de la même manière jusqu'au moment où, les amplitudes étant devenues insensibles, les oscillations cessent de pouvoir être observées.

En comparant ensuite les temps successifs que l'on a mesurés, on reconnaît qu'ils diminuent avec les amplitudes, tant qu'elles sont grandes mais qu'ils atteignent une limite constante quand elles deviennent petites et ne dépassent pas 2 à 3 degrés. A partir de là, les temps ne varient plus avec l'angle d'écart, et l'on peut dire que les petites oscillations sont isochrones.

337. *Pendules de nature diverse.* — Pour démontrer que la durée des oscillations est indépendante de la nature de la petite sphère oscillante, il suffit de suspendre à un même support, et à des distances égales, les centres de sphères formés de différents corps choisis parmi ceux dont les poids, sous le même volume, diffèrent le plus. La première, par exemple, sera un globe de verre plein d'eau, la deuxième sera en fer, la troisième en platine. On écartera ces trois pendules, on les abandonnera au même instant, et l'on verra que les mouvements commencés ensemble resteront indéfiniment concordants ; la

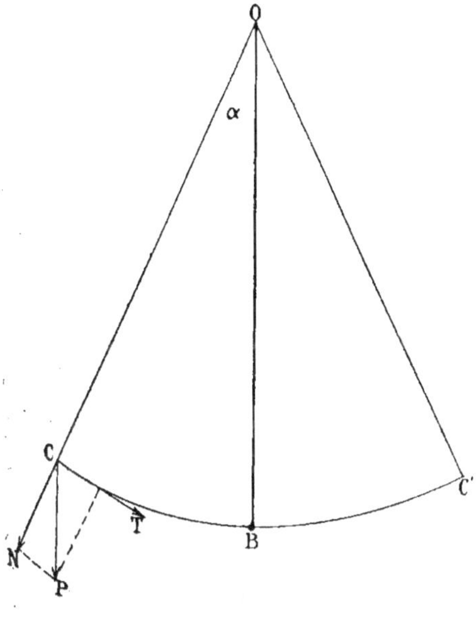

Fig. 128.

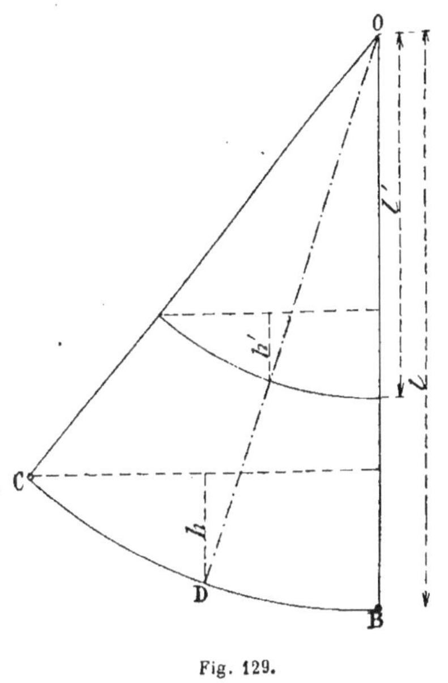

Fig. 129.

durée d'une oscillation est donc indépendante de la nature du corps oscillant. On prouve de même qu'elle ne change pas quand les sphères sont de même substance et de poids différents.

338. *Lois des longueurs.* — Les mouvements de plusieurs pendules ayant des longueurs différentes cessent d'être les mêmes. On peut les comparer en prenant quatre balles égales, suspendues à un même support et dont les longueurs sont :

1, 4, 9, 16

qui sont entre elles comme les carrés des nombres naturels. Puis, quatre observateurs écartent chacun l'un des appareils, l'abandonnent à un signal donné et comptent ses oscillations jusqu'à un second signal; ils trouvent au bout d'un certain temps les nombres d'oscillations suivants :

60, 30, 20, 15

ce qui donne pour les rapports des durées d'un même nombre d'oscillations.

1, 2, 3, 4

par conséquent, le temps des oscillations est en raison directe de la racine carrée des longueurs. Cette loi peut d'ailleurs se démontrer par le calcul.

Considérons un pendule OB de longueur l (*fig.* 129) et de masse m, si on l'amène dans la position OC et qu'on l'abandonne il prendra le mouvement dont nous avons parlé. Considérons une position OD du pendule dans son mouvement ; à cet instant la masse s'est abaissée d'une hauteur h ; si v est sa vitesse au point D, le pendule possède une force vive $m v^2$; le travail développé sera mgh, en représentant par g l'accélération due à la pesanteur; Or le travail est égal à la moitié de la force vive, d'où :

$$\frac{mv^2}{2} = mgh$$

ou $$v^2 = 2gh$$

Soit s un élément de chemin parcouru sur l'arc par le point matériel, dans un temps t infiniment petit; la vitesse v est égale au rapport $\frac{s}{t}$ quand t tend vers zéro :

$$v = \frac{s}{t}$$

ou $$v^2 = \frac{s^2}{t^2}.$$

Remplaçons v^2 par sa valeur, il vient :

$$\frac{s^2}{t^2} = 2gh$$

d'où on tire : $$t^2 = \frac{s^2}{2gh} \qquad (1)$$

Actuellement concevons un autre pendule de longueur l' en un autre lieu de la terre où la gravité est g', il sera abaissé d'une hauteur h' pour le même angle décrit que le premier, donc en raisonnant comme précédemment, on aura :

$$t'^2 = \frac{s'^2}{2g'h'} \qquad (2)$$

Divisons membre à membre les égalités (1) et (2), on a :

$$\frac{t^2}{t'^2} = \frac{s^2}{2gh} : \frac{s'^2}{2g'h'}$$

ou

$$\frac{t^2}{t'^2} = \frac{2g'h's^2}{2ghs'^2}.$$

Remarquons que, les arcs s et s' sont proportionnels aux rayons des pendules l, l'

$$\frac{s}{s'} = \frac{l}{l'}$$

ou $$\frac{s^2}{s'^2} = \frac{l^2}{l'^2}$$

de même, $$\frac{h}{h'} = \frac{l}{l'}$$

et en divisant membre à membre ces deux derniers rapports,

$$\frac{s^2h'}{s'^2h} = \frac{l^2l'}{l'^2l} = \frac{l}{l'}$$

par suite,

$$\frac{t^2}{t'^2} = \frac{l}{l'} \times \frac{g}{g'}$$

relation de laquelle on tire :

$$t = t'\sqrt{\frac{l}{l'}} \times \sqrt{\frac{g'}{g}}.$$

En considérant un autre temps t_1 du premier pendule et t'_1 du second, on obtiendrait de la même manière :

$$t_1 = t_1'\sqrt{\frac{l}{l'}} \times \sqrt{\frac{g'}{g}}$$

et ainsi de suite pour des temps t_2, t'_2 ; t_3, t'_3, etc., d'où en additionnant toutes ces égalités analogues, on a :

$$(t + t_1 + t_2 \ldots) = (t' + t_1' \, t'_2 + \ldots) \sqrt{\frac{l}{l'}} \times \sqrt{\frac{g'}{g}}.$$

Or, chaque parenthèse représente la durée totale d'une oscillation de chaque pendule ; si T et T' sont ces durées, on a :

$$T = T'\sqrt{\frac{l}{l'}} \times \sqrt{\frac{g'}{g}}$$

et

$$\frac{T}{T'} = \sqrt{\frac{lg'}{l'g}}.$$

Si on suppose deux pendules oscillants en un même lieu, ce qui revient à $g = g'$, il vient :

$$\frac{T}{T'} = \sqrt{\frac{l}{l'}}$$

c'est-à-dire que les *durées des oscillations sont proportionnelles aux racines carrées des longueurs des pendules.*

En admettant $l = l'$ la relation devient :

$$\frac{T}{T'} = \sqrt{\frac{g'}{g}}$$

c'est-à-dire que les durées de deux pendules de même longueur sont en raison inverse de la racine carrée des accélérations dues à la pesanteur.

339. *Formule approchée du pendule simple.* — Nous allons démontrer que la

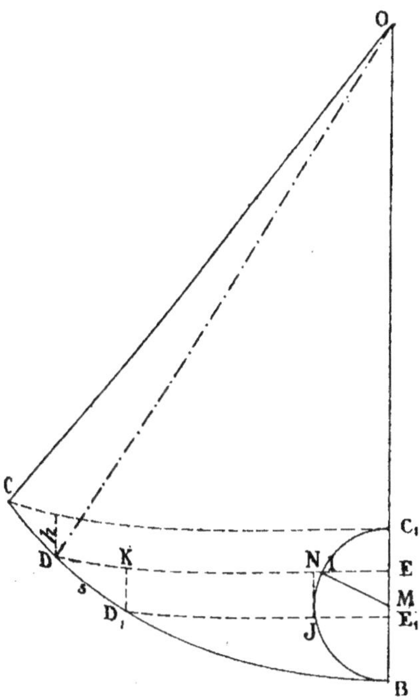

Fig. 130.

durée T des oscillations d'un pendule simple est donnée par la formule approchée :

$$T = \pi \sqrt{\frac{l}{g}}$$

lorsque l'amplitude de l'oscillation est très petite.

Dans cette formule, π est le rapport de la circonférence au diamètre, l, la longueur du pendule, et g, la gravité au lieu où le pendule oscille.

Afin de pouvoir rendre la figure 130 lisible, augmentons considérablement l'angle d'écart du pendule.

Considérons la masse pesante descendue d'une hauteur h, elle aura au point D une vitesse v, donnée par :

$$v^2 = 2gh.$$

Si s représente un arc élémentaire décrit dans le temps t, on aura aussi :

$$v = \frac{s}{t} \quad \text{ou} \quad v^2 = \frac{s^2}{t^2},$$

et par conséquent :

$$\frac{s^2}{t^2} = 2gh$$

d'où $$t^2 = \frac{s^2}{2gh}. \qquad (1)$$

Par le point D menons une perpendiculaire à la verticale OB et par l'extrémité D_1 de l'arc élémentaire s élevons une parallèle à OB ; nous formons un triangle DD_1K semblable au triangle ODE, qui fournissent :

$$\frac{s}{D_1K} = \frac{l}{DE}$$

d'où $$s = \frac{lD_1K}{DE}$$

et en élevant au carré :

$$s^2 = l^2 \frac{\overline{D_1K}^2}{\overline{DE}^2}. \qquad (2)$$

La droite DE étant perpendiculaire au diamètre du point B est moyenne proportionnelle entre les deux segments du diamètre (géométrie).

$$\overline{DE}^2 = (2l - EB)\,EB = 2lEB - \overline{EB}^2.$$

Or, l'amptitude de l'oscillation étant supposée très petite, le segment EB est très petit, par suite $\overline{EB}^2$ est négligeable, donc :

$$\overline{DE}^2 = 2lEB.$$

En remplaçant $\overline{DE}^2$ dans l'équation (2),

$$s^2 = l^2 \frac{\overline{D_1K}^2}{2lEB}$$

et cette valeur mise dans (1) donne :

$$t^2 = l^2 \frac{\overline{D_1K}^2}{2lEB} \cdot \frac{1}{2gh}$$

$$t^2 = \frac{l\overline{D_1K}^2}{4gh.EB} \qquad (3)$$

Décrivons sur la flèche C_1B, comme diamètre, une circonférence, coupée par l'horizontale DE, au point I ; joignons ce point au milieu M de la flèche.

La perpendiculaire IE est moyenne proportionnelle aux deux segments h et EB qu'elle détermine sur le diamètre de cette circonférence :

$$\overline{IE}^2 = h.EB$$

d'où
$$EB = \frac{\overline{IE}^2}{h}$$

cette valeur mise dans l'équation (3) donne :

$$t^2 = \frac{l\overline{D_1K}^2}{4gh\frac{\overline{IE}^2}{h}} = \frac{l}{4g} \cdot \frac{\overline{D_1K}^2}{\overline{IE}^2}. \qquad (4)$$

Les deux triangles rectangles semblables IEM et IJN donnent :

$$\frac{JN}{IE} = \frac{IJ}{IM}$$

or
$$JN = D_1K$$

d'où
$$\frac{D_1K}{IE} = \frac{IJ}{IM}$$

en élevant au carré

$$\frac{\overline{D_1K}^2}{\overline{IE}^2} = \frac{\overline{IJ}^2}{\overline{IM}^2}.$$

L'équation (4) devient :

$$t^2 = \frac{l}{4g} \cdot \frac{\overline{IJ}^2}{\overline{IM}^2}$$

représentons l'arc élémentaire IJ par e on a, en extrayant la racine carrée des deux membres :

$$t = \frac{1}{2} \cdot \frac{e}{IM}\sqrt{\frac{l}{g}}. \qquad (5)$$

En considérant d'autres éléments de temps t', t'', t'''..., on aurait de même :

$$t' = \frac{1}{2}\frac{e'}{IM}\sqrt{\frac{l}{g}}$$

$$t'' = \frac{1}{2}\frac{e''}{IM}\sqrt{\frac{l}{g}}$$

» »

d'où en additionnant, et remarquant que la somme des temps élémentaires est égale au temps total T, il vient :

$$T = \frac{1}{2\,IM}\sqrt{\frac{l}{g}}\,(e + e' + e'' + \ldots.).$$

Or, la parenthèse n'est autre que la circonférence de rayon IM, donc :

$$T = \frac{1}{2\,IM}\sqrt{\frac{l}{g}} \times 2\pi IM$$

et en simplifiant

$$T = \pi\sqrt{\frac{l}{g}}.$$

Telle est la formule qui donne la durée des oscillations du pendule simple. On en tire pour la valeur de la vitesse communiquée aux graves dans la première seconde de leur chute par la pesanteur :

$$g = \frac{\pi^2 l}{T^2}.$$

Ce qui montre comment la connaissance de la durée des petites oscillations d'un pendule simple, de longueur connue, peut servir à déterminer la valeur du nombre g.

340. *Autre démonstration de la formule approchée du pendule.* — Supposons que le pendule, abandonné à lui-même au point C (*fig.* 131) arrive en E avec une vitesse égale à $\sqrt{2gDF}$. Admettons que l'angle d'écart soit assez petit

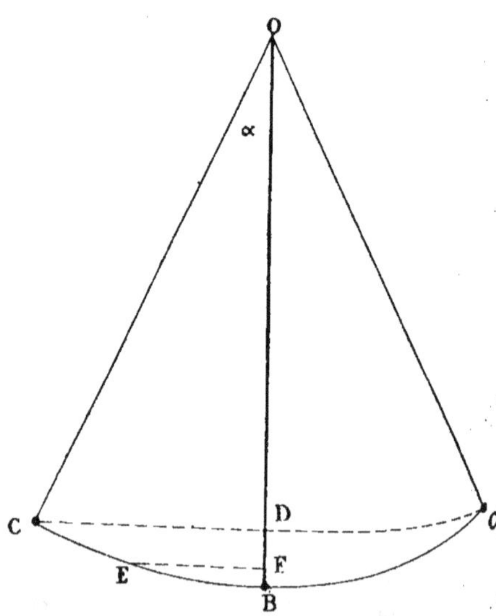

Fig. 131.

pour que les axes CB que nous désignerons par a, et EB que nous appellerons x, puissent se confondre avec leurs cordes. On aura d'après un théorème connu de géométrie :

$$BD = \frac{\overline{CB}^2}{2.OB} = \frac{a^2}{2l}$$

$$BF = \frac{\overline{EB}^2}{2.OB} = \frac{x^2}{2l}$$

donc $DF = BD - BF = \frac{a^2 - x^2}{2l}$

par conséquent la vitesse au point E sera :

$$v = \sqrt{\frac{g}{l}(a^2 - x^2)}.$$

Développons CBC' (*fig.* 132) en une ligne droite, et imaginons un mobile oscillant sur elle avec les mêmes vitesses que le pendule sur l'arc qu'il décrit, le temps

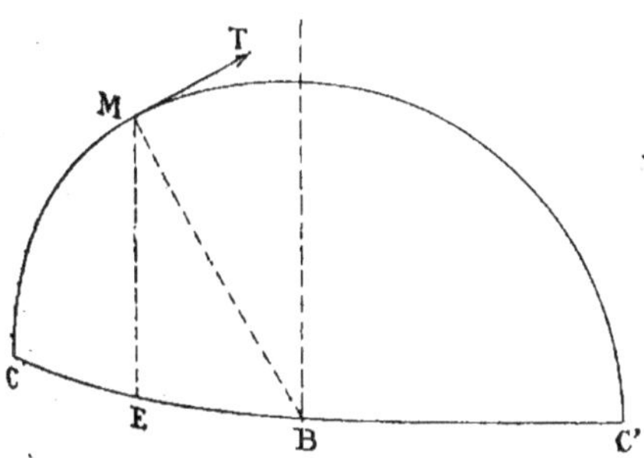

Fig. 132.

que mettra ce mobile pour aller de C en C' sera celui d'une oscillation du pendule.

Pour trouver ce temps, décrivons la demi-circonférence CMC' et supposons un second mobile la parcourant avec une vitesse constante :

$$a\sqrt{\frac{g}{l}}$$

le temps qu'il mettra à passer de C en C' sera :

$$\frac{\pi a}{a\sqrt{\frac{g}{l}}} = \pi\sqrt{\frac{l}{g}}.$$

Mais la vitesse horizontale de ce mobile sera toujours égale à la vitesse du premier, comme il est facile de s'en convaincre, en projetant sur l'horizon la vitesse qui a lieu en M ; cette projection ou composante horizontale est :

$$v' = a\sqrt{\frac{g}{l}} \sin EBM$$

or le triangle rectangle EBM donne :

$$\sin EBM = \frac{EM}{MB}$$

mais $EM = \sqrt{\overline{MB}^2 - \overline{EB}^2}$

d'où $\sin EBM = \frac{\sqrt{\overline{MB}^2 - \overline{EB}^2}}{MB}$

donc la projection horizontale de la vitesse sera :

$$v' = a\sqrt{\frac{g}{l}}\,\frac{\sqrt{\overline{MB}^2 - \overline{EB}^2}}{MB}$$

$$v' = \sqrt{\frac{g}{l}(a^2 - x^2)}.$$

Les deux mobiles ayant toujours la même vitesse horizontale, resteront donc constamment sur la même verticale s'ils partent en même temps du point C, et ils arriveront ensemble en C' après un temps :

$$T = \pi\sqrt{\frac{l}{g}}.$$

Ce temps est donc celui d'une oscillation du pendule.

Ce résultat a été obtenu en supposant que les arcs décrits par le pendule sont assez petits pour se confondre avec leur corde ; il s'applique donc exclusivement aux amplitudes très petites, et il est justifié par les expériences que nous avons décrites plus haut. La formule :

$$T = \pi\sqrt{\frac{l}{g}}$$

montre bien que :

1° Le temps des oscillations est indépendant de l'amplitude pourvu qu'elle soit très petite ;

2° Qu'il reste constant, quels que soient la nature et le poids de la sphère oscillante, puisque ces quantités n'entrent pas dans la formule :

3° Qu'il est proportionnel à la racine carrée des longueurs. La formule montre de plus que T est en raison inverse de la racine carrée de g, par suite connaissant la longueur l du pendule et la durée T d'une oscillation, on peut calculer g en résolvant l'équation :

$$g = \frac{\pi^2 l}{t^2}.$$

On peut d'ailleurs vérifier cette dernière loi, en constituant un pendule qui soit sollicité, non plus par son poids qui produit l'accélération g, mais par une force différente que donnerait une accélération g', ce qui permettra de vérifier la relation :

$$T' = \pi\sqrt{\frac{l}{g'}}$$

Pour cela, fixons aux extrémités d'une règle de sapin (*fig.* 133), dont le poids

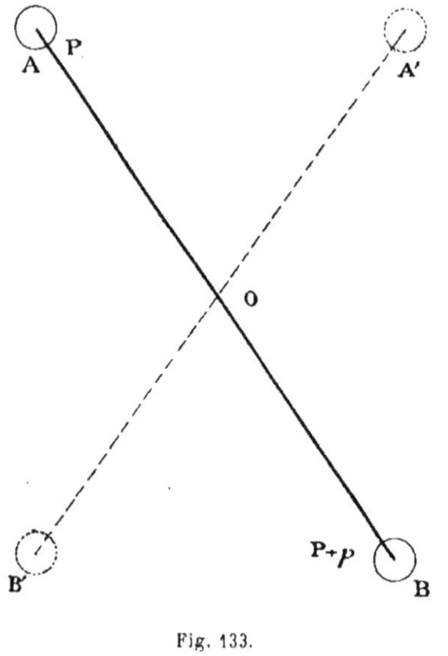

Fig. 133.

soit assez petit pour être négligé, deux fortes masses de plomb, l'une en A pesant P, l'autre en B et pesant P + p. Supportons cette règle sur un plan par un couteau d'acier fixé en O, au milieu de AB, et nous aurons un pendule complexe dont il est facile de calculer le mouvement.

Les deux poids P ayant une résultante unique qui passe par le centre O se détruisant, et le système n'est sollicité que par le poids p qui agit sur la masse inférieure B, mais qui est employé à imprimer le même mouvement à deux pendules égaux en longueur OA et OB formés par deux poids P et P + p. C'est comme si une force unique p était appliquée à un pendule unique de même longueur, et de poids 2P + p. Par conséquent l'accélération sera diminuée comme dans la machine d'Atwood, dans le rapport de p à 2P + p, et l'on aura :

$$g' = g\frac{p}{2P + p}$$

et pour la durée des oscillations

$$t' = \pi\sqrt{\frac{l}{g'}}.$$

Supposons P constant et égal à 1 kilogr. et donnons successivement à p les valeurs :

$$\frac{2}{3}\text{ kilogr.} \qquad \frac{2}{8}\text{ kilogr.} \qquad \frac{2}{15}\text{ kilogr.}$$

g' sera :

$$\frac{1}{4}g \cdot \frac{1}{9}g \cdot \frac{1}{16}g \cdot$$

et le temps des oscillations devra être égal à :

$$2\pi\sqrt{\frac{l}{g}}, \qquad 3\pi\sqrt{\frac{l}{g}}, \qquad 4\pi\sqrt{\frac{l}{g}}$$

c'est-à-dire que ces temps devront être 2, 3, 4 fois égaux à celui d'un pendule simple de même longueur; les expériences réussissent très facilement avec des appareils que chacun peut construire lui-même; elles démontrent donc que si l'accélération change, les temps varient en raison inverse de la racine carrée de cette accélération.

141. *Formule générale du pendule simple.* — La formule précédente n'est rigoureusement vraie que si les oscillations sont infiniment petites. Des calculs qui ne peuvent trouver place ici, donnent la valeur suivante du temps d'une oscillation :

$$T = \pi\sqrt{\frac{l}{g}}\left[1 + \left(\frac{1}{2}\right)^2\frac{h}{2l} + \left(\frac{1.3}{2.4}\right)^2\left(\frac{h}{2l}\right)^2 + \ldots\right]$$

h représente la hauteur DB (*fig.* 131) à laquelle s'élève le pendule dans chaque oscillation.

On voit que le temps T s'exprime au moyen d'une série qui est d'autant plus convergente que h est plus petit, et qui se réduit à l'unité quand il est négligeable : dans ce cas la formule générale reproduit celle que nous avons démontrée. En admettant que les amplitudes soient assez petites pour qu'on puisse négliger tous les termes de la série, à l'exception des deux premiers et nous écrirons :

$$T = \pi \sqrt{\frac{l}{g}} \left[1 + \frac{1}{4}\frac{h}{2l}\right].$$

Remarquons que :

$$h = l - OD = l\,(1 - \cos \alpha) = 2l \sin \frac{\alpha^2}{2}$$

et alors

$$T = \pi \sqrt{\frac{l}{g}} \left(1 + \frac{1}{4}\sin^2 \frac{\alpha}{2}\right).$$

En général on ne donne pas à l'écart du pendule une valeur supérieure à 6 ou 8 degrés. Pour 8° la valeur numérique du terme $\frac{1}{4}\sin^2\frac{\alpha}{2}$ se réduit à 0,001216... ; aussi lorsqu'on néglige ce terme, il faut plus de huit cent vingt-deux oscillations pour que l'erreur commise sur la durée soit égale à celle d'une oscillation.

342. *Pendule composé.* — Le pendule composé n'est autre chose qu'un corps solide quelconque pouvant osciller autour d'un axe horizontal. L'étude des oscillations du pendule composé se ramène à celle des oscillations du pendule simple. Nous allons démontrer que lorsque l'amplitude des oscillations est très petite, la durée est donnée par la formule :

$$T = \pi \sqrt{\frac{I}{Mdg}}$$

dans laquelle I présente le moment d'inertie du pendule.

M sa masse ;

d distance du centre de gravité à l'axe de suspension ;

g la gravité.

Considérons donc un corps solide tournant ou oscillant autour d'un axe projeté au point O (*fig.* 134), soit G son centre de gravité dans la position verticale ; décrivons un arc de rayon d et supposons le point G amené en G′, si on abandonne le pendule il va osciller comme le pendule simple.

En représentant par H la hauteur dont descend le centre de gravité, lorsque le pendule passe de la position extrême à la position OG_1 ; si I représente le moment d'inertie et V_1 sa vitesse angulaire, la force vive est IV_1^2 et le travail dû à la pesanteur MgH :

donc :

$$IV_1^2 = 2\,MgH.$$

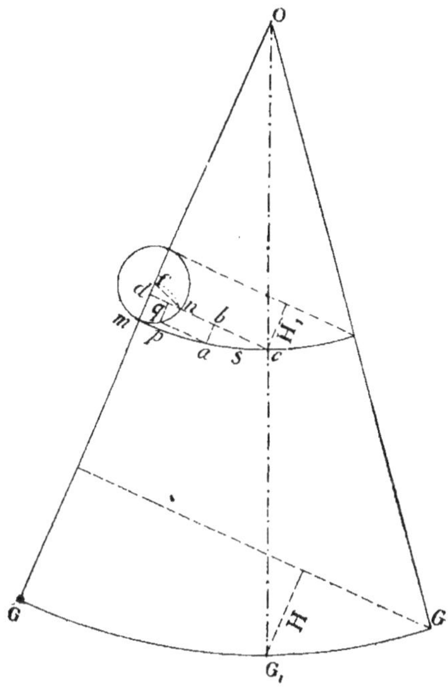

Fig. 134.

Du point O comme centre décrivons un arc ayant pour rayon l'unité ; un point de cet arc est descendu d'une hauteur H_1 liée à la hauteur H par la proportion :

$$\frac{H}{H_1} = \frac{d}{1}$$

d'où $$H = H_1 d$$

La formule (1) devient :

$$IV_1^2 = 2MgH_1d$$

et $$V_1^2 = \frac{2MgH_1d}{I}.$$

Si nous considérons maintenant un déplacement angulaire très petit, l'arc décrit à l'unité de distance étant s_1 dans le temps t, on aura :

$$V_1 = \frac{s_1}{t}$$

ou $$V_1^2 = \frac{s_1^2}{t^2}$$

par conséquent,

$$\frac{s_1^2}{t^2} = \frac{2MgH_1d}{I}.$$

ou $$t^2 = \frac{s^2 I}{2MgH_1d}.$$

Menons par le point C une horizontale et par l'extrémité a de l'arc s_1 une verticale, nous formons deux triangles rectangles semblables qui donnent :

$$\frac{s_1}{1} = \frac{ab}{cd}$$

d'où $$s_1 = \frac{ab}{cd}$$

$$s_1^2 = \frac{ab^2}{cd^2}$$

mais cd est une perpendiculaire abaissée d'un point d'une circonférence sur le diamètre, elle est donc proportionnelle entre les deux segments du diamètre qui sont $2—dm$ et dm.

$$\overline{cd}^2 = (2 - dm)\, dm = 2dm - dm^2.$$

Or l'amplitude étant très petite, on peut négliger $\overline{dm}^2$, ce qui donne :

$$cd^2 = 2dm$$

d'où $$s_1^2 = \frac{ab^2}{2dm}.$$

Traçons la circonférence ayant pour diamètre la flèche, on aura :

$$nd^2 = H_1 dm$$

d'où $$dm = \frac{\overline{nd}^2}{H_1}$$

et enfin

$$s_1^2 = \frac{ab^2 H_1}{2\overline{nd}^2}.$$

Transformons cette valeur de s_1^2, pour cela, menons par le point a une horizontale ap et par le point p une verticale pq, et joignons le centre f de la petite circonférence au point n. La similitude des triangles rectangles fnd et pqn donne :

$$\frac{pq}{nd} = \frac{pn}{fn}$$

représentons l'arc pn par e, et élevons au carré, il vient en observant que $pq = ab$:

$$\frac{ab^2}{nd^2} = \frac{e^2}{\overline{fn}^2}.$$

En remplaçant $\frac{\overline{ab}^2}{\overline{nd}^2}$ par sa valeur, dans celle de s_1^2, on a :

$$s_1^2 = \frac{H_1}{2} \cdot \frac{e^2}{\overline{fn}^2}$$

et enfin

$$t^2 = \frac{I}{4Mgh_1d} \cdot \frac{H_1}{2} \cdot \frac{e}{\overline{fn}^2}$$

$$t^2 = \frac{I}{4Mgd} \cdot \frac{e^2}{\overline{fn}^2}$$

et enfin

$$t = \frac{1}{2} \cdot \frac{e}{fn} \sqrt{\frac{I}{Mgd}}.$$

En considérant d'autres éléments de temps t', t'', on aurait par analogue :

$$t' = \frac{1}{2} \frac{e'}{fn} \sqrt{\frac{I}{Mgd}}$$

$$t'' = \frac{1}{2} \frac{e'}{fn} \sqrt{\frac{I}{Mgd}}$$

« «

« «

Et en additionnant toutes ces égalités, on aura le temps total T, d'où :

$$T = \frac{1}{2fn} \sqrt{\frac{I}{Mgd}} (e + e' + e'' + \ldots).$$

Mais la parenthèse n'est autre que la circonférence de rayon fn ou $2\pi fn$, donc :

$$T = \frac{1}{2fn} \sqrt{\frac{I}{Mgd}} \times 2\pi fn$$

et enfin

$$T = \pi \sqrt{\frac{I}{Mdg}}.$$

343. *Moment d'inertie d'un pendule composé.* — Lorsque dans la formule :

$$T = \pi \sqrt{\frac{I}{Mgd}}$$

on connaîtra la masse totale du pendule, et la distance d de son centre de gravité à l'axe des couteaux ou de la suspension, l'observation de la durée T des oscillations donnera pour le moment d'inertie par rapport à l'axe :

$$I = \frac{T^2}{\pi^2} Mgd$$

ce qui dispensera du calcul, assez laborieux dans beaucoup de cas, de ce moment d'inertie. Cette formule trouvera en particulier son application pour la détermination des moments d'inertie des volants, des pendules balistiques, etc. Il suffira en effet de les faire osciller autour d'un axe quelconque, placé à une distance connue de leur centre de gravité, en les écartant fort peu de la verticale, et d'observer la durée de leurs oscillations en comptant leur nombre.

344. *Longueur du pendule simple qui fait ses oscillations dans le même temps qu'un pendule composé.* — En comparant la formule d'un pendule simple:

$$T = \pi\sqrt{\frac{l}{g}}$$

et celle du pendule composé

$$T = \pi\sqrt{\frac{I}{Mgd}}$$

on voit que pour des durées égales

$$\pi\sqrt{\frac{l}{g}} = \pi\sqrt{\frac{I}{Mgd}}$$

ce qui donne pour la longueur cherchée du pendule simple.

$$l = \frac{I}{Md}.$$

Si sur la ligne qui joint le centre de suspension au centre de gravité du pendule composé, on porte cette longueur l, son extrémité C se nomme le *centre d'oscillation*, ou centre de *percussion*.

Si par ce point C on mène une parallèle à l'axe de suspension, toutes les points de cette ligne se meuvent comme le point C, c'est-à-dire comme s'ils étaient librement suspendus à l'axe de rotation. Cette droite porte le nom d'axe d'oscillation Ce centre C est toujours plus bas que le centre de gravité. En effet en appelant I_0 le moment d'inertie du pendule composé par rapport à une droite menée par son centre de gravité G parallèlement à l'axe de suspension, on sait que :

$$I = I_0 + Md^2$$

d représentant la distance des axes.

En substituant à I cette valeur dans la formule :

$$l = \frac{I}{Md}$$

on obtient :

$$l = \frac{I_0 + Md^2}{Md} = \frac{I_0}{Md} + d$$

la longueur l est donc plus grande que d; aussi le point C est au-dessous du centre de gravité,

345. *Réciprocité du centre d'oscillation et du centre de suspension.* — Les axes de suspension et d'oscillation sont réciproques, c'est-à-dire que si l'on suspend le pendule composé par l'axe d'oscillation l'autre devient axe d'oscillation.

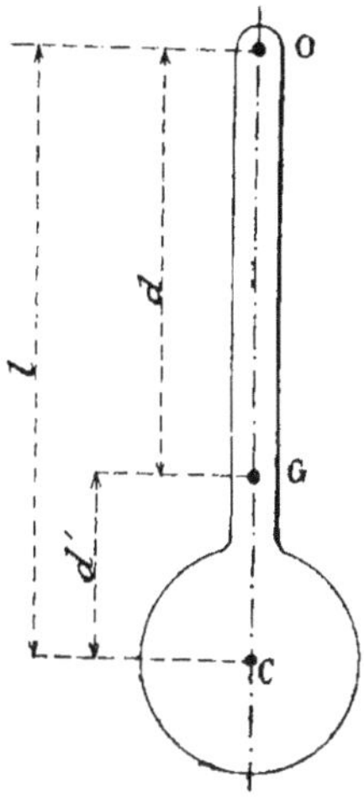

Fig. 135.

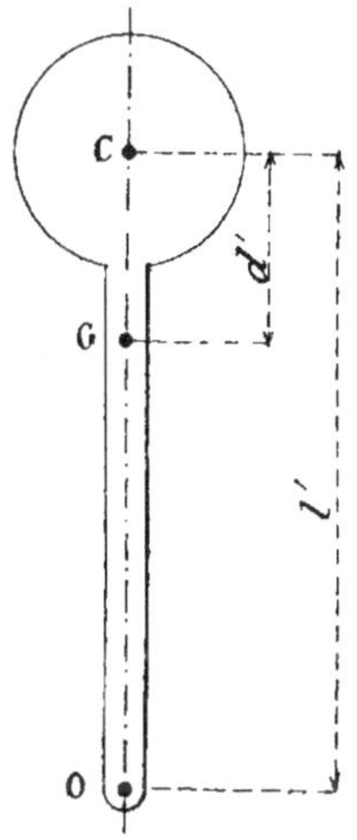

Fig. 136.

En effet soit d la distance du centre de la gravité à l'axe de suspension ; l distance centre de suspension au centre d'oscillation (*fig.* 135) et d' la distance du centre de gravité au centre de suspension C.

On a vu précédemment que:

$$l = \frac{I}{Md}$$

Si I_0 représente le moment d'inertie par rapport à l'axe passant par G et parallèle au premier, on a :

$$I = I_0 + Md^2$$

d'où $$l = \frac{I_0 + Md^2}{Md} = \frac{I_0}{Md} + d$$

ou $$\frac{I_0}{Md} = l - d$$

or $$l - d = d'$$

par suite, $$d' = \frac{I_0}{Md}$$

et $$d = \frac{I_0}{Md'}$$

Renversons maintenant le pendule en le suspendant au centre d'oscillation C, d'après ce que nous avons dit le nouveau centre d'oscillation sera le point O (*fig* 136).

Soit I' le moment d'inertie de ce pendule par rapport à l'axe C, on aura, en désignant par l' la distance OC :

$$l' = \frac{I'}{Md'}$$

or, $$I' = I_0 + Md'^2$$

et par suite,

$$l' = \frac{I_0 + Md'^2}{Md'} = \frac{I_0}{Md'} + d'$$

mais $$d' = l - d$$

d'où $$l' = \frac{I_0}{Md'} + l - d$$

Mais, $$d = \frac{I_0}{Md'}$$

donc en remplaçant,

$$l' = \frac{I^0}{Md'} + l - \frac{I^0}{Md'}$$

et enfin $$l' = l$$

c'est-à-dire que la longueur du pendule simple sera la même.

D'après cette propriété, il sera facile de trouver expérimentalement le centre de percussion d'un corps ; pour cela on fera osciller le corps autour de son axe de suspension, et on comptera le nombre d'oscillations ; cela fait, on retournera le corps et par tâtonnement on trouvera la partie de l'axe qui donnera aux oscillations une durée égale à la première observation. Si l'oscillation a plus de durée c'est que le centre de percussion est trop éloigné du centre de suspension.

346. *Pendule réversible de Kater.* — Le capitaine Kater s'est servi dans ses expériences d'un pendule formé d'une règle en sapin portant deux couteaux de suspension, l'un fixe en O (*fig.* 137), l'autre C mobile dans une rainure longitudinale à l'aide d'une vis de rappel, et ayant son arête tournée en sens contraire. On faisait osciller le pendule en le suspendant successivement par les deux couteaux ; et on faisait varier la position du couteau mobile, jusqu'à ce que dans les deux cas, le nombre des oscillations exécutées dans un même temps fût exactement le même. On était assuré que la distance entre les deux axes réciproques était la longueur du pendule simple oscillant comme le pendule composé ; il ne restait donc qu'à mesurer la distance entre les arêtes des deux couteaux. Cette méthode qui paraît due à de Prony, dispense de déterminer le centre de gravité du pendule et son moment d'inertie.

Fig. 137.

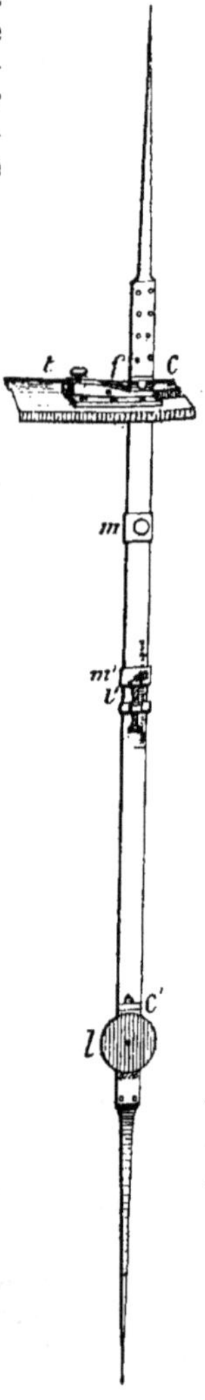

Fig. 138.

Aujourd'hui on le construit d'une autre manière. Au lieu de faire varier la distance des couteaux de suspension, on fait varier la disposition des masses. Il se compose d'une barre en laiton terminée à chacune de ses extrémités par deux aiguilles effilées faites de bois blanc et de baleine (*fig.* 138). C et C' sont deux couteaux en acier maintenus par de fortes équerres ; *l* est une lentille métallique fixée ; *m* est une petite masse glissant à frottement sur la règle et qu'on déplace avec la main. Une autre masse *m'* se déplace au moyen d'une vis de rappel *v* sur une échelle divisée qui mesure ses déplacements. Ces poids servent à régler la masse du pendule, et à donner à ses oscillations une durée toujours exactement la même, soit qu'il oscille étant suspendu sur le couteau C ou sur le couteau C'.

Ces couteaux reposent, lorsque l'appareil fonctionne, sur un plan d'agate serti dans la tablette en bronze *t*, qui est elle-même solidement scellée dans un mur épais à l'abri de tout mouvement et de toute trépidation.

Lorsque l'appareil est au repos, le couteau est soulevé par la chape ou fourchette à ressort *f*, que gouverne une vis de pression.

Ce pendule réversible oscille comme celui de Borda, dont nous parlerons plus loin, devant le balancier d'une horloge astronomique battant la seconde, et la durée de ses oscillations se mesure par la méthode des coïncidences.

347. *Pendule composé de Borda.* — Ce pendule est construit de manière à réaliser autant que possible, les conditions idéales du pendule simple, lequel consisterait, s'il était possible, en un point matériel pesant, soutenu par un fil inextensible et sans dimensions, oscillant sans frottement et sans résistance. A cet effet, le pendule de Borda est formé d'une sphère métallique (*fig.* 139) emboitée dans une petite calotte également métallique, à laquelle on la fait adhérer avec un peu de graisse, et qui est elle-même attachée à un fil de platine très tenu. Cette disposition permet d'adapter à l'appareil des sphères de même volume et de métaux différents et de constater ainsi que la durée des oscillations est la même, quelle que soit la matière du corps oscillant. Le fil de platine traverse, au sommet de l'appareil, un plan d'agate faisant lui-même partie d'une tablette en bronze qu'on fixe au moyen de vis à caler et d'écrous sur un support solidement scellé à la muraille. Le pendule repose sur un plan par un couteau d'acier C.

Pour éviter les causes d'erreur que ce couteau, dont le poids n'est pas négligeable, pourrait introduire dans les expériences, on le sépare préalablement du pendule, qu'on remplace par une tige qui abaisse seulement le centre de gravité du couteau au-dessus de son arête ; en outre on surmonte ce couteau d'une vis munie d'un écrou qui sert à abaisser ou à relever, selon le besoin, le centre de gravité, et l'on fait osciller seul cet élément de l'appareil, en ayant soin de donner à l'écrou une position telle que les oscillations du système soient de durée sensiblement égale à celles du pendule complet. On est alors assuré que lorsque le couteau sera de nouveau adapté à ce dernier, il n'en altérera pas le mouvement.

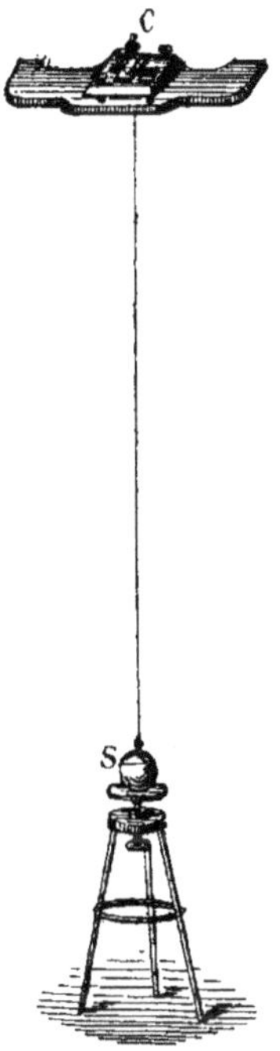

Fig. 139.

La tablette qui supporte le pendule doit être fixée devant une horloge astronomique dont le balancier bat la seconde et oscille dans un plan parallèle à celui du pendule.

Sur le pendule de l'horloge est fixée une plaque blanche au milieu de laquelle est tracée une ligne noire. Le fil du pendule, visé de face à l'état de repos, doit coïncider exactement avec cette ligne. Le tout est enfermé dans une cage vitrée, et préservé ainsi de la poussière et de l'influence des mouvements extérieurs.

Avant de faire fonctionner cet appareil on commence par mesurer exactement la longueur du pendule (il faut entendre par là l'intervalle compris entre son point de suspension et son centre d'oscillation, ce dernier étant supposé au centre de la sphère). Pour cela Borda faisait usage d'un petit plan parfaitement horizontal, soutenu sur un trépied par une vis qu'on peut faire monter ou descendre au moyen d'un écrou. On place ce plan sur le pendule et on l'élève jusqu'au simple contact de la sphère, puis on enlève le pendule, et avec un comparateur on mesure exactement la distance comprise entre le plan d'agate sur lequel reposait le couteau, et la surface du plan tangent à la sphère. Cette distance est évidemment la longueur du pendule augmentée du rayon de la sphère. Ce rayon lui-même ayant été mesuré au moyen d'un sphéromètre, on n'a qu'à le déduire du résultat obtenu.

Les choses étant ainsi préparées, et la variation diurne de l'horloge déterminée, on peut procéder à la mesure de la durée des oscillations, mesure qui s'obtient par la méthode dite des coïncidences.

348. *Méthode des coïncidences.* — Pour trouver le temps T de la durée d'une oscillation, on peut employer la méthode dite des coïncidences. A cet effet, on ouvre la boîte pour donner l'impulsion au pendule (*fig.* 140); on la referme ensuite, et l'on observe les mouvements avec une lunette fixée en face de l'appareil dans la direction DD' à une distance de 8 à 10 mètres. On voit passer séparément, dans le champ de vision, le balancier sur lequel on a tracé le trait vertical D et le fil du pendule. Comme l'un des deux appareils, le pendule, par exemple, va toujours un peu plus vite que l'autre, il y a toujours un moment où tous les deux se voient superposés et marchant dans le même sens. Pour saisir ce moment avec toute la précision possible, on commence à observer attentivement avant que la suppression ait lieu exactement. On voit les deux lignes se rapprocher, se confondre, et se séparer; l'instant où elles se confondent est celui d'une coïncidence, on le lit sur le cadran de l'horloge et on le note comme temps initial. Après cela le pendule reprend l'avance et arrive peu à peu à repasser dans la verticale en même temps que le balancier, mais avec une vitesse inverse, et à ce moment il a fait une oscillation de plus que l'horloge; puis la différence augmentant toujours, il se fait une nouvelle coïncidence dont on observe l'instant comme la première et le pendule a fait deux oscillations de plus que l'horloge. Or, l'horloge exécutant une oscillation par seconde, elle en fait autant entre deux coïncidences qu'il y a de secondes parcourues sur le cadran; si n représente le nombre de secondes écoulées, $n+2$ exprime le nombre des oscillations exé-

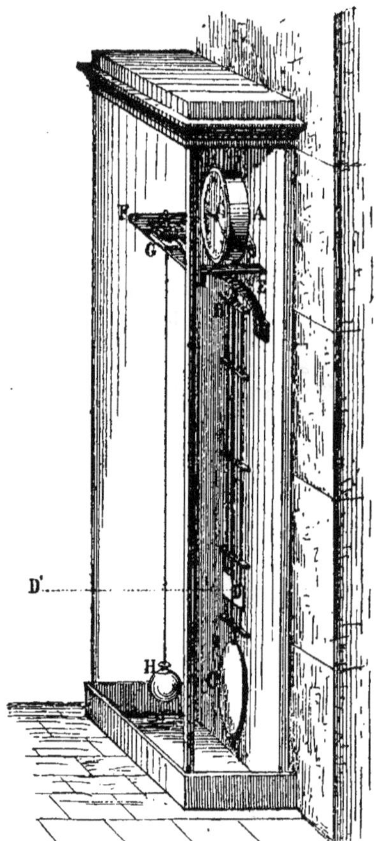

Fig. 140

cutées par le pendule, et le temps d'une seule oscillation est :

$$\frac{n}{n+2}$$

il serait égal à $\frac{n}{n-2}$ si le pendule marchait moins vite que l'horloge.

En même temps que l'on suit ces mouvements on en mesure l'amplitude sur un arc divisé qui est joint à l'appareil, et α_1 et α_1' étant les valeurs initiale et finale de l'écart au moment des deux coïncidences, on prend pour α la moyenne de α_1 et de α_1'.

Telle est la méthode des coïncidences; il est clair qu'elle offre de nombreux avantages. Premièrement, elle observe un grand nombre d'oscillations pour obtenir la durée d'une seule, ce qui divise par ce nombre l'erreur commise dans la mesure du temps ; secondement, elle permet, grâce au grossissement de la lunette et à la ténuité des lignes que l'on vise, d'obtenir sans grande erreur le moment même des coïncidences; troisièmement, et c'est là son principal avantage, elle dispense de compter les oscillations, puisque l'horloge compte les siennes et qu'on en déduit celles du pendule.

349. *Valeur de la constante g.* — La valeur de l'accélération g due à la pesanteur peut, comme nous l'avons dit, se mesurer avec une grande approximation, puisque les diverses quantités qui entrent dans la formule du pendule peuvent s'obtenir avec précision. Mais cette valeur n'est pas celle que l'on trouverait si l'on fesait osciller le pendule dans le vide. On sait, en effet, d'après le principe d'Archimède, que les corps perdent dans l'air un poids égal à celui du gaz qu'ils déplacent. Par conséquent, si le poids de la sphère dans le vide est P, il diminuera dans l'air du poids p du gaz qu'elle déplace, et il deviendra P-p. Dans le premier cas l'accélération serait g' : c'est celle qu'on obtiendrait dans le vide ; dans le second elle est :

$$g'\left(\frac{P-p}{P}\right)=g'\left(1-\frac{p}{P}\right),$$

c'est celle qui se déduit de la formule du pendule quand il oscille dans l'air. Connaissant cette dernière, on pourra facilement calculer g'. La valeur de l'accélération, prise à Paris, réduite au vide et au niveau de la mer a été trouvée égale à $9^m,809$, c'est-à-dire qu'elle est connue jusqu'aux dixièmes de millimètre.

Cette constante g' nous permet de confirmer que les corps, quels qu'ils soient, acquièrent la même vitesse dans le vide, puisque cette valeur ne varie pas de quantités appréciables lorsqu'on change la nature chimique des substances employées pour constituer le pendule.

En physique, on démontre expérimentalement cette première loi de la chute des graves, en faisant le vide dans un tube de 2 mètres de largeur contenant des corps de densité très différentes.

En retournant brusquement le tube, on constate que tous ces corps arrivent à l'extrémité inférieure au même instant ; d'où l'on déduit que la pesanteur agit également sur tous les corps, c'est-à-dire que leur poids, en les faisant tomber, leur donne la même accélération.

350. *Variation de g avec la latitude.* — La pesanteur n'est pas constante sur tous les points de la surface du globe, car la terre tournant sur elle-même en vingt-quatre heures, et chaque point décrivant pendant ce temps un cercle dont le rayon est égal à sa distance, à l'axe de rotation, la force centrifuge agit sur chaque corps ; elle peut se décomposer en deux forces l'une tangente à l'horizon, l'autre normale, et celle-ci se retranche de l'attraction terrestre. Il est facile de voir que si f est l'accélération due à la force centrifuge et α la latitude du lieu, $f \cos \alpha$ représente cette composante normale qui croît quand on se rapproche de l'équateur, puisque f augmente et que la latitude diminue.

D'un autre côté la terre n'est pas sphérique, c'est un ellipsoïde aplati aux pôles et cette forme qu'elle possède, elle la doit précisément à l'effet de la force centrifuge qui a transporté vers l'équateur une partie de la masse terrestre avant qu'elle fût devenue solide et qui encore aujourd'hui y maintient les eaux des mers.

L'intensité de la pesanteur dépend donc de la forme de la terre et du point considéré sur sa surface. En résumé on voit que g doit être plus petite quand on s'éloigne du pôle pour marcher vers l'équateur.

351. *Longueur du pendule à secondes.* — L'observation a démontré, depuis longtemps qu'une horloge retarde en s'approchant de l'équateur, il faut donc diminuer la longueur d'un pendule quand on s'éloigne du pôle.

Si l'on cherche la longueur du pendule battant la seconde par la formule:

$$T = \pi\sqrt{\frac{l}{g}}$$

on trouve pour T = 1

$$l = \frac{g}{\pi^2}.$$

Cette longueur étant proportionnelle à g, il a suffi de la mesurer à diverses latitudes et au niveau de la mer pour connaître la loi de variation de g ; la discussion des observations a donné:

Latitude	*Longueur du pendule à secondes*	*Valeur de l'accélération*
0°	$0^m,99103$	$9^m,78103$
45°	$0^m,99356$	$9^m,80606$
90°	$0^m,99610$	$9^m,83109$

Ces nombres et tous ceux que l'on a déterminés en divers lieux sont liés entre eux par les formules générales suivantes:

On a d'abord:

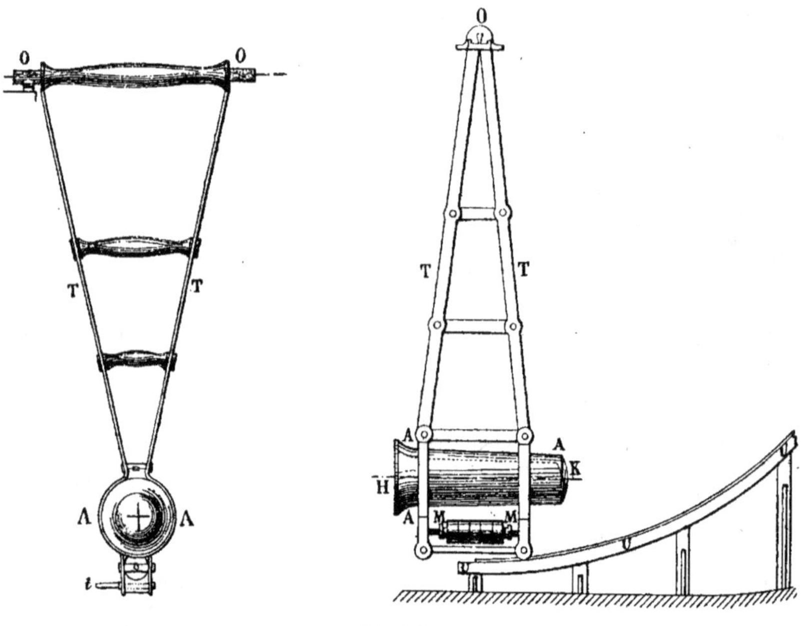

Fig. 141.

$$l = 0^m,991026 + 0^m,005072 \sin^2 \alpha$$

En remplaçant $\sin^2 \alpha$ par $1/2 - 1/2 \cos 2\alpha$, on obtient:

$$l = 0^m,993562 - 0^m,002536 \cos 2\alpha$$

et si on multiplie cette équation par π^2, il vient

$$\pi^2 l = g = 9^m,806059 - 0^m,025028 \cos 2\alpha$$

α représentant la latitude du lieu.

On peut remarquer ensuite que les premiers termes de ces formules représentent les valeurs de l et de g pour la latitude de 45°, car les seconds termes sont nuls, puisque $\cos 2\alpha = \cos 90° = 0$.

En faisant: $l' = 0,993552$

et $g' = 9^m,806056$

on peut écrire:

$$l = l'(1 - 0,002552 \cos 2\alpha)$$

et $$g = g'(1 - 0,002552 \cos 2\alpha)$$

Pour Paris nous avons:

$$\alpha = 48° 50' 14''$$

par conséquent:

$$l = 0,99390 \qquad g = 9^{m},8094$$

Puisque ce fait reconnu de la variation de g aux diverses latitudes dépend en partie de l'applatissement de la terre, il peut servir à le mesurer. C'est ce que l'on a fait en se fondant sur la connaissance des formules établies par la théorie et l'aplatissement ainsi calculé a été trouvé égal à $^{1}/_{320}$, nombre peu différent de celui qui a été obtenu par la mesure directe des arcs du méridien et qui est $^{1}/_{300}$ d'après Bessel. La terre a par suite la forme d'un ellipsoïde de révolution dont le rayon à l'équateur est de 6 376 821 mètres, celui du pôle 6 355 565 mètres.

350. *Variation de g avec l'altitude.* — Il y a encore une cause qui change la valeur de g, c'est la hauteur de la station au-dessus du niveau de la mer; c'est ce qu'on nomme l'altitude. Il est évident que si la pesanteur est le résultat de l'attraction, et si celle-ci varie en raison inverse des carrés des distances, on peut dire qu'en s'élevant au-dessus du niveau de la mer on s'éloigne du centre de la terre, et qu'alors la pesanteur décroît suivant la loi de l'attraction. Si R est le rayon terrestre, h l'altitude, les valeurs de g et de g_1 seront dans le rapport suivant:

$$g_1 = \frac{R^2}{(R+h)}^3.$$

ou approximativement :

$$g_1 = g\left(1 - \frac{2h}{R}\right).$$

C'est au moyen de cette relation que l'on trouve g au niveau de la mer, quand on a mesuré g_1 à une altitude connue.

351. *Pendule balistique.* — On donne le nom de pendule balistique, à un appareil qui sert à mesurer la vitesse des projectiles de l'artillerie. Il est dû à Robins, bien que la première indication de la méthode expérimentale appliquée au moyen de cet appareil paraissse avoir été donnée dès 1707 par Jacques Cassini. Cette méthode consiste essentiellement à faire pénétrer le projectile dans une masse beaucoup plus grande, librement suspendue à un axe horizontal, et à déterminer la vitesse cherchée par l'amplitude de l'oscillation imprimée à cette masse. Le pendule dont se servait Robins était un madrier en bois qui ne pesait que 22 kilogrammes et ne pouvait servir qu'à mesurer la vitesse des balles de fusil. On a employé successivement un massif de bois assemblé par des ferrures, et pesant depuis 400 jusqu'à 4 000 kilogrammes, puis des masses de fontes, de plomb, d'argile desséchée; enfin des masses de sable tassé.

Morin et Didion ont donné à l'appareil en usage aujourd'hui, la forme suivante:

La masse soumise au choc du projectile se compose de sable tassé contenu dans un baril que l'on introduit au moment de l'expérience dans une âme tronconique A (*fig.* **141**) en fonte, cerclée en fer forgé, ou elle est retenue par une plaque mince de plomb. Ce sable et l'âme qui le contient forment ce qu'on appelle le récepteur.

Le récepteur est soutenu par quatre tiges en fer T, reliées par un système de traverses et d'entretoises qui donnent à l'appareil la rigidité convenable. Le tout est suspendu, à l'aide d'une suspension à couteaux, sur des piliers offrant une grande résistance, et peut tourner autour d'un axe horizontal O. Un poids M, composé de disques en plomb que traverse un écrou fileté, sert à faire varier au besoin le centre de gravité du système, ainsi que son centre d'oscillation, et à rendre horizontale KH du récepteur.

A la partie inférieure de l'appareil est disposée une petite tige horizontale t qui, lorsque le pendule oscille, parcourt un arc en cuivre U en poussant devant elle dans la montée un curseur, pouvant glisser sur ce même arc à frottement doux.

Le poids total du pendule balistique destiné à mesurer la vitesse des projectiles de fort calibre est d'environ 6 000 kilogrammes, la distance de l'axe du récepteur à l'axe de suspension est de 5 mètres. En face du récepteur est disposé un canon, suspendu de la même manière à un axe horizontal parallèle à l'axe O. On lui donne le nom de canon-pendule.

La distance entre les piles du canon-pendule et celles du récepteur est de 12 mètres; de telle sorte que la distance entre la tranche de la bouche à feu et la plaque de plomb qui forme l'âme du récepteur est d'environ 10 mètres. L'axe de la bouche à feu est sensiblement dans le prolongement de celui du récepteur. Entre eux et à deux mètres du récepteur, est disposé un écran en bois de $1^m,20$ de côté, percé d'un trou circulaire de $0^m,50$ de diamètre; il sert à intercepter le passage des parties du chargement autre que le boulet, et à diminuer l'action sur le récepteur des gaz provenant de l'explosion de la poudre. On trace sur la plaque de plomb, dont il a été parlé, deux perpendiculaires qui déterminent le point d'impact du projectile, c'est-à-dire le point ou la plaque doit être rencontrée par la trajectoire du boulet.

Tout étant disposé comme on vient de le dire, on met le feu à la pièce; le projectile pénètre dans la masse du sable; le pendule balistique est mis en mouvement; et, à la première oscillation, la tige T pousse le curseur jusqu'en un certain point de l'axe métallique U, ce curseur est muni d'un vernier qui permet de lire, à moins d'un dixième de minute près la quantité angulaire dont le pendule s'est déplacé.

A l'aide de certaines données préalablement obtenues et de l'arc décrit par le pendule on peut déterminer par le calcul la vitesse que l'on cherche.

Représentons par :

R le rayon de l'arc décrit par la tige qui fait marcher le curseur le long du limbe gradué;

i la distance du point choqué ou point d'impact au plan horizontal des couteaux;

h la distance du centre d'oscillation à l'horizontale des couteaux ;

p le poids total du pendule chargé, c'est-à-dire y compris les tampons ou barils pleins de sable, pour ceux à canons, ou le bloc de plomb et la planchette pour ceux à fusils.

d la distance du centre de gravité du pendule chargé à la ligne des couteaux ;

b le poids du projectile;

c la corde de l'arc de recul ;

a l'angle décrit par le pendule ;

$g = 9,8088$;

V la vitesse du projectile à l'instant où il atteint le récepteur;

V_1 la vitesse angulaire communiquée au pendule après le choc.

Il faut d'abord remarquer que pendant le choc, il se développe, aux points de contact des projectiles et du récepteur, des efforts d'action et de réaction égaux et directement opposés.

L'action exercée sur le récepteur accélère son mouvement, et, d'après ce qui précède, le moment de cette force par rapport à l'axe de rotation doit être égal à celui de toutes les forces d'inertie des molécules matérielles qui composent le pendule.

En désignant par v_1 le petit accroissement de vitesse angulaire communiqué au pendule pendant l'élément de temps t, la résistance d'une masse élémentaire m située à la distance r de l'axe sera exprimée par :

$$mr\,\frac{v_1}{t}$$

son moment, par rapport à l'axe sera :

$$mr^2\,\frac{v_1}{t}$$

la somme de tous les moments semblables sera :

$$\mathrm{I}\,\frac{v_1}{t}$$

et elle devra être égale au moment de l'effort exercé au même instant par le projectile.

Mais, d'un autre côté, ce projectile, qui agit perpendiculairement à sa distance i du plan horizontal des couteaux, perd dans l'élément de temps un petit degré de vitesse v_1. et son inertie, qui est la même pour tous les points qui sont animés de vitesse, à très peu près égales et parallèles donne lieu à un effort moteur exprimé par :

$$\frac{b}{g}\cdot\frac{v}{t}$$

dont le moment par rapport à l'axe des couteaux est :

$$\frac{b}{g}\,i.\,\frac{v}{t}.$$

Ainsi, à un instant quelconque du choc, on doit avoir, entre les actions développées par le projectile et la réaction du pendule, la relation :

$$\frac{b}{g} i. \frac{v}{t} = \mathrm{I} \frac{v_1}{t}$$

ou

$$\frac{b}{g} i. v = \mathrm{I} v_1.$$

En établissant les relations analogues pour tous les degrés élémentaires de vitesse perdus successivement par le projectile et gagnés par le pendule, on aura en les ajoutant :

$$\frac{b}{g} i (v + v' + v'' + \ldots) = \mathrm{I}(v_1 + v'_1 + v''_1 + \ldots).$$

Or, la parenthèse $v + v' + v'' + \ldots$ est évidemment égale à la vitesse totale perdue par le projectile depuis le moment où il a atteint le récepteur avec la vitesse V jusqu'à celui ou, ayant perdu toute vitesse relative par rapport au récepteur, il a marché avec ce corps d'une vitesse commune égale à $V_1 i$, en nommant V_1 la vitesse angulaire communiquée à ce corps ; on a donc :

$$v + v' + v'' + \ldots = \mathrm{V} - \mathrm{V}_1 i.$$

D'autre part, le récepteur partant du repos et acquérant par le choc la vitesse finale angulaire V_1, on a :

$$v_1 + v'_1 + v''_1 + \ldots = \mathrm{V}_1$$

La relation ci-dessous devient :

$$\frac{b}{g} i (\mathrm{V} - \mathrm{V}_1 i) = \mathrm{I V}_1 = \frac{p}{g} dk \mathrm{V}_1$$

puisque

$$\mathrm{I} = \frac{p}{g} dk.$$

De cette expression, on tire :

$$\mathrm{V}_1 = \frac{bi\mathrm{V}}{bi^2 + pdk}.$$

Pour qu'il n'y ait pas de choc on doit avoir :

$$i = k$$

Mais d'autre part, quand le pendule recule, son centre de gravité s'élève, et bientôt la force vive qu'il possédait ainsi que celle du projectile qu'il a reçu, sont éteintes, et elles doivent être égales au double du travail développé par la pesanteur et par le frottement de roulement des couteaux, que l'on néglige.

L'angle décrit par le pendule étant a, il est clair que son centre de gravité, s'est élevé de la quantité :

$$d - d \cos a = d(1 - \cos a) = 2d \sin^2 \frac{1}{2} a.$$

Le projectile est resté à la distance i de l'axe de rotation, et s'est élevé de la hauteur :

$$i - i \cos a = 2i \sin^2 \frac{1}{2} a.$$

donc le travail total développé par la gravité sur le pendule et le boulet a pour expression :

$$(pd + bi)\, 2 \sin^2 \frac{1}{2} a.$$

La force vive possédée par ces deux corps à la fin du choc ou de leur réaction réciproque est :

$$\frac{\mathrm{V}_1^2}{g}(pdk + bi^2).$$

On a donc :

$$\frac{\mathrm{V}_1^2}{g}(pdk + bi^2) = 4(pd + bi) \sin^2 \frac{1}{2} a$$

d'où

$$\mathrm{V}_1 = \sqrt{\frac{(pd + bi)\, g}{pdk + bi^2}} \cdot 2 \sin \frac{1}{2} a.$$

En égalant cette valeur de V_1 à la précédente, on a :

$$\frac{bi\mathrm{V}}{bi^2 + pdk} = \sqrt{\frac{(pd + bi)}{pdk + bi^2}} \cdot 2 \sin \frac{1}{2} a$$

d'où l'on tire :

$$\mathrm{V} = \frac{\sqrt{(pdk + bi^2)\,(pd + bi)\, g}}{bi} \cdot 2 \sin \frac{1}{2} a.$$

Telle est la formule qui sert à calculer les vitesses initiales des projectiles au moyen des données qui y entrent et de l'angle de recul. On peut, au lieu de l'angle, introduire la corde C de recul, en remarquant que :

$$2 \sin \frac{1}{2} a = \frac{\mathrm{C}}{\mathrm{R}}$$

ce qui donne :

$$\mathrm{V} = \frac{\sqrt{(pdk + bi^2)\,(pd + bi)\, g}}{bi} \cdot \frac{\mathrm{C}}{\mathrm{R}}.$$

Si $i = k$, la formule ci-dessous se réduirait à :

$$\mathrm{V} = \frac{pd + ib}{b\mathrm{R}} \sqrt{\frac{g}{i}} \cdot \mathrm{C}.$$

ce qui montre qu'alors les vitesses mesurées seraient proportionnelles aux cordes des arcs de recul.

353. *Pendule électro-balistique.* — La

vitesse des projectiles peut-être aussi mesurée par l'emploi de l'électricité. En 1840, Wheatstone avait trouvé le moyen d'appliquer l'électricité à la mesure des durées tres courtes et particulièrement à la mesure de la vitesse des projectiles. D'autres auteurs, tels que MM. Koustantinoff, Bréguet, Martin de Brettes, Siemens Hartmann, Hoffman, etc., ont fait des recherches du même genre. Mais la solution du problème a été résolue de la manière la plus satisfaisante. La description de son appareil, que nous empruntons au

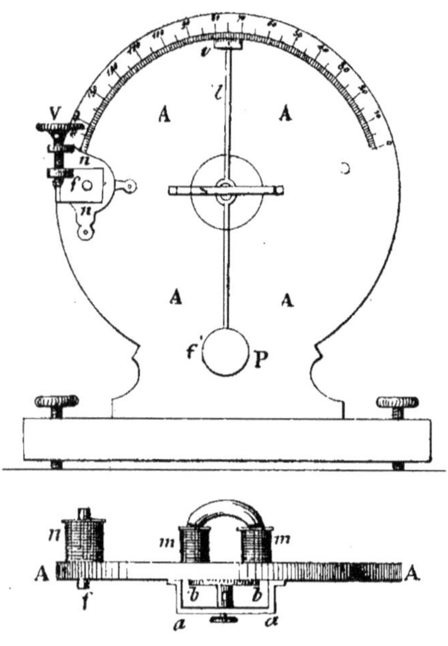

Fig. 142.

dictionnaire des mathémathiques de M. Sonnet, se compose de trois parties : le *pendule*, le *conjoncteur*, et le *disjoncteur*.

Le pendule P (*fig.* 142), dont la lentille est en laiton, et la tige en acier, a environ un décimètre de long ; il est délicatement suspendu par un axe en bronze très dur, dont les extrémités cylindriques reposent sur des appuis en acier fondu, pratiqués dans des pièces analogues aux *ponts* de l'horlogerie et dont une seule *aa* est visible sur la figure. Ces ponts sont fixés à un disque vertical en laiton AA, à une petite distance duquel le pendule oscille. L'axe du pendule est entouré dans une partie de sa longueur par un manchon dans lequel il peut tourner à frottement doux ; ce manchon est appuyé par son extrémité contre un bourrelet saillant de l'axe en bronze, au moyen d'un petit ressort fixé à ce bourrelet et s'appuyant sur le manchon. A ce manchon est adopté une aiguille *l*, dont l'extrémité, munie d'un vernier, parcourt un arc de 150 degrés, tracé sur le disque AA. A l'extrémité de ce même manchon est fixé une rondelle en fer doux *bb* qui peut s'introduire dans une ouverture de même diamètre pratiqué au centre du disque AA. Derrière cette rondelle en fer doux, et à une très petite distance, est disposé un électro-aimant en fer à cheval *mm*, dont les extrémités se rapprochent en pénétrant dans l'ouverture correspondante à la rondelle.

Un second électro-aimant, *nn*, est disposé sur le coté du disque AA ; il pénétre dans une ouverture pratiquée dans ce disque et présente, en avant, l'extrémité *f* de son cylindre en fer doux ; il est porté sur un chariot qu'on peut faire mouvoir, à l'aide d'une vis V, de manière à le déplacer un peu sur le bord du disque AA. Dans l'épaisseur de la lentille P est logé un morceau de fer doux *f'* qui peut être amené en contact avec l'extrémité *f* de l'électro-aimant *nn*. Dans ce mouvement, le manchon qui enveloppe l'axe étant entraîné par son frottement, tourne avec lui ; et l'aiguille *l* qui y est adaptée vient se placer de manière que le zéro de son vernier vienne coïncider avec le zéro de l'arc divisé.

Si l'on imagine qu'un courant passe par le fil de l'électro-aimant *nn*, la lentille P est maintenue dans la position qu'on vient de lui donner par l'attraction de l'aimant *f* sur le fer doux *f'*. Si le courant vient à cesser dans l'électro-aimant *nn*, l'aimant *f* abandonnera le fer doux *f'* et la lentille se détachera pour commencer son oscillation.

Supposons maintenant qu'on fasse passer un courant par le fil de l'électro-aimant *mm*, il attirera la rondelle en fer doux adaptée à l'extrémité du manchon, et arrêtera l'aiguille, tandis que le pendule continuera à osciller, puisqu'il peut tourner librement dans le manchon. L'aiguille aura ainsi parcouru sur le limbe un certain arc correspondant au temps qui s'est écoulé entre l'instant ou le circuit a été ouvert dans l'électro-aimant *nn* et celui ou le circuit a été fermé dans l'électro-aimant *mm*.

Nous verrons plus loin comment ce

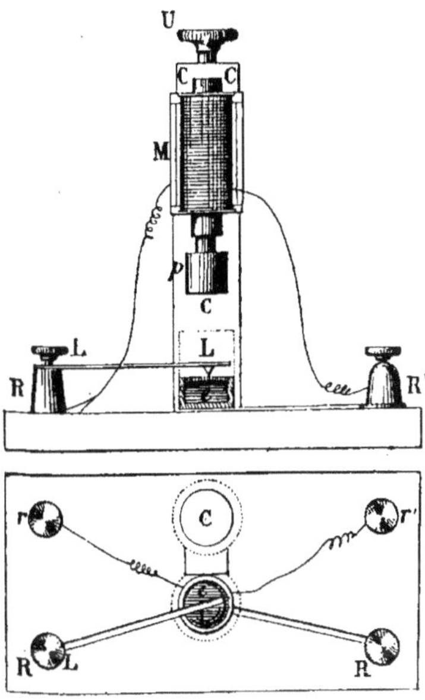

Fig. 143.

temps peut se déduire de l'amplitude de l'arc correspondant.

Le disque AA est porté sur un support à vis calantes ; et tout l'appareil est enfermé dans une cage en verre.

Le *conjoncteur* (*fig.* 143) se compose d'un électro-aimant M, pouvant glisser verticalement le long d'une colonne CC, à l'aide d'une vis U.

A l'extrémité inférieure de cet électro-aimant est suspendu, quand le circuit est fermé, un petit cylindre de fer doux terminé par un poids en plomb *p*. Au-dessous du poids *p*. est disposé un petit mortier en fer *e* contenant du mercure. De la presse à vis R, part une lame d'acier LL, terminée par une pointe en fer dirigée vers la surface du mercure. Une bande en cuivre II met le mortier en communication avec la presse à vis R'. Le fil de la bobine M est mis en communication avec d'autres presses à vis *r* et *r'*. Quand le circuit qui amène l'électro-aimant M est fermé, il n'y a aucune communication électrique de la presse à vis R à la presse à vis R', parce que la pointe qui termine la lame LL est à une petite distance au-dessus du mercure; mais quand le circuit qui anime la bobine M vient à

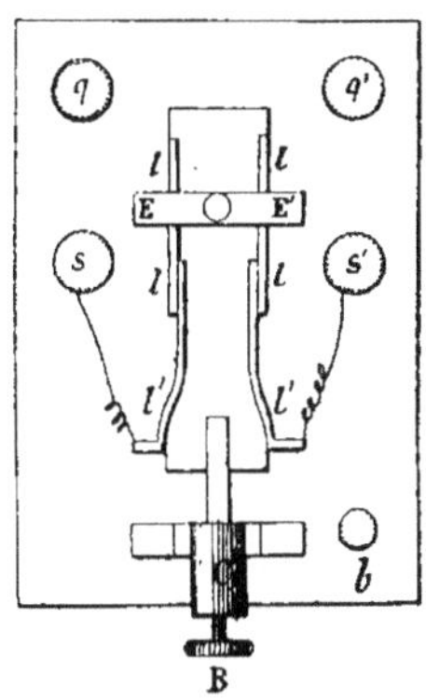

Fig. 144.

s'ouvrir, l'électro-aimant cessant d'être actif, adandonne le poids *p*, lequel, en tombant, fait entrer la pointe de la lame LL dans le mercure et établit ainsi une communication métallique entre les presses à vis R et R'.

Le conjoncteur est porté sur un pied muni de vis calantes ; et l'on peut rendre la colonne CC verticale au moyen d'un fil à plomb placé dans son intérieur et que l'on aperçoit par des fenêtres pratiquées dans la colonne.

Le *disjoncteur* comprend deux lunettes fixes en cuivre *ll* (*fig.* 144), séparées par une bande d'ivoire, et maintenues par un étrier EE également en ivoire à sa partie interne ; et de deux lamettes mobiles en cuivre *ll'*, séparées aussi par une bande d'ivoire, et formant un système mobile qui peut pénétrer à frottement entre les lamettes *ll*. A la pièce d'ivoire qui sépare les lamettes fixes mobiles est articulée une tige en acier qui traverse le cylindre fixe C et vient se terminer par un bouton B. Dans l'intérieur du cylindre C est disposé un ressort à boudin qui tend à tenir les lamettes mobiles séparées des lamettes fixes ; lorsqu'on veut faire pénétrer les lamettes *l'l'* entre les lamettes *ll* il faut pousser le bouton B, jusqu'à ce que le bec d'une gachette placée sous la tablette et sollicitée par un petit ressort s'engage dans une coche pratiquée sous la tige en acier dont il a été parlé ci-dessus. Lorsqu'on veut retirer les lamettes mobiles, on presse sur un bouton *b* qui agit sur le petit ressort de la gachette ; celle-ci se dégage de la coche ou elle était engagée, et l'on peut retirer les lamettes en tirant à soi le bouton B.

Les lamettes fixes ont une communication métallique inférieure, l'une avec la presse à vis *q*, l'autre avec la presse à vis *q'* ; les lamettes mobiles communiquent, à l'aide de bandes en cuivre pliées en zigzags, l'une avec la presse à vis *s*, l'autre avec la presse à vis *s'*. Nous verrons plus loin comment on établit les communications entre les diverses parties des trois appareils que nous venons de décrire.

Indépendamment de ces trois parties principales, l'appareil comprend, pour les expériences de tir, deux cadres en bois sur lesquels est étalé en lignes parallèles, soit horizontalement, ou mieux encore verticalement, un fil conducteur isolé. La dimension de ces cadres dépend de la distance à laquelle on se propose de les placer par rapport à l'arme à feu ou à la bouche à feu mise en expérience, et aussi de la justesse du tir. L'intervalle des fils ne doit pas dépasser les deux tiers du diamètre du projectile.

Quand les dimensions du cadre sont très grandes, on maintient les fils à distance en les croisant par des fils non conducteurs, tels que des fils de coton.

Le pendule, le conjoncteur et le disjoncteur sont installés dans un bâtiment éloigné de la bouche à feu ; et la communication avec les cadres s'établit à l'aide de fils conducteurs isolés, portés par des poteaux qu'on espace de 10 à 15 mètres.

Deux piles sont nécessaires pour faire fonctionner l'appareil. Voici comment les communications doivent être établies. Il y a à considérer trois circuits.

Pour plus de clarté nous désignerons (*fig.* 145) par X le cadre le plus rapproché de la bouche à feu ; et par Y celui qui en est le plus éloigné.

Le premier circuit part de la pile P, entre dans le pendule par la presse à vis 1, va animer l'électro-aimant latéral *n*, soit par la presse à vis 2, va au cadre X, en revient par la presse à vis 3 du disjoncteur, passe dans la lamette mobile de gauche, supposée en contact avec la première, sort du disjoncteur par la presse à vis 4, et retourne à la pile P.

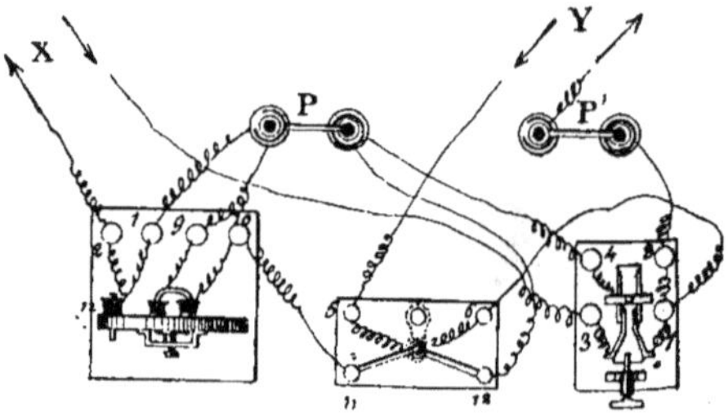

Fig. 145.

Le second circuit part de la pile P' va au cadre Y, en revient par la presse à vis 5 du conjoncteur, anime l'électro-aimant vertical, sort du conjoncteur par la presse à vis 6, entre dans le disjoncteur par la presse à vis 7, passe dans la lamette mobile de droite, de là, dans la lamette fixe de droite, sort du disjoncteur par la presse à vis 8, et retourne à la pile P'.

Le troisième circuit, qui n'est jamais fermé en même temps que le premier, part de la pile P, entre dans le pendule par la presse à vis 9, va animer l'électro-aimant en fer à cheval, sort par la presse à vis 10, arrive au conjoncteur par la presse à vis 11, passe par la lame d'acier dans le mercure, sort par la presse à vis 12, et retourne à la pile P. On voit que ce troisième circuit n'est fermé qu'autant que le premier est ouvert, puisqu'il faut que le poids suspendu à l'électro-aimant vertical du conjoncteur soit tombé pour faire communiquer la lame d'acier avec le mercure.

Voici maintenant en quoi consiste la méthode d'expérimentation. Supposons que les circuits 1 et 3 étant fermés, on ait amené la lentille du pendule au contact avec l'électro-aimant latéral, et par conséquent l'aiguille au zéro de la division, supposons en même temps que le poids p ait été suspendu à l'électro-aimant du conjoncteur.

Le système pourra demeurer tant qu'on le voudra dans cette position. Mais si l'opérateur presse le bouton B (*fig.* 144), les deux circuits dont nous parlons sont aussitôt interrompus, parce que les lamettes mobiles l', l' ne sont plus en contact avec les lamettes fixes. A l'instant, l'électro-aimant nn du pendule abandonne la lentille ; le pendule commence son oscillation, en entraînant l'aiguille.

En même temps, l'électro-aimant du conjoncteur abandonne le poids qu'il soutenait. Mais presque aussitôt, au bout du temps employé à la chute de ce poids, le circuit 3 se trouve fermé, il anime l'électro-aimant mm du pendule qui attire à lui la rondelle de fer, et fixe l'aiguille sur le limbe, et le pendule continue seul ses oscillations. L'aiguille à parcouru ainsi un arc qui peut être lu à $^1/_{20}$ de dégré à l'aide du vernier, et que nous désignerons par α.

Supposons maintenant qu'on est remis les lamettes mobile du disjoncteur au contact avec les lamettes fixes; qu'on ait fermé les circuits 1 et 2, remis la lentille au contact avec l'électro-aimant nn et suspendu de nouveau le poids p à l'électro-aimant du conjoncteur. En d'autres termes, supposons qu'on ait rétabli les choses dans la même situation qu au commencement de la première expérience. Cette fois au lieu d'opérer les interruptions à l'aide du disjoncteur, on les opérera en mettant le feu à l'arme ou à la pièce qu'on veut expérimenter.

Le projectile, en traversant le cadre X coupe les fils qu'il rencontre, et interrompt le courant 1.

L'électro-aimant nn du pendule abandonne la lentille, qui entre en oscillation en entraînant l'aiguille. Le même projectile en traversant le cadre Y interrompt ensuite le courant 2. L'électro-aimant du conjoncteur abandonne le poids p, qui, en tombant, ferme le circuit 3 ; l'électro-aimant mm du pendule attire la rondelle de fer et fixe l'aiguille, le pendule continuant à osciller seul.

Dans cette seconde expérience, l'aiguille a parcouru sur le limbe un arc β un peu plus grand que le premier : car tout s'est passé comme dans la première expérience avec cette différence que les deux courants 1 et 2 au lieu d'être interrompus simultanément par le disjoncteur, l'ont été successivement par le projectile ; l'arc β doit donc dépasser l'arc α d'une quantité correspondante au temps employé par le projectile pour aller du premier cadre au second et par conséquent l'arc $\beta - \alpha$, qui peut être lu, comme nous l'avons dit à $^1/_{20}$ de degré près, peut servir de mesure au temps considéré ; et en divisant la distance connue des deux cadres par le temps ainsi obtenu, on aura la vitesse moyenne du projectile pendant ce temps.

Pour pouvoir déduire de l'observation des arcs α et β la durée correspondante à $\beta - \alpha$, il faut d'abord déterminer une fois pour toute la longueur du pendule simple qui oscille comme le pendule considéré. Il ne suffit pas ici de compter le nombre des oscillations faites dans un temps donné et d'appliquer la formule :

$$t = \pi \sqrt{\frac{g}{l}}$$

en ne donnant à l'écart initial qu'une amplitude très faible, on n'obtiendrait qu'un très petit nombre d'oscillations, insuffisant pour déterminer t et par suite l avec une approximation convenable. M. Navez préfère donner à l'écart initial une grande amplitude, et tenir compte dans le calcul de la diminution de cette amplitude.

On sait que h désigne la hauteur verticale dont le pendule simple descend dans une demi-oscillation, on a pour la durée de l'oscillation entière :

$$t' = \pi\sqrt{\frac{l}{g}}\left\{1 + \left(\frac{1}{2}\right)^2 \frac{h}{2l} + \left(\frac{1.3}{2.4}\right)^2 \left(\frac{h}{2l}\right)^2 + \left(\frac{1.3.5}{2.4.6}\right)^2 \left(\frac{h}{2l}\right)^3 + \cdots\right\}$$

et l'on peut déduire de cette formule le rapport de t' à t correspondant aux diverses amplitudes initiales. On trouve par exemple :

Pour une amplitude de 10 degrés :

$$t' = 0{,}00012\ t$$

Pour une amplitude de 20 degrés :

$$t' = 0{,}00190\ t$$

Pour une amplitude de 30 degrés :

$$t' = 0{,}00426\ t$$

et ainsi de suite. M. Navez classe les oscillations en groupes dans chacun desquels l'amplitude est sensiblement la même; si par exemple, il y a eu n oscillations ayant une amplitude de 30 degrés, leur durée totale a été 0,00426 nt, s'il y en a eu n' oscillations ayant une amplitude de 20 degrés, leur durée totale a été 0.00190 $n't$; s'il y en a eu n'' à 10 degrés, leur durée à été 0,00012 $n''t$; et ainsi de suite. La durée totale sera donc t multiplié par un facteur connu que nous appellerons k ; et comme cette durée totale T est donné par l'observation, on aura :

$$k\,t = \mathrm{T}$$

d'ou l'on déduira t. On aura alors l par la relation :

$$l = \frac{gt^2}{\pi^2}.$$

Cela posé, si ω_0 représente l'écart initial et ω l'écart correspondant à une position déterminée de pendule. sa vitesse sera donnée par la relation :

$$v = \sqrt{2gl\,(\cos\omega - \cos\omega_0)}.$$

On peut, à l'aide de cette formule, déterminer la vitesse du mobile pour toutes les positions, de dégré en degré, depuis l'écart ω_0 jusqu'à l'écart zéro. On peut admettre alors que chaque arc d'un degré à été parcouru avec une vitesse constante ; égale à la moyenne des valeurs de v qui répondent aux deux extrémités de cet arc ; et comme sa longueur est connue, en la divisant par cette vitesse moyenne, on obtient le temps employé par le pendule à parcourir un arc d'un degré, à chacun des instants de sa chute; et, par de simples additions on en déduit le temps employé à descendre de la position initiale à une position donnée quelconque. Dans l'instrument sur lequel M. Navez opérait on avait $l = 0^m.10168$, il a trouvé par la méthode que nous venons d'indiquer, les valeurs suivantes pour le temps employé par l'aiguille pour aller du zéro de l'arc divisé placé à 75 degrés de la verticale, à toutes les positions, de degré en degré, depuis, 41 degrés, qui est inférieur à la plus petite valeur de α, jusqu'à 111 degrés qui est supérieure à la plus grande valeur que puisse prendre β dans les expériences ordinaires. Pour appliquer ces nombres à un autre appareil dans lequel l serait remplacé par l', il n'y aurait qu'à les multiplier par $\sqrt{\frac{l}{l'}}$

ARCS	DURÉES	ARCS	DURÉES
degrés	secondes	degrés	secondes
41	0,00168	77	0,05646
42	0,00334	78	0,05792
43	0,00499	79	0,05938
44	0,00663	80	0,06084
45	0,00825	81	0,06230
46	0,00986	82	0,06376
47	0,01146	83	0,06523
48	0,01305	84	0,06670
49	0,01463	85	0,06817
50	0,01620	86	0.06964
51	0,01776	87	0,07112
52	0,01931	88	0,07260
53	0,02085	89	0,07409
54	0,02239	90	0,07558
55	0,02392	91	0,07707
56	0,02544	92	0,07857
57	0.02696	93	0,08006
58	0,02847	94	0,08158
59	0,02997	95	0,08210
60	0,03147	96	0,08462
61	0,03296	97	0,08615
62	0,03445	98	0,08769
63	0.03594	99	0,08923
64	0,03742	100	0,09078
65	0.03890	101	0,09234
66	0,04037	102	0,09391
67	0,04184	103	0,09599
68	0,04331	104	0,09708
69	0,04478	105	0,09868
70	0,04624	106	0,10029
71	0 04770	107	0,10191
72	0,04916	108	0,10355
73	0,05062	109	0,10520
74	0,05208	110	0,10686
75	0,05354	111	0,10854
76	0,05500		

L'usage de ce tableau est des plus simples ; supposons que l'expérience ait donné :

$$\alpha = 44^\circ \text{ et } \beta = 101^\circ$$

la table donne pour les durées correspondantes :

$$0'',00663 \text{ et } 0'',09234$$

la différence $0'',08571$ sera le temps employé par le projectile pour franchir la distance des deux cadres ; et si cette distance est de 40 mètres, on en déduit pour la vitesse moyenne du projectile:

$$\frac{40}{0,08571} = 466^{m}7.$$

Si α et β étaient exprimés par des nombres fractionnaires de degrés, on interpolerait comme avec une table de logarithmes.

Dans la description de l'appareil, nous avons négligé plusieurs petits détails sur lesquels nous pouvons revenir maintenant. Ainsi l'aiguille du pendule, lorsqu'elle est amenée au zéro de l'arc divise, s'appuie sur un taquet qui sert de point de repère ; on règle la position de l'électro-aimant *nn* (*fig.* 142), de manière que la lentille soit alors en contact avec le cylindre de fer doux, qui forme l'aimant.

Un niveau sphérique, établi sur le pied de l'appareil, permet de rendre l'axe du pendule parfaitement horizontal. Le niveau du mercure dans le petit mortier du conjoncteur (*fig.* 143), est réglé au moyen d'une vis qui pénètre latéralement dans la paroi.

Il est important que la moyenne entre les arcs α et β tombe à peu de distance de 75 degrés parce que ce nombre, qui correspond à l'instant où le pendule a la plus grande vitesse, répond par cela même à l'instant où la vitesse éprouve le moins de variation dans un même temps, et surtout parce que les temps sont alors exprimés par de plus grands arcs.

Les arcs peuvent être lus à $^1/_{20}$ de degré. Les variations accidentelles, qui ne peuvent être complètement évitées, ne paraissent pas s'élever à plus d'un quart de degré.

Le pendule électro-balistique de M. Navez fonctionne en Belgique depuis 1849 : il a déjà rendu des services réels. Voici une expérience qui peut donner une idée de sa précision. On a placé le premier cadre contre la bouche d'une carabine à tige et le second à $16^{m},54$ du premier ; on a obtenu $0'',0509316$ pour la durée du trajet du projectile ; laissant le second cadre à sa place on a porté le premier 14 mètres plus loin ; la durée du trajet a été trouvée égale à $0'',0450511$; enfin, on a replacé le premier cadre à la bouche de la carabine et le second à la distance $16^{m},54 + 14$ ou $30^{m},54$; la durée du trajet a été trouvée de $0''$, 0959961. Ce nombre ne diffère de la somme des deux premiers que d'une quantité inférieure au 5 800ième de sa valeur.

Mais les indications de cet appareil sont toujours par excès, parce que les résistances passives tendent à diminuer l'arc qui sert de mesure au temps. Le pendule balistique ordinaire, donne au contraire des résultats approchés par défaut. Dans des expériences comparatives faites avec les deux pendules, on a trouvé $343^{m},83$ avec l'un et $340^{m},11$ avec l'autre, pour les vitesses d'un même projectile avec une même arme et une même charge. La vitesse véritable est comprise entre ces deux nombres, mais vraisemblablement plus voisine du premier.

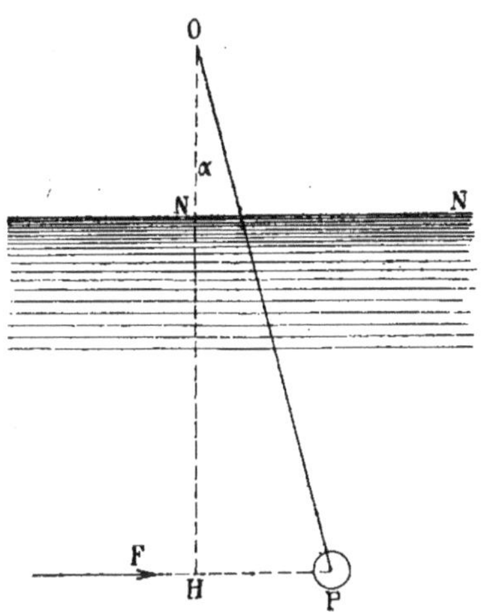

Fig. 146.

354. *Pendule hydrométrique.*— Ce pendule a été proposé pour mesurer la vitesse d'un courant à une profondeur quelconque L'appareil se compose d'une boule d'ivoire ou de laiton creux P, suspendu par un fil en un point O (*fig.* 146).

Si la boule est plongée dans un courant, le fil s'écarte de la verticale d'un angle que nous désignerons par α. Dans cette position, la boule est en équilibre sous l'action de son poids, de la force horizontale F que le courant exerce sur elle, et de la tension du fil ; il faut donc que la résultante des forces P et F soit dirigée suivant le prolongement du fil, ce qui exige qu'on ait :

$$F = P \operatorname{tg} \alpha.$$

Mais d'après ce que nous avons dit sur la résistance des fluides, la force F est proportionnelle au carré de la vitesse du courant au point P et peut être représentée par kV^2, k étant un coefficient numérique indépendant de l'angle α. On aurait donc :

(1) $$kV^2 = P tg\alpha,$$ d'où

(2) $$V = \sqrt{\frac{P tg\alpha}{k}}$$

On peut déterminer le coefficient k en mesurant à l'aide d'un flotteur la vitesse V à la surface du courant et en déterminant la valeur que prend l'angle α lorsque la boule est elle-même tout près de la surface. Dans l'équation (1) il n'y a plus alors que k d'inconnu. Une fois k déterminé, on se servira de la formule (2) pour déterminer la vitesse du courant à une profondeur quelconque.

Si l désigne la longueur du fil, augmentée du rayon de la boule, la distance de l'horizontale HP au-desssus du point O sera $l \cos \alpha$; il suffira d'en retrancher la distance ON pour avoir la profondeur de cette horizontale, ou le courant a la vitesse V:

Le point O est ordinairement le centre d'un quadrant divisé, dont un coté est vertical, et sur le limbe duquel on lit immédiament l'angle α. Bien employé, cet instrument peut fournir des indications assez exactes.

355. *Pendule de Foucault.* — Pour déterminer expérimentalement la persistance du pendule à osciller dans un même plan, on peut se servir d'un appareil analogue à celui à l'aide duquel on démontre l'invariabilité du plan de vibration des verges.

Sur un plateau circulaire AB (*fig.* 147) tournant dans un plan horizontal au moyen d'une roue dentée et d'une manivelle m, s'élève un support auquel est suspendu un pendule P.

Si l'on fait osciller ce pendule et qu'on imprime au plateau AB un mouvement de rotation, le pendule continuera néanmoins d'osciller dans le même plan et l'on verra l'aiguille qui le termine effleurer successivement toutes les divisions tracées sur le plateau.

Pour mettre en évidence le mouvement de rotation de la terre, Foucault fit au Panthéon une expérience mémorable, avec un

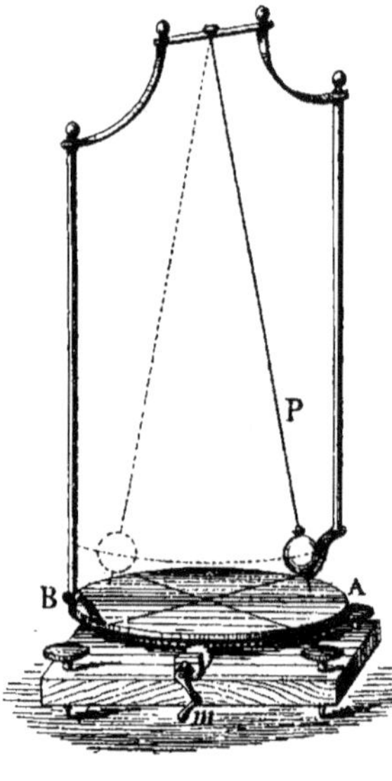

Fig. 147.

pendule ayant environ 30 mètres de longueur. Ce pendule, tel que l'a construit M. Froment (*fig.* 148), se compose essentiellement d'une sphère S en plomb recouverte de cuivre de $0^m,15$ de diamètre. Cette sphère est munie à sa partie inférieure d'une pointe d'acier p, et à sa partie supérieure d'une tige de même métal de, à laquelle se rattache un long fil de fer. Le mode de suspension de ce fil comporte des dispositions particulières : à la voûte de l'édifice se trouve fixée solidement une lanterne en fonte aB. La base inférieure de cette lanterne porte une ouverture conique dans laquelle vient s'engager un bloc en acier de même forme. Au centre de ce bloc est fixé un fil en acier *ab*, parfaitement cylindrique et d'une texture bien homogène. Ces conditions sont indispensables pour que le pendule puisse osciller avec la même facilité dans toutes les directions et que ses oscillations se maintiennent toujours dans le même plan vertical.

L'extrémité inférieure de ce fil d'acier est reliée au moyen d'un manchon à vis *b*

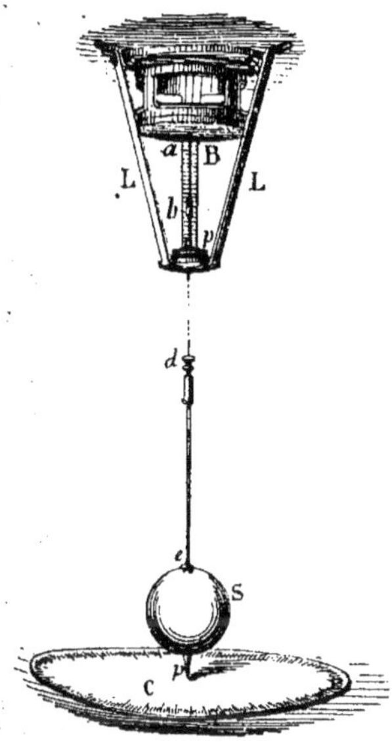

Fig. 148.

à un fil de fer de 0m,002 de diamètre, lequel porte à son extrémité inférieure un écrou *p*, dit écrou parachute, d'un diamètre suffisant pour ne pas pouvoir passer à travers l'ouverture circulaire du plateau qui est supporté par trois barres de fer convergentes L,L, boulonnées, comme le cylindre de fonte, à la partie supérieure de la voûte. Cette disposition a pour but de s'opposer à la chute de la boule dans le cas de la rupture du fil.

En effet, l'expérience a montré que la partie du fil qui travaille le plus, par suite des oscillations du pendule, est la verge d'acier la plus voisine du point de suspension, et que par suite, lorsqu'il y a rupture, c'est toujours dans cette partie du pendule. Il suffit donc, comme on l'a fait ici, de placer un parachute un peu au-dessous de la suspension, pour être sûr qu'en cas de rupture, la boule ne tombe pas sur le sol et reste suspendue au plateau qui relie les trois bares LL.

Sous la sphère se trouve une table ronde dont la circonférence est divisée en 360 degrés, et dont le centre se trouve sur la même verticale que le point de suspension du pendule.

Pour mettre celui-ci en mouvement, on l'écarte de sa position normale, on l'attache avec un fil à un objet fixe quelconque, puis on brûle le fil qui se rompt; la sphère retombe ainsi naturellement, sans éprouver aucune secousse qui puisse la faire sortir de son plan d'oscillation, la parfaite homogénéité de sa substance contribue d'ailleurs à éviter cet inconvénient. Il est nécessaire en effet, que le centre de gravité de la sphère se trouve exactement sur son axe, pour qu'à chaque oscillation elle repasse par la verticale de son point de suspension.

L'impulsion du pendule étant assez forte pour le faire osciller pendant plusieurs heures, on voit la pointe d'acier effleurer successivement les différents degrés du cercle. C'est que, par suite du mouvement de rotation de la terre, ce cercle s'est déplacé sous le pendule, tandis que celui-ci a continué d'osciller invariablement dans le même plan.

356. *Gyroscope de Foucault*. — Puisque nous venons de parler de l'application du pendule faite par Foucault pour démontrer la rotation de la terre, il est intéressant de connaître un appareil imaginé par ce savant et qui fournit une nouvelle preuve de la rotation du globe terreste.

Le gyroscope de Foucault démontre la persistance des axes de rotation par rapport au mouvement diurne de la terre. La pièce essentielle est un tore T (*fig.* 149) bien homogène, et qu'on peut, d'ailleurs, équilibrer au moyen de petites vis qui font coïncider exactement son centre de gravité avec son centre de figure. Il est muni d'un axe en acier trempé, terminé par deux pointes *p*. Celles-ci sont retenues à frottement doux dans de petites crapaudines pratiquées dans deux vis tarraudées aux points extrêmes du diamètre d'un anneau métallique A. Ce même anneau présente, aux extrémités du diamètre qui coupe à angles droits l'axe du tore, deux couteaux d'acier, placés extérieurement et dirigés parallèlement à son propre plan. Ces deux couteaux peuvent reposer sur des plans en agate disposés à l'intérieur d'un second anneau B, suspendu

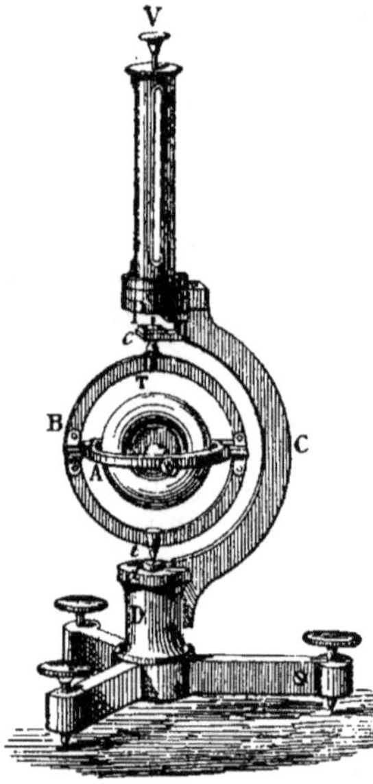

Fig. 149.

dans un demi cercle C, porté sur un pied à vis calantes.

Le mode de suspension de cet anneau B est calculé de manière à lui donner une grande mobilité. A la partie supérieure de l'anneau est fixé un fil de cuivre terminé par un crochet auquel vient s'attacher un fil de soie sans torsion *f*. Le fil de cuivre passe en *c* dans un coussinet ; le fil de soie est enfermé dans un tube de verre et va enfin s'attacher à la vis V, servant à faire monter ou descendre l'anneau de très petites quantités à la fois.

L'extrémité supérieure *i*, du même diamètre vertical, porte une pointe qui s'engage, sans y appuyer, dans une crapaudine *d* pratiquée dans la colonne D qui porte le demi-cercle C. Cette crapaudine n'a, ainsi que le coussinet *c*, d'autre objet que d'empêcher les mouvements oscillatoire de l'appareil.

Avant de poser l'anneau A sur les plans d'agate de l'anneau B, il faut imprimer au tore un mouvement rapide de rotation sur son axe. On se sert pour cela d'un système de roues dentées qui accompagne l'appareil et dont la dernière engrène avec un petit pignon *p* calé sur l'axe du tore. Ce dernier peut recevoir ainsi une vitesse considérable qui peut s'élever jusqu'à 130 tours par seconde. Cette vitesse obtenue, on l'enlève de sa chape provisoire et on le suspend par les couteaux du cercle A sur les plans d'agate du cercle B. L'instrument est alors en expérience.

Le grand anneau B est divisé, sur sa surface extérieure, en dégrès, minutes et secondes, correspondant aux divisions semblables d'un cercle horizontal dont le centre serait celui de tout le système, et dont le rayon serait égal à la distance de ce centre aux divisions qui se trouvent en face des couteaux du cercle intérieur.

Un microscope, dans l'oculaire duquel est tendu un fil fixe, est dirigé sur le cercle extérieur B, dont il permet de lire et de mesurer les moindres déplacements par rapport à l'observateur. Il serait plus juste de dire les déplacements de l'observateur par rapport au cercle ; car, en réalité, c'est l'observateur qui se déplace avec le globe terrestre, tandis que l'axe de rotation du tore, et avec lui tout le système librement suspendu, demeure invariablement dans le même plan.

Si au lieu de placer sur les plans d'agate du cercle B les couteaux du cercle A, on suspend ce dernier par les vis *p* qui forment les prolongements de l'axe du tore, on voit aussitôt l'appareil s'orienter et l'axe du tore s'arrêter dans le plan du méridien terrestre, tandis que le grand cercle B se place dans le premier vertical.

Si enfin, on replace le cercle A sur ses couteaux ; si, en serrant le fil de suspension du cercle B, on fixe celui-ci dans le plan du premier vertical et qu'on mette le tore en mouvement, on verra aussitôt le cercle A s'incliner jusqu'à ce que le tore se trouve dans une position telle, que son axe et son plan de rotation soient respectivement parallèles à l'axe et au plan de rotation de la terre.

On démontre par l'analyse que lorsqu'un corps est animé d'un mouvement de rotation autour d'un axe, dont un point est entraîné dans le mouvement diurne du globe, la direction de l'axe de rotation demeure invariable dans l'espace absolu ; de telle sorte que, pour un observateur emporté à son insu dans la rotation diurne, cette axe paraîtrait se mouvoir uniformément autour de l'axe du globe, en sens contraire du mouvement réel de la terre, exactement comme le ferait une lunette parallactique constamment pointée vers une même étoile.

Comme nous venons de le voir, le gyroscope de Foucault permet de vérifier approximativement cette loi. Nous disons approximativement, parce que le mouvement de rotation du tore ne pouvant se prolonger au-delà de dix minutes, temps pendant lequel la terre ne tourne que de 2 degrés 1/2, l'expérience ne saurait être aussi concluante que si elle se prolongeait plusieurs heures.

La tendance qu'a l'axe du tore à se placer dans le méridien de manière que la rotation de ce corps soit de même sens que celle du globe, est évidemment due à la rotation du globe.

Foucault a formulé en ces termes le résultat général auquel conduit la première expérience dans laquelle l'axe du tore se place dans le plan du méridien.

Tout corps tournant autour d'un axe, libre de se diriger sans sortir du plan horizontal, fournit un nouveau signe de la rotation de la terre ; car, cette rotation développe une force directrice qui sollicite l'axe du corps, vers le méridien, et dispose ce corps pour tourner dans le même sens que le globe. Donc : sans le secours d'aucune observation astronomique, la rotation d'un corps a la surface de la terre suffit à indiquer le plan du méridien.

La deuxième expérience dans laquelle l'axe du tore situé dans le méridien se place parallèlement à l'axe de la terre, a permis à Foucault de tirer la conclusion suivante :

Tout corps tournant autour d'un axe, libre de se diriger, sans sortir du méridien jouit de la propriété de s'orienter parallèlement à l'axe du monde, et de manière à tourner dans le même sens que la terre.

D'ou l'on peut conclure *que sans le secours d'aucune observation astronomique, la rotation d'un corps à la surface de la terre suffit à faire connaître la latitude du lieu, le méridien étant connu* :

Le gyroscope de Foucault n'est qu'un perfectionnement de l'appareil Bohnenberger.

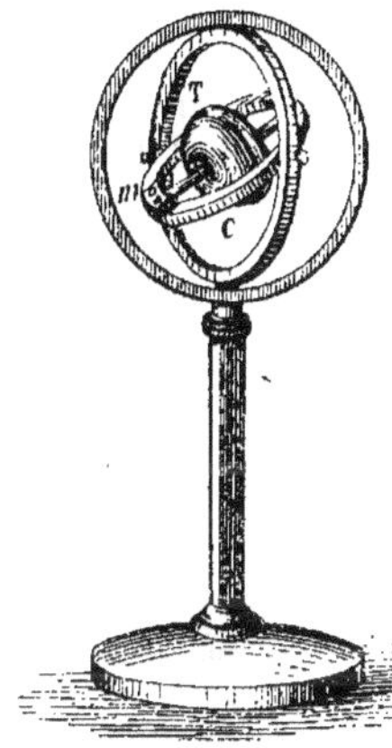

Fig. 150

357. *Gyroscope de Bohnenberger.* — Cet appareil permet de démontrer la précession des équinoxes et la nitation (*fig.* 150).

En outre de ses deux 'mouvements bien connus de rotation sur son axe et de translation autour du soleil suivant l'écliptique la terre est encore animée de deux autres mouvements, qu'on nomme, l'un mouvement dé *précession*, parce qu'il produit le phénomène de la précession des équinoxes, l'autre mouvement de nutation.

On sait que l'axe de la terre est incliné sur le plan de l'écliptique; qu'il forme avec la perpendiculaire à ce plan un angle de 23°, 28 et, qu'enfin, il conserve toujours une direction parallèle à elle même, ce qui est la cause du changement périodique des saisons. Mais ce parallélisme de l'axe de la terre n'est pas absolu. En réalité, sous l'influence de l'attraction solaire, l'axe terrestre décrit, très lentement à la vérité, autour de la perpendiculaire au plan de l'écliptique, une surface conique ; c'est le mouvement de précession ; et de plus, sous l'influence de l'attraction lunaire, ce même axe se déplace autour d'une des génératrices du cône, de telle sorte que chacune de ses extrémites décrit une ellipse ; c'est le mouvement de nutation.

L'appareil de Bohnenberger permet de reproduire très exactement ce double phénomène. C'est un spheroïde ou tore T mobile sur un axe dans un anneau C qui est lui-même mobile sur un axe perpendiculaire au premier, dans un second anneau, mobile à son tour dans un troisième; ce qui permet de faire prendre à l'appareil toutes les positions possibles.

Pour reproduire la précession des équinoxes, on place le tore dans une position inclinée semblable à celle de la terre sur le plan de l'écliptique : on fixe à l'une des extrémités de l'axe du tore une petite masse additionnelle m, qui, agissant comme l'attraction solaire, tend à redresser la ligne des pôles, mais aussi, n'effectue ce redressement qu'avec lenteur.

On enroule ensuite un cordon autour du même axe, et en le déroulant vivement, on imprime à la sphère un mouvement de rotation très rapide. Cette rotation se composant avec celle que produit la masse m, détermine l'inclinaison de l'axe, c'est-à-dire le mouvement de précession.

Pour reproduire la nutation, on fait tourner le sphéroïde, comme précédemment, dans une position inclinée, et lorsque sa rotation commence à se ralentir, on frappe légèrement le cercle C près de la petite masse additionnelle m, et l'on voit distinctement chaque extrémité de l'axe décrire une ellipse autour de la génératrice du cône de précession. Les chocs imprimés au cercle C agissent donc comme le fait l'attraction de la lune.

358. *Toupie gyroscopique.* — Nous avons décrit (*fig.* 147) l'appareil à l'aide duquel on démontre expérimentalement la persistance du pendule à osciller dans le même plan ; on démontre aussi simplement, au moyen de l'appareil ci-dessous, la persistance des axes de rotation ; persistance qui subsiste en dépit de forces contraires très puissantes, et semble même soustraire les corps tournants, à l'action de la pesanteur (*fig.* 151).

T est un tore métallique très lourd, tournant à frottement doux sur un axe

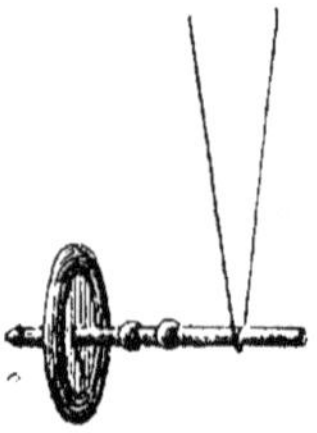

Fig. 151.

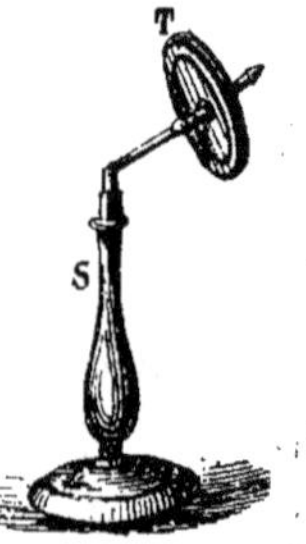

Fig. 152.

et formant une sorte de toton ou de toupie, on le met en mouvement avec une ficelle, comme les enfants font de la toupie, et on la pose aussitôt horizontalement en appuyant seulement une des extrémités de son axe sur le sommet du support S. Le tore continue alors son mouvement de rotation sur lui-même, en tournant autour de ce point d'appui, jusqu'à ce que, le premier mouvement venant à se ralentir, et la pesanteur reprenant le dessous, il s'incline progressivenent vers la terre et finit par tomber.

On peut varier l'expérience en suspendant la toupie d'une manière toute différente. (*fig.* 152).

L'axe étant engagé dans la boucle d'un cordon, le tore reste suspendu dans l'espace comme s'il cessait d'obéir à la pesanteur.

359. *Balance gyroscopique de MM. Fessel et Pluecker.* — Dans l'expérience de la toupie gyroscopique, le tore mis en rotation et posé sur son support par l'extrémité du prolongement de son axe, prend autour de ce support un mouvement de translation et paraît être soustrait à l'action de la pesanteur. En réalité ce mouvement est le résultat de la composition de deux forces, savoir, la force qui a mis le tore en rotation, et la pesanteur elle-même. Il n'a point lieu lorsque le tore est maintenu en équilibre, soit par un fil qui soutient l'autre extrémité de son axe, soit par un autre poids. Si le poids du tore n'est pas équilibré, son mouvement de pirouette est d'autant plus rapide que l'action de la pesanteur est plus entière, et il a toujours lieu dans le même sens que la rotation ; il a lieu en sens contraire si le contrepoids l'emporte sur le poids

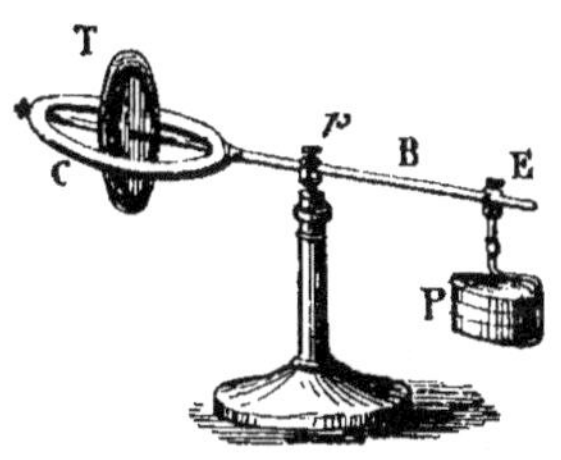

Fig. 153.

du tore. Enfin, si l'on cherche à arrêter ou à accélérer le mouvement de pirouette du tore, l'instrument résiste, se cabre, pour ainsi dire, et son axe se redresse ou s'incline en se rapprochant de la verticale.

La balance gyroscopique, représentée par la figure 153, permet de reproduire et de constater ces divers phénomènes. Elle se compose d'un tore T, avec sa chape C, à laquelle est fixée, sur le prolongement de l'axe du tore, une tige métallique B. Cette tige glisse à frottement doux, dans une pièce *p* ou elle peut être fixée par une vis de pression, et qui tourne sur un axe horizontal fixé dans une fourchette. Cette fourchette elle-même est portée sur un pivot qui tourne dans un pied massif. Une pince à vis de pression fixe la pièce *p*, et rend le système immobile, soit dans la position horizontale, soit dans une position oblique quelconque.

Sur la tige B glisse un coulant E qu'on peut fixer aussi avec une vis de pression, et auquel est suspendu un poids variable de plomb P. L'ensemble constitue donc une véritable balance, dont il est facile de varier les conditions d'équilibre, soit en modifiant le poids du coulant E, soit en faisant glisser la tige B dans la pièce *p*, ou la pièce E sur la tige B, et en changeant ainsi les longueurs des bras de levier. Voici comment on opère avec cet instrument.

On met le balancier B en équilibre ; pour plus de sureté, on serre la pince *p* : on met le tore en rotation, et bien que la tige B soit libre sur son pivot, elle demeure parfaitement immobile : c'est que le tore est alors réellement soustrait à l'action de la pesanteur et n'obéit qu'à sa propre rotation. Mais si l'on desserre la pince *p*, et qu'on enlève un des poids de l'étrier E, ou qu'on raccourcisse le bras du levier qui les porte, le tore et la chape prennent ensemble le mouvement gyratoire que nous avons vu déjà prendre à la toupie, et ce mouvement s'effectue dans le sens de la rotation. Si au contraire, on augmente les poids E ou qu'on allonge le bras de levier, le tore se redresse et le mouvement gyratoire s'opère en sens inverse. On peut intervertir à volonté la direction du mouvement de pirouette, celle de la rotation restant invariable, ou bien le faire cesser tout à fait, comme il a été dit ci-dessus.

360. *Culbuteur de M. Hardy.* — Cet appareil fournit une démonstration originale de la composition des forces rotatives, ainsi que de la tendance des mouvements de rotation à s'effectuer dans le même sens, et de celle des axes à prendre des positions parallèles.

Un support en fonte S (*fig.* 154), vissé sur une tablette de même matière, soutient un cercle C, qui tourne autour d'un axe vertical *ab*. Sur l'une des extrémités de cet axe est calée une petite poulie *p*, reliée au support par une lanière de caoutchouc *l*. Dans l'intérieur du cercle C est un tore avec sa chape D, mobile autour d'un axe horizontal *cd*. Si, le tore étant immobile, on tourne le cercle C de manière à enrouler le caoutchouc de deux ou trois tours sur la poulie *p*, puisqu'on l'abandonne, la contraction du caoutchouc le ramènera sur lui-même, et la vitesse acquise fera enrouler de nouveau le caoutchouc sur la poulie, mais en sens contraire, et ces oscillations se répèteront ainsi jusqu'à ce que la tension élastique du caoutchouc se soit épuisée.

Mais un autre phénomène se produit si, après avoir enroulé la bande de caoutchouc sur la poulie, on a mis le tore en rotation. Dans ce cas, le cercle C n'obéit pas d'abord à la traction du caoutchouc,

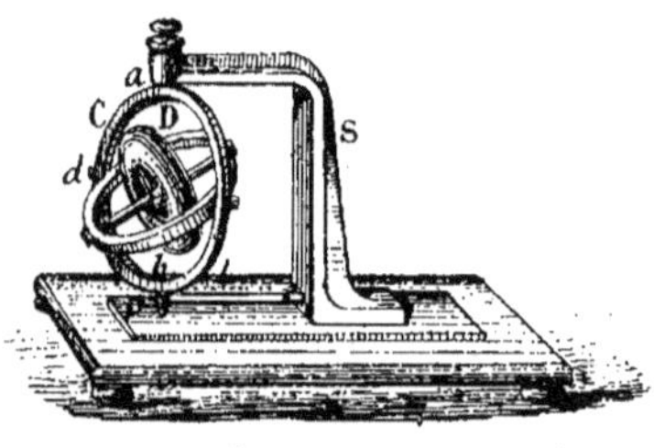

Fig. 154.

parce que cette force et la force de rotation du tore se composent et tendent à s'effectuer dans le même sens. On voit alors l'axe du tore s'incliner peu à peu jusqu'à devenir vertical et coïncider, par conséquent, avec l'axe *ab*.

Alors seulement le cercle C se retourne, le caoutchouc s'enroule en sens contraire et exerce sur le système une traction inverse de la première. Il en résulte que la tendance au parallélisme des axes et des rotations entrant en jeu de nouveau, le cercle C reprend son immobilité première, tandis que l'axe du tore, après une nouvelle culbute, revient coïncider avec l'axe *ab*; après quoi, le cercle C exécute à son tour une seconde pirouette, pour passer encore à l'état d'immobilité pendant la troisième culbute du tore. Le phénomène continue de se répéter ainsi pendant un temps plus ou moins long, suivant la mobilité des pièces qui composent l'appareil, et suivant que la rotation du tore a plus ou moins de durée.

361. *Polytrope de M. Georges Sire.* — Cet instrument a été combiné pour exécuter diverses expériences relatives à la composition des rotations et particulièrement à l'influence que la rotation du globe excerce, aux diverses labitudes, sur les mouvements des corps tournants. Il se compose d'un grand cercle en cuivre C (*fig.* 155) représentant un méridien terrestre, et porté sur un axe vertical qui représente de même l'axe du globe. Le pro-

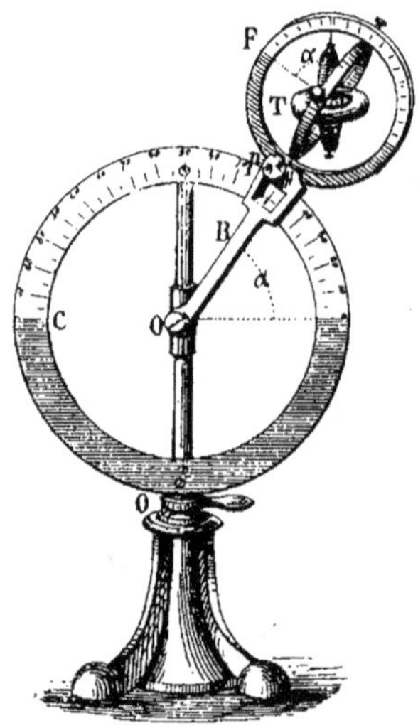

Fig. 155.

longement de cet axe s'engage dans une colonne en fonte où il tourne librement.

On peut donc imprimer au cercle C, un mouvement de rotation, soit dans un sens, soit dans l'autre. Au centre O du méridien s'articule une alidade R, qui figure un rayon terrestre, et qui se termine par une pince *p* embrassant le limbe divisé du cercle, et portant un véritable gyroscope. Celui-ci se compose d'un deuxième cercle F fixé dans la pince *p*, mais mobile avec elle autour de la circonférence C, et d'un tore massif en bronze T, contenu dans un système de chapes mobiles l'une dans l'autre et dans le cercle F, et formant ainsi une suspension à la Cardan, qui permet à l'axe du tore de prendre, dans l'espace, toutes les directions possibles.

Il serait trop long de décrire toutes les expériences auxquelles se prête le polytrope, et dont plusieurs s'exécutent d'ailleurs également avec les instruments plus spéciaux que nous avons décrits. Disons seulement que M. Sire a pu vérifier, à l'aide de cet appareil, diverses lois constatées aussi par MM. Foucault, Hardy, Fessel et Plucker, et dont nous rappellerons seulement les plus importants, à savoir :

Que tout corps tournant autour d'un axe libre de se mouvoir sans sortir du plan horizontal, s'oriente de telle sorte que l'axe de rotation soit dans le plan du méridien, et qu'il tourne dans le même sens que le globe, ce qui donne un moyen simple de déterminer le méridien du lieu où on se trouve, et que l'axe du corps en rotation est parallèle à celui du globe ; qu'en général les axes de rotation tendent toujours à se placer parallèlement les uns aux autres, et les rotations elles-mêmes à s'effectuer dans le même sens ; que dans le gyroscope, la déviation n'est pas proportionnelle aux sinsus de la latitude ; etc. etc.

§ *III. — TRAVAIL DES MOTEURS ANIMÉS*

Caractères fondamentaux.

362. Dans l'industrie, on cherche autant que possible à remplacer le travail de l'homme et des animaux, par des moteurs naturels, tels que les machines à vapeur et à gaz et les roues hydrauliques ; cependant, il est un grand nombre de cas, ou l'on a recours aux animaux et même à l'homme, pour opérer avantageusement certains travaux.

Les moteurs animés se distinguent des moteurs naturels en ce qu'ils ne peuvent travailler d'une maniere continue, et sont forcés de se reposer après un certain temps de travail.

Tout le monde sait qu'au fur et à mesure que l'action se produit, elle diminue de plus en plus, et les forces musculaires développées doivent être renouvelées par l'alimentation ; en outre l'action des moteurs animés étant accompagnée d'une tension ou d'une compression plus ou moins grande des muscles, produit cet état inférieur pénible qu'on appelle la *fatigue* et qui exige périodiquement un repos.

La fatigue ne peut dépasser, sans de graves inconvénients, certaines limites, parce que les fibres organiques qui transmettent la volonté, le mouvement et la force, ne reprennent plus, ou ne reprennent qu'après un repos prolongé, le degré d'élasticité nécessaire pour le jeu régulier de toutes les fonctions vitales qui constituent la santé. On comprend donc que la quantité de travail proportionnelle à la puissance d'alimentation fournie par les moteurs animés est susceptible d'un maximum à égalité de fatigue journalière, en un mot, qu'il existe une vitesse du point d'application, une force et une durée de travail qui sont les plus convenables pour l'effet utile.

Désignons par V la vitesse moyenne en mètres du point d'application du moteur, ou mieux le chemin supposé décrit en chaque seconde, P, l'effort moyen en kilogrammes qu'il exerce estimé dans la direction de ce chemin, enfin T, la durée totale en seconde de l'action journalière, qui peut être ou continue ou coupée par des repos plus ou moins fréquents, dont la durée n'est pas comprise dans T; la quantité de travail mécanique développé par le moteur aura pour mesure :

P. V. T. kilogrammètres.

Cela posé, le produit P. V. T. qu'on nomme *quantité de travail journalier*, est susceptible d'un *maximun* à égalité de fatigue journalière, en donnant à P, à V et à T des valeurs qu'une longue expérience indique comme les plus convenables.

L'effort, et c'est un des avantages qu'offrent les moteurs animés, peut au besoin varier en général du triple au quintuple de l'effort qui convient au maximum d'effet, la vitesse de quatre à dix fois celle du maximum, et la durée atteindra dix-huit heures, c'est-à-dire le double de celle que l'expérience indique comme la plus avantageuse; mais dans ces conditions, le produit P. V. T ne peut jamais atteindre une valeur exagérée, sans que la fatigue journalière du moteur animé soit augmentée et sa santé compromise, si un semblable travail doit être renouvelé plusieurs jours de suite.

On doit conclure de ceci que la vitesse du point d'application du moteur animé, comme l'effort de celui-ci, doivent être ceux correspondant au maximum de travail, pour les machines bien établies. Cette vitesse étant déterminée, les relations géométriques de la machine permettront de calculer les vitesses de tous les autres points du système.

363. *Évaluation de la fatigue.* — Les animaux ne pouvant exprimer leur fatigue, il est très important qu'on puisse l'apprécier par des caractères extérieurs.

Les expériences faites en 1858, par M. Boileau, sur le travail des chevaux, permettent d'obtenir une mesure précise, comme nous allons l'indiquer.

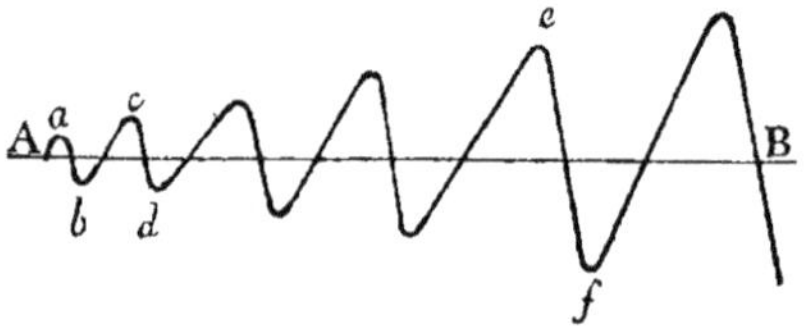

Fig. 156.

1° En employant le moteur à vaincre une résistance constante, dans des circonstances qui soient constamment les mêmes, si, au bout d'un certain temps, l'effort qu'il développe varie de plus en plus, augmentant et diminuant alternativement, on doit attribuer ces variations à un état inférieur qui ne peut d'ailleurs être que la fatigue. Or, la force que les moteurs animés peuvent appliquer d'une manière continue diminuant notablement à partir de l'instant où la fatigue commence, et de plus en plus à mesure que cette fatigue augmente, ils font fréquemment une sorte de repos très court pendant lequel la tension de leurs muscles diminue, et après lequel ils donnent une impulsion brusque en s'aidant de la masse d'une partie de leur corps qu'ils projettent en avant : supposons que l'on ait interposé entre le moteur et le mobile à mouvoir, mobile dont l'inertie est ainsi mise en jeu au détriment de ce moteur, un dynamomètre traceur, la courbe *abcdef* (*fig.* 156), décrite par le style de cet instrument, s'écartera de plus en plus de la droite moyenne AB qui serait tracée si l'effort était constant, et la grandeur de ces écarts pourrait être regardée comme une mesure du degré de fatigue.

2° Lorsque le travail a lieu à de faibles vitesses, par exemple au pas des chevaux, on peut, d'après les observations du même auteur, prendre pour mesure du degré de fatigue, la fréquence des oscillations ou battements des flancs du moteur, c'est-à-dire la différence entre les nombres de battements exécutés dans un même temps, avant le travail et à l'époque de ce travail que l'on considère.

Dans une expérience où la fatigue d'un bon cheval de trait approchant de la limite qui le forçait à arrêter, M. Boileau a observé 101 battements par minute, tandis qu'avant le travail, ce nombre n'était que de 36.

364. *Quantité de travail journalière absolue dont un moteur animé est capable.* — Chaque kilogramme d'aliments bien digérés par un moteur animé, le rend capable d'une quantité de travail dont la valeur augmente avec la quantité de chaleur développée dans les transformations chimiques que ce poids d'aliment subit dans le jeu des fonctions vitales, c'est-à-dire avec la *puissance calorifique* de la substance qui le compose : Désignons par Q la quantité de travail correspondante à la quantité d'aliments d'une nature déterminée que le moteur peut digérer dans un jour.

Une portion q de cette quantité de travail est nécessaire pour l'entretien des mouvements intérieurs des organes vitaux, et la différence $Q - q$ qui reste disponible pour un travail extérieur est la quantité de travail journalière absolue dont le moteur est capable.

L'effet utile journalier a une limite ; en effet la quantité $Q - q$ se partage en deux parties distinctes. Désignons par :

t, la durée en heures d'une période de travail accomplie sans interruption ;

F, l'intensité en kilogrammes de la résistance extérieure que le moteur doit vaincre au point où son action motrice est appliquée ;

V, la vitesse moyenne en mètres parcourus par seconde, de ce point d'application.

Nous remarquerons d'abord que les réactions de l'inertie étant une cause inutile d'augmentation de fatigue, on doit faire travailler les moteurs animés avec un mouvement uniforme ou peu variable, condition que nous supposons remplie. Cela posé, la quantité de travail utile produite dans la période considérée est $3\,600\, t \times F.V$, et si, dans un jour, cette période est reproduite N fois, la quantité de travail utile d'une journée sera $3\,600\, t.\, N.F.V$, c'est ce que nous appellerons, *effet utile* journalier.

En même temps que ce travail extérieur s'exécute, les pressions et les tensions des organes du moteur animé, produisent des frottements intérieurs, et mettent en jeu des résistances d'élasticité que son énergie doit vaincre et qui exigent une dépense de travail que nous désignerons par X pour chaque seconde du temps, de sorte que le travail total dépensé par le moteur, travail auquel est due sa fatigue, est dans une journée :

$$3\,600\, t\, N\, (F\, V + X).$$

La plus grande quantité de travail que l'on puisse attendre d'un moteur animé étant celle que son alimentation rend disponible, on a, pour déterminer cette quantité, la relation :

$$Q - q = 3\,600\, t\, N\, (FV + X)$$

qui donne

$$FV = \frac{Q - q}{3\,600\, tN} - X.$$

Cette valeur de FV est la limite supérieure de l'effet utile qu'un moteur animé peut produire dans chaque unité de temps, car, épuisant la provision de puissance dynamique qui correspond à son alimentation, elle ne pourrait être augmentée sans troubler les fonctions vitales. Pour la calculer, il faudrait connaître les lois que suivent les quantités q et X mais la science est encore insuffisante à ce sujet.

Dans l'emploi des moteurs animés, on détermine l'effet utile journalier $3\,600\, t$ N F V qui peut leur être demandée sans leur imposer une fatigue nuisible, en se basant sur des résultats d'observations contenus dans le tableau suivant et qui se rapportent à des moteurs de force moyenne.

Nous emprunterons, à Laboulaye, quelques considérations importantes sur le travail produit par l'homme et les animaux.

365. *Force de l'homme.* — Le corps humain dit Coulomb, composé de différentes parties flexibles de muscles mettent en mouvement des leviers articulés de mécanismes entièrement semblables à ceux des machines, mis en mouvement sous l'action de la volonté et pouvant permettre des mouvements dans tous les sens, se plie à une infinité de formes et de positions.

Considéré sous ce point de vue, c'est presque toujours la machine la plus commode que l'on puisse employer pour produire les mouvements composés que demandent des nuances et des variations continues suivant des lois compliquées, quant aux pressions, aux vitesses et aux directions.

L'étude de l'homme, considéré comme une machine parfaite, en tant qu'il communique directement aux opérateurs le mouvement convenable, ne fait pas partie, avec toutes les variations de pression, de direction qu'exige le but à atteindre, de la science des machines, considéré comme ayant pour but principal d'utiliser les forces naturelles essentiellement inintelligentes, à la production d'objets pouvant, le plus souvent, être obtenus par le travail de la main. Dans ce qui suit nous consignerons les moyens usités pour employer seulement la force musculaire de l'homme à produire un mouvement simple, quelque soit l'emploi qui doive en être fait.

Action produite au moyen de la force des bras.

366. 1° *Système levier.* — Le levier, produisant le mouvement circulaire, peut être disposé dans un plan quelconque, mais il agit le plus souvent dans un plan vertical, tant parce que la résistance à

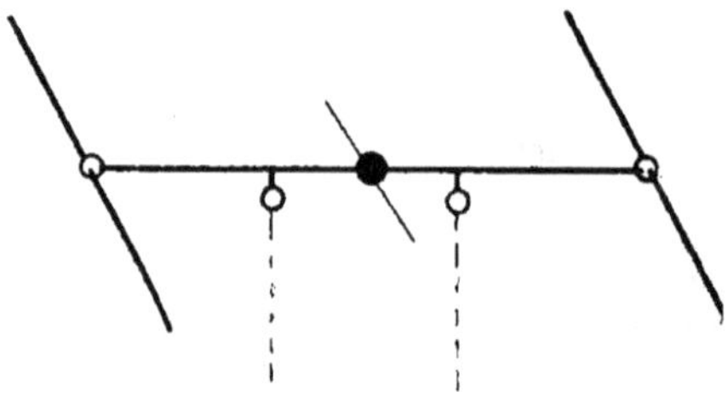

Fig. 157.

vaincre est fréquemment l'action de la gravité, que parce que le travail est plus considérable dans une position où le poids du corps vient seconder l'action musculaire.

La force s'applique, soit directement à l'extrémité du levier, soit à l'extrémité d'une barre (*fig.* 157) ou d'une corde assemblée au bout du levier (*fig.* 158).

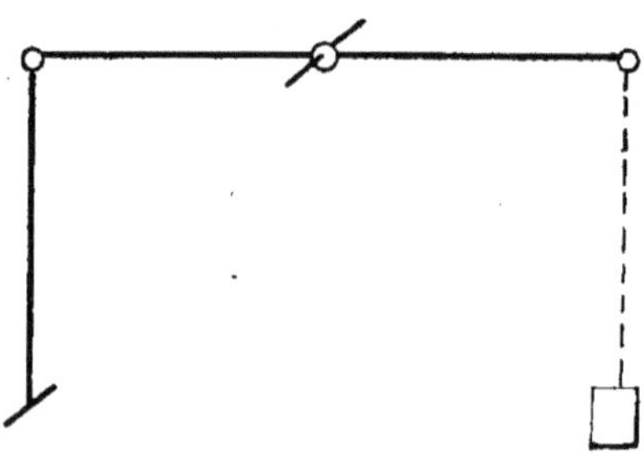

Fig. 158.

Pour un manœuvre exercé poussant et tirant alternativement dans le sens vertical une barre droite ou l'extrémité d'un levier, le maximum de travail correspond à un effort ou poids de 5 kilogrammes, mu avec une vitesse de $1^{m},10$ par seconde.

Donc, si le levier, dont le bras est égal à p fait n oscillations en t secondes en parcourant un angle α, on doit avoir :

$$\frac{n\alpha\,\mathrm{P}p}{t} = 5^{\mathrm{km}},50$$

ou

$$\frac{n\alpha p}{t} = 1^{\mathrm{m}},10.$$

Le maximum de travail est de 158 400 kilogrammètres en huit heures de travail. Si le levier fait une seule oscillation par seconde $n = 1$, $t = 1$ et $\alpha\,\mathrm{P}p = 5{,}50$ k.m.

De ces formules l'on déduira pour chaque cas la vitesse que doit posséder le levier à l'extrémité duquel la force est appliquée ; la longueur du bras de levier étant en rapport avec le mouvement possible des bras, c'est-à-dire ne devant pas dépasser un mètre.

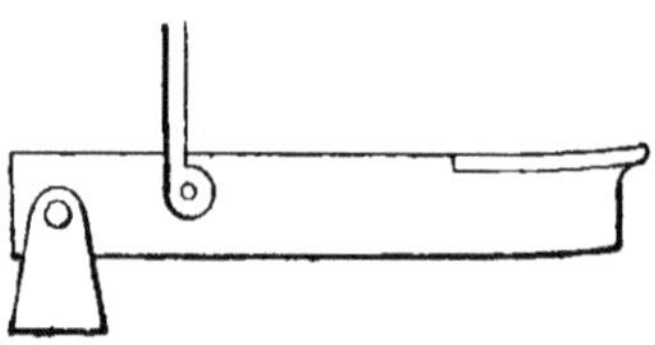

Fig. 159.

Les touches (*fig.* 159), système employé dans de nombreuses machines, les pianos, les machines à lire, etc., sont de véritables leviers. Elles sont employées non pas pour produire un travail moteur considérable, mais pour transmettre avec une grande rapidité, à l'aide des doigts, de petites forces motrices, et à multiplier les mouvements qui nécessitent une intervention de l'intelligence en chaque instant. On aura une idée de la rapidité que l'on peut obtenir dans ce mode de transmission en disant qu'un joueur de piano peut facilement avec ses deux mains toucher 20 000 notes à l'heure.

367. 2° *Système tour.* — L'organe le plus employé pour produire le mouvement circulaire continu, est la *manivelle.* Lorsqu'elle est appliquée à un axe horizontal (*fig.* 160) l'ouvrier agit, pour produire le mouvement circulaire, non seulement par son action musculaire, mais encore par le poids de la partie supérieure de son corps à laquelle il imprime un mouvement de va et vient. Le mouvement circulaire continu étant le plus usité dans les machines, l'emploi de la manivelle est extrêmement fréquent.

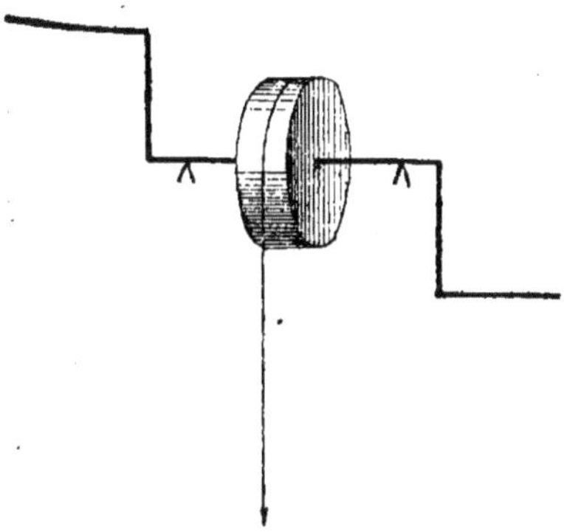

Fig. 160.

La figure 161 représente la manivelle appliquée à un axe vertical qui est employé dans quelques outils; cette disposition est moins avantageuse que la première, parce qu'elle ne permet que l'action musculaire.

Un manœuvre agissant à une manivelle adaptée à un axe horizontal ne doit exercer, pour le maximum de travail qu'un effort moyen de 8 kilog. environ avec une vitesse de $0^m,75$ par seconde; il produit ainsi en une journée de huit heures 172 000 kilog. L'effort à la manivelle peut atteindre au besoin 30 kilogrammètres, mais alors avec une faible vitesse, s'il était prolongé, on obtiendrait, à fatigue égale, une quantité de travail journalière bien moindre que celle indiquée ci-dessus.

Il est avantageux d'employer la manivelle avec une vitesse un peu grande, afin que les points morts, les points du haut et du bas de la course, où la direction du mouvement change, où l'action motrice résultant d'une pression doit être remplacée par une traction ou inversement, soient passés à l'aide du mouvement acquis, de l'inertie de pièces en communication avec la manivelle.

Soit P la force avec laquelle on agit sur la manivelle de rayon p, le travail pour chaque tour sera :

$$P \times 2 \pi p$$

Si un tour est fait en t secondes, on doit avoir :

$$\frac{2\pi p}{t} = 0,75$$

et pour une force P

$$\frac{P 2\pi p}{t} = 8 \text{ kil.} \times 0,75 = 6 \text{ k.m.}$$

pour le maximum; $0^m,75$ sera la vitesse que l'on devra toujours supposer à la manivelle, la longueur convenable du rayon étant $0^m,30$ à $0^m,40$, en rapport avec la longueur des bras, et le nombre de tours de vingt à vingt-cinq par minute.

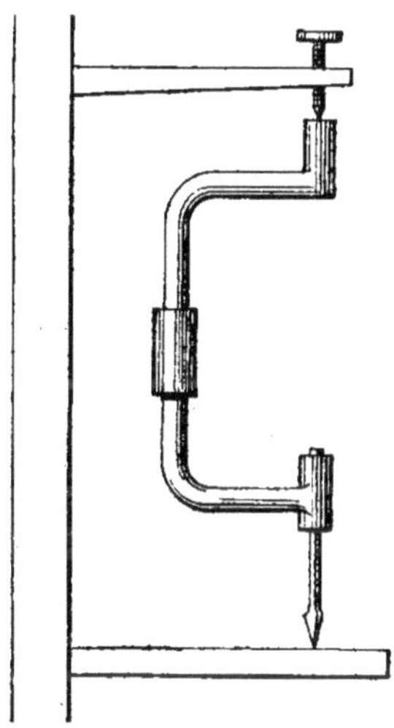

Fig. 161.

Par plusieurs leviers que l'on change successivement de main (*fig.* 162), on produit un mouvement circulaire continu, et cette disposition peut être préférable à la manivelle pour soulever momentanément de lourds fardeaux.

L'action devient une action de traction proprement dite, lorsque l'homme, marchant en s'appuyant sur le sol pour développer la force musculaire des jambes, en appuyant le corps contre de longs leviers, produit un mouvement circulaire continu d'un axe vertical par une action exercée à l'extrémité des leviers horizontaux. C'est ainsi qu'on agit avec le cabestan, en exerçant, pendant un temps modéré, un effort de 12 à 20 kilog. par homme,

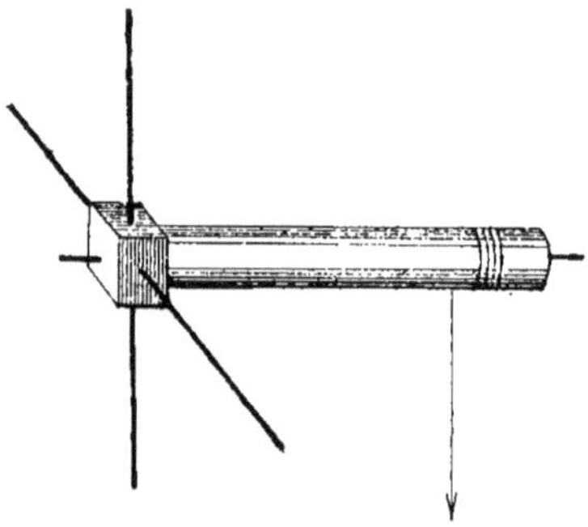

Fig. 162.

avec une vitesse de $0^m,60$ par seconde.

368. 3° *Système plan.* — Dans ce système produisant le mouvement rectiligne continu, c'est à l'aide des guides plans qu'on obtient ce mouvement dans bien des cas, par exemple, dans les pompes à main dont le piston cylindrique se meut dans un cylindre creux (*fig.* 163).

Souvent, c'est à l'aide de cordes que se produit le mouvement rectiligne; leur flexibilité fait que la direction constante de la résistance, dispense de toute espèce de guide. La traction étant produite sur une corde est détournée vers un point quelconque à l'aide d'une poulie (*fig.* 164) et l'on obtient un mouvement rectiligne continu assez régulier en alternant l'action de chacune des deux mains. Pour un manœuvre élevant des poids avec des cordes et une poulie, la corde redescendant sans charge, le maximum correspond à un poids de 18 kilogrammes mû avec une vitesse de $0^m,20$ par seconde, ou $Pp = 18 \times 0,20 = 3,6$ kilogrammètres par seconde.

Si le moteur se déplace et produit le mouvement en se transportant et en s'aidant du poids de son corps qu'il penche contre l'obstacle, le travail devient plus considérable.

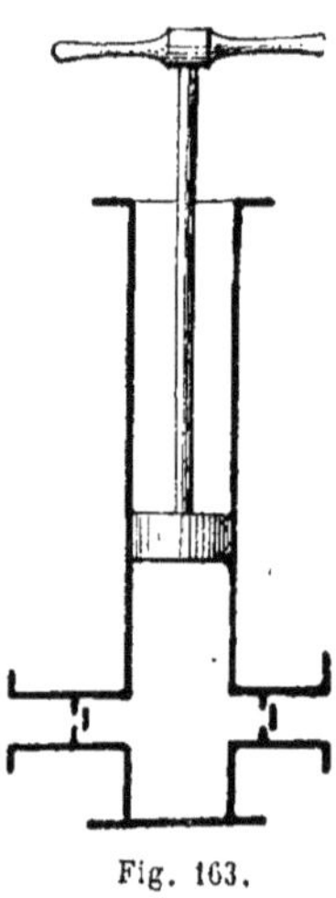

Fig. 163.

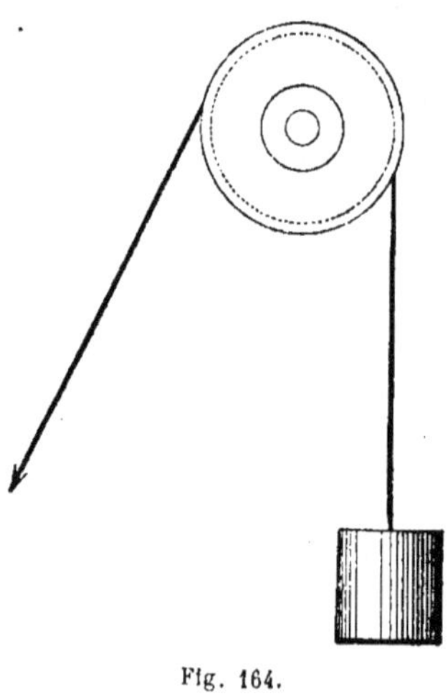

Fig. 164.

Un manœuvre marchant et poussant horizontalement parcourt, pour le maximum de travail, un espace de $0^m,60$ par seconde avec un effort de 12 kilogrammètres et produit, en huit heures de travail, 267 360 kilogrammètres.

369. *Travail produit au moyen de la force musculaire des jambes.* — Coriolis résume ainsi les données de l'expérience sur la meilleure manière d'employer la force musculaire.

« Lorsqu'on emploie les hommes comme moteurs, on remarque que, suivant qu'ils agissent à l'aide de tels ou tels muscles, ils produisent plus ou moins de travail en se fatiguant également et qu'en agissant avec les mêmes membres, le travail produit pour une même fatigue varie avec la rapidité du mouvement de ces membres et avec l'effort qu'ils ont à développer. Ainsi à fatigue égale au bout de la journée, l'homme avec les muscles des jambes produit plus de travail qu'avec ceux des bras, et en agissant avec les jambes, il produit le plus de travail possible, lorsque les mouvements n'ont pas plus de rapidité que dans la marche ordinaire, et que l'effort à exercer approche le plus possible de celui que ses muscles exercent habituellement dans la marche. »

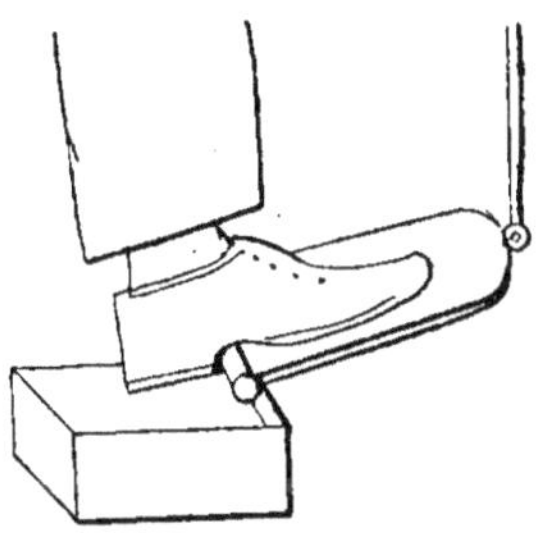

Fig. 165.

On agit ainsi dans un système tour, dans lequel l'action des jambes s'exerce contre les rais d'une roue horizontale en exerçant un effort moyen de 12 kilog. avec une vitesse de $0^m,60$ par seconde.

$Pp = 12 \times 0^m,70 = 8,4$ kilogrammètres, on produit un maximum de 251 120 kilogrammètre, en huit heures de travail.

La roue du tour à potier, mue de la sorte, laisse à l'ouvrier la disposition de ses bras pour façonner les pièces qui ont la forme de solides de révolution.

La pédale (*fig.* 165) est un système de levier qui fournit un moyen simple d'application du travail musculaire de la jambe et du pied pour engendrer un mouvement circulaire alternatif.

Laissant la liberté des mains à l'ouvrier ce système est fort employé pour mettre en mouvement les petites machines qu'emploie un ouvrier pour s'aider dans son travail. On produit en général, avec la pédale une oscillation par 2 ou 3 secondes. L'amplitude du mouvement est limitée par celle des flexions du pied qui ne peut être de plus de 10 à 12 centimètres, mesure prise à l'extrémité du pied. Il va sans dire qu'il n'agit qu'en descendant.

Action produite par le poids du corps.

370. La meilleure manière d'utiliser la force motrice de l'homme est d'employer le poids même de son corps.

371. *Système levier*. — Ce système est surtout employé pour produire momentanément des efforts considérables pour soulever des fardeaux. Quand il s'agit de produire un travail continu, les conditions pour le maximum sont rapprochées du système suivant.

372. *Système tour*. — On agit directement par le poids du corps pour engendrer un mouvement circulaire, à l'aide de la roue de cheville ou treuil des carriers, à laquelle on donne 3 à 5 mètres de diamètre.

L'homme grimpant sur les échelons dont la circonférence de la roue est garnie, produit un mouvement circulaire continu de l'axe de la roue. Ce système est barbare, par suite des accidents auxquels sont exposés les ouvriers qui le manœuvrent dans le cas de rupture de la corde qui enlève le poids. Le maximum obtenu par une vitesse de $0^m,15$ par seconde pour un poids de 60 kilogrammes;

$$Pp = 9 \text{ k. m.}$$

par une journée de huit heures, un homme produit 260 000 kilogrammètres. Il est facile d'en déduire la vitesse de rotation pour une dimension déterminée de la roue à chevilles.

373. *Système plan*. — Le mouvement rectiligne produit à l'aide du poids du corps, a été appliqué avec avantage aux terrassements des fortifications. Le système consiste en un montant portant une poulie (*fig.* 166) sur laquelle passe une corde munie à ses extrémités de deux plateaux, dont l'un C porte le poids à monter, et l'autre B une brouette vide et un ouvrier dont le poids détermine le mouvement. Cet ouvrier remonte ensuite à la partie supérieure au moyen d'échelles pour donner un mouvement rectiligne d'ascension à un nouveau poids à soulever. On produit ainsi, à bien près, le maximum de travail obtenu dans la marche sur une pente douce, qui est l'élévation verticale d'un poids de 65 kilogrammes avec une vitesse de 0^{m},15 ou 280 000 k. m. en huit heures.

Fig. 166.

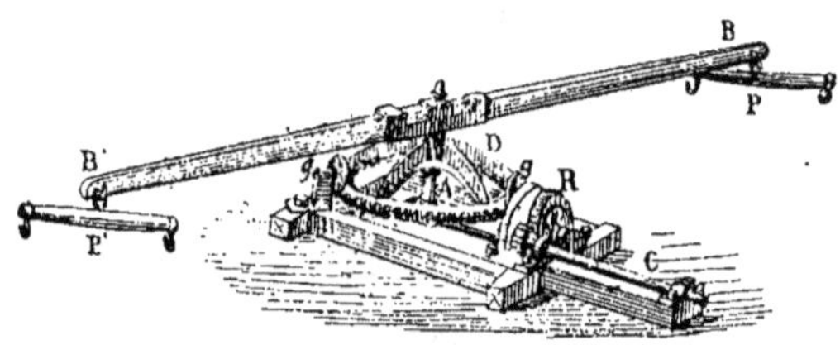

Fig. 167.

Force des animaux.

374. La force motrice des animaux est utilisée au moyen de manège (*fig.* 167), espèce de tour horizontal, composé d'un arbre vertical reposant sur un pivot. A cet arbre sont fixés à une certaine distance du sol, une ou plusieurs barres horizontales ; l'animal, attelé après une barre, tourne autour de l'axe, développe sa force par traction, et produit ainsi un mouvement circulaire continu.

Quelques essais faits pour utiliser la force des animaux au moyen de leur poids, ou par l'action de leurs pieds sur des espèces de roues à marcher, par des dispositions analogues à celles employées pour utiliser la force intelligente de l'homme et produire ainsi un mouvement circulaire continu, n'ont jamais été adoptés sérieusement dans la pratique. Le manège est préférable sous tous les rapports.

Pour ne pas être trop lourd, le bras du manège ne doit pas dépasser 4 mètres, et ne peut guère descendre au-dessous de 3 mètres, l'animal ne pouvant, sans fatigue extrême, marcher dans un cercle de petit rayon. La vitesse de 0^{m},90 pour un cheval, avec un effort de 45 kilogrammes ; la vitesse de 0^{m},6 pour un bœuf avec un effort de 65 kilogrammes; telles sont les limites normales de leur travail au manège.

D'après des expériences dynamométriques sur le tirage des charrues, M. Boileau a constaté que les bœufs, lorsque la résistance augmente, proportionnent à peu près exactement l'accroissement de leur effort de manière à entretenir l'uniformité du mouvement ce qui montre que ces animaux sont éminemment propres à un travail dans lequel la résistance est sujette à de fréquentes et surtout à de fortes variations. La plupart des chevaux au contraire, lorsqu'ils sentent un certain accroissement de résistance, donnent ce qu'on nomme un coup de collier, c'est-à-dire une impulsion subite dont l'effort est quelquefois double de celui qui est nécessaire, et qui met en jeu la réaction de l'inertie du mobile en même temps que celle d'une partie de leur corps, de sorte qu'ils se fatiguent beaucoup plus rapidement et font un ouvrage moins régulier ; il n'est donc pas avantageux d'employer ces moteurs dans les travaux à résistance très variable.

QUANTITÉS DE TRAVAIL QUE LES MOTEURS ANIMÉS PEUVENT FOURNIR

INDICATION DU GENRE DE TRAVAIL	EFFORT MOYEN exercé ou poids élevé	VITESSE MOYENNE par seconde	TRAVAIL par SECONDE	DURÉE du TRAVAIL journalier	EFFET UTILE par JOUR
1° ÉLÉVATION VERTICALE DES POIDS	kilog.	mètres.	k.m.	heures.	k.m.
Un homme montant une rampe douce ou un escalier sans fardeau, son travail consistant dans l'élévation du poids de son corps	65.00	0.15	9.75	8	280 880
Un manœuvre élevant des poids avec une corde et une poulie, ce qui l'oblige à faire descendre le corps à vide	18.00	0.20	3.60	6	77 760
Un manœuvre élevant des poids ou les portant sur son dos au haut d'une rampe douce ou d'un escalier et revenant à vide	65.00	0.04	2.60	6	56 160
Un manœuvre élevant des poids ou les soulevant à la main	20.00	0.17	3.40	6	73 440
Un manœuvre élevant des matériaux avec une brouette en montant une rampe au $^1/_{12}$ et revenant à vide	60.00	0.02	1.20	10	43 200
Un manœuvre élevant des terres à la pelle à la hauteur moyenne de 1m,60	2.70	0.40	1.08	10	38 880
2° ACTION SUR LES MACHINES					
Un manœuvre agissant sur une roue à chevilles ou à tambour :					
1° Au niveau de l'axe de la roue	60.00	0.15	9.00	8	259 200
2° Vers le bras de la roue ou à 24 degrés	12.00	0.70	8.40	8	251 120
Un manœuvre marchant et poussant ou tirant horizontalement	12.00	0.60	7.20	8	207 360
Un manœuvre agissant sur une manivelle	8.00	0.75	6.00	8	172 800
Un manœuvre exercé poussant et tirant alternativement dans un sens vertical	5.00	1.10	5.50	8	158 400
Un cheval attelé à une voiture ordinaire et allant au pas	70.00	0.90	63.00	10	2 168 000
Un cheval attelé à un manège et allant au pas	45.00	0.90	40.5	8	1 166 400
Un cheval attelé à un manège et allant au trot	30 00	2.00	60.00	4.5	972 400
Un bœuf attelé à un manège et allant au pas	64.00	0.60	39.00	8	1 123 200
Un mulet attelé de même et allant au pas	30.00	0.90	27.00	8	777 600
Un âne attelé de même et allant au pas	14.00	0.80	11.6	8	334 080

TRANSPORT HORIZONTAL

INDICATION DU GENRE DE TRANSPORT	POIDS TRANSPORTÉ	VITESSE MOYENNE par seconde	TRAVAIL par SECONDE	DURÉE du TRAVAIL journalier	EFFET UTILE par JOUR
	kilog.	mètres.	k.m.	heures.	k.m.
Un homme marchant sur un chemin horizontal sans fardeau, son travail consistant dans le transport de son corps	65	1.50	97.5	10.0	3 510 000
Un manœuvre transportant des matériaux dans une petite charrette ou camion à deux roues et revenant à vide	100	0.50	50.0	10.0	1 800 000
Un manœuvre transportant des matériaux dans une brouette et revenant à vide chercher de nouvelles charges	60	0.50	30.0	10	1 080 000
Un homme voyageant en portant des fardeaux sur le dos	40	0.75	30.0	7.0	756 000
Un manœuvre transportant des matériaux sur le dos et revenant à vide chercher de nouvelles charges	65	0.50	32.5	6.0	702 000
Un manœuvre transportant des fardeaux sur une civière et revenant à vide chercher de nouvelles charges	50	0.33	16.5	10.0	594 000
Un cheval transportant des matériaux sur une charrette et marchant au pas, continuellement chargé	700	1.10	770	10.0	2 772 0000
Un cheval attelé à une voiture et marchant au trot, continuellement chargé	350	2.20	770	4.5	1 247 4000
Un cheval transportant des fardeaux sur une charrette et revenant à vide chercher de nouvelles charges	700	0.60	420.0	10.0	1 512 0000
Un cheval chargé sur le dos et allant au pas	120	1.1	132.0	10.0	4 752 000
Un cheval chargé sur le dos et allant au trot	80	2.20	176.0	7.0	4 435 000

§ IV. — *THÉORIE DES VOLANTS*

375. Un volant est une roue massive destinée à régulariser la vitesse d'une machine, une fois la marche normale établie. On sait qu'alors le mouvement de la machine est, en général, devenu périodiquement uniforme, d'où résulte que, pour chaque période, le travail dépensé par le moteur est égal à la somme des travaux de toutes les résistances. Cette égalité suffit pour assurer la périodicité du mouvement d'une machine, et pour ramener au bout de chaque période les vitesses de ces différents points matériels aux mêmes valeurs. Mais elle n'influe en rien sur les variations des vitesses pendant la durée de la période. C'est ici qu'on fait intervenir un volant pour restreindre l'écart entre la vitesse maximum et la vitesse minimum, et resserrer les vitesses extrêmes entre deux limites aussi rapprochées qu'on le voudra.

Considérons un arbre tournant soumis à diverses forces, que nous pourrons réduire à une puissance et à une résistance. Nous supposerons que le mouvement soit périodiquement uniforme et que la période comprenne un tour entier. La vitesse angulaire ω est variable pendant la période, mais elle se retrouve la même à chaque tour que l'arbre accomplit.

En appelant T_m le travail moteur correspondant à un tour, et T_r le travail résistant y compris le travail utile, on aura pour la périodicité du mouvement, l'égalité :

$$T_m = T_r.$$

La vitesse ω étant variable, mais revenant périodiquement à la même valeur ω_0, a un maximum et un minimum dans l'étendue de la période; soit ω' le minimum et ω'' le maximum, I le moment d'inertie de l'arbre tournant et de toutes les masses qu'il entraîne. Les vitesses ω' et ω'' correspondront à des positions déterminées du système mobile.

Appliquons le théorème des forces vives entre ces deux positions; il viendra :

$$\frac{1}{2} I (\omega''^2 - \omega'^2) = T'_m - T'_r$$

T_m' et T_r' étant les quantités de travail fournies par la puissance et la résistance quand le système passe de la position du minimum à celle du maximum. Le second membre étant une quantité déterminée, on voit que $\omega''^2 - \omega'^2$ sera d'autant moindre que I sera plus grand, or

$$\omega''^2 - \omega'^2 = (\omega'' - \omega')(\omega'' + \omega').$$

La demi-somme :

$$\frac{\omega'' + \omega'}{2}$$

moyenne des vitesses angulaires extrêmes, diffère peu de la vitesse moyenne Ω de l'arbre tournant, quantité constante que l'on peut supposer connue.

L'équation devient donc :

$$I (\omega'' - \omega') \Omega = T'_m - T'_r.$$

Posons $\omega'' - \omega' = \frac{1}{n} \Omega$; la fraction $\frac{1}{n}$ sera ce qu'on appelle le *coefficient de régularisation* de la machine. Il viendra

$$I = \frac{T'_m - T'_r}{\frac{1}{n} \Omega^2}$$

Telle est la valeur à attribuer au moment d'inertie de l'arbre tournant pour que l'écart $\omega'' - \omega'$ entre les vitesses angulaires extrêmes, soit une fraction donnée $\frac{1}{n}$ de la vitesse angulaire moyenne.

Si l'arbre n'a pas lui-même un moment d'inertie suffisant, on devra compléter ce moment d'inertie au moyen d'une masse additionnelle, qui constituera le volant.

Le rôle du volant dans une machine est indiqué par l'équation des forces vives. Au bout de la période, le volant reprend la vitesse qu'il possédait au commencement ; sa force vive disparaît donc de l'équation appliquée à la période entière, et sa masse n'influe pas sur la vitesse moyenne de la machine. Mais dans l'étendue de la période, le volant tend à retarder la machine quand le travail moteur l'emporte sur le travail résistant, et tend au contraire à l'accélérer quand le travail moteur est inférieur au travail résistant.

On peut le comparer à un réservoir qui se remplit quand la machine accélère sa marche, qui se vide quand il y a ralentissement, et qui tend toujours à maintenir un certain niveau moyen, correspondant à la vitesse moyenne.

Le volant emmagasine sous forme de force vive l'excès du travail moteur, et restitue cet excès quand le travail résistant devient un excès lui-même.

376. *Poids d'un volant.* — La formule trouvée plus haut :

$$I = \frac{T'_m - T'_r}{\frac{1}{n}\,\overline{\Omega}^2}$$

permet de trouver le poids d'un volant, lorsqu'on connait l'excès $T'_m - T'_r$ du travail moteur sur le travail résistant, ou vice versa, ainsi que la vitesse angulaire de rotation Ω de l'arbre du volant et le coefficient de régularisation $\frac{1}{n}$.

Remarquons d'abord que le moment d'inertie I sera d'autant plus petit que la vitesse angulaire moyenne sera plus grande, et par suite il convient, quand on le peut, de placer le volant sur l'axe dont le mouvement est le plus rapide.

En négligeant l'influence des bras, le moment d'inertie de la jante du volant est à très peu près :

$$I = \frac{P}{g} R^2.$$

P, étant le poids de l'anneau et R son rayon moyen ; on aura alors :

$$\frac{P}{g} R^2 = \frac{T'_m - T'_r}{\frac{1}{n}\,\overline{\Omega}^2}$$

d'où

$$P = \frac{gn\,(T'_m - T'_r)}{R^2\,\overline{\Omega}^2}.$$

Cette formule fait ainsi connaitre le poids d'un volant. Le terme n est donné par l'expérience et dépend de l'espèce de machine que l'on considère. Pour les machines à vapeurs n est compris entre 35 et 40 ; lorsque le mouvement doit être très régulier n est compris entre 50 et 60.

377. *Calcul de* $T'_m - T'_r$. — Nous allons, comme exemple, calculer l'excès du travail moteur sur le travail résistant, en supposant que la bielle de la machine ait une longueur infinie, c'est-à-dire qu'elle reste constamment parallèle à elle-même ; de plus nous admettons que l'effet F que la bielle transmet à la manivelle est constant. Soit *om* (*fig.* 168) le rayon de la manivelle ou est appliqué l'effort moteur, R' le rayon de la roue ou poulie ou est

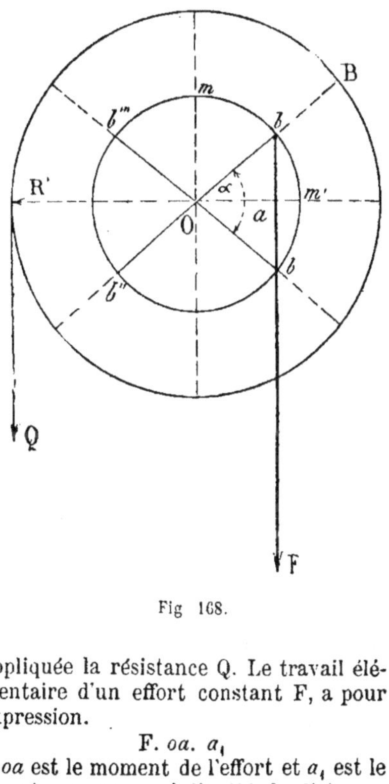

Fig 168.

appliquée la résistance Q. Le travail élémentaire d'un effort constant F, a pour expression.

$$F.\,oa.\,a_1$$

$F.oa$ est le moment de l'effort et a_1 est le chemin parcouru à l'unité de distance. Quand la manivelle, occupe la position *om*, le travail de la puissance est nul ; la résistance l'emporte sur la puissance, la vitesse doit donc diminuer. A partir de cet instant le travail de la puissance F va en augmentant et il arrive un moment ou le travail de la puissance est égal à celui de la résistance; supposons qu'à cet instant la manivelle occupe la position ob, on aura:

$$F.oa.a_1 = QR'a_1$$

d'où

$$oa = \frac{QR'}{F}.$$

A partir de ob, le bras de levier de F va en augmentant, alors F l'emporte sur Q, l'excès de travail augmente jusqu'à la position horizontale de la manivelle; mais passé cette position le travail de F diminue, ainsi que l'excès du travail; il arrive un moment où les deux travaux sont égaux de nouveau, lorsque la manivelle est en ob', par exemple, à ce moment la vitesse est maximum, et on a encore :

$$F.oa.a_1 = QR'a_1$$

ou

$$oa = \frac{QR'}{F}$$

ce qui montre que b' est symétrique de b par rapport à om'.

Le mouvement continuant le travail de F diminue, et par suite :

$$T'_r > T'_m$$

arrivé à la verticale $T'_m = 0$, puis T'_m augmente et à un nouvel instant :

$$T'_m = T'_r$$

c'est-à-dire que $oa = \frac{QR'}{F}$, ou bien ob'' est dans le prolongement de ob'. Enfin en continuant le mouvement, on voit que la vitesse atteint un nouveau maximum, lorsque ob'' est dans le prolongement de ob'.

En résumé le travail de la puissance l'emporte sur la résistance quand la manivelle passe de ob à ob', puis de la position ob'' à ob'''; tandis que la résistance l'emporte sur la puissance lorsque la manivelle passe de ob' à ob'' et de ob''' à ob.

Il faut donc calculer le travail de la puissance et de la résistance pendant que la manivelle décrit l'angle $bob' = \alpha$.

Admettons que dans un tour de manivelle le travail de la puissance soit égal au travail de la résistance, on aura :

Travail de $F = F \times 4.ob$:

Travail de $Q = Q \times 2\pi R'$

d'où, d'après l'hypothèse.

$$F.\ 4.\ ob = Q.\ 2\pi R'$$

ou

$$QR' = F\frac{2.ob}{\pi}.$$

Remplaçons QR' par sa valeur dans :

$$oa = \frac{QR'}{F}$$

il vient

$$oa = \frac{2.ob}{\pi}.$$

Quand l'angle décrit par la manivelle est α, le travail de F est :

$$F \times bb'$$

celui de Q est $Q \times$ arc BB'

Alors

$$T'_m - T'_r = F.\ bb' - Q \text{ arc } BB'$$

observons que :

$$bb' = 2ab = 2\sqrt{\overline{ob}^2 - \overline{oa}^2}$$

et parce que $oa = \frac{2.ob}{\pi}$,

il vient :

$$bb' = 2\sqrt{\overline{ob}^2 - \frac{4.\overline{ob}^2}{\pi^2}}$$

ou bien,

$$bb' = 2ob\sqrt{1 - \frac{4}{\pi^2}}.$$

L'arc BB' a pour expression :

$$\text{arc } BB' = \frac{\pi R'\alpha}{180}$$

le sinus de la moitié de cet arc est $\frac{ab}{ob} = \frac{bb'}{2ob}$

donc :

$$\sin\frac{1}{2}BB' = \sin\frac{1}{2}\alpha = \frac{2.ob\sqrt{1 - \frac{\pi^2}{4}}}{2.ob}$$

ou

$$\sin\frac{1}{2}\alpha = \sqrt{1 - \frac{4}{\pi^2}}$$

en calculant, on trouve :

$$\frac{1}{2}\alpha = 50°,462$$

ou

$$\alpha = 100°,924.$$

D'après cela,

$$\text{arc } BB' = \frac{\pi R'.100°,924}{180}.$$

L'excès des travaux $T'_m - T'_r = F.bb' -$ Q.arc BB', devient :

$$T'_m - T'_r = F.2ob\sqrt{1 - \frac{4}{\pi^2}} - Q\frac{\pi R'.100°.924}{180}.$$

Or, $F.20b = Q\pi R'$
d'où,

$$T'_m - T'_r = Q\pi R'\left(\sqrt{1-\frac{4}{\pi^2}} - \frac{100^c,904}{180}\right).$$

En faisant les calculs numériques, on trouve que la parenthèse est égale à 0,2105 par conséquent :

$$T'_m - T'_r = 0{,}2105\ Q\pi R'.$$

Exprimons $Q\pi R'$ d'une autre façon. Soit m le nombre de tours faits en une minute par la poulie, sur laquelle est appliquée la résistance, et N l'expression de la résistance en chevaux-vapeur ; on aura :

Travail de Q pour un tour $= Q.2\pi R'$

Travail de Q par minute $= Q.2\pi R'm$,

Travail de Q par seconde $= \frac{Q.2\pi R'm}{60}$

Travail de Q en chevaux $= \frac{Q.2\pi R n}{60 \times 75} = N$

d'où l'on tire :

$$Q\pi R' = \frac{4\ 500\ N}{2m}$$

et alors,

$$T'_m - T'_r = \frac{4\ 500\ N}{2m}, 0{,}2105.$$

Le poids du volant devient :

$$P = \frac{g.n}{R^2\Omega^2}\left(\frac{4\ 500\ N}{2m} \cdot 0{,}2105\right).$$

Ω représentant la vitesse angulaire moyenne et R le rayon moyen de l'anneau du volant, il s'ensuit que R Ω est la vi-

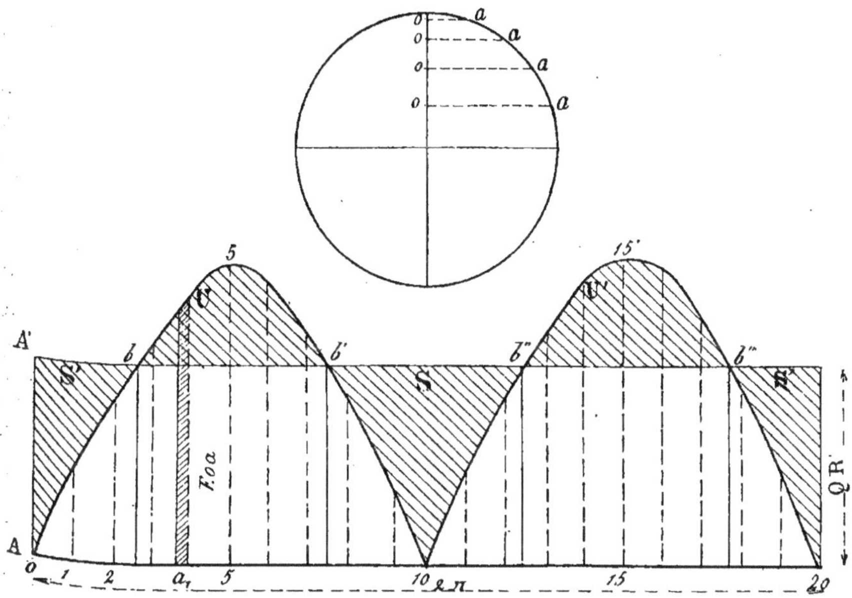

Fig. 169.

tesse V à la circonférence moyenne du volant, donc :

$$P = \frac{g.n.N}{mV^2} \cdot \frac{4\ 500\ .\ 0{,}2105}{2}$$

et en calculant les facteurs numériques :

$$P = 4\ 646\ \frac{n.N}{mV^2}.$$

Telle est, dans le cas de la bielle infinie la formule qui donnerait le poids du volant en fonction de n. m N et V.

378. *Détermination graphique de $T'_m - T'_r$.* — L'excès du travail moteur sur le travail résistant peut s'obtenir par une construction graphique. Nous allons supposer encore le cas d'une bielle infinie et décrirons une circonférence ayant un mètre de rayon que nous diviserons en un certain nombre de parties égales, 20 par exemple (*fig.* 169), développons cette circonférence et élevons des points de division des ordonnées proportionnelles à F.*oa*; on obtiendra en joignant les extrémités, une courbe symétrique de chaque côté de la ligne 5,5' pour une demi-révolution, l'autre correspondant à la demi-révolution suivante est symétrique par rapport à l'ordonnée 15, 15'

La surface comprise entre la courbe et la ligne des abscisses représente le travail mécanique de la puissance F dans une révolution entière. En effet, prenons un élément a_1 de la circonférence développée et élevons à ses deux extrémités les ordonnées, on forme ainsi un petit trapèze dont la surface est :

$$F.oa.\,a_1$$

c'est-à-dire le travail élémentaire de F; donc la somme de tous ces trapèzes élémentaires représentera le travail théorique de la puissance.

Soit maintenant Q' la résistance constante agissant à l'extremité du rayon R de la poulie; son travail pendant une révolution est: $Q.\,2\,\pi\,R'$

qu'on peut représenter par un rectangle ayant pour dimensions $2\,\pi$ et QR' : Si donc on porte AA' = QR', le rectangle AA' BB' sera le travail de la résistance dans une révolution entière.

La partie de la surface située au-dessus du rectangle représente l'excès du travail de F sur le travail de Q, et la partie du rectangle comprise entre les deux courbes n'est autre que l'excès du travail de Q sur celui de F. Les points *b*, *b'*, *b''*, *b'''*, indiquent les instants où les travaux sont égaux.

On prendra pour $T'_m - T'_r$ l'un quelconque de ces excès.

379. *Cas d'une bielle de longeur déterminée.* — Si la tige du piston est liée à la manivelle par une bielle de longueur finie, ce qui a toujours lieu dans la pratique; voici comment on s'y prendra pour déterminer graphiquement $T'_m - T'_r$.

Divisons la circonférence décrite par le bouton de manivelle en 20 parties égales (*fig.* 170) et considérons une position AM de la bielle; pour trouver la valeur de F, portons AB proportionnel à l'effort exercé sur le piston, et décomposons le en deux forces, l'une AC = F suivant la direction de la bielle et l'autre AD perpendiculairement à la tige du piston. Cette composante AD est détruite par la résistance des glissières. Le bras de levier O*a* se déterminera aisément; on aura ainsi pour toutes les positions du bouton de manivelle le produit F. *oa*.

Si la machine est à détente, on cherchera la position de la manivelle au commencement de la détente et on détermine la pression exercée sur le piston en appliquant la loi de Mariotte ce qui permettra

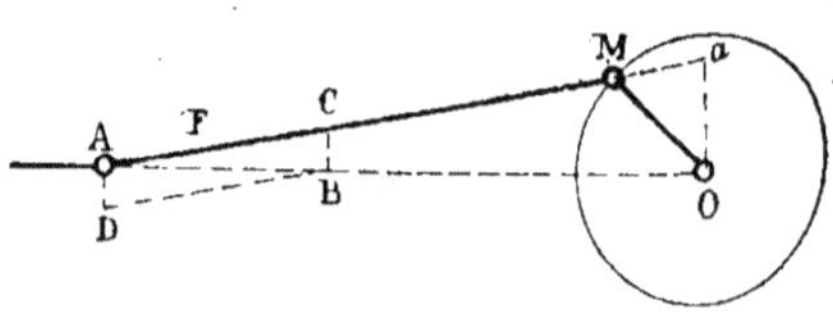

Fig. 170.

de calculer la valeur de F correspondante.

Si la machine est oscillante il n'y aura pas de décomposition à faire puisque la bielle étant supprimée, la tige du piston communique au bouton de manivelle, l'intégralité de la pression de la vapeur.

Lorsque la machine comporte plusieurs manivelles, il suffit d'ajouter les différents produits de la forme F*oa*

380. *Formules usuelles donnant le poids des volants.*

MACHINES A VAPEUR A PLEINE PRESSION

Bielle = 6 fois la manivelle	$P = 5\,227{,}3\,\dfrac{nN}{mV^2}$		
» 5 »	$P = 5\,528{,}2\,\dfrac{nN}{mV^2}$		avec balancier.
» 4 »	$P = 5\,829{,}4\,\dfrac{nN}{mV^2}$		

» 5 » $P = 5\,592 \frac{nN}{mV^2}$ sans balancier.

MACHINES A DÉTENTE, A HAUTE PRESSION, SANS CONDENSATION

Détente commençant à $\frac{1}{2}$ de la course $P = 7\,080{,}3 \frac{nN}{mV^2}$.

» $\frac{1}{3}$ » $P = 8\,166 \frac{nN}{mV^2}$.

» $\frac{1}{4}$ » $P = 9\,218{,}4 \frac{nN}{mV^2}$.

Dans ces machines, où l'irrégularité est plus grande, le poids du volant est augmenté, comme l'indique la valeur du coefficient numérique.

Problème.

381. *Quel est le poids du volant d'une machine à pleine pression de la force de 35 chevaux, sachant que le nombre de tours* $m = 19$; *le coefficient de régularisation* $\frac{1}{n} = \frac{1}{40}$ *et le diamètre du volant* $= 6^m,10$.

On aura :

$$V = \frac{3{,}1416 \times 6{,}10 \times 19}{60} = 6^m{,}05,$$

d'où, $$P = \frac{5\,227}{6{,}05^2} \times \frac{40 \times 35}{19} = 10\,500 \text{ kil.}$$

Suivant la section qu'on se proposerait de donner à la jante, il serait facile d'en déterminer les dimensions.

Si on voulait déterminer exactement le poids, il suffirait de calculer graphiquement la valeur $T'_m - T'r$ d'après les conditions d'établissement de la machine.

382. *Remarque.* — On peut augmenter la puissance d'un volant, soit en augmentant son poids, sans changer sa forme, soit en lui donnant de plus grandes dimensions sans faire entrer plus de matière dans sa composition. C'est ce dernier moyen qu'on emploie de préférence, afin de ne pas rendre le volant trop lourd et par suite ne pas trop charger l'arbre qui doit le supporter. Aussi voit-on habituellement que les machines un peu puissantes sont munies de volants de très grandes dimensions. Il y a cependant une limite qu'on ne doit pas dépasser. Si l'on agrandissait un volant outre mesure, sa circonférence ne présenterait plus une solidité suffisante et pourrait être brisée par la force centrifuge qui se développe pendant son mouvement de rotation.

383. *Conséquences et conditions pratiques.* — Les volants produisant une surcharge sur les axes de rotation, augmentent les frottements de leurs tourillons et sont, par conséquent, une cause de perte de travail. En outre, dans des circonstances ou, par suite d'un accident, il serait important de pouvoir arrêter promptement le mouvement des machines, l'inertie des volants augmente les difficultés de cette opération et devient d'autant plus dangereuse que leur masse est plus considérable.

A ce double point de vue, on doit diminuer autant que possible le poids de ces pièces rotatives ; or, la formule montre que pour une vitesse de régime V, ou un même nombre de tours par minute, le poids du volant est inverse au carré de son rayon moyen, rayon qu'il faut augmenter autant que possible.

Il résulte de la même formule que lorsqu'on peut placer le volant sur différents arbres de rotation, il est avantageux, par des motifs analogues, de choisir celui dont la vitesse angulaire de régime est la plus grande. La vitesse à la circonférence moyenne peut augmenter jusqu'à 30 mètres, mais au delà de cette valeur, la force centrifuge pourrait devenir dangereuse.

Il convient également de placer le volant le plus près possible de l'organe mécanique sur lequel agit la cause de variation de mouvement qu'il doit combattre, afin que le mouvement soit régularisé avant d'être transmis ; mais cette condition doit être combinée avec celle relative à la vitesse.

Enfin, il faut remarquer que les temps nécessaires pour vaincre l'inertie étant courts, l'efficacité des volants est restreinte à des périodes de courte durée.

384. *Observation relative aux roues hydrauliques.* — Lorsque les machines opératrices sont mues par une roue hydraulique avec engrenage intermédiaire, la quantité de travail de l'inertie des masses rotatives tournant autour d'un axe autre que celui du volant, comprend principalement cette roue ainsi que la masse d'eau qu'elle contient, et cette quantité peut se trouver assez considérable pour dispenser de l'emploi d'un volant. Il faut alors, dans ce cas, renforcer convenablement les dents et les bras des roues d'engrenage qui sont plus fatigués que quand l'action régulatrice s'exerce sans intermédiaire sur la machine opératrice, surtout lorsque celle-ci est exposée, comme dans les laminoirs et les cames des marteaux, à des réactions brusques.

Quand la vitesse angulaire de la roue hydraulique est suffisante, la meilleure disposition consiste à placer cette roue sur l'arbre de rotation même de la machine opératrice.

TRAITÉ

DE

MÉCANIQUE

QUATRIÈME PARTIE

HYDRAULIQUE

INTRODUCTION

1. L'hydraulique est la partie de la mécanique qui s'occupe des fluides et de leur emploi comme moteur.

Elle comprend deux branches :

1° *L'hydrostatique* qui s'occupe des fluides en équilibre et que nous avons étudiée au chapitre XI de la statique.

2° *L'hydrodynamique*, ou hydraulique proprement dite qui s'occupe des fluides en mouvement et des machines dans lesquelles ils sont utilisés comme moteur, ainsi que des appareils qui permettent de les élever.

Les liquides et les gaz sont compris sous la dénomination de fluides. La différence entre un corps solide et un corps fluide est que, dans un corps solide, chaque point matériel a une place à peu près fixe par rapport à tous les autres, de sorte que la déformation du corps exige des effets plus ou moins considérables ; tandis que, dans un fluide, chaque point matériel est comme libre au milieu des autres points, et que le système n'a par lui-même aucune forme définie.

Un liquide pesant, versé dans un vase, prend exactement la forme de ce vase, excepté sur la surface libre, qui dans l'état de repos est un plan horizontal.

Un gaz renfermé dans une enceinte tend à en occuper tout le volume, et se dilate, jusqu'à ce qu'il en ait atteint de tous côtés la surface limite.

Ces trois états, l'état solide, l'état liquide, l'état gazeux, appartiennent à presque tous les corps, et dépendent principalement de la température. Ainsi l'eau est liquide à la température moyenne de nos climats ; elle se gèle et passe à l'état solide vers 0° ; elle se change en vapeur, c'est-à-dire en gaz, quand on élève suffisamment la température sans changer la pression extérieure.

Il y a une dizaine d'années, certains gaz, tels que l'oxygène, l'hydrogène, l'air, etc., étaient considérés comme permanents, c'est-à-dire qu'ils n'étaient pas connus à l'état liquide ; mais depuis les expériences de MM. Cailletet et Pictet qui eurent lieu vers 1877, ces gaz ont été liquéfiés.

La distinction entre les liquides et les

gaz s'établit en considérant les changements de volume.

Un liquide enfermé dans une enceinte qu'il remplit entièrement, ne peut être amené qu'au prix des plus grands efforts à occuper un volume moindre ; en d'autres termes, les liquides sont très peu compressibles. On peut ajouter qu'ils sont très peu dilatables.

Les liquides pouvant transmettre les vibrations sonores, se comportent à cet égard comme des corps élastiques, et sont par conséquent susceptibles de subir de petites compressions et de petites dilatations. L'expérence directe a d'ailleurs fait connaître les coefficients de compressibilité des divers liquides ; ce sont des nombres très petits.

Un gaz, au contraire est extrêmement compressible et infiniment dilatable. Si, sous une pression égale à l'unité, une masse gazeuse occupe un volume représenté aussi par l'unité, la même masse occupera des volumes égaux à 2, 3... n, lorsque la pression sera réduite à $\frac{1}{2}, \frac{1}{3} \cdots \frac{1}{n}$; inversement elle occupera des volumes $\frac{1}{2}, \frac{1}{3} \cdots \frac{1}{n}$, lorsque la pression sera portée à 2, 3...n.

C'est en cela que consiste la *loi de Mariotte*, loi qui n'est pas vraie sans restriction, et qui suppose notamment cette condition nécessaire, que la masse gazeuse soumise à l'expérience conserve toujours la même température.

Quand la température de la masse gazeuse change, la loi de Mariotte doit être complétée par celle de Gay-Lussac et l'ensemble des deux lois s'exprime par la relation :

$$\frac{V}{V'} = \frac{1 + \alpha t}{1 + \alpha t'} \times \frac{H'}{H}.$$

dans laquelle V et V' représentent deux volumes différents de la masse de gaz, aux températures correspondantes t et t' et sous les pressions H et H'.

Les mêmes lois s'appliquent aux vapeurs, mais avec certaines restrictions ; lorsqu'il s'agit de vapeurs, il ne faut pas oublier que dans des conditions particulières de température et de pression la masse gazeuse se change en liquide.

Les expériences précises faites sur la loi de Mariotte et de Gay-Lussac, ont démontré qu'elles n'étaient pas rigoureusement exactes et qu'il y a pour chaque gaz des termes correctifs.

La mécanique rationnelle peut se dispenser d'entrer dans ces détails, moyennant qu'elle se borne à étudier l'équilibre et le mouvement des fluides *parfaits* par opposition aux fluides *naturels*.

Un *liquide parfait* est un fluide hypothétique, dépouillé de toute espèce de *viscosité*, et devenu rigoureusement incompressible. Par viscosité, on entend la propriété qu'ont les parties des fluides de développer des frottements quand elles glissent les unes contre les autres.

La viscosité, ainsi définie, existe dans tous les fluides naturels, dans les gaz comme dans les liquides.

On appelle *gaz parfait*, un gaz permanent dénué de viscosité, et suivant indéfiniment les lois de Mariotte et de Gay-Lussac.

Dans cette partie de notre ouvrage, nous étudierons successivement :

Le mouvement d'un liquide qui sort d'un réservoir.

Le mouvement de l'eau dans les tuyaux de conduite.

Le mouvement de l'eau coulant dans un lit, à l'air libre, ou l'étude de l'eau dans un canal découvert.

Les moteurs hydrauliques (Roues et turbines).

Les appareils servant à élever l'eau (Pompes, etc.).

2. *Mouvement permanent.* — On dit d'une masse fluide qu'elle est à l'état de régime permanent ; lorsque en considérant un point quelconque de l'espace occupé par cette masse fluide, il arrive que toutes les circonstances du mouvement sont toujours les mêmes pour ce même point. Toutes les molécules fluides qui passent successivement en ce point, ont un même mouvement, la même vitesse, en sens, grandeur et direction.

En ce point aussi, la pression rapportée à l'unité de surface, et la densité (s'il s'agit d'un gaz), sont toujours les mêmes.

Donc dans ce mouvement permanent, toutes les molécules ont la même trajectoire.

3. *Filet fluide.* — On appelle *filet fluide*, l'ensemble des masses élémentaires de fluides égales entre-elles, qui se trouvent réparties en un même instant sur leur trajectoire commune.

Le côté *d'amont* est le côté par lequel un fluide arrive.

Le côté d'*aval* est celui par ou il s'écoule.

4. *Variation des pressions dans un fluide en mouvement.* — Dans un fluide en mouvement, la pression ne varie pas d'un point à un autre, suivant la loi hydrostatique, c'est-à-dire suivant la hauteur du liquide situé au-dessus du point considéré. Il existe quatre cas généraux dans lesquels on reconnaît la loi suivant laquelle la pression varie d'un point à un autre dans un fluide en mouvement,

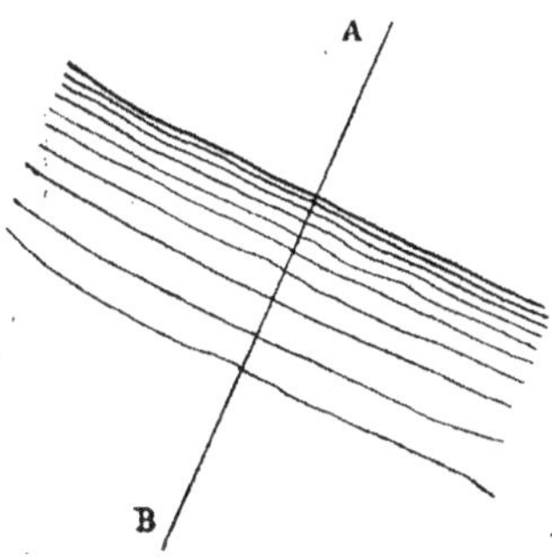

Fig. 1.

De là les quatre règles suivantes :

1° Soit une masse fluide en mouvement. Supposons qu'elle ne soit soumise à aucun frottement, et que, de plus, chaque molécule ait un mouvement rectiligne et uniforme ;

Il arrive que, dans cette masse fluide, la pression varie d'un point à un autre suivant la loi hydrostatique.

2° Supposons que, dans une masse fluide en mouvement toutes les molécules soient animées de mouvements très lents, on peut admettre avec approximation que la pression varie d'un point à l'autre suivant la loi hydrostatique ;

3° Soit une masse fluide en mouvement, qui ne soit soumise à aucun frottement. Supposons que chaque molécule ait exactement le même mouvement que si elle était un point matériel libre soumis uniquement aux forces extérieures qui lui sont appliquées. Il arrive que, dans cette masse fluide, la pression ne varie pas suivant la loi hydrostatique, mais qu'elle est partout constante ;

4° Soit AB (*fig.* 1) une section plane faite dans un fluide. Supposons que tous les filets qui traversent cette section lui soient normaux, et de plus, qu'ils soient rectilignes, dans le voisinage immédiat de cette section. Dans toute l'étendue de cette section AB, la pression varie suivant la loi hydrostatique.

Cette règle a lieu, même quand il y a un frottement entre les filets fluides.

Théorème de Bernouilli.

5. Le théorème de Daniel Bernoulli est un des théorèmes fondamentaux de l'hydraulique. Il se rapporte au mouvement permanent d'un liquide dans un canal contre les parois duquel il n'exerce qu'un frottement insensible. Il s'énonce généralement comme il suit :

La différence des hauteurs dues aux pressions dans deux sections transversales quelconques est égale à la différence de niveau des centres de gravité de ces sections diminuée de la différence des hauteurs dues aux vitesses en aval et en amont.

La démonstration de ce théorème est une application du principe des forces vives.

Soit A_0B_0, AB une veine fluide (*fig.* 2) comprise entre deux sections planes.

Cette masse doit remplir les conditions suivantes :

1° Le mouvement est permanent;

2° Les frottements auxquels elle est soumise sont nuls ou négligeables;

3° Dans les deux sections A_0B_0, AB, le mouvement a lieu par tranches parallèles, c'est-à-dire que les molécules qui traversent A_0B_0, ont des vitesses normales à cette section et égales entre elles. Il en est de même pour AB;

4° Dans chacune des sections extrêmes

A_0B_0, AB, la pression varie suivant la loi hydrostatique.

Cela posé, considérons à un instant donné, la masse entière et appliquons le théorème des forces vives pendant un temps infiniment petit θ. Cette masse occupe au bout de ce temps l'espace C_0D_0, CD.

Comme on suppose le mouvement permanent, dans les deux demi-sommes de la force vive des masses A_0B_0 AB, C_0D_0, CD, il y a une partie commune qui remplit C_0D_0AB.

Soit P le poids du cylindre élémentaire ABCD sa 1/2 force vive sera :

$$\frac{P}{2g} V^2.$$

La 1/2 force vive de $A_0B_0C_0D_0$ est:

$$\frac{P}{2g} V_0^2.$$

V et V_0 représentant les vitesses connues des molécules dans les sections AB et A_0B_0.

La différence des deux forces vives est donc :

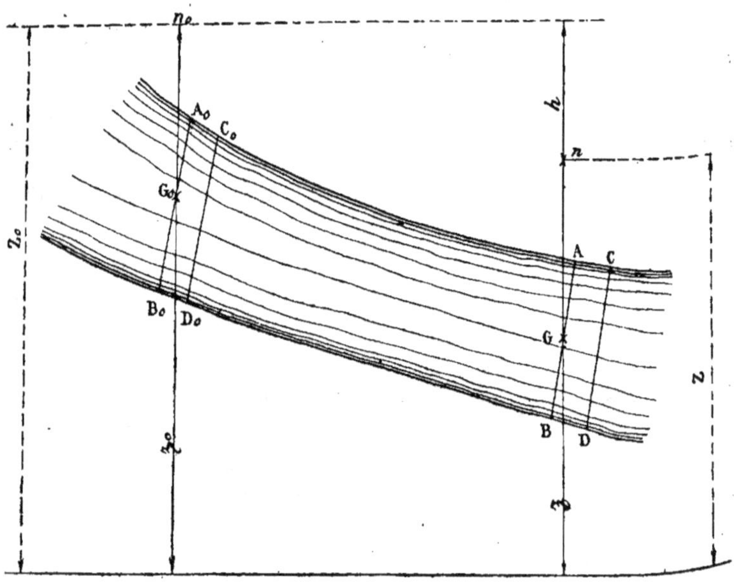

Fig. 2.

$$\frac{P}{2g}(V^2 - V_0^2).$$

Les forces qu'il y a à considérer sont :

La pesanteur.

Les pressions s'exercant sur A_0B_0 et AB (les autres pressions donnant un travail nul).

Il y a encore les actions mutuelles des molécules liquides, mais comme le fluide liquide est supposé incompressible ; la distance des molécules entre elles ne change pas, et, par conséquent les travaux des forces mutuelles sont nuls.

Considérons une molécule de poids p, à une hauteur z_0 d'un plan de comparaison horizontal. Au bout d'un certain temps, elle sera à la hauteur z et le travail dû à ce poids serait :

$$pz_0 - pz$$

En considérant le travail des autres molécules, on aurait pour chacune d'elles une expression analogue ; par suite, le travail total dû à la pesanteur pour toute la masse sera égale à la somme des termes pz_0 diminuée de la somme des termes pz ou $\Sigma pz_0 - \Sigma pz$.

Cette somme de produits renferme encore une partie commune.

La somme des produits pour le cylindre $A_0B_0C_0D_0$ est :

$$Pz_0.$$

On peut prendre pour centre de gravité de ce cylindre celui de A_0B_0 puisque son épaisseur est infiniment petite.

La somme des produits pour le cylindre ABCD est Pz : la différence est donc :

$$P(z_0 - z).$$

Le travail de la pression en A_0B_0, est égal au travail de la pression totale résultante. Comme la pression varie suivant la loi hydrostatique elle sera égale à la pression rapportée à l'unité de surface, qui s'exerce au centre de gravité G_0, multipliée par l'aire Ω_0 de cette section. Si s_0 désigne la hauteur du cylindre, le travail sera :

$$p_0 \, \Omega_0 \, s_0$$

ou

$$p_0 \, Q.$$

Q représentant le volume du cylindre $A_0B_0C_0D_0$. Soit π le poids du mètre cube de liquide :

$$Q = \frac{P}{\pi}.$$

Le travail dû à la pression exercée sur A_0B_0 est :

$$P \frac{p_0}{\pi}.$$

Si p représente la pression rapportée à l'unité de surface sur la face AB, on aura pour le travail exercé par la pression qui s'exerce sur AB :

$$P \frac{p}{\pi}.$$

La différence de ces travaux est donc :

$$P\left(\frac{p_0}{\pi} - \frac{p}{\pi}\right).$$

On a donc enfin :

$$\frac{P}{2g}(V^2 - V_0^2) = P(z_0 - z) + P\left(\frac{p_0}{\pi} - \frac{p}{\pi}\right)$$

ou

$$\frac{V^2}{2g} - \frac{V_0^2}{2g} = z_0 - z + \frac{p_0}{\pi} - \frac{p}{\pi}$$

qu'on peut écrire:

$$\frac{p}{\pi} - \frac{p_0}{\pi} = z_0 - z - \left(\frac{V^2}{2g} - \frac{V_0^2}{2g}\right)$$

ce qui revient à l'énoncé du théorème.

Ce théorème peut toujours s'appliquer à un filet liquide entre deux sections transversales quelconques, si le filet n'est soumis à aucun frottement.

En effet, le mouvement a lieu par tranches parallèles, puisque la section est très petite. Puis, pour une section transversale quelconque, on peut admettre que la pression varie suivant la loi hydrostatique, car cette section étant infiniment petite, la pression rapportée à l'unité de surface est constante.

L'équation précédente peut s'écrire :

$$\frac{V^2}{2g} + \frac{p}{\pi} + z = \frac{V_0^2}{2g} + \frac{p_0}{\pi} + z_0.$$

Ce qui exprime que l'on a une somme constante pour les trois hauteurs :

$\frac{V^2}{2g}$, hauteur due à la vitesse.

$\frac{p}{\pi}$, hauteur due à la pression p.

z, hauteur du centre de gravité de la section au-dessous d'un plan horizontal quelconque. Cette équation montre qu'il y a un cas ou le théorème n'est pas applicable : en effet : $\Omega_0 V_0$ est le volume du liquide qui traverse A_0B_0 pendant l'unité de temps.

De même ΩV est le volume que traverse AB.

On a donc :

$$\Omega V = \Omega_0 V_0$$

d'où

$$V = \frac{\Omega_0}{\Omega} V_0.$$

Supposons que z reste invariable, mais que Ω aille constamment en diminuant, Ω_0 et V_0 restant constants, on voit que V augmente.

Or, d'après le théorème de Bernouilli, si on admet que V augmente, il arrivera un point ou p sera négatif, ce qui est absurde.

Le théorème n'est donc pas applicable si toutes les hypothèses ne sont pas réalisées.

6. Remarque. — Le théorème peut prendre une autre forme.

Par le point G_0, menons $G_0 \, n_0$ égale à la hauteur, due à la pression p_0 ; c'est la hauteur du liquide qui mesure cette pression ; si H_0 est cette hauteur on a:

$$p_0 = \pi H_0$$

d'où $H_0 = \frac{p_0}{\pi} = G_0 n_0.$

On détermine, ainsi en n_0 le niveau piézométrique de la section A_0B_0.

De même menons Gn, égale à la hauteur dûe à la pression p ; cette hauteur est

$$Gn = \frac{p}{\pi}.$$

En n, on a le niveau piézométrique de la section AB.

Appelons Z_0 et Z la hauteur des niveaux piézométriques au-dessus du plan horizontal de comparaison, on a :

$$Z_0 = z^0 + \frac{p_0}{\pi}$$

$$Z = z + \frac{p}{\pi}.$$

En substituant, il vient :

$$\frac{V^2}{2g} - \frac{V_0^{\ 2}}{2g} = Z_0 - Z.$$

Soit h la hauteur verticale du niveau n_0 au dessus du niveau n qu'on appelle *charge entre les deux sections ;* l'équation devient :

$$\frac{V^2}{2g} - \frac{V_0^{\ 2}}{2g} = h$$

d'où un autre énoncé du théorème de Bernouilli :

En passant d'une section à une autre, l'accroissement de la hauteur due à la vitesse est égal à la charge entre les deux sections.

Piézomètre.

7. Un piézomètre est un instrument qui sert à mesurer la pression de l'eau dans les conduites. Il est formé d'un tuyau de plomb flexible AB (*fig.* 3) que l'on adapte par son extrémité inférieure A au point de la conduite ou l'on a intérêt à connaître la pression, et dont l'extrémité supérieure se termine par un tube de verre BC, qui permet de voir à quelle hauteur s'élève l'eau dans le tuyau.

La hauteur verticale de ce niveau au-dessus du point ou est adaptée l'extrémité inférieure représente l'excès de la pression dans la conduite sur la pression atmosphérique.

On a en effet, dans l'état d'équilibre statique ou dynamique, en nommant P la pression par mètre dans la conduite, P_0 la pression atmosphérique, h la hauteur de l'eau dans le piézomètre et π le poids du mètre cube d'eau :

$$P = P_0 + \pi h$$

d'où $h = \frac{P}{\pi} - \frac{P_0}{\pi}.$

Il y a une règle mnémonique très simple pour déduire de la hauteur h observée, la

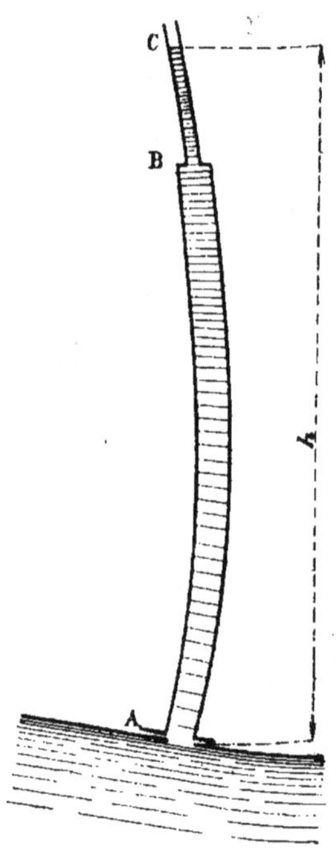

Fig. 3.

pression par centimètre carré dans la conduite.

Cette règle consiste à ajouter $10^m,33$ à la hauteur h observée, exprimée en mètres, et à diviser la somme par 10; le quotient exprime en kilogrammes la pression demandée rapportée au centimètre carré. Supposons, en effet, que l'on ait observé $h = 6^m,47$; comme $10^m,33$ est la hauteur d'eau dont la pression équivaut à la pression atmosphérique, la somme

6,47 + 10^m,33 ou 16^m,80 exprimera la hauteur d'eau produisant la pression P sur un mètre carré, c'est-à-dire 16 800 kilogrammes, puisque le mètre cube d'eau pèse 1 000 kilogrammes. Si l'on rapporte cette pression au centimètre carré, il faut diviser par 10 000, ce qui donne 1^k,68 pour la pression demandée. Or, ce nombre s'obtient bien en faisant la somme des nombres 6,47 et 10,33 et divisant la somme par 10.

8. *Piézomètre différentiel.* — Bellanger a donné le nom de piézomètre différentiel à un appareil destiné à mesurer, non la

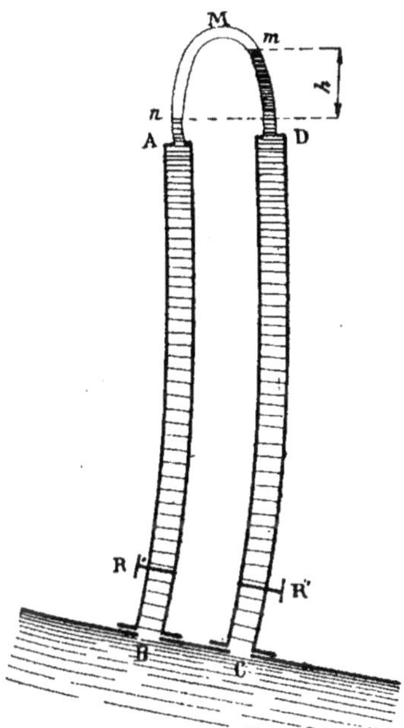

Fig. 4.

pression en un point d'une conduite, mais la différence des pressions en deux points différents d'une même conduite.

Il se compose de deux piézomètres AB, CD (*fig.* 4) dont les extrémités inférieures sont adaptées en deux points de la conduite, et dont les extrémités supérieures sont réunies par un tube de verre recourbé AMD, percé en M d'un trou capillaire que l'on peut fermer ou ouvrir à volonté.

Dans l'état ordinaire des robinets R et R' de communication avec les conduits sont fermés et les deux piézomètres sont remplis d'air.

Lorsqu'on veut mesurer la différence des pressions en B et C, on ouvre les deux robinets; l'eau de la conduite monte dans les deux piézomètres en comprimant l'air qui y est contenu.

Si son niveau n'apparaît pas dans le tube de verre, on débouche l'orifice M et on laisse échapper un peu d'air jusqu'à ce que les deux niveaux apparaissent. Si n et m sont ces niveaux, la différence h de hauteur verticale entre ces deux points fera connaître la différence des pressions en B et C en tenant compte de la différence

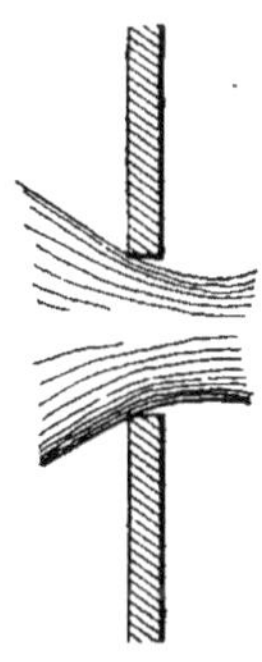

Fig. 5.

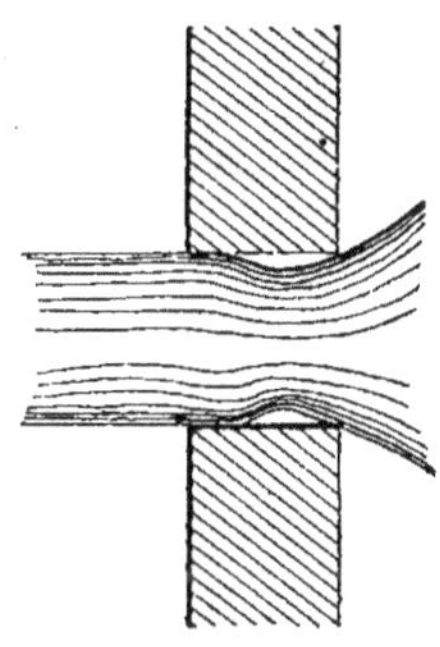

Fig. 6.

des niveaux B et C eux-mêmes, si elle n'est pas négligeable.

Si h' est cette différence de niveau, $h + h'$ mesurera la différence de pression cherchée puisque la pression de l'air en m et n est la même.

9. *Remarque.* — Il ne faut pas confondre l'instrument dont nous venons de parler avec l'instrument d'Œrsted qui porte le même nom, et qui sert à observer la compressibilité des liquides. La description de cet appareil se trouve dans les traités de physique.

10. *Orifice en mince paroi.* — Avant de passer à l'étude du mouvement d'un liquide sortant d'un réservoir par un orifice, disons ce que l'on appelle un *orifice en mince paroi.*

Un orifice est dit en mince paroi, lorsque l'épaisseur de la paroi est assez faible pour que le bord extérieur de l'orifice ne soit pas touché par la veine liquide (*fig.* 5).

Dans le cas contraire, comme le représente la figure 6, cette dénomination ne s'applique plus.

11. *Orifices de divers genres.* — Les orifices par lesquels les liquides s'écoulent peuvent être divisées en deux classes, savoir :

1° Ceux dont le tracé est une ligne courbe ou polygonale fermée, sur tous les points de laquelle le liquide passe en s'écoulant et que l'on nomme *orifices complets*, tels sont les orifices en mince paroi, les ajutages convergents ou divergents, les vannages, etc. ;

2° Ceux dont le contour mouillé ne présente qu'une partie d'une ligne courbe ou une ligne polygonale non fermée et que l'on désigne sous le nom d'*orifices incomplets*, tels sont les déversoirs, les digues ou barrages.

Orifices complets.

Ecoulement d'un liquide sortant d'un réservoir à niveau constant par un orifice pratiqué en mince paroi.

12. Pour exposer cette théorie, il faut faire l'hypothèse du parallélisme des tranches, ce qui conduit à supposer que dans les diverses tranches normales au sens du mouvement de la masse fluide, les filets fluides qui traversent ces tranches sont parallèles dans chacune d'elles, animés de vitesses égales et supportant par suite la même pression dans toute l'étendue de la tranche.

Il faut admettre qu'à cause de la continuité du fluide, il passe dans chaque tranche le même volume de fluide dans le même temps. Ces hypothèses sont assez voisines de la réalité lorsque les fluides sont dans les mêmes vases dont les formes sont continues et régulières, c'est-à-dire ne variant que par degrés insensibles.

Mais lorsqu'il y a des changements brusques de section, de direction, il faudra tenir compte de ces circonstances qui s'opposent au parallélisme dans les diverses sections de la masse fluide.

Ceci posé, considérons un vase (*fig.* 7) contenant un liquide et dont les dimensions de l'orifice sont assez petites pour que tous ses points puissent être considérés comme à la même profondeur.

Soit NN' le niveau constant du liquide, EF, l'orifice ;

p_0, la pression constante par unité de surface sur le niveau NN' ;

p, la pression dans l'intérieur de la masse ;

p_1, la pression du milieu ou s'écoule le liquide.

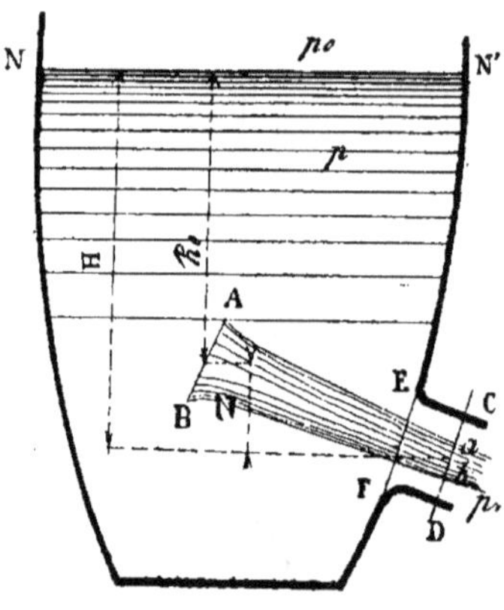

Fig. 7.

L'expérience démontre que les filets liquides au lieu de traverser l'orifice parallèlement les uns aux autres, convergent, au contraire, vers une section CD minima ; qu'on appelle *section contractée* traversée normalement par les filets liquides.

A partir de la section contractée, les molécules ont le même mouvement, et décrivent les mêmes paraboles que sous l'action directe de la pesanteur.

Il résulte, par conséquent, que la pression par unité de surface est constante dans toute la masse et dans toute la section contractée, ou elle est égale à la pression extérieure; mais cette pression extérieure est p_1 ; donc dans toute la masse la pression est p.

13. *Vitesse.* — Considérons un filet liquide traversant la section AB, ab, ayant pour section extrême ab, contenu dans la section contractée, et pour partie extrême AB, une surface située dans la masse à une distance où les mouvements sont très lents.

Appliquons le théorème de Bernouilli, en supposant bien entendu que les frottements soient négligeables.

Désignons par H la distance du centre de l'orifice au niveau libre du liquide, et appelons V la vitesse du filet en ab et V_0 sa vitesse en AB on aura :

$$H = \frac{V^2}{2g}$$

$$h_0 = \frac{V_0^2}{2g}$$

d'où $$H - h_0 = \frac{V^2}{2g} - \frac{V_0^2}{2g}.$$

Mais $\frac{V_0^2}{2g}$ est négligeable, puisque le mouvement est très lent; la formule de Bernouilli devient alors :

$$H - h_0 = \frac{V^2}{2g} = Z + \frac{p}{\pi} - \frac{p_1}{\pi}$$

On a, d'autre part ;

$$\frac{p}{\pi} = h_0 + \frac{p_0}{\pi}$$

d'où en substituant

$$\frac{V^2}{2g} = Z + h_0 + \frac{p_0}{\pi} - \frac{p_1}{\pi}$$

or,

$$Z + h = H$$

on a donc :

$$\frac{V^2}{2g} = H + \frac{p_0}{\pi} - \frac{p_1}{\pi}$$

et $$V = \sqrt{2g\left(H + \frac{p_0}{\pi} - \frac{p_1}{\pi}\right)}.$$

Telle est la valeur de la vitesse du filet liquide dans la section contractée, et comme nous avons supposé les dimensions de l'orifice assez petites pour qu'on puisse considérer tous les points comme ayant la même profondeur, ce qui revient à dire que H est le même pour tous ces points ; il s'en suit que la vitesse V peut aussi être regardée comme la même pour tous les filets.

On prendra pour H, la profondeur du centre de gravité de l'orifice.

Généralement, l'écoulement se fait à l'air libre, dans ce cas les deux pressions p_0 et p_1 sont égales et la formule de la vitesse devient :

$$V = \sqrt{2gH}.$$

Cette formule montre que la vitesse est ici la même que pour un point tombant sans vitesse initiale sous l'action de la pesanteur, d'une hauteur H.

Elle constitue le théorème de Torricelli qu'on peut d'ailleurs démontrer expérimentalement de la manière suivante :

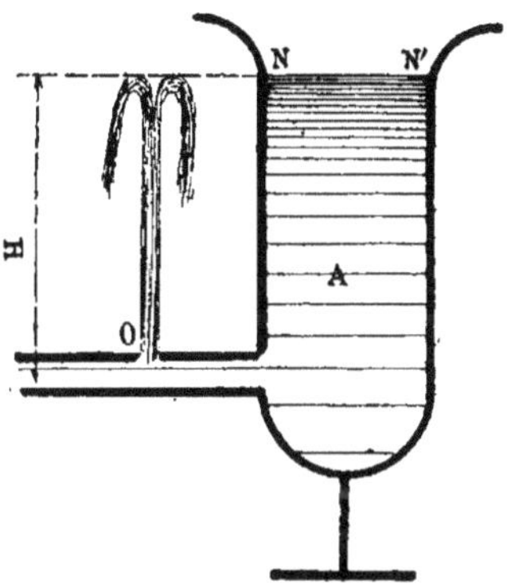

Fig. 8.

14. *Vérification expérimentale.* — Le théorème de Torricelli ou $V = \sqrt{2gH}$ se vérifie d'une manière très simple :

On prend un vase A (*fig.* 8) munie d'un tube horizontal percé d'un orifice O. Le liquide s'élevant au niveau NN' et l'orifice étant débouché, le jet s'élèvera presque à la hauteur du liquide contenu dans le vase, et s'y éleverait tout à fait si la résistance de l'air, le frottement contre les parois et les molécules qui retombent ne venait gêner le mouvement ascensionnel.

On peut faire la même vérification, par le procédé suivant :

On fait sortir le liquide par une section verticale (*fig.* 9). Tous les filets liquides ont la forme de paraboles, et sont soumis à deux forces, l'une dirigée horizontalement et imprimant une vitesse V, et l'autre verticalement qui est la pesanteur.

Rapportons le mouvement d'un point à deux axes, l'un vertical contenant l'orifice CD, l'autre horizontal, et désignons par x et y ses abcisses et ordonnées, si V représente la vitesse réelle de la molécule dans la section, on aura au bout d'un temps t :

$$x = Vt$$

$$y = \frac{1}{2} gt^2$$

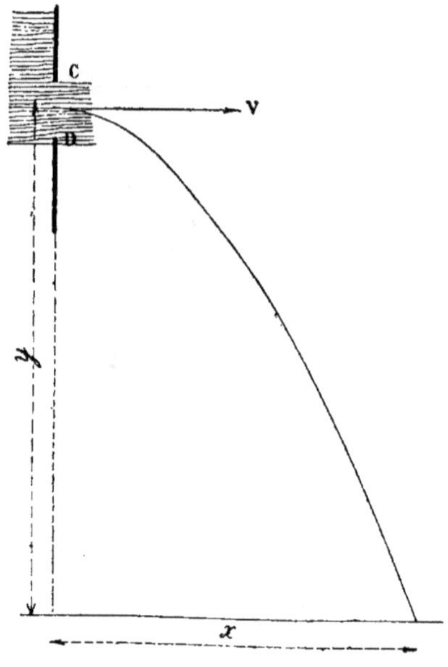

Fig. 9.

et en éliminant t on a :

$$y = \frac{1}{2} g \frac{x^2}{V^2},$$

d'où on tire :

$$V = x \sqrt{\frac{g}{2y}}.$$

On compare cette valeur de V avec celle de la formule :

$$V = \sqrt{2gH}$$

et on trouve de très faibles différences égales à $\frac{2 \text{ ou } 3}{100}$, dues aux mêmes causes que dans le premier procédé de vérification.

Problème.

15. *Calculer la vitesse d'écoulement de l'eau à sa sortie d'un orifice en mince paroi, sachant :*

1° *Que la charge sur le centre de l'orifice* $= 1^m,85$;

2° *Que la pression sur le niveau libre du liquide* $=$ *3 atmosphères;*

3° *Que la pression barométrique de l'air dans lequel il s'écoule est de* $0^m,752$ *de mercure.*

Prenons la formule trouvée plus haut :

$$V = \sqrt{2g\left(H + \frac{p_0 - p_1}{\pi}\right)}.$$

dans laquelle :

$$H = 1^m,85$$

p_0 et p_1 doivent être transformés en colonne d'eau, on a :

$$p_0 = 3 \times 10^m,33 = 30^m,99,$$

$$p_1 = 10,33 \times \frac{752}{760} = 10^m,216,$$

et comme la densité π de l'eau est égale à l'unité on aura :

$$V = \sqrt{2g\,(1,85 + 30,99 - 10,216)}.$$

$$V = \sqrt{19,62 \times 22,624}.$$

et en calculant, on trouve :

$$V = 21^m,068.$$

16. Remarque. — Si le vase était découvert, c'est-à-dire si la pression p_0 était égale à p_1, on aurait :

$$V = \sqrt{2gH} = \sqrt{19,61 \times 1,85}$$

ou,

$$V = 6^m,024.$$

Table des vitesses théoriques $v = \sqrt{2gh}$ *correspondant à différentes hauteurs de chute*

HAUTEURS de chute	VITESSES correspondantes	HAUTEURS de chute	VITESSES correspondantes	HAUTEURS de chute	VITESSES correspondantes	HAUTEURS de chute	VITESSES correspondantes	HAUTEURS de chute	VITESSES correspondantes	HAUTEURS de chute	VITESSES correspondantes	HAUTEURS de chute	VITESSES correspondantes
m.	m.	m.	m.	m.	m.	m.	m.	m.	m.	m.	m.	m.	m.
0.001	0.140	0.65	3.571	1.38	5.203	2.11	6.434	2.84	7.464	3.57	8.369	4.30	9.185
0.002	0.198	0.66	3.598	1.39	5.222	2.12	6.449	2.85	7.477	3.58	8.380	4.31	9.195
0.003	0.243	0.67	3.625	1.40	5.241	2.13	6.464	2.86	7.490	3.59	8.392	4.32	9.206
0.004	0.280	0.68	3.652	1.41	5.259	2.14	6.479	2.87	7.503	3.60	8.404	4.33	9.217
0.005	0.313	0.69	3.679	1.42	5.278	2.15	6.494	2.88	7.517	3.61	8.415	4.34	9.227
0.006	0.343	0.70	3.706	1.43	5.297	2.16	6.510	2.89	7.530	3.62	8.427	4.35	9.238
0 007	0.370	0.71	3.732	1.44	5.315	2.17	6.525	2.90	7.543	3.63	8.439	4.36	9.248
0.008	0.395	0.72	3.758	1.45	5.333	2.18	6.540	2.91	7.556	3.64	8.450	4.37	9.259
0.009	0.420	0.73	3.784	1.46	5.351	2.19	6.555	2.92	7.569	3.65	8.462	4.38	9.270
0.01	0.443	0.74	3.810	1.47	5.370	2.20	6.570	2.93	7.582	3.66	8.474	4.39	9.280
0.02	0.626	0.75	3.836	1.48	5.388	2.21	6.584	2.94	7.594	3.67	8.485	4.40	9.291
0.03	0.767	0.76	3.861	1.49	5.406	2.22	6.599	2.95	7.607	3.68	8.497	4.41	9.301
0.04	0.886	0.77	3.886	1.50	5.425	2.23	6.614	2.96	7.620	3.69	8.508	4.42	9.312
0.05	0.990	0 78	3.911	1.51	5.443	2.24	6.629	2.97	7.633	3.70	8.520	4.43	9.322
0.06	1.085	5.79	3.936	1.52	5.461	2.25	6.644	2.98	7.646	3.71	8.531	4.44	9.333
0.07	1.172	0.80	3.961	1.53	5.479	2.26	6.658	2.99	7.659	3.72	8.543	4.45	9.343
0.08	1.253	0.81	3.986	1.54	5.496	2.27	6.673	3.00	7.672	3.73	8.554	4.46	9.354
0.09	1.329	0.82	4.011	1.55	5.514	2.28	6.688	3.01	7.684	3.74	8.566	4.47	9.364
0.10	1.401	0.83	4.035	1.56	5.532	2.29	6.703	3.02	7.697	3.75	8.577	4.48	9.375
0.11	1.468	0.84	4.059	1.57	5.550	2.30	6.717	3.03	7.710	3.76	8.588	4.49	9.385
0·12	1.534	0.85	4.083	1.58	5.567	2.31	6.732	3.04	7.722	3.77	8.600	4.50	9.396
0.13	1.597	0.86	4.107	1.59	5.585	2.32	6.746	3.05	7.735	3.78	8.611	4.51	9.406
0.14	1.657	0.87	4.131	1.60	5.603	2.33	6.761	3.06	7.748	3.79	8.623	4.52	9.417
0.15	1.715	0.88	4.155	1.61	5.620	2.34	6.775	3.07	7.760	3.80	8.634	4.53	9.427
0.16	1.772	0.89	4.178	1.62	5.637	2.35	6.790	3.08	7.773	3.81	8.645	4.54	9.437
0.17	1.826	0.90	4.202	1.63	5.655	2.36	6.804	3.09	7.786	3.82	8.657	4.55	9.448
0.18	1.879	0.91	4.225	1.64	5.672	2.37	6.819	3.10	7.798	3.83	8.668	4.56	9.458
0.19	1.931	0.92	4.248	1.65	5.690	2.38	6.833	3.11	7.811	3.84	8.679	4.57	9.468
0.20	1.981	0.93	4.271	1.66	5.707	2.39	6.847	3.12	7.823	3.85	8.691	4.58	9.479
0.21	2.030	0.94	4.294	1.67	5.724	2.40	6.862	3.13	7.836	3.86	8.702	4.59	9.489
0.22	2.078	0.95	4.317	1.68	5.741	2.41	6.876	3.14	7.849	3.87	8.713	4.60	9.500
0.23	2.124	0.96	4.340	1.69	5.758	2.42	6.890	3.15	7 861	3.88	8.725	4.61	9 510
0.24	2.170	0.97	4.362	1.70	5.775	2.43	6.904	3.16	7.873	3.89	8.736	4.62	9.520
0.25	2.215	0.98	4.384	1.71	5.792	2.44	6.919	3.17	7.886	3.90	8.747	4.63	9.530
0.26	2.259	0.99	4.407	1.72	5.809	2.45	6.933	3.18	7.898	3.91	8.758	4.64	9.541
0.27	2.301	1.00	4.429	1.73	5.826	2.46	6.947	3.19	7.911	3.92	8.769	4.65	9.551
0.28	2.344	1.01	4.451	1.74	5.842	2.47	6.961	3.20	7.923	3.93	8.780	4.66	9.561
0.29	2.385	1.02	4.473	1.75	5.859	2.48	6.975	3.21	7.936	3.94	8.792	4.67	9.572
0.30	2.426	1.03	4.495	1.76	5.876	2.49	6.989	3.22	7.948	3.95	8.803	4.68	9.582
0.31	2.466	1.04	4.517	1.77	5.893	2.50	7.003	3 23	7.960	3.96	8.814	4.69	9.592
0.32	2.506	1.05	4.539	1.78	5.909	2.51	7.017	3.24	7.973	3.97	8.825	4.70	9.602
0.33	2.544	1.06	4.560	1.79	5.926	2.52	7.031	3.25	7.985	3.98	8.836	4.71	9.612
0.34	2.582	1.07	4.582	1.80	5.942	2.53	7.045	3 26	7.997	3.99	8.847	4.72	9.623
0.35	2.620	1.08	4.604	1.81	5.959	2.54	7.059	3.27	8.009	4.00	8.858	4.73	9.633
0.36	2.658	1.09	4.624	1.82	5.975	2.55	7.073	3.28	8.022	4.01	8.869	4.74	9.643
0.37	2.694	1.10	4.645	1.83	5.992	2.56	7.087	3.29	8.034	4.02	8.880	4.75	9.653
0.38	2.730	1.11	4.666	1.84	6.008	2.57	7.101	3.30	8.046	4.03	8.892	4.76	9.663
0.39	2.766	1.12	4.687	1.85	6.024	2.58	7.114	3.31	8.058	4.04	8.903	4.77	9.673
0.40	2.801	1.13	4.708	1.86	6.041	2.59	7.128	3.32	8.070	4.05	8.914	4.78	9.684
0.41	2.836	1.14	4.729	1.87	6.057	2.60	7.142	3.33	8.082	4.06	8.925	4.79	9.694
0.42	2.870	1.15	4.750	1.88	6.073	2.61	7.156	3.34	8.095	4.07	8.936	4.80	9.704
0.43	2.904	1.16	4.770	1.89	6.089	2.62	7.169	3.35	8.107	4.08	8.946	4.81	9.714
0.44	2.938	1.17	4.790	1.90	6.105	2.63	7.183	3.36	8.119	4.09	8.957	4.82	9.724
0.45	2.971	1.18	4.811	1.91	6.122	2.64	7.197	3.37	8.131	4.10	8.968	4.83	9.734
0.46	3.004	1.19	4.831	1.92	6.138	2.65	7.210	3.38	8.143	4.11	8.979	4.84	9.744
0.47	3.037	1.20	4.852	1.93	6.154	2.66	7 224	3.39	8.155	4.12	8.990	4.85	9.754
0.48	3.069	1.21	4.872	1.94	6.170	2.67	7.237	3.40	8.167	4.13	9.001	4.86	9.764
0.49	3.100	1.22	4.892	1.95	6.186	2.68	7.251	3.41	8.179	4.14	9.012	4.87	9.774
0.50	3.132	1.23	4.913	1.96	6.202	2.69	7.265	3.42	8.191	4.15	9.023	4.88	9.784
0.51	3.163	1.24	4.933	1.97	6.217	2.70	7.278	3.43	8.203	4.16	9.034	4.89	9.794
0.52	3.194	1.25	4.953	1.98	6.232	2.71	7.291	3.44	8.215	4.17	9.045	4.90	9.804
0.53	3.224	1.26	4.972	1.99	6.248	2.72	7.305	3.45	8.227	4.18	9.055	4.91	9.814
0.54	3.253	1.27	4.991	2.00	6.264	2.73	7.318	3.46	8.239	4.19	9.066	4.92	9.824
0.55	3.285	1.28	5.011	2.01	6.279	2.74	7.332	3.47	8.251	4.20	9.077	4.93	9.834
0.56	3.314	1.29	5.031	2.02	6.295	2.75	7.345	3.48	8.263	4.21	9.088	4.94	9.844
0.57	3.344	1.30	5.050	2.03	6.311	2.76	7.358	3.49	8 274	4.22	9.099	4.95	9.854
0.58	3.373	1.31	5.069	2.04	6.326	2.77	7.372	3.50	8.286	4.23	9.109	4.96	9.864
0.59	3.402	1.32	5.089	2.05	6.341	2.78	7.385	3.51	8.298	4.24	9.120	4.97	9.874
0.60	3.431	1.33	5.108	2.06	6.357	2.79	7.398	3.52	8.310	4.25	9.131	4.98	9.884
0.61	3.459	1.34	5.127	2.07	6.372	2.80	7.411	3.53	8.322	4.26	9.142	4.99	9.894
0.62	3.488	1.35	5.146	2.08	6.388	2.81	7.425	3.54	8.333	4.27	9.152	5.00	9.904
0.63	3.516	1.36	5.165	2.09	6.403	2.82	7.437	3.55	8.345	4.28	9.163	5.25	10.145
0.64	3.543	1.37	5.184	2.10	6.418	2.83	7.451	3.56	8.357	4.29	9.174	5.50	10.387

HAUTEURS de chute	VITESSES correspondantes	HAUTEURS de chute	VITESSES correspondantes	HAUTEURS de chute	VITESSES correspondantes	HAUTEURS de chute	VITESSES correspondantes	HAUTEURS de chute	VITESSES correspondantes	HAUTEURS de chute	VITESSES correspondantes	HAUTEURS de chute	VITESSES correspondantes
m.	m.	m.	m.	m.	m.	m.	m.	m.	m.	m.	m.	m.	m.
5.75	10.621	15.00	17.154	36.00	26.922	57.00	33.742	78.00	39.367	99.00	44.070	200.00	62.638
6.00	10.849	16.00	17.717	37.00	27.303	58.00	34.021	79.00	31.616	100.00	44.292	205.00	63.416
6.25	11.073	17.00	18.257	38.00	26.660	59.00	34.309	80.00	39.863	105.00	45.386	210.00	64.185
6.50	11.272	18.00	18.791	39.00	28.013	60.00	34.593	81.00	40.108	110.00	46.454	215.00	64.944
6.65	11.507	19.00	19.306	40.00	28.361	61.00	34.875	82.00	40.352	115.00	47.498	220.00	65.695
7.00	11.710	20.00	19.804	41.00	28.704	62.00	35.155	83.00	40.594	120.00	48.519	225.00	66.438
9.25	11.926	21.00	20.297	42.00	29.044	63.00	35.433	84.00	40.835	125.00	49.520	230.00	67.171
7.50	12.130	22.00	20.775	43.00	29.380	64.00	35.709	85.00	41.074	130.00	50.500	235.00	67.898
7.75	12.330	23.00	21.145	44.00	29.712	65.00	35.983	86.00	41.313	135.00	51.462	240.00	68.616
8.00	12.528	24.00	22.226	45.00	30.040	66.00	36.254	87.00	41.412	140.00	52.407	245.00	69.328
8.25	12.722	25.00	22.198	46.00	30.365	67.00	36.524	88.00	41.549	145.00	53.334	250.00	70.031
8.75	12.913	26.00	23.461	47.00	30.686	68.00	36.791	89.00	41.785	150.00	54.246	255.00	70.728
8.75	13.102	27.00	24.580	48.00	31.004	69.00	37.057	90.00	42.019	155.00	55.143	260.00	71.418
9.00	13.238	28.00	23.437	49.00	31.329	70.00	37.321	91.00	42.252	160.00	56.025	265.00	72.102
9.25	13.471	29.00	23.852	50.00	31.631	71.00	37.583	92.00	42.483	165.00	56.894	270.00	72.780
9.50	13.652	30.00	23.260	51.00	31.939	72.00	37.843	93.00	42.713	170.00	57.749	275.00	73.450
9.75	13.930	31.00	24.661	52.00	32.245	73.00	38.101	94.00	42.942	175.00	58.592	280.00	74.114
10.00	14.006	32.00	25.055	53.00	32.549	74.00	38.358	95.00	43.170	180.00	59.424	285.00	74 773
11.00	14.690	33.00	25.444	54.00	32.848	75.00	38.613	96.00	43.397	185.00	60.243	290.00	75.426
12.00	15.343	33.00	25.826	55.00	33.145	76.00	38.866	97.00	43.622	190.00	61.052	295.00	76.074
13.00	15.970	34.00	26.203	56.00	33.440	77.00	39.117	98.00	43.84.	195.00	61.850	300.00	76.716
14.00	15.572	35.00	26.575										

17. *Calcul de la dépense.* — On nomme *dépense* le volume de fluide qui s'écoule dans l'unité de temps.

La dépense théorique est évidemment le produit de l'aire de la section de l'orifice, par la vitesse d'écoulement. Si Ω représente la section, V_0 la vitesse et Q' la dépense théorique, on aura :

$$Q' = \Omega V_0.$$

La dépense pratique ou effective n'est qu'une fraction plus ou moins grande de cette dépense théorique, elle résulte de ce que les fluides éprouvent des contractions qui réduisent l'aire de la sortie à l'orifice dans un certain rapport. Si ω est l'aire de la section contractée, la dépense effective Q serait :

$$Q = \omega V.$$

Il faut donc connaître ω ; on a dû pour cela recourir à l'expérience. D'après l'italien Michclotti le rapport $\frac{\omega}{\Omega} = 0{,}624$, en supposant un orifice circulaire d'un diamètre égal à 1 ; la section contractée étant prise à 0m,39 de la paroi intérieure du vase.

Un autre ingénieur a trouvé :

$$\frac{\omega}{\Omega} = 0{,}64,$$

en prenant la section contractée à 0,50 de la paroi interne.

Ce rapport est le même pour un orifice rectangulaire à côtés vertical et horizontal, lorsque le côté vertical est égal ou inférieur à la moitié ou au tiers de la dimension horizontale.

Au-delà de cette limite le rapport diminue.

18. *Coefficient de contraction.* — Le rapport $\frac{\omega}{\Omega}$ de la section contractée, à la section de l'orifice, s'appelle coefficient de contraction que nous désignerons par n :

$$\frac{\omega}{\Omega} = n$$

ou

$$\omega = n\Omega$$

par suite la dépense Q sera :

$$Q = n\Omega V$$

ou

$$Q = n\Omega \sqrt{2g\left(H + \frac{p_0}{\pi} - \frac{p_1}{\pi}\right.}.$$

19. *Coefficient de la dépense.* — Si la vitesse de tous les filets fluides était la même, la formule ci-dessus donnerait la valeur de la dépense pratique, mais V est la vitesse théorique légèrement supérieure à la vitesse réelle, il faut donc diminuer le coefficient de contraction, et lui donner une autre valeur m qu'on appelle coefficient de la dépense.

Dans les cas ordinaires m=0,62, mais ce coefficient varie un peu, suivant les charges et les dimensions de l'orifice, comme nous allons le voir.

20. *Contraction des veines liquides.* — La principale cause de variation des coefficients de correction, réside dans un phénomène compliqué que l'on nomme *contraction* de la veine fluide, phénomène dont le caractère essentiel est que les molécules composant une portion de la masse fluide du réservoir comprise depuis le centre de l'orifice jusqu'à d'assez grandes distances au-delà de son périmètre se précipitent dans cet orifice suivant des routes obliques à son plan. Il en résulte que le volume écoulé est moins grand que si les vitesses des molécules étaient perpendiculaires à ce plan, comme le suppose la théorie, puisque leurs composantes parallèles au même plan ne contribuent nullement à l'écoulement et que la portion du travail moteur de la pesanteur qui est employée à les engendrer se trouve perdue.

L'influence de la contraction sur la dépense d'un orifice augmente lorsque les parois du réservoir s'éloignent des côtés correspondants de cet orifice jusqu'à une certaine distance qui n'est pas exactement connue.

D'après les expérience de M. Lesbros, il paraît résulter, que l'influence de la contraction n'augmente plus que de quantités négligeables dans la pratique, lorsque la distance dont il s'agit devient supérieure à deux fois et demie la dimension de l'orifice mesurée sur la même ligne verticale ou horizontale; en conséquence la contraction est dite complète sur le côté de l'orifice pour lequel cette condition de distance est réalisée.

Ainsi pour un orifice rectangulaire vertical de $0^m,20$ de hauteur, la contraction sera regardée pratiquement, comme complète sur le seuil, si celui-ci est situé à plus de $0^m,50$ au-dessus du fond du réservoir: pour une largeur horizontale de $0^m,60$, par exemple, la contraction sera considérée comme complète sur les côtés verticaux de l'orifice s'il y a une distance de plus de $1^m,50$ entre chacun de ses côtés et les faces correspondantes du réservoir.

21. *Contraction complète.* — L'écoulement d'un liquide a lieu avec *contraction complète*, lorsque la condition de distance énoncée plus haut a lieu pour le seuil et les deux côtés verticaux de cet orifice, s'il est rectangulaire, et pour les trois côtés analogues du carré circonscrit à sa circonférence, s'il est circulaire.

C'est pour ce cas et pour des orifices en mince paroi que Poncelet et Lesbros ont déterminé les valeurs du coefficient de la dépense pour des orifices rectangulaires ayant une largeur constante de $0^m,20$, et une hauteur inférieure à la largeur.

Si les orifices ont une hauteur plus grande que la largeur, ce qui se rencontre rarement, on aura une approximation suffisante, en supposant que l'orifice ait tourné autour de son centre, de façon que la base soit devenue la hauteur et en prenant le coefficient de correction dans la table suivante.

22. *Mesure des charges.* — Le niveau

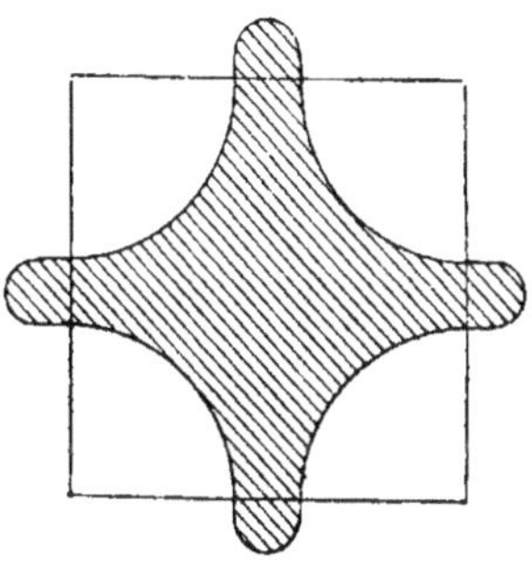

Fig. 10.

supérieur du liquide dans un réservoir peut être quelquefois altéré par certaines circonstances. Pour appliquer avec exactitude les coefficients contenus dans les tables suivantes, il faut, surtout quand les chargés sont faibles, avoir obtenu ces charges en mesurant l'abaissement vertical du côté supérieur de l'orifice au-dessous d'un point de la surface liquide du réservoir où ces irrégularités n'aient plus lieu, condition qui sera convenablement remplie lorsqu'on aura pris ce point à $1^m,50$ en amont de l'orifice.

Lorsqu'on connaîtra la charge sur le sommet et le coefficient correspondant, on ajoutera à cette charge la moitié de la hauteur de l'orifice, pour avoir la charge sur le centre et calculer la dépense donnée par la formule :

$$Q = m\Omega \sqrt{2g\left(H + \frac{p_0}{\pi} - \frac{p_1}{\pi}\right.}$$

ou, si $p_0 = p_1$

$$Q = m\Omega \sqrt{2gH}.$$

23. Remarque I. — Quand l'orifice est circulaire, la section contractée l'est aussi. Dans ce cas les deux sections sont semblables. Il n'en est pas de même pour toute autre section ; aussi Poncelet a trouvé, par exemple, pour un orifice carré, la section représentée par la figure 10.

On voit qu'il y a inversion de la veine liquide ; on l'attribue ordinairement à la déformation de la veine liquide, par la convergence des filets sortant par les angles de l'orifice.

24. Remarque II. — La vitesse des filets liquides à l'orifice est moindre qu'à la section contractée.

En effet, prenons un des filets liquides, de forme curviligne (*fig.* 11) et appliquons le théorème de Bernouilli entre les deux

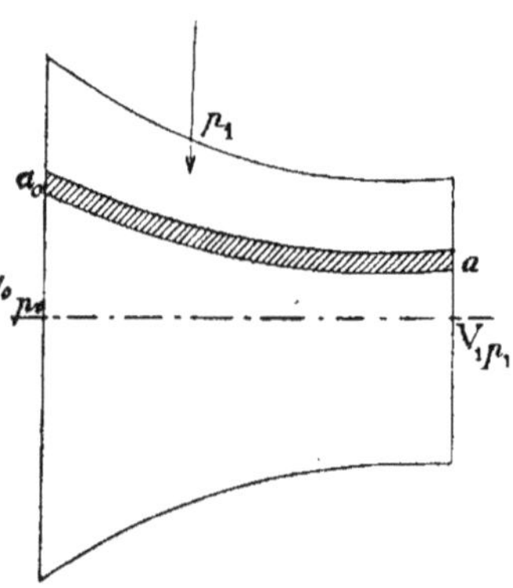

Fig. 11.

sections extrêmes transversales a_0 et a. Soient V_1, p_1 la vitesse et la pression en a, et V_0, p_0, la vitesse et la pression en a_0, on aura :

$$\frac{V_1^2}{2g} - \frac{V_0^2}{2g} = \frac{p_0}{\pi} - \frac{p_1}{\pi}$$

En raison de la forme curviligne du filet, les forces centrifuges agissent, par suite la pression augmente et l'on a :

$$p_1 > p_0$$

d'où $$V_1 > V_0,$$

25. *Ajutage rentrant de Borda.* — Cet ajutage est le seul cas où l'on sache calculer le rapport des deux sections.

Supposons un réservoir ayant la forme d'un cylindre, ou prisme droit vertical,

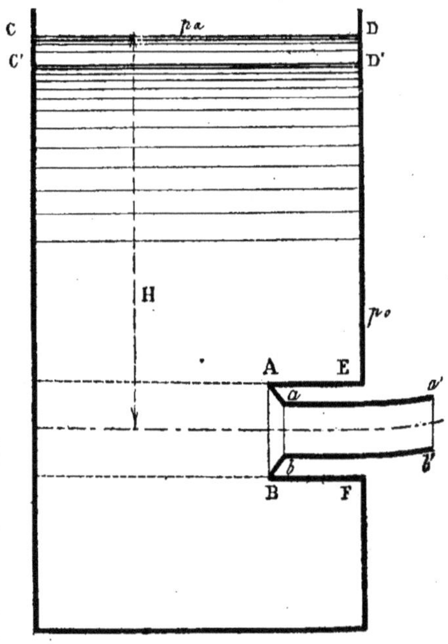

Fig. 12.

à niveau constant CD, ouvert à la pression atmosphérique p_a, la veine liquide s'écoulant aussi à l'air libre, sous la même pression atmosphérique p_a.

Dans la paroi latérale est pratiquée (*fig.* 12) un orifice garni d'un ajutage rentrant AEBF ; cet ajutage se compose d'un tube mince, ouvert à ses deux extrémités en forme de cylindre droit horizontal, à section droite circulaire. Pour que l'expérience réussisse, il faut que la largeur AE soit assez grande pour que l'on puisse regarder les molécules liquides comme animés d'un mouvement très lent, le long de cette paroi, comme dans toute la masse. Il faut aussi que cette longueur AE soit assez petite pour que la veine liquide qui sort par AB, s'échappe au dehors sans venir rencontrer et mouiller la paroi intérieure AEBF. D'après l'expérience il faut que AE soit égal au diamètre de l'orifice.

Considérons toute la masse liquide et appliquons la loi des quantités de mouvement pendant un temps très petit θ.

Les molécules en CD sont venues en C'D', plan infiniment voisin; celles en ab sont venues en $a'b'$, de sorte qu'au bout du temps θ la masse liquide est comprise entre C'D' et $a'b'$.

Le premier membre de l'équation des quantités de mouvement, est la quantité de mouvement, projetée de la première masse, moins celle de la seconde. Il y a dans ces deux quantités, une partie commune, c'est la quantité de mouvement projetée en C'D'ab. On a donc à considérer la masse CC'D'D, quantité négligeable comme projection, à cause de la perpendicularité à l'axe de projection et de la vitesse qui est très petite. Il reste donc à considérer la quantité de mouvement de $aba'b'$; si π représente le poids spécifique du liquide, cette quantité de mouvement est :

$$\frac{\pi}{g} \times \text{volume} \times V$$

ou

$$\frac{\pi}{g}\,\omega V \theta V = \frac{\pi}{g}\,\omega V^2 \theta.$$

Il faut égaler cette expression à la somme des impulsions des forces extérieures agissant sur la masse et projetée sur l'axe.

Ces impulsions sont au nombre de cinq :

1° La pesanteur ;

2° La pression atmosphérique en CD;

3° La pression atmosphérique en AaBb;

4° Toutes les pressions exercées par les parois du réservoir contre la masse liquide ;

5° Les pressions exercées par le liquide, contre les parois du réservoir.

De ces cinq forces, trois sont négligeables :

1° D'abord la pesanteur, parce qu'elle est verticale et que l'axe de projection est horizontal ;

2° La pression atmosphérique en CD, pour la même raison ;

3° Les pressions exercées par les parois de l'ajutage toujours pour la même raison.

Il reste donc les impulsions 3° et 4°.

Voyons l'impulsion 4°; pour cela décomposons la masse liquide en trois zônes par deux plans horizontaux, menées par les arêtes inférieures et supérieures de l'orifice.

La zône supérieure ne donne rien, parce que les mouvements y sont très lents, le long des parois, et que par suite, on peut considérer les pressions comme variant d'après les lois ordinaires de l'hydrostatique et toutes les composantes horizontales des pressions se détruisent; or, ici toutes les pressions sont horizontales.

Il en est de même pour la zone inférieure.

Quand à la zone intermédiaire, les parois ne forment plus une surface continue, il y a une lacune formée par la paroi de l'ajutage. Voyons à quoi se réduisent les pressions : supposons, EF formé par une plaque, les pressions suivant EF vont varier comme dans la masse, et les pressions horizontales vont se détruire. La résultante revient donc à la réaction du plan EF contre le liquide ; en désignant par Ω l'aire de AB on aura pour cette réaction

$$(p_a + \pi H)\,\Omega$$

Pour calculer l'impulsion 3°, supposons AB formé par un plan et pressé par l'atmosphère, nous aurons alors une surface fermée AabBA, soumise à la pression atmosphérique; dans ce cas les pressions s'entredétruisent et il ne reste que la pression supportée par AB, c'est-à-dire :

$$p_a\,\Omega.$$

A cause de son sens cette pression doit être affectée du signe — ; on aura donc l'équation

$$\frac{\pi}{g}\,\omega V^2 \theta = (p_a + \pi H)\,\Omega\theta - p_a\,\Omega\theta$$

ou $$\frac{\pi}{g}\,\omega V^2\theta = \pi\Omega H\theta$$

$$\omega\,\frac{V^2}{g} = \Omega H.$$

Or $$V = \sqrt{2gH}$$

ou $$\frac{V^2}{g} = 2H$$

donc, $$2\omega H = \Omega H$$

et enfin, $$2\omega = \Omega$$

$$\frac{\omega}{\Omega} = \frac{1}{2} = 0{,}50.$$

On voit donc que dans l'ajutage de Borda le rapport des sections est exactement égal à un demi.

ÉCOULEMENT, DIT EN MINCES PAROIS PAR DES ORIFICES VERTICAUX, AVEC CONTRACTION COMPLÈTE ALIMENTÉS PAR UN GRAND RÉSERVOIR

1° LES CHARGES ÉTANT LA HAUTEUR DU NIVEAU, EN UN POINT DU RÉSERVOIR OU L'EAU EST PARFAITEMENT STAGNANTE, AU-DESSUS DE L'ARÊTE SUPÉRIEURE DE L'ORIFICE.

CHARGE sur le sommet de l'orifice	VALEURS DU COEFFICIENT m POUR DES HAUTEURS D'ORIFICE DE					
	0m,20	0m,10	0m,05	0m,03	0m,02	0m,01
m.	m.	m.	m.	m.	m.	m.
0.000	»	»	»	»	»	»
0.005	»	»	»	»	»	0.705
0.010	»	»	0.607	0.630	0.660	0.701
0.015	»	0.593	0.612	0.632	0.660	0.697
0.020	0.572	0.596	0.615	0.634	0.659	0.694
0.030	0.578	0.600	0.620	0.638	0.659	0.688
0.040	0.582	0.603	0.623	0.640	0.658	0.683
0.050	0.585	0.605	0.625	0.640	0.658	0.679
0.060	0.587	0.607	0.627	0.640	0.657	0.676
0.070	0.588	0.609	0.628	0.639	0.656	0.673
0.080	0.589	0.610	0.629	0.638	0.656	0.670
0.090	0.591	0.610	0.629	0.637	0.655	0.668
0.100	0.592	0.611	0.630	0.637	0.654	0.666
0.120	0.593	0.612	0.630	0.636	0.653	0.663
0.140	0.595	0.613	0.630	0.635	0.651	0.660
0.168	0.596	0.614	0.631	0.634	0.650	0.658
0.180	0.597	0.615	0.630	0.634	0.649	0.657
0.200	0.598	0.615	0.630	0.633	0.648	0.655
0.250	0.599	0.616	0.630	0.632	0.646	0.653
0.300	0.600	0.616	0.629	0.632	0.644	0.650
0.400	0.602	0.617	0.628	0.631	0.642	0.647
0.500	0.603	0.617	0.628	0.630	0.640	0.644
0.600	0.604	0.617	0.627	0.630	0.638	0.642
0.700	0.604	0.616	0.627	0.629	0.637	0.640
0.800	0.605	0.616	0.627	0.629	0.636	0.637
0.900	0.605	0.615	0.626	0.628	0.634	0.635
1.000	0.605	0.615	0.626	0.628	0.633	0.632
1.100	0.604	0.614	0.625	0.627	0.631	0.629
1.200	0.604	0.614	0.624	0.626	0.628	0.626
1.300	0.603	0.613	0.622	0.624	0.625	0.622
1.400	0.603	0.612	0.621	0.622	0.622	0.618
1.500	0.602	0.611	0.620	0.620	0.617	0.615
1.600	0.602	0.611	0.618	0.618	0.619	0.613
1.700	0.602	0.610	0.617	0.616	0.615	0.612
1.800	0.601	0.609	0.615	0.615	0.614	0.612
1.900	0.601	0.608	0.614	0.613	0.612	0.611
2.000	0.601	0.607	0.613	0.612	0.612	0.611
3.000	0.602	0.603	0.606	0.608	0.610	0.607

2° LES CHARGES ÉTANT LA HAUTEUR DU NIVEAU DE L'EAU, IMMÉDIATEMENT AU-DESSUS DE L'ORIFICE, AU-DESSUS DE L'ARÊTE SUPÉRIEURE DE L'ORIFICE.

CHARGE sur le sommet de l'orifice	VALEURS DU COEFFICIENT m POUR DES HAUTEURS D'ORIFICE DE					
	0m,20	0m,10	0m,05	0m,03	0m,02	0m,01
m.	m.	m.	m.	m.	m.	m.
0.000	0.619	0.667	0.713	0.766	0.783	0.795
0.005	0.597	0.634	0.668	0.725	0.750	0.778
0.010	0.595	0.615	0.642	0.687	0.720	0.762
0.015	0.594	0.610	0.639	0.674	0.707	0.745
0.020	0.594	0.618	0.638	0.668	0.697	0.729
0.030	0.593	0.613	0.637	0.659	0.685	0.708
0.040	0.593	0.612	0.636	0.654	0.678	0.695
0.050	0.593	0.612	0.636	0.651	0.672	0.686
0.060	0.594	0.613	0.635	0.647	0.668	0.681
0.070	0.594	0.613	0.635	0.645	0.665	0.677
0.080	0.594	0.613	0.635	0.643	0.662	0.675
0.090	0.595	0.614	0.634	0.641	0.659	0.672
0.100	0.595	0.614	0.634	0.640	0.657	0.669
0.120	0.596	0.614	0.633	0.637	0.655	0.665
0.140	0.597	0.614	0.632	0.636	0.653	0.661
0.160	0.597	0.615	0.631	0.635	0.651	0.659
0.180	0.598	0.615	0.631	0.634	0.650	0.657
0.200	0.599	0.615	0.630	0.633	0.649	0.656
0.250	0.600	0.616	0.630	0.632	0.646	0.653
0.300	0.601	0.616	0.629	0.632	0.644	0.651
0.400	0.602	0.617	0.629	0.631	0.642	0.647
0.500	0.603	0.617	0.628	0.630	0.640	0.645
0.600	0.604	0.617	0.627	0.630	0.638	0.643
0.700	0.604	0.616	0.627	0.629	0.637	0.640
0.800	0.605	0.616	0.627	0.629	0.636	0.637
0.900	0.605	0.615	0.626	0.628	0.634	0.635
1.000	0.605	0.615	0.626	0.628	5.633	0.632
1.100	0.604	0.614	0.625	0.627	0.631	0.629
1.200	0.604	0.614	0.624	0.626	0.628	0.626
1.300	0.603	0.613	0.622	0.624	0.625	0.622
1.400	0.603	0.612	0.621	0.622	0.622	0.618
1.500	0.602	0.611	0.610	0.620	0.619	0.615
1.600	0.602	0.611	0.618	0.618	0.617	0.613
1.700	0.602	0.610	0.617	0.816	0.615	0.612
1.800	0.601	0.609	0.615	0.615	0.614	0.612
1.900	0.601	0.608	0.614	0.613	0.613	0.611
2.000	0.601	0.607	0.614	0.612	0.612	0.511
3.000	0.601	0.603	0.606	0.608	0.610	0.609

Problème.

26. *Quel est le volume d'eau qui s'écoule en une seconde par un orifice rectangulaire de 0m,20 de largeur et 0m,10 de hauteur, la charge au dessus de l'arête supérieure de l'orifice, mesurée en un point où l'eau est stagnante étant 0m,95 et la contraction de la veine étant complète.*

D'après les tables, le coefficient m de dépense pour la charge donnée est :

$$m = 0{,}615.$$

La formule de la dépense effective est :

$$Q = m\,\Omega\sqrt{2gH}$$

dans laquelle.

$$\Omega = 0,20 \times 0,10 = 0,02$$
$$H = 0,95 + 0,05 = 1,00$$

devient,

$$Q = 0,615 \times 0,02 \sqrt{2 \times 9,8088 \times 1}$$

et en calculant on trouve :

$$Q = 0^{m.c.},0545.$$

Problème.

27. *Deux réservoirs juxtaposés* (*fig.* 13) *communiquent par un orifice* AB, *en mince paroi. Les niveaux sont constants en* CD, C′D′ *et sont tous deux soumis à la pression atmosphérique* p_a. *Le liquide s'écoule du réservoir à niveau supérieur dans celui à niveau inférieur ; on demande quelle est l'expression de la dépense ; c'est-à-dire le volume de liquide qui passe dans l'unité de temps d'un vase à l'autre.*

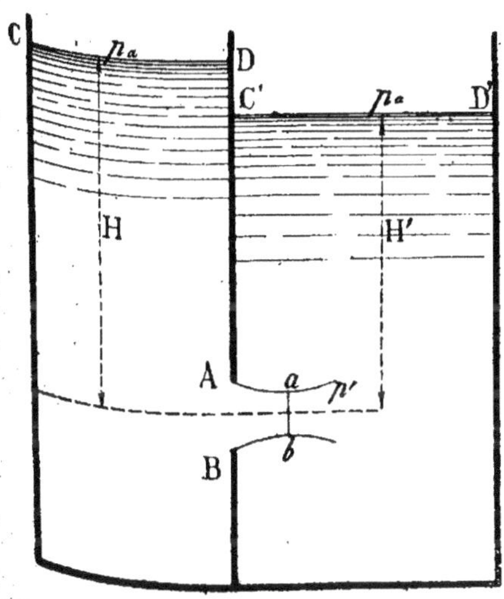

Fig. 13.

Ce problème ne peut être traité d'une manière rigoureuse, mais on peut en avoir une solution approchée, comme nous allons le voir.

Désignons par ab, la section contractée de la veine liquide, par p', la pression moyenne rapportée à l'unité de surface dans cette section ; par V, la vitesse moyenne des filets liquides traversant normalement cette section ; soit H, la profondeur moyenne au-dessous de CD, et H′ celle au-dessous de C′D′ ; on aura :

$$V = \sqrt{2g\left(H + \frac{p_a}{\pi} - \frac{p'}{\pi}\right)}.$$

Il suffit de connaître $\frac{p'}{\pi}$.

Remarquons qu'aux alentours de la veine liquide, les molécules liquides du réservoir supérieur sont animées de mouvements très lents ; par suite la pression suit la loi hydrostatique. On peut admettre que la pression moyenne p_1 est la pression du deuxième réservoir correspondant au centre de gravité de la section contractée. On a donc :

$$\frac{p'}{\pi} = H' + \frac{p_a}{\pi}$$

d'où en substituant,

$$V = \sqrt{2g\,(H - H')}.$$

La vitesse moyenne est donc la même que si l'écoulement avait lieu à l'air libre, sous l'action d'une hauteur égale à la différence des niveaux H — H′.

La dépense sera alors.

$$Q = m\Omega\,\sqrt{2g\,(H - H')}.$$

Problème.

28. *Un réservoir ayant la forme d'un cylindre ou d'un prisme droit vertical, contient un liquide, jusqu'à un certain niveau* CD. *La surface libre* CD *est soumise à la pression atmosphérique* p_a. *On demande de calculer le temps que le réservoir mettra à se vider, en admettant qu'il ne reçoive pas de liquide du dehors.*

Nous allons déterminer l'expression des temps élémentaires qui s'écoulent pour des abaissements de niveau infiniment petits. Soit H (*fig.* 14) la charge sur le centre de l'orifice au moment où le niveau libre est CD : pendant un temps élémentaire t la dépense q sera :

$$q = m\Omega\,\sqrt{2gH} \times t.$$

Le volume écoulé pendant le temps t est aussi égal à la section A du vase multiplié par la hauteur h du liquide écoulé, donc :

$$Ah = m\Omega \sqrt{2gH} \times t$$

d'où on tire :

$$t = \frac{Ah}{m\Omega \sqrt{2gH}} = \frac{A}{m\Omega} \times \frac{h}{\sqrt{2gH}}.$$

En considérant des temps élémentaires t_1, t_2, t_3..., alors que les charges seraient

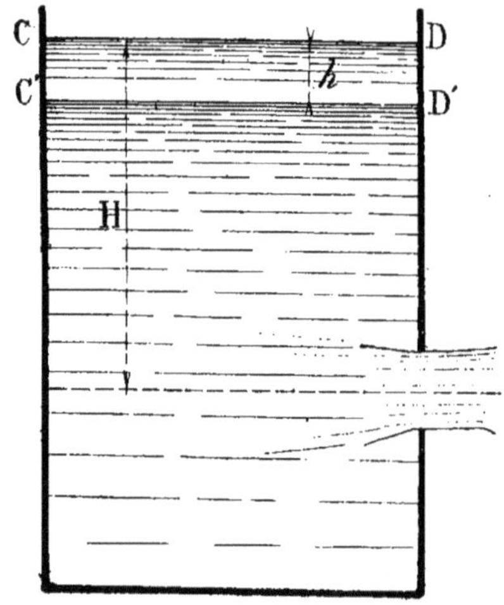

Fig. 14.

H_1, H_2, H_3..., et les abaissements du niveau libre h_1, h_2, h_3..., on aurait par analogie :

$$t_1 = \frac{A}{m\Omega} \frac{h_1}{\sqrt{2gH_1}}$$

$$t_2 = \frac{A}{m\Omega} \frac{h_2}{\sqrt{2gH_2}}$$

$$t_3 = \frac{A}{m\Omega} \frac{h_3}{\sqrt{2gH_3}}$$

» »

d'où en faisant la somme des temps élémentaires on aura le temps total T :

$$T = \frac{A}{m\Omega \sqrt{2g}} \left(\frac{h}{\sqrt{H}} + \frac{h_1}{\sqrt{H_1}} + \frac{h_2}{\sqrt{H_2}} + \dots 0 \right)$$

La parenthèse pourrait s'obtenir au moyen de la surface d'une figure, en portant sur une ligne d'abscisses des longueurs H, H_1, H_2, H_3,... 0 et en ordonnées correspondantes :

$$\frac{1}{\sqrt{H}}, \frac{1}{\sqrt{H_1}}, \frac{1}{\sqrt{H_2}} \dots 0,$$

Mais le calcul intégral donne pour la valeur de la parenthèse $2\sqrt{H}$ donc,

$$T = \frac{A}{m\Omega \sqrt{2g}} \; 2\sqrt{H}$$

Il est facile de constater que ce temps est double de celui qu'il faudrait pour écouler le même volume si la charge demeurait constante en supposant que le coefficient m reste le même, en effet, la vitesse étant constante et égale à $\sqrt{2gH}$, le volume écoulé dans le temps T' sera :

$$m\Omega \sqrt{2gH} \; T'$$

or, ce volume est aussi égal à la section A du vase multipliée par la hauteur H, donc :

$$m\Omega \sqrt{2gH} \; T' = AH$$

d'où,

$$T' = \frac{AH}{m\Omega \sqrt{2gH}}$$

et en multipliant le numérateur et le dénominateur du second membre par $\sqrt{H}$, il vient :

$$T' = \frac{A\sqrt{H}}{m\Omega \sqrt{2g}}.$$

En comparant T et T', on voit que $T = 2T'$.

29. Remarque. — Dans ce qui précède, nous avons supposé l'orifice assez petit, pour que l'on puisse considérer ses points comme à la même profondeur. Si la hauteur de l'orifice est relativement considérable, on peut déterminer la dépense, en partageant la section contractée en tranches minces par des droites horizontales, assez rapprochées les unes des autres pour qu'on puisse regarder les points d'une même tranche comme étant à la même profondeur. Ensuite, l'on calcule les dépenses relatives à chaque tranche ; la somme de toutes ces dépenses représentera la dépense totale. Nous donnerons un exemple dans le problème suivant :

Problème.

30. *Calculer la dépense d'un orifice dont*

la section contractée ABCD *rectangulaire à deux côtés verticaux.*

Soit (*fig.* 15) MM' le niveau supérieur du liquide et représentons par :

l, la longueur des côtés horizontaux ;

Z_0, la profondeur de AB ;

Z_1, celle de CD ;

$Z_1 - Z_0$ sera la hauteur des côtés verticaux.

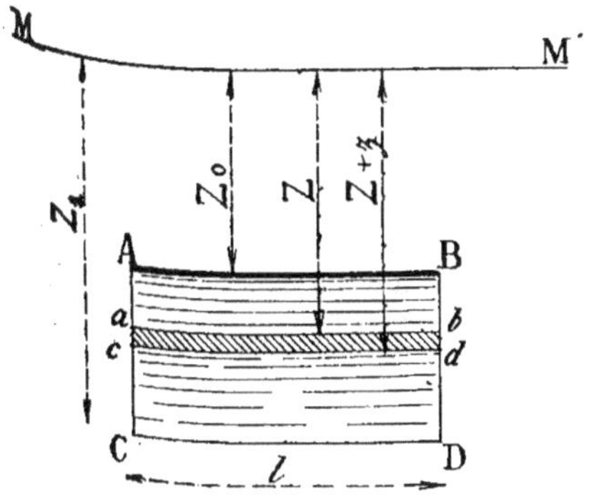

Fig. 15.

Pour calculer la dépense, partageons la section en tranches infiniment minces par les droites horizontales infiniment rapprochées.

Soient *abcd* l'une des tranches, Z, la profondeur de *ab* et Z + *z*, celle de *cd*.

La vitesse correspondante à cette tranche est

$$\sqrt{2gZ}$$

la surface de la tranche est

$$lz.$$

la dépense sera :

$$q = lz\sqrt{2gZ}.$$

En considérant d'autres tranches *a'b'c'd'*, *a''b''c''d''* les dépenses élémentaires seraient par analogie :

$$q' = lz'\sqrt{2gZ'}$$
$$q'' = lz''\sqrt{2gZ''}$$

» »

» »

D'où la dépense totale Q sera la somme des dépenses élémentaires :

$$Q = \Sigma lz\sqrt{2gZ} = l\sqrt{2g}\,(z\sqrt{Z} + z'\sqrt{Z} + \ldots)$$

Cette somme étant prise depuis $Z = Z_0$ et $Z = Z_1$, le calcul intégral donne pour cette somme :

$$Q = \frac{2}{3}\, l\sqrt{2g}\left(Z_1^{\frac{3}{2}} - Z_0^{\frac{3}{2}}\right)$$

ou

$$Q = \frac{2}{3}\, l\sqrt{2g}\,(\sqrt{Z_1^3} - \sqrt{Z_0^3}) \qquad (1)$$

31. Remarque — S'il s'agissait d'un orifice très petit la dépense Q' s'obtiendrait en multipliant la section de l'orifice par la vitesse au centre. Or, la section de l'orifice est $l(Z_1 - Z_0)$,

la vitesse commune des tranches est :

$$\sqrt{\sqrt{2g}\,\frac{Z_1 + Z_0}{2}}$$

d'où,

$$Q' = l(Z_1 - Z_0)\sqrt{2g\left(\frac{Z_1 + Z_0}{2}\right)} \qquad (2)$$

Le rapport des dépenses Q et Q' sera :

$$\frac{Q}{Q'} = \frac{2}{3}\,\frac{l\sqrt{2g}\left(Z_1^{\frac{3}{2}} - Z_0^{\frac{3}{2}}\right)}{l(Z_1 - Z_0)\sqrt{2g}\sqrt{\frac{Z_1 + Z_0}{2}}}$$

ou

$$\frac{Q}{Q'} = \frac{2}{3}\,\frac{Z_1^{\frac{3}{2}} - Z_0^{\frac{3}{2}}}{(Z_1 - Z_0)\sqrt{\frac{Z_1 + Z_0}{2}}}$$

Le numérateur peut s'écrire :

$$Z_1^{\frac{3}{2}} - Z_0^{\frac{3}{2}} = 1 - \frac{Z_0^{\frac{3}{2}}}{Z_1^{\frac{3}{2}}} = 1 - \sqrt{\frac{Z_0^3}{Z_1^3}}$$

$$= 1 - \frac{Z_0}{Z_1}\sqrt{\frac{Z_0}{Z_1}}$$

le dénominateur, peut, en divisant ses termes par Z_1, s'écrire :

$$(Z_1 - Z_0)\sqrt{\frac{1}{2}(Z + Z_0)}$$
$$= \left(1 - \frac{Z_0}{Z_1}\right)\sqrt{\frac{1}{2}\left(1 + \frac{Z_0}{Z_1}\right)}$$

donc,

$$\frac{Q}{Q'} = \frac{2}{3}\,\frac{1 - \frac{Z_0}{Z_1}\sqrt{\frac{Z_0}{Z_1}}}{\left(1 - \frac{Z_0}{Z_1}\right)\sqrt{\frac{1}{2}\left(1 + \frac{Z_0}{Z_1}\right)}}$$

On voit ainsi que le rapport $\frac{Q}{Q'}$ ne dépend que du rapport $\frac{Z_0}{Z_1}$.

Cherchons entre quelles limites peut varier ce rapport :

La plus petite valeur de Z_0 correspond au cas où AB se confond avec le niveau supérieur MM′ alors :

$$\frac{Z_0}{Z_1} = \frac{0}{Z_1} = 0.$$

Si AB est infiniment profond, le rapport $\frac{Z_0}{Z_1}$ tend vers l'unité.

Ainsi, $\frac{Z_0}{Z_1}$ varie de 0 à 1.

En faisant les calculs pour différentes valeurs données à ce rapport on trouve pour $\frac{Q}{Q'}$ les nombres suivants :

Valeurs de $\frac{Z}{Z_0}$	Valeurs de $\frac{Q}{Q'}$
0	0,943
0,1	0,967
0,2	0,979
0,3	0,987
0,4	0,992
0,5	0,995
0,6	0,997
0,7	0,998
0,8	0,999
0,9	1,000
1,0	1,000

La formule (2) est celle que l'on applique dans la pratique, elle donne la dépense sans erreur appréciable, et présente l'avantage d'être plus simple que la formule (1).

32. Remarque. — Si Z_0 était très petit, il en serait de même du rapport $\frac{Z_0}{Z_1}$; dans ce cas particulier l'on ne peut admettre des valeurs de Q et Q′ comme représentant suffisamment la dépense. Il arrive que les molécules voisines de AB n'ont plus le même mouvement et ne parcourent pas les mêmes paraboles que si elles étaient des points matériels soumis à leur poids, car elles ont des mouvements très lents. On ne peut donc regarder, dans toute la section, la pression rapportée à l'unité de surface, comme constante et égale à la pression atmosphérique.

33. Remarque. — On rencontre quelquefois des orifices de dimensions très grandes, comme celles des *pertuis d'écluses*. Des expériences faites par Lespinasse en 1782, furent continuées en 1792 par Paris. Il s'agissait d'un pertuis rectangulaire de $1^m,30$ de large sur $0^m,50$ de haut ; la charge H sur le centre variait de $1^m,875$ à $4^m,114$. Dans ces conditions le coefficient *m* de contraction a varié de $0^m,594$ à 0,647.

34. *Orifice parfaitement évasé.* — Un orifice parfaitement évasé, est celui qui a la forme d'une veine liquide sortant d'un orifice en mince paroi. Cette forme étant prise depuis la section de l'orifice jusqu'à la section contractée ; par suite, les filets fluides sortant de *ab* (*fig.* 16) sortent normalement et n'éprouvent plus de contraction.

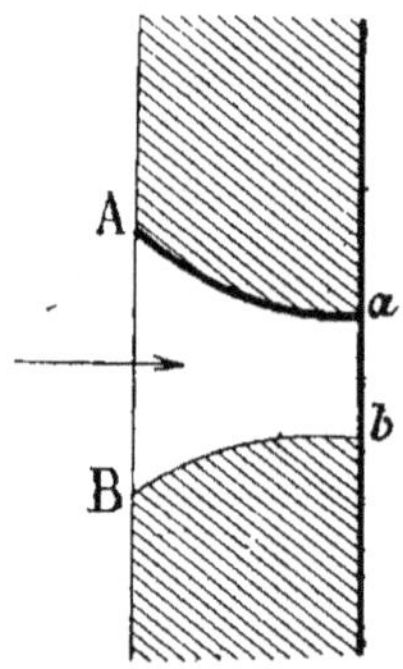

Fig. 16.

La dépense Q est alors :

$$Q = \Omega \sqrt{2gH}$$

Ω étant la section *ab*.

Michelotti a trouvé par expérience :

$$Q = 0,984\ \Omega \sqrt{2gH}.$$

35. *Orifice incomplètement évasé.* — Supposons qu'à un orifice AB (*fig.* 17) on adapte un plan CB, formant une fausse paroi perpendiculaire au plan de l'orifice. La contraction se trouve supprimée tout le long de cette arête horizontale et la dépense se trouve augmentée. Cette disposition peut être appliquée à un orifice quelconque mais il faut :

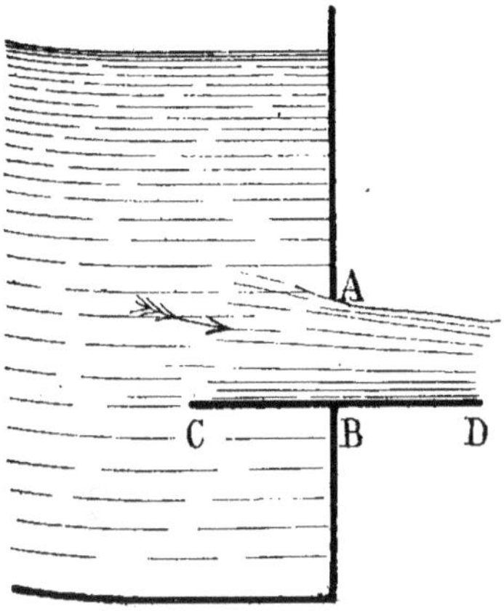

Fig. 17.

1° Que cette fausse paroi ne forme pas un cylindre fermé, car alors elle deviendrait un ajutage cylindrique ;

2° Qu'elle soit dirigée vers l'intérieur et non vers l'extérieur ; car alors elle n'empêcherait pas la convergence des

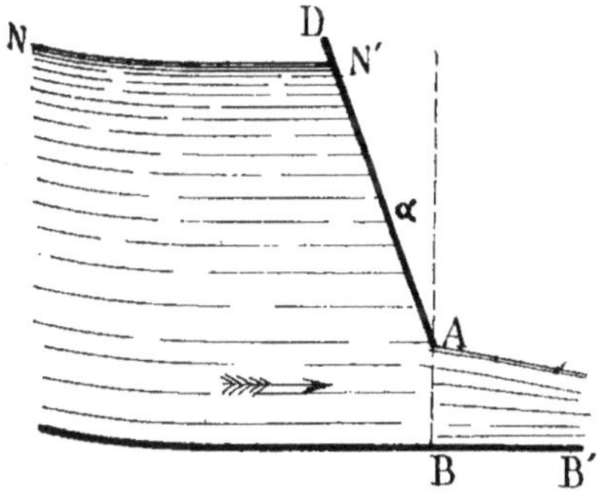

Fig. 18.

filets liquides. Au moyen des fausses parois on peut élever la dépense de 0,62 à 0,73. Il y a une formule donnée par Bidone qui permet de calculer le coefficient m ; c'est la suivante :

$$m = 0{,}62\left(1 + 0{,}152\,\frac{N}{p}\right),$$

dans laquelle p représente le périmètre total de l'orifice et N la portion du périmètre sur laquelle s'élève la fausse paroi.

Comme orifice imparfaitement évasé, on peut citer l'orifice des vannes inclinées. employées dans les canaux rectangulaires pour l'alimentation des roues hydrauliques.

Soit NN' le niveau constant (*fig.* 18) et BB' le fond du canal rectangulaire. Appelons α l'angle d'inclinaison de la vanne AD, m le coefficient de dépense ; d'après Poncelet :

Pour $\alpha = 0$ on a $m = 0{,}60$
$\alpha = 30°$ — $m = 0{,}74$
$\alpha = 45°$ — $m = 0{,}80$

les résultats ont été groupés, par Bresce dans la formule empirique

$$m = 0{,}60\,(1 + 0{,}47 \sin \alpha).$$

Problème.

36. *Un liquide sort d'un réservoir entretenu à un niveau constant* NN', *par un orifice parfaitement évasé* ABCD (fig. 19). *Le liquide s'écoule dans un canal ayant la*

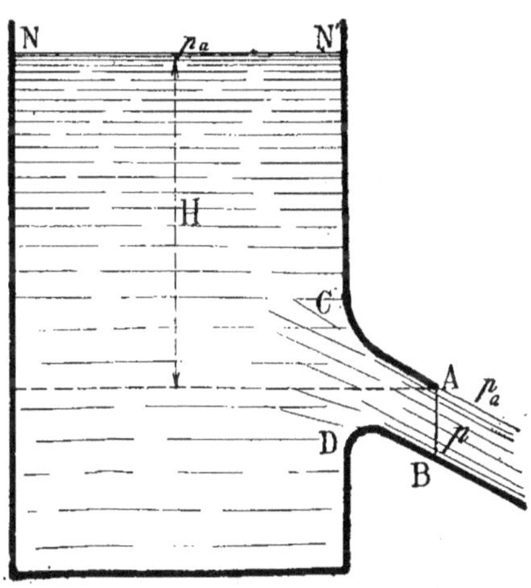

Fig. 19.

forme d'un cylindre ou d'un prisme droit découvert à sa partie supérieure. La section transversale du canal est celle de l'orifice AB, *en tenant compte de ce qu'il faut pour qu'il soit découvert. La pente est celle qui convient pour que les molécules liquides conservent un mouvement rectiligne et uniforme, parallèle aux arêtes de ce prisme. Calculer la dépense.*

Cherchons la vitesse de l'un quelconque des filets liquides qui passent par l'orifice.

On a :

$$V = \sqrt{2g.\left(H + Z + \frac{p_a}{\pi} - \frac{p}{\pi}\right)},$$

Pour avoir p, remarquons que la section AB étant traversée dans des directions rectilignes, la pression varie suivant la loi hydrostatique ; par conséquent

$$\frac{p}{\pi} = Z + \frac{p_a}{\pi}$$

d'où $$V = \sqrt{2gH}.$$

Les filets liquides s'écoulant avec la même vitesse et étant normaux à la section AB, on aura :

$$V = \Omega\sqrt{2gH}.$$

37. Lors de la démonstration du théorème de Bernouilli, nous avons supposé qu'il n'y avait ni agitation, ni frottement entre les deux sections considérées, mais si nous supposons un tuyau débouchant dans un second de section plus grande comme le montre la figure 20, ce théorème n'est plus applicable. Il faut, pour déterminer la dépense avoir recours à un autre théorème établi par Bellanger.

Théorème de Bellanger.

38. Considérons un tuyau débouchant en ab dans un tuyau ABCD de section supérieure à la sienne et cherchons la relation qui lie entre elles les vitesses aux sections ab et CD et les pressions aux centres G_0 et G de ces sections (*fig.* 20). Pour cela appliquons le théorème des quantités de mouvement projetées sur un axe à la quantité de liquide ABCD.

Projetons sur un axe GG′ parallèle à la direction des génératrices AC du deuxième tuyau.

Au bout d'un temps très court θ, la masse liquide occupera l'espace A$aa'b'b$ BD′C′ ; nous allons établir que l'accroissement de quantité de mouvement est égale à la somme des impulsions des forces qui agissent ici ; cette équation aura la forme :

$$\Sigma m V_x - \Sigma m V_{0x} = \Sigma F_x \theta$$

Appelons : Q, le volume écoulé dans l'unité de temps ;

V, la vitesse en CD ;

V_0, la vitesse en ab.

En remarquant qu'il y a une partie

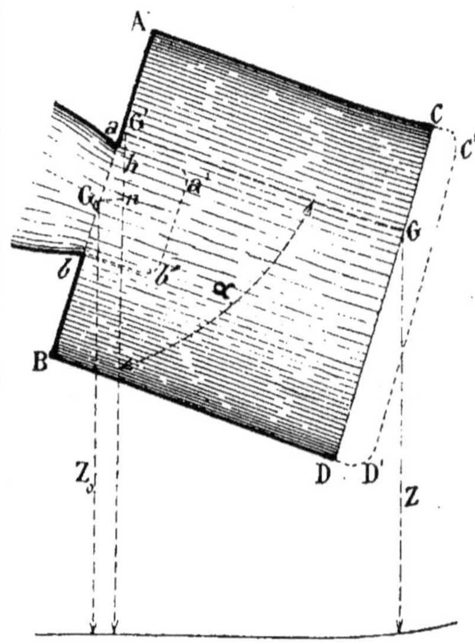

Fig. 20.

commune A$aa'b'$BDC dans les positions occupées par la masse liquide avant et après le temps θ cette partie commune est soumise au régime permanent, on peut écrire pour premier membre de l'équation ; c'est-à-dire pour accroissement de quantité de mouvement :

$$\frac{\Omega Q \theta}{g}(V - V_0).$$

Considérons les forces extérieures, ce sont :

1° La pesanteur ;

2° La pression exercée par la paroi AB ;

3° La pression exercée en CD.

La réaction des parois extérieures qui se projette normalement à GG′ n'est pas à considérer.

Il n'y a pas à considérer non plus le frottement des molécules liquides les unes contre les autres, parce que ces molécules traversent normalement les sections ab et CD (en supposant toutefois que l'on considère ABCD comme sensiblement cylindrique).

Voyons les impulsions projetées des trois forces énoncées ci-dessus.

1° La pesanteur donne

$$\pi\Omega GG' \cos\alpha,$$

Ω étant la section de CD.

Mais $GG' \cos\alpha$ = différence de niveau de G en G′

$$GG' \cos\alpha = Z_0 - Z + G'n = Z_0 - Z + h$$

L'impulsion projetée est donc :

$$\pi\Omega\,(Z_0 - Z + h)\,\theta.$$

2° Sur la partie ouverte ab, on peut appliquer la loi hydrostatique, puisque les molécules s'écoulent normalement. On peut appliquer cette même loi sur le reste de AB, parce que les pressions y sont très faibles. En un mot, on peut appliquer la loi hydrostatique à toute la section AB.

Appelons p' la pression au centre de gravité de AB, l'on aura, pour l'impulsion projetée : $\Omega p' \theta$.

Mais p_0 représente la pression en G_0 l'on aura :

$$p' = p_0 - \pi h.$$

L'impulsion de la pression en AB donne :

$$(p_0 - \pi h)\,\Omega\,\theta.$$

3° On peut également appliquer la loi hydrostatique à la pression en CD, parce que l'écoulement a lieu normalement à la section

Soit, p, la pression en G, et l'on aura pour l'impulsion de cette pression :

$$\Omega p\,\theta.$$

Egalons maintenant l'accroissement de quantité de mouvement à la somme de ces trois impulsions, on aura, en remarquant que la dernière doit être affectée du signe moins à cause de son sens :

$$\frac{\pi Q\theta\,(V - V_0)}{g} = \pi\Omega\,(Z_0 - Z + h)\,\theta + (p_0 - \pi h)\,\Omega\theta - p\Omega\theta.$$

Pour éliminer la valeur de Q, remarquons que

$$Q = \Omega V,$$

d'où, en substituant, il vient :

$$\frac{\pi\Omega V\theta\,(V - V_0)}{g} = \pi\Omega\theta\,(Z_0 - Z + h) + (p_0 - \pi h)\,\Omega\theta - p\Omega\theta$$

ou

$$\frac{\pi\Omega V\theta\,(V - V_0)}{g} = \pi\Omega\theta\left(Z_0 - Z + h + \frac{p_0}{\pi} - h - \frac{p}{\pi}\right)$$

ou plus simplement :

$$\frac{V\,(V - V_0)}{g} = Z_0 - Z + \frac{p_0}{\pi} - \frac{p}{\pi} \qquad (1)$$

Cette formule établie, voyons comment

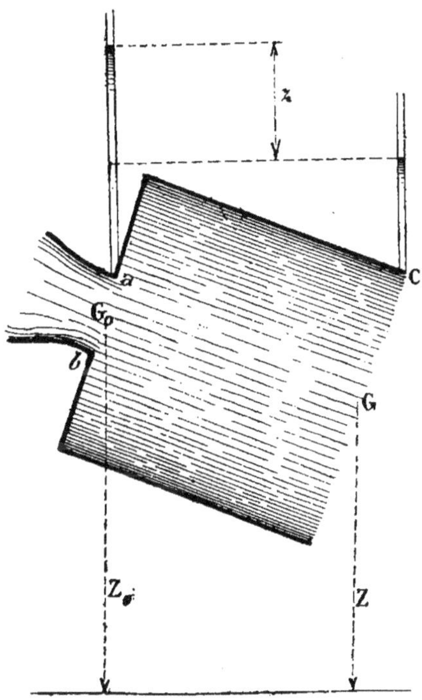

Fig. 21.

il faut interpréter les résultats ; pour cela adoptons un tube piézométrique en a et C (*fig.* 21).

En a la hauteur piézométrique est :

$$\frac{p_0}{\pi} - \frac{p_a}{\pi}.$$

En C elle est

$$\frac{p}{\pi} - \frac{p_a}{\pi}$$

La différence Z de ces niveaux piézimétriques a et C est donc :

$$\frac{p_0}{\pi} - \frac{p_a}{\pi} - \frac{p}{\pi} + \frac{p_a}{\pi}$$

ou

$$\frac{p_0}{\pi} - \frac{p}{\pi}$$

quantité qui se trouve dans le second membre de l'équation précédente (1).

Si les sections étaient raccordées graduellement, on pourrait appliquer le théorème de Bernouilli, qui alors donnerait :

$$\frac{V^2}{2g} - \frac{V_0^2}{2g} = Z_0 - Z + \frac{p_0}{\pi} - \frac{p}{\pi} \quad (2)$$

Cherchons dans lequel de ces deux cas, pour débiter le même volume, il faudra la plus grande charge d'eau.

Dans le premier cas, représentons par Z cette charge, et dans le second cas par Z'. Pour trouver la différence Z — Z', tirons les valeurs de Z et Z' ou

$$\frac{p_0}{\pi} - \frac{p}{\pi}$$

des deux équations (1) et (2).

L'équation (1) donne :

$$Z = \frac{V(V - V_0)}{g} - (Z_0 - Z).$$

L'équation de Bernouilli (2) donne :

$$Z' = \frac{V^2}{2g} - \frac{V_0^2}{2g} - (Z_0 - Z).$$

Et, en retranchant ces deux égalités,

$$Z' - Z = \frac{V^2}{2g} - \frac{V_0^2}{2g} - (Z_0 - Z) - \frac{V(V - V_0)}{g} + (Z_0 - Z)$$

ou

$$Z' - Z = \frac{V^2}{2g} - \frac{V_0^2}{2g} - \frac{V(V - V_0)}{g}.$$

$$Z' - Z = \frac{V^2}{2g} - \frac{V_0^2}{2g} - \frac{2V^2 - 2VV_0}{2g}.$$

$$Z' - Z = \frac{V^2 - V_0^2 - 2V^2 + 2VV_0}{2g} = \frac{- V_0^2 - V^2 + 2VV_0}{2g}.$$

$$Z' = Z - \frac{(V - V_0)^2}{2g}.$$

et

$$Z = Z' + \frac{(V - V_0)^2}{2g}.$$

L'effet de l'élargissement brusque de section correspond donc à un excès de charge égal à $\frac{(V - V_0)^2}{2g}$, nécessaire pour avoir dans les deux cas les mêmes vitesses, V_0 et V.

Cette quantité représente donc la perte de charge dûe à l'élargissement brusque de la section.

39. Remarque I. — La formule de Bellanger (1) peut s'écrire :

$$\frac{V^2}{2g} - \frac{V_0^2}{2g} + \frac{(V - V_0)^2}{2g} = Z_0 - Z + \frac{p_0}{\pi} - \frac{p}{\pi}$$

ou bien

$$\frac{V^2 - V_0^2}{2g} = Z_0 - Z + \frac{p_0}{\pi} - \frac{p}{\pi} - \frac{(V - V_0)^2}{2g}.$$

C'est sous cette forme que l'on énonce le théorème de Bellanger ; on voit que cette équation ne diffère de celle de Bernouilli que par l'addition du terme représentant l'accroissement de charge.

En combinant ce théorème avec la relation :

$$Q = \Omega V = \omega_0 V_0.$$

On a tous les éléments nécessaires pour résoudre les questions qui peuvent se présenter dans le cas d'un tuyau débouchant dans un réservoir de section supérieure.

40. Remarque II. — Le théorème de Bernouilli a été établi par la considération des puissances vives, et celui de Bellanger par celle des quantités de mouvement. Il eut été, en effet, difficile d'employer les quantités de mouvement pour établir le théorème de Bernouilli, il aurait fallu, pour cela, tenir compte de la direction des filets liquides, et l'on aurait été conduit à des calculs très compliqués. De même, le théorème de Bellanger basé sur l'emploi des puissances vives, aurait présenté une difficulté dans l'évaluation des forces intérieures ; de plus, comme on a supposé un tuyau cylindrique, la difficulté qui était relative tout à l'heure à l'emploi des quantités de mouvement, à cause de la forme des filets liquides, n'existe plus; en effet, on ne connaît pas, il est vrai, l'action des pressions le long du tube; mais l'axe de projection étant pris parallèlement aux génératrices du tuyau, toutes ces pressions se projettent normalement, et par suite, ont des projections nulles.

Cette difficulté qui prescrit l'emploi des forces vives, pour l'établissement du théorème de Bellanger, peut être levée au moyen du lemme suivant.

41. *Lemme.* — Supposons une veine fluide pénétrant dans un réservoir d'eau (*fig.* 22). Soit V la vitesse de l'eau à son

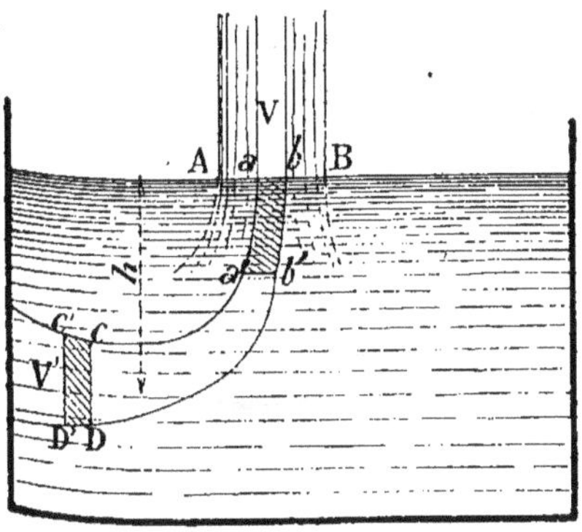

Fig. 22.

entrée dans le réservoir, et appliquons le théorème des forces vives entre les deux sections AB, à la surface du liquide dans le réservoir, et une section CD. Pour cela, considérons un filet $abCD$, pendant le temps θ assez petit pour que l'on ait des vitesses constantes V et V', dans les parties liquides non communes ab, $a'b'$; CD, C'D'. Les sections $a'b'$, C'D' étant les positions de ab, et CD au bout du temps θ.

L'accroissement de force vive est égal à :

$$\frac{1}{2} m\,(V'^2 - V_0^2).$$

En prenant la section CD dans la région où les mouvements sont très lents, V' devient nul, et l'expression se réduit à

$$-\frac{1}{2} m\, V^2.$$

En ab, la pression atmosphérique donne

$$p_a \frac{mg}{\pi}.$$

Le travail des pressions en C'D' donne

$$-(p_a + \pi h)\frac{mg}{\pi}.$$

Enfin la pesanteur donne

$$mgh$$

Soit t_f les forces des pressions au pourtour, c'est-à-dire le travail dû au frottement des filets contre les filets voisins, et aux actions moléculaires, on aura l'équation

$$-\frac{1}{2} m V^2 = p_a \frac{mg}{\pi} - (p_a + \pi h)\frac{mg}{\pi} + mgh + t_f$$

ou

$$t_f = -\frac{1}{2} m V^2.$$

Pour trouver maintenant l'expression du travail produit par les forces moléculaires, prenons un système de comparaison dont tous les points aient une vitesse égale à V. L'effet produit sera le même que si le tuyau débouchait dans un tuyau de section plus grande, renfermant de l'eau stagnante, celle qui arrive étant animée de la vitesse $V_0 - V$.

Appliquons à ce mouvement relatif le théorème des puissances vives qui est de la forme :

$$\Sigma \frac{1}{2} m V_0^2 - \Sigma \frac{1}{2} m V_0^2 = \Sigma t_f + \Sigma t_\pi.$$

Ici, la somme des travaux des forces d'inertie est nulle, à cause du mouvement de translation rectiligne et uniforme du système de comparaison. On est ainsi ramené au cas de lemme précédent et l'on a :

$$t_f = -\Sigma \frac{1}{2} m\,(V_0^2 - V^2)$$

ou

$$t_f = -\frac{1}{2} M\,(V_0^2 - V^2).$$

Il n'y a alors plus de difficulté pour arriver à la relation trouvée par Bellanger ; en employant les forces vives puisque nous avons l'expression de t_f c'est-à-dire des forces intérieures.

42. *Ajutages.* — Lorsqu'un orifice circulaire est prolongé en aval par un tuyau court ABCD (*fig.* 23) sa dépense effective se trouve augmentée, mais d'une manière très variable suivant la forme et la longueur de ce tuyau ou *ajutage*. Le même effet se produit de la même manière, si la paroi dans laquelle est pratiqué l'orifice, se trouve suffisamment épaisse, de façon que l'on puisse assimiler à ce tuyau la surface intérieure de l'ouverture.

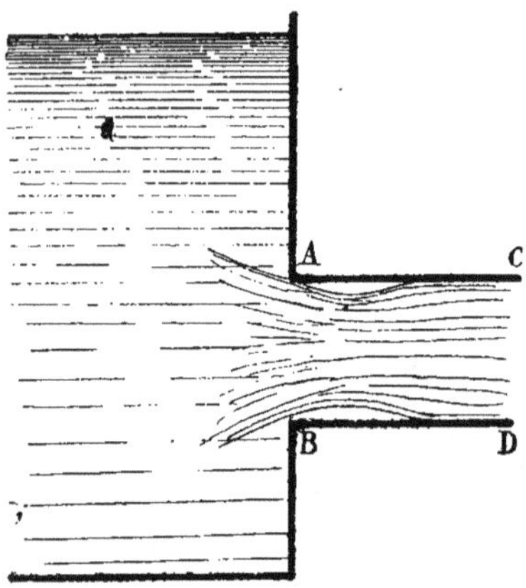

Fig. 23.

43. *Ajutage cylindrique.* — On peut déterminer le volume débité par un ajutage cylindrique, en appliquant les théorèmes de Bernouilli et de Bellanger.

Soit un réservoir à niveau constant, muni d'un ajutage cylindrique ABCD (*fig.* 24). Assimilons cet ajutage à un orifice en mince paroi. Nous avons la même section contractée et dans les premiers instants, le mouvement a lieu dans les mêmes conditions ; mais il y a des molécules d'air entraînées, par suite, diminution de la pression, et gonflement de la veine, de telle sorte que si le tuyau est assez long, l'eau finit par couler à plein orifice ; il suffit pour cela que la longueur l du tuyau soit égale à une fois et demi son diamètre d (résultat dû à l'expérience).

Le volume débité Q est :

$$Q = \Omega T.$$

Ω étant la section du tuyau et V la vitesse moyenne en CD.

Pour calculer V considérons une portion de filet comprise entre $m\,n$ et CD ; partageons ce filet en deux parties $mn\,a'b'$ et $a'b'cd$; la section $a'b'$ est prise dans la partie contractée ab

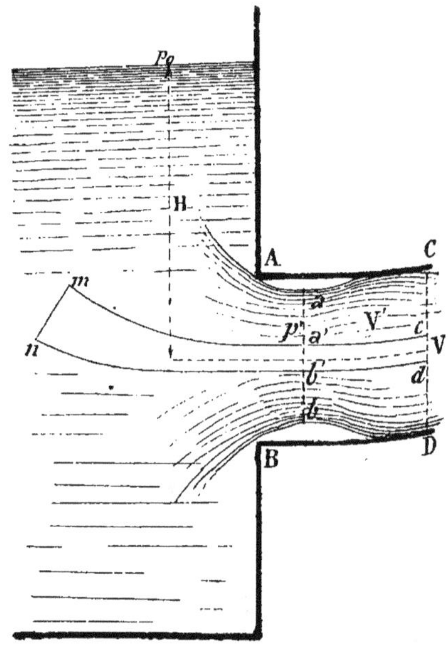

Fig. 24.

Entre mn et $a'b'$ le filet n'étant pas divisé, on peut appliquer le théorème de Bernouilli qui sera :

$$\frac{V'^2}{2g} = H + \frac{p_0}{\pi} - \frac{p'}{\pi} \qquad (1)$$

dans laquelle :

V' est la vitesse en $a'b'$;

H, la différence de niveau ;

p_0, la pression au-dessus du niveau ;

p' la pression en $a'b'$.

Dans la deuxième partie du filet comprise entre $a'b'$ et cd, on ne peut plus appliquer le théorème de Bernouilli, il faut faire usage de celui de Bellanger, ce qui donne :

$$\frac{V^2}{2g} - \frac{V'^2}{2g} = \frac{p'}{\pi} - \frac{pa}{\pi} - \frac{(V - V')^2}{2g}. \qquad (2)$$

Pour obtenir la vitesse cherchée V, ajoutons membre à membre les équation (1) et (2), il vient :

$$\frac{V^2}{2g} = H + \frac{p_0}{\pi} - \frac{p_a}{\pi} - \frac{(V - V')^2}{2g}.$$

Pour éliminer V′ remarquons que $V' = \frac{V}{m}$, m étant le coefficient de contraction, ce qui donne :

$$\frac{V^2}{2g}\left[1 + \left(1 - \frac{1}{m}\right)^2\right] = H + \frac{p_0 - p_a}{\pi}$$

En prenant $m = 0{,}62$ et en effectuant les calculs l'équation s'écrira :

$$\frac{V^2}{2g} = \frac{2}{3} H + \left(\frac{p_0 - p_a}{\pi}\right),$$

d'où

$$V = 0{,}85\sqrt{2g\left(H + \frac{p_0 - p_a}{\pi}\right)}.$$

et la dépense sera

$$Q = 0{,}85\Omega\sqrt{2g\left(H + \frac{p_0 - p_a}{\pi}\right)}.$$

Telle est la dépense dans le cas d'un ajutage cylindrique. Il faut remarquer que le coefficient 0,85 affecte la vitesse, tandis que pour l'orifice en mince paroi le coefficient 0,62 affecte la section.

L'expérience de son côté donne :

$$Q = 0{,}812\Omega\sqrt{2g\left(H + \frac{p_0 - p_a}{\pi}\right)}$$

dans cette formule, on suppose $m = 0{,}62$.

Cette différence tient à ce que, dans le calcul, on a négligé les frottements.

La plus grande dépense paraît avoir lieu lorsque la longueur des ajutages est comprise entre deux et trois fois leur diamètre, et alors le coefficient de correction de la formule d'écoulement a pour valeur approximative 0,82, le diamètre de l'orifice étant compris entre $0^m{,}015$ et 0,085 et la charge sur son centre n'étant point inférieure à $0^m{,}040$.

Lorsque la longueur de l'ajutage augmente notablement au-delà de ces proportions, le coefficient diminue.

M. Eytelwein a obtenu les résultats suivants pour un orifice de $0^m{,}026$ de diamètre, et sous une charge d'environ $0^m{,}700$.

Rapports $\frac{l}{d}$ 2 à 3 — 12 — 24 — 36 — 48 — 60

Coefficients correspondants { 0,82 — 0,77 — 0,73 — 0,68 — 0,63 — 0,60.

44. Remarque. — La formule

$$Q = 0{,}85\Omega\sqrt{2g\left(H + \frac{p_0 - p_a}{\pi}\right)}$$

semble vraie, à priori, quelle que soit la valeur de H ; il n'en est pas ainsi cependant, elle exige que la hauteur H soit comprise entre des limites qui ne sont pas très étendues.

Supposons, en effet, qu'on puisse appliquer aux deux portions de filets situées de part et d'autre de la section contractée, les théorèmes de Bernouilli et de Bellanger et que la pression en *ab* soit positive (*fig.* 25).

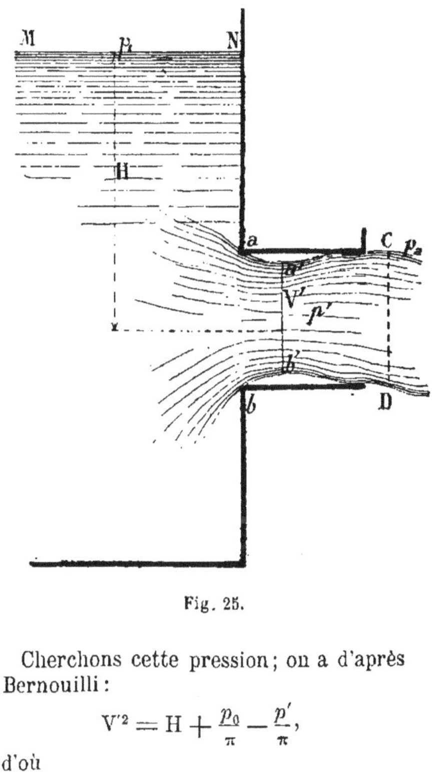

Fig. 25.

Cherchons cette pression ; on a d'après Bernouilli :

$$V'^2 = H + \frac{p_0}{\pi} - \frac{p'}{\pi},$$

d'où

$$\frac{p'}{\pi} = H + \frac{p_0}{\pi} - \frac{V'^2}{2g} \qquad (1)$$

En appelant m le coefficient de contraction

$$V' = \frac{V}{m}. \qquad (2)$$

Nous avons trouvé

$$\frac{V^2}{2g} = \frac{2}{3}\left(H + \frac{p_0 - p_a}{\pi}\right). \qquad (3)$$

Substituons V′ tiré de l'équation (2) dans l'équation (1) et dans cette équation (1) ainsi transformée, portons la valeur de $\frac{V^2}{2g}$ tirée de l'équation (3) ; on obtient :

$$\frac{p'}{\pi} = \frac{p_a}{\pi} - \frac{3}{4}\left(H + \frac{p_0 - p_a}{\pi}\right).$$

Il ne peut pas y avoir de tension entre les molécules liquides, par conséquent p' ne peut pas être négatif, il est donc positif et, par suite, on doit avoir :

$$\frac{p_a}{\pi} - \frac{3}{4}\left(H + \frac{p_0 - p_a}{\pi} > 0\right),$$

ou

$$\frac{p_a}{\pi} > \frac{3}{4}\left(H + \frac{p_0 - p_a}{\pi}\right).$$

Dans le cas seul où cette condition est remplie, l'on peut appliquer la formule que nous avons admise pour la dépense par un ajutage cylindrique.

Supposons pour fixer les idées, le cas où le réservoir est ouvert à air libre, c'est-à-dire que :

$$p_0 = p_a.$$

La condition précédente se réduit à celle-ci :

$$H < \frac{4}{3}\frac{p_a}{\pi}$$

et si le liquide qui s'écoule est de l'eau, on trouve environ :

$$H < 14 \text{ mètres}$$

Donc, lorsque la hauteur H est supérieure à 14 mètres, il faut changer le coefficient pour pouvoir appliquer la formule.

44. *Expériences de Venturi.* — Ces résultats ont été vérifiés expérimentalement par Venturi (*fig.* 26). Il se servait d'un tube en verre, soudé au-dessus de la partie contractée ; ce tube débouchait dans un réservoir d'eau. L'eau s'élevait dans ce tube à une hauteur justement égale à $\frac{3}{4}$ H, ce qui donne un accord complet entre les résultats de l'expérience et les résulats théoriques.

45. *Ajutages coniques convergents.* — Ces ajutages coniques convergents, tels qu'on les emploie fréquemment dans divers appareils hydrauliques et notamment pour les jets d'eau ou pour les lances des pompes à incendie, sont des troncs de cône à bases parallèles, dont l'axe est perpendiculaire au plan de l'orifice et passe par son centre; ils sont très utiles pour donner des jets réguliers et augmenter la distance à laquelle parviennent ces jets avant de se disperser.

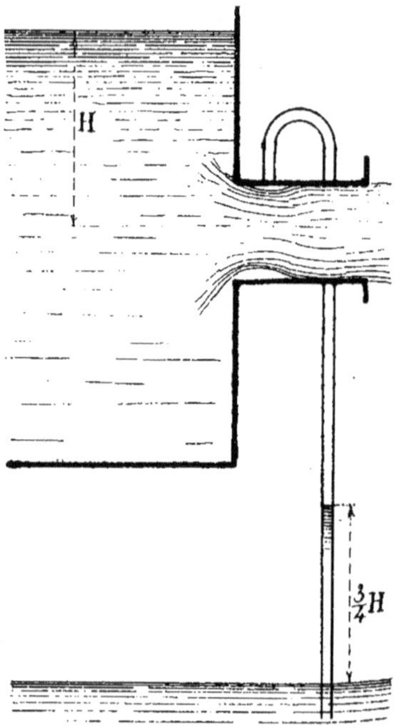

Fig. 26.

Ces ajutages, tel que ABEF (*fig.* 27), donnent lieu à une contraction intérieure A′B′ et à une contraction extérieure E′F′ due à la convergence des filets.

L'effet de la contraction A′B′ est d'amener un petit changement dans la vitesse, car ensuite la veine s'épanouit en CD et il y a changement brusque de section, mais cette perte de charge est moindre que dans les ajutages cylindriques, car CD est moindre que si l'ajutage était cylindrique.

Si à ce point de vue on cherche l'influence de la convergence du cône, on voit que plus la convergence augmente, plus cette influence sera faible, et on comprend que la vitesse réelle se rapproche d'autant plus de la vitesse théorique. La contraction extérieure E'F' n'influe pas sur la vitesse ; seulement la dépense sera modifiée, car la section E'F' est plus petite que la section EF, et, plus l'angle de convergence sera grand plus la contraction extérieure augmentera. Mais à mesure que la convergence augmente, la contraction intérieure diminue ; il y a donc un certain angle qui correspond à la dépense maxima.

M. Castel a fait une série d'expériences sur ces ajustages, elles ont donné la valeur de l'angle correspondant au maximum de la dépense 13 à 14 degrés. Les ajustages qui ont servi à ces expériences avaient, le premier, un orifice de sortie de $0^{m},0155$ de diamètre et le second $0^{m},020$ de diamètre.

Les valeurs du cofficient correspondant à divers angles de convergence sont les suivants.

AJUTAGE DE $0^{m}.155$		
ANGLE de convergence	COEFFICIENT de la vitesse	COEFFICIENT de la dépense
degrés		
0	0.830	0.829
3.10	0.894	0.895
5.26	0.920	0.924
8.58	0.942	0.934
10.20	0 050	0.938
12.04	0.955	0.942
13.24	0.962	0.946
14.28	0.966	0.941
16.36	0.971	0.938
23	0 974	0.913
48.50	0.984	0.847
AJUTAGE DE $0^{m},020$		
2.50	0.906	0.914
5.26	0.928	0.930
10.30	0.953	0.945
12.10	0.957	0.949
13.40	0.964	0.956
15.02	0.967	0.949
23.04	0.973	0.930
33.52	0.949	0.920

M. Espinasse a fait également des expériences sur de plus grands ajustages convergents ; c'étaient des bases pyramidales, à section rectangulaire servant, à lancer l'eau sur des roues hydrauliques dans des moulins du canal du Languedoc.

Les dimensions étaient les suivantes :

Longueur 2,923
Grande base rectangulaire 0,731 sur 0,975
Petite base. . . . . 0,135 » 0,190
Angle de deux faces opposés 11°,38'
» des deux autres faces 11°,18'

Dans une première expérience, le volume écoulé par seconde était $0^{mc},1916$
Dans la deuxième. . . . . $0^{mc},1995$
Dans la troisième. . . . . $0^{mc},1901$

Il a trouvé pour les coefficients de dépense correspondant :

A la première expérience. 0,987
A la deuxième — 0 976
A la troisième — 0,979

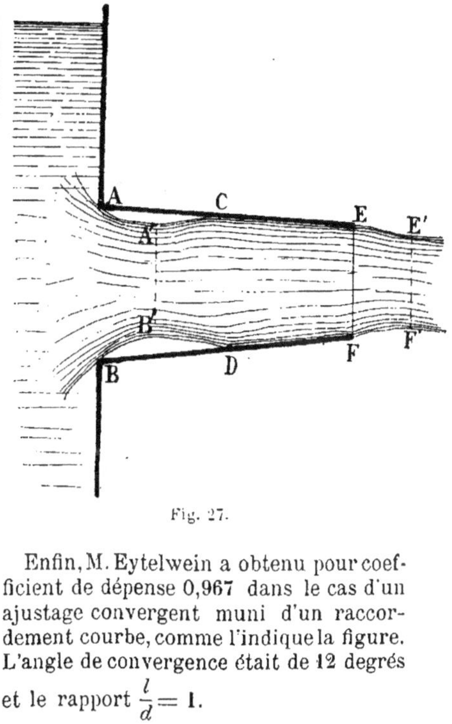

Fig. 27.

Enfin, M. Eytelwein a obtenu pour coefficient de dépense 0,967 dans le cas d'un ajustage convergent muni d'un raccordement courbe, comme l'indique la figure. L'angle de convergence était de 12 degrés et le rapport $\frac{l}{d} = 1$.

On conçoit d'ailleurs que, dans une embouchure à entrée arrondie, le fluide ayant une tendance naturelle à suivre la paroi intérieure, l'ajustage peut être plus court que dans les cas précédents, où l'arête vive d'amont produit une contraction.

46. *Ajutage conique divergent.* — La considération de la pression négative, dont il a été question au numéro 43 se représente aussi dans le cas d'un orifice conique divergent.

Considérons un orifice évasé se terminant par la section ab (*fig.* 28); soit ω cette section. On a pour le volume débité par cet orifice :

$$Q = \omega \sqrt{2g\left(H + \frac{p_0 - p_a}{\pi}\right)}.$$

Supposons maintenant qu'à la suite de l'orifice ab, on adapte un tube légèrement évasé, se terminant par une petite partie cylindrique. Il semble naturel d'admettre

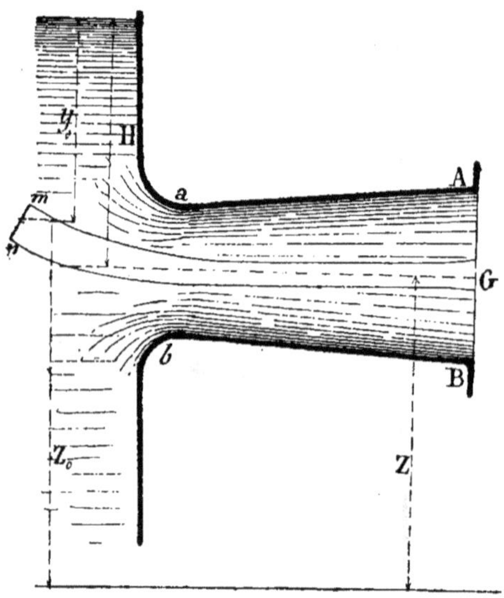

Fig. 28.

que les filets liquides vont suivre la paroi du cône, et si l'on calcule le volume débité par l'orifice AB, on trouve :

$$Q = \Omega V,$$

Ω étant la section AB.

Considérons un filet liquide de AB, section de sortie, à mn, section située dans la région où les vitesses sont très faibles; ce filet n'est pas divisé; on peut donc lui appliquer le théorème de Bernouilli, et l'on trouve, par les mêmes raisonnements que pour les ajutages précédents :

$$\frac{V^2}{2g} = Z_0 - Z + y_0 + \frac{p_0}{\pi} - \frac{p_a}{\pi}.$$

Mais $Z_0 - Z + y_0 = H$, donc

$$\frac{V^2}{2g} = H + \frac{p_0}{\pi} - \frac{p_a}{\pi},$$

d'où

$$V = \sqrt{2g\left(H + \frac{p_0 - p_a}{\pi}\right)}.$$

et pour la dépense,

$$Q = \Omega \sqrt{2g\left(H + \frac{p_0 - p_a}{\pi}\right)}.$$

Le tube étant conique et divergent, il en résulte que

$$\Omega > \omega$$

et, par suite, l'effet du cône est d'augmenter la dépense qui devient ainsi supérieure à ce qu'elle serait avec le premier orifice.

Si le tube était suffisamment long, la section Ω augmentant aussi, le rapport des volumes débités augmenterait-il aussi jusqu'à telle limite que l'on voudrait?

Il est facile de s'assurer qu'il n'en est rien et que même, la limite de cet accroissement est assez restreinte.

Voyons qu'elle est la cause de cet accroissement de volume débité : la pression qui s'exerce maintenant à l'étranglement de la veine liquide n'est plus la pression atmosphérique p_a, puisque le tube est fermé, mais une nouvelle pression inconnue p. Les autres quantités n'ont d'ailleurs pas varié.

Égalons les volumes débités en ab et AB, en remplaçant, dans l'expression du premier, p_a par p, pression inconnue

$$\omega \sqrt{2g\left(H + \frac{p_0 + p_a}{\pi}\right)} =$$

$$= \Omega \sqrt{2g\left(H + \frac{p_0 - p_a}{\pi}\right)}.$$

Tant que cette égalité subsiste, l'accroissement a lieu. Quelle est sa limite supérieure? Pour cela, prenons la limite inférieure de p c'est $p = 0$, pour une pression en ab. On trouve ainsi pour maximum du rapport des sections :

$$\frac{\Omega}{\omega} = \sqrt{\frac{2g\left(H + \frac{p_0}{\pi}\right)}{2g\left(H + \frac{p_0 - p_a}{\pi}\right)}},$$

ou

$$\frac{\Omega}{\omega}=\sqrt{\frac{H+\frac{p_0}{\pi}}{H+\frac{p_0-p_a}{\pi}}}.$$

Tel est le maximum du rapport des sections que l'on peut employer avantageusement.

Lorsque le réservoir ouvert à l'air libre, c'est-à-dire lorsque $p_0 = p_a$, ce rapport devient :

$$\frac{\Omega}{\omega}=\sqrt{\frac{H+\frac{p_a}{\pi}}{H}}$$

et si le liquide considéré est de l'eau, en prenant H égal à 10,33, on arrive au maximum,

$$\frac{\Omega}{\omega}=1,414$$

On voit par là, que ce rapport ne dépasse pas une limite assez faible. Il croit d'ailleurs, lorsque H diminue. Aussi pour H = 1 mètre, il devient égal à 3,4.

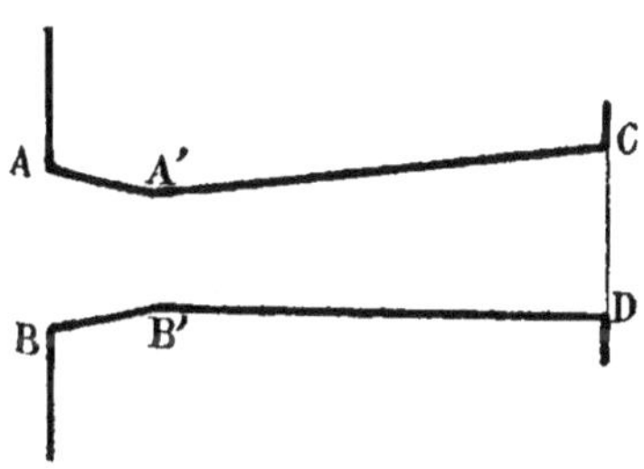

Fig. 29.

Venturi se servait d'un ajutage formé de deux troncs de cône (*fig.* 29), réunis par leur petite base, celui d'amont présentant à peu près les proportions d'une veine contractée, la longueur du second cône étant de neuf à dix fois le diamètre de la plus petite base et l'angle d'évasement était de 5 degrés Voici d'ailleurs, les dimensions exactes de l'appareil dont il s'agit.

Diamètre de	AB	= 0^m,0406
—	A'B'	= 0^m,0350
—	CD	= 0^m,0609
Longueur	AA'	= 0,0248
—	A'C	= 0,3340
Surface	AB	= 0,001296
—	A'B'	= 0,00096
—	CD	= 0,002913

La charge d'eau constante étant H=0^m,88 *et le rapport* $\frac{\Omega}{\Omega'}$ = 3,03. *La théorie donnerait* $\frac{\Omega}{\Omega'}$ = 3,56.

Des ces expériences, il résulte que le maximum de dépense était

$$Q = 0^{mc},00653$$

La formule théorique donne

$$Q = 0^{mc},01411$$

Avec un orifice percé en mince paroi, ou un orifice évasé d'une section égale à A'B', on aurait trouvé :

$$Q = 0,00334$$

On a donc eu le double de la dépense par A'B', mais on n'a eu que la moitié environ de la dépense théorique ; cette différence tient à la forme de l'ajutage qui donne lieu à des remous, à des tourbillons, occasionnés par les angles vifs.

Si on calcule la vitesse réelle de sortie, on trouve 2^m,34 ; la charge qui correspondrait à cette vitesse est 0^m,255, tandis que nous avons 0,88 ; la perte de charge est donc 0^m,6243, ce qui démontre bien l'existence de ces remous.

L'inconvénient de ces sortes d'ajutages est l'irrégularité de leurs effets ; aussi sont-ils d'une faible utilité pratique.

Orifices rectangulaires alimentés par un canal, et prolongés par un coursier.

47. On emploie généralement, pour les moteurs hydrauliques, des orifices à section rectangulaire, et prolongés par un coursier ; ces pertuis d'écoulement peuvent se résumer dans les trois types suivants :

1° Vannages rectangulaires verticaux placés en travers d'un canal de même largeur, ou alimentés par un canal et prolongés par un coursier ;

2° Les vannages rectangulaires inclinés, disposés par Poncelet pour l'alimentation des roues à aubes courbes ;

3° Les vannages en persiennes qui alimentent certaines roues à augets, dites roues de poitrine.

Les premiers vannages constituent un des cas d'écoulement qui se rencontrent le plus fréquemment dans les usines, et dans les systèmes d'irrigations. L'eau est conduite dans l'orifice AB (*fig.* 30) par un canal de même largeur perpendiculairement à son plan, la contraction est naturellement nulle sur ses côtés verticaux; elle se trouve également nulle sur sa base inférieure ou seuil B, lorsque celui-ci est placé au niveau du fond du canal, cas qui est le plus ordinaire.

Le coefficient de correction à employer étant quelquefois embarrassant, par la nécessité de distinguer et d'apprécier exactement toutes les circonstances de l'écoulement, et exigeant des collections étendues de résultats numériques, qu'il est difficile de rendre complète, il est important de diminuer le nombre de cas dans lesquels le coefficient est indispensable.

Boileau a établi, pour les circonstances pratiques représentées par la figure précédente, une théorie qui l'a conduit à ex-

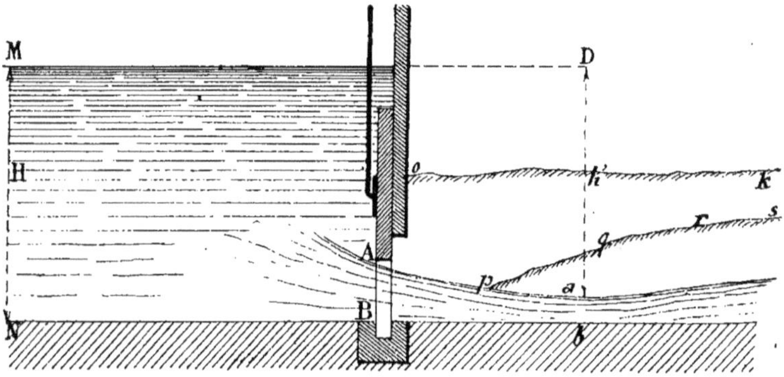

Fig. 30.

primer la dépense des vannages dont il s'agit, par la formule:
dans laquelle il représente par :

$$Q = Le\sqrt{2g\frac{h'}{1-\left(\frac{e}{H}\right)^2}}.$$

Q, la dépense, c'est-à-dire le volume écoulé par seconde;

L, la largeur horizontale de l'orifice, égale à celle du canal d'amont et du coursier.

e, l'épaisseur verticale *ab* du courant d'aval mesurée à l'endroit où cette épaisseur est la plus faible ;

H, la hauteur MN de l'eau dans le canal d'amont, mesuré à l'endroit où il n'y a pas de remous;

h', la différence de niveau D*a* entre les points M et *a*.

Cette formule fournit, sans coefficient de correction, la dépense effective, avec une approximation moyenne de $^1/_{50}$, suffisante dans la pratique.

Les diverses quantités qui entrent dans la formule de Boileau sont faciles à mesurer.

La section *ab* est toujours à une faible distance de l'orifice; on la trouvera en approchant de la surface liquide d'aval, une règle sensiblement horizontale, ce qui fera distinguer l'endroit où cette surface est le plus déprimée. Pour mesurer l'épaisseur de cette section, on fixera une traverse sur les bords du coursier, au-dessus de *ab* et l'on appuyera sur cette traverse une règle verticale armée inférieurement d'une pointe; on fera glisser cette règle contre la traverse jusqu'à ce que la pointe pose sur le fond du coursier, et l'on y marquera un point de repère sur une de ses arêtes à l'endroit où elle rencontre l'arête correspondante de la traverse ; on tirera ensuite cette règle hors de l'eau, pour la faire redescendre lentement et verticalement jusqu'à ce que sa pointe vienne effleurer la surface liquide en a, ce qu'on reconnaîtra par les rides très fines que son contact excitera dans cette surface. On marquera alors un second point de repère dont la distance au premier, mesurée sur l'arête précitée, sera l'épaisseur e.

L'horizontale M de la section MN est celle en aval de laquelle commencent des remous qui se produisent à la surface du courant; on la reconnaîtra facilement en jetant des corps légers sur cette surface, ou même on se contentera de la prendre à 2 mètres du vannage.

Pour mesurer la hauteur MN ou H, si la vitesse du courant est très faible, il suffira d'y enfoncer verticalement et jusqu'au fond du canal une tige mince, de tracer sur cette tige la ligne d'eau et de retrancher $0^m,003$ de la hauteur obtenue. Dans le cas d'un courant rapide, on opérera de la même manière pour obtenir la mesure de l'épaisseur e ou ab. Quant à la différence D$a = h'$, dans les canaux à fond plat et à très faible pente on pourra la regarder comme égale à H — e. Dans le cas contraire, on emploiera une grande règle bien dressée dans le sens de la longueur du canal et maintenue horizontalement sur des traverses; l'arête supérieure de cette règle fournira une ligne de niveau par rapport à laquelle on mesurera les hauteurs des lignes M et a, au moyen d'une tige ou d'une règle verticale armée inférieurement d'une pointe.

Ces dimensions déterminées, on calculera :

$$\frac{h'}{1-\left(\frac{e}{H}\right)^2} = h$$

et le calcul de la dépense se réduit à

$$Q = Le\sqrt{2gh}.$$

48. Remarque I. — Des remous pourraient se former, si le courant liquide d'aval, rencontre quelque obstacle. Tant que ceux-ci ne viendront pas recouvrir la section ab, on pourra mesurer l'épaisseur e et appliquer la formule précédente.

Si des remous tels que p, q, r, s, couvrent cette section sans atteindre l'orifice, on pourra, d'après les observations de M. Boileau, déterminer $ab = e$, en multipliant la hauteur AB de celui-ci par l'un des rapports suivants qui varient avec les charges d'eau, ou pour des valeurs intermédiaires.

CHARGE SUR LE SOMMET DE L'ORIFICE	RAPPORT $\frac{ab}{AB}$
0.10	0.59
0.40	0.60
0.60	0.62
0.80	0.64
1.00	0.65
1.50	0.67

49. Remarque II. — Si l'orifice est complètement noyé par un remous tel que ok, on calculera, approximativement, la dépense par la formule

$$Q = 0,69\ LE\sqrt{2g\frac{h'}{1-\left(\frac{E}{H}\right)^2}}.$$

dans laquelle

E est la hauteur AB de l'orifice.

h'' la différence de niveau entre la surface d'amont en M et la surface d'aval prise à l'endroit ou elle n'est plus agitée par les remous, et où elle est devenue sensiblement parallèle au fond du canal.

50. Remarque III. — Si le seuil B (*fig.* 31) de l'orifice est exhaussé, sans raccordement, à une hauteur BF égale ou supérieure à deux fois et demie la hauteur AB = E de l'orifice, c'est-à-dire suffisante pour que la contraction sur ce côté soit complète, on adoptera la formule

$$Q = mLE\sqrt{2g\frac{h}{1-\left(\frac{E}{H}\right)^2}}.$$

dans laquelle :

h est la charge sur le centre de l'orifice:

m, un coefficient variable avec cette charge, donné d'après les expériences de M. Boileau. Ces valeurs correspondent d'ailleurs au cas où l'écoulement est libre dans le coursier d'aval.

h — 0,10 — 0,20 — 0,30 — 0,50 — 1,00
m — 0,662 — 0,656—0,650—0,644—0,640

II. Le deuxième type de vannage, employé par Poncelet pour l'alimentation de ses roues à aubes courbes et représenté

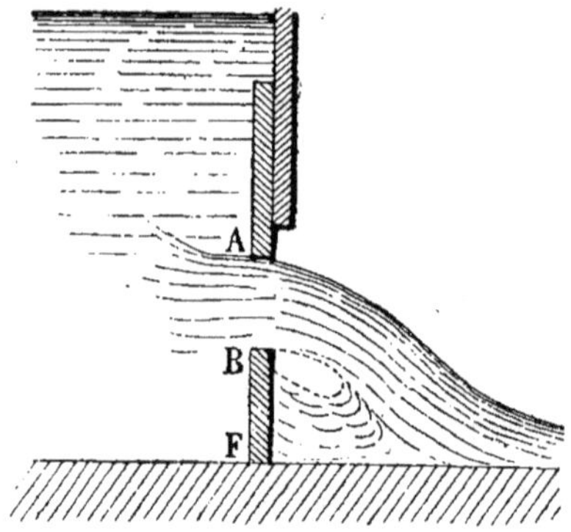

Fig. 31.

par la figure 32 est formée d'un coursier court de même largeur que l'orifice et dont le fond a une pente de $^1/_{10}$. Le coursier est intermédiaire entre l'orifice AB et un réservoir R auquel il est raccordé.

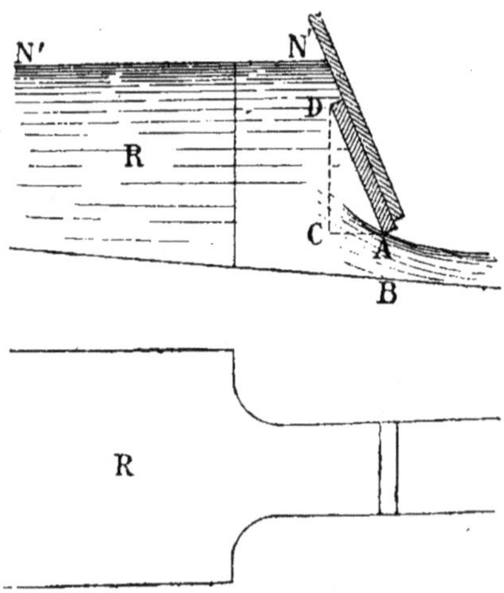

Fig. 32.

La dépense peut être calculée par la formule théorique

$$Q = \Omega \sqrt{2gH}$$

dans laquelle la hauteur de l'orifice est perpendiculaire au fond du coursier, et la charge H est la hauteur du niveau NN' au-dessus du milieu de l'orifice.

Lorsque l'écoulement est libre en aval, le coefficient qui doit être appliqué a pour valeurs, d'après Poncelet :

0,74 quand dans le triangle rectangle ACD dont le côté est vertical CD = 2AC, c'est-à-dire que l'inclinaison du vannage est $^2/_1$;

0,80 lorsque CD = AC, c'est-à-dire lorsque l'inclinaison est de 45 degrés.

III. Le troisième type de vannage en

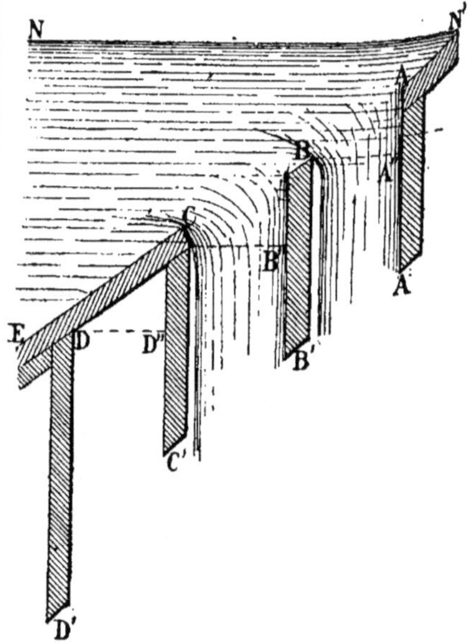

Fig. 33.

persiennes se compose d'une série d'orifices rectangulaires AB, BC, CD (*fig.* 33), échelonnés les uns au dessous des autres pratiqués dans une paroi inclinée vers l'aval et suivies de cloisons AA', BB,' CC' destinées à diriger les veines liquides qui sortent de ces orifices.

Une vanne DE glisse le long de la paroi pour ouvrir ou fermer ces orifices, ou seulement un ou plusieurs d'entre eux.

La dépense théorique de ce genre de vannage pourra se calculer par la formule

'ORIFICES RECTANGULAIRES EN MINCE PAROI DE $0^m,20$ DE LARGEUR SUR DIVERSES HAUTEURS, PROLONGÉS AU DEHORS PAR UN CANAL RECTANGULAIRE, HORIZONTAL ET DÉCOUVERT DE MÊME LARGEUR QUE L'ORIFICE.

CHARGE SUR LE SOMMET DE L'ORIFICE	COEFFICIENTS DE DÉPENSE POUR DES HAUTEURS D'ORIFICE DE																	
	CONTRACTION COMPLÈTE c'est-à-dire le seuil et les côtés verticaux de l'orifice éloignés du fond et des parois latérales du réservoir					CONTRACTION SUPPRIMÉE sur le seuil de l'orifice qui coïncide avec le fond du réservoir			CONTRACTION SUPPRIMÉE sur un des côtés verticaux			CONTRACTION SUPPRIMÉE sur le seuil et les côtés verticaux				CONTRACTION SUPPRIMÉE sur le seuil et les côtés verticaux		
	m 0.20	m 0.10	m 0.05	m 0.03	m 0.01	m 0.20	m 0.05	m 0.01	m 0.20	m 0.05	m 0.01	m 0.20	m 0.05	m 0.03	m 0.01	m 0.20	m 0.05	m 0.01
0.010	»	0.458	0.447	0.424	0.566	»	0.435	0.571	»	0.526	0.653	»	0.432	0.486	0.569	»	0.472	0.584
0.015	0.471	0.472	0.468	0.467	0.583	»	0.463	0.596	0.482	0.542	0.661	»	0.458	0.516	0.590	»	0.493	0.607
0.020	0.480	0.484	0.488	0.501	0.599	0.480	0.487	0.616	0.489	0.555	0.667	»	0.483	0.539	0.607	»	0.512	0.625
0.030	0.493	0.507	0.525	0.551	0.626	0.493	0.526	0.642	0.500	0.575	0.676	0.493	0.522	0.573	0.634	»	0.543	0.651
0.040	0.503	0.527	0.555	0.598	0.645	0.502	0.552	0.660	0.509	0.589	0.682	0.502	0.550	0.595	0.651	0.518	0.566	0.667
0.050	0.511	0.544	0.577	0.629	0.658	0.510	0.571	0.670	0.517	0.600	0.684	0.509	0.570	0.609	0.662	0.528	0.582	0.679
0.060	0.518	0.557	0.594	0.632	0.667	0.517	0.583	0'676	0.523	0.608	0.684	0.515	0.584	0.617	0.670	0.530	0.595	0.686
0.070	0.525	0.568	0.606	0.632	0.671	0.523	0.592	0.680	0.530	0.614	0.683	0.520	0.593	0.621	0.676	0.543	0.604	0.692
0.080	0.531	0.576	0.614	0.633	0.672	0.528	0.698	0.682	0.535	0.619	0.682	0.525	0.601	0.624	0.680	0.549	0.611	0.692
0.090	0.537	0.582	0.620	0.633	0.672	0.533	0.602	0.683	0.541	0.622	0.680	0.530	0.606	0.626	0.682	0.555	0.616	0.696
0.100	0.542	0.586	0.624	0.633	0.671	0.538	0.605	0.682	0.545	0.625	0.679	0.534	0.609	0.627	0.685	0.560	0.621	0.697
0.200	0.574	0.606	0.631	0.632	0.664	0.566	0.617	0.679	0.576	0.633	0.666	0.562	0.623	0.635	0.688	0.589	0.637	0.698
0.300	0.591	0.612	0.629	0.631	0.658	0.580	0.622	0.676	0.590	0.632	0.659	0.377	0.627	0.637	0.684	0.603	0.643	0.696
0.400	0.597	0.615	0.626	0.630	0.652	0.587	0.625	0.673	0.597	0.631	0.654	0.586	0.629	0.638	0.681	0.613	0.646	0.694
0.500	0.599	0.615	0.625	0.629	0.648	0.592	0.626	0.671	0.602	0.630	0.651	0.591	0.630	0.638	0.678	0.619	0.647	0.691
1.000	0.601	0.615	0.624	0.625	0.631	0.600	0.628	0.665	0.609	0.627	0.634	0.601	0.633	0.638	0.671	0.630	0.649	0.685
2.000	0.601	0.607	0.613	0.613	0.613	0.602	0.623	0.654	0.610	0.616	0.620	0.604	0.631	0.636	0.659	0.632	0.644	0.674
3.000	0.601	0.603	0.606	0.607	0.609	0.601	0.618	0.652	0.609	0.609	0.615	0.602	0.628	0.634	0.656	0.630	0.639	0.670

$$Q = L\,(e\sqrt{2gh} + e'\sqrt{2gh'} + e''\sqrt{2gh''}$$

dans laquelle :

L, est la largeur horizontale du vannage, qui est généralement la même pour tous les orifices $e.\ e',\ e''\ldots$, les longueurs BA″, CB″, DC″..., des perpendiculaires menées du bord inférieur de chacun des orifices ouverts sur la cloison directrice opposée $h, h'h''\ldots$, les hauteurs respectives du niveau NN′ dans le réservoir, au-dessus du milieu de chacune de ces perpendiculaires.

La dépense pratique sera égale à la dépense théorique multipliée par un coefficient de correction convenable suivant les conditions de l'écoulement. Si les veines liquides remplissent complètement l'intervalle compris entre deux cloisons consécutives, on prendra pour le coefficient, $m = 0{,}75$.

Mais, si la veine s'isole de la cloison inférieure, c'est-à-dire s'il y a contraction, on lui donnera les valeurs suivantes ou des valeurs intermédiaires suivant la grandeur des quantités h, h'. . et $e, e'\ldots$, etc.

CHARGES $h, h'\ldots$	COEFFICIENTS POUR LES VALEURS DE e, e' etc.		
	0.20	0.10	0.05
0.20	0 71	0.68	0.69
0.30	0.69	0.68	0.69
0.50	0.68	0.68	0.69
1.00	0.68	0.67	0.68

50 *bis*. REMARQUE. — Le tableau précédent donne les coefficients de dépense pour des orifices rectangulaires prolongés par un coursier horizontal et découvert de même largeur que l'orifice. Ces coefficients peuvent être employés, lorsqu'on se sert, pour calculer la dépense, de la formule :

$$Q = m\Omega\sqrt{2gh}$$

§ *II.* — *ORIFICES INCOMPLETS.*

51. Les orifices que nous avons examinés jusqu'ici, sont limités sur tout leur pourtour par une paroi continue formant cadre ; ils sont généralement noyés dans le liquide d'amont et on les désigne souvent pour cette raison, sous le nom d'orifices de fond, ils peuvent souvent être plus ou moins fermés par une vanne qui est disposée de manière à diminuer par le haut la hauteur de l'orifice.

Les orifices de la catégorie dont nous allons nous occuper peuvent être partagés en deux classes :

1° Les *déversoirs*, qui se distinguent des orifices de fond, en ce qu'ils ne sont pas fermés à la partie supérieure qui est entièrement libre ; les déversoirs ne sont ainsi limités que de trois côtés, à la partie inférieure par l'arête de l'orifice (*fig.* 34) qui en forme le seuil, et latéralement par deux côtés verticaux.

Le déversoir est à mince paroi, lorsque l'encadrement de l'orifice est formé de pièces dont l'épaisseur est très faible au pourtour de cet orifice ; la veine liquide donne alors lieu à une contraction que l'on peut éviter en écrasant convenablement ses bords du côté d'amont. Quant à la face supérieure de la veine elle n'est jamais horizontale, et la denivellation

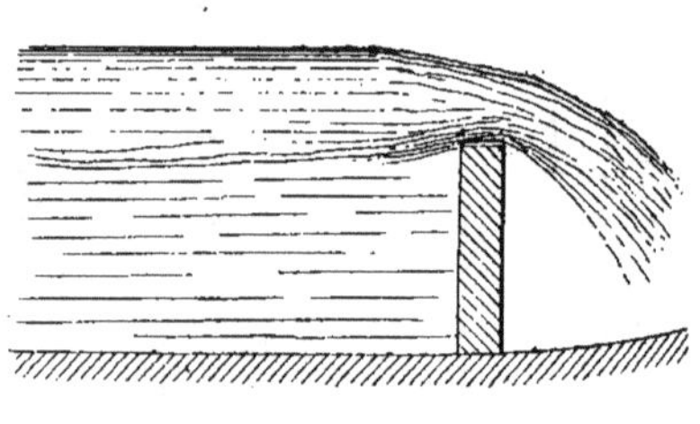

Fig. 34

que l'on y observe au-dessus du seuil, se prolonge toujours à quelque distance en amont.

La réduction de l'épaisseur de la veine s'obtient, lorsqu'il est nécessaire, en relevant le seuil, au moyen d'une transmission appropriée à la manœuvre de la vanne mobile logée dans le fond du canal d'amenée ;

2° Les *pertuis*, présentant une ouverture prolongée jusque sur le fond du réservoir ou du canal d'alimentation, que M. Boileau désigne sous le nom d'orifices du troisième genre.

52. *Ecoulement d'un orifice sortant d'un réservoir à niveau constant par un déversoir.* — Nous supposons d'abord que le seuil et les deux côtés verticaux de l'orifice sont en mince paroi, de sorte qu'il se produira une contraction dans tous les sens, même dans ce cas, la

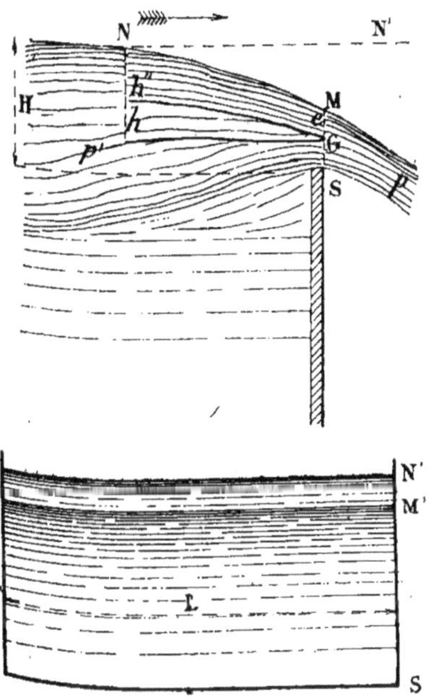

Fig. 35.

théorie ne donne pas de solution directe pour la détermination de la dépense, on ne peut établir le débit que d'une manière approchée.

L'expérience montre que le liquide s'écoule sous forme de nappe au-dessus du seuil S, et, au-delà du plan vertical SM, les filets liquides convergent jusqu'à une section minima (*fig.* 35). Pour appliquer la méthode approchée, il faut supposer que les filets liquides traversent MS avec une même vitesse égale à celle du filet qui passe par le centre de gravité G. Considérons ce filet liquide de G en G', situé dans la région, où les molécules ont un mouvement très lent.

Appliquons à ce filet GG' le théorème de Bernouilli, on aura :

$$\frac{V^2}{2g} = h' + \frac{p'}{\pi} - \frac{p}{\pi}$$

V étant la vitesse au point G.

Déterminons $\frac{p'}{\pi}$ et $\frac{p}{\pi}$, pour cela, remarquons qu'en G', on peut regarder la pression comme variant suivant la loi hydrostatique ; donc :

$$\frac{p'}{\pi} = h'' + \frac{p_a}{\pi}.$$

Pour déterminer $\frac{p}{\pi}$, prenons approximativement la pression atmosphérique, et posons :

$$\frac{p}{\pi} = \frac{p_a}{\pi}.$$

En substituant, on a :

$$\frac{V^2}{2g} = h' + h'' = H - \frac{e}{2}$$

et par suite,

$$V = \sqrt{2g\left(H - \frac{e}{2}\right)}.$$

L'aire de la section transversale est Le, et m étant le coefficient de contraction de la nappe liquide, on aura pour la dépense :

$$Q = mLe\sqrt{2g\left(H - \frac{e}{2}\right)}.$$

Prenons, $m = 0{,}62$ et pour e des deux limites qu'elle peut avoir. Sa limite supérieure est H et sa limite inférieure indiquée par l'expérience est 0,72 H. Faisons alors $e = 0{,}86$ H.

On aura :

$$Q = 0{,}403\ LH\sqrt{2gH}$$

Poncelet et Lesbros, ont trouvé pour ces déversoirs

$$Q = rLH\sqrt{2gH}$$

dans laquelle r variait entre 0.385 et 0,424 lorsque la contraction avait lieu sur les trois côtés.

Avec des déversoirs dans lesquels la contraction latérale était supprimée ils ont trouvé $r = 0{,}45$.

53. Remarque. — Il y a un type de déversoir dans lequel on peut calculer la limite supérieure de la dépense, et l'expérience prouve que les résultats sont sensiblement égaux à cette limite supérieure.

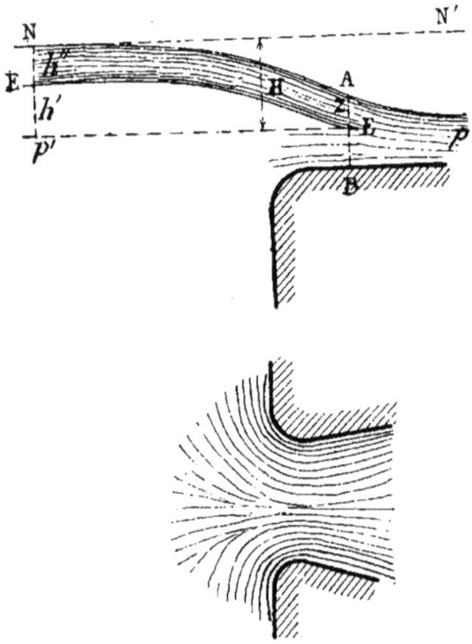

Fig. 36.

Dans ce type, le seuil et les côtés du déversoir sont raccordés par des évasements de manière que tous les filets liquides traversent AB (*fig.* 36) normalement; à la suite est un canal rectangulaire ayant une pente suffisante pour que les molécules aient un mouvement rectiligne uniforme parallèle aux arêtes du canal.

Considérons l'un quelconques des filets liquides EE', l'extrémité E' étant située dans la région où les molécules ont un mouvement très lent. Appliquons à ce filet le théorème de Bernouilli :

$$\frac{V^2}{2g} = h' + \frac{p'}{\pi} - \frac{p}{\pi}$$

V étant la vitesse en E.

Les mouvements étant très lents, la pression en E' varie suivant la loi hydrostatique, on a donc :

$$\frac{p'}{\pi} = h'' + \frac{p_a}{\pi}$$

En remarquant que la pression hydrostatique règne en AB, on aura :

$$\frac{p}{\pi} = Z + \frac{p_a}{\pi}$$

d'où en substituant

$$\frac{V^2}{2g} = h' + h'' - Z.$$

Soit e, l'épaisseur de la nappe liquide, on a :

$$\frac{V^2}{2g} = H - e$$

d'où, $V = \sqrt{2g\,(H - e)}$

H et e sont constants pour un même filet; il en résulte que tous les filets ont la même vitesse. La dépense est donc le produit de l'aire du déversoir par la vitesse

$$Q = Le\,\sqrt{2g\,(H - e)}$$

L'épaisseur e est inconnue, mais on sait qu'elle est comprise entre 0 et H.

La formule de la dépense s'annulant par $e = 0$ et $e = H$, elle a donc un maximum, que le calcul donne pour $e = \frac{2}{3}H$.

En substituant cette valeur de e dans la formule on a pour maximum de cette dépense :

$$Q = 0{,}385\ LH\,\sqrt{2gH}$$

M. Castel a trouvé par expérience la formule :

$$Q = rLH\,\sqrt{2gH}$$

dans laquelle $r = 0{,}35$, coefficient qui se rapproche beaucoup de celui donné par la théorie.

54. Remarque II. — En résumé, la dépense Q d'un déversoir alimenté directement par un grand réservoir et versant librement l'eau dans l'atmosphère se calculera par la formule de Poncelet et Lesbros :

$$Q = rLH\,\sqrt{2gH}$$

dans laquelle on désigne par :

L, la largeur horizontale de l'orifice;

H, la charge du déversoir, c'est-à-dire la hauteur du niveau horizontal de la surface liquide dans le réservoir au-dessus d'un plan horizontal mené par le seuil de ce déversoir;

r, un coefficient de correction dont les valeurs sont indiquées dans le tableau suivant.

55. *Causes des variations du coefficient de correction.* — Les valeurs de ce coefficient dépendent principalement des phénomènes de contraction qui peuvent se produire sur le seuil et les deux côtés montants des déversoirs. Cette contraction peut être complète, incomplète ou supprimée sur un ou plusieurs de ces trois côtés.

D'après les expériences de Lesbros, la contraction peut être regardée comme complète sur l'un des côtés du déversoir, lorsque la distance horizontale D de ce côté, à la face correspondante du réservoir, est égale ou supérieure à quatre fois et demie la largeur L de l'orifice. Quant à la hauteur du seuil au-dessus du fond du réservoir, elle paraît ne plus influer sur la valeur du coefficient lorsqu'elle ne dépasse pas $0^m,50$. Ce coefficient diminue à mesure que le seuil du déversoir s'abaisse.

Coefficients de correction pour l'écoulement par les déversoirs verticaux alimentés directement par un réservoir et versant librement l'eau dans l'atmosphère (La nappe se détachant complètement des parois de l'orifice).

CHARGES des déversoirs H	CONTRACTION complète sur le seuil et les deux côtés verticaux	CONTRACTION COMPLÈTE sur le seuil et l'un des côtés verticaux mais incomplètement sur l'autre		CONTRACTION COMPLÈTE sur le seuil et incomplète sur les deux côtés verticaux		CONTRACTION complète sur le seuil et annulée sur les deux côtés verticaux	CONTRACTION annulée sur le seuil et complète sur les cotés verticaux	CONTRACTION annulée sur le seuil, complète sur l'un des côtés et incomplète sur l'autre avec $\frac{l}{D} = 10$
		$\frac{l}{D} = 0.37$	$\frac{l}{D} = 10$	$\frac{l}{D} = 0.37$	$\frac{l}{D} = 10$			
m.								
0.02	0.417	0.424	0.446	0.428	0.444	0.473	0.402	0.379
0.025	0.414	0.421	0.441	0.425	0.439	0.466	0.407	0.384
0.03	0.412	0.418	0.437	0.422	0.435	0.459	0.410	0.388
0.035	0.409	0.415	0.434	0.419	0.432	0.454	0.411	0.392
0.04	0.407	0.413	0.430	0.416	0.429	0.449	0.411	0.394
0.05	0.404	0.408	0.425	0.411	0.426	0.442	0.411	0.398
0.06	0.401	0.405	0.420	0.407	0.424	0.437	0.410	0.400
0.07	0.398	0.403	0.416	0.405	0.422	0.435	0.409	0.402
0.08	0.397	0.401	0.413	0.402	0.421	0.434	0.409	0.403
0.09	0.396	0.399	0.411	0.400	0.421	0.434	0.409	0.404
0.10	0.395	0.398	0.409	0.399	0.420	0.434	0.409	0 405
0.12	0.394	0.396	0.407	0 396	0.420	0.434	0.408	0.406
0.14	0.393	0.395	0.407	0.395	0.422	0.434	0.408	0 407
0.16	0.393	0.394	0.405	0.394	0.424	0.433	0 407	0.408
0.18	0.392	0.393	0.404	0.393	0.424	0.432	0.406	0.408
0.20	0.390	0.391	0.402	0.381	0.424	0.432	0.405	0.408
0.22	0.386	0.389	0.400	0.389	0.424	0.430	0.405	0.407
0.25	0.379	0.383	0.396	0.383	0.422	0.428	0.404	0.406
0.30	0.371	0.375	0.390	0.375	0.418	0.424	0.403	0.406

Ce tableau qui indique les divers états de la contraction, a été déduit des expériences de Poncelet et Lesbros; les coefficients qui y sont inscrits ne doivent être appliqués que dans le cas où la nappe liquide, après avoir passé sur les arêtes d'amont de l'orifice, se détache, s'isole entièrement des parois de celui-ci, soit parce que ces parois sont minces, soit parce qu'elles ont été taillées en biseau de manière à produire un évasement tourné vers l'aval.

Lorsque les parois de l'orifice sont épaisses et ne sont pas taillées en biseau la nappe liquide ne s'en isole pas complètement, et par suite les coefficients varient. Des expériences de Lesbros on a déduit le tableau qui suit et dont les dispositifs sont définis en tête de chacune des trois parties dont il se compose.

Coefficients de correction pour l'écoulement par les déversoirs alimentés directement par un réservoir et versant librement dans l'atmosphère, mais présentant des circonstances non comprises dans le cas précédent.

CHARGE des DÉVERSOIRS	LE DÉVERSOIR est pratiqué dans une paroi équarrie, avec arêtes vives de $0^m,05$ d'épaisseur. La contraction est complète sur le seuil et incomplète sur les côtés verticaux avec $\frac{l}{D} = 0,39$	LE DÉVERSOIR EST PRATIQUÉ dans une paroi de $0^m,25$ à $0^m,30$ d'épaisseur. La contraction est complète sur le seuil et les côtés verticaux. L'entrée de l'orifice en amont est :	
		équarrie avec arêtes vives	évasée à $\frac{1}{8}\ l$ environ sur les trois côtés
0.04	0.416	0.334	0.373
0.05	0.414	0.339	0.380
0.06	0.412	0.340	0.384
0.07	0.410	0.340	0.387
0.08	0.409	0.339	0.389
0.09	0.407	0.338	0.391
0.10	0.406	0.339	0.392
0.12	0.403	0.335	0.394
0.14	0.401	0.334	0.396
0.16	0.399	0.335	0.398
0.17	0.397	0.337	0.400
0.20	0.395	0.340	0.403
0.22	0.394	0.342	0.405
0.25	0.392	0.347	0.411
0.30	0.391	0.352	0.419
0.35	0.391	»	»
0.40	0.391	»	»
0.45	0.391	»	»
0.50	0.391	»	»

La première partie correspond aux expériences faites sur un déversoir de $0^m,60$ de largeur ; alors que la largeur du réservoir était de $3^m,68$. D'après cela la contraction était incomplète sur les deux côtés verticaux car le rapport de L à la distance D est $\frac{L}{D} = 0,39$.

La nappe liquide se détache alors des côtés verticaux mais elle s'applique sur une partie de l'épaisseur du seuil, ou même sur une épaisseur tout entière lorsque la charge est faible

La troisième partie du tableau se rapporte à un orifice dont les épaisseurs des deux côtés et du seuil du déversoir sont taillés en courbes, de manière à produire une entrée évasée vers l'amont et perpendiculaire au plan de l'orifice vers l'aval, l'évasement était de $^1/_8$ environ de la largeur du réservoir. Les effets de la contraction sont nécessairement diminués. de sorte que la dénomination de contraction complète signifie ici que les distances du seuil et des deux côtés verticaux de l'orifice au fond et aux faces latérales du réservoir, satisfont aux conditions énoncées dans les explications précédentes.

56. *Déversoir vertical alimenté directement par un réservoir et versant l'eau dans un coursier.* — Lorsque le fond et les joues du coursier d'aval sont sur le prolongement du seuil et des côtés verticaux du déversoir, on prendra les coefficients de correction dans le tableau qui suit, lequel suppose le mouvement du courant libre dans le coursier, dont la longueur est de deux à trois mètres. Dans ces expériences faites, également par Lesbros, le coursier était horizontal à l'exception de la dernière série où il a une inclinaison de $^1/_{10}$.

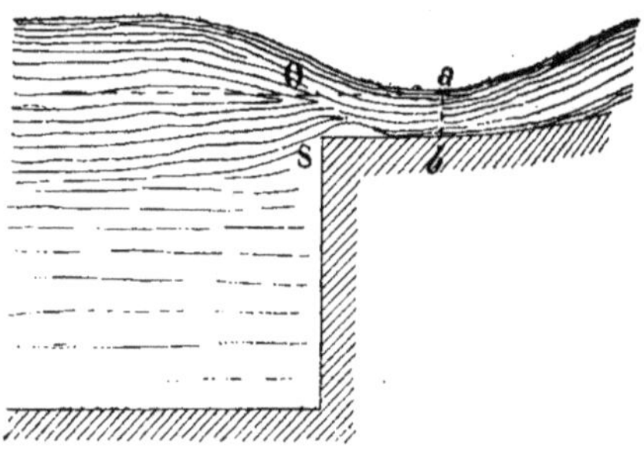

Fig. 37.

On peut aisément constater, en comparant ces coefficients, l'influence de la pente du coursier. Cette influence peut ne pas s'exercer dans les mêmes proportions pour différents degrés de contraction dans l'orifice, mais l'on ne s'expose très probablement qu'à de faibles erreurs en évaluant les coefficients d'après cette hypothèse dans la pratique, on pourra faire usage des différences proportionnelles, inscrites dans la dernière colonne du tableau. Voici comment on fait usage de ces différences proportionnelles.

Coefficients de correction pour l'écoulement par les déversoirs verticaux alimentés directement par un réservoir et versant l'eau dans un coursier.

CHARGE des DÉVERSOIRS H	CONTRACTION complète sur le seuil et les côtés verticaux du déversoir	CONTRACTION complète sur le seuil et l'un des côtés verticaux mais incomplète sur l'autre $\frac{l}{D} = 10$	CONTRACTION annulée sur le seuil et complète sur les deux côtés verticaux	CONTRACTION annulée sur le seuil, mais incomplète sur les deux côtés verticaux avec $\frac{l}{D} = 10$	CONTRACTION annulée sur le seuil et complète sur l'un des côtés et incomplète sur l'autre, avec $\frac{l}{D} = 10$	CONTRACTION COMPLÈTE sur le seuil et incomplète sur les deux côtés verticaux, avec $\frac{l}{D} = 10$		
						coursier horizontal	coursier incliné à 1/10	différences proportionnelles
0.02	»	0.368	0.208	»	0.201	0.383	0.395	0.0305
0.025	0.214	0.363	0.221	»	0.215	0.377	0.390	0.0320
0 03	0.234	0.358	0.232	0.205	0.228	0.373	0.385	0.0340
0.035	0.250	0.354	0.242	0.220	0.240	0.369	0.382	0.0360
0.040	0.263	0.351	0.251	0.234	0.250	0.365	0.379	0.0383
0.045	0.272	0.348	0.260	0.247	0.259	0.362	0.377	0.0414
0.05	0.278	0.346	0.268	0.260	0.267	0.360	0.375	0.0430
0.06	0.286	0.344	0.281	0.276	0.280	0.355	0.372	0.0478
0.07	0.292	0.343	0.288	0.285	0.289	0.352	0.371	0.0539
0.08	0.297	0.341	0.294	0.291	0.295	0.349	0.371	0.0620
0.09	0.301	0.340	0.298	0.295	0.300	0.347	0.370	0.0662
0.10	0.304	0.340	0.302	0.299	0.304	0.345	0.369	0.0695
0.12	0.309	0.338	0.308	0.306	0.310	0.343	0.369	0.0758
0.14	0.313	0.336	0.312	0.311	0.314	0.341	0.368	0.0792
0.16	0.316	0.334	0.316	0.315	0.317	0.340	0.367	0.0812
0.18	0.317	0.333	0.319	0.319	0.319	0.339	0.367	0.0835
0.20	0.319	0.331	0.323	0.322	0.322	0.338	0.366	0.0765
0.22	0.320	0.330	0.325	0.325	0.324	0.337	0.365	0.0830
0.25	0.321	0.328	0.329	0.329	0.226	0.336	0.364	0.0833
0.30	0.324	0.326	0.332	0.332	0.329	0.334	0.361	0.0808

Supposons, par exemple, qu'il s'agisse d'un déversoir prolongé par un coursier incliné à $^1/_{10}$ ayant une charge $H = 0^m, 16$ et dans le cas où la contraction est complète sur le seuil et les côtés verticaux; la table donne, pour un coursier horizontal le coefficient 0,316, et la dernière colonne de cette table indique une différence proportionnelle de 0,0812.

En admettant l'hypothèse ci-dessus, on prendra pour valeur approchée du coefficient cherché :

$$0,316 + 0,0812 \times 0,316 = 0,342.$$

Il peut arriver qu'un obstacle quelconque produise un remous en refluant le liquide vers l'orifice en noyant la nappe liquide, comme l'indique la figure.

Pour calculer la dépense théorique dans ce cas, il faut observer les inflexions longitudinales du courant dans le coursier : on trouvera, à une faible distance de l'orifice, une section ab dans laquelle la surface liquide est à son maximum de dépression, et l'on prendra la hauteur moyenne OS (*fig.* 37) en cet endroit, au-dessus du seuil du déversoir, hauteur qui est égale à l'épaisseur moyenne ab de la section précitée lorsque le coursier est exactement horizontal, la dépense alors se calculera par la formule :

$$Q = r\text{LH} \sqrt{2g\,(H - h)},$$

dans laquelle h représente la hauteur SO que nous venons de définir.

RAPPORTS $\frac{H-h}{H}$	COEFFICIENTS DE LA FORMULE $\text{LH}\sqrt{2g\,(H-h)}$	RAPPORTS $\frac{H-h}{H}$	COEFFICIENTS DE LA FORMULE $\text{LH}\sqrt{2g\,(H-h)}$
0.002	0.295	0.045	0.526
0.003	0.363	0.050	0 522
0.004	0.430	0.060	0.519
0.005	0.496	0.080	0.517
0.006	0.556	0.100	0.516
0.007	0.597	0.150	0.512
0.008	0.605	0.200	0.507
0.009	0.600	0.250	0.502
0.010	0.596	0.300	0.497
0.015	0.580	0.350	0.492
0.020	0.570	0.400	0.487
0.025	0.557	0.450	0.480
0 030	0.546	0.500	0.474
0.035	0.537	0.550	0.466
0.040	0.531	0.600	0.459

La table ci-contre donne les valeurs

du coefficient r qui doit être appliqué, d'après les expériences de Lesbros, lesquelles dépendent du rapport $\frac{H - h'}{H}$ de la portion non masquée de la charge H, à cette charge entière

57. *Barrages-déversoirs.* — Lorsque le déversoir occupe toute la largeur d'un canal ou d'un cours, d'eau on lui donne le nom de barrage. Ils sont très utiles pour calculer le jaugeage des cours d'eau dont la largeur permet d'y établir solidement un panneau en madriers touchant le fond et leurs rives de manière à empêcher les fuites qui pourraient se produire en dessous ou

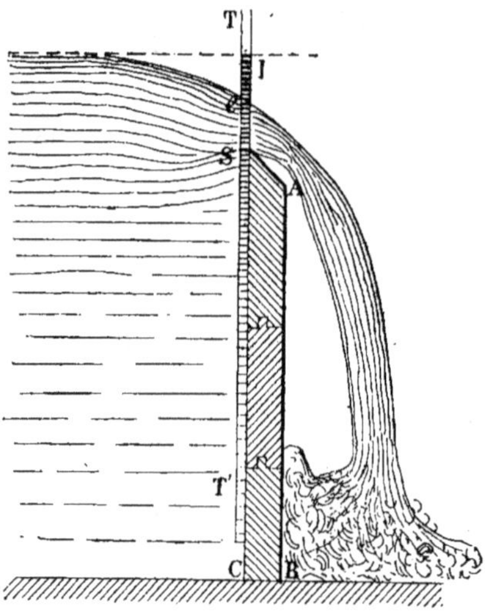

Fig. 38.

latéralement. Tout le volume de liquide débité par le cours d'eau est forcé de passer par-dessus ce déversoir qui fournit ainsi une solution du jaugeage, question importante dans l'établissement des usines mues par l'eau et dans le calcul du rendement dynamique des roues hydrauliques. M. Boileau a fait des expériences très précises sur un type de barrages-déversoirs représenté par la figure.

Ce barrage est un panneau vertical SABC (*fig.* 38), en madriers assez épais pour ne point s'infléchir sous la pression de l'eau : son sommet est taillé par un biseau à 45 degrès; son sommet S qui forme le seuil forme une arête parfaitement horizontale perpendiculaire à la direction du courant et occupant toute la largeur du canal.

Pour mesurer la charge d'un pareil déversoir on ne peut appliquer la même méthode que pour un déversoir alimenté par un grand réservoir, car ici l'eau étant courante sa surface n'est plus horizontale, mais en pente. Boileau a reconnu que l'on peut mesurer les charges en plongeant verticalement contre la face d'amont du barrage un tube de verrre TT' ouvert aux deux bouts; l'eau s'introduisant par la partie inférieure de ce tube, s'y élève au-dessus du seuil S du déversoir à une hauteur SI que l'on peut prendre pour valeur de la charge, moyennant quelques précautions.

D'abord le tube doit avoir, au moins un diamètre de $0^m,01$ afin que l'on puisse tenir compte de la capillarité au moyen d'une correction constante qui consistera à retrancher $0^m,0023$ de la hauteur SI mesurée extérieurement; de plus, le tube doit rester plongé dans le courant le temps nécessaire pour laisser l'eau s'y établir, et pour mesurer la charge; cette opération sèra répétée plusieurs fois, et l'on prendra la moyenne des hauteurs SI. La colonne d'eau dans le tube oscille légèrement, de sorte que, pour avoir un résultat exact, il faut chaque fois mesurer sa plus grande et sa plus petite hauteur, pour en adopter la moyenne.

Enfin, si l'élévation du barrage ne permet point que le tube plonge jusqu'au fond du canal, il suffit que son extrémité inférieure soit à $0^m,25$ environ au-dessous du seuil S du déversoir.

Lorsque la hauteur SC du barrage est de $0^m,500$ et au-dessous, on pourait obtenir la charge H en mesurant la hauteur du seuil S du déversoir au-dessous de la surface liquide prise à 3 mètres environ en amont dans le canal, mais ces nivellements sont sujets à erreur et beaucoup moins faciles que l'emploi d'un tube.

58. *Calcul de la dépense.* — Au moyen des tables suivantes, qui donnent la va-

NAPPES LIBRES OU DÉTACHÉES DU BARRAGE EN AVAL

CHARGES du DÉVERSOIR H	COEFFICIENTS DE CORRECTION POUR DES HAUTEURS DE BARRAGES AU-DESSUS DU FOND DU CANAL D'ARRIVÉE DE									
	0m,20	0m,30	0m,40	0m,50	0m,60	0m,70	0m,80	0m,90	1m,00	1m,10
m.										
0.04	0.421	0.426	0.418	0.408	0.402	0.404	0.413	0.425	0.418	0.408
0.05	0.419	0.423	0.419	0.409	0.399	0.398	0.409	0.423	0 416	0.406
0.06	0.416	0.422	0.414	0.404	0.398	0.400	0.410	0.422	0.416	0.406
0.07	0.418	0.422	0.415	0.404	0.398	0.400	0.410	0.422	0.416	0.406
0.08	0.418	0.424	0.415	0.405	0.399	0.401	0.411	0.422	0.416	0.406
0.09	»	0.424	0.422	0.416	0.408	0.407	0.413	0.419	0.416	0.409
0.10	»	0.425	0.424	0.418	0.410	0.409	0.413	0.419	0.416	0.411
0.12	»	0.428	0.427	0.421	0.411	0.409	0.412	0.420	0.419	0.413
0.14	»	»	0.432	0.424	0.413	0.408	0.410	0.422	0.424	0.414
0.16	»	»	0.436	0.430	0.418	0.408	0.410	0.426	0.425	0.415
0.18	»	»	»	0.432	0.424	0.416	0.417	0.428	0.424	0.416
0.20	»	»	»	0.436	0.431	0.427	0.428	0.430	0.426	0.418
0.22	»	»	»	»	0.435	0.432	0.433	0.432	0.428	0.419
0.24	»	»	»	»	0.435	0.434	0.437	0.434	0.429	0.423
0.26	»	»	»	»	0.435	0.437	0.439	0.437	0.431	0.425
0.28	»	»	»	»	0.437	0.439	0.441	0.440	0.434	0.427
0.30	»	»	»	»	»	0.441	0.444	0.444	0.437	0.427
0.32	»	»	»	»	»	»	0.445	0.445	0.442	0.427
0.34	»	»	»	»	»	»	0.443	0.445	0.441	0.427
0.36	»	»	»	»	»	»	0.440	0.443	0.437	0.426
0.38	»	»	»	»	»	»	0.441	0.441	0.433	0.424
0.40	»	»	»	»	»	»	0.443	0.440	0.432	0.423
0.42	»	»	»	»	»	»	0.445	0.440	0.433	»
0.44	»	»	»	»	»	»	0.447	0.442	0.434	»
0.46	»	»	»	»	»	»	0 449	0.444	0.436	»
0.48	»	»	»	»	»	»	0.451	»	»	»
0.50	»	»	»	»	»	»	0.454	»	»	»

NAPPES NOYÉES EN DESSOUS

CHARGES du DÉVERSOIR H	COEFFICIENTS DE CORRECTION POUR DES HAUTEURS DE BARRAGES AU-DESSUS DU FOND DU CANAL D'ARRIVÉE DE								
	0m,20	0m,25	0m,30	0m,35	0m,40	0m,45	0m,50	0m,55	0m,60
0.09	0.485	»	»	»	»	»	»	»	»
0.10	0.483	»	»	»	»	»	»	»	»
0.11	0.481	»	»	»	»	»	»	»	»
0.12	0.479	»	»	»	»	»	»	»	»
0.13	0.476	»	»	»	»	»	»	»	»
0.14	0.473	»	»	»	»	»	»	»	»
0.15	0.468	0.472	0.477	0.483	»	»	»	»	»
0.16	0.463	0.466	0.472	0.479	»	»	»	»	»
0.17	0.458	0.462	0.467	0.475	0.486	»	»	»	»
0.18	0.453	0.458	0.463	0.470	0.481	»	»	»	»
0.19	0.451	0.455	0.459	0.467	0.478	»	»	»	»
0.20	0.448	0.442	0.456	0.464	0.476	»	»	»	»
0.22	0.445	0.448	0.457	0.460	0.472	0.489	»	»	»
0.24	0.441	0.444	0.449	0.457	0.470	0:486	»	»	»
0.26	0.437	0.440	0.446	0.454	0.467	0.483	»	»	»
0.28	0.432	0.437	0.444	0.452	0.466	0.480	»	»	»
0.30	0.427	0.435	0.444	0.452	0.462	0.469	0.475	0.480	0.486
0.32	0.421	0.430	0.438	0.446	0.454	0.461	0.468	0.474	0.480
0.34	0.418	0.424	0.431	0.438	0.445	0.453	0.460	0.467	0.474
0.36	0.417	0.424	0.431	0.438	0.444	0.450	0.457	0.463	0.469
0.38	0.417	0.424	0.431	0.438	0.444	0.450	0.455	0.460	0.464
0.40	0.417	0.424	0.431	0.438	0.444	0.449	0.453	0.457	0.461
0.42	»	»	»	»	0.444	0.448	0.452	0.455	0.456
0.44	»	»	»	»	0.443	0.447	0.450	0.453	0.456
0.46	»	»	»	»	0.441	0.445	0.448	0.451	0.454
0.48	»	»	»	»	0.439	0.442	0.446	0.448	0.450
0.50	»	»	»	»	0.437	0.439	0.442	0.444	0.445

leur du coefficient r de correction, on calculera la dépense par la formule :

$$Q = rLH\sqrt{2gH}.$$

Le premier tableau correspond aux nappes libres, c'est-à-dire celles qui, après avoir passé sur l'arrête S du seuil du déversoir. se détachent, s'isolent de la face d'aval SAB du barrage, comme le représente la figure.

Une portion de l'eau de ces nappes, après avoir frappé le fond d'aval, reflue vers le barrage et s'élève, entre la face d'aval du canal et la nappe, à une hauteur croissante avec la charge H. Il peut même arriver, si la charge est grande, que ce remous s'élève jusqu'au sommet S du barrage et remplisse tout l'intervalle après avoir chassé l'air qui occupait cet espace.

C'est le cas des nappes *noyées en dessous* et dont les coefficients de correction sont contenus dans le second tableau.

M. Boileau a encore observé un troisième état des nappes formées sur divers barrages déversoirs ; c'est celui qu'il nomme des *nàppes* adhérentes, dans lequel elles coulent en s'appliquant contre la surface d'aval SAB du barrage ; mais en ce qui concerne les barrages types dont il s'agit ici, il n'est point nécessaire, au point de vue pratique, de considérer les nappes de ce troisième genre, parce qu'on peut les transformer en nappes libres en plongeant en S, contre la face d'amont du barrage, un petit corps solide quelconque que l'on retire ensuite, lorsque l'air extérieur s'est introduit sous la nappe et l'a détachée.

59. Remarque. — Dans le barrage type dont il vient d'être question, la section du canal était rectangulaire, mais il arrive fréquemment que les cours d'eau naturels et artificiels présentent des talus AB, A'B' (*fig.* 39) plus ou moins inclinés suivant la nature des terrains.

En désignant par L la longueur de l'arête culminante SS' du barrage et L', la largeur CD que la surface liquide occuperait dans l'orifice, si elle s'y élevait à la hauteur $ba = H$ donnée, comme il vient d'être dit, par le tube indicateur des charges, on prendra pour largeur de l'orifice la moyenne.

$$\frac{L + L'}{2}$$

la différence serait alors :

$$Q = r\frac{L + L'}{2}H\sqrt{2gH}.$$

Le coefficient de correction sera pris dans les tables précédentes si les talus ont une grande inclinaison par rapport à l'horizontale.

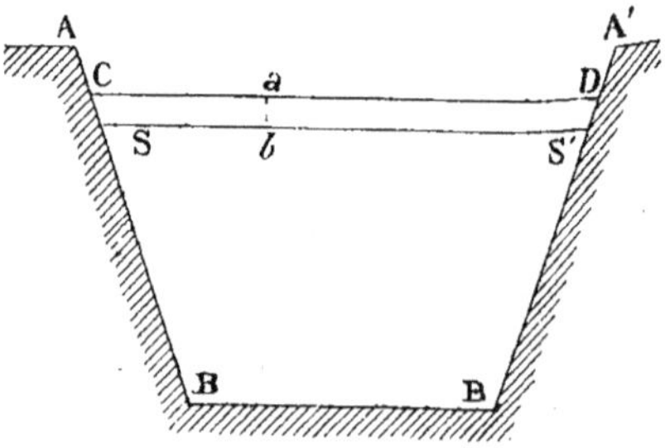

Fig. 39.

Dans le cas du jaugeage d'un ruisseau à fond étroit, on recoupera verticalement le talus sur une longueur de 3 mètres environ en amont et 2 mètres en aval de l'emplacement choisi pour le barrage, on soutiendra les terres par des panneaux en planches, maintenus par des piquets, et l'on effectuera le calcul comme pour un canal à section rectangulaire.

60. Remarque II. — Dans le cas de barrages noyés, c'est-à-dire si la nappe au lieu de tomber librement dans la partie d'aval du canal, soit gênée ou modifiée par un gonflement des eaux ou par un remous refluant jusqu'au barrage, comme le montre la figure 40, la formule précé-

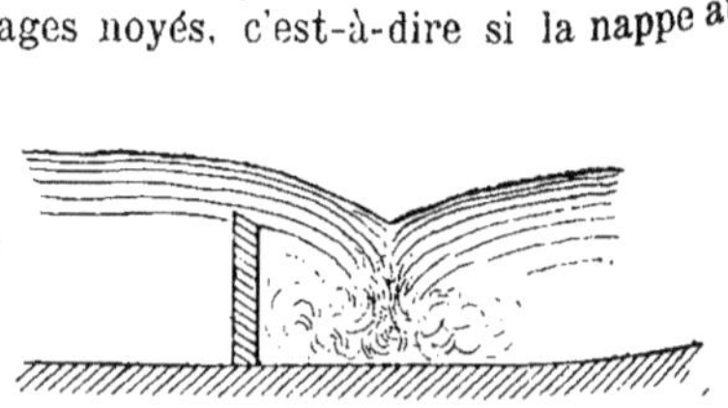

Fig. 40.

dente n'est plus applicable, il faut alors faire usage de celle déduite de la théorie présentée en 1846 par Boileau :

$$Q = rLH\sqrt{\frac{2g \, H - e}{1 - \left(\frac{1}{1 + \frac{S}{H}}\right)^2}}$$

dans laquelle :

e, représente l'épaisseur Se (*fig.* 38) de la nappe mesurée directement dans le plan vertical de la crête S du barrage ;

S, la hauteur SC de cette crête, ou du barrage au-dessus du fond du canal.

61. *Barrages inclinés vers l'amont.* — Les barrages établis dans la pratique, sont généralement inclinés vers l'amont (*fig.* 41) ; cette inclinaison est le plus souvent de 3 de hauteur sur 1 de base.

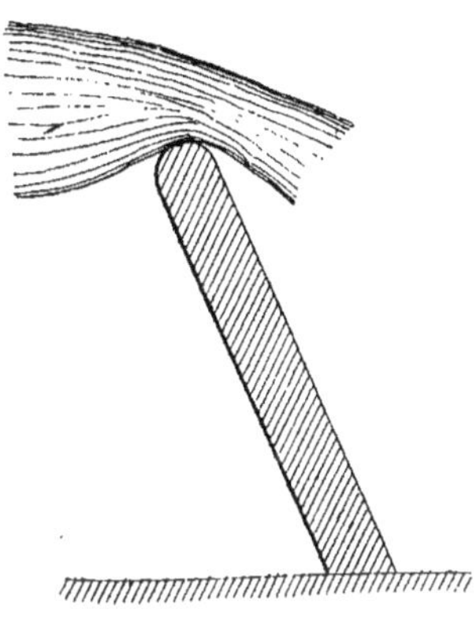

Fig. 41.

Pour obtenir la dépense, on calculera le débit d'un même barrage d'égale longueur qui serait normal au canal, et l'on multipliera le résultat par 0,942 ou 0,911, selon que l'obliquité sera de 45 ou de 65 degrés.

62. *Barrages obliques et barrages en chevrons.* — Quelquefois, pour éviter de trop grandes charges on augmente la longueur du réservoir en le disposant obliquement à la direction du courant, ou même en le brisant sous un angle plus ou moins aigu qui présente son sommet vers l'amont, de manière à former ce que l'on appelle un barrage ou une digu en *chevrons*.

La figure 42 représente deux barrages inclinés, l'un AB sous un angle de 45 degrés, l'autre A'B' forme avec la nor-

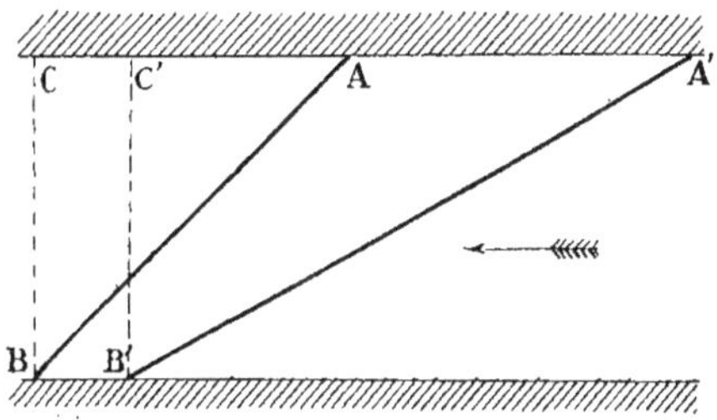

Fig. 42.

male B'C' un triangle rectangle, dont la base A'C' est double de la hauteur C'B'. Ces deux types ont été soumis aux expériences de Boileau. Ce barrage en chevrons (*fig.* 43) était formé de deux ailes égales ayant une obliquité de 45 degrés par rapport au courant et raccordées au saillant par un arrondi.

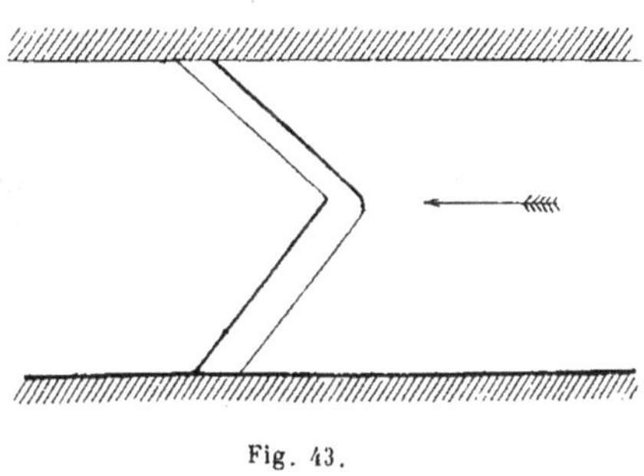

Fig. 43.

Les résultats des expériences permettent d'appliquer à ces barrages ce qui a été dit pour ceux perpendiculaires à la direction du courant.

63. *Barrage à poutrelles.* — Soit un barrage dans une rivière, formé avec quelques poutrelles superposées et supposons qu'on veuille élever le niveau de l'eau, en ajoutant une poutrelle ; il y a un moyen mécanique très simple à employer pour cela. Il consiste à placer la poutrelle au-dessus de l'eau en amont. Le courant l'entraîne, et, lorsque la rainure pratiquée dans les bajoyers l'arrête, elle descend d'elle-même (*fig.* 44) D'après les considérations précédentes sur les ajutages, il est facile d'expliquer ce fait.

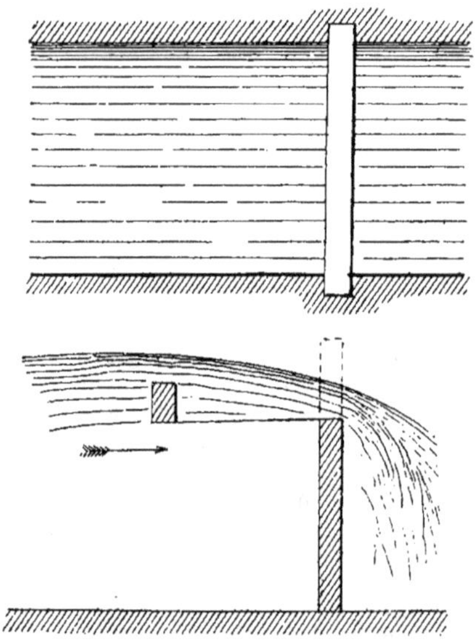

Fig. 44.

En effet, lorsque la poutrelle se trouve au-dessus du barrage déjà établi, l'intervalle entre elle et ce barrage constitue un véritable ajutage, et la pression étant plus faible autour de la veine contractée qu'au-dessus de la poutrelle, celle-ci descend sous l'influence de cette différence de pression.

64. *Bateau-vanne.* — On nomme ainsi un bateau placé sur un cours d'eau et qui permet :

1° D'obtenir une ouverture de vanne qu'on règle à volonté en équilibrant convenablement le bateau ;

2° De maintenir le niveau d'amont constant une fois que cet équilibre a été obtenu (*fig.* 45).

Le bateau est à section rectangulaire ; il est maintenu entre deux murs de maçonnerie nommés bajoyers et retenu en aval par deux piliers en pierre. Le niveau d'amont est NN′, le fond du canal CC′ est exhaussé en C′B vers l'avant du bateau par un mur terminé par un radier BB′ à pente légère. L'eau s'écoule par la section AB.

Cet appareil ne comporte pas une théorie rigoureuse ; on peut dire d'une façon approximative que dans le sens vertical, il reçoit une somme de pressions équivalant à une poussée de bas en haut

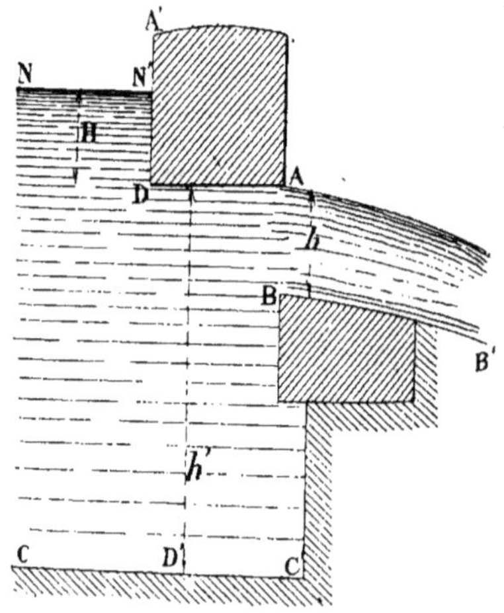

Fig. 45.

qui augmente à mesure que la hauteur H elle-même augmente.

En effet, on peut, avec une approximation suffisante supposer que l'écoulement ait lieu, dans AB, par filets sensiblement parallèles et normaux à la section. Ils sont donc tous animés d'une même vitesse V dûe à la charge au point A, vitesse qui s'exprime par :

$$V = \sqrt{2gh}$$

La pression dans la section AB varie d'ailleurs pour la même raison suivant la loi hydrostatique et elle est égale en A à la pression atmosphérique.

Dans une section telle que DD′ située en amont on peut admettre aussi comme suffisamment exact, que tous les filets se meuvent parallèlement, en sorte que V′ étant la vitesse moyenne dans la section, l'on a :

$$V' = \frac{Vh}{h'}.$$

Voyons quelles sont les pressions sur la base DA ; nous avons un filet liquide allant de D vers A, auquel s'applique le théorème de Bernouilli, et si nous désignons par p' et p la pression en D et A, nous aurons :

$$\frac{V^2}{2g} - \frac{V'^2}{2g} = \frac{p'}{\pi} - \frac{p}{\pi}$$

d'où l'on tire :

$$\frac{p'}{\pi} - \frac{p}{\pi} = \frac{V^2}{2g}\left(1 - \frac{h^2}{h'^2}\right) = H\left(1 - \frac{h^2}{h'^2}\right).$$

Donc, p' est plus grand que p, pression atmosphérique. La poussée de bas en haut est donc plus grande que la pression de l'atmosphère qui agit de haut en bas ; elle augmente d'ailleurs presque proportionnellement à H, car le terme $\frac{h^2}{h'^2}$ est assez petit pour être négligé.

En tous cas, on peut régler le poids du bateau de façon à avoir l'équilibre dans une position quelconque, en y amenant ou en lui retirant de l'eau par des robinets placés des côtés d'amont ou d'aval, ou encore à l'aide d'un lest supplémentaire. Le bateau, une fois réglé, maintiendra alors tout seul le niveau constant ; car, que le niveau s'élève, la pression sur le le fond DA augmente, le bateau monte, la section AB grandit et le surcroît de débit ne tarde pas à ramener le niveau ; qu'au contraire il baisse, la pression diminue, le bateau-vanne descend, le débit diminue et le niveau primitif se rétablit.

Orifices du troisième genre.

65. *Pertuis.* — On donne le nom de *pertuis* à des orifices de largeur constante compris entre deux portions de barrage vertical et à travers lesquels se précipitent les eaux d'un canal ou d'un courant. Ces pertuis sont ordinairement fermés par un barrage mobile, que l'on n'ouvre que pour le passage d'un certain nombre de bateaux.

La navigation au moyen d'un pertuis est toujours incommode, puisque les bateaux sont obligés d'attendre le moment de l'ouverture. De plus elle est dangereuse. En premier lieu, l'ouverture du pertuis détermine un écoulement très rapide dans les premiers instants, et il est difficile de gouverner le bateau au sortir de la veine fluide.

En second lieu la surface de l'eau qui s'écoule au travers du pertuis présentant une très grande pente, il arrive que l'avant du bateau plonge beaucoup moins que l'arrière ; et il en résulte une inégalité de pression qui peut faire rompre le bateau sous son propre poids, comme cela est fréquemment arrivé. Enfin la profondeur de l'eau en aval étant toujours très faible, le bateau est exposé à toucher le fond et à se briser par le choc.

Les pertuis présentent encore un inconvénient; c'est que le volume d'eau qui s'écoule à chaque *lachure* étant considérable, il faut un temps très long pour que l'eau reprenne son niveau en amont du pertuis, après que le barrage mobile a été mis en place. On préfère aujourd'hui l'emploi des écluses à sas.

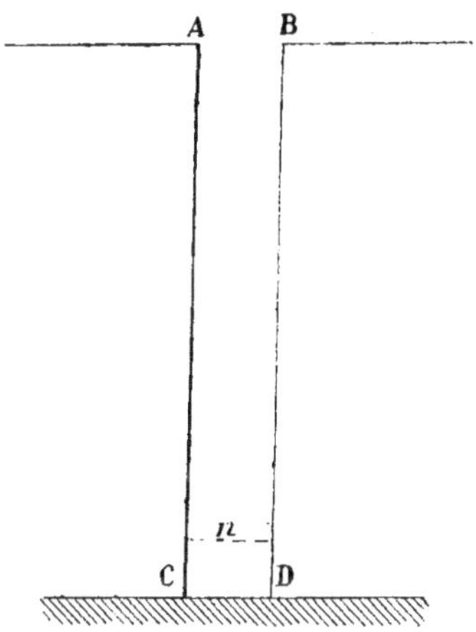

Fig. 46.

On ne connaît guère que quelques expériences sur les pertuis faites par Boileau; le type qui a servi à cet officier était simplement formé par deux panneaux verticaux en planches établies en travers d'un canal de $1^m,615$ de largeur et laissant entre eux un orifice rectangulaire ABCD (*fig.* 46).

La contraction était complète sur les côtés verticaux AC, BD; dans une partie de ces expériences elle était nulle sur le seuil CD qui était formé par le fond même du canal; dans une autre série ce seuil était exhaussé d'une quantité dont le rapport à la hauteur d'eau dans le bief d'amont a varié entre $^1/_8$ et $^1/_{18}$.

Dans un pertuis de ce genre la masse liquide se précipite en affectant une forme qui offre quelque analogie avec celle des

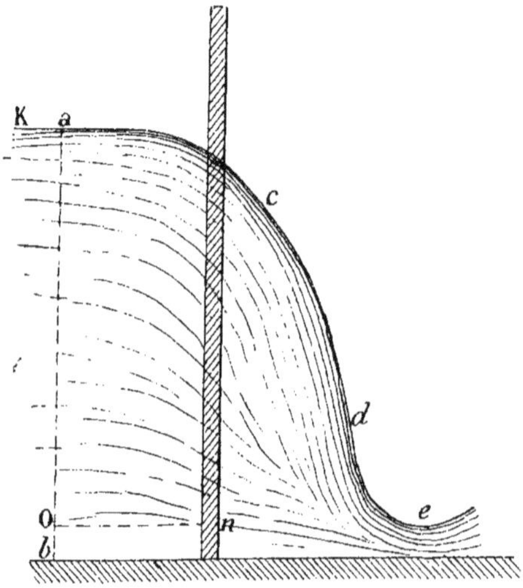

Fig. 47.

nappes des déversoirs. La courbure superficielle de cette nappe commence à se prononcer en un certain point *a* (*fig.* 47) situé en amont du passage, et la nappe toute entière commence à se former dans la section verticale correspondante *ab* que Boileau a désigné sous le nom de *section initiale;* à partir du point *a*, le profil de la nappe se déprime et s'infléchit de plus en plus, jusqu'à une faible distance en aval du passage; puis ce profil se raidit, et présente une sorte de talus *cd* dont la partie inférieure se courbe pour se raccorder avec une portion de surface *e* sensiblement parallèle au fond du canal, audelà de laquelle le niveau d'aval s'élève progressivement. L'épaisseur horizontale de la portion d'aval de ces nappes augmente depuis leur sommet jusqu'au pied, et même lorsque l'ouverture est relativement très étroite, il se forme le long du talus *cd* un bourrelet liquide très prononcé, de largeur croissante. A mesure que la largeur de l'orifice s'agrandit par rapport à sa hauteur, la section initiale *ab* est située à une distance plus grande en amont et le talus est d'autant moins raide.

Enfin, quand la largeur diffère peu de la hauteur, ce talus *cd* prend une courbure concave qui peut s'allonger jusqu'à l'orifice.

66. *Débit d'un pertuis.* — Le phénomène de l'écoulement étant très compliqué, comme on vient de le voir, on conçoit qu'il est impossible d'établir des formules exactes sans coefficients numériques. Boileau a donné les formules suivantes, dans lesquelles on désigne par :

l, la largeur de l'orifice ou du passage ;

L, celle du canal en amont ;

H, la hauteur d'eau dans la section initiale *ab* ou dans la partie à la surface sensiblement horizontale *ak* qui précède cette section ;

h, la hauteur H diminuée, lorsqu'il y a lieu, de l'exhaussement *ob* du seuil de l'orifice au-dessus du fond du canal ;

z, la chute superficielle totale mesurée depuis le niveau d'amont *ak* jusqu'à la surface d'aval *e* définie précédemment et qui est celle où le courant a sa plus faible épaisseur ;

m, un coefficient numérique destiné à tenir compte des phénomènes compliqués de l'écoulement ;

Voici les différents cas considérés par cet expérimentateur ;

1° Si le seuil de l'orifice est sur le fond du canal $h = \mathrm{H}$, et l'on calculera le débit du pertuis par la formule

$$\mathrm{Q} = mlh\sqrt{2g\frac{z}{1-\left(\frac{l}{\mathrm{L}}\right)^2}} \qquad (1)$$

la valeur du quatrième facteur se trouvera dans la table des vitesses, numéro 50 après qu'on aura calculé la quantité :

$$\frac{z}{1-\left(\frac{l}{\mathrm{L}}\right)^2}$$

Quant au coefficient m, les résultats des expériences sont représentés par la formule.

$$m = 0{,}414 + \frac{1}{40}\,h.$$

2° Dans le cas des seuils en saillie, on adoptera la formule :

$$Q = mlh\sqrt{2g\,\frac{z}{1-\left(\frac{lH}{LH}\right)^2}} \qquad (2)$$

le coefficient m est donné par :

$$m = 0{,}396 + \frac{1}{40}\,h.$$

3° Il peut arriver que l'orifice considéré verse l'eau dans un bief d'aval relativement très large où le mouvement est, par conséquent, très lent, et où le niveau est maintenu à une certaine hauteur au-dessus de la partie inférieure e de la nappe, qui est noyée, pour ce cas la valeur de z, dans les formules (1) et (2). sera la distance verticale de ce niveau d'aval à celui ak du bief d'amont.

67. *Écluses à sas.* — Les écluses à sas permettent d'établir la communication entre deux portions d'un cours d'eau, situées à des niveaux différents pour le service de la navigation. Ces écluses, imaginées vers 1480 par Léonard de Vinci, ont été appliquées pour la première fois en France, au canal de Briare, puis au canal du Languedoc.

Une écluse simple est un pertuis fermé par une porte à deux vantaux, légèrement inclinés vers l'amont, et dans lesquels sont pratiquées des ouvertures fermées par des vannes. Une écluse à sas se compose de deux écluses simples

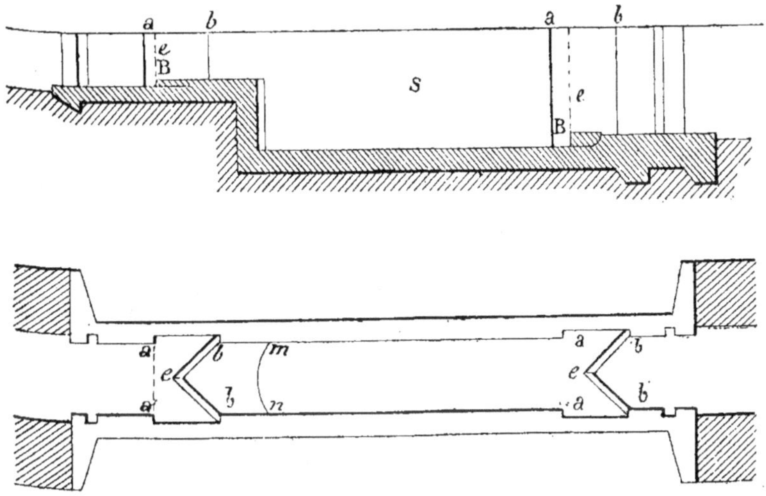

Fig. 48.

e, e (*fig.* 48) séparées par un intervalle S que l'on nomme le sas. Cet intervalle est limité latéralement par des murs verticaux auxquels on donne le nom de *bajoyers*. Sa capacité doit être égale, au moins à celle qui est nécessaire pour contenir un bateau.

Le système des écluses à sas a beaucoup varié ; voici les dispositions actuellement adoptées :

L'arête de rencontre des deux vantaux de chaque porte en écluse simple est en saillie vers l'amont sur le plan des tourillons de 1/6 à 1/5 de la largeur du pertuis. Le tourillon de chaque porte est logé dans un refouillement ab du bajoyer, qui peut recevoir le vantail entier quand la porte est ouverte, et que l'on nomme l'*enclave*.

Le fond du radier de l'écluse présente une saillie B appelée *busc* contre laquelle les deux vantaux s'appuient quand la porte est fermée, de manière à empêcher l'eau de passer, et à permettre aux vantaux de s'ouvrir sans porter par le bas. Le busc se prolonge à l'aval et se termine par un mur vertical cylindrique *mn* qu'on appelle le *mur de chute*.

L'espace compris entre les enclaves, le plan vertical *a*, *a* qui réunit leurs arêtes d'amont, et les deux vantaux de l'écluse se nomme la *chambre des portes*.

La largeur d'un sas d'écluse, doit dépasser de quelques centimètres celle des bateaux qui fréquentent l'écluse. Les largeurs adaptées sont :

Au canal du Cher $2^m,70$;

Aux canaux de Bourgogne, du Nivernais, du Centre $5^m,20$;

Au canal de la Somme $6^m,50$;

Aux canaux Saint-Denis et Saint-Martin $7^m,80$;

Sur l'Oise 8 mètres;

Sur la Seine au-dessous de Paris 12 mètres.

La longueur des sas à un seul bateau est calculée sur celle des plus grands bateaux qu'ils aient à recevoir. Il faut que le bateau puisse tenir avec son gouvernail, les portes étant fermées derrière lui. Les sas doivent parfois avoir la capacité nécessaire pour contenir plusieurs bateaux.

La manœuvre d'une écluse à sas est facile à comprendre.

Supposons qu'un bateau se présente à l'aval pour monter dans le bief supérieur. On lui ouvre les portes d'aval ; on ouvre les vannes de l'écluse d'amont ; l'eau qui s'introduit dans le sas soulève le bateau ; quand le niveau dans le sas est arrivé à la même hauteur qu'en amont, on ouvre les portes d'amont, et le bateau passe.

Supposons au contraire, qu'un bateau se présente du côté d'amont, pour descendre dans le bief d'aval.

Si le sas est vide, il faut d'abord le remplir, comme il vient d'être indiqué; on ouvre alors les portes d'amont, le bateau entre dans le sas; on referme derrière lui les portes d'amont; on ouvre les vannes de l'écluse d'aval ; le sas se vide peu à peu, et le bateau descend : quand le niveau dans le sas est le même que celui d'aval, on ouvre les portes d'aval et le bateau passe.

Chacune de ces manœuvres emploie de 10 à 12 minutes selon les dimensions du sas et les orifices de vannes.

68. *Débit d'une écluse à sas.* — On peut facilement se rendre compte du volume d'eau dépensé à chaque passage. Soit Ω, la section horizontale du sas, h, la différence de niveau des deux biefs, et Q, le volume d'eau déplacée par le bateau.

Supposons d'abord que le bateau monte ; la quantité d'eau nécessaire pour élever de h le niveau dans le sas est le volume du prisme qui a pour base Ω et pour hauteur h, c'est-à-dire le produit Ωh. Mais quand le bateau sort du sas pour rentrer dans le bief supérieur, il faut encore que l'eau de ce bief fournisse au sas le volume Q que le bateau y déplaçait; par conséquent le volume d'eau introduit dans le sas est

$$\Omega h + Q.$$

Supposons en second lieu, que le bateau descende; la quantité d'eau qui s'écoule du sas, depuis l'instant où le bateau y est entré jusqu'au moment où il en sort est encore Ωh. Mais quand le bateau sort du sas pour entrer dans le bief inférieur, celui-ci restitue au sas le volume Q que le bateau y déplaçait; le volume d'eau dépensé réellement est donc :

$$\Omega h - Q.$$

Si un bateau descend immédiatement après qu'un autre semblable est monté, la dépense d'eau occasionnée par ces deux passages est :

$$\Omega h + Q\ \Omega h - Q = 2\Omega + h$$

ou deux fois la quantité d'eau qui peut-être introduite dans le sas et qu'on appelle une éclusée.

Mouvement de l'eau dans les conduites.

69. L'établissement des tuyaux de conduite constitue un des problèmes les plus importants de l'hydraulique; il a pour objet de distribuer l'eau d'un point à un autre, avec la moindre perte de chute, au moyen d'une canalisation dont il faut déterminer autant que possible le prix d'établissement. Ces deux conditions, en quelque sorte contradictoires, ne peuvent recevoir, dans chaque cas, la meilleure solution qu'elles comportent que si la question est étudiée dans tous ses éléments techniques et économiques.

70. *Frottement de l'eau dans les tuyaux de conduite.* — On constate que le débit d'une conduite s'amoindrit quand, la chute restant la même, sa longueur augmente; cela tient à des forces retardatrices qui sont le frottement des filets liquides contre les parois, et le frottement des molécules entre elles, qui augmente avec la viscosité du liquide. Les molécules en contact avec les parois sont plus retardées que les autres et en réagissant à leur tour, avec moins d'intensité sur les filets voisins, elles font que la vitesse est en réalité la plus grande dans l'axe de la section et qu'elle va en diminuant à partir de cet axe jusqu'au contour.

L'ensemble de ces faits a été énoncé par de Prony, et il a constaté que les lois du frottement dans les tuyaux de conduite, sont précisément inverses de celles qui caractérisent le frottement des solides; ainsi :

1° Le frottement dans les tuyaux est indépendant de la pression;

2° Il est proportionnel à l'étendue des surfaces de contact;

3° Il dépend de la vitesse.

Les expériences de cet observateur, l'ont conduit à une formule

$$F = L\ X\ (\alpha U + \beta U^2)$$

dans laquelle:

F désigne la force de frottement des parois pour une longueur L du tuyau considérée ;

X le périmètre de la section transversale du tuyau, U la vitesse moyenne de l'eau correspondant à la dépense Q, c'est-à-dire donnée par la relation

$$U = \frac{Q}{\Omega}$$

dans laquelle Ω représente la section transversale du tuyau.

Enfin α et β représentent deux coefficients.

Cette formule peut s'écrire autrement, en fonction du poids spécifique π de l'eau.

En posant

$$\frac{\alpha}{\pi} = a$$

$$\frac{\beta}{\pi} = b$$

on a $\quad F = \pi\, LX\, (aU + bU^2)$

71. *Coefficients de la formule du frottement.* — Les premières valeurs de a et b résultent des expériences de d'Aubuisson; mais de Prony, en le complétant par d'autres observations, a modifié un peu ces premiers chiffres.

D'après d'Aubuisson :

$a = 0,0000188,\ b = 0,000280$

D'après Prony :

$a = 0,0000173,\ b = 0,000348$

D'après Eytebwein :

$a = 0,0000222,\ b = 0,000280$

Le plus ordinairement on emploie ceux donnés par Prony.

72. Remarque. — Le coefficient a est beaucoup plus petit que b; il en résulte que lorsque la vitesse U n'est pas très petite, on peut se servir d'une formule plus simple :

$$F = \pi L\ X\ b_1 U^2$$

dans laquelle il suffira de donner, d'après Dupuit, à b_1 la valeur $b_1 = 0,0003855$.

73. *Coefficients de Darcy.* — Cet observateur a reconnu que les coefficients a, b, b_1, varient avec les diamètres, la nature et l'état de la surface des tuyaux. Pour des tuyaux en fonte, déjà recouverts de dépôt, et dont le rayon intérieur serait R, il y aurait lieu de donner à ces coefficients les valeurs suivantes :

$$a = 0,000032 + \frac{0,0000000376}{R}$$

$$b = 0,000443 + \frac{0,0000062}{R}$$

$$b_1 = 0,000507 + \frac{0,00000647}{R}$$

Ainsi pour $R = 0^m,030$ on trouverait :

$b_1 = 0,000723$

Pour $R = 0^m,500$ on trouverait : $b_1 = 0,000520$

Moyenne. . . 0,0006215

Mouvement de l'eau dans les conduites cylindriques simples et à débit constant.

74. Une conduite est simple si elle n'a pas d'embranchement, et à débit constant si elle n'a pas d'ouvertures, ni d'entrée, ni de sortie de l'eau. On dit que le mouvement est permanent lorsqu'en un point quelconque la vitesse ne varie pas avec le temps. Le mouvement est uniforme si, dans toutes les sections, la vitesse d'un même filet est toujours la même, quelle que soit la section considérée.

L'uniformité du mouvement fait que la vitesse U étant constante dans toutes les sections d'un tuyau cylindrique, le débit Q par seconde en chacune d'elles sera toujours donné par

$$Q = \Omega U.$$

75. *Équation du mouvement permanent uniforme.* — Soient $A_0 B_0$, $A_1 B_1$ (*fig.* 49), deux sections transversales de

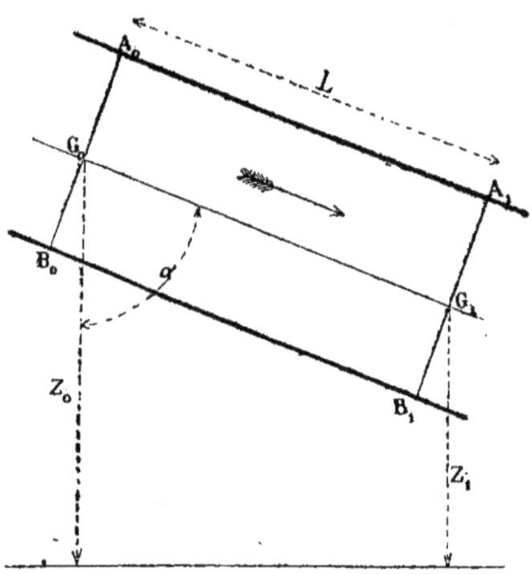

Fig. 49.

la conduite, proposons-nous d'appliquer le principe des quantités de mouvement à la partie du canal comprise entre ces deux sections, dont les centres de gravité sont G_0 et G_1 sur une parallèle aux génératrices de la conduite.

Puisque le mouvement est uniforme dans toute la conduite, il n'y a pas d'accroissement de la quantité de mouvement de A_0B_0 en A_1B_1 et l'équation fondamentale se réduit à 0 = somme des impulsions projetées; et comme toutes ces impulsions renferment le facteur θ qui exprime un temps très court et toujours le même, on peut supprimer ce facteur dans le second membre et écrire :

$$0 = \Sigma \text{ forces projetées.}$$

Les forces à considérer sont:

1° *La pesanteur;*

2° *La pression exercée en* A_0B_0 *par l'autre partie du liquide. De même la pression en* A_1B_1 ;

3° *Le frottement des parois.*

1° La force de la pesanteur est représentée par :

$$\pi\Omega L \cos \alpha.$$

qu'on peut écrire autrement, en représentant par Z_0 et Z_1 les hauteurs du centre de gravité au-dessus d'un même plan horizontal de comparaison :

$$\pi\Omega\,(Z_0 - Z_1)$$

car $L \cos \alpha$ n'est autre que $Z_0 - Z_1$.

2° Les pressions normales se détruisent. En A_0B_0 la pression varie suivant la loi hydrostatique, par conséquent la pression totale est égale à p_0, au centre de gravité, multipliée par la section Ω ce qui donne:

$$p_0\Omega.$$

On a de même en A_1B_1, mais en sens inverse:

$$-p_1\Omega.$$

3° La force des frottements est représentée par :

$$\pi L X\,(aU + bU^2).$$

On a donc en projetant sur l'axe G_0G_1 :

$$\pi\Omega\,(Z_0 - Z_1) + p_0\Omega - p_1\Omega - \pi L X\,(aU + bU^2) = 0.$$

ou

$$Z_0 - Z_1 + \frac{p_0}{\pi} - \frac{p_1}{\pi} - \frac{LX}{\Omega}(aU + bU^2) = 0.$$

Cette équation donne la vitesse U, en supposant les autres quantités connues.

U est la vitesse dans le tuyau;

$Z_0 + \frac{p_0}{\pi}$ est la hauteur du niveau piézométrique en A_0B_0 au-dessus du plan horizontal;

$$Z_1 + \frac{p_1}{\pi} \text{ est celle en } A_1B_1$$

et par définition

$$Z_0 - Z_1 + \frac{p_0}{\pi} - \frac{p_1}{\pi}$$

est la charge entre les deux sections transversales.

$$\text{Le terme} - \frac{LX}{\Omega}(aU + bU^2)$$

est la perte de charge.

On peut donc dire que:

La charge entre deux sections transversales quelconques est égale à la perte de charge entre les mêmes sections.

76. *Travail dépensé par le frottement.* — Calculons pour l'unité de temps, le travail des forces qui s'exercent entre des sections transversales d'une conduite

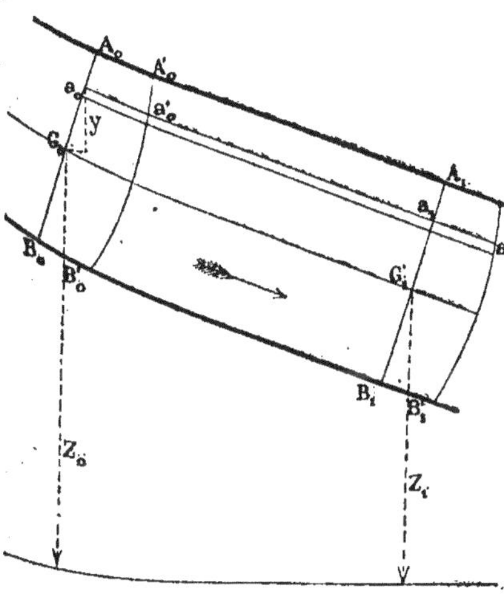

Fig. 50.

simple, où le liquide s'écoule avec un débit constant.

Soient A_0B_0, A_1B_1 (*fig.* 50) les deux sections considérées, et appliquons à la masse liquide le théorème des forces vives pendant un temps infiniment petit θ. Au bout de ce temps, toutes les molécules seront venues de A_0B_0 en $A'_0B'_0$, surface infiniment voisine. De même celles de A_1B_1 seront venues en $A'_1B'_1$. La force vive restant la même, le premier membre de l'équation qui représente son accroissement est nul. Dans le second membre nous avons à exprimer:

La pesanteur, les pressions en A_0B_0 et AB. et enfin les frottements.

1° Pour la pesanteur, considérons un filet liquide a_0 a_1, dont le travail dû à la pesanteur est égal à la partie $A_0A'_0$, multipliée par la différence de hauteur $Z_0 - Z_1$. Si q représente le volume élémentaire de ce filet, πq, multiplié par la différence des niveaux sera le poids

$$\pi q (Z_0 - Z_1).$$

En faisant la somme de tous ces poids partiels, il vient :

$$\Sigma \pi q \ (Z_0 - Z_1) = \pi Q' \ (Z_0 - Z_1).$$

Q' désignant le volume de liquide pour toute la conduite.

2° Soit p_0 la pression au centre de gravité G_0 de A_0B_0 et soit y la différence de niveau entre a_0 et G_0.

Cette pression suivant la loi hydrostatique, on aura pour la pression sur le filet considéré :

$$p_0 + \pi y.$$

En multipliant par l'aire du filet et par le chemin parcouru on aura pour le travail de cette pression :

$$(p_0 + \pi y) \ q.$$

De même en appelant p_1 la pression en b_1 on aura de même :

$$(p_1 + \pi y) \ q.$$

Mais ici le travail produit est résistant, cette quantité sera donc affectée du signe moins et l'on aura :

$$(p_0 + \pi y) \ q - (p_1 + \pi y) \ q$$

ou

$$(p_0 - p_1) \ q.$$

En faisant la somme pour tous les filets liquides, on aura pour le travail des pressions :

$$\Sigma \ (p_0 - p_1) \ q = (p_0 - p_1) Q'$$

3° Représentons par t_f le travail des frottements. On aura l'équation totale :

$$0 = \pi Q' \ (Z_0 - Z_1) + (p_1 - p_0) Q' + t_f \quad (1)$$

Or, nous avons trouvé précédemment, pour équation de l'écoulement de l'eau dans la conduite :

$$Z_0 - Z_1 + \frac{p_0}{\pi} - \frac{p_1}{\pi} - \frac{LX}{\Omega}(aU + bU^2) = 0 \quad (2)$$

laquelle devient, en multipliant par $\pi Q'$

$$\pi Q'(Z_0 - Z_1) + (p_0 - p_1)Q' - \pi Q' \frac{LX}{\Omega} (aU + bU^2) = 0 \qquad (3)$$

En comparant les équations (1) et (3) on voit que

$$t_f = -\pi Q' \frac{LX}{\Omega} (aU + bU^2)$$

Pour trouver le travail du frottement T_f pendant l'unité de temps, remarquons qu'il est proportionnel au volume Q d'eau écoulée dans l'unité de temps.

Ce qui donne

$$\frac{T_f}{t_f} = \frac{Q}{Q'}$$

d'où

$$T_f = -\pi Q \frac{LX}{\Omega} (aU + bU^2).$$

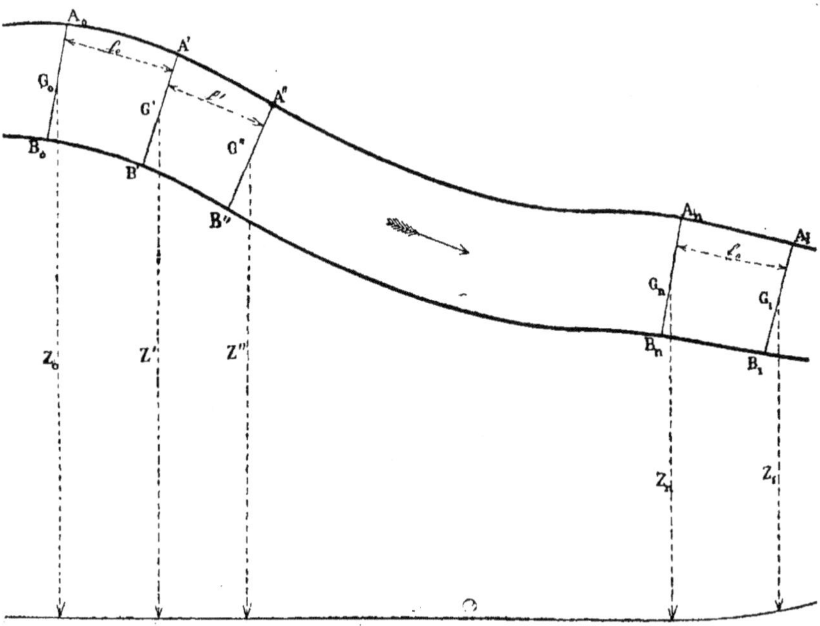

Fig. 51.

Le facteur $\frac{LX}{\Omega}(aU + bU^2)$ équivalant à la perte de charge entre les deux sections, on peut dire que le travail T_f est égal à cette perte de charge multipliée par le poids πQ du liquide dépensé.

77. *Conduite sinueuse.* — La conduite que nous venons de considérer était rectiligne; supposons maintenant que, tout en ayant la même section en tous ses points, elle soit sinueuse, et que ces sinuosités ne soient pas brusques.

Considérons deux sections quelconques A_0B_0, A_1B_1, et divisons cette conduite par des sections transversales assez voisines pour qu'on puisse considérer l'intervalle qu'elles comprennent deux à deux, comme rectiligne. En appliquant à ces différentes longueurs, que nous représenterons par l_0, l', l''... l'équation précédente du frottement, on aura :

$$Z_0 - Z' + \frac{p_0}{\pi} - \frac{p'}{\pi} - \frac{l_0 X}{\Omega}(aU + bU^2) = 0$$

$$Z' - Z'' + \frac{p'}{\pi} - \frac{p''}{\pi} - \frac{l' X}{\Omega}(aU + bU^2) = 0$$

$$Z'' - Z''' + \frac{p''}{\pi} - \frac{p'''}{\pi} - \frac{l'' X}{\Omega}(aU + bU^2) = 0$$

» » » »

» » » »

$$Z_n - Z_1 + \frac{p_n}{\pi} - \frac{p_1}{\pi} - \frac{l_n X}{\Omega}(aU + bU^2) = 0$$

D'où en ajoutant

$$Z_0 - Z_1 + \frac{p_0}{\pi} - \frac{p_1}{\pi} - \frac{LX}{\Omega}(aU + bU^2) = 0.$$

Équation dans laquelle L représente la longueur totale développée de la conduite.

78. *Conséquences.* — Considérons deux sections transversales quelconques A_0B_0, A_1B_1 (*fig.* 52) et écrivons qu'entre ces deux sections la charge est égale à la perte de charge.

La différence y, entre les niveaux piézométriques n_1 et n_0, représente la charge

$$y = \frac{LX}{\Omega}(aU + bU^2).$$

Le second membre de cette équation

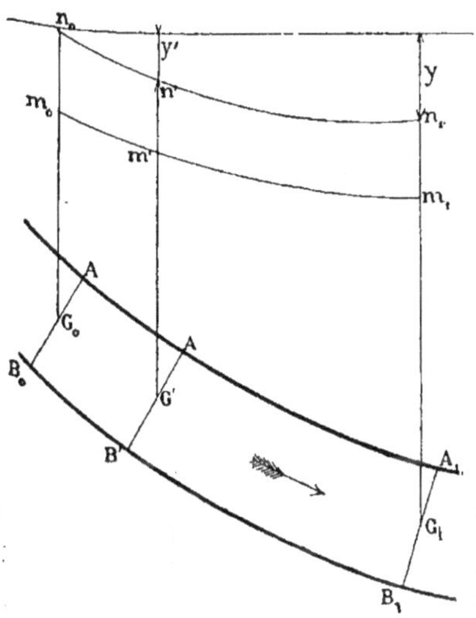

Fig. 52.

est toujours positif; le premier y l'est donc aussi.

En amont, le niveau piézométrique est, par conséquent, situé toujours plus haut qu'en aval.

On tire de cette équation :

$$\frac{y}{L} = \frac{X}{\Omega}(aU + bU^2)$$

Ce rapport $\frac{y}{L}$ qui est constant, montre cette remarque importante que, le rapport de la charge entre deux sections, à la longueur développée qui les sépare est constant quelles que soient ces deux sections.

79. *Ligne de pression.* — Rappelons qu'on appelle niveau piézométrique le niveau auquel se maintiendrait dans le vide une colonne liquide dans un tube vertical posé en un point donné de la veine liquide. On appelle, maintenant, ligne de pression d'une conduite le lieu géométrique des niveaux piézométriques, des diverses sections n_0, n', n'', ... n_1.

80. *Ligne de charge.* — Supposons qu'en G_0, on introduise un tube piézométrique ouvert à la partie supérieure; le liquide s'élève en m_0 au-dessous de n_0 (*fig.* 52) d'une hauteur égale à la pression atmosphérique. De même en m_1, m_1n_1 représente la pression atmosphérique. Le lieu des points m est la *ligne de charge*; cette ligne est parallèle à la ligne de pression, car $n_0m_0 = n'm' = \ldots\ n_1m_1$.

De cette définition découle la conséquence suivante: La charge entre deux sections quelconques est égale à la différence de niveau, entre les points correspondants, de la ligne de pression ou de la ligne de charge.

81. *Simplification de l'équation du mouvement uniforme dans une conduite cylindrique.* — Nous avons précédemment désigné par y la perte de charge entre les deux sections ayant pour centre de gravité G_0 et G_1 et nous avions :

$$y = \frac{LX}{\Omega}(aU + bU^2)$$

ou

$$\frac{y}{L} = \frac{X}{\Omega}(aU + bU^2).$$

Désignons, par J le rapport constant $\frac{y}{L}$ c'est-à-dire la charge par unité de longueur, on aura :

$$J = \frac{X}{\Omega}(aU + bU^2). \qquad (1)$$

Si la conduite est cylindrique, ce qui a lieu généralement et que son diamètre soit D ; on a :

$$X = \pi D$$

et

$$\Omega = \frac{\pi D^2}{4}$$

d'où :

$$\frac{X}{\Omega} = \frac{4}{D}$$

L'équation devient alors :

$$J = \frac{4}{D}(aU + bU^2)$$

que l'on écrit habituellement :

$$\frac{1}{4}DJ = (aU + bU^2)$$

ou bien

$$\frac{1}{4}DJ = b_1U^2$$

suivant que l'on se sert de la formule binôme ou de la formule monôme.

82. *Applications des formules précédentes.* — La formule simple :

$$\frac{1}{4}DJ = b_1U^2$$

permet de déterminer l'une des quantités D, J, U, lorsque les deux autres sont connues, mais, dans la plupart des cas, on a surtout à considérer le débit Q de la conduite qui est :

$$Q = \frac{1}{4}\pi D^2U.$$

Cette relation introduit dans les problèmes à résoudre une quatrième variable Q et une deuxième équation. ce qui revient à dire que dans les problèmes de cette nature, on a en général, deux équations entre quatre inconnues. De là six problèmes distincts dont deux surtout ont une grande importance ; ces six problèmes sont les suivants :

Données	Inconnues	Résultats	
DJ	UQ	$U = \frac{1}{2}\sqrt{\frac{DJ}{b_1}}$	$Q = \frac{1}{4}\pi D^2U$
QJ	DU	$D = \sqrt[5]{\frac{64b_1Q^2}{\pi^2J}}$	$U = 2\sqrt{\frac{Q}{\pi D^2}}$
UJ	DQ	$D = \frac{4b_1U^2}{J}$	$Q = \frac{1}{4}\pi D^2U$
UQ	DJ	$D = 2\sqrt{\frac{Q}{\pi U}}$	$J = \frac{4b_1U^2}{D}$
DU	QJ	$Q = \frac{1}{4}\pi D^2U$	$J = \frac{4b_1U^2}{D}$
DQ	UJ	$U = \frac{4Q}{\pi D^2}$	$J = \frac{4b_1U^2}{D}$

Les valeurs des inconnues se déduisent de la résolution immédiate des équations, excepté dans le second problème où il faut faire une élimination.

En portant dans la seconde équation la valeur :

$$U = 4\frac{Q}{\pi D^2}$$

tirée de la seconde, elle devient :

$$\frac{1}{4}DJ = b_1U^2 = b_1.16.\frac{Q^2}{\pi^2D^4}$$

d'où en résolvant par rapport à D :

$$D^5 = \frac{64b_1Q^2}{\pi^2J}.$$

Les deux premiers problèmes, sont ceux que l'on a le plus souvent à résoudre.

Dans le premier, étant donnée une conduite établie, dans laquelle on connaît par conséquent le diamètre et la pente, on détermine la vitesse et le débit. Le second permet de calculer les dimensions d'une conduite à établir lorsque l'on donne, soit le débit Q et sa pente J.

Problème.

83. *Quelle est la vitesse et le débit dans une conduite établie ?*

La formule $\frac{1}{4}DJ = b_1U^2$

donne $$U = \frac{1}{2}\sqrt{\frac{DJ}{b_1}}$$

Prenons pour b_1 la valeur moyenne donnée par Darcy, c'est-à-dire

$$b_1 = 0,000507 + \frac{0,00001294}{D}$$

il vient

$$U = \frac{1}{2}\sqrt{\frac{DJ}{0,000507 + \frac{0,00001294}{D}}}$$

ou $$U = 22,2D\sqrt{\frac{J}{D + 0,0255}}.$$

Cette expression simple ne peut être calculable par les logarithmes.

La vitesse U étant connue, le débit Q sera donné par la formule

$$Q = \frac{1}{4}\pi D^2U$$

Problème.

84. *Calculer le diamètre d'une conduite d'un débit donné?*

Prenons la formule

$$D = \sqrt[5]{\frac{64\, b_1 Q^2}{\pi^2 J}}$$

qu'on peut écrire

$$D = \sqrt[5]{\frac{64 b_1}{\pi^2}} \sqrt[5]{\frac{Q^2}{J}}.$$

Si on remplaçait b_1 par sa valeur, on introduirait ainsi le diamètre D dans le second membre; or, remarquons que pour deux valeurs extrêmes

$$D = 0{,}06, \quad \sqrt[5]{\frac{64\, b_1}{\pi^2}} = 0{,}3421$$

$$D = 1{,}00, \quad \sqrt[5]{\frac{64\, b_1}{\pi^2}} = 0{,}3206$$

On voit que toutes les valeurs du radical sont comprises entre deux nombres très rapprochés, dont la moyenne donnera une exactitude satisfaisante. Cette valeur est $0{,}33135 = \frac{1}{3}$; on obtient ainsi

$$D = \frac{1}{3} \sqrt[5]{\frac{Q^2}{J}}.$$

La vitesse U se calcule ensuite à l'aide de l'équation du débit.

85. Tables calculées. — Pour faciliter les calculs relatifs aux conduites cylindriques, on a construit des tables numériques qui sont d'un usage général et dont voici les dispositions :

1° *Tables de Prony.* — Ces tables, qui sont un peu hors d'usage, ne contiennent que deux colonnes renfermant les valeurs de U et de $^1/_4$ DJ. De Prony a calculé pour toutes les valeurs usuelles de U les valeurs correspondantes de $aU + bU^2$ ou $^1/_4$ DJ.

D'après cela, si l'on connaît D et J, on calcule $^1/_4$ DJ, on cherche dans la colonne correspondante la valeur trouvée et on a en regard la vitesse U.

Connaissant U, on a la dépense par la formule

$$Q = \frac{1}{4} \pi D^2 U$$

Ainsi, supposons une conduite de diamètre $D = 0{,}08$ et soit $J = 0{,}0038$

On a $\frac{1}{4}$ DJ $= 0{,}000075$

Cherchons cette valeur dans la table, donnée plus loin; en regard, nous trouvons

$$U = 0{,}44$$

D'où

$$Q = \frac{1}{4} \pi \times \overline{0{,}08}^2 \times 0{,}44$$

$$Q = 0^{m.c.}{,}002212$$

2° *Tables de Mary.* — Les tables de Mary comprenaient 15 diamètres différents de $0^m{,}06$ à $0^m{,}60$, et pour chacun d'eux les valeurs de Q comprises entre $0^{m.c.}{,}00032$ et $0^{m.c.}{,}26600$. Il se donnait, par conséquent D et Q, puis calculait, au moyen des équations, les valeurs correspondantes de U et J. Cela donne une table disposée ainsi :

D	Q = ...	U = ...	J = ...
	Q = ...	....	
	....	....	

Pour trouver la dépense Q relative à un diamètre et à une pente donnés, il suffit de chercher dans la table, la valeur de Q qui correspond aux valeurs simultanées de D et de J; la valeur de U se trouve en regard.

Pour le second problème, on cherche de même les valeurs simultanées des données Q et J et on lit immédiatement celles des inconnues D et U. Ces tables de Mary sont très commodes, mais elles ne tiennent pas compte de la variation du coefficient b_1.

Nous donnons plus loin un extrait des tables de cet auteur.

3° *Tables de Fourneyron.* — La table de de Fourneyron qui a le même défaut est surtout appropriée à la solution du deuxième problème.

Fourneyron a éliminé D entre les deux équations et a ainsi obtenu :

$$J^2 Q = 4\pi U (aU + bU^2)^2.$$

Puis, il a calculé toutes les valeurs du deuxième membre, correspondantes à U. Il a obtenu ainsi une table renfermant les valeurs de U et de $4\pi U (aU + bU^2)^2$.

Voici comment, à l'aide de ces tables qui se trouvent dans les comptes rendus de l'Académie des sciences, année 1843, on résout facilement le deuxième problème :

Q et J sont les quantités données;

J^2Q n'est autre que $4\pi U\,(aU + bU^2)^2$. On calcule cette valeur J^2Q ; on cherche ensuite à la table, et en regard de cette valeur on trouve U.

Connaissant U, on en déduit D de la formule

$$\frac{1}{4}\pi D^2 U = Q.$$

4° *Tables de M. Bresse.* — Les tables de M. Bresse, dont l'emploi doit être recommandé, comprennent toute la série des diamètres depuis $0^m,01$ jusqu'à $1^m,20$; pour les établir, il part des deux équations :

$$\frac{1}{4}DJ = b_1 U^2$$

et

$$\frac{1}{4}\pi^2 U = Q$$

Si on élimine U entre ces équations, on a

$$\frac{J}{Q^2} = \frac{64}{\pi^2 D^5} b_1$$

ou

$$\frac{J}{Q^2} = \frac{64}{\pi^2 D^5}\left(0{,}000507 + \frac{0.00001294}{D}\right)$$

et c'est cette valeur, calculée pour toute la série des diamètres, que M. Bresse a insérée dans sa table, avec les logarithmes et les différences.

La disposition de ces tables est la suivante :

D	$\frac{\pi D^2}{4}$	$1\,000\,b_1$	$\frac{J}{Q^2}$	$\log.\ \frac{J}{Q^2}$	DIFFÉRENCE des LOGARITHMES
......	......	... ..	......	....	....
......	......	......	......	....	....

Les deux problèmes principaux se résolvent, au moyen de cette table, avec une grande facilité.

1er Problème.

86. On donne D et J, et on veut calculer Q et U. On trouve à la table $\frac{J}{Q^2}$, d'où l'on déduit Q.

Pour avoir U, on prend la formule $\frac{1}{4}\pi D^2 U = Q$, en se servant du produit tout calculé $\frac{\pi D^2}{4}$, en regard de D, ce qui donne

$$U = \frac{Q}{\frac{1}{4}\pi D^2}.$$

2e Problème.

87. On veut calculer Q et U, connaissant D et J; on trouve dans la table le logarithme de $\frac{J}{Q^2}$ en regard de D, ce qui donne Q.

Pour avoir U, on suit la même méthode qu'au problème précédent.

88. *Comparaison des résultats obtenus avec les différentes tables.*

1er Cas. Supposons une charge faible et une grande dépense

$$Q = 0^{m.c.},220$$
$$J = 0{,}000163$$

On trouve, d'après M. Bresse D = $1^m,00$
— — Fourneyron D = 0,950

2e Cas. Supposons maintenant le contraire, c'est-à-dire une charge plus grande et une faible distance

$$Q = 0{,}000302$$
$$J = 0{,}2127$$

D'après Bresse, on trouve D = $0^m,200$
— Fourneyron, — D = 0 ,160.

3e Cas. Enfin supposons une dépense et une charge moyennes

$$Q = 0{,}006283$$
$$J = 0{,}01649$$

M. Bresse trouve D = $0^m,100$
M. Fourneyron — D = 0 ,089.

89. MOUVEMENT DE L'EAU DANS LES TUYAUX

TABLE DE PRONY

donnant la valeur de $\frac{1}{4}$ DJ

$$\left(\text{formule } au + bu^2 = \frac{1}{4}\text{ DJ}\right).$$

VITESSES MOYENNES $= u$	VALEURS correspondant à celles de u de $\frac{1}{4}$ de DJ dans les tuyaux	VITESSES MOYENNES $= u$	VALEURS correspondant à celles de u de $\frac{1}{4}$ de DJ dans les tuyaux	VITESSES MOYENNES $= u$	VALEURS correspondant à celles de u de $\frac{1}{4}$ de DJ dans les tuyaux	VITESSES MOYENNES $= u$	VALEURS correspondant à celles de u de $\frac{1}{4}$ de DJ dans les tuyaux	VITESSES MOYENNES $= u$	VALEURS correspondant à celles de u de $\frac{1}{4}$ de DJ dans les tuyaux
0.01	0.0000002	0.61	0.0001402	1.21	0.0005303	1.81	0.0011723	2.41	0.0020645
0.02	0.0000005	0.62	0.0001446	1.22	0.0005395	1.82	0.0011851	2.42	0.0020815
0.03	0.0000008	0.63	0.0001491	1.23	0.0005482	1.83	0.0011980	2.43	0.0020985
0.04	0.0000013	0.64	0.0001537	1.24	0.0005570	1.84	0.0012110	2.44	0.0021157
0.05	0.0000017	0.65	0.0001584	1.25	0.0005658	1.85	0.0012240	2.45	0.0021329
0.06	0.0000023	0.66	0.0001631	1.26	0.0005747	1.86	0.0012371	2.46	0.0021502
0.07	0.0000029	0.67	0.0001679	1.27	0.0005837	1.87	0.0012502	2.47	0.0021675
0.08	0.0000036	0.68	0.0001728	1.28	0.0005928	1.88	0.0012635	2.48	0.0021849
0.09	0.0000044	0.69	0.0001778	1.29	0.0006019	1.89	0.0012768	2.49	0.0022024
0.10	0.0000052	0.70	0.0001828	1.30	0.0006111	1.90	0.0012901	2.50	0.0022199
0.11	0.0000061	0.71	0.0001879	1.31	0.0006204	1.91	0.0013036	2.51	0.0022376
0.12	0.0000071	0.72	0.0001930	1.32	0.0006297	1.92	0.0013171	2.52	0.0022553
0.13	0.0000081	0.73	0.0001982	1.33	0.0006391	1.93	0.0013307	2.53	0.0022730
0.14	0.0000093	0.74	0.0002035	1.34	0.0006486	1.94	0.0013443	2.54	0.0022908
0.15	0.0000104	0.75	0.0002989	1.35	0.0006581	1.95	0.0013581	2.55	0.0023087
0.16	0.0000117	0.76	0.0002143	1.36	0.0006677	1.96	0.0013718	2.56	0.0023267
0.17	0.0000130	0.77	0.0002108	1.37	0.0006774	1.97	0.0013857	2.57	0.0023443
0.18	0.0000144	0.78	0.0002254	1.38	0.0006871	1.98	0.0013996	2.58	0.0023629
0.19	0.0000159	0.79	0.0002310	1.39	0.0006970	1.99	0.0014136	2.59	0.0023810
0.20	0.0000174	0.80	0.0002368	1.40	0.0007069	2.00	0.0014277	2.60	0.0023993
0.21	0.0000190	0.81	0.0002425	1.41	0.0007168	2.01	0.0014418	2.61	0.0024176
0.22	0.0000207	0.82	0.0002484	1.42	0.0007268	2.02	0.0014560	2.62	0.0024360
0.23	0.0000224	0.83	0.0002543	1.43	0.0007369	2.03	0.0014703	2.63	0.0024545
0.24	0.0000242	0.84	0.0002603	1.44	0.0007471	2.04	0.0014847	2.64	0.0024730
0.25	0.0000261	0.85	0.0002663	1.45	0.0007573	2.05	0.0014991	2.65	0.0024916
0.26	0.0000280	0.86	0.0002725	1.46	0.0007677	2.06	0.0015136	2.66	0.0025102
0.27	0.0000301	0.87	0.0002787	1.47	0.0007780	2.07	0.0015281	2.67	0.0025290
0.28	0.0000322	0.88	0.0002849	1.48	0.0007885	2.08	0.0015428	2.68	0.0025478
0.29	0.0000343	0.89	0.0002913	1.49	0.0007990	2.09	0.0015575	2.69	0.0025667
0.30	0.0000365	0.90	0.0002977	1.50	0.0008096	2.10	0.0015722	2.70	0.0025856
0.31	0.0000388	0.91	0.0003042	1.51	0.0008202	2.11	0.0015871	2.71	0.0026046
0.32	0.0000412	0.92	0.0003107	1.52	0.0008310	2.12	0.0016020	2.72	0.0026237
0.33	0.0000436	0.93	0.0003173	1.53	0.0008418	2.13	0.0016169	2.73	0.0026429
0.34	0.0000462	0.94	0.0003240	1.54	0.0008526	2.14	0.0016320	2.74	0.0026621
0.35	0.0000487	0.95	0.0003308	1.55	0.0008636	2.15	0.0016471	2.75	0.0026814
0.36	0.0000514	0.96	0.0003376	1.56	0.0008746	2.16	0.0016623	2.76	0.0027007
0.37	0.0000541	0.97	0.0003445	1.57	0.0008856	2.17	0.0016775	2.77	0.0027202
0.38	0.0000569	0.98	0.0003515	1.58	0.0008968	2.18	0.0016928	2.78	0.0027397
0.39	0.0000597	0.99	0.0003585	1.59	0.0009080	2.19	0.0017082	2.79	0.0027592
0.40	0.0000627	1.00	0.0003656	1.60	0.0009193	2.20	0.0017237	2.80	0.0027789
0.41	0.0000656	1.01	0.0003728	1.61	0.0009306	2.21	0.0017392	2.81	0.0027986
0.42	0.0000687	1.02	0.0003800	1.62	0.0009420	2.22	0.0017548	2.82	0.0028184
0.43	0.0000718	1.03	0.0003873	1.63	0.0009535	2.23	0.0017705	2.83	0.0028382
0.44	0.0000750	1.04	0.0003947	1.64	0.0009651	2.24	0.0017862	2.84	0.0028581
0.45	0.0000783	1.05	0.0004022	1.65	0.0009767	2.25	0.0018021	2.85	0.0028781
0.46	0.0000817	1.06	0.0004097	1.66	0.0009884	2.26	0.0018179	2.86	0.0028982
0.47	0.0000851	1.07	0.0004173	1.67	0.0010002	2.27	0.0018339	2.87	0.0029183
0.48	0.0000886	1.08	0.0004249	1.68	0.0010120	2.28	0.0018499	2.88	0.0029385
0.49	0.0000921	1.09	0.0004327	1.69	0.0010240	2.29	0.0018660	2.89	0.0029588
0.50	0.0000957	1.10	0.0004405	1.70	0.0010359	2.30	0.0018822	2.90	0.0029791
0.51	0.0000994	1.11	0.0004483	1.71	0.0010480	2.31	0.0018984	2.91	0.0029995
0.52	0.0001032	1.12	0.0004563	1.72	0.0010601	2.32	0.0019147	2.92	0.0030200
0.53	0.0001070	1.13	0.0004543	1.73	0.0010723	2.33	0.0019310	2.93	0.0030405
0.54	0.0001109	1.14	0.0004724	1.74	0.0010845	2.34	0.0019475	2.94	0.0030612
0.55	0.0001149	1.15	0.0004805	1.75	0.0010969	2.35	0.0019640	2.95	0.0030819
0.56	0.0001189	1.16	0.0004887	1.76	0.0011093	2.36	0.0019806	2.96	0.0031026
0.57	0.0001230	1.17	0.0004970	1.77	0.0011217	2.37	0.0019972	2.97	0.0031234
0.58	0.0001272	1.18	0.0005054	1.78	0.0011343	2.38	0.0020139	2.98	0.0031443
0.59	0.0001315	1.19	0.0005138	1.79	0.0011469	2.39	0.0020307	2.99	0.0031653
0.60	0.0001358	1.20	0.0005223	1.80	0.0011596	2.40	0.0020476	3.00	0.0031363

Établissant les relations entre les volumes écou[ler]

CHARGES EMPLOYÉES ET VITESSES

VOLUMES À ÉCOULER EXPRIMÉS EN MÈTRES CUBES par seconde	Diamètre 0m,060 Section 0mq,00283		Diamètre 0m,080 Section 0mq,005126		Diamètre 0m,081 Section 0mq,00515		Diamètre 0m,100 Section 0mq,00754		Diamètre 0m,108 Section 0mq,00916		Diamètre 0m,125 Section 0mq,01227		Diamètre 0m,135 Section 0mq,01431	
	Charge	Vitesse	Charge	Vitesse	Charge	Vitesse	Charge	Vitesse	Charge	Vitesse	Charge	Vitesse	Charge	Vitesse
0.0001333	0.0001053	0.04709	»	»	»	»	»	»	»	»	»	»	»	»
0.0001666	0.0001333	0.05494	»	»	»	»	»	»	»	»	»	»	»	»
0.0001774	0.0001653	0.06279	»	»	»	»	»	»	»	»	»	»	»	»
0.0002000	0.0001980	0.07067	»	»	»	»	»	»	»	»	»	»	»	»
0.00022217	0.0002306	0.07855	0.000065	0.0441	»	»	»	»	»	»	»	»	»	»
0.00033326	0.000460	0.11779	0.000110	0.0662	0.0001	0.06496	»	»	»	»	»	»	»	»
0.00044434	0.0007540	0.15703	0.000210	0.0884	0.00020543	0.08661	»	»	»	»	»	»	»	»
0.00055543	0.0011200	0.19627	0.000305	0.110	0.00029234	0.10826	0.000116	0.07072	»	»	»	»	»	»
0.00066651	0.0015533	0.23551	0.000425	0.132	0.00040000	0.12991	0.00016	0.0848	0.00011518	0.07276	»	»	»	»
0.00077760	0.0020766	0.27475	0.00055	0.154	0.00052641	0.15156	0.00025	0.0990	0.00013629	0.08489	»	»	»	»
0.00088868	0.0026506	0.31399	0.000685	0.175	0.00066271	0.17321	0.000274	0.0117	0.00018370	0.09702	0.000095	0.0717	»	»
0.00099977	0.0033006	0.35323	0.000855	0.198	0.00082222	0.19486	0.000312	0.126	0.00022592	0.10915	0.000118	0.0814	»	»
0.00111085	0.0040200	0.39247	0.001045	0.221	0.00099703	0.21651	0.000376	0.141	0.00026666	0.12128	0.00014	0.0900	0.00010251	0.07762
0.00122194	0.0048293	0.43171	0.00123	0.243	0.00117728	0.23816	0.000442	0.155	0.00031333	0.13341	0.000166	0.099	0.00011851	0.08539
0.00133302	0.0056966	0.47102	0.001452	0.2652	0.00138271	0.25984	0.00052	0.1697	0.00036481	0.14552	0.00018	0.1086	0.00013748	0.09315
0.00144411	0.0066266	0.50970	0.00168	0.2873	0.00160049	0.28149	0.000596	0.1838	0.00042370	0.15765	0.00022	0.1176	0.00015674	0.10091
0.00155539	0.0076066	0.54838	0.00197	0.3093	0.00183654	0.30314	0.000684	0.1980	0100048148	0.16978	0.00024	0.1267	0.00017807	0.10869
0.00166648	0.0086806	0.58706	0.00220	0.3315	0.00209382	0.32479	0.000773	0.2121	0.0005444	0.18191	0.000281	0.1358	0.00019851	0.11644
0.00177742	0.0098200	0.62574	0.00248	0.3536	0.00235550	0.34644	0.000868	0.2263	0.00061111	0.19404	0.000313	0.1448	0.00022222	0.12421
0.00188851	0.0110013	0.66442	0.00278	0.3757	0.00264493	0.36809	0.001004	0.2405	0.00068000	0.20617	0.000345	0.1538	0.00024711	0.13197
0.00199953	0.0122886	0.70310	0.00313	0.3978	0.00294814	0.38974	0.001076	0.2545	0.0005407	0.21830	0.000384	0.1630	0.00027555	0.13973
0.00211062	0.0136386	0.74178	0.00343	0.4199	0.00325481	0.41139	0.001184	0.2687	0.00082963	0.23043	0.000422	0.1719	0.00029837	0.14749
0.0022217	0.015026	0.78050	0.00378	0.4420	0.0035930	0.43308	0.001300	0.2828	0.0009107	0.24234	0.000454	0.1810	0.0003274	0.15525
0.00244387	0.0183320	0.86356	0.00458	0.4861	0.00430617	0.47639	0.001553	0.3111	0.00109148	0.26680	0.000550	0.1991	0.00038933	0.17078
0.00267	0.0219173	0.94664	0.00587	0.5312	0.00509629	0.52046	0.001844	0.3399	0.00127962	0.29148	0.000646	0.2175	0.00045333	0.18658
0.002889	0.025378	1.0208	0.00675	0.5748	0.005932	0.5631	0.002140	0.3678	0.0014814	0.3153	0.000745	0.2354	0.0005250	0.2019
0.0031103	0.029914	1.0993	0.00775	0.6188	0.006836	0.6064	0.002260	0.3960	0.0017851	0.3396	0.000854	0.2534	0.0006014	0.2174
0.003333	0.033581	1.1777	0.00877	0.6631	0.007815	0.6497	0.002800	0.4243	0.001944	0.3639	0.000972	0.2715	0.0006785	0.2328
0.003555	0.038076	1.2563	0.00987	0.7073	0.008746	0.6930	0.003164	0.4526	0.002190	0.3881	0.001094	0.2897	0.0007644	0.2484
0.003777	0.042923	1.3346	0.01097	0.7514	0.009944	0.7362	0.003556	0.4809	0.002444	0.4115	0.001222	0.3077	0.0008420	0.2618
0.003999	0.047980	1.4131	0.01175	0.7955	0.011103	0.7795	0.003960	0.5091	0.002741	0.4366	0.001363	0.3259	0.0009419	0.2794
0.004221	0.053126	1.4880	0.01305	0.8398	0.012354	0.8228	0.004396	0.5375	0.003038	0.4608	0.001507	0.3439	0.0010423	0.2945
0.004443	0.059040	1.5700	0.01436	0.8838	0.013639	0.8660	0.004844	0.5655	0.003348	0.4850	0.001660	0.3619	0.0011555	0.3109
0.004663	0.064958	1.6477	0.01578	0.9277	0.014990	0.9090	0.005356	0.5937	0.003667	0.5091	0.001827	0.3800	0.0012338	0.3259
0.004888	0.071242	1.7272	0.01786	0.9725	0.016436	0.9528	0.005824	0.6224	0.004006	0.5336	0.001987	0.3983	0.0013887	0.3416
0.005110	0.077910	1.8057	0.01900	1.020	0.017914	0.9961	0.006448	0.6506	0.004411	0.5579	0.002160	0.4164	0.0014989	0.3571
0.005332	0.084585	1.8441	0.02048	1.060	0.019451	1.03904	0.006888	0.6788	0.004742	0.5821	0.002343	0.4346	0.0016242	0.3726
0.005554	0.091638	1.9625	0.02204	1.105	0.021061	1.08206	0.007454	0.7071	0.005127	0.6063	0.002531	0.4526	0.0017540	0.3881
0.005776	0.099076	2.0410	0.02406	1.149	0.022773	1.1259	0.008040	0.7354	0.005539	0.6307	0.002800	0.4707	0.0018971	0.4036
0.005999	0.106800	2.1198	0.02570	1.193	0.024461	1.1680	0.008652	0.7638	0.005951	0.6549	0.003017	0.4888	0.0020263	0.4192
0.006221	0.114810	2.1986	0.02744	1.237	0.026344	1.2126	0.009284	0.7920	0.006382	0.6791	0.003142	0.5069	0.0021451	0.4347
0.006443	0.123006	2.2767	0.02964	1.281	0.028204	1.2559	0.009608	0.8016	0.006827	0.7034	0.003363	0.5250	0.0023201	0.4502
0.006665	0.13150	2.3551	0.03151	1.326	0.030143	1.2992	0.010616	0.8486	0.007304	0.7276	0.003587	0.5431	0.0024800	0.4658
0.006887	0.140358	2.4336	0.03387	1.370	0.032121	1.3425	0.011316	0.8768	0.007777	0.7518	0.003817	0.5612	0.0026355	0.4813
0.007109	0.149055	2.5088	0.03586	1.414	0.034224	1.3857	0.012040	0.9051	0.008266	0.7761	0.004060	0.5793	0.0028028	0.4968
0.007331	0.157888	2.5334	0.03790	1.458	0.036240	1.4271	0.012780	0.9333	0.008770	0.8000	0.004307	0.5974	0.0029677	0.5122
0.007554	0.168725	2.6710	0.04049	1.502	0.038523	1.4723	0.013552	0.9618	0.009309	0.8247	0.004563	0.6155	0.0031477	0.5279
0.007775	0.178602	2.7481	0.04266	1.546	0.040800	1.5156	0.014336	0.9899	0.009837	0.8488	0.004822	0.6336	0.0033244	0.5433
0.007998	0.188685	2.8262	0.04540	1.591	0.043135	1.5591	0.015200	1.020	0.010391	0.8731	0.005091	0.6517	0.0035111	0.5589
0.008220	0.199286	2.9046	0.04770	1.635	0.045509	1.6023	0.015804	1.046	0.010954	0.8974	0.005369	0.6698	0.0036942	0.5744
0.008443	0.210460	2.9859	0.05001	1.679	0.048002	1.6459	0.016704	1.075	0.011556	0.9217	0.005657	0.6880	0.0038963	0.5900
0.008666	»	»	0.05302	1.724	0.050509	1.6892	0.017628	1.103	0.012151	0.9461	0.005948	0.7062	0.0041048	0.6055
0.008887	»	»	0.05551	1.768	0.052874	1.7323	0.018572	1.131	0.012704	0.9702	0.006243	0.7242	0.004281	0.6210
0.009109	»	»	0.05862	1.812	0.055766	1.7756	0.019248	1.159	0.013382	0.9944	0.006550	0.7423	0.0044995	0.6365
0.009331	»	»	0.06123	1.856	0.058460	1.8189	0.020240	1.188	0.014047	1.0186	0.006928	0.7604	0.0047213	0.6521
0.009553	»	»	0.06453	1.904	0.061221	1.8622	0.021260	1.217	0.014702	1.0429	0.007184	0.7785	0.0049463	0.6676
0.009776	»	»	0.06773	1.943	0.063975	1.9045	0.022288	1.243	0.015371	1.0672	0.007497	0.7958	0.0051647	0.6832
0.009998	»	»	0.07004	1.989	0.067027	1.9489	0.023356	1.273	0.016037	1.0915	0.007849	0.8148	0.0053925	0.6988
0.010220	»	»	0.07353	2.033	0.069947	1.9922	0.024444	1.301	0.016777	1.1157	0.008387	0.8330	0.0056281	0.7142
0.010442	»	»	0.07640	2.077	0.072962	2.0335	0.025220	1.329	0.017496	1.1400	0.008502	0.8490	0.0058726	0.7297
0.010664	»	»	0.08014	2.126	0.076115	2.0787	0.026348	1.357	0.018222	1.1642	0.008736	0.8690	0.006112	0.7452
0.010886	»	»	0.08312	2.161	0.079258	2.1220	0.027504	1.386	0.018967	1.1885	0.009260	0.8871	0.0063659	0.7607
0.011109	»	»	0.08696	2.210	0.082493	2.1654	0.028688	1.414	0.019741	1.2128	0.009635	0.9053	0.0066162	0.7763
0.011331	»	»	6.09014	2.255	0.085810	2.2088	0.029896	1.443	0.020532	1.2370	0.009960	0.9233	0.0068788	0.7918
0.011553	»	»	0.09334	2.298	0.0891491	2.2521	0.031120	1.470	0.0213185	1.2613	0.010396	0.9414	0.0071345	0.8073
0.011775	»	»	0.09739	2.342	0.0925481	2.2953	0.031996	1.499	0.0221241	1.2855	0.010790	0.9595	0.0074124	0.8228
0.011997	»	»	0.10072	2.384	0.0960913	2.3386	0.033264	1.526	0.0229777	1.3097	0.011174	0.9768	0.0076918	0.8384
0.012219	»	»	0.10493	2.431	0.099610	2.3819	0.034564	1.555	0.023807	1.3339	0.011600	0.9357	0.007963	0.8539
0.012441	»	»	8.10840	2.475	0.1032000	2.4251	0.035848	1.584	0.0246585	1.3582	0.012160	1.020	0.0082480	0.8694
0.012664	»	»	0.11185	2.519	0.1069516	2.4686	0.037232	1.612	0.0255215	1.3825	0.012293	1.031	0.0085363	0.8850
0.012886	»	»	0.11634	2.561	0.1106736	2.5119	0.038180	1.639	0.0264381	1.4068	0.012649	1.049	0.0088207	0.9005
0.013108	»	»	0.12003	2.608	0.1144543	2.5552	0.039572	1.668	0.0273681	1.4319	0.013129	1.068	0.0092074	0.9160
0.013330	»	»	0.12459	2.652	0.119341	2.5984	0.040992	1.697	0.0281481	1.4552	0.013619	1.087	0.009431	0.9315
0.013552	»	»	0.12836	2.694	0.1223071	2.6417	0.042424	1.724	0.0291648	1.4795	0.014102	1.103	0.0097410	0.9471
0.013774	»	»	0.13310	2.740	0.126284	2.6850	0.043896	1.753	0.0301422	1.5037	0.014614	1.123	0.0100439	0.9625
0.013997	»	»	0.13702	2.785	0.1303240	2.7284	0.045388	1.783	0.0310977	1.5281	0.015120	1.141	0.0103733	0.9781
0.014219	»	»	0.14047	2.829	0.1345234	2.7717	0.046892	1.810	0.0320666	1.5523	0.015404	1.158	0.010722	0.9936
0.014441	»	»	0.14594	2.873	0.138666	2.8151	0.047960	1.838	0.0330700	1.5765	0.015926	1.176	0.011028	1.0092
0.014663	»	»	0.15005	2.918	0.1429219	2.8583	0.049520	1.867	0.0340900	1.6008	0.016454	1.195	0.0113674	1.0247
0.014885	»	»	0.15514	2.961	0.1473175	2.9016	0.051096	1.895	0.0351019	1.6250	0.016995	1.213	0.0116942	1.0402
0.015108	»	»	»	»	0.1521753	2.9450	0.052704	1.924	0.0361311	1.6493	0.017542	1.231	0.0120504	1.0558
0.015330	»	»	»	»	0.1561037	2.9883	0.054334	1.951	0.0372192	1.6736	0.017843	1.249	0.0123869	1.0713
0.015552	»	»	»	»	»	»	0.055984	1.980	0.038270	1.6978	0.018697	1.267	0.012751	1.0868
0.015774	»	»	»	»	»	»	0.057152	2.008	0.0393533	1.7221	0.018985	1.286	0.0131277	1.1023
0.015996	»	»	»	»	»	»	0.058816	2.031	0.0404422	1.7463	0.019558	1.301	0.013442	1.1178
0.016218	»	»	»	»	»	»	0.060564	2.064	0.0415444	1.7705	0.020156	1.322	0.0138587	1.1833
0.016441	»	»	»	»	»	»	0.062316	2.093	0.0427129	1.7948	0.020755	1.340	0.0142130	1.1689

…, la **charge** *par mètre linéaire et la* **vitesse.**

…PRODUITES DANS DES DIAMÈTRES DE :

Diamètre 0m,150 Section 0mq,01767		Diamètre 0m,162 Section 0mq,02061		Diamètre 0m,190 Section 0mq,02836		Diamètre 0m,200 Section 0mq,03141		Diamètre 0m,216 Section 0mq,03664		Diamètre 0m,250 Section 0mq,04909		Diamètre 0m,300 Section 0mq,07068		Diamètre 0m,320 Section 0mq,08042	
Charge	Vitesse	Charge	Vitesse	Charge	Vitesse	Charge	Vitesse	Charge	Vitesse	Charge	Vitesse	Charge	Vitesse	Charge	Vitesse
»	»	»	»	»	»	»	»	»	»	»	»	»	»	»	»	»	»
»	»	»	»	»	»	»	»	»	»	»	»	»	»	»	»	»	»
»	»	»	»	»	»	»	»	»	»	»	»	»	»	»	»	»	»
»	»	»	»	»	»	»	»	»	»	»	»	»	»	»	»	»	»
»	»	»	»	»	»	»	»	»	»	»	»	»	»	»	»	»	»
»	»	»	»	»	»	»	»	»	»	»	»	»	»	»	»	»	»
»	»	»	»	»	»	»	»	»	»	»	»	»	»	»	»	»	»
»	»	»	»	»	»	»	»	»	»	»	»	»	»	»	»	»	»
»	»	»	»	»	»	»	»	»	»	»	»	»	»	»	»	»	»
»	»	»	»	»	»	»	»	»	»	»	»	»	»	»	»	»	»
»	»	»	»	»	»	»	»	»	»	»	»	»	»	»	»	»	»
»	»	»	»	»	»	»	»	»	»	»	»	»	»	»	»	»	»
»	»	»	»	»	»	»	»	»	»	»	»	»	»	»	»	»	»
»	»	»	»	»	»	»	»	»	»	»	»	»	»	»	»	»	»
»	»	»	»	»	»	»	»	»	»	»	»	»	»	»	»	»	»
»	»	»	»	»	»	»	»	»	»	»	»	»	»	»	»	»	»
0.0001105	0.0943	»	»	»	»	»	»	»	»	»	»	»	»	»	»	»	»
0.0001407	0.1060	0.00010074	0.08623	»	»	»	»	»	»	»	»	»	»	»	»	»	»
0.0001903	0.1068	0.00011259	0.09162	»	»	»	»	»	»	»	»	»	»	»	»	»	»
0.0002103	0.1131	0.00012246	0.09701	»	»	»	»	»	»	»	»	»	»	»	»	»	»
0.0002303	0.1194	0.00013283	0.10240	»	»	»	»	»	»	»	»	»	»	»	»	»	»
0.0002503	0.1257	0.00014617	0.10779	»	»	»	»	»	»	»	»	»	»	»	»	»	»
0.0003000	0.1382	0.00017283	0.11857	»	»	»	»	»	»	»	»	»	»	»	»	»	»
0.0003500	0.1511	0.00019753	0.12955	0.0009936	0.09415	»	»	»	»	»	»	»	»	»	»	»	»
0.0004010	0.1634	0.0002296	0.1401	0.0001133	0.1018	»	»	»	»	»	»	»	»	»	»	»	»
0.000460	0.1760	0.0002592	0.1500	0.0001284	0.1097	»	»	»	»	»	»	»	»	»	»	»	»
0.0005200	0.1886	0.0002938	0.1617	0.0001453	0.1176	»	»	»	»	»	»	»	»	»	»	»	»
0.0005803	0.2011	0.0003296	0.1725	0.0001605	0.1254	0.0001030	0.1131	»	»	»	»	»	»	»	»	»	»
0.0006503	0.2137	0.00036666	0.1833	0.0001781	0.1332	0.0001108	0.1202	0.0001013	0.1031	»	»	»	»	»	»	»	»
0.0007203	0.2263	0.0004259	0.1990	0.0001981	0.1410	0.0001200	0.1272	0.0001113	0.1092	»	»	»	»	»	»	»	»
0.0007906	0.2388	0.0004494	0.2048	0.0002164	0.1488	0.0001306	0.1343	0.0001222	0.1152	»	»	»	»	»	»	»	»
0.0008707	0.2513	0.0004938	0.2156	0.0002379	0.1567	0.0001506	0.1413	0.0001333	0.1213	»	»	»	»	»	»	»	»
0.0009506	0.2638	0.0005363	0.2262	0.0002573	0.1644	0.0001804	0.1484	0.0001444	0.1273	»	»	»	»	»	»	»	»
0.0010406	0.2766	0.0005841	0.2372	0.0002706	0.1723	0.0002202	0.1555	0.0001544	0.1335	»	»	»	»	»	»	»	»
0.0011406	0.2891	0.0006350	0.2479	0.0003032	0.1800	0.0002400	0.1626	0.0001722	0.1395	»	»	»	»	»	»	»	»
0.0012306	0.3017	0.0006852	0.2587	0.0003284	0.1880	0.0002508	0.1697	0.0001833	0.1455	»	»	»	»	»	»	»	»
0.0013268	0.3143	0.0007407	0.2695	0.0003537	0.1958	0.0002708	0.1768	0.0001944	0.1510	»	»	»	»	»	»	»	»
0.0014206	0.3268	0.0007950	0.2803	0.0003806	0.2036	0.0002908	0.1838	0.0002118	0.1576	0.0001048	0.1176	»	»	»	»	»	»
0.0015300	0.339	0.0008523	0.2911	0.0004036	0.2115	0.0003200	0.1909	0.0002263	0.1637	0.0001176	0.1222	»	»	»	»	»	»
0.0016400	0.3520	0.0009126	0.3018	0.0004322	0.2194	0.0003402	0.1980	0.0002407	0.1697	0.0001242	0.1267	»	»	»	»	»	»
0.0017503	0.364	0.0009758	0.3126	0.0004608	0.2272	0.0003604	0.2050	0.0002563	0.1758	0.0001315	0.1312	»	»	»	»	»	»
0.0018806	0.3771	0.0010370	0.3234	0.0004905	0.2350	0.0003806	0.2121	0.0002777	0.1819	0.0001403	0.1358	»	»	»	»	»	»
0.0019806	0.389	0.0011022	0.3342	0.0005215	0.2428	0.0004100	0.2192	0.0002888	0.1880	0.0001448	0.1403	»	»	»	»	»	»
0.0021900	0.402	0.0011716	0.3449	0.0005522	0.2507	0.0004304	0.2262	0.0003051	0.1940	0.0001576	0.1448	»	»	»	»	»	»
0.0022906	0.414	0.0012425	0.3557	0.0005815	0.2585	0.0004690	0.2334	0.0003222	0.2000	0.0001648	0.1492	»	»	»	»	»	»
0.0023603	0.4274	0.00013158	0.3663	0.0006160	0.2663	0.0005020	0.2405	0.0003400	0.2061	0.0001744	0.1539	»	»	»	»	»	»
0.002490	0.4399	0.0013975	0.3787	0.0006484	0.2741	0.0005120	0.2474	0.0003593	0.2122	0.0001840	0.1584	»	»	»	»	»	»
0.0026306	0.4526	0.0014602	0.3881	0.0006867	0.2820	0.0005308	0.2545	0.0003770	0.2182	0.0001940	0.1629	»	»	»	»	»	»
0.0027800	0.4651	0.0015407	0.3988	0.0007221	0.2898	0.0005606	0.2616	0.0003959	0.2243	0.0002043	0.1674	»	»	»	»	»	»
0.0028900	0.4777	0.0016197	0.4097	0.0007600	0.2977	0.0005906	0.2687	0.0004148	0.2304	0.0002128	0.1719	»	»	»	»	»	»
0.0031106	0.4904	0.0016963	0.4204	0.0007975	0.3056	0.0006206	0.2758	0.0004348	0.2365	0.0002216	0.1765	»	»	»	»	»	»
0.0031203	0.5029	0.0017807	0.4312	0.0008316	0.3134	0.0006554	0.2828	0.0004541	0.2425	0.0002304	0.1810	0.0001013	0.1258	»	»	»	»
0.0033706	0.5154	0.0018681	0.4420	0.0008724	0.3212	0.0006804	0.2899	0.0004798	0.2486	0.0002528	0.1896	0.0001067	0.1289	»	»	»	»
0.0035400	0.5280	0.0019585	0.4527	0.0009128	0.3290	0.0007100	0.2970	0.0005009	0.2547	0.0002541	0.1902	0.0001112	9.1321	»	»	»	»
0.0037700	0.5406	0.0020425	0.4635	0.0009562	0.3368	0.0007408	0.3040	0.0005224	0.2607	0.0002656	0.1946	0.0001160	0-1352	»	»	»	»
0.0038903	0.5526	0.0021358	0.4743	0.0009989	0.3447	0.0007708	0.3108	0.0005457	0.2668	0.0002768	0.1994	0.0001208	0.1384	»	»	»	»
0.0040400	0.5657	0.0022543	0.4852	0.0010400	0.3525	0.0008104	0.3182	0.0005685	0.2729	0.0002880	0.2038	0.0001266	0.1415	»	»	»	»
0.0042103	0.5783	0.0023274	0.4959	0.0010821	0.3604	0.0008408	0.3253	0.0005924	0.2789	0.0902960	0.2082	0.0001328	0.1446	»	»	»	»
0.004390	0.5909	0.0024269	0.5066	0.0011276	0.3682	0.0008802	0.3323	0.0006157	0.2850	0.0003120	0.2117	0.0001357	0.1478	»	»	»	»
0.004570	0.6034	0.0025246	0.5174	0.001174	0.3760	0.0009200	0.3394	0.0006392	0.2913	0.0003232	0.2172	0.0.01404	0.1509	0.0001026	0.1325		
0.004760	0.6160	0.0026232	0.5282	0.0012215	0.3838	0.0009506	0.3465	0.0006637	0.2971	0.0003376	0.2217	0.0001455	0.1541	0.0001707	0.1353		
0.0049406	0.6286	0.0027283	0.5390	0.0012683	0.3917	0.0009802	0.3536	0.0006888	0.3032	0.0003472	0.2263	0.0001506	0.1572	0.0081130	0.1380		
0.0051103	0.6413	0.0028373	0.5498	0.0013200	0.3996	0.0010303	0.3606	0.0007142	0.3092	0.0003616	0.2308	0.0001560	0.1604	0.0001158	0.1408		
0.0053306	0.6537	0.0029459	0.5606	0.0013627	0.4073	0.0010608	0.3677	0.0007407	0.3155	0.0003728	0.2533	0.0001612	0.1635	0.0001203	0.1435		
0.0055306	0.6663	0.0030577	0.5718	0.0014137	0.4152	0.0011080	0.3748	0.0007674	0.3214	0.0003872	0.2399	0.0001681	0.1666	0.0001245	0.1463		
0.0057300	0.6783	0.00316198	0.5821	0.0014658	0.4230	0.0011406	0.3815	0.0007941	0.3274	0.0004016	0.2446	0.0001733	0.1698	0.0001286	0.1491		
0.0059500	0.6914	0.003276	0.5928	0.0015179	0.4309	0.0011806	0.3889	0.0008243	0.3335	0.0004176	0.2501	0.0001787	0.1729	0.0001309	0.1518		
0.0061600	0.7040	0.003426	0.6036	0.0015701	0.4387	0.0012300	0.3960	0.0008531	0.3395	0.0004272	0.2534	0.0018453	0.1761	0.0001360	0.1546		
0.0063703	0.7166	0.0035101	0.6145	0.0016206	0.4465	0.0012700	0.4031	0.0008833	0.3456	0.0004416	0.2580	0.0001901	0.1792	0.0001414	0.1573		
0.0065800	0.7286	0.0036259	0.6252	0.0016770	0.4544	0.0013100	0.4098	0.0009118	0.3516	0.0004560	0.2625	0.0001960	0.1824	0.0001462	0.1601		
0.0068103	0.7417	0.0037496	0.6360	0.0017343	0.4622	0.0013506	0.4172	0.0009418	0.3577	0.0004720	0.2670	0.0002020	0.1855	0.0001511	0.1629		
0.0070403	0.7545	0.003874	0.6468	0.0017916	0.4700	0.0014000	0.424	0.0009704	0.3638	0.0004864	0.2715	0.0002092	0.1886	0.0001550	0.1656		
0.0072500	0.7663	0.0039923	0.6575	0.0018505	0.4778	0.0014402	0.4310	0.0010018	0.3699	0.0005024	0.2761	0.0002160	0.1917	0.0001592	0.1684		
0.0075000	0.7794	0.0041219	0.6683	0.0019094	0.4857	0.0014808	0.4384	0.0010329	0.3759	0.0005168	0.2806	0.0002220	0.1949	0.0001642	0.1781		
0.0077400	0.7922	0.0042666	0.6796	0.0019617	0.4935	0.0015300	0.4456	0.0010641	0.3820	0.0005328	0.2851	0.0002280	0.1981	0.0001695	0.1739		
0.0079300	0.8046	0.0043900	0.6899	0.0020258	0.5014	0.0015802	0.4526	0.0010958	0.3881	0.0005488	0.2899	0.0002341	0.2012	0.0001747	0.1767		
0.0082200	0.8171	0.004523	0.7007	0.0020863	0.5092	0.0016300	0.4596	0.0011283	0.3941	0.0005632	0.2942	0.0002412	0.2043	0.0001782	0.1794		
0.0084700	0.8297	0.0046582	0.7115	0.0021486	0.5170	0.0016708	0.4667	0.0011611	0.4002	0.0005792	0.2987	0.0002469	0.2075	0.0001837	0.1822		
0.0087200	0.8425	0.0047911	0.7222	0.0022126	0.5249	0.0017204	0.4739	0.0011933	0.4062	0.0005952	0.3032	0.0002556	0.2106	0.0001894	0.1850		
0.008970	0.8549	0.0049331	0.7330	0.0022772	0.5327	0.0017708	0.4809	0.0012262	0.4123	0.0006128	0.3078	0.0002624	0.2138	0.0001950	0.1877		
0.0092306	0.8675	0.0050780	0.7438	0.0023347	0.5405	0.0018206	0.4879	0.0012607	0.4124	0.0006304	0.3123	0.0002692	0.2168	0.0001987	0.1905		
0.0094906	0.8800	0.005234	0.7558	0.0024032	0.5484	0.0018708	0.4950	0.0012981	0.4245	0.0006464	0.3168	0.0002762	0.2201	0.0002044	0.1932		
0.0097603	0.8926	0.0053592	0.7654	0.0024694	0.5562	0.0019208	0.5021	0.0013296	0.4305	0.0006640	0.3214	0.0002828	0.2232	0.0002100	0.1960		
0.0099900	0.9031	0.0055259	0.7762	0.0025451	0.5651	0.0019702	0.5080	0.0013711	0.4366	0.0006816	0.3259	0.0002896	0.2264	0.0002156	0.1987		
0.0102306	0.9177	0.0056622	0.7869	0.0026071	0.5719	0.0020304	0.5162	0.0014011	0.4424	0.0006992	0.3304	0.0002964	0.2295	0.0002195	0.2015		
0.0105380	0.9303	0.0058182	0.7977	0.0026778	0.5797	0.0020606	0.5233	0.0014439	0.4487	0.0007184	0.3349	0.0003058	0.2326	0.0002255	0.2043		

VOLUMES A ÉCOULER EXPRIMÉS EN MÈTRES CUBES par seconde	CHARGES EMPLOYÉES ET VITESSES													
	Diamètre $0^{m},100$ Section $0^{mq},00754$		Diamètre $0^{m},108$ Section $0^{mq},00916$		Diamètre $0^{m},125$ Section $0^{mq},01227$		Diamètre $0^{m},135$ Section $0^{mq},01431$		Diamètre $0^{m},150$ Section $0^{mq},01767$		Diamètre $0^{m},162$ Section $0^{mq},02061$		Diamètre $0^{m},190$ Section $0^{mq},02836$	
	Charge	Vitesse	Charge	Vitesse	Charge	Vitesse	Charge	Vitesse	Charge	Vitesse	Charge	Vitesse	Charge	Vitesse
0.013997	»	»	»	»	»	»	»	»	»	»	»	»	»	»
0.014219	»	»	»	»	»	»	»	»	»	»	»	»	»	»
0.014441	»	»	»	»	»	»	»	»	»	»	»	»	»	»
0.014663	»	»	»	»	»	»	»	»	»	»	»	»	»	»
0.014885	»	»	»	»	»	»	»	»	»	»	»	»	»	»
0.015108	»	»	»	»	»	»	»	»	»	»	»	»	»	»
0.015330	»	»	»	»	»	»	»	»	»	»	»	»	»	»
0.015552	»	»	»	»	»	»	»	»	»	»	»	»	»	»
0.015774	»	»	»	»	»	»	»	»	»	»	»	»	»	»
0.015996	»	»	»	»	»	»	»	»	»	»	»	»	»	»
0.016218	»	»	»	»	»	»	»	»	»	»	»	»	»	»
0.016441	»	»	»	»	»	»	»	»	»	»	»	»	»	»
0.016663	0.064084	2.121	0.043850	1.8191	0.021078	1.357	0.014588	1.1644	0.010803	0.9429	0.0059800	0.8085	0.0027474	[illegible]
0.016885	0.0650332	2.149	0.0449363	1.8433	0.021692	1.376	0.0149748	1.1799	0.011150	0.9555	0.0061188	0.8193	0.0028135	[illegible]
0.017107	0.067148	2.178	0.0461581	1.8675	0.022316	1.394	0.0153196	1.1955	0.011250	0.9680	0.0062790	0.8300	0.0028867	[illegible]
0.017329	0.068960	2.203	0.0473874	1.8919	0.022937	1.410	0.0157558	1.2110	0.011640	0.9795	0.0064419	0.8408	0.0029608	[illegible]
0.017551	0.070848	2.234	0.0485814	1.9160	0.023584	1.430	0.0161398	1.2264	0.012020	0.9932	0.0066059	0.8510	0.0030349	[illegible]
0.017774	0.072720	2.261	0.049809	1.9404	0.023929	1.447	0.016376	1.2351	0.12190	1.005	0.0067654	0.8624	0.0031081	[illegible]
0.017996	0.074644	2.291	0.0510649	1.9646	0.024585	1.466	0.0169754	1.2576	0.012440	1.018	0.0069427	0.8737	0.0031873	[illegible]
0.018218	0.075992	2.319	0.0523037	1.9889	0.025956	1.505	0.0171757	1.2731	0.012910	1.031	0.0070978	0.8839	0.0032654	[illegible]
0.018440	0.077944	2.347	0.0535578	2.0131	0.025913	1.512	0.0178071	1.2886	0.013160	1.043	0.0072716	0.8947	0.0033347	[illegible]
0.018662	0.079128	2.376	0.0548263	2.0373	0.026095	1.521	0.0181176	1.3042	0.013420	1.056	0.0074308	0.9055	0.0034138	[illegible]
0.018844	0.081288	2.399	0.055907	2.0572	0.026953	1.535	0.018569	1.3168	0.013670	1.068	0.007580	0.9143	0.0034779	[illegible]
0.019107	0.083960	2.433	0.0576155	2.0859	0.027657	1.557	0.0190740	1.3332	0.014160	1.081	0.0077856	0.9271	0.0035760	[illegible]
0.019329	0.086704	2.461	0.0587814	2.1102	0.028355	1.575	0.0195277	1.3507	0.014430	1.093	0.0079669	0.9378	0.0036589	[illegible]
0.019551	0.087416	2.489	0.0600304	2.1344	0.029065	1.593	0.019964	1.3662	0.014690	1.106	0.0081456	0.9486	0.0037368	[illegible]
0 019773	0.089552	2.517	0.0615104	2.1586	0.029782	1.611	0.0204170	1.3817	0.014960	1.118	0.0083268	0.9544	0.0038168	[illegible]
0.019995	0.091664	2.545	0.062852	2.1829	0.030515	1.630	0.020865	1.3973	0.015470	1.131	0.008508	0.9701	0.0039031	[illegible]
0.0202175	0.094804	2.572	0.0642425	2.2071	0.030902	1.646	0.0216545	1.4128	0.015750	1.143	0.0087774	0.9857	0.0039880	[illegible]
0.020440	0.095984	2.602	0.0656507	2.2314	0.031644	1.665	0.0220758	1.4383	0.016030	1.157	0.0088831	0.9317	0.0040761	[illegible]
0.020662	0.098184	2.631	0.0670955	2.2557	0.032393	1.683	0.0225534	1.4439	0.016310	1.169	0.0090271	1.0024	0.0041617	[illegible]
0.020884	0.099728	2.659	0.0685148	2.2800	0.033152	1.701	0.0227158	1.4594	0.016840	1.181	0.0092336	1.0132	0.0042396	[illegible]
0.021106	0.0101916	2.687	0.0699700	2.3042	0.033926	1.720	0.0231043	1.4749	0.017140	1.195	0.0094301	1.0240	0.0043298	[illegible]
0 021328	0.104220	2.715	0.0714274	2.3285	0.034342	1.738	0.0236741	1.4905	0.017420	1.206	0.0095629	1.0347	0.0044207	[illegible]
0.021550	0.106504	2.743	0.0729252	2.3527	0.045123	1.756	0.0241766	1.5059	0.017980	1.220	0.0098383	1.0455	0.0045116	[illegible]
0.021773	0.108820	2.772	0.0744033	2.3779	0.035913	1.775	0.0246613	1.5215	0.018270	1.232	0.0100419	1.0563	0.0046042	[illegible]
0.021995	0.111160	2.80	0.0758996	2.4012	0.036707	1.792	0.0251662	1.5370	0.018870	1.245	0.0102474	1.0671	0.0046981	[illegible]
0.022217	0.112796	2.828	0.0774074	2.4255	0.037516	1.810	0.0256729	1.5526	0.018880	1.257	0.0104426	1.0779	0.0047806	[illegible]
0 022661	0.117580	2.885	0.0805355	2.4739	0.038774	1.846	0.0266714	1.5835	0.019760	1.283	0.0108461	1.0904	0.0049731	[illegible]
0.023106	0.122456	2.941	0.0836607	2.5225	0.040438	1.882	0.0277422	1.6146	0.020390	1.307	0.0112666	1.1209	0.0051673	[illegible]
0.023550	0.126676	2.998	0.0868888	2.5710	0 041753	1.919	0.0288018	1.6456	0.021310	1.333	0.0117042	1.1425	0.0053537	[illegible]
0.023994	»	»	0.0900000	2.6195	0.043775	1.955	0.0298803	1.6767	0.021950	1.357	0.0121665	1.1648	0.0055431	[illegible]
0.024439	»	»	0.0935259	2.6680	0.045238	1.991	0.0309689	1.7077	0.022910	1.383	0.0126034	1.1857	0.0057629	[illegible]
0.024883	»	»	0.0968911	0.7165	0.046172	2.028	0.0320945	1.7388	0.023580	1.408	0.0130449	1.2072	0.0059537	[illegible]
0.025327	»	»	0.1003870	2.7650	0.048454	2.064	0.0332059	1.7699	0.024570	1.433	0.0135143	1.2288	0.0061730	[illegible]
0.025772	»	»	0.1038718	2.8135	0.050310	2.100	0.0343961	1.8009	0.025270	1.458	0.0139929	1.2503	0.0063901	[illegible]
0.026216	»	»	0.10740088	2.8620	0.051769	2.136	0.0355733	1.8320	0.026290	1.483	0.0144348	1.2714	0.0065966	[illegible]
0.026660	»	»	0.111130	2.9105	0.053692	2.172	0.0367704	1.8630	0.027010	1.508	0.0149299	1.2934	0.0068210	[illegible]
0.027108	»	»	0.1148344	2.959	0.055200	2.209	0.0379887	1.8941	0.028070	1.534	0.0154333	1.3150	0.0070501	[illegible]
0.027549	»	»	»	»	0.057180	2.245	0.0394340	1.9251	0.028810	1.558	0.0160799	1.3301	0.0072674	[illegible]
0.027993	»	»	»	»	0.059241	2.281	0.0404835	1.9562	0.029910	1.584	0.0164390	1.3582	0.0075031	[illegible]
0.028438	»	»	»	»	0.060680	2.318	0.0417600	1.9872	0.030670	1.609	0.0169651	1.3798	0.0077271	[illegible]
0.028882	»	»	»	»	0.062860	2.353	0.0430690	2.0183	0.031790	1.634	0.0174776	1.4014	0.007970	[illegible]
0.029326	»	»	»	»	0.064492	2.383	0.0443721	2.0493	0.032250	1.659	0.0180025	1.4223	0.0082160	[illegible]
0.029771	»	»	»	»	0.066640	2.426	0.0457123	2.0804	0.034140	1.684	0.0185476	1.4445	0.0084674	[illegible]
0.030215	»	»	»	»	0.068816	2.462	0.0470693	2.1115	0.034560	1.709	0.0191081	1.4660	0.0087052	[illegible]
0.030659	»	»	»	»	0.070521	2.498	0.0484454	2.1425	0.035750	1.734	0.0196506	1.4875	0.0089517	[illegible]
0.031104	»	»	»	»	0.072758	2.534	0.049867	2.1736	0.036980	1.760	0.0202246	1.5090	0.0092244	[illegible]
0.031548	»	»	»	»	0.075036	2.571	0.0513022	2.2046	0.037830	1.785	0.0208118	1.5307	0.0094716	[illegible]
0.031992	»	»	»	»	0.076816	2.6 7	0.0527384	2.2357	0.039080	1.810	0.0213777	1.5522	0.0097410	[illegible]
0.032437	»	»	»	»	0.079152	2.643	0.0541955	2.2667	0.039950	1.835	0.0219772	1.5738	0.0100135	[illegible]
0.032881	»	»	»	»	0.081532	2.680	0.055673	2.2978	0.041240	1.860	0.0226339	1.5904	0.0102711	[illegible]
0.033326	»	»	»	»	0.083376	2.715	0.0571655	2.3288	0.043030	1.907	0.0231748	1.6170	0.0105515	[illegible]
0.033770	»	»	»	»	0.085814	2.752	0.0586844	2.3599	0.043450	1.911	0.0237723	1.6385	0.0108347	[illegible]
0.034214	»	»	»	»	0.087718	2.788	0.0602189	2.3909	0.044370	1.935	0.0244049	1.6600	0.0111044	[illegible]
0.034659	»	»	»	»	0.090217	2.825	0.0617452	2.4220	0.045730	1.961	0.0250159	1.6810	0.0113845	[illegible]
0.035103	»	»	»	»	0.092748	2.860	0.0633508	2.4530	0.046670	1.987	0.0255777	1.7032	0.0116293	[illegible]
0.035547	»	»	»	»	0.094720	2.896	0.0649905	2.4854	0.048060	2.011	0.0263259	1.7247	0.0119077	[illegible]
0.035992	»	»	»	»	0.097315	2.933	0.0665615	2.5152	0.049030	2.036	0.0272084	1.7463	0.0122095	[illegible]
0.036436	»	»	»	»	0.099340	2.969	0.0681967	2.5462	0.050450	2.061	0.0279358	1.7677	0.0125758	[illegible]
0.036880	»	»	»	»	»	»	0.0698509	2.5773	0.051460	2.087	0.0282864	1.7894	0.0128652	[illegible]
0.037325	»	»	»	»	»	»	0.0715241	2.6083	0.052240	2.112	0.0289773	1.8110	0.0131785	[illegible]
0.037769	»	»	»	»	»	»	0.0732192	2.6393	0.053930	2.137	0.0296444	1.8325	0.0134947	[illegible]
0.038213	»	»	»	»	»	»	0.0755434	2.6811	0.055420	2.162	0.0303192	1.8534	0.0137026	[illegible]
0.038658	»	»	»	»	»	»	0.0766666	2.7014	0.056460	2.187	0.0310661	1.8758	0.0141181	[illegible]
0.0 9102	»	»	»	»	»	»	0.0784219	2.7325	0.057980	2.212	0.0317558	1.8971	0.0144448	[illegible]
0.039546	»	»	»	»	»	»	0.0801940	2.7635	0.059050	2.237	0.0325298	1.9187	0.0148404	[illegible]
0.039991	»	»	»	»	»	»	0.0817541	2.7946	0.060600	2.263	0.0331928	1.9403	0.0150905	[illegible]
0.040435	»	»	»	»	»	»	0.0838601	2.8256	0.061730	2.288	0.0339402	1.9619	0.0154286	[illegible]
0.040879	»	»	»	»	»	»	0.0856939	2.8566	0.063290	2.313	0.0346617	1.9835	0.0157499	[illegible]
0.041324	»	»	»	»	»	»	0.0875478	2.8878	0.064410	2.338	0.0354259	2.0050	0.0160964	[illegible]
0.041768	»	»	»	»	»	»	0.0894192	2.9187	0.066040	2.363	0.0360212	2.0216	0.0164452	[illegible]
0.042212	»	»	»	»	»	»	0.0913155	2.9498	0.067170	2.388	0.0369437	2.0481	0.0167768	[illegible]
0.042657	»	»	»	»	»	»	0.0932267	2.9809	0.068830	2.413	0.0377309	2.0697	0.0171335	[illegible]
0.043101	»	»	»	»	»	»	»	»	0.070000	2.439	0.0384930	2.0913	0.0174957	[illegible]
0.043545	»	»	»	»	»	»	»	»	0.071690	2.464	0.0393227	2.1126	0.0178358	[illegible]
0.043990	»	»	»	»	»	»	»	»	0.072880	2.489	0.0400726	2.1344	0.0182042	[illegible]
0.044434	»	»	»	»	»	»	»	»	0.074600	2.514	0.0414197	2.1702	0.0185647	[illegible]
0.045545	»	»	»	»	»	»	»	»	0.078160	2.571	0.0429457	2.2096	0.0194964	[illegible]
0.046656	»	»	»	»	»	»	»	»	0.082430	2.640	0.0450049	2.2633	0.0204400	[illegible]
0.047767	»	»	»	»	»	»	»	»	0.086240	2.709	0.0469048	2.3126	0.0214631	[illegible]
0.048877	»	»	»	»	»	»	»	»	0.090050	2.765	0.0493136	2.3713	0.0223179	[illegible]
0.049988	»	»	»	»	»	»	»	»	0.093990	2.828	0.0515160	2.4254	0.0230109	[illegible]

PRODUITES DANS DES DIAMÈTRES DE :

Diamètre $0^{m},200$ Section $0^{mq},03141$		Diamètre $0^{m},216$ Section $0^{mq},03664$		Diamètre $0^{m},250$ Section $0^{mq},04909$		Diamètre $0^{m},300$ Section $0^{mq},07068$		Diamètre $0^{m},320$ Section $0^{mq},08042$		Diamètre $0^{m},350$ Section $0^{mq},096165$		Diamètre $0^{m},400$ Section $0^{mq},125600$		Diamètre $0^{m},450$ Section $0^{mq},158963$	
Charge	Vitesse	Charge	Vitesse	Charge	Vitesse	Charge	Vitesse	Charge	Vitesse	Charge	Vitesse	Charge	Vitesse	Charge	Vitesse
»	»	»	»	»	»	»	»	»	»	0.0001125	0.1455	»	»	»	»
»	»	»	»	»	»	»	»	»	»	0.0001163	0.1477	»	»	»	»
»	»	»	»	»	»	»	»	»	»	0.0001190	0.1501	»	»	»	»
»	»	»	»	»	»	»	»	»	»	0.0001218	0.1524	»	»	»	»
»	»	»	»	»	»	»	»	»	»	0.0001262	0.1547	»	»	»	»
»	»	»	»	»	»	»	»	»	»	0.0001292	0.1570	»	»	»	»
»	»	»	»	»	»	»	»	»	»	0.0001322	0.1593	»	»	»	»
»	»	»	»	»	»	»	»	»	»	0.0001361	0.1616	»	»	»	»
»	»	»	»	»	»	»	»	»	»	0.0001396	0.1640	»	»	»	»
»	»	»	»	»	»	»	»	»	»	0.0001426	0.1662	»	»	»	»
»	»	»	»	»	»	»	»	»	»	0.0001471	0.1686	»	»	»	»
»	»	»	»	»	»	»	»	»	»	0.0001501	0.1709	»	»	»	»
0.0021402	0.5304	0.0014797	0.4548	0.0007360	0.3394	0.0003125	0.2358	0.0002315	0.2070	0.0001534	0.1732	»	»	»	»
0.0021906	0.5374	0.0015192	0.4608	0.0007552	0.3440	0.0003202	0.2390	0.0002375	0.2098	0.0001565	0.1755	»	»	»	»
0.0022200	0.5446	0.0015570	0.4669	0.0007680	0.3485	0.000327	0.2421	0.0002438	0.2126	0.0001613	0.1778	»	»	»	»
0.0022660	0.5509	0.0015953	0.4730	0.0007920	0.3530	0.0003353	0.2452	0.0002481	0.2153	0.0001645	0.1805	»	»	»	»
0.0023040	0.5586	0.0016350	0.4790	0.0008112	0.3575	0.0003429	0.2484	0.0002545	0.2181	0.0001680	0.1824	»	»	»	»
0.0023806	0.5654	0.0016738	0.4851	0.0008320	0.3621	0.0003517	0.2515	0.0002609	0.2208	0.0001726	0.1847	»	»	»	»
0.0024606	0.5728	0.0017122	0.4911	0.0008512	0.3666	0.0003606	0.2547	0.0002672	0.2236	0.0001765	0.1870	»	»	»	»
0.0025404	0.5798	0.0017522	0.4972	0.0008704	0.3711	0.0003682	0.2577	0.0002715	0.2264	0.0001800	0.1894	»	»	»	»
0.0025902	0.5859	0.0017927	0.5033	0.0008896	0.3756	0.0003761	0.2610	0.0002778	0.2291	0.0001851	0.1917	»	»	»	»
0.0026300	0.5941	0.0018338	0.5093	0.0009104	0.3801	0.0003845	0.2641	0.0002845	0.2319	0.0001885	0.1940	»	»	»	»
0.0027104	0.5998	0.0018704	0.5143	0.0009280	0.3839	0.0003920	0.2667	0.0002892	0.2341	0.0001918	0.1959	»	»	»	»
0.0027808	0.6082	0.0019181	0.5215	0.0009520	0.3892	0.0004013	0.2704	0.0002957	0.2374	0.0001954	0.1985	»	»	»	»
0.0028408	0.6152	0.0019603	0.5274	0.0009728	0.3937	0.0004097	0.2735	0.0003025	0.2401	0.0002006	0.2009	»	»	»	»
0.0029002	0.6224	0.0020074	0.5336	0.0009952	0.3983	0.0004209	0.2767	0.0003096	0.2429	0.0002043	0.2032	»	»	»	»
0.0029704	0.6293	0.0020537	0.5397	0.0010060	0.4028	0.0004293	0.2798	0.0003167	0.2457	0.0002080	0.2055	»	»	»	»
0.0030400	0.6364	0.0020961	0.5457	0.0010368	0.4073	0.0004377	0.2830	0.0003175	0.2484	0.0002134	0.2098	»	»	»	»
0.0031040	0.6432	0.0021426	0.5518	0.0010592	0.4118	0.0004461	0.2859	0.0003235	0.2512	0.0002171	0.2101	»	»	»	»
0.0031702	0.6506	0.0021871	0.5579	0.0010816	0.4164	0.0004545	0.2893	0.0003306	0.2539	0.0002210	0.2125	0.0001209	0.1627	»	»
0.0032400	0.6577	0.0022322	0.5639	0.0011040	0.4209	0.0004632	0.2924	0.0003376	0.2567	0.0002269	0.2148	0.0001222	0.1644	»	»
0.0033604	0.6647	0.0022777	0.5698	0.0011248	0.4254	0.0004749	0.2956	0.0003422	0.2595	0.0002307	0.2171	0.0001248	0.1662	»	»
0.0033904	0.6718	0.0023244	0.5760	0.0011488	0.4299	0.0004849	0.2994	0.0003498	0.2623	0.0002347	0.2194	0.0001274	0.1680	»	»
0.0034404	0.6788	0.0023715	0.5821	0.0011744	0.4345	0.0004928	0.3018	0.0003563	0.2650	0.0002405	0.2217	0.0001300	0.1697	»	»
0.0035100	0.6859	0.0024192	0.5881	0.0011952	0.4390	0.0005020	0.3050	0.0003653	0.2678	0.0002443	0.2240	0.0001328	0.1723	»	»
0.0035806	0.6930	0.0024670	0.5942	0.0012176	0.4435	0.0005112	0.3081	0.0003705	0.2705	0.0002482	0.2263	0.0001342	0.1733	»	»
0.0036502	0.7001	0.0025148	0.6003	0.0012416	0.4480	0.0005205	0.3113	0.0003782	0.2733	0.0002541	0.2286	0.0001370	0.1750	»	»
0.0037208	0.7071	0.0025637	0.6064	0.0012664	0.4525	0.0005301	0.3144	0.0003860	0.2764	0.0002581	0.2309	0.0001412	0.1768	»	»
0.0038702	0.7213	0.0026615	0.6185	0.0013168	0.4616	0.0005525	0.3207	0.0004015	0.2816	0.0002663	0.2355	0.0001440	0.1803	»	»
0.0040200	0.7354	0.0027696	0.6306	0.0013680	0.4709	0.0005717	0.3270	0.0004144	0.2871	0.0002766	0.2402	0.0001500	0.1839	»	»
0.0041702	0.7496	0.0028637	0.6422	0.0014160	0.4797	0.0005917	0.3333	0.0004303	0.2926	0.0002868	0.2448	0.0001545	0.1874	»	»
0.0043306	0.7637	0.0029768	0.6549	0.0014672	0.4888	0.0006160	0.3396	0.0004438	0.2981	0.0002961	0.2494	0.0001605	0.1909	»	»
0.0045040	0.7797	0.0030826	0.6670	0.0015200	0.4979	0.0006360	0.3459	0.0004605	0.3037	0.0003058	0.2540	0.0001665	0.1946	»	»
0.0046102	0.7920	0.0032648	0.6873	0.0015728	0.5069	0.0006565	0.3522	0.0004747	0.3092	0.0003178	0.2587	0.0001710	0.1980	0.00010052	0.1565
0.0048040	0.8061	0.0033018	0.6912	0.0016272	0.5159	0.0006781	0.3584	0.0004953	0.3162	0.0003272	9.2632	0.0001772	0.2016	0.00010284	0.1592
0.004960	0.8203	0.0034135	0.7034	0.0016816	0.5250	0.0006961	0.3633	0.0005071	0.3202	0.0003392	0.2679	0.0001820	0.2051	0.00010631	0.1620
0.0052108	0.8344	0.0035268	0.7155	0.0017376	0.5340	0.0007288	0.3724	0.0005248	0.3259	0.0003483	0.2725	0.0001884	0.2086	0.00010977	0.1648
0.0053080	0.8486	0.0036511	0.7276	0.0017936	0.5431	0.0007475	0.3773	0.0005398	0.3313	0.0003608	0.2771	0.0001937	0.2122	0.00011324	0.1676
0.0054804	0.8628	0.0037685	0.7398	0.0018512	0.5521	0.0007699	0.3835	0.0005578	0.3368	0.0003728	0.2817	0.0002002	0.2157	0.00011555	0.1704
0.0056508	0.8769	0.0038685	0.7519	0.0019104	0.5612	0.0007923	0.3894	0.0005748	0.3423	0.0003824	0.2863	0.0002053	0.2192	0.00011929	0.1732
0.0058308	0.8910	0.0040092	0.7640	0.0019696	0.5702	0.0008200	0.3962	0.0005932	0.3478	0.0003945	0.2910	0.0002121	0.2228	0.00012302	0.1760
0.006020	0.9052	0.0041326	0.7701	0.0020304	0.5793	0.0008437	0.4025	0.0006095	0.3533	0.0004071	0.2956	0.0002172	0.2263	0.00012675	0.1788
0.0062340	0.9193	0.0042570	0.7883	0.0020912	0.5883	0.0008708	0.4087	0.0006293	0.3589	0.0004171	0.3002	0.0002240	0.2298	0.00013067	0.1816
0.006390	0.9334	0.0043852	0.8004	0.0021568	0.5974	0.0008947	0.4150	0.0006459	0.3644	0.0004303	0.3048	0.0002294	0.2334	0.00013333	0.1844
0.0065802	0.9476	0.0045235	0.8127	0.0022160	0.6064	0.0009201	0.4213	0.0006658	0.3699	0.0004408	0.3094	0.0002366	0.2369	0.00013733	0.1872
0.0067704	0.9617	0.0046983	0.8287	0.0022800	0.6155	0.0009491	0.4276	0.0006830	0.3754	0.0004544	0.3141	0.000243	0.2405	0.00014133	0.1900
0.0069702	0.9759	0.0047870	0.8367	0.0023488	0.6245	0.0009744	0.4339	0.0007037	0.3809	0.0004681	0.3187	0.0002500	0.2440	0.00014533	0.1928
0.0071700	0.9900	0.0049204	0.8489	0.0024144	0.6336	0.0010000	0.4402	0.0007197	0.3865	0.0004788	0.3233	0.0002570	0.2475	0.00014933	0.1962
0.0073120	1.003	0.0050578	0.8610	0.0024784	0.6426	0.0010264	0.4465	0.0007421	0.3920	0.0004928	0.3279	0.0002630	0.2510	0.00015200	0.1984
0.0074606	1.017	0.0051955	0.8731	0.0025472	0.6517	0.0010576	0.4528	0.0007606	0.3975	0.0005042	0.3325	0.0002701	0.2545	0.00015609	0.2012
0.0077500	1.032	0.0053352	0.8853	0.0026160	0.6607	0.0010848	0.4591	0.0007824	0.4030	0.0005191	0.3371	0.0002762	0.2581	0.00016035	0.2040
0.0079020	1.046	0.0054774	0.8974	0.0026848	0.6698	0.0011120	0.4653	0.0008038	0.4086	0.0005337	0.3418	0.0002840	0.2617	0.00016462	0.2067
0.0081904	1.060	0.0056213	0.9095	0.0027568	0.6788	0.0011440	0.4716	0.0008226	0.4141	0.0005451	0.3464	0.0002910	0.2652	0.00016746	0.2095
0.0083502	1.074	0.0057781	0.9217	0.0028288	0.6879	0.0011720	0.4779	0.0008418	0.4192	0.0005596	0.3510	0.0002980	0.2687	0.00017191	0.2123
0.0085102	1.089	0.0059255	0.9338	0.0028928	0.6969	0.0012000	0.4842	0.0008646	0.4251	0.0005751	0.3556	0.0003060	0.2723	0.00017644	0.2151
0.0088104	1.103	0.0060755	0.9459	0.0029744	0.7060	0.0012280	0.4905	0.0008876	0.4306	0.0005874	0.3602	0.0003130	0.2758	0.00018097	0.2179
0.0089802	1.117	0.0062266	0.9581	0.0030480	0.7150	0.0012400	0.4954	0.0009073	0.4362	0.0006230	0.3649	0.000315	0.2770	0.00018551	0.2207
0.0092208	1.131	0.0063796	0.9702	0.0031218	0.7241	0.0012800	0.5030	0.0009300	0.4417	0.0005830	0.3695	0.0003282	0.2829	0.0001885	0.2235
0.0094506	1.146	0.0065352	0.9820	0.0031968	0.7331	0.0013204	0.5094	0.0009515	0.4472	0.0006308	0.3741	0.0003260	0.2864	0.0001930	0.2263
0.0096204	1.159	0.0066915	0.9944	0.0032752	0.7422	0.0013557	0.5157	0.0009762	0.4527	0.0006468	0.3787	0.0003450	0.2908	0.0001976	0.2291
0.0099404	1.173	0.0068637	1.0066	0.0033536	0.7513	0.0013861	0.5219	0.0009971	0.4582	0.0006606	0.3833	0.0003507	0.2935	0.0002023	0.2319
0.010120	1.188	0.0070237	1.0187	0.0034320	0.7603	0.0014163	0.5282	0.0010223	0.4638	0.0006754	0.3880	0.0003584	0.2970	0.0002071	0.2347
0.010440	1.202	0.0071859	1.0308	0.0035080	0.7694	0.0014475	0.5344	0.0010432	0.4693	0.0006914	0.3926	0.0003665	0.3006	0.0002103	0.2375
0.010630	1.217	0.0073926	1.0457	0.0035920	0.7784	1.001484	0.5408	0.0010689	0.4751	0.0007063	0.3972	0.0003742	0.3041	0.0002151	0.2403
0.010960	1.231	0.0075176	1.0551	0.0036736	0.7875	0.0015160	0.5471	0.0010905	0.4803	0.0007268	0.4018	0.0003822	0.3076	0.0002202	0.2431
0.011150	1.245	0.0076855	1.0672	0.0037584	0.7965	0.0015480	0.5534	0.0011163	0.4859	0.0007383	0.4064	0.0003910	0.3112	0.0002252	0.2459
0.011330	1.258	0.0078544	1.0793	0.0038400	0.8056	0.0015853	0.5597	0.0011379	0.4914	0.0007531	0.4110	0.0004000	0.3147	0.0002303	0.2486
0.011670	1.272	0.0080274	1.0915	0.0039232	0.8146	0.0016181	0.5660	0.0011645	0.4969	0.0007691	0.4157	0.0004080	0.3183	0.0002354	0.2521
0.011860	1.287	0.0082152	1.1036	0.0040096	0.8237	0.0016512	0.5722	0.0011869	0.5022	0.0007851	0.4202	0.0004144	0.3210	0.0002388	0.2542
0.012226	1.301	0.0083907	1.1157	0.0040944	0.8327	0.0016848	0.5785	0.0012143	0.5079	0.0008023	0.4249	0.0004248	0.3253	0.0002438	0.2570
0.012410	1.316	0.0085685	1.1277	0.0041824	0.8418	0.0017247	0.5848	0.0012374	0.5135	0.0008194	0.4295	0.0004336	0.3290	0.0002488	0.2598
0.012610	1.329	0.0087481	1.1400	0.0042704	0.8508	0.0017591	0.5911	0.0012655	0.5190	0.0008354	0.4341	0.0004424	0.3324	0.0002545	0.2626
0.012970	1.343	0.0089285	1.1521	0.0043584	0.8599	0.0017935	0.5974	0.0012889	0.5245	0.0008502	0.4387	0.0004516	0.3359	0.0002582	0.2654
0.013170	1.357	0.0091115	1.1642	0.0044480	0.8689	0.0018341	0.6037	0.0013169	0.5300	0.0008697	0.4434	0.0004607	0.3395	0.0002638	0.2682
0.013550	1.371	0.0092970	1.1763	0.0045392	0.8780	0.0018752	0.6111	0.0013397	0.5355	0.0008868	0.4480	0.0004695	0.3429	0.0002694	0.2710
0.013750	1.386	0.0094837	1.1884	0.0046304	0.8870	0.0019045	0.6163	0.0013698	0.5411	0.0009051	0.4526	0.0004786	0.3465	0.0002750	0.2738
0.014190	1.400	0.0096881	1.2006	0.0047232	0.8961	0.001946	0.6226	0.0013994	0.5466	0.0009222	0.4572	0.0004870	0.3500	0.0002787	0.2766
0.014340	1.414	0.0098792	1.2127	0.0048160	0.9052	0.001982	0.6288	0.0014239	0.5521	0.0009406	0.4618	0.0004979	0.3544	0.0002843	0.2794
0.014650	1.446	0.0103637	1.2430	0.0049856	0.9278	0.0020807	0.6448	0.0014936	0.5659	0.0009862	0.4734	0.0005207	0.3624	0.0002965	0.28637
0.015780	1.485	0.0108598	1.2734	0.0052976	0.9504	0.0021747	0.6603	0.0015656	0.5797	0.0010320	0.4849	0.0005445	0.3713	0.0003108	0.293355
0.016620	1.523	0.0113855	1.3037	0.0055456	0.9731	0.0022844	0.6774	0.0016343	0.5935	0.0010800	0.4965	0.0005693	0.3801	0.0003244	0.300340
0.017280	1.555	0.0119055	1.3340	0.0058000	0.9957	0.0023840	0.6917	0.0017093	0.6073	0.0011280	0.5080	0.0005914	0.3880	0.0003388	0.307325
0.018100	1.591	0.0124366	1.3646	0.0060592	1.0183	0.0024849	0.7074	0.0017852	0.6212	0.0011770	0.5196	0.0006204	0.3978	0.0003534	0.314310

VOLUMES A ÉCOULER EXPRIMÉS EN MÈTRES CUBES par seconde	CHARGES EMPLOYÉES ET VITESSES													
	Diamètre 0m,100 Section 0mq,00754		Diamètre 0m,108 Section 0mq,00916		Diamètre 0m,150 Section 0mq,01767		Diamètre 0m,162 Section 0mq,02061		Diamètre 0m,190 Section 0mq,02836		Diamètre 0m,200 Section 0mq,03141		Diamètre 0m,216 Section 0mq,03664	
	Charge	Vitesse	Charge	Vitesse	Charge	Vitesse	Charge	Vitesse	Charge	Vitesse	Charge	Vitesse	Charge	Vitesse
0.031548	»	»	»	»	»	»	»	»	»	»	»	»	»	»
0.031992	»	»	»	»	»	»	»	»	»	»	»	»	»	»
0.032437	»	»	»	»	»	»	»	»	»	»	»	»	»	»
0.032881	»	»	»	»	»	»	»	»	»	»	»	»	»	»
0.033326	»	»	»	»	»	»	»	»	»	»	»	»	»	»
0.033770	»	»	»	»	»	»	»	»	»	»	»	»	»	»
0.034214	»	»	»	»	»	»	»	»	»	»	»	»	»	»
0.034659	»	»	»	»	»	»	»	»	»	»	»	»	»	»
0.035103	»	»	»	»	»	»	»	»	»	»	»	»	»	»
0.035547	»	»	»	»	»	»	»	»	»	»	»	»	»	»
0.035992	»	»	»	»	»	»	»	»	»	»	»	»	»	»
0.036436	»	»	»	»	»	»	»	»	»	»	»	»	»	»
0.036880	»	»	»	»	»	»	»	»	»	»	»	»	»	»
0.037325	»	»	»	»	»	»	»	»	»	»	»	»	»	»
0.037769	»	»	»	»	»	»	»	»	»	»	»	»	»	»
0.038213	»	»	»	»	»	»	»	»	»	»	»	»	»	»
0.038658	»	»	»	»	»	»	»	»	»	»	»	»	»	»
0.039102	»	»	»	»	»	»	»	»	»	»	»	»	»	»
0.039546	»	»	»	»	»	»	»	»	»	»	»	»	»	»
0.039991	»	»	»	»	»	»	»	»	»	»	»	»	»	»
0.040435	»	»	»	»	»	»	»	»	»	»	»	»	»	»
0.040879	»	»	»	»	»	»	»	»	»	»	»	»	»	»
0.041324	»	»	»	»	»	»	»	»	»	»	»	»	»	»
0.041768	»	»	»	»	»	»	»	»	»	»	»	»	»	»
0.042212	»	»	»	»	»	»	»	»	»	»	»	»	»	»
0.042657	»	»	»	»	»	»	»	»	»	»	»	»	»	»
0.043101	»	»	»	»	»	»	»	»	»	»	»	»	»	»
0.043545	»	»	»	»	»	»	»	»	»	»	»	»	»	»
0.043990	»	»	»	»	»	»	»	»	»	»	»	»	»	»
0.044434	»	»	»	»	»	»	»	»	»	»	»	»	»	»
0.045545	»	»	»	»	»	»	»	»	»	»	»	»	»	»
0.046656	»	»	»	»	»	»	»	»	»	»	»	»	»	»
0.047767	»	»	»	»	»	»	»	»	»	»	»	»	»	»
0.048877	»	»	»	»	»	»	»	»	»	»	»	»	»	»
0.049988	»	»	»	»	»	»	»	»	»	»	»	»	»	»
0.051099	»	»	»	»	0.098630	2.891	0.0539051	2.4791	0.0244661	1.8018	0.018850	1.626	0.0129807	1.3944
0.052210	»	»	»	»	0.103426	2.961	0.0562553	2.5330	0.0252221	1.8410	0.019770	1.661	0.0134966	1.4292
0.053321	»	»	»	»	»	»	0.0586561	2.5869	0.0266000	1.8801	0.020490	1.697	0.0141781	[illegible]
0.054432	»	»	»	»	»	»	0.0611076	2.6408	0.0277000	1.9193	0.021450	1.732	0.0147185	[illegible]
0.055543	»	»	»	»	»	»	0.0636111	2.6947	0.0288223	1.9585	0.022202	1.767	0.0153089	[illegible]
0.056653	»	»	»	»	»	»	0.0661597	2.7493	0.0300568	1.9976	0.023202	1.804	0.0159111	[illegible]
0.057764	»	»	»	»	»	»	0.0687607	2.8027	0.0311659	2.0368	0.023970	1.838	0.0165244	[illegible]
0.058875	»	»	»	»	»	»	0.0713634	2.8563	0.0326657	2.0760	0.025010	1.874	0.0171705	[illegible]
0.059986	»	»	»	»	»	»	0.0740617	2.9102	0.0335694	2.1151	0.026000	1.909	0.0178077	[illegible]
0.061097	»	»	»	»	»	»	0.0768128	2.9641	0.0348040	2.1543	0.026890	1.944	0.0184566	[illegible]
0.062208	»	»	»	»	»	»	»	»	0.0360600	2.1935	0.027990	1.980	0.0191833	[illegible]
0.063318	»	»	»	»	»	»	»	»	0.0373939	2.2326	0.028850	2.015	0.0198122	[illegible]
0.064429	»	»	»	»	»	»	»	»	0.0386758	2.2718	0.029980	2.050	0.0204966	[illegible]
0.065540	»	»	»	»	»	»	»	»	0.040000	2.311	0.030870	2.086	0.021215	[illegible]
0.066651	»	»	»	»	»	»	»	»	0.041347	2.350	0.032040	2.121	0.021946	[illegible]
0.067762	»	»	»	»	»	»	»	»	0.042433	2.389	0.032960	2.156	0.022667	1.881
0.068873	»	»	»	»	»	»	»	»	0.044107	2.428	0.034170	2.192	0.023422	1.911
0.069984	»	»	»	»	»	»	»	»	0.045552	2.467	0.035110	2.227	0.024165	1.941
0.071094	»	»	»	»	»	»	»	»	0.046958	2.506	0.036960	2.263	0.024920	1.971
0.072205	»	»	»	»	»	»	»	»	0.048453	2.546	0.037340	2.298	0.025687	[illegible]
0.073316	»	»	»	»	»	»	»	»	0.049936	2.585	0.038620	2.331	0.026191	[illegible]
0.074427	»	»	»	»	»	»	»	»	0.051478	2.625	0.039640	2.369	0.027281	[illegible]
0.075538	»	»	»	»	»	»	»	»	0.052885	2.664	0.040960	2.405	0.028083	[illegible]
0.076649	»	»	»	»	»	»	»	»	0.054554	2.703	0.042000	2.439	0.028924	[illegible]
0.077760	»	»	»	»	»	»	»	»	0.056125	2.742	0.043360	2.475	0.029749	[illegible]
0.078870	»	»	»	»	»	»	»	»	0.057718	2.781	0.044750	2.510	0.030586	[illegible]
0.079981	»	»	»	»	»	»	»	»	0.059335	2.820	0.045830	2.545	0.031462	[illegible]
0.081092	»	»	»	»	»	»	»	»	0.060634	2.859	0.047280	2.587	0.032323	[illegible]
0.082203	»	»	»	»	»	»	»	»	0.062333	2.898	0.048370	2.616	0.033195	[illegible]
0.083314	»	»	»	»	»	»	»	»	0.064359	2.938	0.049830	2.651	0.034109	[illegible]
0.084425	»	»	»	»	»	»	»	»	0.066063	2.977	0.050980	2.687	0.035005	[illegible]
0.085536	»	»	»	»	»	»	»	»	»	»	0.052504	2.728	0.035912	[illegible]
0.086647	»	»	»	»	»	»	»	»	»	»	0.053651	2.758	0.036862	[illegible]
0.087738	»	»	»	»	»	»	»	»	»	»	0.055190	2.799	0.037793	[illegible]
0.088868	»	»	»	»	»	»	»	»	»	»	0.056390	2.828	0.038735	[illegible]
0.089979	»	»	»	»	»	»	»	»	»	»	0.057980	2.864	0.039722	[illegible]
0.091090	»	»	»	»	»	»	»	»	»	»	0.059210	2.893	0.040687	[illegible]
0.092201	»	»	»	»	»	»	»	»	»	»	0.060820	2.934	0.041666	[illegible]
0.093312	»	»	»	»	»	»	»	»	»	»	0.062[illegible]70	2.970	0.042687	[illegible]
0.094423	»	»	»	»	»	»	»	»	»	»	»	»	0.043690	[illegible]
0.095534	»	»	»	»	»	»	»	»	»	»	»	»	0.044702	[illegible]
0.096645	»	»	»	»	»	»	»	»	»	»	»	»	0.045762	[illegible]
0.097755	»	»	»	»	»	»	»	»	»	»	»	»	0.046798	[illegible]
0.098867	»	»	»	»	»	»	»	»	»	»	»	»	0.047846	[illegible]
0.099977	»	»	»	»	»	»	»	»	»	»	»	»	0.048942	[illegible]
0.101089	»	»	»	»	»	»	»	»	»	»	»	»	0.050012	[illegible]
0.102200	»	»	»	»	»	»	»	»	»	»	»	»	0.051096	[illegible]
0.103311	»	»	»	»	»	»	»	»	»	»	»	»	0.052[illegible]29	[illegible]
0.104420	»	»	»	»	»	»	»	»	»	»	»	»	0.053335	[illegible]
0.105531	»	»	»	»	»	»	»	»	»	»	»	»	0.054451	[illegible]
0.106642	»	»	»	»	»	»	»	»	»	»	»	»	0.055622	[illegible]
0.107753	»	»	»	»	»	»	»	»	»	»	»	»	0.056765	[illegible]
0.108864	»	»	»	»	»	»	»	»	»	»	»	»	»	»
0.109975	»	»	»	»	»	»	»	»	»	»	»	»	»	»
0.111085	»	»	»	»	»	»	»	»	»	»	»	»	»	»
0.113307	»	»	»	»	»	»	»	»	»	»	»	»	»	»
0.115529	»	»	»	»	»	»	»	»	»	»	»	»	»	»
0.117751	»	»	»	»	»	»	»	»	»	»	»	»	»	»

…ODUITES DANS DES DIAMÈTRES DE :

Diamètre 0m,250 Section 0m²,04909		Diamètre 0m,300 Section 0m²,07068		Diamètre 0m,320 Section 0m²,08042		Diamètre 0m,350 Section 0m²,096165		Diamètre 0m,400 Section 0m²,125600		Diamètre 0m,450 Section 0m²,158963		Diamètre 0m,500 Section 0m²,196250		Diamètre 0m,600 Section 0m²,282600	
Charge	Vitesse	Charge	Vitesse	Charge	Vitesse	Charge	Vitesse	Charge	Vitesse	Charge	Vitesse	Charge	Vitesse	Charge	Vitesse
»	»	»	»	»	»	»	»	»	»	»	»	0.0000936	0.1604	0.00004200	0.1116
»	»	»	»	»	»	»	»	»	»	»	»	0.0000967	0.1629	0.00004266	0.1131
»	»	»	»	»	»	»	»	»	»	»	»	0.0000988	0.1652	0.00004400	0.1147
»	»	»	»	»	»	»	»	»	»	»	»	0.0001009	0.1675	0.00004466	0.1163
»	»	»	»	»	»	»	»	»	»	»	»	0.0001030	0.1697	0.00004600	0.1179
»	»	»	»	»	»	»	»	»	»	»	»	0.0001052	0.1715	0.00004666	0.1194
»	»	»	»	»	»	»	»	»	»	»	»	0.0001084	0.1742	0.00004800	0.1210
»	»	»	»	»	»	»	»	»	»	»	»	0.0001107	0.1765	0.00004866	0.1225
»	»	»	»	»	»	»	»	»	»	»	»	0.0001141	0.1788	0.00005000	0.1241
»	»	»	»	»	»	»	»	»	»	»	»	0.0001164	0.18104	0.0000513	0.125720
»	»	»	»	»	»	»	»	»	»	»	»	0.0001190	0.183303	0.0000520	0.127288
»	»	»	»	»	»	»	»	»	»	»	»	0.0001212	0.185566	0.0000533	0.128856
»	»	»	»	»	»	»	»	»	»	»	»	0.0001236	0.187829	0.0000540	0.130424
»	»	»	»	»	»	»	»	»	»	»	»	0.0001272	0.190092	0.0000556	0.131992
»	»	»	»	»	»	»	»	»	»	»	»	0.0001296	0.198355	0.0000564	0.133560
»	»	»	»	»	»	»	»	»	»	»	»	0.0001332	0.194618	0.0000580	0.135125
»	»	»	»	»	»	»	»	»	»	»	»	0.0001356	0.196881	0.0000596	0.136696
»	»	»	»	»	»	»	»	»	»	»	»	0.0001380	0.199144	0.0000604	0.138264
»	»	»	»	»	»	»	»	»	»	»	»	0.0001405	0.201470	0.0000620	0.139832
»	»	»	»	»	»	»	»	»	»	»	»	0.0001443	0.203670	0.0000627	0.141400
»	»	»	»	»	»	»	»	»	»	»	»	0.0001469	0.205933	0.0000642	0.142975
»	»	»	»	»	»	»	»	»	»	»	»	0.0001494	0.208196	0.0000649	0.144550
»	»	»	»	»	»	»	»	»	»	»	»	0.0001520	0.210459	0.0000664	0.146125
»	»	»	»	»	»	»	»	»	»	»	»	0.0001561	0.212722	0.0000678	0.147700
»	»	»	»	»	»	»	»	»	»	»	»	0.0001592	0.214985	0.0000686	0.149275
»	»	»	»	»	»	»	»	»	»	»	»	0.0001615	0.217248	0.0000702	0.150850
»	»	»	»	»	»	»	»	»	»	»	»	0.0001642	0.219511	0.0000710	0.152425
»	»	»	»	»	»	»	»	»	»	»	»	0.0001683	0.221774	0.0000728	0.154000
»	»	»	»	»	»	»	»	»	»	»	»	0.0001710	0.224037	0.0000736	0.155515
»	»	»	»	»	»	»	»	»	»	»	»	0.0001738	0.226300	0.0000754	0.157150
»	»	»	»	»	»	»	»	»	»	»	»	0.0001835	0.232970	0.0000788	0.161080
»	»	»	»	»	»	»	»	»	»	»	»	0.0001907	0.238007	0.0000823	0.165009
»	»	»	»	»	»	»	»	»	»	»	»	0.0001982	0.243044	0.0000858	0.168938
»	»	»	»	»	»	»	»	»	»	»	»	0.0002058	0.248081	0.0000894	0.172867
»	»	»	»	»	»	»	»	»	»	»	»	0.0002134	0.253118	0.0000932	0.176796
0.0063264	1.0409	0.0025941	0.7232	0.0018633	0.6349	0.0012773	0.5311	0.0006463	0.4066	0.0003684	0.321295	0.0002210	0.258155	0.0000970	0.180725
0.0066000	1.0636	0.0027062	0.7389	0.0019437	0.6487	0.0012800	0.5427	0.0006728	0.4154	0.0003833	0.328280	0.0002290	0.263192	0.0001010	0.184654
0.0068752	1.0862	0.0028213	0.7547	0.0020192	0.6625	0.0013310	0.5542	0.0007003	0.4243	0.0003991	0.335265	0.0002374	0.268229	0.0001040	0.188583
0.0071603	1.1088	0.0029307	0.7703	0.0021026	0.6763	0.0013850	0.5656	0.0007286	0.4332	0.0004151	0.342250	0.0002459	0.273266	0.0001080	0.192512
0.0074618	1.1315	0.0030501	0.7861	0.0021883	0.6901	0.0014393	0.5773	0.0007567	0.4420	0.0004307	0.349235	0.0002539	0.278303	0.0001120	0.196441
0.0077405	1.1541	0.0031725	0.8018	0.0022749	0.7039	0.0014970	0.5888	0.0007857	0.4508	0.0004473	0.356229	0.0002710	0.288530	0.0001160	0.200370
0.0080460	1.1767	0.0032884	0.8175	0.0023628	0.7177	0.001552	0.6004	0.0008160	0.4597	0.0004641	0.363204	0.0002814	0.294187	0.0001202	0.204300
0.0083432	1.1903	0.0034227	0.8337	0.0024459	0.7315	0.0016150	0.6119	0.0008450	0.4685	0.0004809	0.370188	0.0002920	0.293844	0.0001245	0.208230
0.0086522	1.2220	0.0035187	0.8461	0.0025378	0.7454	0.0016700	0.6235	0.0008770	0.4774	0.0004983	0.377172	0.0003012	0.305501	0.0001282	0.212160
0.0089824	1.2446	0.0036747	0.8646	0.0026309	0.7592	0.0017300	0.6350	0.0009077	0.4862	0.0005157	0.384156	0.0003123	0.311158	0.0001334	0.216090
0.0092960	1.2672	0.0037487	0.8804	0.0027259	0.7730	0.0017920	0.6466	0.0009394	0.4951	0.0005333	0.391140	0.0003239	0.316815	0.0001380	0.220020
0.0095139	1.2817	0.0039352	0.8961	0.0028224	0.7867	0.0018530	0.6581	0.0009714	0.5039	0.0005520	0.398124	0.0003334	0.322473	0.0001425	0.223950
0.0099560	1.3125	0.0040560	0.9104	0.0029215	0.8006	0.001920	0.6697	0.001004	0.5127	0.0005702	0.405110	0.0003449	0.328230	0.0001470	0.227870
0.010301	1.3351	0.004204	0.92754	0.003061	0.81438	0.001983	0.6812	0.0010380	0.52155	0.000589	0.41209	0.000357	0.33379	0.000152	0.23180
0.010648	1.3577	0.004347	0.94326	0.003164	0.82823	0.002049	0.6928	0.001072	0.53039	0.000608	0.41908	0.000367	0.33945	0.000156	0.23573
0.011001	1.3804	0.004492	0.95898	0.0032687	0.84208	0.002126	0.7043	0.0011051	0.53923	0.000627	0.42607	0.000379	0.34511	0.000164	0.23966
0.011340	1.4029	0.004640	0.97470	0.003375	0.85593	0.002183	0.7160	0.001141	0.54807	0.000647	0.43306	0.000392	0.35077	0.000165	0:24359
0.011719	1.4256	0.004780	0.99042	0.003484	0.86978	0.002250	0.7274	0.001177	0.55691	0.000667	0.44005	0.000402	0.35643	0.000170	0.24752
0.012087	1.4482	0.004932	1.00614	0.003593	0.88363	0.002313	0.7389	0.001214	0.56575	0.000687	0.44704	0.000415	0.36209	0.000175	0.25145
0.012464	1.47087	0.005086	1.02186	0.003697	0.89748	0.002392	0.7505	0.001247	0.57459	0.000708	0.45403	0.000428	0.36775	0.000180	0.25538
0.012843	1.4935	0.005233	1.03758	0.003811	0.91133	0.002462	0.7620	0.001285	0.58343	0.000729	0.46102	0.000439	0.37341	0.000185	0.25931
0.013228	1.5161	0.005389	1.05330	0.003925	0.92518	0.002534	0.7736	0.001324	0.59227	0.000750	0.46801	0.000453	0.37907	0.000190	0.26324
0.013618	1.5386	0.005552	1.06902	0.004042	0.93903	0.002608	0.78513	0.001362	0.60111	0.000772	0.47500	0.000466	0.38473	0.000196	0.26717
0.014011	1.5614	0.005717	1.08474	0.004161	0.95288	0.002686	0.79670	0.001402	0.60995	0.000794	0.48199	0.000478	0.39039	0.000202	0.27110
0.014471	1.5814	0.005873	1.10046	0.004280	0.96673	0.002758	0.80825	0.001442	0.61879	0.000815	0.48898	0.000492	0.39605	0.000208	0.27503
0.014922	1.6066	0.006041	1.11618	0.004394	0.98058	0.002838	0.81989	0.001482	0.62763	0.000838	0.49597	0.000506	0.40171	0.000213	0.27896
0.015237	1.62929	0.006212	1.13190	0.004517	0.99443	0.002913	0.83135	0.001519	0.63647	0.000860	0.50296	0.000518	0.40737	0.000219	0.28289
0.015681	1.65192	0.006385	1.14762	0.004642	1.00828	0.002995	0.84290	0.001560	0.64531	0.000883	0.50995	0.000532	0.40303	0.000224	0.28682
0.016078	1.67455	0.006549	1.16334	0.004768	1.02213	0.003064	0.85345	0.001603	0.65415	0.000907	0.51694	0.000547	0.41869	0.000230	0.29075
0.016517	1.69718	0.006727	1.17906	0.004897	1.03598	0.003149	0.86500	0.001645	0.62299	0.000931	0.52393	0.000559	0.42435	0.000236	0.29468
0.016961	1.71981	0.006907	1.19478	0.005027	1.04983	0.003228	0.87655	0.001679	0.67183	0.000954	0.53092	0.000574	0.43001	0.000241	0.29861
0.017392	1.74244	0.007079	1.21050	0.005152	1.06368	0.003314	0.88810	0.001733	0.68067	0.000979	0.53791	0.000590	0.43567	0.000246	0.30254
0.017848	1.76507	0.007262	1.22622	0.005282	1.07753	0.003402	0.89965	0.001773	0.68951	0.001003	0.54490	0.000603	0.44133	0.000252	0.30647
0.018310	1.78770	0.007450	1.24194	0.005418	1.09138	0.003484	0.91120	0.001818	0.69835	0.001028	0.55189	0.000618	0.44699	0.000259	0.31040
0.018756	1.81033	0.007638	1.25766	0.005555	1.10523	0.003573	0.92275	0.001864	0.70719	0.001053	0.55888	0.000634	0.45265	0.000265	0.31433
0.019230	1.83296	0.007819	1.27338	0.005694	1.11908	0.003656	0.93430	0.001910	0.71603	0.001078	0.56587	0.000648	0.45831	0.000271	0.31826
0.019698	1.85559	0.008013	1.28910	0.005834	1.13293	0.003749	0.94585	0.001956	0 72487	0.001104	0.57286	0.000664	0.46397	0.000278	0.32219
0.020174	1.87822	0.008210	1.30482	0.005975	1.14678	0.003834	0.95740	0.002003	0.73371	0.001131	0.57985	0.000681	0.46963	0.000284	0.32612
0.020663	1.90085	0.008396	1.32054	0.006119	1.16063	0.003929	0.96895	0.002045	0.74255	0.001157	0.58684	0.000694	0.47529	0.000290	0.33005
0.021139	1.92348	0.008597	1.33626	0.006254	1.17448	0.004017	0.98050	0.002094	0.75139	0.001184	0.59383	0.000711	0.48095	0.000297	0.33398
0.021641	1.94611	0.008800	1.35198	0.006401	1.18833	0.004113	0.99205	0.002143	0.76023	0.001211	0.60082	0.000728	0.48661	0.000304	0.33791
0.022148	1.96874	0.009006	1.36770	0.006550	1.20218	0.004211	1.00360	0.002193	0.76907	0.001238	0.60781	0.000742	0.49227	0.000311	0.34184
0.022640	1.99137	0.009201	1.38342	0.006701	1.21603	0.004302	1.01515	0.002243	0.77791	0.001266	0.61480	0.000760	0.49794	0 000318	0.34577
0.023159	2.01400	0.009412	1.39914	0.006852	1.22988	0.004401	1.02670	0.002293	0.78675	0.001293	0.62179	0.000774	0.50359	0.000324	0.34970
0.023683	2.03663	0.009624	1.41486	0.007006	1.24373	0.004494	1.03825	0.002339	0.79559	0.001321	0.62878	0.000792	0.50925	0.000330	0.35363
0.024194	2.05926	0.009825	1.43058	0.007150	1.25758	0.004595	1.04980	0.002391	0.80443	0.001350	0.63577	0.000810	0.51491	0.000337	0.35756
0.024731	2.08189	0.0010043	1.44630	0.007307	1.27143	0.004681	1.06135	0.002443	0.81327	0.001379	0.64276	0.000825	0.52057	0.000344	0.36149
0.025250	2.10452	0.0010263	1.46202	0.007466	1.28528	0.004795	1.07290	0.002496	0.82211	0.001408	0.64975	0.000844	0.52623	0.000351	0.36542
0.025788	2.12715	0.0010485	1.47774	0.007627	1.29913	0.004892	1.08445	0.002549	0.83095	0.001437	0.65674	0.000862	0.53189	0.000359	0.36935
0.026343	2.14978	0.0010695	1.49246	0.007789	1.31298	0.004998	1.09600	0.002603	0.83979	0.001467	0.66373	0.000883	0.53755	0.000366	0.37328
0.026888	2.17241	0.0010922	1.50918	0.007953	1.32683	0.005104	1.10842	0.002657	0.84863	0.001497	0.67072	0.000900	0.54421	0.000374	0.37721
0.027455	2.19504	0.0011152	1.52490	0.008119	1.34068	0.005214	1.11997	0.002706	0.85747	0.001527	0.67771	0.000919	0.54987	0.000381	0.38114
0.0280268	2.21764	0.0113826	1.54067	0.0081351	1.3526	0.0053156	1.13152	0.0027622	0.86631	0.0015538	0.68470	0.0009330	0.55444	0.0003886	0.38503
0.0285792	2.2403	0.0116027	1.5564	0.0082394	1.3664	0.0054257	1.14310	0.0028180	0.87520	0.0015848	0.6915	0.0009512	0.5601	0.0003961	0.38900
0.0291632	2.2629	0.0118379	1.5721	0.0084566	1.3803	0.0055383	1.15460	0.0028746	0.88400	0.0016249	0.6985	0.0009709	0.5657	0.0004040	0.39290
0.0303320	2.3081	0.0123026	1.6035	0.0087977	1.4679	0.0057568	1.17769	0.0029900	0.90168	0.0016793	0.7125	0.0010075	0.5769	0.0004192	0 40075
0.0315037	2.3534	0.0127907	1.6350	0.0091323	1.4355	0.0059789	1.20079	0.0031005	0.91936	0.0017433	0.7264	0.0010453	0.5881	0.0004354	0.40860
0.0327616	2.3987	0.0132730	1.6664	0.0094866	1.4631	0.0062055	1.22387	0.0032199	0.93704	0.0018093	0.7404	0.0010829	0.5993	0.00044973	0.41645

VOLUMES À ÉCOULER exprimés en mètres cubes par seconde	CHARGES EMPLOYÉES ET VITESSES PRODUITES DANS DES TUYAUX DES DIAMÈTRES DE :															
	Diamètre 0m.250 Section 0mq,04909		Diamètre 0m.300 Section 0mq,07068		Diamètre 0m.320 Section 0mq.08042		Diamètre 0m,350 Section 0mq.096165		Diamètre 0m,400 Section 0mq,125600		Diamètre 0m.450 Section 0mq,158963		Diamètre 0m.500 Section 0mq,196250		Diamètre 0m,600 Section 0mq, 282600	
	Charge	Vitesse	Charge	Vitesse	Charge	Vitesse	Charge	Vitesse	Charge	Vitesse	Charge	Vitesse	Charge	Vitesse	Charge	Vitesse
0.119973	0.0339600	2.4439	0.0137801	1.6979	0.0098469	1.4907	0.0064361	1.24696	0.0033420	0.95472	0.0018760	0.7544	0.0012116	0.6105	0.0004660	0.42430
0.122194	0.0352104	2.4892	0.0142810	1.7298	0.0102011	1.5183	0.0066594	1.27005	0.0034590	0.97240	0.0019440	0.7683	0.0011640	0.6217	0.0004829	0.43215
0.124416	0.036482	2.5344	0.0148072	1.7607	0.0105747	1.5459	0.0069104	1.29314	0.0035850	0.99008	0.0020135	0.7823	0.0012075	0.6329	0.0005000	0.44000
0.126637	0.0378064	2.5797	0.0153253	1.7922	0.0109410	1.5735	0.0071540	1.31623	0.0037136	1.00776	0.0020843	0.7963	0.0012446	0.6441	0.0005176	0.44785
0.128859	0.0391240	2.62495	0.0158701	1.82360	0.0113284	1.60110	0.0074017	1.33935	0.0038365	1.02546	0.0021555	0.81023	0.0012940	0.65528	0.0005356	0.45575
0 131081	0.0404640	2.67020	0.0164073	1.85504	0.0117212	1.62871	0.0076530	1.36244	0.0039695	1.04314	0.0022289	0.82420	0.0013317	0.66669	0 0005537	0.46361
0.133302	0.0418264	2.71545	0.0169580	1.88648	0.0121073	1.65632	0.0079097	1.38553	0.0041046	1.06082	0.0023120	0.83817	0.0013746	0.67810	0.0005720	0.47147
0.135524	0.0432424	2.76070	0.0175253	1.91792	0.0125144	1.68393	0.0081807	1.40862	0.0042338	1.07850	0.0023781	0.85214	0.0014184	0.68951	0.0005883	0.47933
0.137745	0.0446515	2.80595	0.0180896	1.94936	0.0129133	1.71154	0.0084450	1.43171	0.0043738	1.09618	0.0024553	0.86611	0.0014640	0.70092	0.0006070	0.48719
0.139967	0.0460818	2.85120	0.0186800	1.98080	0.0133327	1.73915	0.0087371	1.45480	0.0045150	1.11386	0.0025324	0.88008	0.0015114	0.71233	0.0006260	0.49505
0.142189	0.0475357	2.89645	0.0192619	2.01224	0.0137597	1.76676	0.0089873	1.47789	0.0046511	1.13154	0.0026121	0.89405	0.0015607	0.72374	0.0006454	0.50291
0.144411	0.0490454	2.94170	0.0198728	2.04368	0.0141782	1.79437	0.0092647	1.50098	0.0047969	1.14922	0.0026925	0.90802	0.0016066	0.73515	0.0006652	0.51077
0.146633	0.0505440	2.98695	0.0204727	2.07512	0.0146176	1.82198	0.0095465	1.52407	0.0049451	1.16690	0.0027735	0.92199	0.0016539	0.74656	0.0006829	0.51863
0.148855	»	»	0.0210816	2.10656	0.0150646	1.84959	0.0098320	1.54716	0.0050876	1.18458	0.0028562	0.93596	0.0017058	0.75797	0.0007032	0.52649
0.151076	»	»	0.0217197	2.13800	0.0155017	1.87718	0.0101211	1.57027	0.0052402	1.20226	0.0029404	0.94992	0.0017540	0.76940	0.0007237	0.53433
0.153298	»	»	0.0223464	2.16951	0.0159612	1.90479	0.0104157	1.59336	0.0053950	1.21994	0.00302541	0.96389	0.0018077	0.78071	0.0007446	0.54219
0.155519	»	»	0.0229900	2.20095	0.0164113	1.93240	0.0107136	1.61645	0.0055524	1.23762	0.0031120	0.97786	0.0018573	0.79202	0.0007660	0.55005
0.157741	»	»	0.0236485	2.23239	0.0168837	1.96000	0.0110297	1.63954	0.0057025	1.25530	0.0031993	0.99183	0.0019081	0.80333	0.0007873	0.55791
0.159963	»	»	0.0243240	2.26383	0.0173637	1.98760	0.0113305	1.66263	0.0058643	1.27298	0.0032882	1.00580	0.0019636	0.81464	0.0008090	0.56577
0.162184	»	»	0.0249880	2.29527	0.0178326	2 01521	0.0116480	1.68572	0.0060282	1.29066	0.0033778	1.01977	0.0020155	0.82595	0.0008312	0.57363
0.164406	»	»	0 0256814	2.32671	0.0183264	2.04281	0.0119634	1.70881	0.0061854	1.30834	0.0034689	1.03374	0.0020680	0.83726	0.0008508	0.58149
0.166628	»	»	0.0263640	2.35815	0.0188074	2.07042	0.0122827	1.73190	0.0063534	1.32602	0.0035618	1.04771	0.0021280	0.84857	0.0008738	0.58935
0.168849	»	»	0.0270584	2.38959	0.0193139	2.09802	0.0126068	1.75499	0.0065240	1.34370	0.0036553	1.06168	0.0021800	0.85988	0.0008967	0.59721
0.171071	»	»	0.0277760	2.42103	0.0198269	2.12563	0.0129346	1.77808	0.0066867	1.36138	0.0037498	1.07565	0.0022346	0.87119	0.0009200	0.60507
0.173293	»	»	0.0284848	2.45247	0.0203279	2.15323	0.0132670	1.80119	0.0068595	1.37906	0.0038462	1.08962	0.0022946	0.88257	0.0009436	0.61291
0.175515	»	»	0.0292853	2.48391	0.0208534	2.18084	0.0136029	1.82428	0.0070393	1.39674	0.0039433	1.10359	0.0023509	0.89388	0.0009670	0.62077
0.177736	»	»	0.0299527	2.51535	0.0213674	2.20845	0.0139440	1.84737	0.0072080	1.41442	0.0040347	1.11756	0.0024076	0.90519	0.0009910	0.62863
0.182179	»	»	0.0314518	2.57823	0.0224529	2.26365	0.0146376	1.89355	0.0075730	1.44978	0.0042423	1.14597	0.0025279	0.92782	0.0010372	0.64433
0.186623	»	»	0.0329981	2.64111	0.0235455	2.31886	0.0153634	1.93974	0.0079375	1.48514	0.0044411	1.17343	0.0026464	0.95045	0.0010873	0.66003
0.191066	»	»	0.0345760	2.70399	0.0246631	2.37407	0.0160910	1.98592	0.0083100	1.52050	0.0046503	1.20137	0.0027728	0.97308	0.0011308	0.67573
0.195509	»	»	0.0361913	2.76687	0.0258068	2.42928	0.0168363	2.03211	0.0087020	1.55586	0.0048659	1.22931	0.0029020	0.99571	0.0011887	0.69143
0.199953	»	»	0.0378426	2.82975	0.0269772	2.48449	0.0175984	2.07829	0.0090913	1.59122	0.0050847	1.25724	0.0030285	1.01834	0.0012424	0.70713
0.204396	»	»	0.0395318	2.89263	0.0281944	2.53971	0.0183767	2.12448	0.0094890	1.62658	0.0053098	1.28518	0.0031636	1.04097	0.0012970	0.72281
0.208839	»	»	0.041119	2.95550	0.029876	2.59491	0.019188	2.17065	0.009908	1.66185	0.005539	1.31312	0.003302	1.06360	0.001353	0.73868
0.213283	»	»	»	»	0.031145	2.65012	0.020001	2.21683	0.010324	1.69722	0.005773	1.34106	0.003436	1.08623	0.001407	0.75440
0.217726	»	»	»	»	0.032438	2.70533	0.020831	2.26301	0.010747	1.73259	0.006012	1.36900	0.003580	1.10886	0.001465	0.77012
0.222170	»	»	»	»	0.033758	2.76054	0.021677	2.30919	0.011192	1.76796	0.006300	1.40694	0.003720	1.13149	0.001525	0.78584
0.226613	»	»	»	»	0.035131	2.81575	0.022540	2.35537	0.011634	1.80333	0.006595	1.43488	0.003870	1.15412	0.001582	0.80156
0.231056	»	»	»	»	0.036504	2.87096	0.023420	2.40155	0.012097	1.83870	0.006851	1.46282	0.004023	1.17675	0.001644	0.81728
0.235500	»	»	»	»	0.037904	2.92617	0.024336	2.44773	0.012555	1.87407	0.007111	1.49076	0.004172	1.19938	0.001707	0.83300
0.239943	»	»	»	»	0.039330	2.98138	0.025250	2.49391	0 013022	1.90944	0.007377	1.51870	0.004329	1.22201	0.001771	0.84872
0.244386	»	»	»	»	»	»	0.026180	2.54009	0.013512	1.94481	0.007647	1.54664	0.004491	1.24464	0.001833	0.86444
0.248830	»	»	»	»	»	»	0.027134	2.58627	0.013996	1.98018	0.007911	1.57458	0.004648	1.26727	0.001899	0.88016
0.253273	»	»	»	»	»	»	0.028093	2.63245	0.014489	2.0555	0.008141	1.59252	0.004815	1.28990	0 001968	0.89588
0.257716	»	»	»	»	»	»	0.029096	2.67863	0.015005	2.05092	0.008373	1.62046	0.004978	1.31253	0.002037	0.91160
0.262160	»	»	»	»	»	»	0.030095	2.72481	0.015516	2.08629	0.008661	1.64840	0.005150	1.33516	0.002102	0.92732
0.266604	»	»	»	»	»	»	0.031110	2.77099	0.016050	2.12166	0.008953	1.67634	0.005326	1.35779	0 002173	0.94304

91. TABLE DU MOUVEMENT DE L'EAU

DANS LES TUYAUX

d'après la théorie de Prony et les calculs de M. Fourneyron.

Vitesses moyennes.	$J^2Q \times 10^9$	Vitesses moyennes.	$J^2Q \times 10^9$	Vitesses moyennes.	$J^2Q \times 10^9$.	Vitesses moyennes.	$J^2Q \times 10^9$.	Vitesses moyennes.	$J^2Q \times 10^9$.	Vitesses moyennes.	$J^2Q \times 10^9$.
0.01	0.000005	0.51	63.34867	1.01	1763.592	1.51	12766.26	2.01	52500.52	2.51	157919.5
0.02	0.000059	0.52	69.5690	1.02	1850.939	1.52	13189.09	2.02	52815.91	2.52	161065.6
0.03	0.000262	0.53	76.26882	1.03	1941.715	1.53	13623.04	2.03	55148.18	2.53	164261.7
0.04	0.000786	0.54	83.47467	1.04	2036.013	1.54	14068.33	2.04	56506.70	2.54	167508.3
0.05	0.001896	0.55	91.21488	1.05	2133.942	1.55	14525.20	2.05	57891.86	2.55	170806.0
0.06	0.003966	0.56	99.51864	1.06	2235.602	1.56	14933.86	2.06	59304.05	2.56	174155.5
0.07	0.007498	0.67	108.4162	1.07	2341.100	1.57	15474.54	2.07	60743.67	2.57	177557.2
0.08	0.013140	0.58	117.9387	1.08	2450.543	1.58	15967.46	2.08	62211.10	2.58	181012.0
0.09	0.021704	0.59	128.1186	1.09	2564.041	1.59	16472.87	2.09	63706.76	2.59	184520.3
0.10	0.034185	0.60	138.9894	1.10	2681.705	1.60	16990.99	2.10	65231.05	2.60	188082.9
0.11	0.051780	0.61	150.5856	1.11	2803.650	1.61	17522.07	2.11	66784.38	2.61	194700.2
0.12	0.075902	0.62	172.9478	1.12	2929.990	1.62	18066.35	2.12	68367.16	2.62	195372.9
0.13	0.108208	0.63	176.0980	1.13	3065.843	1.63	18624.07	2.13	69979.80	2.63	199101.8
0.14	0.150603	0.64	190.0892	1.14	3196.331	1.64	19195.47	2.14	71622.73	2.64	202887.3
0.15	0.205273	0.65	204.9556	1.15	3336.574	1.65	19780.82	2.15	73296.37	2.65	206730.2
0.16	0.274691	0.66	220.7375	1.16	3481.696	1.66	20380.35	2.16	75001.16	2.66	210631.2
0.17	0.361644	0.67	237.4767	1.17	3631.823	1.67	20994.34	2.17	76737.51	2.67	214590.8
0.18	0.469248	0.68	255.2161	1.18	3787.085	1.68	21623.04	2.18	78505.89	2.68	218609.7
0.19	0.600966	0.69	273.9995	1.19	3947.612	1.69	22266.70	2.19	80306.70	2.69	222688.6
0.20	0.760624	0.70	292.8729	1.20	4113.525	1.70	22925.61	2.20	82140.41	2.70	226828.1
0.21	0.952437	0.71	314.8827	1.21	4284.091	1.71	23600.02	2.21	84007.46	2.71	231029.0
0.22	1.181017	0.72	337.0769	1.22	4462.117	1.72	24290.20	2.22	85908.32	2.72	235291.9
0.23	1.451400	0.73	360.5049	1.23	4645.052	1.73	24996.44	2.23	87843.43	2.73	239617.6
0.24	1.769059	0.74	385.2175	1.24	4833.937	1.74	25719.02	2.24	89813.25	2.74	244006.5
0.25	2.139925	0.75	411.2668	1.25	5028.917	1.75	26458.20	2.25	91818.24	2.75	248459.6
0.26	2.570403	0.76	438.7063	1.26	5230.138	1.76	27214.29	2.26	93858.90	2.76	252977.4
0.27	3.067394	0.77	467.5908	1.27	5437.749	1.77	27987.56	2.27	95936.66	2.77	257560.7
0.28	3.638309	0.78	497.9768	1.28	5651.900	1.78	28778.31	2.28	98049.03	2.78	260210.2
0.29	4.291090	0.79	529.9219	1.29	5872.745	1.79	29580.83	2.29	100199.5	2.79	266926.7
0.30	5.034226	0.80	563.4854	1.30	6100.439	1.80	30413.42	2.30	102387.5	2.80	271710.6
0.31	5.876776	0.81	598.7281	1.31	6335.142	1.81	31258.38	2.31	104613.6	2.81	276563.0
0.32	6.828380	0.82	635.7120	1.32	6577.012	1.82	32122.02	2.32	106878.2	2.82	281484.4
0.33	7.899285	0.83	674.5011	1.33	6826.214	1.83	33004.64	2.33	109181.8	2.83	286475.7
0.34	9.100358	0.84	715.1601	1.34	7082.912	1.84	33906.55	2.34	111525.1	2.84	291537.6
0.35	10.443190	0.85	757.7570	1.35	7347.275	1.85	34828.08	2.35	113908.2	2.85	296670.7
0.36	11.939690	0.86	802.3591	1.36	7619.472	1.86	35769.53	2.36	116332.2	2.86	301875.9
0.37	13.60296	0.87	849.0367	1.37	7899.677	1.87	36731.23	2.37	118797.4	2.87	307153.8
0.38	15.44645	0.88	897.8616	1.38	8188.065	1.88	37713.51	2.38	121303.7	2.88	312505.4
0.39	17.48441	0.89	948.9067	1.39	8484.814	1.89	38716.69	2.39	123852.3	2.89	317931.2
0.40	19.73182	0.90	1002.247	1.40	8790.104	1.90	39741.10	2.40	126443.7	2.90	323432.2
0.41	22.20441	0.91	1057.959	1.41	9104.119	1.91	40787.08	2.41	129078.2	2.91	329009.1
0.42	24.91867	0.92	1176.121	1.42	9427.044	1.92	41854.97	2.42	131756.4	2.92	334662.6
0.43	27.89191	0.93	1116.813	1.43	9759.067	1.93	42945.12	2.43	134479.0	2.93	340393.6
0.44	31.14219	0.94	1240.117	1.44	10100.38	1.94	44057.85	2.44	137246.3	2.94	346202.8
0.45	34.68845	0.95	1306.116	1.45	10451.17	1.95	45193.54	2.45	140059.0	2.95	352091.0
0.46	38.57012	0.96	1374.804	1.46	10811.65	1.96	46352.52	2.46	142917.7	2.96	358059.1
0.47	42.74873	0.97	1446.540	1.47	11182.00	1.97	47535.16	2.47	145822.8	2.97	364107.9
0.48	47.30486	0.98	1521.141	1.48	11562.43	1.98	48741.81	2.48	148775.0	2.98	370238.1
0.49	52.24121	0.99	1598.788	1.49	11953.15	1.99	49972.84	2.49	151774.8	2.99	376450.6
0.50	57.58107	1.00	1679.574	1.50	12354.36	2.00	51228.62	2.50	154822.8	3.00	382746.3

DIAMÈTRE DU TUYAU D	AIRE DE LA SECTION $\frac{\pi D^2}{4}$	$1\,000 b_1$	$\frac{J}{Q^2}$	Log. $\frac{J}{Q^2}$	DIFFÉRENCES DE LA COLONNE PRÉCÉDENTE Première	Seconde
m.	m.q.					
0.010	0.0000785	1.801	116790000	8.06739	— 0.23630	0.02130
0.011	0.0000950	1.683	67779000	7.83109	— 0.21500	0.01785
0.012	0.0001131	1.585	41314000	7.61609	— 0.19715	0.01518
0.013	0.0001327	1.502	26239000	7.41894	— 0.18197	0.01304
0.014	0.0001539	1.431	17257000	7.23697	— 0.16893	0.01134
0.015	0.0001767	1.370	11696000	7.06804	— 0.15759	0.00995
0.016	0.0002011	1.316	8136800	6.91045	— 0.14764	0.00880
0.017	0.0002270	1.268	5791800	6.76281	— 0.13884	0.00782
0.018	0.0002545	1.206	4207000	6.62397	— 0.13102	0.00701
0.019	0.0002835	1.188	3111300	6.49295	— 0.12401	0.00631
0.020	0.0003142	1.154	2338500	6.36894	— 0.11770	0.00571
0.021	0.0003464	1.123	1783400	6.25124	— 0.11199	0.00521
0.022	0.0003801	1.090	1378000	6.13925	— 0.10678	0.00474
0.023	0.0004155	1.070	1077600	6.03247	— 0.10204	0.00435
0.024	0.0004524	1.046	851970	5.93043	— 0.09769	0.00400
0.025	0.0004909	1.025	680350	5.83274	— 0.09369	0.00369
0.026	0.0005309	1.005	548340	5.73905	— 0.09000	0.00343
0.027	0.0005726	0.986	445710	5.64905	— 0.08657	0.00317
0.028	0.0006158	0.969	365150	5.56248	— 0.08340	0.00295
0.029	0.0006605	0.953	301950	5.47908	— 0.08045	0.00276
0.030	0.0007069	0.938	250400	5.39863	— 0.15280	0.00967
0.032	0.0008042	0.911	176130	5.24583	— 0.14313	0.00854
0.034	0.0009079	0.888	126680	5.10270	— 0.13459	0.00760
0.036	0.0010179	0.867	92919	4.96811	— 0.12699	0.00679
0.038	0.0011341	0.848	69361	4.84112	— 0.12020	0.00612
0.040	0.001257	0.830	52592	4.72092	— 0.11408	0.00554
0.042	0.001385	0.815	40443	4.60684	— 0.10854	0.00503
0.044	0.001521	0.799	31499	4.49830	— 0.10351	0.00458
0.046	0.001662	0.788	24819	4.39479	— 0.09893	0.00421
0.048	0.001810	0.777	19763	4.29586	— 0.09472	0.00388
0.050	0.001963	0.766	15891	4.20114	— 0.09084	0.00356
0.052	0.002124	0.756	12891	4.11030	— 0.08728	0.00330
0.054	0.002290	0.747	10544	4.02302	— 0.08398	0.00307
0.056	0.002463	0.738	8690	3.93904	— 0.08091	0.00284
0.058	0.002642	0.730	7213	3.85813	— 0.07807	0.00267
0.060	0.002827	0.723	6026	3.78006	— 0.07540	0.00248
0.062	0.003019	0.716	5066	3.70466	— 0.07292	0.00233
0.064	0.003217	0.709	4283	3.63174	— 0.07059	0.00219
0.066	0.003421	0.703	3640	3.56115	— 0.06840	0.00206
0.068	0.003632	0.697	3110	3.49275	— 0.06634	0.00193
0.070	0.003848	0.692	2669	3.42641	— 0.06441	0.00183
0.072	0.004072	0.687	2301	3.36200	— 0.06258	0.00173
0.074	0.004301	0.682	1993	3.29942	— 0.06085	0.00164
0.076	0.004536	0.677	1732	3.23857	— 0.05921	0.00154
0.078	0.004778	0.673	1511	3.17936	— 0.05767	0.00148
0.080	0.005027	0.669	1323	3.12169	— 0.13786	0.00813
0.085	0.005675	0.657	963.4	2.98383	— 0.12973	0.00725
0.090	0.006362	0.651	714.7	2.85410	— 0.12248	0.00647
0.095	0.007088	0.643	539.0	2.73162	— 0.11601	0.00584
0.100	0.007854	0.636	412.7	2.61561	— 0.11017	0.00527
0.105	0.008659	0.630	320.2	2.50544	— 0.10490	0.00481
0.110	0.009503	0.625	251.5	2.40054	— 0.10009	0.00437
0.115	0.010387	0.620	199.7	2.30045	— 0.09572	0.00402
0.120	0.011310	0.615	160.2	2.20473	— 0.09170	0.00369
0.125	0.012272	0.611	129.7	2.11303	— 0.08801	0.00341
0.130	0.01327	0.607	105.9	2.02502	— 0.08460	0.00316
0.135	0.01431	0.603	87.18	1.94042	— 0.08144	0.00292
0.140	0.01539	0.599	72.27	1.85898	— 0.07852	0.00273
0.145	0.01651	0.596	60.32	1.78046	— 0.07579	0.00255
0.150	0.01767	0.593	50.66	1.70457	» »	» »
0.15	0.01767	0.593	50.66	1.70467	— 0.14410	0.00892

DIAMÈTRE DU TUYAU D	AIRE DE LA SECTION $\frac{\pi D^2}{4}$	$1\,000 b_1$	$\frac{J}{Q^2}$	Log. $\frac{J}{Q^2}$	DIFFÉRENCES DE LA COLONNE PRÉCÉDENTE	
					Première	Seconde
m.	m.q.					
0.16	0.02011	0.588	36.36	1.56057	— 0.13518	0.00790
0.17	0.02270	0.583	26.63	1.42539	— 0.12728	0.00703
0.18	0.02545	0.579	19.87	1.29811	— 0.12025	0.00629
0.19	0.02835	0.575	15.06	1.17786	— 0.11396	0.00567
0.20	0.03142	0.572	11.59	1.06390	— 0.10829	0.00512
0.21	0.03464	0.569	9.028	0.95561	— 0.10317	0.00468
0.22	0.03801	0.566	7.119	0.85244	— 0.09849	0.00426
0.23	0.04155	0.563	5.675	0.75395	— 0.09423	0.00392
0.24	0.04524	0.561	4.568	0.65972	— 0.09031	0.00359
0.25	0.04909	0.559	3.710	0.56941	— 0.08672	0.00333
0.26	0.05309	0.557	3.039	0.48296	— 0.08339	0.00307
0.27	0.05726	0.555	2.508	0.39930	— 0.08032	0.00287
0.28	0.06158	0.553	2.084	0.31898	— 0.07745	0.00266
0.29	0.06605	0.552	1.744	0.24153	— 0.07479	0.00249
0.30	0.07069	0.550	1.468	0.16674	— 0.07230	0.00233
0.31	0.07548	0.549	1.243	0.0944	— 0.06997	0.00217
0.32	0.08042	0.547	1.058	0.02447	— 0.06780	0.00206
0.33	0.08553	0.546	0.9050	$\bar{1}.95667$	— 0.06574	0.00193
0.34	0.09079	0.545	0.7779	$\bar{1}.89093$	— 0.06381	0.00181
0.35	0.09621	0.544	0.6716	$\bar{1}.82712$	— 0.06200	0.00173
0.36	0.10179	0.543	0.5823	$\bar{1}.76512$	— 0.06027	0.00162
0.37	0.10752	0.542	0.5068	$\bar{1}.70485$	— 0.05865	0.00154
0.38	0.11341	0.541	0.4428	$\bar{1}.64620$	— 0.05711	0.00147
0.39	0.11946	0.540	0.3882	$\bar{1}.58909$	— 0.05564	0.00139
0.40	0.1257	0.539	0.3415	$\bar{1}.53345$	— 0.05425	0.00131
0.41	0.1320	0.539	0.3014	$\bar{1}.47920$	— 0.05294	0.00127
0.42	0.1385	0.538	0.2668	$\bar{1}.42626$	— 0.05167	0.00119
0.43	0.1452	0.537	0.2369	$\bar{1}.37459$	— 0.05048	0.00116
0.44	0.1521	0.536	0.2100	$\bar{1}.32411$	— 0.04932	0.00108
0.45	0.1590	0.536	0.1883	$\bar{1}.27479$	— 0.04824	0.00105
0.46	0.1662	0.535	0.1685	$\bar{1}.22655$	— 0.04719	0.00101
0.47	0.1735	0.535	0.1511	$\bar{1}.17936$	— 0.04618	0.00096
0.48	0.1810	0.534	0.1359	$\bar{1}.13318$	— 0.04522	0.00092
0.49	0.1886	0.533	0.1225	$\bar{1}.08796$	— 0.04430	0.00088
0.50	0.1963	0.533	0.1106	$\bar{1}.04366$	— 0.04342	0.00086
0.51	0.2043	0.532	0.1001	$\bar{1}.00024$	— 0.04256	»
0.52	0.2124	0.532	0.09072	$\bar{2}.95768$	— 0.04174	»
0.53	0.2206	0.531	0.08240	$\bar{2}.91594$	— 0.04097	»
0.54	0.2290	0.531	0.07498	$\bar{2}.87497$	— 0.04020	»
0.55	0.2376	0.531	0.06836	$\bar{2}.83477$	— 0.03946	»
0.56	0.2463	0.530	0.06242	$\bar{2}.79531$	— 0.03877	»
0.57	0.2552	0.530	0.05709	$\bar{2}.75654$	— 0.03809	»
0.58	0.2642	0.529	0.05229	$\bar{2}.71845$	— 0.03743	»
0.59	0.2734	0.529	0.04798	$\bar{2}.68102$	— 0.03680	»
0.60	0.2827	0.529	0.04408	$\bar{2}.64422$	— 0.03618	»
0.61	0.2922	0.528	0.04055	$\bar{2}.60804$	— 0.03559	»
0.62	0.3019	0.528	0.03736	$\bar{2}.57245$	— 0.03502	»
0.63	0.3117	0.528	0.03447	$\bar{2}.53743$	— 0.03446	»
0.64	0.3217	0.527	0.03184	$\bar{2}.50297$	— 0.03392	»
0.65	0.3318	0.527	0.02945	$\bar{2}.46905$	— 0.03340	»
0.66	0.3421	0.527	0.02727	$\bar{2}.43565$	— 0.03290	»
0.67	0.3526	0.526	0.02528	$\bar{2}.40275$	— 0.03241	»
0.68	0.3632	0.526	0.02346	$\bar{2}.37034$	— 0.03192	»
0.69	0.3739	0.526	0.02180	$\bar{2}.33842$	— 0.03147	»
0.70	0.3848	0.525	0.02027	$\bar{2}.30695$	— 0.03101	»
0.71	0.3959	0.525	0.01888	$\bar{2}.27594$	— 0.03059	»
0.72	0.4072	0.525	0.01759	$\bar{2}.24535$	— 0.03015	»
0.73	0.4185	0.525	0.01641	$\bar{2}.21520$	— 0.02974	»
0.74	0.4301	0.524	0.01533	$\bar{2}.18546$	— 0.02935	»
0.75	0.4418	0.524	0.01433	$\bar{2}.15611$	— 0.02895	»
0.76	0.4536	0.524	0.01340	$\bar{2}.12716$	— 0.02856	»

DIAMÈTRE DU TUYAU D	AIRE DE LA SECTION $\frac{\pi D^2}{4}$	$1\,000 h_1$	$\frac{J}{Q^2}$	Log. $\frac{J}{Q^2}$	DIFFÉRENCES DE LA COLONNE PRÉCÉDENTE — Première	Seconde
m.	m.q.					
0.77	0.4657	0.524	0 01255	$\bar{2}.09860$	— 0.02820	»
0.78	0.4778	0.524	0.01176	$\bar{2}.07040$	— 0.02784	»
0.79	0.4902	0.523	0.01103	$\bar{2}.04256$	— 0.02748	»
0.80	0.5027	0.523	0.01035	$\bar{2}.01508$	— 0.02714	»
0.81	0.5153	0.523	0.009726	$\bar{3}.98794$	— 0.02681	»
0.82	0.5281	0.523	0.009144	$\bar{3}.96113$	— 0.02648	»
0.83	0.5411	0.523	0.008603	$\bar{3}.93465$	— 0.02616	»
0.84	0.5542	0.522	0.008100	$\bar{3}.90849$	— 0.02585	»
0.85	0.5675	0.522	0.007632	$\bar{3}.88264$	— 0.02554	»
0.86	0.5809	0.522	0.007196	$\bar{3}.85710$	— 0.02525	»
0.87	0.5945	0.522	0.006790	$\bar{3}.83185$	— 0.02496	»
0.88	0.6082	0.522	0.006410	$\bar{3}.80689$	— 0.02467	»
0.89	0.6221	0.522	0.006056	$\bar{3}.78222$	— 0.0244	»
0.90	0.6362	0.521	0.005726	$\bar{3}.75782$	— 0.02412	»
0.91	0.6504	0.521	0.005416	$\bar{3}.73370$	— 0.02387	»
0.92	0.6648	0.521	0.005127	$\bar{3}.70983$	— 0.02360	»
0.93	0.6793	0.521	0.004855	$\bar{3}.680.3$	— 0.02335	»
0.94	0.6940	0.521	0.004601	$\bar{3}.66288$	— 0.02309	»
0.95	0.7088	0.521	0.004363	$\bar{3}.63979$	— 0.02286	»
0.96	0.7238	0.520	0.004139	$\bar{3}.61693$	— 0.02262	»
0.97	0.7390	0.520	0.003929	$\bar{3}.59431$	— 0.02239	»
0.98	0.7543	0.520	0.003732	$\bar{3}.57192$	— 0.02215	»
0.99	0.7698	0.520	0.003546	$\bar{3}.54977$	— 0.02194	»
1.00	0.7854	0 520	0.003372	$\bar{3}.52783$	— 0.10646	0.00498
1.05	0.8659	0.519	0.002639	$\bar{3}.42137$	— 0.10148	0.00452
1.10	0.9503	0.519	0.002089	$\bar{3}.31989$	— 0.09696	0.00415
1.15	1.0387	0.518	0.001671	$\bar{3}.22293$	— 0.09281	»
1.20	1.1310	0.518	0.001349	$\bar{3}.13012$	»	»

Conduites simples à débit constant et à diamètre variable.

93. Les formules que nous avons établies précédemment se rapportent à des tuyaux de diamètre constant; or dans la pratique, le diamètre des conduites est variable, soit progressivement et d'une manière continue, soit brusquement. Dans ce dernier cas, qui est le plus général, la conduite se compose de conduites cylindriques de différents diamètres placées bout à bout. Nous ne nous occuperons que de ce dernier.

1° Supposons que l'eau s'écoule d'un tuyau d'un certain diamètre, dans un tuyau d'un diamètre plus grand, et considérons dans le petit tuyau, une section voisine du grand, et soit U′ la vitesse en cette section. Après l'élargissement brusque, les filets liquides redeviennent parallèles en une certaine section A″ B″ (*fig.* 53) ou la vitesse est, par exemple U″.

Pour comparer les niveaux piézométriques, ou autrement dit la charge, remarquons qu'on peut appliquer le théorème de Bernouilli, modifié pour l'élar-

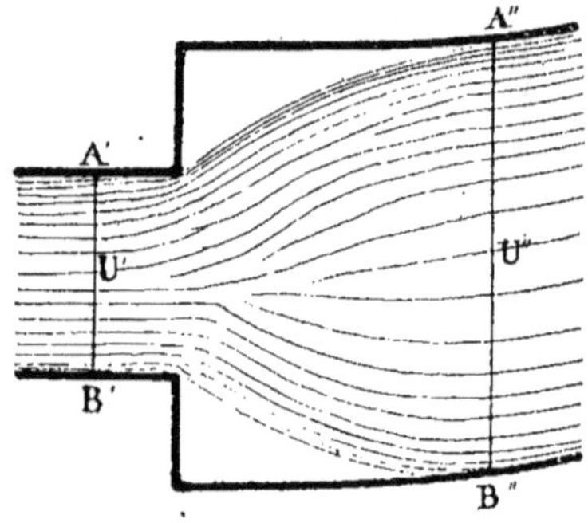

Fig. 53.

gissement brusque de section ; et l'on aura :

$$\frac{U''^2}{2g} - \frac{U'^2}{2g} = y$$

diminué de la perte de charge due au changement brusque de section ; ce qui donne :

$$\frac{U''^2}{2g} - \frac{U'^2}{2g} = y - \frac{(U' - U'')^2}{2g}$$

et par suite,

$$y = \frac{U''(U'' - U')}{g}.$$

Or, U'' est plus petit que U', c'est-à-dire que y est négatif, par conséquent le niveau piézométrique est moins élevé dans la deuxième section que dans la première.

La perte de charge due aux frottements est :

$$\frac{(U' - U'')^2}{2g}.$$

2° Supposons maintenant que l'on passe d'un certain diamètre dans un plus petit,

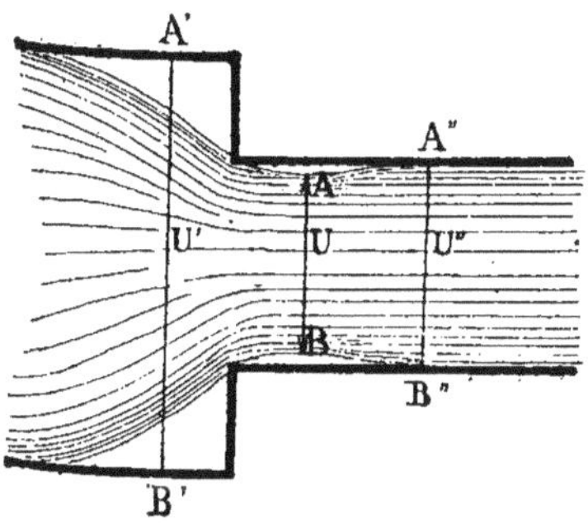

Fig. 54.

et considérons encore les deux sections A' B', A'' B'' (*fig.* 54) où les vitesses du mouvement par filets parallèles sont U' et U''. Soit de plus U la vitesse dans la section contractée et cherchons la charge y contre A'B' et A''B''.

Entre A'B' et AB, nous n'avons pas de changement brusque, on peut donc appliquer le théorème de Bernouilli ; si y' désigne la charge entre ces deux sections, on aura :

$$\frac{U^2 - U'^2}{2g} = y'. \qquad (1)$$

Entre AB et A''B'', appliquons le théorème modifié

$$\frac{U''^2}{2g} - \frac{U^2}{2g} = y''$$

diminué de la perte de charge due à l'élargissement brusque, ou

$$\frac{U''^2}{2g} - \frac{U^2}{2g} = y'' - \frac{1}{2}\frac{U''^2}{2g}. \qquad (2)$$

Ajoutons membre à membre les équations (1) et (2), on a :

$$\frac{U''^2}{2g} - \frac{U'^2}{2g} = y' + y'' - \frac{1}{2}\frac{U''^2}{2g}$$

et en remplaçant $y' + y''$ par y, il vient :

$$\frac{U''^2}{2g} - \frac{U'^2}{2g} = y - \frac{1}{2}\frac{U''^2}{2g}$$

d'où l'on tire :

$$y = \frac{3}{2}\frac{U''^2}{2g} - \frac{U'^2}{2g}.$$

Comme U'' est plus grand que U' il s'ensuit que le niveau piézométrique est plus élevé en amont qu'en aval.

La perte de charge due aux frottements est ici :

$$\frac{1}{2}\frac{U''^2}{2g}$$

Perte de charge due aux coudes. — La perte de charge due aux coudes a été déterminée d'une manière tout à fait empirique par Dubuat et Navier ; ils ont donné la formule

$$T = \frac{U^2}{2g}(0.0039 + 0.0186r)\frac{C}{r^2}$$

dans laquelle r est le rayon de la circonférence formée par l'axe du coude et C la portion de cette circonférence qui est comprise dans le coude. L'effet des coudes est négligeable, toutes les fois que le rayon r est plus grand que cinq fois le diamètre D de la conduite.

Résumé des pertes de charge. — Comme dans l'établissement des conduites on a souvent besoin des pertes de charge, nous les résumons comme il suit.

Perte de charge due aux frottements.

$$\frac{LX}{\Omega}(aU + bU^2) = \frac{4L}{D}(aU + bU^2).$$

Perte de charge due à un élargissement brusque

$$\frac{(U'' - U')^2}{2g}$$

Perte de charge due à une diminution de diamètre

$$\frac{1}{2}\frac{U''^2}{2g}$$

Perte de charge due à un coude de la conduite

$$\frac{U^2}{2g}(0{,}0039 + 0{,}0186r)\frac{C}{r^2}.$$

Lorsqu'on aura une conduite à étudier il faudra introduire ces différentes pertes de charge autant de fois que se renouvelleront les circonstances qui y donnent lieu. Cette remarque permet d'écrire

$$\frac{U_1^2}{2g} - \frac{U_0^2}{2g} = y - \Sigma \text{ des pertes de charge} = y - H_f.$$

en désignant par H_f la hauteur totale de toutes les pertes de charge.

Dans cette équation, U_1 est la vitesse moyenne de la section d'aval; U_0 celle de la section d'amont et y la charge entre ces deux sections.

Perte de charge dans une conduite à débit constant et à changements brusques de section.

L'équation générale

$$\frac{U_1^2}{2g} - \frac{U_0^2}{2g} = y - H_f$$

montre qu'il n'y a de différence entre la différence y des niveaux piézométriques et la perte totale H_f de charge, que quand les vitesses U_0 et U_1 à l'amont et à l'aval, sont différentes.

Si la conduite est longue, cette différence est presque toujours négligeable et l'on a, avec une approximation suffisante, au moins pour une première appréciation

$$y = H_f = \Sigma \text{ des pertes de charge.}$$

Lorsque le frottement est très prépondérant, on peut même négliger l'influence des changements de section et écrire simplement.

$$y = \Sigma \frac{4L}{D} b_1 U^2 = \Sigma \frac{64 L b_1 Q^2}{\pi^2 D^5}$$

et même si l'on regarde b_1 comme constant

$$y = \frac{64 b_1 Q^2}{\pi^2} \Sigma \frac{l}{D^5}.$$

Problèmes.

94. Deux problèmes peuvent se présenter sur les conduites présentant des changements brusques de section.

1° *Étant données les dimensions d'une conduite et l'abaissement du niveau piézométrique; déterminer la vitesse et le débit;*

2° *Étant donnés les dimensions et le débit, déterminer l'abaissement du niveau piézométrique et les vitesses.*

Pour résoudre ces problèmes, il suffit de faire remarquer que toutes les vitesses, et par conséquent toutes les pertes de charge, peuvent, eu égard aux diamètres des diverses parties de la conduite, qui sont tous connus, être exprimées en fonction de la seule vitesse U_1, à l'extrémité.

Cette substitution étant faite dans l'équation

$$\frac{U_1^2}{2g} - \frac{U_0^2}{2g} = y - H_f$$

elle suffira, dans le premier problème, pour déterminer U_1, et par suite

$$Q = \frac{1}{4}\pi D^2 U_1$$

Pour le second problème Q étant connu, cette dernière équation suffira pour déterminer U_1, et la première donnera la valeur de y quand tous les termes de H_f seront exprimés en fonction de U_1.

95. *Conduites équivalentes.* — Deux conduites simples à débit constant, sont équivalentes, si, soumises à une même charge entre deux sections extrêmes, elles ont des dépenses égales.

En faisant abstraction des hauteurs dues aux vitesses et des pertes de charge autres que celles dues aux frottements. la théorie des conduites équivalentes permet souvent de résoudre d'une manière avantageuse certains problèmes de remplacement de conduites. Nous prendrons pour le frottement des parois, l'expression monôme. au lieu de l'expression binôme, c'est-à-dire celle où entre le coefficient b_1, que nous regarderons comme constant.

Supposons donc qu'il s'agisse d'abord d'une conduite simple à débit constant, où le diamètre varie d'une manière continue; son équation est

$$y = \frac{64 b_1 Q^2}{\pi^2}\left(\text{Somme des termes } \frac{l}{D^5}\right)$$

dans laquelle l représente un élément très petit de la longueur de la conduite et D le diamètre correspondant. Cette somme doit être prise depuis zéro jusqu'à la longueur développée L de la conduite. Dans cette équation, y est la charge entre les sections extrêmes, et Q la dépense. Considérons une seconde conduite dans les mêmes conditions ; on aura pour celle-ci

$$y_1 = \frac{64b_1Q_1^2}{\pi^2}\left(\text{Somme des termes } \frac{l_1}{D_1^5}\right).$$

La somme des termes de la parenthèse devant être prise depuis zéro jusqu'à la longueur développée L_1 de la conduite.

Pour qu'il y ait équivalence, il faut et il suffit que $y_1 = y$ et $Q_1 = Q$.

Il faut donc que les deux parenthèses soient égales ; c'est-à-dire

$$\left(\text{Somme des termes } \frac{l}{D^5}\right) = \left(\text{Somme des termes } \frac{l_1}{D_1^5}\right)$$

ce qui montre que deux conduites sont équivalentes quand elles donnent la même valeur pour

$$\Sigma \frac{l}{D^5}.$$

Cette seule condition, entre toutes les

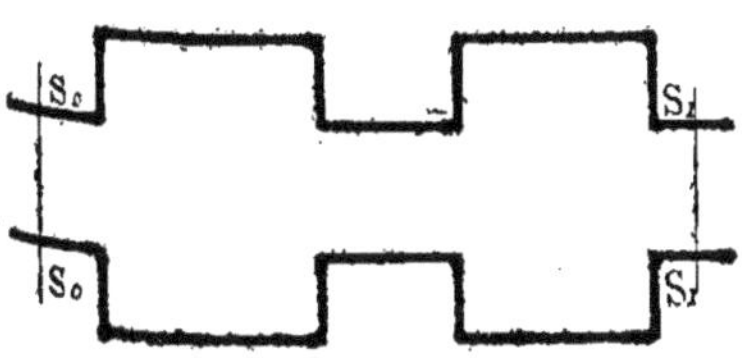

Fig. 55.

variables qui entrent sous le signe de la sommation, suffit pour montrer que le problème des conduites équivalentes admet une infinité de solutions.

Supposons maintenant une conduite simple, à débit constant mais dont le diamètre change brusquement.

Soient S_0S_0, S_1S_1 (*fig.* 55) les deux sections extrêmes considérées ; nous supposerons négligeables, les hauteurs dues aux vitesses, et les pertes de charge dues aux changements brusques de section, devant les pertes de charge dues aux frottements. Nous pourrons écrire

$$y = H_f.$$

Pour trouver H_f, appelons L', D', U', la longueur, le diamètre et la vitesse, on aura pour la première conduite

$$\frac{4L'}{D'} b_1 U'^2$$

ou en remplaçant la vitesse tirée de l'équation de la dépense

$$\frac{64b_1Q^2L'}{\pi^2 D'^5}.$$

Pour la seconde conduite, on aura de même en appelant L'' et D'' ses éléments

$$\frac{64b_1Q^2L''}{\pi^2 D''^5}$$

pour la troisième

$$\frac{64b_1Q^2L'''}{\pi^2 D'''^5} \qquad \text{etc.}$$

et en faisant la somme

$$y = \frac{64b_1Q^2}{\pi^2}\left(\frac{L'}{D'^5} + \frac{L''}{D''^5} + \ldots\right)$$

ou

$$y = \frac{64b_1Q^2}{\pi^2}\,\Sigma\frac{L}{D^5}.$$

Considérons une autre conduite dans les mêmes conditions, son équation s'écrira

$$y_1 = \frac{64b_1Q_1^2}{\pi^2}\,\Sigma\frac{L_1}{D_1^5}$$

et si ces conduites sont équivalentes ; il suffit si $y_1 = y$, que $Q_1 = Q$.

Il faut donc que l'on ait :

$$\Sigma\frac{L}{D^5} = \Sigma\frac{L_1}{D_1^5}.$$

En rapprochant ce résultat du précédent, on voit que, pour qu'il y ait équivalence entre deux conduites dans lesquelles le diamètre varie brusquement pour l'une et d'une manière continue pour l'autre, il faut que

$$\Sigma\frac{L}{D^5} = \left(\text{Somme des termes } \frac{l}{D^5}\right).$$

Problèmes sur les conduites équivalentes.

96. 1° *Faire une conduite équivalente à la succession de plusieurs conduites données.*

Supposons que y soit la charge totale entre les extrémités de toutes ces conduites successives, on aura

$$y = \frac{64b_1Q^2}{\pi^2}\left(\frac{l}{d^5} + \frac{l_1}{d_1^5} + \frac{l_2}{d_2^5}\ldots\right)$$

et pour la conduite unique

$$y = \frac{64b_1Q^2}{\pi^2}\,\frac{L}{D^5}$$

d'où l'équation

$$\frac{L}{D^5} = \frac{l}{d^5} + \frac{l_1}{d_1^5} + \frac{l_2}{d_2^5} + \ldots..$$

2° *Faire une conduite équivalente à l'ensemble de plusieurs conduites distinctes.*

L'équation générale en y étant résolue par rapport au débit donné, pour une conduite unique deviendra

$$Q = \sqrt{\frac{\pi^2 y}{64 b_1}} \sqrt{\frac{D^5}{L}}$$

Pour plusieurs conduites distinctes de même charge y et de débits différents Q_0, Q_1, Q_2.... on aurait de même

$$Q_0 + Q_1 + Q_2 + \ldots.. = \sqrt{\frac{\pi^2 y}{64 b_1}} \left(\sqrt{\frac{d_0^5}{l_0}} + \sqrt{\frac{d_1^5}{l_1}} + \ldots.. \right)$$

et pour que le débit de la première conduite soit égal à celui de toutes les autres il suffira de satisfaire à la condition

$$Q = Q_0 + Q_1 + Q_2 + \ldots..$$

ce qui revient à

$$\sqrt{\frac{D^5}{L}} = \sqrt{\frac{d_0^5}{l_0}} + \sqrt{\frac{d_1^5}{l_1}} + \sqrt{\frac{d_2^5}{l_2}} + \ldots.$$

Le mode de solution resterait le même dans le cas où les conduites primitives seraient de diamètres variables, ou présenteraient des sinuosités.

Équations du mouvement de l'eau dans une conduite simple à débit variable.

97. Dans les conduites à établir, le diamètre varie brusquement, c'est-à-dire qu'elles se composent d'un certain nombre de conduites ajoutées bout à bout. De plus la dépense est variable, c'est-à-dire n'est pas la même pour toutes les sections transversales; cela tient à ce que la surface latérale est percée de distance en distance par des orifices auxquels sont adaptés des tuyaux de dérivation qui distribuent l'eau sur le parcours de la conduite et qui sont munis de robinets pour régler le débit et modifier, s'il est nécessaire, le niveau piézométrique à leur point de départ.

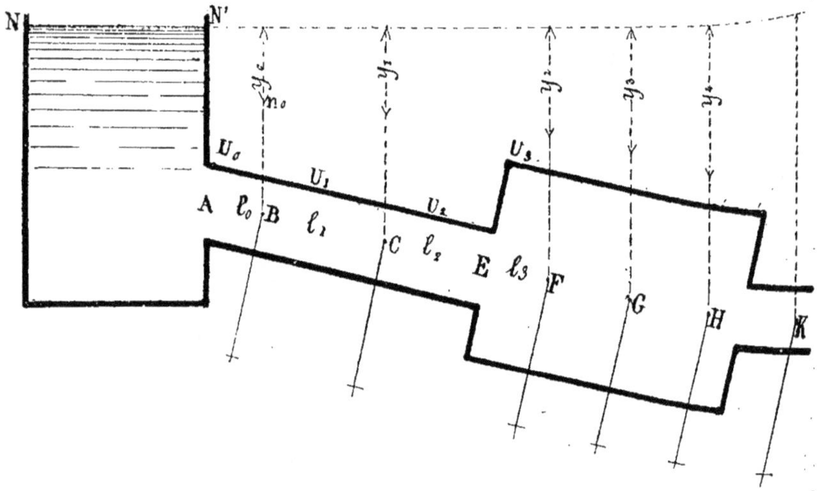

Fig. 56.

Cherchons les équations du mouvement de l'eau dans ces conduites.

Pour cela considérons un réservoir à niveau constant NN' (*fig.* 56) ouvert à la pression atmosphérique, et supposons que sur la conduite, partant de A, de ce réservoir, on branche en B, C, F, G, H, K, etc., des conduites simples, à débit constant pour chacune d'elles, mais pouvant varier de l'une à l'autre ; de cette façon, la conduite qui part du réservoir sera une conduite à débit variable.

Considérons le premier orifice B, et appelons n_0 son niveau piézométrique, déduction faite de la hauteur d'eau due à la pression atmosphérique et y_0 la charge entre ce réservoir et la conduite.

Cette charge y_0 sera appelée la *cote piézométrique*. Représentons également les cotes piézométriques des orifices suivants par y_1, y_2, y_3 etc., et soient :

U_0 la vitesse entre les sections A et B
U_1 id. id. B et C
U_2 id. id. C et E
« «
« «

Enfin introduisons autant de longueurs développées l_0, l_1, l_2, et de diamètres D_0, D_1, D_2, que de vitesses différentes.

De A en B nous avons une conduite simple, à débit constant, d'où l'on a

$$\frac{U_0^2}{2g} = y_0 - H_f.$$

Or du réservoir à la section B, on a une première perte de charge due à l'élargissement brusque, c'est-à-dire la 1/2 hauteur due à la vitesse qui est égale à

$$-\frac{1}{2}\frac{U_0^2}{2g}$$

pour le frottement

$$-\frac{4l_0}{D_0}(aU_0 + bU_0^2).$$

Donc en remplaçant H_f par ses valeurs

$$\frac{U_0^2}{2g} = y_0 - \frac{1}{2}\frac{U_0^2}{2g} - \frac{4l_0}{D_0}(aU_0 + bU_0^2)$$

d'où

$$y_0 = \frac{U_0^2}{2g} + \frac{1}{2}\frac{U_0^2}{2g} + \frac{4l_0}{D_0}(aU_0 + bU_0^2) \quad (1)$$

Au-delà de B, nous avons une conduite cylindrique simple à débit constant dont la perte de charge est

$$y_1 - y_0$$

La perte de charge n'est due qu'aux frottements des parois ; on a donc

$$y_1 - y_0 = \frac{4l_1}{D_0}(aU_1 + bU_1^2). \quad (2)$$

En passant de C à la conduite F, l'accroissement de la hauteur due à la vitesse est égal à la charge, moins la perte de charge.

Or la perte de charge due à l'élargissement brusque est

$$\frac{(U_2 - U_3)^2}{2g}$$

et celles dues aux frottements dans CE et dans EF sont

$$-\frac{4l_2}{D_0}(aU_2 + bU_2^2)$$

$$-\frac{4l_3}{D_1}(aU_3 + bU_3^2)$$

on a donc :

$$\frac{U_3^2 - U_2^2}{2g} = y_2 - y_1 - \frac{(U_2 - U_3)^2}{2g}$$

$$-\frac{4l_2}{D_0}(aU_2 + bU_2^2) - \frac{4l_3}{D_1}(aU_3 + bU_3^2)$$

d'où

$$y_2 - y_1 = \frac{U_3^2}{2g} - \frac{U_2^2}{2g} + \frac{(U_2 - U_3)^2}{2g}$$

$$+ \frac{4l_2}{D_0}(aU_2 + bU_2^2) + \frac{4l_3}{D_1}(aU_3 + bU_3^2). \quad (3)$$

Ce sont ces équations en nombre égal à celui des orifices qui sont celles à établir.

Remarquons que le nombre des quantités y, c'est-à-dire des cotes piézométriques est égal au nombre des équations. On voit aussi que le nombre des vitesses distinctes est égal au même nombre de ces équations ; telles sont U_1 et U_0, mais non U_3 et U_2. Ceci dit, voyons quels sont les trois problèmes principaux à résoudre.

Premier Problème.

99. *On donne toutes les dimensions de la conduite, et toutes les cotes de niveau. On demande de calculer les débits de tous les orifices et la dépense à l'extrémité de la conduite.*

Prenons la première équation

$$y_0 = \frac{U_0^2}{2g} + \frac{1}{2}\frac{U_0^2}{2g} + \frac{4l_0}{D_0}(aU_0 + bU_0^2)$$

On peut exprimer U_0 en fonction du débit, et l'équation transformée donnera le débit.

La deuxième équation

$$y_1 - y_0 = \frac{4l_1}{D_0}(aU_1 + bU_1^2)$$

fait connaître de même le débit pour la deuxième conduite BC.

Il en est de même de l'équation (3).

Quant à la dépense des tuyaux de dérivation, c'est la différence des débits de AB et de BC, etc.

Deuxième Problème.

100. *On donne toutes les dimensions de la conduite et le débit de tous les tuyaux de dérivation, sauf celui de l'extrémité de la conduite; on donne aussi la cote du niveau piézométrique de l'extrémité de la conduite. Calculer le débit de l'une quelconque des extrémités.*

On commence par calculer les cotes de tous les orifices B,C,F,G, etc. Supposons qu'on détermine celle de B. Les dimensions sont connues, le débit est donné; cela entraîne une pression particulière et permet de déterminer la position du niveau piézométrique en B; l'on est ainsi ramené au problème précédent.

Troisième Problème.

101. *On donne le tracé longitudinal de la conduite ainsi que les positions de tous les orifices; on donne toutes les dépenses c'est-à-dire les débits de tous les orifices, et en outre le débit à l'extrémité de la conduite; enfin les cotes correspondantes aux orifices et à l'extrémité. Calculer les diamètres de la conduite.*

On procède par tâtonnements. Pour cela, on commence par négliger les hauteurs d'eau qui ne sont pas dues aux frottements. De plus si l'on admet, comme simplification, qu'entre deux orifices, il n'y ait qu'un même diamètre, la question se simplifie, parce que les équations seront de la forme

$$y_0 = \frac{4l_0}{D_0}(aU_0 + bU_0^2)$$

$$y_1 - y_0 = \frac{4l_1}{D_1}(aU_1 + bU_1^2).$$

Posons $\frac{y_0}{l_0} = J_0$, ces équations prennent la forme :

$$\frac{1}{4}D_0J_0 = aU_0 + bU_0^2$$

$$\frac{1}{4}D_1J_1 = aU_1 + bU_1^2.$$

Nous connaissons, J_0 et U_0. Les tables déterminent D_0.

Les termes négligés pourraient être calculés avec les diamètres trouvés et on pourra procéder par approximations successives. Ainsi s'il s'agit, par exemple, de l'équation approchée

$$y_0 = \frac{4l_0}{D_0}(aU_0 + bU_0^2)$$

on voit, en la comparant à l'équation (1) établie plus haut, qu'il faudra, pour la seconde approximation, retrancher de la valeur numérique assignée d'avance à y_0, la valeur $\frac{3}{2}\frac{U_0^2}{2g}$, calculée au moyen de la première valeur approchée du diamètre D_0, et opérer de même pour la troisième approximation, si par hasard la seconde ne suffisait pas.

Remarque. En tête d'une conduite de dérivation, la pression doit toujours être supérieure à celle qui est strictement nécessaire au débit à l'extrémité de cette conduite. On doit même relever cette charge de 0m,50 à 0m,60 par rapport à celle qui conviendrait à la longueur et au diamètre de cette conduite. On sera obligé d'augmenter davantage cette charge y, si l'un des autres points de dérivation, à l'aval, exige lui-même une charge plus élevée.

Mouvement de l'eau dans une conduite débitant uniformément de l'eau sur tout son parcours.

102. Lorsqu'une longue conduite doit desservir sur tout son parcours, un grand nombre de dérivations également espacées, on peut l'assimiler à une autre conduite qui débiterait la même quantité d'eau uniformément sur tout son parcours.

Ainsi considérons comme exemple le cas où deux réservoirs sont mis en communication par une conduite de section uniforme, laquelle transporte un certain volume d'amont en aval, et, de plus, débitant de l'eau uniformément sur sa route par une légère fente, par exemple.

Soient D, le diamètre de la conduite (*fig.* 57) ;

L, la longueur totale développée ;

P, le poids total de l'eau débitée entre AB et CD;

Q_0, le volume débité par la conduite en AB ;

Q_1, le volume débité par la conduite en CD;

Z_0, la différence de niveau des deux réservoirs. H_0. H_1, les hauteurs de l'eau en amont et en aval au-dessus de AB et CD.

Considérons une section $m.n$, à la distance S de l'origine et débitant Q, si l représente une portion infiniment petite de la conduite, ou la dépense Q est constante, on aura en représentant par y la différence des niveaux piézométriques, aux extrémités de cet élément l.

$$y = \frac{4l}{D} b_1 U^2.$$

Cette équation combinée avec celle de la dépense

$$Q = \frac{\pi D^2 U}{4}$$

donne par élimination

$$y = \frac{64 b_1}{\pi^2 D^5} Q^2 l.$$

Pour d'autres éléments infiniment petits l', l'', l'''.... de la conduite, on aurait :

$$y' = \frac{64 b_1}{\pi^2 D^5} Q'^2 l$$

$$y'' = \frac{64 b_1}{\pi^2 D^5} Q''^2 l$$

» »

» »

d'où, en faisant la somme

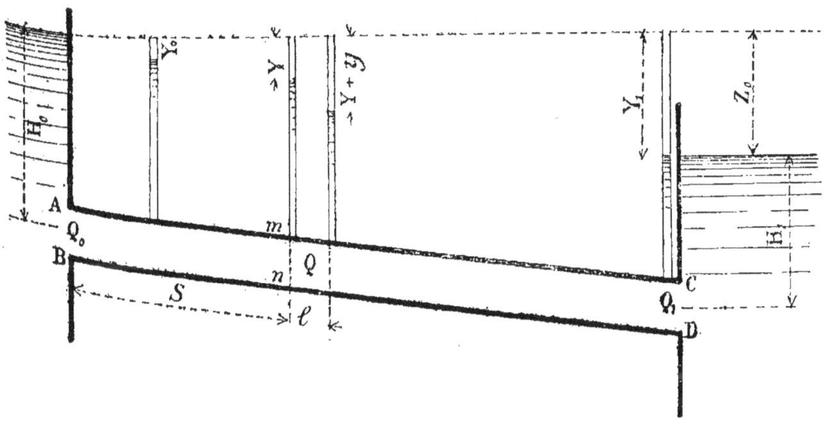

Fig. 57.

$$Y_1 - Y_0 = \frac{64 b_1}{\pi^2 D^5} (Q_0^2 l_0 + Q'^2 l' + Q''^2 l'' + \dots Q_1^2 l_1) \quad (1)$$

dans cette équation, $Y - Y_0$ représente la charge entre les deux extrémités de la conduite.

Quant à la parenthèse, chaque terme est le produit du débit de la conduite en un point quelconque, multiplié par la longueur infiniment petite de la conduite prise en ce point.

Pour trouver la valeur de la parenthèse, il faut la transformer en exprimant les débits Q_0, Q', Q''... en fonction des éléments l_0, l'_1, l''.... ; pour cela remarquons que l'un quelconque des débits Q par exemple est égal à Q_0, diminué du volume débité par la fente entre la section AB et $m.n$. Or le volume débité par la conduite L a été représentée par P, donc, la quantité débitée sur la longueur S sera

$$\frac{P}{L} S$$

et celle débitée sur la longueur l sera, en la désignant par q :

$$q = \frac{P}{L} l$$

d'où $$l = \frac{L}{P} q.$$

L'équation (1) devient :

$$Y - Y_0 = \frac{64 b_1 L}{\pi^2 D^5 P} (Q_0^2 q_0 + Q'^2 q' + Q''^2 q'' + \dots Q_1^2 q_1).$$

Le calcul intégral donne pour la valeur de la parenthèse

$$\frac{Q_0^3}{3} - \frac{Q_1^3}{3}$$

d'où $Y - Y_0 = \frac{64b_1 L}{\pi^2 D^5 P}\left(\frac{Q_0^3}{3} - \frac{Q_1^3}{3}\right)$.

Or, $\quad Q_0 = Q_1 + P.$

D'où, en remplaçant et simplifiant :

$$Y_1 - Y_0 = \frac{64b_1 L}{\pi^2 D^5}\left(Q_1^2 + Q_1 P + \frac{P^2}{3}\right).$$

Le premier membre $Y_1 - Y_0$ peut s'exprimer facilement en fonction des niveaux dans les réservoirs. En effet considérons un tube piézométrique près de l'ouverture CD ; en ce point le niveau sera le même que dans le réservoir, parce que les pressions suivent la loi hydrostatique, Y_1 est donc représenté par la différence des niveaux Z_0. De même, si nous considérons un tube piézométrique, près de la section AB, nous aurons une différence de niveau égale à

$$y_0 = \frac{3}{2}\frac{U_0^2}{2g}.$$

U_0 étant la vitesse dans la conduite.

Il résulte de là que le premier membre peut s'écrire

$$Z_0 - \frac{3}{2}\frac{U_0^2}{2g}.$$

Si la conduite est un peu longue, et que la vitesse ne soit pas excessive, le terme devient tout à fait négligeable, et l'on peut se contenter d'écrire l'équation sous la forme

$$Z_0 = \frac{64b_1 L}{\pi^2 D^5}\left(Q_1^2 + Q_1 P + \frac{P^2}{3}\right).$$

Cette équation renfermant quatre quantités, $\frac{Z_0}{L}$, D, P, Q. permettra de déterminer l'une quelconque, connaissant les trois autres.

103. Remarque I. — La pression en un point quelconque ou en un orifice de la conduite peut se déterminer à l'aide de la même égalité. Ainsi supposons que l'on veuille avoir la charge Y' correspondante à une section située à une distance L' de l'origine, on peut regarder cette portion de la conduite L' comme débitant uniformément un poids P' d'eau dans sa longueur, et un volume Q', par son extrémité. On aura alors, pour le niveau piézométrique ou la pression

$$Y' = \frac{64b_1 L'}{\pi^2 D^5}\left(Q_1'^2 + P'Q_1' + \frac{P'^2}{3}\right).$$

104. Remarque II. — On peut comparer l'équation précédemment trouvée, avec celles qui en découleraient en faisant les hypothèses suivantes.

1re *Hypothèse*. Supposons que l'on supprime le débit en route et cherchons le débit Q' à l'extrémité de la conduite, il suffit pour cela de faire

$$P = 0 \text{ et } Q_1 = Q'$$

ce qui donne :

$$Y = \frac{64b_1 L}{\pi^2 D^5} Q'^2.$$

Comparons maintenant Q', Q_1 et P; il suffit de comparer les valeurs de Y dans les deux cas en question, et à cause du facteur $\frac{64b_1 L}{\pi^2 D^5}$, commun dans ces deux valeurs, il faut que l'on ait forcément :

$$Q'^2 = \left(Q_1^2 + PQ_1 + \frac{P^2}{3}\right) \qquad (1)$$

Il est facile de montrer que l'on peut poser, sans erreur sensible :

$$Q' = Q_1 + 0{,}55\ P.$$

En effet, on voit que

$$Q' > Q_1 + \frac{1}{2} P$$

puisqu'en élevant au carré le second membre de l'inégalité, on aurait :

$$Q_1^2 + PQ_1 + \frac{P^2}{4}$$

et en comparant avec l'équation (1), comme

$$\frac{P^2}{4} < \frac{P^2}{3}$$

on a bien

$$Q' > Q_1 + \frac{1}{2} P.$$

D'un autre côté, on a :

$$Q' > Q + \frac{P}{\sqrt{3}},$$

car, en suivant la même marche que précédemment, on a :

$$Q_1^2 + \frac{P^2}{3} + \frac{2PQ_1}{\sqrt{3}}$$

pour le carré du second membre de l'inégalité; et comme $\frac{2}{\sqrt{3}} > 1$, il en résulte que

$$\frac{2PQ_1}{\sqrt{3}} > PQ_1$$

par suite on a bien

$$Q < Q_1 + \frac{P}{\sqrt{3}}.$$

On peut donc écrire la double inégalité

$$Q_1 + 0{,}577\ P > Q' > Q_1 + 0{,}50\ P$$

et par suite, on peut, comme nous le disions, écrire :

$$Q' = Q_1 + 0{,}55\ P.$$

Tel est le volume qui se débite par l'extrémité seule.

2e *Hypothèse.* Supposons le débit supprimé à l'extrémité et soit P' le débit en route.

Nous aurons :

$$Y = \frac{64b_1L}{\pi^2D^5}\,\frac{P'^2}{3}$$

Pour comparer ce volume avec celui débité par l'extrémité seule, il faut comparer cette équation avec la précédente

$$Q'^2 = \frac{P'^2}{3},$$

d'où :

$$Q' = 0{,}577\ P'.$$

On voit que le volume débité par l'extrémité est un peu plus de moitié de celui qui est débité en route quand chacun de ces débits existe seul. On voit de plus, que si on voulait rendre $Q' = P'$ il faudrait une charge triple.

En résumé, on peut considérer que le débit d'une conduite est beaucoup plus grand quand elle débite en route que quand elle ne débite rien.

105. *Conduites complexes.* — On appelle conduites complexes, celles dans lesquelles l'eau peut passer d'un point à un autre, par plusieurs chemins différents; elles sont ainsi formées de plusieurs conduites distinctes, ayant des points communs, que l'on désigne sous le nom d'embranchements ; ces points d'embranchement seront toujours réunis par des conduites simples avec ou sans dérivations, et l'on est ainsi conduit à considérer, d'une manière générale, un nombre m d'embranchements auxquels aboutiraient des conduites d'amenée et des conduites de départ en nombre quelconque.

A partir d'un point d'embranchement E et à une petite distance, les filets liquides ont, dans chacune des conduites simples, des mouvements parallèles, mais il doit cependant se produire autour du point E des tourbillonnements résultant de ce que les courants d'amenée doivent se confondre pour se répartir ensuite dans les différents canaux de sortie.

L'expérience semble démontrer, que les pressions ne sont pas absolument les mêmes dans les différentes directions, mais les différences sont certainement très petites entre elles, et les questions que comporte l'étude des conduites complexes ne peuvent jusqu'ici être soumises au calcul qu'en admettant l'existence d'un niveau piézométrique unique au débouché de toutes les conduites qui aboutissent au même point d'embranchement; d'ailleurs c'est le frottement dû à l'action des parois qui joue le rôle principal et qui détermine pour ainsi dire seul, les lois de l'écoulement.

Problèmes se rapportant aux conduites complexes.

Tous les problèmes se rapportant aux conduites complexes, peuvent se ramener aux deux suivants.

106. 1° *Étant donné un système de conduites, avec toutes ses dimensions, ainsi que le niveau piézométrique de l'eau dans les réservoirs aux extrémités de ces conduites, trouver les volumes dépensés par ces conduites ainsi que les vitesses que l'eau y possède.*

La résolution de ce problème, consiste en une vérification puisque les conduites sont établies.

107. 2° *Étant donnés les mêmes éléments que dans le premier problème sauf les diamètres des différentes portions de conduite, déterminer ces diamètres de manière qu'à chacun d'eux corresponde une dépense déterminée.*

Pour résoudre successivement ces deux problèmes supposons qu'il y ait n conduites et m embranchements ; et prenons comme inconnues auxiliaires les niveaux piézométriques en ces m points.

Quelles que soient les portions de conduite considérées, si on représente par y_n, y_{n+1} les niveaux piézométriques à un même plan de comparaison, l'équation

$$y_n - y_{n+1} = \frac{64 b_1}{\pi^2 D^5} Q^2{}_n L_n$$

représente le mouvement de l'eau entre les deux embranchements, si l'on ne tient compte que des pertes de charge dues aux frottements dans la conduite.

En écrivant une équation analogue pour chaque portion de conduite, on obtiendra n équations entre les quartiers qui entrent dans la considération de chaque conduite.

Le nombre d'inconnues se compose des n dépenses Q et des m niveaux piézométriques ; en tout $m + n$ inconnues.

Il faut donc, pour que le problème soit déterminé, avoir m autres équations que l'on obtiendra en exprimant qu'en chaque point d'embranchement. la somme des volumes d'eau qui arrivent égale la somme des volumes d'eau qui partent ; c'est-à-dire que $\Sigma Q_a = \Sigma Q_p$. ce qui donnera m relations.

Il y a une remarque à faire ; c'est que, *à priori* on ne connaît pas le sens du mouvement de l'eau, mathématiquement du moins; on peut donc en écrivant ces m équations faire une erreur à ce point de vue.

Pour admettre les résultats comme solution, il faudra s'assurer que les hypothèses faites en établissant les m équations sont compatibles avec les niveaux piézométriques, inconnues auxiliaires. Comme le sens du mouvement de l'eau est toujours dans le sens de la charge, il faudra qu'il y ait concordance.

Pour résoudre algébriquement la question. on prend les n équations exprimant la dépense, et on se donne soi-même les valeurs des niveaux piézométriques, introduits comme inconnues auxiliaires; on trouve pour chaque conduite, des dépenses Q, Q', Q'', etc... Il faudra qu'à chaque embranchement, les m équations des volumes soient vérifiées.

Le deuxième problème se rapportant au projet d'une distribution d'eau à établir, nous admettrons comme précédemment, m inconnues auxiliaires qui seront les m niveaux piézométriques aux embranchements ; cela étant, les $m + n$ équations subsistent, lorsqu'on veut résoudre ce deuxième problème.

Contrairement à ce qui arrivait tout à l'heure, le problème n'est pas mis en équation par ces $m + n$ équations, parce que les m équations des volumes sont des équations de condition. On n'a pas le droit de se donner tout d'abord les volumes d'eau servant seulement à s'assurer si le problème est possible avec ces données.

Pour résoudre la question, on peut tout d'abord, se donner les m niveaux piézométriques aux embranchements, pourvu qu'ils soient astreints à satisfaire au maximum d'eau dans les conduites. Ces valeurs admises, il ne reste que n équations, renfermant n inconnues qui sont les diamètres. On aura ainsi des valeurs différentes pour les diamètres des conduites selon qu'on aura choisi les niveaux piézométriques.

Nous allons faire quelques applications sur les conduites complexes et nous terminerons ce chapitre par un problème numérique.

108. *Application.* — Soient A et B (*fig.* 58) deux réservoirs à niveaux constants, ouverts à la pression atmosphérique et ayant pour différence de niveau h. On suppose qu'ils communiquent par une conduite complexe formée comme il suit : du réservoir A partent deux conduites simples et à débit constant qui se réunissent en F. De même, deux autres partent de B, se réunissent en G ; enfin une cinquième conduite fait communiquer F et G. On a ainsi cinq conduites et deux embranchements. Indépendamment des niveaux dans les bassins, on donne les dimensions des cinq conduites c'est-à-dire :

Conduites.	Longueurs.	Diamètres.
CF	L_0	D_0
EF	L_1	D_1
FG	L_2	D_2
GH	L_3	D_3
GI	L_4	D_4

On demande de calculer les dépenses Q_0, Q_1, Q_2, Q_3, Q_4, de chaque conduite.

Le sens du mouvement est facile à saisir ; l'eau se dirige d'un réservoir vers l'autre, de A vers B. Prenons comme inconnues auxiliaires les cotes piézométriques des points d'embranchements F et G. Soient n_0, n_1, les niveaux piézométriques, et y_0, y_1 les profondeurs au-dessous du niveau du réservoir A c'est-à-dire les cotes piézométriques.

A cause du sens du mouvement, n_1 est inférieur à n_0 et le niveau B inférieur à n_1 donc :

$$y_0 < y_1 < h$$

Il faut tâtonner sur ces deux cotes jusqu'à ce qu'on trouve deux valeurs telles qu'en tenant compte de cette double inégalité, on trouve :

$$Q_0 + Q_1 = Q_2$$
$$Q_2 = Q_3 + Q_4$$

Dans le cas qui nous occupe, on peut

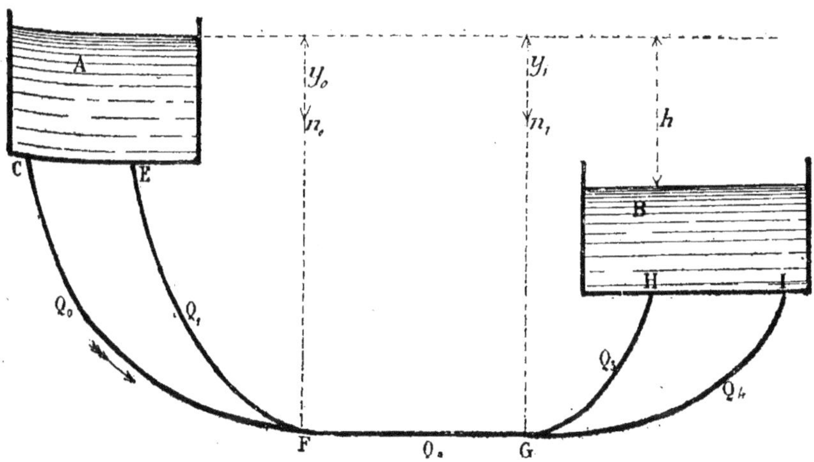

Fig. 58.

simplifier la question, au lieu de tâtonner à la fois sur n_0 et n_1, c'est-à-dire au lieu de faire varier y_0 et y_1, on peut ne faire varier qu'une de ces quantités.

Ainsi, prenons arbitrairement une valeur de y_0, qui doit être inférieure à h, calculons les valeurs Q_0 et Q_1 correspondantes et prenons tout de suite.

$$Q_2 = Q_0 + Q_1$$

Connaissant Q^2 on peut en conclure y_1.

De F en G nous avons une conduite simple, à débit constant, dont les dimensions et la dépense sont données : de là la charge entre les extrémités de la conduite qui est $y_1 - y_0$; et comme on s'est donné y_0 on en conclut y_1.

Prenons séparément, les conduites G H et G I, on calcule séparément les dépenses Q_3 et Q_4 ce qui conduit à une charge $h - y_1$ et l'on vérifie si l'on a :

$$Q^3 + Q^4 = Q_2.$$

On aura : $y_0 = H_5 + \frac{U_0^2}{2g}$.

H_5 étant la somme des pertes de charge ; en la remplaçant par sa valeur, il vient :

$$y_0 = \frac{1}{2}\frac{U_0^2}{2g} + \frac{4L_0}{D_0}(aU_0 + bU_0^2) + \frac{U_0^2}{2g}.$$

On peut recourir aux tables pour trouver une valeur approchée de U_0, en négligeant les pertes autres que celles dûes au frottement des parois, il reste :

$$\frac{1}{4}D_0J_0 = aU_0 + bU_0^2$$

Ayant D_0 et J_0 la table donnera la valeur de Q correspondante.

Pour approcher davantage, on peut corriger J_0 au moyen des deux termes :

$$\frac{1}{2}\frac{U_0^2}{2g} \text{ et } \frac{U_0^2}{2g}$$

en prenant

$$J_0 = \frac{y_0 - \frac{3}{2}\frac{U_0^2}{2g}}{L_0}.$$

Nous aurons donc Q_0 et Q_1.

Dans la conduite unique

$$y_1 - y_0 = \frac{4L^2}{D^2}(aU_2 + bU_2^2).$$

Ayant Q_0 et Q_1 nous aurons Q_2 et U_2, et par conséquent $y_1 - y_0$, donc y_1.

Connaissant D et Q les tables donnaient J ou

$$\frac{y_1 - y_0}{L^2}.$$

Enfin pour terminer, il faudrait connaître la perte de charge, à l'entrée des tuyaux G H et G I qu'on négligera.

Ayant D et J pour les deux conduites, on trouvera les dépenses dont la somme devra donner Q_2 sinon il faudra recommencer les tâtonnements.

109. *Application.* — Soit une conduite faisant communiquer 3 réservoirs. On demande les dépenses Q_0, Q_1, Q_2 correspondantes aux différentes fractions de la conduite.

D'après la figure 59 le sens du mouvement pour Q_0 et Q_1 est tout indiqué ; il n'en est pas de même de Q_2. Nous supposerons que l'eau coule vers le réservoir intermédiaire et nous partirons du niveau piézométrique inconnu ayant pour cote y rapporté au niveau du réservoir supérieur. Il faudra tâtonner jusqu'à ce qu'on obtienne Q_1 et Q_2 telles que leur

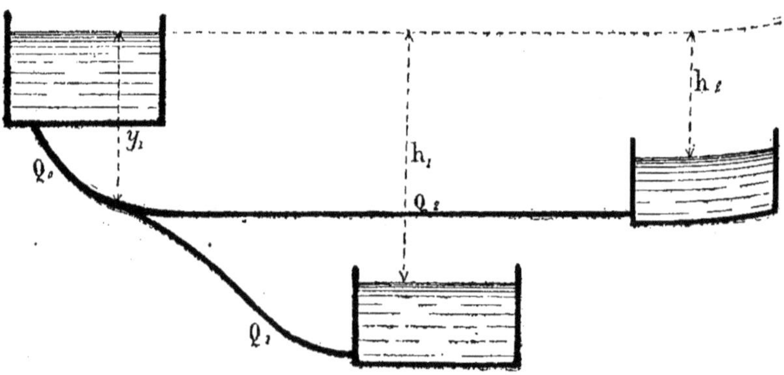

Fig. 59.

somme soit Q_0, il suffira de faire varier y entre O et h_2.

Si entre ces limites on n'arrivait pas à

$$Q_0 = Q_1 + Q_2$$

cela montrerait que le sens vers le réservoir intermédiaire a été mal pris; alors on recommencerait en faisant varier y entre h_2 et h_1.

Dans l'exemple on peut être fixé *a priori* sur la véritable hypothèse à faire, par les transformations des conduites.

Supposons par la pensée qu'on vienne à intercepter l'entrée du tuyau Q_2 ; alors il n'y a d'écoulement que du bassin supérieur au bassin inférieur. Il y aura au point de jonction une certaine cote de niveau piézométrique y', ce qui veut dire que la cloison fermant l'entrée du tuyau Q sera pressée vers la conduite par une pression cotée y' et en sens inverse par une hauteur h_2 ; il n'y aura donc qu'à comparer h_2 et y' selon qu'on aura

$$h_2 > y' \quad \text{ou} \quad h_2 < y'.$$

Il y aura mouvement dans un sens ou dans l'autre, c'est-à-dire que le bassin intermédiaire sera alimentaire ou alimenté quand la communication sera établie.

Pour trouver y', remarquons qu'il n'y a plus qu'une seule conduite simple, on peut donc remplacer la conduite simple par une conduite cylindrique équivalente de diamètre unique ; alors pour cette conduite, la pression au point de jonction sera la même qu'avant; on prendra :

$$\frac{L}{D^5} = \frac{L_0}{D_0^5}$$

$$\frac{L'}{D^5} = \frac{L_1}{D_1^5}.$$

La pression au point situé à la distance L correspondra au niveau piézométrique y' et comme la charge est proportionnelle à la distance à l'origine de la conduite, on aura :

$$y' = h_1 \frac{L}{L + L'}$$

ou

$$y' = h_1 \frac{\frac{L_0}{D_0^5}}{\frac{L_0}{D_0^5} + \frac{L_1}{D_1^5}}$$

C'est cette longueur ainsi calculée qu'il faudra comparer à h_2.

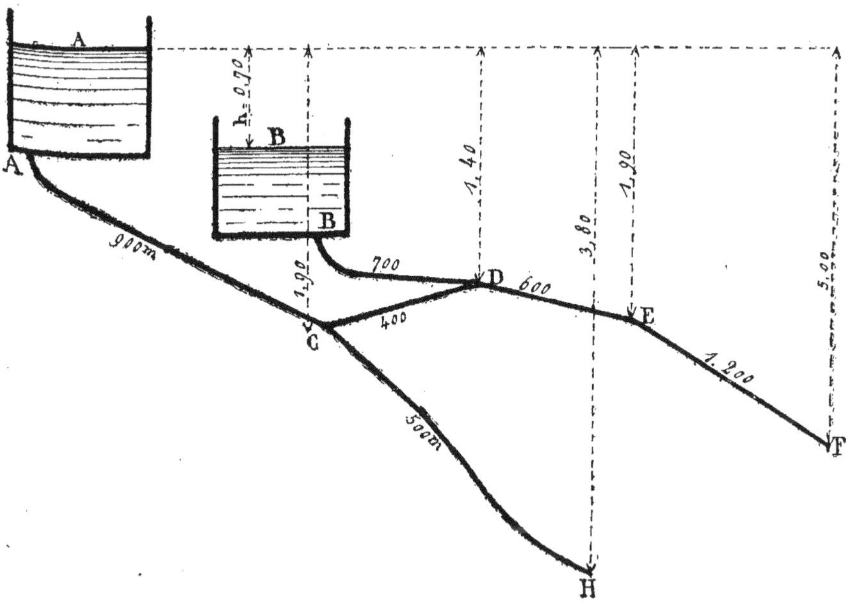

Fig. 60.

Application numérique.

110. *On donne le tracé de la conduite, les niveaux constants des deux réservoirs A et B (fig. 60) et le débit de l'un d'eux. Chaque partie de la conduite est considérée comme débitant uniformément dans son parcours une quantité d'eau évaluée à 5 litres par mètre courant et par heure.*

L'embranchement CH doit débiter en plus, à son extrémité H, 3 litres d'eau par seconde pour répondre au besoin d'une industrie.

En E est une fontaine qui doit fournir 6 litres par seconde et en F la conduite est fermée.

Les longueurs des différentes parties sont

AC = 900 mètres
DE = 600 —
CH = 500 —
CD = 400 —
EF = 1200 —

Le bassin B a son niveau au-dessous de celui de A, d'une quantité $h = 0^m, 7$; *le débit du bassin A = 3 lit. 50, et les niveaux piézométriques au-dessous du niveau du réservoir A sont :*

C	H	D	E	F	B (*h*).
1,90	3,80	1,40	1,90	5,00	0,70

On demande de calculer les diamètres des parties AC, CD, DE, EF, BD, CH en les considérant comme des conduites cylindriques simples débitant uniformément de l'eau sur leur parcours.

Pour simplifier les notations, nous affecterons du même indice toutes les lettres qui se rapporteront à la même conduite, savoir :

AC (1) CH (2) DC (3) EF (4) DE (5) BD (6)

Soit D, le diamètre d'une conduite ; L, sa longueur développée ; P, le poids total de l'eau débitée entre l'origine et la fin de la conduite ; Q, le débit à l'extrémité de la conduite ; y_1 et y_0 les distances au niveau de l'eau dans le réservoir A des niveaux piézométriques à la fin et au commencement de la conduite. La formule générale qui donne le diamètre de cette formule est :

$$y_1 - y_0 = \frac{64b_1 L}{\pi^2 D^5}\left(Q^2 + PQ + \frac{P^2}{3}\right).$$

Pour chaque conduite, il suffira d'appliquer cette formule, dont le premier membre est la différence des niveaux piézométriques aux deux extrémités de la conduite.

Nous prendrons, pour le coefficient b_1, la valeur donnée par Darcy et qui est :

$$b_1 = 0{,}000625.$$

D'après les données, le mouvement de l'eau est évidemment dirigé de A vers H, de B vers F, et nous verrons aussi que, dans la conduite CD, le mouvement est de D en C.

Conduite AC (1). Remplaçons dans la formule, les lettres par leurs valeurs numériques, il vient :

$$1{,}90 = \frac{64b_1}{\pi^2}\frac{L_1}{D_1^5}\left(Q_1^2 + P_1Q_1 + \frac{P_1^2}{3}\right),$$

d'où

$$D^5 = \frac{64b_1}{\pi^2}\frac{900}{1{,}9}\left(Q_1^2 + P_1Q_1 + \frac{P_1^2}{3}\right).$$

Calculons P : la conduite AC débite 5 litres d'eau par mètre courant et par heure, on aura donc puisque P_1 représente le volume total débité uniformément sur toute la conduite

$$P_1 = \frac{900 \times 0^{m.c.},005}{60 \times 60} = 0^{m.c.},001250.$$

Quant à Q_1, il est égal au débit du réservoir A, diminué du débit sur la longueur de la conduite

$$Q_1 = 0^{m.c.},0035 - P_1$$

ou $Q_1 = 0^{m.c.},0035 - 0{,}00125 = 0^{m.c.},00225$

et en substituant, il vient :

$$D_1^5 = \frac{64b_1}{\pi^2}\cdot\frac{900}{1{,}9}\left(\overline{0{,}00225}^2 + 0{,}00125\cdot 0{,}00225 + \frac{\overline{0{,}00125}^2}{3}\right)$$

en faisant les calculs on trouve :

$$D_1^5 = \frac{64b_1}{\pi^2}\cdot\frac{900}{1{,}9} \times 0{,}000008395.$$

Remplaçant b_1 et π par leurs valeurs on arrive à

$$D_1 = 0^m,110.$$

Conduite CH (2). On aura de la même manière,

$$3{,}80 - 1{,}90 = \frac{64b_1}{\pi^2}\frac{L_2}{D_2^5}\left(Q_2^2 + P_2Q_2 + \frac{P_2^2}{3}\right).$$

$$\text{Or}\quad P^2 = \frac{500 \times 0{,}005}{3\,600} = 0{,}000697$$

$$Q_2 = 0^{m.c.},003, \quad \text{c'est le débit en H}$$

$$Q_2^2 = 0{,}000009$$

$$P_2Q_2 = 0{,}000002091$$

$$Q_2^2 + P_2Q_2 + \frac{P_1^2}{3} = 0{,}0000112529$$

$$\text{d'où}\quad D_2^5 = \frac{64b_1}{\pi^2}\frac{500}{1{,}90} \times 0{,}0000112529$$

d'où, $D_2 = 0^m,106.$

Conduite CD (3). Déterminons d'abord le sens du mouvement dans cette conduite. Le débit en C de DC est Q_3 et nous avons

$$Q_3 = P_2 + Q_2 - Q_1 = 0{,}000697 + 0{,}003 - 0{,}00225$$

$$Q_3 = 0^{m.c.},001447.$$

Le mouvement a lieu de D vers C, car au point C la conduite AC ne fournit que $Q_1 = 0{,}00225$ quantité inférieure à 3 litres, fournis au point H.

On aura alors pour la conduite CD

$$1{,}90 - 1{,}40 = \frac{64b_1}{\pi^2}\frac{L_3}{D_3^5}\left(Q_3^2 + P_3Q_3 + \frac{P_3^2}{3}\right)$$

$$P_3 = \frac{400 \times 0{,}005}{3\,600} = 0{,}000555$$

$$P_3^2 + P_3Q_3 + \frac{P_3^2}{3} = 0{,}000002094 + 0{,}0000008031 + 0{,}0000001027 = 0{,}000002998,$$

d'où $D_3 = 0^m,07147.$

Conduite EF (4). La conduite est fermée en F donc $Q_4 = 0$; on aura :

$$5{,}00 - 1{,}90 = \frac{64b_1}{\pi^2} \cdot \frac{L_4}{D_4^5} \cdot \frac{P_4^2}{3}$$

$$P_4 = \frac{1\,200 \times 0{,}005}{3\,600} = 0{,}001666$$

d'où, $D_4 = 0^m{,}06816.$

Conduite DE (5). Une fontaine placée en E fournit 2 litres d'eau par seconde; on a toujours

$$1{,}90 - 1{,}40 = \frac{64b_1}{\pi^2} \frac{L_5}{D_5^5}\left(Q_5^2 + P_5Q_2 + \frac{P_5^2}{3}\right)$$

$$P_5 = \frac{600 \times 0{,}005}{3\,600} = 0^{m.c.}{,}000833$$

$$Q_5 = 0^{m.c.}{,}002 + P_4 = 0{,}002 + 0{,}00166 = 0^{m.c.}{,}00366$$

$$Q_5^2 = 0{,}00001344.$$

$$P_5Q_5 = 0{,}000003053$$

$$\frac{P_5^2}{3} = 0{,}0000002313$$

$$Q_5^2 + P_5Q_5 + \frac{P_5^2}{3} = 0{,}0000167243$$

d'où en substituant dans l'équation

$$D_5 = 0{,}1152.$$

Conduite BD (6). De même on aura :

$$1{,}40 - 0{,}70 = \frac{64b_1}{\pi^2} \frac{L_6}{D_6^5}\left(Q_6^2 + P_6Q_6 \frac{P_6^2}{3}\right)$$

$$D_6^5 = \frac{64b_1}{\pi^2} \frac{L_6}{0{,}70}\left(Q_6^2 + P_6Q_6 + \frac{P_6^2}{3}\right)$$

$$L_6 = 600 \text{ mètres}$$

$$P_6 = \frac{700 \times 0{,}005}{3\,600} = 0{,}00097.$$

$$Q_6 = Q_3 + P_3 + Q_5 + P_5 = 0{,}001447 + 0{,}000555 + 0{,}00366 + 0{,}000833.$$

$$Q_6 = 0^{mc}{,}006495.$$

$$P_6Q_6 = 0{,}0000063.$$

$$\frac{P_6^2}{3} = 0{,}0000003136$$

$$Q_6^2 + P_6\,Q_6 + \frac{P_6^2}{3} = 0{,}000051626$$

en remplaçant on obtient :

$$D_6 = 0^m{,}1837.$$

Débit du réservoir B. Le débit de ce réservoir est par seconde :

$$P_6 + Q_6 = 0{,}000970 + 0{,}006495 = 0{,}007465$$

c'est-à-dire $7^{lit.}{,}465.$

RÉSULTATS :

CONDUITES	DIAMÈTRES
AC	$0^m{,}110$
CH	$0^m{,}106$
DC	$0^m{,}07147$
EF	$0^m{,}06816$
DE	$0^m{,}1152$
BD	$0^m{,}1837$
Débit du réservoir B = 7 lit. 465	

Écoulement de l'eau dans les canaux découverts.

111. Les canaux sont des voies artificielles de navigation intérieure; on en distingue deux espèces:

1° Lorsqu'une rivière ne se prête qu'imparfaitement à la navigation et que les travaux nécessaires pour régulariser son cours seraient trop difficiles ou trop dispendieux, on préfère ordinairement creuser à côté de cette voie naturelle, une voie artificielle que l'on nomme *canal latéral*. La pente est dans le même sens que celle du cours d'eau naturel, et il lui emprunte les eaux nécessaires à son alimentation;

2° Lorsqu'on veut établir une communication entre deux rivières séparées par une chaîne de montagnes ou de collines plus ou moins élevées, il faut que la voie artificielle, partant de l'une de ces rivières s'élève jusqu'au point le plus haut du faîte à franchir, et qu'elle redescende sur l'autre versant pour aller rejoindre la seconde rivière. Cette voie artificielle à double pente est ce qu'on appelle *un canal à point de partage;* il ne peut être alimenté que par les eaux réunies au point où il franchit le faîte, dans un réservoir auquel on donne le nom de bassin de partage.

Le tracé et l'alimentation d'un canal latéral n'offre pas en général de grandes difficultés; il suit les mêmes vallées que le cours d'eau principal, et lui emprunte généralement les eaux dont il a besoin; elles sont ordinairement amenées par un aqueduc de prise d'eau qui passe sous la digue du cours d'eau principal.

Le canal franchit chacun des affluents

de ce cours d'eau sur un pont auquel on donne le nom de pont canal. Comme la pente est généralement faible, les écluses peuvent être peu nombreuses et établies à d'assez grandes distances les unes des autres.

La largeur d'un canal est toujours un peu plus du double de celle des bateaux qui doivent le fréquenter ; elle excède rarement 10 à 12 mètres. La profondeur dépend du tirant d'eau des bateaux ; elle varie de $1^m,50$ à 2 mètres ; les talus ont ordinairement $1\ ^1/_2$ de base pour 1 de hauteur. On établit souvent, à la hauteur du niveau de l'eau, une petite borne de $0^m,25$ à $0^m,50$ de large, sur laquelle on plante des glayeuls pour empêcher les dégradations causées par le clapotement des eaux. On peut remplacer ce moyen par un revêtement en planches ou en maçonnerie. Les digues sur lesquelles sont établis les chemins de halage ont de 3 à 6 mètres de large suivant la cohésion des terres ; et elles s'élèvent de $0^m,50$ à 1 mètre au-dessus des eaux, selon que le niveau de celles-ci est constant ou variable.

Le tracé d'un canal à point de partage présente au contraire de grandes difficultés et exige toute l'attention de l'ingénieur, à cause des conditions multiples auxquelles il doit satisfaire. Indépendamment de celles qui se rapportent au choix des points à desservir, aux travaux d'art que le tracé exigera et aux dépenses qui en résulteront, il y a de plus à remplir une condition spéciale, qui est celle de l'alimentation, laquelle dépend du point qui aura été choisi pour franchir le faîte des montagnes. Plus ce point est bas et plus il devient facile d'y réunir les eaux en quantité suffisante ; mais plus en même temps on allonge en général le parcours du canal et par conséquent on accroît les dépenses.

Le volume d'eau à fournir journellement au canal résulte de plusieurs causes.

1° Chaque fois qu'un bateau franchit une écluse, il dépense un volume d'eau exprimé par $Ah + Q$ en montant et $Ah - Q$ en descendant, A représentant la section transversale du sas, h la différence des niveaux en amont et en aval de l'écluse, et Q le volume déplacé par le bateau.

Dans le cas le plus favorable, où un bateau descend aussitôt après qu'un autre bateau est monté, le volume d'eau dépensé au passage de chaque écluse est $2Ah$.

Il faut multiplier ce nombre par la moitié du nombre des bateaux qui fréquentent habituellement le canal et par le nombre moyen des écluses qu'ils peuvent franchir en 24 heures.

2° Les autres causes de dépense d'eau, sont l'évaporation, les filtrations, les pertes par les écluses et le remplissage du canal après la mise à sec pour les réparations annuelles.

L'évaporation est évaluée à une hauteur de $0^m,004$ par jour dans les temps de sécheresse.

Il faut multiplier cette hauteur par la surface des biefs immédiatement alimentés par le bassin de partage.

Les infiltrations varient avec la nature du sol. On évalue la perte due à cette cause au double de celle produite par l'évaporation. En somme les pertes dues à l'évaporation et aux filtrations varient de 350 à 500 mètres cubes par jour et par kilomètre suivant la nature du terrain.

Les pertes des écluses varient avec leur bonne ou mauvaise exécution et avec leur état d'entretien. Cette perte atteint rarement 600 à 800 mètres cubes en vingt-quatre heures.

La perte par le remplissage, après la mise à sec peut facilement se calculer.

Le premier canal à point de partage qui ait été construit est le canal de Briare, qui unit la Loire à la Seine. Commencé sous le règne de Henri IV puis abandonné, il fut repris en 1638 sous Louis XIII. Plusieurs écluses à portes busquées construites à cette époque existent encore. Ce canal est alimenté par 18 étangs présentant une superficie de 480 hectares et pouvant fournir 22 millions de mètres cubes d'eau, et par une prise d'eau dans le Loing. La branche qui va à la Loire présente un développement de 14514^m et une pente totale de $38^m,25$, répartie entre douze écluses. La branche qui va à la Seine a une longueur de 34 670 mètres avec une pente totale de $78^m,77$ répartie entre 28 écluses. Le bassin de partage a 5966 mètres de long.

Parmi les autres canaux construits en France, il faut citer le canal du Midi, qui joint la Garonne à la Méditerranée; le canal des Ardennes, qui unit l'Aisne et la Meuse ; le canal du Berry, qui, prenant son origine sur le Cher à Montluçon se divise en deux branches, dont l'une va gagner la Loire entre Nevers et la Charité, et l'autre rejoint le Cher à Saint-Aignan; le canal du Centre qui unit la Saône à la Loire; le canal de Bourgogne qui joint la Saône à la Seine; le canal de la Sambre à l'Oise, etc.

Mouvement de l'eau dans les canaux découverts.

112. Nous supposerons toujours que le mouvement est permanent, c'est-à-dire qu'en un point donné quelconque du courant passent incessamment des molécules fluides identiques et animées de vitesses égales en grandeur et en direction, en sorte qu'à un instant quelconque le courant présente toujours les mêmes phénomènes et que toute portion de ce courant comprise entre deux sections transversales déterminées constitue sans cesse un système identique, bien que composé de molécules différentes.

En admettant que tous les filets liquides soient rectilignes et parallèles entre eux ; il s'ensuit que le lit dans lequel coule le courant est forcément prismatique ou cylindrique, ayant ses arêtes parallèles aux filets.

La section transversale du canal est donc une courbe constante ; enfin il résulte du mouvement rectiligne permanent que:

1° La section transversale d'un même filet est constante ;

2° La vitesse est la même pour toute section transversale d'un même filet ; cette vitesse variant d'ailleurs d'un filet à l'autre.

Si l'on considère une section transversale quelconque du courant elle est traversée normalement par les filets liquides, et, de plus ces filets sont rectilignes. Il en résulte que dans toute l'étendue d'une section transversale, la pression varie suivant la loi hydrostatique.

Dans une même section transversale tous les points soumis à une même pression rapportée à l'unité de surface sont sur une même ligne.

L'intersection d'une section transversale et de la surface libre est nécessairement une ligne horizontale, car tous ses points sont soumis à la pression atmosphérique.

113. *Vitesses dans un canal découvert.* — On distingue, dans un canal découvert, trois vitesses.

La vitesse moyenne U, correspondant à la dépense Q, elle est liée à la section Ω du canal par la relation

$$U = \frac{Q}{\Omega};$$

2° La vitesse maxima V, voisine de la surface ;

3° La vitesse minima W, au fond.

L'expérience a conduit à certaines relations approchées entre ces trois vitesses.

Dubuat prenait

$$U = \frac{1}{2}(V + W).$$

De Prony a donné la relation :

$$U = \frac{V\,(V + 2,37)}{V + 3,15}.$$

Si l'on suppose V égal à zéro, ou du moins presque nul, on trouve

$$\frac{U}{V} = 0,75.$$

Pour V = 2,50 on trouve :

$$\frac{U}{V} = 0,87.$$

Bazin a trouvé la formule

$$V = U + 14\sqrt{RI}$$

dans laquelle I est la pente par mètre, et R le rayon moyen donné par la relation

$$R = \frac{\Omega}{X}$$

Ω étant la section transversale et X le périmètre mouillé.

Enfin M. Defontaine, en désignant par v, la vitesse à la profondeur y au-dessous de la surface a proposé pour le Rhin la relation

$$v = 1,226 - 0,175\,y^2.$$

On voit par la complication du problème comment on a été conduit à prendre la vitesse moyenne pour base de l'évaluation des résistances.

D'ailleurs les rapports entre les différentes vitesses doivent être très variables suivant la forme du profil, comme le sont eux-mêmes les coefficients de frottement.

Les parois du lit donnent lieu à des frottements, représentés par de Prony, par la formule connue :

$$F = \pi l X (aU + bU^2)$$

dans laquelle :

F est la force de frottement qui s'exerce entre deux sections transversales distantes de l;

π, le poids spécifique de l'eau, c'est-à-dire 1 000;

X, le périmètre mouillé;

U, la vitesse moyenne;

a et b, deux coefficients que de Prony suppose constants, et qui, d'après les expériences de Dubuat, ont les valeurs suivantes :

$$a = 0{,}000044$$
$$b = 0{,}000309$$

Eytelwein a donné :

$$a = 0{,}000024$$
$$b = 0{,}000366.$$

Les expériences de Darcy et de Bazin, ont démontré que ces coefficients n'étaient pas constants et qu'ils dépendaient de la nature des parois du lit, des dimensions de la section transversale du courant, et du rayon moyen. Ils recommandent la formule monôme

$$F = \pi l X b_1 U^2$$

et donnant à b_1 des valeurs appropriées aux différentes natures de parois, dont voici quelques valeurs :

Parois très unies, en ciment lisse ou en bois raboté

$$b_1 = 0{,}00015 \left(1 + \frac{0{,}03}{R}\right).$$

Parois unies, pierre de taille, briques, planches

$$b_1 = 0{,}00019 \left(1 + \frac{0{,}07}{R}\right).$$

Parois peu unies, maçonnerie de moellons

$$b_1 = 0{,}00024 \left(1 + \frac{0{,}25}{R}\right).$$

Parois en terre

$$b_1 = 0{,}00028 \left(1 + \frac{1{,}25}{R}\right).$$

R étant le rayon moyen appliquable seulement aux sections qui ressemblent à celles sur lesquelles les déterminations des expérimentateurs ont été faites.

Le plus souvent on se contente de prendre suivant Cadini

$$F = 0{,}0004\ \pi l X U^2.$$

Le travail du frottement est, comme pour les tuyaux de conduite, pour un poids P

$$T_f = P \frac{lX}{\Omega} b_1 U^2.$$

114. Remarque. — Dans les canaux, il ne faut pas que la vitesse du fond dépasse une certaine limite, au-dessus de laquelle le fond serait dégradé par les eaux. L'expérience a donné à cet égard les indications suivantes.

Tableau des valeurs de W et U au-delà desquelles le fond des canaux commence à être entraîné

NATURE DU TERRAIN	W	U
	m.	m.
Terres détrempées, brunes.	0.086	0.101
Argiles tendres...........	0.152	0.203
Sables	0.305	0.407
Graviers................	0.609	0.812
Cailloux................	0.614	0.819
Pierres cassées, piles......	1.220	1.630
Poudingues, schistes tendres	1.520	2.026
Roches stratifiées	1.830	2.440
Roches dures	3.650	4.066

Ces nombres, on le comprend, n'ont rien d'absolu il faut les considérer comme une indication approximative.

115. *Équation du mouvement uniforme de l'eau dans un canal.* — Puisque le mouvement doit être uniforme pour chacun des filets liquides, le canal est partout de même pente et il suffit de considérer une portion de la lame d'eau comprise entre deux sections perpendiculaires au lit, pour déterminer, en tenant compte des frottements, l'équation du mouvement uniforme.

La surface libre est nécessairement un plan parallèle au lit, et tous les filets se mouvant parallèlement, la pression en un point quelconque est conforme à celle de la loi hydrostatique.

On pourrait indifféremment recourir dans ce but au principe des quantités de mouvement ou au principe du travail. Nous ferons usage du premier.

Soit (*fig.* 61) la masse de liquide comprise entre les deux sections A_0B_0, A_1B_1 et appliquons lui le théorème des quantités de mouvement projetées sur un axe, parallèlement à B_0 B_1, pendant un temps infiniment petit.

Le premier membre de l'équation sera la différence des quantités de mouvement de la masse liquide. Cette différence est évidemment nulle, puisque ni la masse,

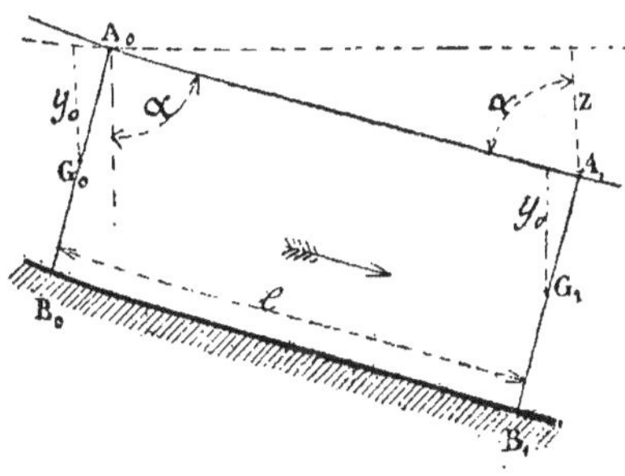

Fig. 61.

ni la vitesse des filets ne change; on aura donc :

$$O = \Sigma \text{ projections des forces.}$$

Ces forces extérieures sont :

La pesanteur;

Les pressions en A_0B_0, A_1B_1 ;

Les frottements exercés par le lit contre la masse liquide.

Désignons par Ω, la section constante du courant, par l la longueur comprise entre les sections considérées et par π le poids spécifique.

Le poids de cette masse est donc :

$$\pi\Omega l$$

et sa composante suivant la direction de l'axe fixe est :

$$\pi\Omega l \cos \alpha$$

ou

$$\pi\Omega z$$

en représentant par z la différence des niveaux de A_0 et de A_1.

Les pressions A_0B_0 s'exercent suivant la loi hydrostatique, ce qui donne :

$$(\pi Y_0 + p_a)\,\Omega$$

de même, en A_1B_1, on a :

$$-(\pi Y_0 + p_a)\,\Omega.$$

Ces deux pressions étant égales se détruisent.

Enfin le frottement du lit contre la masse liquide a pour valeur

$$\pi l X b_1 U^2.$$

L'équation se réduit donc à

$$\pi\Omega z - \pi l X b_1 U^2 = o$$

ou

$$\Omega z = l X b_1 U^2$$

et

$$\frac{\Omega}{X} \cdot \frac{z}{l} = b_1 U^2 \qquad (1)$$

Dans cette formule, $\frac{\Omega}{X}$ est le rayon moyen R et $\frac{z}{l}$ est la pente I par mètre ; on peut donc écrire :

$$RI = b_1 U^2.$$

Cette équation se met quelquefois sous une autre forme, en la combinant avec la relation

$$U = \frac{Q}{\Omega}$$

en substituant à U sa valeur, il vient :

$$RI = b_1 \frac{Q^2}{\Omega^2}.$$

115. Remarque. — L'équation (1) peu s'écrire :

$$z = \frac{lX}{\Omega} b_1 U^2$$

z est la différence de niveau entre les deux sections A_0B_0 et A_1B_1 ; c'est précisément la charge entre ces deux sections ; en effet : la pression en A_0B_0 est π $Y_0 + pa;$ la hauteur due à la pression en G_0 est donc :

$$Y_0 + \frac{p_a}{\pi}.$$

Il s'ensuit que le niveau piézométrique, déduction faite de la pression atmosphérique est A_0. On verrait de même que pour A_1B_1, c'est A_1.

Donc, on peut dire que la charge entre deux sections transversales quelconques est égale à la perte de charge entre ces deux sections.

116. *Travail des forces de frottement.* — Calculons pour l'unité de temps, le travail des forces de frottement qui s'exercent entre deux sections.

Ces frottements comprennent les frottements des parois sur la masse et ceux des filets liquides les uns sur les autres.

Soient A_0B_0, A_1B_1 (*fig.* 62), les deux sections données. Considérons, à un instant quelconque, toute la masse liquide, pendant un temps très petit, et appliquons le théorème des forces vives.

Les molécules de A_0B_0 seront venues en C_0D_0 et celles de A_1B_1 en C_1D_1; la masse

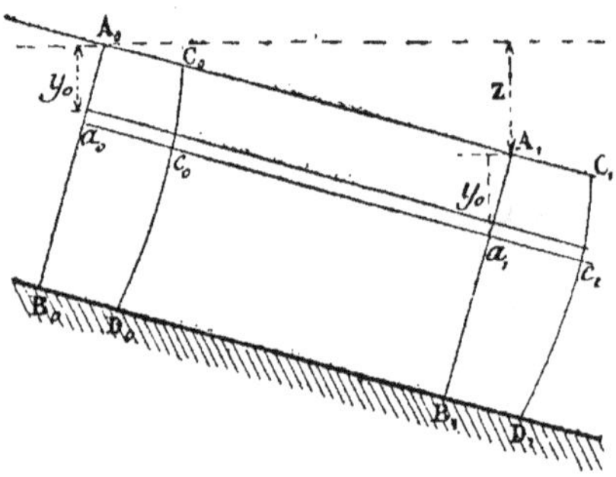

Fig. 62.

A_0B_0 A_1B_1 est donc venue en $C_0D_0C_1D_1$.

Remarquons que les surfaces C_0D_0 et C_1D_1 doivent être semblables puisque la masse de chaque filet n'a pas varié.

Le premier membre de l'équation des forces vives sera nul puisque la masse et la vitesse ne varient pas; il suffira donc d'écrire que la somme algébrique des travaux de toutes les forces en jeu est nulle.

Ces forces sont:

La pesanteur;

Les pressions en A_0B_0, A_1B_1;

Et les forces de frottement.

Le travail résultant de la pesanteur est

$$\pi qz,$$

en désignant par q le volume $A_0B_0C_0D_0$ et par z, la différence de niveau entre a_0 et a_1.

Le travail des pressions est nul, en effet.

Considérons le filet a_0a_1, la pression sur l'unité de surface en a_0 est $\pi y_0 + p_a$.

Pour une section ω, on aura donc

$$(\pi y_0 + p_a)\,\omega$$

et le travail sera :

$$(\pi y_0 + p_a)\,\omega \times a_0c_0.$$

De même en A_1B_1, le travail sera :

$$-(\pi y_0 + p_a)\,\omega \times a_0c_0$$

la somme algébrique est donc nulle, et comme il en est de même de tous les filets il n'y a pas à s'occuper du travail de ces pressions.

En désignant par t_f le travail élémentaire qui s'exerce par les frottements; on aura :

$$\pi qz + t_f = o.$$

Or, nous savons que

$$z = \frac{lX}{\Omega} b_1 U^2$$

en substituant, il vient :

$$t_f = -\pi q \frac{lX}{\Omega} b_1 U^2.$$

Si maintenant T_f représente le travail pendant l'unité de temps, on voit que le mouvement étant permanent, le travail est proportionnel au temps écoulé, ou aux volumes d'eau écoulés, donc:

$$\frac{T_f}{t_f} = \frac{Q}{q}$$

et $$T_f = t_f \frac{Q}{q}$$

ou $$T_f = \pi Q \frac{lX}{\Omega} b_1 U^2.$$

Telle est la formule qui donne le travail des frottements. Remarquons qu'il est égal au poids d'eau πQ, multiplié par la perte de charge $\frac{lX}{\Omega} b_1 U^2$ entre les deux sections considérées.

L'équation générale du mouvement uniforme dans un canal découvert

$$RI = b_1 \frac{Q^2}{\Omega^2}$$

permet de résoudre immédiatement les problèmes les plus usuels.

Premier Problème.

117. *Déterminer l'inclinaison du lit d'un canal dont la section et le débit sont donnés.* — De la formule précédente on tire:

$$I = \frac{b_1}{R} \frac{Q^2}{\Omega^2}. \quad (1)$$

Prenons un exemple numérique, et supposons, que le canal ait une section trapézoïdale représentée par la figure 63. Les berges inclinées à 45° seront supposées en maçonnerie de moellons, de sorte que le fond du canal ayant 4 mètres de largeur, la ligne d'eau AC sera $4^m + 2,125 = 6^m,5$.

Donnons-nous un débit de 8 mètres

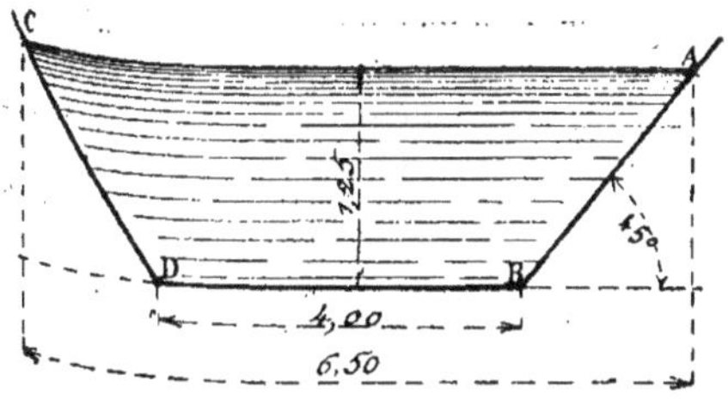

Fig. 63.

cubes d'eau par seconde et calculons la pente I par la formule (1).

Déterminons d'abord les quantités qui entrent dans cette relation :

Débit $Q = 8 \qquad Q^2 = 64$

Section $\Omega = \frac{4 + 6,50}{2} 1,25 = 6^{m^2},5625$

$$\Omega^2 = 43,066.$$

Périmètre mouillé $X = 4 + 2,5\sqrt{2} = 7^m,535$.

Rayon moyen $R = \frac{\Omega}{X} = \frac{6,5625}{7,535} = 0^m,871$.

Coefficient $b_1 = 0,00024 \left(1 + \frac{0,25}{R}\right)$

$$b_1 = 0,00024 \left(1 + \frac{0,25}{0,871}\right) = 0,0003203.$$

En substituant, on a :

$$I = \frac{0,0003203}{0,871} \cdot \frac{64}{43,066} = \frac{0,0204992}{37,51048} = 0^m,00055,$$

c'est-à-dire que la pente par mètre $= 0^m,00055$, ou par kilomètre $0^m,55$.

Deuxième Problème.

118. *Déterminer le débit lorsqu'on connaît la section et l'inclinaison du lit du canal.*

La solution de ce problème est encore directe ; la formule

$$RI = b_1 \frac{Q^2}{\Omega^2}$$

donne immédiatement

$$Q = \Omega \sqrt{\frac{RI}{b_1}}.$$

119. Remarque I. — La vitesse se déduit de cette dernière relation, car

$$U = \frac{Q}{\Omega} = \sqrt{\frac{RI}{b_1}}.$$

Si l'on fait $b_1 = 0,0004$, on obtient la formule de Tadini

$$U = 50 \sqrt{RI}.$$

120. Remarque II. — Dans le cas où le lit présente de grandes différences de profondeur, l'influence relative du frottement n'est plus la même pour toutes les parties du lit ; elle sera beaucoup plus grande dans les parties où la profondeur d'eau sera faible, comme par exemple, lorsqu'il s'agit des berges d'une rivière débordée. Il convient alors de calculer séparément la vitesse moyenne dans le véritable lit, et la vitesse moyenne dans le lit accessoire, afin d'additionner les deux débits. On obtient ainsi un résultat plus en rapport avec la véritable influence du frottement et avec le débit réel.

Troisième Problème.

121. *Connaissant le débit, l'inclinaison et le profil transversal d'un canal, déterminer la hauteur du niveau et par suite la section et son périmètre mouillé.*

Les formules ne permettent pas de résoudre directement la question, mais on obtient assez facilement la hauteur cherchée en se donnant arbitrairement une première valeur de H, qui, introduite dans l'équation générale, entraîne des valeurs correspondantes pour Ω et R, et en modifiant ensuite cette valeur de H jusqu'à ce que les valeurs de Ω et de R satisfassent au débit Q. Cette valeur de H porte habituellement la désignation de hauteur du régime uniforme correspondant à la dépense.

Dans le cas où le lit affecte une forme particulière, le problème peut se résoudre sans tâtonnement :

1° Si le lit rectangulaire (*fig.* 64) a

une largeur l, le rayon moyen R peut s'exprimer facilement en fonction de l'inconnu H.

On a

$$R = \frac{\Omega}{X} = \frac{lH}{l + 2H}$$

et en substituant dans l'équation générale

$$RI = \frac{lH}{l + 2H} I = \frac{b_1 Q^2}{l^2 H^2}.$$

On a ainsi une équation du troisième

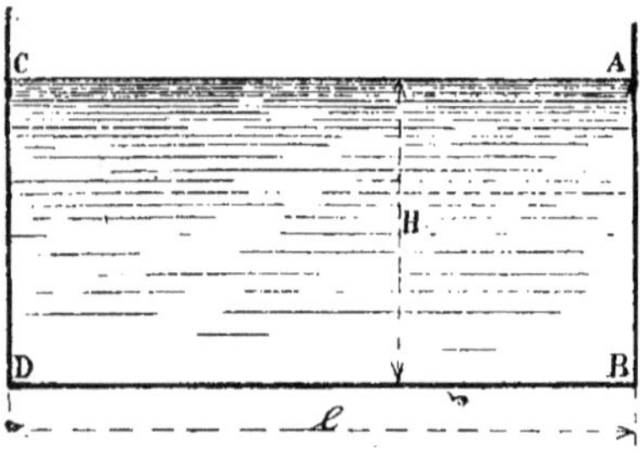

Fig. 64.

degré en H qui permet de résoudre le problème ; elle se ramène à

$$l^3 I.H^3 - 2b_1 Q^2 H - b_1 Q^2 l = o$$

qui ne contient que la seule inconnue H.

2° Dans le cas où le lit est très large et peu profond, on peut exprimer approximativement la section Ω par lH et le périmètre mouillé X par l en négligeant les parois latérales, ce qui se traduit par

$$R = \frac{LH}{L} = H$$

et par suite

$$RI = HI = \frac{b_1 Q^2}{l^2 H^2}$$

d'où l'on tire :

$$H = \sqrt[3]{\frac{b_1 Q^2}{l^2 I}}.$$

Quatrième Problème.

122. *Déterminer pour un débit et une inclinaison donnés le profil trapézoïdal d'un canal dont l'angle du talus α est également donné.*

Si l représente la largeur du plafond du canal on aura, dans ce cas (*fig.* 65)

$$X = l + \frac{2H}{\cos \alpha} \text{ et } \Omega = lH + H^2 \text{ tg. } \alpha$$

et la formule ordinaire devient :

$$I = \frac{X}{\Omega} b_1 U^2 = \frac{l + \frac{2H}{\cos \alpha}}{lH + H^2 \text{ tg. } \alpha} b_1 U^2.$$

Ce problème contient deux inconnues H et l, si la largeur du plafond n'est pas donnée, et l'on peut ainsi profiter de l'indétermination pour s'imposer une condition supplémentaire, c'est ce qui a lieu dans le problème suivant.

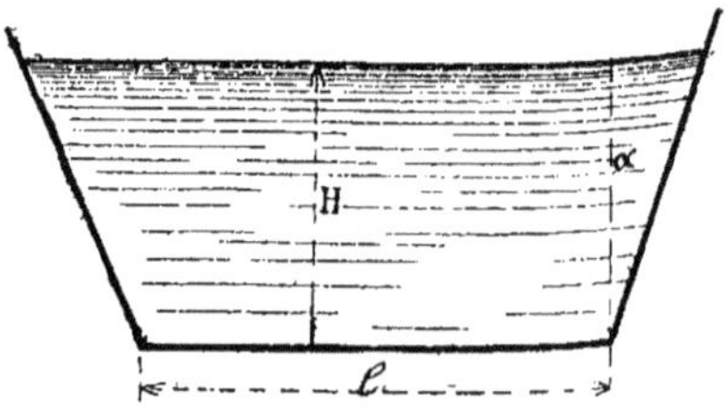

Fig. 65.

Cinquième Problème.

123. *Déterminer pour une section d'eau et un débit donnés, le profil trapézoïdal d'un canal dont l'angle du talus est donné, de manière que la pente I du lit soit minimum.*

Les données sont Q, Ω et par suite U et α ; les inconnues lH.

La relation

$$I = \frac{X}{\Omega} b_1 U^2$$

montre que le minimum de I correspond au minimum de X ; or

$$X = l + \frac{2H}{\cos \alpha}.$$

D'après le calcul différentiel on trouve que le minimum de X a lieu pour

$$H = \frac{l \cos \alpha}{2 (1 - \sin \alpha)}.$$

Connaissant cette valeur de H, on trouve facilement X et Ω

$$X = l + \frac{2l \cos \alpha}{2 (1 - \sin \alpha) \cos \alpha} = l + \frac{l}{1 - \sin \alpha}$$
$$= \frac{l (2 - \sin \alpha)}{1 - \sin \alpha}$$

$$\Omega = \frac{l^2 \cos \alpha}{2(1 - \sin \alpha)} + \frac{l^2 \cos^2 \alpha \operatorname{tg.} \alpha}{4(1 - \sin \alpha)^2}$$

$$= \frac{l^2 \cos \alpha}{4(1 - \sin \alpha)^2} [2(1 - \sin \alpha) + \sin \alpha]$$

ou $$\Omega = \frac{l^2 \cos \alpha (2 - \sin \alpha)}{4(1 - \sin \alpha)^2}.$$

124. Remarque. — Ce problème V comporte une solution géométrique facile à construire.

Menons l'horizontale AB (*fig.* 6) puis les deux droites EF et EG, faisant chacune l'angle α avec AB ; décrivons la circonférence GIF de centre E et menons les trois tangentes en G, I, F, on a ainsi le profil ADCB demandé.

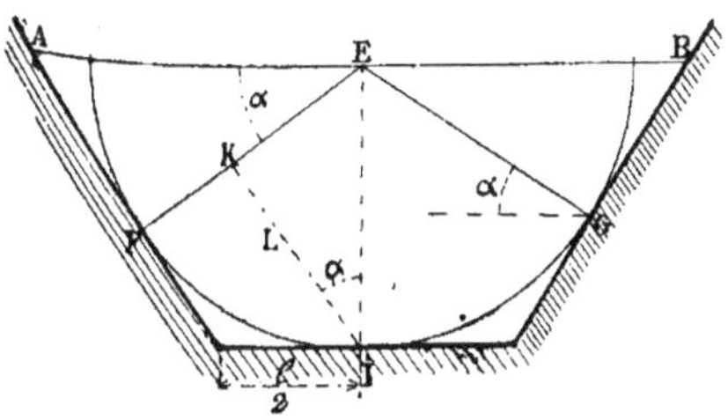

Fig. 66.

En effet, on voit immédiatement, en abaissant la perpendiculaire IK sur EF, que :

$$EI = H = EF = EK + FK$$

$$= EI \sin \alpha + FL \cos \alpha$$

$$= EI \sin \alpha + DI \cos \alpha$$

$$= H \sin \alpha + \frac{1}{2} l \cos \alpha$$

d'où $$H = \frac{l \cos \alpha}{2(1 - \sin \alpha)}$$

comme précédemment.

Mouvement permanent varié.

125. Le mouvement est dit permanent lorsqu'il reste identiquement le même en tel point du canal où on veuille le considérer à différents moments ; cette permanence n'empêche pas que la vitesse varie d'un point à un autre d'un même filet liquide, et c'est en cela que consiste le mouvement varié, quelle que soit d'ailleurs la cause de cette variation.

Le lit peut changer de forme, l'inclinaison peut augmenter ou diminuer, la hauteur d'eau peut n'être pas la même en toutes les sections ; ce sont là autant de circonstances qui, prises individuellement suffisent pour que le mouvement soit varié.

On ne peut étudier, avec une approximation qui se rapproche des faits ; le mouvement permanent varié que quand les changements de section, de direction et de pente, ne sont pas brusques, mais ont lieu au contraire d'une manière graduelle et pour ainsi dire insensible. On admet alors que la ligne d'eau dans une section quelconque normale au lit, est toujours horizontale et que le liquide traverse en filets parallèles, ce qui permet d'admettre que la répartition des pressions s'y fait, dans toutes les couches sous-jacentes conformément à la loi hydrostatique, toute horizontale, comprise dans une section transversale étant par cela même une ligne de niveau piézométrique.

L'étude du mouvement permanent varié donne lieu à des équations différentielles et intégrales qui ne peuvent trouver place dans notre ouvrage ; l'équation de ce mouvement a été établie à peu près à la même époque (1828) par Bellanger dans un mémoire publié sous le titre d'*Essai sur le mouvement permanent des eaux courantes*, et par Poncelet dans son cours à l'Ecole d'application de Metz.

Le même sujet a été traité depuis par Navier, par Vauthier et par Coriolis. Enfin on trouvera dans le cours de *Mécanique appliquée* de M. Bresse à l'Ecole des Ponts et Chaussées, une intéressante discussion relative à ce problème.

Pressions réciproques des solides et des liquides.

126. Quand un liquide dans son mouvement rencontre une paroi solide, il se produit des pressions réciproques qui ne peuvent être les mêmes que dans l'état de repos relatif, par suite des forces d'inertie qui sont nécessairement développées entre eux toutes les fois qu'ils ne sont pas animés de la même vitesse et dans le même sens. L'élément prépondérant dans ces actions réciproques est la vitesse relative, mais nous verrons cependant que les actions dont nous venons de parler ne sont pas absolument identiques suivant que, pour une même vitesse relative, c'est le solide ou le liquide qui est en mouvement, l'autre corps étant en repos dans l'un et l'autre cas, des pertes de travail, plus ou moins grandes, sont les conséquences de ces rencontres.

127. *Pression d'une veine liquide contre un plan fixe.* — Un courant d'un liquide quelconque, lancé dans le vide ou dans l'air, rencontre un plan qui l'oblige à se dévier. On suppose qu'à une certaine distance du plan, la figure extérieure du courant est prismatique ou cylindrique; qu'en cet endroit les molécules du liquide se meuvent parallèlement entre elles, avec une vitesse commune sans se presser mutuellement si ce n'est en vertu de la pression atmosphérique.

On suppose encore le plan assez étendu pour que le liquide après s'être détourné se meuve parallèlement à ce plan, avec des vitesses et dans des directions d'ailleurs quelconques, sa pression se trouvant alors de nouveau réduite à celle de l'atmosphère. Enfin on suppose le courant parvenu à un état de régime permanent.

Cela posé, considérons les résistances ou pressions que le plan exerce sur les points matériels du liquide, comme décomposées chacune en deux forces, l'une parallèle au plan, l'autre normale, dont une partie répond à la pression atmosphérique. La somme des composantes normales restantes est égale à la *pression normale* du liquide sur le plan, abstraction faite de la pression atmosphérique.

Quant aux composantes parallèles au plan, elles constituent le *frottement* qu'il exerce sur le liquide.

Considérons à un instant quelconque la partie du liquide comprise entre un plan AB (*fig.* 67) coupant perpendiculairement le courant cylindrique, et une surface cylindrique dont la figure représente deux arêtes CD, C'D' et au-delà de laquelle le liquide coule parallèlement au plan, choque YZ. Ce plan est perpendiculaire au plan de la figure et fait avec la verticale un angle α.

Soit V la vitesse commune et constante des molécules qui traversent le plan AB. Après un temps très petit θ, ces molécules occuperont un plan voisin *ab* dont la distance au précédent sera $V.\theta$. Au même instant final les molécules qui se trouvaient d'abord dans la surface CD, C'D' seront sur une autre surface *cd, c'd'*. Ainsi tout le système de points matériels considéré sera finalement compris entre le plan *ab* et la surface *cd, c'd'*.

Ceux de ces points qui au dernier instant seront entre *ab* et CD, C'D' ne seront pas tous individuellement les mêmes que ceux qui y étaient d'abord, mais en vertu du régime permanent du courant, ils auront les mêmes masses et les mêmes vitesses.

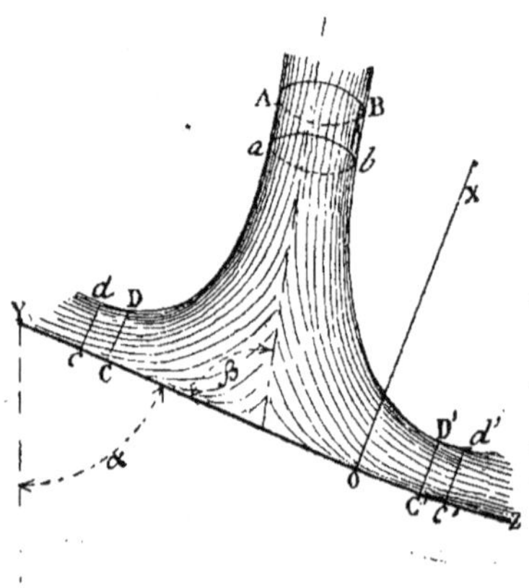

Fig. 67.

Soit β l'angle aigu que fait avec le plan YZ la direction du courant à l'endroit de la section AB.

Soit OX un axe perpendiculaire au plan YZ. La somme des quantités de mouvement du système projetées sur cet axe peut se partager à l'instant initial en deux parties :

1° La somme de celles qui appartiennent au liquide compris entre AB et *ab;* cette somme est :

$$-\text{MV} \sin \beta$$

en désignant par M la masse totale de cette partie du liquide ;

2° La somme des quantités de mouvement projetées qui appartiennent aux molécules comprises entre *ab* et CD, C'D que nous représenterons par :

$$\Sigma m'V'_x$$

De même la somme des quantités de mouvement projetées à la fin du temps θ se partage en deux parties :

1° Celle qui appartient au liquide compris entre *ab* et CD, C'D' et qui est encore :

$$\Sigma m'V'_x$$

à cause de la permanence du régime ;

2° Celle appartenant au liquide, qui ayant dépassé la surface CD, C D' se trouve entre cette surface *cd*, *c'd'*. Or, dans cette surface, les vitesses sont toutes par hypothèse, parallèles au plan ; leurs projections sur l'axe OX sont nulles. Donc, l'accroissement des quantités de mouvement projetées est :

$$\Sigma m'V'_x - (\Sigma m'V'_x - M.V. \sin\beta)$$

ou

$$M.V. \sin\beta$$

Maintenant soit F la somme cherchée des forces normales que le plan YZ exerce sur le liquide en outre de sa réaction égale à la pression atmosphérique.

Ces forces sont parallèles à l'axe OX.

Les autres forces extérieures qui agissent sur le système sont :

1° Les composantes, parallèles au plan YZ dues à son frottement ; leurs projections sur l'axe OX sont nulles ;

2° Les pressions atmosphériques dont les projections sur un axe quelconque se détruisent, comme si le système ABCD était au repos ;

3° Les forces exercées par la pesanteur, dont la projection sur l'axe OX est :

$$- P \sin\alpha,$$

en appelant P le poids du liquide compris entre AB et CD, C'D'.

On a donc en vertu du théorème de la quantité de mouvement :

$$MV \sin B = F\theta - P\theta \sin\alpha \quad (1)$$

En désignant par Ω l'aire de la section droite du courant cylindrique en AB, et par π le poids du mètre cube du liquide ; le volume AB, *ab* a pour valeur :

$$\Omega V.\theta$$

d'où

$$M = \frac{\pi\Omega.V.\theta}{g}$$

et l'équation (1) devient :

$$F = \pi\Omega \frac{V^2}{g} \sin\beta + P \sin\alpha.$$

La partie P sin α dépendante de l'action de la pesanteur, est la pression qu'exercerait le système AB, CD, C'D' s'il glissait sans changer de forme parallèlement au plan YZ.

L'autre partie de la pression F est égale au poids d'un cylindre du liquide considéré, qui aurait pour base la section Ω et pour longueur d'arêtes le double de la hauteur $\frac{V^2}{2g}$ due à la vitesse V ; les arêtes faisant avec la base du cylindre l'angle β que la direction du courant prise au lieu où sa vitesse est V, fait avec le plan qu'il rencontre plus loin.

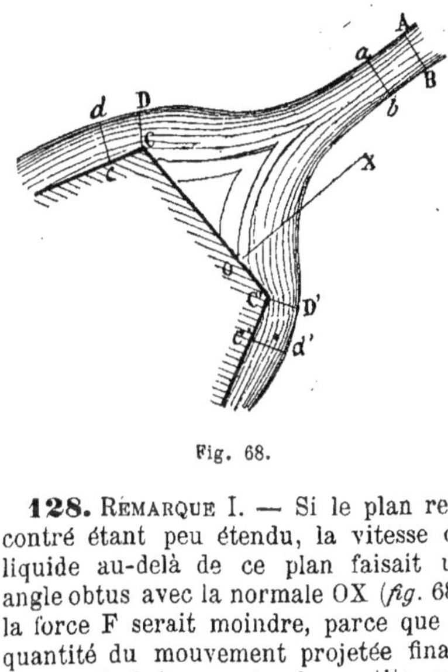

Fig. 68.

128. Remarque I. — Si le plan rencontré étant peu étendu, la vitesse du liquide au-delà de ce plan faisait un angle obtus avec la normale OX (*fig.* 68), la force F serait moindre, parce que la quantité du mouvement projetée finale serait algébriquement plus petite que le cas précédent.

129. Remarque II. — Par la raison contraire, si, au moyen de rebords adaptés au plan pressé par le liquide, on obligeait le courant à le quitter en faisant des angles aigus avec la normale, la pression F serait plus grande (*fig.* 69).

L'expérience confirme ces déductions théoriques ; mais la théorie est insuffisante pour faire connaître l'intensité de la pression dans les deux derniers cas, parce que cette force dépend des vitesses

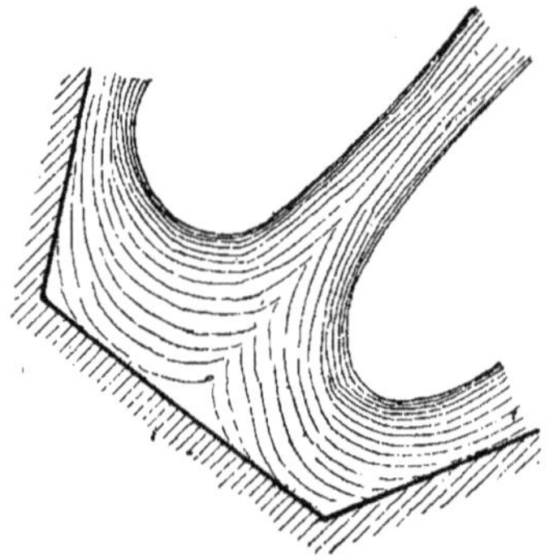

Fig. 69.

conservées par le liquide au-delà du plan pressé.

Pression d'un liquide en mouvement permanent, dans une conduite cylindrique, contre divers obstacles.

130. Soit A'B', AB (*fig.* 70) deux sections du courant, l'une en amont de la plaque, l'autre en aval de la section contractée annulaire A''B'', $a''b''$, et à des distances qui, quoique petites, soient suffisantes pour que le mouvement du liquide y ait lieu par filets seulement parallèles.

Si l'on fait abstraction du frottement de la paroi, et de l'inégalité de vitesse des filets dans les sections AB, A'B', A''B'', on pourra appliquer le théorème de Bernouilli.

En appelant V, V' V'', p, p', p'' les vitesses et les pressions par mètre dans les trois sections, z, z', z'' les ordonnées de leurs centres de gravité, on aura :

De A'B' à A''B'' :

$$\frac{V'^2}{2g} + z' + \frac{p'}{\pi} = \frac{V''^2}{2g} + z'' + \frac{p''}{\pi}. \quad (1)$$

De A''B'' à AB, en tenant compte des actions mutuelles on aura :

$$\frac{V''^2}{2g} + z'' + \frac{p''}{\pi} = \frac{V^2}{2g} + z + \frac{p}{\pi} + \frac{(V''-V)^2}{2g} \quad (2)$$

En additionnant ces deux équations et en remarquant que V = V', on tire :

$$\frac{p'-p}{\pi} + z' - z = \frac{(V''-V)^2}{2g}. \quad (3)$$

Connaissant ainsi la différence $p'-p$ des pressions par mètre dans les sections A'B' et AB, on peut conclure la résultante des forces que le courant exerce sur les deux forces de la plaque DD ; forces égales et contraires aux réactions que la plaque exerce sur le liquide.

En effet, si l'on considère pendant un temps très court le déplacement du liquide compris d'abord entre les deux plans A'B', AB, on voit que la somme de ces quantités de mouvement, projetées sur l'axe de la conduite est constante ; donc la somme des projections des forces extérieures sur le même axe est nulle.

Ces forces projetées, quand on néglige le frottement de la conduite, se réduisent :

1° Aux pressions $\Omega p' - \Omega p$ sur les plans A'B', AB dont l'axe est Ω ;

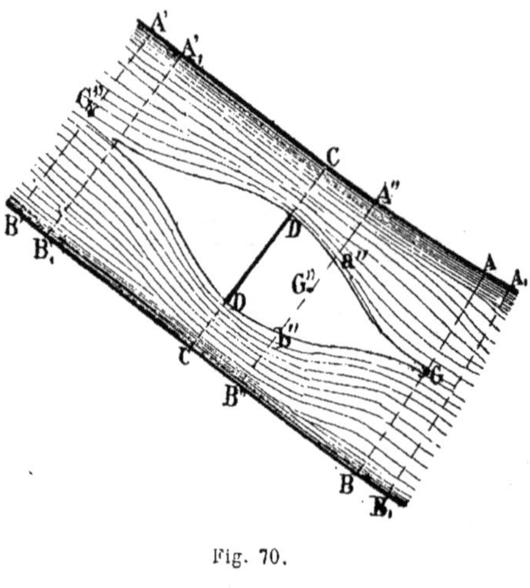

Fig. 70.

2° A la projection du poids du système, laquelle est $\pi\Omega\,(z'-z)$;

3° A la résultante des forces que la plaque exerce sur le liquide que nous désignerons par R, et agissant d'aval en amont.

Nous aurons donc :

$$\Omega p' - \Omega p + \pi\Omega\,(z'-z) - R = 0$$

ou $$R = \pi\Omega \left(\frac{p' - p}{\pi} + z' - z\right)$$
et par conséquent d'après l'équation (3)
$$R = \pi\Omega \frac{(V'' - V)^2}{2g}. \qquad (4)$$

Soit S' l'aire de la plaque DD; l'aire de l'orifice annulaire est donc $\Omega - S$.

Si l'on appelle m le coefficient propre à la contraction qui a lieu dans la section annulaire $A''B''a''b''$, dont l'aire est Ω'' ; on a :
$$\Omega'' = m\,(\Omega - S)$$

D'ailleurs l'incompressibilité du liquide donne :
$$\Omega V = \Omega'' V''$$
d'où $$V'' = V \frac{\Omega}{m\,(\Omega - S)}. \qquad (5)$$

Ainsi l'équation (4) peut se mettre sous la forme
$$R = \pi S \frac{V^2}{2g} \cdot \frac{\Omega}{S} \left[\frac{\frac{\Omega}{S}}{m\left(\frac{\Omega}{S} - 1\right)} - 1 \right]^2 \qquad (6)$$
ou
$$R = K\pi S \frac{V^2}{2g}$$
en faisant :
$$K = \frac{\Omega}{S} \left[\frac{\frac{\Omega}{S}}{m\left(\frac{\Omega}{S} - 1\right)} - 1 \right]^2.$$

Donc la résistance R totale de la plaque est proportionnelle au poids spécifique π du liquide, à l'aire S de la plaque, à la hauteur due à la vitesse V dans la conduite, et à une quantité K qui ne dépend que du coefficient de contraction m et du rapport $\frac{\Omega}{S}$ des aires de la conduite et de la plaque.

Supposons, par exemple $\frac{\Omega}{S} = 4$ et $m = 0{,}85$ nous aurons :
$$K = 4\left(\frac{4}{2{,}55} - 1\right)^2 = 1{,}30.$$

En général, on peut admettre que m ne dépend que du rapport $\frac{\Omega}{S}$. Ainsi, la conduite et la plaque restant les mêmes, si la vitesse varie, la résistance R est proportionnelle au carré de la vitesse ; si les aires Ω et S varient, mais restent dans le même rapport, la résistance $\frac{R}{S}$ par mètre carré de la plaque est encore proportionnelle au carré de la vitesse.

On peut se proposer de déterminer la pression totale que le liquide exerce sur chaque face de la plaque DD.

La pression par mètre carré sur la face d'aval diffère très peu de p'', donc en désignant par q la pression sur cette face, on a
$$q = Sp''$$
ou en tirant p'' de l'équation (2) et en déduisant il vient
$$q = S\left[p - \pi\,(z'' - z) - 2\pi \frac{V^2}{2g}\left(\frac{V''}{V} - 1\right)\right]. \qquad (7)$$

La pression totale sur la face d'amont de la plaque étant désignée par P, on a :
$$R = P - q$$
d'où $$P = q + R$$
ou en substituant pour q et R leurs valeurs on a :
$$P = S\left[p - \pi\,(z'' - z) + \pi \frac{V^2}{2g}\left(\frac{V''}{V} - 1\right)\left(\left(\frac{\Omega}{S}\left(\frac{V''}{V} - 1\right) - 2\right)\right)\right]. \qquad (8)$$

Il ne reste plus qu'à substituer dans ces formules de q et de P la valeur de $\frac{V''}{V}$ tirée de l'équation (5), savoir :
$$\frac{V''}{V} = \frac{\Omega}{S} \cdot \frac{1}{m\left(\frac{\Omega}{S} - 1\right)}.$$

On remarque que dans ces formules, la partie A $[(p - \pi\,(z'' - z)]$ est la pression hydrostatique sur DD, conclue de la pression par mètre P dans la section AB.

D'après le langage employé par Dubuat dans ses considérations sur la résistance de l'eau, cette pression hydrostatique s'appellerait la pression *morte*.

La partie de P affectée du facteur $\frac{V^2}{2g}$ serait la pression *vive* sur la face d'amont, et la quantité analogue qui est négative dans q s'appellerait la *non-pression* sur la face d'aval.

Nous allons appliquer ces formules en supposant les données suivantes.

$$\frac{\Omega}{S} = 4 \qquad m = 0{,}85 \qquad z'' = z' = z$$

on aurait :

$$q = Sp - 2\left(\frac{4}{2{,}55} - 1\right)\pi S \frac{V^2}{2g}$$

$$= Sp - 1{,}14\,\pi S \frac{V^2}{2g}$$

$$P = SP + 0{,}57\,(4 \times 0{,}57 - 2)\,\pi S \frac{V^2}{2g}$$

$$= SP + 0{,}16\,\pi S \frac{V^2}{2g}.$$

131. Remarque. — Si à la plaque DD on pouvait substituer un corps arrondi (*fig.* 71), de manière à faire disparaître la

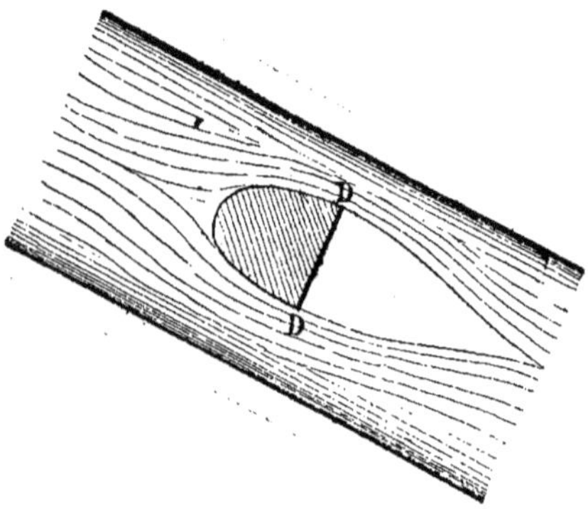

Fig. 71.

contraction, il suffirait de faire $m = 1$ dans le calcul précédent. On aurait donc

$$R = K\pi S \frac{V^2}{2g} \quad \text{et} \quad K = \frac{\frac{\Omega}{S}}{\left(\frac{\Omega}{S} - 1\right)^2}.$$

En réalité, m peut approcher de 1. Soit, par exemple $m = 0{,}95$, on en conclura :

$$K = 4\left(\frac{20.4}{19.3} - 1\right)^2 = 0{,}65.$$

Pression sur un corps cylindrique dont la longueur est environ trois fois le diamètre.

132. Supposons pour plus de simplicité, la conduite horizontale (*fig.* 72) et soient V′, p' la vitesse et la pression dans la section A′B′ ; V″p'' ; V‴ p''' ; V, p les quantités analogues dans les sections A″B″, A‴B‴, AB. On a en appliquant les principes relatifs aux changements de section dans les conduites, de A′B′ en A″B″.

$$\frac{p' - p''}{\pi} = \frac{V''^2 - V'^2}{2g}$$

de A″B″ en A‴B‴

$$\frac{p'' - p'''}{\pi} = \frac{V'''^2 - V''^2}{2g} + \frac{(V'' - V''')^2}{2g}$$

de A‴B‴ en AB

$$\frac{p''' - p}{\pi} = \frac{V^2 - V'''^2}{2g} + \frac{(V''' - V)^2}{2g}$$

d'où en ajoutant et remarquant que V′ = V

$$\frac{p' - p}{\pi} = \frac{(V'' - V''')^2}{2g} + \frac{(V''' - V)^2}{2g}.$$

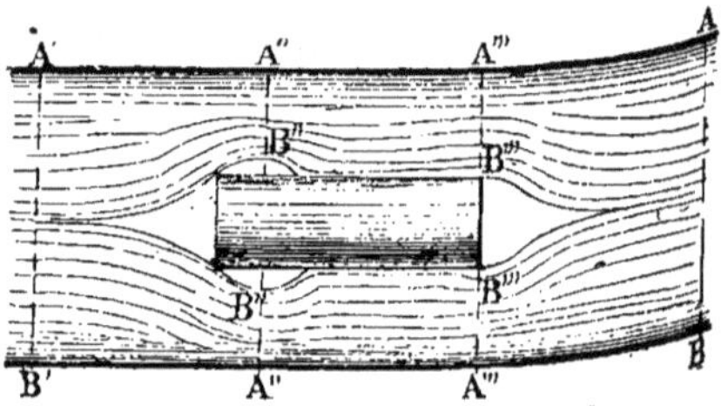

Fig. 72.

En appelant R la résultante des forces que le cylindre exerce sur le liquide et raisonnant comme précédemment ; on aura :

$$R = \pi\Omega\left(\frac{p' - p}{\pi}\right)$$

$$\text{ou} \quad R = \pi\Omega\left[\frac{(V'' - V''')^2}{2g} + \frac{(V''' - V)^2}{2g}\right]$$

or, d'après les mêmes notations, on a :

$$\Omega V = m\,(\Omega - S)\,V'' = (\Omega - S)\,V'''$$

par conséquent,

$$R = K\pi S \frac{V^2}{2g}$$

en faisant pour abréger :

$$K = \frac{\frac{\Omega}{S}}{\left(\frac{\Omega}{S} - 1\right)^2}\left[\left(\frac{\Omega}{S}\right)^2\left(\frac{1}{m} - 1\right)^2 + 1\right].$$

Supposons, comme exemple,

$$\frac{\Omega}{S} = 4 \quad \text{et} \quad m = 0{,}85$$

on a :

$$K = \frac{4}{9}[16\,(0{,}1765)^2 + 1] = \frac{4}{9} \cdot 1{,}05 = 0{,}467.$$

133. Remarque. — Si le même cylindre était précédé d'une proue qui rapprochât le coefficient m de l'unité, K diminuerait un peu. Ainsi soit, $m = 0{,}95$ et $\frac{\Omega}{S} = 4$, on trouve :

$$K = \frac{4}{9}\left(\frac{16}{19^2} + 1\right) = 0{,}463.$$

134. *Pression d'un liquide indéfini contre divers obstacles fixes, dans le mouvement uniforme.* — Les considérations exposées dans les numéros précédents donnent une idée de l'influence de la figure du corps plongé dans un liquide, sur les pressions qu'il reçoit ; mais cette

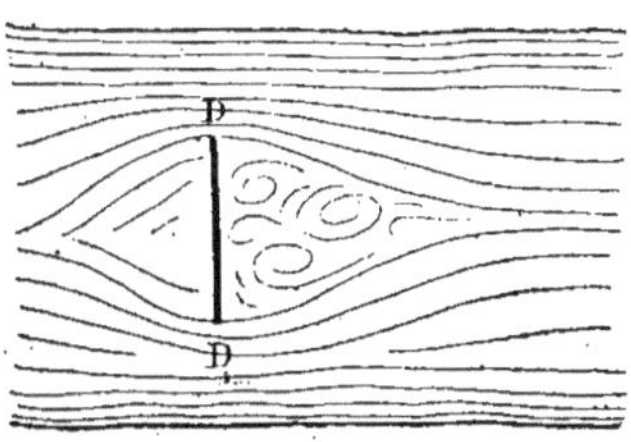

Fig. 73.

théorie cesse d'être applicable lorsque les dimensions du corps sont petites, relativement à la section du courant. Dans ce cas il n'existe plus une section annulaire contractée A″ B″, a'' b'' dans laquelle on puisse admettre que les filets ont des vitesses sensiblement égales et parallèles, et la même pression moyenne que le remous d'aval.

Les filets qui sont le plus détournés de leur direction primitive prennent un mouvement momentanément accéléré et curviligne, tandis que d'autres, à une certaine distance conservent leur mouvement uniforme et rectiligne. De là on conclut que la pression sur la face d'amont du plan DD (*fig.* 73) est plus grande que dans l'état statique, tandis que la pression sur la face d'aval est plus faible.

L'expérience indiquant que la figure des filets reste à peu près la même pour un corps donné quand la vitesse varie, il en résulte que les variations de pression en amont et en aval, suivant la loi de la force normale dans le mouvement curviligne, sont à peu près proportionnelles au carré de la vitesse.

L'expérience indique encore que, lorsque divers corps solides semblables sont plongés dans un courant indéfini, et y sont semblablement dirigés, les filets déviés ont des figures semblables, et l'on peut en conclure que les pressions par mètre dans les points homologues restent les mêmes.

Du reste le genre des phénomènes dont il s'agit est tellement compliqué qu'on ne doit point s'étonner qu'il n'ait pu jusqu'à présent être soumis à une théorie complètement satisfaisante.

L'état des connaissances sur cette matière difficile est exposé en détail par Poncelet, dans son *Introduction à la mécanique industrielle*. Nous résumerons les principaux faits qui nous paraissent présenter quelque utilité.

Les expériences ont été faites de deux manières : tantôt les corps solides étaient mis en mouvement uniforme dans un grand bassin d'eau stagnante ; tantôt on maintenait les corps en repos au milieu d'un courant. On s'attendait à trouver les mêmes résultats, c'est-à-dire les mêmes pressions exercées lorsque la vitesse des corps dans le premier cas serait la même que la vitesse du courant dans le second à l'endroit où les corps étaient plongés. Dubuat a prouvé par des faits que c'était une erreur, lorsqu'au lieu de courants indéfinis on faisait l'expérience dans une rivière de moyenne grandeur. Il a trouvé la pression résultante plus grande dans le courant que dans le liquide en repos. Mais il en a donné une fausse explication en disant que dans l'état de repos, l'eau offre plus de facilité à se laisser diviser et par conséquent moins de résistance que quand elle est en mouvement.

Le principe des mouvements relatifs, principe fondamental de la dynamique, rend cette assertion inadmissible lorsque toute la masse d'eau, où est plongé le corps, possède préalablement un même mouvement de translation.

Mais cette condition n'était pas remplie dans les courants où Dubuat a opéré et dans lesquels la vitesse des filets variait en diminuant depuis le milieu de la surface jusqu'à la paroi du lit. Cette circonstance suffit pour expliquer le paradoxe apparent constaté par Dubuat.

En effet, supposons un corps fixe, plongé à peu de distance du milieu de la surface et de l'endroit où est le maximum de la vitesse (*fig.* 74).

Soit V la vitesse du filet dont la direc-

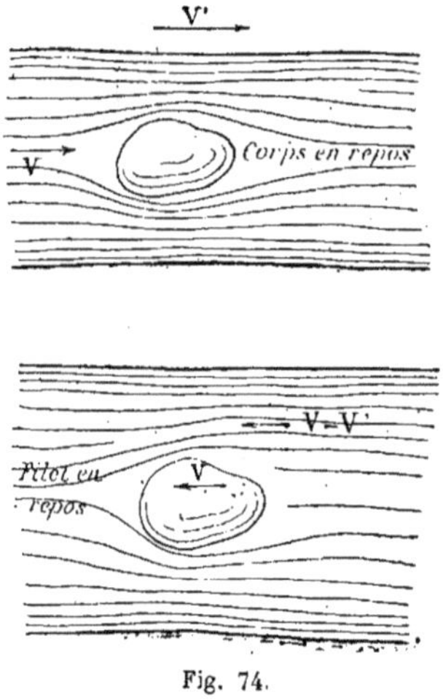

Fig. 74.

tion primitive passerait par le milieu du corps fixe. On ne changera pas la vitesse relative si, par la pensée, on imprime au corps la vitesse V en sens contraire du courant, et qu'en même temps on retranche cette même vitesse V de la vitesse de chaque filet, ce qui réduira au repos le filet central; mais tout autre filet, qui avait une vitesse V' moindre que V aura désormais la vitesse V — V' en sens contraire, c'est-à-dire, dans le sens où se mouvra le corps plongé. Or, cette vitesse V — V', qui croîtra depuis le corps jusqu'à la paroi, résistera au mouvement du liquide, qui, occupant l'espace, décrit par le corps solide en mouvement, doit sortir du repos par parties successives pour passer de l'avant à l'arrière, et par conséquent, il faudra appliquer à ce corps, pour le maintenir en mouvement uniforme, une force plus grande que si tout le liquide, excepté dans le voisinage du corps, était en repos.

Dubuat a soumis à l'expérience trois prismes ou parallélipipèdes rectangles, dont la base verticale, perpendiculaire à la direction du mouvement était un carré de $0^m,325$ de côté; la dimension parallèle au courant était $0^m,009$ pour le premier, $0^m,325$ pour le second, $0^m,975$ pour le troisième. Il les a fixés dans un courant dont la vitesse était de $0^m,975$ à l'endroit où ils étaient plongés.

Il a cherché à déterminer les pressions supportées aux divers points des deux faces d'amont et d'aval, puis leurs valeurs moyennes. Il s'est servi à cet effet d'un appareil piézométrique qui laisse des doutes sur la détermination des moyennes.

Appelant A l'aire des bases, h la profondeur à laquelle les centres étaient plongés, V la vitesse à cet endroit, π le poids par mètre cube d'eau, P', P'' les pressions totales sur les faces d'amont et d'aval (déduction faite de la pression atmosphérique), R leur résultante, et posant :

$$P' = \pi A h + K' \pi A \frac{V^2}{2g}$$

$$P'' = \pi A h - K'' \pi A \frac{V^2}{2g}$$

d'où

$$R = P' - P'' = (K + K') \pi A \frac{V^2}{2g}.$$

Dubuat a trouvé pour les trois prismes K' = 1,19 mais K'' coefficient relatif à ce que cet auteur appelle la *non-pression*, a varié, et a été 0,67 pour la plaque, 0,27 pour le cube et 0,15 pour le prisme d'une longueur triple. Ainsi, le coefficient K' + K'' de la pression résultante a été dans les trois cas 1,86; 1,46; 1,34.

En faisant mouvoir la plaque dans un liquide en repos, Dubuat a trouvé K' = 1 et $K'' = 0,43$; ces coefficients ont paru varier avec la vitesse.

Pour le cube et le prisme, Dubuat donne par simple aperçu

$$K'' = 0,17 \text{ et } K'' = 0,10.$$

On aurait donc pour la plaque, le cube et le prisme

$$K' + K'' = 1,43;\ 1,17;\ 1,10.$$

135. *Corps flottants prismatiques garnis de proues et de poupes.* — En appelant A la section droite de la partie plongée d'un prisme, la formule de la résistance est encore d'après l'expérience.

$$R = K\pi A \frac{V^2}{2g}.$$

Si le prisme est terminé carrément et que sa longueur soit de trois à six fois $\sqrt{A}$, le corps étant mû dans le liquide en repos on a, environ

$$K = 1,10.$$

Avec une poupe suffisamment aigue, on peut avoir

$$K = 1,00.$$

Si on ajoute à un bateau prismatique une proue formée soit de deux plans verticaux dont la saillie égale la largeur du bateau, soit d'une surface cylindrique verticale dont la base est un demi-cercle, on réduit la résistance à environ de moitié, ainsi à peu près

$$K = 0,50.$$

La base de la proue étant un triangle dont la saillie est double de la largeur on a :

$$K = 0,40.$$

Une proue formée du prolongement des faces latérales du bateau, coupées en dessous par un plan faisant avec l'horizon un tiers d'angle droit, réduit la résistance au tiers

$$K = 0,33.$$

136. Remarque I. — Lorsque le corps a la forme d'un navire, A est l'aire de la section plongée du *maître couple;* on a alors selon Navier $K = 0,16$, et selon Poncelet $K = 0,22$.

137. Remarque II. — Si le bateau possède une proue et une poupe obtuse naviguant dans les canaux ; la formule étant toujours :

$$R = K\pi A \frac{V^2}{2g}$$

une expérience d'Aubuisson et Magnès sur une barque du canal du Midi, pour laquelle la section A était $6^m,84$ et la vitesse 0,8168 d'où $\frac{V^2}{2g} = 0,034$, a donné :

$$R = 120 \text{ kilos}$$

et par conséquent

$$K = \frac{120}{6\,840 \times 0,034} = 0,516.$$

La section du canal était $\Omega = 26^m,54$, donc $\frac{\Omega}{A} = 3,88$.

Pour faire accorder ce résultat d'expérience avec la formule du numéro 132 ; il suffit de faire

$m = 0,923$, ou $\frac{1}{m} = 1,083$, de sorte que l'expression de K dans des circonstances analogues serait :

$$K = \frac{\frac{\Omega}{A}}{\left(\frac{\Omega}{A} - 1\right)^2}\left[1 + 0,0069\left(\frac{\Omega}{A}\right)^2\right].$$

Jaugeage des cours d'eau.

138. Jauger un cours d'eau, c'est évaluer le volume d'eau qui s'écoule dans l'unité de temps par une section transversale quelconque de ce cours d'eau.

Lorsque le mouvement est uniforme,

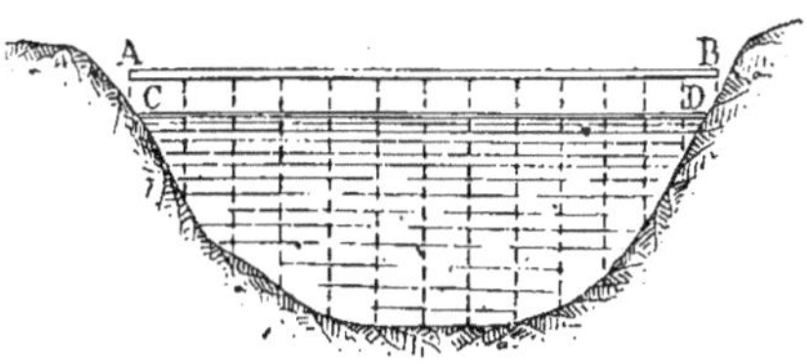

Fig. 75.

au moins dans une certaine étendue du cours d'eau, le jaugeage se réduit à déterminer la section transversale Ω et la vitesse moyenne U.

139. *Détermination de la section transversale d'un cours d'eau.* — On tend un peu au-dessus de la surface du liquide une corde AB (*fig.* 75) partagée en parties égales, de $0^m,50$ en $0^m,50$ par exemple, et fixée à ses deux extrémités au moyen de deux piquets plantés sur les rives. Alors à l'aide d'un bateau, on se transporte à chaque point de division, et on mesure avec une sonde, la distance du fond à la surface du niveau de l'eau. Une fois cette opération terminée, on rapporte sur le papier et à une même échelle, les ordonnées et les abscisses de la courbe. En joignant tous les points ainsi obtenus, par un trait continu, on aura approximativement la forme du lit du cours d'eau. Pour obtenir l'aire de la section, il suffit d'évaluer la surface comprise entre le niveau et le contour au moyen de la formule de Thomas Simpson ou de celle de Poncelet. Si la section du cours d'eau avait une forme géométrique comme cela a toujours lieu dans les canaux à régime uniforme, l'aire de cette section s'obtiendrait d'une manière plus facile.

140. *Détermination de la vitesse moyenne.* — Pour évaluer la vitesse moyenne, on commence par mesurer la vitesse à la surface, au point où elle paraît la plus grande, et qu'on appelle le fil de l'eau. Pour cela on plante, aux deux bords d'une même section transversale deux piquets destinés à servir de jalons ; on choisit, à une distance connue en aval de cette première section, une seconde section transversale que l'on marque de même par deux jalons plantés aux deux bords. On fait jeter en amont de la première section et vers le milieu du courant, un flotteur formé d'un disque de liège lesté à sa partie inférieure, de manière qu'il dépasse à peine le niveau de l'eau. Ce flotteur, poussé par l'eau en mouvement, ne tarde pas à prendre la vitesse de l'eau à la surface. Un observateur, placé à la première station, note à l'aide d'un compteur, le moment précis où le flotteur passe dans l'alignement des deux premiers jalons. Un second observateur, opère de même à la seconde station. La différence des heures indiquées par les deux compteurs donne le temps employé par le flotteur à franchir l'intervalle des deux stations. Cet intervalle étant connu, on le divise par le nombre de secondes employées par le flotteur à le franchir, et l'on a la vitesse du flotteur, ou ce qui revient au même, la vitesse de l'eau à la surface.

Si par exemple, la distance des deux stations est de 300 mètres et que les heures indiquées par les deux compteurs aux instants du passage, soit 1 h, 25′ 17″, et 1 h, 38′ 11″, le temps employé par le flotteur à parcourir 300 mètres est

$$1^{h}, 38' 11'' - 1^{h}, 25' 19'' = 12' 44''.$$

ou 764 secondes ; la vitesse à la surface de l'eau est donc

$$\frac{300}{764} \text{ ou } 0^{m},3297$$

soit $0^{m},33$.

Quand on a la vitesse à la surface, il s'agit d'en déduire la vitesse moyenne.

De Prony a conclu, d'après des expériences faites par Dubuat, que le rapport de la vitesse moyenne U à la vitesse à la surface V pouvait être représenté par la formule

$$\frac{U}{V} = \frac{V + 2,37}{V + 3,15}$$

que pour des valeurs de V, croissant de $0^{m},50$ en $0^{m},50$, donne les valeurs suivantes

V	$\frac{U}{V}$
0,50	0,786
1,00	0,812
1,50	0,832
2,00	0,848
2,50	0,862
3,00	0,873
3,50	0.883
4,00	0,891

Dans les circonstances les plus ordinaires, on peut prendre $U = 0^{m},80$ V. Ainsi dans l'exemple ci-dessus, on aurait

$$U = 0,33 \times 0^{m},80 = 0,264.$$

Cependant, pour les grands cours d'eau, cette formule paraît donner des valeurs trop grandes : M. Raucourt dans ses expériences sur la Néva, n'a trouvé que 0,75 ; et d'autres expériences faites sur la Seine, ont donné 0,62. Dans les canaux tapissés de joncs, le rapport de U à V, s'abaisse à 0,60 et au-dessous.

141. *Moulinet de Woltmann.* — On peut déterminer la vitesse moyenne d'un cours d'eau à l'aide du moulinet de Woltmann, en mesurant la vitesse, à différentes profondeurs sur une même verticale, de tracer la courbe de ces vitesses et de déterminer l'ordonnée moyenne ou la vitesse moyenne dans cette verticale; en la multipliant par 0,88 ou 0,90, on obtient la vitesse moyenne du cours d'eau.

Cet appareil se compose d'une roue à ailettes inclinées A, A (*fig.* 76) montée sur un axe horizontal BB que l'on place dans le sens du courant, les ailettes en amont. Cet axe porte une vis sans fin qui engrène avec une roue dentée. Celle-ci porte sur son axe un pignon qui engrène avec une seconde roue dentée D. Les axes de ces deux roues sont fixés

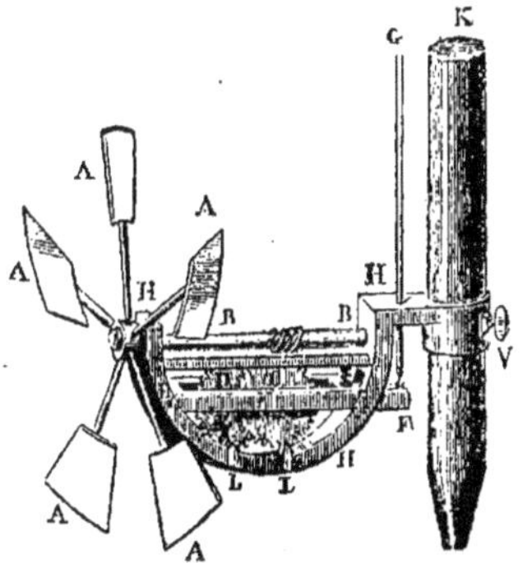

Fig. 76.

à une traverse EF, mobile autour du point F.

Une tringle verticale FG articulée en F permet d'élever ou d'abaisser la traverse EF en la faisant tourner autour du point E. L'axe BB tourne dans des collets ménagés aux extrémités d'un demi-anneau HH, fixé à l'aide de la vis de pression V à une forte tige en fer IK.

Dans l'état de repos, la traverse EF est abaissée, là roue C n'engrène pas avec la vis sans fin et les roues C et D sont rendues immobiles par l'introduction entre leurs dents des saillies LL adaptées au demi-anneau HH.

Lorsqu'on veut mettre l'appareil en expérience, on fixe le moulinet à la tige IK en un point tel qu'en plongeant cette tige dans le courant, de manière que sa pointe inférieure I touche le fond, l'axe BB soit à la hauteur du filet dont on veut mesurer la vitesse. Le courant agissant sur les ailettes fait tourner l'appareil, qui ne tarde pas à prendre un mouvement uniforme.

Quand on l'a laissé tourner ainsi quelques instants, on soulève la tringle FG; la traverse EF tournant autour du point E, la roue C vient engrener la vis sans fin, et les deux roues C et D se mettent en marche.

On a eu soin de déterminer exactement leur position avant l'expérience. Lorsqu'on a maintenu ainsi le système en mouvement pendant un certain temps, une ou deux minutes par exemple, que l'on détermine exactement à l'aide d'un compteur on abaisse la tringle FG, la roue C cesse d'engrener avec la vis sans fin, et en même temps les deux roues C et D sont rendues immobiles par les saillies LL qui pénètrent entre leurs dents. On retire l'appareil, et l'on observe la position des roues.

On détermine le nombre de tours et la fraction de tour exécutés par la roue C; on en conclut le nombre de tours faits par la roue à ailettes. Ce nombre de tours est sensiblement proportionnel à la vitesse du courant.

Il faut donc connaître le nombre de tours que fait l'appareil plongé dans un courant dont la vitesse est connue.

Si par exemple, on sait par une expérience préalable que l'appareil fait 10 tours par seconde lorsqu'il est plongé dans un courant animé d'une vitesse de $0^m,90$, et qu'on veuille connaître la vitesse d'un courant dans lequel le moulinet fait 16 tours par seconde, on aura la proportion

$$\frac{10}{16} = \frac{0,90}{x}$$

d'où $x = 1^m,44.$

Ainsi la vitesse au point considéré serait de $1^m,44$.

L'appareil porte toujours le nombre de tours qui correspond ainsi à une vitesse connue.

L'inconvénient du moulinet de Woltmann est d'altérer la vitesse du courant au point même où l'on se propose de la mesurer.

C'est d'ailleurs un instrument délicat, susceptible de se déranger aisément; et il est nécessaire de vérifier fréquemment ses indications par des expériences comparatives faites dans des courants dont la vitesse soit connue.

La théorie de cet appareil est analogue à celle de l'anémomètre et des moulins à vent.

En appelant v la vitesse du courant, n le nombre de tours que le moulinet fait par seconde, et a et b des constantes, on a

$$v = a + bn$$

et comme a est très petit, on peut regarder v comme proportionnel à n.

M. Baumgarten a donné pour calculer la vitesse v une autre formule qui revient à

$$v = 0,3395n + \sqrt{n^2A + B}$$

A et B étant des constantes propres à chaque appareil, et qu'il faut déterminer préalablement en faisant mouvoir le moulinet dans une eau tranquille avec des vitesses données.

142. *Tachomètre de Brünings.* — Cet instrument permet aussi de mesurer la vitesse des courants à une profondeur quelconque. La partie principale est une plaque a (*fig.* 77) que l'on expose perpendiculairement à l'action du courant au point où l'on se propose de mesurer la vitesse. Une tige horizontale, à l'extrémité de laquelle la plaque est fixée traverse à frottement doux le support ef de l'appareil, de telle sorte que, sous l'action du courant, la plaque recule en faisant glisser cette tige, dont l'extrémité opposée tire à elle un fil passant sur une petite poulie et venant se fixer à l'extrémité c d'une petite romaine, de manière que ce poids fasse équilibre à la pression du courant, transmise en c par l'intermédiaire du fil.

Si F est la force exercée sur la plaque, et p le poids du curseur, on a

$$F = p\,\frac{od}{oc}.$$

Mais on a aussi, en appelant A l'aire de la plaque, k un coefficient numérique, et V la vitesse du courant au centre de la plaque

$$F = KAV^2.$$

On en conclut :

$$KAV^2 = p\,\frac{od}{oc},$$

d'où l'on pourra déduire la vitesse V lorsque le coefficient K sera connu.

Pour le déterminer, on peut mesurer la vitesse V à la surface au moyen d'un flotteur, placer ensuite la plaque A près de la surface et mesurer la valeur de od pour faire équilibre à la pression que la plaque éprouve dans cette position; par cette double expérience on connaîtrait dans l'équation précédente toutes les

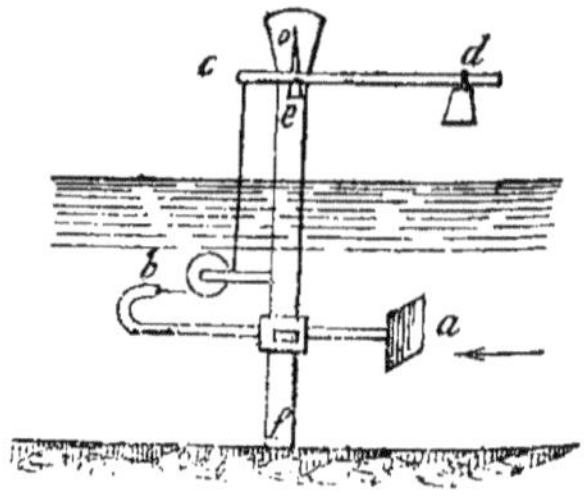

Fig. 77.

quantités à l'exception du coefficient K. Une fois ce coefficient déterminé on se servira de l'équation pour calculer la vitesse V du courant à un niveau quelconque. Cet appareil est peu employé en France.

143. *Tube de Pitot.* — On peut encore se servir pour mesurer la vitesse d'un cours d'eau à une profondeur déterminée du tube de Pitot. Il se compose d'un tube ABC (*fig.* 78) recourbé à angle droit que l'on plonge verticalement dans le courant, la branche horizontale BA tournée vers l'amont. L'eau s'y élève au-dessus du niveau NN' du courant à une hauteur CN = h d'autant plus grande que la vitesse du courant est plus considérable. Du temps de Pitot, on croyait que cette hauteur était précisément égale à la hauteur due à la vitesse du courant au point A; mais cela n'est pas exact.

D'après la théorie que nous avons exposée sur la résistance des fluides, la pression P exercée par le courant sur un plan remplaçant l'orifice A est exprimée par

$$P = \pi\left(Z + k\,\frac{V^2}{2g}\right)$$

dans laquelle, π représente le poids du mètre cube de ce fluide, Z la hauteur du niveau NN' au-dessus du point A, V la vitesse du fluide en A et k un coefficient numérique plus grand que l'unité.

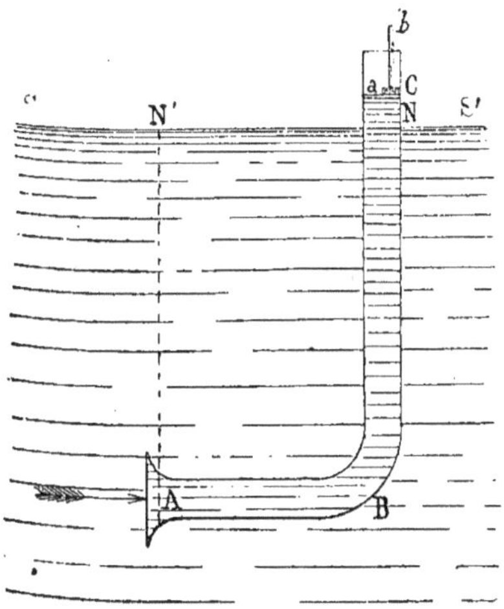

Fig. 78.

D'un autre côté, l'eau contenue dans le tube y étant sensiblement en équilibre, on a

$$P = \pi\,(Z + h).$$

En comparant ces deux formules, on en conclut

$$h = K\,\frac{V^2}{2g}$$

d'où $$\frac{V^2}{2g} = \frac{h}{K}.$$

D'après les expériences de Dubuat, on pourrait prendre K = 1,15 en moyenne, d'où

$$\frac{1}{K} = 0{,}87.$$

Il y a beaucoup d'incertitude sur ce point ; l'emploi du tube de Pitot ne peut fournir qu'une approximation de la vitesse cherchée.

144. *Tube de Darcy.* — L'appareil de Darcy est composé de deux tubes de 10 millimètres de diamètre intérieur, fixés parallèlement sur une planchette graduée mobile autour d'une tige et s'orientant d'elle-même. A leur partie inférieure, ces tubes, qui sont munis d'un robinet commun se prolongent chacun par un tube en cuivre de $1^{mm},5$ de diamètre, coudé à angle droit. Les extrémités de ces deux petits tubes sont dirigées vers l'amont ; mais l'une d'elles, recourbée sur le côté, vient déboucher perpendiculairement à la direction du courant.

Il résulte de là que, dans le tube dirigé suivant le sens du courant, le liquide qu'il contient est soumis à l'impulsion directe de ce courant, et il s'élève au-dessus du niveau de la surface libre ; dans l'autre tube, au contraire, il se produit une dénivellation causée par le passage rapide de l'eau devant son orifice.

Si à un moment donné, on ferme le robinet à l'aide d'une communication extérieure, et qu'on retire l'appareil, on constate sur les échelles graduées, la différence de niveau h et h' dans les tubes avec la surface du liquide dans lequel on opère.

Avec ces données, et en appliquant la formule :

$$V = K\sqrt{2g\,(h + h')}$$

on aura la vitesse du courant.

Le coefficient K, qui est la tare de l'instrument, s'obtient par des procédés différents, soit en faisant mouvoir l'appareil avec une vitesse connue dans une eau tranquille, soit en comparant les indications du tube avec la vitesse d'un courant obtenue au moyen de flotteurs, soit de tout autre manière.

145. *Méthode des fontainiers.* — Lorsque le mouvement de l'eau est très varié, comme cela a lieu pour les fleuves et les rivières, on emploie, lorsque le cours d'eau a peu d'importance, la méthode suivante, dite des fontainiers.

On barre la rivière au moyen de planches percées d'une rangée horizontale d'orifices d'un pouce de diamètre, c'est-à-dire de $0^m,027$, et bouchés préalablement par des tampons. A un moment donné, on débouche autant d'orifices qu'il en faut pour que le niveau reste constant à une ligne ou $2^{mm},25$ au-dessus de leur sommet : alors il est évident que la quantité d'eau écoulée est égale à celle fournie par la source. Le volume d'eau écoulée pendant vingt-quatre heures sous cette charge par chacun des orifices est $19^{mc},1953$.

146. *Jaugeage par vanne.* — Le jaugeage peut encore s'effectuer au moyen d'une vanne. Les plus employées laissent écouler l'eau à leur partie inférieure et l'écoulement a lieu comme en mince paroi.

Pour les vannes verticales, le coefficient de contraction est de 0,625 et pour les vannes inclinées à 45°, il est de 0,80.

Quelquefois on fait usage des déversoirs.

CHAPITRE II

APPLICATIONS DE LA MÉCANIQUE AUX RÉCEPTEURS HYDRAULIQUES

147. *Considérations générales.* — On désigne sous le nom de récepteurs hydrauliques des machines qui fonctionnent d'une manière continue, au moyen d'une chute d'eau, en utilisant le travail moteur que cette chute peut leur fournir. L'emploi de l'eau, comme moteur, était connu des anciens qui s'en servaient pour divers usages et principalement pour faire mouvoir les moulins ; mais les machines dont ils se servaient alors ne donnaient qu'un rendement très faible, à cause de leur construction imparfaite. A la suite des recherches et des travaux faits par de nombreux ingénieurs, on est arrivé à utiliser les chutes d'eau et à obtenir un rendement qui atteint quelquefois 80 0/0.

En général l'eau est projetée contre des palettes ou dans des augets distribués symétriquement autour d'une roue, et c'est au moyen de l'arbre de cette roue que le travail recueilli est transmis aux appareils qui doivent utiliser ce travail.

L'eau agit sur les récepteurs par son poids ou par sa vitesse suivant le débit du cours d'eau, ou le genre de moteur employé.

On divise les récepteurs hydrauliques en deux grandes classes :

1° *Les roues hydrauliques ;*

2° *Les turbines.*

Les premières reçoivent l'eau sur une partie de leur circonférence extérieure et elles sont toujours à axe horizontal ; elles comprennent :

1° *Roues en dessous ;*

2° *Roues de côté ;*

3° *Roues en dessus.*

Les turbines reçoivent l'eau soit au centre, soit latéralement et leur axe qui est presque toujours vertical peut aussi quelquefois être disposé horizontalement.

148. *Création des chutes.* — Les chutes d'eau utilisables dans les moteurs hydrauliques ont deux origines différentes. Les unes sont naturelles, et proviennent de sources s'écoulant des sommets élevés, ou sont produites simplement par l'effet d'un barrage créé par la nature sur le cours d'un fleuve ou d'une rivière qui, en forçant les eaux d'atteindre une certaine hauteur les laisse s'écouler ensuite dans la partie inférieure.

Mais le plus généralement, on établit une chute en arrêtant un cours d'eau au moyen d'un barrage en charpente ou en maçonnerie, élevé d'une quantité suffisante pour que les eaux, prenant leur niveau d'un point éloigné, s'élèvent à la hauteur nécessaire.

On comprend, en effet, que la surface des rivières formant un plan incliné, si l'on met un obstacle à l'écoulement des eaux, elles doivent s'élever à l'endroit du barrage en établissant leur niveau depuis le point de leur cours situé à une hauteur à peu près correspondante.

Si nous supposons par exemple, que l'on construise un barrage qui s'élève à un mètre au-dessus de la surface libre

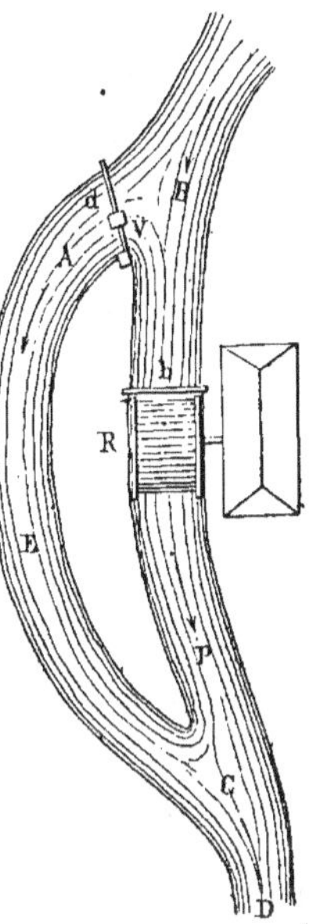

Fig. 79.

d'un cours d'eau, dont la pente moyenne soit de $0^m,0001$ par mètre, les eaux devront se mettre de niveau en amont sur une étendue d'eau d'au moins 10 kilomètres.

En résumé, le barrage étant établi, et la quantité d'eau débitée par le cours supposée constante, elle passera par-dessus ce barrage en formant une lame épaisse fixe et telle qu'on la trouverait par le calcul pour les dépenses en déversoir.

La faculté d'user d'un cours d'eau ne peut être accordée qu'à la condition de n'apporter aucun préjudice aux terrains environnants, ainsi qu'aux établissements déjà existants.

Soit B C D (*fig.* 79) un cours d'eau sur lequel on veut placer la roue hydraulique R : on établira un barrage *b* dans lequel seront pratiqués les orifices destinés à l'alimentation de l'usine, et le niveau auquel ce barrage élèvera la surface liquide en amont, ne devra, en aucun temps, dépasser une certaine hauteur appelée *point d'eau ;* c'est l'autorité administrative qui fixe cette hauteur, après enquête, et sur les conclusions du rapport d'un ingénieur. Pour assurer la condition dont il s'agit elle prescrit d'établir, à quelque distance en amont, un déversoir et des vannes de décharge V. Le déversoir est fixe, ordinairement en maçonnerie, et son sommet est à hauteur du point d'eau ; on doit lever les vannes de décharge quand le niveau dépasse ce sommet, et elles doivent être assez ouvertes pour que la surface liquide ne puisse s'élever accidentellement à plus de $0^m,10$ au-dessus du point d'eau, limite ordinaire de la tolérance accordée par l'administration départementale.

Le volume liquide qui s'écoule par ces orifices doit être ramené dans le cours d'eau par un *canal de décharge* AEC.

Quand le cours d'eau est dans la catégorie de ceux dits *navigables* ou *flottables*, il n'est pas permis de s'y établir immédiatement, et alors on place les roues hydrauliques sur un canal artificiel *d'arrivée ou d'amenée*, auquel s'appliquent les prescriptions réglementaires citées plus haut et dans lequel le liquide entre par un orifice appelé *prise d'eau*.

On pratique en outre en aval des roues, un *canal de fuite*, qui va rejoindre le cours d'eau, et y conduire tout le volume liquide qui lui a été emprunté en amont.

Il résulte de ces conditions, qu'en réalité, la chute disponible H est la hauteur du point d'eau au-dessus de la surface du courant dans son état primitif, à l'endroit où doivent être établis les moteurs hydrauliques, puisqu'en aval de ces moteurs le cours d'eau reprend son état et son niveau naturels.

Pour connaître à peu près qu'elle sera la hauteur de cette chute, on exécute un nivellement de la surface du cours d'eau en amont, et l'on peut se guider sur la condition que le point d'eau fixé par l'administration restera à $0^m,10$ environ en contre-bas des parties les plus déprimées des terrains riverains.

Lorsqu'il s'agit d'une usine établie, la chute H est nécessairement la hauteur du niveau dans le réservoir alimentaire B au-dessus de la surface du courant dans le canal d'aval F, au pied du barrage de retenue *b*.

149. *Puissance dynamique d'une chute d'eau.* — Si P est le poids de l'eau débitée par la chute, en une seconde, et H la hauteur dont cette eau descend, le travail de la pesanteur sur cette eau, s'obtient en multipliant le poids par la hauteur verticale de chute ; c'est ce produit P H qui représente la puissance dynamique de la chute, ou travail absolu du cours d'eau.

Si la dépense en litres est exprimée par Q, le poids du mètre cube étant 1 000k., l'expression du travail en kilogrammètres sera

$$T = 1000\,Q\,H.$$

Ce travail peut s'exprimer en fonction de la vitesse V que possède l'eau au bas de sa chute. Nous savons d'après la pesanteur que

$$V = \sqrt{2gH}$$

d'où $$V^2 = 2gH$$

et $$H = \frac{V^2}{2g}.$$

En remplaçant on a :

$$T = \frac{PV^2}{2g} = \frac{1\,000\,QV^2}{2g}.$$

Généralement le travail s'exprime en chevaux-vapeur ; or le cheval-vapeur équivaut à 75 km. par seconde, donc.

$$T = \frac{1\,000\,QH}{75} = \frac{1\,000\,QV^2}{150\,g}.$$

et en effectuant les calculs

$$T = 14,666\,Q\,H = 0,68\,Q\,V^2.$$

Il est bon de remarquer que si l'eau avant de tomber était déjà animée d'une vitesse U sa puissance vive serait représentée par $\frac{PU^2}{2g}$ et cette quantité de travail s'ajouterait à la précédente dans l'évaluation de la puissance dynamique de la chute ; mais la vitesse U est presque toujours négligeable, aussi il est rare qu'on en tienne compte.

150. *Effet utile ou travail effectif.* — Il ne faut pas regarder le résultat des formules précédentes comme exprimant la valeur positive de la force disponible d'une chute d'eau. Il y a un très grand nombre de causes qui influent de manière à diminuer les effets : la résistance de l'air, les frottements de l'eau dans les canaux, les pertes naturelles du sol, etc., contribuent à diminuer la puissance. En désignant par Té le travail effectif et par Tp l'ensemble de ces pertes, on aura

$$T_e = PH + \frac{PU^2}{2g} - T_p.$$

Si l'on ajoute les frottements de la machine ou du récepteur sur ses supports et les fuites inévitables, on trouve, en définitive que les meilleurs moteurs hydrauliques rendent au plus 80 0/0 de la force théorique, c'est-à-dire qu'ayant 100 kilogrammes d'eau disponibles, on ne peut compter au plus que sur 80 kilogrammes utilisés.

Cette valeur s'appelle l'*effet utile* du moteur ou force pratique. En général le rendement moyen des moteurs à eau peut varier de 60 à 75 0/0 de l'effet théorique.

Quoique la perte du travail brut paraisse considérable, il n'en est pas moins vrai, que établis dans ces conditions, les moteurs hydrauliques sont encore ceux qui rendent le plus de travail utile par le peu de complication de leur mécanisme. De plus ce sont des forces naturelles qui dépensent moins que les moteurs à vapeur.

151. *Équation générale du travail dans les récepteurs hydrauliques.* — La théorie du travail dynamique des roues hydrauliques repose sur le théorème du travail d'une chute d'eau que nous allons établir.

Supposons une chute d'eau AB, CD, (*fig.* 80), le mouvement s'effectuant dans ces deux sections par filets parallèles, et considérons une roue hydraulique quelconque interposée entre la section AB d'amont et la section CD d'aval.

Appliquons à cette masse le théorème fondamental des forces vives, le seul qui soit ici applicable et qui s'écrit

$$\frac{1}{2}\Sigma mV^2 - \frac{1}{2}\Sigma mV_0^2 = \Sigma TF + \Sigma T_f,$$

dans laquelle V et V_0 représentent les vitesses en amont et en aval ; ΣTF exprime la somme des travaux des forces et ΣT_f la somme des travaux résistants, frottement, etc.

Dans le mouvement de la masse liquide, les molécules de AB, au bout du temps θ viennent en *ab*, celles de CD viennent en *cd*. Si *m* est la masse considérée et V, V_0 les vitesses en *ab* et *cd* le premier membre de l'équation sera

$$\frac{1}{2}mV^2 - \frac{1}{2}mV_0^2.$$

Le deuxième membre doit contenir le travail des forces de la pesanteur, des pressions en AB et CD, les réactions des parois contre la masse liquide, et celles de la masse liquide contre les parois. Enfin les forces intérieures et le frottement des molécules les unes contre les autres.

1° Le travail dû à la pesanteur pour un corps qui se déplace, en conservant dans ses deux positions extrêmes une partie

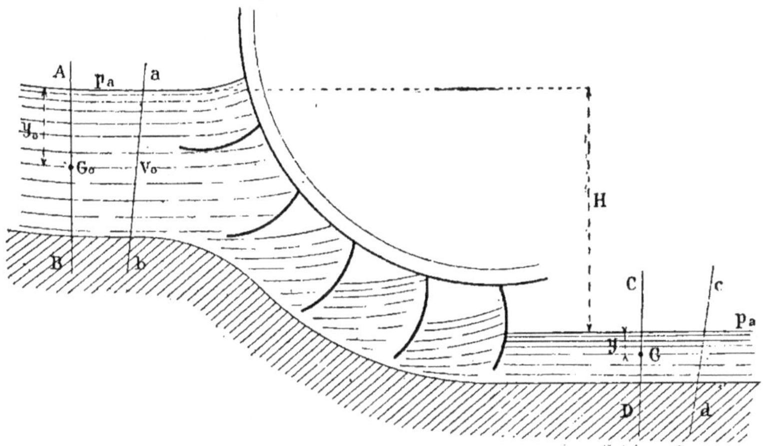

Fig. 80.

commune, est égal au produit de la masse commune, par la distance verticale des centres de gravité.

Soient G et G_0 les centres de gravité de AB et CD ; y_0 et y leurs profondeurs et H la différence des niveaux en amont et en aval, c'est-à-dire la hauteur de la chute. Le travail de la pesanteur sera représenté par

$$mg\,(H + y - y_0).$$

2° Pour les pressions en amont, supposons que le mouvement ait lieu par filets parallèles, les pressions suivront la loi hydrostatique. Soit ω un élément de la section, la pression qu'il supporte et qui agit normalement est :

$$(p_a + \pi z)\,\omega.$$

Le travail de cette pression s'obtiendra en multipliant la pression par le chemin parcouru qui est ici dans la direction de la force, ce travail sera (*fig.* 81)

$$(p_a + \pi z)\,\omega.mn\,;$$

pour simplifier posons $\omega.\,mn = q$, le travail sur l'élément ω sera

$$(p_a + \pi z)\,q = p_a q + \pi z.q.$$

En répétant le même raisonnement pour d'autres éléments ω', ω''... de la section on aura pour chacun d'eux une expression analogue pour le travail des pressions supportées. Donc la somme des travaux élémentaires de ces pressions.

$$\Sigma p_a q + \Sigma \pi z q$$

représentera le travail des pressions exercées en amont

or $$\Sigma p_a q = p_a \frac{mg}{\pi}$$

et $$\Sigma \pi z q = \pi \frac{mg}{\pi} y_0,$$

d'où le travail des pressions en AB sera :

$$p_a \frac{mg}{\pi} + mg.y_0.$$

3° On aura une expression analogue pour le travail des pressions en CD, seulement elle sera négative puisque les forces agissent en sens inverse des premières, ce travail sera donc

$$-p_a \frac{mg}{\pi} - mg.y.$$

4° Soit T_u le travail résistant des aubes contre la masse liquide en une seconde;

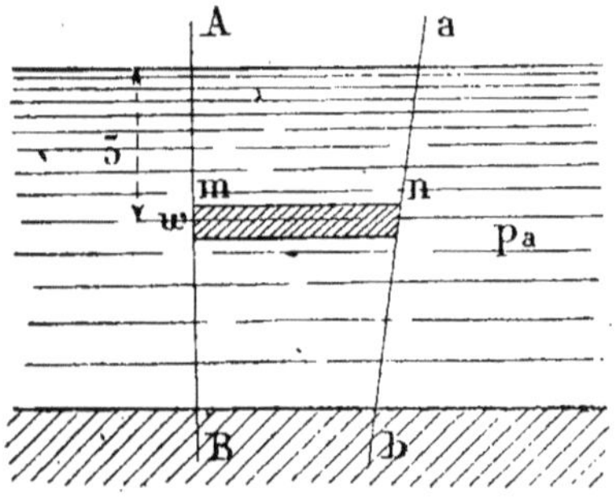

Fig. 81.

ce travail sera l'effet dynamique ou effet utile, et dans le temps θ le travail utile sera : $T_u \theta$
et en tenant compte du signe

$$-T_u \theta.$$

5° Enfin représentons par T_f la somme des travaux par seconde, des actions des parois contre le liquide et des frottements des molécules les unes contre les autres. Pendant le temps θ, ce travail résistant sera

$$-T_f \theta.$$

Donc l'équation générale devient

$$\frac{1}{2} mV^2 - \frac{1}{2} mV_0^2$$
$$= mg(H + y - y_0 + y_0 - y) - T_u\theta - T_f\theta$$

ou

$$\frac{1}{2} \frac{m}{\theta} (V^2 - V_0^2) = \frac{mg}{\theta} H - T_u - T_f. \quad (1)$$

Or $\frac{m}{\theta}$ est la masse d'eau débitée pendant l'unité de temps et $\frac{mg}{\theta}$ est le poids de cette eau que nous désignerons par P; l'équation devient :

$$\frac{P}{2g} (V^2 - V_0^2) = PH - T_u - T_f$$

de laquelle on tire, le travail utile

$$T_u = PH + \frac{P}{2g} (V_0^2 - V^2) - T_f. \quad (2)$$

Telle est la formule qui exprime l'effet dynamique d'une chute d'eau. Elle comprend trois termes :

1° Le poids d'eau déplacée, multiplié par la hauteur verticale de la chute; ce produit PH est la puissance absolue de la chute ;

2° Le terme $\frac{P}{2g} (V_0^2 - V^2)$ qui est la différence des puissances vives de la chute, en amont et en aval.

3° Le terme T_f qui est le travail des frottements.

On voit à l'inspection de cette formule que T_u sera d'autant plus grand que H sera le plus grand possible, V le plus petit possible, et que le travail des frottements soit minimum.

Quelque soit le moteur, le problème consistera à déterminer T_f et par suite à chercher les conditions pour que sa valeur soit la plus petite possible.

Roues hydrauliques.

152. Nous avons dit que les récepteurs hydrauliques se divisent en deux types principaux.

1° *Roues hydrauliques ;*

2° *Turbines.*

Les premières se distinguent en ce qu'elles reçoivent l'eau sur une partie de leur circonférence extérieure et elles sont généralement à axe horizontal, elles se subdivisent en deux catégories, savoir : les roues à palettes ou à aubes, et les roues à augets.

Les premières présentent des diversités de formes et d'emplois qui peuvent se classer ainsi :

1° Les roues pendantes à palettes planes, dites *roues de bateaux*, marchant par l'action d'un courant indéfini;

2° Les roues en dessous qui se meuvent en vertu du choc d'un courant d'eau provenant d'une chute par la levée d'une vanne droite;

3° Les roues à aubes courbes, dites à la Poncelet, recevant l'eau de la même façon vers leur partie inférieure;

4° Les roues à aubes planes, et à coursier circulaire recevant l'eau de côté et en déversoir, un peu au-dessous du centre.

Les turbines ou roues à axe vertical sont basées sur le principe des roues à réaction dont il est fait mention dans les traités de physique.

Le premier récepteur de ce nom a été imaginé par Euler en 1754 et n'a reçu son application définitive que depuis un certain nombre d'années par suite des perfectionnements apportés par M. Fontaine. Dans l'intervalle M. Fourneyron, avait introduit dans l'industrie la turbine qui porte son nom, et dont la disposition diffère notablement de celle de M. Fontaine. Peu après parut la turbine de MM. Kœcklin et Jonval qui malgré les analogies qu'elle présente avec la turbine Euler constitue un récepteur distinct des précédents.

Enfin MM. Girard et Callon ont apporté aux turbines un perfectionnement qui les a autorisés à donner au récepteur ainsi modifié le nom spécial de *Turbine hydropneumatique*. Il y a donc en ce moment quatre genres de turbines adoptées dans l'industrie; les turbines Fontaine, les turbines Kœcklin, les turbines Fourneyron et les turbines hydropneumatiques.

Dans les deux premières, l'eau descend de la partie supérieure de la roue à la partie inférieure en restant à la même distance de l'axe; dans les deux dernières l'eau circule horizontalement du centre à la circonférence.

Les turbines offrent sur les autres récepteurs hydrauliques l'avantage de s'approprier à toutes les chutes et à toutes les dépenses, ce qui ne peut toujours se faire à l'aide des roues à axe horizontal. Ainsi des turbines fonctionnent avec des chutes de $0^m,80$ et même $0^m,40$ et d'autres avec des chutes ayant une hauteur de plus de 100 mètres.

Les turbines sont d'un petit diamètre et occupent peu de place; elles peuvent néanmoins débiter des volumes considérables, 4 mètres cubes par seconde et plus. Leur vitesse peut varier entre des limites assez étendues sans que le rendement utile varie d'une manière notable.

Elles ne présentent guère qu'un inconvénient c'est d'exiger, pour la construction et pour les réparations, des ouvriers habiles qu'on ne rencontre pas partout. En résumé, ce sont les meilleurs récepteurs hydrauliques.

153. Remarque. — Dans quelques cas, les chutes d'eau assez considérables sont utilisées à produire un mouvement alternatif en agissant sur un piston d'une manière analogue à l'action de la vapeur dans les machines; ces moteurs spéciaux s'appellent *machines à colonne d'eau;* elles sont à simple effet ou à double effet suivant que l'eau agit, par sa pression, sur une face seule du piston ou alternativement sur les deux faces.

I. — Roues à aubes planes plongées dans un courant indéfini.

154. Depuis très longtemps on établit des roues à palettes mues par un courant d'une largeur quelconque, désignées sous le nom de *roues pendantes de bateaux*, à cause d'une disposition assez usitée pour les établir, qui consiste à les placer entre deux bateaux solidement amarrés, ou encore à les placer dans l'intérieur même d'un bateau portant dans son fond une ouverture *ad hoc;* elles suivent ainsi d'elles-mêmes les variations du niveau. Quelquefois elles sont placées dans un bâtiment et alors on obtient leur déplacement à l'aide d'un mécanisme particulier.

Ces roues sont très simples à construire; en général elles sont formées de douze à seize palettes planes, fixées normalement à la circonférence des bras en bois assemblés avec l'axe de la roue, dont le diamètre extérieur ne dépasse guère 4 mètres dans les grandes dimensions.

La hauteur des palettes doit être à peu près le quart ou le cinquième de la longueur du rayon ; elles doivent être plongées dans l'eau de toute cette largeur au moins.

L'inclinaison des palettes d'environ 30 degrés par rapport au rayon, paraît augmenter l'effet utile, malgré cela, comme la puissance disponible est surabondante, on ne cherche guère à atteindre un maximum de rendement en compliquant la construction de la roue; c'est-à-dire que le plus souvent les palettes se disposent dans la direction des rayons.

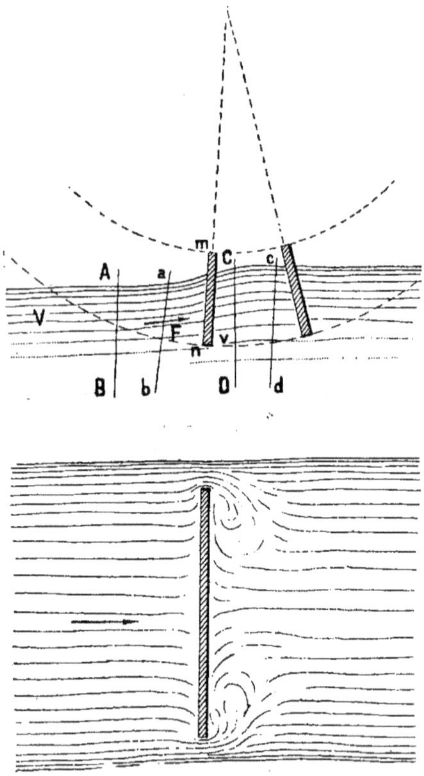

Fig. 82.

La théorie des roues pendantes ne peut être exacte, parce qu'on ne peut déterminer qu'approximativement la pression qui est exercée sur leurs palettes : néanmoins on peut en déduire une valeur approchée de l'effet utile.

Soit m, n (*fig.* 82) l'une des palettes dans son mouvement; v la vitesse de la roue à sa circonférence ; V celle du courant et S la section mouillée de la palette.

Considérons deux sections AB, CD où l'eau ne soit pas influencée par le mouvement de la roue, et en plan, limitons l'étendue considérée à la région où, de chaque côté de la palette, le mouvement est rétabli par filets parallèles.

Nous appliquerons le principe des quantités de mouvement projetées sur un axe. Pour cela admettons un temps infiniment petit θ du mouvement, pendant lequel AB vient en ab et CD en cd. Si m est la masse écoulée dans l'unité de temps, on aura

$$m(v - V) = -F$$

ou $$F = m(V - v)$$

et $$Tn = m(V - v)v.$$

La masse m qu'il n'est pas facile de trouver, peut s'exprimer en fonction de la section mouillée des aubes et d'un coefficient K, qui tient compte du rapport de la section AB à la section mouillée S; on aura

$$m = K\frac{\pi}{g}SV$$

π représentant toujours le poids de l'unité de volume du liquide.

Donc $$T_u = K\frac{\pi}{g}SV(V - v)v.$$

La vitesse V du courant est connue, par suite l'effet utile varie avec le produit

$$(V - v)V$$

qui sera maximum pour $v = \frac{V}{2}$.

d'où en substituant v par $\frac{V}{2}$ et K par la valeur que donne l'expérience et qui est comprise entre 0,80 et 0,85, on trouve pour l'effet utile maximum :

$$T_u = (0{,}80 \text{ à } 0{,}85)\frac{\pi}{g}S\frac{V^3}{4}.$$

D'après les expériences de Bossut et Poncelet la quantité de travail utile que ces roues peuvent transmettre est donnée par la formule

$$Pv = 81,56\ S.\ V\ (V - v)\ v$$

dans laquelle :

Pv représente le travail moteur ou le produit de la pression effective sur les palettes par la vitesse de celles-ci en leur point milieu ;

S, superficie de la partie émergée de l'aube ;

V, vitesse de l'eau à la surface ;

v, vitesse de la roue prise au centre des palettes.

155. *Exemple.* — Quelle est la quantité de travail utile de la roue pendante, dans les conditions suivantes :

Surface immergée de l'aube. $S = 2^{mq},75$

Vitesse de l'eau à la surface. $V = 1^{m},55$

Vitesse du milieu de la partie immergée de l'aube $v = 0^{m},60$.

En appliquant la formule ci-dessus

$$T_u = Pv = 81,56 \times 2,75 \times 1,55\ (1,55 - 0,60)\ 0,60$$

$$T_u = 162^{km},13$$

ce travail exprimé en chevaux de 75 kilogrammètres sera

$$\frac{162,13}{75} = 2^{chev.},16 \text{ environ.}$$

II. — Roues flottantes à aubes planes de M. Colladon.

156. Nous avons dit plus haut que lorsque une roue pendante n'était pas portée par un bateau elle ne pouvait suivre les fluctuations du niveau qu'à la condition de faire partie d'un mécanisme particulier afin que les aubes restent toujours immergées de la même quantité.

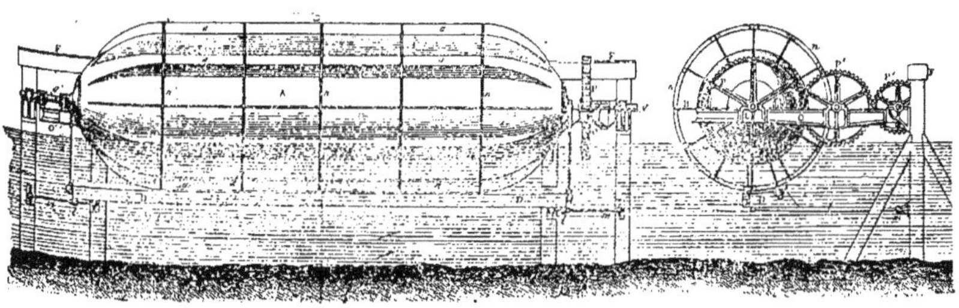

Fig. 83.

Une solution de ce problème consiste à changer les points d'appui de la roue, lorsque le niveau varie, et à modifier ensuite la transmission dans le même rapport. Cette double opération n'est pas très pratique, à cause du temps d'arrêt nécessaire à ces modifications et de plus on ne peut pas suivre de point en point les variations du niveau qui sont quelquefois très sensibles d'un jour à l'autre.

M. Colladon de Genève a résolu le problème par un brevet du 24 décembre 1855, et dont nous empruntons la description au *Génie Industriel*. Son système se compose, en général, d'un tambour de tôle, muni de palettes à l'extérieur, et pouvant, par sa pesanteur spécifique, rester flottant en plongeant seulement d'une quantité déterminée.

Les tourillons de ce tambour sont disposés dans leurs supports de façon à pouvoir s'élever ou s'abaisser exactement comme le niveau de l'eau lui-même, les pièces qui établissent la transmission du mouvement sont combinées de telle sorte, que l'axe commandé n'ait à subir aucun des déplacements de l'appareil proprement dit.

L'idée générale de cette disposition est indiquée par la figure 83. La roue à palettes droites est montée aux extrémités de deux châssis de tôle O et O′ qui articulent, l'un sur l'arbre de commande g, et l'autre sur un bout d'axe g'. Ces deux axes g et g', pris comme centres fixes, la roue peut s'élever ou s'abaisser en faisant décrire aux châssis O et O′ des arcs de cercle ; la transmission se faisant par engrenages droits P et P', la roue P est montée sur l'arbre de la roue motrice, et la roue P' étant collée sur l'arbre de transmission, l'interposition d'une intermédiaire P_2 entre les deux autres permet de donner au châssis O, agissant comme levier, une assez grande longueur, sans pour cela qu'il soit nécessaire de donner à ces roues des dimensions considérables.

Cette roue est munie d'un coursier. Pour faire en sorte que ce coursier conserve sa position relativement à la roue quand elle se déplace, on l'a supposé relié aux bâtis F par des bielles ou simplement des tiges *l* qui prennent leurs points fixes d'articulation sur deux tringles *m*. Les tiges *l* formant avec la position de leurs points d'attache une répétition exacte des châssis O et O', il en résulte un mouvement de parallélogramme qui conserve au coursier D la place qu'il doit occuper par rapport à la roue, malgré ses variations. Les palettes

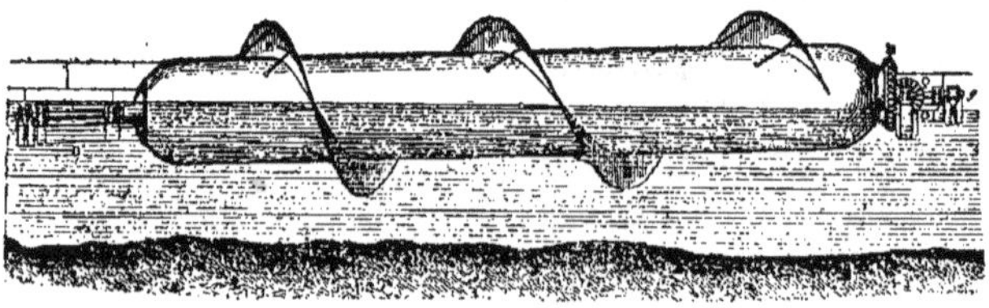

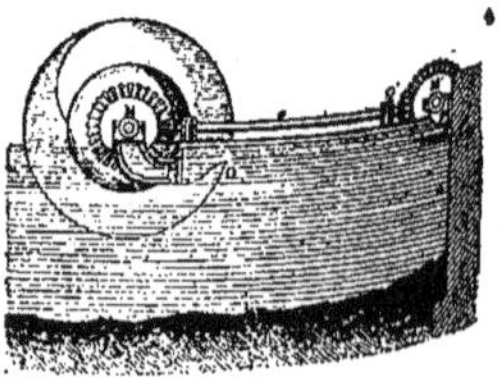

Fig. 84

a sont reliées entre elles par des cercles *n* qui en maintiennent l'écartement.

La figure 84 représente une autre disposition de roue pendante. La roue flottante A à palettes en hélice B est suspendue comme la précédente aux extrémités de deux châssis O et O'; seulement la transmission a lieu ici par roues d'angle, ce qui est plus commode pour augmenter à volonté la longueur des bras du levier O, et, par conséquent, de faire l'application de ce système à des cours d'eau éprouvant de très grandes variations.

La construction en est du reste très simple : elle se compose d'un arbre *o* portant les pignons Q et Q', qui engrènent avec les roues M et M', l'une montée sur la roue hydraulique et l'autre sur le moteur *g*.

L'arbre intermédiaire *o* étant solidaire avec le châssis O, il en suit par conséquent tous les mouvements, et les pièces n'éprouvent aucune variation par rapport à celles de la roue hydraulique. La roue A est fixée au quai F du fleuve, condition qui peut être facilement remplie puisque cette roue à aubes héliçoïdes est disposée suivant le sens du courant.

III. — Roues en dessous à aubes planes.

157. Dans ce système de roue, l'un des plus anciens, les organes récepteurs

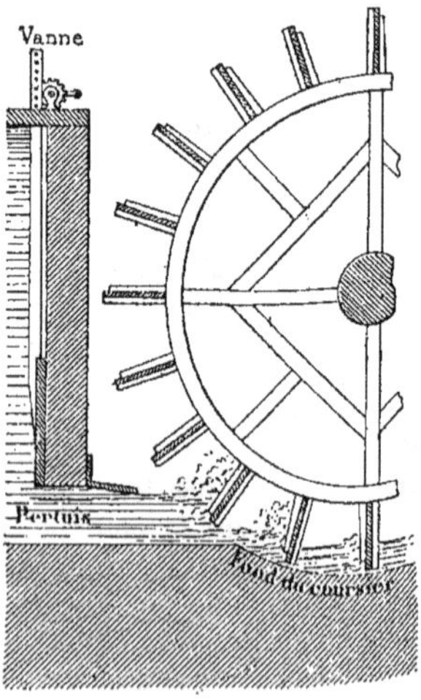

Fig. 85.

sont des palettes planes (*fig.* 85) soutenues par des bracons, assemblées dans les jantes. L'eau à sa sortie du réservoir est dirigée par un coursier rectiligne incliné de $^1/_{10}$ à $^1/_{15}$, excepté dans la partie où il passe sous la roue.

En cet endroit, il affecte une forme circulaire dont l'étendue est au moins égale à l'intervalle qui sépare deux palettes, pour que l'eau ne puisse passer sans rencontrer les palettes.

L'eau sort par une vanne et agit par sa pression, de telle sorte que l'eau prise à son arrivée entre deux aubes, abandonne à la roue une partie de sa force vive, d'où un certain travail T_u que nous allons déterminer.

158. *Calcul de l'effet utile de la roue en dessous.* — Pour calculer l'effet utile de cette roue, on pourrait appliquer, à la masse liquide comprise entre les sections ab et cd (*fig.* 86), où l'écoulement a lieu par filets parallèles, la formule générale du travail d'une chute d'eau

$$T_u = PH - \frac{PV^2}{2g} - T_f,$$

en négligeant, comme on peut le faire, le terme V_0^2 ; mais l'évaluation exacte du terme T_f présentant beaucoup de difficultés, il est préférable de se servir du théorème des quantités de mouvement projetées sur un axe.

Il nous faut pour cela considérer le coursier de la roue comme rectiligne, ce qui est admissible.

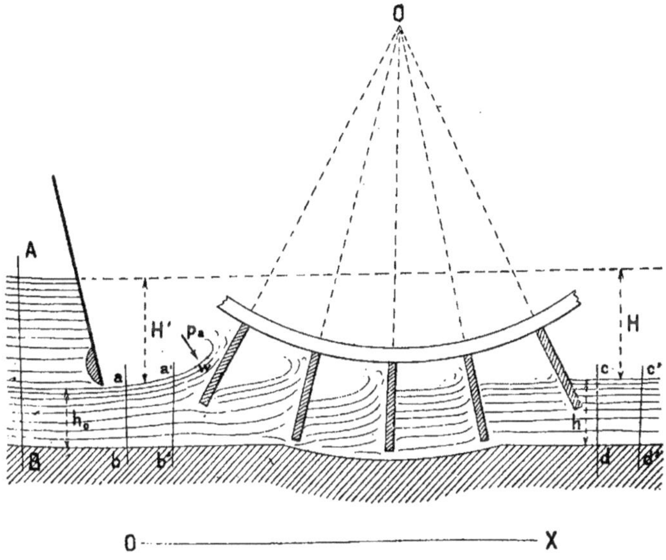

Fig. 86.

Prenons un axe OX parallèle au coursier. Entre les sections ab et cd, où le mouvement a lieu par filets parallèles, appliquons ce théorème

$$\Sigma m V_x - \Sigma m V_{0x} = \Sigma F_x \theta.$$

Le temps θ pendant lequel nous appliquons le théorème est pris assez petit pour que les filets liquides soient parallèles entre ab et $a'b'$.

Comme le mouvement est permanent, il reste comme accroissement de quantité de mouvement, la différence de celles de ab, $a'b'$ et de cd, $c'd'$.

Soit m la masse considérée, le premier membre sera $m\,(V - V_0)$.

Dans le second membre nous avons d'abord la pesanteur, dont le terme est nul, puisque sa projection est nulle.

Reste à considérer les pressions de la masse liquide, à gauche de ab, contre ab et à droite de CD en cd, enfin de a en c, sur la surface ; la pression atmosphérique et l'action des aubes contre la masse liquide.

En ab, l'on a la pression hydrostatique ; par conséquent, en désignant par b la largeur de la roue

$$bh_0\left(p_a + \frac{\pi h_0}{2}\right)\theta.$$

De même en cd

$$-bh\left(p_a + \frac{\pi h}{2}\right)\theta.$$

Cette pression agissant en sens inverse doit être affectée du signe négatif.

Soit maintenant un élément ω de la section, recevant une pression normale y qui est égale à

$$p_a\omega.$$

En faisant la somme de ces pressions depuis a jusqu'en c, on aura

$$p_a\,(bh - bh_0)\theta.$$

Quant à l'action des aubes contre la masse liquide, appelons-la F, puisque c'est une force résistante ; pendant le temps θ, on aura pour ce terme :

$$-F\,\theta$$

L'équation devient donc

$$m\,(V - V_0) = bh_0\left(p_a + \frac{\pi h_0}{2}\right)\theta$$

$$-bh\left(p_a + \frac{\pi h}{2}\right)\theta + p_a(bh - bh_0)\,\theta - F\theta,$$

et en simplifiant :

$$m\,(V - V_0) = bh_0\,\frac{\pi h_0}{2}\,\theta - \frac{bh\pi h}{2}\,\theta - F\theta$$

ou $\frac{m}{\theta}\,(V - V_0) = (h_0^2 - h^2)\,\frac{\pi b}{2} - F$

et enfin, en remarquant que $\frac{m}{\theta} = \frac{P}{g}$,

$$F = \frac{P}{g}\,(V_0 - V) - \frac{\pi b}{2}\,(h^2 - h_0^2).$$

Or cette force F est précisément égale à la somme des composantes horizontales des forces exercées par le liquide sur les aubes. On peut donc sans erreur sensible la prendre pour la résultante de ces forces, et lui donner pour point d'application un point possédant la vitesse V. Donc on aura le travail utile total transmis par l'eau à la roue dans chaque seconde ou

$$T_u = F.V$$

d'où en portant dans cette formule la valeur de F

$$T_u = FV = \frac{P}{g}\,V(V_0 - V) - \frac{\pi bV}{2}\,(h^2 - h_0^2)$$

Cette formule peut se transformer en la suivante :

$$T_u = \frac{P}{g}\,V\,(V_0 - V) - \frac{\pi bh.h_0V}{2}\left(\frac{h}{h_0} - \frac{h_0}{h}\right).$$

Remarquons que la quantité $\frac{\pi bh}{2}\,V$ représente P ; d'autre part, comme l'on a $hV = h_0V_0$, on peut écrire la formule sous la forme :

$$T_u = \frac{P}{g}\,V(V_0 - V) - \frac{Ph_0}{2}\left(\frac{V_0}{V} - \frac{V}{V_0}\right). \quad (1)$$

Telle est l'expression du travail utile en fonction de quantités P, h_0, V et V_0.

Divers auteurs ont été conduits d'après leurs théories à un résultat plus simple, savoir

$$T_u = \frac{P}{g}\,V\,(V_0 - V),$$

ce qui revient à poser

$$F\theta = mV_0 - mV$$

ou bien,

$$T_u = P\left(\frac{V_0^2}{2g} - \frac{V^2}{2g} - \frac{(V_0 - V)^2}{2g}\right).$$

Cette formule inexacte tient à ce qu'on néglige l'élévation que prend nécessairement le liquide en perdant une partie de sa vitesse.

159. *Rendement maximum.* — Pour trouver la relation du rendement maximum, écrivons la formule (1) sous une autre forme, en mettant en facteur commun la puissance vive à l'entrée $\frac{PV_0^2}{2g}$ on aura

$$T_u = \frac{PV_0^2}{2g}\left[2\left(\frac{V}{V_0} - \frac{V^2}{V_0^2}\right) - \frac{gh_0}{V_0^2}\left(\frac{V_0}{V} - \frac{V}{V_0}\right)\right].$$

Représentons $\frac{V}{V_0}$ par x, on aura :

$$T_u = \frac{PV_0^2}{2g}\left[2(x - x^2) - \frac{gh_0}{V_0^2}\left(\frac{1}{x} - x\right)\right]$$

ou en représentant la parenthèse par A

$$T_u = A\,\frac{PV_0^2}{2g}.$$

Le maximum aura lieu pour la valeur de x qui donnera à A sa valeur maximum.

On trouve dans cette hypothèse que le maximum de T_u répond à $x = 0{,}56$ ce qui donne pour $A = 0{,}42$.

Mais il est à remarquer qu'une variation notable de x ou du rapport $\frac{V}{V_0}$, altère peu la valeur de A, puisque pour $x = 0{,}50$ on trouve $A = 0{,}41$ et pour $x = 0{,}45$ on a $A = 0{,}39$.

Des expériences directes faites sur un modèle de roue en petit par l'ingénieur Sméaton en 1759, lui ont donné le maximum de A égal seulement à 0,33 et répondant à une valeur de x égale à environ 0,40. D'après ce qui précède, on voit que le rendement sera toujours compris entre 35 et 40 0/0. En réalité il est toujours un peu inférieur, en pratique, parce que l'eau passe entre la roue et les bajoyers qui ne peuvent se toucher.

Ces roues ne doivent donc être choisies que pour certains cas particuliers d'économie et d'installations.

160. *Considérations pratiques sur les roues en dessous.* — L'effet utile de ce genre de roues étant indépendant du diamètre de la roue, on peut le faire varier de 2 mètres à 8 mètres.

Pour que la marche soit régulière, il convient que sa vitesse au centre d'impulsion des aubes ne soit pas inférieure à 1 mètre.

Le jeu entre les aubes et le coursier ne peut guère être inférieur à $0^m{,}01$; quelquefois il s'élève à $0^m{,}02$ et $0^m{,}03$.

Il convient d'incliner la vanne, afin de rapprocher, autant que possible, son ouverture du point d'action de l'eau sur la roue ; ce qui diminue les frottements de l'eau dans le courant et augmente le coefficient de dépense de la vanne.

D'après Belanger, il convient de donner au fond du coursier, entre la vanne et la roue, une inclinaison de $^1/_{12}$ à $^1/_{15}$, de le faire concentrique à la roue sur une étendue au moins égale au double de l'intervalle de deux aubes consécutives et divisée en deux parties égales par la verticale passant par l'axe de la roue; de prolonger ensuite le fond du coursier par un plan légèrement incliné de $1^m{,}50$ à 2 mètres de longueur, se raccordant avec le canal de fuite ; ce plan étant incliné de manière qu'au point où il se raccorde avec le canal de fuite, la profondeur d'eau soit égale ou un peu supérieure au double de la levée de vanne. On incline ensuite le canal de fuite de $^1/_{15}$ sur une longueur de 10 mètres, et de plus, si les localités le permettent, on l'élargit graduellement de $0^m{,}50$ de chaque côté pour cette longueur de 10 mètres.

D'après le même auteur, il y a théoriquement avantage de faire plonger les aubes, quelle que soit leur vitesse, tant que leur enfoncement dans l'eau ne dépasse pas l'épaisseur convenable $0^m{,}15$ à $0^m{,}20$ de la veine fluide à son arrivée sur la roue, et même plus si la vitesse est très grande La pratique a confirmé cet avantage tant que la partie plongée des aubes ne dépasse pas les $^2/_3$ ou les $^3/_4$ de l'épaisseur de la lame fluide, et elle a appris en outre, qu'il n'y avait aucun inconvénient à faire plonger les aubes de toute l'épaisseur de la lame. D'après cela il y a donc lieu de tenir le fond du coursier au dessous du niveau de l'eau en aval de la roue.

La hauteur des aubes varie entre 2, 5 et 3 fois la levée verticale de la vanne, et leur distance, mesurée sur la circonférence passant par leur centre, entre une fois et une fois et demie leur hauteur.

Le nombre des aubes doit être le nombre pair le plus rapproché de six fois le diamètre moyen de la roue exprimé en mètres; la difficulté de placer convenablement ce nombre d'aubes, à cause de la position des bras, peut seule le faire modifier.

Le plus habituellement le diamètre de ces roues varie de 3 à 5 mètres et elles ont six bras. D'après Deparcieux, une inclinaison de 20 degrés à 22 degrés des aubes sur le rayon du côté qu'elles reçoivent l'eau, augmente un peu l'effet utile. Ce fait paraît ne pas être confirmé par Bossut, aussi il ne convient guère de les incliner que quand la roue est sujette à être noyée, parce qu'alors cette disposition permet aux aubes de sortir plus facilement de l'eau.

La chute maxima convenable à ce genre de roues est $1^m,30$; pour des chutes plus grandes, le choc de l'eau contre la roue donne une perte de puissance vive considérable.

IV. — Roue à aubes courbes dite à la Poncelet.

161. La faiblesse du rendement donné par les roues en dessous à palettes planes vient principalement, comme nous l'avons dit, du travail négatif moléculaire qui résulte de ce que l'eau est forcée de réduire brusquement sa vitesse à celle des aubes, tandis que son centre de gravité ne s'élève que très peu.

Le général Poncelet, dont le nom est toujours attaché aux questions les plus importantes de la Mécanique, s'est occupé, de rechercher un système de moteur hydraulique présentant les mêmes avantages de vitesse que la roue dont nous venons de parler, mais dans de meilleures conditions de rendement. « Toute la « question, a-t-il dit, consiste à faire en « sorte que l'eau n'exerçant aucun choc « à son entrée dans la roue, ni dans son « intérieur, la quitte également sans con- « server aucune vitesse sensible » et pour remplir cette double condition, il a remplacé les aubes planes ordinaires par des aubes courbes ou cylindriques présentant leur concavité au courant. En observant les dispositions indiquées par Poncelet, on obtient avec ces roues un rendement double et plus de celui que l'on obtient avec les aubes planes.

Voici d'après Poncelet, les dispositions qu'il convient de donner à cette espèce de roue (*fig.* 87).

Le fond du bief supérieur est à peu près horizontal et raccorde avec celui du coursier qui a une pente de $^1/_{10}$ à $^1/_{15}$ depuis l'orifice de la vanne jusqu'à la circonférence extérieure de la roue à laquelle il est tangent, sauf un jeu indispensable. Au-dessous de la roue, et à partir du rayon perpendiculaire au plan incliné du coursier les aubes sont emboîtées dans une portion cylindrique concentrique à la roue dont le développement est égal à l'intervalle de deux aubes consécutives augmenté de $0^m,05$ à $0^m,06$. Cette partie cylindrique se termine par un approfondissement ou saut brusque dont le sommet doit être au niveau des eaux moyennes dans le canal de fuite, et qui a pour objet de faciliter le dégagement de la roue.

La vanne est inclinée sous la roue, à un ou deux de base sur deux de hauteur, et les côtés verticaux du pertuis sont arrondis, ce qui diminue la contraction et porte le coefficient de la dépense à 0,80 ou 0,75 selon l'inclinaison plus ou moins grande de la vanne avec la verticale. De plus le coursier ayant exactement la même largeur que l'orifice, la veine fluide ne tend pas à s'en détacher latéralement, et l'on évite un travail moléculaire résistant analogue à celui qui se produit à l'entrée des ajutages cylindriques.

Les aubes sont assemblées et contenues entre deux couronnes annulaires et montées sur un certain nombre de bras, et destinées à empêcher l'eau de se répandre latéralement. La largeur de ces couronnes est d'environ le tiers de la hauteur de la chute.

L'écartement intérieur des couronnes est de $0^m,06$ à $0^m,10$ plus grand que la largeur de l'orifice et du fond du coursier ; les joues de celui-ci, verticales jusqu'à leur rencontre avec la circonférence de la roue, s'écartent ensuite pour que les couronnes puissent tourner librement, sans permettre à l'eau de s'échapper sur les côtés de la roue.

La courbure des aubes est indifférente, pourvu qu'elle soit continue, qu'elle ren-

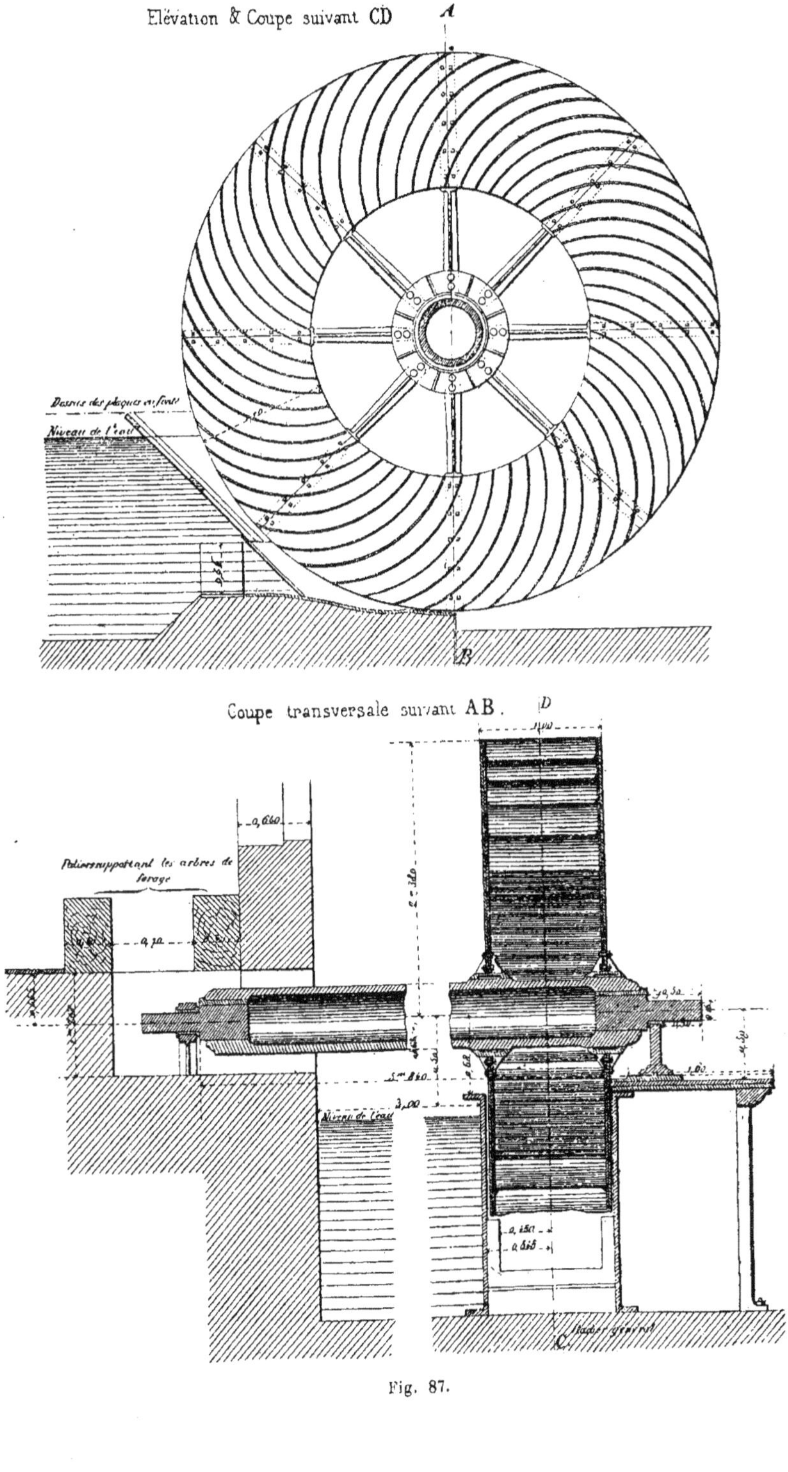
Elévation & Coupe suivant CD
A
Niveau de l'eau
B
Coupe transversale suivant AB.
D
Niveau de l'eau
C

Fig. 87.

contre la circonférence sous un angle d'environ 30 degrés, et la circonférence intérieure à peu près à angle droit ; on la fait ordinairement cylindrique.

Le nombre des aubes est de 36 environ pour les roues de trois à quatre mètres de diamètre, et de 48 pour celles de 6 à 7 mètres.

La théorie exacte de cette roue serait très difficile ; on la simplifie comme nous l'indiquons ci-après.

162. *Travail dynamique de la roue Poncelet.* — Nous verrons plus loin les considérations pratiques et tracés des différentes parties de cette roue, mais avant établissons la formule de son effet utile.

Pour cela appliquons entre les sections AB et CD (*fig* 88), où le mouvement a lieu par filets parallèles, le théorème du travail d'une chute d'eau :

$$T_u = PH + \frac{PU_0^2}{2g} - \frac{PU_1^2}{2g} - T_f.$$

Ce travail T_u est indépendant de $\frac{U_1^2}{2g}$, à cause de la disposition du canal de fuite, on peut donc se donner U_1 ; faisons $U_1 = U_0$ et la formule se simplifie et devient.

$$Tu = PH - T_f$$

Il suffit donc de déterminer T_f, c'est-à-dire la somme de travaux perdus par toutes les molécules. Soit une molécule m à son entrée E dans la roue, à ce moment elle a une vitesse V égale à Eb et n'éprouve pas de choc à cause de la forme des pa-

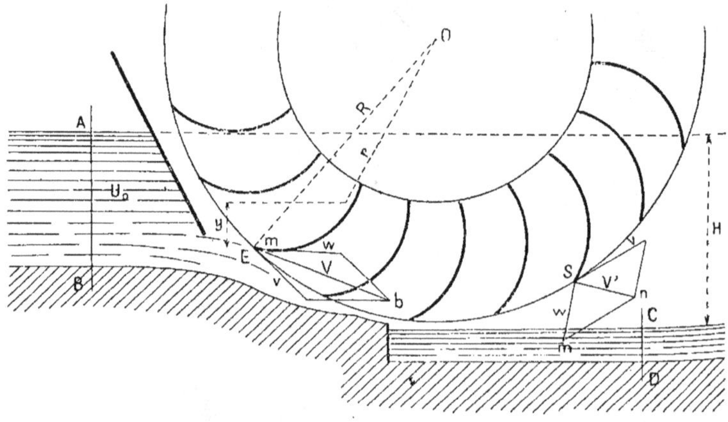

Fig. 88.

lettes qui doivent être pour cela tangentes à la direction de la vitesse relative ω ; par suite il n'y a pas de rejaillissement.

Cette condition remplie, la molécule s'élève sur l'aube à une certaine hauteur y que l'on peut déterminer en appliquant le théorème des puissances vives.

$$0 - \frac{1}{2} mw = mgy - \frac{m\omega^2}{2}(R^2 - r^2)$$

dans laquelle :

mgy est le travail de la pesanteur ;

$\frac{m\omega^2}{2}(R^2 - r^2)$ le travail de la force centrifuge qui agit sur la molécule dont le rayon au sommet de sa course est r,

Le frottement est ici négligeable,

Lorsque la molécule est au point culminant E', elle redescend, et arrive au bord de la roue avec une vitesse relative égale à celle qu'elle avait à son entrée, car en la désignant par w', et en appliquant le même théorème on a

$$\frac{1}{2} mw'^2 - 0 = mgy + \frac{m\omega^2}{2}(R^2 - r^2).$$

En comparant cette équation avec la précédente on voit que

$$w = w'$$

Voyons maintenant ce qui se passe, lorsque la molécule quitte la roue; pour cela appelons :

w la vitesse relative de l'eau ;

v, la vitesse de la roue ;

V′ la vitesse absolue de l'eau à sa sortie.

Cette vitesse V′ est la résultante des deux vitesses w et v; on a donc

$$V' = w^2 + v^2 - 2w\, v \cos (w\, v)$$

Appliquons le théorème des forces vives jusqu'au moment où cette vitesse devient nulle.

La molécule quittant la roue avec une vitesse V′, possède une puissance vive égale à

$$\frac{1}{2} mV'^2 + mgz$$

z étant la hauteur de chute dans le bief d'aval ; cette puissance vive est perdue en frottements dans le bief d'aval.

Pour l'annuler quand on tient compte de ce que ces frottements sont négligeables, il suffit de faire

$$w = v \text{ et } \cos (w\, v) = 1$$

Or il n'est pas possible d'adopter ces conditions, car faire l'angle des vitesses

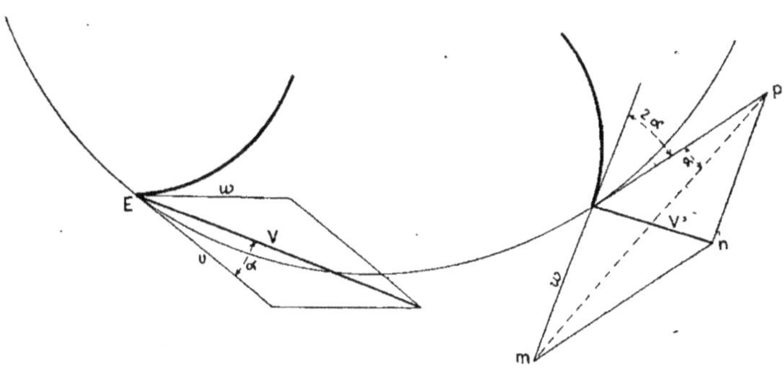

Fig. 89.

w et v égal à zéro, c'est supposer l'élément de l'aube tangent à la circonférence extérieure de la roue. A l'entrée, il y aurait une vitesse relative w égale à $V - v$ dirigée suivant la tangente et toute l'eau n'entrerait pas.

Conservons seulement la condition

$$w = v$$

c'est-à-dire que le parallélogramme des forces devient un losange. Désignons par α (*fig.* 89) l'angle de la vitesse relative V à l'entrée et de la vitesse v de la roue. A la sortie, en S, cet angle devient 2α parce que Sn est une bissectrice et l'on a

$$V_1 = V\, tg\, \alpha$$

On aura donc, en désignant par t_f le travail du frottement de la molécule.

$$t_f = mV^2\, tg\alpha + mgz.$$

L'influence de z est très grande; ainsi,

pour $\alpha = 15°$ $\quad t_f = 0{,}0718 \dfrac{mV^2}{2} + mgz$

pour $\alpha = 20°$ $\quad t_f = 0{,}132 \dfrac{mV^2}{2} + mgz$

En remarquant que $\dfrac{mV^2}{2}$ est sensiblement égal à PH ; on voit que pour $\alpha = 20$ degrés, il y a, rien que du fait de la sortie de la roue, 13 °/₀ de perdu.

Il y a donc avantage à faire cet angle α minimum.

Arrivons à la condition $v = w$; la relation qui lie les vitesses est alors donnée par la formule

$$\frac{V}{2} = v . \cos \alpha$$

ou $$V = 2v . \cos \alpha .$$

Le premier élément doit être dirigé suivant la vitesse relative, et l'aube doit être assez élevée pour atteindre la hauteur E' où la vitesse relative de la molécule est nulle; pour cela, il faut qu'elle soit au moins égale à $\frac{w^2}{2g}$ c'est-à-dire à $\frac{v^2}{2g}$.

Comme cos α diffère peu de l'unité, on a :

$$\frac{v^2}{2g} = \frac{1}{4}\frac{V^2}{2g} = \frac{1}{4}H.$$

Puisque $\frac{V^2}{2g} = H'$ et que H' est peu différent de H, si on néglige le seul travail perdu par le frottement de l'eau contre l'eau, le travail perdu se réduit à

$$t_f = \frac{1}{2} mV^2 \, tg^2\alpha + mgz.$$

En considérant, toute la veine liquide, le rendement sera bien inférieur à celui qui semble résulter de la formule, parce que dans le calcul précédent il n'a pas été tenu compte d'une agitation produite par les dernières molécules qui entrent, à leur rencontre, avec celles qui descendent, de sorte que w diminue et V_1 approche de plus en plus de la vitesse de la roue.

Pour diminuer autant que possible l'influence de ce terme t_f, il faut faire en sorte que toutes les molécules pénètrent dans la roue avec la même vitesse relative et la même direction.

L'influence de l'angle α est, comme nous l'avons vu, très importante ; une fois cette valeur admise, il importe de la conserver avec soin.

Le rendement de la roue Poncelet est d'environ 0^m,65 lorsqu'elle est bien établie. Dans la plupart des cas, les constructeurs ont éprouvé quelques mécomptes sur ce rendement, parce qu'ils ne se sont pas conformés exactement aux conditions énoncées.

163. *Tracé géométrique de la roue Poncelet.* — Le nombre des conditions à remplir dans l'établissement d'une roue de ce genre, ne permet pas d'arrêter chaçun des points *a priori*, sans s'être assuré par un tracé graphique préalable, que les dispositions de chaque partie s'accordent bien, attendu qu'elles dépendent les unes des autres, et pourraient varier réciproquement. Il convient donc, après s'être donné plusieurs dimensions, d'effectuer le tracé en ce sens, sauf à modifier par la suite, s'il y a lieu les parties qui ne remplissent pas le but proposé.

Les données invariables sont toujours :

1° La chute totale ;

2° La dépense d'eau.

Le nombre de tours que la roue doit accomplir par minute est ordinairement donné, au moins en raison des appareils à faire mouvoir, et pour les meilleures conditions de la transmission.

Cette vitesse dépend :

1° Du diamètre de la roue ;

2° Du point où la veine fluide rencontre la circonférence extérieure, d'où on peut en déduire sa vitesse d'arrivée.

La largeur de la roue peut aussi être fixée d'avance, si les localités l'exigent.

Cette largeur dépend dans tous les cas :

1° Du volume d'eau à dépenser ;

2° De la vitesse de la veine fluide ;

3° De l'épaisseur de la lame d'eau, ou ce qui revient au même, de la hauteur de l'orifice démasqué par la vanne.

Enfin il reste à déterminer la largeur de la couronne, en rapport avec la partie du jet de la veine fluide et la forme des aubes.

Les procédés que nous allons indiquer sont puisés dans un mémoire du capitaine de Lacolonge et sur les données de Poncelet lui même.

164. *Tracé graphique.* — Les conditions essentielles à remplir d'après Poncelet sont :

1° Avoir des aubes assez raides pour que le fluide ne prolonge pas son ascension au-dessus des couronnes, et qu'il exerce sur les premiers une pression considérable au moment de la mise en train. Ceci exige que le rayon de courbure soit assez faible ;

2° Tenir les couronnes assez hautes, pour que la quantité d'eau contenue dans les aubes soit considérable, afin de marcher notablement noyé, quand on est dans cette condition ;

3° Emboiter la roue du bas, assez pour que le liquide ne s'en échappe pas avant qu'il ne soit utile, mais pas assez pour qu'en descendant, il soit géné dans sa fuite.

Proposons-nous d'établir une roue à aubes courbes avec les données suivantes:

Hauteur de chute . . . . $H = 1^m,20$
Dépense d'eau par seconde . . . . $Q = 600$ litres
Nombre de tours de la roue par minute. . . . $n = 11$ à 12

Représentons par les lettres suivantes les différents points à déterminer:

E, épaisseur de la lame d'eau.

R, rayon de la roue, en mètres;

H', charge au-dessus du point A d'introduction du filet moyen dans la roue.

V, vitesse par seconde due à cette hauteur,

v, vitesse à la circonférence de la roue;

L, largeur de la couronne dans le sens du rayon;

l, largeur de la roue suivant son axe.

165. *Rayon de la roue.* — Le nombre de tours étant à peu près fixé à l'avance, comme il doit résulter du diamètre extérieur de la roue et de la vitesse du filet moyen, on commencera par se donner provisoirement H' pour en déduire la vitesse résultante, et par suite le rayon R.

H' peut être obtenu préalablement en retranchant de la chute totale l'épaisseur E de la lame d'eau augmentée d'un quart environ.

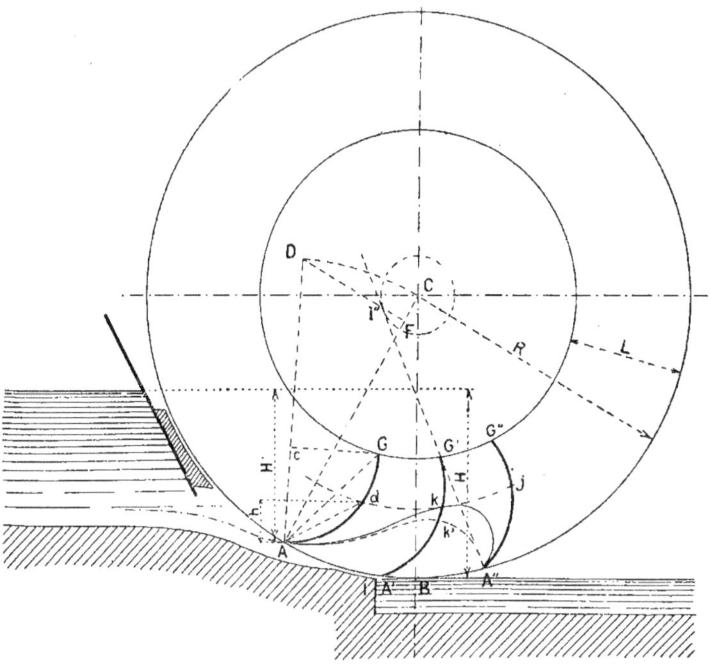

Fig. 90.

D'autre part, cette épaisseur de lame peut très bien être fixée normalement à $0^m,20$ suivant les propres observations de Poncelet. Par conséquent on aura pour H'

$H' = H - (1,25E)$ ou $H' = 1,20 - 0,25 = 0,95$.

La vitesse V du filet moyen, due à cette hauteur, est théoriquement :

$$V = \sqrt{2gH'} = \sqrt{19,62 \times 0,95} = 4^m,320.$$

Comme la vitesse à la circonférence de la roue doit être réglée à la moitié de la précédente, pour être dans de bonnes conditions, on peut compter sur $2^m,16$ pour la vitesse v de la circonférence.

En adoptant ce nombre et 11 tours par minute, on trouvera facilement le diamètre correspondant que l'on peut choisir, au moins provisoirement, pour étudier le tracé de la roue. On a alors pour le rayon de la roue.

$$R = \frac{60\,v}{2\pi n} = \frac{60 \times 2,16}{6,28 \times 11} = 1^m,87.$$

On commence alors par mener des lignes horizontales qui indiquent les niveaux en amont et en aval (*fig.* 90); puis on trace un cercle tangent au niveau inférieur et ayant pour rayon le chiffre trouvé. Sur la figure nous avons adopté $R = 1,80$.

Si l'on mène ensuite une droite horizontale à la distance H' du niveau supérieur, son intersection A avec le cercle donne le point d'introduction du filet moyen.

166. *Courbure de l'aube.* — L'angle formé par l'aube avec la circonférence extérieure de la roue se détermine par un tracé géométrique qui fixe aussi la direction du coursier, et par conséquent du filet d'eau. Ces deux parties doivent être combinées de telle sorte que l'eau produise le plus petit choc possible en arrivant sur les aubes.

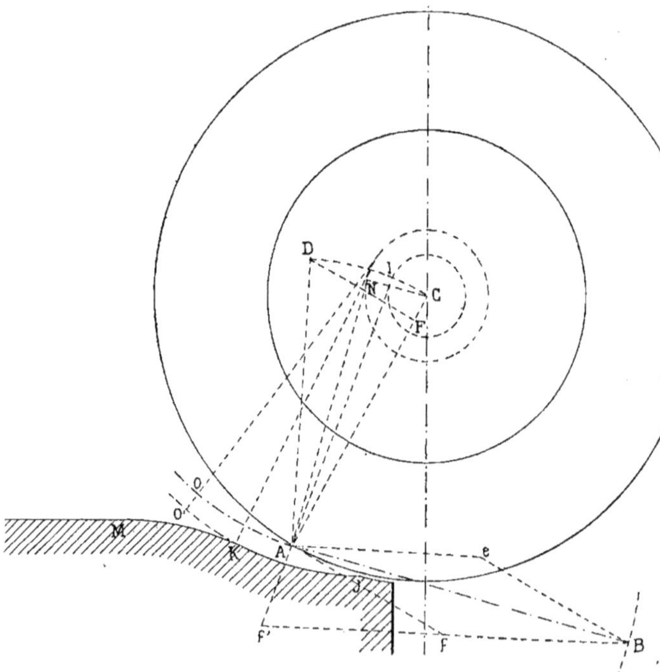

Fig. 91.

Poncelet a établi d'après la théorie, que l'angle a formé par les tangentes à l'aube et à la roue, doit s'approcher de l'expression suivante :

$$\cos a = \frac{R - E}{R}$$

Par conséquent menons un rayon CA, et du point A comme centre, avec ce même rayon traçons l'arc CD.

Portons ensuite l'épaisseur E de la lame d'eau (soit 0,20) de C en F ; la perpendiculaire FD élevée de ce point au rayon

AC rencontre l'arc C D en D, par lequel point on mène la ligne AD. C'est sur cette dernière que doit se trouver le centre de courbure de l'aube.

Pour le trouver définitivement, on trace, du centre C, un cercle avec un rayon CG déterminé par la distance :

$$L = 0,6H$$

de la circonférence extérieure. Puis du point A on tire AG faisant un angle de 45 degrés avec AD ; et du point G, d'intersection avec le cercle, on abaisse une perpendiculaire sur AD.

Le point de rencontre *c* est alors le centre cherché ; et *c*A ou *c*G le rayon de la courbe A*d*G.

La largeur L peut être considérée provisoirement comme étant celle de la couronne ; mais nous verrons plus loin, que sans rien changer à la forme de l'aube, cette largeur peut être réduite.

167. *Fond du coursier.* — Le fond du coursier (*fig.* 91), dans la partie voisine du point A de l'introduction du filet moyen dans la roue, est la développante d'un cercle dont on trouve le rayon CN de la manière suivante :

On trace par le point A deux droites A*e*, et A*f*, respectivement perpendiculaires aux lignes AD et AC ; on donne à A*f* une grandeur quelconque, et de A comme centre, on décrit un arc de cercle ayant pour rayon le double de A*f*. Menant alors *f*B parallèle à A*e*, le point d'intersection B avec l'arc de cercle sert à tracer AB ; on a, en définitive, la figure A*e*B*f*, qui n'est autre que le parallélogramme des vitesses de l'eau par rapport à la circonférence de la roue et aux aubes. AB représente la vitesse et la direction réelle du filet moyen ; A*e* représente en grandeur et en direction la vitesse relative de ce filet à son arrivée sur l'aube ; A*f* représente de même la vitesse à la circonférence de la roue.

Pour déduire de cette opération la forme du coursier, on élève une perpendiculaire AN à la ligne AB, à laquelle on mène aussi une parallèle CN du centre C de la roue ; la longueur de cette parallèle comprise entre C et N donne le rayon de cercle d'après lequel on trace la développante A*o* représentant la direction du filet moyen.

Le fond du coursier se détermine d'après cela, au moyen d'une seconde développante JKO′ équidistante de la première, de la moitié de l'épaisseur de la lame d'eau : soit ici de 10 centimètres. Cette forme n'est conservée qu'auprès de la roue, et se raccorde avec un arc de cercle KM de grand rayon.

168. *Largeur de la couronne.* — Dans toutes les roues qui reçoivent l'eau sur des palettes de forme quelconque, on doit se préoccuper de l'intensité du jet de la veine fluide à son arrivée, et faire en sorte qu'il n'y ait pas d'eau qui puisse s'échapper sans avoir agi.

Cette attention est surtout importante à l'égard de la roue qui nous occupe, où l'eau ne séjourne que très peu de temps, et ne fait pour ainsi dire, que s'élever le long de l'aube et redescendre immédiatement pour s'élever dans le bief d'aval.

Pour trouver la largeur que doit avoir la couronne, il faut donc connaître, approximativement, à quelle hauteur l'eau s'élève sur une aube en vertu de la vitesse initiale due à la hauteur H′ : on doit rechercher également quel est le temps nécessaire à l'ascension et à la descente pour savoir en quel point l'eau abandonne la roue.

Le capitaine de Lacolonge donne sur ces divers points des formules basées sur les lois de la chute des corps, de la force centrifuge et du pendule. Les calculs de l'auteur étant très compliqués nous donnerons simplement quelques éclaircissements qui suffiront pour la pratique, dans la plupart des cas.

Si nous supposons qu'une aube A*d*G se trouvât au point A où le filet moyen élémentaire s'introduit, il s'élèverait le long de cette courbe, à une certaine hauteur due à sa vitesse initiale, abstraction faite de l'influence de la force centrifuge. La vitesse réelle de la veine fluide étant représentée par la longueur de la ligne AB tangente à la développante A*o*, celle qui en résulte par rapport à la courbure de l'aube, est en vertu des propriétés du parallélogramme des vitesses A*e*B*f* représentée par A*e* tangente à la courbe A*d*G.

On peut donc dire que la vitesse *u*, avec laquelle l'eau s'élève sur l'aube est à celle qu'elle possède réellement comme Ae : AB soit :

$$\frac{u}{V} = \frac{Ae}{AB}$$

d'où l'on tire :

$$u = V\frac{Ae}{AB}.$$

Mais comme la vitesse V résulte déjà de

$$V = \sqrt{2gH'}$$

formule qui montre que les vitesses sont entre elles comme les racines carrées des hauteurs. On peut écrire que la hauteur h due à la vitesse u, représentée par Ae, est directement :

$$h = H'\left(\frac{Ae}{AB}\right)^2.$$

La valeur de h est, en résumé, la hauteur verticale à laquelle le filet moyen s'élèverait sur l'aube AdG si elle était fixe, et si, par conséquent, la force centrifuge n'agissait pas en sens contraire pour diminuer cette hauteur. Mais, en prenant cette hauteur comme maximum, on peut l'adopter sans inconvénient, puisqu'il s'agit de donner à la couronne une largeur L que l'eau ne puisse pas dépasser.

Nous portons h verticalement de A en g (*fig.* 90), et par ce point nous traçons une horizontale gd ; si par ce point d on décrit du centre C, l'arc idj, cet arc indique la portée maximum du jet de la veine fluide moyenne, en suivant l'aube dans son mouvement circulaire avec la roue.

La hauteur h, calculée pour le cas précédent et d'après la formule ci-dessus, devient :

$$h = 0,95\left(\frac{1}{2}\right)^2 = 0^m,238.$$

En mesurant sur le tracé la distance de l'arc idj, à la circonférence extérieure on trouve 0,43 centimètres.

La largeur L ayant été faite 0,6H

soit $0^m,60 \times 1^m,20 = 0^m,72$

suffit évidemment pour maintenir l'eau sur chaque aube, même en tenant compte de ce que le filet supérieur de la lame doit nécessairement s'élever un peu plus haut que le filet moyen.

169. *Mouvement de l'eau dans les aubes.* — A mesure que l'eau s'élève contre une aube celle-ci s'éloigne ; l'eau, arrivée au point le plus haut de son ascension, redescend en continuant de s'appuyer sur l'aube, qu'elle abandonne ensuite en s'écoulant dans le bief d'aval.

Il est important de connaître, approximativement, le temps que cette action met à s'effectuer, afin de pouvoir déterminer le point de la circonférence où l'eau quitte les aubes, et faire en sorte qu'il ne soit pas situé à une trop grande hauteur au-dessus du bief d'aval, ce qui produirait une perte de chute nuisible.

On peut connaître la durée de l'ascension et de la descente par la méthode suivante qui consiste à considérer une aube, prise de sa position en AG, comme un plan incliné suivant Ad, et s'avançant parallèlement à lui-même pendant le temps nécessaire à l'ascension seulement.

Le temps nécessaire à un corps pesant pour s'élever le long d'un plan incliné peut s'exprimer par la formule

$$t = \sqrt{\frac{2h}{g}}$$

dans laquelle on fait entrer le rapport de la longueur du plan à sa hauteur.

Par conséquent, on cherche d'après le tracé, l'inclinaison de Ad par rapport à l'horizon, et on trouve que cette inclinaison étant exprimée par le rapport de la longueur Ad avec la différence de hauteur verticale Ag ou h, des points A et d, ce rapport est égal à $0^m,44$ (sinus de l'angle d'inclinaison). La formule précédente devient alors

$$t = \sqrt{\frac{2h}{g \times 0,44}}$$

en remplaçant h par sa valeur trouvée ci-dessus, on a :

$$t = \sqrt{\frac{2 \times 0,238}{9,81 \times 0,44}} = 0^m,33.$$

Ainsi, abstraction faite de la force centrifuge, l'eau devra employer environ un tiers de seconde à s'élever contre l'aube, et atteindre son maximum d'élévation. Mais comme la vitesse à la circonférence est de $2^m,16$, l'aube se sera donc déplacée dans le même temps de $0^m,72$ et sera parvenue en A'G'.

On arrive, par une opération semblable à trouver la troisième position de l'aube en A″G″ où la descente du fluide est complètement effectuée, et où l'eau quitte la roue.

Le temps nécessaire à cette seconde période du mouvement de la veine est ordinairement plus court que le précédent, par la raison que l'aube, par ces positions successives, représente une surface de plus en plus rapide, et cela quoique la hauteur de chute soit plus considérable ; et puis encore à cause de l'action de la force centrifuge, qui pendant l'ascension retardait le mouvement et l'accélère au contraire pendant la descente.

On peut en résumé représenter la marche d'un élément fluide par la courbe AkA″. A l'égard de la position du point de fuite A″, il est utile de voir s'il n'est pas trop élevé par rapport au bief d'aval, ce qui serait une perte de chute.

Si cette élévation était plus du dixième environ de la hauteur totale de chute, il serait convenable de reculer le point A d'introduction, ou d'augmenter le diamètre de la roue ; on pourrait aussi modifier le rayon de la courbure de l'aube.

L'examen de la position du point A″ conduit aussi à placer convenablement le ressaut du coursier, afin que l'eau n'éprouve aucune gêne à se déposer en aval.

Il est placé ici en arrière de la verticale de l'axe à une distance BI d'environ 27 centimètres ; le point A″ s'en trouvant éloigné de 37 centimètres, soit 64 centimètres du ressaut, et bien que l'écoulement d'une partie du liquide ait nécessairement lieu à partir du ressaut, il ne s'en trouve pas gêné de façon à nuire au résultat.

L'expérience a permis de constater que les filets liquides sortant de la roue au lieu d'être dirigés suivant une tangente à l'aube coupent au contraire la circonférence de la roue suivant un angle très marqué dirigé vers l'aval. Cet effet ne peut qu'être attribué à la force centrifuge.

On peut donc déterminer cet angle de la manière suivante (*fig.* 91).

Il suffit de prolonger Bf jusqu'en f'_4 de façon que Bf' = 2Bf et de joindre f'_4 et A par une droite, qui coupe précisément la circonférence de la roue suivant l'angle cherché. Cette droite étant prolongée à l'intérieur du cercle de la roue, on lui abaisse du centre C une perpendiculaire CL, avec laquelle, comme rayon, on trace un cercle tangent à la droite $f'l$. Toutes les tangentes au même cercle représenteront, par conséquent, la direction de fuite des filets liquides pour tous les points de la circonférence de la roue.

Ainsi, pour la fuite en A″, la tangente A″l'' exprime cette direction (*fig.* 90).

La courbe géométrique réelle n'est donc pas AkA″ mais doit se rapprocher davantage de celle de Ak'A″, tracée de façon à être tangente à la direction A″l''.

170. *Coursier en spirale.* — Pour une roue établie à la poudrerie du Ripault, le général Morin a modifié un peu la forme de coursier en développante, à laquelle il reproche d'élever le seuil de la vanne beaucoup trop haut dès que la hauteur d'orifice dépasse $0^m,15$ pour des roues de $2^m,80$ à $3^m,60$ de diamètre et une chute de $1^m,50$.

CA (*fig.* 92) étant le rayon de la roue, on mène à la circonférence extérieure une tangente BC inclinée à $^1/_{10}$ environ, qui représenterait le fond du coursier dans l'ancien tracé de Poncelet. On mène à cette tangente, à une distance égale à l'épaisseur de la lame fluide entre la vanne et la roue, une parallèle AD. On prolonge le rayon CA, et, à partir du point E, jusqu'à celui de contact B, le coursier prend la forme d'une spirale, c'est-à-dire qu'il s'approche de la circonférence extérieure de la roue de quantités égales pour des angles égaux décrits autour du centre.

Avec cette disposition, les différents filets fluides de la veine, qui conserve à peu près une épaisseur uniforme entre la vanne et la roue décrivent des spirales semblables, et entrent tous dans la roue sous des angles peu différents c'est-à-dire sans choc sensible si le premier élément de l'aube est dirigé suivant la vitesse relative d'arrivée du filet moyen ou du filet inférieur.

Pour tracer l'aube, au point B on mène une tangente BV = 1 et sur le prolongement de EB, on porte $Bv = 0^m,50$ ou $0^m,55$, vitesse normale de la roue, BW, parallèle à vV, est la direction à donner au premier élément de l'aube. On mène BI perpendiculaire à BW, et du point I pris sur cette perpendiculaire, traçant un arc qui fasse avec la circonférence intérieure de la couronne un angle aigu très rapproché d'un droit, cet arc détermine la forme de l'aube.

Pour des levées de vanne de $0^m,15$ et au-dessous, le profil en spirale se confond sensiblement avec celui de la développante ; mais pour des levées plus fortes il s'élève moins rapidement.

La roue du Ripault, destinée à fonctionner sous une chute de 1 mètre à $1^m,20$, a $2^m,80$ de diamètre, $0^m,80$ de longueur à l'extérieur des couronnes, $0^m,75$ de hauteur de couronne et 42 aubes.

171. *Résultats d'expériences exécutées sur la roue d'Angoulême.* — Nous extrayons

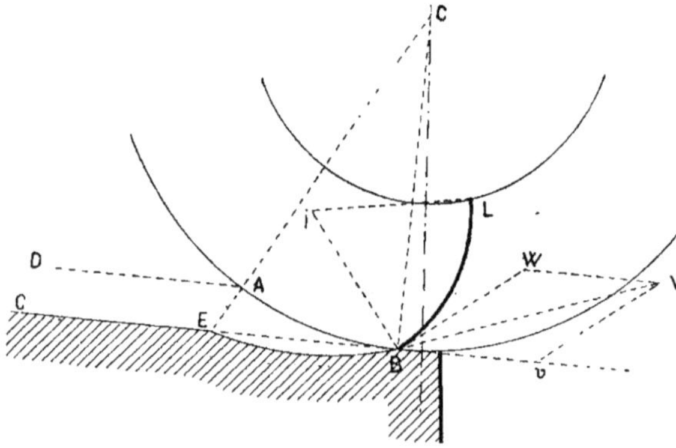

Fig. 92.

du mémoire du capitaine de Lacolonge les résultats suivants :

Ces expériences au nombre de cent quinze et leurs calculs forment un ensemble très volumineux que nous résumerons par des tableaux présentant les résultats des expériences qui, dans chaque série, ont donné le maximum d'effet utile.

Le tableau I est relatif à la marche habituelle de la roue à chute pleine, et avec la vanne inférieure seule.

La vanne inférieure seule sans engorgement. — Tableau I

Numéros des séries	Levée de vanne E	Chute H	Dépense d'eau en litres Q.1000	Nombre de tours N	Charge du frein P	Travail utile en chevaux $\frac{P.W}{75}$	Rendement $\frac{PW}{QH}$	Abaissement du rendement maximum quand N varie de 8 à 12 tours	Rapport de la vitesse de la roue à celle du filet moyen au point où il rencontre la roue $\frac{u}{V'}$	due à la charge sur le centre de l'orifice $\frac{u}{V}$	due à la charge sur le sommet de l'orifice $\frac{u}{V''}$
1	0.05	1.560	167	6.896	80.00	1.733	0.497	»	0.351	0.395	0.399
2	0.10	1.545	328	8.955	150.00	4.220	0.624	»	0.475	0.524	0.538
3	0.15	1.555	487	10.118	200.00	6.331	0.627	1/12	0.544	0.596	0.621
4	0.20	1.540	632	10.453	265.00	8.700	0.671	1/9.5	0.574	0.636	0.672
5	0.25	1.560	787	10.399	340.00	11.102	0.678	1/11	0.579	0.634	0.681
6	0.30	1.550	924	9.670	412.17	12.530	0.656	1/50	0.556	0.604	0.661

Du tableau précédent on peut tirer les conclusions suivantes : Les rendements les plus forts ont lieu pour les levées de vanne de $0^m,20$ et $0^m,25$ qu'on regarde généralement comme les plus convenables, et pour lesquelles du reste la roue avait été tracée. Les rendements maximum obtenus dans chacune de ces séries sont peu différents de sorte que, sous ce rapport, les levées de vanne de $0^m,20$ et $0^m,25$ sont sensiblement aussi avantageuses l'une que l'autre.

Trois autres séries nos 7, 8, et 9 furent exécutées dans le but de reconnaître l'influence que les petits engorgements pouvaient avoir sur les effets du moteur.

Le tableau suivant offre les résultats de l'expérience qui, pour chaque levée de vanne, a donné le maximum de rendement.

La vanne inférieure seule avec petits engorgements. — Tableau II

Numéros des séries	Levées de vanne E	Engorgement H'	Chute H	Dépense d'eau en litres Q. 1 000	Nombre de tours N	Charge du frein P	Travail utile en chevaux $\frac{PW}{75}$	Rendement $\frac{PW}{QH}$	Rapport de la vitesse de la roue à celle du filet moyen au point où il rencontre la roue $\frac{v}{V'}$	Rapports obtenus pour les mêmes vitesses la roue n'étant pas engorgée
	m.	m.	m.	lit.		k.	chev.			
7	0.15	0.11	1.45	488.2	10.00	222.47	6.988	0.741	0.537	0.544
8	0.20	0.12	1.44	638.6	8.955	322.47	9.072	0.740	0.488	0.574
9	0.25	0.13	1.438	790.7	10.637	340	11.383	0.752	0.593	0.579

Il est impossible de ne pas conclure de ce tableau que la roue d'Angoulême rend plus, quand elle est engagée de la moitié de la lame d'eau affluente, que quand elle est parfaitement dégagée d'aval.

Ce fait est complètement opposé à tout ce que Poncelet a prescrit à cet égard. Cet avantage, car cela en est un dans la localité où la roue fonctionne, peut, suivant l'auteur, tenir à deux causes ; le mode de construction de la roue et la forme de son canal de fuite.

Tous les boulonnages sont faits à tête noyée, de sorte que les couronnes ne présentent aucune saillie extérieure, qui puisse augmenter la résistance de l'eau ; la roue n'a ni pesant, ni faux rond sensible.

Le peu de profondeur du canal de fuite, son évasement progressif, qui sous l'axe n'a que 0,38 de plus que la roue, permettent qu'il s'y établisse un courant sensible, qui refoule les eaux d'aval, et dégage le bas du moteur, qui par le fait n'est plus réellement engagé. Il faut en conclure contrairement aux idées de Poncelet, que les roues de ce genre doivent être construites noyées de l'épaisseur de la lame d'eau habituelle et sans élargissement dans le coursier.

Il est mathématiquement impossible que l'eau qui quitte un moteur s'en échappe sans vitesse ; la mettre en contact avec une grande masse liquide, où cette vitesse s'amortit, n'est réellement qu'un moyen de la dissimuler. Employer cette vitesse à dégager la roue est encore en tirer un parti avantageux.

Pour mon compte, dit l'auteur, les faits signalés me porteraient à croire qu'en général l'élargissement est inutile, et que les roues à aubes courbes, destinées à fonctionner sur des cours d'eau où les crues ne sont pas à craindre, doivent être seules noyées de la moitié de l'épaisseur de la lame d'eau. Mais de pareils ruisseaux sont peu fréquents dans les pays de plaine à petites chutes, de sorte qu'en suivant en général cette pratique, on diminuerait la limite d'engorgement à laquelle ces moteurs peuvent fonctionner; il ne faudrait donc la suivre que dans les cas particuliers qui viennent d'être indiqués, c'est-à-dire rarement.

La vanne inférieure avec de grands engorgements. — Tableau III

NUMÉROS des SÉRIES	LEVÉES de VANNE E	ENGORGEMENT H'	CHUTE H	DÉPENSE d'eau EN LITRES 1000. Q	NOMBRE de TOURS N	CHARGE du FREIN P	TRAVAIL utile EN CHEVAUX $\frac{PW}{75}$	RENDEMENT $\frac{PW}{QH}$
	m	m	m	lit		k	ch	
10	0.25	0.33	1.237	789.4	10 00	300	9.424	0.724
11	0.30	0.35	1.212	930.2	10.00	360	11.347	0.755
12	0.50	0.57	0.990	929.3	9.804	250	7.700	0.621

Les séries 10, 11, 12 ont été faites pour constater quel était le plus grand engorgement avec lequel la roue fournissait encore le travail et la vitesse nécessaires. Les expériences qui pour chaque levée de vanne ont donné le maximum de rendement sont consignées au tableau III.

A la onzième série le rendement maximum 0,755 a été tellement fort que l'auteur serait porté à le croire erroné si ceux des deux autres expériences de la même série n'avaient été 0,670 et 0,743. Malheureusement les trois séries dont il est question furent peu prolongées et par suite ne permirent pas qu'on pût en tirer beaucoup de déductions.

Malgré ce petit nombre d'expériences, on a la certitude qu'avec des engorgements légèrement plus forts que la plus grande lame d'eau, la roue fonctionne bien et a de forts rendements.

Une série 13 fut exécutée pour connaître l'influence que la vanne supérieure pouvait avoir à l'époque des crues. Précédemment il avait été constaté, qu'au lieu de huit chevaux pour mener les mécanismes de l'usine, il suffisait de 6 $^1/_2$; c'est donc dans ce sens que la série 13 fut faite. Elle montra qu'avec un engorgement de 0,69 les deux vannes, levées en plein, donnaient à la roue une vitesse de 10,49 tours et un effet utile de 5,93 chevaux, ce qui différait peu du nécessaire. Ainsi la vanne supérieure augmentait de 0,13 environ la limite de l'engorgement; mais à l'époque des expériences le niveau d'amont ne permettait pas de tirer parti des 4 orifices contractés. Le capitaine Vallier qui avait fait des observations à une époque où ce niveau était plus élevé de 0,22, avait constaté que la roue fournit le travail et la vitesse nécessaires, quand elle est engagée de $0^m,82$. On peut donc considérer comme prouvé que la vanne supérieure permet de marcher encore quand l'engorgement est égal à la moitié de la chute.

La série 14, opérée avec la vanne supérieure seule, a prouvé qu'elle donnait dans les circonstances du moment, une force auxiliaire de 2,09 chevaux, ainsi qu'on l'avait prévu ; mais que le rendement probable n'était que de 0,444 et la vitesse de 4 tours.

On peut en conclure que la petite vanne est avantageuse dans le cas où les crues sont fortes.

Effort limite que la roue peut exercer a sa circonférence. — Tableau IV

LEVÉE DE VANNE E	POIDS qui équilibre LA ROUE P	EFFORT EXERCÉ PAR LA ROUE à sa circonférence $\frac{PR'}{R}$
m	k	
0.050	507.40	460.02
0.100	613.90	556.80
0.150	863.90	783.50
0.200	923.90	838.00
0.250	893 90	810.20
0.300	1003.91	910.50
En bas 0.027		
En haut 0.025	729.69	661.70

Le tableau IV donne pour chaque levée de vanne l'effort limite exercé par la roue à sa circonférence. Pendant ces observations, la chute a été constamment de $1^m,54$.

Ces expériences ont été difficiles et dangereuses; il fallait beaucoup de soin et d'essai, pour arriver aux poids qui rendaient le frein parfaitement horizontal. Pour y arriver on avait placé un niveau à bulle d'air sur le frein lui-même; ce qu'il y a de remarquable, c'est que cette position une fois trouvée, après un instant de repos, on pouvait faire varier la charge de plusieurs kilogrammes sans que le frein bougeât.

La levée de vanne de 0,25 a présenté une anomalie que des essais plusieurs fois répétés n'ont pu faire disparaître.

On peut conclure en général que l'effort limite croît avec la levée de vanne, mais dans une proportion moindre, puisque les levées augmentant dans le rapport de 1 à 6, l'effort limite ne croît que dans celui de 1 à 2.

Une petite charge d'eau par la vanne supérieure augmente l'effort limite, au moins autant qu'une levée de vanne triple par celle du bas.

En comparant dans chaque série le poids qui rend le mouvement irrégulier à celui qui a donné le maximum, on obtient le tableau suivant, qui montre qu'en moyenne la nouvelle roue est susceptible, pendant un instant très court. de vaincre une résistance égale à 1,56 fois celle qui correspond au maximum d'effet. Ce chiffre dépasse ceux indiqués jusqu'à ce jour.

Les deux dernières colonnes de ce tableau ont été obtenues en mettant en regard les poids qui produisent l'équilibre, et leur rapport à ceux qui correspondent au maximum d'effet.

On peut en tirer une conclusion importante pour l'industrie. Quand les mécanismes à conduire sont d'une telle nature, que pendant une partie du travail ils doivent fonctionner lentement et vaincre une grande résistance, il y a avantage à tracer la roue de manière à obtenir le travail courant avec 0,15 ou 0,20 de levée de vanne. C'est en effet pour ces levées que les rapports de la quatrième colonne sont les plus grands sans que le rendement s'écarte beaucoup de celui offert par la levée la plus avantageuse.

TABLEAU V

LEVÉE par VANNE	POIDS rendant le MOUVEMENT irrégulier	POIDS correspondant AU MAXIMUM	RAPPORT du second DE CES POIDS au premier	POIDS qui équilibre LA ROUE	RAPPORT DU POIDS correspondant au MAXIMUM A CELUI QUI équilibre la roue
m.	k.	k.		k.	
0.05	90.00	60.00	1.500	507.40	8.456
0.10	260.00	150.00	1.733	613.90	4.093
0.15	390.00	200.00	1.950	863.90	4.319
0.20	440.00	265.00	1.660	923.90	3.386
0.25	450.00	340.00	1.323	893.90	2.335
0.30	492.17	412.17	1.194	1003.90	2.436
		Moyenne	1.560		4.187

Des expériences ont été également faites pour constater les résultats que pouvaient donner les plus petites vitesses des roues de ce genre.

Le tableau VI montre que dans les expériences 1 et 2 le mouvement avait huit phases marquées ; dans chacune d'elles il commençait d'abord lentement, s'accélérait progressivement puis diminuait et ainsi de suite huit fois par révolution.

Les chiffres indiqués se rapportent aux petites vitesses régulières du commencement de chaque phase.

Dans les expériences 3 et 4 l'effet précédent était bien moins sensible, mais les phases du mouvement étaient au nombre de seize.

Toutes les phases étaient indiquées par les oscillations du plateau. Dans la cinquième expérience la vitesse a été régulière pendant un tourentier : le frein avait encore des oscillations, mais assez minimes pour qu'une légère pression de la main les fît disparaître. Dans la sixième le frein s'est comporté comme dans la précédente. Dans la septième et la huitième, il y a eu sensiblement moins de régularité.

TABLEAU VI

NUMÉROS des EXPÉRIENCES	CHUTE	LEVÉE DE VANNE EN HAUT	LEVÉE DE VANNE EN BAS	DURÉE d'une RÉVOLUTION	FRACTIONS de tours PAR MINUTE	CHARGE DU FREIN P	VITESSE DU BRAS DU FREIN W
	m.	m.	m.			k.	m.
1	1.58	»	0.027	504″	1/8	330.0	0.02805
2	1.575	»	0.027	236″	1/4	270.0	0.05990
3	»	0.08	»	563″59	1/6	330.0	0.03888
4	»	0.10	»	94″69	2/3	270.0	0.14940
5	1.60	0.025	0.027	3 979″48	1/66	729.6	0.00355
6	»	0.025	0.027	2 696″93	1/45	729.6	0.00502
7	»	0.025	0.027	958″91	1/16	729.6	0.01474
8	»	0.025	0.027	359″59	1/6	729.6	0.03931

La vanne supérieure a donc entre autres avantages celui d'aider beaucoup à rendre ces petites vitesses régulières.

Le tableau suivant VII indique le volume que la roue offre au liquide et celui qu'elle reçoit, soit par le maximum de rendement, soit pour la plus petite vitesse régulière, quand la vanne est levée, des hauteurs les plus usuelles.

TABLEAU VII

LEVÉE de VANNE E	CAS DU MAXIMUM DÉPENSE Q. 1 000	CAS DU MAXIMUM VITESSE v	CAPACITÉ de LA ROUE	RAPPORT de la CAPACITÉ à la dépense	CAS DE LA PLUS PETITE VITESSE DÉPENSE Q. 1 000	CAS DE LA PLUS PETITE VITESSE VITESSE v	CAPACITÉ de LA ROUE	RAPPORT de la CAPACITÉ à la dépense
m.	lit.	m.	m.c.		lit.	m.	m.c.	
0.15	486.9	2.617	2.263	4.65	486.9	0.465	0.403	0.828
0.20	631.7	2.714	2.347	3.72	635.5	0.866	0.749	1.179
0.25	787.2	2.700	2.338	2.96	778.7	1.416	1.227	1.576
0.30	924.8	2.513	2.174	2.35	929.3	1.917	1.662	1.791
			Moyenne.	3.42				

Ce tableau montre que la roue d'Angoulême offre à l'eau un espace beaucoup plus considérable que la plupart des moteurs de ce genre. C'est à cette circonstance qu'elle doit en partie de marcher noyée et d'enlever facilement des mécanismes doués d'une grande énergie.

Il y a lieu de conclure que, dans les cas pareils et pour pouvoir marcher avec un engorgement égal au tiers de la chute, les roues de ce genre doivent offrir à l'eau une capacité égale en moyenne à 3,42 fois le volume qu'elles sont destinées à utiliser en temps ordinaire.

RÉCAPITULATION

172. Les principaux résultats obtenus dans ces expériences sont les suivants :

La roue d'Angoulême rend 0,678 quand

elle est dégagée d'aval, et jusqu'à 0,752 avec un engorgement égal à la moitié de l'épaisseur de la lame d'eau.

Les levées de vanne de 0,15, 0,20, 0,25, 0,30 sont à peu de chose près, aussi avantageuses les unes que les autres, puisque le rendement, pour celle où il est le plus bas, n'est inférieur que de 10/135 au plus élevé.

Pour ces levées de vanne, la vitesse variant de 8 à 12 tours, c'est-à-dire 1/5 au-dessus et au-dessous de la vitesse normale, le rendement ne s'abaisse jamais à plus de 1/11 au-dessous du maximum obtenu pour chacune de ces levées.

Pour toutes ces levées, la vitesse restant la même ; la force en chevaux est proportionnelle à ces dites levées, ce qui rend les modérateurs très applicables aux roues de ce genre.

La roue noyée de 1/3 de la chute transmet encore la force et la vitesse nécessaires.

Elle donne régulièrement de très petites vitesses. L'effort limite qu'elle peut transmettre, pendant un instant très court, s'élève en moyenne à 1,56 fois celui qui correspond au maximum d'effet.

Il est probable que des levés supérieures à 0,30 donneraient de bons résultats, comme rendement, puisque dans ce cas il est de 0,656.

Il est probable qu'il en serait encore ainsi, si la chute était plus forte que $1^m,55$ puisque à une chute de $1^m,77$ elle a fait un bon travail.

La vanne supérieure régularise les petites vitesses et augmente la propriété qu'elle a de marcher engorgée.

IV. — Roues de côté.

173. Les roues de côté, sont ainsi appelées, parce qu'elles reçoivent l'eau un peu au-dessous de leur axe par un orifice en déversoir.

Elles se composent, comme le montre la figure 93, de plusieurs croisillons montés sur le même arbre auxquels se rattachent un certain nombre de palettes planes dirigées de la circonférence au centre. Ces palettes sont généralement

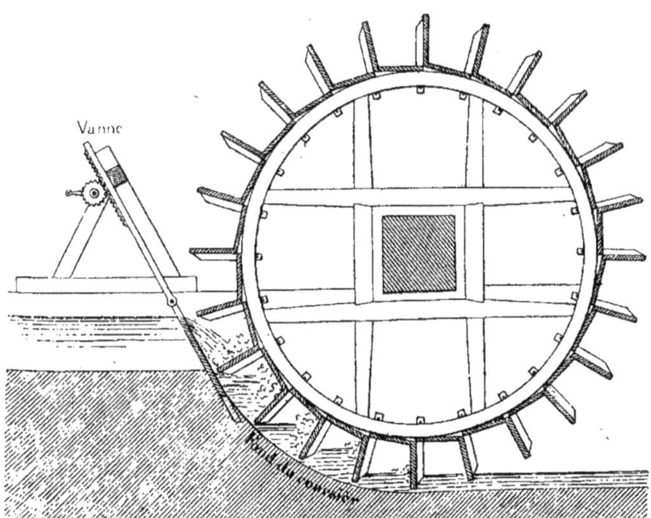

Fig. 93.

formées de planches en bois de chêne ou d'orme que l'on fixe sur les bras ou coyaux assemblés avec la jante des croisillons.

L'intervalle de deux aubes est souvent terminé dans le fond par une fonçure formée d'une partie appliquée sur la couronne et d'une contre-aube inclinée, comme l'indique la figure.

La capacité de l'aube est ainsi limitée et l'eau ne pénètre pas dans l'intérieur de la roue.

La roue est emboîtée dans un coursier circulaire à sa partie inférieure, et de chaque côté entre deux murs verticaux appelés *bajoyers* ne laissant qu'un jeu de quelques millimètres seulement, afin que l'eau ne s'échappe pas sans produire un effet utile.

La partie supérieure du coursier est une pièce en fonte appelée *col de cygne* qui retient les eaux du bief d'amont, qui sont maintenues dans un chenal ordinairement de même largeur que la roue.

Pour admettre l'eau dans les aubes il suffit d'abaisser d'une certaine quantité au-dessous du niveau supérieur, la vanne qui a même largeur que la roue et glissant dans des coulisses pratiquées dans un bâti en charpente. L'eau se déverse alors et agit presque exclusivement par son propre poids sur les aubes pour faire tourner la roue, qui communique cette puissance, par son axe et au moyen d'engrenages, aux appareils à faire mouvoir qui constituent les résistances à vaincre.

174. *Effet dynamique de la roue de côté.* — Pour déterminer l'effet dynamique de la roue de côté, appliquons à la masse liquide (*fig.* 94) comprise entre les sections *ab* et *cd*, le théorème du travail d'une chute d'eau, qui s'écrit

$$T_u = PH + \frac{PU_0^2}{2g} - \frac{PU_1^2}{2g} - T_f.$$

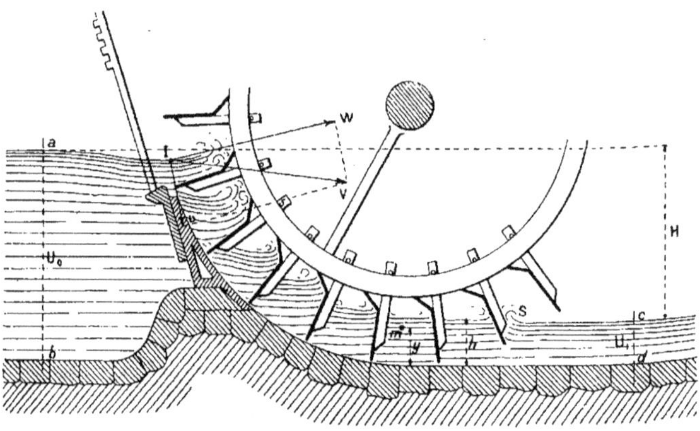

Fig. 94.

Le terme $\frac{PU_0^2}{2g}$ est négligeable à côté de PH. Appelons v la vitesse à la circonférence de la roue et remarquons que dans ce genre de roue la vitesse U_1 dans le canal de fuite est sensiblement égale à la vitesse à la circonférence de la roue.

Nous pouvons donc faire $U_1 = v$.

La formule de l'effet utile devient donc

$$T_u = PH - \frac{Pv^2}{2g} - T_f.$$

On voit immédiatement que le terme $\frac{Pv^2}{2g}$ doit être minimum et par suite aussi v. La vitesse v de la roue ne peut cependant ne pas être nulle, car alors la roue ne tournerait pas, et l'effet dynamique serait nul. Il y a donc lieu de chercher qu'elle est la vitesse la plus convenable que doit avoir le moteur; pour cela cherchons le volume d'eau que la roue peut dépenser et admettons le cas d'aubes planes.

Soit h (*fig.* 95), la hauteur de l'eau entre deux aubes ;

C, la distance d'axe en axe des aubes ;

c, leur épaisseur ;

R, le rayon de la circonférence extérieure ;

b, la largeur de la roue ;

Q, la dépense de la chute pendant une seconde.

En considérant les deux aubes qui occupent la partie inférieure, l'eau qu'elles comprennent aura un volume dont la hauteur est h et la largeur moyenne :

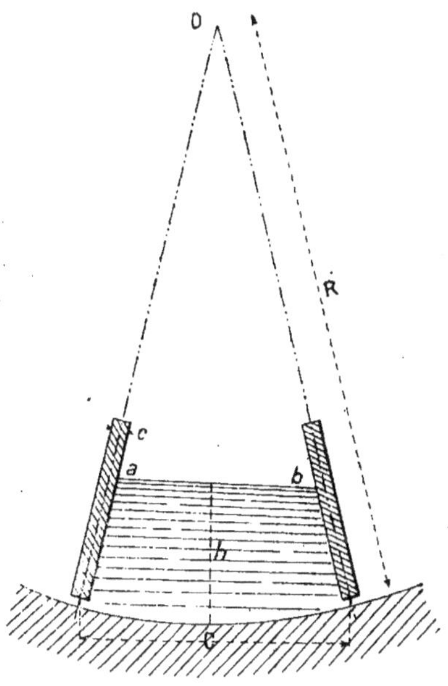

Fig. 95.

$$C\left(1 - \frac{h}{2R}\right) - c$$

et la longueur b. Ce volume q sera :

$$q = bhC\left(1 - \frac{h}{2R} - \frac{c}{C}\right).$$

Désignons N le nombre d'augets que porte la roue ; la distance $C = \frac{2\pi R}{N}$, et le nombre d'augets qui passera à la partie inférieure dans une 1″ sera :

$$\frac{v}{C} = \frac{v}{\frac{2\pi R}{N}} = \frac{v.N}{2\pi R}$$

par suite,

$$Q = q\frac{v.N}{2\pi R}.$$

En remplaçant q par sa valeur, on a :

$$Q = \frac{v.N}{2\pi R}\cdot bhC\left(1 - \frac{h}{2R} - \frac{c}{C}\right)$$

ou en remplaçant G par sa valeur $\frac{2\pi R}{N}$

$$Q = \frac{v.N}{2\pi R}\,b.h\,\frac{2\pi R}{N}\left(1 - \frac{h}{2R} - \frac{c}{C}\right)$$

et en simplifiant

$$Q = h.b.v\left(1 - \frac{2R}{h} - \frac{c}{C}\right).$$

Cette équation nous montre que si Q est grand et v très petit, il faut que le produit bh soit grand.

Or h ne peut dépasser une certaine mite, car alors la différence de niveau de l'eau entre les aubes augmenterait, il y aurait écoulement d'une aube à l'autre et par suite diminution de rendement.

Quant à la largeur b de la roue, elle ne doit pas être non plus trop grande, car une roue trop large est lourde, coûteuse et les frottements augmentant abaisseraient le rendement.

Il conviendra donc de donner à v la plus petite valeur possible, tout en restant au-dessous d'une certaine limite que l'expérience peut donner et que nous indiquerons plus loin. Reste à calculer le terme T_f, c'est-à-dire la somme des travaux perdus en agitations et frottements. de ab en cd.

Décomposons ce terme en trois parties :

La première de ab à l'entrée de la roue, T_{f1} ;

La deuxième de l'entrée à la sortie, T_{f2} ;

La troisième de la sortie à cd, T_{f3}.

1° Si l'on a un déversoir à considérer, le travail est négligeable pour cette première partie ; si au contraire on a un petit canal supplémentaire, le calcul sera le même que celui que nous donnerons pour les roues en dessus ;

2° De même depuis la sortie jusqu'en cd, l'on a un travail négligeable, si la disposition des aubes est telle qu'en se dégageant du bief d'aval, elles n'enlèvent pas d'eau avec elles. Supposons que cette condition soit remplie, ce qui nous permet de supprimer T_{f_3} comme nous avons fait pour T_{f_1} ;

3° Pour calculer le terme T_{f_2}, correspondant à la deuxième partie qui est à l'intérieur de la roue, opérons comme il suit.

Ce terme se compose de la somme du travail perdu par toutes les molécules. Considérons une molécule à son entrée dans la roue, et appliquons au mouvement relatif de cette molécule, le théorème des forces vives, depuis l'entrée jusqu'à l'instant du repos en m par exemple.

En appelant y la hauteur du point m au-dessus du fond du coursier et r son rayon, l'équation des forces vives est :

$$0 - \frac{1}{2} mw^2 = - mgy - t^f - \frac{mv^2}{2} (R^2 - r^2)$$

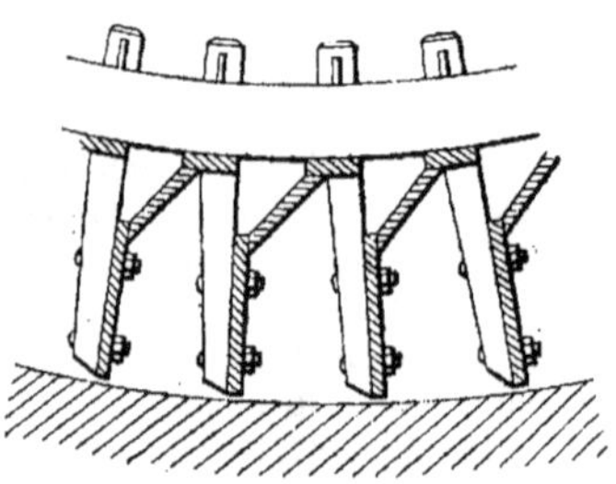

Fig. 96.

w est la vitesse relative de la molécule ;

mgy est le terme correspondant à la pesanteur ;

t_f le terme correspondant aux frottements ;

Et enfin le dernier est relatif à la force centrifuge.

Le terme t^f se compose de deux parties : l'une $t_{f'}$, frottement de l'eau contre les aubes ; l'autre $t_{f''}$, frottement de l'eau contre le coursier.

La vitesse relative du filet moyen étant W, on pourra écrire pour la somme des frottements de l'eau contre les aubes :

$$T_{f'} = \frac{P}{2g} W^2 - \Sigma mgy - \frac{\omega^2}{2} \Sigma m (R^2 - r^2)$$

On voit que l'on aura toujours !

$$T_{f'} < \frac{P}{2g} W^2.$$

Il y a donc intérêt à ce que le terme Σmgy soit maximum, c'est pourquoi Bellanger conseille l'emploi des aubes, non pas planes, mais disposées comme l'indique la figure 96.

L'eau s'élève, ainsi, plus que si l'aube était tout entière dirigée suivant le rayon. Nous pouvons donc admettre que

$$T_{f'} = \frac{P}{2g} W^2$$

pour tenir compte des mouvements dûs aux différentes hauteurs de l'eau entre les aubes, et aux pertes de travail négligées dans le calcul.

Calculons $T_{f''}$, c'est-à-dire la somme des travaux perdus par le frottement de l'eau contre le coursier, de l'entrée dans la roue à la section cd.

Assimilons le mouvement de l'eau contre le coursier au mouvement uniforme de l'eau dans un canal découvert ; le travail perdu par le frottement est :

$$P \frac{lX}{\Omega} b_1 u^2$$

P étant le poids d'eau écoulée ;

l, la longueur développée du coursier ;

X, le périmètre mouillé ;

Ω, la section ;

b_1, le coefficient constant, égal à 0,0004;

u, la vitesse de l'eau dans le canal.

Cette formule appliquée dans le cas qui nous occupe devient

$$T_{f''} = \frac{Pl(b + 2h)}{bh} \times 0.0004u^2$$

b étant la largeur de la roue ;

h, la hauteur moyenne de l'eau entre deux aubes ;

u étant la vitesse moyenne de l'eau.

Pour introduire la vitesse v de la circonférence, c'est-à-dire au fond du canal, désignons par v' la vitesse à la surface ; on a la relation

$$u = \frac{1}{2} (v' + v)$$

prenons $u = 0{,}80\ v'$ et substituons, on a:

$$u = \frac{4}{3} v$$

ou

$$u^2 = \left(\frac{4}{3} v\right)^2$$

d'où

$$T_{f''} = \frac{Pl(b + 2h)}{bh} \times 0{,}0004 \left(\frac{4}{3} v\right)^2.$$

Multiplions et divisons par $2g$ pour introduire le terme $\frac{v^2}{2g}$ et effectuons les calculs numériques, il vient :

$$T_{f''} = 0{,}014\ Pl \frac{(b + 2h)}{bh} \cdot \frac{v^2}{2g}.$$

Maintenant que nous connaissons $T_{f'}$ et $T_{f''}$ remplaçons dans l'expression du travail utile T_u, le terme T_f par la somme

$$T_{f'} + T_{f''},$$

il vient :

$$T_u = PH - \frac{Pv^2}{2g} - \frac{PW^2}{2g} - 0{,}014\ Pl \frac{(b + 2h)}{bh} \frac{v^2}{2g}.$$

Le parallélogramme des vitesses, dans lequel V est la vitesse absolue de l'eau, donne la relation

$$W^2 = V^2 + v^2 - 2\ Vv \cos (Vv).$$

En substituant, on a :

$$T_u = PH - \frac{P}{2g} [V^2 + 2v^2 - 2Vv \cos (Vv)] - 0{,}014\ Pl \left(\frac{b + 2h}{bh}\right) \frac{v^2}{2g}.$$

Telle est la formule qui donne l'effet utile de la roue de côté.

175. *Discussion de la formule du travail utile.* — Voyons l'influence de V et v sur le rendement et les relations préférables à établir pour rendre ce rendement maximum.

Généralement, dans une roue de côté, la vitesse v à la circonférence est donnée; par suite la valeur de T_u ne varie qu'avec le premier terme ; le deuxième terme ne variant pas, par cela même que v est donné.

L'effet utile sera maximum lorsque

$$V^2 - 2\ Vv. \cos (V. v).$$

sera minimum.

D'après le calcul différentiel le minimum aura lieu pour

$$V = v. \cos (V. v)$$

Mais un inconvénient se présente. En effet, considérons le point I d'entrée, la vitesse absolue V (*fig.* 97), celle de la roue étant v. En admettant cette relation

$$V = v. \cos (V. v)$$

la vitesse V devient la projection IB de la vitesse v sur la vitesse d'entrée; il en résulte que la direction du premier élément dirigé suivant la vitesse relative, fait avec le rayon un angle α égal à celui des deux vitesses ; puisque cette direction W se trouve alors être normale à la direction V.

Il résulte de cette disposition que les aubes relèvent de l'eau, et de là, des agitations. Il faut donc rejeter cette solution.

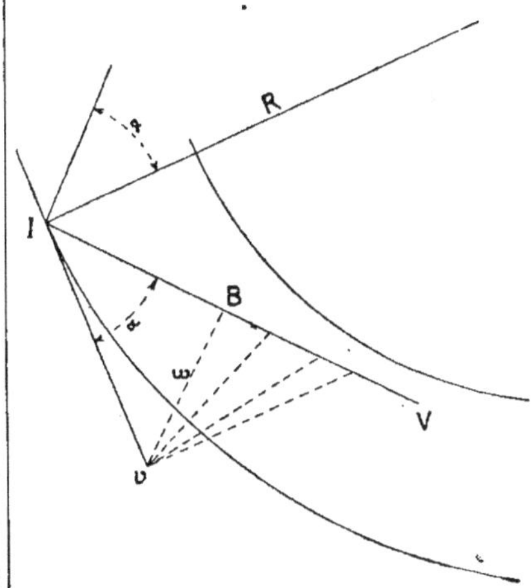

Fig. 97.

Comme solution, on adopte la vitesse relative parallèle au rayon ; alors l'immersion se fait avec facilité et la construction est plus facile dans ce cas.

$$V = \frac{v}{\cos (Vv)}.$$

Remplaçons cette valeur dans l'expression T_u du travail utile, il vient

$$T_u = PH - \frac{Pv^2}{2g} \left[\frac{1}{\cos^2 \alpha} + 0{,}014\ l \frac{(b + 2h)}{bh}\right].$$

Cette formule montre l'influence de la vitesse de la roue sur le rendement, et aussi celle de l'angle α que fait la vitesse absolue d'entrée avec la tangente à la roue. Plus cet angle diminue, plus le rendement augmente. Cependant, on ne peut pas dépasser une certaine limite, car alors, toute l'eau n'entrerait pas dans la roue. Cette limite est donnée par l'expérience.

Il est bon au lieu de faire les aubes planes, d'adopter le profil polygonal représenté par la figure 98, permettant d'utiliser une portion de la force vive possédée par l'eau dans la roue, à relever le centre de gravité de la masse liquide qui pénètre dans l'auget et à diminuer le travail perdu en agitations moléculaires.

Il est possible d'augmenter le travail T_u au moyen d'une disposition conseillée par Bellanger, au moyen de laquelle on diminue la perte de travail due à la force vive possédée par l'eau à sa sortie de la roue. C'est en faisant naître un ressaut, en disposant convenablement le fond du coursier pour que l'eau puisse passer de la vitesse v à la sortie de la roue,

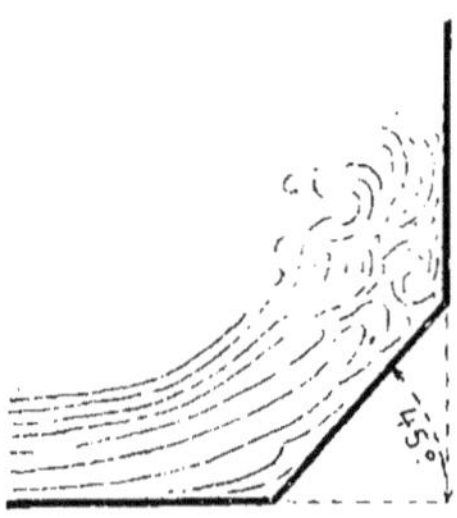

Fig. 98.

à la vitesse v'_0 dans le bief d'aval, sans qu'il n'y ait ni tourbillonnements, ni agitations moléculaires, que l'on arrive à ce résultat.

Dans ce cas la hauteur de chute H, de la formule ci-dessus, se trouve différer de la distance entre la surface dans le bief d'amont, et celle dans le bief d'aval, de la quantité z, laquelle est égale à la hauteur du ressaut, ou à la contre-pente superficielle qui se produit pour raccorder le niveau E au niveau K (*fig.* 99).

Cette quantité z pouvant atteindre la valeur

$$\frac{2}{3}\frac{v^2}{2g}.$$

on voit que, pour les roues qui tournent vite principalement, il y a là une économie assez considérable à faire sur le travail perdu.

On dispose à cet effet le fond de la manière suivante :

Après la partie circulaire, le fond présente sur une longueur de 1 mètre environ, la pente nécessaire à entretenir la vitesse à la sortie, puis il se raccorde avec le bief d'aval par une ligne DG inclinée de $0^m,07$ à $0^m,08$ par mètre ; les bajoyers qui limitent latéralement le coursier sont prolongés sur la même longueur, soit en conservant le parallélisme de leur plan, soit avec un faible évasement, sans dépasser un angle de 3 à 4 degrés.

Quant à la position du point E, elle se détermine en remarquant que

$$z + h + L.\ i = KG$$

i étant la pente par mètre.

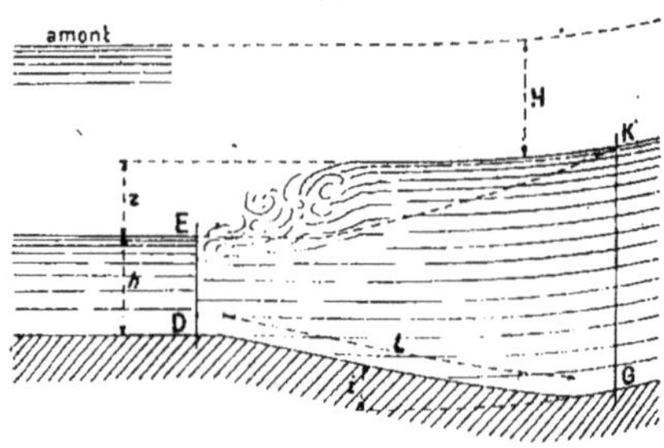

Fig. 99.

Il est bon de rappeler que, s'il n'y a pas de ressaut, on a sensiblement

$$z = \frac{V^2}{2g} - v_0'^2$$

et que, s'il y a ressaut, ce dont on s'assure en examinant si

$$\frac{v^2 l}{g\Omega} = \frac{v^2}{gh}$$

se rapproche plus ou moins de l'unité, on a :

$$z = \text{sensiblement à } \frac{2}{3}\cdot\frac{v^2}{2g}.$$

On voit qu'il sera toujours possible de disposer le bief d'aval, de manière à diminuer le travail emporté par l'eau à sa sortie de la roue.

176. *Considérations pratiques sur les roues de côté.* — Dans la pratique, l'effet utile de ces roues est les 0,70 du travail total PH dépensé, quand les chutes approchent de $2^m,50$, et il n'est que les 0,50 de PH pour les chutes de $1^m,20$; de sorte qu'on peut considérer $0^m,60$ de PH comme étant l'effet utile moyen produit par ce genre de roue ; mais par des dispositions favorables, cet effet utile peut être augmenté. Les considérations précédentes exposées plus haut conduisent à donner à la roue une vitesse

$$v = V \cos(V. v)$$

Ordinairement, dans la pratique, on fait

$$v = 0,45 \text{ V}.$$

La vitesse convenable à ces roues est $1^m,30$ par seconde; elle ne doit être ni inférieure à $1^m,00$ ni supérieure à $2^m,00$.

L'abaissement de la vanne au-dessous du niveau dans le bief d'amont doit être assez fort, de $0^m,20$ à $0^m,25$.

Avec ces ouvertures, la perte d'eau entre les aubes et le coursier, qui dépend de la largeur de la roue, est faible relativement au débit total de la roue, et le choc de l'eau contre les aubes n'est pas considérable.

Quand, par suite des sécheresses, la dépense d'eau diminue considérablement, il vaut mieux verser toute l'eau dans un seul compartiment de la roue en n'abaissant qu'une partie de la vanne, disposée à cet effet, que de la verser sur toute la roue en abaissant faiblement toute la vanne.

L'arête supérieur du col de cygne doit être placée à un niveau tel que pendant les plus basses eaux, toute l'eau que doit débiter la roue puisse passer par dessus.

La vanne doit être telle que fermée elle s'élève de $0^m,10$ à $0^m,12$ au-dessus du niveau de l'eau et descende de la même quantité au-dessous de la crête du col de cygne.

La direction de la vanne se prend perpendiculaire au rayon de la roue, mené un peu au-dessus du filet moyen du déversoir, lequel se trouve aux 3/5 environ de la profondeur de l'orifice. La vanne verse ainsi l'eau le plus près possible de la roue, sans qu'elle puisse, dans aucune position, être rencontrée par les aubes.

Ordinairement les aubes sont planes et dirigées suivant le rayon ; mais il convient afin de diminuer le choc de l'eau, de diriger leur premier élément suivant la direction de la vitesse relative W et de les faire courbes, comme pour les roues Poncelet. C'est ce que l'on fait quand elles sont en tôle ; mais quand elles sont en bois, on les compose de deux parties planes, l'une dirigée suivant la direction de W et égale à peu près aux 2/3 de la profondeur de l'auget; l'autre inclinée à 45 degrés sur le rayon et raccordant la première avec la fonçure de la roue. Les aubes sont en planches de chêne, et plus souvent d'orme de $0^m,025$ d'épaisseur, lavées à la scie seulement, à l'exception du bord extérieur que l'on dresse et fait un peu en biseau, afin de laisser le moins de jeu possible entre les aubes et le coursier. Ce jeu ne doit pas dépasser 2 à 3 millimètres.

Le centre de la roue doit toujours être placé au-dessus du niveau de l'eau dans le bief supérieur, et, s'il est possible à $0^m,50$ au-dessus de ce niveau. Avec cette précaution, la partie extérieure de l'aube peut être dirigée suivant le rayon de la roue, ce qui facilite sa construction.

La capacité de l'aubage doit être à moitié remplie d'eau, et ne doit jamais l'être à plus des deux tiers, quand le volume à débiter est constant. Dans tous les cas, cette capacité doit être suffisante pour débiter les plus grandes eaux.

On fait la longueur des aubes égale à la largeur de la vanne, et l'on ménage dans la fonçure de la roue des petits espaces libres pour le dégagement et l'entrée de l'air quand l'eau entre dans l'aubage ou qu'elle en sort.

L'espacement des aubes peut varier de $0^m,33$ à $0^m,40$.

Il convient, d'après Bellanger, pour utiliser le mieux possible la chute, de faire plonger les aubes dans l'eau d'aval de toute l'épaisseur de la lame admise entre elles; de supprimer le ressaut brusque qu'on était dans l'habitude de faire ; mais de prolonger le fond du coursier circulaire, par un plan incliné à 1/12 environ, jusqu'à une distance de 3 à 4 mètres de l'aplomb de la roue. Ce plan incliné conserve à l'eau la vitesse de la roue jusqu'à ce qu'elle quitte celle-ci ; et, en vertu de cette vitesse acquise, l'eau vient même refouler celle d'aval de manière à en débarrasser la roue, qui peut alors plonger, quand elle est au repos, d'une épaisseur supérieure à celle de la lame admise entre les aubes.

Les joues latérales du coursier se prolongent en aval par des plans verticaux qui s'étendent jusqu'à l'extrémité du plan incliné, et on les élève à un niveau supérieur à celui des plus grandes eaux d'aval qui permet encore de marcher.

Les expériences suivantes, faites par le général Morin, sur une roue de la poudrerie du Bouchet, confirment les avantages des dispositions conseillées par Bellanger.

Cette roue a 4 mètres de diamètre, le plan incliné à 1/12 se prolonge jusqu'à $3^m,50$ environ en aval de la roue, et la capacité de l'auget est environ de $0^{mc},228$. Morin, en abaissant la vanne à différentes hauteurs, de manière à faire varier les dépenses d'eau et les vitesses, a observé à quelle distance horizontale en aval de l'axe de la roue se produisait le remous; dans tous les cas l'eau entrait très bien dans la roue.

Les résultats sont consignés dans le tableau suivant :

ABAISSEMENT DE LA VANNE	VITESSE de la circonférence EXTÉRIEURE	HAUTEUR DONT LA ROUE est noyée au repos	ÉPAISSEUR DE LA LAME D'EAU dans l'auget du bas	DISTANCE à laquelle se forme LE REMOUS	RAPPORT DU VOLUME D'EAU admis à la capacité DE L'AUGET
m.	m.	m.	m.	m.	
0.20	2.235	0.35	0.12	2.00	$\frac{1}{3.44}$
0.22	1.860	—	0.12	1.45	$\frac{1}{3.47}$
0.24	2.140	—	0.11	2.00	$\frac{1}{3.5}$
0.31	3.350	—	0.11	2.50	$\frac{1}{3.73}$

Le diamètre de ces roues ne peut guère avoir moins de 4 mètres.

Les roues de 4 mètres peuvent n'avoir que six bras par couronne ; celles de 5 à 7 mètres en ont huit.

Ces roues conviennent parfaitement aux chutes comprises entre 1 mètre et $2^m,50$; leur diamètre varie de 3 mètres à 7 mètres.

La figure 100 représente la coupe verticale perpendiculaire à l'axe d'une roue de côté. La chute est de $2^m,475$ et la dépense de 1 200 litres par seconde (extrait de la publication industrielle de M. Armengaud).

P, arbre de la roue ;

G, tourteaux en fonte servant à fixer les bras à l'arbre ;

R, bras boulonnés sur les tourteaux et assemblés à tenons et mortaises dans les couronnes;

S, couronnes en bois de chêne formées de plusieurs segments assemblés entre eux par des languettes et des équerres en fer;

T, coyaux ou braçons en chêne ajustés dans les couronnes et retenus par des clefs en bois fortement serrées ;

U, aubes en bois d'orme ordinairement ou de chêne ; elles sont boulonnées sur les coyaux ;

V, contre-aubes cylindriques clouées sur la circonférence extérieure des couronnes ;

s, contre-aubes planes inclinées, s'appuyant sur les aubes et les contre-aubes et clouées sur des tasseaux ;

C, coursier en pierre de taille, ou en briques, ou en bois de chêne; il s'élève latéralement sur toute la partie soumise à l'action de l'eau : au-dessus de cette limite, il est surmonté d'un côté par le mur de l'usine, appelé mur de *tampanne* et de l'autre, par un mur qui supporte le palier de la roue, et qu'on appelle mur d'*éperon ;*

t, plaque en fonte appelée *col de cygne*, formant le sommet du coursier et destinée à rapprocher le plus possible la vanne de la roue;

N, vanne plongeante en bois de chêne;

Fig. 100.

O, crémaillère servant à manœuvrer la vanne;

b, pignon s'engrenant avec la crémaillère;

L, chapeau en bois supportant toute la transmission de mouvement de la vanne; il est assemblé à ses extrémités sur deux poteaux en bois portant des rainures dans lesquelles glisse la vanne. Les parties frottantes de la vanne et de ces rainures sont garnies de bandes de fer plates, afin de diminuer le frottement;

B, barreaux en fer méplat de $0^m,06$ de large sur $0^m,007$ d'épaisseur, espacées de $0^m,08$ à $0^m,09$ de manière à former une grille en forme d'éperon qui règne sur toute la largeur du canal. Cette grille est destinée à arrêter les corps flottants qui pourraient détériorer la roue. Les barreaux portent un anneau à leur partie supérieure, afin qu'on puisse les retirer facilement quand on veut enlever les immondices;

A, espace où s'accumulent les corps lourds, qui sans cela viendraient s'amonceler derrière la vanne plongeante et empêcher sa manœuvre. Malgré cette précaution, il faut encore laisser derrière cette vanne un espace libre, dont les dimensions permettent un nettoyage facile.

Dans le mur d'éperon, à l'extrémité de la fosse, se trouve une vanne dont la crête règle le niveau supérieur des eaux, et qui descend jusqu'au fond de cette fosse, de sorte qu'en la levant, après avoir fermé la vanne plongeante N, les eaux entraînent les immondices accumulées dans la fosse A. C'est à cet instant qu'il convient de pouvoir enlever les barreaux B.

Nous terminerons ces considérations pratiques sur les roues de côté, en donnant un tableau calculé par M. Armengaud, et qui indique les largeurs de ces roues pour un débit variant de 100 à 1 200 litres par 1″ et pour des levées de vannes de $0^m,125$ à $0^m,40$.

177. *Roues de côté rapides.* — On construit encore des roues de côté dont la vanne est disposée avec charge sur le sommet; mais l'on ne doit employer cette disposition que quand la vitesse v de la roue est ou peut devenir trop grande pour que l'on puisse obtenir une vitesse V convenable au moyen d'un déversoir. Il peut arriver aussi que le niveau de l'eau dans le bief supérieur soit trop variable, ou que le fond du lit soit trop mobile pour pouvoir établir une vanne plongeante. Ces roues mixtes rendent un effet utile d'autant moindre, que la vanne est placée plus bas par rapport à la chute totale; cet effet est les 0,40 environ du travail total dépensé pour des vitesses de roues approchant de 3 mètres; si, au contraire, la vitesse de la roue n'est que de $1^m,50$, ce qui permet de baisser un peu moins la vanne, l'effet utile peut atteindre les 0,50 du travail dépensé. Des expériences faites par le général Morin sur la roue de côté rapide de la fonderie de Toulouse, ont donné un rendement de 0,41.

Les données de cette roue sont les suivantes :

Levée de vanne, $0^m,147$;

Distance du seuil de la vanne au niveau d'amont, $1^m,423$;

Débit par seconde, 878 litres;

Hauteur de chute, $H = 1^m,72$;

Vitesse à la circonférence de la roue $v = 3^m,06$.

178. *Calcul d'une roue de côté.* — Proposons-nous de déterminer les principales dimensions d'une roue de côté, sachant que la hauteur de chute H est de 2 mètres et la quantité d'eau disponible fournie par la source étant 1 000 litres par seconde.

179. *Épaisseur de la lame d'eau.* — Il faut d'abord déterminer la quantité dont la vanne doit être abaissée au-dessous du niveau supérieur. D'après ce que nous avons dit, cette épaisseur ne doit pas dépasser certaines limites pour obtenir le meilleur rendement. Elle ne doit pas être non plus trop faible, sans quoi la largeur de la roue serait trop grande.

Prenons $0^m,22$ comme épaisseur de la lame d'eau.

180. *Largeur de la roue.* — La largeur de la roue est la même que celle du déversoir, et celui-ci doit dépenser le volume d'eau disponible.

Prenons la formule qui donne la dépense d'un déversoir

TABLE RELATIVE AUX LARGEURS A DONNER AUX ROUES HYDRAULIQUES A AUBES PLANES RECEVANT L'EAU EN DÉVERSOIR

QUANTITÉ d'eau DÉPENSÉE par 1" en litres	LARGEURS CORRESPONDANTES AUX HAUTEURS OU ÉPAISSEURS DE LAME D'EAU											
	hauteur $12^{c},5$	hauteur 15^{c}	hauteur $17^{c},5$	hauteur 20^{c}	hauteur $22^{c},5$	hauteur 25^{c}	hauteur $27^{c},5$	hauteur 30^{c}	hauteur $32^{c},5$	hauteur 35^{c}	hauteur $37^{c},5$	hauteur 40^{c}
	m.	m.	m.	m.	m.	m.	m.	m.	m.	m.	m.	m.
100	1.30	1.00	0.78	0.65	0.55	0.47	0.41	0.36	0.32	0.28	0.25	0.23
125	1.62	1.25	0.97	0.81	0.69	0.59	0.51	0.45	0.42	0.35	0.31	0.29
150	1.95	1.50	1.17	0.97	0.82	0.70	0.61	0.54	0.48	0.42	0.37	0.34
175	2.27	1.75	1.36	1.13	0.96	0.82	0.72	0.63	0.56	0.47	0.44	0.40
200	2.60	2.00	1.56	1.30	1.01	0.94	0.82	0.72	0.64	0.56	0.50	0.46
225	2.92	2.25	1.75	1.46	1.24	1.06	0.92	0.81	0.72	0.63	0.56	0.52
250	3.25	2.50	1.95	1.62	1.37	1.17	1.02	0.90	0.80	0.70	0.62	0.57
275	3.57	2.75	2.14	1.78	1.51	1.29	1.13	0.99	0.88	0.77	0.69	0.63
300	3.90	3.00	2.34	1.95	1.65	1.41	1.23	1.08	0.96	0.84	0.75	0.69
325	4.22	3.25	2.53	2.11	1.79	1.53	1.33	1.17	1.04	0.91	0.81	0.75
350	4.55	3.50	2.73	2.27	1.92	1.64	1.43	1.26	1.12	0.98	0.87	0.80
375	4.87	3.75	2.92	2.43	2.06	1.76	1.54	1.35	1.20	1.05	0.94	0.86
400	5.20	4.00	3.12	2.60	2.20	1.88	1.64	1.44	1.28	1.12	1.00	0.92
425	5.52	4.25	3.31	2.76	2.34	2.00	1.74	1.53	1.36	1.19	1.06	0.98
450	5.85	4.50	3.51	2.92	2.47	2.11	1.84	1.62	1.44	1.26	1.12	1.03
475	6.17	4.75	3.70	3.08	2.61	2.23	1.95	1.71	1.52	1.33	1.19	1.09
500	6.50	5.00	3.90	3.25	2.75	2.35	2.05	1.80	1.60	1.40	1.25	1.15
550	7.15	5.50	4.29	3.57	3.02	2.58	2.25	1.98	1.76	1.54	1.37	1.26
600	7.80	6.00	4.68	3.90	3.30	2.82	2.46	2.16	1.92	1.68	1.50	1.38
650	8.45	6.50	5.07	4.22	3.57	3.05	2.66	2.34	2.07	1.82	1.62	1.49
700	9.10	7.00	5.46	4.55	3.85	3.29	2.87	2.52	2.24	1.96	1.75	1.61
750	9.75	7.50	5.85	4.87	4.12	3.52	3.07	2.70	2.40	2.10	1.87	1.72
800	10.40	8.00	6.24	5.20	4.40	3.76	3.28	2.88	2.56	2.24	2.00	1.84
850	11.05	8.50	6.63	5.52	4.67	4.00	3.48	3.06	2.72	2.38	2.12	1.95
900	11.70	9.00	7.02	5.85	4.95	4.23	3.69	3.24	2.88	2.52	2.25	2.07
950	12.35	9.50	7.41	6.17	5.22	4.46	3.89	3.42	3.04	2.66	2.37	2.18
1 000	13.00	10.00	7.80	6.50	5.50	4.70	4.10	3.60	3.20	2.80	2.50	2.30
1 030	13.65	10.50	8.19	6.82	5.77	4.93	4.30	3.78	3.36	2.94	2.62	2.41
1 100	14.30	11.00	8.58	7.15	6.05	5.17	4.51	3.96	3.52	3.08	2.75	2.53
1 150	14.95	11.50	8.97	7.47	6.32	5.40	4.71	4.14	3.68	3.22	2.87	2.64
1 200	15.60	12.00	9.36	7.80	6.60	5.64	4.92	4.32	3.84	3.36	3.00	2.76

$$Q = mLH\sqrt{2gH}$$

dans laquelle $H = 0{,}22$; m, le coefficient de dépense qui peut être pris égal à 0,40 et Q la dépense. On tire de cette équation la largeur L de l'orifice

$$L = \frac{Q}{mH\sqrt{2gH}}$$

et en substituant,

$$L = \frac{1^{m.c}}{0{,}40 \times 0{,}22\sqrt{19{,}62 \times 0{,}22}} = 5^m{,}50,$$

Comme l'orifice est légèrement obstrué par les poteaux du vannage, surtout dans ces grandes dimensions où la vanne est souvent en deux parties dans le sens de sa largeur, il vaut mieux augmenter un peu cette valeur. Admettons pour la largeur totale de la roue $5^m{,}80$.

181. *Diamètre de la roue.* — La direction de la vitesse relative de l'eau étant le rayon, il faut pour que la roue marche dans de bonnes conditions que son centre soit au-dessus du niveau d'amont d'une quantité au moins égale à deux fois l'épaisseur de la lame d'eau. D'ailleurs si l'eau se trouvait admise trop près de l'horizontale du centre, il en résulterait, sur l'axe, une réaction qui nuirait à l'effet utile. D'autre part si on exagérait les dimensions, on ferait une dépense inutile, et on produirait un excès de poids qui augmenterait le frottement des tourillons au détriment de l'effet utile. On aurait donc ici, pour le rayon de la roue.

$$(2^m{,}00 + 2 \times 0{,}22) = 2^m{,}44.$$

On peut donc faire $R = 2{,}50$ ou $D = 5$ mètres.

182. *Vitesse de l'eau et de la roue.* — En pratique, il est admis que la vitesse à la circonférence de la roue doit être la moitié environ de celle de l'eau due à l'épaisseur de la lame, et qu'elle possède au moment où elle arrive sur les aubes.

Or la vitesse de l'eau V peut être donnée par la formule

$$V = \sqrt{2gH} = \sqrt{19{,}62 \times 0{,}22} = 2^m{,}077.$$

Donc celle de la roue pourra être égale à 1 mètre.

Le nombre de tours de la roue par minute sera alors

$$n = \frac{60\,v}{\pi D} = \frac{60 \times 1^m}{3{,}1416 \times 5} = 3^t{,}8.$$

183. *Volume des aubes.* — Le volume des aubes, ou autrement dit la partie de la roue capable de retenir l'eau, est représenté par une couronne cylindrique égale à la largeur de la roue, parallèlement à l'axe, et à la longueur des aubes dans le sens du rayon.

Le volume effectif, engendré pendant la marche de la roue, est égal au produit de ces deux dimensions par la vitesse par 1 seconde à la circonférence du cercle pris sur le milieu de la longueur des aubes, et ce volume doit être égal à celui de l'eau dépensée dans le même temps.

Ce calcul peut se simplifier en prenant la vitesse v à la circonférence extérieure, attendu que la longueur de l'aube doit être au moins doublée, afin que leur volume puisse satisfaire à une augmentation éventuelle du débit.

Soit l la longueur des aubes, on aura :

$$l = \frac{Q}{L \times v}$$

ou en substituant

$$l = \frac{1^{m.c}}{5{,}80 \times 1} = 0^m{,}172.$$

Comme cette longueur doit être au moins doublée, il sera nécessaire de faire $l = 0^m{,}400$.

184. *Nombre d'aubes.* — Le nombre d'aubes est déterminé en considérant que leur écartement doit être au moins supérieur à la plus forte épaisseur de la lame d'eau à admettre ; on doit avoir égard au nombre des bras du croisillon par lequel celui des aubes doit être divisible, afin d'éviter que les coyaux qui leur servent de support ne se rencontrent avec les bras des croisillons.

En donnant à l'écartement des aubes une fois et demie l'épaisseur de la lame, on obtient $0{,}22 \times 1{,}50 = 0^m{,}33$

Le nombre N d'aubes serait par suite

$$N = \frac{\pi D}{0{,}33} = \frac{3{,}1416 \times 5{,}00}{0{,}33} = 47.$$

En adoptant des croisillons à huit bras, le nombre d'aubes à admettre sera le nombre le plus voisin de N divisible par 8 ; ce sera donc 48.

185. *Puissance motrice de la roue.* — La puissance, ou travail brut de la chute est

$T = PH = 1\,000 \times 2^m,00 = 2\,000$ kilogrammètres, ce qui correspondrait à

$$\frac{2\,000}{75} = 26,6 \text{ chevaux.}$$

En admettant que la roue soit construite dans de bonnes conditions permettant d'utiliser les 70 % du travail brut, on aura pour le travail utile.

Tü $= 2\,000 \times 0,70 = 1\,400$ kilogrammèt.
ou $26,6 \times 0,70 = 18,66$ chevaux.

L'effort exercé à la circonférence de la roue, est ici précisément égal au produit de la dépense par la hauteur de chute, parce que la vitesse à cette circonférence est de 1 mètre par seconde.

186. *Poids de la roue hydraulique et de ses accessoires.* — Il n'est pas inutile, croyons-nous, au moins pour les constructeurs, de donner un aperçu du poids des différentes pièces composant une roue de côté. La roue de Corbeil établie par M. Armengaud analogue à celle représentée par la figure 100 est ainsi constituée.

Pièces qui composent la roue de Corbeil.

	Poids des pièces
Un arbre en chêne de $8^m,60$ de long et d'une section moyenne de $0^{m.},47^{c}$ pesant environ. . . .	3 730k.
2 tourillons de fer avec manchons à 4 ailes en fonte pesant ensemble.	396
6 fortes frettes de fer ajustées sur les fusées de l'arbre.	216
5 tourteaux de fonte montés et calés sur l'arbre.	1 250
40 bras en chêne assemblés sur ces tourteaux pour porter les couronnes.	1 040
5 couronnes ou cordons composées chacune de 8 morceaux. .	1 160
320 coyaux en chêne.	720
320 clefs et 320 goussets en chêne.	320
80 clavettes droites en fer et 160 clavettes à talons également en fer.	86
A reporter.	8 918
Report.	8 918
80 boulons à tête carré et écrous à 6 pans. . . . . ; 80 boulons à tête de champignon avec ergot. . . . . ; 640 boulons à tête de champignon et à collet carré.	138
80 plates-bandes et 40 étriers en fer méplat de $0^m,06$ de largeur sur $0^m,006$ d'épaisseur.	163
64 aubes en orme de $6^m,48$ de largeur dans le sens de l'axe et de $0^m,025$ d'épaisseur. . . . ; 64 contre-aubes planes inclinées et 64 aubes cintrées, en orme et de même épaisseur. . .	5 300
Roue droite dentée, en fonte de $4^m,67$ de diamètre, en deux parties.	4 200
Total.	18 719

Ainsi les deux tourillons de l'arbre de la roue supportent ensemble un poids de plus de 18 700 kilog. qui doit être augmenté de la charge d'eau lorsque la roue est en marche.

187. *Roues hydrauliques de côté de différents systèmes.* — La roue hydraulique de côté, dont nous avons donné la description est celle qui est la plus généralement en usage ; mais elle est susceptible d'être modifiée dans certains cas, surtout dans le mode de construction. A ce sujet elles peuvent être entièrement en bois, entièrement en métal, ou bien partie en métal et partie en bois.

Nous décrirons comme exemple de cette construction mixte, une roue de côté établie pour faire marcher un moulin de quatre paires de meules, appartenant à M. Pinet près de Châlons-sur-Saône. Cette roue construite sur les données de MM. Cartier et Armengaud est représentée par la figure 101.

La chute étant variable de 1 mètre à $1^m,60$ il a fallu faire un vannage qui permît de dépenser une très forte épaisseur de lame d'eau ; il en résulte que le col de cygne A, est placé à plus de 80 centimètres au-dessous du niveau supérieur de l'eau ; et que la vanne plongeante de bois B est très prolongée, pour permettre de fermer sur toute cette hauteur et descendre suffisamment dans le fond. Elle se manœuvre, comme habituellement au moyen de deux crémaillères *a* et de deux pignons, montés sur le même axe, porté par des paliers assis sur le chapeau de vanne C, réunissant les poteaux en charpente F.

L'arbre D de la roue est en fonte, creuse dans toute sa longueur ; son corps est rond, renflé vers le milieu, et renforcé par quatre fortes nervures, qui sont encore augmentées de saillies à l'endroit où il doit recevoir les tourteaux ou les croisillons E, qui reçoivent les aubes. Les tourillons qui terminent cet arbre sont reçus dans des coussinets de bronze, ajustés dans ses paliers ; ils ont $0^m,13$ de diamètre extérieur sur $0^m,15$ de longueur.

Comme la roue est étroite, car elle n'a que $2^m,50$ de largeur, il a suffi de faire porter ses aubes par deux couronnes fondues d'une seule pièce avec les croisillons E, qui sont à huit bras.

Les aubes H sont très profondes, il est indispensable de les prolonger à l'intérieur afin qu'elles fussent portées en dedans comme en dehors des couronnes, sans quoi elles n'auraient pas présenté la solidité nécessaire, lors même qu'on les

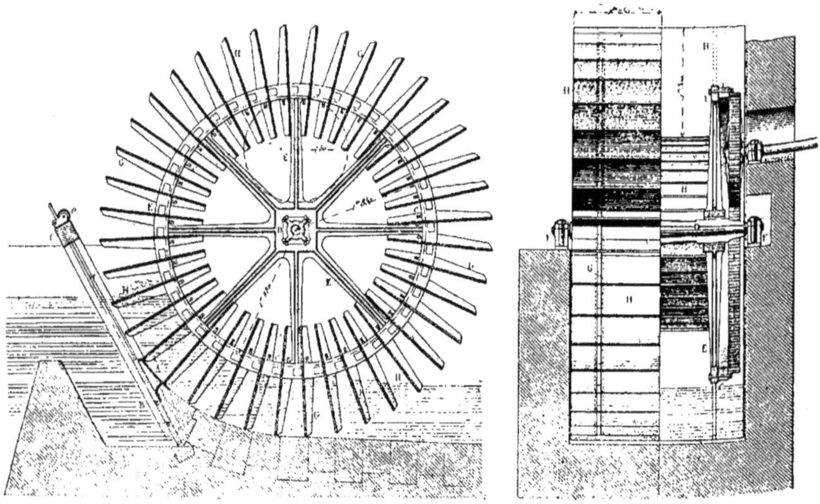

Fig. 101.

aurait reliées par des cercles de fer à l'extérieur ; les coyaux sont aussi évidemment prolongés de même, devant avoir la même largeur que les aubes, soit $1^m,30$.

Ces coyaux sont en chêne et portent près des couronnes, 11 centimètres de largeur sur 8 centimètres d'épaisseur. Les aubes sont aussi en chêne, composées chacune de quatre planches de $0^m,325$ de largeur sur $2^m,50$ de longueur et 3 centimètres d'épaisseur, boulonnées sur les coyaux.

Cette roue ne fait que quatre révolutions par minute ; elle transmet son mouvement au moulin par une couronne dentée de fonte, formée de plusieurs parties assemblées et réunies entre elles par des boulons, puis assujetties contre l'un des croisillons de fonte E. Pour pouvoir donner à cette roue le porte à faux nécessaire, on a dû interposer une couronne de bois qui sert de cale circulaire.

Cette roue peut marcher, tout en étant noyée de 70 à 80 centimètres dans le bief d'aval, et cela à cause de la grande profondeur donnée aux aubes.

188. *Roue de côté à compartiments.* — Nous extrayons de l'ouvrage de M. Armengaud aîné, la description de quelques types de roues de côté.

M. Marozeau, ingénieur à Wesserling, a établi dans une usine d'Alsace une roue de côté présentant quelques particularités qu'il est utile de connaître.

Cette roue se distingue d'abord par deux cloisons qui la divisent, ainsi que la vanne d'introduction, en trois parties égales dans le sens de la largeur suivant l'axe. Ces cloisons constituent, pour ainsi dire, autant de roues de largeurs différentes qui permettent de dépenser l'eau

Fig. 102.

à volonté sur $^1/_3$, sur $^2/_3$ ou sur la largeur complète de la roue et du vannage.

Cette disposition permet, tout en conservant la même épaisseur de lame d'eau d'utiliser les dépenses très variables survenues dans le débit du cours d'eau, et par conséquent conserver la vitesse de la roue et maintenir le même rapport entre l'effet théorique et l'effet utile.

La figure 102 qui est une section verticale de cette roue fait voir surtout la construction des aubes et du vannage. Quant aux cloisons qui divisent la roue, elles ne pourraient être représentées qu'à l'aide d'une vue de côté.

Les aubes sont fermées intérieurement par une ferrure qui laisse seulement une petite ouverture à la partie supérieure de chaque capacité pour donner une issue facile à l'air.

La vanne est formée d'une partie verticale surmontée d'un seuil courbe auquel on s'est attaché à donner une forme parabolique correspondant à celle affectée par une veine fluide ayant une épaisseur de $0^m,20$.

La partie supérieure du coursier a une forme analogue pour que la veine fluide n'en soit pas gênée.

Cette partie de la vanne est divisée en trois baies, par deux cloisons, correspondant aux divisions de la roue.

Contrairement à la théorie, la vanne est placée verticalement à $0^m,46$ de la roue, et le bief d'amont est plus élevé que le centre de la roue. Cette position de la vanne devenait donc pour ainsi dire indispensable, pour que la veine fluide se trouvât dirigée perpendiculairement sur l'aube et le plus près possible du coursier.

La veine fluide ne rencontre l'aube qu'à une distance verticale de $0^m,40$, à partir du niveau supérieur, d'où la vitesse initiale est supérieure à celle due à l'épaisseur de la lame.

Cette roue a été établie sur une chute de $2^m,685$ avec une dépense de 605 litres par seconde; ses dimensions principales sont :

Diamètre extérieur . . . . $5^m,18$
Largeur totale dans le sens de l'axe, en dedans des couronnes extérieures . . . . $3^m,95$
Abaissement de la vanne, ou épaisseur de la lame d'eau. . . . . . $0^m,204$

Force absolue du moteur : $F = 605 \times 2,685 = 1\,624$ k. m ou $21^{ch},6$.

Dépense par mètre de largeur : $605 : 3,95 = 153$ litres.

La vitesse d'arrivée de l'eau sur la roue, due à la hauteur de chute 0,40, est égale à $2^m,80$.

Le rapport de l'effet utile au travail absolu est en moyenne de 72 $^0/_0$, d'après un grand nombre d'expériences faites par M. Marozeau et dans lesquelles l'eau a été admise sur le $^1/_3$, les $^2/_3$ ou la largeur totale de la roue.

189. *Roue de côté à palettes inclinées, dite roue à goitre.* — Dans un ouvrage de M. Redtenbacher, on trouve le spécimen d'un système de roue à palettes planes, inclinées par rapport aux rayons et recevant l'eau, presque de la même façon que dans la roue Poncelet.

Cette roue, représentée par la figure 103, est disposée pour utiliser un faible cours d'eau ; elle ne comporte qu'un seul croisillon pour soutenir les palettes dans le sens de leur largeur. Le coursier est tout en bois et d'une forme spéciale. Ce genre de moteur est nommé par l'auteur *kropfrad* (roue à goitre) ; ce nom est dû à la forme du coursier, dont le but est d'éviter la contraction de la veine fluide, par l'effet de l'inclinaison en arrière de la vanne, et ensuite de disposer les filets liquides à s'admettre convenablement sur les palettes à peu près suivant la direction de la circonférence. Cette partie ronde qui forme en quelque sorte le seuil de la vanne, est une parabole dont le point inférieur, ou point de raccordement avec la partie circulaire du coursier, est à $0^m,46$ du niveau supérieur, afin que les filets liquides rencontrent les palettes avec une vitesse de 3 mètres par seconde.

La vanne diffère beaucoup de la disposition ordinaire ; elle est retenue par deux tringles en fer, dont l'une des extrémités de chacune, formant point fixe, lui font décrire un léger arc de cercle lorsqu'on l'élève ou qu'on l'abaisse par rapport au fond du coursier. Cette vanne est en bois, et sa forme reproduit, à peu près, celle du coursier, toujours pour éviter la contraction.

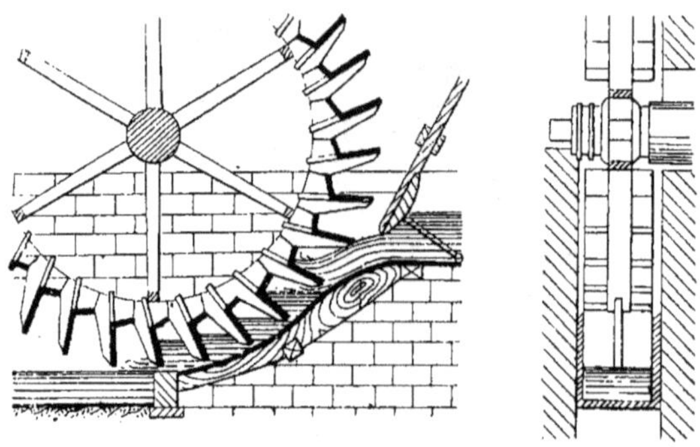

Fig. 103.

La vitesse de ce genre de roues, est assez considérable puisque l'eau est admise par un orifice chargé, possédant d'après cela une vitesse initiale plus grande que dans les roues en déversoir. L'eau agit d'abord sur les aubes avec un certain choc, puis ensuite par son propre poids.

Comme la chute est très faible et que l'eau agit vers la partie inférieure, il est nécessaire d'incliner les palettes de façon à les rapprocher un peu de la direction horizontale, sans quoi la plus grande partie de la pression de l'eau s'exercerait contre le coursier.

190. *Roues de côté à coursier annulaire.* — M. Mary, ingénieur des ponts et chaussées a imaginé un système de roue hydraulique, pour satisfaire à des circonstances particulières.

Cette roue (*fig.* 104) est composée d'un disque de métal B muni d'un croisillon A par lequel l'ensemble est monté sur l'arbre horizontal c. A la circonférence du disque se trouvent six palettes *a* dont la forme est elliptique, parallèlement à l'axe de rotation de la roue ; leur section transversale présente une forme courbe du côté de leur entrée dans l'eau, afin d'en diminuer la résistance.

Le coursier a la forme d'un anneau creux ayant pour section transversale la forme elliptique des palettes de la roue ; ce coursier est exécuté en maçonnerie, moins deux plaques circulaires en fonte *o*, qui forment les lèvres de la fente nécessaire pour le passage de la couronne.

Cette disposition permet d'admettre l'eau au-dessus du centre de la roue ; aussi les plaques de fonte doivent être prolongées verticalement d'une quantité au moins correspondante à cette hauteur au-dessus du centre.

L'eau vient pour ainsi dire établir son niveau au-dessus des palettes qu'elle entraîne, mais sans chocs par conséquent et sans perte de force vive sensible.

D'après M. Mary, pour que cette roue jouisse des avantages qui lui sont propres, il faut que sa vitesse n'excède pas $1^m,30$ par seconde. Le rendement de cette roue essayé au frein a donné 0,825 — 0,75 — 0,824 — 0,85 $^0/_0$. Ces rendements, même le plus faible, atteignent et dépassent les rendements les plus forts des meilleures roues connues.

Il y aurait, croyons-nous, lieu à vérifier si ces rendements sont bien authentiques.

191. *Roue à niveau maintenu dans les aubes, dite roue Sagebien.* — Cette roue de côté, du nom de son inventeur, peut être considérée comme le type des roues lentes, et de plus elle constitue un compteur d'une certaine exactitude.

Pour diminuer autant que possible les pertes de travail dues aux mouvements tumultueux qui se manifestent dans l'eau à son arrivée sur une roue ordinaire ou

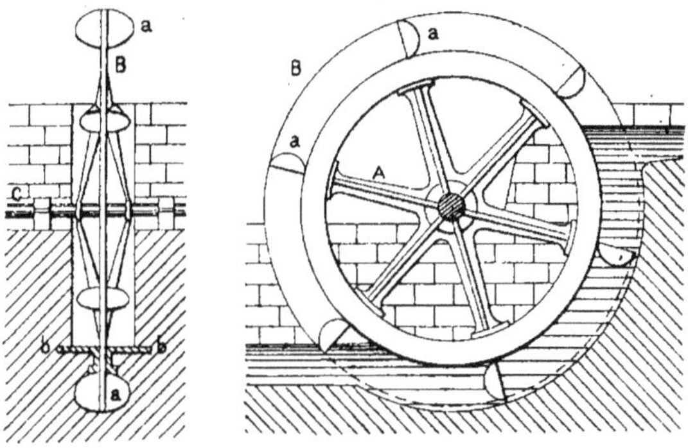

Fig. 104.

en la quittant, Sagebien donne à sa roue une très faible vitesse, égale à celle avec laquelle l'eau du canal d'amont vient se placer sur les aubes. L'eau se maintient ainsi à un niveau constant dans ce canal et dans la roue et se trouve dans un état d'immobilité apparente (*fig.* 105).

L'eau est distribuée par une vanne plongeante inclinée, aussi rapprochée que possible de la roue, et se mouvant dans un bâti en fonte dont la partie inférieure est formée par un col de cygne. Cette vanne permet à l'eau d'arriver sur les aubes par une section très grande, dont le point inférieur peut même se trouver au-dessous du niveau de l'eau dans le bief d'aval.

Les aubes sont très rapprochées l'une de l'autre, parfaitement emboîtées par le coursier, et inclinées de manière que celle qui reçoit l'eau à la surface du canal fasse avec cette surface un angle d'à peu près 45 degrés. Il résulte de cette inclinaison que la roue ayant à la circonférence une vitesse à peu près égale à celle d'arrivée de l'eau, celle-ci conserve son niveau sur l'aube qu'elle baigne, à mesure que cette aube enfonce. Par suite il n'y a ni déversement ni choc de l'eau sur l'aube. Non seulement le dénivellement est nul quand la vitesse de la roue est égale à celle d'arrivée de l'eau, mais il reste très faible si la vitesse de la roue devient supérieure à celle de l'eau.

L'eau contenue dans chaque auget formé par deux aubes consécutives descend de son point de puisage au point bas de la roue sans perte sensible et sans secousse, en changeant seulement progressivement un peu de forme dans son ensemble.

Au sortir de la roue, on voit que lorsqu'une aube commence à se vider dans le fond, elle abandonne très peu d'eau, et qu'à mesure qu'elle s'élève vers la surface, elle abandonne une quantité d'eau croissant suivant une progression déterminée par l'augmentation de la projection verticale de l'intervalle existant entre les extrémités de deux aubes consécutives.

Il résulte de là que l'eau sort des aubes avec plus de vitesse vers la surface que

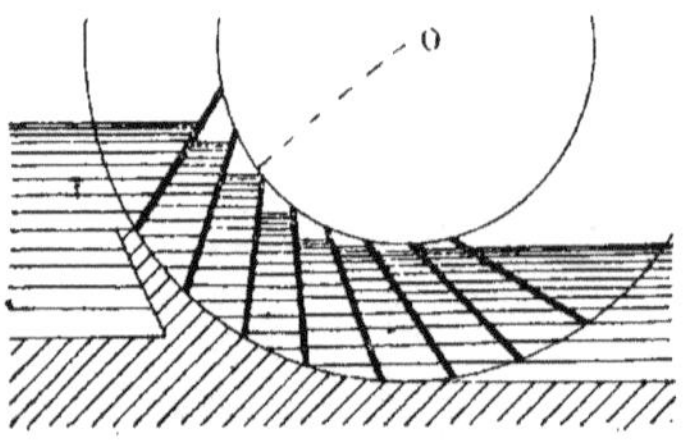

Fig. 105.

vers le fond du canal, mode de sortie qui correspond à la loi du mouvement de l'eau dans les canaux.

L'inclinaison donnée aux aubes, qui semblerait devoir relever l'eau à la sortie, offre, au contraire, ce résultat favorable de déposer l'eau en aval par couches ayant déjà leur direction dans le sens du mouvement qu'elles doivent prendre dans le canal de fuite; tandis que dans les roues ordinaires, l'eau descendant verticalement, va amortir sa vitesse contre le fond du canal en produisant des bouillonnements et des remous qu'on ne remarque pas dans la roue Sagebien.

La roue est noyée en aval de toute la profondeur d'eau contenue entre les aubes, c'est-à-dire de presque toute la hauteur des aubes. Cela a pour résultat que l'eau sort de chaque auget par couches successives et sans ressaut, depuis le point bas de la roue jusqu'au niveau du bief d'aval, au lieu de le faire d'une manière brusque quand l'aube abandonne le coursier sous la verticale passant par le centre de la roue, comme cela aurait lieu si la roue n'était pas noyée.

Les avantages pratiques de cette roue sont, en première ligne, son rendement considérable qui est, d'après l'inventeur de 80 à 93 °/₀. Ce rendement n'est pas limité à un minimum de chute, il se produit sur des petites chutes de $0^m,30$ par exemple aussi bien que sur des chutes de plusieurs mètres.

En second lieu, cette roue est susceptible de recevoir un volume d'eau considérable sans exiger une longueur qui augmente sensiblement le poids et le prix d'établissement de l'appareil, ainsi que les pertes d'eau entre la roue et le coursier. Elle peut en effet, dépenser en une seconde 1 500 litres d'eau par mètre de longueur; ce qui est avantageux quand on dispose de grands volumes d'eau qui n'avaient été utilisés jusqu'à présent que par les turbines, et cela avec un effet utile bien moindre.

Les causes de déperdition qu'on peut évaluer sont très minimes; nous pouvons nous en rendre compte par un exemple.

Supposons une roue Sagebien établie dans les conditions suivantes:

Chute.	2 mètres
Diamètre de la roue.	9 —
Largeur de la roue.	6 —
Noyage.	$1^m,40$
Vitesse à la circonférence de la roue.	$0^m,65$
Poids de la roue.	60 000 k
Diamètre des tourillons. . . .	$0^m,22$
Volume d'eau dépensée par seconde.	5 000 l.

Les causes de déperdition bien connues sont :

1° Le dénivellement pour l'admission dans les aubes ;

2° Les pertes d'eau entre le coursier et la roue ;

3° Enfin le frottement sur les tourillons.

La perte par le dénivellement, est presque nulle par suite de la vitesse que l'eau possède déjà en arrivant dans la roue ; toutefois en admettant que l'eau arrive avec une vitesse nulle, et qu'il lui faille prendre tout à coup une vitesse égale à celle de la roue pour aller se loger dans les aubes, il s'opérerait alors un dénivellement dont la hauteur serait exprimée par

$$h = \frac{v^2}{2g} = \frac{\overline{0,65}^2}{19,62} = 0^m,021.$$

Il y aurait donc une perte de chute de 21 millimètres sur 2 mètres :

soit proportionnellement $\frac{21}{2000} = 0,0105.$

La perte d'eau entre le coursier et les aubes dépend du jeu laissé, et les différences de niveau h, h', h'' d'une aube à l'autre. Si nous supposons $0^m,003$ de jeu sur toute la largeur de la roue, ainsi que sur les côtés, ce qui représente un développement égal à

$$6 + (1,40 \times 2) = 8^m,80$$

La section de fuite est alors

$$8,80 \times 0,003 = 0,0264.$$

En admettant pour les différences de niveau d'une aube à l'autre une hauteur moyenne de $0^m,15$, la vitesse d'écoulement correspondante sera 1,70 et le volume d'eau passant d'une aube à l'autre sera, en prenant $0^m,62$ pour coefficient de contraction

$$1,70 \times 0,0264 \times 0,62 = 27 \text{ lit., } 788.$$

soit 28 litres par seconde ce que représente une perte de

$$\frac{28}{5\,000} = 0,0056.$$

La perte due au frottement des tourillons est donnée par la formule :

$$p = \frac{Prf}{R}$$

dans laquelle :

p est le poids qui, appliqué à la circonférence de la roue, la met en mouvement, lorsqu'elle est complètement libre ;

f, le coefficient de frottement égal à 0,06;

r, le rayon des tourillons;

R, le rayon de la roue ;

P, le poids de la roue.

La formule devient donc :

$$p = \frac{60\,000 \times 0,11 \times 0,06}{4,50} = 88 \text{ kil.}$$

Le poids de 88 kilogrammes appliqué à la circonférence de la roue peut donc la faire tourner ; mais celle-ci tournant avec une vitesse de $0^m,65$ par seconde, le nombre de kilogrammètres que représente ce poids en mouvement est :

$$88 \times 0,65 = 57,20 \text{ k. m.}$$

Le rapport de ce travail à celui théorique est :

$$\frac{57,20}{5\,000 \times 2} = 0,0057.$$

Le total de ces pertes est donc de

$$0,0105 + 0,0056 + 0,0057 = 0,0218.$$

c'est-à-dire moins de 3 °/₀, d'où le rendement devrait être de 97 °/₀ environ.

Ce rendement doit être évidemment un peu diminué, néanmoins les différentes roues de ce système ont donné un rendement variant de 78 à 90 °/₀ et même 93 °/₀.

MM. Tesca, Faure et Alcan ont soumis à des épreuves spéciales la roue de 80 chevaux construite chez M. Sement à Serquigny, et ils ont reconnu que son effet utile s'élevait à 93 °/₀ de l'effet théorique ; on doit donc considérer comme démontré que ces roues donnent un rendement de plus de 80 °/₀, c'est-à-dire supérieur à tout ce que les meilleures machines hydrauliques ont jamais présenté. Il est facile dès lors de se rendre compte de la faveur qu'elle obtient auprès des constructeurs.

En 1855, un dessin mis à l'Exposition fut peu remarqué. La première usine qui employa cette roue fut le moulin de M. Queste à Rouquairolles (Oise) et maintenant il en existe un très grand nombre utilisant des chutes de $0^m,25$ à $3^m,10$ et des forces motrices de 9 à 120 chevaux. Dans tous ces moteurs la vitesse de la roue est par minute, de 1 tour et demi à 2 tours au plus.

La roue Sagebien peut avoir une autre disposition. L'inclinaison des aubes n'est pas une nécessité indispensable. Une roue à aubes fixée normalement à la circonférence fonctionnerait aussi bien, pourvu que l'aube, en s'immergeant fit un angle d'environ 45° avec la surface du bief supérieur. Mais on conçoit que, si l'on avait une chute un peu élevée (2 à 3 mètres, par exemple), il faudrait, pour qu'une aube normale à la circonférence satisfit à la condition indiquée, établir une roue d'un très grand diamètre. C'est en vue d'éviter des frais de construction considérables que M. Sagebien a imaginé d'incliner les aubes afin de diminuer le diamètre qu'exigerait la condition demandée.

Toutefois, quand on aurait affaire à des chutes d'eau plus considérables on pourrait se trouver dans la nécessité d'incliner les aubes d'une manière exagérée ou d'augmenter le diamètre pour

Fig 106.

ne pas franchir certaines limites d'inclinaison.

Dans ce cas, sans changer le principe, on modifie la construction de la roue comme il est indiqué sur la figure 106 (extraite de l'ouvrage de M. Armengaud).

On fait arriver l'eau par les deux faces latérales de la roue, ou par une seule si l'on n'a qu'un faible volume d'eau, sur des aubes faisant un angle de 45 degrés avec le plan vertical de la roue et brisées suivant le plan milieu de manière à ce qu'elles présentent de chaque côté l'inclinaison voulue. L'eau se partage en avant de la roue, contre la partie supérieure du coursier, pour entrer par les côtés. Cette disposition permet d'utiliser des chutes de 5 à 6 mètres, sans trop augmenter le diamètre.

III. — Roues en dessus à augets.

192. Lorsque les chutes d'eau à utiliser atteignent 3 à 4 mètres et plus, les roues précédemment décrites ne peuvent être employées avec avantage; on leur substitue de préférence les roues à augets en dessus dont la disposition présente une économie notable au point de vue de la construction, surtout lorsqu'on les fait en bois; de plus elles donnent un rendement de 70 à 75 %, qui peut même s'élever jusqu'à 80 et même 85 %.

La roue en dessus est disposée de manière que l'eau soit amenée à sa partie supérieure par un canal qui la prend dans le bief d'amont au niveau de la surface du

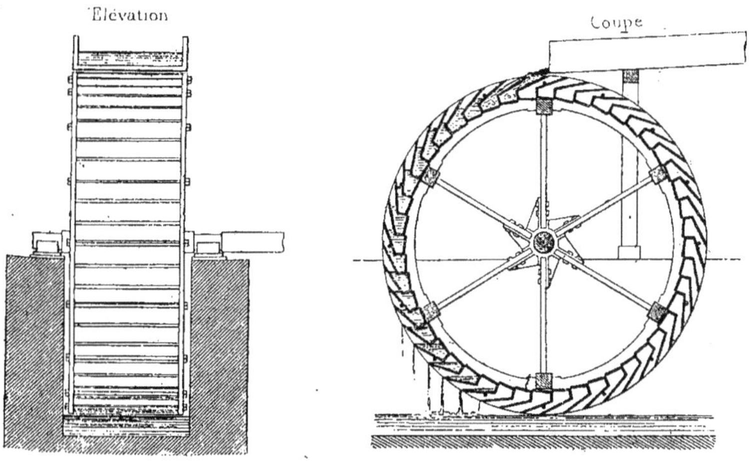

Fig. 107.

liquide dans ce bief. L'eau ne prend dans ce canal que la vitesse nécessaire pour qu'elle puisse atteindre la roue; elle tombe de là dans des compartiments ou augets (*fig.* 107) dont la roue est munie sur tout son contour, et les remplit successivement, à mesure que, par le mouvement de la roue, ils se présentent à l'extrémité du canal d'amenée. Lorsque les augets arrivent au bas de la roue, l'eau en sort pour tomber dans le canal d'aval, et ils remontent vides, pour se remplir de nouveau lorsqu'ils seront sur le point de redescendre. On voit par là que les augets compris dans la partie descendante de la roue sont constamment pleins d'eau, tandis que ceux qui se trouvent dans la partie ascendante sont vides; c'est le poids de l'eau qui est ainsi contenue dans une moitié de la roue qui détermine son mouvement et lui fait vaincre les résistances.

Une roue à augets donne des résultats d'autant meilleurs qu'elle tourne plus lentement, et cela pour plusieurs motifs. D'abord le mouvement de rotation de la roue, auquel participe l'eau contenue dans les augets, détermine une force centrifuge qui modifie la forme de la surface libre du liquide dans chaque auget; cette surface qui est cylindrique, comme nous le verrons plus tard, s'abaisse vers l'intérieur de la roue et se relève vers l'extérieur, de telle sorte que l'eau tend à sortir de l'auget plus tôt qu'elle ne le ferait sans cela. D'un autre côté, l'eau arrivant avec une faible vitesse dans le canal d'amenée ne produira pas de choc à son entrée dans les augets, si la roue ne marche que lentement; et lorsque les augets se videront l'eau sera, pour ainsi dire, déposée sans vitesse dans le bief d'aval.

Avec cette condition d'une faible vitesse de rotation, on voit que la roue à augets satisfait beaucoup mieux que la roue en dessous aux conditions générales qu'on doit chercher à faire remplir aux moteurs hydrauliques.

Le mouvement de rotation d'une roue à augets devant être lent, on la munit ordinairement d'une roue dentée, qui fait corps avec elle, et qui engrène avec une roue beaucoup plus petite. On transmet ainsi à l'arbre de cette seconde roue un mouvement de rotation aussi rapide qu'on veut.

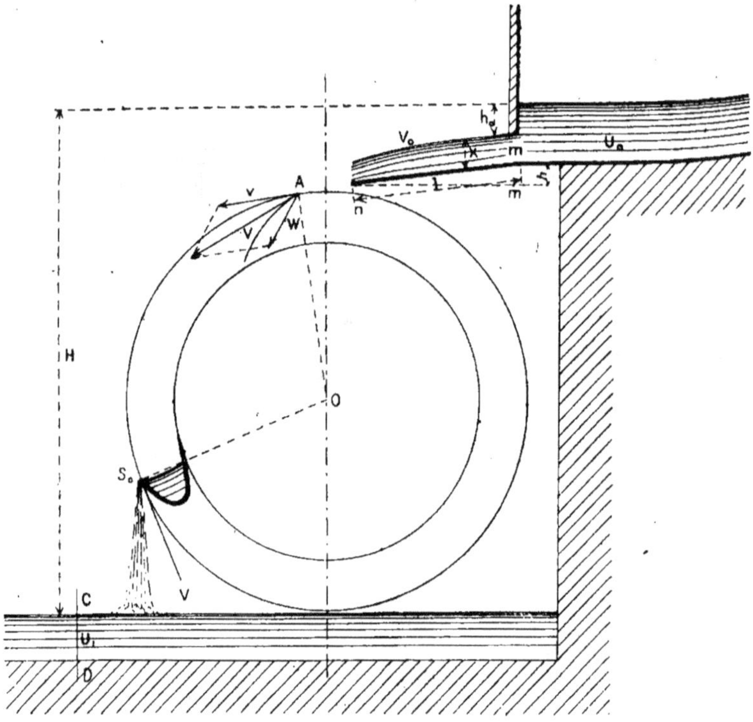

Fig. 108.

193. *Calcul de l'effet utile de la roue à augets.* — Prenons toujours la formule qui exprime l'effet utile d'une chute d'eau entre deux sections *ab* et *cd* où a lieu le parallélisme des filets (*fig.* 108) :

$$T_u = PH + \frac{PU_0^2}{2g} - \frac{PU_1^2}{2g} - T_f.$$

Les vitesses U_0 et U_1 en amont et en aval sont généralement très faibles.

Calculons le travail T_f des frottements; pour cela divisons en trois parties le liquide depuis *ab* jusques en *cd* :

1° De *ab* à l'entrée dans la roue, nous désignerons par T_{f_1} le frottement correspondant;

2° De l'entrée A dans la roue, à la sortie S_0, soit T_{f_2} le travail des frottements;

3° Enfin, nous appellerons T_{f3} le travail perdu en frottements depuis la sortie S_0 jusqu'à la section *cd* où le parallélisme des filets est rétabli.

Calculons ces trois frottements :

1° Le travail perdu de *ab* en A est facile à évaluer. D'abord la vitesse de l'eau étant toujours très faible avant la vanne, le frottement de l'eau entre les parois est aussi très faible. Il ne varie guère qu'entre 0,35 et 0,50.

De *m* en *n* au contraire, la vitesse V_0 est assez considérable ; elle diffère un peu de la vitesse V d'arrivée de l'eau sur la roue. Si h_0 est la levée de vanne, nous aurons :

$$h_0 = \frac{V_0^2}{2g}.$$

Soit *i*, la pente par mètre du coursier ;

Ω, la section ;

X, le périmètre mouillé de cette section ;

V_0, la vitesse moyenne en amont.

Si le mouvement est uniforme dans le coursier on a la relation :

$$\frac{\Omega}{X} i = b_1 V_0^2 = 0{,}0004\ V_0^2.$$

La pente par mètre du canal se trouve représentée par

$$i = \frac{0{,}0004\ V_0^2\,(b + 2x)}{bx}$$

b, étant la largeur, et *x* la hauteur de la lame d'eau,

$$\Omega = bx \text{ et } X = b + 2x$$

Le travail perdu par le frottement est égal au poids d'eau dépensé multiplié par la pente superficielle de *m* en *n* qui est égale à *li*.

Donc,

$$T_{f1} = Pli = Pl\frac{0{,}0004\ V_0^2\,(b + 2x)}{bx} = Ph$$

en désignant par *h* la pente superficielle totale qui est égale à *li*.

Si l'eau était amenée sur la roue par un déversoir, la vitesse serait très lente, et alors les frottements étant négligeables, le terme T_{f1} pourrait être considéré comme nul.

Remarquons que le poids d'eau P écoulé est

$$P = \pi V_0 bx$$

d'où pour le cas qui nous occupe

$$T_{f1} = \pi V_0 bxli\,\frac{0{,}0004\ (b + 2x)}{bx};$$

2° Pour calculer T_{f2}, rappelons la théorie des mouvements relatifs et des forces apparentes, dans le mouvement relatif.

Considérons la veine liquide à son entrée dans la roue ; il se produit un tourbillon et par suite un frottement assez considérable ; puis l'eau passe peu à peu au repos relatif dans les augets.

Pour calculer ces frottements, depuis l'entrée dans la roue jusqu'au repos relatif, considérons une molécule A (*fig.* 109), à son entrée dans l'auget ; elle est animée de la vitesse absolue V de l'eau, différente de la vitesse *v* de la roue au point A.

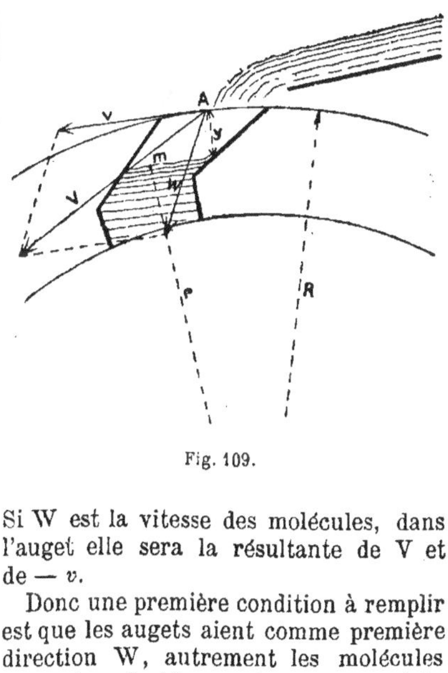

Fig. 109.

Si W est la vitesse des molécules, dans l'auget elle sera la résultante de V et de $-v$.

Donc une première condition à remplir est que les augets aient comme première direction W, autrement les molécules rencontreraient les parois sous un certain angle et rejailliraient dans les autres augets ; il y aurait perte de travail ou sortie anticipée selon l'inclinaison autre que W.

Il faut donc que les aubes se présentent à la veine liquide sous cette direction W ; cette condition remplie, la somme des travaux perdus par les frottements sera : dans l'intérieur de la roue, égale au frottement des molécules les unes contre les autres. Il suffira alors de chercher ce travail pour une molécule et de faire la somme pour toutes les molécules.

Considérons pour cela la molécule A ; elle tourbillonne dans l'auget jusqu'à ce qu'elle atteigne, en un point m le repos relatif. L'auget est alors plus bas, mais peu importe puisqu'il s'agit du repos relatif. Appliquons de A en m le théorème des forces vives dans le mouvement relatif. Ce théorème s'écrit :

$$\frac{1}{2} m V_r^2 - \frac{1}{2} m V_{0r}^2 = \Sigma T F_r.$$

Le terme Σ T. F_r est le travail des forces relatives qui sollicitent le point considéré.

On a la relation

$$F_r = R \, [F \, (-F_c) \, (-F_c)]$$

dans laquelle :

F_e est la force d'entraînement ;

F_c la force complémentaire ;

R, le rayon de la roue.

En substituant, il vient

$$\Sigma T F_r = \Sigma T F + \Sigma T F_i$$

Appliquons cette équation à notre cas. Le premier membre se réduit à

$$0 - \frac{1}{2} m W^2$$

puisque le premier terme est sensiblement nul. Les forces réelles sollicitant la molécule sont d'abord la pesanteur, c'est-à-dire mgy,

puis les frottements $- t_f$.

La force d'inertie est égale et opposée à la force d'entraînement ou force centrifuge exprimée par $m\omega^2 R$ qui est pour le point m représentée par $m\omega^2 r$; r étant la distance de la molécule au centre de la roue, et ω la vitesse angulaire de la roue. La force d'inertie est donc $- m\omega^2 r$.

En faisant la somme depuis r jusqu'à R il vient

$$-\frac{m\omega^2}{2} (R^2 - r^2).$$

Ce qui donne pour l'équation

$$0 - \frac{1}{2} m W^2 = mgy - t_f - \frac{m\omega^2}{2} (R^2 - r^2)$$

d'où

$$t_f = \frac{1}{2} m W^2 + mgy - \frac{m\omega^2}{2} (R^2 - r^2).$$

Ceci est le travail du frottement pour une molécule ; si l'on fait la somme on aura le travail total T_{f_2}.

$$T_{f_2} = \Sigma \frac{1}{2} m W^2 + \Sigma mgy - \frac{\omega^2}{2} \Sigma m (R^2 - r^2)$$

ou

$$T_{f_2} = \frac{P}{2g} W^2 + \Sigma mgy - \frac{\omega^2}{2} \Sigma m (R^2 - r^2).$$

On voit par cette égalité que T_{f_2} est d'autant plus grand que le terme Σmgy est plus considérable. Il faut donc que les augets ne soient pas trop profonds. Si cette condition est remplie, ce terme est négligeable. Il en est de même du terme où entre la différence des carrés des rayons. $R^2 - r^2$. Ces deux termes faibles tous les deux et étant de signes contraires donnent une somme algébrique négligeable, et alors on a simplement

$$T_{f_2} = \frac{P}{2g} W^2$$

3° Le terme T_{f_3} comprend la somme des travaux perdus en frottements des molécules liquides contre elles-mêmes, contre l'air et contre les parois, de la section de sortie, à la section où le mouvement est rétabli par filets parallèles.

Considérons l'un des filets liquides, depuis son déversement en B jusqu'en D (*fig.* 110) point où l'écoulement a lieu par filets parallèles, et appliquons à ce filet le théorème du travail au bout d'un temps infiniment petit θ. Au bout de ce temps, B vient en B et D en D′ et comme le mouvement est périodiquement permanent, on peut écrire pour le demi-accroissement des forces vives qui constitue le premier membre la différence des demi-forces vives dues aux vitesses U_1 et v que le filet possède en D et en B.

Ce premier membre sera donc

$$\frac{1}{2} m U_1^2 - \frac{1}{2} m v^2.$$

Supposons qu'en B la vitesse relative soit nulle, la vitesse absolue devient alors la vitesse d'entraînement.

Les forces qui sollicitent le filet dans l'intervalle considéré sont, d'abord la pesanteur dont le travail est

$$mg \, (z + y)$$

puis les pressions en B dont le travail est

$$p_a \frac{mg}{\pi}$$

et les pressions en D dont le travail est d'après le théorème de Bernouilli

$$-(p_a + \pi y)\frac{mg}{2}.$$

Enfin le travail du frottement des molécules, qui est négatif, est égal à $-t_{f_3}$.

L'équation du travail devient donc

$$\frac{1}{2} m U_1^2 - \frac{1}{2} m v^2 = mg(z+y) + p_a \frac{mg}{\pi}$$

$$-(p_a + \pi y)\frac{mg}{\pi} - t_{f_3}.$$

D'où l'on tire :

$$t_{f_3} = \frac{1}{2} m v^2 + mgz - \frac{1}{2} m U_1^2.$$

Et en faisant la somme de toutes les

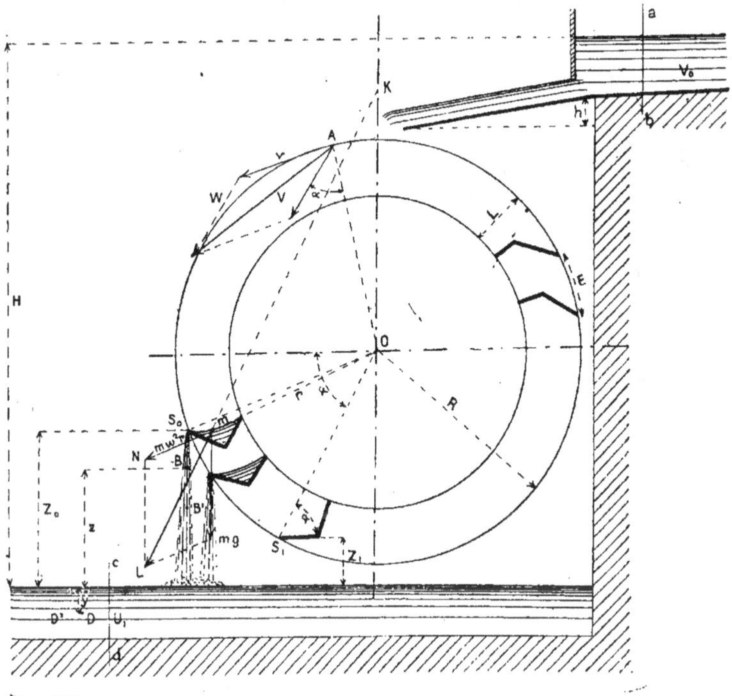

Fig 110.

équations semblables que l'on obtiendrait en considérant toutes les molécules liquides

$$T_{f_3} = \Sigma \frac{1}{2} m v^2 + \Sigma mgz - \Sigma \frac{1}{2} m U_1^2$$

ou $$T_{f_3} = \frac{P}{2g} v^2 + \Sigma mgz - \frac{P}{2g} U_1^2.$$

Pour connaître le terme Σmgz, il faut d'abord connaître la courbe de l'eau dans les augets, ensuite pouvoir déterminer le volume restant dans chaque auget, pour chaque position.

194. *Courbe de l'eau dans les augets.* — Pour déterminer la forme qu'affecte la surface de l'eau dans les augets, remarquons que l'équilibre relatif y existe. Soit une molécule m de la surface, elle est soumise à deux forces, l'une la pesanteur mg dirigée verticalement, et l'autre la force centrifuge dirigée suivant le rayon Om et qui a pour valeur $m\omega^2 r$.

ω étant la vitesse angulaire de la roue et r le rayon Om.

La résultante de ces deux forces doit être normale à la surface du liquide, sa direction rencontre la verticale menée du centre de la roue au point K.

Les deux triangles semblables OmK et NmL donnent

$$\frac{OK}{mg} = \frac{r}{m\omega^2 r}$$

d'où $OK = \frac{g}{\omega^2}$ = quantité constante.

La surface de l'eau est donc une surface cylindrique dont l'axe est projeté en K ; la distance OK étant égale à $\frac{g}{\omega^2}$.

Il ne reste qu'à calculer le volume d'eau contenue dans l'auget, au moment du déversement, pour cela : soit q ce volume et N le nombre des augets sur la roue ; la distance angulaire entre deux augets sera représentée par

$$\frac{2\pi}{N} = \frac{6,28}{N}$$

Si ω est la vitesse angulaire de la roue, il en résulte que le nombre d'augets qui se présente à la veine liquide sera par seconde :

$$\frac{\omega}{\frac{2\pi}{N}}$$

et l'on aura

$$\frac{\omega}{\frac{2\pi}{N}} q = Q$$

d'où l'on déduit

$$q = \frac{2\pi Q}{\omega N}$$

Si s est la surface mouillée de l'auget et b sa largeur, on a aussi

$$q = s.\ b.$$

Cela connu, on peut déterminer la position où commence le déversement. Le déversement sera terminé quand on aura la position de l'auget pour laquelle la surface de cet auget sera horizontale.

Appelons α l'angle de la vitesse relative avec le rayon à l'entrée dans la roue. Traçons sous l'horizontale, le rayon que fait avec elle ce même angle α ; le point S_1, ainsi déterminé, sera le point où les augets arriveront lorsque le déversement sera terminé.

Ceci dit, revenons à notre terme Σmgz ; on peut écrire :

$$\Sigma mgz = P \frac{\Sigma mgz}{P}.$$

Le terme $\frac{\Sigma mgz}{P}$ se nomme la hauteur moyenne comprise entre le point où le déversement commence et celui où il finit.

Le calcul intégral donne pour ce terme

$$\frac{\Sigma mgz}{P} = \frac{p_0 h_0 - \Sigma pe}{p_0}$$

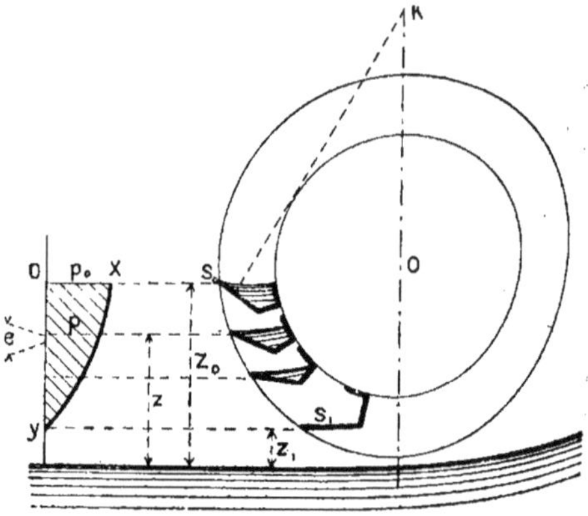

Fig. 111.

dans laquelle :

p_0 est le poids d'eau contenu dans l'auget au moment où le déversement commence à se produire, c'est-à-dire lorsque le bord S_0 de l'auget est à une hauteur Z_0 du niveau d'aval ;

$\Sigma p.\ e$ est la somme des produits des poids d'eau restant dans les augets par un élément e infiniment petit de la hauteur Z_0, depuis Z_0 jusqu'à Z_1.

Donc

$$\frac{P\Sigma mgz}{P} = P\left(Z_0 - \frac{1}{p_0}\Sigma pe\right).$$

Ce terme $\Sigma p.e$ est difficile à déterminer par le calcul ; mais on peut l'obtenir facilement par le tracé graphique suivant :

Décrivons (*fig.* 111) une suite d'augets,

partir du déversement, puis du centre K déterminé par la considération $OK = \frac{g}{\omega^2}$ décrivons des arcs de cercle passant par le bord de chaque auget, ces arcs limitant la surface de l'eau. Sur une figure voisine portons comme abscisses les poids de l'eau dans ces augets.

Les ordonnées ne sont autre chose que les accroissements e, e', e'', e'''... de la hauteur du déversement.

La surface de la figure en XOY représente la somme cherchée $\Sigma p.\ e$. On évaluera cette surface au moyen de la formule Simpson ou de la formule de Poncelet.

L'expression du travail utile devient donc :

$$T_u = PH + \frac{PU_0^2}{2g} - \frac{PU_1^2}{2g} - Ph - \frac{P}{2g} W^2 - \frac{P}{2g} v^2 + \frac{P}{2g} U_1^2 - P\left(Z_0 - \frac{1}{p_0} \Sigma pe\right).$$

En simplifiant et en remarquant que $\frac{PU_0^2}{2g}$ est très petit et par suite négligeable, on a :

$$T_u = PH - Ph - P\frac{W^2}{2g} - \frac{Pv^2}{2g} - P\left(Z_0 - \frac{1}{d_0} \Sigma pe\right). \quad (1)$$

Tel est l'effet dynamique de la chute d'eau d'une roue à auget, ou roue en dessus.

195. *Discussion de l'effet utile.* — La vitesse W relative de l'eau à son entrée dans la roue est liée aux vitesses V d'entrée de l'eau sur la roue, et v de la roue par la relation que fournit le triangle ayant pour côtés ces trois vitesses.

$$W^2 = V^2 + v^2 - 2V.\ v. \cos (V.\ v).$$

Cette valeur substituée dans l'équation (1) donne

$$T_u = PH - Ph - \frac{P}{2g}\left(V^2 + 2v^2 - 2Vv \cos (Vv)\right) - P\left(Z^0 - \frac{1}{p_0} \Sigma pe\right).$$

Admettons, ce qui a lieu généralement, que la tête d'eau soit donnée, on en déduira la vitesse V d'arrivée de l'eau sur la roue et par suite la pente h totale du coursier ce qui donne le terme Ph. Comme le terme

$$P\left(Z_0 - \frac{1}{p_0} \Sigma pe\right)$$

entre difficilement dans la discussion et que de plus il est peu influencé par les variations de v, nous pouvons ne pas en tenir compte pour chercher la valeur de la vitesse v de la roue, la plus favorable au rendement.

Nous ne considérerons que le terme

$$-\frac{P}{2g}\left(V^2 + 2v^2 - 2Vv \cos (Vv)\right).$$

Le maximum de T_u aura lieu, si ce terme qui est négatif est minimum.

D'après le calcul différentiel, le minimum aura lieu pour

$$v = \frac{V\cos (Vv)}{2}$$

d'où

$$V = \frac{2v}{\cos (Vv)}.$$

En substituant cette valeur dans l'expression de l'effet utile, on aura

$$T_u = PH - Ph - \frac{2P}{2g} v^2 \left(\frac{2}{\cos^2 (Vv)} - 1\right) - P\left(Z_0 - \frac{1}{p_0} \Sigma pe\right). \quad (2)$$

Comme le cosinus d'un angle décroît lorsque l'angle augmente, il faut donc que l'angle de v et de V soit le plus petit possible, mais alors l'angle α augmente ; le déversement s'effectue plus bas et l'eau passerait par-dessus la roue sans entrer complètement dans les augets. Cet angle de v et V ne peut donc pas descendre au-dessous d'une certaine limite, ni être égal à zéro. La limite de cet angle varie de 18 à 30 degrés.

Voyons maintenant quelle est la limite de la vitesse v de la roue. Cherchons l'expression du volume q, contenu dans un auget ; on a trouvé

$$q = \frac{2\pi Q}{\omega N}.$$

Si les augets ne sont remplis qu'au tiers, l'on a

$$q = \frac{1}{3} LEb.$$

E (*fig.* 110.) l'intervalle de deux augets

consécutifs, L, la profondeur des augets et b la largeur de la roue.

Or $$L = \frac{2\pi R}{N}$$

d'où :

$$q = \frac{1}{3} L \frac{2\pi R}{N} \cdot b.$$

Si K est un coefficient, pour tenir compte de l'épaisseur occupée par les aubes, on a :

$$q = \frac{K}{3} \frac{2\pi R}{N} Lb.$$

En égalant les deux valeurs de q

$$\frac{2\pi Q}{\omega N} = \frac{K}{3} \frac{2\pi R}{N} Lb.$$

Le débit Q est constant, par suite si v est petit, ω le sera également, et alors le produit L. b doit augmenter.

Mais il résulte de l'établissement du terme $T_{/2}$ que la profondeur L des augets ne doit pas être trop grande.

Si d'un autre côté la largeur b de la roue est trop grande, l'on arrive à une construction lourde, dispendieuse qui augmente de plus les frottements. Il faut donc déterminer la meilleure relation entre v et b.

Reprenons l'équation du travail utile

$$T_u = PH - Ph - \frac{P}{2g}\left(V^2 + 2v^2 - 2Vv \cos(Vv)\right) - P\left(Z_0 - \frac{1}{p_0} \Sigma pe\right)$$

et donnons-nous v.

Le dernier terme se trouve alors déterminé, car $\frac{g}{\omega^2}$ se déduit de v, et ce terme en est la conséquence.

Le terme Ph est négligeable dans la discussion car la tête d'eau h est généralement faible par rapport à la chute totale H.

Il n'y a donc lieu qu'à considérer le terme $V^2 + 2v^2 - 2Vv. \cos(V. v)$. qui doit être minimum pour que T_u soit maximum.

Ce minimum aura aussi lieu pour

$$V = 2. v. \cos(V. v).$$

Alors T_u devient:

$$T_u = PH - Ph - \frac{2PV^2}{2g}\left(1 - \frac{\cos^2(Vv)}{2}\right) - P\left(Z_0 - \frac{1}{p_0} \Sigma pe\right).$$

Si v. augmente, l'angle de v et V augmentent et cos. (V. v) diminue et tend vers zéro.

En comparant les formules (2) et (3), il semble qu'il y a avantage à adopter la relation

$$V = v. \cos(V. v).$$

Or cela n'est pas possible car dans ce cas V est la projection de v, et alors W (*fig.* 112) devient perpendiculaire à V. Il s'ensuit que l'angle de v et W est égal à 90 degrés, augmenté de l'angle de V et de v.

Alors le déversement commence au-

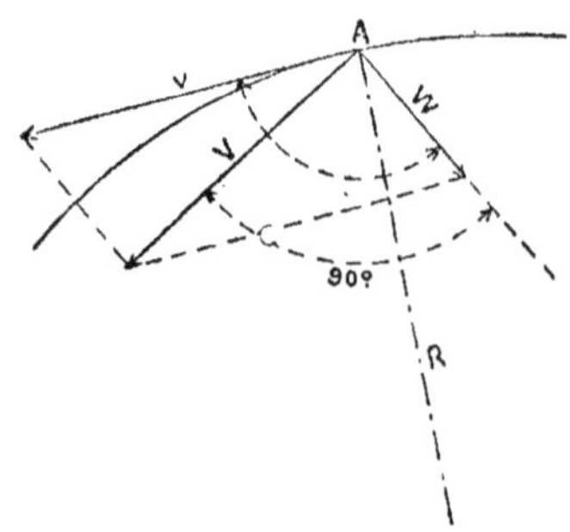

Fig. 112.

dessus de l'axe horizontal, ce qui est une mauvaise condition.

Dans la pratique, on adopte toujours la première relation trouvée.

$$v = \frac{V \cos(Vv)}{2}.$$

C'est donc bien la formule (2) qui représente vraiment l'effet dynamique de la roue en dessus. Rappelons cette formule

$$T_u = PH - Ph - \frac{2P}{2g} v^2 \left(\frac{2}{\cos^2(Vv)} - 1\right) - P\left(Z_0 - \frac{1}{p_0} \Sigma pe.\right)$$

Considérations pratiques sur les roues à augets en dessus.

196. Les roues à augets en dessus, doivent être adoptées, lorsque la chute dont on dispose est supérieure à 3 mètres et inférieure à 12 mètres. Dans le cas où cette chute serait supérieure à ce dernier chiffre, on pourrait également employer les roues à augets, au nombre de deux ou trois qui seraient superposées, de telle sorte que le canal de fuite de la plus élevée soit le canal d'amont de la deuxième et ainsi de suite. Cette disposition rarement adoptée, qui entraîne une dépense considérable, est remplacée par l'emploi des turbines.

Il y a lieu aussi de tenir compte du débit du cours d'eau; car s'il est supérieur à 500 litres par seconde, la largeur qu'il est nécessaire de donner à la roue devient très grande si l'on veut rester dans les rapports de vitesses et d'épaisseurs de lame d'eau convenable pour un bon rendement.

Si le diamètre est faible et la dépense considérable, on est conduit à faire des roues ayant l'apparence d'un rouleau dont l'axe est très long et doit être d'une très grande solidité pour résister à la flexion.

On voit donc qu'il doit exister une relation entre la chute et la dépense telle que la largeur conserve avec le diamètre un rapport extrême qu'elle ne dépasse pas.

Lorsque la chute est très grande et la dépense faible, une roue en dessus peut donner un rendement de 78 à 80 %. Ainsi une roue de ce genre débitant 120 litres sur une chute de $12^m,80$ a donné le rendement ci-dessus.

Les roues en dessus ne sont pas applicables dans le cas où les niveaux sont susceptibles de variations sensibles, surtout celui d'amont.

Si le niveau supérieur varie d'une saison à l'autre d'une quantité égale à la tête d'eau, c'est-à-dire à la charge qu'il serait nécessaire de réserver sur le sommet de la roue, il est évident que cette roue n'est pas possible. On lui substituerait la roue, dite de poitrine, dont nous parlerons plus loin et qui admet l'eau au-dessous du sommet et pour laquelle le vannage est disposé pour fonctionner avec de grandes variations dans les niveaux supérieurs.

Enfin, une roue à augets ne marche pas bien lorsqu'elle est noyée dans le bief inférieur de plus de la largeur de la couronne.

En résumé, la fixité des niveaux est l'un des points à prendre en considération. Quant à la question des chutes et des dépenses, il suffira de consulter les tableaux suivants qui permettront d'apprécier les limites qu'on ne doit pas dépasser en pratique pour être dans les meilleures conditions.

Rien n'est plus simple de se servir de ces tables pour déterminer la largeur d'une roue à auget dont les données soient, par exemple :

Dépense	= 300 litres
Charge.	= $0^m,30$
Épaisseur de la lame . .	= $0^m,09$

On cherchera dans la première colonne de la troisième table, qui correspond aux charges de 30 centimètres, le chiffre 300 représentant la dépense proposée ; et la valeur 2,22 en regard dans la septième colonne, correspondant à l'épaisseur de la lame 9 centimètres, sera la largeur cherchée.

Cette largeur devra être attribuée à l'orifice même, et donner à la roue une largeur supérieure de 10 à 12 centimètres, pour donner à l'air qui doit sortir des augets une issue facile.

197. *Vitesse à la circonférence.* — En désignant par v la vitesse à la circonférence d'une roue à augets et par V la vitesse que possède l'eau à son entrée ; le rapport entre ces vitesses est donné par la théorie.

$$v = \frac{V\cos(V.v)}{2}$$

Comme l'angle (Vv) est faible, le cosinus est sensiblement égal à l'unité, et l'on peut admettre que

$$v = \frac{V}{2}$$

C'est-à-dire que la circonférence doit marcher à une vitesse moitié de celle de la vitesse de l'eau, pour obtenir le maximum d'effet utile.

Ce rapport $\frac{v}{V}$ peut d'après le général Morin s'étendre de 0,30 à 0,80 pour les roues de grands diamètres et entre 0,40 et 0,60 pour les plus petites. Pour les plus faibles dépenses on peut donner à ce rapport 0,30 à 0,40, et pour les grandes dépenses: 0,60 à 0,80.

LARGEURS A DONNER AUX ROUES A AUGETS

Suivant les épaisseurs de lames et les dépenses d'eau par seconde

DÉPENSES en litres PAR SECONDE	LARGEUR EN MÈTRES POUR DES ÉPAISSEURS DE LAMES DE						
	4 cent.	5 cent.	6 cent.	7 cent.	8 cent	9 cent.	10 cent.
La hauteur de pression étant de 0m,20							
25	0.50	0.40	0.33	0.29	0.25	»	»
50	1.00	0.80	0.66	0.58	0.51	0.46	0.41
75	1.50	1.20	1.00	0.87	0.76	0.69	0.61
100	2.00	1.61	1.33	1.16	1.02	0.92	0 82
125	2.50	2.01	1.66	1.45	1.27	1.15	1.02
150	3.00	2.41	2.00	1.74	1.52	1.38	1.23
175	3.50	2.81	2.33	2.03	1.78	1.61	1.43
200	4.00	3.22	2.66	2.32	2.04	1.84	1.64
225	4.50	3.62	3.00	2.61	2.29	2.07	1.84
250	5.00	4.02	3.33	2.90	2.55	2.30	2.05
275	5.50	4.42	3.66	3.19	2.80	2.53	2.25
300	6.00	4.83	4.00	3.48	3.06	2.76	2.46
325	6.50	5.23	4.33	3.77	3.31	2.95	2.66
350	7.00	5.63	4.66	4.06	3.61	3.18	2.87
375	7.50	6.03	5.00	4.35	3.82	3.45	3.07
400	8.00	6.44	5.33	4.64	4.08	3.68	3.28
425	8.50	6.84	5.66	4.93	4.33	3.91	3.48
450	9.00	7.24	6.00	5.22	4.59	4.14	3.69
475	9.50	7.64	6.33	5.51	4.84	4.37	3.89
500	10.00	8.05	6.66	5.80	5.10	4.60	4.10
525	»	8.45	7.00	6.09	5.35	4.83	4.30
550	»	8.85	7.33	6.38	5.61	5.06	4.51
575	»	9.25	7.66	6.67	5.86	5.29	4.71
600	»	9.66	8.00	6 96	6.12	5 52	4.92
La hauteur de pression étant de 0m,25							
25	0.43	0.35	0.30	»	»	»	»
50	0.85	0.71	0.60	0.52	0.45	0.40	0.36
75	1.29	1.07	0.90	0.78	0.67	0.60	0.54
100	1.72	1.43	1.21	1.04	0.90	0.81	0.73
125	2.15	1.78	1.51	1.30	1.12	1.01	0.91
150	2.58	2.14	1.81	1.56	1.35	1.21	1.09
175	3.01	2.50	2.11	1.82	1.57	1.41	1.27
200	3.44	2.86	2.42	2.08	1.80	1.62	1.46
225	3.87	3.21	2.72	2.44	2.02	1.82	1.64
250	4.30	3.57	3.02	2.60	2.25	2.02	1.82
275	4.73	3.93	3 32	2.86	2.47	2.22	2.00
300	5.16	4.29	3.63	3.12	2.70	2.43	2.19
325	5.59	4.64	3.93	3.38	2 72	2.63	2.37
350	6.02	5.00	4.23	3.64	3.15	2.83	2.55
375	6.45	5.36	4.53	3.90	3.37	3.03	2.73
400	6.88	5.72	4.84	4.16	3.60	3.24	2.92
425	7.31	6.07	5.14	4.42	3.82	3.44	3.10
450	7.74	6.43	5.44	4.68	4.05	3.64	3.28
475	8.17	6.79	5.74	4.94	4.27	3.84	3.46
500	8.60	7.15	6.05	5.20	4.30	4.05	3.63
525	9.03	7.50	6.35	5.46	4.72	4.25	3.83
550	9.46	7.86	6.65	5.72	4.95	4.45	4.01
575	9.89	8.22	6 93	5.98	5.17	4.65	4.19
600	10.32	8.58	7.26	6.24	5.46	4.86	4.38

DÉPENSES en litres PAR SECONDE	LARGEUR EN MÈTRES POUR DES ÉPAISSEURS DE LAMES DE						
	4 cent.	5 cent.	6 cent.	7 cent.	8 cent.	9 cent.	10 cent.
La hauteur de pression étant de 0m,30							
25	0.41	0.32	»	»	»	»	»
50	0.82	0.65	0.55	0.47	0.41	0.37	0.33
75	1.23	0.98	0.82	0.70	0.62	0.55	0.50
100	1.64	1.31	1.10	0.94	0.83	0.74	0.67
125	2.05	1.63	1.37	1.17	1.03	0.92	0.83
150	2.46	1.96	1.65	1.41	1.24	1.11	1.00
175	2.87	2.29	1.92	1.64	1.45	1.29	1.17
200	3.28	2.62	2.20	1.88	1.66	1.48	1.34
225	3.69	2.94	2.47	2.11	1.86	1.66	1.50
250	4.10	3.27	2.75	2.35	2.07	1.85	1.67
275	4.51	3.60	3.02	2.58	2.28	2.03	1.84
300	4.92	3.93	3.30	2.82	2.49	2.22	2.01
325	5.33	4.25	3.57	3.05	2.69	2.40	2.17
350	5.74	4.58	3.85	3.29	2.90	2.59	2.34
375	6.15	4.91	4.12	3.52	3.11	2.77	2.51
400	6.56	5.24	4.40	3.76	3.32	2.96	2.68
425	6.97	5.56	4.67	3 99	3.52	3.14	2.84
450	7.38	5.89	4.95	4.23	3.73	3.33	3.01
475	7.79	6.22	5.22	4.46	3.94	3.51	3.18
500	8.20	6.55	5.50	4.70	4.15	3.70	3.35
525	8.61	6.87	5.77	4 93	4.35	3.88	3.51
550	9.02	7.20	6.05	5.17	4.56	4.07	3.68
575	9.43	7.53	6.32	5.40	4.77	4.25	3.85
600	9.84	7.86	6.60	5.64	4.98	4.44	4.02
La hauteur de pression étant de 0m,40							
25	0.35	0.28	»	»	»	»	»
50	0.70	0.56	0.46	0.41	0.36	»	»
75	1.05	0.84	0.69	0.61	0.54	0.48	0.42
100	1.40	1.13	0.93	0.82	0.72	0.64	0.57
125	1.75	1.41	1.16	1.02	0.90	0.80	0.71
150	2.10	1.69	1.39	1.23	1.08	0.96	0.85
175	2.45	1.97	1.62	1.43	1.26	1.12	0.99
200	2.80	2.26	1.86	1.64	1.44	1.28	1.14
225	3.15	2.54	2.09	1.84	1.62	1.44	1.28
250	3.50	2.82	2.32	2.05	1.80	1.60	1.42
275	3.85	3.10	2.55	2.25	1.98	1.76	1.56
300	4.20	3.39	2.79	2.46	2.16	1.92	1.71
325	4.55	3.67	3.02	2.66	2.34	2.08	1.85
350	4.90	3.95	3.25	2.87	2.52	2.24	1.99
375	5.25	4.23	3.48	3.07	2.70	2.40	2.13
400	5.60	4.52	3.72	3.28	2.88	2.56	2.28
425	5.95	4.80	3 95	3.48	3.06	2.72	2.42
450	6.30	5.08	4.18	3.69	3.24	2.88	2.56
475	6.65	5.36	4.41	3.89	3.42	3.04	2.70
500	7.00	5.65	4.65	4.10	3.60	3.20	2.85
525	7.35	5.93	4.88	4.30	3.78	3.36	2.99
550	7.70	6.21	5.11	4.51	3.96	3.52	3.13
575	8.05	6.49	5.34	4.71	4.14	3 68	3.27
600	8.40	6.78	5.58	4.92	4.32	3.84	3.42

Il y a donc lieu de s'occuper de la hauteur de pression sur le centre de l'orifice de laquelle dépend V, car en général étant donnée une chute, on se préoccupe d'avance de sa vitesse de rotation qui dépendra de son diamètre et de V.

Il faut faire une opération spéciale pour partager la hauteur de chute en deux parties, l'une pour la roue et l'autre pour la tête d'eau de manière à satisfaire aux données.

S'il n'est pas possible de trouver un

résultat satisfaisant en conservant $\frac{v}{V} = \frac{1}{2}$, on s'en écarte, tout en se tenant dans les limites indiquées ci-dessus. En tous cas ce rapport ne doit jamais conduire à des vitesses v supérieures à 3 mètres. Cette vitesse se rencontre quelquefois pour des roues qui font mouvoir des machines où l'action a lieu par percussion ou par chocs, comme dans les martinets.

198. *Diamètre extérieur de la roue.* — Théoriquement le diamètre de la roue serait égal à la chute diminuée de la charge sur le sommet, si la hauteur de l'orifice était nulle et qu'il n'existât point de jeu entre la roue et le coursier. Ces différents points étant fixés, on en déterminera le diamètre.

D'abord il faut commencer par déterminer la plus grande et la plus petite hauteur existant entre le niveau supérieur et le niveau inférieur, à diverses époques de l'année, afin de baser la construction sur une hauteur moyenne que l'on prend pour la chute totale disponible.

Il faut aussi chercher isolément les hauteurs variables des niveaux d'amont et d'aval, afin, d'une part, de placer le fond du coursier de telle façon que la charge sur le sommet soit encore suffisante dans les basses eaux pour faire marcher la roue ; et, d'autre part, admettre pour le niveau inférieur moyen, auquel la roue est tangente, un point au-dessus duquel le niveau ne s'élève pas assez pour noyer la roue de plus de l'épaisseur de sa couronne, et que l'abaissement au-dessous de ce point dans les basses eaux ne soit pas trop grand, ce qui produirait une perte de chute précisément à l'époque où l'eau est faible.

Si ces variations étaient trop considérables, surtout celui d'amont, la roue à augets deviendrait impossible. Ceci dit, on a donc la hauteur de chute H d'après laquelle on fixe le diamètre D de la roue.

Pour avoir ce diamètre il faut retrancher de la chute H la charge h, qui doit représenter la hauteur génératrice d'une vitesse V, double de v que doit posséder la roue ; lorsqu'on adopte le rapport

$$\frac{v}{V} = \frac{1}{2}$$

Cette hauteur génératrice est donnée par la formule

$$h = \frac{V^2}{2g}$$

Donc cette hauteur, plus un centimètre, retranchée de H donne le diamètre de la roue supposée tangente au cours d'eau dans le canal de fuite, donc

$$D = H - \left(\frac{V^2}{2g} + 0^m,01\right).$$

Ainsi pour fixer les idées, supposons une chute de 5 mètres, et la vitesse de la roue $v = 1,60$, en admettant $\frac{v}{V} = \frac{1}{2}$

on a $$h = \frac{(1,60 \times 2)^2}{19,62} = 0^m,52$$

d'où $D = 5,00 - (0,52 + 0,01) = 4^m,47.$

Le nombre de tours par minute n sera

$$n = \frac{60v}{\pi D} = \frac{60 \times 1,60}{3,1416 \times 4,47} = 6^t,8.$$

199. Remarque. — Il arrive assez souvent qu'on a à remplacer un moteur existant, et qu'il faille conserver exactement la vitesse des organes de la transmission, ou même établir un moteur pour un appareil commandé directement avec une vitesse donnée. En somme on connaît la hauteur de chute et le nombre de tours que doit faire la roue, il faut alors partager cette hauteur H en deux parties qui, combinées entre elles, puissent satisfaire à la condition demandée.

On peut consulter le tableau suivant, mais il peut être préférable de calculer directement le diamètre, comme nous allons le faire dans l'exemple ci-dessous :

On donne H, le nombre n de tours par minute et le rapport $\frac{v}{V}$; déterminer D.

Représentons $\frac{v}{V}$ par r; si le diamètre était connu, on aurait :

$$v = \frac{\pi D n}{60}$$

$$V = \sqrt{2g\,(H - D)}$$

et en divisant

$$\frac{v}{V} = r = \frac{\frac{\pi D n}{60}}{\sqrt{2g\,(H - D)}}$$

d'où $$\frac{D\pi n}{60r} = \sqrt{2g(H - D)}$$

et, en élevant au carré,

$$D^2\left(\frac{\pi n}{60r}\right)^2 = 2g(H - D).$$

De cette formule, on tire la valeur de D.

On a une équation complète du second degré en D :

$$D^2\left(\frac{\pi n}{60r}\right)^2 + 2gD - 2gH = 0.$$

Pour simplifier faisons $\left(\frac{\pi n}{60r}\right)^2 = a$ et $2g = b$, il vient :

$$aD^2 + bD - bH = 0$$

ou $$D^2 + \frac{b}{a}D - \frac{b}{a}H = 0.$$

Les racines de cette équation sont :

$$D = -\frac{b}{2a} \pm \sqrt{\frac{b^2}{4a^2} + \frac{bH}{a}}$$

le signe négatif du radical étant à rejeter, il reste :

$$D = \sqrt{\frac{bH}{a} + \frac{b^2}{4a^2}} - \frac{b}{2a}$$

en remplaçant a et b par leurs valeurs et en calculant les termes numériques, on a définitivement :

$$D = \sqrt{\left(\frac{7156,5\,Hr^2}{n^2} + \frac{12803817\,r^4}{n^4}\right)} - \frac{3578\,r^2}{n^2}.$$

Appliquons cette formule, au cas où la chute H = 5 mètres, le nombre de tours par minute $n = 9$ et $\frac{v}{V} = r = 0,5$.

Calculons d'abord les termes $\frac{r^2}{n^2}$ et $\frac{r^4}{n^4}$, il vient :

$$\frac{r^2}{n^2} = \frac{\overline{0,5}^2}{9^2} = \frac{0,25}{81}$$

$$\frac{r^4}{n^4} = \frac{\overline{0,25}^2}{81^2} = \frac{0,0625}{6\,561}.$$

Remplaçons ces valeurs dans la formule précédente, on a :

$$D = \sqrt{\left(7156,5 \times 5 \times \frac{0,25}{81} + 12803817 \times \frac{0,0625}{6\,561}\right)} - \left(3\,578 \times \frac{0,25}{81}\right)$$

En calculant, on trouve :

$$D = 4^m,196.$$

Le diamètre cherché étant égal à $4^m,196$, soit $4^m,20$ la charge sur le sommet sera de $0^m,80$. La table suivante calculée par M. Armengaud permet de trouver immédiatement la charge sur le sommet et par suite le diamètre de la roue, connaissant la chute H, le nombre de tours par minute; le rapport $\frac{v}{V}$ étant pris uniformément égal à 0,05.

Ainsi pour l'exemple précédent, on trouve dans la table suivante, en regard de la chute 5 mètres et à la colonne verticale correspondant à 9 tours, une charge sur le sommet de 0,804.

200. *Calcul de la dépense.* — Pour ne pas donner aux augets des dimensions exagérées, on est conduit à ne pas prendre des lames d'eau d'une grande épaisseur, à moins que le volume d'eau à dépenser soit considérable. Généralement la lame d'eau a une épaisseur de $0^m,10$ et même le plus généralement 4 à 7 centimètres.

D'après le système de vannage adopté on calculera très aisément la dépense, qui permettra d'en déduire la largeur de la roue, en tenant compte des coefficients de contraction.

201. *Disposition du coursier.* — Le plus généralement la partie prolongée du coursier qui amène l'eau sur le sommet de la roue, possède une inclinaison très faible. Il est facile de se convaincre que pour un rapport donné entre la charge sur l'orifice et le diamètre, le jet, dont la force est exactement proportionnelle à la pression, peut arriver à se confondre par sa courbure, avec celle de la roue, et même passer au delà. On obvie à cet inconvénient en inclinant le coursier, de cette façon la veine fluide coupe la circonférence sous un angle convenable pour l'introduction de l'eau dans la roue.

Cette inclinaison dépend uniquement du rapport de la hauteur de la charge h à la chute totale H.

A l'aide d'une épure facile à construire on déterminera la pente du coursier, de telle sorte que la courbe parabolique décrite par le filet moyen, coupe la circonférence extérieure de la roue sous un angle convenable, et à quelques centimètres au-delà de la verticale passant par le centre de la roue.

TABLE DES HAUTEURS DE PRESSION SUR LE SOMMET DES ROUES A AUGETS

d'après la chute et le nombre de tours par minute

HAUTEUR de CHUTE	CHARGES SUR LE SOMMET, LA VITESSE ÉTANT DE :							
	5 tours	6 tours	7 tours	8 tours	9 tours	10 tours	11 tours	12 tours
2.00	0.051	0.075	0.100	0.126	0.155	0.184	0.217	0.247
2.20	0.062	0.085	0.118	0.150	0.185	0.220	0.258	0.290
2.40	0.073	0.100	0.135	0.174	0.216	0.257	0.300	0.340
2.60	0.085	0.116	0.160	0.202	0.250	0.297	0.344	0.390
2.80	0.100	0.134	0.184	0.230	0.285	0.337	0.390	0.440
3.00	0.114	0.155	0.213	0.265	0.323	0.382	0.444	0.500
3.20	0.130	0.177	0.240	0.295	0.362	0.427	0.494	0.555
3.40	0.145	0.200	0.265	0.330	0.400	0.474	0.550	0.620
3.60	0.164	0.225	0.296	0.336	0.447	0.523	0.610	0.685
3.80	0.180	0.250	0.330	0.405	0.490	0.575	0.667	0.747
4.00	0.200	0.277	0.362	0.450	0.542	0.633	0.727	0.816
4.20	0.220	0.300	0.398	0.490	0.595	0.685	0.790	0.885
4.40	0.244	0.330	0.433	0.530	0.646	0.745	0.850	0.955
4.60	0.265	0.363	0.470	0.575	0.700	0.805	0.915	1.030
4.80	0.287	0.393	0.505	0.620	0.750	0.864	0.985	1.100
5.00	0.310	0.422	0.544	0.670	0.804	0.927	1.054	1.177
5.20	0.335	0.455	0.583	0.717	0.860	0.985	1.125	1.250
5.40	0.360	0.487	0.625	0.770	0.917	1.050	1.197	1.330
5.60	0.385	0.523	0.670	0.820	0.975	1.115	1.270	1.410
5.80	0.412	0.560	0.715	0.870	1.035	1.183	1.345	1.495
6.00	0.440	0.600	0.760	0.922	1.091	1.258	1.422	1.575
6.20	0.463	0.634	0.800	0.970	1.160	1.320	1.495	1.650
6.40	0.490	0.670	0.845	1.025	1.220	1.400	1.580	1.740
6.60	0.520	0.704	0.880	1.080	1.284	1.475	1.660	1.825
6.80	0.546	0.740	0.940	1.145	1.352	1.550	1.743	1.910
7.00	0.575	0.779	0.990	1.203	1.419	1.618	1.820	2.007
7.20	0.605	0.820	1.035	1.260	1.483	1.695	1.900	2.085
7.40	0.640	0.860	1.080	1.325	1.545	1.770	1.985	2.170
7.60	0.670	0.900	1.135	1.390	1.620	1.840	2.070	2.265
7.80	0.703	0.945	1.190	1.452	1.690	1.920	2.155	2.365
8.00	0.735	0.990	1.249	1.510	1.762	2.007	2.245	2.466

Cette pente peut être déterminée par la formule

$$\frac{r}{1+r}$$

dans laquelle r est égal au rapport $\frac{h}{H}$.

Ainsi, si la charge sur le sommet h est le quart de H, c'est-à-dire si $\frac{h}{H} = r = 0{,}25$, on aura, pour la pente par mètre du coursier :

$$\frac{0{,}25}{1{,}25} = 0^{m},20.$$

Le tableau suivant donne cette pente pour différentes valeurs de $r = \frac{h}{H}$:

RAPPORT de h à H	PENTE DU COURSIER par mètre	RAPPORT de h à H	PENTE DU COURSIER par mètre
	m.		m.
0.25	0.200	0.17	0.145
0.24	0.193	0.16	0.138
0.23	0.187	0.15	0.130
0.22	0.180	0.14	0.123
0.21	0.173	0.13	0.115
0.20	0.167	0.12	0.107
0.19	0.159	0.11	0.099
0.18	0.152	0.10	0.091

202. *Capacité de la couronne.* — D'après la théorie que nous avons exposée, la capacité totale des augets doit être bien supérieure au volume d'eau qu'ils reçoivent, et cela, afin que le déversement qui constitue une perte de travail, ait lieu le plus bas possible et que l'eau ne soit pas projetée au dehors par la force centrifuge.

Si l'on tient compte des épaisseurs des cloisons lorsque les augets sont en bois, on admet que la capacité de la roue soit les 5/2 de la dépense totale. D'après cela, il sera facile d'en déduire la largeur de la couronne comme dans l'exemple suivant.

Soient Q le volume à dépenser en litres;

l, la largeur intérieure de la roue en décimètres ;

v, la vitesse par seconde à la circonférence extérieure;

e, la profondeur de la couronne dans le sens du rayon.

Le volume de la couronne qui passe sous la lame, par seconde, est

$$l.\ e.\ v.$$

donc $$l.e.v = \frac{5}{2}\text{Q}$$

d'où $$e = \frac{5\text{Q}}{2lv} = \frac{2,5\ \text{Q}}{lv}.$$

Ainsi supposons :

Q = 250 litres. $l = 2^{\text{m}},20.$ $v = 1,10$

la profondeur des augets sera :

$$e = \frac{2,5 \times 250}{22 \times 11} = 2^{\text{d.c.}},58$$

ou en nombre rond 26 centimètres.

203. *Tracé des augets.* — La forme des augets doit satisfaire à deux conditions :

1° L'eau doit y rester le plus longtemps possible ;

2° Son introduction dans la roue doit se faire sans choc.

La première condition sera remplie si la face extérieure de l'auget fait avec la circonférence le plus petit angle possible. La deuxième aura lieu si cette face est dirigée suivant la vitesse relative d'arrivée de l'eau sur la roue.

Indépendamment de ces deux conditions essentielles, il faut que l'admission de l'eau dans la roue se fasse bien, et pour cela il est nécessaire que la distance entre deux cloisons soit supérieure d'un centimètre au moins à l'épaisseur de la lame à son entrée dans la roue. Cette épaisseur étant plus petite que la levée de vanne, puisque la vitesse de l'eau à l'extrémité du coursier est supérieure à celle qu'elle possède en sortant du bief d'amont, et aussi en raison de la contraction de la veine fluide.

Il faut malgré ces considérations, tenir compte de la largeur de la couronne dans le sens du rayon, par rapport à ce rayon. On voit en effet que l'ouverture de l'angle formé par les faces extérieures des augets avec la circonférence augmente forcément avec la profondeur de la couronne à rayon égal, par conséquent plus il est difficile de fermer convenablement les augets.

On déduira donc de ces considérations, l'angle réel que l'on cherche et le nombre des augets.

Il faut toujours s'arranger, de telle façon, que l'angle des augets avec la circonférence soit compris entre 15 et 25 degrés au maximum.

Si l'on était conduit à ouvrir davantage les augets, c'est que les conditions principales de la roue ont besoin d'être modifiées au profit de l'effet utile.

Nous indiquerons deux procédés pour trouver promptement la forme des augets et leur nombre.

1er *Procédé* (*fig.* 113). D'Aubuisson fait le fond EF égal à 1/3 de ED, qui est ordinairement égal à $0^{\text{m}},30$, et il mène FG faisant l'angle GFE de 110 degrés à 118 degrés, suivant que les roues ont de 4 mètres à 12 mètres de diamètre; l'angle que fait GF avec la tangente à la circonférence extérieure au point G est de 31 degrés, ce qui est un maximum. Dans la pratique on obtient cette disposition, en prenant simplement GH égal à $0^{\text{m}},04$ ou $0^{\text{m}},05$, quand, comme le conseille d'Aubuisson, on a eu soin de prendre la distance IF égale à $0^{\text{m}},32$ environ. Dans tous les cas la plus petite distance IK de deux aubes consécutives, non compris l'épaisseur des aubes, doit être au moins égale à l'épaisseur de la lame d'eau augmentée de $0^{\text{m}},01$.

D'Aubuisson conseille de ne pas donner à IK moins de $0^{\text{m}},11$ à $0^{\text{m}},12$.

Quelquefois la partie extérieure de l'aube est brisée comme l'indique la forme LMNP; l'angle LPN varie de 50 à 60 degrés, et celui que fait LM avec la tangente à la circonférence extérieure au point L est de 25 à 30 degrés. On prend

PN égal à la moitié de PQ, et PR compris ordinairement entre les 3/4 et les 5/6 de PQ. Cette forme a l'avantage de donner plus de capacité à l'auget et de diminuer

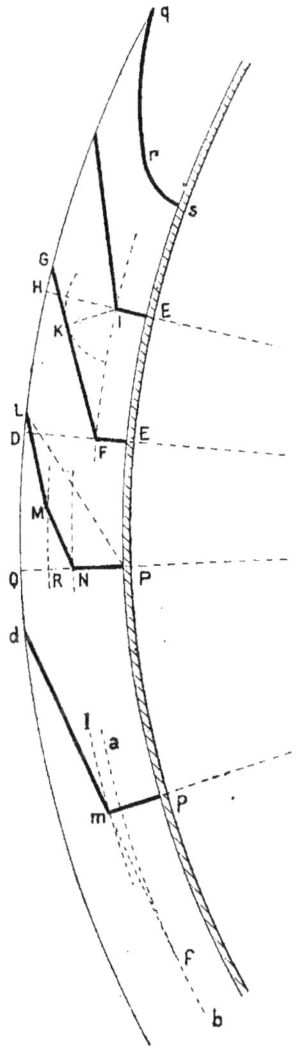

Fig. 113.

le choc de l'eau ainsi que la hauteur de déversement ; mais la construction en est plus difficile.

2e *Procédé*. On trace un cercle *ab* avec un rayon égal à celui du cercle extérieur, diminué des 0,65 de la largeur de la couronne ; si d'un point quelconque *d* de la circonférence extérieure on mène une tangente *df* à ce cercle, cette tangente sera l'inclinaison cherchée de la face intérieure de l'auget.

Traçant ensuite un cercle *lm* qui passe juste au milieu de la couronne, son intersection *m* avec la tangente sera la limite

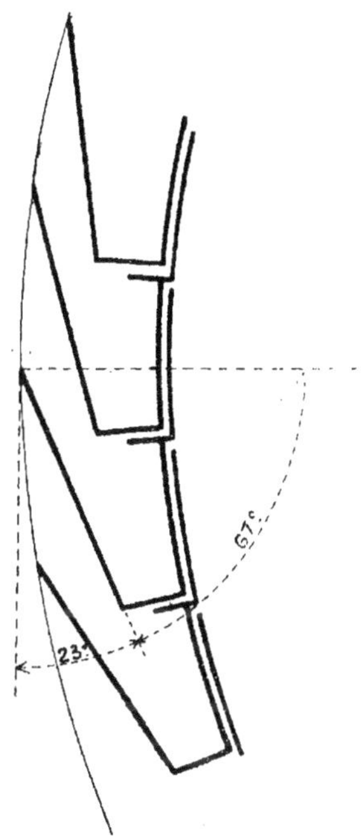

Fig. 114.

de la paroi extérieure inclinée, et le rayon *mp* mené par ce point peut être adopté pour le milieu de l'épaisseur de la cloison qui forme le fond de l'auget.

On trouve très aisément, comme dans le premier tracé, l'écartement de deux augets consécutifs. Bien souvent, dans les roues en métal, la forme polygonale de l'auget est remplacée par une courbe *qrs*, dont l'élément extérieur *q* fait un angle très faible avec la tangente à la circonférence extérieure en ce point. Cette forme est préférable aux précédentes, parce qu'elle diminue les réactions de l'eau, augmente la capacité des augets et conserve l'eau sur la plus grande hauteur de chute possible.

Il arrive quelquefois que la roue à augets, marche noyée d'une quantité assez grande pendant une partie de l'année; on est alors obligé de ménager aux augets des ouvertures communiquant avec l'intérieur de la couronne, afin que ceux qui se trouvent plongés dans le canal inférieur laissent facilement échapper l'air qu'ils contiennent.

La figure 114 représente une disposition de ces augets. La roue possède une double fonçure distante de la principale de quelques millimètres, toutes deux sont percées de trous permettant l'expulsion de l'air.

M. Brière a imaginé une disposition pour faciliter le dégagement de l'air des augets d'une roue qu'il a construite. Les augets reposent dans le sens de la largeur de la roue, sur de petits coyaux ou braçons, creux intérieurement, comme des tuyaux coudés, de telle sorte que l'air refoulé dans le fond des augets, trouvant issue par les coyaux, peut aisément s'échapper à l'extérieur.

Le nombre total des augets s'obtiendra en divisant la circonférence extérieure de la roue par l'arc GL développé, correspondant à l'écartement des augets. On prendra le nombre entier qui se rapprochera le plus de ce quotient.

Pour faciliter la construction de la roue il est quelquefois utile que le nombre des augets soit pair, et même que ce nombre soit divisible par celui des bras.

Généralement on donne six bras aux roues de 2 à $3^m,50$ de diamètre, huit à celles de 4 à 6 mètres, dix à celles de 6 à 8 mètres, douze à celles de 8 à 12 ou 14 mètres.

204. *Construction des roues à augets en dessus.* — Les roues en dessus, comme les roues de côté se construisent, soit entièrement en bois, soit en bois et métal et enfin complètement en métal, c'est-à-dire en fer et fonte.

Nous nous contenterons d'indiquer trois types intéressants de roues en dessus, empruntés à l'ouvrage de M. Armengaud.

Les dessins sont suffisamment explicites pour nous permettre de ne pas entrer dans des descriptions trop longues.

La figure 115 représente une roue en fonte et en bois, construite par M. Armengaud et montée à Lyon chez M. Perrot pour faire marcher un moulin de quatres paires de meules. La chute dont on dispose est de $12^m,800$; le diamètre de la roue est de $12^m,350$ et sa largeur intérieure un mètre; elle porte 120 augets en bois de chêne. Les bras, les joues de la couronne et la fonçure sont aussi en bois, mais les tourteaux sont en fonte et l'arbre en fer forgé ; cet arbre A porte des parties saillantes pour recevoir les tourteaux C.

Le diamètre de la roue étant très grand par rapport à sa largeur, la couronne est soutenue par des bras D qui en s'écartant donnent à la section transversale du moteur la forme d'un trapèze. Ces bras sont au nombre de 12, de chaque côté, ils sont en chêne et ont un équarrissage de 150 sur 130 millimètres. Des croix de Saint-André G les empêchent de fléchir.

Les joues de la couronne sont formées de deux épaisseurs de chêne de 40 millimètres; la fonçure est également en chêne de 30 millimètres d'épaisseur et clouée sur les bords extérieurs des joues.

Les cloisons des augets sont du même bois en 25 millimètres d'épaisseur.

La transmission du mouvement est faite à l'aide d'un engrenage qui porte sur une jante en bois F, de $4^m,60$ de diamètre intérieur. Les conditions de marche de cette roue sont les suivantes :

Le volume d'eau disponible varie de 50 litres par seconde, à 120 litres au maximum.

Si l'on compte sur une moyenne de 85 litres, sa puissance théorique égale

$$85 \times 12^m,80 = 1\,088 \text{ kilogrammètres}$$

$$\text{soit } \frac{1\,080}{75} = 14^{chev.},50.$$

sa vitesse de régime est 2 tours par minute.

La figure 116 représente une roue construite en fonte et en fer, marchant sous une chute de $4^m,546$ et dépensant, environ, 360 litres par seconde. Son diamètre est de $4^m,10$ et sa largeur intérieure $2^m,920$; la charge sur le sommet est donc de 44 à 45 centimètres.

Elle est formée de deux croisillons extérieurs dont les couronnes E, les bras D, et les tourteaux C sont fondus séparément et rassemblés au moyen de boulons. Son arbre A est également en fonte, creux à l'intérieur, et dont les tourillons en fer sont rapportés.

Les deux couronnes comprennent entre

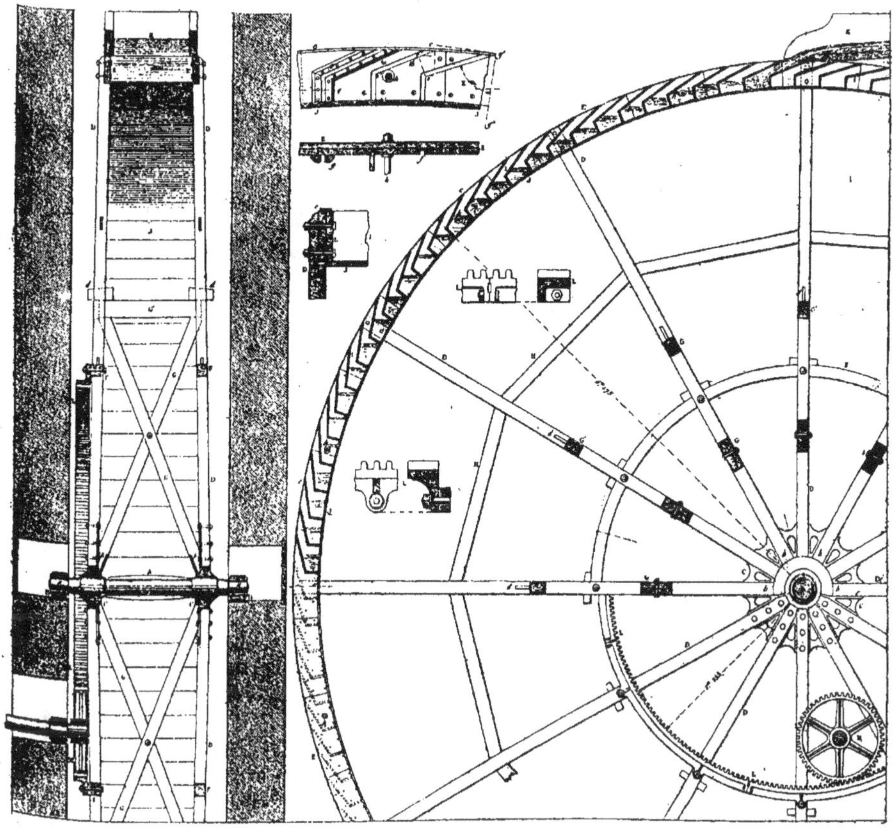

Fig. 115.

elles 40 augets en tôle courbée qui sont rivés sur une fonçure également en tôle. A cause de la grande largeur de la roue, les augets sont en deux parties raccordées au milieu sur une jante ou couronne F sans bras, qui est parfaitement consolidée par 16 boulons G posés en écharpe et qui sont reliés aux tourteaux.

Une couronne dentée fixée L transmet la puissance du moteur à une roue d'un plus petit diamètre M.

La largeur de la vanne est de $2^m,620$, et la levée de $0^m,070$; ce qui correspond pour une charge de $0^m,40$ à une dépense de 360 litres.

La force brute de cette roue est donc

$$4^m,546 \times 360 = 1\ 636,56 \text{ k.m.}$$

Soit en chevaux :

$$\frac{1636,56}{75} = 21,80.$$

Ce résultat comparé au travail que cette

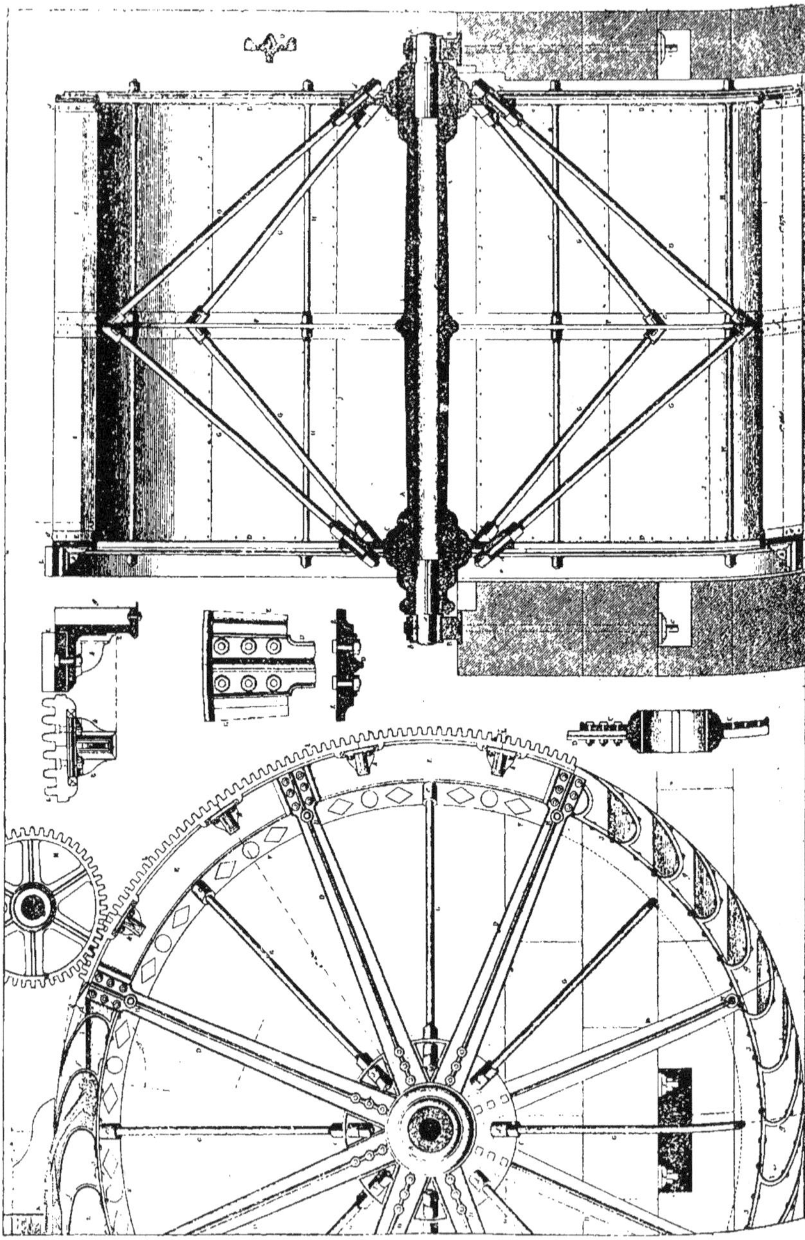

Fig. 116.

roue transmet donne un rendement de 78 % environ.

205. *Poids et prix de diverses roues à augets.* — Nous terminerons cette étude sur les roues à augets en dessus, par un aperçu des prix de quelques-uns de ces moteurs construits par M. Armengaud.

Le tableau ci-contre est relatif à la roue en bois et en fonte représentée par la figure 115.

Le poids total à vide est d'environ 12 000 kilogrammes auquel il faut en ajouter 1 600 environ pour la charge d'eau, les augets à moitié remplis. En résumé chaque tourillon supporte une charge de 6 800 kilogrammes.

Pour une autre roue construite en bois avec les augets en tôle, on a obtenu les poids et prix contenus dans le tableau ci-dessous

POIDS	DÉSIGNATION DES PIÈCES	PRIX de vente
kil.		fr.
430	Arbre en fer................	1 500
757	Tourteaux en fonte...........	
1 149	Segments dentés d'engrenage..	1 980
500	Ferrures, boulons et vis.......	
4 000	Couronnes et augets en chêne..	3 500
5 165	Croix de Saint-André.........	
12 001		6 980

NOMBRE de PIÈCES	DÉSIGNATION ET DIMENSIONS DES PIÈCES COMPOSANT LA ROUE	POIDS des PIÈCES	PRIX de VENTE
		kil.	fr.
1	Arbre en chêne de 5m,60 de longueur sur 0m,56 d'équarrissage à 8 pans.	1 650	351
2	Tourillons en fonte de 0m,125 de diamètre, tournés, à 4 ailes	280	420
6	Frettes en fer forgé de 0m,050 de largeur sur 0m,026 d'épaisseur, ensemble.	102	153
2	Paliers en fonte, leurs plaques, boulons et coussinets................	85	144
3	Tourteaux en fonte, à 8 branches, de forme octogonale................	714	640
48	Boulons pour fixer les bras sur les tourteaux, avec écrous............	22	33
8	Bras en chêne de 0m,16 sur 0m,14 et 1m,30 de long..................	698	192
24	Boulons pour assembler les bras aux couronnes......................	30	45
3	Couronnes, ou cordons en chêne, formées chacune de deux jantes de 0m,04 d'épaisseur et 0m,30 de large, pour recevoir les augets........	666	900
36	Augets en tôle de 3m,20 de largeur sur 0m,81 y compris la portion qui forme la fonçure; plus 32 rivets et les cercles en fer rapportés sur les bords de la couronne	2 093	3 139
16	Boulons d'écartement avec écrous de 3m,40 de long..................	130	195
7	Grosses vis à bois..	»	28
	Déchets...	»	250
	Totaux........................	6 470	6 490

Si au poids total, on ajoute celui de la charge d'eau et de l'engrenage, on trouve environ 9 200 kilogrammes ; soit 4 600 sur chaque tourillon. Enfin la roue à augets représentée par la figure 116 a donné les poids et prix suivants.

POIDS	MATÉRIAUX ET MAIN-D'ŒUVRE	PRIX
kil.		fr. c.
7 417	Fonte pour couronnes, arbres, tourteaux, bras, engrenage................	2 144.10
2 401	Tôle pour les augets et fonçure à 60 francs les 100 kilogs..............	1 420.60
»	Façon des augets..	305.95
558	Boulons et rivets pour fixer les augets, etc., à 1 fr. 50..................	837.00
370	Grands boulons d'écartement à 1 fr. 50..............................	554.30
162	Fer laminé pour soutenir les augets au milieu à 60 francs................	97.20
611	Fer pour divers objets accessoires...................................	343.98
162	Plomb laminé pour les joints des augets..............................	397.80
14	Coussinets en bronze pour deux tourillons............................	56.00
»	Façon des modèles en bois..	460.00
»	Charpente pour la construction et pose...............................	328.00
»	Limes, acier, clavettes, etc..	346.06
»	Minium, blanc de céruse, huile......................................	125.00
»	Main-d'œuvre pour la confection et pose..............................	2 260
11 424	Prix total....................	9 695.99

Comme on le voit, la charge sur chaque tourillon atteint 6400 kilogrammes environ, en tenant compte de l'eau qu'elle renferme. Son prix étant de 10000 francs, environ, et son poids 11424 kilogrammes cela donne un prix de revient de 0 fr. 876 par kilogramme.

206. *Roues à augets de côté, dites roues de poitrine.* — Lorsque le niveau est très variable dans le bief supérieur, ou bien encore que la roue doit marcher dans le même sens que l'eau dans le canal de fuite, on est obligé de changer le système d'introduction et alors on dispose une paroi inclinée AB (*fig.* 117) percée d'orifices verticaux en forme d'ajutage convergent, occupant toute la longueur de la roue dans le sens de son axe, et ces cloisons directrices approchent environ de $0^m,01$ à $0^m,02$ de la surface cylindrique engendrée par l'extrémité des augets. Dans ce cas la roue tourne en sens inverse

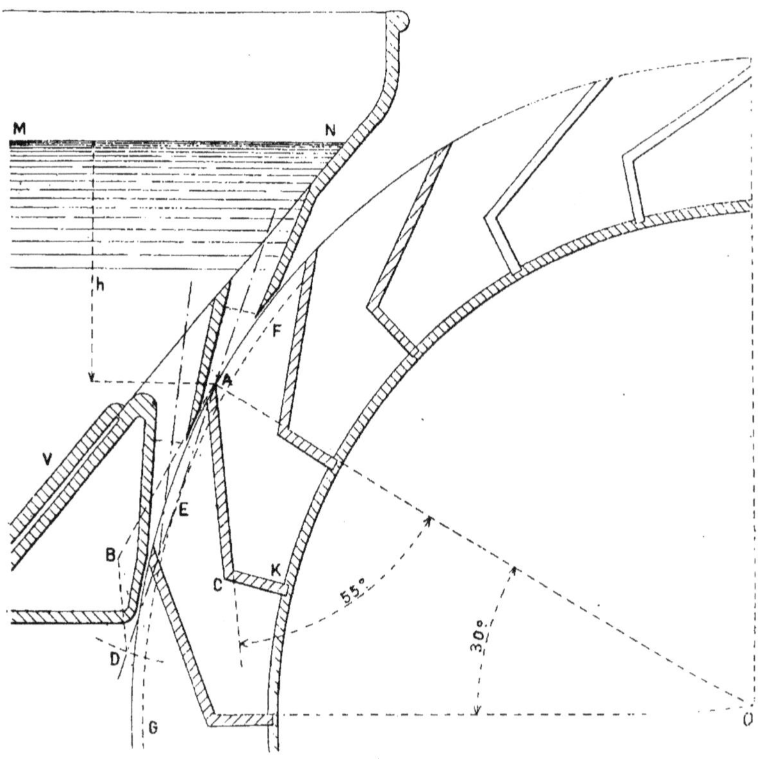

Fig. 117.

de celui obtenu dans le mode d'introduction des roues en dessus.

On emploie encore quelquefois ce genre de moteur, lorsque la chute d'eau est considérée comme trop grande pour y appliquer une roue de côté et trop faible pour une roue en dessus, surtout en raison de la vitesse de rotation à obtenir.

Ce mode d'introduction est désavantageux, parce que l'eau tombant d'une plus grande hauteur, perd une plus grande puissance vive en prenant la vitesse de la roue ; on est d'ailleurs obligé de donner à celle-ci un plus grand diamètre, ce qui la rend plus coûteuse et plus lourde. De plus, il est difficile de donner aux augets une forme qui permette de retarder autant le déversement qu'avec les roues qui reçoivent directement l'eau à la partie supérieure.

Une des roues de poitrine que l'on cite, en raison de sa puissance et des expériences faites par le général Morin, est celle de Guebwiller. Cette roue est construite en fonte et en fer. Son diamètre est $9^m,10$ et sa largeur intérieure $3^m,155$. Elle comprend 96 augets en tôle, distants l'un de l'autre de $0^m,30$ à la circonférence extérieure ; la couronne a une largeur de $0^m,30$ dans le sens du rayon.

La chute totale utilisée varie entre $7^m,70$ et $7^m,80$.

L'eau est admise sur la roue par un vannage incliné de 40 degrés avec la verticale; il est percé d'orifices rectangulaires munis d'ajutages extérieurs qui dirigent l'eau dans les augets dont les parois en forment à peu près le prolongement dans leur passage sous le vannage. Les orifices sont démasqués à volonté par une vanne plongeante, fonctionnant comme un tiroir, et glissant contre la face postérieure du vannage.

Les expériences faites par Morin sur la roue de Guebwiller, ont donné une dépense de 766 kilogrammes d'eau pour maximum. En faisant varier la vitesse et la dépense, il en a conclu que :

1° L'effet utile a constamment diminué au fur et à mesure que les augets ont été remplis davantage, par l'augmentation de la dépense ;

2° Les augets remplis seulement à moitié, mais la roue marchant à une vitesse de $2^m,50$ à 3 mètres, la force centrifuge tendait à projeter l'eau en dehors de la roue ;

3° Pour qu'une roue à augets fonctionne convenablement, il est nécessaire que les augets ne s'emplissent guère qu'au tiers de leur capacité, et à la moitié au maximum ;

4° Le rapport de la vitesse de l'eau affluente à celle de la circonférence de la roue peut s'écarter assez sensiblement des limites indiquées par la théorie sans que le rendement subisse une diminution notable, et que ce rapport peut varier entre 0,25 et 0,80, la vitesse de la circonférence pouvant atteindre 2 mètres toutes les fois que les augets ne sont remplis qu'à moitié.

207. *Tracé du vannage.* — Dans la roue de Guebwiller les ajutages des orifices sont à peu près verticaux ainsi que les parois des augets à leur passage au-dessous des orifices. Le général Morin a montré que l'inclinaison des augets devait correspondre à la composition des vitesses de l'eau et de la circonférence de la roue, de façon qu'il n'y ait pas de chocs à son entrée dans les augets, et pour cela il conseille le tracé suivant :

A partir du niveau MN, (*fig.* 117) du bief supérieur, on prend une hauteur h égale à $0^m,46$, correspondant à une vitesse de 3 mètres par seconde ; vitesse convenable pour ces roues de poitrine.

On trace ensuite le cercle extérieur de la roue d'un diamètre tel, qu'étant tangent au niveau du bief d'aval, la ligne horizontale tracée à une distance h du niveau supérieur rencontre ce cercle en A à 30 degrés au-dessus de son diamètre horizontal. Le point A est la rencontre du filet moyen avec la circonférence de la roue par le premier orifice supérieur du vannage.

Pour trouver la forme de l'auget, on trace du point A, le profil ACK d'un auget, en donnant au côté AC une inclinaison de 55 degrés avec le rayon AO ; puis du point A, on décrit le parallélogramme des vitesses. La tangente AB représente à une certaine échelle la vitesse que doit prendre la roue à sa circonférence et BD est parallèle à AC. En décrivant du point A un arc de cercle, dont le rayon représente la vitesse due à la hauteur h, la droite menée par son intersection D et le point A est la direction du filet moyen qui rencontre la circonférence au point A.

Pour déterminer la direction des autres orifices on décrit l'arc de cercle FEG, tangent à AD, et chaque orifice aura de même pour direction du filet moyen une tangente au même cercle.

On peut déterminer la distance des orifices et leur dimension, par conséquent, en supposant que le niveau supérieur s'abaisse successivement de 10 en 10 centimètres, et que la hauteur h étant reportée de même en dessous, donne avec la circonférence de la roue des points d'intersection semblables à celui A. Chacun des points ainsi déterminés devient le passage d'une tangente au cercle FEG, laquelle est le centre ou le filet moyen de chaque orifice.

Pour former ensuite chaque orifice, il suffit de tracer les cloisons directrices, en les dirigeant comme les lignes des filets moyens, tangentiellement au cercle FEG, mais en s'arrangeant pour que la plus petite largeur de chacun des orifices, mesurée sur la perpendiculaire, menée à la directrice du filet moyen par l'arête supérieure, soit égale pour tous les orifices, dont la section effective sera justement calculée sur cette largeur.

La face intérieure du vannage et son inclinaison se déterminent simplement en faisant en sorte que la longueur des orifices, mesurée sur les lignes moyennes, soit à peu près la même pour chacune d'eux, de la circonférence de la roue à la face intérieure; cette longueur peut être environ quadruple de la largeur minimum, enfin telle que l'eau soit bien dirigée.

La vanne V est un tiroir en fonte qui glisse sur une partie en saillie bien dressée: elle porte une crémaillère qui engrène avec un pignon monté sur l'arbre de commande.

Turbines.

208. Nous avons dit que les turbines sont des moteurs généralement à axe vertical, dans lesquels l'eau est en mouvement par rapport aux aubes. Elles ont sur les roues hydrauliques les avantages suivants :

1° De n'occuper que très peu de place;

2° De marcher avec une vitesse assez grande;

3° De s'approprier à toutes les chutes et à toutes les dépenses d'eau ;

4° De tourner sous l'eau pendant les crues ou les gelées.

Malgré ces avantages importants, il n'est pas rare de voir quelquefois préférer les roues hydrauliques aux turbines, cela tient à ce que, dans bien des cas, la turbine n'est pas arrivée à un rendement égal à celui qu'on réalise avec une bonne roue à augets ou une roue Poncelet bien établie. De plus, la turbine est d'une construction toute spéciale qui ne peut être faite que par des mécaniciens intelligents, alors que les roues peuvent souvent être construites par un charpentier ou un serrurier.

D'après la direction suivant laquelle l'eau agit dans les turbines, on les distingue en turbines *radiales* et turbines *axiales*. Parmi les premières, on peut citer la turbine de Fourneyron, celle de Cadiat, la roue tangentielle de Zuppinger, la turbine de Causon. La roue Poncelet se rapproche assez des turbines radiales.

Parmi les turbines axiales, se trouvent la turbine Jonval-Kœchlin, celles de Fontaine et de Girard.

Chacune de ces divisions peut se séparer à son tour, en turbines à *pleine injection* et turbines à injection partielle, selon qu'elles reçoivent l'eau sur la totalité ou sur une ou plusieurs parties de leur contour. D'après le mode d'action de l'eau, on peut encore les partager en *turbines d'action*, dans lesquelles le travail mécanique est uniquement produit par la puissance vive de l'eau (la vitesse de l'eau étant seule utilisée) ; et *turbines de réaction*, dans lesquelles, concurremment avec la puissance vive, agit principalement la simple pression de l'eau.

Dans toutes les turbines, l'eau est amenée dans une partie fixe munie d'aubes courbes ou directrices, qui guident l'eau à son entrée dans la roue mobile ou turbine proprement dite. Entre la couronne fixe et la roue mobile existe un jeu qui varie depuis 3 à 4 millimètres pour les constructions soignées, jusqu'à 5 à 8 millimètres et même davantage pour les turbines d'action. Pour les turbines à réaction, la pression de l'eau à l'endroit où existe le jeu entre la roue mobile et les orifices distributeurs, doit être égale ou plus légèrement supérieure à la pression extérieure régnante; les pertes de travail provenant de la sortie de l'eau par ce jeu étant bien plus faibles que celles qui se produiraient par les tourbillonnements dus à une aspiration d'eau du dehors au dedans.

Les turbines à réaction peuvent travailler aussi bien noyées qu'à l'air libre; les turbines à injection partielle, dont les canaux contiennent toujours de l'air, doivent être disposées hors de l'eau.

Dans les turbines à réaction, il est indifférent, pour une chute donnée, que la chute d'eau presse au-dessus de la turbine ou agisse au-dessous par aspiration ; ceci explique pourquoi certaines turbines ont pu être disposées à 6, 7 et 8 mètres au-dessus du niveau d'eau.

Avant de décrire les principaux systèmes employés aujourd'hui, nous croyons intéressant d'indiquer les anciens systèmes ; tels que les *roues à cuillers, à cuve;* celles dites *à poire*, les *machines à réaction*, le *levier hydraulique.*

Malgré ces noms différents, on doit les classer dans les turbines ou roues hydrauliques à axe vertical.

209. *Roue à cuillers.* — Il existe encore dans le midi de la France des roues à axe vertical dites à cuillers, employées pour faire mouvoir des moulins. Celle

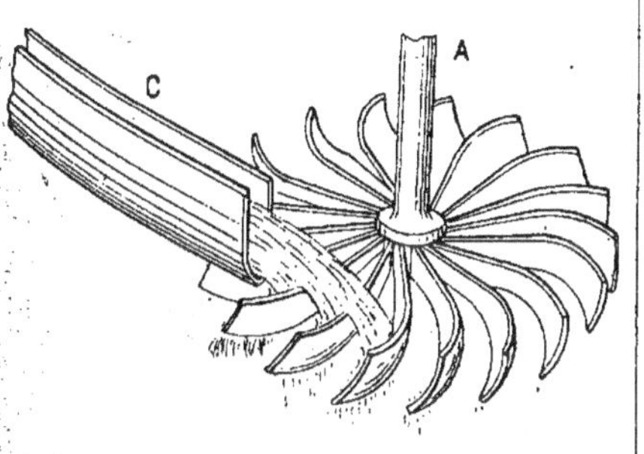

Fig. 118.

représentée par la figure 118 se compose d'un arbre vertical A terminé à sa partie inférieure par un fort noyau percé de mortaises, dans lesquelles s'emmanchent des palettes nommées *cuillers*, à cause de leur forme ; ces palettes, disposées horizontalement sont construites de manière à présenter au liquide une surface concave dans le sens du rayon et dans le sens de leur largeur, avec une certaine inclinaison par rapport à l'axe de rotation.

Ces palettes étaient, dans bien des cas, complètement isolées à la circonférence, comme l'indique la figure; mais elles étaient aussi quelquefois réunies par une couronne

Un petit canal C, amène sur le récepteur l'eau qui, en tombant sur les cuillers, les force à reculer et produit le mouvement de rotation de la roue. Ce canal a été quelquefois remplacé par une *buse pyramidale*, d'où les moulins commandés par de telles roues ont aussi été désignés sous le nom de *moulins à trompe, à cannelle*, etc.

On ne peut pas donner une théorie exacte de la roue à cuillers; on se contente d'assimiler le phénomène à celui du choc d'une veine fluide contre un plan en étendant la formule trouvée au cas où le plan est en mouvement par rapport à la veine.

Représentons par V la vitesse de la veine, Ω sa section droite, et v la vitesse des molécules au point où elles reçoivent le choc, on a :

$$F = \frac{\pi}{g} \Omega (V - v)^2.$$

et par suite le travail

$$T_u = \frac{\pi}{g} \Omega (V - v)^2 v.$$

Cette expression atteint sa plus grande valeur par $v = \frac{V}{3}$, ce qui donne alors pour le maximum de T_u

$$T_u = \frac{8}{27} \pi \Omega \frac{V^2}{2g}.$$

Or, $\pi \Omega V$ est le poids d'eau dépensée dans l'unité de temps, $\frac{V^2}{2g}$ est sensiblement égal à la hauteur de chute ; on voit donc que, en négligeant les travaux perdus en agitations et frottements, on a, au plus :

$$T_u = 0,3PH$$

Le travail utile pourrait encore se calculer de la manière suivante : l'effort F peut s'écrire : $F = m (V - v)$

en remplaçant m par $\frac{\pi}{g} \Omega V$, on a, pour le travail transmis :

$$T_u = K \frac{\pi}{g} \Omega V (V - v) v.$$

le coefficient K, tenant compte des travaux perdus en agitations ou frottements, et de ce fait que toutes les molécules d'eau ne quittent pas la palette avec la vitesse v. Dans ce cas, le rendement maximum correspond à :

$$v = \frac{1}{2} V.$$

Il est facile de reconnaître que ces roues donnent un faible rendement, en raison que l'eau agit par chocs, et où une grande partie de l'eau se perd sans toucher les palettes.

Des expériences faites à Toulouse en 1822 ont donné un rendement de 0,33 du travail moteur développé par la chute d'eau.

Le maximum de l'effet utile a lieu, lorsque les points des cuillers directement frappés par l'axe ont une vitesse égale aux 0,70 de celle du liquide.

210. *Roues à cuve.* — Les roues à cuve qui ont été substituées aux roues à cuillers, doivent leur nom à une espèce

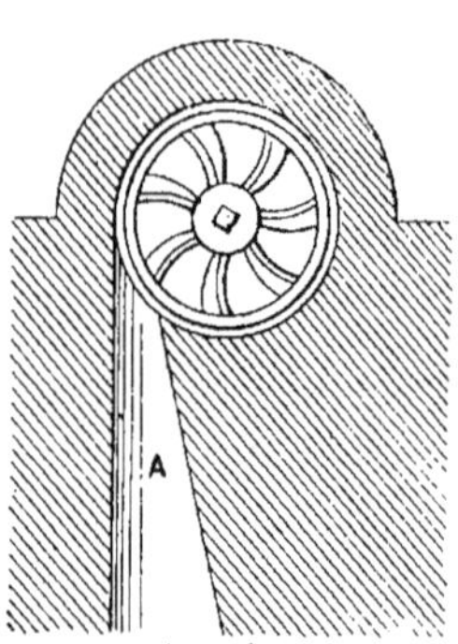

Fig. 119.

de réservoir au-dessous duquel on les établit.

Cette cuve est ouverte par le bas et l'eau arrive tangentiellement à sa surface par un canal A (*fig.* 119) qui débouche au-dessus de la roue. Le liquide, après avoir agi par son poids sur les palettes, s'écoule par le fond de la cuve dans le bief d'aval.

Un des exemples les plus remarquables des roues à cuve est le moulin dit du *Bosacle* à Toulouse, qui comprend vingt-cinq paires de meules, commandées chacune par un moteur semblable désigné dans le pays sous le nom de *rodet* ou *rouet*. Ces rouets ont $0^m,98$ de diamètre et $0^m,27$ de hauteur; leur axe en bois a $0^m,16$ de côté.

Ces roues peuvent marcher noyées, et cette propriété fait qu'on l'emploie là où les chutes sont faibles. Elles sont très employées sur la rivière de l'Aude où les chutes ne sont que de $1^m,30$ à $1^m,60$ et où l'on place la roue, par ce motif au-dessous du niveau ordinaire des eaux, pour ne pas perdre de chute.

Le rendement de ces roues est très faible en raison des agitations et tourbillonnements qui absorbent une partie de la puissance vive. En moyenne le rendement varie de 0,25 à 0,20 du travail absolu disponible.

Piobert a donné pour évaluer le rendement de ces récepteurs une formule empirique qui revient à la suivante

$$\frac{T_u}{T_m} = \frac{1,2\, n \frac{d^2}{D^2} \sqrt{h} - n^2}{39 \frac{d}{D} h}$$

dans laquelle n désigne le nombre de tours de la roue par seconde, d le diamètre de la roue, D celui de la cuve, et h la levée de vanne.

211. *Roues à réaction.* — Imaginons qu'un vase contenant de l'eau soit disposé de manière à pouvoir tourner autour d'une verticale (*fig.* 120), et qu'il soit muni à la partie inférieure de deux tubes horizontaux par lesquels l'eau puisse s'écouler ; supposons de plus que les tubes soient recourbés à leurs extrémités en sens contraire l'un de l'autre. Aussitôt que l'écoulement se produira, on verra le vase prendre un mouvement de rotation dans le sens opposé à celui dans lequel l'eau sort de chaque tube. Pour se rendre compte de la manière dont le mouvement se produit, il faut observer que les molécules liquides, animées d'une certaine vitesse à l'intérieur de chacun des tubes horizontaux sont obligées de changer de direction lorsqu'elles arrivent aux extrémités de ces tubes, en raison de la forme qu'on leur a donnée ; ce chanment dans la direction de la vitesse ne peut s'effectuer sans qu'elle réagisse sur le tube en produisant une pression en sens contraire, et c'est l'ensemble des pressions ainsi déterminées qui fait tourner l'appareil et qui pourrait même lui faire produire une certaine quantité de travail. Cet appareil désigné en physique sous le nom de *tourniquet hydraulique* est le type des *roues à réaction*.

Les roues de ce système étaient formées d'un tuyau vertical cylindrique pouvant tourner autour de son axe, représenté sur la figure 121 en coupe horizontale. De ce tuyau principal partent des tuyaux

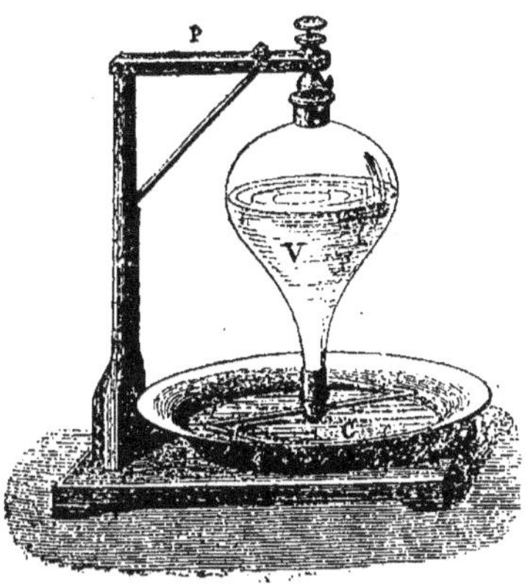

Fig. 120.

secondaires courbes, dont le dernier élément est tangent à la circonférence extérieure.

La théorie des roues à réaction peut être établie approximativement, en faisant les hypothèses suivantes :

Admettons que chaque tuyau se prolonge jusqu'au centre, et de plus, que le tuyau central soit assez grand comparativement au volume d'eau reçu dans l'unité de temps, pour que la vitesse y soit négligeable, de sorte que cette vitesse $V = o$.

Soit v_0 la vitesse de rotation à l'origine, on a évidemment $v_0 = o$. Si w_0 est la vitesse d'entrée de l'eau dans le tuyau, on a aussi $w_0 = o$.

Désignons par p la pression de l'eau entrant dans AB, c'est la pression hydrostatique on a donc

$$p = p_a + \pi \mathrm{H}$$

p_a étant la pression atmosphérique, π le poids du mètre cube d'eau et H la hauteur de l'eau dans le tuyau vertical.

Ceci dit, appliquons au mouvement relatif de l'eau, le théorème des forces vives dans le mouvement relatif.

Appelons W, la vitesse relative de sortie en CD ; l'on a

$$W^2 - W_0^2 = 2g\left(\frac{p}{\pi} - \frac{p'}{\pi}\right) + v^2 - v_0^2$$

v étant la vitesse de rotation à la circonférence.

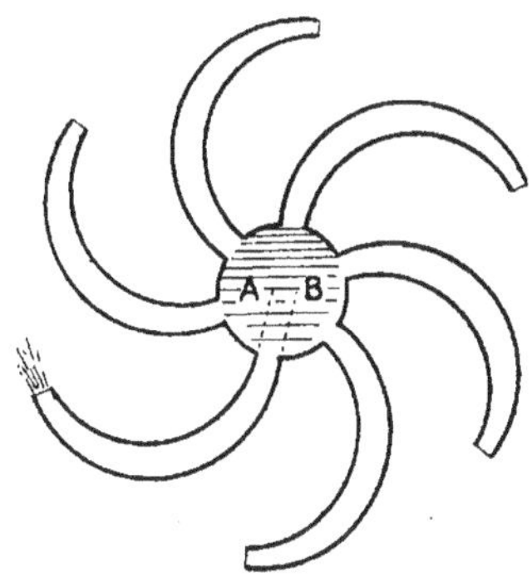

Fig. 121.

Or, W_0^2 et v_0^2 sont supposés nuls ; de plus.

$$\frac{p}{\pi} = \frac{p_a}{\pi} + \mathrm{H}$$

$$\frac{p'}{\pi} = \frac{p_a}{\pi}$$

En substituant dans l'équation, ces différentes valeurs il vient.

$$W^2 = 2g\mathrm{H} + v^2$$

ou $$W = \sqrt{2g\mathrm{H} + v^2}.$$

Si V_1 est la vitesse absolue de sortie de l'eau. on a :

$$V_1 = W - v$$

par suite $V_1 = \sqrt{2g\mathrm{H} + v^2 - v}$.

Désignons par T_u l'effet dynamique de la roue et admettons que le travail résistant soit dû à la vitesse absolue de sortie de l'eau, on aura :

$$T_u = PH - \frac{PV_1^2}{2g}$$

d'où $$R = \frac{T_u}{PH} = 1 - \frac{V_1^2}{2gH}$$

En remplaçant V_1 par sa valeur, il vient, après avoir simplifié :

$$R = \frac{T_u}{PH} = -\frac{v^2}{gH} + \frac{v}{\sqrt{gH}}\sqrt{2 + \frac{v^2}{gH}} \quad (1)$$

Tel est le rendement de la roue à réaction ; il ne dépend que de la vitesse v à la circonférence et même de :

$$\frac{v}{\sqrt{2gH}}.$$

On peut se proposer de calculer la vitesse v qui correspondrait à un rendement donné R ; pour cela posons

$$\frac{v}{\sqrt{2gH}} = x$$

l'équation (1) devient :

$$R = -x^2 + x\sqrt{2 + x^2},$$

et en effectuant on a successivement :

$$R + x^2 = x\sqrt{2 + x^2}$$

en élevant au carré

$$R^2 + 2Rx^2 + x^4 = 2x^2 + x^4$$

d'où, $$x^2 (2 - 2R) = R^2$$

et $$x = \frac{R}{\sqrt{2(1-R)}}.$$

En remplaçant x par sa valeur, on a :

$$v = \sqrt{gH} \times \frac{R}{\sqrt{2(1-R)}}.$$

Cette formule montre que la vitesse de la roue sera d'autant plus grande que le rendement R sera plus grand. A la limite si R était maximum, c'est-à-dire égal à l'unité, la vitesse v serait infinie. Si l'on admettait ce cas particulier, la théorie que nous avons donnée ne serait plus applicable puisque si v était infini, la vitesse de l'eau dans les canaux serait très grande, le volume débité aussi et alors la vitesse de l'eau dans le tuyau vertical que nous avons supposée négligeable, ne le serait plus.

Ces roues à réaction n'ont point été utilisées telles que nous venons de les décrire. Il serait, en effet, impossible de débiter avec ces roues, un volume d'eau, un peu considérable, dans les conditions que suppose la théorie précédente, c'est-à-dire sans que le frottement ne prît une très grande importance.

212. *Levier hydraulique.* — Le principe de la réaction a été appliqué en 1807 par un ingénieur français Mannoury d'Ectot, sur une roue qui porte son nom et que lui-même désignait sous le nom de levier hydraulique ou volant. Cet appareil représenté par la figure 122 n'est autre qu'un tourniquet hydraulique dont la partie centrale inférieure emboîte l'extrémité coudée d'un tuyau A par lequel arrive l'eau motrice. L'axe en bois situé au-dessus est relié au tourniquet, et repose sur un système

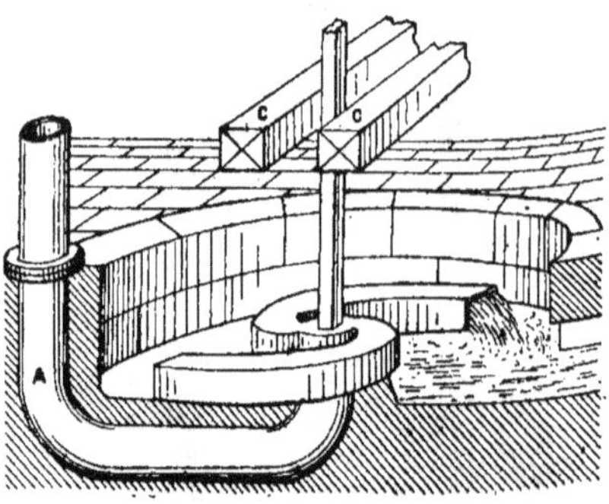

Fig. 122.

de galets coniques pouvant rouler sur une large plaque qui repose sur les poutrelles C, C; de cette façon le tourniquet se trouve suspendu. L'eau arrivant par le conduit A avec sa vitesse initiale, se répand dans les deux branches et s'écoule par les extrémités ouvertes.

La forme en développante de cercle donnée aux branches du tourniquet présente l'avantage de ne pas donner lieu à un changement de direction brusque, attendu que cette forme est la résultante du mouvement circulaire et de la force centrifuge.

Quelques-unes de ces machines ont été établies en France, et à cette époque elles obtinrent, sur les autres roues, un succès relatif.

213. *Roue d'Euler.* — La roue imaginée, vers 1754, par Léonard Euler, n'est autre qu'une roue à réaction, mais différente de celles dont nous avons parlé plus haut. Elle rappelle un peu, comme disposition, les turbines actuellement en usage.

Cette roue se compose (*fig.* 123) de deux vases ou récipients A et B superposés et concentriques; le premier est fixe et constitue le *distributeur* proprement dit, tandis que le second est mobile autour de l'axe D, c'est le *récepteur*.

L'eau est amenée dans le vase supérieur par un conduit C; ce vase présente une

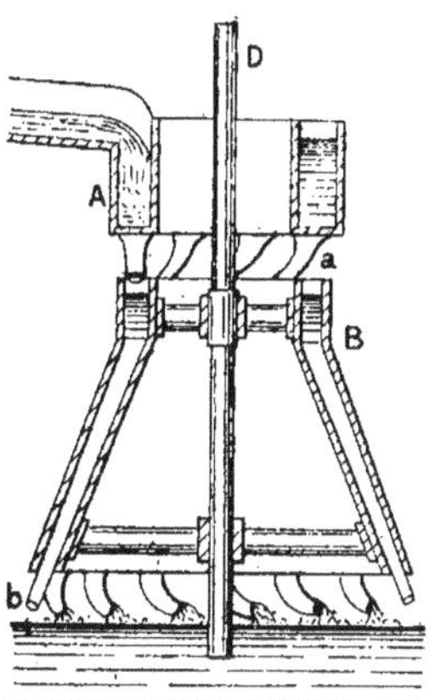

Fig. 123.

capacité annulaire, portant à la partie inférieure une série de tubes obliques *a* qui distribuent l'eau dans le vase inférieur. Le vase inférieur, présente un vide annulaire, duquel part une série de tuyaux coniques *b* dont les extrémités inférieures sont recourbées horizontalement suivant la voie circulaire.

Ces tuyaux sont maintenus dans des enveloppes métalliques minces qui composent le vase, de manière à former un corps solide qui ne présente que des surfaces lisses à l'air dans le mouvement de rotation.

On voit que l'écoulement de l'eau par les tuyaux *b* donne à l'appareil un mouvement de rotation en tout semblable à celui du tourniquet.

Cette roue modifiée par Albert Euler, sur les indications de son père permet d'établir une relation avec les turbines modernes, au point de vue de la superposition du distributeur et du récepteur, ainsi que de l'admission de l'eau sur toute la surface de la roue à la fois, et de même, l'écoulement par toute la circonférence.

214. *Turbine Burdin.* — Le nom de turbines appliqué aux moteurs hydrauliques à axe vertical a été donné par Burdin vers 1827, à la suite d'une étude très minutieuse qu'il fit sur les roues à palettes courbes dites de *Bélidor*, qui lui valurent une partie du prix de 6 000 francs proposé par la Société d'encouragement. Son mémoire s'étendait surtout sur un procédé qu'il appelait *évacuation alternative* et qui avait pour objet de faciliter le dégagement de l'eau à l'égard des turbines non immergées recevant l'eau du dessus au-dessous de la couronne mobile. Il fit établir aux moulins de Pont-Gibaud une turbine représentée par la figure 124 et dont voici la description d'après l'auteur. Elle se composait d'un disque annulaire en charpente, réuni à un axe en bois A, et muni à sa circonférence de conduits ou couloirs courbes *c*, présentant une obliquité avec les génératrices cylindriques du disque. Les couloirs *c* consistaient en des tubes en tôle, à section rectangulaire, maintenus entre deux couronnes de tôles rattachées au bâti circulaire en bois monté sur l'axe tournant.

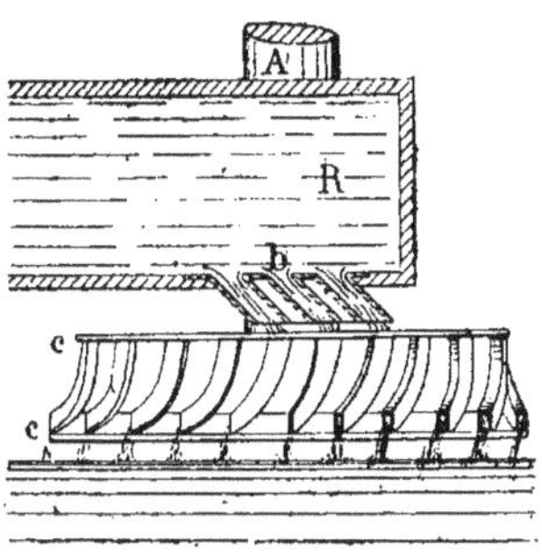

Fig. 124.

L'eau motrice était amenée par un réservoir clos R, d'où elle s'échappait par plusieurs orifices injecteurs *b* inclinés en sens contraire des couloirs *c* et disposés vis-à-vis de leur voie circulaire. L'angle formé par l'inclinaison des injecteurs et le premier élément concave des couloirs était un peu plus grand que 90 degrés.

Le fonctionnement de l'appareil est facile à comprendre. L'eau forcée dans le réservoir R par l'élévation de sa propre chute, s'échappe par les orifices injecteurs et rencontrant les orifices des couloirs s'y introduit, s'y écoule et s'échappe, par leur partie inférieure dans le bief d'aval. Chaque couloir fuit ainsi en raison de la rencontre des filets fluides et de la pesanteur et l'appareil entier prend un mouvement de rotation rapide sur lui-même, de telle sorte que la totalité des couloirs vient se présenter, dans un tour, aux orifices injecteurs. Pour faciliter le dégagement des couloirs et empêcher que leur évacuation ne se nuise réciproquement, Burdin avait imaginé d'en dévier deux sur trois, alternativement, à leur partie inférieure, de façon à leur faire verser l'eau en dehors et en dedans de la voie centrale correspondant à celle supérieure de l'introduction. C'est ce qu'il appelait *évacuation alternative*.

Les expériences faites sur cette turbine ont donné un effet supérieur au moteur qu'elle avait remplacé.

Elle dépensait 94 litres d'eau par seconde et faisait autant de travail que l'ancien moteur avec 280 litres sous la même chute, ce qui correspond à un rendement triple.

D'ailleurs les essais au frein ont montré que le rendement s'élevait à 0,67 de la puissance brute.

Dans son mémoire, Burdin donnait aussi un croquis d'un système de turbine à axe vertical et dite immergée, par la propriété qu'il lui attribuait de pouvoir tourner noyée complètement tout en donnant un bon effet utile. La disposition de ce moteur, dans son ensemble, rappelle celle adoptée par un élève de Burdin qui a su mettre si habilement ses leçons en pratique. C'est en effet à Fourneyron que l'on doit le premier moteur sérieux et véritablement pratique dans le genre turbine.

Avant de donner la théorie complète des turbines et les différentes modifications adoptées depuis un certain nombre d'années, nous donnerons la description des quatre genres employés, aujourd'hui, dans l'industrie savoir : les turbines Fourneyron, les turbines Fontaine, les turbines Koecklin et les turbines hydropneumatiques.

215. *Turbine centrifuge, dite de Fourneyron.* — Les études théoriques de Burdin ont été appliquées avec plein succès par son élève Fourneyron, que l'on regarde comme l'inventeur et le propagateur des turbines. C'est lui qui obtint le prix complet de 6000 francs dont nous parlons plus haut.

Voici en quoi consiste la disposition de cette turbine radiale (*fig.* 125).

L'eau du bief d'amont pénètre librement dans un cylindre qui descend jusqu'au-dessus du bief d'aval. Ce réservoir cylindrique est fermé à sa base; mais il est ouvert latéralement en *a*, sur tout son contour; en sorte que si rien ne s'y opposait, l'eau qui arrive dans le cylindre s'écoulerait par cette ouverture en formant une nappe continue qui s'étalerait dans tous les sens.

Une roue annulaire A est disposée horizontalement tout autour de l'ouverture dont nous venons de parler de manière à se présenter partout sur le passage de la nappe d'eau qui s'en échappe. On se fera une idée nette de cette roue en imaginant que ce soit la roue à aubes courbes de Poncelet qu'on a placée horizontalement après avoir enlevé les bras qui relient la couronne à l'arbre afin que le bas du réservoir C puisse pénétrer à son intérieur. Une sorte de calotte en fonte relie la roue à un arbre central F, qui s'élève verticalement en passant à l'intérieur d'un tuyau G disposé au milieu du réservoir.

La roue est ou non plongée dans l'eau du bief d'aval; le plus souvent la roue marche entièrement noyée. L'arbre F se termine inférieurement par un pivot qui s'appuie sur un levier K mobile autour du point *p*. Une tige L, articulée à l'extrémité du levier, se termine à sa partie supérieure par une vis dans laquelle s'engage un écrou qui permet d'élever ou d'abaisser à volonté l'arbre F, avec la

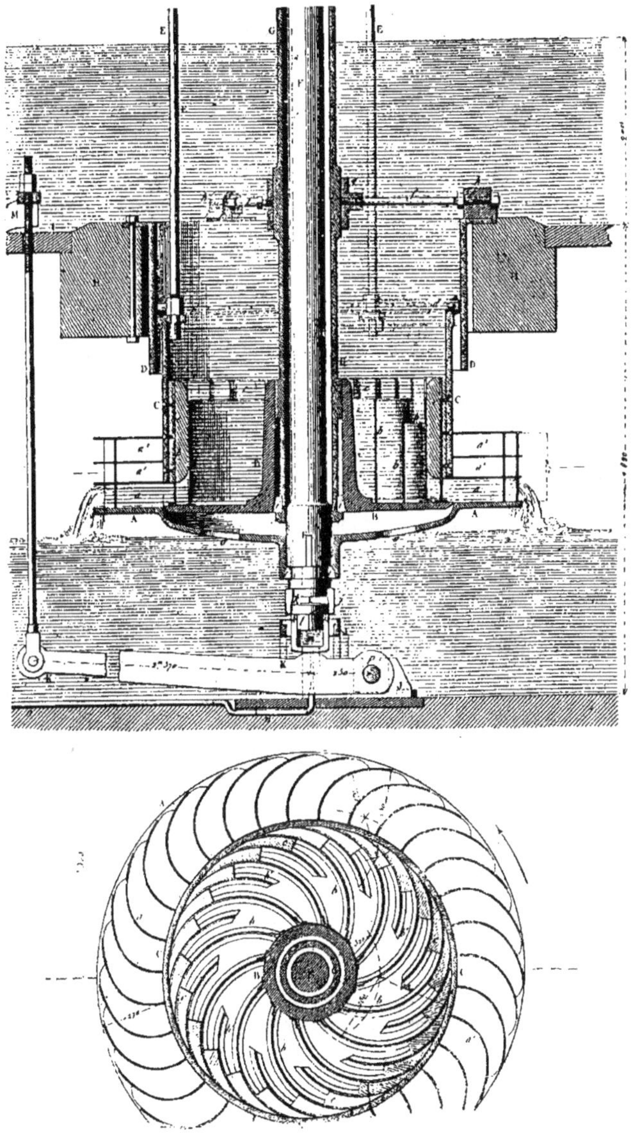

Fig. 125.

roue qu'il porte, de manière à amener la roue à être exactement en regard de l'ouverture par laquelle l'eau sort du réservoir.

L'immersion de la roue dans le bief inférieur n'empêche pas l'eau du réservoir de sortir par les ouvertures inférieures pour venir agir sur les aubes dont cette roue est munie sur tout son contour.

L'écoulement se produit en vertu de la différence de niveau dans les deux biefs. Si l'eau n'était pas dirigée dans son mouvement à l'intérieur du réservoir les molécules sortiraient en se mouvant perpendiculairement à la surface latérale de ce réservoir. En pénétrant de cette manière dans la roue, elles agiraient bien sur les aubes courbes et leur communiqueraient un mouvement de rotation; mais il serait difficile de disposer ces aubes de manière à satisfaire aux conditions générales que doit remplir un bon moteur hydraulique. C'est pour cela que Fourneyron à disposé à l'intérieur du réservoir des cloisons courbes B dont on voit la forme en projection horizontale qui est une coupe faite à la hauteur de la roue A. Il en résulte que l'eau sort du réservoir en se mouvant partout obliquement à sa surface; elle vient ainsi rencontrer les aubes qui s'opposent à la continuation de son mouvement et exercent sur elles, de tous côtés, des pressions qui font tourner la roue dans le sens indiqué par la flèche.

Une vanne cylindrique C existe à l'intérieur du réservoir sur tout son contour; cette vanne est destinée à rétrécir plus ou moins l'ouverture par laquelle l'eau sort de ce réservoir, pour se rendre dans la roue. A cet effet, elle peut être abaissée ou élevée à volonté au moyen de trois tringles E, verticales et munies à leur partie supérieure de filets de vis dans lesquels s'engagent des écrous qu'il suffit de faire tourner ensemble dans le sens convenable. Les bords inférieurs de cette vanne présentent une certaine épaisseur et sont arrondis afin d'évaser l'orifice de sortie du liquide pour diminuer la contraction.

Il semble que les aubes courbes de la turbine, qui se présentent à peu près normalement à la direction du mouvement de l'eau, doivent éprouver un choc de la part du liquide; et cependant il n'en est rien lorsque la turbine marche convenablement. Pour s'en rendre compte il faut observer que les choses ne se passent pas de la même manière que si les aubes étaient immobiles. Par suite du mouvement de la roue, les aubes fuient devant les filets liquides; elle ne peuvent recevoir d'action de leur part qu'en vertu de la vitesse relative que ces filets liquides possèdent par rapport à elles. Or, comme nous le verrons plus loin dans la théorie des turbines, les aubes sont disposées de manière que, lorsque la roue aura la vitesse de régime, la vitesse relative de l'eau par rapport à la roue soit dirigée suivant la tangente à chaque aube menée par son extrémité intérieure. Il résulte de là que l'eau entre dans la roue sans produire de choc. En se mouvant le long des aubes courbes, de l'intérieur à l'extérieur, elle exerce une pression en chaque point, en raison de ce que sa vitesse change constamment de direction. Enfin elle sort de la roue avec une vitesse relative dirigée en sens contraire du mouvement des aubes; et l'on conçoit que l'on puisse faire prendre à la turbine un mouvement tel, que la vitesse de sa circonférence extérieure soit précisément égale à cette vitesse relative. Si cette condition est remplie, l'eau, à sa sortie de la roue, ne sera animée que d'un mouvement insensible et viendra ainsi se mêler à celle au milieu de laquelle la roue est plongée; elle sera pour ainsi dire déposée sans vitesse par les aubes qui fuient sans l'entraîner.

On voit que la turbine Fourneyron peut satisfaire aussi bien que la roue Poncelet aux considérations générales indiquées pour le rendement maximum des récepteurs hydrauliques. Elle a sur la roue à aubes courbes un avantage bien marqué, qui consiste en ce que l'eau marche sur les aubes toujours dans le même sens, de l'intérieur à l'extérieur; tandis que, dans la roue Poncelet, l'eau entre dans chaque aube, monte le long de sa concavité, puis redescend, pour sortir par où elle était entrée; il en résulte que les diverses portions de la masse d'eau que contient chacune des aubes, n'entrant pas dans la roue exactement au même instant, se gênent mutuellement dans leur mouvement tant ascendant que descendant. Dans la turbine Fourneyron au contraire, les quantités d'eau qui agissent successivement sur une même aube se suivent sans se gêner, en raison de ce qu'elles marchent toujours dans le même sens.

Ajoutons à cela que, l'eau agissant en même temps sur toutes les aubes de la turbine, les pressions horizontales qu'elle exerce sur ces aubes ne tendent à entraîner l'axe de la roue ni d'un côté ni de l'autre ; et en conséquence ces pressions ne déterminent aucun frottement de l'arbre sur son pivot ni sur les corps qu'il touche en différents points de sa hauteur et qui sont destinés à le maintenir dans une position exactement verticale.

Ces circonstances qui ne peuvent pas être réalisées dans les roues à axe horizontal font que la turbine donne un meilleur résultat que la roue Poncelet. L'expérience montre que cette turbine utilise les 0,75 du travail moteur brut et que même dans certains cas, elle en utilise les 0,80.

La turbine Fourneyron présente encore les avantages suivants. D'abord elle peut fonctionner au milieu de l'eau du bief d'aval ; il résulte de cette disposition qui était généralement adoptée par Fourneyron, mais qui n'est pas indispensable :

1° Que la machine fonctionne toujours à l'époque des crues, comme au moment des basses eaux, sans qu'on ait à s'inquiéter de la hauteur plus ou moins grande du niveau de l'eau dans le bief d'aval ;

2° Que la totalité de la hauteur de chute est utilisée, ce qui n'aurait pas lieu si la roue devait être placée au-dessus du niveau dans le bief d'aval ;

3° Enfin, que la machine marche même au moment des fortes gelées puisque l'eau ne passe à l'état de glace qu'à la surface des cours d'eau.

Un autre avantage confirmé par de nombreuses expériences, consiste en ce qu'on peut faire varier sa vitesse dans des limites assez étendues, au-dessus et au-dessous de la vitesse normale, sans que le rapport du travail utilisé au travail moteur brut diminue beaucoup. Ce résultat a une très grande importance pour les cas où une turbine doit marcher toujours avec la même vitesse et où la hauteur de chute d'eau motrice varie. En effet, la vitesse d'une turbine, qui correspond au maximum d'effet utile, dépend de la hauteur de la chute ; elle augmente ou diminue en même temps que cette hauteur. Si la turbine marche toujours avec la même vitesse sous des hauteurs différentes, elle n'a pas constamment la vitesse capable de produire le maximum d'effet ; il est donc très important que la machine, fonctionnant avec une vitesse différente de cette vitesse particulière, fournisse des résultats qui approchent beaucoup du maximum d'effet qu'on pourrait en obtenir.

Enfin la turbine Fourneyron peut être adaptée à toute espèce de chute pourvu qu'on la dispose en conséquence, suivant la quantité d'eau plus ou moins grande qui doit agir sur elle, et la rapidité du mouvement qu'elle doit prendre. Citons une turbine de ce genre, établie à Saint-Blaise dans la Forêt Noire, qui est mise en mouvement par une chute de 108 mètres de hauteur ; cette turbine dont le diamètre n'est que de $0^m,55$ fait 2 300 tours par minute et a une force de 40 chevaux-vapeur ; elle utilise les 0,75 de la chute.

Dans une turbine construite à Gisors on a trouvé que sous une chute de $1^m,15$, la machine utilisait les 0,75 de la force de la chute ; que sous une chute de $0^m,62$ le rendement était 0,66 et enfin que sous la chute de $0^m,31$ elle utilisait encore les 0,60.

216. *Turbine en dessus dite turbine Fontaine.* — Avant d'indiquer les différentes modifications apportées aux deux types principaux des turbines et de donner la théorie générale de ces moteurs il est bon que le lecteur connaisse tout d'abord la description et le fontionnement des turbines Fourneyron et des turbines Fontaine, c'est pour cela que nous faisons suivre à la description de la première, celle de la seconde.

M. Fontaine (de Chartres) a donné à la turbine une disposition différente de celle adoptée par Fourneyron. Au lieu de faire descendre l'eau motrice dans un cylindre qui pénètre jusqu'au milieu de la roue, pour la faire sortir sur tout son contour et la faire marcher dans la

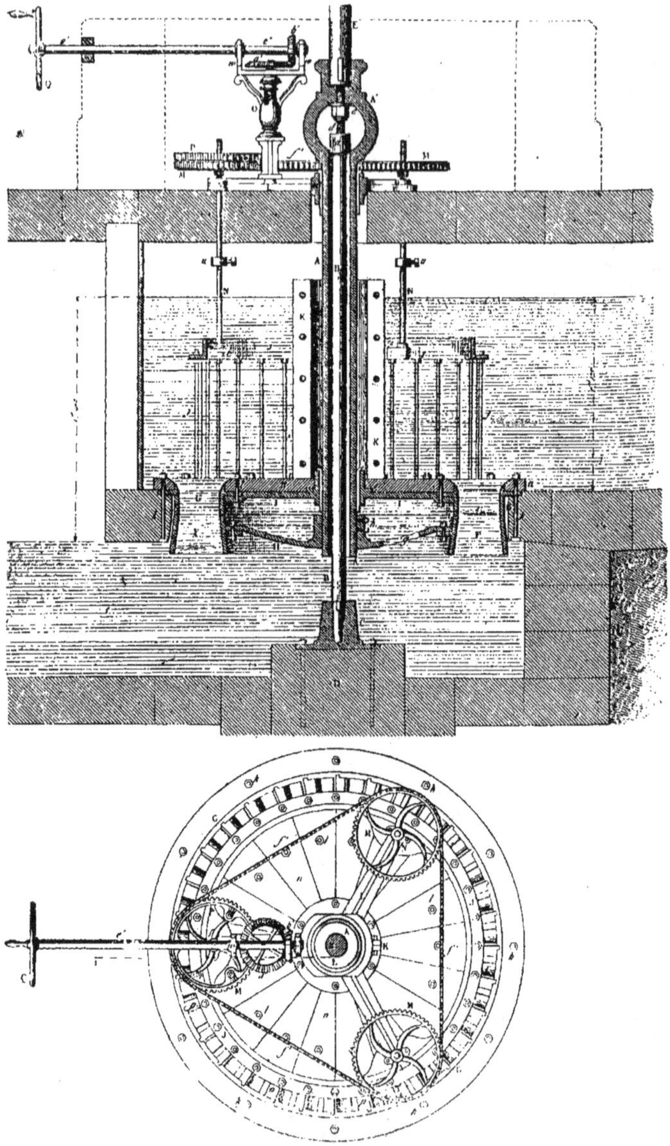

Fig. 126.

roue de l'intérieur à l'extérieur, il a imaginé de faire sortir l'eau du réservoir supérieur par une couronne annulaire G (*fig.* 126) pratiquée dans son fond, et de la faire agir de haut en bas dans la roue F, qui se trouve placée au-dessous de cette ouverture annulaire.

La roue est reliée, par une sorte de

calotte H, à un arbre vertical A, auquel elle communique son mouvement de rotation. Cet arbre est creux et enveloppe un arbre ou pieu B qui est solidement appuyé au fond du bief inférieur.

Ce pieu ne tourne pas avec la roue; mais il supporte en a, sur sa tête qui forme crapaudine, un pivot fixé à l'arbre A de la roue. Par cette disposition, la turbine est pour ainsi dire suspendue, et le pivot se trouvant hors de l'eau, on peut l'entretenir facilement dans un état convenable pour éviter le frottement et l'usure.

L'ouverture G, par laquelle l'eau sort du réservoir pour entrer dans la roue, est divisée, dans tout son contour, en un

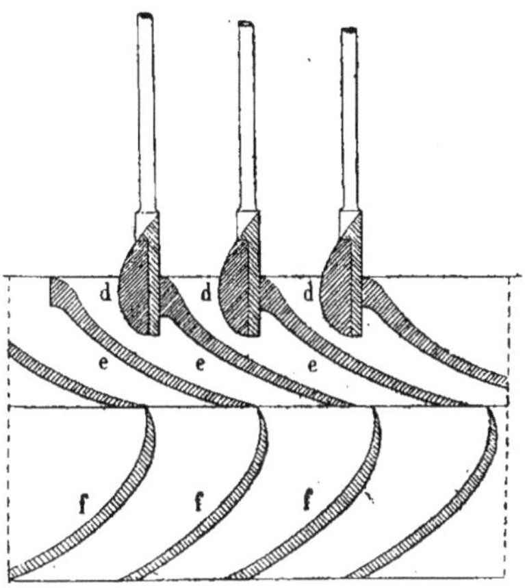

Fig. 127.

grand nombre d'orifices distincts, par des cloisons courbes destinées à diriger l'eau dans son mouvement. Chacun de ces orifices est muni d'une vanne spéciale à l'aide de laquelle on peut le fermer plus ou moins. Une couronne J réunit les extrémités supérieures des tiges J de ces diverses vannes; cette couronne est d'ailleurs soutenue par des tringles N à l'aide desquelles on peut la faire monter ou descendre; ce qui fait varier en même temps la grandeur des ouvertures par lesquelles l'eau peut s'écouler. La figure 127 montre la disposition des vannes d qui sont arrondies pour éviter les pertes de vitesse dues aux changements brusques de direction des filets liquides; e, e sont les cloisons courbes qui dirigent l'eau à sa sortie; f, f sont les aubes de la turbine, qui sont également courbes, mais dirigées en sens contraire des courbes directrices e,e.

La disposition que Fontaine a donnée à ses vannes fait disparaître en grande partie l'inconvénient signalé dans la turbine Fourneyron, et qui fait que le rendement de la machine diminue lorsqu'on ne fournit pas toute l'eau qu'elle est capable de dépenser.

Cette turbine est parfois improprement nommée *eulérienne*, peut-être parce que la roue d'Euler dépense l'eau verticalement et qu'elle se compose de deux vases superposés, l'un fixe et l'autre mobile (*fig.* 122); mais il est facile de signaler les différences existant entre ces deux machines, dont la première n'a, du reste, jamais existé que sur le papier, à part les essais de Burdin, tandis que celle de Fontaine est maintenant d'une application générale.

Somme toute, la turbine Fontaine et la turbine Fourneyron constituent les deux types modernes principaux sur lesquels toutes les autres turbines sont basées et en sont les dérivations plus ou moins proches.

En dehors du mode d'action de l'eau, ces deux types se distinguent encore par la forme des aubes; elles sont cylindriques dans la roue de Fourneyron et à peu près héliçoïdales dans le moteur de Fontaine.

217. *Turbine Koecklin-Jonval.* — Les turbines dont nous venons de parler sont placées d'une manière incommode pour les réparations qu'on peut avoir à faire. On ne peut atteindre la roue qu'en abaissant le niveau de l'eau dans le bief inférieur en établissant, momentanément, un barrage qui isole la portion de ce bief, où se trouve la roue, de tout le reste du cours d'eau, puis en agissant au moyen de pompes on enlève l'eau qui y est contenue.

La turbine Koecklin imaginée par Jonval et qui a été construite et perfectionnée par MM. A. Koecklin de Mulhouse présente une disposition particulière qui a pour objet de faire disparaître les difficultés de visites et de réparations.

Le principe de ce système est le suivant: Concevons que l'eau soit amenée du bief d'amont A (*fig.* 128), dans le bief d'aval B par un cylindre vertical C qui débouche dans l'un et dans l'autre de ces deux biefs; on pourra utiliser le travail développé par le passage de l'eau, dans ce cylindre, en installant à sa partie inférieure une des turbines précédentes. Mais au lieu de mettre la turbine au bas de cette chute, on peut aussi l'installer en un point quelconque de la hauteur du cylindre, pourvu que l'eau, en quittant la roue, et parcourant ensuite la portion de ce cylindre qui existe entre elle et le bief d'aval, ne soit mise en communication directe avec l'atmosphère qu'après qu'elle est arrivée dans le bief d'aval.

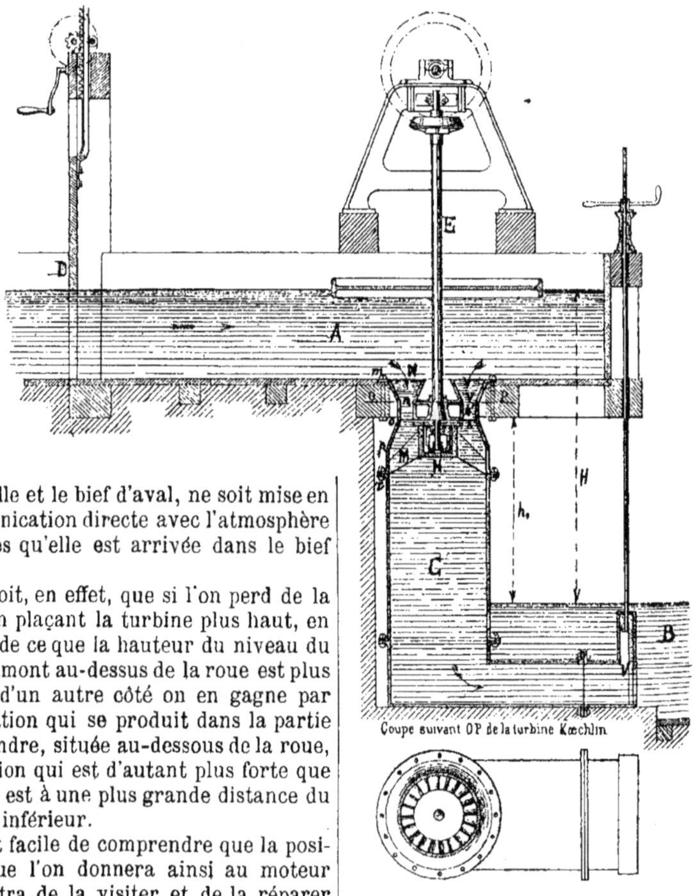

Fig. 128.

On voit, en effet, que si l'on perd de la force en plaçant la turbine plus haut, en raison de ce que la hauteur du niveau du bief d'amont au-dessus de la roue est plus petite, d'un autre côté on en gagne par l'aspiration qui se produit dans la partie du cylindre, située au-dessous de la roue, aspiration qui est d'autant plus forte que la roue est à une plus grande distance du niveau inférieur.

Il est facile de comprendre que la position que l'on donnera ainsi au moteur permettra de la visiter et de la réparer beaucoup plus facilement; car il suffira d'arrêter l'eau dans le niveau d'amont à l'aide d'une vanne D pour que le cylindre se vide compltèement et que la roue soit ainsi mise à sec.

La turbine ainsi placée dans le conduit verticale est analogue à celle de Fontaine; l'arbre E repose sur un support fixe H relié aux parois du canal vertical par un certain nombre de bras M. La roue est liée à l'arbre par des tourteaux en fonte dont on ne voit que la coupe méridienne. Des canaux distributeurs évasés N sont établis au-dessus. Les aubes fixes font corps d'une part avec une surface de révolution *mnopqr* qui est la génératrice et qui forme une paroi fixe; de l'autre avec des tourteaux également fixes qui enveloppent l'arbre en ne lui laissant que le jeu nécessaire.

La vanne V mise en mouvement par la tige T permet de régler le débit en ouvrant ou en rétrécissant l'orifice inférieur qui fait communiquer le cylindre vertical avec le bief d'aval.

Il résulte des expériences faites par Morin sur les turbines Jonval que ces roues peuvent rendre 0,72. L'abaissement de la vanne V produit toujours une diminution notable du rendement, fait encore inexpliqué. Si la dépense diminue d'une façon considérable pendant un certain temps, on garnit les intervalles des aubes par des coins obturateurs qui diminuent la section des canaux mobiles. Lorsqu'une moitié des canaux est ainsi garnie de ses obturateurs, le rendement est encore de 0,70; et il ne descend qu'à 0,63 lorsque tous les obturateurs sont placés.

Lorsque la dépense augmente de nouveau, on enlève facilement les obturateurs, après avoir mis à sec la roue et laissé écouler les eaux d'aval.

218. *Turbine hydropneumatique de MM. Girard et Callon.* — Nous avons signalé les avantages que présentent les turbines de pouvoir marcher sous l'eau, mais il en résulte cependant un inconvénient notable dans le cas où la turbine ne dépense pas toute l'eau pour laquelle elle a été construite. Si l'eau sort du réservoir à la fois par tous les orifices que l'on retient plus ou moins, suivant la quantité d'eau à dépenser, comme dans les turbines Fourneyron et Fontaine, elle ne remplit pas tout l'espace compris entre les aubes de la roue; le reste de cet espace est occupé par de l'eau du bief d'aval, lorsque la roue est noyée; cette eau ne fait que tourner avec la roue, et sa présence occasionne des remous qui donnent lieu à une perte notable du travail.

Si un certain nombre des orifices de sortie du réservoir ont été fermés, tandis que les autres sont restés entièrement ouverts comme dans la turbine Callon (qui remplacent la vanne unique de Fourneyron par un grand nombre de vannes partielles), l'intervalle des aubes de la roue se remplit bien complètement lorsqu'il passe devant un orifice ouvert; mais lorsque cet intervalle en tournant, vient à passer devant un orifice fermé, l'eau y éprouve un ralentissement brusque, par suite du vide que son mouvement tend à produire derrière elle.

Ces inconvénients ne se présenteraient pas si la turbine marchait hors de l'eau et si elle était disposée de manière que l'intervalle de ses aubes ne fut jamais complètement rempli par l'eau qui s'y introduit successivement; le reste de cet espace serait occupé par de l'air qui communiquerait librement avec l'air extérieur, et dont la présence ne gênerait en rien la marche de l'eau dans la concavité des aubes.

Pour réunir à la fois les avantages de la marche sous l'eau et ceux de la marche dans l'air, MM. Girard et Callon eurent l'idée de faire marcher les turbines dans l'air comprimé. Concevons qu'une turbine (*fig.* 129) soit installée au-dessus du niveau d'aval et qu'elle soit entièrement recouverte d'une espèce de cloche qui plonge dans l'eau et dont les bords se trouvent un peu plus bas que la partie inférieure de la roue. Si on foule de l'air dans cette cloche, le niveau de l'eau s'y abaissera de plus en plus, mais à partir du moment où ce niveau se sera abaissé jusqu'aux bords de la cloche, les nouvelles quantités d'eau introduites ne le feront pas baisser davantage; l'air excédant s'échappera par le bas de la cloche, et remontera dans l'atmosphère en traversant l'eau du bief d'aval.

A l'aide de cette disposition la roue ne sera pas noyée; elle se trouvera à une petite distance au-dessus du niveau de l'eau environnante, et elle sera toujours placée de même par rapport à ce niveau, quelle que soit la hauteur de l'eau dans le bief d'aval. Tel est le principe des *turbines hydropneumatiques*.

On se rend facilement compte de la manière dont l'eau agit dans une pareille turbine, en se reportant à ce qui a été dit sur l'écoulement d'un liquide par un orifice, lorsque la pression est plus grande à l'orifice que sur la surface libre du liquide dans le réservoir.

Si le niveau du bief d'aval est situé à 3 décimètres au-dessus des bords de la cloche qui contient la turbine, l'excès de la pression de l'air renfermé dans cette cloche sur l'air extérieur sera mesuré par une colonne d'eau de 3 décimètres de hauteur. Donc l'écoulement de l'eau du réservoir dans la turbine, et par conséquent dans l'air comprimé de la cloche, s'effectuera de la même manière que si cet air n'était pas comprimé et que le niveau du bief d'amont fût plus bas de 3 décimètres. Ainsi l'écoulement du liquide sera toujours dû à la hauteur de chute, c'est-à-dire à la différence de niveau des biefs d'amont et d'aval.

L'emploi de la cloche à air comprimé amène donc le même résultat que si, en laissant la roue où elle est installée, on abaissait à la fois les biefs d'amont et d'aval d'une même quantité, de manière à placer le niveau du dernier immédiatement au-dessous de la roue. On voit par là qu'une turbine hydropneumatique réunit l'avantage de marcher dans l'air à celui d'utiliser autant que possible la totalité de la hauteur de chute.

Dans la construction des turbines hydropneumatiques, on n'a pas besoin d'adopter des dimensions telles que l'intervalle des aubes de la roue soit complètement plein de liquide, lorsque la turbine dépense la plus grande quantité d'eau qu'on puisse lui donner. Il vaut même mieux qu'une partie de cet intervalle soit toujours occupée par de l'air communiquant librement avec l'air environnant, et que l'eau ne fasse que s'étaler en nappe dans la concavité de chaque aube. C'est ce qui fait, que, lorsqu'on n'a qu'une petite quantité d'eau à dépenser, on peut donner à la roue des dimensions plus grandes que celles qu'on lui aurait données sans cela, et que, par conséquent, on peut la faire tourner moins rapidement, ce qui est un avantage réel.

L'emploi des vannes partielles de M. Ch. Callon, appliquées soit aux turbines Fourneyron, soit aux turbines Fontaine, est alors préférable à la disposition qui consiste à rétrécir plus ou moins les orifices par lesquels l'eau passe du réservoir dans la roue en n'en fermant aucune complètement.

L'expérience a prouvé que les turbines établies de cette manière utilisent sensiblement la même fraction de la force de la chute ($0^m,75$) quelle que soit la quantité d'eau dépensée, ce qui est un résultat des plus importants.

Les premières expériences entreprises par MM. Girard et Callon dans le but de vérifier les avantages de l'hydropneumatisation des turbines ont été faites sur une turbine Fontaine de 30 chevaux. Il résulte de ces expériences que, lorsque la dite turbine marchait pleine d'eau, le frottement qu'elle éprouvait dans l'eau d'aval était de 4 $^0/_0$, c'est-à-dire qu'en représentant par 1 le travail de la turbine noyée, le travail de la turbine dénoyée était de 1,04.

Puis lorsqu'on réduisait la levée des vannes au tiers seulement de leur levée totale, cas auquel la veine commençait à pouvoir dévier librement l'hydropneumatisation de la turbine augmentait de 40 $^0/_0$, c'est-à-dire dix fois plus que dans le premier cas, le travail qu'elle transmettait étant noyée.

La conclusion à tirer de ces expériences était facile ; c'est qu'en construisant une turbine hydropneumatique et à *vannes partielles*, où par suite la libre déviation pourrait toujours avoir lieu, toute perte de travail par les tourbillonnements serait désormais évitée ; que l'on obtiendrait donc quelque fût le volume d'eau dépensé par la turbine, un rendement constant, sauf la légère influence due au frottement du pivot et du collet de l'arbre.

On parvient à maintenir une atmosphère d'air comprimé dans la cloche qui recouvre la roue, au moyen d'une pompe foulante à air, que la turbine elle-même fait mouvoir pendant tout le temps qu'elle marche. Les nouvelles quantités d'air introduites ainsi constamment compensent les pertes qui proviennent soit des fuites qui peuvent exister, soit de ce que l'eau entraîne de l'air avec elle ; mais la pompe en fournit toujours un excès qui s'échappe en passant sous les bords de la cloche, de sorte qu'on est sûr que le niveau de l'eau près de la turbine correspond toujours à ses bords.

La figure 129 représente la coupe verticale d'une turbine Fontaine sur laquelle est appliquée l'hydropneumatisation ; pour cela l'espace compris au-dessous du plancher est clos hermétiquement, et se trouve terminé par une petite vanne P placée à une certaine distance et qui partant du plancher de la chambre d'eau, s'abaisse au dessous, un peu plus bas que le plan inférieur de la couronne mobile F.

L'air refoulé par la pompe arrive par un conduit *a* débouchant dans cet espace par la partie supérieure du plateau G des directrices ; un autre conduit *b* partant du même plateau, établit une communication facile entre cette partie et celle qui peut être comprise entre le cadre en charpente et la vanne P.

Nous profitons de la figure 129 pour indiquer l'un des mécanismes employés à la manœuvre des vannes partielles.

Une poulie horizontale K montée sur un collet spécial, concentriquement à l'arbre moteur A, porte à sa circonférence deux gorges ou rainures se raccordant l'une à l'autre aux deux extrémités d'un même diamètre par des courbes en forme de doucines. Toutes les tiges *j* des

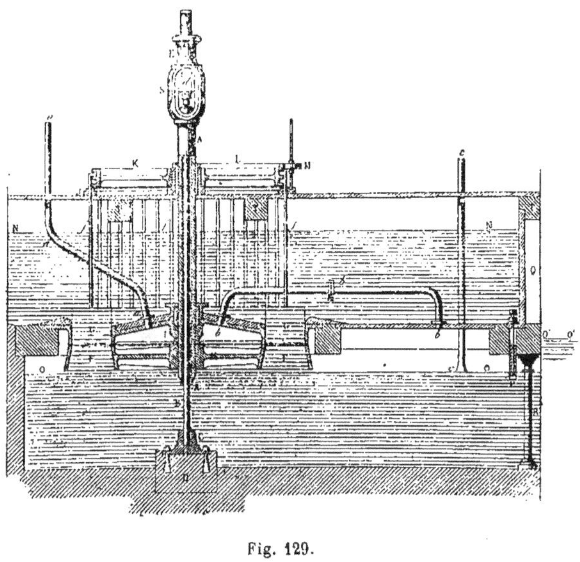

Fig. 129.

vannes G sont guidées à leur partie supérieure par une couronne J, qui est percée de trous pour leur passage ; elles portent au-dessus de cette couronne un petit talon qui s'engage dans les gorges de la poulie K. Lorsque ces talons sont dans la gorge inférieure, toutes les vannes sont fermées ; si alors, on fait tourner la poulie K à l'aide du pignon M les talons qui sont engagés près des rainures en doucine, suivront ces courbes et, amenés dans la gorge supérieure, se trouveront soulevés d'une quantité correspondante à l'écartement de ces deux gorges.

On pourra ainsi soulever deux, quatre, six, etc., vannes diamétralement opposées suivant l'angle de rotation de la poulie. Si on fait faire à cette poulie une demi-révolution complète, toutes les vannes seront levées et leurs talons engagés dans la gorge supérieure.

En tournant la poulie en sens contraire, on fera descendre les vannes de la même façon qu'elles ont été soulevées.

Théorie de la turbine Fontaine.

219. Pour reconnaître les conditions du meilleur fonctionnement des turbines, nous suivons l'eau depuis le niveau d'amont jusqu'au niveau d'aval, en supposant que les pertes dues aux tourbillonnements ou aux frottements peuvent être négligées, par suite des précautions qui peuvent être prises pour éviter les changements brusques de section, et l'exiguité des parcours.

Pour trouver l'effet dynamique de la chute, suivons la marche habituelle. Considérons donc les deux sections *ab* et *cd*, où le mouvement a lieu par filets parallèles et appliquons le théorème du travail d'une chute d'eau (*fig.* 130).

$$T_u = PH + \frac{PU_0^2}{2g} - \frac{PU_1^2}{2g} - T_f.$$

Les vitesses U_0 et U_1 sont très faibles, et par suite les termes qui les renferment. Ces termes sont, de plus, de signe contraire; leur différence est donc négligeable; et la formule peut se mettre sous la forme plus simple

$$T_u = PH - T_f.$$

220. *Calcul de* T_f. — Le terme T_f contient le travail perdu en agitations et en frottements, depuis *ab* jusqu'à l'entrée GDGH, celui perdu dans l'intérieur; enfin, celui perdu de la sortie IKLM à *cd*.

Au lieu de considérer un cas général, appliquons la théorie en supposant la turbine établie de telle manière que de *ab* à la sortie de l'eau en IKLM, il n'y ait aucun remous, ni agitations. Alors le calcul de l'effet dynamique aura pour but, non seulement de trouver l'effet, mais encore de trouver la disposition de la turbine pour qu'il n'y ait pas de travail perdu.

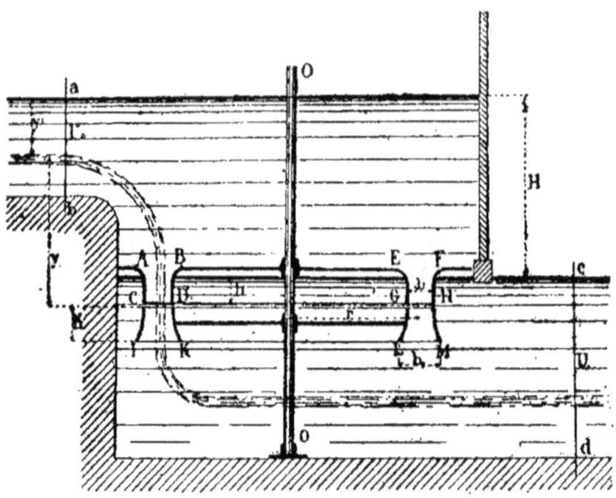

Fig. 130.

Considérons un filet liquide de *ab* en *cd*.

Si nous examinons le mouvement de l'eau de *ab* à l'entrée de l'eau, pour qu'il n'y ait pas d'agitations, il suffit qu'à l'entrée de l'eau dans la chambre d'eau le canal soit suffisamment arrondi, il n'y aura pas alors de remous.

Quand l'eau pénètre dans la couronne fixe, il faut qu'elle rencontre des aubes ayant une faible épaisseur, sans quoi il se produirait des agitations, des frottements et comme conséquence une perte de travail; c'est pour cela que les aubes sont très minces et même terminées en pointe.

Pour éviter les agitations à l'entrée dans la couronne mobile, il faut que le premier élément de l'aube soit dirigé suivant la vitesse relative de l'eau, et pour qu'il n'y en ait pas dans l'intérieur, il faut que l'angle que le premier élément fait avec l'horizontale, soit le même que celui de cette vitesse relative avec la même horizontale.

Ces conditions pouvant être remplies, on voit qu'on peut négliger les deux premiers termes de T_f, il n'y a donc qu'à s'occuper de la dernière partie t_f de T_f.

Si V_1 est la vitesse absolue de sortie de la turbine, on aura

$$T_u = PH - t_f = PH - \frac{PV_1^2}{2g}.$$

Cette vitesse absolue V_1 de sortie est la résultante de la vitesse relative W_1 et de la vitesse d'entraînement V; la vitesse W_1 est la résultante de la vitesse relative W d'entrée de l'eau et de la vitesse V_0 de l'eau (*fig.* 131).

Le théorème de Bernouilli donne

$$(1) \quad V_0^2 = 2g\left(H + h + \frac{p_a - p}{\pi}\right)$$

car l'on a :

$$\frac{V_0^2}{2g} - 0 = y + y' + \frac{p_a}{\pi} - \frac{p}{\pi}$$

π représentant la densité du liquide.

Indiquons que le premier élément de l'aube est tangent à la vitesse relative, par la relation que donne le parallélogramme

$$(2) \quad \frac{V}{V_1} = \frac{\sin(\beta + \theta)}{\sin\theta}.$$

On a également,

$$(3) \quad W^2 = V_0^2 + V^2 - 2V_0V\cos\beta$$

pour un filet qui se déplace de QS en Q'S', on a :

$$\frac{1}{2}m(W_1^2 - W^2) = ...$$

Dans le second membre de cette égalité, nous avons :

1° Le travail de la pesanteur mgh';

2° Les pressions en Q et en S qui sont $\frac{pmg}{\pi}$ et $-\frac{p'mg}{\pi}$

ce qui donne,

$$\frac{1}{2}m(W_1^2 - W^2) = mgh' + \frac{pmg}{\pi} - \frac{p'mg}{\pi}.$$

Le travail d'inertie se trouve être nul ici, parce que le mouvement des molécules se fait perpendiculairement au rayon.

L'équation ci-dessus simplifiée peut s'écrire

$$\frac{W_1^2}{2g} - \frac{W^2}{2g} = h' + \frac{p - p'}{\pi}$$

d'où l'on tire :

$$W_1^2 = W^2 + 2g\left(h' + \frac{p - p'}{\pi}\right). \quad (4)$$

Si nous admettons une vitesse de sortie très faible, ce qui correspond au plus grand rendement possible, nous pouvons admettre que la pression en IHLM a lieu suivant la loi hydrostatique, alors

$$p' = p_a + \pi(h - h')$$

et en substituant dans l'équation (4) on a

$$W_1^2 = W^2 + 2g\left(\frac{p - p_a}{\pi} - h\right) \quad (4')$$

La vitesse W_1 étant connue, on a pour V_1

$$V_1^2 = W_1^2 + V^2 - 2W_1V\cos\gamma. \quad (5)$$

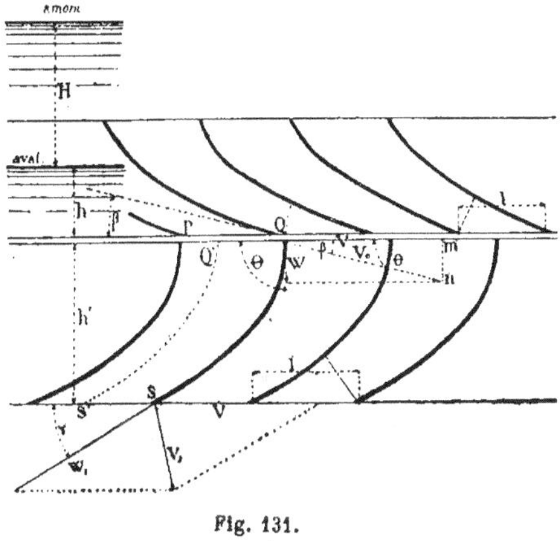

Fig. 131.

Cette vitesse V_1 doit être minimum, pour cela il faut que $W_1 = V$ et que $\cos\gamma = 1$, autrement dit que l'angle γ tende vers zéro; alors V_1^2 tend vers zéro.

A ces relations il y a alors les deux suivantes à ajouter

$$\left.\begin{array}{l} W_1 = V \\ \gamma \text{ tend vers zéro} \end{array}\right\} \quad (6)$$

Pour exprimer qu'il n'y a pas d'agitations du fait de l'entrée de l'eau du bief d'amont dans la roue, il faut exprimer que le débit a lieu à plein orifice et que le volume sortant égale le volume rentrant.

Soient b_1 et b les largeurs des orifices de sortie et d'entrée et l la distance de deux aubes.

Le volume entrant est $V_0bl \sin \beta$.

Le volume sortant est $W_1 b_1 \, l \sin \gamma$.

En égalant on a:

$$b V_0 \sin \beta = b_1 W_1 \sin \gamma \qquad (7)$$

Il y a encore une condition pour qu'il n'y ait pas d'agitation ; c'est celle relative à la pression. Les couronnes ne se touchant pas, il existe entre elles un petit espace, dans lequel la pression p doit être égale à $p_a + \pi h$, sans quoi l'eau sortirait directement par ce plan de séparation, ou entrerait si la pression y était supérieure ou inférieure à la pression du dehors. On a donc, à l'entrée de l'eau dans la roue:

$$p = p_a + \pi h. \qquad (8)$$

Additionnons membre à membre les équations (1), (3), (4'), il vient

$$V_0^2 + W^2 + W_1^2 = 2g\left(H + h + \frac{p_a - p}{\pi}\right) + V_0^2 + V^2 - 2V_0V \cos \beta + W^2 + 2g\left(\frac{p - p_a}{\pi} - h\right).$$

Cette égalité simplifiée devient :

$$W_1^2 = 2gH + V^2 - 2V_0V \cos \beta.$$

Or, d'après l'egalité (6) $W_1 = V$, donc,

$$0 = 2gH = 2V_0V \cos \beta$$

ou

$$2gH - 2V_0V \cos \beta.$$

Considérons maintenant l'équation (7) et remplaçons W_1 par V, cela donne :

$$\frac{V}{V_0} = \frac{b \sin \beta}{b_1 \sin \gamma}.$$

Multiplions membre à membre les deux dernières équations obtenues, on a

$$2gH \frac{V}{V_0} = \frac{2b \sin \beta}{b_1 \sin \gamma} V_0V \cos \beta$$

d'où l'on tire :

$$V_0^2 = gH \times \frac{b_1}{b} \times \frac{\sin \gamma}{\sin \beta \cos \beta}$$

et enfin, en remarquant que $\sin 2\beta = 2 \sin \beta \cos \beta$

$$(a) \qquad V_0^2 = 2gH \frac{b_1}{b} \frac{\sin \gamma}{\sin 2\beta}.$$

Si au lieu de multiplier, on divisait, on aurait :

$$(b) \quad V^2 = gH \frac{b}{b_1} \frac{\sin \beta}{\cos \beta \sin \gamma} = gH \frac{b}{b_1} \frac{\operatorname{tg} \beta}{\sin \gamma}.$$

Combinons maintenant les équations 5) et (6), on a en remplaçant W_1 par V,

$$V_1^2 = 2V^2 (1 - \cos \gamma)$$

En remplaçant dans cette formule, V^2 par sa valeur donnée dans l'égalité (b), il vient

$$V_1^2 = 2gH \frac{b}{b_1} \operatorname{tg} \beta \frac{1 - \cos \gamma}{\sin \gamma}$$

ou en remplaçant

$$\frac{1 - \cos \gamma}{\sin \gamma} = \operatorname{tg} \frac{\gamma}{2}$$

$$(c) \qquad V_1^2 = 2gH \frac{b}{b_1} \operatorname{tg} \beta \operatorname{tg} \frac{\gamma}{2}.$$

221. *Volume d'eau que peut dépenser la turbine.* — Représentons par Q le volume d'eau que peut dépenser la turbine, c'est-à-dire le volume qui sort à l'extrémité de la couronne fixe. Ce volume a pour expression

$$Q = 2K\pi r b V_0 \sin \beta$$

dans laquelle r est le rayon moyen de la couronne, K un coefficient tenant compte de la diminution de la section droite d'entrée.

Remplaçons V_0 par sa valeur tirée de l'équation (a) il vient

$$Q = 2K\pi r b \sqrt{2gH \frac{b_1 \sin \gamma}{b \sin 2\beta}} \times \sin \beta$$

Mais $\qquad b \sqrt{\frac{b_1}{b}} = \sqrt{b_1 b}.$

Cette équation peut se modifier en remarquant que,

$$\sqrt{\frac{2 \sin \gamma}{\sin 2\beta}} \sin \beta = \frac{2 \sin \gamma \overline{\sin \beta}^2}{2 \sin \beta \cos \beta} = \sin \gamma \operatorname{tg} \beta$$

donc, $Q = 2K\pi r \sqrt{b_1 b} \sqrt{gH \operatorname{tg} \beta \sin \gamma}$. ($d$)

On pourrait arriver aussi à cette formule, en exprimant le volume débité par les aubes à leur sortie, au moyen de l'équation (7).

222. *Effet dynamique.* — Nous avons vu que l'effet dynamique est donné par l'expression.

$$T_u = PH - T'$$

T' étant pris égal à la puissance vive de l'eau emportée à la sortie, c'est-à-dire :

$$T' = \frac{PV_1^2}{2g}$$

ou en remplaçant V_1^2 de la formule c

$$T_r = \frac{P}{2g}\left(2gH \frac{b}{b_1} \operatorname{tg} \beta \operatorname{tg} \frac{\gamma}{2}\right)$$

et en simplifiant,

$$T_f = PH \frac{b}{b_1} \operatorname{tg} \beta \operatorname{tg} \frac{\gamma}{2}$$

on a donc :

$$(e) \qquad T_u = PH\left(1 - \frac{b}{b_1} \operatorname{tg} \beta \operatorname{tg} \frac{\gamma}{2}\right).$$

Cette équation peut se mettre sous une autre forme, en remplaçant le poids P par le produit du volume Q par la densité δ, ce qui donne :

$$T_u = \delta H \sqrt{H}.\ 2K\pi r \sqrt{b_1 b}\ \sqrt{g}.\ \operatorname{tg} \beta \sin \gamma \left(1 - \frac{b}{b_1} \operatorname{tg} \beta \operatorname{tg} \frac{\gamma}{2}\right).$$

Enfin le rendement m sera :

$$\frac{T_u}{PH} = m = \left(1 - \frac{b}{b_1} \operatorname{tg} \beta \operatorname{tg} \frac{\gamma}{2}\right). \qquad (e')$$

Considérons maintenant les équations (2) et (7)

$$\frac{V}{V_0} = \frac{\sin(\beta + \theta)}{\sin \theta} \qquad (2)$$

$$\frac{W_1}{V_0} = \frac{b \sin \beta}{b_1 \sin \gamma}, \qquad (7)$$

cette dernière devient en remplaçant W_1 par V

$$\frac{V}{V_0} = \frac{b \sin \beta}{b_1 \sin \gamma}.$$

Et à cause du rapport commun $\frac{V}{V_0}$

$$\frac{\sin(\beta + \theta)}{\sin \theta} = \frac{b.\ \sin \beta}{b_1 \sin \gamma}. \qquad (f)$$

Cette équation indique qu'il n'y a pas d'agitation à l'entrée et que l'écoulement est à plein orifice à la sortie puisqu'elle est déduite des équations (2) et (7). La troisième condition donnée par l'équation (8) indique qu'il n'y pas de rentrée de l'eau dans la turbine. Dans cette équation remplaçons $\frac{p}{\pi}$ par sa valeur déduite de l'équation (1) ; il vient :

$$(1) \qquad V_0^2 = 2g\left(H + h + \frac{p_a}{\pi} - \frac{p}{\pi}\right)$$

d'où,

$$\frac{p}{\pi} = H + h + \frac{p_a}{\pi} - \frac{V_0^2}{2g}$$

ou en remplaçant $\frac{V_0^2}{2g}$ par sa valeur prise dans l'équation (a)

$$\frac{p}{\pi} = H + h + \frac{p_a}{\pi} - H \frac{b_1}{b} \frac{\sin \gamma}{\sin 2\beta}$$

d'où en substituant dans l'équation (8)

$$\frac{p_a}{\pi} + h = H + h + \frac{p_a}{\pi} - H \frac{b_1}{b} \frac{\sin \gamma}{\sin 2\beta}$$

et en simplifiant

$$0 = H\left(1 - \frac{b_1}{b} \frac{\sin \gamma}{\sin 2\beta}\right).$$

Le second nombre de cette égalité ne peut être nul que si :

$$1 - \frac{b_1}{b} \frac{\sin \gamma}{\sin 2\beta} = 0$$

d'où $\qquad b \sin 2\beta = b_1 \sin \gamma. \qquad (g)$

On voit donc que les équations (f) et (g) sont les équations de condition pour qu'il n'y ait pas d'agitation, ni à l'entrée ni à l'intérieur de la turbine.

Elles peuvent être remplacées par deux autres intéressantes à connaître, parce qu'elles sont plus simples ; pour cela, remplaçons $b_1 \sin \gamma$ par $b \sin 2\beta$ dans l'équation (f); celle-ci peut alors s'écrire :

$$\frac{\sin(\beta + \theta)}{\sin \theta} = \frac{b \sin \beta}{b \sin 2\beta}$$

ou

$$\frac{\sin(\theta + \beta)}{\sin \theta} = \frac{\sin \beta}{2 \sin \beta \cos \beta}$$

et successivement

$$2 \sin(\theta + \beta) \cos \beta = \sin \theta$$

$$2 \sin \theta \cos^2 \beta + 2 \cos \theta \sin \beta \cos \beta = \sin \theta$$

$$\sin \theta (2 \cos^2 \beta - 1) + \cos \theta \sin 2\beta = 0$$

$$\sin \theta (\cos^2 \beta - \sin^2 \beta) + \cos \theta \sin 2\beta = 0$$

$$\sin \theta \cos 2\beta + \cos \theta \sin 2\beta = 0$$

$$\sin(\theta + 2\beta) = 0.$$

Cette égalité aura lieu si

$$\theta = 0 \quad \text{et} \quad \beta = 0$$

ou si $\qquad \theta + 2\beta = 180° \qquad (f_1)$

cette équation (f_1) réunie à l'équation (g) donne le groupe :

$$\theta + 2\beta = 180 \qquad (f_1)$$

$$b \sin 2\beta = b_1 \sin \gamma. \qquad (g)$$

Telles sont les équations qui correspondent au meilleur rendement, nous allons voir le parti qu'on peut en tirer, dans les problèmes suivants.

Premier problème.

223. *Une turbine étant donnée, s'assurer d'abord si elle fonctionne dans les conditions de rendement maximum, c'est-à-dire s'il n'y a pas d'agitation dans la couronne mobile. Calculer la vitesse pour* *le rendement maximum et le volume à dépenser pour atteindre le même but.*

Nous admettrons comme nous l'avons fait dans la théorie précédente que la turbine est noyée, sans quoi l'équation (7) n'aurait pas la forme trouvée.

La vérification consistera alors à s'assurer que les données géométriques satisfont les équations.

$$(f)\ (g) \quad \text{et} \quad (f_1)\ (g).$$

Cela constaté, il faut que la vitesse soit celle indiquée par l'équation (*b*) et que la turbine ait à dépenser le volume donné par l'équation (*d*). Le problème sera ainsi résolu; cependant, en poussant l'analyse plus loin, il peut se faire que l'on ne trouve pas le rendement maximum, parce que dans les équations entrent des conditions formulées par le sentiment et non tout à fait algébriques. Ainsi d'après les formules, les conditions

$$\theta > 0 \text{ et } \gamma \text{ très petit}$$

paraissent de bonnes conditions.

Cela n'a pas lieu, car alors il y aurait un vide entre l'aube et l'eau, et la turbine étant noyée il y aurait là une cause d'agitation qui ne permettrait pas d'appliquer ces équations.

Deuxième problème.

224. *Proposons-nous d'établir une turbine qui dépense un poids d'eau donnée dans les conditions du rendement maximum.*

Admettons toujours que la discussion de l'établissement du moteur conduise à une turbine noyée, afin de pouvoir appliquer les formules. Malgré le grand nombre d'équations établies, le problème est indéterminé; en effet les inconnues sont au nombre de neuf, savoir.

$$\theta,\ \beta,\ \gamma,\ b,\ b_1,\ h,\ h',\ \mathrm{V} \text{ et } r$$

et nous n'avons à notre disposition que les équations de condition (*f*) et (*g*) ou (*f'*) et (*g*) et les équations (*b*) et (*d*) qui donnent, la première la vitesse, et la seconde, le volume.

En résumé, on a 4 équations seulement; il faudra donc, après une discussion se donner cinq quantités convenables.

Cependant l'angle γ peut sensiblement se fixer *a priori*, si l'on a toujours égard à ce que la turbine est noyée, et qu'il ne doit pas y avoir de remous.

Nous avons vu que lorsque γ tendait vers zéro, le rendement tendait vers l'unité; mais si cet angle devient trop petit, l'équation (*d*) et la formule de l'effet utile (*e*) montrent que le volume débité devient trop faible et diminue le rendement. L'expérience indique pour γ une valeur comprise entre 20 degrés à 25 degrés.

L'angle γ étant choisi, et la turbine noyée, il ne faut pas avoir d'angles rentrants, si l'on veut éviter les agitations et les remous. On devra donc faire $\theta < 90$ degrés, ou au maximum égal à 90 degrés. Connaissant γ et θ, on a par le fait l'angle β.

Quant au rapport $\frac{b}{b_1}$, considérons l'équation du rendement (*e'*); sa discussion montre que pour avoir un grand rendement, il faut que $\frac{b}{b_1}$ tende vers zéro, c'est-à-dire que b_1 doit être aussi grand que possible par rapport à b. Il y a cependant une limite à observer, car si la base était trop large il y aurait un vide par lequel l'eau d'aval s'introduirait. Ce rapport $\frac{b}{b_1}$ se détermine par l'expérience, généralement $b_1 = 1{,}10\ b$.

Les quantités h et $\frac{b}{r}$ se déterminent aussi par l'expérience.

D'après ce qui vient d'être dit, on a ainsi cinq quantités données, et les équations de condition donnent les quatre autres.

225. *Méthode par comparaison.* — Il y a une méthode très simple dite par comparaison qui consiste à comparer la turbine à établir, à une turbine existante et fonctionnant dans les meilleures conditions de rendement et noyée.

Supposons qu'on veuille en établir une, dépensant un poids P sous une chute H.

Avant de résoudre cette méthode comparative, voyons les relations suivantes.

1° Les équations (f_1) et (*g*) étant indépendantes de la chute H, il en résulte qu'une turbine sera toujours placée dans les meilleures conditions sur toutes les chutes; seulement elle prendra une vitesse différente et le volume débité sera différent aussi.

Considérons la formule (b) qui donne la vitesse V :

$$V^2 = gH \frac{b}{b_1} \frac{\operatorname{tg} \beta}{\sin \gamma} \qquad (b)$$

si nous l'appliquions à une turbine ayant pour vitesse et pour chute respectives V, V' et H, H' on aura :

$$V^2 = gH \frac{b}{b_1} \frac{\operatorname{tg} \beta}{\sin \gamma}$$

$$V'^2 = gH' \frac{b}{b_1} \frac{\operatorname{tg} \beta}{\sin \gamma}$$

ou en divisant membre à membre

$$\frac{V}{V'} = \sqrt{\frac{H}{H'}}.$$

De même en considérant les volumes Q et Q' à dépenser sous les chutes H, et H', l'équation (d).

$$Q = 2K\pi r \sqrt{b_1 b} \sqrt{gH \operatorname{tg} \beta \sin \gamma} \qquad (d)$$

appliquée à la turbine donnera :

$$\frac{Q}{Q'} = \sqrt{\frac{H}{H'}}.$$

2° Considérons maintenant le cas de turbines semblables, c'est-à-dire ayant leurs angles égaux et leurs dimensions homologues dans le même rapport.

Supposons que placées sous la même chute, elles fonctionnent dans les meilleures conditions.

L'équation (b) nous montre que les vitesses seront les mêmes; donc, pour ces deux turbines, le rapport des nombres de tours sont dans le rapport inverse des rayons, car on a, en désignant par N, N' ces nombre de tours; par r, r' les rayons; ω et ω' les vitesses angulaires :

$$V = \omega r = \frac{\pi N}{30} r$$

$$V' = \omega' r' = \frac{\pi N'}{30} r'$$

comme V = V', il en résulte que :

$$\frac{N}{N'} = \frac{r'}{r}.$$

L'équation (d) de la dépense, montre que, pour deux turbines semblables et sous la même chute, le débit varie avec r et $\sqrt{b_1 b}$.

Appelons n le rapport $\frac{b}{r}$, et m le rapport $\frac{b_1}{r}$, on aura pour chaque turbine :

$$n = \frac{b}{r} \qquad m = \frac{b_1}{r}$$

$$n' = \frac{b'}{r'} \qquad m' = \frac{b'_1}{r'}$$

Or, les turbines étant semblables, on a :

$$\frac{b}{r} = \frac{b'}{r'} \quad \text{et} \quad \frac{b_1}{r} = \frac{b'_1}{r'}$$

ou $\qquad n = n' \quad$ et $\quad m = m'$

par suite,

$$r \sqrt{bb_1} = r \sqrt{mnr^2}$$

$$r' \sqrt{b'b'_1} = r' \sqrt{mnr'^2}$$

et enfin,

$$\frac{Q}{Q'} = \frac{r \sqrt{bb_1}}{r' \sqrt{b'b'_1}} = \frac{r \sqrt{mnr^2}}{r' \sqrt{mnr'^2}}$$

ou $\qquad \frac{Q}{Q'} = \frac{r^2}{r'^2}.$

Ces relations établies, revenons à notre question qui consiste à établir une turbine avec les données P, H, connaissant une turbine semblable.

Il suffit de connaître son rayon, car une fois connu, on en déduit les dimensions géométriques. La turbine existante dépense le volume Q' sous la pression H' et a une vitesse angulaire ω'; voyons ce qu'elle devient sous la chute H de celle que nous voulons établir, et pour la même dépense.

Désignons par ω_1 la vitesse angulaire qu'elle prendrait sous la chute H ; on aura d'après 1°.

$$\frac{\omega_1}{\omega'} = \sqrt{\frac{H}{H'}} \quad \text{d'où} \quad \omega_1 = \omega' \sqrt{\frac{H}{H'}}$$

$$\frac{Q_1}{Q'} = \sqrt{\frac{H}{H'}} \quad \text{d'où} \quad Q_1 = Q' \sqrt{\frac{H}{H'}}.$$

Ainsi, la turbine type étant placée sous la hauteur H, tourne avec la vitesse $\omega' \sqrt{\frac{H}{H'}}$ et sa dépense est $Q' \sqrt{\frac{H}{H'}}$.

Maintenant d'après 2° on aurait :

$$\frac{\omega}{\omega_1} = \frac{r'}{r} \quad \text{d'ou} \quad \omega = \omega_1 \frac{r'}{r}$$

et en remplaçant ω_1 par sa valeur :

$$\omega = \omega' \sqrt{\frac{H}{H'}} \frac{r'}{r}.$$

On aurait de même :

$$\frac{Q}{Q_1} = \frac{r^2}{r'^2} \text{ d'où } Q = Q_1 \frac{r^2}{r'^2}$$

et en substituant à Q_1 sa valeur :

$$Q = Q' \sqrt{\frac{H}{H'}} \cdot \frac{r^2}{r'^2}.$$

Cette dernière relation permettra de calculer r.

226. *Turbine à libre déviation.* — Dans la théorie précédente nous avons supposé la turbine entièrement noyée ; il faut, par suite, la calculer pour le débit minimum afin que les aubes soient constamment remplies d'eau provenant du réservoir. Il suit de là que lorsque le débit sera maximum, l'eau ne s'écoulera plus entièrement et pourrait dépasser le déversoir, d'où une perte dans le rendement lorsqu'on dispose d'une chute variable.

Dans ce cas on place la turbine au-dessus du bief d'aval et on la calcule pour le débit maximum, sauf à ne pas laisser toutes les aubes ouvertes lorsque le débit diminuera.

On bouche un certain nombre d'aubes de la couronne fixe par plusieurs procédés que nous étudierons plus loin et dont un exemple est donné par la figure 129.

Ces turbines placées au-dessus du bief d'aval sont dites à libre déviation.

Nous allons déterminer leur effet utile :

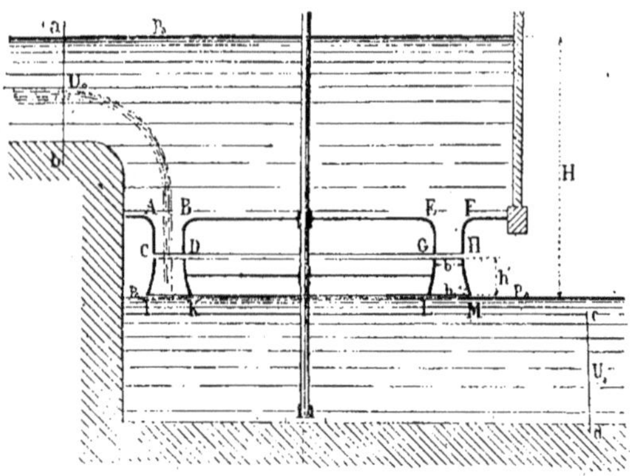

Fig. 132

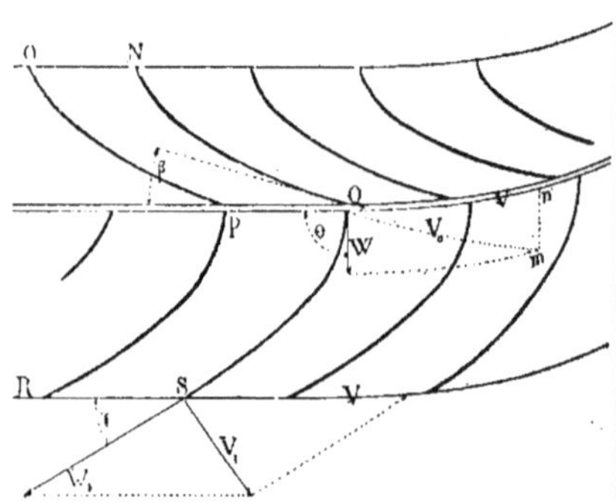

Fig. 133.

Pour cela appliquons entre les sections ab et cd (*fig.* 132 et 133) le théorème de l'effet du travail :

$$T_u = PH - \frac{PV_1^2}{2g}.$$

Il faut donc calculer la vitesse absolue de sortie ; pour cela désignons comme précédemment par :

β, l'angle du dernier élément des aubes fixes ;

V_0, la vitesse absolue d'entrée de l'eau ;

V, la vitesse de la turbine au point d'entrée ;

W, la vitesse relative à l'entrée.

θ l'angle du premier élément des aubes mobiles avec l'horizontale.

W_1, la vitesse relative de sortie ;

V_1, la vitesse absolue de sortie ;

La recherche de l'effet dynamique revient à calculer les composantes W et V

Le théorème de Bernouilli donne d'abord :

$$V_0^2 = 2g\,(H - h') \tag{1}$$

La considération de l'angle de la vitesse relative, avec le premier élément de l'aube, pour ne pas avoir d'agitation, donne le rapport :

$$\frac{V}{V_0} = \frac{\sin(\beta + \theta)}{\sin \theta}. \tag{2}$$

Comme troisième valeur de la vitesse relative à l'entrée de l'eau dans la turbine on a :

$$W^2 = V_0^2 + V^2 - 2V_0V\cos\beta \tag{3}$$

De même :

$$W_1^2 = W^2 + 2gh' \tag{4}$$

et $V_1^2 = W_1^2 + V^2 - 2W_1 V \cos \gamma$. (5)

L'on a aussi l'équation de condition :

$$V = W_1 \qquad (6)$$

et l'angle γ très petit.

Dans la théorie de la turbine noyée, nous avons posé la condition que la couronne fixe débitait à plein orifice ; ici cette condition n'est plus nécessaire, car la sortie ayant lieu à l'air libre, il n'y a pas à craindre de rentrée d'eau, ni d'agitation. Exprimons alors que le volume sortant est une fraction du volume entrant.

$$mb_1 W_1 \sin \gamma = b V_0 \sin \beta \qquad (7)$$

Avec ces équations cherchons V_0, V et l'effet dynamique ; pour cela ajoutons membre à membre les équations (1), (3), (4) et exprimons que $V = W_1$ d'après l'équation (6).

Cette addition donne :

$$gH = V_0 V \cos \beta \qquad (8)$$

Admettons que l'écoulement ait lieu à plein orifice, c'est-à-dire que $m = 1$, l'équation (7) donne, en faisant $W_1 = V$:

$$\frac{V}{V_0} = \frac{b \sin \beta}{b_1 \sin \gamma}.$$

Multiplions membre à membre les équations (8) et (9) on a :

$$\frac{gHV}{V_0} = \frac{V_0 V \cos \beta \, b \sin \beta}{b_1 \sin \gamma}$$

$$V_0^2 = gH \frac{b_1}{b} \frac{\sin \gamma}{\cos \beta \sin \beta}$$

et en multipliant haut et bas le second membre par 2

$$V_0^2 = 2gH \frac{b_1}{b} \frac{\sin \gamma}{2 \sin \beta \cos \beta}$$

or, $\quad 2 \sin \beta \cos \beta = \sin 2\beta$

donc $\quad V_0^2 = 2gH \frac{b_1}{b} \frac{\sin \gamma}{\sin 2\beta} \qquad (a)$

Divisons membre à membre les mêmes équations (8) et (9), il vient :

$$\frac{gHV_0}{V} = \frac{V_0 V \cos \beta \, b_1 \sin \gamma}{b \sin \beta}$$

d'où on tire :

$$V^2 = gH \frac{b}{b_1} \frac{\sin \beta}{\cos \beta \sin \gamma}$$

et en remplaçant $\frac{\sin \beta}{\cos \beta}$ par tg β. on a :

$$V^2 = gH \frac{b}{b_1} \frac{\operatorname{tg} \beta}{\sin \gamma} \qquad (b)$$

L'équation (5) devient en remplaçant W_1 par V

$$V_1^2 = 2V^2 (1 - \cos \gamma)$$

et en remplaçant V^2 par sa valeur (b), on a :

$$V^2 = 2gH \frac{b}{b_1} \frac{\operatorname{tg} \beta}{\sin \gamma} (1 - \cos \gamma)$$

or $\quad \frac{1 - \cos \gamma}{\sin \gamma} = \operatorname{tg} \frac{\gamma}{2}$

donc, $\quad V_1^2 = 2gH \frac{b}{b_1} \operatorname{tg} \beta \operatorname{tg} \frac{\gamma}{2}. \qquad (c)$

L'effet dynamique de la turbine devient alors

$$T_u = PH \left(1 - \frac{b}{b_1} \operatorname{tg} \beta \operatorname{tg} \frac{\gamma}{2}\right).$$

formule identique à celle trouvée pour la turbine noyée.

Quand H est un peu grand, V_0^2 tend vers 2gH, parce qu'alors h' devient de plus en plus petit par rapport à H, on a alors la relation :

$$V_0^2 = 2gH \qquad (a')$$

l'équation (a) donne alors :

$$b_1 \sin \gamma = b \sin \beta.$$

En admettant la condition de $m = 1$, la formule (9) donne :

$$V = V_0 \frac{b \sin \beta}{b_1 \sin \gamma},$$

Si dans ce cas, on fait $V_0^2 = 2gH$, l'équation (a) donne :

$$b_1 \sin \gamma = b \sin 2\beta$$

et alors,

$$V = V_0 \frac{b \sin \beta}{b \sin 2\beta} = \frac{V_0 \sin \beta}{2 \sin \beta \cos \beta}$$

et enfin, $\quad V = \frac{V_0}{2 \cos \beta}.$

Voyons maintenant les conditions à remplir pour obtenir le rendement maximum :

La formule du travail utile

$$T_u = PH \left(1 - \frac{b}{b_1} \operatorname{tg} \beta \operatorname{tg} \frac{\gamma}{2}\right)$$

tendra vers le maximum PH si les angles β et γ tendent aussi vers zéro, car les tangentes de ces angles tendront vers la même limite.

Dans ce genre de moteur, rien ne s'oppose à ce que ces angles soient très petits. Si β tend vers zéro, l'équation (2) :

$$\frac{V}{V_0} = \frac{\sin (\beta + \theta)}{\sin \theta}$$

tend vers $\frac{V}{V_0} = 1$, c'est-à-dire que la vitesse V tend vers V_0 ; on obtient alors des aubes pour lesquelles le débit est difficile. Nous avons déjà vu que la vitesse de la roue devait être la moitié de la vitesse absolue d'entrée ; d'ailleurs la formule :

$$V = \frac{V_0}{2 \cos \beta}$$

montre que si β est très petit on a sensiblement $V = \frac{V_0}{2}$, mais alors il faut avec la condition β et γ très petits, que θ soit plus grand que 90°, ce qui donnerait lieu à des remous et des agitations. Il faut alors modifier le coefficient m et les formules ne sont plus tout à fait applicables.

227. Remarque. — Les turbines à libre déviation présentent d'après ce que nous venons de dire, un avantage sérieux sur les turbines noyées, en ce sens qu'elles peuvent se prêter à une dépense d'eau variable, mais s'il arrivait que, par suite de crue, le niveau d'aval s'élève, la turbine se trouverait noyée et alors l'eau d'aval produirait l'inconvénient que nous avons cité si les aubes de la couronne fixe étaient en parties fermées.

C'est pour avoir la turbine toujours au-dessus du niveau d'aval que MM. Callon et Girard ont imaginé l'hydropneumatisation dont il a été question dans un paragraphe précédent.

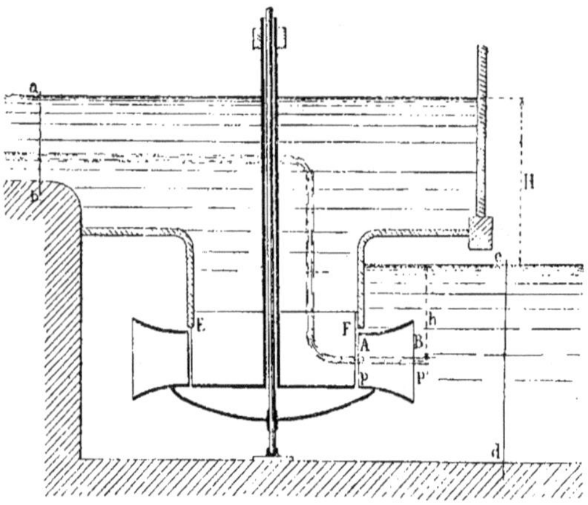

Fig. 134.

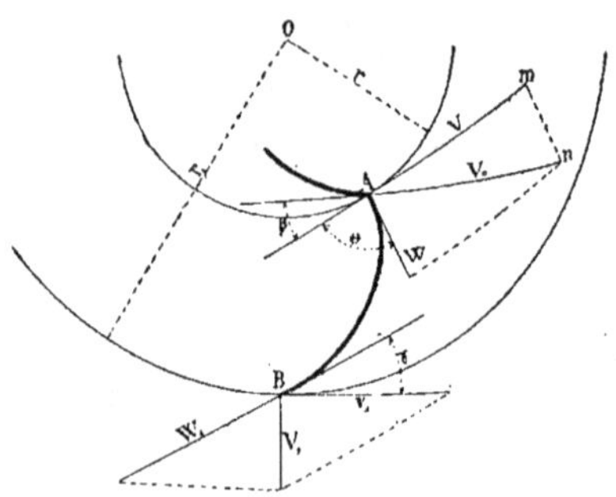

Fig. 135.

228. *Théorie de la turbine Fourneyron.* — Supposons la turbine noyée et cherchons l'effet dynamique maximum, en admettant comme précédemment qu'il n'y ait pas d'agitation de l'entrée à la sortie de l'eau

L'effet dynamique se réduit à :

$$T_u = PH - P\frac{V_1^2}{2g},$$

V_1 étant la vitesse absolue de sortie de l'eau.

Appliquons à un filet liquide tous les théorèmes auxquels son mouvement peut donner lieu (*fig.* 134 et 135).

Considérons-le en A à son entrée dans la couronne mobile, et appelons p la pression au point d'entrée et h sa profondeur au-dessous du niveau d'aval. En appliquant le théorème de Bernouilli depuis la section ab jusqu'à son entrée A, on a :

$$V_0^2 = 2g\left(H + h + \frac{p_a - p}{\pi}\right). \quad (1)$$

Pour qu'il n'y ait pas d'agitations moléculaires à l'entrée dans la roue, il faut (*fig.* 135) que l'on ait la relation géométrique :

$$\frac{V}{V_0} = \frac{\sin(\theta + \beta)}{\sin \theta} \quad (2)$$

on a aussi :

$$W^2 = V_0^2 + V^2 - 2V_0V \cos \beta. \quad (3)$$

Pour avoir la vitesse à la sortie, appliquons à la portion du filet AB, dans l'intérieur de la turbine, le théorème des forces vives dont le premier membre est:

$$\frac{1}{2} m (W_1^2 - W^2).$$

Le second membre contient:

1° Le travail dû à la pesanteur, qui est nul puisque le mouvement a lieu horizontalement;

2° Le travail des pressions en A et B sera, en désignant par p' la pression en B;

$$\frac{p - p'}{\pi} mg.$$

3° Le travail du frottement de l'eau contre l'aube est négligeable;

4° Le travail de l'inertie, dont la force n'est autre que la force centrifuge; cette force centrifuge a pour expression:

$$m\omega^2 r'$$

ω étant la vitesse angulaire de la roue, et r' la distance de la masse m à l'axe.

En représentant par r'' la distance à l'axe de la masse m au bout d'un temps infiniment petit, le travail élémentaire de la force centrifuge sera:

$$m\,\omega^2 (r'' - r')$$

La force centrifuge commence à se manifester au point A, alors que le rayon est r, et continue à se manifester jusqu'à la sortie B où le rayon est r_1 Les différents travaux élémentaires seront:

$$m\omega^2 (r - r')$$
$$m\omega^2 (r' - r'')$$
$$m\omega^2 (r'' - r''')$$
$$» \quad »$$
$$» \quad »$$
$$m\omega^2 (r'''' - r_1).$$

En faisant la somme de tous ces termes depuis r_1 jusqu'à r, le calcul intégral donne:

$$m \frac{\omega^2}{2} (r_1^2 - r^2).$$

Les deux termes du second membre de l'équation des forces vives, seront:

$$\frac{p - p'}{\pi} mg$$

et $$\frac{m\omega^2}{2} (r_1^2 - r^2)$$

ou en remplaçant p' par $p_a + \pi h$, et en remarquant que $\omega r_1 = v_1$ et $\omega r = V$, il vient:

$$\left(\frac{p - p_a}{\pi} - h\right) mg$$
$$\frac{m}{2} (v_1^2 - V^2).$$

L'équation est alors:

$$\frac{1}{2} m (W_1^2 - W^2) = \left(\frac{p - p_a}{\pi} - h\right) mg + \frac{m}{2} (v_1^2 - V^2)$$

d'où l'on tire:

$$W_1^2 = W^2 + 2g\left(\frac{p - p_a}{\pi} - h\right) + (v_1^2 - V^2) \qquad (4)$$

pour l'équation (5) on aura:

$$V_1^2 = W_1^2 + v_1^2 - 2W_1 v_1 \cos\gamma \qquad (5)$$

$$\omega = \frac{v_1}{r_1} = \frac{V}{r} \qquad (6)$$

$$W_1 = v_1 \quad \text{et} \quad \gamma \text{ très petit} \qquad (7)$$

$$rbV_0 \sin\beta = r_1 b_1 v_1 \sin\gamma. \qquad (8)$$

Additionnons les équations (1), (3), (4) en exprimant que $W_1 = v_1$, on a:

$$gH = V_0 V \cos\beta.$$

L'équation (8) devient, en remplaçant r_1 tiré de l'équation (6):

$$\frac{V_0}{V} = \frac{b_1 r_1^2 \sin\gamma}{br^2 \sin\beta}.$$

Multiplions menbre à membre ces deux dernières égalités, on a:

$$V_0^2 = 2gH \frac{b_1}{b} \frac{r_1^2}{r^2} \frac{\sin\gamma}{\sin 2\beta} \qquad (a)$$

et en les divisant

$$V^2 = gH \frac{b}{b_1} \frac{r^2}{r_1^2} \frac{\operatorname{tg}\beta}{\sin\gamma}. \qquad (b)$$

Enfin l'équation (5) devient en la combinant avec (6) et (7) et en remplaçant V^2 par sa valeur:

$$V_1^2 = 2gH \frac{b}{b_1} \operatorname{tg}\beta \operatorname{tg}\frac{\gamma}{2}, \qquad (c)$$

relation indépendante des rayons.

L'effet utile T_u sera donc:

$$T_u = PH\left(1 - \frac{b}{b_1} \operatorname{tg}\beta \operatorname{tg}\frac{\gamma}{2}\right). \qquad (d)$$

Le rendement sera:

$$\frac{T_u}{PH} = 1 - \frac{b}{b_1} \operatorname{tg}\beta \operatorname{tg}\frac{\gamma}{2}. \qquad (e)$$

Enfin le volume d'eau dépensé sera:

$$Q = 2K\pi r_1 \sqrt{bb_1} \sqrt{gH} \sin\gamma \operatorname{tg}\beta \qquad (f)$$

dans laquelle K est un coefficient qui

exprime le rapport entre la section totale de l'orifice de sortie et la portion libre de sortie.

On a ainsi toutes les équations nécessaires concernant la turbine Fourneyron.

Quant aux conditions géométriques qui expriment qu'il n'y a pas d'agitation à l'intérieur de la roue, on les aura en combinant les équations (2) et (8) et éléminant $\frac{V_0}{V}$, ce qui donnera :

$$\frac{\sin \theta}{\sin (\theta + \beta)} = \frac{r_1{}^2 b_1 \sin \gamma}{br \sin \beta}.$$

On obtiendra la deuxième équation de condition en exprimant qu'en A la pression p est égale à la pression hydrostatique. En remplaçant dans l'équation (1) p par $p_a + \pi h$ il vient :

$$V_0{}^2 = 2g\text{H}.$$

Égalons les deux valeurs de $V_0{}^2$, données par les équations (1) et (*a*), on aura :

$$b_1 r_1{}^2 \sin \gamma = br \sin 2\beta :$$

La discusion de ces équations pourrait se faire d'une manière analogue à la précédente. D'ailleurs l'équation (*a*) revient à celle établie pour la turbine Fontaine si l'on y fait $r = r_1$.

229. *Théorie de la turbine Kœchlin-Jonval.* — Nous avons au numéro 217 indiqué la disposition et les avantages de la turbine imaginée par Jonval; nous n'y revenons que pour établir la différence légère qui existe entre sa théorie et celle de la turbine Fontaine.

Dans la théorie de la turbine Fontaine nous avons établi sept équations fondamentales, dont deux seulement sont à modifier.

1° Celle qui détermine la vitesse V_0 de sortie de l'eau des canaux fixes; on a (*fig.* 128) :

$$V_0{}^2 = 2g\left(\text{H} - h_1 - h' + \frac{p_a}{\pi} - \frac{p}{\pi}\right).$$

2° Celle qui détermine la vitesse relative W_1 de l'eau sortant des canaux mobiles

$$W_1{}^2 = W^2 + 2g\left(h' + \frac{p}{\pi} - \frac{p'}{\pi}\right).$$

Si l'on suppose que p', pression à la sortie des canaux mobiles, soit égale à la pression hydrostatique, on aura :

$$\frac{p'}{\pi} = \frac{p_a}{\pi} - h_1$$

et en substituant

$$W_1{}^2 = W^2 + 2g\left(h' + h_1 - \frac{p_a}{\pi} + \frac{p}{\pi}\right).$$

Les autres valeurs V_0, V, V_1, et Q sont absolument les mêmes, parce que $h' + h_1$ se détruisent dans toutes les éliminations avec $- h' - h_1$.

La supposition que nous avons faite pour p' aura lieu si la vitesse en aval est très faible, ce qui exige un orifice de sortie très grand.

Considérations pratiques sur les turbines.

230. Les théories précédentes indiquent les diverses relations qui doivent exister entre les différentes quantités qui donnent lieu au rendement maximum ; mais indépendamment de toutes les théories pures faites par divers savants, il y a des règles pratiques simples à l'aide desquelles on peut déterminer les proportions de ces moteurs qui ont réalisé de véritables avantages dans l'industrie.

Fourneyron a donné des moyens qui peuvent encore servir de base aux calculs et que l'on peut modifier suivant les conditions particulières d'établissement des turbines.

Ces principes fondamentaux peuvent se diviser en deux catégories distinctes : ceux qui se rapportent aux dimensions générales du moteur, et ceux qui sont relatifs au tracé géométrique, principalement au tracé des aubes.

Dimensions et tracé de la turbine Fourneyron, dite turbine centrifuge.

231. *Dimensions et capacité de la couronne mobile.* — La dépense d'un volume d'eau déterminé, dépend de la grandeur de l'orifice et de la charge sur cet orifice ; par suite si l'on fait varier la forme et la grandeur des ouvertures, il suffira de déduire la hauteur du niveau supérieur au centre de l'orifice.

Dans les turbines, la dépense et la chute étant données, les dimensions de la couronne mobile sont évidemment susceptibles de varier comme dimensions.

Il faut donc se donner une de ces dimensions et en déduire les autres, ou fixer leur rapport. Le diamètre de la roue mobile et la hauteur des aubes peut se déterminer *a priori*, connaissant la vitesse fixée et la hauteur de chute ; mais en dehors de cette exception, il convient de donner à la roue mobile des dimensions telles que la hauteur n'en soit pas trop grande et que la largeur de l'anneau soit convenable pour y inscrire les aubes.

D'après Fourneyron, voici quelles sont les conditions générales :

1° Afin de donner à l'anneau une largeur qui convienne à la forme des aubes, on peut adopter pour les diamètres intérieur et extérieur, le rapport 0,70 dans les petites turbines, et 0,75 à 0,83 dans les grandes;

2° Pour que l'eau n'ait qu'une faible vitesse dans le conduit vertical et central, dont le plateau fixe des directrices forme le fond, et sur lequel repose le fluide avant d'entrer dans l'aubage de la couronne mobile, la superficie de ce fond doit être au moins quatre fois celle de l'orifice minimum d'écoulement par les aubes.

Ces deux conditions posées permettent, de déterminer les dimensions principales, sauf à les modifier suivant le cas.

Pour suivre la marche indiquée par Fourneyron, désignons les données principales de la manière suivante :

T, puissance que doit produire la turbine exprimée en kilogrammètres;

H, la hauteur de chute exprimée en mètres ;

Q, le volume d'eau à dépenser en mètres cubes, pour la puissance proposée ;

m, le coefficient de contraction correspondant au passage de la veine fluide par les orifices distributeurs;

K, le rapport de l'effet utile à la puissance brute disponible;

D, le diamètre extérieur de la roue en mètres ;

d, le diamètre intérieur de cet anneau ;

h, la hauteur de l'anneau ou de l'orifice d'écoulement ;

l, la largeur du même orifice exprimée par l'écartement minimum de deux aubes, multipliée par le nombre de ces dernières ;

V, la vitesse de l'eau due à la chute, et comptée du niveau supérieur au fond fixe, *a priori ;*

v, la vitesse à la circonférence du cercle intérieur de l'anneau ;

s, la superficie de l'orifice d'écoulement exprimé par la somme des intervalles minimum des aubes ;

S, la superficie du cercle intérieur de l'anneau ;

N, le nombre de révolutions de la turbine par minute.

Admettons que la vitesse de rotation de la turbine ne soit pas une condition arrêtée et qu'on accepte pour l'instant celle qui sera déduite des dimensions de l'anneau.

En examinant les tracés pratiques des aubes, on remarque que la plus courte distance de deux aubes consécutives, supposées sans épaisseur et exprimant en réalité la largeur de l'orifice partiel effectif d'écoulement, est environ le 1/3 ou le 1/4 de l'arc compris entre les extrémités de ces mêmes aubes, pris sur le cercle extérieur de l'anneau ; et comme le diamètre D de ce dernier anneau est supposé égal aux 10/7 de celui intérieur d, il en résulte qu'en comparant la somme l des largeurs de ces orifices partiels, elle est de même le 1/3 ou le 1/4 de la circonférence du cercle D, et qu'elle peut être mise en rapport par conséquent, avec le diamètre intérieur d, en opérant de la manière suivante :

$$l = \frac{1}{3} \times \frac{10}{7} \pi d$$

ou $$l = 1,49\ d.$$

En prenant le rapport $\frac{1}{4}$, on trouverait:

$$l = \frac{1}{4} \times \frac{10}{7} \pi d = 1,12\ d.$$

Au lieu de ces rapports, Fourneyron prend

$$l = 1,4\ d.$$

La superficie de l'orifice d'écoulement devient naturellement le produit de cette largeur par la hauteur h :

$$s = h \times 1,4\ d = 1,4\ dh.$$

Quant au diamètre d, comme il exprime

justement l'ouverture par laquelle l'eau s'introduit dans la turbine et qu'il est aussi celui de la vanne circulaire fermant le conduit adducteur, il doit être suffisant pour que l'eau ne descende qu'avec une vitesse beaucoup plus faible que celle V qu'elle possède en traversant l'orifice d'expulsion ; admettons que la surface de ce cercle soit quatre fois plus grande que l'orifice d'écoulement, on en déduira :

$$S = \frac{\pi d^2}{4} = 4 \times 1,4\ dh = 5,6\ dh.$$

Cette relation nous conduit à la détermination directe du rapport entre le diamètre d et la hauteur h de l'anneau, on a :

$$\frac{\pi d^2}{4} = 5,6\ dh$$

d'où $$h = 0,14\ d.$$

Comme nous avons supposé les aubes sans épaisseur, cette hauteur devra être augmentée dans le rapport de cette épaisseur aux espaces réellement libres pour le passage de l'eau, ce qui sera décidé après le tracé fait.

Maintenant le volume d'eau à débiter va nous permettre de connaître ces diverses dimensions, en nous basant sur la valeur de s qui représente la section totale des orifices d'expulsion ou d'écoulement.

La première de ces dimensions sera d. Le volume d'eau Q, à débiter, est nécessairement représenté par la relation ci-dessus qui donnait s, en tenant compte à la fois du coefficient de contraction du fluide, et de la vitesse V avec laquelle ce fluide traverse les orifices.

Si en effet, en cherchant quel peut être ce volume d'eau, d'après l'orifice et la vitesse V, on trouverait

$$Q = s Vm = 1,4\ dh.\ V.\ m.$$

Mais la surface S du cercle d, que nous cherchons étant supposée quadruple de l'orifice s, on avait :

$$S = \frac{\pi d^2}{4} = 4 \times 1,4\ dh$$

d'où on peut tirer aussi :

$$1,4\ dh = \frac{\pi d^2}{16} = 0,196\ d^2$$

et en introduisant cette nouvelle expression dans la valeur de Q, on trouve :

$$Q = 0,196\ d^2\ Vm,$$

d'où on tire :

$$d^2 = \frac{Q}{0,196\ Vm}$$

et $$d = \sqrt{\frac{Q}{0,196\ Vm}}.$$

Telle est l'une des dimensions principales de la turbine, qui peut varier dans le tracé définitif mais dont l'évaluation est indispensable comme point de départ.

Appliquons les formules qui donnent d, D, h à une turbine fonctionnant sous une chute de 4 mètres, et pouvant dépenser 600 litres par seconde, on aura, en prenant 0,60 pour le coefficient de contraction :

$$V = \sqrt{2gH} = \sqrt{19,62 \times 4} = 8,86$$

d'où

$$d = \sqrt{\frac{0,600}{0,196 \times 8,86 \times 0,60}} = 0,76$$

$$D = \frac{10}{7}\ d = \frac{10}{7} \times 0,76 = 1^{m},08$$

$$h = 0,14\ d = 0,14 \times 0,76 = 0^{m},106.$$

Ces trois dimensions calculées, les autres s'en déduisent aisément, et l'on a :

$$v = V.\ m = 8,86 \times 0,60 = 5^{m},316.$$

Le nombre de révolutions par minute est donné par la relation :

$$v = \frac{\pi d N}{60}$$

d'où

$$N = \frac{60\ v}{\pi d} = \frac{60 \times 5,316}{3,1416 \times 0,76} = 133 \text{ tours}.$$

La puissance brute

$$T = 600 \times 4 = 2\,400 \text{ kilogrammètres}$$

ou $$\frac{2\,400}{75} = 32 \text{ chevaux vapeur}$$

et si l'on prend pour le coefficient de rendement K = 0,70, l'effet utile sera :

$$T_u = 32 \times 0,70 = 22^{ch},4.$$

232. *Remarque* I. — S'il s'agissait d'une turbine de grande dimension et que la valeur trouvée pour le diamètre intérieur d, atteignît $1^{m},50$ à 2 mètres par exemple, on pourait choisir pour calculer D, le rapport :

$$\frac{100}{80} \text{ ou } \frac{100}{85} \text{ au lieu de } \frac{100}{70}.$$

Remarque II. — M. de Lacolonge donne une autre méthode pour déterminer le diamètre intérieur d, qu'il est bon de connaître.

Elle consiste à fixer *a priori* la vitesse que les tranches liquides ne doivent pas dépasser en s'abaissant à l'intérieur du vannage, indépendamment de celle engendrée par la hauteur de chute ; il admet que cette vitesse V, ne doit pas dépasser 1 mètre par seconde ; on aurait alors :

$$\frac{\pi d^2}{4} = \frac{Q}{V'}$$

d'où $d = \sqrt{\frac{4Q}{\pi V'}} = \sqrt{1,273\,\frac{Q}{V'}}.$

Appliquons cette formule à l'exemple ci-dessus, on aurait :

$$d = \sqrt{1,273\,\frac{0,600}{1}} = 0^m,874.$$

Cette valeur est supérieure à celle trouvée par la première méthode, qui était 0,76.

Mais, dans l'un ou l'autre cas, on n'a pas tenu compte du support cylindrique du fond fixe dont le diamètre est assez considérable, surtout dans le cas des petites turbines, pour réduire la section effective offerte au passage de l'eau de près de la moitié.

Il sera donc nécessaire, avec l'une ou l'autre des deux méthodes, de supposer le volume d'eau augmenté précisément dans le rapport que l'on peut admettre comme devant exister entre la section du conduit et celle du support cylindrique, si l'on veut conserver exactement les conditions de vitesse que l'on s'est données ou, ce qui revient au même, multiplier le diamètre trouvé *a priori* par la racine carrée de ce rapport augmenté d'une unité.

Supposons par exemple, que la section du support soit 1/5 de celle du conduit ; le diamètre cherché, au moyen de la première méthode, donnerait :

$$0,76\sqrt{1+\frac{1}{5}} = 0^m,83$$

et par le même procédé

$$0,874\sqrt{1+\frac{1}{5}} = 0,957.$$

Cette première approximation pourra peut-être être modifiée d'après le tracé des aubes.

233. *Tracé géométrique des aubes de la turbine Fourneyron.* — Le tracé des aubes porte, d'une part sur les courbes directrices dont le fond est muni, et de l'autre sur les aubes réceptrices qui garnissent la couronne mobile. Les premières doivent posséder une forme telle que les filets fluides incidents fassent avec la circonférence intérieure un angle voulu, d'après la théorie. Les aubes réceptrices doivent être disposées pour recevoir ces filets sans chocs et pour abandonner l'eau avec une vitesse relative aussi petite que possible.

Le tracé suivant est celui indiqué par Fourneyron. Soient (*fig.* 136) JAK le cercle intérieur de l'anneau mobile de rayon AC ; ILH, le cercle extérieur, et Cd, le rayon du noyau fondu avec le fond fixe.

L'une des courbes directrices étant représentée par Acd, nous appelons angle d'incidence celui BAC, ou a.

D'après Fourneyron, le maximum d'effet utile correspond à la relation suivante, entre les vitesses de l'eau et de la roue :

$$\sin a = \frac{V}{2v}.$$

Cet angle peut s'obtenir en construisant le triangle rectangle bAk, dont $Ab = V$, et $bk = 2v$. Cette relation fait connaître que la vitesse v doit être supérieure à la moitié de V, car l'angle a ne doit pas atteindre 90 degrés ; et si l'on faisait $v = \frac{1}{2}V$, l'angle a aurait précisément cette valeur puisque,

$$\frac{V}{2 \times 0,5\,V} = 1.$$

On adopte donc pour v au moins 0,65 V ; c'est-à-dire que la vitesse de la turbine doit être au moins les 6/10 de celle de l'eau.

Ce rapport adopté, on construira sur AC, comme base, un triangle isocèle ABC dont les angles A et C soient déterminés par la relation :

$$\sin a = \frac{V}{2v}.$$

qu'on peut obtenir à l'aide des tables trigonométriques, ou graphiquement comme il suit.

Donnons à V une longueur quelconque prise pour unité, on calcule alors sin a et on porte le résultat en Ab' sur la tangente au cercle JAK; puis du point A on décrit un arc de cercle avec la longueur donnée à V et par le point b' on mène une parrallèle à AC qui coupe l'arc au point b. La droite bA est la direction d'un des côtés AB du triangle isocèle et par conséquent celle de l'eau.

On complètera le triangle isocèle en élevant une perpendiculaire Bc au milieu de AC.

La courbe directrice consiste simplement dans un arc de cercle inscrit dans ce triangle, et dont le centre c s'obtient en menant une tangente dc au cercle du noyau.

Prenons un exemple, en supposant $v = 0{,}6$ V, on aura :

$$\sin a = \frac{V}{2\ 0{,}6\ V} = \frac{1}{1{,}2} = 0{,}833.$$

si on prend le décimètre pour unité, Ab' aura 83^{mill},3 et AB 100 millimètres.

Les tables donnent d'ailleurs $a = 56°{,}5$.

Si l'on adoptait $v = 0{,}8$ V, on trouverait :

$$\sin a = \frac{1}{2 \times 0{,}8} = 0{,}625$$

et

$$a = 38°{,}40$$

et enfin dans le cas ou $v = V$

$$\sin a = \frac{1}{2} = 0{,}5$$

$$a = 30°.$$

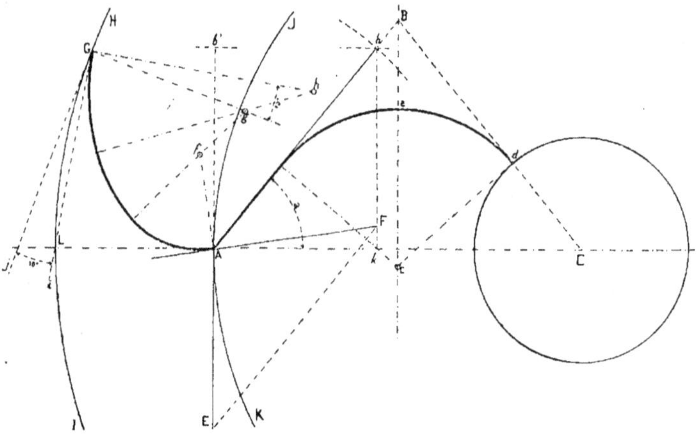

Fig. 136.

D'après plusieurs praticiens, le maximum d'effet correspondrait pour le rapport $v = 0{,}5$V.

Les aubes réceptrices doivent remplir trois conditions principales qui sont:

1° La direction du premier élément de l'aube;

2° La direction du dernier élément de la courbe;

3° La forme entière de l'aube sous le rapport de sa courbure et de son développement.

De ces diverses conditions, la plus vague est certainement le développement de l'aube, qui ne semble pas de prime abord avoir de principe bien arrêté.

Le nombre des aubes n'est pas davantage bien déterminé, puisque, si les épaisseurs étaient nulles, leur nombre pourrait être infini, sous la seule condition que l'inclinaison de leurs derniers éléments fût telle, qu'elle laissât entre chacune un intervalle égal au 1/3 ou au 1/4 de l'arc compris entre leurs extrémités sur la circonférence extérieure.

D'après la théorie, le premier élément

de l'aube doit être tangent à la diagonale ou résultante des vitesses V et v.

Considérons donc l'aube AG partant de l'extrémité A de la directrice Acd; portons des grandeurs bA et AE proportionnelles à V et v; construisons le parallélogramme bAEF; le premier élément sera dirigé suivant la diagonale FA dont la grandeur représente la vitesse avec laquelle l'eau suivra l'aube au départ.

Si nous admettons que la première partie de la courbe soit un arc de cercle, son centre se trouvera sur une perpendiculaire Af élevée à la diagonale.

Suivant le rapport adopté pour V et v, il peut se faire que l'angle formé par AF avec AC soit d'un côté ou d'un autre de AC, il faut s'arranger pour que la résultante AF se rapproche le plus possible de AC afin que les aubes soient à peu près normales à la circonférence JAK.

A partir de la première partie de sa courbure, l'aube s'infléchit de plus en plus et va rejoindre la circonférence extérieure de l'anneau avec laquelle elle devrait être tangente d'après la théorie.

Mais, dans cette condition, le dégagement de l'eau ne se ferait pas avec facilité et on se trouverait obligé de réduire le nombre des aubes pour conserver entre elles un passage suffisant.

Admettons que le dernier élément fasse avec la circonférence extérieure un angle de 10 à 15 degrés. Pour obtenir la courbe demandée, il faudrait agir par tâtonnement tout en donnant aux courbes un développement assez allongé pour que l'eau ait le temps d'en prendre bien la forme; on peut y arriver cependant par le tracé suivant.

CL étant le rayon qui passe par l'origine A, on portera du point L comme corde, une distance LG égale environ à 1,4 de la largeur AL de l'anneau et le point G sera le point de la circonférence où doit venir finir l'aube partant du point A.

On tracera ensuite le rayon Gg et on lui élèvera une perpendiculaire Gj, tangente en G au cercle extérieur; puis, par le même point G, on mènera une autre droite Gi faisant avec celle Gj un angle de 10 à 15 degrés; la courbe devra être tangente à cette droite ainsi qu'à celle AF, qui a été trouvée ci-dessus.

Pour obtenir cette courbe on remarquera qu'elle doit s'approcher autant que possible d'une portion d'ellipse ou même d'un quart de cercle, mais formée de plusieurs arcs dont les deux extrêmes ont expressément leurs centres h et f sur les perpendiculaires Gh à Gi et Af à AF.

Reste maintenant à trouver le nombre d'aubes de la turbine et celui des courbes directrices. Pour conserver à l'intervalle minimum de deux aubes consécutives une valeur pratique qui se rapproche de celle qui a été prévue, en calculant les dimensions générales de l'anneau, il ne faut pas que le rapprochement des deux aubes soit assez sensible pour que l'épaisseur du métal qui les constitue ait plus du 1/8 au 1/6 de la distance théorique, c'est-à-dire celle qui existe, l'aube étant représentée par un trait sans épaisseur, ou la plus courte distance M, mesurée sur la ligne qui joint l'extrémité G' d'une courbe au centre g de la portion de courbe correspondante de l'aube voisine.

Pour obtenir ce résultat, Fourneyron propose, comme point de départ, de donner à l'intervalle de deux aubes, mesuré sur la circonférence JAK, une valeur à peu près égale à leur hauteur, c'est-à-dire celle h attribuée par approximation à l'anneau.

Cette hauteur h a été trouvée égale à 0,14 d, il en résulte que le nombre théorique n des aubes sera égal au quotient de la circonférence de d divisée par cette dernière relation, ce qui donne :

$$n = \frac{\pi d}{0,14\, d} = \frac{3.1416}{0,14} = 22,44$$

ce qui revient à dire que le nombre des aubes serait invariable et égal à 22.

Ce nombre peut être augmenté pour les turbines de grandes dimensions, surtout si les aubes sont en tôle de peu d'épaisseur; et diminué pour les petites turbines, ou bien, si les aubes sont relativement épaisses.

Quant aux aubes directrices, elles sont moins nombreuses que les premières; on en met une pour deux ou pour trois, suivant que le nombre des aubes réceptrices est plus ou moins grand. De plus, les aubes directrices ne rejoignent pas toutes le noyau comme le montre la figure 125, afin d'éviter des passages resserrés vers le centre.

Les dimensions générales de la turbine étant ainsi établies *à priori*, on doit vérifier les résultats obtenus, afin de les modifier s'il y a lieu.

L'un des points à examiner c'est la section de l'orifice total de sortie. On devra pour cela prendre la plus courte distance entre deux aubes, d'après le tracé, la multiplier par le nombre d'aubes, et diviser le volume d'eau à dépenser par ce produit et par le coefficient de contraction de la veine; le quotient exprimera la hauteur verticale intérieure h de l'anneau, tenant compte ainsi des épaisseurs de métal.

Très probablement on trouvera pour h une valeur plus grande que celle trouvée dans le premier cas, où les aubes avaient été admises sans épaisseur. Mais cette hauteur doit encore être augmentée, à moins que le volume d'eau pris pour base soit celui maximum que l'on ait à dépenser. Remarquons que cette hauteur h est la levée effective de la vanne pour dépenser le volume d'eau proposé, mais la hauteur véritable de l'anneau est un peu plus grande.

Le coefficient de contraction varie avec le nombre de tours et la levée de vanne. Le tableau suivant donne la valeur de ce coefficient, d'après les expériences faites par le général Morin sur une turbine Fourneyron établie à Muhlbach où elle mettait en mouvement toute une filature.

Cette turbine fonctionnait sous une chute de $3^m,50$; son diamètre extérieur était d'environ 2 mètres, et sa puissance estimée à 45 chevaux.

NOMBRE de tours DE LA ROUE par minute	VALEURS DES COEFFICIENTS DE LA DÉPENSE pour des levées de vanne de			
	0.09	0.15	0.20	0.27
40	0.905	0.820	»	»
50	0.945	0.862	0.728	»
60	0.975	0.900	0 743	»
70	0.995	0.930	0.762	0.706
80	»	0.953	0.764	0.720
90	»	0.968	0.812	0.746
100	»	0.980	0.840	0.767

234. REMARQUE. — Il est bien entendu que les calculs et les constructions géométriques qui précèdent peuvent s'écarter des principes rigoureux exposés. C'est aux constructeurs à modifier et à rechercher les formes qui s'accordent le mieux possible avec la généralité des circonstances dans lesquelles le moteur peut se trouver. Toutefois il faut choisir celle des conditions qui persiste le plus longtemps de l'année pour établir les bases de la construction du moteur, et il serait également urgent que son meilleur rendement correspondit aux plus petites eaux.

Nous terminerons l'étude de la turbine centrifuge en résumant les données principales des turbines établies au grand moulin de Saint-Maur sur le canal qui relie les deux bras de la Marne, dont les niveaux et le débit sont très variables, et celles de la turbine établie à la poudrerie de Saint-Médard.

235. TURBINES DE SAINT-MAUR

Diamètre du cercle extérieur : $d' = 1^m,720$

» » intérieur : $d = 1^m,190$

Rapport des deux diamètres : $\dfrac{1,19}{1,72} = 0,69$

Hauteur intérieure de l'anneau : $h = 0,260$

$$\text{Rapport} : \frac{h}{d} = \frac{26}{119} = 0,218$$

Nombre d'aubes receptrices : 30

Espace libre entre deux aubes $0^m,040$

Orifice total de débit $= 260 \times 40 \times 30$
$= 312\,000$ millimètres carrés

Chute moyenne $= 3$ mètres

Vitesse de l'eau à l'arrivée dans l'aubage $= \sqrt{2g.3} = 7^m,67$

Dépense d'eau : $Q = 31^{d.q.},2 \times 76^{d.m.},7 \times m$ et en faisant le coeficient de contraction :

$$m = 0,75.$$

$Q = 31,2 \times 76,7 \times 0,75 \times 1\,219^{lit.},53$ par $1''$

Puissance théorique $T = \dfrac{1\,219,53 \times 3}{75}$
$= 48,78$ chevaux.

Puissance utile : $T_u = T.K = 48,78 \times 0,70 = 34$ chevaux.

Les conditions les plus ordinaires de la turbine de Saint-Maur semblent être une dépense de 750 à 800 litres par seconde et une chute de $3^m,50$ à $3^m,80$.

En prenant 800 litres pour le débit, et une chute moyenne de $3^m,70$, on a :

Puissance brute : $T = \frac{800 \times 3,70}{75} = 39^{ch},4$

Puissance utile : $T_u = 39,4 \times 0,70 = 27$ à 28 chevaux.

Les aubes de ces turbines diffèrent un peu du tracé rigoureux que nous avons indiqué ; les aubes réceptrices sont au nombre de 30 contre 24 de la couronne fixe.

Les aubes directrices laissent entre leurs extrémités, et suivant la plus courte distance un écartement à peu près égal à 45 millimètres.

TURBINE CENTRIFUGE DE LA POUDRERIE DE SAINT-MÉDARD

236. Puissance de la turbine 2 à 3 chevaux.

Chute variant de $1^m,35$ à $2^m,15$.

Volume d'eau dépensé = 215 litres par seconde pour une puissance de 2 chevaux 1/2.

Diamètre intérieur de l'anneau mobile	$0^m,590$
Diamètre extérieur de l'anneau mobile	$0^m,870$
Largeur de la couronne des aubes $\frac{0,087 - 0,59}{2}$	$0^m,140$
Hauteur de la couronne des aubes	$0^m,082$
Nombre d'aubes réceptrices	24
— — directrices	32
Plus courte distance des aubes réceptrices.	$0^m,026$
Plus courte distance des aubes directrices	$0^m,026$
Angle d'entrée des filets fluides dans l'aubage	33°, »
Angle suivant lequel ils le quittent, mesuré d'après la ligne menée par le milieu des orifices extérieurs	17°, 23′
Angle formé par le premier élément courbe des aubes de la turbine avec la circonférence extérieure.	90°, »

Rendement moyen $0^m,626$; la vanne étant levée en plein et la vitesse à la circonférence intérieure étant les 0,45 de celle de l'eau.

Ces exemples montrent que le rendement de ces turbines doit approcher plus généralement de 65 % que de 75 % et que le rendement de 0,70 dont nous avons déjà parlé peut être considéré comme un maximum.

Dimensions et tracé des turbines Fontaine, dites en dessus.

237. Les développements que nous avons donnés sur les turbines centrifuges et qui nous ont permis d'en établir les proportions, s'appliquent aussi aux turbines en dessus, en tenant compte, bien entendu, des deux mouvements différents de l'eau dans ces moteurs hydrauliques. La théorie de Borda est aussi applicable au tracé des aubes, et les conditions de capacité de la couronne mobile par rapport à la dépense ainsi que la vitesse à la circonférence rapportée à celle initiale de l'eau sont les mêmes dans les deux cas.

Il nous reste donc à donner le tracé pratique de l'aubage d'une turbine Fontaine, sauf à le modifier selon les circonstances.

Nous prendrons comme exemple une turbine de dimension moyenne, quant à la dépense à laquelle elle correspond. La figure 137 représente la section développée qui serait faite circulairement par le milieu de la largeur de l'aubage, dont le diamètre moyen est égal à $1^m,873$.

Soit AB la tangente menée au dernier élément d'une aube directrice, représentant en grandeur et en direction la vitesse de l'eau à sa sortie de la couronne fixe, et soit AC la tangente au premier élément d'une aube réceptrice ; le parallélogramme ABCD indique que, pour satisfaire aux conditions de la théorie, la vitesse à la circonférence de la turbine devra être égale à AD, et la vitesse du fluide suivant l'aube sera AC.

La vitesse de sortie A′B′ au moment où l'eau quitte l'aube est un peu supérieure à la vitesse relative AC, et cela à cause de l'accroissement de vitesse due à la pesanteur.

Par conséquent, si on forme avec cette vitesse A′B′ le parallélogramme A′B′C′D′, dans lequel A′D′ est la vitesse AD de la turbine, la diagonale A'C' représentera en grandeur et en direction, la vitesse des filets liquides en quittant la turbine; la perpendiculaire A'b pourra être considérée comme étant la vitesse verticale relative avec laquelle le fluide quitte le moteur et servir de mesure à la perte d'effet utile due à cette cause particulière. Cette hauteur A'b doit être aussi faible que possible, par suite l'angle C'A'D' doit être très petit.

D'après la courbure des aubes, on voit que les vitesses AB et AD sont sensiblement égales, ce qui peut être admis, en considérant ce tracé pour la moyenne des variations dont la chute est susceptible.

Si la chute conservait des conditions

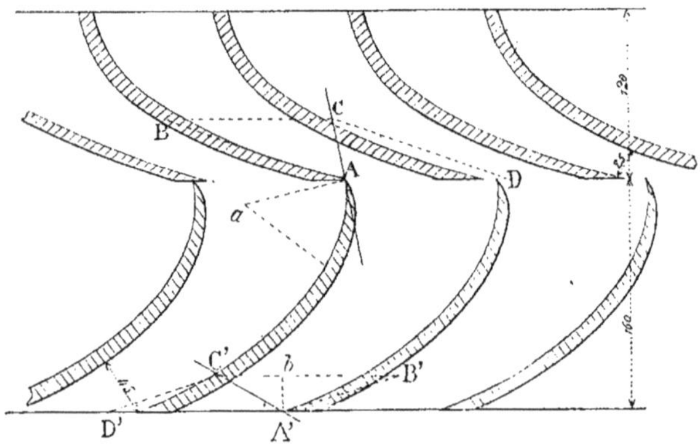

Fig. 137.

uniformes, il faudrait que AD varie de 0,5 à 0,7 de AB.

L'inclinaison des directrices et des aubes à leur partie inférieure n'est pas subordonnée à des règles fixes; la pratique seule permet de donner des inclinaisons qui s'écartent peu de celles représentées sur la figure 137.

On remarquera que les directrices sont plus nombreuses que les aubes, afin d'obtenir la libre déviation de la veine fluide; et en effet: l'épaisseur des veines incidentes étant plus faible que l'orifice ménagé pour leur expulsion, la turbine n'éprouve pas d'engorgement et la veine fluide suit exclusivement la face concave des aubes.

Dans l'exemple que nous donnons, la couronne mobile possède 54 aubes, et le plateau des directrices 60.

Les intervalles entre les courbes sont pour les premières 45 millimètres, et pour les secondes 25.

Les hauteurs des couronnes sont 160 et 120 millimètres. On peut remarquer que la hauteur de la couronne fixe est moindre que celle de la couronne mobile, afin de diminuer le frottement du fluide contre les directrices.

Il est inutile d'augmenter le développement des aubes réceptrices, puisque l'eau ne doit pas y séjourner pour agir par son poids, leur développement doit être suffisant pour remplir les conditions du tracé, sans courbures trop brusques.

Les tables suivantes, empruntées à l'ouvrage de M. Armengaud, permettront de déterminer *à priori* les principales dimensions des turbines en dessus, connaissant le débit par seconde et la hauteur de chute.

Ainsi pour une chute de 5 mètres

avec une dépense de 1 500 litres par seconde ; on trouve dans ces tables :

Diamètre moyen de l'anneau. . $= 1^m,04$
Largeur id. . . . $= 0^m,21$
Vitesse par minute. . . . . . . 91 tours

238. *Tracé des aubes de la turbine Jonval-Koechlin.* — Lorsque les turbines Jonval fonctionnent sous des chutes et des débits analogues aux turbines précédentes, le calcul des dimensions et le tracé des aubes sont en tout semblables à ce qui a été exposé plus haut, mais lorsque la chute est grande, le tracé est un peu modifié.

Nous donnerons comme exemple le tracé employé par MM. Fossey et Maubert, sur la turbine représentée par la figure 138 et établie à Saragosse. La chute est de $11^m,90$, le débit 250 litres par seconde, et le diamètre extérieur est 45 centimètres. Cette turbine fonctionne par eau forcée, c'est-à-dire que son conduit d'échappement A se trouve surmonté d'un réservoir clos B, fondu avec une tubulure à laquelle vient s'adapter le conduit C amenant les eaux de la source.

La mise en train se fait à l'aide d'un papillon ajusté à la partie intérieure et au bas du conduit A, il peut s'ouvrir ou se fermer à l'aide de leviers manœuvrés à l'extérieur au moyen de la tige *c*. La vitesse de rotation est d'environ 400 tours par minute ; elle est capable de développer une puissance effective de 25 chevaux.

La figure 139 représente son double aubage suivant la section circulaire développée, et une coupe transversale passant par le centre de rotation.

Voici le tracé adopté par MM. Fossey et Maubert :

Les orifices du distributeur, en leur section minimum, sont calculés pour la dépense avec le coefficient égal à 0,75.

Ceux de la turbine sont calculés avec un coefficient plus faible et égal seulement à 0,50 pour que le fluide agisse uniquement par la libre déviation de la veine, et non par réaction.

La vitesse de rotation est déterminée en donnant à son cercle moyen la moitié de celle due à la hauteur totale de la chute.

La forme des aubes du distributeur est basée sur les conditions suivantes :

1° L'eau doit entrer verticalement dans les aubes et en sortir dans une direction faisant un angle de 12 degrés avec l'horizon ;

2° La veine fluide, sortant de l'aubage distributeur sous cette direction, doit venir agir normalement sur les aubes de la turbine, c'est-à-dire que ce premier élément doit être perpendiculaire à la résul-

Fig. 138.

tante des vitesses de l'eau et de la turbine. Cette condition est tout à fait opposée aux principes admis, qui indiquent que le premier élément des aubes doit être tangent à cette résultante et non perpendiculaire.

Quant aux aubes de la turbine, le dernier élément forme un angle de 19 degrés avec l'horizon.

TABLE SERVANT A DÉTERMINER LES DIMENSIONS PRINCIPALES APPROXIMATIVES DES TURBINES EN DESSUS

DÉPENSE d'eau EN LITRES par seconde	CHUTES								
	1m,00			**1m,75**			**3m,00**		
	DIAMÈTRE moyen de l'anneau	LARGEUR de l'anneau	NOMBRE de tours par 1'	DIAMÈTRE moyen de l'anneau	LARGEUR de l'anneau	NOMBRE de tours par 1'	DIAMÈTRE moyen de l'anneau	LARGEUR de l'anneau	NOMBRE de tours par 1'
	m.	m.	tours	m.	m.	tours	m.	m.	tours
500	0.90	0.18	47	0.78	0.16	72	0.68	0.14	107
600	0.99	0.20	43	0.85	0.17	65	0.75	0.15	98
700	1.07	0.21	40	0.92	0.18	60	0.81	0.16	91
800	1.15	0.23	37	0.99	0.20	57	0.87	0.17	85
900	1.22	0.24	35	1.05	0.21	53	0.92	0.18	80
1 000	1.28	0.26	33	1.11	0.22	51	0.97	0.19	76
1 250	1.43	0.29	30	1.24	0.25	45	1.08	0.22	68
1 500	1.56	0.31	27	1.36	0.27	42	1.19	0.24	62
1 750	1.68	0.34	26	1.47	0.29	38	1.28	0.26	57
2 000	1.80	0.36	23	1.59	0.32	36	1.37	0.27	54
2 250	1.91	0.38	22	1.67	0.33	34	1.45	0.29	51
2 500	2.01	0.40	21	1.75	0.35	32	1.53	0.30	48
3 000	2.20	0.44	20	1.92	0.38	29	1.67	0.33	44
3 500	2.38	0.48	18	2.09	0.42	27	1.81	0.36	41
4 000	2.54	0.51	17	2.25	0.45	25	1.96	0.39	38
4 500	2.70	0.54	16	2.36	0.47	24	2.05	0.41	36
5 000	2.84	0.57	15	2.47	0.49	23	2.16	0.43	34
5 500	2.98	0.60	14	2.59	0.52	22	2.27	0.45	32
6 000	3.11	0.62	13	2.71	0.54	21	2.37	0.47	31
	1m,25			**2m,00**			**3m,50**		
500	0.85	0.17	55	0.76	0.15	79	0.66	0.13	121
600	0.93	0.19	51	0.83	0.17	72	0.72	0.14	110
700	1.01	0.20	47	0.89	0.18	67	0.78	0.16	102
800	1.08	0.22	44	0.95	0.19	63	0.83	0.17	95
900	1.14	0.23	41	1.02	0.20	59	0.88	0.18	90
1 000	1.20	0.24	39	1.07	0.21	56	0.93	0.19	85
1 250	1.34	0.27	35	1.20	0.24	50	1.04	0.21	76
1 500	1.47	0.29	32	1.31	0.26	46	1.14	0.23	71
1 750	1.59	0.32	30	1.42	0.28	41	1.23	0.25	64
2 000	1.70	0.34	27	1.52	0.30	39	1.31	0.26	60
2 250	1.80	0.36	26	1.61	0.32	37	1.39	0.28	57
2 500	1.90	0.38	25	1.69	0.34	35	1.47	0.29	54
3 000	2.08	0.42	23	1.86	0.37	32	1.60	0.32	49
3 500	2.25	0.45	21	2.00	0.40	30	1.74	0.35	45
4 000	2.40	0.48	20	2.14	0.43	28	1.86	0.37	43
4 500	2.55	0.51	19	2.27	0.45	26	1.97	0.39	40
5 000	2.69	0.54	18	2.40	0.48	25	2.08	0.42	38
5 500	2.82	0.56	17	2.51	0.50	24	2.18	0.44	37
6 000	2.95	0.59	16	2.62	0.52	23	2.27	0.45	35
	1m,50			**2m,50**			**4m,00**		
500	0.81	0.16	64	0.72	0.14	93	0.64	0.13	133
600	0.89	0.18	58	0.79	0.16	85	0.70	0.14	122
700	0.96	0.19	54	0.85	0.17	78	0.75	0.15	112
800	1.02	0.20	50	0.90	0.18	73	0.80	0.16	105
900	1.09	0.22	47	0.96	0.19	69	0.85	0.17	99
1 000	1.15	0.23	45	1.01	0.20	65	0.90	0.18	94
1 250	1.28	0.26	40	1.13	0.23	59	1.00	0.20	84
1 500	1.40	0.28	36	1.24	0.25	53	1.10	0.22	77
1 750	1.52	0.30	34	1.34	0.27	50	1.19	0.24	71
2 000	1.62	0'32	32	1.43	0.29	46	1.27	0.25	67
2 250	1.72	0.34	30	1.51	0.30	44	1.35	0.27	63
2 500	1.81	0.36	29	1.60	0.32	42	1.42	0.28	60
3 000	1.99	0.40	26	1.75	0.35	38	1.56	0.31	54
3 500	2.15	0.43	24	1.90	0.38	35	1.68	0.34	50
4 000	2.29	0.46	22	2.02	0.40	33	1.80	0.36	47
4 500	2.43	0.49	21	2.14	0.43	31	1.91	0.38	44
5 000	2.56	0.51	20	2.26	0.45	29	2.01	0.40	42
5 500	2.69	0.54	19	2.37	0.47	28	2.11	0.42	40
6 000	2.81	0.56	18	2.48	0.50	27	2.20	0.44	38

TABLE (*suite*)

DÉPENSE d'eau EN LITRES par seconde	CHUTES 4m,50			5m,00			5m,50		
	DIAMÈTRE moyen de l'anneau	LARGEUR de l'anneau	NOMBRE de tours par 1'	DIAMÈTRE moyen de l'anneau	LARGEUR de l'anneau	NOMBRE de tours par 1'	DIAMÈTRE moyen de l'anneau	LARGEUR de l'anneau	NOMBRE de tours par 1'
	m.	m.	tours	m.	m.	tours	m.	m.	tours
500	0.62	0.12	145	0.60	0.12	153	0.59	0.12	169
600	0.67	0.13	133	0.66	0.13	144	0.65	0.13	153
700	0.73	0.15	123	0.71	0.14	135	0.70	0.14	143
800	0.79	0.16	115	0.76	0.15	125	0.74	0.15	134
900	0.83	0.17	108	0.81	0.16	117	0.79	0.16	126
1 000	0.88	0.18	103	0.85	0.17	111	0.83	0.17	119
1 250	0.97	0.19	92	0.95	0.19	100	0.93	0.19	102
1 500	1.07	0.21	84	1.04	0.21	91	1.01	0.20	97
1 750	1.15	0.23	78	1.12	0.22	84	1.10	0.22	90
2 000	1.24	0.25	72	1.20	0.24	79	1.17	0.23	85
2 250	1.31	0.26	68	1.28	0.26	74	1.24	0.25	80
2 500	1.38	0.28	65	1.35	0.27	70	1.31	0.26	75
3 000	1.51	0.30	60	1.47	0.29	64	1.44	0.29	69
3 500	1.64	0.33	55	1.59	0.32	59	1.55	0.31	64
4 000	1.75	0.35	51	1.70	0.34	55	1.66	0.33	60
4 500	1.85	0.37	48	1.80	0.36	52	1.76	0.35	56
5 000	1.95	0.39	46	1.90	0.38	50	1.86	0.37	53
5 500	2.04	0.41	44	1.99	0.40	47	1.95	0.39	51
6 000	2.14	0.43	42	2.09	0.42	45	2.03	0.41	49
	6m,00			7m,00			8m,00		
75	0.22	0.044	466	0.21	0.042	522	0.20	0.040	577
100	0.25	0.050	403	0.25	0.050	452	0.24	0.048	500
125	0.28	0.056	361	0.28	0.056	405	0.26	0.052	447
150	0.31	0.062	329	0.31	0.062	369	0.29	0.058	408
175	0.34	0.068	305	0.33	0.066	342	0.32	0.064	378
200	0.37	0.074	285	0.35	0.070	320	0.34	0.068	354
250	0.41	0.082	256	0.39	0.078	286	0.38	0.076	316
300	0.45	0.090	233	0.43	0.086	261	0.42	0.084	289
350	0.48	0.096	216	0.46	0.092	242	0.45	0.090	267
400	0.51	0.102	202	0.50	0.100	226	0.48	0.096	250
450	0.55	0.110	190	0.53	0.106	213	0.52	0.102	236
500	0.58	0.116	180	0.55	0.110	202	0.54	0.108	224
600	0.63	0.126	165	0.61	0.122	182	0.59	0.118	204
700	0.68	0.136	153	0.65	0.130	171	0.63	0.126	189
800	0.73	0.146	143	0.70	0.140	160	0.68	0.136	177
900	0.77	0.154	134	0.74	0.148	150	0.72	0.144	167
1 000	0.82	0.164	128	0.78	0.156	143	0.76	0.152	158
1 250	0.91	0.182	114	0.88	0.176	128	0.85	0.172	141
1 500	0.99	0.198	104	0.96	0.192	117	0.93	0.186	139
	10m,00			15m,00			20m,00		
75	0.20	0.040	683	0.18	0.036	925	0.17	0.034	1 148
100	0.23	0.046	592	0.21	0.042	801	0.19	0.038	995
125	0.25	0.050	529	0.23	0.046	716	0.21	0.042	890
150	0.28	0.056	483	0.25	0.050	654	0.23	0.046	812
175	0.30	0.060	447	0.27	0.054	606	0.25	0.050	752
200	0.32	0.064	418	0.29	0.058	567	0.27	0.054	703
250	0.35	0.070	374	0.32	0.064	507	0.30	0.060	629
300	0.39	0.078	340	0.35	0.070	463	0.33	0.066	574
350	0.42	0.084	316	0.38	0.076	428	0.36	0.072	532
400	0.45	0.090	290	0.41	0.082	400	0.38	0.076	497
450	0.48	0.096	279	0.43	0.086	378	0.40	0.080	469
500	0.51	0.102	265	0.46	0.092	358	0.43	0.086	445
600	0.55	0.110	242	0.50	0.100	327	0.47	0.094	406
700	0.60	0.120	224	0.54	0.108	303	0.50	0.100	376
800	0.64	0.128	209	0.58	0.116	284	0.54	0.108	352
900	0.68	0.136	197	0.61	0.122	267	0.57	0.114	332
1 000	0.72	0.144	187	0.65	0.130	253	0.60	0.120	315
1 250	0.80	0.160	167	0.72	0.144	225	0.67	0.134	282
1 500	0.98	0.178	153	0.79	0.158	207	0.74	0.148	257

Ces principes appliqués à la turbine dont nous nous occupons, ont donné un diamètre moyen de $0^m,360$ aux deux couronnes sur $0^m,090$ de largeur d'anneau, la plus courte distance des aubes du distributeur étant de 25 millimètres, et celle des aubes de la turbine $17^{mm},5$.

Le distributeur n'ayant que 12 aubes contre 25 à la turbine, il en résulte que conformément à ce qui a été dit ci-dessus, l'orifice total de la turbine est plus grand que celui du distributeur, car la largeur dans le sens du rayon étant la même, on trouve comme largeur totale de chacun des orifices.

$$25^{mm} \times 12 = 300^{mil}.$$

et $$17,5 \times 25 = 437^{mil},5.$$

Ces dimensions doivent être dans le rapport inverse des coefficients adoptés : 0,50 et 0,75 ; on a en effet :

$$\frac{50}{75} = 0,67 \text{ et } \frac{300}{437,5}\ 0,68$$

Le diamètre moyen étant égal à 0,36 et la chute $11^m,90$, la vitesse due à la chute est :

$$\sqrt{19,62 \times 11,9} = 15^m,28$$

La vitesse de rotation devient :

$$\frac{1}{2}\left(\frac{60 \times 15,28}{3,1416 \times 0,36}\right) = 405,6 \text{ tours par } 1'$$

Ces conditions arrêtées, on a procédé au tracé de la manière suivante (*fig.* 139).

239. *Aubes du distributeur.* — Sur la ligne AA', on porte une longueur AA' égale au quotient de la circonférence

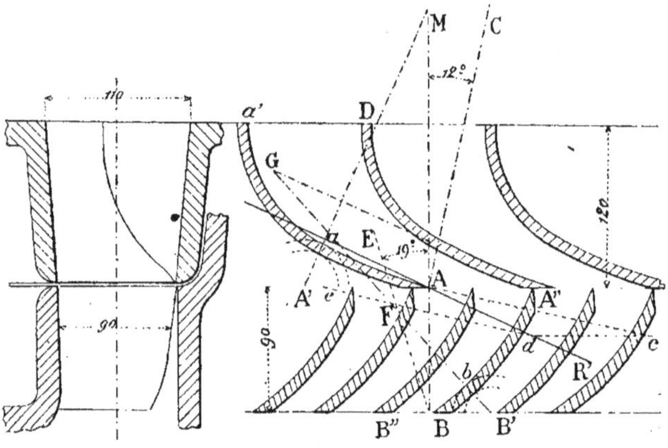

Fig. 139.

moyenne par 12 qui est le nombre des aubes du distributeur.

Du point A', on décrit deux arcs de cercle, dont l'un a pour rayon la plus courte distance à ménager entre deux aubes, c'est-à-dire 25 millimètres, et l'autre le même rayon augmenté de l'épaisseur que ces aubes doivent avoir.

Du point de division voisin A, on trace une droite AC faisant avec la verticale AM, un angle de 12 degrés ; puis on cherche sur cette ligne AC le centre d'un arc de cercle qui passe par le point A, et qui soit tangent en *a* à celui extérieur des arcs de cercle qui ont été décrits du point A'.

Cet arc de cercle A*a* représente la partie inférieure de l'aube, qui satisfait aux conditions proposées.

L'épaisseur se trouve ainsi déterminée par un second arc de cercle concentrique au précédent et tangent à l'arc intérieur décrit du point A'.

Pour achever le tracé, on joint le point A' avec le centre de l'arc A*a* par un rayon dont l'intersection D, avec la ligne représentant le plan supérieur du cercle des directrices, est le centre de l'arc *aa'* et de celui qui lui est concentrique.

240. *Aubes de la turbine.* — En construisant le parallélogramme des vitesses

Acde, dans lequel Ac perpendiculaire à AC, est égal 15m,20 et $Ae = \frac{15,20}{2} = 7^m,60$; la diagonale A$d$ représente en grandeur et en direction la vitesse relative du fluide par rapport au déplacement des aubes.

La première direction de l'aube a été faite, par l'auteur, perpendiculairement à cette direction Ad; pour cela, après avoir porté les distances B″, B, B′, etc., en divisant la circonférence moyenne par 25, on trace par l'un des points B′ les arcs de cercle qui correspondent à la plus courte distance (17mm,5) et à l'épaisseur du métal, puis on trace BE, inclinée à 19 degrés, sur laquelle on cherche le centre F d'un arc de cercle Bb tangent à l'arc de cercle extérieur, dont le rayon est B′b et passant par B.

Joignant le centre F et le point B′ par un rayon que l'on prolonge, on cherche, sur cette ligne, le centre G d'un arc de cercle bA″, tel que le rayon GA″ soit parallèle à la diagonale Ad, afin que le premier élément, en A″, soit dans la condition requise, d'être normal à la direction relative de l'arrivée du fluide.

Pour obtenir GA″, on remarquera que le point A″ est situé sur une corde qui serait tracée de b parallèlement à la bissectrice de l'angle obtus formé par les lignes Ad et B′G. Il suffira donc de tracer cette bissectrice et sa parallèle à partir du point b, qui déterminera le point A″ par sa rencontre avec la ligne AA″. La perpendiculaire élevée au milieu de bA″ rencontrant B′G donne en G le centre cherché.

Il est bon de remarquer que, contrairement aux turbines Fontaine, le distributeur a une hauteur plus grande que l'anneau de la turbine; cela tient à ce que la vitesse de l'eau étant très grande il est nécessaire que le fluide soit dirigé par un développement plus grand.

241. *Turbines hydrauliques de divers systèmes.* — Les trois turbines, dont nous venons de parler, peuvent être considérées comme des types; tous les autres genres s'en rapprochent plus ou moins et n'en diffèrent, en général, que par le mode de vannage.

Sans vouloir décrire tous les systèmes employés, nous prendrons quelques exemples, parmi les plus remarquables sans suivre un classement particulier.

Dans l'énumération de ce qui va suivre, nous nous inspirerons des ouvrages de MM. Armengaud et du cours professé, il y a quelques années, par M. Charles Callon, à l'École Centrale.

242. *Turbine Callon, à orifices compensés.* — Cette turbine, du genre Fourneyron, diffère de celle-ci, en ce que les orifices d'évacuation, au lieu d'être maintenus parallèles dans le sens horizontal de l'intérieur à l'extérieur, vont en s'élargissant dans ce même sens en vue de rendre la section d'évacuation constante et surtout inversement proportionnelle à la vitesse de l'eau aux points correspondants de son parcours.

Les aubes directrices, n'occupent qu'une zone étroite et sont en nombre égal avec celles de la couronne mobile.

Le vannage cylindrique de Fourneyron, est remplacé ici par des vannes partielles agissant à l'entrée de l'eau dans les aubes directrices et par deux ensemble.

La figure 140 représente une coupe verticale et une section horizontale passant par le milieu de la hauteur des orifices.

La partie mobile de la turbine se compose encore d'un disque en fonte A ayant la forme d'une cuvette mais, dont le bord est ramené dans un plan, de façon à former une couronne plate annulaire pour recevoir la couronne des aubes a. Ces aubes sont en tôle de 4 à 5 millimètres d'épaisseur, rivées, d'une part sur le bord du disque A, et de l'autre, après une couronne supérieure isolée B, également en fonte.

Le plateau mobile A est monté sur l'axe vertical D, par l'intermédiaire d'un manchon en fonte C et repose en outre sur une embase saillante ménagée à l'arbre.

Un fond fixe E, en fonte, est disposé à l'intérieur de la turbine à la hauteur de l'ouverture de l'aubage; il est monté à la partie inférieure d'un manchon en fonte F, creux pour le passage de l'arbre moteur et soutenu par le haut, à l'aide d'un boîtard G.

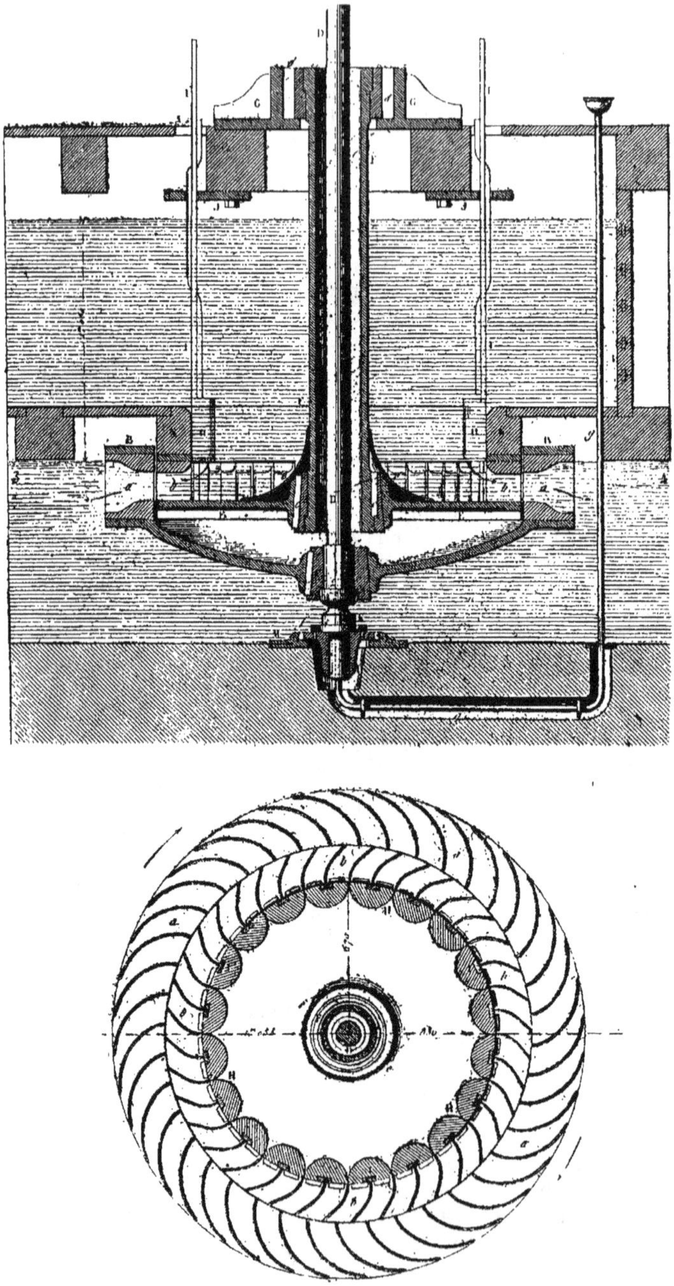

Fig. 140.

C'est à la circonférence de ce fond fixe que se trouvent les aubes directrices *b*, en tôle, rivées à une couronne annulaire, laquelle est immédiatement jointe au châssis en charpente N qui soutient le plancher de la chambre d'eau.

C'est à l'intérieur du cadre N et du cercle des directrices, que sont disposées les vannes H qui règlent la distribution de l'eau en fonctionnant comme autant de tiroirs séparés.

Ces vannes représentent un demi-cylindre de bois dont le diamètre est double de l'écartement de deux aubes ; chaque vanne est rattachée à une tringle verticale I qui s'élève à une hauteur suffisante pour atteindre l'endroit d'où l'on veut les manœuvrer.

Pour que chaque tiroir ne se dérange pas de sa place dans ces mouvements, il est muni de deux appendices qui lui servent de guide avec l'aube correspondante.

Les aubes réceptrices *a* ont une forme évasée dans le sens vertical afin de remédier à leur section horizontale qui est plus considérable à l'intérieur du cercle qu'à l'extérieur.

Dans le cas où la hauteur des aubes réceptrices est constante, M. Callon a imaginé de remplir l'intérieur des aubes, directrices et réceptrices, par des coins en bois qui ont pour objet de conserver à leur intérieur une section égale de l'entrée à la sortie, ou, en d'autres termes, que cette section soit proportionnellement inverse à la vitesse que l'eau doit y posséder à chaque point de son passage.

La figure montre un système de pivot particulier qu'il est utile de connaître. Il consiste dans une pièce K, tournée et munie d'une large embase par laquelle il repose sur un siège en fonte L, où il est aussi engagé par une portée cylindrique.

Ce siège est lui-même établi et serré par des coins sur une plaque de fondation M qui est fixée sur la maçonnerie au moyen de boulons.

La partie supérieure de la pièce K formant pivot pénètre dans le bout de l'arbre D, dans lequel on a ouvert un trou, dont le fond est garni d'un grain d'acier correspondant au bout du pivot.

Le graissage s'effectue à l'aide d'un conduit *g*, qui part de la hauteur du plancher et aboutit à la partie inférieure du pivot qui se trouve percé au centre dans toute sa hauteur.

243. *Turbine centrifuge sans directrices de M. Cadiat.* — La turbine de Cadiat présente au premier aspect une grande ressemblance avec celle de Fourneyron, mais en diffère d'une façon notable (*fig.* 141).

Elle se compose d'un seul disque muni d'aubes à sa circonférence et fixé sur l'arbre de transmission ; l'eau reposant directement sur ce disque mobile s'échappe à la circonférence en passant directement par les aubes et détermine, par un effort particulier de réaction sur elles, le mouvement de la machine.

Le vannage, comme mécanisme, est analogue à celui de la turbine Fourneyron, mais il est placé à l'extérieur de l'aubage.

Celle que nous représentons a été établie à Sarreguemines dans les conditions suivantes :

Chute normale.	$1^m,50$
Vitesse due à cette hauteur. .	$5^m,42$
Diamètre extérieur de la turbine.	$3^m,30$
Hauteur effective des aubes. .	$0^m,50$
Écartement minimum des aubes.	$0^m,07$
Nombre d'aubes.	30
Section de l'orifice formé par deux aubes consécutives. .	$3^{dq},5$
Section totale que la turbine présente au débit..	105^{dq}
Nombre de tours de la turbine par minute.	20
Vitesse à sa circonférence par 1".	$3^m,45$
Rapport de cette vitesse à celle de l'eau.	$0^m,63$

Lorsque la vanne démasque entièrement les orifices, la turbine peut dépenser 5 000 litres d'eau, sous la charge de $1^m,50$, ce qui correspond à une puissance théorique de

$$\frac{5000 \times 1,50}{75} = 100 \text{ chevaux.}$$

En marche normale elle produit 45 chevaux.

En voici la description :

Le corps principal est constitué par le disque à surface courbe en fonte A, dont

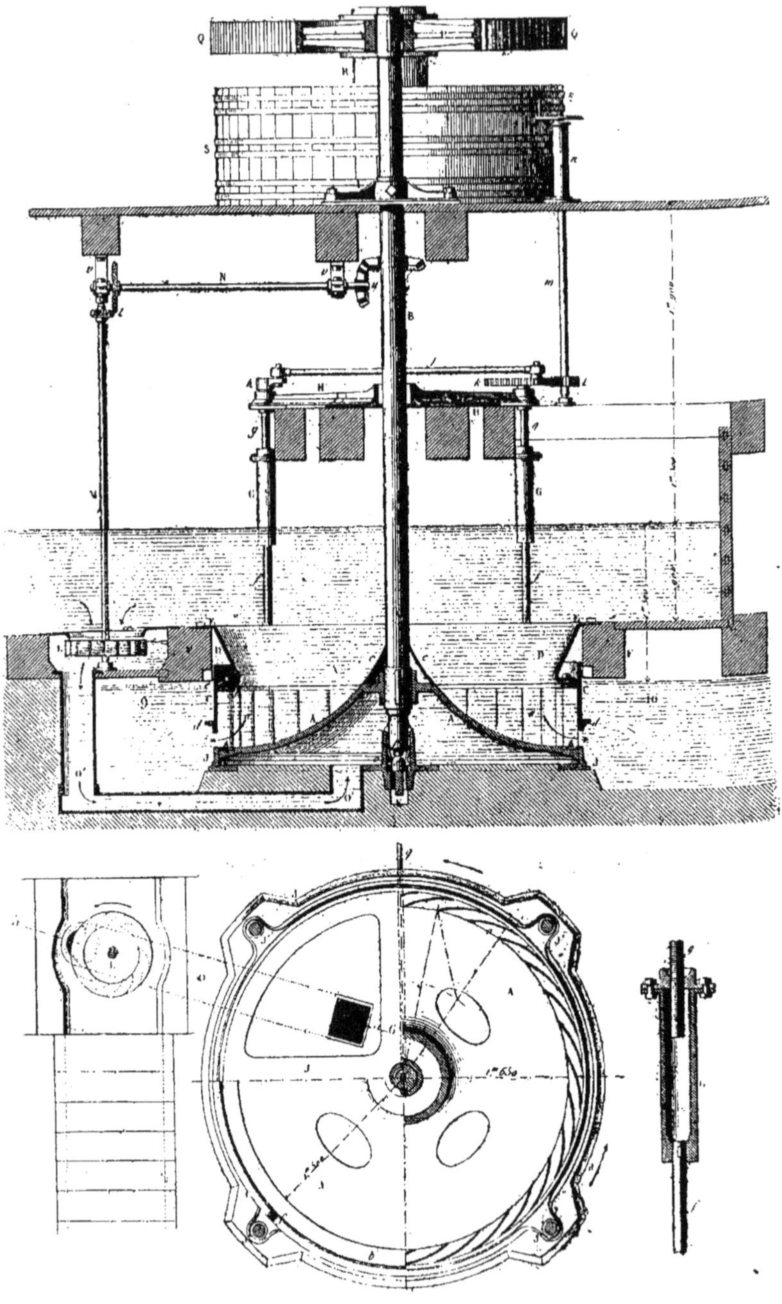

Fig. 141.

le profil est déterminé de façon à faire changer le fluide de direction sans transition brusque ; cette forme est même continuée, jusqu'à l'arbre central, au moyen d'une tôle *c*.

Afin de permettre le nettoyage de la partie inférieure, le disque porte quatre ouvertures, qui sont maintenues fermées pendant la marche.

La circonférence du disque A est munie de la couronne des aubes *a* qui ont été rapportées en tôle entre deux plates-bandes circulaires en fer *b*. L'ensemble ressemble beaucoup à une roue ordinaire à aubes courbes.

Au-dessous du disque, est un croisillon en fonte J, composé de quatre bras et d'une couronne avec rebord ; ce croisillon porte au centre, l'emplacement du pivot de l'arbre moteur B.

Le rebord du croisillon entoure la turbine et s'élève à la hauteur de la naissance des aubes ; il est tourné intérieurement, ainsi que le bord supérieur, afin que le vannage C, qui entoure la turbine, puisse descendre et coïncider avec lui, de manière à arrêter l'écoulement du fluide, Ce vannage est formé d'une tôle cylindrique et garnie à sa partie inférieure d'une couronne *d* qui lui donne une rigidité convenable pour la maintenir ronde. Ce cylindre est suspendu par quatre tiges *f* reliées au mécanisme par lequel on le soulève.

Ce mécanisme est assez ingénieux pour être décrit. Chaque tige *f* est clavetée à un manchon en fonte G dont la partie supérieure porte un écrou en bronze dans lequel passe une tige filetée *g*, à laquelle on communique un mouvement de rotation. Toutes ces tiges *g*, sont maintenues aux extrémités des branches du croisillon en fonte H, qui est boulonné sur un bâti spécial en charpente.

Trois des tiges *g* portent une manivelle *h* et la quatrième une roue dentée *k*, dont l'un des bras forme une manivelle de même rayon que les précédentes. Ces quatre manivelles sont rattachées ou liées ensemble au moyen de quatre bielles *j* (*fig.* 142), dont les têtes, mâles ou femelles, s'assemblent avec un seul boulon.

En donnant le mouvement au volant qui termine la tige *m*, laquelle porte un pignon *l*, on fait tourner en même temps les quatre manivelles et par suite les quatre tiges *g* ; celles-ci, ne pouvant ni monter ni descendre, ce sont les écrous des manchons G qui s'abaissent ou s'élèvent ainsi que la vanne circulaire.

La chambre d'eau se trouve comme à l'ordinaire, séparée du bief inférieur par un plancher en charpente, laissant un orifice polygonal garni d'un cône entonnoir D par lequel l'eau s'écoule dans la turbine. Ce cône porte deux rebords, dont l'un sert à le fixer sur le plancher,

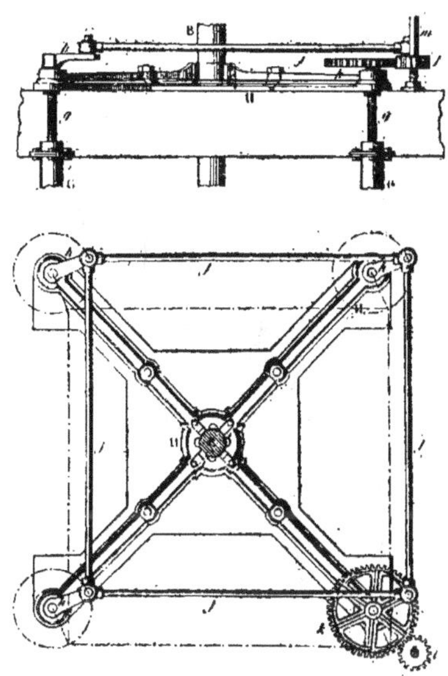

Fig. 142.

et l'autre, se retournant par un arrondi bien prononcé, vient coïncider, avec aussi peu de jeu que possible, à la joue supérieure de la couronne des aubes. Ce rebord inférieur est garni d'une rondelle de cuir qui le désaffleure légèrement et contre laquelle la vanne cylindrique frotte de façon à la guider et empêcher la fuite de l'eau dans cette partie.

Dans le but de remédier à la charge d'eau, qui, en outre du poids de la machine, agit sur le pivot, M. Cadiat a imaginé un dispositif caractéristique de ce moteur.

Le dessous du plateau A est mis en communication avec le bief supérieur par un canal coudé O, dont le résultat est de rendre à peu près nulle l'influence de la charge d'eau.

S'il s'agit de basses chutes, la charge de l'eau est bien moindre que le poids de la turbine ; dans ce cas, la communication avec le bief supérieur produit une contre-pression relativement faible. L'auteur a alors appliqué une petite turbine E de $0^m,80$ de diamètre qui se meut dans un espace réservé au fond de la chambre à eau, et où vient aboutir le conduit O'. Cette petite turbine, loin d'être motrice, a son axe M commandé par un arbre de couche N qui prend son mouvement de

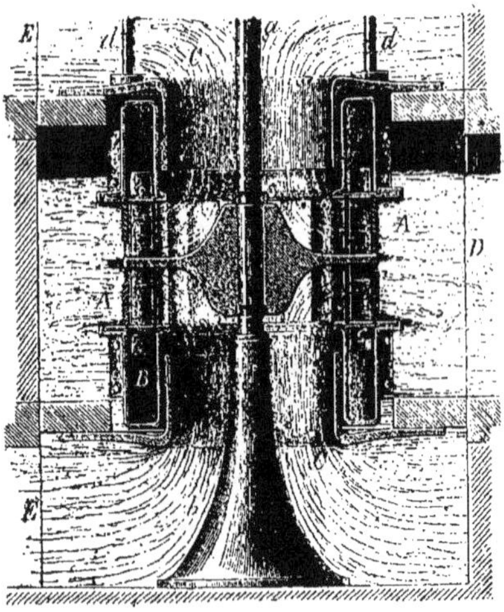

Fig. 143.

l'axe moteur par une paire de roues d'angle et le transmet à l'axe M par deux engrenages coniques.

Le mouvement, ainsi transmis à la turbine, fait fonctionner la turbine comme une pompe centrifuge et l'eau ne pouvant pas s'échapper librement exerce une pression qui se fait sentir dans le conduit O' et par conséquent sous le plateau tournant A.

244. *Turbine pléodynamique de Fourneyron.* — Fourneyron avait présenté à l'Exposition universelle de 1855, deux modèles de turbines ne comportant pas de directrices, mais portant, l'une deux aubages distincts sur un même arbre tournant avec une vanne régulatrice, et l'autre tournant avec quatre aubages et sans vanne.

La première était appelée par l'auteur, *turbine pléodynamique géminée*, et la deuxième *turbine pléodynamique bigéminée.*

L'ensemble de la turbine pléodynamique géminée (*fig.* 143) est établi entre deux planchers qui divisent la hauteur de la chute en trois parties E, D, F, de façon que le niveau d'amont s'établissant au-dessus du plancher supérieur, celui d'aval règne entre les deux, en D. Les eaux s'introduisent dans le moteur en dessus et en dessous par les canaux E, qui se terminent par un barrage vertical et représentent la chambre d'eau divisée en deux parties ; après avoir passé par les orifices du récepteur, les eaux s'échappent et s'écoulent en D, qui est le canal de fuite.

La turbine A se compose d'un disque en fonte garni, sur ses deux faces et à la circonférence, de deux aubages analogues chacun à celui des turbines ordinaires, excepté qu'ici les aubes ne sont pas réunies par leurs extrémités opposées au disque, à cause du vannage que nous décrirons.

L'eau peut être admise dans chaque aubage par une embouchure cylindrique en fonte C, fixée sur le plancher et dont l'extérieur sert de guide à la vanne B, qui la touche seulement en deux points, contre deux cercles métalliques rapportés et qui établissent hermétiquement le joint entre ces deux pièces.

La vanne B, représente en section un U où deux cylindres concentriques fondus d'une même pièce. Les aubes réceptrices pénètrent dans l'intervalle de ces deux cylindres ; mais comme elles s'y meuvent nécessairement, et qu'il faut cependant établir une fermeture pour que l'eau ne s'introduise pas dans cet espace et, en même temps, constituer une paroi à la veine fluide, on a ménagé dans les rebords de la vanne une feuillure recouverte par des joues, de façon à former des rainures circulaires ; dans ces rainures se trouve une plaque annulaire *c* que les aubes traversent par des découpures ayant le profil des aubes; de plus, au passage de chaque aube, on applique des garnitures de liège pour bien étancher le tout.

Par cette disposition, la roue en tournant entraîne avec elle l'anneau *c*, qui doit lui-même tourner en glissant dans les rainures de la vanne, où il est logé.

Les deux vannes B se déplacent ensemble, en se rapprochant ou en s'écartant de quantités égales, à l'aide d'un mécanisme composé de trois vis *d* portant chacune deux parties filetées en sens contraire et leurs écrous fixés aux vannes.

La roue mobile est clavetée sur l'axe *a* et maintenue par deux embases de forme conique, en deux pièces, encastrées dans l'arbre et dans le moyeu du disque tournant.

L'axe a sa crapaudine ménagée dans un support élevé *b* dans lequel on peut faire pénétrer le conduit d'huile pour le graissage.

La deuxième turbine bigéminée, représentée par la figure 144, est établie exactement de la même manière que la première, quant à la disposition des canaux d'arrivée et de sortie de l'eau; mais elle diffère de la précédente en ce qu'elle porte quatre aubages et point de vanne directe.

Le corps mobile est composé des deux aubages cylindriques A raccordés avec deux embouchures coniques, dont les extrémités sont munies d'un aubage B, formé d'une couronne cylindrique et d'aubes héliçoïdales, pénétrant dans des ouvertures circulaires pratiquées dans les planchers F.

L'eau s'introduit dans l'appareil par des entonnoirs C, posés sur les planchers F à l'aide de pattes isolées, et qui laissent passer le fluide aussi bien à l'extérieur de l'entonnoir qu'à son intérieur. Par conséquent, le fluide se divisant en pénétrant dans la turbine, la partie qui passe à l'intérieur de chaque entonnoir C alimente l'aubage cylindrique A ; l'autre suit l'extérieur de l'entonnoir et vient agir sur la couronne B.

Comme on le voit, ces turbines pléodynamiques présentent un certain intérêt et avaient été imaginées par Fourneyron pour créer des moteurs puissants sous des dimensions relativement restreintes. Malgré les avantages qu'elles présentent, elles n'ont pas reçu une très grande application.

245. *Turbine centrifuge à vannage rationnel.* — M. Huot, ingénieur et manufacturier, a imaginé un vannage formé de lames découpées suivant la forme des aubes réceptrices et qui peuvent s'abaisser plus ou moins, sans laisser à leur intérieur des

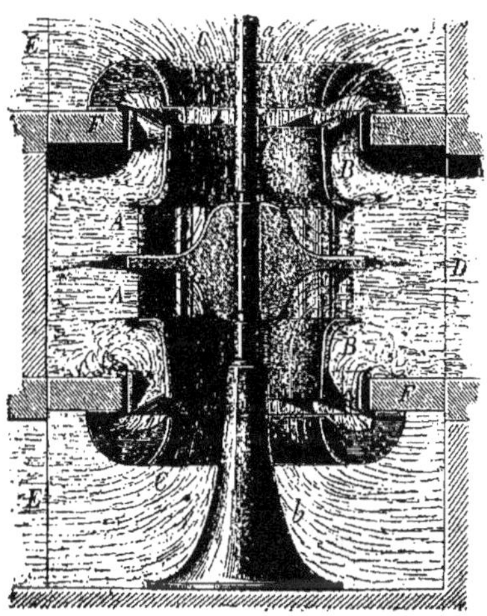

Fig. 144.

vides qui ne pourraient être remplis par la veine fluide sortant des orifices injecteurs ; ce vannage agit simultanément dans toute l'étendue de l'aubage de la couronne mobile.

La figure 145 représente en coupes verticales et horizontales la disposition de cette turbine.

Le conduit abducteur B est fixe, comme à l'ordinaire, sur le plancher qui forme le fond de la chambre d'eau, il porte, fondues avec lui, toutes les courbes directrices *b*, et, par conséquent, un fond fixe courbe s'ouvrant à son centre pour le passage de l'arbre moteur C. Le plateau fixe, indépendant, de la turbine primitive de Fourneyron, se trouvant supprimé ainsi que le support cylindrique porte-fond, l'emploi d'un arbre creux avec son support inférieur D, pour l'application du pivot supérieur, ne présentait plus de difficultés.

La couronne mobile A, disposée comme à l'ordinaire, le vannage nouveau est composé d'une série de lames coudées E, reliées à leurs parties supérieures par une même ceinture *c*, ainsi que dans un cercle en fer plat *f* en dehors de la couronne mobile, et qui se trouvent engagées

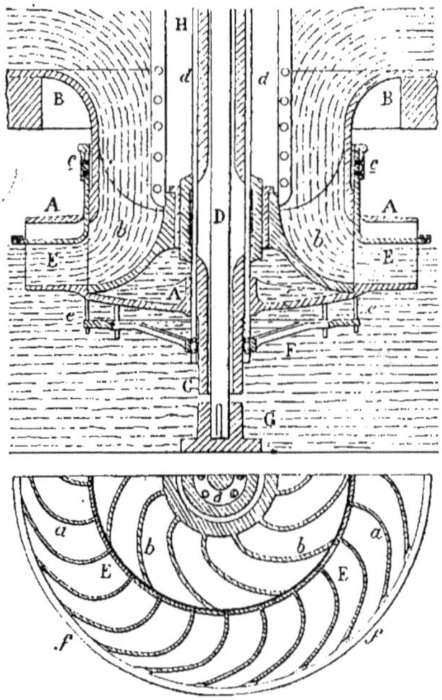

Fig. 145.

dans chaque intervalle des aubes dont elles épousent exactement la forme.

On voit ainsi que la vanne tournant avec la turbine les parois ne présenteront aucune solution de continuité, et le fluide s'écoulera à *gueule bée*, exactement comme l'indique la figure; de plus, la forme arrondie du coude et la courbure du fond fixe se combinent encore pour favoriser l'écoulement.

Ce vannage E, dans son ensemble, est rattaché à plusieurs tringles verticales *e* qui traversent le fond de la couronne mobile A au voisinage des épaisseurs des aubes. Au-dessous de la turbine, ces tringles sont reliées à un disque commun F, qui entoure l'arbre C en son centre et tourne avec lui.

Il est alors suspendu en ce point à six tiges *d* qui sont accolées à l'arbre et s'élèvent, dans toute sa hauteur, jusqu'au plancher où se trouve placé le mécanisme mis à la portée du conducteur de la machine.

La partie de ce mécanisme qui établit le point d'attache de ces tringles, se compose d'un plateau reposant sur des galets qui peuvent s'élever avec leur table de roulement, en enlevant le plateau qu'ils supportent, au moyen d'un système de vis reliées par des chaînes ou des engrenages pour leur communiquer un mouvement simultané. Donc pour changer la position de la vanne, on fait marcher ces vis, ce qui fait élever ou abaisser la table des galets ainsi que ces derniers, dont le mouvement est suivi par le plateau tournant auquel sont rattachées les tiges *f*. Celles-ci entraînant avec elles le disque F qu'elles supportent, sa liaison avec la vanne par les tringles *e* accomplit la modification requise.

Les tringles *d* doivent traverser le moyeu de la turbine qui est renflé à l'endroit des collets de l'arbre C. Enfin un fourreau H en tôle et en deux parties sert à isoler l'axe tournant du contact de l'eau.

Ce système de vannage a été réalisé depuis, sous des formes différentes.

246. *Turbine centrifuge recevant l'eau en dessous.* — L'idée de construire des turbines dans lesquelles l'eau se trouverait dirigée de bas en haut, remonte pour ainsi dire à l'origine de l'invention des turbines. Burdin s'était occupé de cette disposition; de même M. Combes a décrit en 1838 une turbine recevant l'eau par la partie inférieure. Plus tard, en 1847, M. Cadet Colsenet avait proposé une turbine ayant cette disposition, mais d'une construction plus perfectionnée que celle de M. Combes.

Enfin en 1858, M. Bonnet, mécanicien à Toulouse, ayant à établir des turbines d'une construction économique, eut l'idée de prendre celle de Cadiat, qui n'a pas de directrices, mais en la renversant de façon à admettre l'eau par sa partie inférieure.

Cette disposition est représentée par la figure 146. L'eau est maintenue en aval par un barrage en charpente I, dans lequel se trouve ménagé, à la partie inférieure, un orifice que l'on peut fermer à

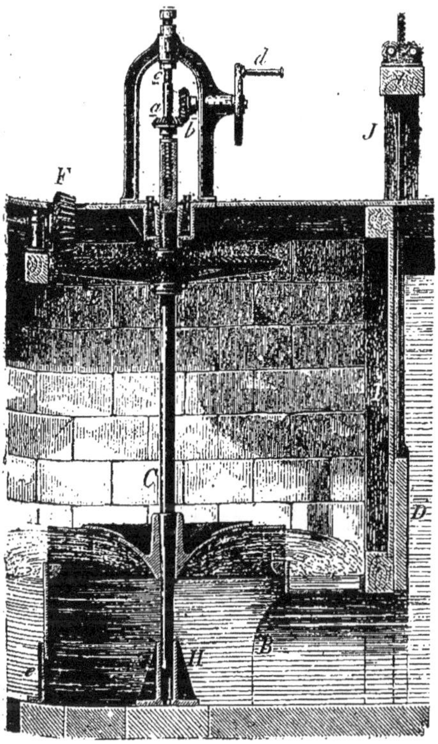

Fig. 146.

volonté au moyen d'une vanne verticale D, montée comme à l'ordinaire.

L'ouverture de la vanne D communique exclusivement avec l'intérieur d'une bâche en fonte B qui repose directement sur un sol en maçonnerie à niveau avec le seuil de la vanne.

Cette bâche se compose d'une partie cylindrique portant une tubulure horizontale pour s'ajuster avec l'ouverture de la vanne. La partie cylindrique étant complètement ouverte à la partie supérieure reçoit la turbine A, qui peut y pénétrer entièrement, suivant la hauteur totale de l'aubage. Une petite ouverture, fermée par une plaque *e*, se trouve ménagée à la partie inférieure pour opérer l'écoulement des dépôts vaseux.

Le plateau et les aubes sont entièrement semblables à ceux de la turbine Cadiat; seulement les aubes sont réunies inférieurement par un cordon garni de listels, formant de légères saillies, qui viennent s'appuyer contre la paroi intérieure de la bâche, de manière à ce que le joint formé empêche les fuites d'eau.

La turbine A peut être soulevée verticalement, ainsi que son arbre C, alors que la roue de transmission E est maintenue à l'aide d'une chaise qui n'est pas figurée dans le dessin. Pour produire la mise en marche de la turbine, M. Bonnet a imaginé une disposition utile à connaître.

La partie supérieure de l'arbre C est surmontée d'une tige *a*, qui s'y trouve taraudée, et porte un pignon *b* engrenant avec un autre pignon semblable monté sur un axe horizontal muni d'un volant-manivelle *d*. Cet axe est retenu dans une douille ménagée à une arcade en fonte, qui porte aussi une pointe *c* contre laquelle la vis *a* s'appuie continuellement.

Pour comprendre la fonction de ce mécanisme, supposons que la turbine soit complètement abaissée et immobile; l'arbre C étant, par conséquent, descendu, la vis *a* se trouvera en partie hors de son écrou, mais invariablement appuyée contre la vis de butée *c*.

Si l'on vient alors agir sur le volant à main *d*, en le faisant tourner dans le sens convenable pour communiquer à la vis *a* le mouvement qu'il lui faut pour rentrer dans son écrou, qui est l'arbre C même, la pression du fluide tendant continuellement à soulever la turbine, la vis *a* restera immobile dans le sens vertical, en s'appuyant contre la pointe *c*, et la turbine commencera à s'élever, mais néanmoins sans tourner encore.

Les aubes commençant à se dégager de

la bâche B, l'écoulement du fluide aura lieu et la turbine se mettra en mouvement.

Mais l'inclinaison des filets de la vis *a* étant dirigée de telle sorte que le sens du mouvement qui lui est donné, pour la faire pénétrer dans l'arbre, est le même que celui de la turbine, il en résulte que, pour continuer d'élever la turbine, la main doit donner au volant *d* un mouvement de plus en plus rapide sans quoi elle se dévêtirait d'elle-même de la vis ou cesserait de s'élever.

Mais aussitôt que l'arbre C est à sa plus grande élévation et qu'il vient toucher l'embase de la vis, tout mouvement vertical cesse ; l'arbre C, la vis et sa commande tournent ensemble.

Lorsqu'il s'agit d'arrêter la turbine, il faut simplement saisir au passage la poignée *d*, ou plutôt la jante du volant, et tenter d'arrêter son mouvement de rotation ; alors la turbine s'abaisse d'elle-même et vient doucement se reposer sur le bord de la bâche B.

Comme on le voit, cette turbine ne possède pas de vannage, puisque la hauteur de l'écoulement par rapport à la bâche peut être réglée à volonté en cessant d'agir à propos sur le volant *d*, ce qui arrête en même temps l'élévation de la turbine.

Cette simple description montre que cette turbine est d'un établissement facile et très peu dispendieux ; et malgré cette simplicité, elle a fourni un rendement moyen de 0,70 à 0,75 du travail absolu du moteur.

Turbine centrifuge de M. Schiele.

247. A l'Exposition de Londres en 1862 se trouvait un modèle de turbine présenté par M. Schiele, ingénieur à Manchester. Les dispositions qu'il a adoptées sont empruntées à la fois aux systèmes Jonval et Fourneyron et sont combinées de manière que l'on peut faire varier l'ouverture des directrices, afin de rendre la dépense d'eau plus ou moins considérable.

La figure 147 montre que l'eau est dirigée à peu près comme dans la turbine Jonval ; mais au lieu de la délivrer parallèlement à l'axe, elle arrive de côté par le canal A, sous les directrices B de la turbine, d'une manière analogue au système Fourneyron.

La couronne inférieure C, destinée à recouvrir plus ou moins les passages *o*, qui donnent issue à l'eau s'échappant à la circonférence des aubes courbes *b*, est assemblée de manière à pouvoir glisser entre ces passages ; disposition qui permet de modifier à volonté le débit des aubes *b*, ainsi que celui des directrices B, sans que leurs proportions relatives s'en trouvent modifiées.

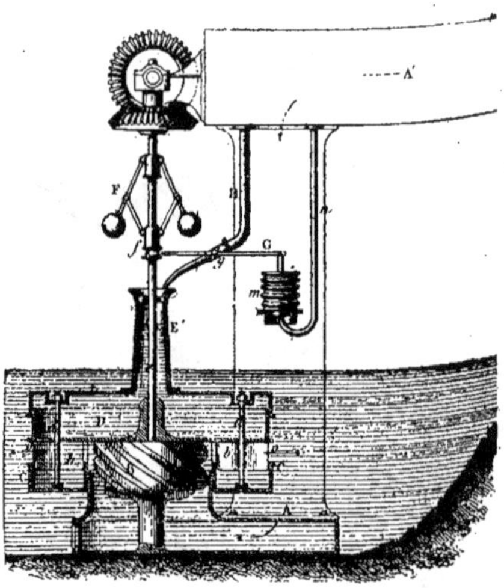

Fig. 147.

Ce résultat est obtenu à l'aide de la capacité supérieure D, qui est fermée par le couvercle E, relié à l'anneau C par des boulons *d*, de telle sorte que le couvercle et l'anneau sont solidaires, et que l'un entraîne l'autre dans ses mouvements d'ascension ou de descente, commandés par le régulateur à boule F de la machine.

Ce régulateur est monté sur l'arbre *e* de la turbine et sa douille *f* agit, par l'intermédiaire du levier G, sur la valve *g* destinée à régler l'écoulement d'un filet d'eau qui arrive du canal principal de dérivation A′ par le tuyau H.

Ce filet d'eau est déversé dans un tube à entonnoir E′, qui communique avec la capacité D, de telle sorte que si la soupape, par suite du rapprochement des boules, se trouve près de la fermeture, il arrive peu d'eau sous le couvercle E, et il descend avec la couronne C qui dégage alors les directrices et les aubes ; si au contraire une accélération de vitesse éloigne les boules, la valve *g* s'ouvre laissant l'eau arriver en plus grande quantité sous le couvercle, ce qui le soulève et avec lui naturellement la couronne C, amenant le rétrécissement des passages de l'eau des directrices et des aubes.

Lorsqu'il est nécessaire de faire produire à l'eau tout son effet, il faut dans certains endroits, par exemple devant les déversoirs, la maintenir au niveau le plus élevé possible. Dans ce cas, l'auteur ajoute à l'appareil une capacité ou chambre régulatrice *m* séparée et composée d'une série d'anneaux en métal mince, qui sont reliés entre eux alternativement par leurs bords intérieurs ou extérieurs. On obtient ainsi une capacité élastique qui cède plus ou moins, suivant la pression de la colonne d'eau dans le tuyau *n*.

Cette chambre *m* agit sur la valve *g* du régulateur par l'intermédiaire du levier G. Dans quelques turbines, il est bon quelquefois de munir les parties inférieures de clapets ou de vannes, qui servent alors à faciliter le nettoyage des tuyaux et des passages.

Pour enlever les feuilles et les branches qui s'introduisent dans la turbine, il suffit de faire tourner celle-ci en sens inverse, l'intérieur étant facilement accessible, en faisant monter la partie inférieure le long de l'arbre.

Après avoir donné ces quelques modifications de la turbine centrifuge, du système Fourneyron, nous allons indiquer les principaux vannages de la turbine du genre Fontaine.

248. *Vannage à rouleaux de Fontaine* — A l'Exposition universelle de Londres en 1862, MM. Fontaine et Brault ont exposé une turbine présentant un système de distribution pour chutes variables, auquel ils ont donné le nom de vannage à rouleaux.

Ce distributeur (*fig.* 148) porte à son centre un plateau en fonte fermant hermétiquement la chambre de la turbine ; il est disposé de façon que son moyeu sert de coussinet à l'arbre creux A,

L'arrêt et la mise en marche s'effectuent au moyen de deux fortes bandes flexibles en caoutchouc ou en gutta-percha fixées chacune, par une de leurs extrémités, au distributeur et par l'autre à deux rouleaux ou galets coniques R, en fonte, tournant librement sur leurs axes. Ces rouleaux sont mis en mouvement à l'aide d'une roue dentée demi-circulaire S, engrenant avec un pignon P, qu'on peut manœuvrer à l'extérieur de la turbine. Cette roue dentée est reliée à deux bras en fonte H qui portent à leurs extrémités les axes inclinés des rouleaux R.

Il est facile de voir, que suivant le sens de rotation imprimé à la roue S, les rouleaux coniques enroulent ou déroulent les bandes de gutta et par cela même ouvrent ou ferment les orifices du distributeur.

Afin que l'enroulement ait lieu d'une manière bien régulière, des pignons F à dents très hautes sont fixés sur les rouleaux et engrènent dans une crémaillère fixée sur le rebord extérieur du distributeur.

Les bandes de gutta couvrent bien exactement la surface annulaire occupée par les orifices de distributeur. Par suite de la disposition des rouleaux, imaginés par les constructeurs, pour ouvrir ou fermer les orifices, tous ceux-ci peuvent se démasquer à l'exception de deux seulement, lesquels sont diamétralement opposés. De plus la forme arrondie de ces rouleaux fait éviter les effets de la contraction de l'eau à son entrée dans le distributeur.

Dans le type exposé par ces ingénieurs il existait deux distributeurs, dont l'un, celui extérieur, est destiné seul à utiliser la quantité d'eau disponible en hiver, quand la chute est à son maximum, et l'autre, celui intérieur, est destiné, conjointement avec le premier, à utiliser tout le volume d'eau disponible en été lorsque la chute est réduite à son minimum.

Pour isoler le compartiment extérieur de celui intérieur, lorsqu'on se trouve au moment de la chute maximum, les

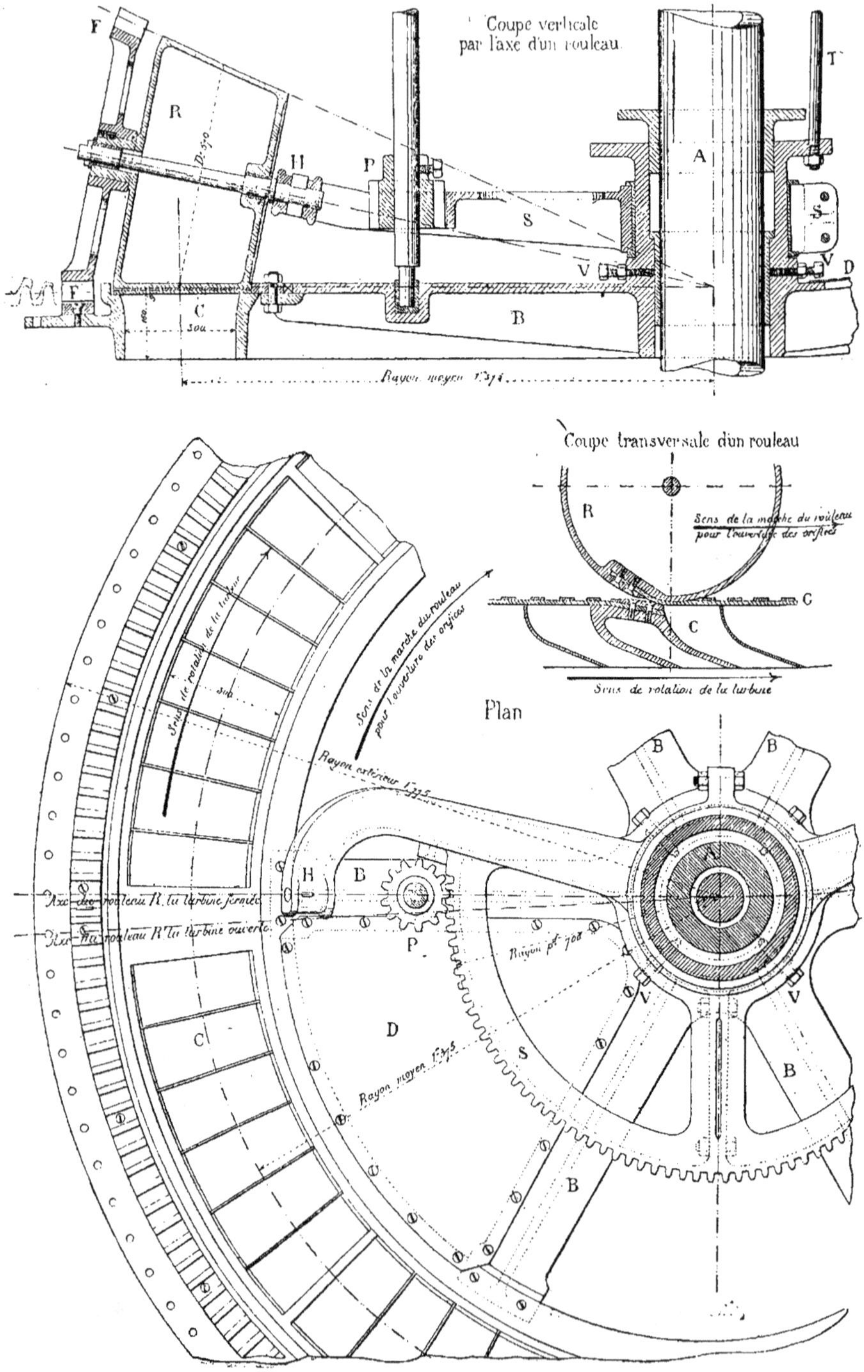
Coupe verticale
par l'axe d'un rouleau
Coupe transversale d'un rouleau
Sens de la marche du rouleau pour l'ouverture des orifices
Sens de rotation de la turbine
Plan
Sens de la marche du rouleau pour l'ouverture des orifices
Rayon extérieur 1,375
Rayon moyen 1,375
Axe du rouleau R la turbine fermée
Axe du rouleau R la turbine ouverte

Fig. 148.

orifices du compartiment intérieur sont hermétiquement fermés par de petites plaques en fonte, posées tout simplement sur la partie supérieure. De cette manière les rouleaux peuvent manœuvrer, ouvrir et fermer les orifices du compartiment extérieur.

Quand arrive la saison des grandes

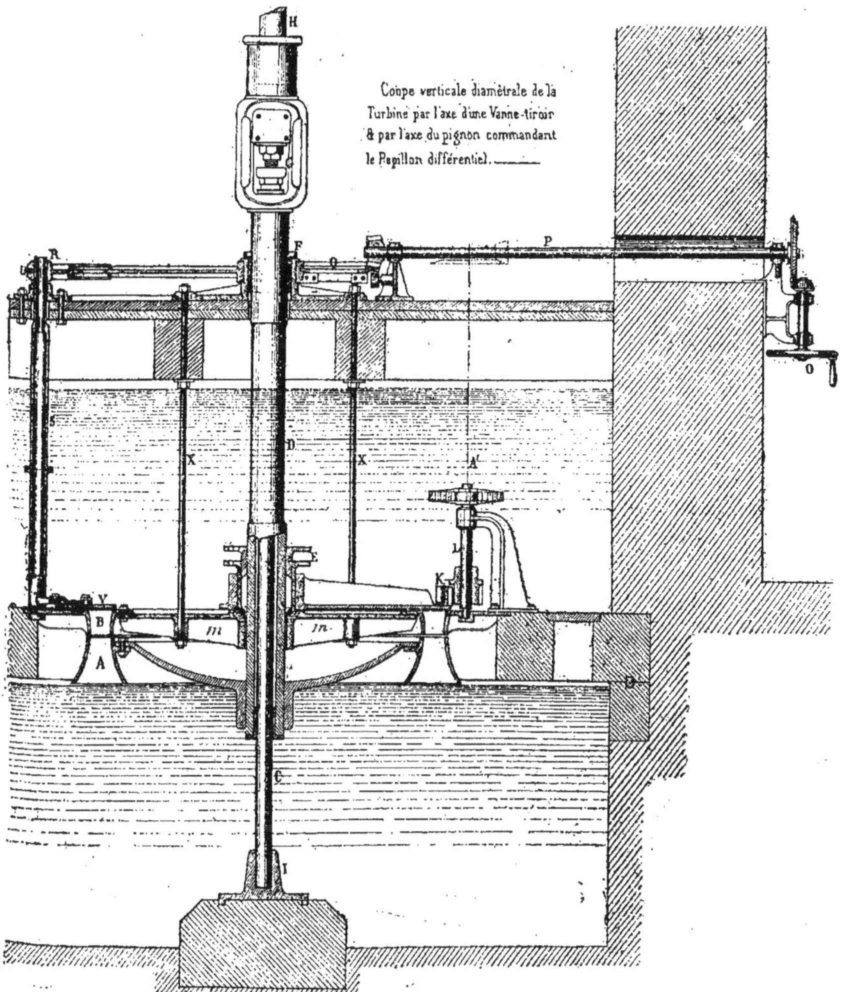

Fig. 149.

eaux et par suite des basses chutes, on descend dans la turbine et on enlève ces plaques, alors les orifices des deux compartiments se trouvent soumis à la marche des rouleaux qui les ouvrent et les ferment ensemble.

249. *Turbine à vannes-tiroirs et papillon différentiel.* — M. Girard a installé à

Châteaudun, en 1855, une turbine hydropneumatique à évasement et à grande vitesse (35 tours par minute) établie sur une chute variable de 0,70 à 1. Elle transmet le mouvement directement à deux pompes horizontales à double effet et élevant l'eau à 50 mètres de hauteur.

La turbine se compose de deux parties distinctes : la turbine proprement dite et le vannage. La turbine A (*fig.* 149) présente une couronne largement évasée par le bas, formée de deux cercles concentriques entre lesquels sont les aubes ; l'évasement permet de donner à ces dernières une forme telle, que la roue peut prendre une vitesse égale et même supérieure à celle due à la hauteur de la chute, sans que le mode d'action de l'eau cesse d'être celui de la libre déviation.

Cet évasement de la couronne permet aussi de redresser considérablement les aubes directrices, et de rétrécir dès lors l'ouverture annulaire de cette couronne, à égalité de dépense comparée avec le système ordinaire ; il en résulte qu'on peut faire ces directrices en tôle mince et obtenir la continuité de la veine liquide, exigée par la théorie, pour l'admission de l'eau dans les canaux mobiles.

Le peu de largeur de la couronne fixe B ou des directrices a permis à l'auteur de faire l'application du vannage à tiroirs glissant dans le sens du rayon, vannage remarquable par sa simplicité, sa solidité, la facilité avec laquelle il est manœuvré et la fermeture hermétique qu'il produit.

La couronne fixe B est formée de deux cercles concentriques à larges bords retournés et dressés ; ces deux cercles sont reliés entre eux par dix nervures courbes en fonte partageant l'ouverture annulaire en autant de compartiments.

Le croisillon *m*, boulonné sur le cercle intérieur, porte un moyeu alésé pour servir de collier à l'arbre. Ce manchon ou moyeu est façonné en boîte à étoupe pour éviter les fuites de l'air comprimé dans la chambre de la turbine, lorsqu'on emploie l'hydropneumatisation.

Dans les compartiments de la couronne fixe sont disposées des directrices en tôle mince ayant une légère courbure et destinées à introduire l'eau dans les canaux mobiles suivant l'inclinaison voulue.

Chaque compartiment est fermé par une vanne V (*fig.* 149 et 150) mobile dans le sens du rayon et guidée par une coulisse en cuivre U. Un mouvement à sonnette T, fixé sur l'arbre montant S, permet de donner à chaque vanne-tiroir son mouvement de la manière suivante.

Une came R, à double branche en forme de V, fixée à la partie supérieure de l'arbre et ayant l'une ou l'autre de ses branches dirigée au centre de la turbine selon que la vanne est ouverte ou fermée. Au-dessous de la pièce R, l'arbre S est maintenu par un boîtard fixé sur le plancher ou bien sur un cercle en fonte supporté par des colonnes sur le plateau inférieur du vannage. Une double came *y* (*fig.* 150) faisant partie d'un secteur denté Q peut tourner autour du boîtard F et dans son mouvement de rotation, limité à un demi-tour, elle agit successivement sur deux fausses équerres R diamétralement opposées, et fait ainsi décrire aux arbres S un mouvement de rotation égal à l'angle des deux branches des cames R, ce qui produit à la partie inférieure de la vanne la course nécessaire pour l'ouverture ou la fermeture. Le mouvement est donné au secteur denté au moyen d'un mécanisme formé d'un pignon, d'un arbre P et d'un système de roues d'angles, mis en mouvement à l'aide d'un volant O qui peut se trouver au-dessus du sol.

Les figures ci-dessus représentent une disposition avec papillon différentiel, c'est-à-dire qu'au lieu d'avoir dix vannes-tiroirs il n'y en a que huit et la couronne fixe est divisée en dix compartiments, dont un est complètement fermé et l'autre peut être plus ou moins ouvert à l'aide de ce papillon K, recouvrant un dixième de la circonférence. Ce papillon fait corps avec un bras en fonte ajusté en collier sur le moyeu de la couronne fixe ; il porte à son extrémité un arc denté engrenant avec un pignon commandé par l'arbre M et un volant N analogue au précédent.

Cette addition du papillon différentiel permet d'avoir ouvert le nombre voulu des directrices. Sur la figure, la turbine est représentée ayant quatre vannes-ti-

Plan du mecanisme du vannage sur le plancher du rez-de-chaussée.

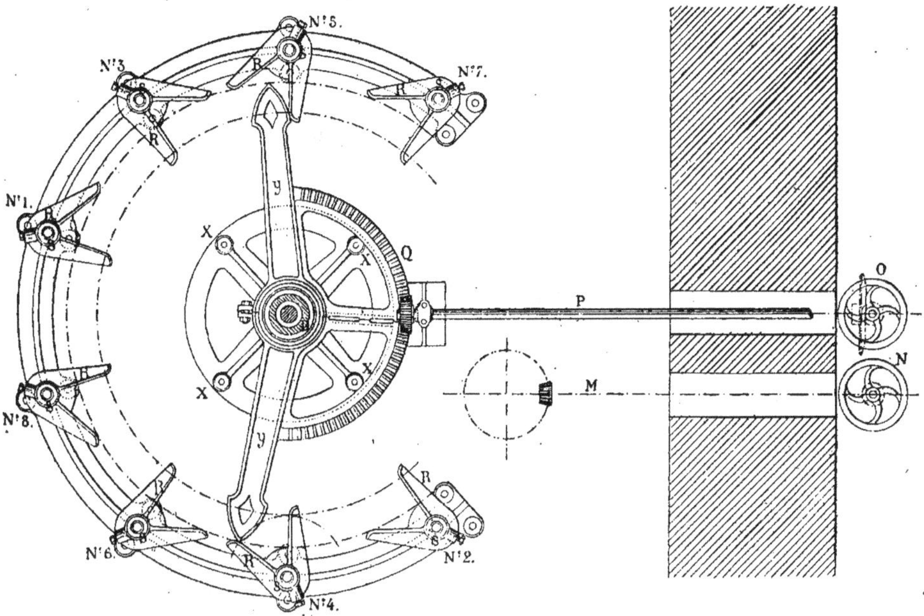

Plan de la couronne fixe et du mécanisme du vannage placé sur le plancher inférieur de la chambre d'eau.

Les numéros placés près des colonnes creuses S indiquent l'ordre d'ouverture des Vannes-tiroirs.

La turbine est représentée ayant quatre vannes-tiroirs ouvertes et le papillon découvrant trois orifices

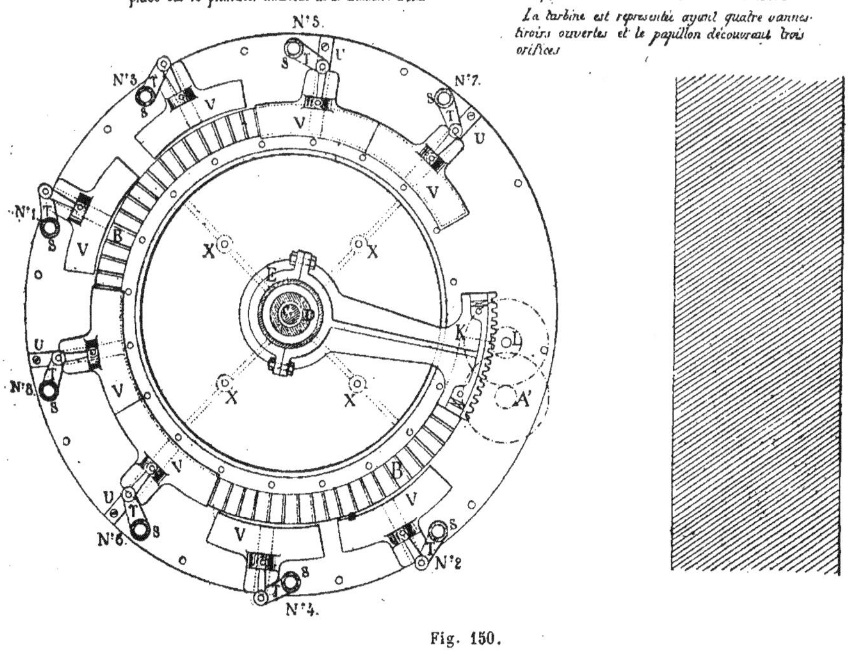

Fig. 150.

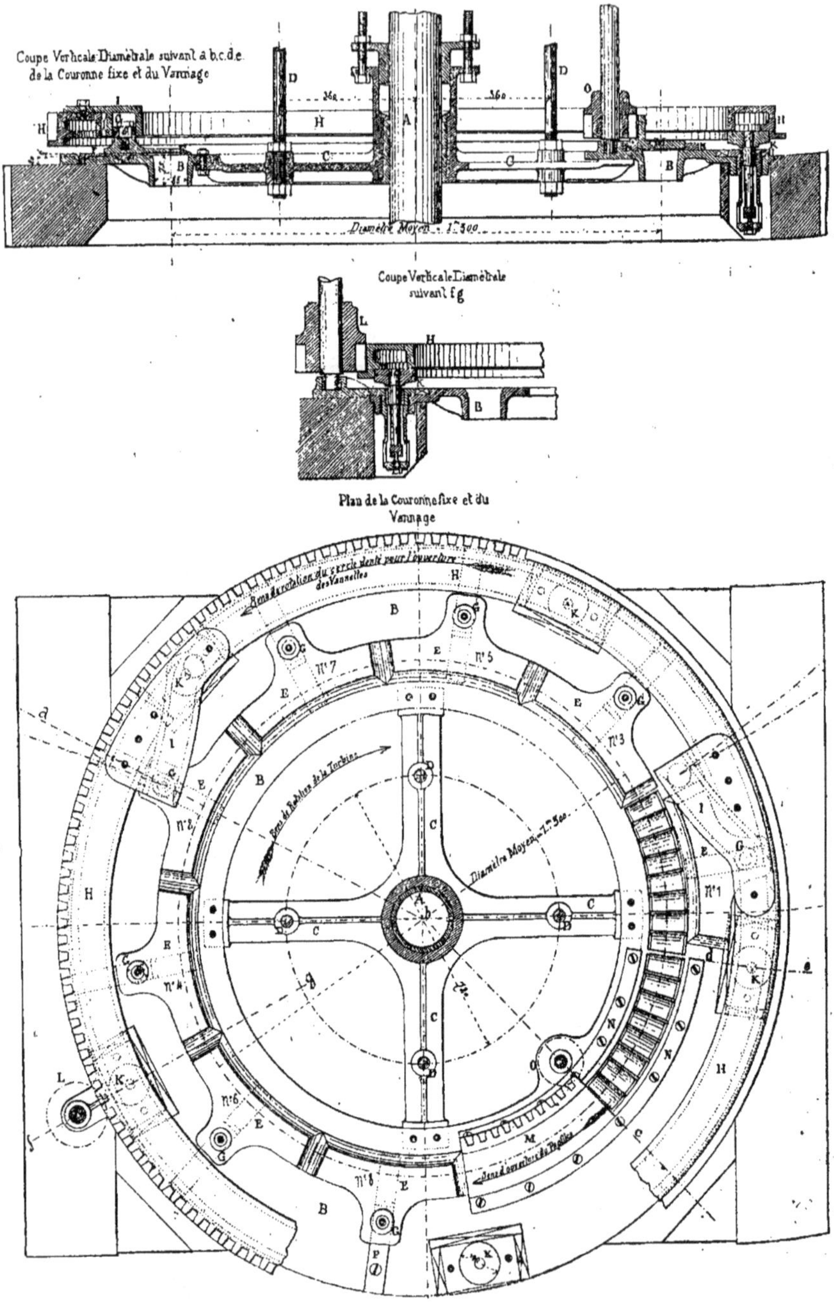
Coupe Verticale Diamétrale suivant a b.c.d.e.
de la Couronne fixe et du Vannage
Diamètre Moyen = 1m.500
Coupe Verticale Diamétrale
suivant f g
Plan de la Couronne fixe et du
Vannage
Sens de rotation du cercle denté pour l'ouverture
des Vannelles
Sens de Rotation de la Turbine
Diamètre Moyen = 1m.500

Fig. 151.

roirs ouvertes et le papillon découvrant trois orifices.

250. Remarque. — Ce système de vannage, très simple, nécessite un effort peu considérable pour le mettre en mouvement, aussi est-il susceptible d'être mû par un régulateur qui maintiendrait automatiquement la vitesse de rotation entre des limites déterminées.

Vannes-tiroirs manœuvrées par un cercle à changements de voies et papillon différentiel.

251. Le système de vannage représenté par la figure 151 est un peu analogue au système précédent; il n'en diffère que par le mécanisme qui ouvre ou ferme les orifices adducteurs.

Les vannes-tiroirs E, au nombre de huit, correspondent chacune à huit orifices, c'est-à-dire à un dixième de la circonférence. Les numéros marqués sur les vannes indiquent l'ordre dans lequel elles sont ouvertes.

Ces vannes sont guidées par des règles en fonte F fixées sur la couronne fixe; sur la partie formant queue se trouvent des galets G, en bronze, tournant librement autour de goujons en acier; ces galets sont saisis par les changements de voie I fixés sur une couronne en fonte dentée H, laquelle est mise en mouvement par un pignon L qui peut être manœuvré de l'extérieur.

Cette couronne dentée porte, venue de fonte, une gorge circulaire dans laquelle les galets G restent engagés, quand les vannes-tiroirs sont ouvertes. Cinq autres galets K en bronze, calés sur de petits arbres en fer et tournant dans des fourreaux en fonte rapportés sur la couronne directrice, supportent la couronne dentée H et la guident dans son mouvement circulaire.

L'ouverture des vannes-tiroirs est facile à comprendre ; en effet: en imprimant à la roue dentée, par l'intermédiane du pignon L, le mouvement indiqué par la flèche, les galets G s'engagent dans la rainure du changement de marche I et viennent se loger, après s'être écartés du centre de la turbine, dans la gorge circulaire de la couronne H. La fermeture s'obtient par le mouvement en sens contraire des changements de voie.

Sur l'une des parties de la couronne des directrices se trouve le papillon différentiel M, garni de bronze par dessous et muni à l'intérieur d'une denture qui engrène avec le pignon O, qu'on manœuvre du sol de la turbine. Ce papillon peut découvrir huit orifices et occupe, quand il est ouvert, un dixième de la circonférence de la couronne directrice, sur lequel il n'y a pas d'orifices adducteurs ; son mouvement est guidé par deux règles circulaires M fixées sur la couronne fixe.

On peut donc, à l'aide des vannes et du papillon différentiel, découvrir la fraction voulue de la couronne des directrices.

252. *Turbine de M. Lombard.* — La figure 152 représente une coupe verticale, passant par l'axe et une coupe horizontale faite à la hauteur des vannes circulaires qui forment les ouvertures des directrices, d'une turbine recevant l'eau verticalement, imaginée en 1849 par M. Lombard et dont voici la description:

a, arbre vertical, reposant par sa base dans une crapaudine *b*, et maintenu vers son sommet par un support en fonte *c*; à la partie supérieure, cet arbre porte un pignon conique *c'* pour transmettre le mouvement dont il est animé à un arbre de couche, placé un peu au-dessus du sol de l'usine. En contre-haut de la crapaudine *b*, se fixe à l'arbre une couronne en fonte *d* armée d'aubes sur lesquelles frappe l'eau dans sa chute;

b, crapaudine en fonte garnie de coussinets et d'un grain d'acier à l'intérieur; cette crapaudine est assise sur un massif de maçonnerie dépendant de la construction de la turbine;

c, support en fonte boulonné sur le plancher *e*; il sert à maintenir l'arbre moteur par sa partie supérieure;

d, couronne en fonte formée de trois parties annulaires, celle intérieure porte un certain nombre de bras qui la réunissent au moyeu avec lequel elle est solidaire. Entre cette première bague intérieure et celle qui l'enveloppe se trouve un espace annulaire *d'*, complètement libre et qui n'est obstrué que par quelque bras qui réunissent cette deuxième bague à la précédente. Celle extérieure forme un second espace également annulaire, divisé en un certain nombre de parties égales par les aubes courbes ou palettes sur lesquelles l'eau réagit dans sa chute. Ces différentes parties qui, dans leur ensemble, forment la couronne *d*, sont reliées à l'arbre *a* au moyen de clefs ou de boulons;

e, plancher supérieur, qui permet à la personne chargée de la conduite du moteur de le régler dans sa marche, en combinant la position des diverses pièces

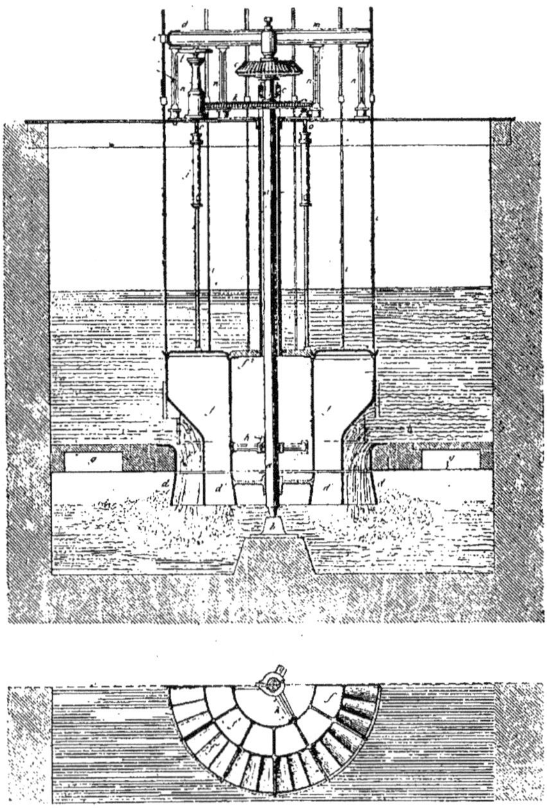

Fig. 152.

mécaniques que ce plancher supporte au-dessus de lui;

f, tambour en fonte formé de deux parties circulaires concentriques; il repose sur un second plancher *g* et forme lui-même les conduits qui amènent l'eau au-dessus de la couronne horizontale *d*. A l'intérieur de la partie circulaire centrale est boulonné un croisillon *h*, qui porte vers son centre les coussinets et écrous qui en règlent la position. Les ouvertures annulaires *f'* qui conduisent l'eau au-dessus de la couronne *d* sont munies de valves de même forme, que l'on manœuvre du plancher supérieur, par les tiges verticales et les crémaillères *i* sur lesquelles on agit par une manivelle et des pignons contenus dans les boites en fonte *i'*.

On peut également donner libre cours

à l'eau du niveau supérieur sans la faire agir sur la couronne *d;* il suffit pour cela de soulever le couvercle circulaire f_2, qui donnerait issue à l'eau du niveau supérieur pour la diriger ensuite à travers la couronne *d*, dans l'espace annulaire *d'*. Pour soulever ainsi le couvercle circulaire, on remarque qu'il porte trois tringles verticales clavetées sur des fourreaux en fonte; ces fourreaux servent d'écrous à des vis *o* que l'on manœuvre de l'extérieur, par des pignons enveloppés par une chaîne sans fin *k*.

Au-dessus de l'un de ces pignons se trouve une colonne *l* surmontée d'un volant à main pour la commande commune.

f, ouverture des directrices disposées circulairement et fermées, chacune, par

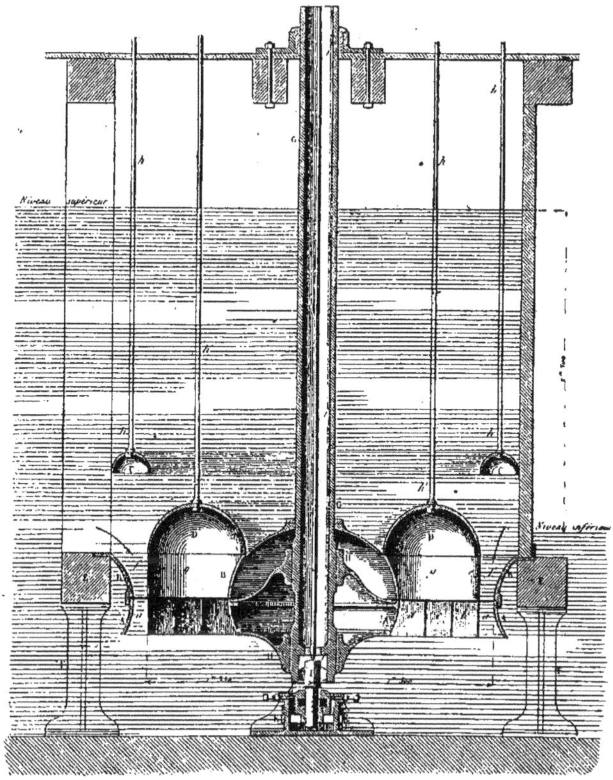

Fig. 153.

une vanne de même forme que l'on ouvre et ferme à volonté au moyen des tiges à crémaillères *i*. Ces dernières sont engagées dans des boîtes en fonte rapportées sur le contour d'une balustrade circulaire en fonte *m*, élevée au-dessus du plancher *e*, par des colonnes *n*.

Une très belle roue de ce genre est établie aux moulins de Crissey, sur le Doubs. La chute varie de $1^m,20$ à $1^m,50$, en temps ordinaire; elle est réduite de 0,50 à 0,60 pendant les hautes eaux. Sa puissance normale est de 36 chevaux.

253. *Turbine à vannage annulaire de M. André.* — M. André (de Thann), qui s'est également beaucoup occupé des turbines, a imaginé un système de vannage pouvant s'appliquer à des turbines à aubages multiples.

Cette turbine du genre Fontaine (*fig.* 153) est composée des deux organes principaux, la couronne mobile A avec son distributeur fixe B, qui lui est superposé et boulonné sur le plancher E de la chambre d'eau, le fluide traversant verticalement les deux couronnes.

La roue mobile est supportée par un arbre G, ayant sa crapaudine K à la partie inférieure. On pourrait cependant adopter la suspension par la partie supérieure, ainsi que cela se fait généralement dans toutes les turbines Fontaine.

Le vannage se compose de demi-tores creux en fonte G et D, qui viennent se reposer sur la partie supérieure de la couronne fixe et recouvrir respectivement chaque compartiment d'aubage.

Ces deux pièces sont rattachées par des tiges verticales *h* et *h'* à un mécanisme supérieur, qui permet de les abaisser ou de les relever à volonté, et séparément, suivant que l'on veut arrêter le moteur ou le mettre en marche.

Cette forme en tore permet de préparer le fluide dans son introduction dans les aubes, quand l'un des compartiments seul est ouvert, et diminue la résistance que l'on éprouve en soulevant chaque vanne au commencement de la levée. Cette forme est aussi la plus favorable à la résistance, que le métal doit supporter sous la pression du fluide, qui devient considérable avec de hautes chutes.

Ce système de vannage ne peut pas agir progressivement ; autrement dit : un compartiment ne peut être qu'entièrement ouvert ou fermé sur toute la circonférence. La levée de chaque anneau doit même être suffisante pour que le fluide passe très librement au-dessous de lui et vienne s'introduire pleinement dans l'aubage sans remous ni contraction.

Les défauts de ce système sont compensés par une très grande simplicité dans sa construction et son fonctionnement.

254. *Vannage pour turbine en dessus, par M. Baron.* — M. Baron fils, ingénieur à Pontoise, a imaginé vers 1860 un mode de vannage dont le but est de modifier à volonté le volume d'eau dépensé, tout en conservant au fluide toute sa force vive dans chacune des circonstances de son admission dans les aubes de la partie mobile de la turbine du système Fontaine.

L'appareil dont il s'agit est indiqué par la figure 154 qui contient une coupe verticale, une coupe horizontale et deux détails permettant de se rendre compte du fonctionnement que nous expliquerons plus loin.

La coupe verticale, passant par l'axe de la turbine, montre la couronne mobile A, munie des aubes réceptrices *a* et montée sur l'arbre B ; et, au-dessus de cette couronne, le plateau fixe C, dont la circonférence présente le limbe divisé en courbes directrices *b*.

La partie supérieure de cette couronne fixe affecte une forme spéciale pour l'adjonction du vannage. Au lieu d'être plate, comme dans les dispositions précédentes, elle présente une section triangulaire qui détermine, pour toute la circonférence, un talus à deux pentes tronc conique. Sur chacune de ses pentes on applique une lame de caoutchouc D, qui s'y trouve retenue par une ceinture de fer *c*, fixée par des vis ou des boulons ; ces deux bandes D, qui constituent les clapets de fermeture, couvrent d'une manière complète les orifices adducteurs *b*, en se mettant en contact par leurs lèvres supérieures, lesquelles sont du reste entièrement libres et viennent se toucher naturellement par la disposition même et en raison de l'élasticité du caoutchouc.

Les bandes ou clapets D ferment, ainsi placées, les orifices adducteurs ; le complément du procédé Baron consiste dans le moyen de les tenir ouverts et de les faire lever graduellement pour arriver à découvrir les orifices *b* partiellement ou sur toute la circonférence.

A cet effet, il dispose, au-dessus des limbes des orifices, une couronne E, composée de deux parois cylindriques, qui ferment exactement le prolongement de celles des aubes directrices ; cette couronne est fondue avec des bras F, et un moyeu G, guidé par le boitard central H de la turbine ; l'ensemble de ce croisillon repose, par des galets i, sur un chemin circulaire, en grain d'orge, ménagé au plateau des directrices. Enfin, une moitié de sa circonférence porte une denture J, engrenant avec un pignon K, dont l'axe d peut être mis en mouvement de la partie supérieure, ce qui permet en résumé de faire tourner la couronne en lui faisant faire un demi-tour au maximum.

Pour bien comprendre comment ce croisillon tournant est employé à faire ouvrir les clapets D, il faut remarquer d'abord que ceux-ci sont coupés en deux points diamétralement opposés de leur circonférence, de façon à constituer réellement quatre pièces distinctes qui, à chaque jonction, laissent même une certaine distance libre.

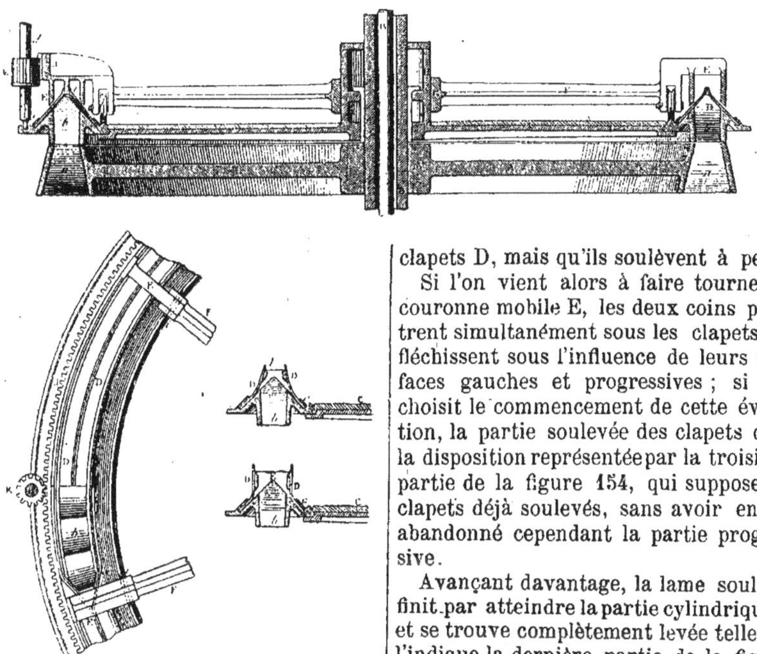

Fig. 154.

Aux points correspondants et en admettant le moment de fermeture complète, la couronne E porte deux appendices l, dont la forme est celle d'un coin, ou mieux, d'un double soc de charrue, dont les faces, partant de deux épaisseurs minces qui se conforment à la section de la voie des orifices adducteurs, s'épanouissent et raccordent finalement avec les deux couronnes cylindriques E.

Or dans l'état de la fermeture que l'on a pris pour point de départ, ces deux coins diamétraux sont néanmoins introduits, par leur extrémité mince, sous les deux clapets D, mais qu'ils soulèvent à peine.

Si l'on vient alors à faire tourner la couronne mobile E, les deux coins pénètrent simultanément sous les clapets qui fléchissent sous l'influence de leurs surfaces gauches et progressives ; si l'on choisit le commencement de cette évolution, la partie soulevée des clapets offre la disposition représentée par la troisième partie de la figure 154, qui suppose ces clapets déjà soulevés, sans avoir encore abandonné cependant la partie progressive.

Avançant davantage, la lame soulevée finit par atteindre la partie cylindrique E, et se trouve complètement levée telle que l'indique la dernière partie de la figure.

Il en résulte que, si l'on fait faire à la couronne mobile son demi-tour complet, les quatre clapets D, successivement soulevés par les deux coins l, seront entièrement relevés et appliqués à l'extérieur des faces cylindriques de la couronne E, dont l'intérieur est justement disposé pour former, comme la continuation des faces latérales, des orifices adducteurs b, et laisser l'admission de l'eau se faire sans modification de la veine fluide.

Mais, ce qui est vrai pour un demi-tour complet de la couronne, qui correspond à l'admission de l'eau motrice sur tout le pourtour de la turbine, ne l'est pas moins pour une portion de rotation moindre qui correspondrait alors à une admission partielle.

Si l'on ramène le croisillon vers son point de départ, les clapets, se rabattant au fur et à mesure du retrait des deux coins l et sollicités par la pression du fluide, viennent s'appliquer de nouveau sur les orifices b et les fermer.

On voit donc que cette disposition particulière de vannage permet que l'admission de l'eau soit totale ou partielle, et offre la faculté de laisser les orifices ouverts dans leur condition normale pour le passage de l'eau qui n'éprouve ni contraction ni déformation.

255. *Turbine à bâche fermée pour hautes chutes.* — Lorsque la chute dont on dispose est trop grande pour employer

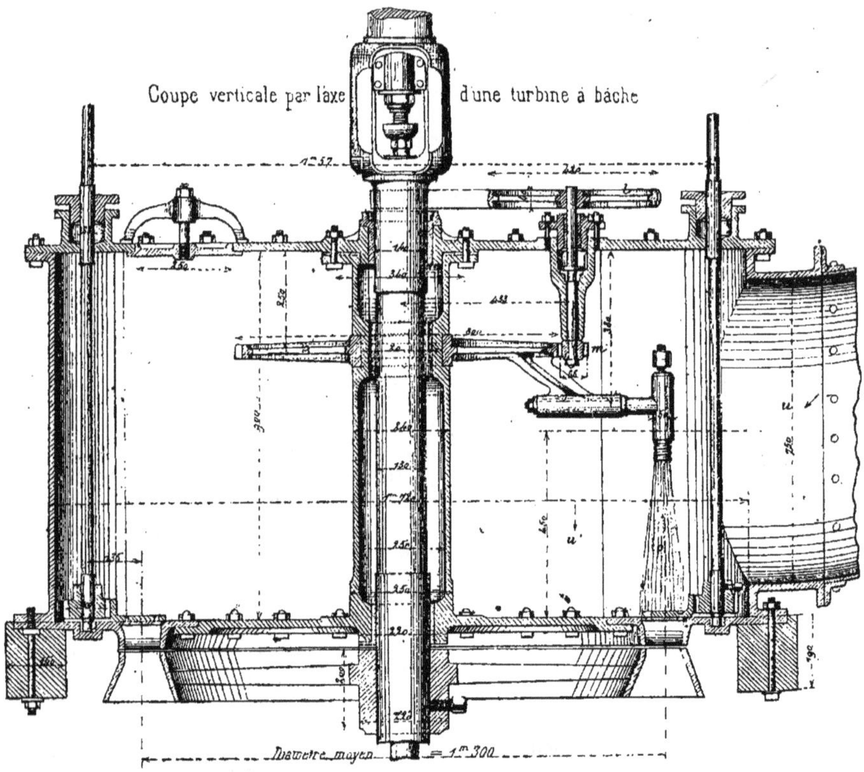

Fig. 155.

l'une des dispositions précédentes, on fait usage d'une bâche fermée hermétiquement, dont le fond inférieur porte la couronne fixe et le système de vannage. Cette bâche, est mise en communication avec le niveau supérieur au moyen d'un tuyau, généralement en fonte ou en tôle de fer, comme l'indique la figure 155. Les dimensions de ce conduit doivent être telles, que l'eau arrive avec une faible vitesse dans la bâche, afin de diminuer le plus possible, la perte de travail dû aux frottements.

La bâche doit être assez grande, pour que l'eau y soit à peu près au repos.

D'après M. Larcher, le conduit qui amène l'eau dans la bâche, doit avoir une section au moins égale à six fois la somme totale des orifices inférieurs du distributeur, et il lui a paru rationnel, dans ce cas, de faire cette section égale à celle des orifices supérieurs.

Il est rare que ces turbines à hautes chutes soient alimentées sur toute la circonférence, généralement la couronne fixe est divisée en quatre segments dont deux, diamétralement opposés portent les aubes directrices, et les deux autres sont pleins. La distribution se fait alors à l'aide de deux papillons qu'on peut faire mouvoir de l'extérieur, et qui viennent recouvrir les segments pleins lorsque tous les orifices sont ouverts.

La figure 155, représente un système particulier pour le nettoyage automatique des directrices, lorsque celles-ci sont engorgées ; l'injecteur peut tourner autour de l'axe de la turbine à l'aide d'une courroie qui transmet le mouvement de l'arbre à une poulie *l*, montée sur le même arbre d'un pignon *m* qui engrène avec la grande roue dentée portant l'injecteur.

256. *Turbine à bâche étroite et à papillon.* — La figure 156 représente une turbine en desssus pour haute chute et à bâche étroite, communiquant par un tuyau aplati dans le sens horizontal, avec le niveau supérieur. L'eau se détourne par un tube coudé à section circulaire ; le fourreau dans lequel passe l'arbre de la turbine a une forme particulière, comme le représente la coupe *mnop*, afin d'éviter les changements brusques de sections. Ce genre de moteur peut être alimenté sur toute la circonférence, ou sur une partie seulement à l'aide de deux papillons, comme l'indique la figure. Afin de pouvoir visiter et nettoyer les directrices, la bâche porte des ouvertures appelées trous de bras, analogues aux trous d'homme que l'on ménage sur les bâches de grandes dimensions.

Le fourreau est assemblé avec le tuyau et porte vers le bas un boîtard pour le guidage de l'arbre creux.

257. *Turbines à injection partielle.* — Lorsque le débit n'est pas très considérable et la chute très grande, de 8 mètres à 200 mètres, par exemple, l'injection se fait sur une partie de la circonférence seulement ; la fraction d'injection varie de 1/40 à 1/4 de la circonférence, suivant le cas.

La figure 157 reproduit une turbine à injecteur latéral, dans laquelle les aubes directrices, au nombre de quinze, occupent le 1/4 de la surface de la couronne fixe. Le conduit qui amène l'eau affecte à la partie inférieure la forme d'un segment circulaire d'une étendue égale à la somme des aubes directrices ; il porte vers le bas un trou d'homme ou un trou de bras pour le nettoyage des aubages.

La section d'admission de l'eau, ou autrement dit le nombre des aubes à découvrir, suivant le débit, est obtenue à l'aide d'une plaque en fer, ou papillon qui sort de la bâche et qui est mise en mouvement à l'aide d'un secteur denté qu'on peut manœuvrer du plancher supérieur par l'intermédiaire d'un pignon. Ce papillon passe dans l'intérieur d'un presse-étoupes, fermant hermétiquement la bâche.

Le reste de la turbine est analogue aux précédentes. Dans ces turbines à injections partielles, on adopte le plus souvent les données suivantes :

L'angle α (*fig.* 131) des directrices de la couronne fixe avec le plan inférieur de la roue varie de 13 degrés à 20 degrés. L'angle θ des aubes de la couronne mobile avec le plan supérieur de la roue est égal à $180-2\alpha$. Et enfin l'angle γ des aubes avec le plan inférieur de cette roue varie de 12 degrés à 18 degrés.

La vitesse moyenne V la plus avantageuse à la circonférence doit être comprise entre

$$V = 0,42\sqrt{2gH_1} \quad \text{à} \quad 0.47\sqrt{2gH_1}$$

dans laquelle H_1 représente la charge qui correspond à la vitesse d'écoulement.

Le nombre de tours n par minute qui est donné par la relation :

$$n = \frac{60V}{\pi D}$$

D étant le diamètre moyen de la turbine, ne doit pas dépasser 350 tours.

En désignant par :

H, la chute disponible, exprimée en mètres ;

D, le diamètre moyen de la turbine ;

F, la somme des sections de sortie de

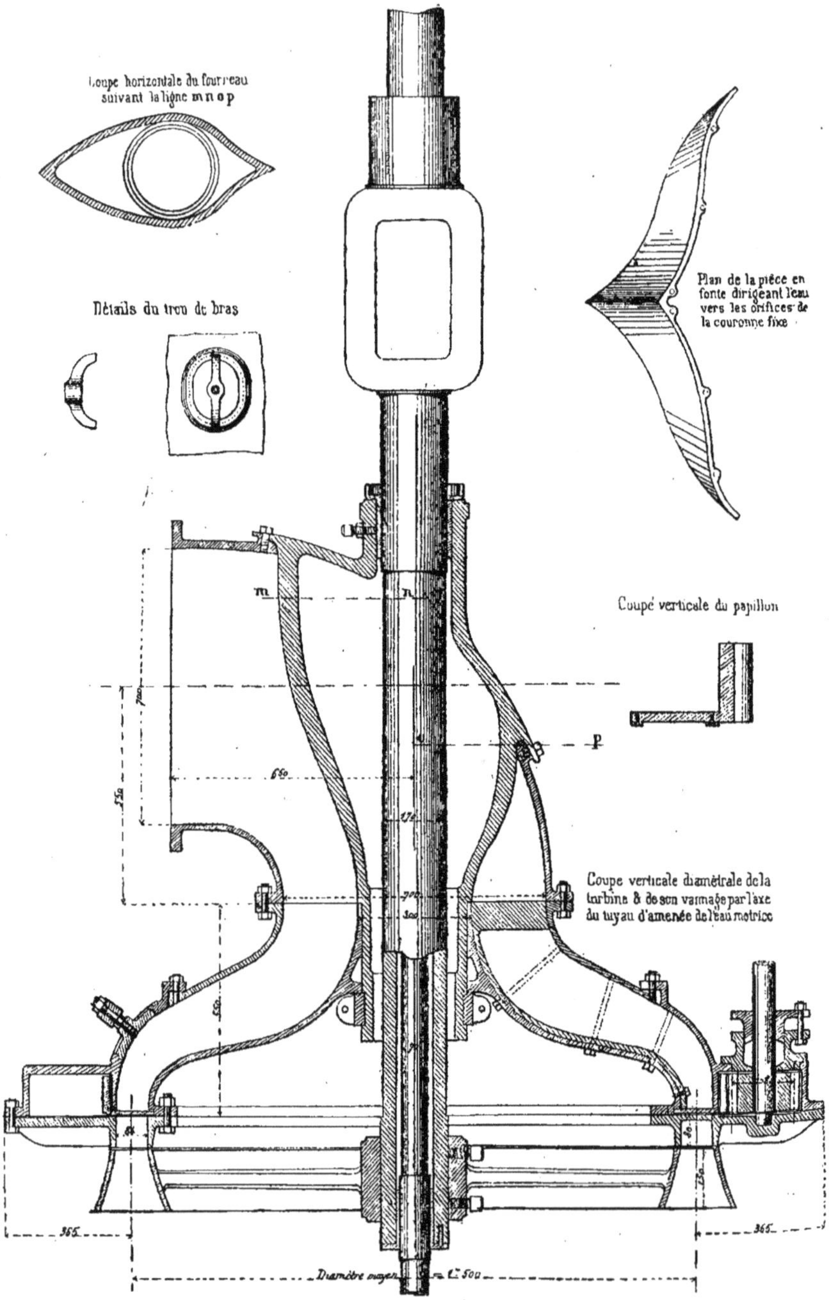
Coupe horizontale du fourreau suivant la ligne mnop
Détails du trou de bras
Plan de la pièce en fonte dirigeant l'eau vers les orifices de la couronne fixe
Coupe verticale du papillon
Coupe verticale diamétrale de la turbine & de son vannage par l'axe du tuyau d'amenée de l'eau motrice
m
n
p
650
365
365
Diamètre moyen = 1m 500

Fig. 156.

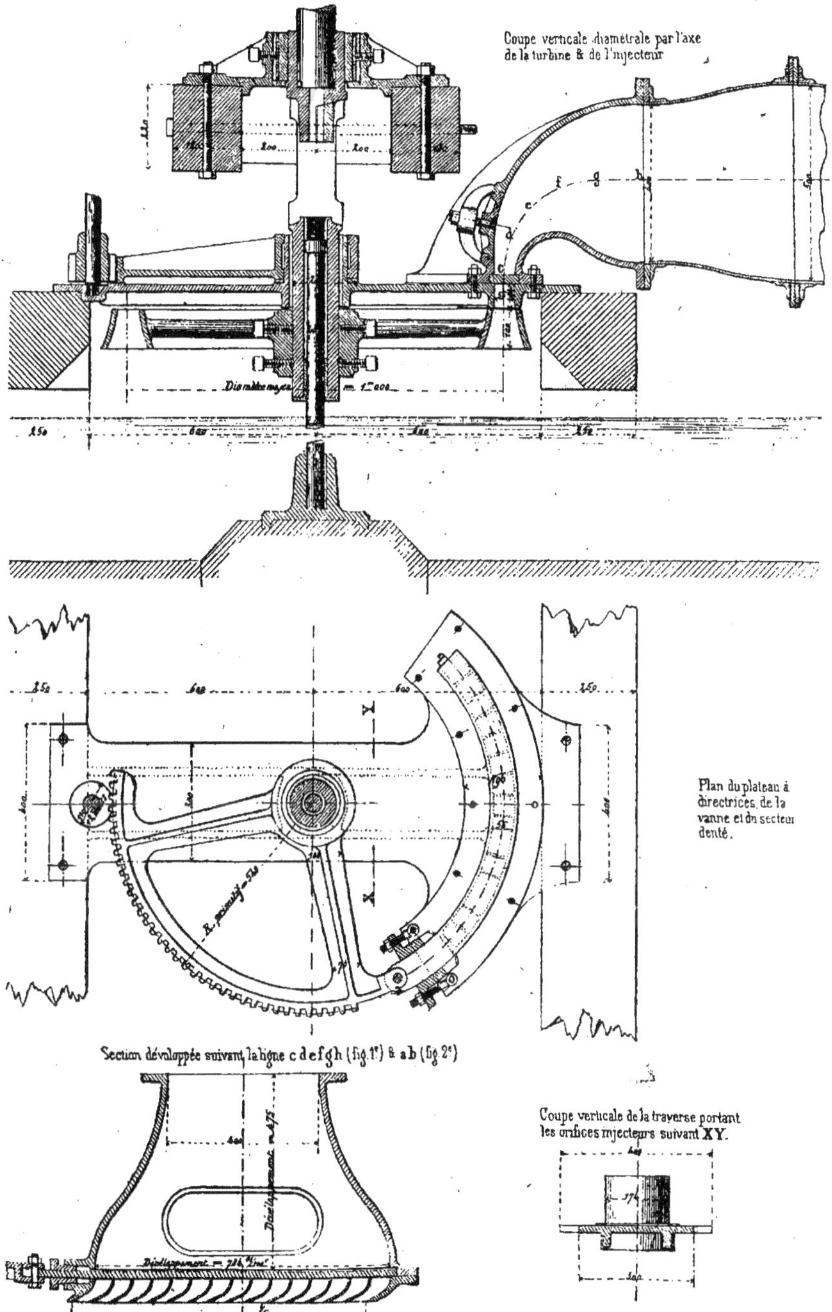
Coupe verticale diamétrale par l'axe
de la turbine & de l'injecteur
Plan du plateau à
directrices de la
vanne et du secteur
denté.
Section développée suivant la ligne c d e f g h (fig. 1re) & a b (fig. 2e)
Coupe verticale de la traverse portant
les orifices injecteurs suivant XY.

Fig. 157.

la couronne fixe exprimée en mètres carrés ;

b, la largeur intérieure de la couronne (mesurée suivant le rayon), à la sortie des canaux fermés par les directrices ;

b_1, la largeur intérieure à l'entrée, des canaux formés par les aubes de la couronne mobile ;

b_2, la largeur intérieure à la sortie, des canaux formés par les aubes de la couronne mobile.

d et d_1 les hauteurs de la couronne fixe et de la couronne mobile,

On a les relations suivantes qui pourront servir comme points de départ dans l'établissement d'une turbine à haute chute.

H	D	b
8 à 12 mètres	$7\sqrt{F}$ à $8\sqrt{F}$	$\frac{D}{15}$ à $\frac{D}{20}$
12 à 25 »	$8\sqrt{F}$ à $12\sqrt{F}$	$\frac{D}{18}$ à $\frac{D}{22}$
25 à 60 »	$12\sqrt{F}$ à $18\sqrt{F}$	$\frac{D}{22}$ à $\frac{D}{25}$
60 à 100 »	$18\sqrt{F}$ à $20\sqrt{F}$	$\frac{D}{25}$ à $\frac{D}{30}$
100 à 200 »	$20\sqrt{F}$ à $25\sqrt{F}$	$\frac{D}{30}$ à $\frac{D}{40}$

$$d_1 = \frac{D}{8} \text{ à } \frac{D}{12}; \quad d = \frac{2}{3} d_1;$$

$$b_1 = 1{,}5b \text{ à } 1{,}86b, \quad b_2 = 3{,}5b \text{ à } 3{,}46b$$

258. *Turbine à siphon.* — Supposons que l'on ait à établir une turbine sous une chute très faible, 0m,50 par exemple, et devant dépenser un grand volume, 5 mètres cubes par seconde.

Ces données conduiraient à donner à la turbine un diamètre d'environ 3m,50, et son installation serait telle que le niveau supérieur se trouvant à une faible distance du plan supérieur de la couronne fixe, il se produirait des tourbillonnements en forme d'entonnoir qui nuiraient au bon fonctionnement du moteur ; d'où l'idée d'alimenter la turbine à l'aide d'une bâche en forme de siphon, comme le représente la figure 158, où la chute est supérieure à celle que nous énoncions ci-dessus, afin de faire mieux comprendre le mouvement tourbillonnant qui tend à se produire dans les faibles chutes.

Une fois le siphon amorcé, la turbine fonctionne dans les mêmes conditions que si elle était dans une bâche ouverte. Cet amorçage peut se faire par un tuyau T. Le siphon porte un trou d'homme K par lequel on peut visiter la bâche, et un robinet R qu'on ouvre pour donner passage aux fuites de la vanne de garde, lorsqu'on a besoin de descendre dans la bâche.

Le système de vannage est analogue à celui représenté sur la figure 129, chaque vannette verticale porte un petit taquet ou talon qui s'engage dans les gorges d'une poulie. Lorsque le talon est dans la gorge inférieure, la vannette est fermée, et lorsqu'en faisant tourner la poulie, un changement de voie fait passer le talon dans la gorge supérieure, la vannette est ouverte.

On peut ainsi soulever deux, quatre, six et huit vannes diamétralement opposées suivant l'angle de rotation de la poulie. En faisant faire à la poulie une demi-révolution, toutes les vannes seront levées ou abaissées suivant le sens de la rotation.

Le mécanisme du vannage est suffisamment exprimé par la figure 158 qui donne une coupe verticale, un plan et deux coupes horizontales de la turbine à siphon dont nous venons de dire quelques mots.

259. *Turbine à axe horizontal.* — L'idée de construire des turbines à axe horizontal date depuis l'époque où on a fait usage de l'injection partielle, c'est-à-dire depuis une trentaine d'années seulement.

Ces turbines, en tout semblables à celles du système Girard, si ce n'est que l'axe au lieu d'être vertical est horizontal, présentent, dans certains cas, un avantage pour la transmission du mouvement.

Ainsi les pompes, les laminoirs, peuvent être commandés plus directement ; de plus, les pivots qui ne sont pas toujours du goût de plusieurs ingénieurs, sont remplacés par des tourillons. Elles ont une certaine analogie avec les roues Poncelet, seulement l'eau agit de l'intérieur à l'extérieur, en arrivant par un tuyau vers la partie inférieure de la roue. Le nombre d'aubes à découvrir, suivant la dépense, se fait au moyen d'un papillon affectant la forme circulaire ; l'une de

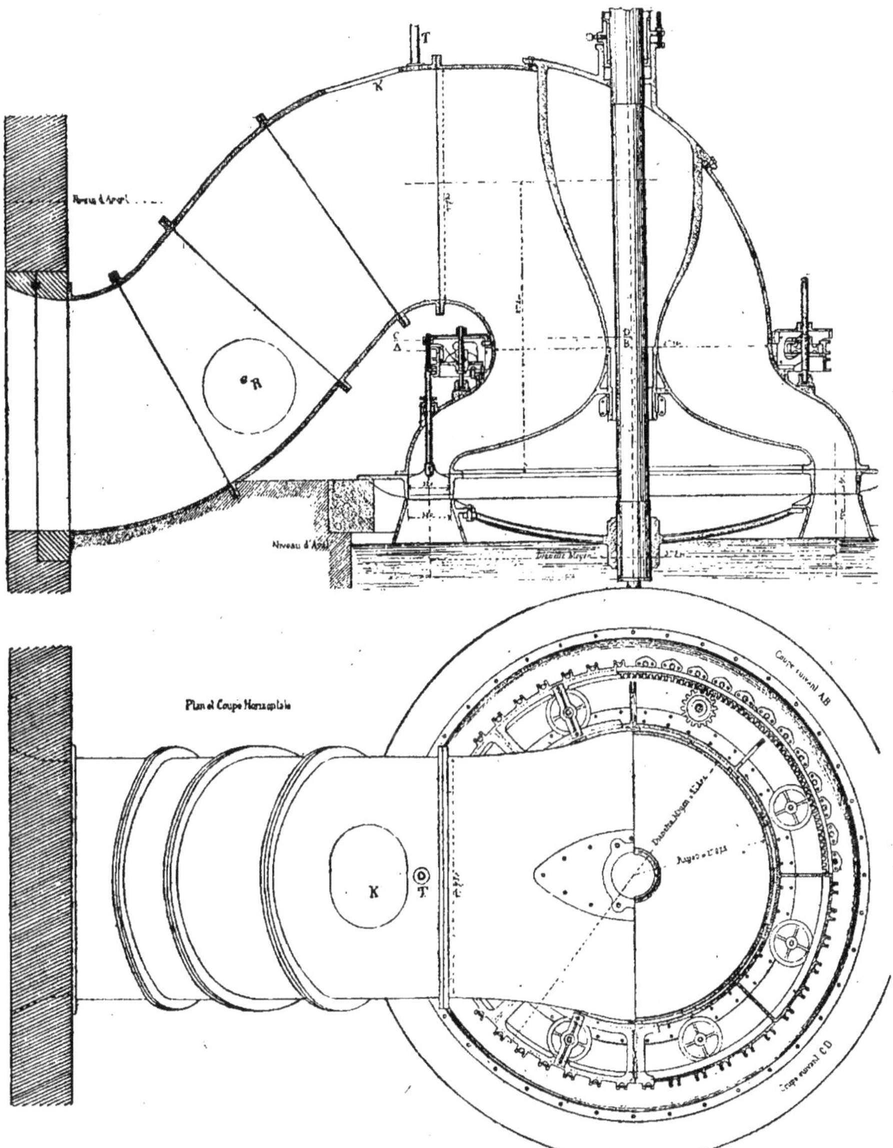

Fig. 158.

ses extrémités est articulée à un secteur denté qui reçoit son mouvement de l'extérieur par l'intermédiaire d'un pignon et d'un système de roues d'angle, comme le représente la figure 159.

Lorsque la roue est de grande dimen-

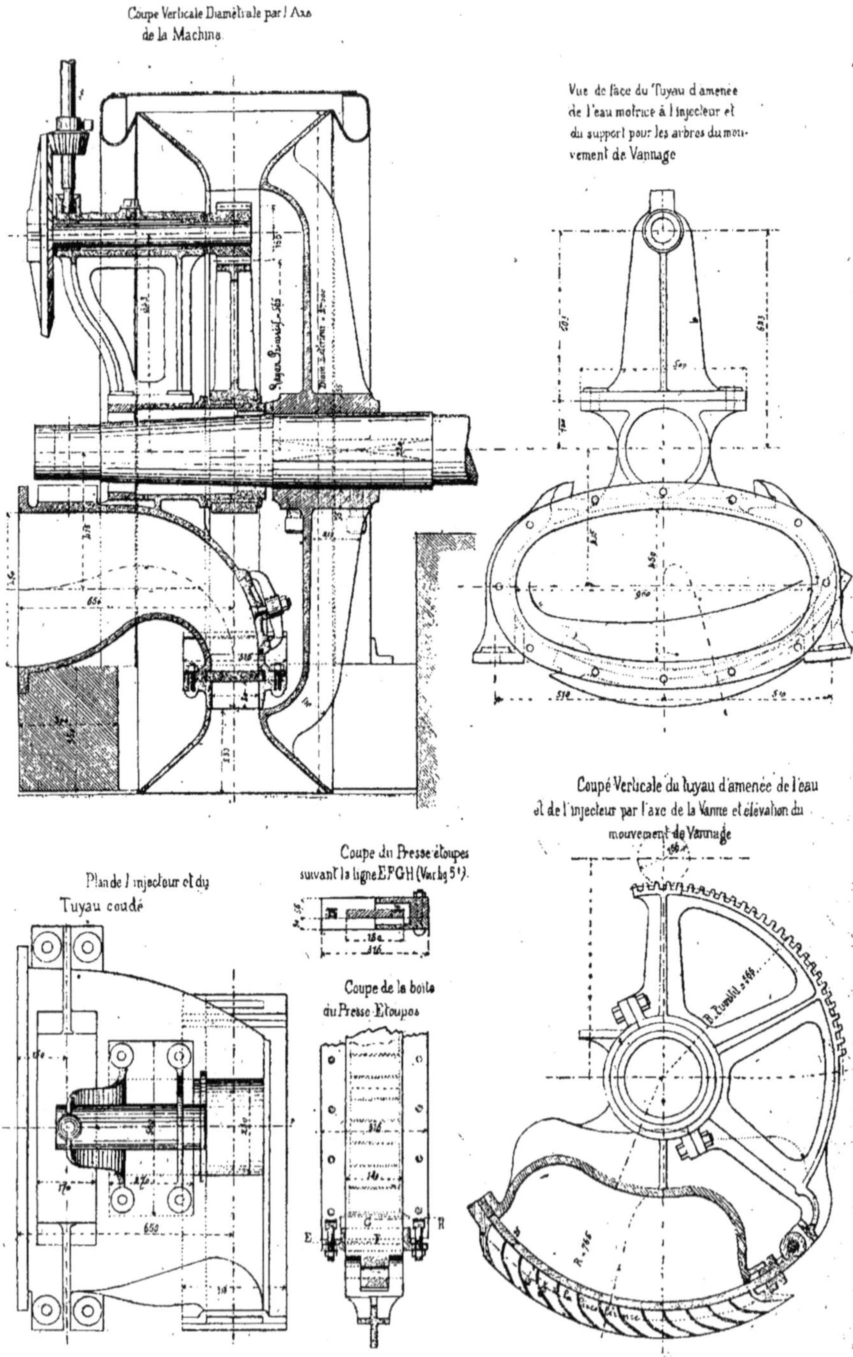
Coupe Verticale Diamétrale par l'Axe de la Machine
Vue de face du Tuyau d'amenée de l'eau motrice à l'injecteur et du support pour les arbres du mouvement de Vannage
Coupé Verticale du tuyau d'amenée de l'eau et de l'injecteur par l'axe de la Vanne et élévation du mouvement de Vannage
Plan de l'injecteur et du Tuyau coudé
Coupe du Presse étoupes suivant la ligne EFGH
Coupe de la boite du Presse-Étoupes
E
F
G
H

Fig. 159.

sions le vannage se compose de deux papillons, ayant des mouvements opposés et se rejoignant par leurs extrémités lorsque toutes les directrices sont fermées.

La disposition de l'aubage donne lieu à une perte de chute plus considérable que dans les turbines à axe vertical; mais comme elles ne sont employées que pour des grandes chutes, la perte qui en résulte est négligeable.

260. Comme nous l'avons déjà dit, il existe un très grand nombre de turbines, qui ne sont que des modifications des trois principaux systèmes; ces modifications portent surtout sur les organes du vannage. Il serait inutile, dans cet ouvrage, d'augmenter le nombre des exemples; ceux que nous avons donnés suffiront pour comprendre et pour construire une turbine du choix sur lequel on se serait arrêté.

Afin de faciliter les calculs de ces moteurs, nous ajouterons aux données pratiques qui précèdent, diverses relations qui permettront, suivant les conditions particulières, de déterminer à priori les dimensions principales des turbines, du système Fontaine-Girard.

Dans le tableau ci-après, les lettres auront les significations suivantes, et seront exprimées en mètres :

Q, le débit par seconde, en mètres cubes;

H, la chute disponible;

H_1, la charge qui correspond à la vitesse d'écoulement V_0 de la couronne fixe;

D, le diamètre moyen de la turbine;

b, la largeur intérieure, mesurée suivant le rayon, à la sortie des canaux formés par les directrices;

b_1 la largeur intérieure mesurée suivant le rayon, à l'entrée des canaux formés par les aubes de la roue mobile;

b_2 la largeur intérieure mesurée suivant le rayon, à la sortie, des canaux formés par les aubes de la roue mobile;

d et d_1 les hauteurs de la couronne fixe et de la couronne mobile;

t et t_1 le pas des aubes de la couronne fixe et de la roue mobile;

i le nombre des canaux adducteurs de la couronne fixe;

i_1 le nombre des cananx de la roue mobile;

s et s_1 la distance normale des cloisons à la sortie de la couronne fixe et de la roue mobile;

F_1 la somme des sections de sortie de la couronne fixe;

e l'épaisseur des directions de la roue fixe;

e_1 l'épaisseur des aubes de la roue mobile;

α l'angle des directrices de la couronne fixe avec le plan inférieur de la roue;

θ, l'angle des aubes de la couronne mobile avec le plan supérieur de la roue;

γ. l'angle des aubes avec le plan inférieur de cette roue;

V_0 la vitesse d'écoulement effective de l'eau de la couronne fixe;

W_1 la vitesse d'écoulement effective de l'eau de la roue mobile;

V la vitesse moyenne la plus avantageuse à la circonférence de la turbine;

n le nombre de tours le plus avantageux par minute.

Machines à colonne d'eau.

261. La machine à colonne d'eau, inventée par Belidor mais construite pour la première fois en Allemagne, a été imaginée dans le but d'utiliser de grandes chutes avec faible volume d'eau; les roues hydrauliques connues au temps de Belidor ne pouvant utiliser convenablement des chutes supérieures à 12 ou 15 mètres.

L'emploi des turbines résoud actuellement la question d'une manière complète, cependant la machine à colonne d'eau mérite la préférence pour les appareils qui doivent avoir un mouvement alternatif et spécialement pour les pompes d'épuisement.

On distingue les machines à simple effet et les machines à double effet.

262. *Machine à simple effet.* — Les premières sont employées principalement pour l'épuisement des mines. Elles ont alors à soulever l'attirail des tiges, poids qui est en général plus que suffisant pour les faire descendre.

Une machine à simple effet se compose d'un cylindre ouvert par le haut et fermé par le bas par un couvercle laissant tra-

TURBINE FONTAINE-GIRARD

	$F > 0{,}70$ à $0{,}80$ m.q	$0{,}70$ m.q $> F > 0{,}15$ m q	$F < 0{,}15$ m q
	Grands débits et petites chutes	Moyens débits et moyennes chutes	Petits débits et grandes chutes
	$Q = 3$ à 12 m.c ; $H = 0{,}5$ à 2 m.	$Q = 1$ à 5 m.c ; $H = 1{,}5$ à 8 m.	$Q < 1$ m.c ; $H = 8$ à 14 m
Somme des sections d'écoulement de la couronne fixe $F =$	$\frac{Q}{0{,}89\,V_0} = \frac{Q}{0{,}89\sqrt{2g\,H_1}}$	$\frac{Q}{0{,}89\,V_0} = \frac{Q}{0{,}89\sqrt{2g\,H_1}}$	$\frac{Q}{0{,}89\,V_0} = \frac{Q}{0{,}89\sqrt{2g\,H_1}}$
Vitesse effective de l'eau hors de la couronne fixe (en mètres par seconde) .... $V_0 =$	$0.96\sqrt{2g\,H_1}$	$0{,}96\sqrt{2g\,H_1}$	$0{,}96\sqrt{2g\,H_1}$
Diamètre moyen de la turbine (en mètres) .... $D =$	$2.5\sqrt{F}$ à $3\sqrt{F}$	$3\sqrt{F}$ à $3.5\sqrt{F}$	$3.5\sqrt{F}$ à $4\sqrt{F}$
Largeur intérieure des canaux distributeurs..... $b =$	$\frac{D}{8}$ à $\frac{D}{9}$ ou $= \frac{F}{s \times i}$	$\frac{D}{9}$ à $\frac{D}{11}$ ou $= \frac{F}{s \times i}$	$\frac{D}{11}$ à $\frac{D}{12}$ ou $= \frac{F}{s \times i}$
Largeur intérieure des canaux formés par les aubes de la couronne mobile, à l'entrée.................. $b_1 =$	1.3 à $1.5\,b$	1.3 à $1{,}5\,b$	$1{,}5\,b$
Largeur intérieure de ces canaux à la sortie...... $b_2 =$	$2.2\,b$ à $2.5\,b$	$2.5\,b$ à $3\,b$	$2{,}7\,b$ à $3.5\,b$
Hauteur de la roue mobile...................... $d_1 =$	$\frac{D}{10}$ à $\frac{D}{11}$	$\frac{D}{10}$ à $\frac{D}{11}$	$\frac{D}{8}$ à $\frac{D}{10}$
Hauteur de la couronne fixe..................... $d =$	$\frac{2}{3}\,d_1$ à $\frac{3}{4}\,d_1$	$\frac{2}{3}\,d_1$ à $\frac{3}{4}\,d_1$	$\frac{2}{3}\,d_1$ à $\frac{3}{4}\,d_1$
Angle des directrices avec le plan inférieur....... $\alpha =$	24^0 à 30^0	18^0 à 24^0	15^0 à 18^0
Angle des aubes avec le plan supérieur........... $\theta =$	$180^0 - 2\alpha$	$180^0 - 2\alpha$	$180^0 - 2\alpha$
Angle des aubes avec le plan inférieur .... $\gamma =$	22^0 à 28^0	16^0 à 22^0	13^0 à 16^0
Pas des aubes et des directrices................ $l = l_1$	$\frac{D}{20}$ à $\frac{D}{22}$	$\frac{D}{18}$ à $\frac{D}{20}$	$\frac{D}{15}$ à $\frac{D}{18}$
Distance normale à la sortie, entre deux directrices. $s =$	$l \sin \alpha - e$	$l \sin \alpha - e$	$l \sin \alpha - e$
Distance normale à la sortie, entre deux aubes..... $s_1 =$	$l_1 \sin \gamma - e_1$	$l_1 \sin \gamma - e_1$	$l_1 \sin \gamma - e_1$
Vitesse la plus avantageuse à la circonférence moyenne de la roue (en mètres par seconde).................. V	$0{,}54\sqrt{2g\,H_1}$ à $0{,}6\sqrt{2g\,H_1}$	$0.5\sqrt{2g\,H_1}$ à $0{,}53\sqrt{2g\,H_1}$	$0.47\sqrt{2g\,H_1}$ à $0.50\sqrt{2g\,H_1}$
Nombre de tours par minute le plus avantageux... $n =$	$\frac{60\,V}{\pi D}$	$\frac{60\,V}{\pi D}$	$\frac{60\,V}{\pi D}$
Epaisseur des directrices (en tôle).... .... $e =$	7 à 8 millimètres	5 à 6 millimètres	3.5 à 5 millimètres
Epaisseur des aubes (en fonte).................. $e_1 =$	10 à 13 millimètres	8 à 10 millimètres	6 à 8 millimètres

verser la tige d'un piston qui se meut dans le cylindre; les tiges des pompes sont généralement attachées sans intermédiaire à l'extrémité de cette tige.

On concevra le jeu de cette machine en se représentant deux tuyaux s'embranchant dans le bas du cylindre (*fig.* 160), l'un recevant l'eau de la partie supérieure de la chute, l'autre la laissant s'échapper après qu'elle a agi sous le piston. En ouvrant le robinet A et fermant B, l'eau exercera sur le piston une pression dépendant de la hauteur de chute et du diamètre du cylindre, le piston montera; ensuite fermant le robinet A et ouvrant le robinet B, l'eau pourra s'écouler

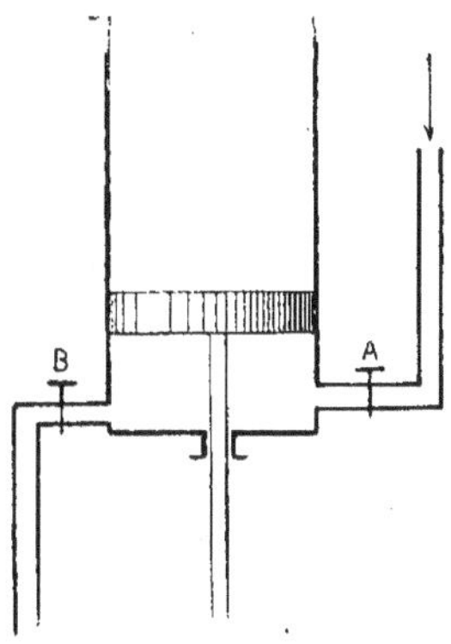

Fig. 160.

et le poids des tiges et du piston fera redescendre celui-ci, et ainsi de suite.

Dans les premières machines, ce jeu de robinet était produit par un ouvrier qui les ouvrait ou les fermait à propos; ensuite on imagina sucessivement divers mécanismes qui faisaient fonctionner les robinets automatiquement.

Les premières machines, dont le mécanisme soit bien combiné, ont été construites par l'ingénieur hongrois Schitko. Pour équilibrer le poids des tiges il imagina d'établir deux machines jumelles faisant mouvoir chacune une colonne de pompes. L'un des pistons monte pendant que l'autre descend (*fig.* 161).

Les tiges des pistons se prolongent en dessus et viennent s'attacher aux deux extrémités d'une chaîne qui passe sur une poulie dont le diamètre est égal à l'intervalle qui existe entre les axes des deux cylindres.

La machine, une fois mise en mouvement, continue à se mouvoir indéfiniment en manœuvrant elle-même les appareils de distribution.

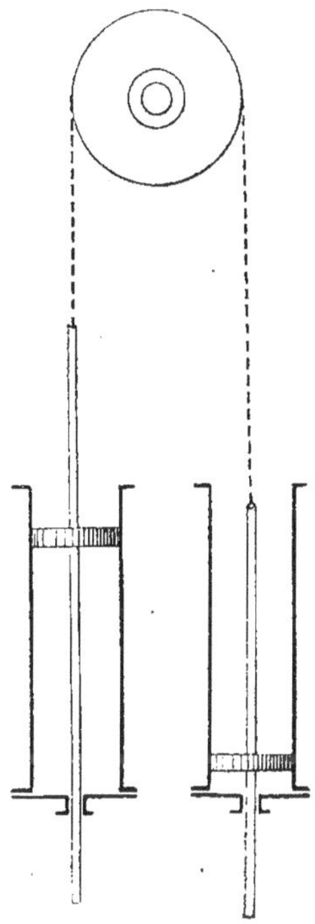

Fig. 161.

263. On doit distinguer deux espèces d'appareils pour les machines jumelles :

1° Les appareils à robinet;

2° Les appareils à piston.

L'appareil à robinet se compose d'un robinet à quatre fins analogue à celui qu'on employait autrefois dans les machines à vapeur; il est placé entre les deux cylindres et mobile autour d'un axe vertical. En lui faisant faire, au moment convenable, un quart de révolution, le sens du mouvement des deux pistons se trouve changé.

La figure 162 représente la position du robinet lorsque le piston de gauche descend et le piston de droite monte; c'est le contraire dans l'autre position du robinet. Pour communiquer ce mouvement au robinet, on emploie la disposition re-

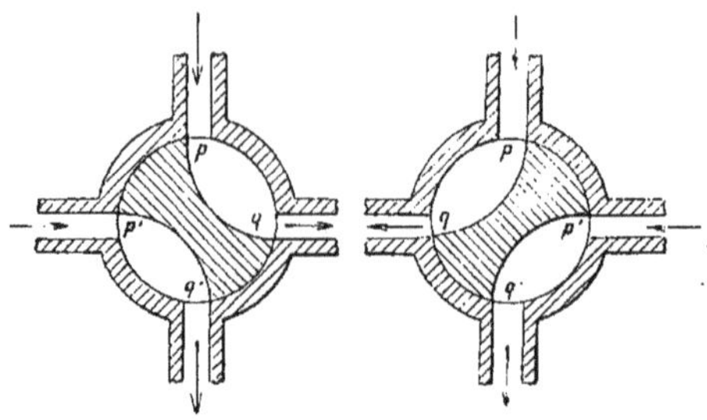

Fig. 162.

présentée sur la figure 163. Le dessin supérieur est une vue en-dessus du robinet de distribution. Un mouvement de va-et-vient imprimé à la tige *ab* se transforme en un mouvement circulaire alternatif au

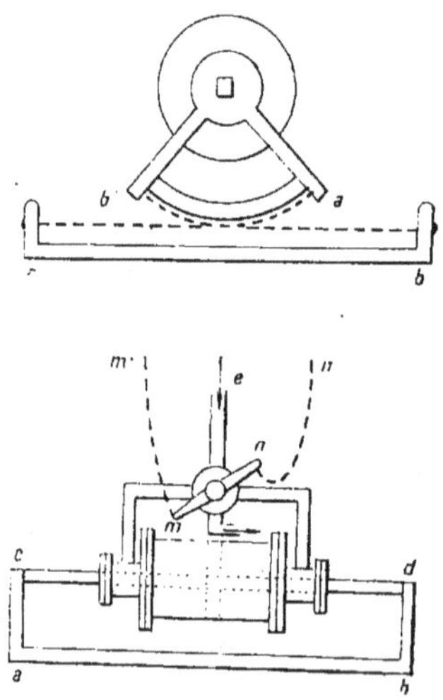

Fig. 163.

moyen des deux chaînes *aa'*, *bb'*. La tige *ab* est reliée à la tige *cd* d'un piston mobile dans un petit cylindre horizontal qui constitue lui-même à proprement parler une machine à colonne d'eau à double effet.

Un petit robinet régulateur construit comme le robinet distributeur est relié par le levier *m*, *n* et par les deux chaînes *mm'*, *nn'* à deux points convenablement choisis sur la poulie. Quand le piston de gauche arrive au plus haut point de sa course, la chaîne *mm'* se tend brusquement, fait tourner le levier *mn* et par suite change le sens suivant lequel s'exerce la pression sur le robinet régulateur. Il en résulte un mouvement de ce piston qui se communique au grand robinet. Le piston de gauche redescend, et le piston de droite remonte, la chaîne

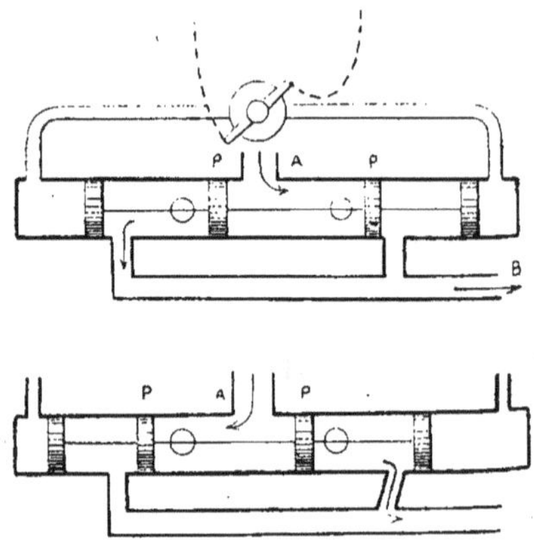

Fig. 164.

mm' se détend et, lorsque le piston de droite arrive vers le haut de sa course, la chaîne *nn'* se tend à son tour et ramène le levier *m n* à sa première position et ainsi de suite.

On pourrait, en plaçant le gros robinet de distribution horizontalement et le munissant d'un levier tel que *m n*, produire directement au moyen de deux chaînes le mouvement de ce robinet; mais comme il a de grandes dimensions et que les chaînes se tendent brusquement, il y aurait à chaque fois un choc qu'il importe d'éviter. En outre, la manœuvre trop rapide de ce robinet forçant l'eau en mouvement dans les tuyaux d'arrivée de s'arrêter presque instantanément, il en résulterait des coups de bélier nuisibles à la solidité de la machine.

Ces inconvénients n'ont plus lieu avec la disposition employée : le robinet que les chaînes ont à faire mouvoir étant très petit peut être mis en mouvement d'une manière brusque et l'on peut toujours en étranglant suffisamment le petit tuyau d'embranchement *c* diminuer, autant que l'on voudra, la vitesse du piston et par suite celle du grand robinet.

L'appareil à piston diffère du précédent en ce que le grand robinet n'existe plus et que le cylindre contient quatre pistons au lieu d'un. Ce cylindre peut d'ailleurs être vertical ou horizontal. La figure 164 donne une idée de cet appareil. Dans la première position, l'eau qui arrive constamment par le tuyau A, se rend sous le piston de droite qui est dans sa course ascendante, l'eau contenue sous le piston de gauche s'échappe par le tuyau de fuite B.

La disposition est inverse dans la deuxième position; c'est le piston de droite qui descend et le piston de gauche qui monte.

Lorsqu'on emploie le robinet de distribution, on doit remarquer que la partie *pq* (*fig.* 162), constamment tournée du côté du tuyau d'arrivée de l'eau, est soumise à une bien plus grande pression que la partie *p'q'* tournée vers le tuyau de fuite. Cet excès de pression, tend à faire frotter le robinet contre son boisseau, beaucoup plus d'un côté que de l'autre, ce qui met promptement hors d'usage ces deux pièces.

Pour éviter cet inconvénient on ménage en *p''* et *q''* (*fig.* 165) des échancrures analogues à *pq* et *p'q'* et on les fait communiquer avec *pq* par des canaux qui traversent la masse du robinet; la pression due à la chute vient donc s'exercer en *p''* et *q''* et les dimensions de ces échancrures sont calculées de manière à équilibrer la pression qui s'exerce en *pq*.

Un inconvénient analogue se présente dans le distributeur à piston. Au moment où l'un des pistons PP', commence à intercepter la communication du cylindre correspondant avec le tuyau d'arrivée, ce piston n'est plus également pressé dans tous les sens et tend à s'user principalement du côté opposé à l'ouverture. On évite cette inégalité de frottement en distribuant les ouvertures symétriquement sur plusieurs points de la circonférence du cylindre. Le cylindre est alors entouré d'un manchon qui empêche l'écoulement de l'eau, tout en laissant libres les ouvertures distribuées sur la circonférence et en répartissant ainsi la pression sur le pourtour du piston.

L'idée de réunir les tiges des deux machines accouplées pour équilibrer le poids de l'attirail des pompes, présente l'inconvénient d'occuper souvent trop de place dans le puits, de rendre solidaires deux machines et de doubler ainsi les chances d'arrêt puisqu'il y a deux fois plus de pistons à réparer, de garnitures à entretenir, etc.

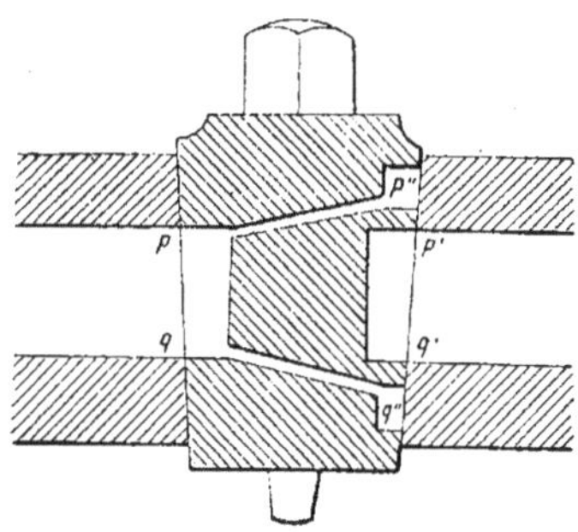

Fig. 165

Lorsqu'on se décide à faire les frais de deux machines au lieu d'une, c'est la plupart du temps afin que l'une des machines puisse marcher pendant que l'autre est en réparation; il faut donc au contraire rendre les deux machines complètement indépendantes l'une de l'autre.

Dans ce cas, on peut équilibrer le poids des tiges de diverses manières, habituellement employées dans les pompes d'épuisement. On peut aussi établir la machine en contre-bas du niveau de la galerie par laquelle l'eau doit s'écouler.

Ces machines étant en général employées à l'épuisement des mines, si l'on peut amener un certain volume d'eau par un canal à ciel ouvert ou par une galerie souterraine et la faire écouler par une galerie inférieure, la chute disponible est la différence du niveau de ces deux galeries.

En se mettant au-dessous de la galerie d'écoulement, on augmente la pression que l'eau exerce pendant la course ascendante du piston, mais aussi on crée une résistance à ce piston dans sa course descendante puisqu'il est obligé de refouler l'eau jusqu'au point où elle peut s'écouler. De cette manière, en réduisant autant que possible la longueur et le poids des tiges des pompes, on parvient en outre à les équilibrer, sans rien perdre de la chute. Le seul inconvénient de cette disposition se trouve dans le développement plus considérable qu'il faut donner aux colonnes de tuyaux.

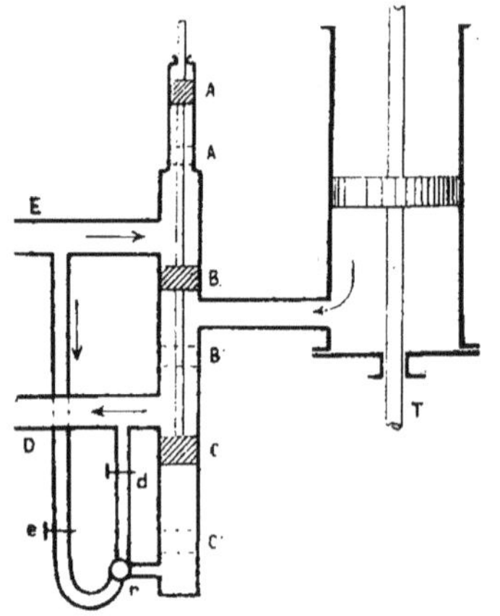

Fig. 166.

Quand on a une seule machine à faire mouvoir, les mécanismes de distributions décrits ci-dessus peuvent être employés avec quelques modifications. On emploie presque toujours l'appareil à piston de préférence à l'appareil à robinet parce que l'entretien des robinets présente plus de sujétion que celui des pistons.

Les quatre pistons sont ordinairement remplacés par trois ou bien même par deux seulement, mais de diamètres inégaux, et leur disposition peut être variée d'un grand nombre de manières différentes.

Dans celle que représente la figure 166, les pistons sont au point le plus haut de leur course et le piston de la machine est dans sa course descendante, l'eau s'écoule par le tuyau D. Quand le piston sera arrivé au bas du cylindre, le robinet régulateur *r* tournant autour de son axe d'un quart de révolution mettra le dessous du piston C en communication avec le tuyau de fuite D.

La pression due à la chute s'exerçant en B, de haut en bas, sur une surface plus grande qu'en A, les trois pistons descendent et viennent occuper la position A'B'C',

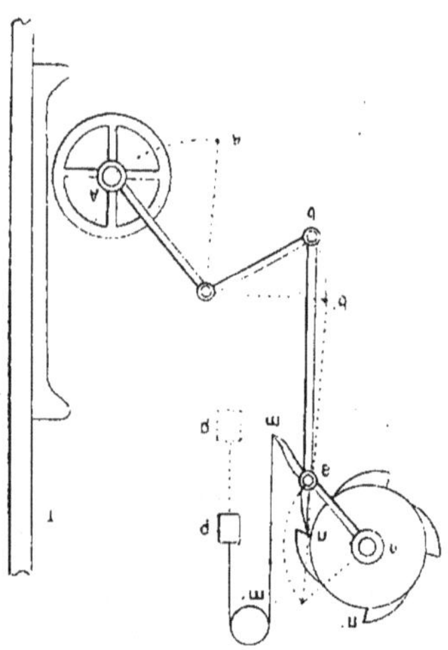
Fig. 167.

l'eau motrice peut arriver dans le cylindre et le piston de la machine remonte.

Lorsqu'il arrive au point le plus haut de sa course, le robinet *r* fait encore un quart de tour, la pression due à la chute vient par le tuyau *e* s'exercer sur le piston C, les pressions de bas en haut l'emportent alors sur celles qui s'exercent du haut en bas, et les trois pistons reviennent en A, B et C et ainsi de suite.

Il y a diverses manières de produire, à l'instant convenable, le mouvement du robinet *r*. On peut d'abord, comme l'indique la figure précédente, le faire tourner autour d'un axe horizontal. L'axe de ce robinet porte une petite manivelle *oa* liée à la bielle *ab* et une roue à rochet munie de quatre dents (*fig.* 167).

La manivelle est folle sur l'axe, mais la roue est liée invariablement à lui.

L'axe de la bielle *ab* porte en *a* une espèce de came *mn* qui fait avancer la roue d'un quart de tour, chaque fois que le galet A se transporte en A' à la fin de l'excursion soit ascendante, soit descendante de la tige T du piston. On voit quel est le jeu du mécanisme, en remarquant que les points *a*, *b*, A *m*, *p*, se transportent en *a'*, *b'*, A', *m' p'*. On peut aussi établir l'axe du robinet verticalement et produire sur ce robinet un mouvement circulaire alternatif au moyen d'une combinaison de leviers.

La figure 168 représente le robinet vu en plan. Le mouvement lui est communiqué par la bielle *ab* et par les deux leviers *oa* et *cb*. L'axe projeté en *c*, reçoit lui-même un mouvement circulaire alterna-

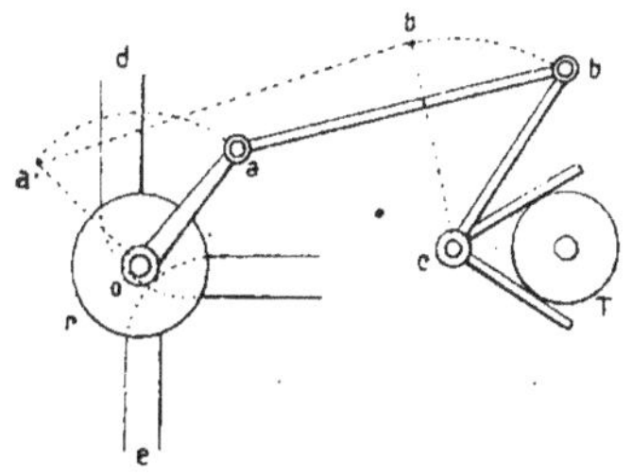

Fig. 168.

tif de la tige du piston projeté en T. Pour cela, cette tige porte en un point de sa longueur un renflement qui vient agir sur deux ailes fixées sur l'arbre *c* et placées l'une d'un côté de la tige, l'autre de l'autre côté à la hauteur des positions occupées par le renflement à l'extrémité de la course ascendante et descendante du piston.

On peut aussi supprimer complètement l'emploi du robinet et n'employer que des pistons ; leur mouvement est produit au moyen d'un levier et de tasseaux fixés sur la tige du piston moteur ; ces tasseaux viennent pousser le levier alternativement dans un sens et dans l'autre.

264. *Machine à colonne d'eau d'Huelgoat.* — La figure 169 représente le système de régulateur et de distributeur adopté par M. Yuncker, dans les mines de plomb argentifère d'Huelgoat, en Bretagne. Cette machine se compose en réalité de deux machines jumelles établies l'une à côté de l'autre ; elles sont mises en mouvement par une chute de 60 mètres ; l'eau dépensée est de 15 000 mètres cubes en vingt-quatre heures et la quantité d'eau élevée pendant ce temps, par les pompes, à une hauteur de 230 mètres est

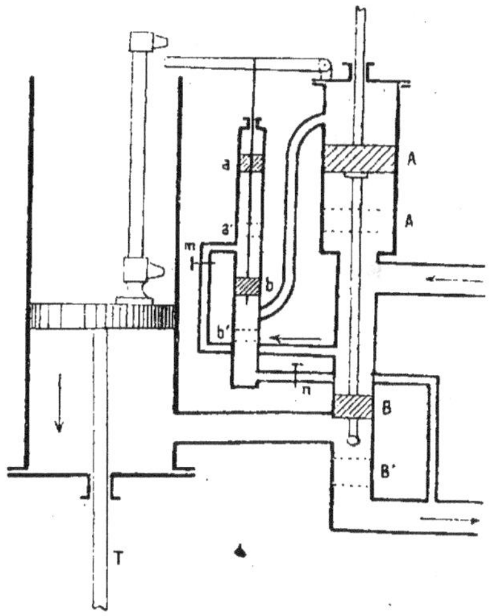

Fig. 169.

de 2600 mètres cubes. Ce qui correspond à un rendement des 2/3 du travail moteur que pourrait fournir la chute d'eau.

On remarquera que le système de distribution n'est composé que de deux pistons, mais le piston A portant sur sa face supérieure une tige d'un gros diamètre équivaut réellement à deux pistons placés l'un au-dessus de l'autre, et dont le supérieur aurait un diamètre plus petit que l'inférieur.

La machine à colonne d'eau à simple effet doit être considérée comme la machine la plus convenable pour appliquer la force d'une chute d'eau de grande hauteur à l'épuisement des mines. Elle présente l'avantage de n'exiger aucune transformation de mouvement, puisque rien n'empêche d'établir directement la maîtresse tige des pompes à l'extrémité de la tige du piston, en plaçant le cylindre au-dessus du puits ou même dans le puits.

Elle occupe très peu de place et n'oblige pas à creuser dans le rocher des excavations, souvent très difficiles à soutenir, comme en exige l'emploi des roues hydrauliques ; et enfin, en raison même de la simplicité du mécanisme, elle produit plus d'effet utile qu'on ne pourrait en attendre, par exemple d'une turbine que l'on voudrait appliquer au même travail.

L'expérience indique, en effet, que la machine étant bien établie et les pompes en bon état, on peut obtenir 50 à 60 et même 65 0/0 d'effet utile. Le reste est absorbé par les frottements et les pertes de force vive de toute espèce qui ont lieu dans les tuyaux de chute, par l'eau nécessaire pour le jeu de l'appareil distributeur, par les fuites entre les joints des tuyaux, par la force vive que conserve l'eau en sortant de dessous le piston, et enfin par le frottement du piston moteur et de tout l'attirail des pompes.

Les calculs à faire pour l'établissement d'une machine à colonne d'eau sont d'ailleurs très simples.

Par des jaugeages répétés dans plusieurs saisons, on recherche quelle est la quantité d'eau qu'on aura à épuiser ; on tâche d'apprécier quelle variation cette quantité pourra subir dans la suite de l'exploitation et l'on se base sur l'entretien d'eau maximum pour établir la machine. On déterminera en conséquence le diamètre des pistons des pompes, leur course et le nombre de coups par minute et par suite à peu près la vitesse moyenne.

On calculera, par les règles de la statique, l'effort qu'il faudra exercer sous le piston pour produire son mouvement ascendant, en tenant compte des résistances passives de toute espèce. Ce calcul fait, on voit, d'après la hauteur de chute, quelle devrait être la base du piston pour que la pression hydrostatique sous ce piston pût surmonter toutes les résistances : on donnera au piston un diamètre plus grand, parce que pendant le mouvement, la pression hydraulique sera moindre que la pression hydrostatique, de toute la quantité nécessaire pour surmonter les frottements dans les tuyaux de chute et donner à l'eau la vitesse avec laquelle elle doit circuler dans le tuyau pour pouvoir suivre le mouvement ascendant du piston.

On peut même se donner la fraction de chute que l'on veut perdre par le frottement des tuyaux ; on en déduirait la pression dans le cylindre, par suite le diamètre à donner au piston, et connaissant la vitesse avec laquelle le piston doit se mouvoir, on saurait la quantité d'eau qui doit affluer dans le cylindre.

Cette quantité étant connue, et s'étant donné d'avance la perte de charge on aurait les données suffisantes pour calculer le diamètre des tuyaux. Il n'y a pas d'ailleurs d'inconvénient à faire ces tuyaux d'un diamètre aussi grand que possible; mais il faut bien éviter de donner au cylindre un diamètre trop considérable; car la machine étant établie, si le cylindre est trop large, le piston tend à prendre un mouvement trop rapide; on peut sans doute modérer sa course au moyen d'un robinet ou d'une espèce de soupape à gorge placée sur le tuyau de chute; mais comme il n'en faut pas moins, pour donner un coup de piston, dépenser toujours un volume d'eau égal au cylindre, on voit qu'on dépense plus d'eau qu'il n'est nécessaire, puisque avec un rayon plus petit, une course de même longueur et un modérateur plus ouvert, on aurait pu, en dépensant moins d'eau, produire le même mouvement.

Il faut, en établissant la machine, se réserver tous les moyens de régulariser le jeu. Les principales conditions à remplir sont les suivantes :

1° Faire en sorte que la vitesse du piston ne soit pas trop grande et surtout se ralentisse, par degrés insensibles, afin d'éviter les chocs;

2° Faire jouer l'appareil régulateur très lentement, afin que les ouvertures se masquent et se démasquent graduellement, et surtout pour empêcher les coups de bélier violents qui se produiraient, si l'eau dans les tuyaux était à chaque instant forcée de changer brusquement de vitesse;

3° Se ménager les moyens de régler avec précision la course du piston et d'arrêter ou de mettre en train facilement la machine;

4° Limiter les courses des pistons de l'appareil régulateur et même celle du piston moteur, pour prévenir les accidents qui auraient lieu, si l'appareil distributeur cessant de fonctionner, le piston venait frapper violemment contre le fond du cylindre.

Ces conditions seront remplies au moyen de quelques dispositions très simples.

On place sur le tuyau de chute et sur le tuyau de fuite des robinets modérateurs; en fermant de plus en plus le premier, on diminue autant que l'on veut la vitesse ascendante du piston; en fermant le second on produit le même effet sur la course descendante.

On règle d'une manière analogue la vitesse de l'appareil régulateur, en établissant des robinets sur les petits tuyaux d'embranchement *m* et *n* (*fig.* 169) ou *d* et *c* (*fig.* 166); plus on fermera ces robinets plus on diminuera la vitesse avec laquelle les pistons passeront de A en A' et inversement.

Il importe que la vitesse des pistons régulateurs soit faible afin que les orifices ne se ferment que très graduellement; on satisfait très bien à cette dernière condition en employant des pistons métalliques cannelés à leurs deux extrémités. Ces pistons se composent d'une partie cylindrique pleine au moins égale à la hauteur des orifices devant lesquels ils passent; cette partie cylindrique est prolongée par deux autres parties cylindriques mais avec cannelures obliques, comme le montre la figure 170. Pour prévenir l'usure inégale de ces pistons on emploie une disposition analogue à celle du n° 262, mais plus simple; on se borne à élargir le cylindre dans lequel se meut le piston, aux points sur lesquels viennent s'embrancher d'autres tuyaux, de cette manière, pendant que le piston passe devant les ouvertures de ces tuyaux, il intercepte complètement la communication, sans cependant cesser d'être entouré d'eau sur toute sa circonférence.

On règle la longueur de la course du piston en déplaçant les tasseaux ou en changeant la longueur ou la position des chaînes qui font mouvoir les robinets ou les pistons régulateurs.

On arrête la machine et on la met en marche en ouvrant ou fermant à propos les robinets modérateurs.

On limite les courses des divers pistons en présentant aux extrémités de leurs tiges, des points d'arrêt formés en général de matières élastiques qui amortissent leur vitesse sans chocs nuisibles. Cet espèce de matelas peut être formé de

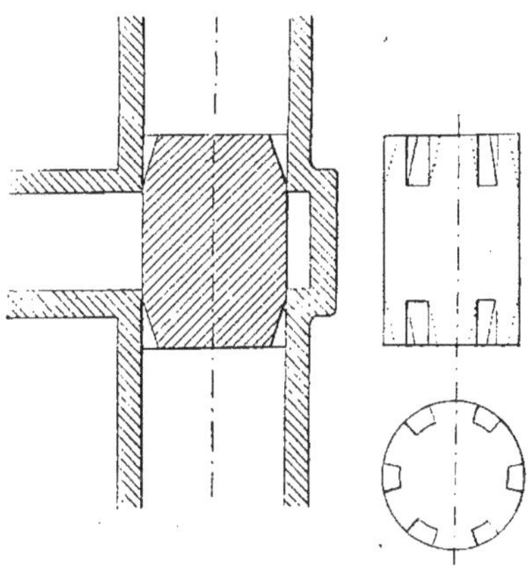

Fig. 170.

plusieurs rondelles de cuir superposées. On a aussi employé des espèces de godets très légèrement coniques dans lesquels vient s'engager le bas de la tige; comme ces godets sont naturellement pleins d'eau, puisqu'ils sont fixés sur le fond du cylindre, au moment où la tige, qui a un diamètre un peu plus petit, vient s'y engager, l'eau étant obligée de se déplacer rapidement, pour lui faire place, produit contre elle une grande pression qui amortit rapidement sa vitesse.

265. On peut remarquer qu'une machine à colonne d'eau établie sur un puits

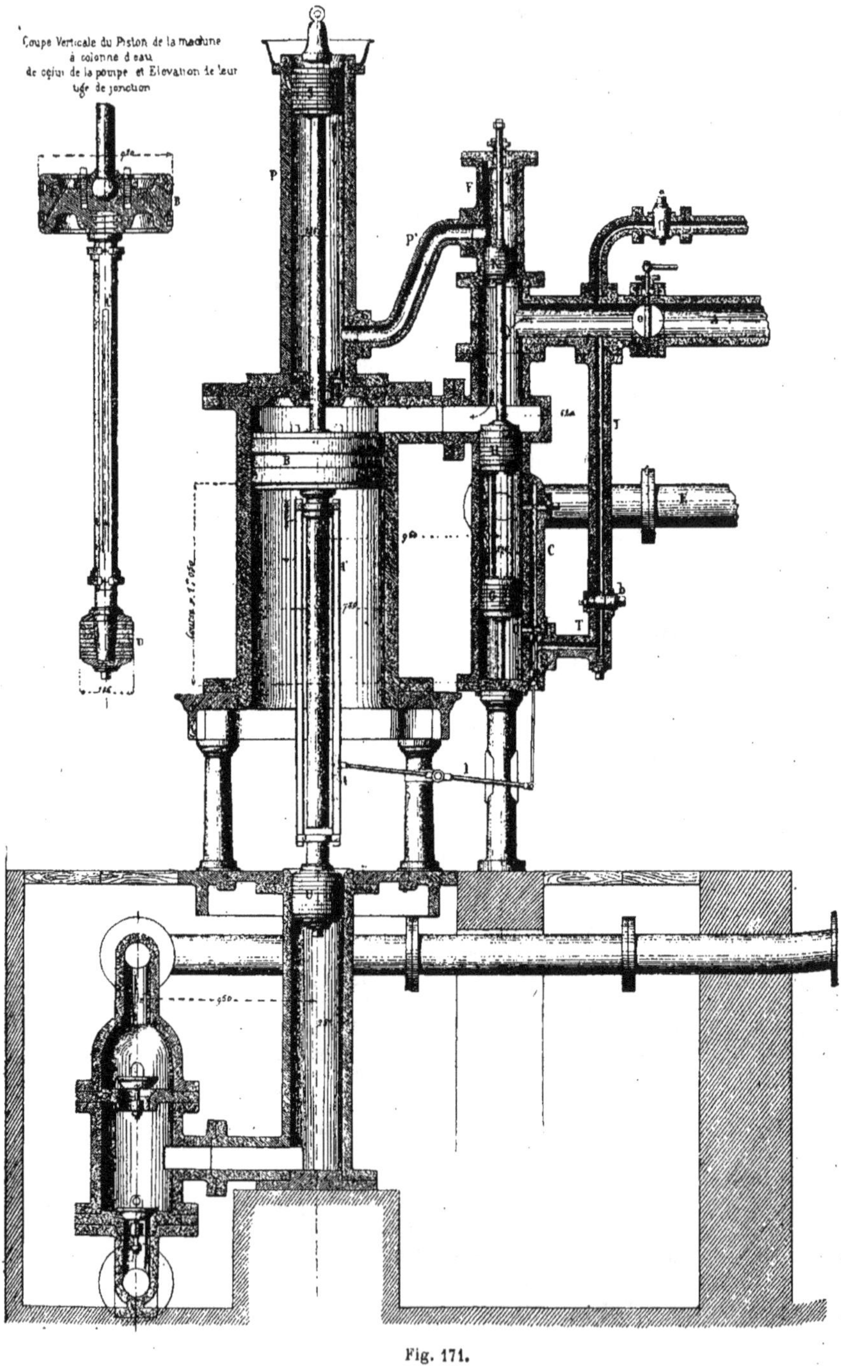
Coupe Verticale du Piston de la machine
à colonne d'eau
de celui de la pompe et Elevation de leur
tige de jonction

Fig. 171.

de mine, peut servir en même temps de ventilateur, par une disposition très simple.

Le cylindre étant généralement ouvert par le haut, il suffit de le munir d'un couvercle et de deux soupapes, l'une servant à l'aspiration de l'air pendant la course descendante du piston, et l'autre au refoulement pendant la course ascendante. Ce ventilateur pourrait être à volonté aspirant ou soufflant.

266. *Machine à double effet.* — On pourrait avoir à établir des machines à colonne d'eau dans lesquelles le piston éprouve une résistance dans les deux sens; il faut alors recourir aux machines à double effet. On ferme par un couvercle la partie supérieure du cylindre aussi bien que la partie inférieure et l'on fait arriver l'eau successivement sur les deux faces. Il n'y a rien à changer au système des machines jumelles, si ce n'est que les deux tuyaux d'admission au lieu de se rendre chacun au bas d'un cylindre différent se rendront, l'un vers le bas et l'autre vers le haut d'un corps de pompe unique.

Mais si la résistance est beaucoup plus grande dans un sens que dans l'autre, il faut que la colonne motrice agisse sur une grande surface pour vaincre la plus grande résistance, et sur une moindre surface pour la plus petite résistance,

Telle est précisément la disposition des machines construites par Reichenbach dans les salines de la Bavière,

La principale de ces machines met en mouvement un corps de pompe qui aspire l'eau salée, la refoule d'un seul jet à 365 mètres de hauteur verticale et l'amène ainsi en franchissant plusieurs montagnes, jusqu'aux chaudières d'évaporation. Pendant que la pompe aspire l'eau salée, on n'a à surmonter que le frottement, le poids des pistons et la pression d'une colonne liquide ayant pour base le piston de pompe et pour hauteur la distance verticale de ce piston au niveau de l'eau dans le réservoir ; mais quand la pompe refoule, il faut surmonter l'énorme pression d'une colonne d'eau salée de 356 mètres de hauteur, équivalente à peu près à la pression de 427 mètres d'eau douce ou de 41 atmosphères environ.

On y distingue donc, le piston de refoulement d'un grand diamètre, et le piston d'aspiration d'un diamètre beaucoup moindre. La disposition est d'ailleurs, comme on peut le reconnaître, à peu près la même que dans la machine de Huelgoat.

La machine à colonne d'eau de Reichenbach en Bavière est représentée par la figure 171. En voici sommairement la description qui en fera comprendre aisément le jeu :

L'eau motrice arrive par le tuyau A, qui est muni d'une valve O, et d'un robinet d'air *a*.

Le piston moteur B présente une disposition spéciale, que l'on aperçoit dans sa coupe, et qui permet de mettre en communication la surface intérieure des garnitures du piston avec la colonne d'eau motrice, lorsque le piston descend, ce qui détermine le serrage de la garniture entre le corps de pompe.

E. Tuyau d'évacuation de l'eau motrice qui vient déboucher entre les deux pistons H et G ; il est également en communication avec le tuyau d'échappement J.

S, piston dont la fonction consiste à relever le piston moteur B, lorsque ce dernier est arrivé au bas de sa course.

H, G, pistons mettant alternativement le corps de pompe principal en communication avec le tuyau d'amenée de l'eau motrice ou avec le tuyau d'évacuation

p, *p'*, petits pistons commandés par la tige du piston moteur au moyen du levier I. Le piston *p*, par sa position au-dessous ou au-dessus de l'ouverture O, détermine la descente ou la montée des pistons H et G et du piston K, relié au piston H par une tige de fer.

K piston qui met le corps de pompe P en communication soit avec l'eau motrice, soit avec le tuyau d'échappement J, selon qu'il est au-dessus ou au-dessous de l'ouverture du tuyau P'.

267. *Machine à volume d'eau à double effet de M. Pfetsch.* — Comme exemple d'une machine à double effet nous prendrons celle établie à Saint-Nicolas-Varangeville (Meurthe), établie par M. Pfetsch. Dans cette machine, les pistons se meuvent horizontalement ; mais le mécanisme

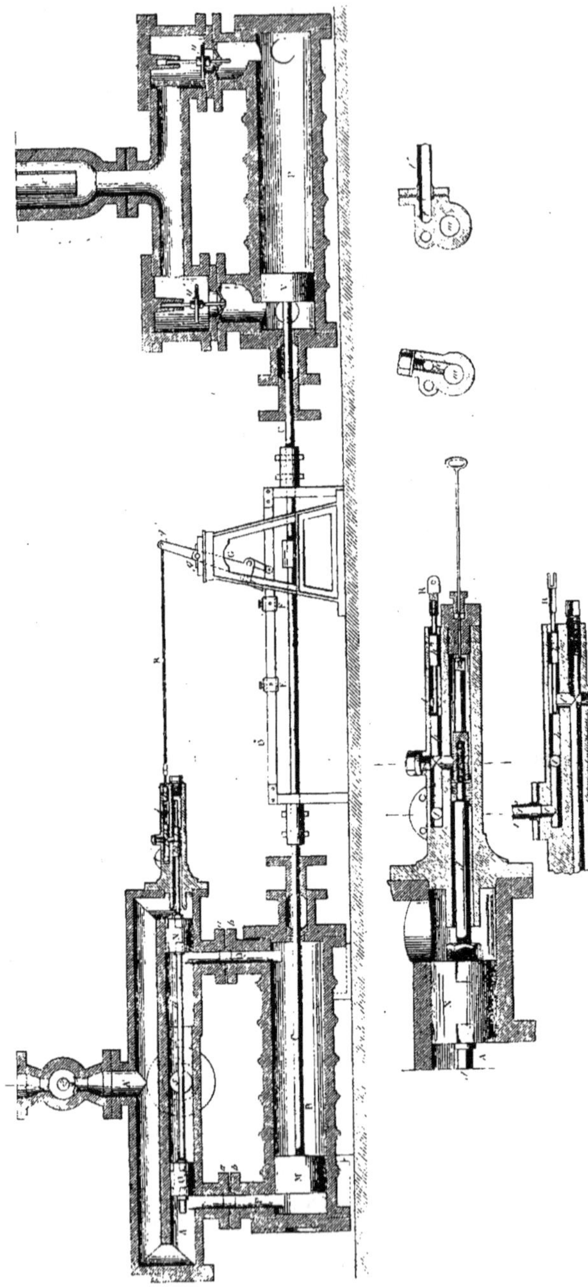

Fig. 172.

serait le même avec des pistons animés d'un mouvement vertical. Le jeu de l'appareil ne diffère d'ailleurs de celui d'une machine à simple effet qu'en ce que l'eau de la chute, au lieu de n'agir que sur l'une des faces du piston principal, agit alternativement sur les deux faces.

Ce piston M (*fig.* 172) se meut dans un cylindre horizontal B fermé à ses deux extrémités ; la tige C de ce piston traverse l'une des bases du cylindre au moyen d'une boite à étoupes, et transmet le mouvement alternatif du piston à des pompes P. L'eau de la chute arrive par le tuyau A', et se rend dans la capacité A ou se meuvent les pistons O et N qui est une tige commune. Sur cette même tige est fixé un troisième piston plus petit *m*, qui se meut dans un cylindre, ayant même axe que le cylindre A. Une ouverture *l'* fait communiquer le cylindre *m*, avec un autre cylindre dans lequel se meuvent deux petits pistons *h* et *h'* ; dans ce cylindre est pratiquée une ouverture *l*, par laquelle afflue l'eau de la chute. La tige commune des pistons *h* et *h'* s'articule en *g'* avee un levier G mobile autour d'un axe fixe *g*. Son extrémité inférieure peut être comprise entre deux taquets E et F, fixés à la tige C du piston M, ou a une tige parallèle mobile avec elle. Les choses étant disposées comme l'indique la figure, l'eau de la chute pénètre en A et de là, par l'ouverture P, dans le cylindre B, à gauche du piston M, et le fait mouvoir de gauche à droite.

En même temps, l'eau de la chute, introduite par l'orifice *l*, à droite du piston *h*, tend à maintenir le système des pistons *h* et *h'* dans la position qu'ils occupent. Les trois pistons O, N, *m* sont maintenus dans la leur, par la pression que l'eau exerce de gauche à droite sur la face gauche du piston *m*. L'eau qui était à droite du piston M, s'écoule par l'ouverture Q dans le tuyau de décharge *s*.

Mais le piston M, avançant vers la droite, le taquet E rencontre l'extrémité du levier G, le fait mouvoir, et déplace ainsi les pistons *h* et h'.

Aussitôt l'eau de chute, qui par l'ouverture *l* a toujours accès entre les deux petits pistons, trouvant l'ouverture *l'* libre, vient par là presser sur le piston *m*, et le porter de droite à gauche, en même temps que les pistons N et O.

Ce déplacement des pistons *m*, N et O ferme à l'eau de chute le canal P, et lui rend accessible le canal Q, par lequel elle vient presser le grand piston de droite à gauche, et le ramène à sa position première pour recommencer le même jeu de la machine.

L'eau, qui avait d'abord poussé le piston M en avant, s'échappe, par suite du déplacement des pistons *m*, N, O par le canal P et le tube de fuite *s*.

Pendant le mouvement de retour du piston M, le levier G est ramené dans la position que représente la figure ; les petits pistons *h* et *h'* reprennent leur position première, et l'eau de chute, qui avait porté les pistons *m*, N, O de droite à gauche, trouvant l'ouverture *l* libre, s'échappe par cette ouverture et par le tube *t'*. Alors la pression étant presque totalement soustraite sur la droite du piston *m*, les trois pistons *m*, N, O sont ramenés à la position première.

Tous les pistons se retrouvant dans la même situation qu'au commencement de la description, le même jeu de la machine recommence, et ainsi de suite.

Ce mécanisme est, en réalité, plus simple que celui des machines à simple effet.

La position horizontale des cylindres rend l'installation plus facile, moins coûteuse et permet de visiter en tout temps les diverses parties de l'appareil.

Le problème que l'on s'était proposé aux mines de sel de Saint-Nicolas Varangeville, consistait à préparer au fond du puits l'eau salée et à la remonter ensuite au jour. La quantité à élever était de 96 000 mètres cubes, dans une année.

En comptant pour une année 300 jours de travail, il y avait à remonter par jour

$$\frac{96000}{300} = 320 \text{ mètres cubes}$$

ce qui fait par seconde $0^{\text{mc}},0037$ d'eau salée. Le poids du mètre cube d'eau saturée étant de 1 200 kil., il faut élever par seconde, un poids de

$$0,0037 \times 1\,200 = 4^{\text{k}},440$$

et comme la hauteur d'élévation est de 174 mètres, le travail mécanique est

$$\frac{174 \times 4.44}{75} = 10,16 \text{ chevaux-vapeur.}$$

En tenant compte des frottements et de la résistance de l'eau dans les tuyaux des colonnes, cette force doit être portée à 13,20 chevaux-vapeur. La hauteur de chute de l'eau jusqu'à la machine est de

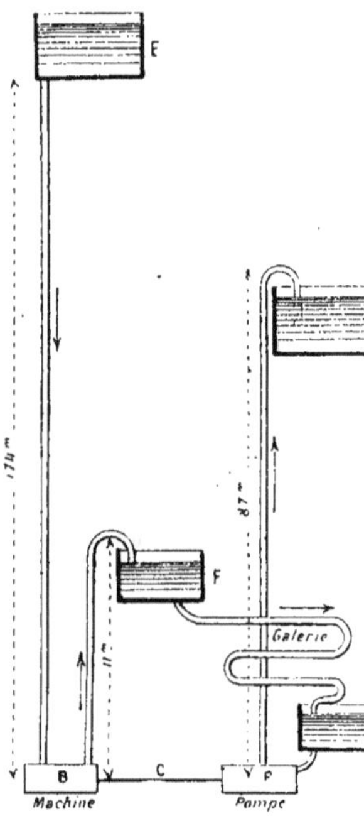

Fig. 173.

174 mètres. Mais l'eau, quand elle a produit son effet utile, ne s'en échappe pas encore librement ; elle est refoulée à l'état de résistance jusque dans un bassin F (*fig.* 173) situé à 11 mètres au-dessus de la machine à colonne d'eau.

De ce bassin, l'eau douce se distribue dans les galeries pour pratiquer les entailles et se convertir en eau salée ; puis elle revient dans un bassin G placé près de la machine et dans lequel aboutit le tuyau d'aspiration de la pompe.

L'eau amenée au fond du puits doit en être retirée en totalité ; or, toute pompe aspire moins d'eau que ne l'indique le calcul ; on a donc eu soin de placer la pompe P, et par conséquent, aussi la machine, un peu plus bas que le bassin, afin de rendre l'aspiration aussi complète que possible. C'est là ce qui justifie cette disposition, grâce à laquelle la machine à colonne doit refouler immédiatement l'eau douce à une hauteur de 11 mètres.

Cette contre-pression de 11 mètres étant retranchée de la hauteur de chute, 174 mètres, il reste pour la hauteur de chute réelle, effective, 163 mètres ;

Les dimensions de la machine à colonne d'eau de M. Pfesch sont les suivantes :

Hauteur de chute de l'eau. .	163 mètres
Diamètre du cylindre de la machine.	$0^m,20$
Course du piston de la machine.	$0^m,80$
Nombre de courses simples par minute.	10 courses
Diamètre intér. des tuyaux de chute.	$0^m,10$
Vitesse acquise par l'eau de chute.	$56^m,522$
Masse d'eau employée par heure	14 m. c.
Diamètre du piston O. . . .	$0^m,10$
Surface du piston O.	$0^{mq},00785$
Diamètre de la tige *d* des pistons O et N.	$0^m,0247$
Surface de la tige *d* des pistons O et N..	$0^{mq},0004789$
Diamètre du piston *m*. . . .	$0^m,035$
Hauteur d'élévation de l'eau salée.	87 mètres
Quantité d'eau salée élevée en 1 heure.	$15^{mc},9$
Travail mécanique dépensé par heure $14 \times 1000 \times 163 = 2282000^{km}$	
Travail mécanique utile : $15,9 \times 1200 \times 87 = 1659960^{km}$	
Rendement ou effet utile. . .	72,7 0/0
Diamètre de la pompe. . . .	$0^m,22$
Course de la pompe	$0^m,80$

268. Parmi les machines dont le moteur est une chute d'eau, et qui en général sont employées à élever de l'eau on peut citer encore, la machine de Schemnitz, qui n'est autre qu'une application de l'appareil connu, en physique, sous le nom de fontaine de Héron.

La machine de Detrouville, analogue à la précédente, mais qui en diffère en ce que l'action de la chute d'eau s'exerce par l'intermédiaire d'un volume d'air dilaté.

La colonne oscillante, proposée en 1812 par Manoury Dectot, analogue au bélier hydraulique dont nous allons dire quelques mots.

La balance d'eau, dont le principe a été introduit récemment dans les travaux de construction de Paris, comme moyen d'élever les matériaux à la hauteur à laquelle ils doivent être employés. L'eau est fournie par un tuyau mis en communication avec les conduites d'eau de la ville.

269. *Balance d'eau.* — Supposons deux caisses plates en tôle, pouvant contenir une assez grande quantité d'eau et suspendues aux deux extrémités d'une corde qui passe dans la gorge d'une grande poulie; la corde et la poulie, marchant alternativement dans un sens et dans l'autre; chacune des caisses pouvant parcourir verticalement, soit en montant, soit en descendant, la distance comprise entre deux points situés à des niveaux différents.

L'une des caisses se trouvant au niveau inférieur, on le charge de matériaux qui doivent être élevés au niveau supérieur; tandis que la caisse supérieure est remplie d'eau. Lorsque la quantité d'eau est suffisante, l'appareil se met en mouvement et les matériaux sont élevés au point désigné. Ce mouvement est guidé par un frein placé sur la poulie à gorge, de manière à l'accélérer ou le ralentir suivant les besoins.

Lorsque les matériaux sont arrivés au niveau supérieur et l'autre caisse au niveau inférieur, on les décharge et on fait en même temps s'écouler l'eau. On recommence la manœuvre en faisant marcher le tout en sens inverse, à l'aide d'une nouvelle quantité d'eau introduite dans la caisse qui vient d'arriver au plateau supérieur.

On voit que le travail moteur développé par la descente de cette eau du niveau supérieur au niveau inférieur, donne lieu à la production du travail utile représenté par l'élévation des matériaux du second de ces niveaux au premier.

270. *Bélier hydraulique.* — Cette machine, inventée par Montgolfier en 1798, a pour objet d'utiliser la force d'une chute d'eau pour élever une partie de cette même eau à un niveau plus élevé que le bief d'amont.

La figure 174 représente un modèle de cette machine. A, est un bassin alimenté constamment par une source quelconque et terminé à sa partie inférieure par un tube qui descend et raccorde avec un ballon de verre dans lequel plonge, presque jusqu'au fond, un long tube vertical T, recourbé à son extrémité supérieure. C'est par ce tube que s'opère, comme on va le voir, l'élévation du liquide. A sa sortie du ballon, le conduit H aboutit dans un bassin B au centre duquel il se relève verticalement. L'orifice de ce tube peut être bouché par une soupape S, qui se ferme de bas en haut; la tige de cette soupape est surmontée d'une capsule dans laquelle on peut mettre des poids pour faire équilibre, dans une certaine mesure, à la pression du liquide.

D'autre part le raccord *r* est muni, lui aussi, d'une soupape S', mais celle-ci se ferme de haut en bas et s'ouvre de bas en haut. Lorsque le liquide venant du réservoir A, commence à s'écouler, il ouvre d'abord la soupape S' et pénètre dans le ballon, jusqu'à ce que le poids du liquide introduit la referme. L'eau, continuant son chemin, jaillit en même temps par l'orifice C et retombe dans le bassin B d'où elle s'écoule par le tuyau *e*. Mais bientôt, sa vitesse augmentant, elle exerce sur la soupape S une pression assez énergique pour la soulever et l'appliquer contre l'orifice C, qui se ferme.

Le liquide ainsi arrêté subitement réagit avec force sur la soupape S' et la soulève; une nouvelle quantité d'eau s'introduit dans le ballon et comprime l'air qui s'y trouve; à ce moment, la pression exercée sur la soupape S diminue, celle-ci se rouvre; le liquide reprend son cours. et la soupape S' se referme.

C'est alors que l'air, tout à l'heure

comprimé, se détend, refoule l'eau et la force à monter dans le tube vertical T. La même évolution se répète indéfiniment, chacune des deux soupapes s'ouvrant d'elle-même et se refermant tour à tour; et chaque fois une nouvelle quantité d'eau pénètre dans le ballon pour y comprimer l'air qui bientôt après, par son élasticité, l'oblige à s'élever dans le tube T. L'eau ainsi élevée peut être recueillie dans un réservoir ou employée comme force motrice,

Quelquefois les soupapes S et S′ sont remplacées par des boulets creux dont le poids est double de celui de l'eau qu'ils déplacent. L'air contenu dans le ballon étant à une pression supérieure à la pression atmosphérique, tend à se disssoudre dans l'eau et, par suite, disparaîtrait complètement si l'on n'employait pas un moyen particulier pour le renouveler.

Chaque fois que la soupape S se ferme et chaque fois qu'elle retombe elle produit un choc violent auquel on a donné le nom de *coup de bélier* et c'est de là que vient le nom de *bélier hydraulique* donné à cette machine.

271. Le bélier représenté par la

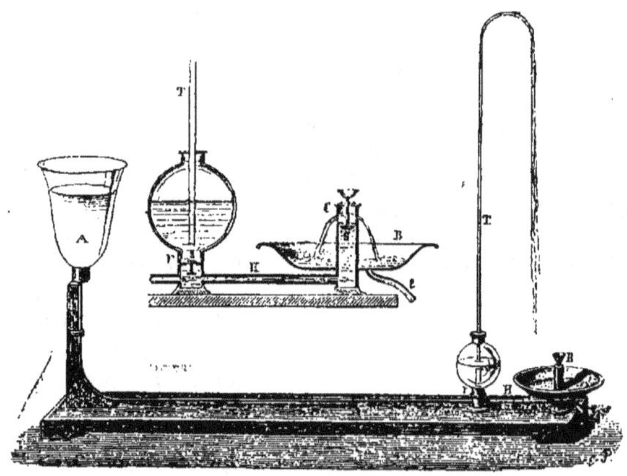

Fig. 174.

figure 175, construit par M. Bolée, atténue ces chocs, et porte un système particulier pour le renouvellement de l'air dans le réservoir F.

La soupape d'arrêt B est en partie équilibrée par un contrepoids P, faisant place à l'extrémité d'un levier L qui oscille sur deux couteaux. Cette soupape est à lanterne, sa tige inférieure descend dans un petit cylindre O, percé latéralement de deux ouvertures pour l'écoulement de l'eau, le fond de ce cylindre est garni de rondelles élastiques. La partie supérieure de la soupape B est un cylindre mince qui pénètre dans une rainure annulaire K dont la largeur est un peu plus grande que l'épaisseur de ce cylindre et où l'eau forme matelas, ce qui atténue le choc de la soupape B sur son siège.

La tige T, agit sur le balancier L, au moyen d'un étrier et de deux lames de ressort; de cette façon, les oscillations du balancier s'effectuent aussi sans choc sensible.

Le réservoir d'air F, porte en un point une soupape de sûreté pour régler la pression de l'air. L'air est renouvelé dans ce réservoir au moyen d'une boîte I, ou chambre d'air, placée au sommet d'une colonne creuse H, dont l'extrémité supérieure dépasse le niveau des plus hautes eaux d'aval. Cette boîte I (*fig.* 176) est munie d'un reniflard d'air S′, avec bouchon à vis à l'extérieur et un clapet à l'intérieur. En S se trouve un clapet de refoulement *s*. Les oscillations de la colonne creuse aspirent l'air extérieur et le refoulent dans le tuyau *t* qui l'amène sous le clapet de refoulement E pour alimenter le réservoir.

M. Bollée, constructeur hydraulicien au

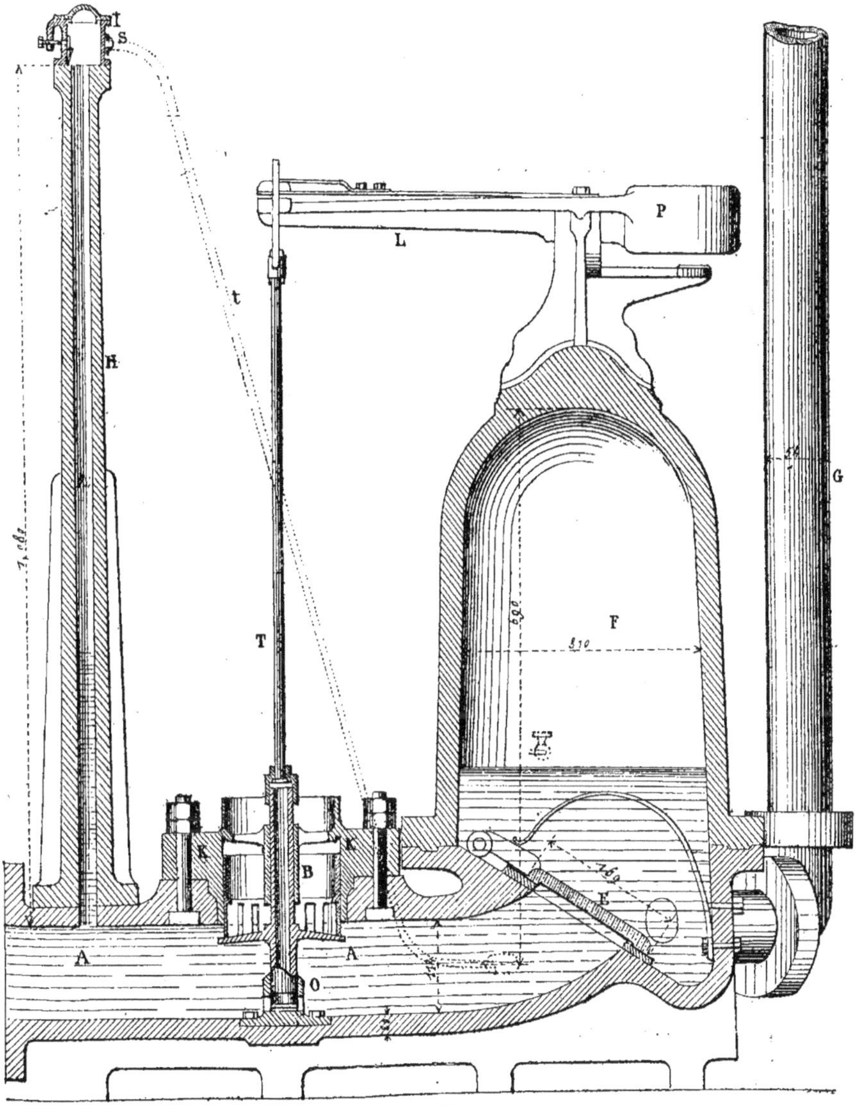

Fig. 175.

Mans, a établi plus de six-cent-cinquante installations de ces moteurs automatiques, dont le débit moteur peut varier d'un quart de litre à 350 litres par seconde.

La théorie n'a pu donner, jusqu'à présent, une expression satisfaisante de l'équilibre dynamique du bélier hydraulique, dans lequel il se passe des réactions dont les effets échappent à l'analyse.

Eytelwein fit construire à Berlin, en 1804, deux béliers de grandeurs différentes sur lesquels il fit un grand nombre d'expériences qui lui permirent de déduire les règles relatives aux dispositions et dimensions les plus favorables à la bonne marche et au rendement.

Lorsque le plus grand de ces béliers a été reconnu disposé de la manière la plus

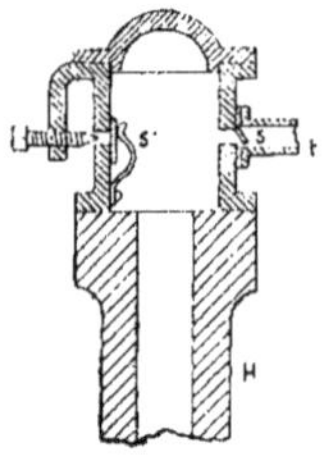

Fig. 176.

avantageuse, il avait les dimensions suivantes :

Longueur du tuyau conducteur			13m,33
Diamètre	—	—	0m,0588
Section	—	—	0mq,002715
Diamètre du tuyau d'ascension			0m,0268
Section	—	—	0mq,000564
Capacité du réservoir d'air...			0mc,0088
Aire de l'ouverture de la soupape d'arrêt.........			0mq,0024

En représentant par :

H, la hauteur de pression, c'est-à-dire la hauteur du niveau de l'eau dans le réservoir alimentaire au-dessus de l'orifice d'échappement de la soupape d'arrêt;

h, la hauteur d'ascension ou l'élévation verticale de l'orifice supérieur du tuyau d'ascension au-dessus du niveau de l'eau dans le réservoir alimentaire ;

Q, le volume de l'eau perdue ou écoulée par la soupape d'arrêt en 1″ ;

P = 1000 Q, le poids de cette eau;

q, le volume de l'eau élevée ou écoulée par le tuyau d'ascension en 1″ ;

p, = 1000 q, le poids de cette eau.

En une seconde, le travail moteur dépensé est 1000 QH^{km}, le travail utile produit 1000 qh et le rendement :

$$R = \frac{qh}{QH}.$$

Des expériences d'Eytelwein, puis d'Aubuisson et du général Morin, on a établi des formules empiriques pour l'établissement des béliers.

La formule du rendement d'après d'Aubuisson est :

$$R = \frac{qh}{QH} = 1{,}42 - 0{,}28\sqrt{\frac{h}{H}}.$$

Cet expérimentateur remarqua que cette expression ayant été déduite des résultats qui se rapportent au maximum d'effet, il réduit, pour entrer dans les conditions habituelles de la pratique, le coefficient numérique de 1/6; et il pose pour l'équilibre dynamique

$$ph = 1{,}20\,P\left(H - 0{,}2\sqrt{Hh}\right).$$

Le rendement R du bélier diminue assez rapidement à mesure que le rapport $\frac{h}{H}$ augmente; les résultats obtenus pour des valeurs de ce rapport comprises entre 2,50 et 11, sont convenablement représentés par la formule de Morin.

$$R = 0{,}258\sqrt{12{,}80 - \frac{h}{H}}.$$

Au-delà de la valeur 11 de ce rapport, le rendement est si faible qu'il y a lieu de recourir aux pompes.

Si Q′ représente le volume d'eau qui sort du réservoir alimentaire, on a

$$Q' = Q + q$$

et comme

$$R = \frac{qh}{QH}$$

on tire de ces deux équations :

$$q = Q'\frac{RH}{h + RH}$$

$$Q = Q'\frac{h}{h + RH}.$$

Ayant Q et q, il s'agit de déterminer les diamètres D et d du tuyau conducteur et du tuyau d'ascension, de manière que la vitesse y soit de 0,50, valeur qui paraît convenable pour éviter les chocs violents.

La durée d'un battement étant 1, on a en moyenne, quant au passage de l'eau,

0,575 pour la durée pendant laquelle on peut supposer la soupape d'arrêt complètement ouverte, et 0,231 pour celle pendant laquelle on peut la considérer comme fermée. Aussi la durée d'un battement étant 1″, on a, en représentant par U la vitesse de l'eau dans le tuyau conducteur,

$$\frac{\pi D^2}{4} \times U \times 0,575 = Q$$

d'où on tire en faisant U = 0 50

$$D = 2,104 \sqrt{Q}.$$

De même, si u est la vitesse de l'eau dans le tuyau ascensionnel, on a :

$$\frac{\pi d^2}{4} \times u \times 0,231 = q$$

et en faisant $u = 0,50$, il vient :

$$d = 3,32 \sqrt{q}.$$

En désignant par L, la longueur du tuyau conducteur et l celle du tuyau d'ascension, il paraît convenable de faire

$$L = l + 0,628 \frac{h}{H}.$$

Lorsque le tuyau ascensionnel est vertical et que h diffère par suite peu de l, cette formule devient :

$$L = l\left(I + \frac{0,628}{H}\right).$$

Le tuyau ascensionnel est en général vertical, et c'est en éloignant ou rapprochant le bélier du réservoir alimentaire qu'on donne à L une valeur convenable.

Il faut éviter de recourber le tuyau ascensionnel à son sommet.

Il paraît convenable de donner au réservoir d'air une capacité égale ou même un peu supérieure à celle du tuyau d'ascension ; elle est à peu près égale au volume d'eau à élever en une minute. Il convient, dans tous les cas, de donner à l'orifice d'échappement, par la soupape d'arrêt, une aire telle qu'en tenant compte des effets de la contraction, qui doit être aussi faible que possible, le passage soit égal à celui qu'offre la section transversale du tuyau conducteur.

La course de cette soupape doit être suffisante, pour qu'en admettant que le coefficient de contraction autour de la soupape soit 0,65, si elle est à plaque, le passage annulaire qu'elle offre au liquide soit encore égal à la section transversale du tuyau conducteur.

Pour les béliers de dimensions ordinaires, dont le tuyau conducteur n'aura pas plus de $0^m,20$ de diamètre, on donnera la préférence aux soupapes à plaques et l'on réservera celles à clapet pour les grands béliers.

La soupape d'arrêt doit être placée aussi près que possible du réservoir d'air et de la soupape d'ascension qui débouche dans le réservoir d'air. L'aire de l'orifice de la soupape d'ascension doit aussi être égale à celle de la section transversale du tuyau conducteur.

Quoique le rendement d'un bélier ne soit pas diminué, ni sa marche modifiée quand la soupape d'arrêt est noyée, comme les chocs produits par l'abaissement de cette soupape sont notablement plus violents, il convient de disposer l'appareil de manière que la soupape d'arrêt ne soit noyée que pendant les crues accidentelles d'aval.

CHAPITRE III

MACHINES DESTINÉES A ÉLEVER L'EAU, DONT LE MOTEUR N'EST PAS UNE CHUTE D'EAU

272. Ces machines sont en grand nombre et présentent des dispositions très variées. L'étude dont elles sont le le sujet a pour objet principal la connaissance de la proportion suivant laquelle elles utilisent la quantité d'action qui leur est appliquée, et celle des avantages divers qu'elles peuvent offrir sous le rapport de l'économie, de la solidité, du peu de place qu'elles occupent, de la facilité d'être transportées etc. Nous ne donnerons pas tous les appareils élévatoires employés ; nous indiquerons ceux dont le principe de la composition doit être distingué.

273. *Seaux ou baquets à main.* — Le procédé du baquetage est employé dans les épuisements à de petites profondeurs. Il consiste à placer dans le bassin des hommes munis de seaux en cuir ou en osier et toile imperméable, qui remplissent ces seaux et les vident dans une rigole qui conduit l'eau au dehors. On ne peut élever l'eau par ce procédé qu'à une hauteur de 1 mètre à 1^{m},30.

D'après Perronnet, un manœuvre appliqué pendant 8 heures à ce genre de travail, peut élever 46 mètres cubes d'eau à une hauteur de 1 mètre, ce qui répond à un travail journalier de 46 000 kilogrammètres.

Le seau est employé d'une manière plus convenable, pour des élévations d'eau de 5 et 6 mètres, lorsqu'il est suspendu à l'extrémité d'un levier (*fig.* 177) portant sur un point d'appui et dont l'autre extrémité est chargée d'un contrepoids, parce qu'alors les ouvriers ne sont pas obligés de soulever le poids du seau même et agissent en se baissant.

De cette manière, un homme, selon l'habitude qu'il a de ce genre de travail produit un effet équivalent de 12 ou 15 et même 20 mètres cubes d'eau élevés à 1 mètre de hauteur par heure. Navier estime qu'en travaillant avec une telle machine pendant 12 heures un homme pourrait produire un travail équivalant à 70 mètres cubes d'eau élevés à 1 mètre de hauteur, en supposant toutefois qu'il puise l'eau à 4 ou 5 mètres de profondeur.

274. *Seau manœuvré à l'aide d'un treuil.* — Pour élever l'eau à une hauteur un peu grande et notamment pour puiser l'eau d'un puits, on emploie très souvent une corde portant à chacune de ses extrémités un seau, passant sur une poulie placée au-dessus de l'orifice du puits. En tirant avec les mains sur l'un des brins de la corde on élève le seau plein.

Très souvent, lorsque les seaux sont un peu grands, la corde s'enroule sur un treuil à manivelle qui s'étend horizontalement au-dessus du puits et l'on remonte le seau en faisant tourner la manivelle.

On voit que, par là, chaque seau descend vide pendant que l'autre monte plein d'eau et, de plus, les poids des deux seaux se font équilibre par l'intermédiaire de la poulie ou du tambour du treuil. Quant au poids de la corde, qui est souvent de peu d'importance, il agit tantôt comme force résistante, tantôt comme force motrice. D'après d'Aubuisson le travail d'un homme agissant ainsi sur la manivelle du treuil est d'environ 160 000 kilogrammètres pour une journée de 8 heures.

Lorsque la corde passe seulement sur

une poulie et qu'elle est tirée à main d'homme, l'effet utile journalier n'est que de 71 000 kilogrammètres.

275. *Manège du maraîcher.* — Cette machine (*fig.* 178), qui a la plus grande analogie avec la précédente, se compose

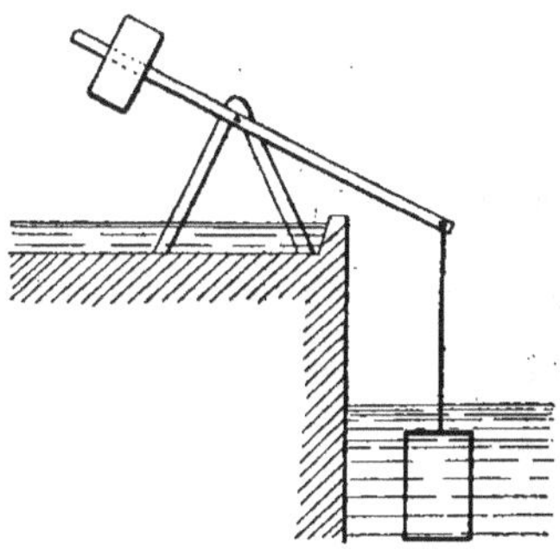

Fig. 177.

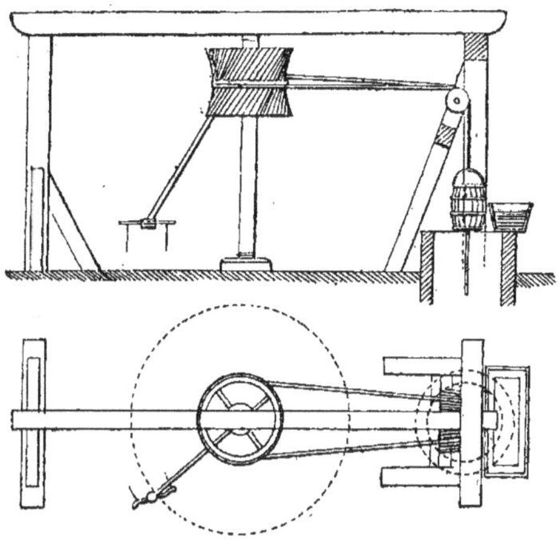

Fig 178.

d'un tambour fait généralement avec deux vieilles roues de voiture, espacées de 1 mètre à 1^{m},30 environ et sur le pourtour desquelles on a fixé des douves de tonneau allant de l'une à l'autre sans être parallèles à l'axe, ce qui donne une espèce d'hyperboloïde de révolution, qui empêche la corde de s'échapper, tout en donnant un treuil régulateur. Ce tambour est monté sur l'arbre vertical d'un manège qu'on maintient par une charpente qui sert en même temps à fixer sur un

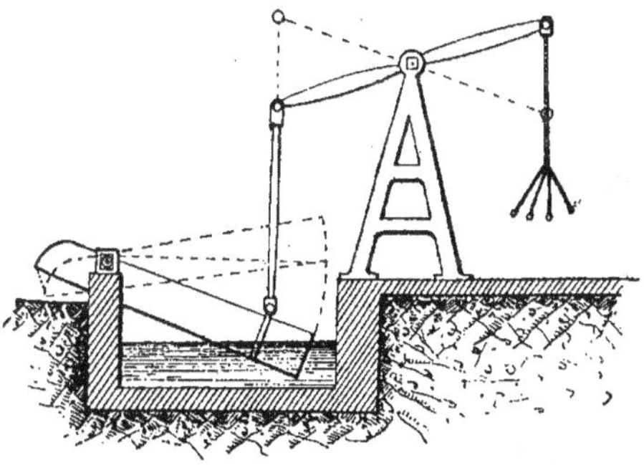

Fig. 179.

Fig. 180.

puits deux poulies sur lesquelles viennent passer les deux brins de la corde.

Cette corde porte à ses deux extrémités un seau de grandes dimensions qui prend le nom de *tonne*.

Le cheval attelé au manège tourne dans un sens pour élever l'une des tonnes, puis en sens contraire pour élever l'autre.

D'après Hachette, un cheval attelé à un manège de maraîcher, établi sur un puits de 32^{m},50 de hauteur, élevait par minute un seau contenant 90 litres d'eau ;

d'où il résulte que pour 8 heures de travail journalier, l'effet utile serait de 1 404 000 kilogrammètres.

On admet du reste qu'avec les manèges de maraîchers les plus simples, un homme peut produire, en 8 heures, un travail journalier équivalant à 200 mètres cubes d'eau élevés à 1 mètre; un cheval ou un mulet, 1 166 mètres cubes; un bœuf, 1 120 et un âne, 324.

276. *Écope.* — L'écope prend le nom de hollandaise quand elle est suspendue à un point fixe (*fig.* 179). Le travail qu'on peut effectuer avec cet appareil dépend de l'habitude et de l'adresse de l'ouvrier.

D'après Bélidor, l'effet utile est de 5,566 kilogrammètres par seconde, ce qui revient à 120 000 kilogrammètres par jour, en supposant 6 heures de travail. Ce résultat est considérable comparativement à celui que l'on obtient par d'autres moyens.

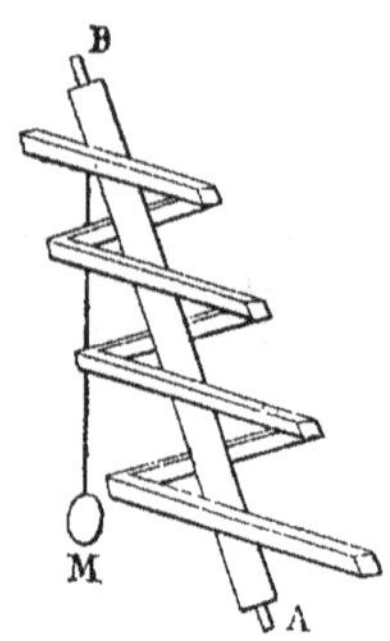

Fig. 181.

L'écope, présente cet avantage que l'eau peut quitter la machine avant d'avoir atteint la hauteur à laquelle elle est élevée, en sorte que la vitesse qui lui est imprimée n'est point perdue pour l'effet utile.

277. *Balance à zigzag.* — La balance à zigzag à été décrite en 1737 par Bélidor comme ayant été imaginée par Morel. On peut employer à la fois deux zigzags disposés en sens contraire, ce qui prévient la perte de temps (*fig.* 180).

L'eau s'élève successivement dans les tuyaux inclinés, dont chacun est garni d'un clapet à son extrémité inférieure; par l'effet du balancement imprimé à l'appareil, qui est suspendu en A.

On ne peut espérer un résultat avantageux de l'usage de cette machine, en raison surtout des chocs que l'eau doit exercer, à chaque oscillation, contre les extrémités inférieures des tuyaux.

278. *Machine de Conté.* — La machine de Conté diffère principalement de la précédente, en ce que les rigoles en zigzag sont placées sur un axe incliné, que l'on fait osciller sur ses deux extrémités A et B (*fig.* 181). Ce mouvement d'oscillation est aidé par le pendule M qui est fixé à cet axe. Il n'y a pas de clapets aux extrémités des rigoles, mais le fond de la rigole supérieure se trouve en contrebas

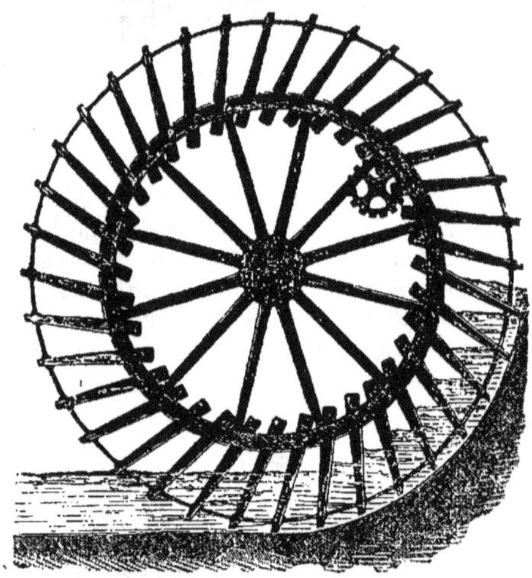
Fig. 182.

du fond de la rigole inférieure à laquelle elle succède immédiatement. Cet appareil peut donner lieu aux mêmes observations que le précédent.

279. *Roue à palettes.* — C'est une roue à palettes ordinaires contenue dans un coursier et que l'on fait tourner de manière à élever l'eau du réservoir inférieur dans le réservoir supérieur.

La figure 182, représente une roue de ce genre qui est établie à la gare de Saint-Ouen près Paris. Elle est destinée à faire monter de l'eau prise dans la

Seine, pour entretenir un niveau suffisamment élevé à l'intérieur de la gare. On a donné aux palettes une certaine inclinaison, par rapport au rayon auquel elles correspondent, afin de faciliter l'écoulement de l'eau par-dessus la crête du coursier.

La roue est mise en mouvement par une machine à vapeur qui agit sur elle par l'intermédiaire d'une roue dentée qui engrène avec une grande roue appliquée sur l'une des couronnes de l'appareil.

Le calcul de l'effet utile de cette machine peut être fait comme il suit; en désignant par :

H, la distance des niveaux de l'eau dans les réservoirs, ou la hauteur à laquelle l'eau est élevée;

m, la masse d'eau élevée dans l'unité de temps;

V, la vitesse de la circonférence passant par le centre des palettes, qui est supposée constante;

P, l'effort exercé par le moteur pour faire tourner la roue, supposé appliqué dans le sens de cette circonférence;

g, la vitesse que la gravité imprime aux corps pesants, dans l'unité de temps.

Le mouvement de la roue étant supposé uniforme, on a pour la quantité d'action dépensée dans l'unité de temps:

$$PV - mgH$$

D'autre part, l'eau du réservoir inférieur prenant instantanément la vitesse V des palettes, il s'opère à l'entrée de l'eau dans la roue une perte de force vive égale à mV^2.

Enfin l'eau a acquis, quand elle quitte la roue, la vitesse V et par conséquent la force vive mV^2.

Ainsi, l'on a, pour exprimer la condition de l'uniformité du mouvement, l'équation :

$$PV - mgH = mV^2$$

d'où :

$$PV = mgH + mV^2$$

Le rapport de l'effet utile à la quantité d'action est donc:

$$\frac{mgH}{mgH + mV^2} = \frac{H}{H + \frac{V^2}{g}}.$$

La valeur est d'autant plus grande, que la vitesse du mouvement de la roue est plus petite. Elle serait égale à l'unité si cette vitesse était infiniment petite.

Ce calcul ne tient point compte de l'effet des frottements sur les tourillons de la roue, des frottements de l'eau dans le coursier, de la résistance de l'air et des pertes d'eau à la circonférence des palettes. Ces pertes seront d'autant moins sensibles que la vitesse de la roue sera plus grande et, toutes choses égales d'ailleurs, on les rendra le plus petites possible, en donnant aux aubes rectangulaires une largeur double de la hauteur.

Cette machine peut être construite d'une manière solide et durable ; le poids de l'eau qu'elle élève est supporté en partie par le fond du coursier et l'axe se trouve déchargé d'une partie du poids de la roue égale à celui du volume d'eau qu'elle déplace.

Elle ne convient pas dans le cas où le niveau du réservoir inférieur subit des variations.

Les dimensions de la roue à palettes de Saint-Ouen sont les suivantes :

Diamètre extérieur de la roue.	10m,672
Diamètre intérieur.	9m,024
Longueur des aubes.	1m,216
Hauteur des aubes, mesurée suivant ces aubes.	0m, 90
Hauteur des aubes, mesurée suivant le rayon.	0m,824
Nombre d'aubes.	36

D'après les observations de M. Walter de Saint-Ange, cette roue éléverait 2 500 mètres cubes d'eau à 4 mètres de hauteur en une heure ; la force de la machine, étant supposée être de 45 chevaux, le rapport de l'effet utile à l'effet dépensé serait de 0,82.

Les roues à palettes sont très convenables pour élever l'eau à des hauteurs qui n'excèdent pas 3 à 4 mètres. Leur vitesse à la circonférence extérieure ne doit pas dépasser 1 mètre. Le rendement ne doit pas être estimé à moins de 0,70 ou 0,75.

280. *Roues à seaux ou à godets.* — Ces roues, employées fréquemment aux irrigations et aux usages domestiques, se composent de godets ou augets en tôle

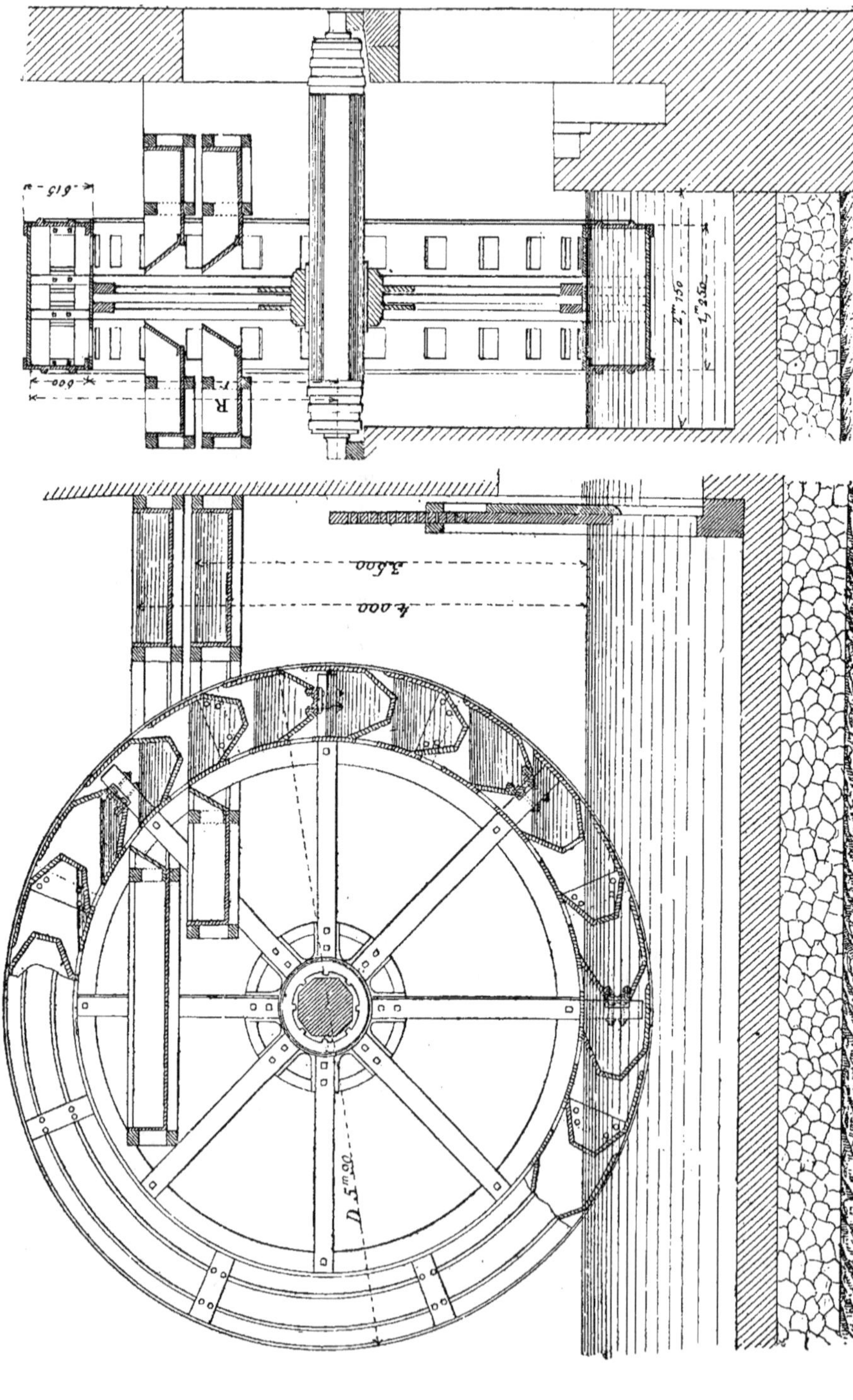

Fig. 183.

(*fig.* 183) réunis par deux couronnes servant de cloisons latérales ; des bras relient ces couronnes à un moyeu calé sur un arbre horizontal. Une fonçure inférieure empêche l'eau de se déverser vers le centre de la roue avant qu'elle ne soit amenée au réservoir supérieur.

Par le mouvement de la roue, les coffres puisent successivement l'eau dans le bassin inférieur et viennent la verser dans une auge placée latéralement vers le sommet de la roue.

Le mouvement de rotation est communiqué à la roue par un engrenage actionné par un moteur, soit de toute autre manière.

Lorsque l'eau à élever est animée d'une certaine vitesse, comme dans le cas d'une rivière, par exemple, on dispose, sur l'axe de la roue élévatoire, une autre roue pendante à palettes qui détermine le mouvement sous l'influence du courant d'eau dans lequel elle est placée (*fig.* 184). Les coffres, à moins de régler convenablement leur ouverture, perdent toujours à leur sortie du courant une partie de l'eau d'abord puisée ; de plus, le déversement ne s'opère qu'à un niveau supérieur au point auquel on doit élever l'eau. Afin d'atténuer autant que possible ces pertes d'effet utile, on remplace quelquefois les coffres par des seaux ou godets, mobiles autour d'un axe, placé au-dessus de leur centre de gravité ; par cette disposition, les godets ne perdent leur eau qu'au sommet de la roue où un taquet les fait verser.

Perronnet a appliqué, avec beaucoup de succès, une machine semblable aux fondations du pont de Neuilly. Le diamètre de la roue motrice était de $5^m,85$, la longueur des aubes $6^m,50$; la hauteur des aubes $0^m,97$ et le diamètre des roues à godets $5^m,36$.

La roue à aubes avait été placée en un point fixe où la vitesse du courant était de $0^m,81$, et la roue à godets a été successivement portée sur les emplacements des diverses piles jusqu'à une distance de 35 mètres.

La capacité de chacun des seize godets était de 137 litres ; mais la quantité d'eau qui arrivait au point de versement n'était que de 103 litres.

La quantité d'eau élevée à $3^m,25$ et $3^m,90$ de hauteur était de 185 mètres cubes par heure. Celle représentée par la

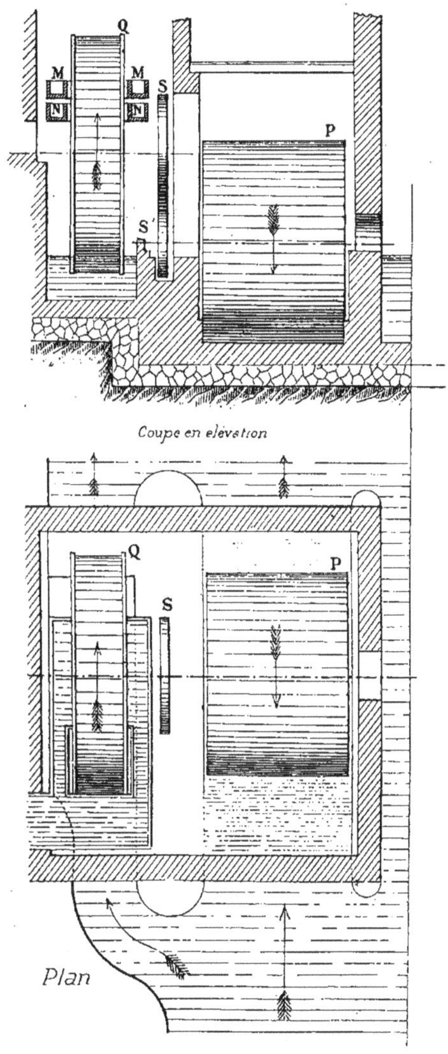

Fig. 184

figure 183 a été employée, pour irrigation, au domaine de Ciry-Salsogne (Aisne). Son diamètre est de $5^m,90$; elle déverse l'eau dans deux réservoirs, l'un situé à

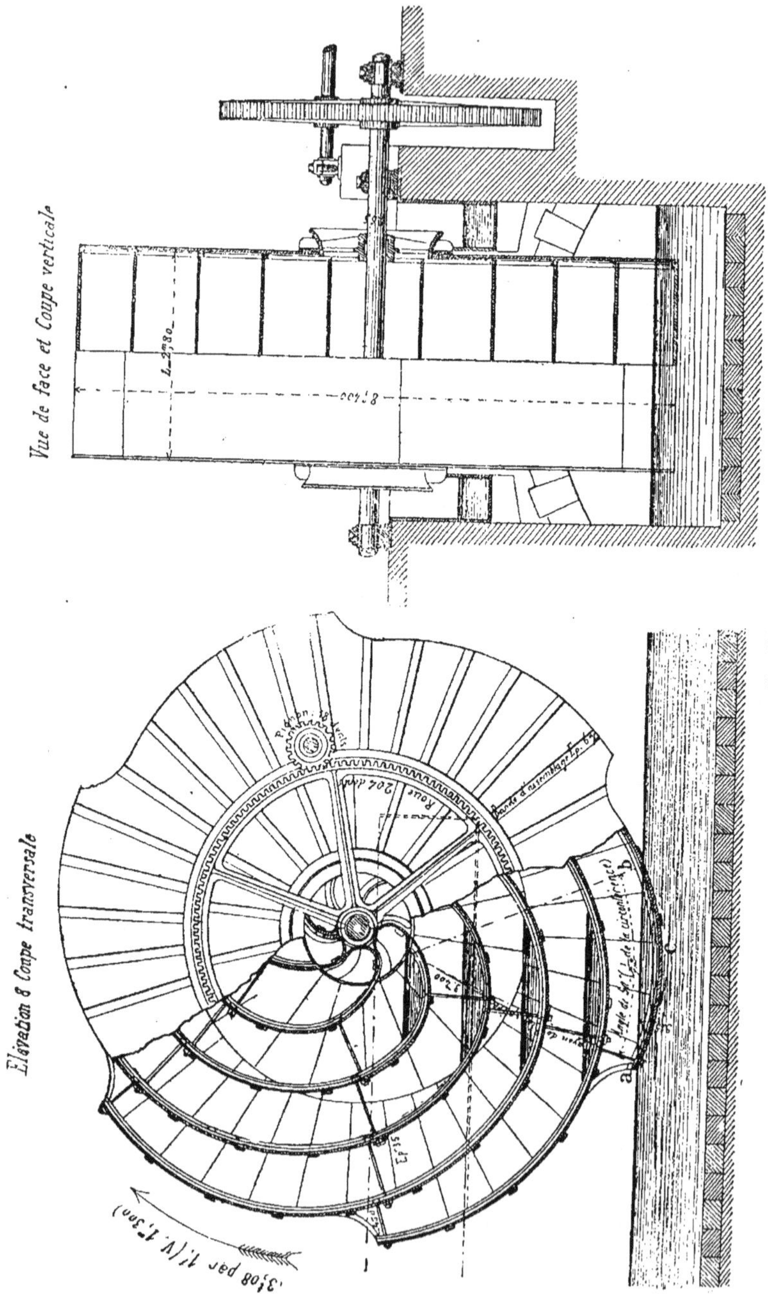
Vue de face et Coupe verticale
Elévation & Coupe transversale
Roue 204 dents
8,400
3,08 par 1' (V. 1,30)

Fig. 183.

$3^m,50$ et l'autre à 4 mètres au-dessus du niveau inférieur.

Le diamètre d'une roue à seaux ou à godets peut atteindre 6 à 8 et même 10 mètres. Considérée comme roue élévatoire, sa vitesse varie de $0^m,20$ à $0^m,40$ suivant son diamètre et son rendement peut être de 0,60 à 0,65.

281. *Roue à tympan.* — Le tympan a de l'analogie avec la roue élévatoire; il en diffère en ce que, puisant l'eau à sa circonférence, il la déverse près de son axe.

On distingue :

1° Le tympan des anciens décrit par Vitruve, formé d'un tambour circulaire partagé par des cloisons dirigées suivant les rayons du cercle; l'eau s'introduit dans chaque cloison par des ouvertures placées à la circonférence et s'écoule par l'axe qui est creux;

2° Le tympan proposé en 1817 par Lafaye est formé de cloisons courbées suivant les développantes du cercle extérieur de l'axe (*fig.* 185), ce qui a permis de supprimer l'enveloppe convexe du tambour. Par cette disposition, la verticale passant par le centre de gravité de la masse d'eau contenue dans chaque canal courbe est tangente à l'axe, et quelle que soit la position du tympan, le rayon de son axe est le bras de levier constant de la résistance; d'où il résulte que le travail est aussi régulier que possible.

Le calcul du tympan de Vitruve peut s'effectuer conformément au n° 278, en remarquant que l'eau sortant de la roue par l'axe, quitte la machine avec une vitesse de rotation sensiblement nulle, en sorte que l'on doit compter seulement la perte de force vive qui a lieu quand l'eau entre dans la roue; on a alors

$$PH = mgH + \frac{1}{2} mV^2.$$

Le rapport de l'effet utile à la quantité d'action dépensée est :

$$\frac{H}{H + \frac{V^2}{2g}}.$$

Quant au tympan de Lafaye, comme l'eau qui s'introduit dans les canaux n'en prend pas instantanément la vitesse de rotation, on peut dire qu'il n'y a pas de perte de force vive dans le jeu de cette machine.

Le défaut de ces machines, consiste en ce qu'elles contiennent une grande quantité d'eau qui les rend très pesantes et qu'elles ne l'élèvent qu'au niveau de l'axe.

D'après Perronnet, un tympan ayant $5^m,85$ de diamètre, portant 24 cloisons; plongeant de $0^m,24$ dans l'eau et faisant deux tours et demi par minute, élevait 123 mètres cubes d'eau à $2^m,60$ par heure. Cette machine était mue par deux hommes, marchant sur une roue à chevilles montée sur son axe, le travail utile était équivalent à $26^{mc},66$ d'eau élevés à 1 mètre de hauteur par heure et par homme, et le rendement était de 0,85 environ.

Le tympan représenté sur la figure 185, a $8^m,40$ de diamètre et $2^m,80$ de largeur; il est composé de six cloisons complètement en tôle, avec arbre en fer. La section de l'eau *abc* est de $0^m,599$, et le volume correspondant $1^{mc},577$, elle fait $3^t,08$ par minute, et élève pendant le même temps $30^{mc},991$ d'eau, soit environ 500 litres par seconde, ce qui correspond à 20 chevaux en eau montée.

282. *Norias.* — Les norias consisten dans une corde ou une chaîne sans fin, tournant sur deux poulies ou tambours placés verticalement l'un au-dessus de l'autre et à laquelle sont attachés des seaux. Quelquefois la partie inférieure est simplement supportée par la corde chargée d'un poids assez grand, pour tenir cette corde tendue; quelquefois aussi, cette poulie est supprimée, comme la noria représentée par la figure 186.

L'avantage que les norias peuvent offrir, dépend principalement de la construction des seaux, de la chaîne et des roues qui la supportent; il dépend aussi de la manière dont le versement des seaux s'opère. On peut distinguer à ce sujet deux cas principaux :

1° Celui où le seau incliné par un arrêt, verse avant d'avoir passé sur la roue supérieure;

2° Celui où le seau verse en passant sur cette roue. On peut, dans le dernier cas, recevoir l'eau dehors ou dedans l'intérieur de la roue. L'eau se trouve ainsi élevée au-dessous du réservoir supérieur à une hauteur au moins égale au rayon ou au diamètre de la roue, circonstance peu importante, quand la hauteur totale à laquelle l'eau s'élève est considérable, mais qui le devient dans le cas contraire. Une bonne noria, établie par Abadie près de Toulouse, a pour tambour, une lanterne à 6 fuseaux en fer de $0^m,03$ de diamètre ; ces fuseaux sont espacés de $0^m,45$ et relient deux plateaux en fonte dont l'écartement est de $0^m,43$. L'axe du tambour est en fer et a $0^m,034$ d'équarrissage. La chaîne a $13^m,72$ de longueur et elle est formée de 28 chaînons, portant chacun un seau en feuilles de cuivre de 15 litres de capacité. La surface du bassin qui reçoit l'eau est à $0^m,07$ au-dessous de l'axe du tambour, et à $5^m,13$ au-dessus du niveau de l'eau dans le puisard. Un cheval ordinaire, fait fonctionner cette machine et produit un effet utile équivalent à 118 mètres cubes d'eau élevés à un mètre de hauteur par heure ; admettant, avec d'Aubuisson, que dans ce même temps le travail produit par un cheval attelé à un manège équivaut à 144 mètres cubes d'eau élevés à 1 mètre, l'effet utile est donc 0,82 du travail dépensé.

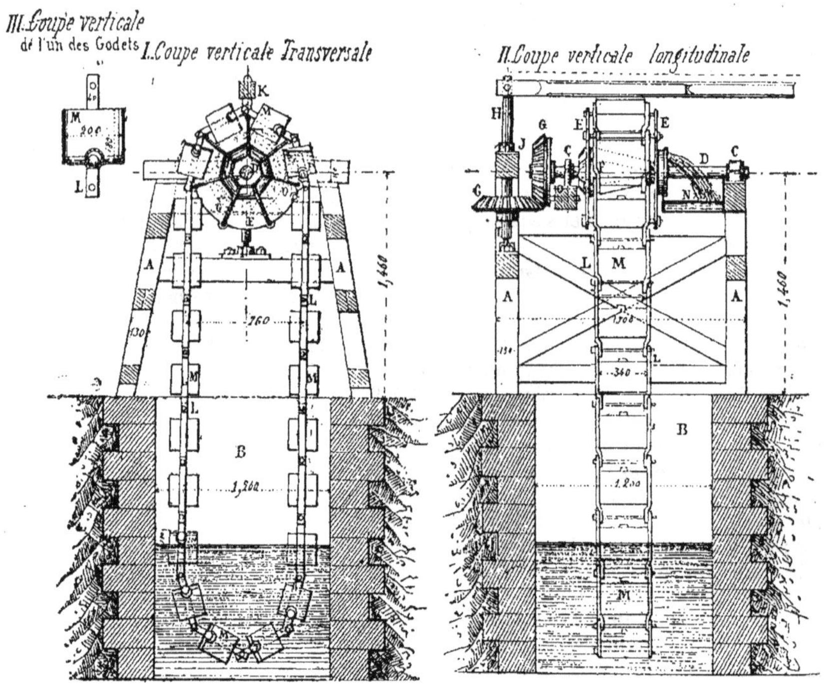

Fig. 186.

Les norias donnent un effet utile considérable qui varie de 0,70 à 0,80. En outre, elles présentent l'avantage de pouvoir élever les eaux bourbeuses et même des corps solides réduits en poussière, comme dans les moulins à farine.

Les machines à draguer, dont on se sert pour enlever les sables qui gênent la navigation dans le lit des rivières, ne sont autre chose que des norias dont les godets descendent au fond de l'eau et s'y emplissent de sable qu'ils remontent ensuite, pour le verser dans un bateau destiné à l'emmener. Dans ce cas, les godets sont percés sur toute leur surface d'un grand nombre de petits trous par lesquels s'écoule l'eau qui s'y trouve mêlée au sable. Ces machines sont installées sur les flancs d'un bateau que l'on promène dans toute l'étendue des lieux, où le lit de la rivière a besoin d'être approfondi ; elles sont mises en mouvement soit par un manège à cheval, soit par une machine à vapeur, que porte le bateau dragueur.

283. *Chapelet.* — On distingue deux sortes de chapelet, le *chapelet incliné* et le *chapelet vertical.*

Le chapelet incliné (*fig.* 187), est formé d'une buse inclinée dans laquelle s'élève une chaîne sans fin, garnie de palettes passant sur deux rouets placés aux extrémités de cette buse.

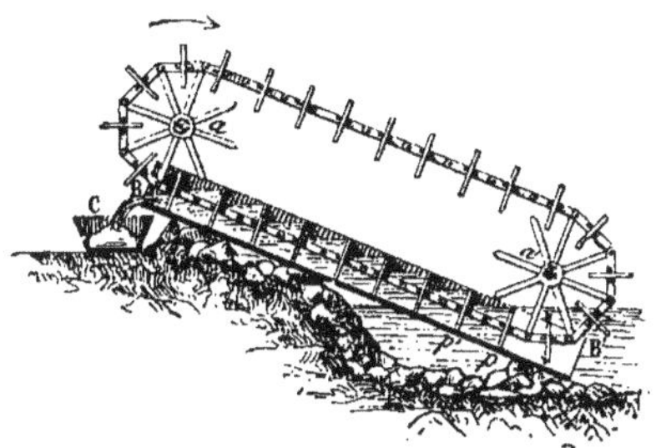

Fig. 187.

Cette buse ou auge est inclinée de 30 à 40 degrés sur l'horizontale; elle plonge dans le puisard et s'élève jusqu'à la hauteur à laquelle il convient de monter l'eau.

Le jeu laissé entre les bords latéraux des palettes et les parois de l'auge est de 5 à 6 millimètres, pour une même section de palette, le développement de la partie de son contour en contact avec l'auge est minimum, ainsi que la quantité d'eau qu'elle laisse échapper, quand sa hauteur est moitié de sa longueur ; cependant dans la pratique, la hauteur est quelquefois les 4/5 de la longueur. L'écartement des palettes, varie de une fois à une fois et demie leur hauteur, et leur vitesse de 1 mètre à $1^m,50$ par seconde.

Un homme exerçant un effort de 8 kilogrammes sur une manivelle, avec une vitesse de $0^m,75$ par seconde, peut produire, en 8 heures, un effet utile moyen équivalent à 80 ou 90 mètres cubes d'eau élevés à 1 mètre de hauteur ; mais on ne doit en général compter que sur un effet utile égal au 0,40 du travail dépensé.

Ce faible rendement, fait que cette machine, qui a encore l'inconvénient d'être encombrante, est à peu près abandonnée.

Le chapelet vertical (*fig.* 188), ne diffère du précédent, qu'en ce que l'auge inclinée est remplacée par un tuyau vertical appelé buse, à section carrée ou cylindrique. Les palettes ont la même forme et de $0^m,13$ à 0,16 de côté ou de diamètre. Leur jeu dans la buse est moins grand que

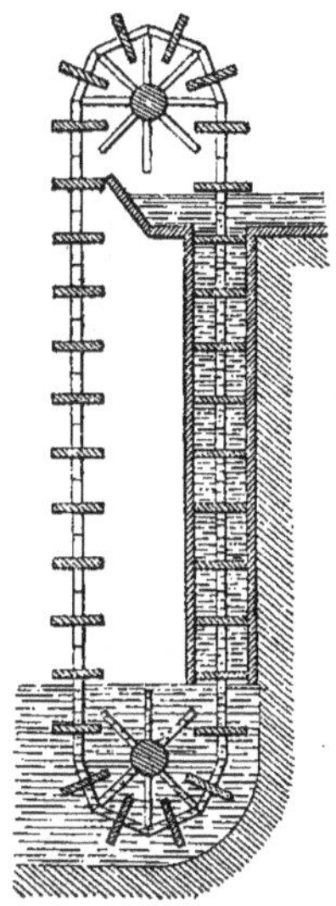

Fig. 188.

pour les chapelets inclinés et, afin de diminuer encore les pertes d'eau, on rend ce jeu le plus petit possible au bas de la buse, en y plaçant un tuyau métallique bien dressé, de la section des palettes et d'une longueur excédant un peu la distance de deux palettes consécutives.

Souvent les palettes sont formées d'une rondelle en cuir gras serrée entre deux plaques de tôle, cette rondelle fait garniture et rend les pertes d'eau aussi petites que possible.

Le chapelet vertical convient surtout pour les épuisements où il faut élever l'eau à plus de 4 mètres de hauteur ; la longueur de la buse est en général comprise entre 4 et 6 mètres.

L'effet utile moyen varie entre 0,60 et 0,65 de l'effet dépensé.

284. *Vis d'Archimède.* — Cette machine a été imaginée par le célèbre géomètre dont elle porte le nom, et elle est décrite, par Vitruve, comme une machine d'un usage général au Ier siècle avant Jésus-Christ.

Elle se compose d'une ou plusieurs cloisons héliçoïdales, en bois ou en tôle, emboîtées dans une enveloppe cylindrique et dans un noyau ayant même axe mais d'un diamètre trois fois moindre (*fig.* 189).

Les tours successifs ou spires de cette cloison, forment dans l'intérieur du

Fig. 189.

cylindre, des canaux héliçoïdes qui circulent depuis le bas jusqu'en haut.

On fait plonger l'une des extrémités du noyau dans le bassin inférieur ; on donne à l'axe une inclinaison un peu moindre que l'angle de la tangente à l'hélice extérieure avec un plan perpendiculaire à l'axe, et l'on fait tourner la vis autour de son axe ; l'eau s'élève alors le long de ce canal héliçoïdal et vient s'écouler par l'extrémité opposée dans le bassin supérieur.

Pour faire comprendre comment ce mouvement s'opère, considérons un tuyau ST (*fig.* 190) d'un petit diamètre, enroulé en hélice autour d'un axe incliné XY qui plonge en partie dans l'eau. Au premier tour que l'appareil fera, dans le sens indiqué par la flèche, l'extrémité S du tuyau viendra plonger dans le liquide; une certaine quantité d'eau s'introduira dans le tuyau et viendra, en vertu de la pesanteur, occuper le point le plus bas A de la première spire. Soit m une molécule d'eau occupant cette position. Imaginons que le tuyau tourne encore d'une petite quantité et vienne prendre la position très voisine S'T' ; dans ce mouvement, le point A décrira un petit arc de cercle dont le plan sera perpendiculaire à l'axe XY, et viendra occuper une position B voisine de A. Mais la molécule m entraînée dans ce mouvement ne pourra se maintenir en B et, par l'effet de la pesanteur, elle descendra jusqu'au point A' qui est actuellement le plus bas de la spire sur laquelle elle se trouve, mais qui, au premier instant, occupait une position plus élevée.

Par l'effet de la rotation de la machine, la molécule m sera donc venue de A en A', c'est-à-dire qu'elle aura parcouru dans

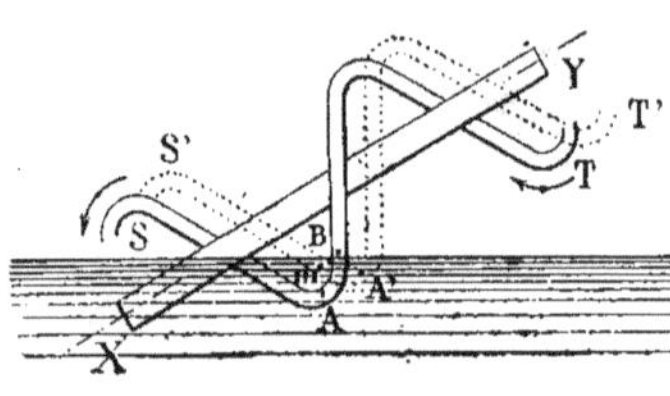

Fig. 190.

l'espace un petit chemin AA' parallèle à l'axe XY; et il est clair qu'en continuant ainsi elle montera parallèlement à cet axe jusqu'à ce qu'elle vienne sortir par l'extrémité supérieure T du tuyau.

Ce que nous venons de dire pour la molécule m s'appliquera à toutes les autres.

Mais on voit que pour que la molécule m puisse s'élever ainsi, il faut que le point B soit plus haut que le point A', afin que la molécule soit ramenée, par la pesanteur, au bas de la spire. Pour cela, il faut que la tangente en B à l'hélice fasse avec l'axe XY un angle plus grand que celui de cet axe avec l'horizon.

Si l'axe faisait avec l'horizon un angle trop grand, l'ascension du liquide serait impossible.

Lorsque l'eau commence à s'écouler par l'orifice T, toutes les spires contiennent de l'eau à leur partie inférieure et de l'air à leur partie supérieure. La longueur de l'arc d'hélice occupée ainsi par de l'eau et séparée du reste du liquide par de l'air est ce qu'on appelle un *arc d'hydrophore*.

Cette longueur peut être déterminée. Soit, en effet (*fig.* 191), ABCD la projection de l'hélice sur le plan vertical qui contient l'axe XY. Menons l'horizontale MN, tangente en M à cette projection et la coupant en un autre point N; l'arc MCN sera la projection de l'arc d'hydrophore. Projetons maintenant l'hélice sur un plan perpendiculaire à son axe; cet axe se projettera en O, et l'hélice aura pour projection le cercle mKn. Menons Mm et Nn parallèles à l'axe; l'arc mKn sera la projection de l'arc d'hydrophore

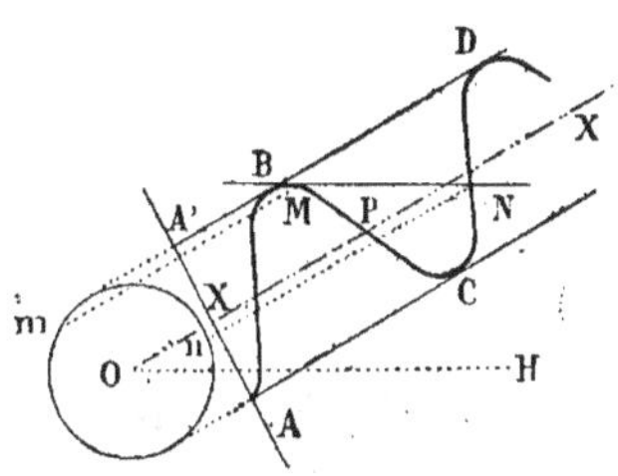

Fig. 191.

sur un plan perpendiculaire à son axe; et d'après les propriétés connues de l'hélice, il suffira, pour avoir la longueur de l'arc d'hydrophore lui-même, de multiplier l'arc de cercle mKn par la sécante de l'angle que la tangente à l'hélice fait avec un plan perpendiculaire à son axe.

Il est clair que cette longueur pourrait être obtenue par le calcul, au moyen des équations de l'hélice.

La construction montre, que l'arc d'hydrophore serait nul, si l'horizontale MN faisait avec l'axe le même angle que la tangente à l'hélice; car alors les deux points M et N seraient réunis au point P.

Lorsque le tuyau en hélice de la figure est remplacé par les canaux héliçoïdes de la figure 189, on conçoit que le jeu de l'appareil est analogue.

On peut remarquer que, d'après les dispositions ordinaires, l'air peut circuler librement le long du noyau, en sorte qu'il est à la même pression dans toute l'étendue de la vis, ce qui n'a pas lieu dans le cas d'un tuyau en hélice et peut, même dans ce cas, nuire à la régularité de l'appareil.

Les arcs d'hydrophores se trouvent remplacés par des espaces analogues appelés *espaces hydrophores*.

On donne en général, à la vis d'Archimède, un diamètre de $0^m,30$ à $0^m,60$ et une longueur comprise entre 12 et 18 fois son diamètre. L'angle de l'hélice extérieure avec l'axe, que les anciens faisaient de 45 degrés, est généralement aujourd'hui de 60 degrés. La vitesse habituelle de la rotation est de 40 tours par minute. Dans ces conditions le produit moyen est de 75 mètres cubes élevés à 2 mètres.

Le rendement de cet appareil est généralement faible, il varie de 0,40 à 0,65 au maximum.

On emploie en Hollande une vis d'Archimède qui n'a point d'enveloppe, mais qui repose dans un canal demi-cylindrique fixe, ne laissant entre le bord des surfaces héliçoïdes et lui que le jeu strictement nécessaire. L'appareil fonctionne au reste de la même manière; il est mis en mouvement par un moulin à vent à l'aide d'un joint de cardan; il donne un assez bon produit. On conçoit en effet que dans ce système le poids de l'eau portant en grande partie sur le canal cylindrique, le frottement sur les supports est moindre, et d'autre part, il est facile de rapprocher l'orifice supérieur du niveau du bassin supérieur et de diminuer ainsi une autre cause de perte.

La vis d'Archimède est quelquefois appliquée au transport des matières pulvérulentes. Elle se meut alors dans un canal cylindrique qui lui sert d'enveloppe. Ce système est souvent employé dans les moulins pour transporter le mélange de son et de farine qui sort des meules.

Pompes.

285. Les appareils que l'on désigne sous le nom de *pompes*, ont aussi pour objet d'élever les liquides, mais ils fonctionnent autrement que les machines précédentes, en ce sens, que les organes mis en mouvement ne portent pas l'eau, mais la font circuler dans des tuyaux de conduite par l'aspiration ou le refoulement. Les pompes ont été imaginées un siècle avant Jésus-Christ par Ctésibius.

On peut diviser les pompes en trois classes :

1° Les pompes à piston à mouvement rectiligne alternatif ;

2° Les pompes centrifuges ;

3° Les pompes rotatives à un ou deux axes.

Les pompes à piston se partagent en pompes foulantes, pompes aspirantes, pompes aspirantes et foulantes ; elles sont

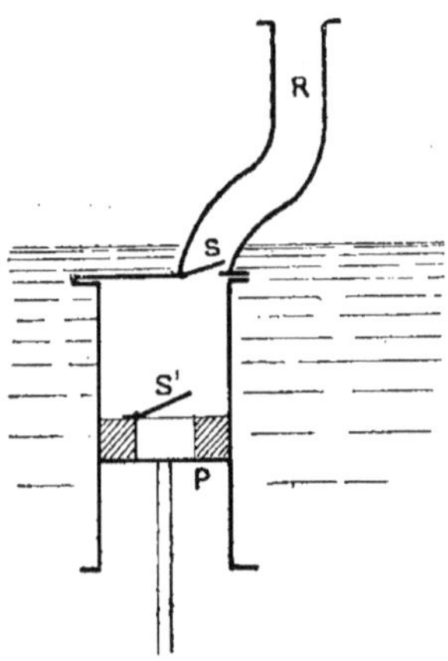

Fig. 192.

composées d'une capacité cylindrique, appelée corps de pompe, dans lequel se meut un piston qui, en augmentant ou en diminuant le volume, permet ou intercepte toute communication avec des orifices débouchant dans des conduits. Ces orifices s'ouvrent et se ferment alternativement par des pièces mobiles nommées *soupapes ou clapets.*

286. *Pompe foulante.* — La pompe foulante représentée par la figure 192, est noyée dans l'eau du réservoir inférieur, elle foule de bas en haut. Quand le piston P descend la soupape S est fermée, et la soupape S' ouverte, laisse passer l'eau au travers du piston. Quand le piston monte, la soupape S s'ouvre par la pression de l'eau et la soupape S' se ferme.

Dans la pompe indiquée par la figure 193, qui est également noyée, l'eau est refoulée de bas en haut. Le piston est plein ; dans sa course ascendante, l'eau pénètre dans le corps de pompe en soulevant la soupape S', et dans la course descendante, l'eau comprimée ferme la soupape S' et ouvre la soupape S pour monter dans le tuyau de refoulement R.

Les pompes noyées ont un grand inconvénient dans la difficulté des réparations. On trouve plus avantageux de faire fouler l'eau de bas en haut que de haut en bas.

287. — *Pompe aspirante.* Dans la pompe aspirante, le corps de pompe porte à sa partie inférieure un tuyau qui plonge

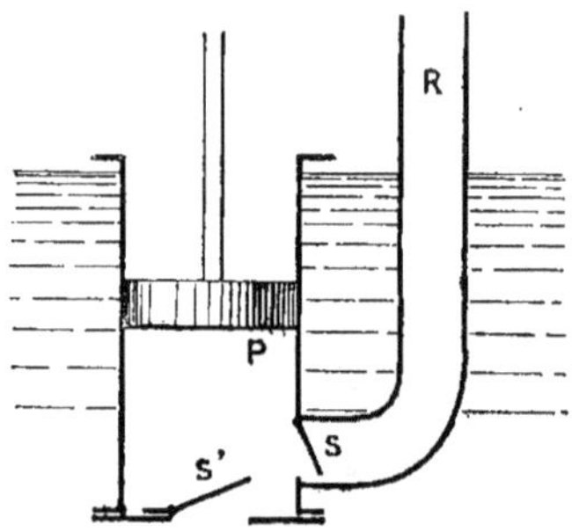

Fig. 193.

dans le réservoir inférieur. Le piston est muni d'un clapet s'ouvrant de bas en haut ; et le fond du cylindre porte aussi un clapet, dit d'aspiration, s'ouvrant dans le même sens.

Quand le piston P (*fig.* 194) s'élève, l'eau monte dans le tuyau d'aspiration, par l'effet de la pression atmosphérique, et alors la soupape S est ouverte et la soupape S' fermée. Lorsque le piston descend la soupape S se ferme, et l'autre s'ouvre pour laisser passer l'eau du dessous au-dessus du piston ; cette eau se trouve alors élevée à l'ascension suivante, et se déverse à la partie supérieure du corps de pompe.

288. *Pompe aspirante et élévatoire.* — Si l'on ferme hermétiquement la partie supérieure du corps de pompe, et qu'on surmonte le couvercle d'un tuyau T muni d'un clapet de retenue S'', l'eau qui est élevée sur la tête du piston, soulèvera le clapet S'' et montera dans le tuyau T à la hauteur que l'on désirera (*fig.* 195).

289. *Pompe aspirante et foulante.* — Cette pompe aspire l'eau comme la précédente, dans la course ascendante d'un piston plein, puis la refoule par le clapet S' dans un tuyau vertical, appelé tuyau de refoulement (*fig.* 196).

La hauteur du tuyau d'aspiration doit être moindre que celle de la colonne d'eau qui fait équilibre à la pression atmosphérique (environ 10^{m},3).

290. *Pompe à piston plongeur.* — Dans les pompes à piston, se mouvant dans un cylindre alézé sur toute leur longueur, comme celles que nous venons de décrire, le rendement est faible surtout si l'eau doit être refoulée à une grande hauteur, parce qu'alors la pression devient tellement forte, que l'eau passe entre le piston et le cylindre.

Dans l'industrie, on remédie à cet inconvénient en employant les pompes à *piston*

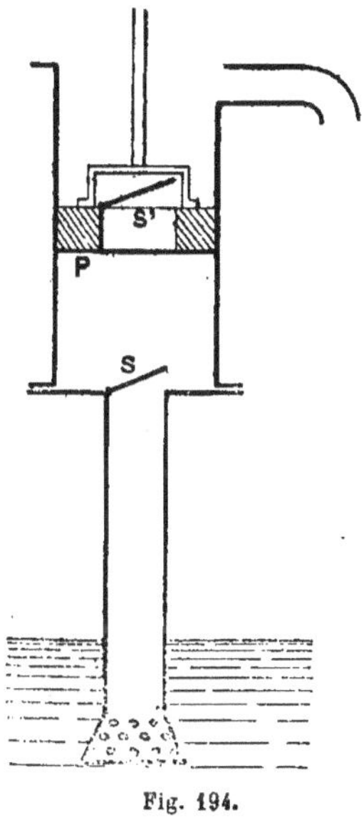

Fig. 194.

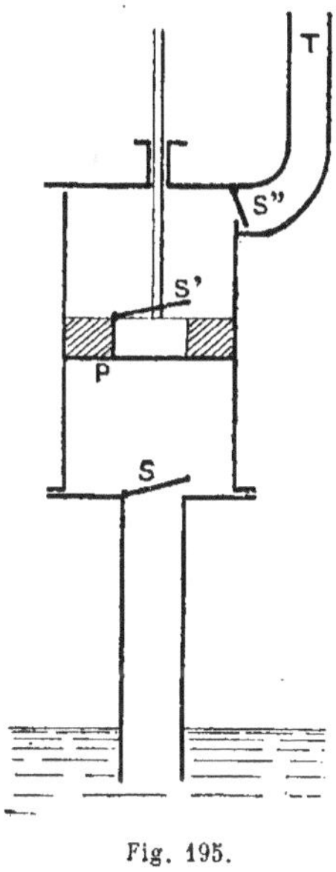

Fig. 195.

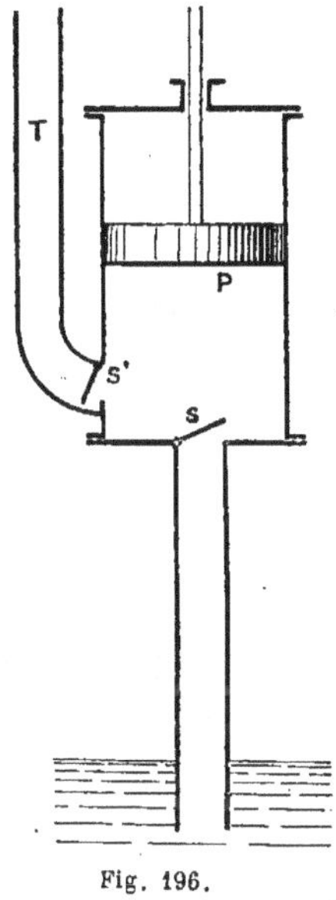

Fig. 196.

plongeur. Dans ces pompes, le piston est remplacé par un cylindre A (*fig.* 197) dont le rôle est d'augmenter la capacité du corps de pompe en produisant l'aspiration, et de diminuer cette capacité en refoulant l'eau dans la course descendante. Ce piston plein est ajusté, à la partie supérieure du corps de pompe, au moyen d'une boîte à étoupes.

Ces pompes peuvent être disposées horizontalement ou verticalement; la position horizontale est préférable parce qu'elle donne plus d'assise et de stabilité. En outre, on ne peut donner une grande vitesse au piston, parce que le liquide doit prendre, pour le suivre, cette même vitesse, et son inertie s'y oppose : il en résulte des chocs et des coups de bélier.

291. Les pompes aspirantes ont l'avantage de n'être pas noyées dans le réservoir inférieur.

La disposition des tuyaux et des soupapes, pour le jeu des pompes, a été variée de beaucoup de manières. On doit distinguer celles qui ont pour objet d'imprimer un mouvement continu à l'eau contenue dans le tuyau montant. Ce but se trouve naturellement rempli, quand le même tuyau montant, communique à deux ou plusieurs corps de pompe où les mouvements simultanés des pistons ont lieu dans un sens contraire. On peut satisfaire à la même condition, comme le montre la figure 198, en employant un seul corps de pompe et deux pistons dont l'un descend pendant que l'autre monte.

Enfin l'on peut avoir un seul corps de pompe et un seul piston (*fig.* 199). Quand le piston P monte il aspire par la soupape T qui est ouverte, ainsi que la soupape S qui laisse passer l'eau soulevée sur la tête du piston.

Quand le piston descend, il aspire par la soupape T′ et refoule de bas en haut l'eau qui passe en S′. Une pompe ainsi disposée est dite à double effet.

La condition de procurer à la colonne d'eau contenue dans le tuyau montant, un mouvement continu, peut aussi être remplie au moyen d'un réservoir d'air établi près de l'extrémité inférieure de ce tuyau; l'air contenu dans ce réservoir

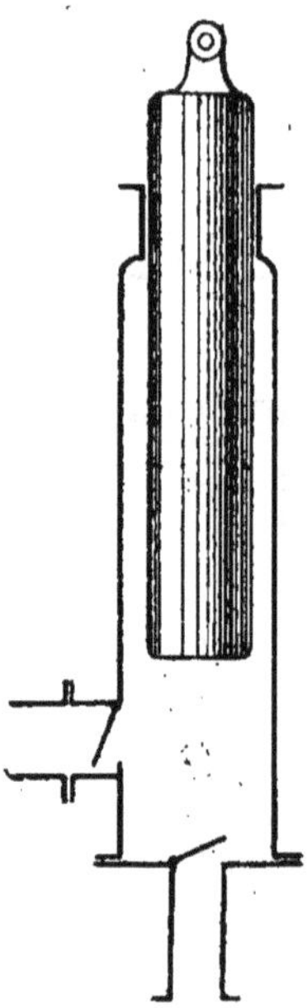

Fig. 197.

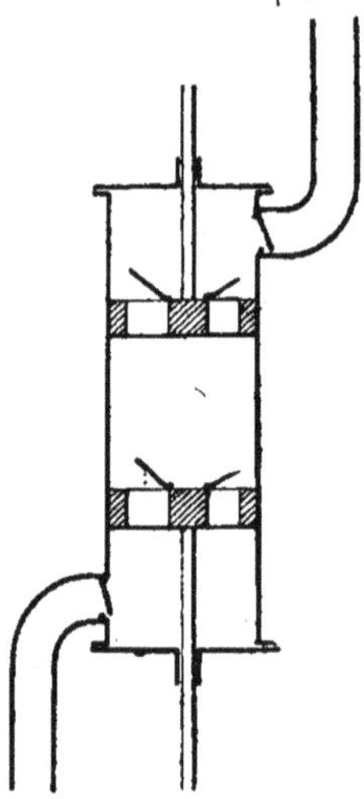

Fig. 198.

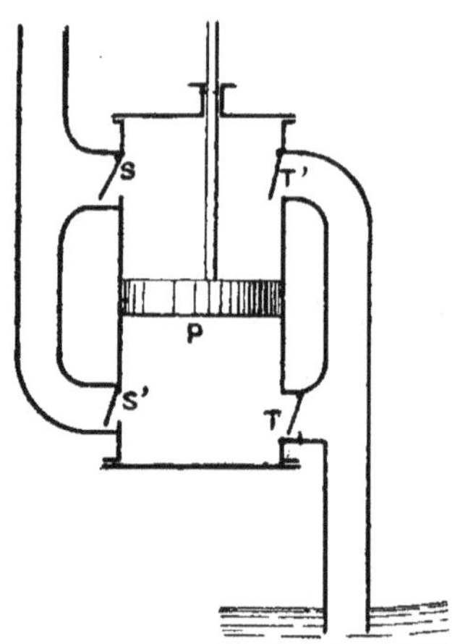

Fig. 199.

comprimé quand le piston refoule, réagit quand le piston se meut en sens contraire de manière à entretenir le mouvement ascensionnel de l'eau (*fig.* 200). Il faut alors placer un peu au-dessus de la soupape, par laquelle se fait l'aspiration, une petite soupape ou un robinet communiquant avec l'air extérieur qui s'ouvre à l'instant de l'aspiration et laisse entrer un peu d'air, pour renouveler celui que contient le réservoir, qui est absorbé et entraîné en assez grande quantité par l'eau élevée, quand elle est soumise à une forte pression.

292. L'étude des pompes donne lieu aux trois questions suivantes :

1° Remplissage;

2° Force nécessaire pour manœuvrer le piston;

3° Travail moteur correspondant.

293. *Remplissage.* — Considérons une pompe munie d'un tuyau d'aspiration; il faut, qu'une fois que l'eau a commencé à y monter, qu'elle n'y cesse son mouvement ascensionnel qu'autant que le mouvement de va-et-vient du piston cesse lui-même. Recherchons quelles dispositions il faut adopter pour remplir cette condition ; à cet effet, admettons que l'eau s'arrête dans le tuyau d'aspiration à une hauteur x de la surface inférieure, et

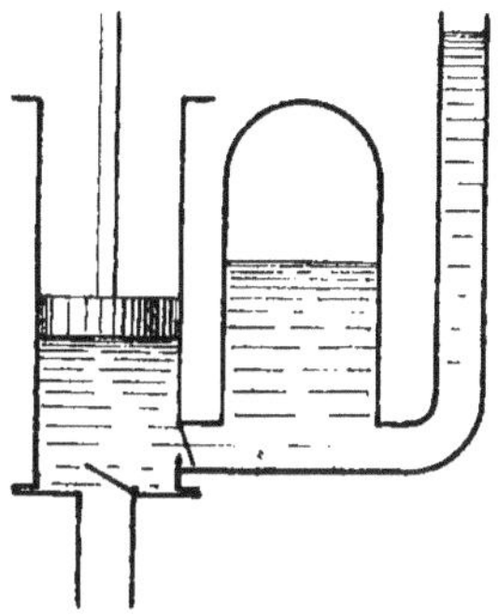

Fig. 200.

cela quoique le piston continue à se mouvoir (*fig.* 201). Lorsque le piston sera arrivé au haut de sa course la pression de l'air au-dessous du piston sera représentée par une colonne de liquide $H - x$ (H est la hauteur représentative de la pression atmosphérique), dès que le piston descend la soupape S se ferme et l'air est comprimé par le piston pendant sa course.

Si V est le volume engendré par le piston, et v le volume de l'espace nuisible, c'est-à-dire le volume compris entre le fond du corps de pompe et celui du piston, on aura pour la pression y de l'air, lorsque le piston sera arrivé au bas de sa course, d'après la loi de Mariotte :

$$(H - x)(V + v) = vy$$

d'où, $$y = (H - x)\frac{V + v}{v}$$

et l'on reconnaît aisément que l'eau s'arrêtera à cette hauteur x si cette pression y est égale à la pression atmosphérique H, c'est-à-dire si l'on a :

$$(H - x)\frac{V + y}{v} = H$$

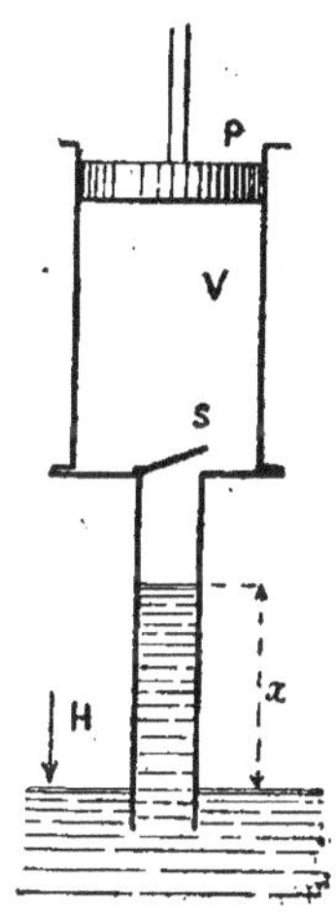

Fig. 201.

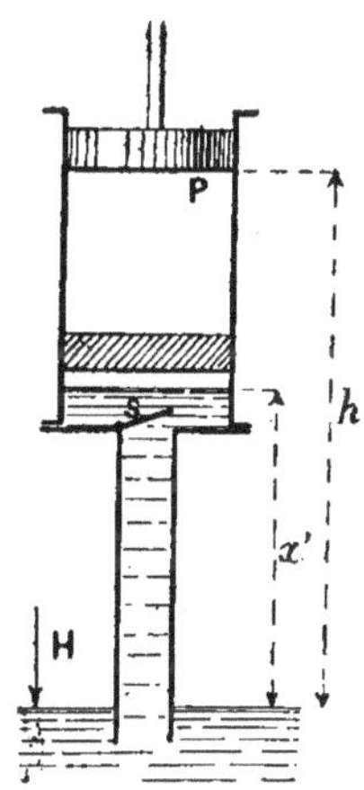

Fig. 202.

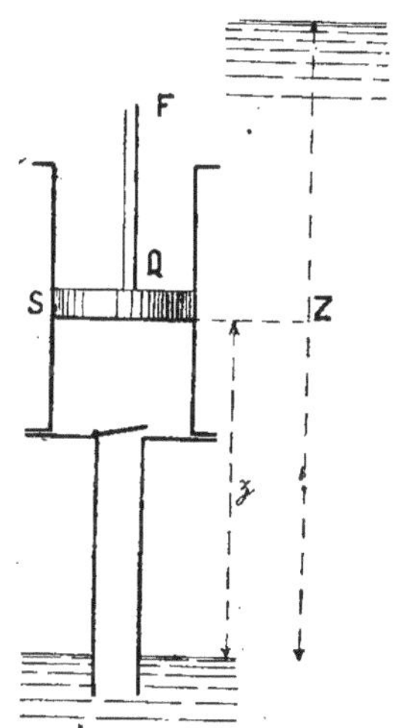

Fig. 203.

d'où l'on tire :

$$x = \frac{VH}{V + v}. \qquad (1)$$

Il résulte d'abord de cette formule, que l'eau ne s'arrêtera pas si la soupape S est à une distance du niveau inférieur de l'eau, plus petite que cette quantité x. Cette condition n'est pas suffisante ; l'eau peut avoir dépassé la soupape S, avoir pénétré dans le corps de pompe et son mouvement cependant s'arrêter.

Considérons-la, en effet, parvenue à

une hauteur x' (*fig.* 202) et supposons que v' soit le volume compris entre le fond du piston et le niveau de l'eau lorsqu'il est arrivé à fond de course ; on aura, comme précédemment, arrêt dans le mouvement ascensionnel, si :

$$x' = H \frac{V}{V + v'} \qquad (2)$$

et v' est cependant plus petit que l'espace nuisible.

Ces considérations démontrent la nécessité, pour être certain qu'il n'y aura pas d'arrêt, de placer le bas du piston à une hauteur du niveau inférieur de l'eau, au plus égale à x.

Déterminons maintenant la valeur limite de h, c'est-à-dire la distance du fond du piston au niveau inférieur, lorsqu'il est au haut de sa course. Soient A la section du piston et c la course, on aura :

$$V = Ac$$

et $$V + v' = A(h - x')$$

la formule (2) devient alors :

$$x' = H \frac{c}{h - x'}.$$

En résolvant on a successivement :

$$x'h - x'^2 = Hc$$
$$x'^2 - x'h + Hc = o.$$

Equation du second degré, dont les racines sont :

$$x' = \frac{1}{2}h \pm \sqrt{\frac{h^2}{4} - Hc}.$$

Or x' doit être réel, il faut donc avoir :

$$\frac{1}{4}h^2 > Hc$$

puis x' devant être plus petite que la distance du fond du piston, arrivé au haut de sa course, au niveau inférieur de l'eau, on a également $x' < h$.

Si l'on remarque maintenant, que cette hauteur doit être plus grande que la distance au niveau inférieur de la soupape S, et qu'elle doit être plus petite que $H \frac{V}{V+v}$, pour être assuré que la soupape franchie, l'eau ne pourra plus descendre, on aura les diverses limites entre lesquelles, il faut se placer, pour être assuré que l'eau ne s'arrêtera pas dans son mouvement ascensionnel.

Ces limites, sont des limites supérieures, puisque, dans ces calculs, nous n'avons pas tenu compte du poids des soupapes, des rentrées d'air et des gaz et vapeurs qui se dégagent de l'eau ou du liquide, que la pompe élève lorsque la pression à la surface diminue.

294. *Effort nécessaire pour faire mouvoir le piston.* — Nous distinguerons deux cas :

1° Celui d'une pompe aspirante élévatoire ;

2° Celui d'une pompe aspirante et foulante.

1er Cas : Soit P le poids de la tige du piston (*fig.* 203) ;

Q, la tension de la tige à l'endroit où elle est attaché au piston ;

F, la tension à l'extrémité opposée ;

Z, la distance verticale des niveaux supérieur et inférieur de l'eau ;

z, la distance verticale du fond du piston au niveau inférieur ;

H, la hauteur, en eau, de la pression atmosphérique ;

S, la section du piston ;

f, les frottements au pourtour du piston pendant la période ascensionnelle :

π, le poids du mètre cube du liquide.

On aura pour la période ascensionnelle.

$$Q = \pi S(H + Z - z) - \pi S(H - f) + f = \pi SZ + f$$

et $$F = Q + P - \pi V + \text{forces d'inertie},$$

V étant le volume occupé dans l'eau par le piston et sa tige.

Ces expressions ne donnent la valeur de F d'une manière exacte qu'autant que le mouvement est lent, ou sur le point de commencer ; alors on peut négliger les forces d'inertie et on a en remplaçant Q par sa valeur :

$$F = \pi SZ + f + P - \pi V.$$

La force nécessaire pendant la période descendante sera de même :

$$F' = f' + \pi V - P$$

f' étant le frottement du piston pendant la course descendante.

Les expériences manquent sur les valeurs de f et f'.

Un auteur étranger donne :

$$f = a.\ Dh$$

dans laquelle :

a est un coefficient dépendant de la nature du corps de pompe ;

D, le diamètre du piston ;

h, la hauteur mesurant la pression résultante sur le piston.

Il indique pour les coefficients de a, les valeurs suivantes :

$a = 7$, dans le cas du laiton ;

$a = 15$, dans le cas de la fonte forée ;

$a = 25$ à 30, dans le cas du bois.

Il convient de ne pas attacher trop d'importance à cette formule, parce qu'elle est incertaine, vu qu'elle dépend trop de l'habileté du constructeur, et qu'elle est tout à fait indépendante des surfaces frottantes en contact.

2e Cas : Dans le cas d'une pompe aspirante et foulante, on aura, en conservant les mêmes notations, pendant la période d'aspiration :

$$Q = \pi SH - \pi S (H - z) + f = \pi Sz + f.$$

Or, F étant égal à Q + P, on a :

$$F = \pi Sz + f + P$$

pendant la période de refoulement, on a de même :

$$Q = \pi S (H + Z - z) - \pi SH + f' = \pi S (Z - z) + f'.$$

Or, $F' = Q' - P$

donc, $F' = \pi S (Z - z) + f' - P.$

Si l'on s'imposait la condition, que F fût égal à F', on aurait, en négligeant les frottements :

$$F = \pi S \frac{Z}{2}.$$

295. *Travail à transmettre au Piston.* — Si l'on connaissait exactement, dans chaque position du piston, la force à lui appliquer, pour lui donner son mouvement, il serait facile, par une sommation, d'en déduire le travail à lui transmettre.

Réunissons ensemble deux courses consécutives du piston et ne tenons compte, dans l'expression du travail, que des forces précédemment énumérées.

c étant la course du piston, le travail élémentaire pour un chemin élémentaire e du piston sera, dans le cas de la pompe aspirante élévatoire :

$$(F + F')\, e = (\pi SZ + f + f')\, e,$$

et pour expression du travail correspondant à une excursion complète :

$$\Sigma (\pi SZ + f + f') e = \pi SZc + (f + f)\, c.$$

On aurait de même, pour le travail de deux courses consécutives, dans la pompe aspirante et foulante.

$$\pi SZc + (f + f')\, c.$$

Si la pompe est à double effet, les expressions ci-dessus s'appliquent à une demi-excursion ou une simple course.

296. Remarque. — On voit que, si l'on fait abstraction des frottements, le travail à produire est égal au poids de l'eau πSc, engendré dans une course, multiplié par la hauteur d'élévation Z.

Pratiquement, le travail à développer est supérieur à celui indiqué par les formules précédentes, car on n'a pas tenu compte du travail perdu en agitations, par le passage de l'eau au travers des orifices étranglés, ni du travail perdu par le frottement de l'eau contre les parois des tuyaux d'aspiration et de refoulement, ni de la force vive imprimée à l'eau et aux tiges, ni enfin du frottement de cette tige contre sa garniture.

Pour calculer exactement ce travail moteur, pendant une excursion, d'une pompe à simple effet, ou une demi excursion d'une pompe à double effet, appliquons au système compris, entre le plan du niveau inférieur et un plan normal à la sortie de l'eau, le théorème des forces vives.

On aura en représentant par :

V_1, la vitesse de sortie de l'eau du tuyau de refoulement ;

V_0, celle de l'eau dans le plan du niveau inférieur ;

T_m, le travail moteur ;

T_r, la somme des travaux résistants :

$$\frac{1}{2} \Sigma m V_1^2 - \frac{1}{2} \Sigma m V_0^2 = T_m - T_r.$$

Mais T_r comprend, outre le travail déjà calculé, la somme des travaux énumérés plus haut ; si donc T_f représente ces diverses sommes, si T représente le travail déjà calculé et enfin si l'on néglige le terme $\frac{1}{2} \Sigma m V_0^2$ qui est très petit, on aura :

$$T_m = T + T_f + \frac{1}{2} \Sigma m V_1^2.$$

Or Σm, est la masse d'eau élevée, qui est égale à $\frac{P}{g}$, P représentant le poids de cette eau, donc :

$$T_m = T + T_f + \frac{P}{2g} V_1^2.$$

Le problème étant ainsi posé, il reste à calculer le terme T_f.

297. *Volume d'eau débité par les pompes.* — S'il n'y avait pas de fuites, ce volume serait rigoureusement égal au volume engendré par le piston, mais, à cause des fuites et du jeu entre les garnitures, il est prudent de compter sur un déchet pouvant varier de 0,1 à 0,2.

Il peut arriver, accidentellement, que le volume d'eau élevé se trouve être plus grand que celui engendré par le piston. On conçoit, en effet, que la vitesse de l'eau puisse être suffisante pour qu'en vertu de la force vive acquise, elle continue à passer à travers les soupapes d'aspiration et de refoulement, quoique le piston remonte. Mais c'est là un fait à éviter, car il donne lieu à des fermetures brusques des soupapes, et des chocs violents de la masse d'eau refoulée, par suite, à des pertes de travail en agitations de l'eau et en vibrations de l'appareil.

Il est préférable, sous plusieurs points de vue, d'abord sous celui du travail perdu en frottements, d'employer les pompes à double effet, plutôt que celles à simple effet. Car si nous examinons la question du travail perdu en frottements, nous reconnaîtrons que, pour écouler un poids d'eau mg, on perd un travail représenté par :

$$\frac{4L}{D}(aU + bU^2)\,mg.$$

Si pour les deux systèmes de pompes, les tuyaux de refoulement et d'aspiration ont les mêmes dimensions, il faudra qu'à chaque instant la valeur de la vitesse U dans la pompe à simple effet soit le double de celle qu'elle a dans la pompe à double effet.

Or, pour : $U = 0{,}200$ on a :

$$aU + bU^2 = 0{,}000020$$

et pour $U = 0{,}400$, on a :

$$aU + bU^2 = 0{,}000068$$

Le rapport des travaux perdus en frottements, est donc égal à $\frac{20}{68}$.

Sous le rapport de la régularité, il y a aussi un avantage. Il faut en effet, que la vitesse soit aussi constante que possible, vu que généralement toute variation un peu importante dans les résistances, donne lieu à une déperdition de travail et que, de plus, les dimensions des pièces doivent être déterminées, non d'après la moyenne, mais bien d'après le maximum des efforts supportés.

Or dans une pompe à double effet, la vitesse dans les tuyaux de refoulement étant bien moindre, ces variations y jouent un rôle moins important.

Indépendamment de ces causes de variations, il y a aussi l'influence de la vitesse et du poids du piston et de sa tige, dont il faut vaincre l'inertie aux extrémités de chaque course.

On peut diminuer ces causes de perte de travail, c'est-à-dire obtenir l'uniformité approximative du mouvement de l'eau, en faisant servir un même tuyau d'aspiration et de refoulement au débit de plusieurs pompes fonctionnant simultanément.

Un autre moyen consiste dans l'emploi des réservoirs d'air dont il a été question plus haut.

Pompes centrifuges.

298. Une pompe centrifuge se compose d'une boîte KLM (*fig.* 204) dans laquelle tourne une roue D formée d'une série d'aubes cylindriques, telles que BC, comprises entre deux plateaux annulaires. Ces plateaux, terminés par des tourillons creux de rayon AB, reçoivent le mouvement par des poulies ou engrenages placés sur ces tourillons, à l'extérieur de la boîte. L'eau pénètre par ces pièces dans les aubes, parce que leur centre est un peu au-dessous du niveau N de l'eau dans le bief inférieur, ou bien au moyen d'un tuyau d'aspiration.

Le mouvement de rotation, imprimé à la roue, chasse l'eau des canaux BC dans l'espace annulaire ML, où elle acquiert une pression suffisante pour monter, par le tuyau K, dans le réservoir supérieur.

299. *Théorie de la pompe centrifuge.* — La vitesse angulaire de l'arbre A étant connue, ainsi que les dimensions de l'appareil et sa situation relativement aux deux biefs, nous nous proposerons de calculer :

1° Le volume qu'elle peut élever;
2° Le travail moteur qu'elle consomme;
3° Son rendement.

Désignons à cet effet par :

H, la différence des niveaux des deux bassins ;

h, l'immersion du centre A au-dessous du bassin inférieur ;

r, le rayon extérieur de la roue ;

b, la distance des deux plateaux qui réunissent les aubes ;

p, la pression de l'eau à l'entrée de aubes ;

p_1, cette pression à la sortie ;

p_a, la pression atmosphérique ;

Et par les lettres de la figure, les autres éléments de la question.

Nous admettrons, pour résoudre les questions ci-dessus, que l'on peut négliger la vitesse absolue de l'eau dans les tuyaux d'ascension et d'aspiration où la vitesse de rotation en B est négligeable, que

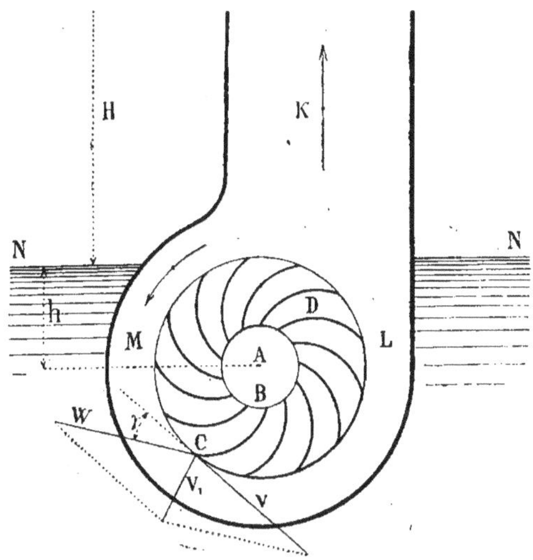

Fig. 204.

la hauteur des aubes est assez faible, relativement à celle à laquelle l'eau est élevée, pour que l'on puisse raisonner comme si l'eau se déplaçait horizontalement. Cette hypothèse dernière est complètement réalisée lorsque l'arbre est vertical.

Ceci établi, on a évidemment :

$$p_0 = p_a + \pi h$$
$$p_1 = p_a + \pi (H + h)$$

donc,
$$\frac{p_1 - p_0}{\pi} = H.$$

Appliquons au mouvement relatif d'un filet liquide dans l'aube BC le théorème des forces vives, on a :

$$\frac{W^2}{2g} = -H + \frac{v^2}{2g}$$

d'où,
$$W = \sqrt{v^2 - 2gH}.$$

Et comme W doit être réel, nous reconnaissons que la condition première à remplir pour que l'appareil fonctionne est d'avoir à la circonférence de la roue, une vitesse v telle que

$$v > \sqrt{2gH}.$$

Ceci admis, le volume débité, par seconde, sera égal à :

$$Q = 2 \times 3{,}1416 br \sqrt{v^2 - 2gH}. \sin \gamma.$$

Cette formule s'obtient comme nous l'avons fait pour les turbines.

Le travail moteur nécessaire à élever ce volume d'eau se composera :

1° Du travail utile produit πQH;

2° Du travail perdu en agitations moléculaires égal à : $\frac{\pi Q}{2g} V_1^2$;

3° Enfin, de celui perdu en frottements de l'eau contre les aubes et les parois des tuyaux ; travail qu'il est difficile d'évaluer.

On aura donc :

$$T_m = \pi Q \left(H + \frac{V_1^2}{2g} \right).$$

Le rendement m sera enfin égal à :

$$m = \frac{H}{H + \frac{V_1^2}{2g}} = \frac{1}{1 + \frac{V_1^2}{2gH}}$$

or, le parallélogramme des vitesses donne :

$$V_1^2 = W_1^2 + v^2 - 2Wv . \cos \gamma$$

et en remplaçant W_1 par sa valeur, il vient :

$$V_1^2 = 2v^2 - 2gH - 2v . \cos \gamma \sqrt{v^2 - 2gH}$$

en substituant, dans la relation donnant m, à V_1 sa valeur, on aura le rendement en fonction des données et de la vitesse de la roue.

Voyons quelle valeur de v, rendra, le rendement maximum : ce sera évidemment celle qui rendra V_1 minimum.

Or, si on cherche la valeur de v qui correspond à ce minimum, on trouve :

$$v^2 = gH \frac{1 + \sin \gamma}{\sin \gamma}$$

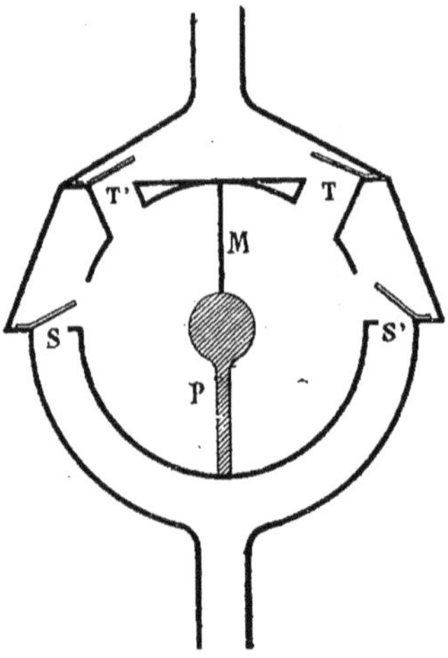

Fig. 205.

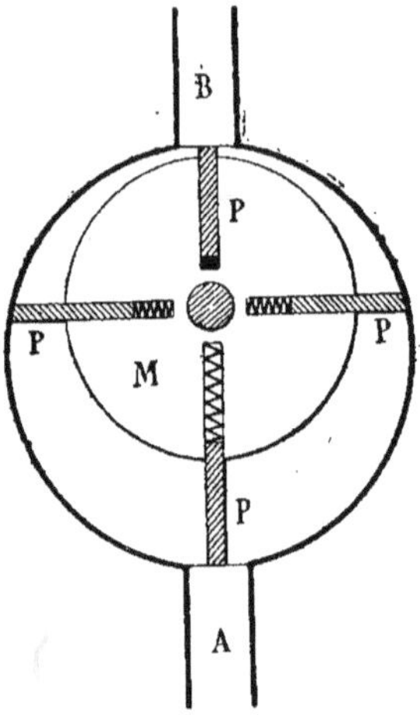

Fig. 206.

et pour valeur du rendement correspondant :

$$m = \frac{1}{1 + \sin \gamma}.$$

On est alors tenté, pour faire m le plus grand possible, de faire γ aussi petit que possible ; mais alors la vitesse v et la vitesse angulaire $\frac{v}{r}$ deviennent considérables ; ce qui donnerait une grande perte au frottement.

De plus le volume d'eau élevé qui est égal à :

$$Q = 6,28\, br . \sin \gamma \sqrt{v^2 - 2gH}$$

diminue avec la valeur de sin γ, c'est-à-dire avec la valeur de l'angle γ.

Enfin l'hypothèse d'une vitesse absolue, à l'entrée dans les aubes, nulle, ne serait plus réalisée ; aussi prend-on $\gamma = 30$ degrés ; et alors le rendement devient, abstraction faite des frottements :

$$m_1 = \frac{1}{1 + \frac{1}{2}} = \frac{2}{3}.$$

Ce qui est un rendement assez considérable, surtout si l'on remarque que ces pompes, sous un faible volume, débitent un assez grand volume d'eau.

300. *Pompes rotatives à un axe.* — Dans les pompes à pistons, décrites précédemment, l'eau est élevée à l'aide d'un mouvement rectiligne alternatif. On peut aussi donner au piston un mouvement de rotation alternatif, comme dans la pompe représentée par la figure 205, dans laquelle M est une cloison fixe, P le piston mobile. Lorsqu'il tourne dans le sens indiqué par la flèche, l'eau est aspirée par la soupape S et foulée de bas en haut par la soupape T. Lorsque le piston tourne en sens contraire, l'eau est aspirée par la soupape S' et foulée de bas en haut par la soupape T. Ce principe qui n'est plus employé aujourd'hui a été appliqué par Bramah à une pompe à incendie.

La pompe indiquée (*fig.* 206), opère par un mouvement de rotation continu. Le plateau tournant M, est contenu dans un tambour excentrique, et porte les cloisons P qui peuvent glisser à frottement doux dans des encastrements pratiqués dans ce plateau. Des ressorts obligent ces cloisons à s'appliquer constamment contre la paroi du tambour fixe, de manière à s'opposer au passage de l'eau. Cette eau est aspirée par le tuyau A et forcée à s'élever par le tuyau B. On voit par là, que la pompe rotative est à la fois aspirante et foulante ; et que, de plus, elle remplit l'objet d'une pompe à double effet ; car le mouvement qu'elle donne à l'eau dans le tuyau d'aspiration et dans le tuyau d'ascension, est évidemment continu.

Ces pompes rotatives à un axe, n'ont pas donné, jusqu'à ce jour, de résultat bien satisfaisant ; leur construction intérieure est très délicate et le frottement des palettes, à l'intérieur du corps de pompe absorbe une grande partie du travail moteur.

Pour assurer au liquide, en mouvement, la même section de passage et éviter les compressions, il faut se rendre un compte bien exact des changements de capacité qui s'opèrent rapidement dans les espaces compris entre les palettes, le cylindre mobile et les couvercles de la pompe.

301. *Pompes rotatives à deux axes.* — Les pompes rotatives à deux axes, dont l'usage se répand tous les jours, présentent des types nombreux et variés ; la plus employée aujourd'hui est la pompe Greindl.

La pompe Greindl (*fig.* 207) se compose de deux rouleaux cylindres tangents se mouvant dans une caisse de forme convenable.

L'un des rouleaux porte deux palettes, et l'autre une encoche destinée à permettre le passage de celles-ci. Le rouleau à palettes tourne dans un sens tel que la palette inférieure s'éloigne de l'orifice d'aspiration et le rouleau à encoche en sens inverse avec une vitesse double.

Les deux palettes du rouleau de droite font donc office de piston, et, dans leur mouvement de rotation continu, entrent alternativement, avec jeu, dans l'échancrure épicycloïdale ménagée sur toute la longueur du rouleau de gauche.

Fig. 207.

La poulie de commande est calée sur l'arbre du rouleau à encoche ; l'entraînement du rouleau à palettes a une vitesse moitié moindre qui est produite par des engrenages à doubles chevrons et alternés, ce qui permet au système de fonctionner sans bruit ni chocs (*fig.* 208).

Lorsque le passage de l'échancrure, interrompt le contact entre les circonférences des rouleaux, il y a contact tangentiel, entre la surface cylindrique extérieure d'une palette et le fond de l'échancrure également cylindrique.

L'arête du bord de la palette ne suit pas d'ailleurs exactement le bord épicycloïdal de l'échancrure ; il y a au contraire un jeu assez grand pour que l'usure des engrenages, qui produit un décalage relatif des deux rouleaux, puisse se produire sans accident et sans grave inconvénient.

En chaque point, les sections sont combinées de telle sorte qu'une molécule d'eau traversant la pompe, y conserve une vitesse sensiblement constante. A cet effet, on a ménagé dans les couvercles de la boîte cylindrique des poches latérales, qui fournissent des issues supplémentaires, au moment où les sections d'afflux ou d'échappement, affectées à l'eau entre les organes en mouvement, tendent à décroître et produiraient, sans ces poches latérales, une accélération nuisible des filets liquides.

Le fait de la continuité du mouvement de rotation, entraîne la continuité du mouvement des filets liquides, c'est-à-dire la suppression des mouvements intermittents. Comme conséquence, la pompe peut marcher à de grandes ou de petites vitesses, c'est-à-dire débiter beaucoup d'eau ou peu d'eau par unité de temps et dépenser plus ou moins de travail, sans que le rendement change dans de trop grandes proportions.

Fig. 208.

C'est là une propriété précieuse qui donne à la pompe Greindl une très grande élasticité de puissance et de débit. La force centrifuge ne joue aucun rôle dans le fonctionnement de l'appareil, elle aspire et refoule le gaz aussi bien que les liquides ; on peut donc comprimer le gaz à six atmosphères ou faire un vide de 60 centimètres de mercure ou aspirer jusqu'à 8 mètres de hauteur.

Enfin la pompe Greindl est *reversible*, c'est-à-dire qu'elle constitue un excellent moteur hydraulique rotatif et produit aussi bien du travail lorsqu'elle dépense de l'eau sous pression, qu'elle élève de l'eau à une certaine hauteur lorsqu'on lui fournit de la force motrice.

Ces pompes, de différents types, peuvent élever de 50 à 20 000 litres d'eau par minute ; elles sont très employées pour le service d'arrosage de la ville de Paris, elles débitent 33 mètres cubes par heure, avec une vitesse de 150 tours par minute.

D'après M. Poillon, ingénieur, leur rendement varie de 50 à 98 $^0/_0$, le rendement le plus favorable correspondant aux moindres élévations.

Ces pompes sont d'une grande simplicité, d'un prix peu élevé et d'une installation facile ; comme les pompes à pistons, elles aspirent à la même profondeur et refoulent à des hauteurs quelconques; elles présentent, sur les pompes centrifuges, l'avantage de ne pas nécessiter un amorçage préalable.

TABLE DES MATIÈRES

TROISIÈME PARTIE

DYNAMIQUE

QUATRIÈME PARTIE

HYDRAULIQUE

Tours, imprimerie DESLIS FRÈRES, rue Gambetta, 6

www.ingramcontent.com/pod-product-compliance
Lightning Source LLC
Chambersburg PA
CBHW060915220326
41599CB00020B/2972
9782013519915